国 家 科 学 技 术 学 术 著 作 出 版 基 金 资 助 出 版

噬菌体学：从理论到实践

BACTERIOPHAGE：FROM BASIC SCIENCE TO APPLICATION

胡福泉　童贻刚　主编

科 学 出 版 社

北 京

内 容 简 介

噬菌体是细菌的病毒，在抗细菌感染方面有广阔的应用前景，尤其是在细菌耐药性对人类构成严峻挑战的大背景下，对噬菌体的研究与应用成为近年来人们高度关注的领域。本书是一部系统介绍噬菌体基础理论、应用进展及经典操作技术的专著，共分为3篇40章：第一篇为基础理论篇，主要介绍噬菌体的形态结构、复制与生活周期、生理学特征等内容；第二篇为实践应用篇，主要介绍噬菌体在各领域的应用进展与前景；第三篇为操作技术篇，旨在为读者提供可行的实验操作方案。

本书可作为临床医学、预防医学、医学检验、兽医学、国境检疫、农业种植、食品卫生、畜牧养殖、水产养殖、工业发酵以及分子生物学等领域教学人员与科研人员的参考用书。

图书在版编目（CIP）数据

噬菌体学：从理论到实践 / 胡福泉，童贻刚主编.
—北京：科学出版社，2021.9
ISBN 978-7-03-069286-3

Ⅰ.①噬… Ⅱ.①胡… ②童… Ⅲ.①噬菌体—研究
Ⅳ.①Q939.48

中国版本图书馆CIP数据核字（2021）第127386号

责任编辑：朱 灵/责任校对：谭宏宇
责任印制：黄晓鸣/封面设计：殷 靓

科学出版社 出版
北京东黄城根北街16号
邮政编码：100717
http://www.sciencep.com
南京文脉图文设计制作有限公司排版
广东虎彩云印刷有限公司印刷
科学出版社出版 各地新华书店经销
*
2021年9月第 一 版 开本：787×1092 1/16
2024年1月第九次印刷 印张：43 1/2
字数：1 030 000

定价：300.00元

（如有印装质量问题，我社负责调换）

第二篇 实践应用篇

《噬菌体学：从理论到实践》编委会

主　编

胡福泉　童贻刚

副主编

郭晓奎　韩文瑜　徐永平　危宏平　王　冉

编　委

（按姓氏笔画排序）

马迎飞　王　冉　王林会　王金锋　王晓雪
王静雪　卢曙光　乐　率　朱同玉　任慧英
危宏平　刘玉庆　严亚贤　陈立光　欧阳松应
金　焱　周　昕　胡福泉　顾敬敏　徐永平
郭晓奎　韩文瑜　童贻刚　谢建平　谭银玲

序 一

噬菌体是细菌的天敌，具有抗细菌感染的广阔应用前景。噬菌体的发现早于抗生素，它们是在1915~1917年间先后被Frederick Twort和Félix d'Hérelle发现的。噬菌体一经发现，就被应用于细菌感染的治疗。这种利用噬菌体来抗细菌感染的方法称为“噬菌体治疗”，这在当时可以算是抗细菌感染的一缕曙光。

1928年，Alexander Fleming发现了抗生素——青霉素。随后其他抗生素先后被发现与应用，成为人类抗感染的利器。由于抗生素的有效性和广谱性超越了噬菌体，故噬菌体治疗很快被抗生素取代。在其后几十年中，噬菌体治疗基本被人们忽略。

但随着抗生素的广泛使用，细菌的耐药性构成了对人类的严峻挑战。对于一些多耐药菌、泛耐药菌，甚至超级细菌所致的感染，几乎无药可用。破解细菌耐药性的困局已成为全球共识。2016年，国家卫生计生委、国家发改委等14个部委联合印发了《遏制细菌耐药国家行动计划（2016—2020年）》，应该说，这个计划的实施还只是开局之战，破解细菌耐药性将是一场长期的战斗。

在这样的大背景下，噬菌体作为人类抗细菌感染之武器，再度进入人们的视野。在医学领域，噬菌体除了可用于治疗目的之外，也可用于细菌性疾病的预防、细菌的鉴定与分型；在农业领域，噬菌体可用于改变农作物根际菌群，防控农作物病害；在牲畜、家禽和水产品养殖领域，噬菌体可被用以控制养殖环境中的病原体密度，减少或防治养殖动物的细菌感染；在发酵工业及食品卫生领域，噬菌体可用于控制发酵罐中的杂菌污染。鉴于噬菌体的广阔应用前景，我们相信《噬菌体学：从理论到实践》一书的出版，对于相关领域的科学研究、相关产品的研发与生产都会产生积极的推动作用，该书也势必会成为上述领域内硕士、博士研究生教学和研究工作的重要参考书。该书对于生命科学的价值和社会经济发展的推动作用是不言而喻的。

上海交通大学生命科学技术学院院长，武汉大学药学院院长

武汉生物技术发展研究院院长，国际工业微生物遗传学国际委员会主席

中国微生物学会理事长，中国科学院院士

2021年7月12日于上海

序 二

噬菌体作为细菌的天敌，具有抗细菌感染的应用前景。噬菌体从被发现开始，就与抗细菌感染密切相连，被早期的研究者们用于治疗痢疾杆菌、伤寒杆菌、葡萄球菌、多杀巴斯德菌等细菌引起的感染。尤其是 d'Hérelle 于 1925 报道使用淋巴结注射噬菌体成功治愈了 4 例腹股沟淋巴结腺鼠疫后，噬菌体治疗引起人们的广泛注意和效仿。一项由世界卫生组织资助的、在巴基斯坦进行的研究显示，高剂量的噬菌体治疗与四环素治疗有同等效果。之后，一些公司开始在市场上销售噬菌体制剂。在我国，劳动模范邱财康因烧伤造成大面积细菌感染并危及生命，微生物学界老前辈余濆教授率领的医疗小组曾利用噬菌体成功救治了邱财康的生命。大连生物制品研究所、武汉生物制品研究所也曾在我国生产过噬菌体治疗制剂。在抗生素被发现之前，噬菌体治疗曾是最主要的特异性抗感染手段。

1928 年弗莱明发现了青霉素之后，一大批抗生素先后被人类发现和使用，噬菌体治疗被抗生素所取代。在随后几十年中，噬菌体治疗被人类所忽略。但随着抗生素的广泛使用，甚至滥用，细菌的耐药性构成了对人类的严峻挑战，对于超级细菌所致的感染，几乎无药可用，人类迫切需要在抗生素之外寻求更多的抗感染手段。利用噬菌体治疗细菌感染，尤其是超级细菌引起的感染，再度进入人们的视野。近年来，人体菌群与人类健康和疾病的关系受到人们空前的重视，成了当前的研究热点。噬菌体作为调控细菌群体密度的最主要因素，显然也受到人们的高度重视。

在此大背景下，胡福泉和童贻刚二位教授牵头，组织我国噬菌体学界的多名专家出版了《噬菌体学：从理论到实践》一书。该书包括了基础理论篇、实践应用篇及操作技术篇，共 40 章，是一部体系比较完整的专著。从章节内容安排和主编、副主编及编委阵容来看，该书的科学性、权威性和创新性能够得到充分体现。相信该书的出版对生命科学相关领域，尤其是微生物学领域的科学研究、相关产品的研发和生产都会产生积极的推动作用。

中国军事科学院军事医学研究院研究员
病原微生物国家重点实验室副主任
中国微生物学会副理事长

2021 年 7 月 23 日

前　言

“噬菌体”（bacteriophage）不论是中文还是英文都是一个好名字，是一个可以望文生义的名字。Frederick Twort 和 Félix d'Hérelle 在发现噬菌体之初（1915 年和 1917 年）使用这一名词就是为了表明噬菌体可以“吃掉”细菌这一事实。人类由此对噬菌体在抗细菌感染方面寄予了厚望。然而，随着抗生素的发现与应用，在随后的几十年中，噬菌体在抗细菌感染方面的应用被人们忽略。但是随着抗生素的广泛应用，细菌的耐药性成了人类抗感染道路上的拦路虎，一些多耐药菌、泛耐药菌以及超级细菌的出现，迫使人们不得不在抗生素之外寻求抗感染的有效途径。在这一大背景下，噬菌体在抗耐药菌治疗方面的应用前景再次引起人们的高度关注。另外，由于噬菌体容易培养，易于遗传操作，成为人们研究生命科学规律的理想材料与对象，如“遗传的物质基础是 DNA”“遗传中的三联密码子”“突变与选择理论”“噬菌体载体”“噬菌体展示技术”“CRISPR 基因编辑技术”等生命科学中的重要理论与技术都与噬菌体密切相关。在应用领域，噬菌体在分子生物学、生物工程、医学等众多领域都有重要应用。然而，目前国内尚缺乏一本全面、系统介绍噬菌体的基本理论、应用范畴，以及经典操作技术的专著。基于此，我们组织了国内该领域内的几十位专家躬行于这一使命：编著《噬菌体学：从理论到实践》一书。

全书共分为三篇：

基础理论篇包括第 1 ~ 12 章，主要介绍噬菌体的研究史及其展望，噬菌体的形态结构与繁殖、分类与命名、相关的数学问题、复制的基因调控、调控宿主代谢的机制，噬菌体生态学，人体噬菌体组，噬菌体进化生物学，噬菌体与细菌致病性，噬菌体与哺乳动物的相互作用，以及细菌对噬菌体的免疫机制等。

实践应用篇包括第 13 ~ 25 章，主要介绍噬菌体在各领域应用的范畴、进展与前景，如 CRISPR/Cas 在基因编辑中的应用，噬菌体与合成生物学，噬菌体在治疗人类疾病中的应用，噬菌体基因编码产物的抗细菌感染作用，噬菌体在生物检测、食品安全、畜禽细菌感染防治中的应用，噬菌体在水产养殖、土壤环境修复、疾病防控中的应用，噬菌体与发酵工业的关系，噬菌体载体及其应用，噬菌体展示技术及其应用等。

操作技术篇包括第 26 ~ 40 章，介绍了常见的噬菌体经典实验操作技术，为读者提供了可行的操作方案，涉及噬菌体分离和纯化、生物学性质鉴定，电子显微镜技术、冷冻电镜技术在噬菌体研究中的应用，噬菌体基因组测序、序列的注释、数据挖掘及可视化、核酸碱基修饰的鉴定，噬菌体与宿主相互作用的研究技术、与宿主菌的转录组学分析，噬菌体遗传改造技术，噬菌体结构蛋白研究方法，噬菌体治疗制剂制备方法，以及噬菌体注册监管法规要求与产品安全等。

噬菌体在生物学、分子生物学、生物工程、医学、动物医学、预防医学、临床检验、发酵工业、生物制药、农业养殖业、水产养殖业、食品卫生行业等专业领域都有广泛的应用，希望本书的出版回应了时代之需。

本书力求兼顾系统性、权威性、新颖性、应用性及可读性。我们期盼本书能成为噬菌体教学、研究人员和生产工作者案头的一本有用的参考书。限于本人的知识水平与能力，难免挂一漏万，尚恳请读者不吝赐教，予以指正。

胡福泉

2020 年 12 月于重庆

目 录

第一篇 基础理论篇

第三篇　操作技术篇

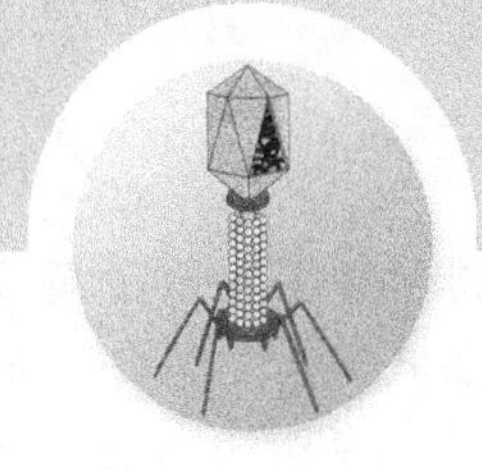

第一篇　基础理论篇

1 噬菌体的研究史及展望

——胡福泉

噬菌体作为细菌的病毒，是地球生物圈中数量最多的生命体，它在塑造地球生物圈中菌类生物的种类与数量分布，以及地球化学物质循环中具有重要意义，对人类的出现、进化与健康亦有着极为重要的意义。本章作为本书的开篇，主要介绍噬菌体被发现的过程及发现噬菌体的主要人物、噬菌体相关研究对生命科学领域的重大推动及其重要贡献、噬菌体在各个不同领域的应用与进展，展望噬菌体研究的发展方向及其应用前景。

第一节　噬菌体的发现

噬菌体（bacteriophage，简称 phage）是寄生在细菌、古菌等原核微生物体内的病毒。近年来，人们在巨型病毒（giant virus）体内亦发现寄生的小病毒，被称为“噬病毒体”（virophage）。噬病毒体不在本书讨论的范围之内。

噬菌体是地球上最具生物多样性的生命体。它们存在于土壤、空气、海洋、饮用水、食品等环境中。可以说，只要有细菌的地方，就会有噬菌体存在。据文献报道，地球生物圈中的噬菌体数量可达 10^{30}～10^{32}。噬菌体对于维持地球生物圈及其生态系统的平衡有着非常重要的作用，是值得我们高度关注和深入研究的生命现象。

图 1-1　Ernest H. Hankin

人们公认噬菌体是由 Frederick Twort 和 Félix d'Hérelle 分别在 1915 年和 1917 年发现的。但追溯文献，发现在他们之前已有零星报道提示噬菌体的存在。众所周知，恒河流域是印度文明的发源地，但是人们的生活排污也直接进入了河流，这使得水源成了污染源和疾病传染源。19 世纪末，恒河流域暴发了罕见的霍乱流行。当时，研究这次疫情的英国细菌学专家 Ernest H. Hankin（图 1-1）发现，城市上游水体中霍乱菌为 10 万个/mL，下游则仅为 90 个/mL。他推测恒

作者单位：胡福泉，陆军军医大学基础医学院。

河水中可能存在着可以将霍乱病菌杀灭的物质。1896 年，Hankin 报道印度恒河的水中存在对多种细菌（尤其是对霍乱弧菌）具有杀菌活性的物质。这种活性物质具有可滤过性，且可因煮沸被破坏。但当时他推测这种杀菌活性是由于水中含有某种挥发性的化学物质。Emmerich 等（1901 年）报道细菌培养物在存放期间发生了自溶，用这种自溶物质可治愈同种细菌引起的实验感染动物。这些工作是发现噬菌体的高度提示。

1915 年，Frederick Twort（图 1-2）在国际著名杂志 *Lancet* 上发表了发现噬菌体的报道。Twort 是伦敦兽医学院布朗研究所（Brown Institution）著名细菌学家 William Bulloch 的学生，他试图在无活细胞的固体培养基上培养牛痘苗病毒，但没有成功。在一次偶然的试验中，培养基上长出了球菌菌落，这是污染的细菌，不足为奇。令他感兴趣的是有些菌苔区发生了“透明化变”（glassy transformation）。更令人惊奇的是：将这种透明化菌落取一小点接种到其他新的球菌菌落上，菌落同样变成了透明区。这种透明化变化可以稳定地重复。他用吉姆萨染液染色那些菌落透明区，然后在显微镜下观察，发现细菌变成了一些细小颗粒。Twort 在讨论中做了如下推论：很可能存在一种比细菌或阿米巴更小的超显微的小病毒（small virus），它们可在细菌胞质之中生长，形成一种具有“生长力”（power of growth）的“不定形小体”（no definite individual）或者是酶……这种使菌落变成透明区的因子，能够引起球菌的急性传染病。其实，Twort 当时所看到的正是我们今天所说的“噬斑”，并且他指出了使菌落变透明的因子具有生长力，即现在所说的病毒，这是噬菌体的正式发现。

图 1-2 Frederick Twort

几乎同一时期，Félix d’Hérelle（图 1-3）正在进行另一项独立研究。d’Hérelle 在法国巴斯德研究所工作。战时，他受征召去研究法国军队中暴发的痢疾。他取痢疾患者的大便进行过滤，以寻找那种可以在痢疾杆菌体内生长并改变细菌致病性的“看不见的病毒”（invisible virus）。他惊奇地发现，这种看不见的病毒可引起细菌液体培养物的溶解，在固体琼脂平板上产生一块透明区。他还注意到，这种看不见的病毒可以繁殖，它们的繁殖需要活细胞，细菌细胞的溶解是这种病毒繁殖的结果。d’Hérelle 总结了自己的研究，并于 1917 年报道：发现了一种对细菌具有拮抗性的微生物（a microbe antagonistic to bacteria），它们在液体培养中可引起细菌溶解；在布满细菌的固体琼脂平板上，它们可引起一片细菌死亡区，他把这个区域称为“噬斑”。d’Hérelle 称这些看不见的东西为“超微病毒”（ultravirus）。它们可入侵细菌，在细菌体内繁殖并“消费”（expense）细菌，他把这些超微病毒命名为“噬菌体”。他还敏锐地意识到：噬斑计数可以作为一种方法来量化那些看不见的东西——噬菌体。

图 1-3 Félix d’Hérelle

d'Hérelle 进一步观察发现，噬斑的滴度在痢疾患者的恢复期会增高，他据此推测：噬菌体是一种抗传染病的自然因子，他把其称为“外源性免疫因子”（exogenous agent of immunity），在前抗生素时代，他提出噬菌体可作为传染病的治疗因子；后来他明确指出噬菌体是一种传染性因子、胞内寄生物；他认为噬菌体的抗原性和宿主谱特异性具有“种系”（race）特征。d'Hérelle 思维敏捷，且敢于提出新概念，“噬斑”“噬菌体”这些名词及其概念都是由 d'Hérelle 首先提出的。

然而，d'Hérelle 有关噬菌体的观点，尤其是与免疫有关的观点，一经提出，就挑战了许多细菌学家包括 Jules Bordet 的观点。Jules Bordet 在 1919 年刚获得诺贝尔生理学或医学奖，他的贡献是发现了血清成分中抗体及补体的溶菌作用。于是 Bordet 及其同事立即开始研究噬菌体的溶菌作用。Bordet 认为，所谓“噬菌体”不过是一种溶解酶而不是微粒性超显微生物。在当时，Bordet 作为诺贝尔奖获得者和布鲁塞尔巴斯德研究所所长，极具权威性，代表了当时主流研究圈的声音。而 d'Hérelle 仅仅是巴斯德研究所的一名志愿研究者。Bordet 发动了对 d'Hérelle 关于噬菌体观点的挑战。Twort 有关“菌落透明化变”的文章引起了 Bordet 的注意，他立即用 Twort 的文章挑战 d'Hérelle 发现噬菌体的优先权，他提出是 Twort 优先发现了噬菌体。Bordet 的挑战反而激发了 d'Hérelle 进行了一系列有关噬菌体本质的研究。这场激烈的争议延续了十年之久，而 Twort 则是被动地卷入了这场“战争”。1932 年，这场争议终于画上了句号，d'Hérelle 和 André Gratia（Bordet 一派）同意进行一场科学对决：在一个独立的实验室，由极其受人尊敬的 Paul-Christian Flu（莱顿热带医学研究所所长）和 Renaux（列日大学的微生物学教授）作为代表，对 Twort 的物质和 d'Hérelle 的物质进行“平行比较”（side-by-side comparison）。最后，他们得到的结论是：Twort 现象和 d'Hérelle 现象是相同的。这就是后来人们公认 Twort 和 d'Hérelle 是噬菌体共同发现人的原因。

噬菌体作为细菌的病毒，一经人类发现，就与抗细菌感染紧密联系在一起。d'Hérelle 在研究法国军队士兵中暴发的痢疾时，最早观察到恢复期的痢疾患者粪便中的噬菌体滴度极高，他认为患者的恢复与噬菌体的作用有关。1919 年夏天，他又使用噬菌体来预防鸡感染禽伤寒杆菌，并于 1921 年首次报道用噬菌体来控制禽伤寒的流行。同年，Bruynoghe 及 Maisin 报道使用葡萄球菌噬菌体来治疗皮肤疖子。此外，噬菌体还被用来治疗死亡率很高的多杀巴斯德菌（*Pasteurella multocida*）引起的牛出血性败血症（bovine hemorrhagic septicemia）。在这些工作基础上，d'Hérelle 于 20 世纪 20 年代想将噬菌体治疗用于人体。在进行人体治疗之前，为了测试其安全性，他口服了痢疾杆菌噬菌体悬液；在没有任何不适的情况下，他又给自己皮下注射了噬菌体悬液；在没有任何局部和全身反应情况下，他又给合作伙伴和家人注射了噬菌体悬液。在证实了噬菌体确实无害之后，1926 年，他用痢疾杆菌噬菌体治疗了痢疾患者。

引起最广泛关注的是后来 d'Hérelle 报道使用淋巴结注射噬菌体的方法治疗了 4 例腹股沟淋巴结腺鼠疫（bubonic plague）。这 4 例患者来自苏伊士运河的船上，在埃及亚历山大国家检疫站被确诊为腺鼠疫。在经 d'Hérelle 用噬菌体治疗后，这 4 例患者都得到康复。这一结果于 1925 年报道在法国杂志 *La presse médical* 上。由于这一工作，英国政府邀请 d'Hérelle 到印度孟买研究使用噬菌体治疗霍乱。来自印度 20 世纪 20～30 年代的研究显示，采用口服噬菌体治疗后，霍乱患者症状的严重程度、持续时间，以及死亡率都有所降低。20 世纪 70 年代，几项由世界卫生组织（World Health Organization，WHO）资助的在巴基斯坦进行的研究显示，高剂量的噬菌体治疗与四环素治疗有同等效果。这一时期，一些医药公司或生物公司也开始在市场上销售噬菌体制剂。1924 年，巴西 Oswaldo Cruz 研究所生产了抗痢疾噬菌体制剂，用于治疗痢疾患者。1926 年，George Eliava 和 d'Hérell 在苏联格鲁吉亚第比利斯建立了 ELIAVA 研究所（Eliava Institute of Bacteriophage Microbiology and Virology）。该研究所一直坚持噬菌体治疗的研究与应用，是建立时间最长、最具规模的噬菌体治疗研究机构。1931 年，d'Hérell 和 Eliava 在印度地区使用噬菌体来防治霍乱，对照组死亡率为 62.7%，而噬菌体治疗组的死亡率则降至 6.8%。20 世纪 40 年代，美国礼来公司生产了 7 种人用噬菌体制剂，用于治疗葡萄球菌、链球菌和大肠埃希菌等细菌感染。

在新中国成立之初，抗生素被西方国家列为对我国的禁运之物，当时我国抗生素非常匮乏。受苏联影响，我国也开始了噬菌体治疗的研究和实践。大连生物制品研究所、武汉生物制品研究所都在国内开展过噬菌体制剂的生产与应用。1958 年，劳动模范邱财康在大炼钢铁期间不幸严重烧伤，感染铜绿假单胞菌，在生命垂危之际，我国微生物学界老前辈余瀠教授率（图 1-4）领的医疗小组就利用噬菌体成功抢救了邱财康的生命。当时《人民日报》报道了此事，这一事迹还被拍成了电影《春满人间》。

图 1-4　著名微生物学家余瀠

噬菌体的发现，迄今已有一百余年。为纪念噬菌体发现 100 周年，*Nature Reviews Microbiology* 于 2015 年 9 月刊登了长篇综述性文章，介绍了噬菌体的过去、现在与未来。

第二节　噬菌体研究对生命科学的历史贡献

由上述可见，噬菌体被发现时就与抗细菌感染联系在一起，之后掀起了一股寻找、研究和应用噬菌体的热潮，人们似乎觉得找到了抗细菌感染的“神器”。然而，后续的许多研究发现，噬菌体治疗的效果并非总是那么理想，可重复性不稳定。有的研究显示有明显效果，有的报告却显示效果欠佳，甚至无效。1928 年，亚历山大 · 弗莱明发现了青霉素。当时青霉素堪称“万能神药”，能将大部分细菌感染性疾病治好。随后一大批抗生素相继被发现和应用。由于抗生素在抗细菌感染中的有效性、广谱性和廉价性，人们认为找到了抗感染的“金钥匙”。在随后的几十年中，对噬菌体治疗的研究和应用没有再受到人们的青睐。

尽管噬菌体治疗由于抗生素的出现而被人们极大地忽视，然而噬菌体研究却在生命科学领域结出了硕果。噬菌体个体微小，容易培养，例如动物病毒的培养必须先培养动物细胞作为其宿主细胞，而噬菌体只需要细菌作为其宿主细胞。显然，培养细菌比培养动物细胞容易得多，这为噬菌体研究提供了极大的便利。此外，噬菌体是非细胞型微生物，绝大多数噬菌体的基因组都很小，基因数量大多在几十个左右，便于遗传操作。因此，噬菌体成为人们研究生命现象的理想对象或材料。科学家们利用噬菌体作为研究对象，探索生命现象的许多规律，并取得了巨大成功。图 1-5 总结了噬菌体研究史上的许多重要事件，从中不难看出人类在生命科学领域内所取得的许多伟大成就，以及分子生物学的许多重要理论和技术都与噬菌体研究密切相关。

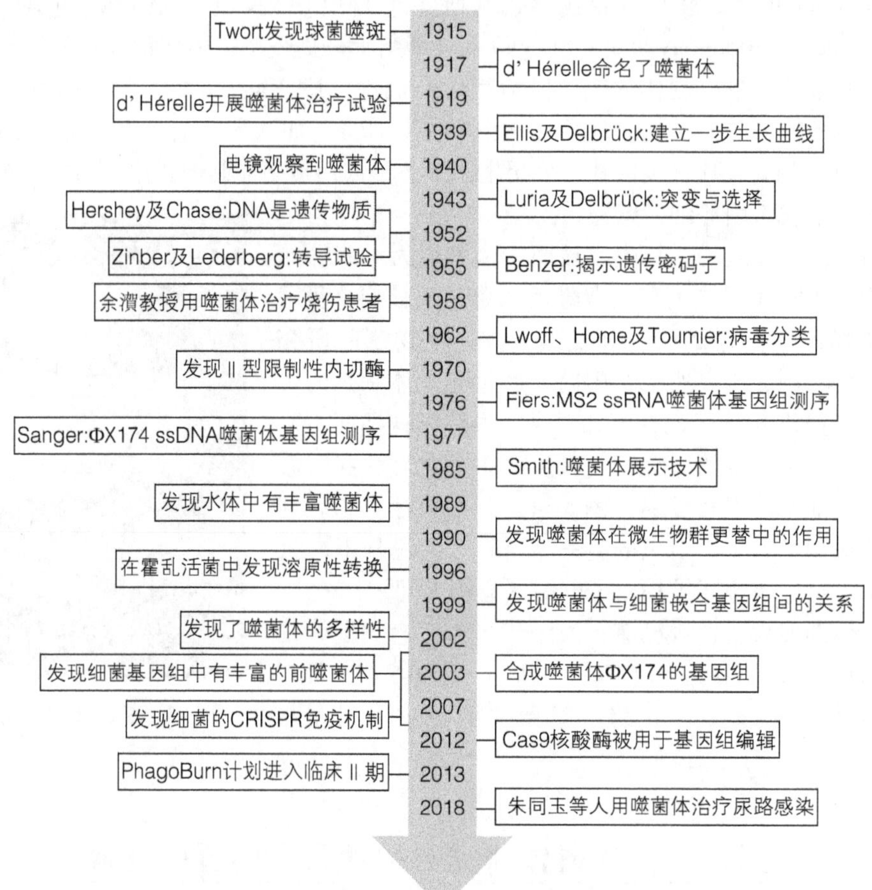
Twort发现球菌噬斑
1915
1917
d' Hérelle命名了噬菌体
d' Hérelle开展噬菌体治疗试验
1919
1939
Ellis及Delbrück:建立一步生长曲线
电镜观察到噬菌体
1940
1943
Luria及Delbrück:突变与选择
Hershey及Chase:DNA是遗传物质
1952
Zinber及Lederberg:转导试验
1955
Benzer:揭示遗传密码子
余濆教授用噬菌体治疗烧伤患者
1958
1962
Lwoff、Home及Toumier:病毒分类
发现Ⅱ型限制性内切酶
1970
1976
Fiers:MS2 ssRNA噬菌体基因组测序
Sanger:ΦX174 ssDNA噬菌体基因组测序
1977
1985
Smith:噬菌体展示技术
发现水体中有丰富噬菌体
1989
1990
发现噬菌体在微生物群更替中的作用
在霍乱活菌中发现溶原性转换
1996
1999
发现噬菌体与细菌嵌合基因组间的关系
发现了噬菌体的多样性
2002
发现细菌基因组中有丰富的前噬菌体
2003
合成噬菌体ΦX174的基因组
发现细菌的CRISPR免疫机制
2007
2012
Cas9核酸酶被用于基因组编辑
PhagoBurn计划进入临床Ⅱ期
2013
2018
朱同玉等人用噬菌体治疗尿路感染

图 1-5　噬菌体研究史上的重要事件

噬菌体研究史上的重要成就如下：

Luria 与 Delbrück 于 1943 年通过噬菌体完成的“彷徨试验”（fluctuation test）揭示了细菌的突变是发生在噬菌体选择之前，噬菌体作为选择因素不过是把突变子选择出来而已，选择因素并非突变的内因，基于此他们提出了“突变与选择理论”。

Hershey 与 Chase 等于 1952 年用放射性元素 P^{32} 标记噬菌体 DNA、用 S^{35} 标记噬菌体衣壳蛋白。通过噬菌体的繁殖，结果在子代噬菌体中发现了 P^{32}，但没有发现 S^{35}，从而证实了遗传的物质基础是 DNA，这一工作获得了 1969 年诺贝尔生理学或医学奖。

在 Hershey 与 Chase 的工作之后不久，1955 年 Seymour Benzer 通过对 T4 噬菌体 *rⅡ* 基因精细结构的解读，揭示了生物遗传学中的三联体密码子。后来，这一工作也得到了 Francis Crick 的支持，这为 20 世纪 50~60 年代形成的生物遗传信息传递的“中心法则”奠定了基础。

1961 年，François Jacob 与 Jacques Monod 报道了大肠埃希菌的乳糖酶调控系统，指出乳糖酶是受底物诱导表达的，且乳糖酶的表达受到抑制子（DNA-结合蛋白）、激活子及终止子的调控，这些工作充分利用了噬菌体载体，以 λ 噬菌体为范例，揭示了基因表达的调控通路。为此，Jacob、Monod 获得 1965 年诺贝尔生理学或医学奖。

20 世纪 50 年代初期，人们认为伴随着噬菌体在大肠埃希菌（*Escherichia coli*）体内的传代而存在非遗传变异（non-heritable variation）现象，60 年代晚期及 70 年代初期，Wende 等发现限制性修饰(restriction-modification,R-M）所表现出来的 DNA 修饰（常常是甲基化修饰）是为了保护大肠埃希菌自身的 DNA 免受限制性内切酶的切割。后来 Smith 等发现Ⅱ型限制性内切酶切割位点的序列特异性，Weiss 等发现了 T4 噬菌体连接酶，这些工作直接为分子克隆技术的诞生奠定了基础。因发现限制性内切酶及其在分子生物学技术中的应用，Werner Arber、Daniel Nathans 及 Hamilton Smith 获得 1978 年诺贝尔生理学或医学奖。

噬菌体载体为基因克隆提供了解决方案。其中，λ 噬菌体载体是强大的表达载体，Collins 等利用 λ 噬菌体构建了黏粒（cosmid），这使得大片段 DNA 克隆成为可能。基于 P1 噬菌体构建的人工染色体（artificial chromosome），被用于克隆更大的 DNA 片段。基于 M13 噬菌体载体的构建，以及 T7 噬菌体 DNA 聚合酶的发现，为高保真 DNA 测序提供了解决方案。

噬菌体技术使得通过细菌基因的突变来研究基因功能成为可能。例如，λ 自杀载体（注入宿主菌体内后不能复制）可用于递送转座子，也用于随机致突变研究。利用 M13 及 fd 噬菌体可以实现定点突变（site-directed mutagenesis）研究。又如，Mu 噬菌体（一种溶原性噬菌体）在大肠埃希菌中可随机转座，用于制备转座子文库。它们都是研究基因功能强有力的工具。

噬菌体在基因组测序技术的建立与发展中举足轻重，生物的全基因组测序首先就是在噬菌体中实现的。第一个被清楚测序的生物基因组是由 Walter Fiers 等于 1976 年完成的单链 RNA 噬菌体 MS2 基因组。紧接着，Fred Sanger 团队于 1977 年完成了单链 DNA 噬菌体 ΦX174 的基因组测序，1982 年该团队又完成了双链 DNA λ 噬菌体的全基因组测序。在 λ 噬菌体测序中建立了鸟枪法文库，使用的限制性内切酶、T4 连接酶、M13 噬菌体载体都是噬菌体产物。这些测序方法与流程后来被用于大肠埃希菌、人类及其他许多生物基因组的测序。

噬菌体展示技术被誉为生物工程技术领域的一大奇葩。在噬菌体中有一类丝状噬菌体（如 M13、fd），其基因组非常小，易于遗传操作，且以分泌形式从宿主菌体内成熟与释放。Smith 等利用这类噬菌体建立了噬菌体展示（phage display）技术。该技术的原理是：用编码某种生物活性肽或蛋白质的基因替换噬菌体的衣壳蛋白基因，从而可把具有应用价值的目标基因编码产物表达在噬菌体表面，用这种工程改造的噬菌体感染宿主菌，即可实现大规模制备具有商业价值的生物活性肽或蛋白质产品。

炙手可热的 CRISPR-Cas9 基因编辑技术即是源于人们对噬菌体与细菌相互作用的深刻理解而建立起来的一种先进技术。这种技术利用了细菌对噬菌体的免疫机制，采用任意人工合成的引导 RNA（guiding RNA）序列与 Cas9 蛋白形成的复合物，在引导 RNA 的引导下，Cas9 可在基因组序列上的特定位置实现人工切割与编辑。

噬菌体也催生了现代合成生物学（synthetic biology）技术。2003 年，Venter 等人工合成并组装了噬菌体 ΦX174 基因组，这是首个通过合成生物学技术合成的生物基因组。合成生物学旨在通过人工合成一些具有某种性质（或功能）的“基因零件”（genetic part），再把所需的零件组装在“底盘”（chassis）上，成为人工改造的基因组，从而让微生物表达与生产人们所需要的产品。噬菌体整合酶、重组酶常被用于催化两个序列的“位点特异性重组”（site-specific recombination）。基于噬菌体 P1 的Cre-loxP位点特异重组系统已在真核细胞或细菌中实现了精细的遗传操作。T7 噬菌体 RNA 聚合酶已被用于合成生物学中的回路设计（circuit design）。因此，将噬菌体用于生物电池、存储器，生物计算机（bio-computer）等已不再是科幻小说中的事。

第三节　噬菌体的应用与展望

一、噬菌体与人类疾病治疗

噬菌体一经发现就与抗细菌感染性疾病密切联系在一起，并且取得了许多成功的经验，但噬菌体的高度宿主特异性严重阻碍了噬菌体治疗的推广应用。1928 年，亚历山大·弗莱明发现了青霉素。19 世纪 30 年代后期，美洲医学联合会药物与化学理事分会在分析文献后认为噬菌体治疗的效果不确定，需要进一步研究。到 20 世纪 40~50 年代，一大批抗生素先后被发现。由于抗生素的有效性和广谱性，使用抗生素治疗微生物感染性疾病成为首选手段。在随后的几十年中，噬菌体治疗（phagotherapy）被世人尤其是西方国家所忽略。这段时期，噬菌体治疗的研究主要存在于欧洲国家，如波兰、格鲁吉亚、俄罗斯等。

近年来，噬菌体治疗再度受到人们的广泛关注，主要原因是随着抗生素的广泛使用甚至滥用，耐药菌不断出现，甚至出现多耐药、泛耐药的细菌，以及对任何抗生素都不敏感的超级细菌（superbug）。目前治疗上最棘手的耐药菌被称为“ESKAPE”（分别为肠球菌、金黄色葡萄球菌、肺炎克雷伯菌、鲍曼不动杆菌、铜绿假单胞菌和肠道杆菌属的英文首字母缩写）。此外，要发现新的抗生素越来越难，研发新抗生素的速度又远远低于耐药菌出现的速度。感染超级细菌的患者变得无药可用，细菌的耐药性已构成对人类的严重威胁。在抗生素之外，人类迫切需要寻求更多的抗感染手段。在此背景下，人类再次把目光投向了噬菌体治疗。2013 年，全球第一个噬菌体裂解酶产品 Gladskin 上市，并被用于治疗耐甲氧西林金黄色葡萄球菌（methicillin-resistant *Staphylococcus aureus*，MRSA）感染。目前还有多个噬菌体裂解酶已进入临床研究阶段。美国食品药品监督管理局（Food and Drug Administration，FDA）于 2013 年认为 Intralytix 公司研发的针对沙门菌的噬菌体制剂 SalmoFresh™是安全产品，并批准其上市。2014 年，美国国立卫生研究院（National Institutes of Health，NIH）认可噬菌体可作为抗耐药菌的手段之一。同年，欧盟斥资 520 万欧元启动噬菌体治疗细菌感染的跨国临床研究计划 Phagoburn，法国、比利时和荷兰的科学家使用噬菌体治疗感染大肠埃希菌和铜绿假单胞菌的烧伤患者。2017 年，美国圣迭戈全球卫生研究所（San Diego’s Global Health Institute）传染病与流行病专家 Steffanie Strathdee 利用噬菌体成功治愈其丈夫的鲍曼不动杆菌感染。2018 年，我国朱同玉等成功用噬菌体治愈了耐药性细菌引起的顽固性尿路感染。

迄今，人类用噬菌体治疗过的病原体包括葡萄球菌、链球菌、克雷伯菌、大肠埃希菌、变形杆菌、铜绿假单胞菌、痢疾杆菌、沙门菌和鲍曼不动杆菌等，在人体上治疗过的疾病包括外伤感染、手术后感染、烧伤感染、胃肠炎、脓毒血症、骨髓炎、皮肤感染、尿路感染、脓胸和肺炎等。目前，能形成共识的是：噬菌体治疗用于耐药菌感染是一种不错的选择。

噬菌体治疗历经百年却尚未得到广泛应用，必然有其限制性。

1. *噬菌体对宿主菌的识别与侵染具有高度特异性*　一般而言，一个噬菌体在同一个菌种的菌株中，其敏感性覆盖率常为百分之几至百分之十几，故常说噬菌体对细菌识别特异性是在细菌“株”的水平。想获得对某一菌“种”普遍有效的噬菌体，是非常困难的。也就是说，好不容易分离鉴定出一种噬菌体，可能只对某一菌种中的少数菌株的感染有效。这种状况严重限制了噬菌体制剂的广泛应用。

2. *噬菌体颗粒具有很强的免疫原性*　噬菌体衣壳蛋白是生物大分子，具有很强的抗原性，可激活机体产生对噬菌体制剂的免疫清除机制。因此，反复在同一个体使用相同噬菌体制剂，会导致噬菌体制剂在体内的生物半衰期大为缩短，降低治疗效果，甚至有可能引发过敏反应。

3. *细菌会对噬菌体的侵染产生耐受性*　与抗生素一样，如果反复使用噬菌体制剂治疗，细菌也会对噬菌体产生耐受性。细菌产生对噬菌体的耐受突变概率比抗生素耐受概率更高。这是因为细菌可以通过较抗生素更多的途径产生对噬菌体的耐受。不难理解，噬菌体制剂广泛使用后，细菌对噬菌体的耐受同样将会是一个严峻的问题。

当然，噬菌体治疗也有其优越性：①噬菌体对细菌的侵染具有高度特异性，不会杀灭目标菌之外的细菌，这就避免了广谱抗生素所导致的“菌群失调”类疾病的发生。②噬菌体在体内清除目标菌后，由于失去宿主菌，不能再复制，它们就会从患者体内自动“消失”，不会发生蓄积中毒。③噬菌体只感染细菌，不会扰乱人体细胞代谢，不引起人类感染性疾病，目前也尚未发现噬菌体治疗会带来严重的毒副作用。④噬菌体不能在动物、植物细胞内复制，迄今也没发现其具有遗传毒性。

目前噬菌体治疗的研究与应用如火如荼，需要对噬菌体治疗前景有一个中肯的评价。有人认为目前已进入“抗生素后时代”，噬菌体治疗可取代抗生素治疗。由于上述噬菌体治疗的限制性，笔者不认为噬菌体治疗会替代抗生素。在相当长的时期内，抗生素仍将是人类抗感染的首要武器。客观地讲，噬菌体治疗的意义在于为人类抗细菌感染提供抗生素之外的又一种手段。尤其是对耐药性细菌感染，噬菌体治疗不失为一种新的选择。

噬菌体治疗要获得更好的应用前景，当从以下几方面做出更多努力。

1. *针对感染病原体研制更好的鸡尾酒制剂*　鸡尾酒制剂是将已分离到的几个相对广谱噬菌体混合组成一种制剂，以期扩展制剂的宿主谱和有效率。要克服噬菌体的宿主谱太窄，最常用、最简便的方法就是研制鸡尾酒制剂。噬菌体鸡尾酒制剂的配方，需要根据临床需求不断更新。应用到具体患者时，应该先做噬菌体制剂的敏感试验，只有应用病原菌敏感的噬菌体制剂，才有可能获得预期治疗效果。这与做抗生素敏感试验是同样道理。前文提到噬菌体容易产生耐受菌，一旦病原菌产生了耐受菌种，可利用耐受菌为宿主菌，迅速分离对耐受菌敏感的噬菌体作为治疗之用。

用于噬菌体治疗的噬菌体制剂，对临床分离菌株的覆盖率越高，其使用价值越大。但目前面临的情况是，要找到广谱性噬菌体，能覆盖某一分类学上的“种”内的绝大多数菌株是很困难的。当看到文献说分离到“广谱噬菌体”时，便需要考察其用于鉴定宿主谱的菌株数量和其代表性如何。如果所用菌株数量太少且来源地单一，或者所有菌株仅来源于研究者所在地，这些菌株可能仅仅是某一个“株”的副本，其代表性很差。只有所用菌株来源地广泛且覆盖了该“种”内的所有血清型，使用这样的“菌株库”来测定的噬菌体的宿主谱，其结果才是可靠的。

2. *使用噬菌体基因编码产物抗细菌感染*　每一个噬菌体在其复制的过程中都会表达出多种对宿主菌产生抑制甚至杀灭作用的物质。目前，已进入应用阶段的、具有杀灭细菌作用的噬菌体基因编码的一类产物称为酶性抗生素（enzybiotic）。这类物质中目前被研究最多的是溶菌酶、胞壁质水解酶及内溶素（endolysin）等。2013 年全球第一个噬菌体裂解酶产品被批准上市，用于治疗 MRSA 感染。目前还有多个噬菌体裂解酶已进入临床研究阶段，其中内溶素尤其引人注目。这类裂解性物质以细菌的胞壁质为作用靶点，因此相较于噬菌体的受体，具有更宽的作用谱。但细菌细胞壁外部常常有一些覆盖物，如革兰氏阴性菌胞壁外常有脂多糖层，阻挡了此类物质与细菌胞壁质的作用。因此，这类裂解酶在胞外多糖相对较少的革兰氏阳性菌感染中可能会更有应用前景。

3. *基因工程改造扩展噬菌体宿主谱*　从理论上讲，通过基因工程改变噬菌体的宿主谱是可行的。笔者实验室也曾将一个噬菌体的受体结合蛋白（receptor binding protein，RBP）替换为另一噬菌体的 RBP，从而改变了其宿主特异性。国际上也有人通过串联两种噬菌体的 RBP，使其宿主谱由 1 个拓展到了 2 个，但从治疗需求来看还远远不够。目前，国际上在扩展细菌的噬菌体宿主谱方面还没有突破性进展。

4. *建立全国性噬菌体收藏库*　目前国内从事噬菌体研究的实验室不少，也分离鉴定了不少噬菌体，但都各自在分散保存，尚没有一个全国性的、权威的噬菌体收藏库。应该通过大协作建立一个全国性噬菌体收藏库，大家共享资源。可以想象，如果该库收藏的噬菌体足够多，当有患者需用噬菌体治疗时，可将从患者体内分离到的病原菌寄送到该库，通过敏感性试验筛选可供使用的噬菌体。这样，将会比各自从自然界新分离可用的噬菌体快捷得多、经济得多。从噬菌体治疗需求来看，建立全国性噬菌体收藏库迫在眉睫。

5. *从高变异噬菌体库筛选目标噬菌体*　绝大多数噬菌体基因组很小，自身没有复制纠错系统，因此噬菌体是高变异物种，其突变率为 $10^{-6}\sim10^{-5}$。正因为噬菌体的高变异性，所以噬菌体才可能在自然界存在天文数字般的生物多样性。一些单链 RNA 噬菌体，基因组更小［可小至数千碱基对（base pair，bp）］，其突变率甚至更高，有的碱基突变率可高达 $10^{-4}\sim10^{-3}$。这种噬菌体的子代，几乎每一个个体都是突变体。如果用高变异性的噬菌体，通过大量繁殖，使其子代噬菌体量达到极高（10^{12} 或更多），并将其作为一个“突变体库”，当分离到病原菌后，就可通过敏感性试验在“突变体库”中筛选，分离到该菌敏感的噬菌体。可以想象，这个库的含量越大，筛选到可用噬菌体的可能性就越大。

二、噬菌体与疾病诊断

噬菌体在疾病诊断中有多方面的用途。

（一）用于细菌的鉴定与分型

传统的细菌鉴定与分型技术是基于细菌的表观特征，如形态、染色、生化试验、血清学试验等。传统的细菌鉴定与分型技术定义的一个细菌的“种”，如果用噬菌体则可将其进一步分为若干“噬菌体型”。例如，利用噬菌体可将具有 Vi 抗原的伤寒沙门菌分为 96 个噬菌体型。我国噬菌体学界前辈何晓青曾在肠杆菌科，尤其是志贺菌属噬菌体分型方面做了大量工作。需要指出的是，由于噬菌体宿主谱的多样性，噬菌体在细菌鉴定中主要用于“种”之下的进一步分型。噬菌体分型目前在临床病原学诊断中的意义不大，但在病原体的流行病学溯源方面具有重要意义。

（二）用于检测标本中的未知细菌

由于噬菌体必须在细菌活体内才能完成其自身复制，如果从标本中检出某种噬菌体，这提示该样本中有相应的活菌存在。因此，如果用某种已知噬菌体作为诊断试剂，与临床标本在 37 ℃孵育 2~3 小时，再检测噬菌体的数量，噬菌体数量若明显增加，那就表明标本中存在相应的活菌。但这类检测，只有获得阳性结果才具有诊断意义，若检测结果为阴性，考虑到所用噬菌体的宿主谱可能不能覆盖该菌种内的所有菌株，故不具有排除诊断的意义。

（三）用于细菌诊断的噬菌体新技术

从诊断角度来考虑，可以利用噬菌体进入宿主菌体内复制后，在释放子代噬菌体时，以是否引起细菌的“裂解活性”作为判断指标来建立诊断方法。此外，在噬菌体诊断的新技术中，也可利用噬菌体与宿主菌之间的“特异性吸附”建立诊断方法。噬菌体与细菌间的特异性吸附是通过其 RBP 与细菌受体的结合完成的。RBP 实质上是噬菌体与细菌受体结合的配体。需要指出的是，利用“特异性吸附”建立的检测方法，其检出率会远远高于利用“裂解活性”建立的检测方法。即使噬菌体完成了吸附，细菌针对噬菌体的复制、转录、翻译、组装等环节的免疫机制发挥了作用，噬菌体还是不能完成复制，不会出现裂解活性，此时就只能检测到特异性吸附，而不能检测到裂解活性。下面介绍的新技术中，有的是基于裂解活性的方法，有的是基于特异性吸附的方法。

1. 噬菌体触发的级联感应技术（sensing of phage-triggered cascade） 该技术是基于噬菌体在侵染细菌时，会在细胞膜上溶解出一微孔，造成胞内离子外流，导致细胞膜内外电势差变化即电容，此变化可被感应和检测。该方法是基于裂解活性的方法，其优势在于检测过程中不要求培养细菌，检测的是活菌，且能被用于检测目前尚不能培养的细菌。

2. 生物发光法 该方法在 4 ℃条件下将噬菌体结合到甲苯磺酰基活化的磁珠上，通过噬菌体的 RBP 与目标细菌的受体结合，再通过磁性分离噬菌体-磁珠-细菌复合物，将其在 37 ℃孵育，噬菌体进入细菌体内进行复制，并裂解细菌，释放出细菌胞内的 ATP。继之，通过“荧光素酶- ATP”生物发光系统检测发光信号，从而实现对目标细菌的检测。该方法亦是基于裂解活性的方法，有赖于噬菌体在活菌体内完成复制，故检测到的只能是活菌，排除了死菌的干扰。

3. 电化学发光传感器法 该方法将已知的噬菌体（或其 RBP）与羧化石墨烯结合形成复合物，再将此复合物定位到玻璃碳电极上，形成电化学发光（electrochemiluminescent,

ECL）传感器，用于检测样本中的目标细菌。在检测过程中，由于噬菌体与细菌结合，形成一个非导电生物复合物，阻遏了界面电子传导，阻断了 ECL 活性分子的扩散，导致 ECL 的衰减。在一定范围内，这种 ECL 的衰减与样本中的细菌呈负相关。该方法是一种非基于裂解活性的方法。

4. *利用基因工程表达的噬菌体 RBP 检测法* 该方法首先采用分子克隆技术在大肠埃希菌中表达噬菌体的 RBP。RBP 不具有裂解活性，但具有与细菌特异性结合的能力，因此可用作检测细菌的试剂。在做 RBP 克隆表达时，还可将编码 RBP 的基因与报告基因（如荧光蛋白基因、荧光素酶基因等）共表达。然后利用报告基因，将噬菌体与细菌之间的特异性结合转化为一种可检测的信号，实现对细菌的检测。该方法是一种基于特异性吸附的方法。

关于噬菌体在疾病诊断与生物检测中的应用将在第 17 章中详细阐述。

三、噬菌体与疾病防控

噬菌体作为细菌的天敌，是影响其宿主菌数量与分布的重要调控因子。宿主菌达到一定数量，为噬菌体繁殖创造了条件。随着噬菌体的繁殖，宿主菌数量又会受到压制。二者存在着此起彼伏的态势。基于此，理论上可以利用噬菌体来调控某一特定环境（如烧伤病房、传染病房、医院环境）中的病原体数量，从而达到防控疾病的目的，但在实际中却很少看到这样的应用。

台湾花莲慈济医学中心陈立光教授首次报道了这一机制的实践应用。由于高耐药性鲍曼不动杆菌在台湾地区扩散流行，2015 年开始，陈立光教授在台湾东部地区医院环境中使用其所研制的“噬菌体清洁剂”（鲍曼不动杆菌噬菌体制剂）进行喷洒灭菌，从而使耐药性鲍曼不动杆菌的医院感染率得到很好的控制。这项工作获得台湾创新奖。这一应用实例表明，在一些特定环境中，如重症监护病房（intensive care unit，ICU）、烧伤病房等，使用噬菌体控制某种病原体密度，从而控制该病原体所致疾病是可行的。噬菌体在疾病防控中的应用将在第 22 章中详细阐述。

四、噬菌体与动植物疾病防控

与人类疾病的防治类似，噬菌体同样可以用于牲畜和家禽类等动物的细菌感染性疾病的治疗、诊断和预防。2006 年，美国 FDA 批准了某公司利用产气荚膜梭菌噬菌体制剂消除养殖活禽中的细菌感染。由于研制动物用噬菌体制剂只需进行动物试验，而人类用噬菌体制剂必须进行人体试验，因此，研制动物用噬菌体制剂所承担的风险更小、成本更低，也更容易实现，具有更广阔的应用前景。

沙门菌、产气荚膜梭菌、大肠埃希菌、金黄色葡萄球菌、链球菌、李斯特菌等是家畜或家禽中的重要病原体，这些病原体所致的家畜或家禽疾病死亡率很高，严重影响到家畜与家禽的生产。在鱼、虾水产养殖中，假单胞菌、杀鲑气单胞菌、嗜水产气单胞菌、发光弧菌、哈维弧菌、爱德华菌、嗜冷水螺菌等是重要的病原体，对水产养殖业危害极大。既往常在畜牧、禽类及海产养殖中使用抗生素以保证产量，但由于抗生素使用引起的耐药性带来的严峻问题，以及抗生素残留对人体健康带来的影响引起全球关注，各国相继出台了在动物性食品生产中限制使用抗生素的相关政策。因此，使用噬菌体来防治家畜、家禽、海产品等细菌感染性疾病具有光明前景，是一个值得开拓的领域。关于噬菌体在畜牧养殖业中的应用，本书第 19 章将有专门论述；噬菌体在水产养殖中的应用将在第 20 章详细介绍。

有些植物病害是由细菌引起的，噬菌体对植物根际和叶际病原菌具有防控潜力。2005 年，美国批准噬菌体制剂用于控制黄单胞菌和丁香假单胞菌引起的番茄和胡椒的叶片黑斑病。利用噬菌体来控制农作物病害也是具有光明前景的应用领域。噬菌体在农业领域尤其是土壤环境中的作用将在第 21 章中详细阐述。

五、噬菌体与工业发酵

发酵工业中常常使用大发酵罐进行大规模发酵，在其发酵过程中常常遇到细菌污染的问题，导致发酵失败，造成数十吨甚至上百吨发酵产物严重损失。使用噬菌体控制发酵过程中的细菌污染早已在发酵工业中成功实现，第 23 章将详细介绍噬菌体在发酵工业中的应用。

六、噬菌体与饮食卫生

食源性疾病是对公共卫生健康的严重威胁。WHO 报告每年死于食物污染和水源性腹泻者约 200 万人。食源性疾病导致美国每年 100 亿~830 亿美元的经济损失。噬菌体制剂已被成功用于控制食品生产中的细菌污染，使得食品得以保鲜，从而控制食源性疾病的发生。在食品卫生领域已有很多上市产品，如美国 FDA 已经批准了多种噬菌体制剂用于食品安全，美国环境保护署（Environmental Protection Ageney，EPA）也批准了一种噬菌体制剂用于控制食品加工厂的细菌污染。噬菌体在食品卫生领域的应用与进展将在第 18 章中详细阐述。

七、噬菌体与生物高技术

与噬菌体有关的分子生物学技术、生物工程技术很多，很多已是常规技术，因篇幅有限，难以一一介绍，这里强调在 3 个方面的应用。

（一）转座子插入致突变文库与细菌基因功能研究

转座子插入致突变文库是用转座子转染目标菌株形成的文库。一个高质量的转座子插入突变文库，其中的每一个细菌都会被一个且只能被一个转座子随机插入，使该基因被插入失活。随机挑取文库中的菌株，以转座子序列为测序引物，侧向测序至失活的细菌基因组的一段序列，即可知道该菌体被插入失活的基因，并以失活基因命名该菌株。如此反复随机挑取菌株测序鉴定，直至库中每个失活基因的菌株都被挑取并完成测序，这样，所有的菌株就构成了一个转座子失活基因的文库。有些生物工程公司专门制作这种转座子文库，很多菌种已有商品化的转座子文库出售，这为研究单基因失活后的表型变异及基因功能研究提供了基础。目前，几乎所有病原性细菌都有菌株被完成了全基因组测序，但通过注释分析会发现超过半数的细菌基因尚是功能未知基因。有的基因虽然被注释了一种功能，但这很可能只是其功能的一个方面。因此，细菌功能基因组学研究仍然任重而道远，而转座子文库是研究基因功能的有力武器。转座子文库的建立与使用将在第 35 章中详细阐述。

（二）噬菌体展示技术与生物制药

噬菌体展示技术是一种高效制备生物活性肽或蛋白质分子的现代分子生物学技术。其原理是用欲表达的基因替换噬菌体的衣壳蛋白编码基因，使欲制备的活性肽或蛋白质分子表达在衣壳蛋白上，呈现在噬菌体颗粒表面。用这样重组的噬菌体感染宿主菌，获得大量噬菌体颗粒，再从噬菌体颗粒回收目标分子。这是一种制备生物活性肽或蛋白质分子的实用性技术。噬菌体展示技术及其应用将在第 25 章中详细阐述。

（三）基因编辑技术与生物改造

近年来，在研究噬菌体与宿主菌相互作用的过程中发现了细菌的 CRISPR/Cas 系统，并基于该系统的作用机制，建立了基因编辑技术，虽然该系统中的 Cas 蛋白作为核酸切割酶并不具有识别和特异切割 DNA 序列的特点，但在引导序列（guiding sequence）的引导下其切割活性就具备了特异性。而引导序列是可以人为任意合成的，这就使得研究人员获得了在基因组上任意切割某一部分，或进而插入目标序列的技术手段，这就是基因编辑技术。基因编辑技术可用于编辑任何生物（包括人类）的基因组。但是，若将其用于编辑人体胚胎基因组时，在胚胎期被改变的基因组将存在于人体的所有有核细胞（包括生殖细胞）中，这会导致被编辑的基因在人类中扩散，其危险性是无法评估的。各国都严格禁止使用基因编辑技术来改变人体胚胎的基因组。因此，基因编辑技术用之于人体，仅限于编辑体细胞，用于治疗基因突变所致遗传性疾病。在微生物学中，基因编辑技术是制备微生物突变体的有力工具。CRISPR/Cas 基因编辑技术及其应用将在第 13 章中详细阐述。

噬菌体作为非细胞型病毒，严格寄生在原核细胞微生物体内，培养成本低，且易于遗传操作。因此，噬菌体是生命科学领域研究生命现象及其规律的理想对象和材料。历史上，噬菌体研究为今天的分子生物学、合成生物学、基因工程技术及基因编辑技术等领域做出了不可磨灭的巨大贡献。但人类在认识生命现象的本质及其规律方面，尚任重而道远，相信噬菌体将在生命科学领域继续发挥重大作用。

噬菌体作为细菌的天敌，在抗细菌感染领域天然地具有应用前景，但由于噬菌体的宿主谱太窄，严重限制了噬菌体治疗的推广与应用，如何突破噬菌体治疗的限制性瓶颈、拓展噬菌体宿主谱、研发噬菌体基因编码产物、应用于细菌感染性疾病的治疗，亟待取得突破。在细菌对抗生素的耐药性日趋严重的今天，超级细菌的感染已导致无有效抗生素可用，在抗耐药性细菌感染方面，噬菌体治疗是不错的选择，且有成功的先例。

噬菌体应用不仅仅限于疾病治疗，在疾病诊断、疾病防控、兽医、生物制药、畜禽养殖、水产养殖、食品卫生、工业发酵、土壤生态防治等领域都有着光明的应用前景。

参考文献

2 噬菌体的形态结构与繁殖

——谢建平　张　蕾

噬菌体是地球生物圈中多样性和丰度都最大的生物，其作用很多。它们可以是生态系统中的捕食者、生物地球化学循环的驱动者、发酵罐的污染者，也可能是动植物致病菌的天敌。噬菌体也是人体内微生物的重要成员，在人体菌群的种类、数量及其分布的调控中具有极其重要的作用，因此对人体健康具有重要意义。在人体微生物群落中，噬菌体是抗生素耐药组（resistome）的重要载体。噬菌体是防治农业细菌病害的重要工具，在防控抗生素耐药菌感染中也发挥日益重要的功能。同时，噬菌体及其编码的蛋白质在抗细菌感染中应用前景广泛，如致病细菌的控制、检测和分型、药物递送载体和疫苗组分展示等方面都有广泛应用。尤其是噬菌体编码的抗宿主细菌适应性免疫系统关键蛋白CRISPR/Cas 的抗 CRISPR 分子，最近备受关注。因此，噬菌体成为当前生命科学领域的热点。

噬菌体能特异性感染宿主菌。噬菌体的宿主菌一般是某菌种内的一些细菌株或亚群，有些噬菌体也可以感染几个相关菌种内的某些细菌。噬菌体的寄生是绝对寄生，其基因组除编码自身遗传与复制所需遗传元件外，还含有调控宿主菌繁殖所需的信息，但缺乏产生能量和合成蛋白质的细胞器。噬菌体基因组大小一般为几千至几万碱基对。迄今测序发现的最大的噬菌体 G，其基因组大小为 480 000 bp，但仍然缺乏核糖体等细胞器。

第一节　宿主细菌结构和生理

一、细菌的细胞膜

细菌的细胞膜与真核细胞膜类似，但细菌的细胞膜一般缺乏胆固醇。细菌的细胞膜具有许多内嵌蛋白，可以执行真核生物中细胞器的功能，如能量产生、蛋白质分泌、信号传入、鞭毛和纤毛锚定、营养和代谢物的选择性运输、肽聚糖层和细胞外膜组分合成等，部分噬菌体的衣壳组装也在细胞膜上完成。目前研究最多的是大肠埃希菌和枯草芽孢杆菌（*Bacillus subtilis*）的细胞膜。蛋白质和磷脂分别占细胞膜组分的一半，细胞膜中的蛋白质约为整个细胞蛋白质的 6%～9%。大肠埃希菌 65%～75%的磷脂为磷脂酰乙醇胺

作者单位：谢建平、张蕾，西南大学生命科学学院。

(phosphatidylethanolamine，70% ~ 80%）和磷脂酰甘油（phosphatidylglycerol，PG，15%~25%）。膜蛋白种类随生长条件而变化很大。产能机制、跨膜信号传递、蛋白质运输系统及其他因素都可能改变细胞可利用的资源和能量。许多噬菌体可编码新的膜蛋白，如 T4 噬菌体感染可以改变宿主菌的膜脂类型。

二、肽聚糖

细菌细胞壁由肽聚糖（peptidoglycan）组成，类似一个口袋，是决定细菌形状刚性的一个巨大分子复合体，防止细菌在低渗条件下破裂（图 2-1）。肽聚糖可以延伸、分裂，且不丧失其结构完整性。肽聚糖也是青霉素等抗生素作用的靶点。*N*-乙酰葡萄糖胺（*N*-acetylglucosamine，NAG）和 *N*-乙酰胞壁酸（*N*-acetyl muramic acid，NAM）构成肽聚糖“口袋”的聚糖凸起，包裹杆状细菌的圆柱状轴。短肽交联聚糖链，形成二维片层。G^+菌的外壁是这些片层的大量堆积，其间有许多连接。G^+菌的噬菌体一般识别嵌入肽聚糖的某一组分，如磷壁酸（teichoic acid）。相反，G^-菌往往只有一层锚定在外膜上的胞壁蛋白（murein）。裂解性噬菌体感染 G^+菌或 G^-菌后，大量繁殖的烈解性噬菌体释放则需要破坏宿主菌的肽聚糖。与大多数细菌不同，支原体（mycoplasma）没有肽聚糖层。支原体噬菌体识别、感染宿主支原体，以及从支原体释放的分子机制不同于普通细菌的噬菌体。

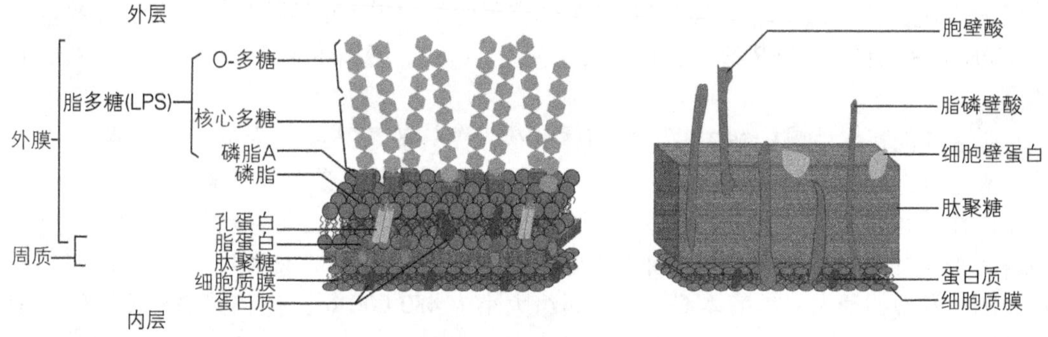

图 2-1 彩图

图 2-1　G^+菌和 G^-菌的细胞膜和肽聚糖

三、G^-菌的外膜和周质空间

G^-菌外膜的内表面类似细胞膜的磷脂组分，可以与内膜的磷脂迅速交换。外膜外表面的脂类是独特的脂多糖（lipopolysaccharide，LPS），它包括三个部分：疏水的脂质 A（作为膜上的锚）、复杂的远端多糖 O 抗原及核心多糖。O 抗原在细菌与宿主相互作用和毒力中发挥重要作用，菌株名称如 *E. coli* O157 中体现了 O 抗原，而许多实验室菌株如 *E. coli* K-12 没有 O 抗原。噬菌体研究中应用较多的 *E. coli* B 甚至还缺乏脂多糖核心。外膜具有几个家族的孔蛋白（porin）——这些蛋白质形成大的 β 桶状通道，中央带电荷，支持非特异性、小亲水分子快速通过，但是大的亲脂分子不能通过。高亲和力的受体蛋白可以特异性加速溶解物如维生素 B_{12}、儿茶酚（catechol）、脂肪酸和铁衍生物的运输。每个细菌细胞表面具有约 300 万个脂多糖分子、70 万个脂蛋白（lipoprotein）和 20 万个孔蛋白。脂蛋白和孔蛋白连通外膜和肽聚糖层。其他受体蛋白的浓度变化较大，取决于环境条件和所需要运输的底物。这种巨大的变化幅度与适应宿主、逃避宿主免疫攻击有关。感染宿主的噬菌体 DNA 需要穿越富含核酸酶、蛋白酶和胶状的周质空间（periplasmic space）。锚定在内膜、跨周质空间的蛋白质 TonB 和 TolA 是宿主细菌各种摄取系统和噬菌体感染所需的重要组分。Tol 蛋白系统在维持周质蛋白、抗生素、染料、去垢剂抗性中发挥重要作用。细菌细胞质是还原性环境，细菌周质空间则为氧化性环境，蛋白质一旦进入周质空间便可能形成二硫键。周质蛋白辅助二硫键形成，在丝状噬菌体的组装中发挥功能。周质空间无核苷三磷酸（nucleoside triphosphate，NTP），因此周质空间的核酸酶和蛋白酶发挥作用的方式与细胞质中的差异很大。

四、细胞能量

目前，噬菌体研究涉及的细菌一般通过两种方式获得能量：发酵（fermentation）和呼吸（respiration）。细菌从氧化底物分子获得电子，从 ATP、NADH 或者类似辅酶获得能量。电势较低的电子，需要还原某些最终电子受体。发酵时，电子从底物如葡萄糖转移给分解产物，产生乙醇或者乳酸，葡萄糖中的能量只有部分能够被使用。呼吸时，电子经过位于膜上的电子传递链，如果是好氧呼吸（aerobic respiration）则还原氧为水；如果是厌氧呼吸（anaerobic respiration）则还原三价铁为二价铁，还原硫酸为亚硫酸，还原延胡索酸为琥珀酸，或者还原硝酸为亚硝酸，甚至还原为分子氮。电子传递链系统定位在细胞膜上，运输质子 H^+ 到细胞膜外，形成电化学势（electrochemical potential），称为跨膜质子动力（proton motive force，PMF）。PMF 中蕴含的能量可以被捕获，利用质子进入细胞膜，降低电势梯度，产生 ATP，共转运乳糖或者无机离子，或者通过鞭毛蛋白质复合体支持细胞运动。噬菌体感染时，PMF 非常关键。PMF 分为 pH 梯度与电荷分离产生的膜电势两部分。许多噬菌体的 DNA 转入细胞需要膜电势。

第二节　噬菌体的形态与结构

一、噬菌体的形态

噬菌体分类主要依据宿主偏好性，以及噬菌体形态、基因组核酸类型、辅助结构（如尾部或包膜）等。其中，最关键的依据是噬菌体形态和核酸。噬菌体基因组可以是 DNA 或 RNA，大多数噬菌体含有双链 DNA（double strand DNA，dsDNA），少数噬菌体为单链 DNA（single strand DNA，ssDNA）或单链 RNA（single strand RNA，ssRNA）。噬菌体只有少数几种形态（图 2-2，图 2-3）：丝状、有尾或无尾二十面体（icosahedron）、含有脂类包膜。

有尾噬菌体属于有尾噬菌体目（*Caudovirales*），基因组为 dsDNA，分布广泛，已知的噬菌体中 96% 属于有尾噬菌体。有尾噬菌体目分为三个科：肌尾噬菌体科（*Myoviridae*），占有尾噬菌体数量的 25%，尾部可收缩，尾鞘具有中心管（central tube）；长尾噬菌体科（*Siphoviridae*），占有尾噬菌体数量的 61%，尾部长，不能收缩；短尾噬菌体科（*Podoviridae*），占有尾噬菌体数量的 14%。因为有尾噬菌体容易分离、纯化，所

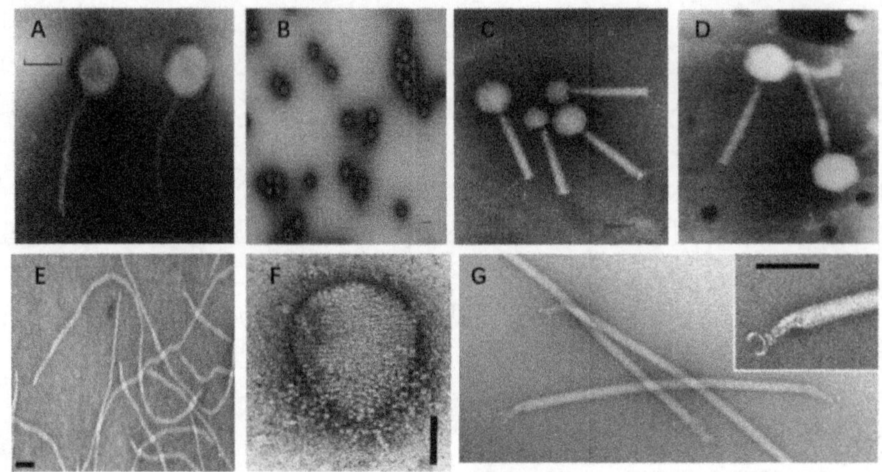

图 2-2 常见噬菌体形态（1）

A. 长尾噬菌体科噬菌体 λ（标尺：50 nm）；B. 短尾噬菌体科噬菌体 P22，磷钨酸负染色（标尺：100 nm）；C. 噬菌体 P2（大）和 P4（小）；D. 噬菌体 P1，磷钨酸钠染色（标尺：25 nm）；E. 丝状噬菌体科噬菌体 B5；F. 滴状病毒科噬菌体；G. 具有尾部的泉古菌丝状噬菌体（引自 King J，Casjens S，1974）

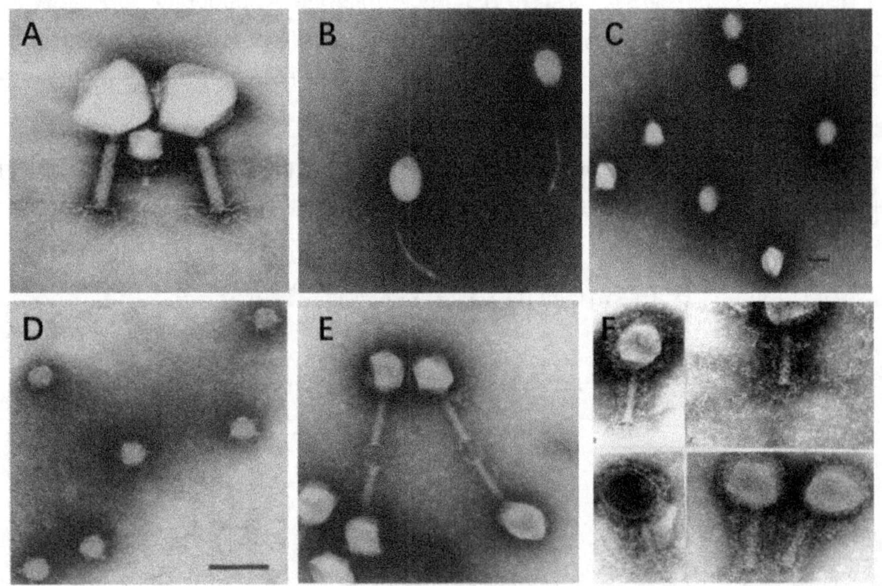

图 2-3 常见噬菌体形态图（2）

A. 噬菌体 f29 和 T2；B. 电镜下的噬菌体 T5（标尺：10 nm）；C. 电镜下的噬菌体 T7（标尺：10 nm）；D. 噬菌体 ΦX174，磷钨酸负染（标尺：50 nm）；E、F. 免疫电镜下的 T4 噬菌体

以对这一类噬菌体的研究最多。

在质量上，噬菌体颗粒一半是 dsDNA，一半是蛋白质。噬菌体的二十面体头部由一种或者两种蛋白质的多个拷贝组装而成，顶角主要是蛋白质五聚体。其他部分主要是由相同或者类似蛋白质组成的六聚体。古菌噬菌体（archaephage）形态特殊，具有多态性。已知泉古菌门（Crenarchaeota）的噬菌体类似有尾噬菌体。无尾噬菌体有 10 个科，每个科的成员都很少，区分这些噬菌体主要依据下列指标：形状（杆状、球状、柠檬状、多态型）、

是否包裹在脂类中、基因为单链还是双链 DNA/RNA、是否分节、释放是否通过裂解宿主或者从细胞表面芽生排出，一般结构、大小、核酸、吸附位点、释放方式等可以作为鉴别特征。目前对极端环境如极端 pH、温度、盐度环境下分离的噬菌体的了解甚少，这些噬菌体主要侵染古菌。

二、噬菌体的结构

噬菌体的结构主要是指蛋白质结构及基因组结构。蛋白质结构包括衣壳蛋白（壳微粒），衣壳蛋白包裹核酸形成核衣壳、顶体、五邻体或六邻体。基因组结构包括 dsDNA、ssDNA、dsRNA 和 ssRNA 等四种。

丝状噬菌体大约有 190 种，分为至少 10 个科。芽生噬菌体科（*Plasmaviridae*）为 dsDNA 噬菌体，其 dsDNA 被脂蛋白包裹，成为核蛋白颗粒（nucleoprotein granule）。肌尾噬菌体科在柠檬状衣壳内部具有 dsDNA，其一端具有短刺突（spike）。液滴噬菌体科（*Guttaviridae*）具有 dsDNA，呈液滴状，有的噬菌体为螺旋状或者丝状。丝状病毒科（*Inoviridae*）的基因组为 ssDNA，形态为丝状，有的硬，有的柔软，长度各异。丝状噬菌体可以根据颗粒长度、包膜结构和 DNA 分类。脂毛噬菌体科（*Lipothrixviridae*）的基因组为 dsDNA，形态为杆状，具有脂蛋白包膜，其天然宿主是泉古菌。小杆状噬菌体科（*Rudiviridae*）含有 dsDNA，呈硬杆状，缺乏包膜，类似烟草花叶病毒。轻小噬菌体科（*Leviviridae*）的 ssRNA 包装在小衣壳内，类似肠病毒。披盖噬菌体科（*Corticoviridae*）噬菌体具有 3 分子 dsRNA 和特殊的 RNA 聚合酶。衣壳对称的二十面体 DNA 噬菌体包括：微小噬菌体科（*Microviridae*），具有单环 ssDNA 的小噬菌体粒子；囊状噬菌体科（*Cystoviridae*），目前只有海洋噬菌体 PM2，其衣壳外部是蛋白质，内部是脂双层，衣壳含有 dsDNA 基因组；复层噬菌体科（*Tectiviridae*）的 dsDNA 包裹在蛋白质衣壳内。这 3 个科的噬菌体在包膜顶端都具有刺突。

噬菌体根据有无尾部可分为有尾噬菌体和无尾噬菌体，有尾噬菌体又分为长尾和短尾（图 2-4），有的短尾噬菌体在电镜下也不容易分辨。噬菌体常见的形态有球形、杆状（或丝状）以及复合对称的蝌蚪状。

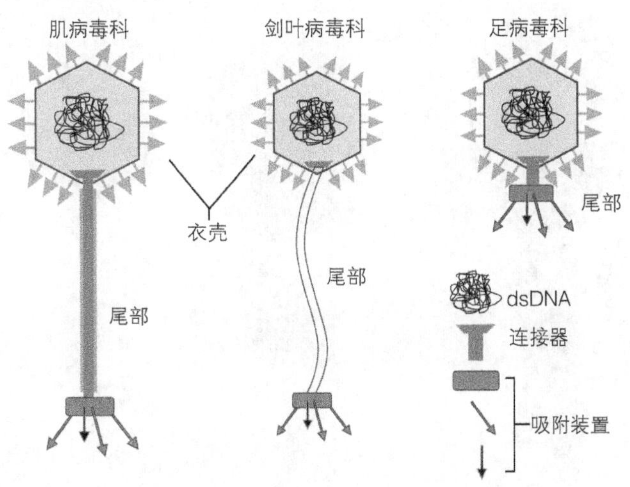

图 2-4　有尾噬菌体的模式结构图

不同噬菌体的结构不同，因篇幅有限，在此不一一详述。这里以 T4 噬菌体为例做一简述，标明相应编码基因的 T7 噬菌体（图 2-5）作为辅助对照。

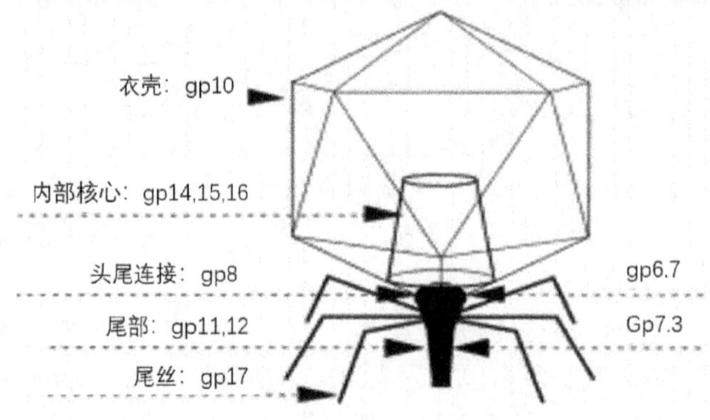

图 2-5　T7 噬菌体的模式结构图

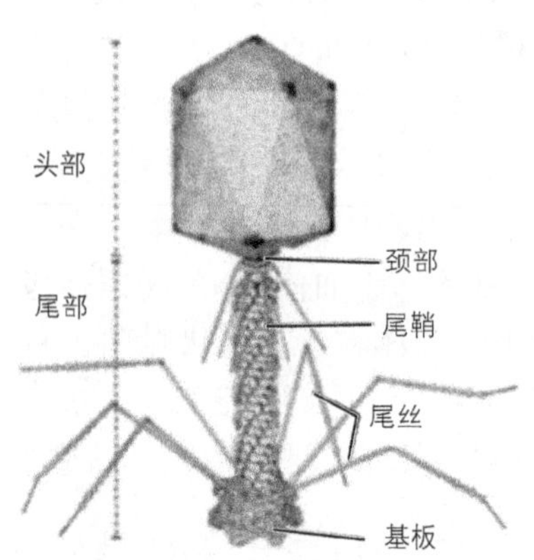

图 2-6　T4 噬菌体的复合对称结构

T4 噬菌体构造属复合对称模式（图 2-6，图 2-7），属于 dsDNA 病毒，形态为蝌蚪状，由头部、颈部和尾部 3 个部分构成。头部为二十面体对称，尾部呈螺旋对称。头部长95 nm，直径约为65 nm，其衣壳由 8 种蛋白质组成。头部与尾部相连处有一构造简单的颈部，包括颈环和颈须两个部分，尾部由尾鞘、尾管、基板（baseplate）、尾钉和尾丝五个部分组成。尾鞘、尾管长均为 95 nm，是头部核酸进入寄主细胞的通道。尾板上长着 6 根尾丝和 6 个尾钉（图 2-6，图 2-7）。尾丝和尾钉都具有吸附功能，尤其是尾丝能专一性吸附在敏感寄主细胞表面相应的受体上，大小为 110 nm×20 nm，尾丝可伸展至140 nm。尾部含 2 种蛋白质，呈棒状。

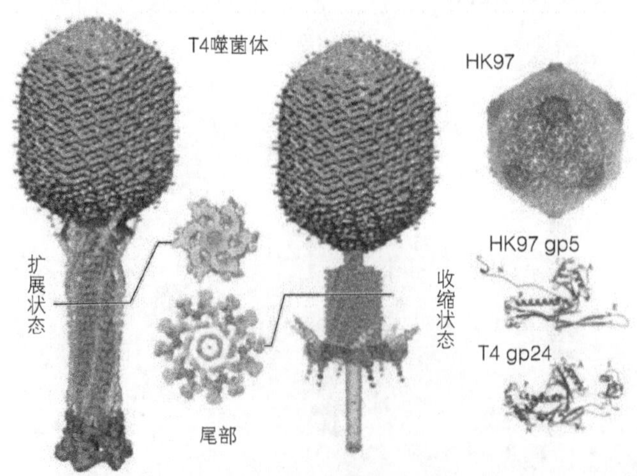

图 2-7　冷冻电镜下的 T4 噬菌体结构和 X 射线下的 HK97 噬菌体结构

最右侧比较了 HK97 的 gp5 和 T4 的 gp24 衣壳蛋白的结构

三、噬菌体囊膜

多数噬菌体没有囊膜，只有少数具有囊膜。具有囊膜的噬菌体在成熟期出芽分泌时获得宿主菌细胞膜的磷脂双分子层结构，细胞膜中部分镶嵌蛋白可以由噬菌体基因编码。具有囊膜的噬菌体对有机溶剂（如乙醇、氯仿）敏感，用有机溶剂处理有囊膜的噬菌体后，会使其失去感染性。

第三节 噬菌体的繁殖

噬菌体根据繁殖周期可分为裂解性噬菌体和溶原性噬菌体。裂解性噬菌体的特征是裂解性感染，它可以利用宿主菌的核糖体来合成子代噬菌体，每个细菌体内可合成并裂解释放出几十至数百个子代噬菌体，宿主菌的资源几乎都被噬菌体占用。宿主细胞最后裂解、死亡，新噬菌体释放到细胞外。溶原性噬菌体也称为温和噬菌体，它将DNA整合到宿主基因组，也可能以质粒形式存在。整合到宿主菌基因组的噬菌体DNA随着细菌基因组复制而复制，子代细菌将噬菌体DNA作为其基因组的一部分，宿主菌可以不表现代谢异常。溶原性噬菌体也可以在特定条件下回复到裂解性生长，释放出组装好的噬菌体。有些噬菌体能够改变感染模式。溶原性噬菌体不适合用于治疗。

噬菌体繁殖包括：识别（吸附）、穿入、生物合成（蛋白质合成和基因组复制）、组装、释放等五个方面（图2-8，图2-9）。dsDNA、ssDNA、dsRNA、ssRNA基因组的复制机制各异。

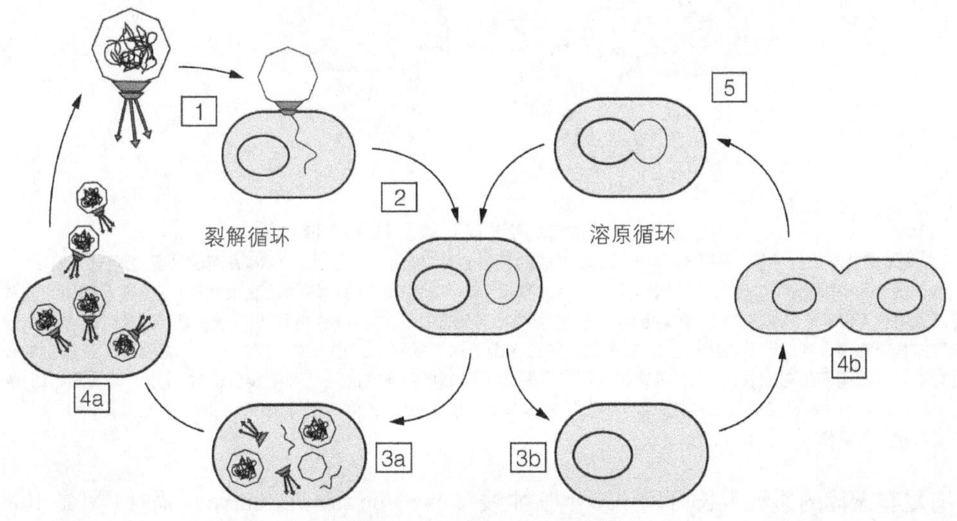

图2-8 噬菌体的繁殖周期

1. 噬菌体吸附宿主，注入DNA；2. 噬菌体DNA进入裂解性生长或者溶原性生长；3a. 合成新噬菌体DNA和蛋白质，组装噬菌体颗粒；4a. 细胞裂解释放噬菌体颗粒；3b、4b. 溶原性生长，噬菌体基因组整合到宿主染色体内，成为前噬菌体，与宿主一起繁殖；5. 有时前噬菌体从宿主染色体切离，进入繁殖周期

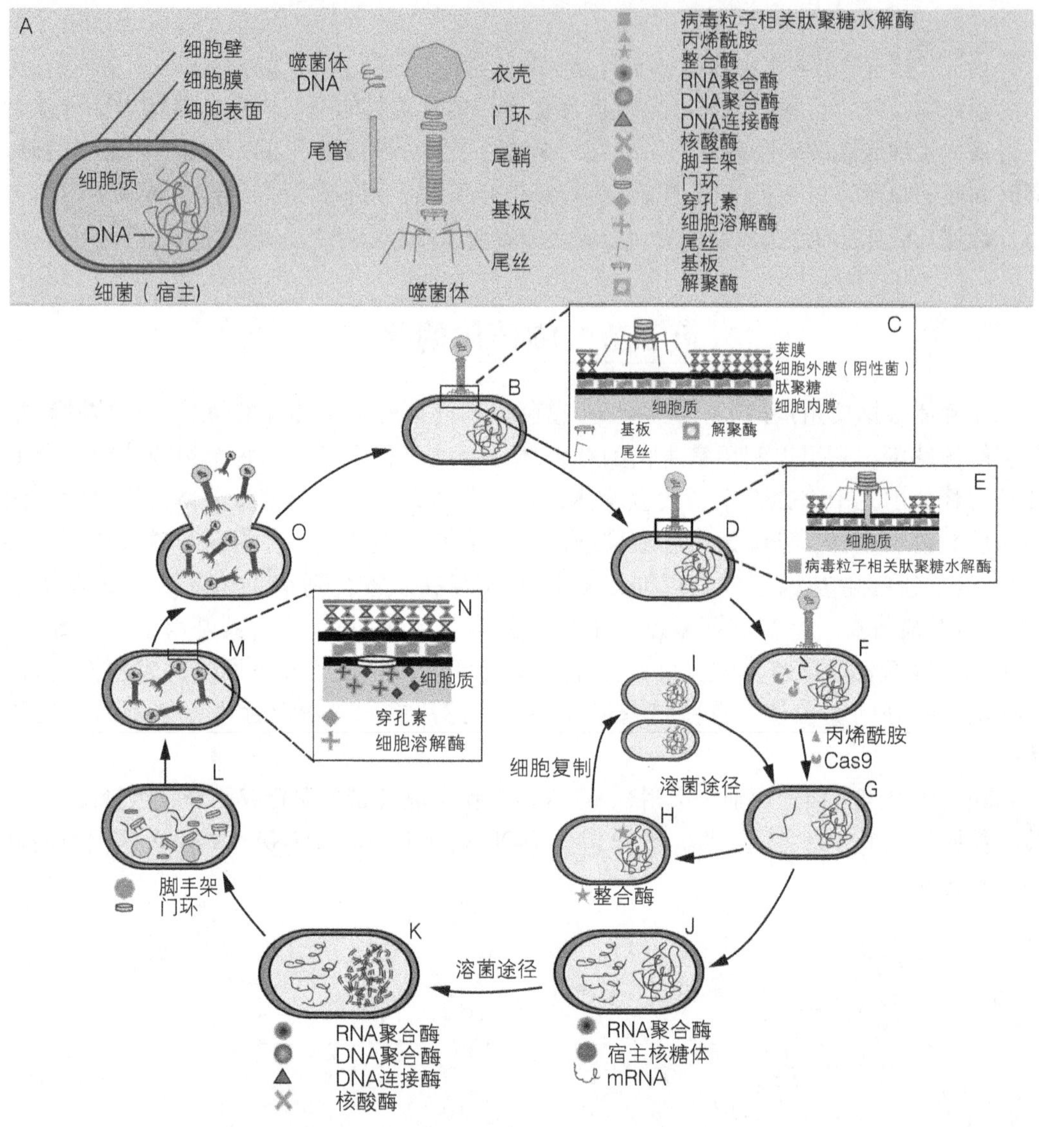

图 2-9　噬菌体繁殖过程与涉及的主要蛋白质

A. 噬菌体繁殖涉及的环境、酶、蛋白质，以及合成的元件；B. 吸附：噬菌体与细菌表面的特异性受体结合；C. RBP如尾纤维、尾突及解聚酶；D. 噬菌体基因组注入细菌细胞质；E. VAPGH帮助破坏细菌肽聚糖层；F. 进入细菌细胞质的噬菌体可以利用抗CRISPR（Acr）抵御细菌免疫；G. 噬菌体两种繁殖方式的抉择：溶原性生长；H. 在溶原菌整合酶的作用下，噬菌体基因组整合到细菌基因组上；I. 前噬菌体随宿主菌基因组复制（或进入繁殖周期）；J. 噬菌体劫持宿主的核糖体等，进行基因组复制和蛋白质表达；K. 噬菌体利用自身基因编码的蛋白质完成复制和组装所需的部分关键步骤；L. 表达噬菌体的结构蛋白；M. 组装成新噬菌颗粒；N. 子代噬菌体释放：需要内溶素和穿孔素在细菌细胞膜上打孔；O. 细菌裂解，噬菌体进行新一轮繁殖

有尾噬菌体的裂解生长可用一步生长曲线（one-step growth curve）描述(图 2-10)。测定一步生长曲线的过程如下：噬菌体与适当的宿主细菌以较低的感染复数混合，吸附几分钟后，稀释被感染的细胞（避免释放的噬菌体黏附到未感染的细胞或者细菌碎片），分别在不同时间点将其铺板。一个噬菌体颗粒繁殖后在平板上产生噬斑。裂解性噬菌体在宿主菌中繁殖出一定数量的子代颗粒，即可导致宿主菌裂解，这个数量就称为“裂解

量”（burst size）或“暴发量”。裂解量通常是一个噬菌体“种的特征”，但裂解量和潜伏期也会受到生长条件的影响。宿主菌代谢状态可以影响感染效率、时间及生长曲线。一旦噬菌体控制了宿主细胞，宿主细胞就不再进行自主代谢。

下面分步介绍噬菌体感染宿主菌后，在一步生长周期各阶段发生的主要生化事件。

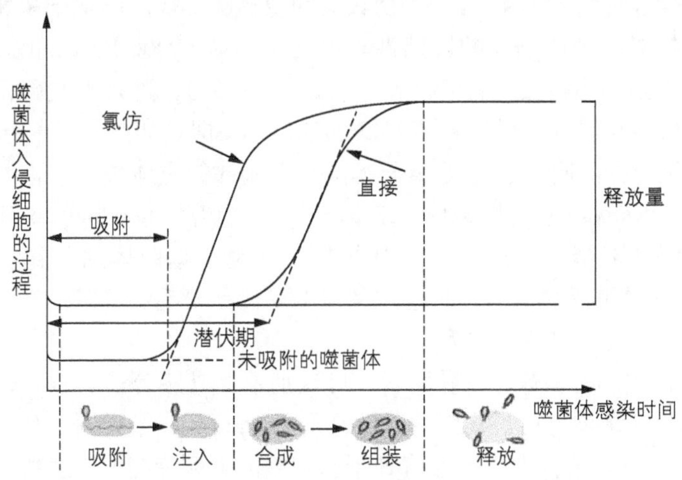

图 2-10　噬菌体感染宿主后的一步生长曲线

一、噬菌体对宿主菌的识别

（一）有尾噬菌体对宿主菌的识别

有尾噬菌体尾部的黏附位点（attachment site）与宿主菌表面分子相互作用，识别宿主菌。噬菌体与宿主菌受体结合的分子是一种黏附素（adhesin），可以是一根尾丝纤维，抑或是数根尾丝纤维簇。吸附分为多步完成：一开始，噬菌体黏附素与宿主纤维可逆结合，接着是基板正确定位，然后是其他的尾丝蛋白与另一个宿主菌的受体分子结合，多分子结合后即形成不可逆结合。G^-菌的噬菌体受体多种多样，如脂多糖、外膜孔蛋白及运输蛋白。G^+菌的受体则可能是肽聚糖、嵌入的磷壁酸或细胞壁上的其他结合蛋白，也可能是分泌的胞外基质组分，如多糖 K（polysaccharide K）、S 蛋白质层（S proteinaceous layer）。噬菌体的黏附蛋白也非常复杂，可以识别不同细菌的不同受体。噬菌体突变、种内或种间重组，包括与隐性前噬菌体（cryptic prophage）重组，可获得不同的宿主特异性。噬菌体的黏附素基因区可能是其基因组中变化最大的区域。认识宿主菌细胞表面结构，有助于揭示噬菌体-细菌相互作用的机制。

（二）噬菌体对 G^-菌的识别

G^-菌的外膜通透性比内膜强（图 2-11），细菌的外膜孔蛋白多达 2×10^5 个，小的亲水分子可以经此通过，而大分子或者亲脂分子不能通过外膜。噬菌体可以利用细菌的各种高亲和力受体，这些受体促进特异性运输儿茶酚、脂肪酸、维生素 B_{12}、铁衍生物等。受体蛋白的浓度取决于环境，以及需要运输的化合物。G^-菌外膜与细胞膜类似，其内侧主要是磷脂如磷脂酰乙醇胺和磷脂酰甘油，外侧则是 3×10^6 个独特的脂多糖分子（图 2-12）。噬菌体受体可能是脂多糖组分、膜蛋白或者二者均可。每个细胞只有 5 个拷贝的蛋白质如 NfrA 也可以作为大肠埃希菌噬菌体 N4 的受体。环境因素、细菌生理状态可能影响噬菌体-细菌间的相互作用。生理浓度的胆酸盐可以抑制噬菌体 1、噬菌体 P1 或噬菌体 T4 吸附。大肠埃希菌相变（phase variable）的主要蛋白质是 Ag43，如果没有碳水化合物组分，或者有质粒表达的产物，或者存在过量 Mg^{2+}（1 和 T4）和 Ca^{2+}（P1），噬菌体的吸附也会被抑制。Ag43 参与细菌聚集和生物膜形成。肠道细菌相变的生物学功能之一可能是调控对噬菌体感染的敏感性。识别糖萼（glycocalyx）和多糖 K 的噬菌体多为短尾噬菌体，其尾部刺突具有酶活性，可以解聚多糖，进入细胞膜，得以与受体不可逆结合，如感染有包膜的大肠埃希菌 K29 的噬菌体 f 即是如此。细菌脂多糖的 O 抗原可能参与识别噬菌体的黏附素，也可能干扰位于更深部的受体位点，阻断或者延缓噬菌体吸附。沙门菌（*Salmonella*）噬菌体 P22 具有糖苷内切酶（endoglycosidase）活性的尾部刺突，可以水解脂多糖，结合并切除 O 抗原，有利于噬菌体黏附到细胞膜核心部位（图 2-13）。少数有尾噬菌体如沙门菌噬菌体 c 的受体是鞭毛和纤毛。纤毛和鞭毛也常被丝状噬菌体或者其他无尾噬菌体作为受体。

G^-菌噬菌体多数具有多样化的黏附素，可识别不同外膜分子。T4 噬菌体 Tula 和 T2 可识别 OmpF，T2 噬菌体还可识别脂肪酸转运蛋白 FadL。一个黏附素也可能识别不同受体。T4 噬菌体既能有效结合大肠埃希菌 B 型脂多糖的末端葡萄糖，也能有效结合 K 菌株具有的外膜蛋白 OmpC。大肠埃希菌 O157 的 OmpC 则不同，不能被 T4 噬菌体识别，但可以被噬菌体 PPO1 和 AR1 识别。PPO1 或 AR1 都不能结合标准的 K12 或 B 实验菌株。过去被认为是 O-157 特异性的受体 AR1，后来被发现也可以感染大肠埃希菌参考菌株库（*E. coli* collection of reference，ECOR）中的 72 个菌株，PPO1 可以感染这 72 个菌株中的 9 个。这提示至少对于 AR1 而言，受体不止 OmpC。

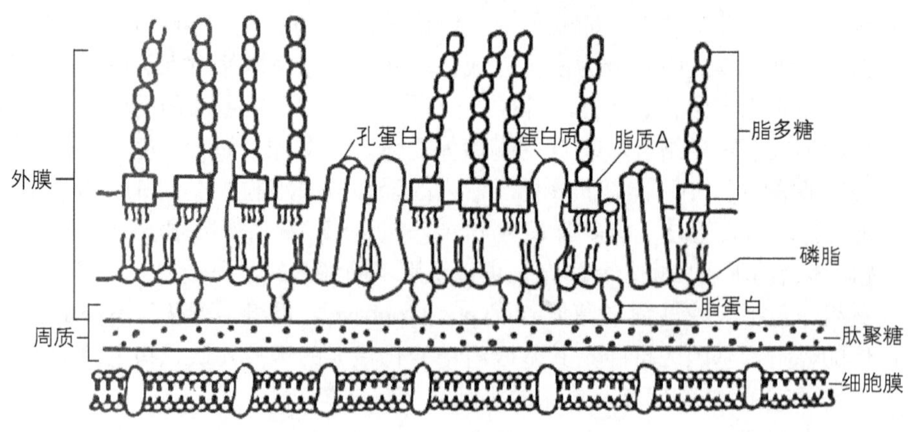

图 2-11　G^-菌外膜

（三）噬菌体对 G^+ 菌的识别

由于肽桥的氨基酸使用差异，G^+菌的肽聚糖层变化比较大（图 2-14），磷壁酸也具有多样性。蛋白质与细胞壁的结合，可能通过 C 端锚定序列，也可能通过 N 端脂蛋白锚定，与环境相互作用的方式也多种多样。金黄色葡萄球菌 A 蛋白（staphylococal protein A）

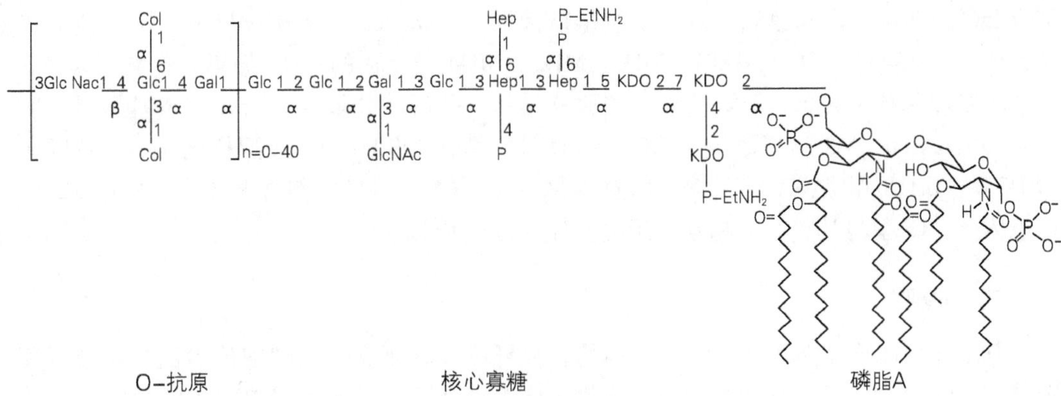

图 2-12 脂多糖结构

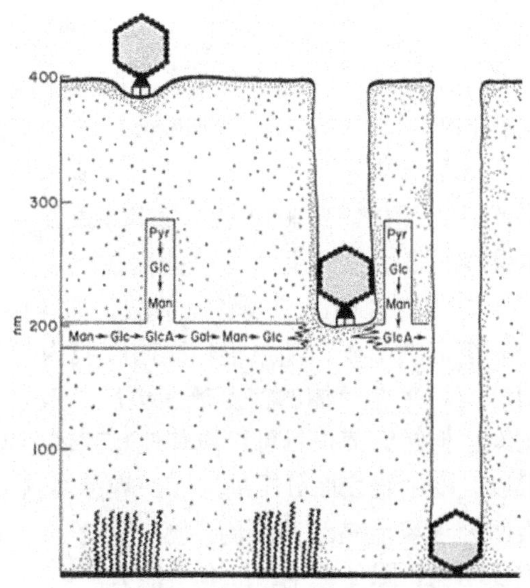

图 2-13 K 抗原特异性噬菌体感染荚膜大肠埃希菌

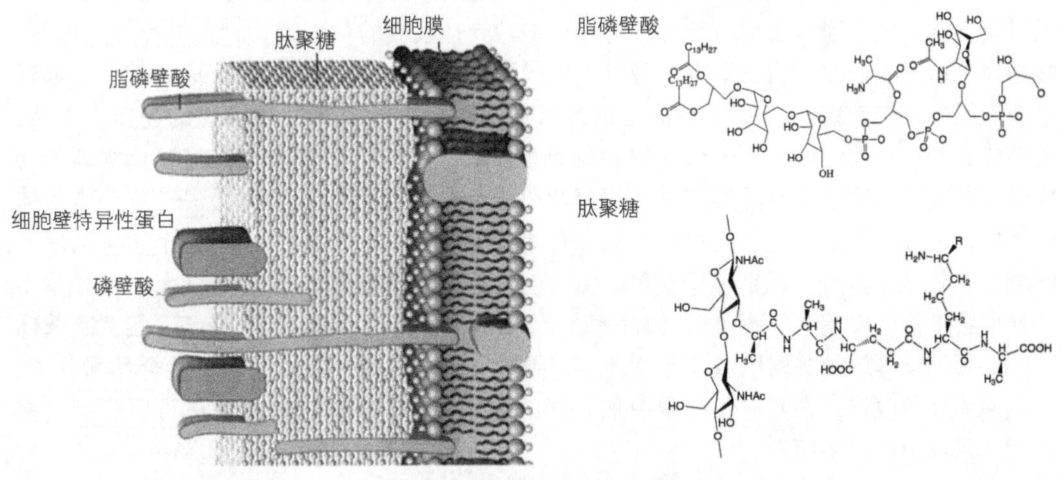

图 2-14 G^+菌细胞壁和肽聚糖

结合 IgG 恒定区，参与致病机制。嗜热链球菌（*Streptococcus thermophilus*）噬菌体 DT1 及其他 6 个噬菌体（DT2、DT4、MDI、MD2、MD4、Q5）的 orf18 编码黏附素，其保守 N 端功能域具有大约 500 个氨基酸，胶原样结构，C 端功能域内具有 145 氨基酸可变区（variable region，VR）。噬菌体（MD2 和 DT2）具有 400 bp 插入胶原样区域。含有噬菌体 DT1 的 orf18 和感染不同菌株的噬菌体 MD4 的嵌合基因的重组噬菌体可以感染 MD4。但总体上，G^+菌与其噬菌体相互作用的受体-配体均不太清楚。

二、吸附

有尾噬菌体感染涉及特化的吸附结构，如纤维或者刺突，与靶细菌表面分子或者荚膜结合。G^-菌中，几乎任何蛋白质、寡糖、脂多糖都可以作为某些噬菌体的受体。G^+菌胞壁蛋白（murein）更复杂，可能提供诸多潜在的噬菌体结合位点。许多噬菌体需要高浓度、成簇的特定分子，其尾部才能在细菌表面正确定位，从而穿透细菌表面。但是，大肠埃希菌噬菌体 N4 却可以利用每个细胞只有几个拷贝的受体 NfrA 定位并穿透细菌表面。有些噬菌体的黏附涉及两个阶段，分别结合两个不同的受体。例如，T4 噬菌体的 6 根长尾纤维中至少 3 根结合初级受体（primary receptor）分子，激发基板重排，然后不可逆地结合次级受体。不同成员采用不同的初级受体，但似乎都是利用脂多糖内部核心的庚糖残基（heptose）作为次级受体。吸附速率和效率等重要参数取决于宿主菌生理状态和外部因子。λ 噬菌体受体的表达只发生在麦芽糖存在时。许多噬菌体吸附需要特定的辅助因子如 Ca^{2+}、Mg^{2+}、其他二价阳离子或者氨基酸，如 T4B 菌株吸附需要色氨酸。但是，如果噬菌体刚从前一个宿主释放，基板仍然黏附在膜内时，新生（nascent）噬菌体则不需要色氨酸。葡萄球菌新生噬菌体的宿主范围更广。宿主菌丢失、突变噬菌体受体后，则对前噬菌体有抗性，但是该菌仍然可以被其他噬菌体感染。

宿主菌的生理状态可以改变细胞表面分子的浓度，噬菌体感染的效率也会因此改变。作为噬菌体受体的细菌表面分子可能是细菌细胞的必需分子。一旦宿主菌对噬菌体产生抗性，则可能丢失某些重要功能，降低宿主菌的竞争能力。

特定细菌的噬菌体总体上类似，差异主要在于宿主特异性范围。黏附区域容易发生重组，变异度大，这也是噬菌体容易变异，可以感染具有抗性菌株的原因。这提示，可通过自然选择或者遗传工程，产生和选择宿主特异性改变的黏附素，筛选治疗性噬菌体。噬菌体可以突变而改变宿主范围，可以获得代偿性适应（compensating adaptation），如通过改变尾丝纤维，识别改变了的宿主细胞表面蛋白受体，或者结合不同的受体。当然，噬菌体突变可能比细菌产生噬菌体抗性的难度更大。噬菌体适应新受体需要建立新的功能性相互作用。宿主抗性的形成是负选择事件，导致噬菌体部分功能丢失。每个噬菌体群体中，都存在部分功能丢失的突变株。有些噬菌体如 P1 和 Mu，编码多个版本的尾丝纤维。有些噬菌体可以识别多个受体，如 T4 噬菌体尾丝纤维可有效结合大肠埃希菌 B 特异性脂多糖、K 菌株外膜蛋白（outer membrane protein）OmpC 或 OmpF。相关噬菌体之间，其尾丝纤维的黏附区域变异度高，重组频率高，有利于形成新的、嵌合黏附分子。对噬菌体进行改造，在其尾丝纤维中加入新的受体识别元件，重组噬菌体可以感染更多分类关系较远的宿主菌。

1. 突变和种内变异　许多 T4 噬菌体的受体结合区（receptor-binding region）是小蛋

白，如噬菌体 gp38 结合 gp37 的远端。高变区（hypervariable region）两侧是保守序列。噬菌体 Ox2 识别的受体变化较大，可以是 OmpA、OmpC，或 OmpP，末端具有两个葡萄糖的大肠埃希菌脂多糖或一个葡萄糖的脂多糖。通过这种方法也获得了其他受体亲和力较弱的残基。大部分变异发生在 4 个 Ω 环中的第二个环高变区高达 9 个甘氨酸的保守片段。这个片段也是受体结合的真正部位，类似抗体的抗原结合部位，可以提高相互作用界面（interacting surface）的互补性（complementarity）。

2. 黏附素跨属重组（cross-genus recombination） 许多噬菌体通过跨属重组获得新黏附素。大肠埃希菌噬菌体 P2 尾丝纤维的部分区域与高度多态性噬菌体 P1、Mu、l、K3 和 T2 的尾丝纤维蛋白非常相似。P2 编码尾丝纤维蛋白的基因 H 和编码参与尾丝纤维组装的基因 G 类似。P1 和 P2 不相关，但是其尾丝纤维可以被同一抗体失活。抗噬菌体 P2 的细菌一般也抗 Mu 和 P1，但对其他大多数噬菌体没有抗性。利用该方法可以产生宿主范围扩大的噬菌体。将尾丝纤维基因具有琥珀突变（amber mutation）的 Mu 噬菌体，涂布在阻遏琥珀突变的 P1 溶原宿主上，选择噬斑形成减少的噬菌体。这些重组噬菌体差异体现在对一系列宿主铺板的效率不同，效率最高的是 Mu 和 P1。T4 噬菌体的黏附素位点靠近基因 37 编码的长尾丝纤维的远端。发生较早的重组事件形成该黏附素，替代了最初基因 37 的远端及整个基因 38。用来替代的是 P2 噬菌体尾丝纤维基因的正向同源分子，以及噬菌体 1-tfa（负责尾纤维组装）和 stf。

3. 噬菌体编码多个不同的黏附素 有些噬菌体编码两个黏附素，可以轮换表达其中之一，这使得宿主范围非常灵活。短尾噬菌体 K1-5 可以识别表达 K1 或 K5 形式的荚膜多糖 K 抗原。K1-5 具有串联基因，编码产物活性不同。唾液酸内切酶（endosialidase）降解 K1 酵母 α-2, 8-聚-*N*-乙酰神经氨酸（poly-*N*-acetylneuraminic acid），裂合酶（lyase）降解 K5 的 *N*-乙酰肝素（*N*-acetyl heparan）。两个酶都有活性，这样就扩大了宿主范围。噬菌体 Mu 是等距头部的肌尾噬菌体，具有 6 根典型的尾丝纤维，帮助正确定位基板，触发收缩。比大多数噬菌体的宿主范围都广。这与其尾丝纤维基因有 3 000 bp 片段的 G 颠倒（inversion）有关。G^+菌噬菌体能够感染大肠埃希菌 K12 和亚利桑那沙门菌（*Salmonella arizonae*）；G^-菌 Mu 噬菌体可感染弗氏柠檬酸菌（*Citrobacter freundii*）、宋内志贺菌（*Shigella sonei*）、欧文菌（*Erwinia*）、肠杆菌（*Enterobacter*）和大肠埃希菌。噬菌体蛋白 Gin 负责前噬菌体状态的转换。噬菌体 P1 也具有颠倒片段，相关 P1 酶体外能够取代 G 颠倒 Mu 噬菌体的 G 片段。

不同家族噬菌体可以通过种内或者种间重组、突变，改变黏附素，识别新宿主受体。这在噬菌体–宿主相互作用的自然生态中具有重要作用。该现象也可以用来选择治疗用噬菌体，扩大宿主范围。

三、噬菌体穿入与 DNA 进入宿主菌

噬菌体不可逆吸附后，噬菌体尾部定位到宿主菌表面的适当位置，不可逆地将噬菌体基因组 DNA 投送到宿主细胞。这不是真实的注射过程，但涉及每个噬菌体特异性 DNA 的转移过程。总体上，尾丝纤维顶部具有穿透肽聚糖层的酶，然后接触或者穿透内膜，直接将 DNA 释放到细胞中。尾部结合也阻断 DNA 从衣壳逃逸，直到正确定位到宿主表面，然后噬菌体 DNA 依赖宿主细胞的能量被吸入细胞。目前，该过程只在少数噬菌

体如肌尾噬菌体T4、长尾噬菌体T5和短尾噬菌体T7中有研究，其中的能量学机制研究尚有待深入。

长尾噬菌体T5和短尾噬菌体T7的基因组较大，且为多价阴离子，是T4噬菌体颗粒长度的50倍。噬菌体基因组需要穿透外膜和内膜两层输水障碍、肽聚糖层，以及含有核酸酶的周质空间。转移速率高达3 000～4 000 bp/s，远高于接合和自然转化中的100 bp/s。类似T4噬菌体的高效感染意味着该过程对噬菌体DNA分子几乎没有影响。其中涉及多种多样的机制，如ATP、膜电势（membrane potential）、酶分子等。但有些噬菌体如T5即使没有代谢能量，也可以进入细胞。噬菌体刚性的衣壳体在其DNA注射入细胞时，不会发生改变，颗粒包装时不稳定而释放的能量不足以使几微米长的DNA分子通过尾丝纤维管狭窄的通道。枯草杆菌噬菌体SP82G整个基因组DNA转移到细胞内的速率恒定，温度依赖性强。只要DNA从衣壳释放，肠杆菌噬菌体T5大部分DNA转移的第二步即可正常进行。肌尾噬菌体具有收缩尾部，但是尾管并未真正穿透内膜，DNA进入细胞仍然需要电势梯度（potential gradient）。不同噬菌体转移DNA的方式各异，皮下注射（hypodermic syringe）模式并不适合所有噬菌体。例如，T7噬菌体的DNA进入由转录介导，一旦进入细胞，噬菌体DNA对宿主的核酸外切酶和限制性内切酶都敏感。因此，许多噬菌体通过黏性末端或者末端冗余，将其DNA迅速环化，或者保护其线性末端。许多噬菌体如T7、T4也可以抑制宿主核酸酶，或者噬菌体DNA中具有特殊的核苷，如羟甲基脱氧尿嘧啶（hydroxymethyldeoxyuridine，hmdU：SPO1）或羟甲基脱氧胞嘧啶（hydroxymethyldeoxycytidine，hmdC：T4），以便进行保护。还有些噬菌体如葡萄球菌噬菌体Sb-1及大肠埃希菌噬菌体N4的基因在进化过程中，去除了可能被常见宿主限制性酶识别的位点。

四、噬菌体基因组复制、修复和重组

（一）复制过程

遗传物质的精确复制是所有生物都需要解决的重大挑战。对噬菌体多样性的复制、重组和修复的分子机制的大量研究促进了研究人员对生物DNA合成过程的了解。噬菌体适应宿主的过程演化出了独特的复制机器。大多数溶原性噬菌体几乎完全依赖宿主复制机器（replication machinery），以及完成前噬菌体的复制循环。感染后，噬菌体一般利用滞后末端（staggered end）重组或者退火（annealing），完成与宿主染色体的重组，成为溶原菌的必经步骤。在裂解周期中，噬菌体利用细菌标准的环状DNA θ复制模式完成复制。有些噬菌体随后利用滚环（rolling-circle）机制复制出线性串联体（linear concatamer）DNA。大多数更大的裂解性噬菌体可编码自己的DNA聚合酶，复制出线性分子，通过重组复制末端，产生比基因组长几倍的串联体（concatenate），然后切割、包装入噬菌体头部。

DNA复制一般从确定的复制起点（origin of replication，*ori*）开始（图2-15，图2-16）。*ori*特殊之处是具有特定“起始蛋白质”（initiator protein）的结合位点，附近具有帮助解离DNA的一片富含AT的区域。有些噬菌体如λ噬菌体具有独特的*ori*，其他噬菌体如T4、T7和P4则具有不同的复制起点，在特定环境下通过不同机制进行复制。在复制起点处，短RNA引物的合成来自特殊的引发酶（primase）或RNA聚合酶，或者通过引入缺口（nick）产生DNA引物。如果是引发酶介导引物合成，起始蛋白促进在*ori*处或已在复制叉模板(forked template)处组装前引发体（pre-primosome），如DNA重组中的同源链交换（homologous strand exchange）形成的复制叉结构。如果采用RNA聚合酶，起始可能被阻断，因为在发展过程中，聚合酶可能发生改变。例如，T4噬菌体突变后，因为利用重组中间物（recombination intermediate）形成巨大而高度分支的复制复合体(replication complex)。DNA聚合酶载入引物需要水解ATP，一般由定位蛋白(brace protein）和滑钳蛋白(clamp protein）介导。起始过程中，拓扑异构酶（topoisomerase）也参与DNA解链。DNA聚合酶只能将核苷加入到合适的多聚核苷酸处，或者正确定位到模板上的蛋白质引物（protein primer）的游离羟基上。精准合成另一条DNA链的碱基互补依赖每个核苷酸准确的空间定位。DNA复制前进方向为5′→3′，利用5′dNTP，后来的底物携带能量，而不是延伸链，这也意味着滞后链的合成需要特殊的机制。这涉及先合成不连续的冈崎片段（Okazaki fragment)，然后进行连接。DNA合成涉及连续的编辑，使自发突变不至于超出阈值。所有DNA聚合酶都具有3′→5′核酸外切酶(exonuclease）活性，复制能力很强。前导链的合成是连续的。合成的噬菌体DNA是一串联体，因此需要在合成一个基因组长度上，反复合成。利用同样聚合酶进行的滞后链合成，则每数千碱基对就有一终止。利用T4噬菌体系统，综合遗传学、生物化学、生物物理学手段，阐明了上述科学问题。前导链和滞后链合成紧密偶联。前导链的合成需要聚合酶和环绕DNA的滑钳蛋白。新冈崎片段合成启动时，需要重新引入复制叉。滞后链合成则需要单链结合蛋白(single strand binding protein，ssb)、解旋酶（helicase)、启动冈崎片段的引发酶、去除引物的5′→3′核酸外切酶RNA酶（RNase）H和大肠埃希菌DNA聚合酶Ⅰ，以及负责连接冈崎片段的DNA连接酶（ligase)。

滞后链合成的聚合酶需要循环使用。来自引物合成的滞后ssDNA可以作为信号，启动早期滞后链聚合酶的循环使用。引物-引发酶复合体驻留时间类似冈崎片段合成的时间，阻断全酶合成DNA，刺激全酶解离，触发聚合酶循环。

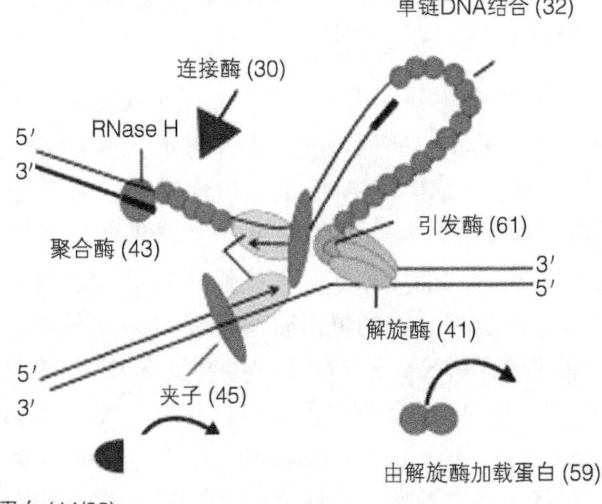

图2-15　T4噬菌体复制叉

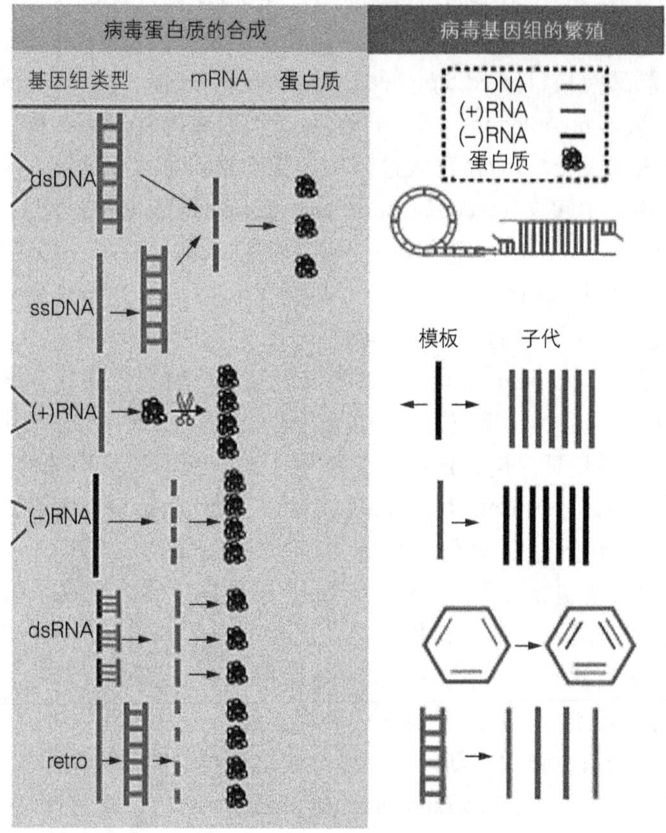

图 2-16　噬菌体或病毒大分子合成步骤

基因组结构决定了噬菌体 mRNA 和蛋白质合成、基因组复制机制。1. dsDNA 利用宿主机器，在细胞核产生 mRNA，利用宿主细胞核糖体翻译为蛋白质。噬菌体 DNA 复制为半保留方式，可以是滚环或线性方式。2. ssDNA 先转换为 dsDNA，按照 dsDNA 方式复制。3.（+）RNA（正链 RNA）类似结合到核糖体上的 mRNA，产生多蛋白复合体，然后切割为单个蛋白质。其中一个噬菌体蛋白质是 RNA 聚合酶。该酶先产生（-）RNA（负链 RNA）模板，然后是更多（+）RNA 基因组后代和 mRNA。4.（-）RNA 被噬菌体自身 RNA 聚合酶转录为 mRNA 和全长（+）RNA 模板。（+）RNA 模板用来产生（-）RNA 基因组子代。5. dsRNA 作用类似（-）RNA。（-）RNA 被衣壳中的 RNA 聚合酶转录为 mRNA。新的（+）RNA 被包裹起来，在衣壳中产生（-）RNA。6. 逆转录病毒的（+）RNA 被病毒的逆转录酶转换为 cDNA。cDNA 整合到宿主染色体上，宿主产生 mRNA、蛋白质和全长 RNA 基因组拷贝

依赖 DNA 的 DNA 聚合酶分为 6 个家族，进化亲缘关系和不同物种中的分布模式复杂。不同家族酶的大小、形状、序列差异很大，提示从 RNA 演进到 DNA 过程中，其来源不止一个，最初可能是为病毒 RNA 提供保护性修饰，后来相互之间也发生了水平交换。所有已知噬菌体 DNA 聚合酶分为 A 和 B 两类，细菌复制的聚合酶Ⅲ归入 C 类。这三类聚合酶具有不同的聚合功能域和 3′→5′核酸外切酶（编辑）活性，确保复制忠实性和较低的自然突变率。A 类聚合酶的蛋白质还具有 5′→ 3′核酸外切酶活性的功能域，其中研究最多的是大肠埃希菌 DNA 聚合酶Ⅰ，主要负责 DNA 修复和引物去除，但是在许多噬菌体中催化同源复制。B 类聚合酶主要包括真核生物及其病毒，以及古菌的初级复制型聚合酶（primary replicative polymerases），也包括一些 γ-变形杆菌（proteobacteria）的修复酶。这类酶包括大肠埃希菌聚合酶Ⅱ和 T4 DNA 聚合酶。但 T4 DNA 聚合酶则更类似于古菌中的嗜盐杆菌（*Halobacterium*）及其噬菌体的 HF1 和 HF2 的 B 类聚合酶。

1. 噬菌体λ利用宿主复制机器　裂解循环，来自λ病毒粒子或者前噬菌体切离形成的线性dsDNA环化形成具有缺口的环，宿主的DNA连接酶封闭缺口，宿主的DNA促旋酶使其超螺旋化。复制的起始依赖于宿主RNA引发系统（RNA priming system）。λ噬菌体O蛋白特异性结合独特的λ复制原点，打开*ori*，装入宿主解旋酶DnaB和λ的P蛋白复合体。DnaB解开λ噬菌体的*ori*，由ssb催生形成ssDNA。引发酶DnaG结合DNA解旋酶复合体，宿主DNA聚合酶Ⅲ合成RNA引物。最初，DNA复制是双向行进产生两个环。晚期，大部分分子进行滚环复制，产生串联DNA，成为负责包装的末端酶（terminase）的底物。末端酶产生黏性末端（图2-17）。λ噬菌体复制依赖于宿主分子伴侣蛋白dnaK、dnaJ和GroEL，也被周边启动子的转录所激活（图2-18）。

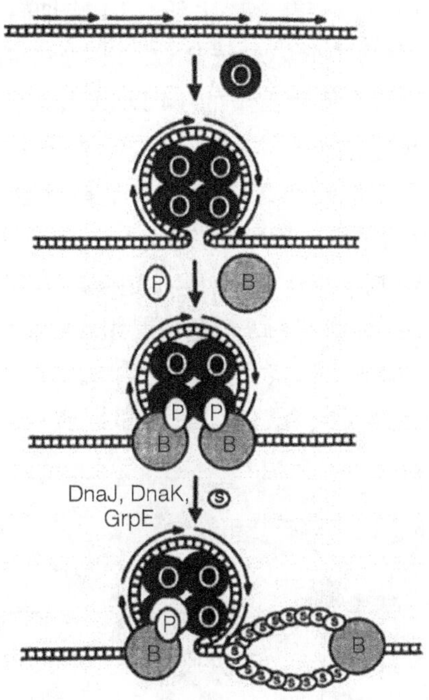

图2-17　λ噬菌体*ori*处DNA复制的模型（引自Echols H，1986）

蛋白O结合于λ噬菌体的*ori*处的正向重复序列，自我结合成为"O-聚体"（O-some），蛋白P（P）结合O-聚体和DnaB（B），在大肠埃希菌复制叉位置处引入DnaB。宿主蛋白DnaJ、DnaK和GrpE破坏P-B复合体，DnaB可以发挥解旋酶功能，解开复制原点区域。局部解开的DNA作为引发酶DnaG的底物，启动前导链合成。复制前，SSB（s）稳定ssDNA

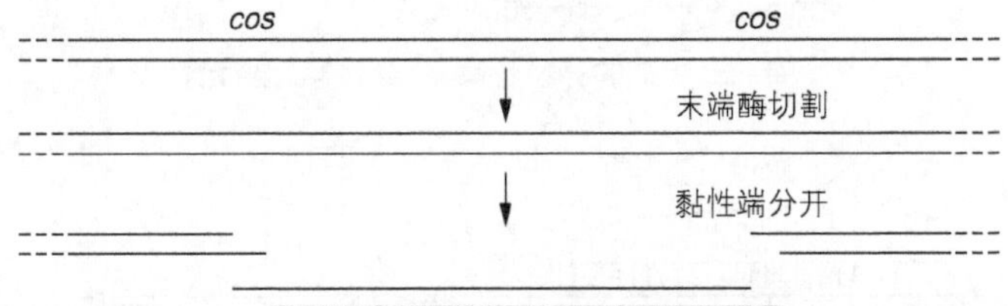

图2-18　λ噬菌体DNA产生黏性末端

末端酶从串联体切下一个λ噬菌体DNA的基因组长度。切割部位在DNA末端形成*cos*基因位点。图中每条线代表DNA单链。图示部分串联体。酶切交错进行，产生ssDNA末端。所有切割都在串联体的相同碱基序列上，尾部序列互补

2. T4噬菌体的复制、重组和修复机器　T4噬菌体的dNTP合成、复制、重组和晚期转录都紧密偶联。T4 DNA合成需要dNTP的核苷酸前体的比例非常精准。2/3 AT（大

肠埃希菌需要50%AT）和dCTP替代物hmdCTP（hydroxymethyl dCTP）。该复合体将核苷酸、DNA聚合酶和其他元件引入DNA复制叉形成T4复制体，在此合成前导链和滞后链。合成中需要噬菌体编码的DNA聚合酶、滑钳装载分子(sliding clamp loader)、滑钳、DNA解旋酶、引发酶与ssDNA结合蛋白（single stranded-DNA binding protein）。宿主DNA聚合酶Ⅰ和DNA连接酶参与DNA修复。T4 RNase H（rnh）和DNA连接酶去除RNA引物、连接冈崎片段和其他DNA断裂物。宿主RNA聚合酶合成起始前导链需要的引物，T4引发酶合成滞后链复制的引物。T4 DNA复制的第一轮来自4个性质各异的*ori*，以便在不同条件下分别启用。第一个复制叉到达终点时，重组中间物有效竞争复制体的组装。整个基因组，绝大多数T4复制叉利用重组中间物作为DNA引物。依赖*ori*的DNA复制启动后期，转录的RNA聚合酶失活。T4晚期转录与DNA复制偶联，平衡衣壳的产生和DNA复制，再经独特途径包装DNA。T4是研究重组机制、DNA复制和修复的重要工具。现在已经发现两种依赖重组的T4 DNA复制模式：即连接-拷贝模式及连接-剪切-拷贝模式。T4早期连接-拷贝重组与“起点依赖性复制”（origin-dependent replication）相关，在模板未复制端的ssDNA起始滞后链的合成。对于受损的T4染色体，修复受损的复制叉也采用类似的机制。UvsX“链侵入蛋白”（strand-invasion protein）是大肠埃希菌RecA蛋白以及真核生物Rad51和Rad54的结构和功能同源分子，在修复和重组中发挥作用。endo Ⅶ和末端酶是连接-剪切-拷贝重组-复制(join-cut-copy recombination-replication）需要的两个酶，主要在后期表达。这两种机制产生复杂分支、串联的胞内T4 DNA。DNA包装过程中，分支被T4核酸内切酶Ⅶ和异质性多聚体末端酶的最大的亚基（70 kDa）所去除（图2-19）。

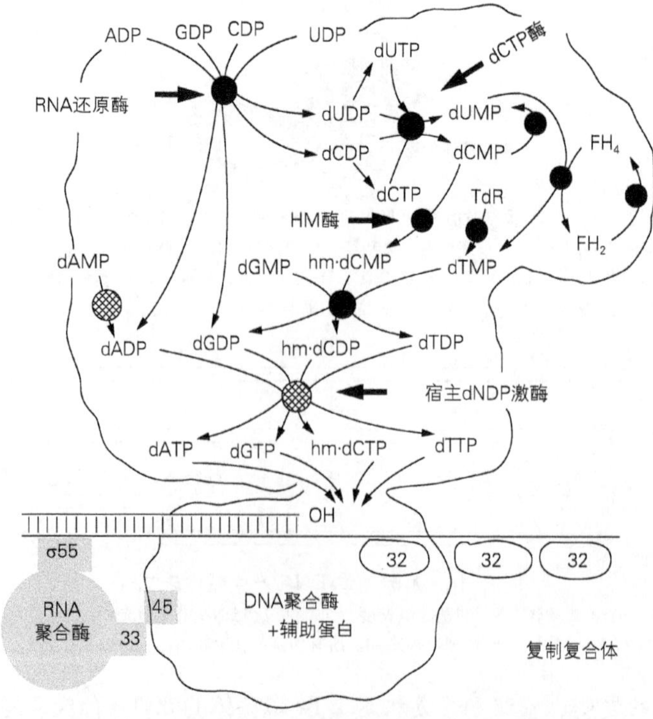

图2-19　噬菌体T4核苷合成、复制和晚期转录

噬菌体编码的解旋酶可以结合宿主金黄色葡萄球菌的复制型解旋酶载入分子 DnaI。噬菌体同源分子可以结合载入分子的 AAA^+ ATPase 功能域（图 2-20）。

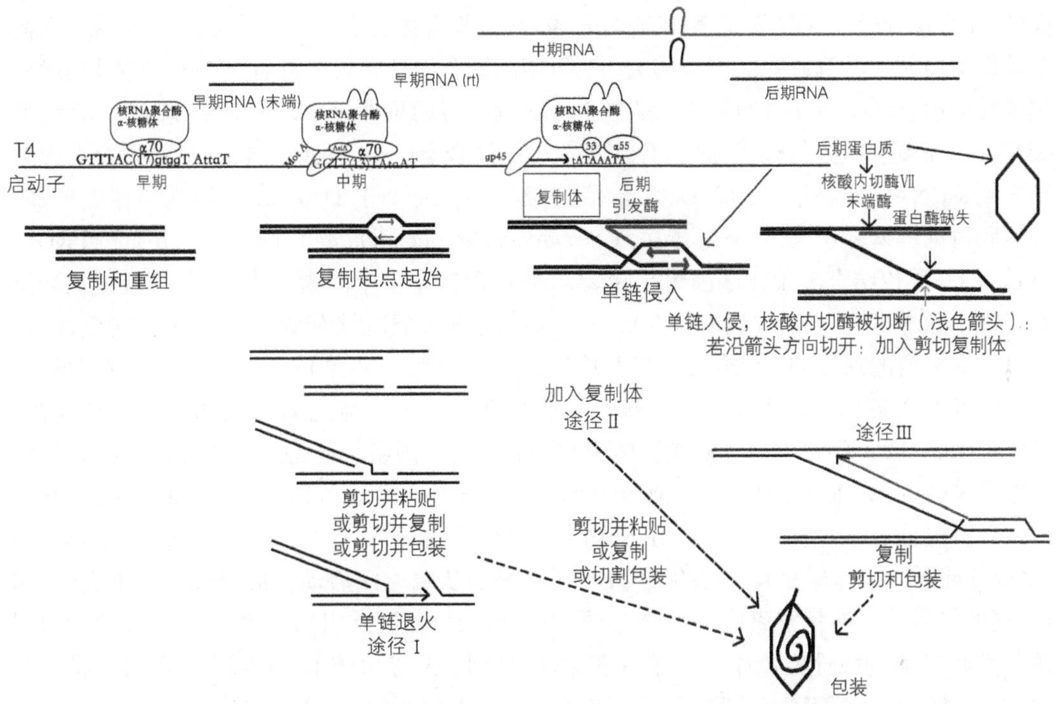

图 2-20　噬菌体 T4 重组模式及其在 DNA 复制和修复中的作用

3. *Mu 噬菌体的复制型转座*　噬菌体 Mu 在其裂解性循环中利用了高度特化的复制机制——复制型转座（replicative transposition）。环化的 Mu 基因组进入宿主染色体，特定的噬菌体复制无须切除前噬菌体。感染后 6~8 min，在整个宿主染色体的新位点上产生大约 100 拷贝。复制型转座需要 Mu 基因 A 和 B 的产物、Mu 基因组的两个末端以及宿主编码的几个蛋白质。每个整合噬菌体基因组的末端界定了 Mu 复制的原点和末端。前噬菌体在相对链的每个末端引入单链缺口，在目标位点引入交错的双链切割。前噬菌体两个末端 DNA 与靶 DNA 连接，形成中间产物，以及 Mu 转座酶（Mu transposase，MuA）紧密结合的链转移复合体（strand transfer complex，STC）。该中间产物类似普通的复制叉，以宿主 DNA 的 3′端作为模板。DNA 合成形成一个或者两个前噬菌体末端的 Mu“共整合体”（cointegrate）。该过程需要宿主 DNA 聚合酶Ⅲ、DnaB、DnaC、DNA 解旋酶、复制因子 a 和 b。复制因子负责从 STC 去除 MuA，启动 DNA 合成。该过程需要的 PrtA 是 3′→5′解旋酶，负责识别 DNA 复制叉，促进复制体组装，重启 DNA 复制。

4. *f29 噬菌体蛋白质引发的复制起始*　噬菌体 f29 复制起始不是利用核酸引物，而是噬菌体编码的末端蛋白（terminal protein，TP）。TP 共价结合到 19 285 bp 线性 dsDNA 的 5′端。复制需要噬菌体编码的 4 个蛋白质：DNA 聚合酶、TP、DBP 和 ssb。DBP 是结合含有 TP 的 DNA 末端的“类组蛋白”（histone-like protein），帮助解开 DNA 链，形成稳定的 TP-DNA 聚合酶异源二聚体（TP-DNA polymerase heterodimer）。DNA 聚合酶催化 5′-dAMP 和新结合了聚合酶的 TP 的 Ser232 羟基之间形成磷酯键。新掺入的核苷与模板 3′端第二个核苷互补，TP-dAMP 复合体向后滑动一个核苷，然后进行下一轮复制。合成大约 10 个核苷后，DNA 聚合酶与新的末端 TP 从复合体解离。噬菌体 f29 DNA 聚合酶需要辅助蛋白质或者解旋酶。聚合酶为 B 型 DNA 聚合酶超家族，具有 3′→5′核酸外切酶和焦磷酸水解活性，反应活性强。复制为对称性，从两端开始，偶联链取代。取代的 ssDNA 分子受 ssb 蛋白 p5 保护，不被降解。p5 结合 ssDNA 后，也防止 DNA 聚合酶无效结合到 ssDNA，在被取代的 ssDNA 形成二级结构，有助于 DNA 聚合酶延伸速度增加。其他肠道菌的噬菌体如肺炎链球菌（*Streptococcus pneumoniae*）噬菌体 Cp-1 和 PRD1，也具有 TP 共价结合噬菌体基因组 5′端。*ori* 强度取决于多个因素。强 *ori* 的模板链 3′端具有 CCC，非模板链 5′末端具有 AAA，*ori* 末端最适未配对核苷为 6 个。利用这个性质，可以将待扩增的外源 DNA 导入噬菌体 f29 两个 *ori* 之间，外源 DNA 可以增殖 30 多倍。

5. N15 噬菌体末端共价闭合的线性染色体复制　N15 噬菌体是温和的肠道噬菌体，基因组 46. 4 kb，环状排列。前噬菌体未整合到宿主基因组，而是线性质粒，具有共价闭合发卡末端（covalently closed hairpin end）。在酪氨酸重组酶 telRL 位点，原端粒酶 TelN（一种端粒酶解离酶）催化“分子内位点特异性重组”（intramolecular site-specific recombination）。具有发卡端粒的 DNA 分子的复制从端粒区启动，链取代，产生头-头和尾-尾的串联体，端粒解离也由 TelN 介导。TelN 与酪氨酸重组酶家族的 HK022 整合酶同源。类似 N15 的线性染色体在耶尔森噬菌体 PY54，λ 噬菌体 phi KO2 和 pY54，肌尾噬菌体 phi HAP-1、VHML、VP882、Vp58. 5，海洋 γ-变形杆菌噬菌体 vB_ VpaM_ MAR、Borrelia 质粒，一些线粒体 DNA，痘病毒中也存在。

（二）DNA 修复、重组和突变

自然界中，自然辐射或者活性化学物质对 DNA 的损伤可以破坏噬菌体。通过 T4 噬菌体作为模式，加深了对突变、修复，包括环境突变机制和与 DNA 复制过程相关的自发突变频率相关因素的认识。大多数噬菌体依赖宿主进行重组、修复 DNA 损伤，但有些噬菌体也可以独立进行如光激活（photoreactivation）、切除修复，以及依赖重组的 DNA 复制（recombination-dependent DNA replication）。依赖重组的 DNA 复制对于 T4 噬菌体生活史非常重要。这是 T4 噬菌体主要的 DNA 复制方式，也是修复 DNA 断裂和其他损伤的关键。重组启动 T4 噬菌体的 DNA 合成，重组和复制偶联非常重要。T4 噬菌体具有复制/重组介导蛋白（replication/recombination mediator protein）。大肠埃希菌负责光激活的酶将紫外线（UV）导致的嘧啶二聚体转换为单体。T4 *denV* 基因编码的核酸内切酶是碱基切除修复（base excision repair）蛋白的原型（prototype），具有 *N*-糖苷酶（*N*-glycosylase）和碱基裂解酶（basic lyase）活性，切除与蛋白质共价连接的 DNA。这些活性综合作用去除嘧啶二聚体，在噬菌体 ssDNA 结合蛋白作用下，允许诸如大肠埃希菌聚合酶 I 等 DNA 聚合酶再进行合成。T4 和 T2 噬菌体对 UV 的敏感性差异甚大，原因是 T4 噬菌体具有 T2 噬菌体所缺乏的 denV 蛋白。T4 噬菌体的 *uvsX* 基因编码 RecA 同源分子。uvsX 是 ssDNA 侵入同源 dsDNA 所需的主要蛋白质。*uvsX* 基因突变后对辐射敏感，无法参加利用重组修复或绕开 DNA 损伤的 DNA 复制。有些 DNA 损伤修复容易出错。

这种机制可以避免噬菌体死亡，但代价是突变较多。辐射或者化学物质导致的噬菌体、其他病毒或者细胞等突变主要通过易错修复（error-prone repair）纠正。λ 样噬菌体的 Red 重组系统很独特。Red 系统的 Exo 和 Beta 蛋白进行重组，修复双链断裂需要少至 30 bp 同源序列。Gam 蛋白抑制细胞 RecBCD 核酸外切酶活性，否则会破坏大肠埃希菌 DNA 单链片段。基于 λ 样 Red 重组系统的这些特征开发出了应用广泛的重组工程系统。可以利用同源重组，将合成的寡核苷酸或者 PCR 产物在质粒上或者大肠埃希菌染色体上构建重组分子。Red 系统可以对短至 35~50 bp 的同源序列进行重组，而不是细胞生物重组系统所需的长得多的同源序列。环状质粒 DNA 可以通过多种方法进入大肠埃希菌和其他细菌，线性 DNA 被 RecBCD 快速降解。线性 DNA 不容易被转化，不太适合用作基因敲除。但瞬间表达 Red 系统的 Red^+ 细胞可以有效重组进入与细菌染色体具有 30~50 bp 同源序列的线性 DNA。细胞中的替换率一般约为 0.1%，敲除或者其他操作无须氯霉素抗性基因等选择标记就可以进行。

五、噬菌体转录

噬菌体发育的调控大多数是在转录水平。感染后立即转录的基因往往重构宿主，有利于噬菌体感染，如溶原性噬菌体溶原/裂解决策途径的基因，关闭宿主转录、翻译以及 T4 和 SPO1 噬菌体的复制基因。一组延后的早/中期基因（delayed early/middle-mode gene）的转录直接指导噬菌体 DNA 复制，然后是晚期基因编码衣壳及相关蛋白。许多噬菌体编码一个或多个 RNA 聚合酶，帮助指导这个过程。其他则只需要宿主 RNA 聚合酶（RNA polymerase，RNAP）进行一系列修饰。

噬菌体调控一般作用在 3 个阶段（图 2-21）：转录起始、延伸和终止。对噬菌体转录调控的研究有助于认识细菌的转录。对于细菌，转录涉及多亚基核心酶（multi-subunit core enzyme），包括亚基 b、b′，两拷贝 a。s 亚基提供启动子识别和启动的特异性。s 因子可以根据大小或者功能界定。例如，70 kDa s70 调控大多数管家基因的转录，胁迫或者稳定期 s 则控制细胞、生物合成机器、触酶等，以维持 G^- 菌在环境胁迫、饥饿等条件下的长期存活。启动子强度取决于初始识别元件的精确序列（s70 和 sS 转录起始核苷的-10 区和-35 区），以及其他序列如延伸的-10 序列，或者上游元件，对于核糖体 RNA 和蛋白 s70 启动子高活性的贡献率很大。a 亚基的 C 端参与这些相互作用。起始过程中，聚合酶结合的因子与 dsDNA 分子上适当的启动子序列结合，形成闭合启动子复合体（closed promoter complex）。DNA 需要解链，形成开放启动子复合体（open promoter complex）。细菌酶的 b 和 b′亚基形成沟槽，含有活性位点和 8~9 bp DNA：RNA 杂合体，以及侧面通道，可以容纳非转录的 DNA 链和延伸的 RNA，此后转录泡（transcription bubble）再闭合。s70 的氨基酸 94~507 和 b′氨基酸 1~314 足以结合和熔解启动子。插入前 10~15 个核苷酸后，Sigma 因子从复合体释放，允许聚合酶进入延伸期，并从启动子离开。有些启动子在进入延伸模式前，就形成许多 2~6 个核苷的起始失败片段。延伸可以继续，也可能暂停，但是转录物仍然与聚合酶牢固结合。如果延伸期在某点受阻，聚合酶不会脱落，仍然可以沿着模板后退，切除大部分新近合成的核苷酸，再行起始。小蛋白 GreA 和 GreB 可以帮助这个过程。转录物终止和聚合酶释放涉及茎环结构（stem-loop structure）以及后续的一片富含 T 的序列，或者特异性终止蛋白（specific termination protein）rho 的作用。噬菌体招募宿主聚合酶可以纳入新 Sigma 因子，其他转录起始的激活因子和阻遏因子，共价修饰宿主聚合酶如 ADP 核糖基化，修饰特定转录物延伸和终止的因子（图 2-21）。噬菌体指导的修饰反应细节、特异性效应等，目前仍然不清楚。许多噬菌体编码 RNA 聚合酶。这些 RNA 聚合酶是分子生物学的重要试剂，也是研究转录机制的重要工具。噬菌体编码的单亚基聚合酶比细菌和真核生物的多亚基聚合酶（multi-subunit polymerases，msRNAP）更小、反应速度更快。有些强特异性启动子识别或者转录不需要额外的蛋白质。线粒体和真核病毒中，发现具有类似的 RNA 聚合酶。其起源和进化需要进一步研究。这些聚合酶与逆转录酶和 DNA 聚合酶家族的聚合酶 Ⅰ（A）家族相关。起始、延伸、终止的生化机制类似 msRNAP。研究最透彻的是 T7 噬菌体编码的 883 aa 的聚合酶。其转录速率在 37 ℃时是每秒 200 bp，是大肠埃希菌 RNAP 的 5 倍。该酶的基本结构类似于右手，活性位点位于“手掌”。该酶识别的启动子从-17 延伸至 5，通过决定特异性的一对环来结合闭合的双启动子（图 2-22）。

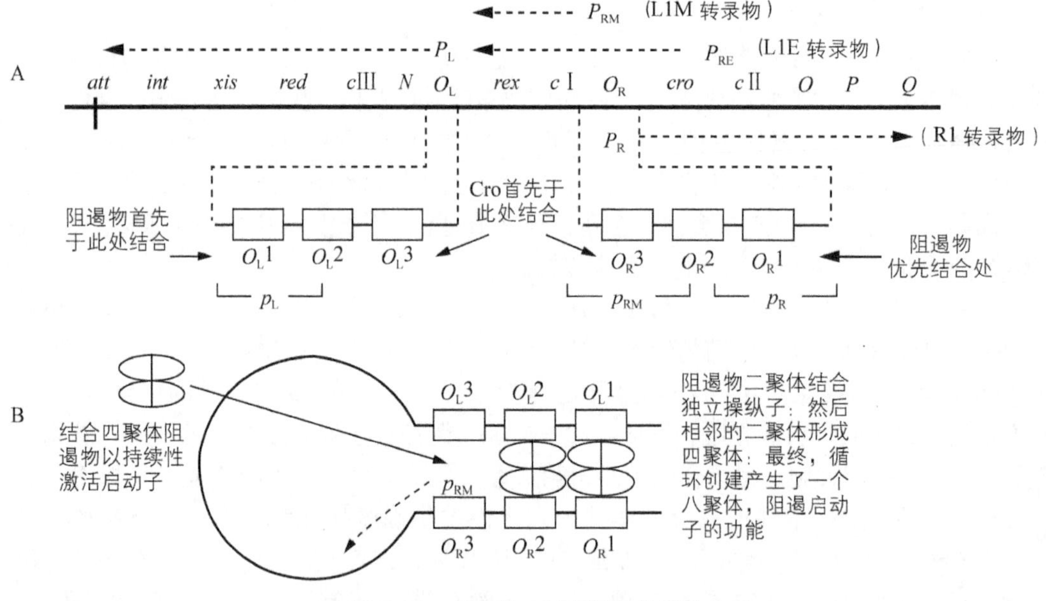

图 2-21 噬菌体 λ 早期转录的调控

A. λ 早期基因的转录在 P_L 和 P_R 处起始，分别被 O_L 和 O_R 阻遏。*cI*（阻断蛋白）和 *rex* 基因的转录起始可以在 P_{RM}（维持启动子）或者 P_{RE}（起始启动子）虚线表示转录物。B. P_L 和 O_L 三个阻遏因子结合位点的空间关系图。Cro 蛋白也与 O_R 和 O_L 结合，降低 P_R，P_M 和 P_L 的转录。阻遏因子以二聚体形式结合操纵 DNA 序列。相邻的二聚体形成四聚体。例如，果 2 个操纵序列之间的 DNA 形成环状，阻遏蛋白形成八聚体，稳定环，物理阻断 P_R 和 P_L 的转录。最终阻遏蛋白四聚体的结合将停止 P_{RM}的转录。Cro 蛋白的结合具有类似效应但作用相反

噬菌体感染时，复制和转录在同一模板上以不同速率同时进行。复制一般是转录速率的 10 倍。转录的推进速度也很快。转录物只能在启动子处开始，大量不完整的转录物可能产生很多问题。T4 复制体能够主动跨越正在转录的 RNA 聚合酶，朝任一方向推进，不会脱落，也不会明显变慢。一旦迎头碰撞，RNA 聚合酶真正转移到新合成的链，而不是停留在原来的模板。滞后链在新冈崎片段合成前一直是单链。

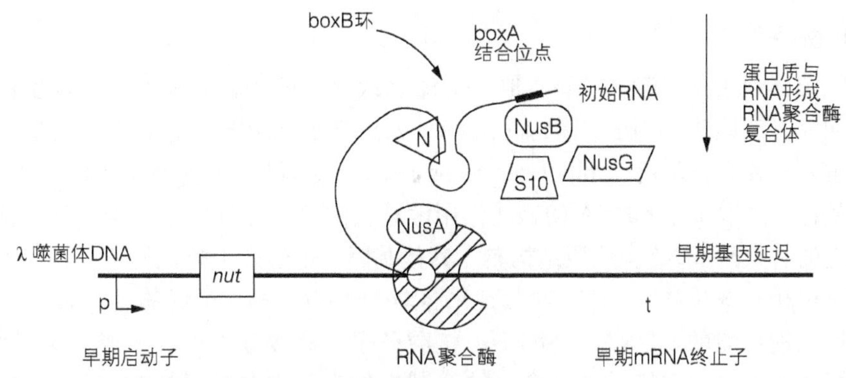

图 2-22　N 抗终止复合体组装模型（引自 Das A，1992）

箭头表示根据遗传和生化证据推测的蛋白质-蛋白质、蛋白质-RNA 相互作用。N 蛋白结合 *boxB* 环区 nut 位点的 RNA 转录物。NusA 蛋白催化的反应中，结合 RNA 聚合酶复合体。蛋白质 NusB，NusG 以及核糖体蛋白 S10 结合 *boxA*。与结合 *boxA* 的蛋白质相互作用可以稳定 N：NusA：RNA 聚合酶复合体。缺乏 N 蛋白，不能在 t 有效终止时，NusG 与 rho 相互作用，使转录物短一些，直到发生抗终止作用

六、噬菌体的蛋白质合成

（一）核糖体结合位点的结构和效率

噬菌体蛋白质合成在翻译水平的调控涉及 RNA 二级结构，影响进入核糖体结合位点。环境因子可以影响这些结构。这方面的研究多来自大肠杆菌噬菌体（coliphage）。mRNA-30S 核糖体亚基 t-fMet-tRNAf-翻译起始复合体的形成涉及 6 个因子：①起始密码子，优先使用 AUG，但也可能是 GUG、UUG 或 AUU；②Shine-Dalgarno（SD）序列 UAAGGAGGU 的一部分，与 16S rRNA 的 3′端互补；③SD-起始密码子之间的间隔大约为 5～13 个核苷酸，最适的为 6～8 个核苷酸；④附近的其他碱基，包括增强子序列，能够与 16S rRNA 的其他区域配对；⑤转录与其他上游基因的偶联，终止密码子和新起始密码子重叠，或者只被少数碱基分开；⑥第二个密码子一般是 AAA 和 GCU，它是特异 mRNA 二级结构中的转录起始区域（transcription initiation region，TIR）。

RNA 噬菌体 Qß 和 f2 的 3 个顺反子（cistron）——衣壳蛋白、复制酶、A 蛋白——按照 20∶5∶1 比例产生。比例大小反映每个顺反子起始位点 mRNA 的二级结构变异。RNA 结构也参与基因表达的时序控制。核糖体蛋白 S1 阻遏衣壳蛋白的表达，也是 f2 复制酶的亚基。复制酶和 S1 结合释放了负调控，允许衣壳蛋白完全表达。RNA 二级结构和蛋白质阻遏子可以影响许多 T4 噬菌体 RNA 的翻译产量，包括溶菌酶等几个基因从早期和晚期启动子进行转录，但早期转录物形成茎环结构，关闭 TIR；晚期启动子位于茎环中间，得以高效翻译。早期产生的低水平的溶菌酶功能上很重要。如果噬菌体在感染周期完成之前耗尽了细胞壁两侧的电势梯度，细菌裂解，释放出子代噬菌体。氯仿裂解噬菌体感染的细胞，但只杀死而不裂解未被噬菌体感染的细胞。DNA 聚合酶、ssDNA 结合蛋白和 RegA 这 3 个 T4 蛋白质直接控制其翻译，也在翻译水平调控其他多个蛋白质的合成。这些蛋白质可以结合 mRNA 中的特异性结构，抑制翻译。3 个蛋白质涉及的 RNA 结构不同。基因 32 的−67～−40 序列可以形成复杂的假结（pseudoknot）结构，随后是可以容纳 9 分子的非结构区域，协同结合 gp32。这可以与 ssDNA 竞争，更紧密结合 gp32，控制 gp32 的水平，保护 ssDNA。

（二）翻译跳跃

许多噬菌体利用在特定位点偶然地“翻译跳跃”一两个核苷酸产生特定蛋白质的变异体。例如，噬菌体 T7 利用-1 移码（frameshift）产生 gp10B，是主要衣壳蛋白的变异体，自身也是次要衣壳蛋白（minor capsid protein）。噬菌体 T4 基因 60 编码区中间有 50 个碱基不翻译。这取决于 mRNA 的顺式作用信号、核糖体蛋白 L9、一对 GGA 密码子 47 碱基和相应的甘氨酰 tRNA。这段结构转入其他基因，也会产生类似的“翻译跳跃”。

基于噬菌体翻译的应用技术：核酸适配体与 SELEX 核酸适配体（aptamer）是一类具有特异性识别功能的 ssDNA 或者 RNA 核酸分子，核酸分子折叠形成特定三维结构，与生物靶标高亲和力、高特异性结合，结合靶标的亲和力与特异性类似于单克隆抗体。其优点是不易受 pH、温度等环境因素影响而变性，价格便宜；可在体外筛选；没有免疫原性和毒性，可通过化学合成制备、改造与标记；化学稳定性好，能可逆变性与复性，可通过酶扩增、剪切等。这个概念首先来自研究 T4 DNA 聚合酶与其 mRNA 序列的翻译起始区（translation initiation region）前的特定环结合，抑制翻译。在编码该环状区域的 8 核苷酸随机化，利用 T7 RNA 聚合酶转录构建物，研究 T4 DNA 聚合酶与这个含有 65 536 变异体的 RNA 库的结合特异性。含有野生型 T4 序列的 RNA 结合最好，其他非野生型序列的结合都较差。基于此，利用体外筛选技术“指数富集的配体系统进化技术”（systematic evolution of ligands by exponential enrichment，SELEX），从核酸分子文库中得到寡核苷酸片段。随机 RNA 或 DNA 区一般有 40 个核苷酸，两端是恒定的末端固定引物，用于 PCR 扩增所有筛选出来的 10^{15}序列。这样可以产生短的、与酶活性位点结合的 ssDNA 或 ssRNA 分子，作为抑制剂或者激活剂。利用该技术发现了全局性调控细胞应答的配体如 SAM、鸟嘌呤、腺嘌呤、硫胺素焦磷酸、黄素单核苷酸和维生素 B_{12}。噬菌体 *f29* 编码的 RNA 选择性结合 ATP，是包装过程所必需的。SELEX 筛选获得的 ATP-结合适配体非常类似于 f29 噬菌体的包装 RNA（packaging RNA，pRNA）的核心部分。

七、噬菌体调控宿主菌代谢

第一步一般是宿主 RNA 聚合酶识别噬菌体的极强启动子，转录噬菌体的早期基因。这些基因的产物可保护噬菌体基因组，改变宿主代谢，使之有利于噬菌体。这些基因产物也可能失活宿主蛋白酶或限制性内切酶，直接终止宿主不同大分子合成，破坏宿主蛋白。毒性噬菌体如 T4、SPO1 和 Sb-1 编码许多对宿主具有致死性的蛋白质。这些蛋白质即使单独克隆，也可能控制宿主。一组中期基因表达产物指导合成新噬菌体 DNA，然后是晚期基因编码噬菌体粒子。有些噬菌体中，这种转录的转变涉及合成新 sigma 因子或者 DNA 结合蛋白，改变宿主 RNA 聚合酶。其他噬菌体编码自己的 RNA 聚合酶。噬菌体通过降解宿主 DNA、抑制宿主 mRNA 翻译从而改变宿主细胞代谢，使之有利于合成新噬菌体。部分噬菌体还利用自身编码的酶对宿主关键组分进行翻译后修饰，改变宿主蛋白的活性。例如，T4 噬菌体编码的 3 个 ADP-核糖基转移酶（ADP-ribosyltransferase），其中之一是 Alt，它是单 ADP-核糖基化（mono-ADP-ribosylation）的大肠埃希菌毒素-抗毒素（toxin-antitoxin，TA）MazE-MazF 中的毒素分子 MazF（修饰后的分子量为 542 Da），

Alt 介导的 ADP-核糖基化修饰发生在 MazF 第 4 位的精氨酸残基。ADP-核糖基化修饰后的 MazF 体外切除 RNA 的活性降低。这提示 T4 噬菌体在感染时可能通过化学修饰宿主大肠埃希菌的毒素系统，调控宿主细菌的代谢。

八、噬菌体形态形成与宿主菌裂解

（一）噬菌体形态形成

综合利用遗传学、生物化学、电子显微镜、冷冻电镜、X 射线晶体结构和核磁共振等方法，进行了很多噬菌体分子元件如何组装为高度复杂的功能性结构的研究。肌尾噬菌体是迄今最复杂的病毒粒子。T4 基因组信息 40%用于合成和组装二十面体头部、具有收缩功能的尾鞘及尾丝纤维。形成头部需要 25 个蛋白质、形成尾部需要 22 个蛋白质，尾丝纤维需要 7 个蛋白质。54 个蛋白质中有 5 个是组装过程中的功能性蛋白，而不是最终病毒粒子的构成组分。其他大的肌尾噬菌体具有类似复杂性。纯化的 fKZ 噬菌体具有 40 多个蛋白质，基因组为 280 kb。枯草芽孢杆菌噬菌体 SP01 具有 53 个蛋白质，但是其形态形成机制尚未可知。

噬菌体 DNA 包装到预组装好的二十面体蛋白壳即前衣壳（procapsid）中。大部分噬菌体，其组装涉及特定骨架蛋白（scaffolding protein）和主要头部结构蛋白之间的相互作用，随后是蛋白酶切除骨架蛋白和主要头部蛋白的 N 末端。包装前或者包装过程中，噬菌体头部延伸，变得更稳定，内部体积增大，供 DNA 装入。头部顶端是“门蛋白复合体”（portal protein complex），是头部组装的起点，也是 DNA 包装酶的停靠位点和 DNA 进入的通道。长尾噬菌体和肌尾噬菌体的尾部结合位点是分别组装的。研究关键模式噬菌体的组装，为从分子水平认识噬菌体形态形成提供了基础，同时也为纳米技术发展提供了模型和关键组分。

1. 头部形成　有尾噬菌体的头部形成比较复杂，包括多个阶段（图 2-23）。首先，头部结构一般是厚壳，围绕核心或蛋白质骨架形成，衣壳成熟后再水解骨架，去除一些病毒粒子蛋白。头部先充满 DNA，然后与适当预组装好的尾部结构连接，形成感染性颗粒。DNA 包装是从长的线性串联体开始。识别特定序列时，或者头部装满了 DNA 时，包装即停止。如果携带了宿主 DNA，则可能形成普遍性转导噬菌体。噬菌体如 SPP1、P22、T3、T7、l 和 T4，分离的头部处于感受态，以接受外源 DNA 或噬菌体 DNA，组装为活噬菌体或转导颗粒。头部包装过程中，可能形成节段缺陷的突变株。头部组装通常包括门蛋白起始复合体（portal protein initiator complex）、骨架、主要头蛋白的组装。有些噬菌体如 T4 组装始于噬菌体/宿主蛋白结合膜（图 2-24）。门蛋白复合体是二十面体头部 12 个顶点之一。它是 DNA 包装酶的停靠位点，DNA 进入头部的通道，噬菌体尾部的附着点。骨架蛋白通常不进入二十面体核心，但它可与主要头部蛋白相互作用，让头部找到合适的折叠类型和相互作用分子。P22 头部在细胞质自由组装，其骨架蛋白为门蛋白复合体整合所需，也是前衣壳结合小头部蛋白所需的。骨架蛋白和门蛋白复合体之间结合也需要适当的相互作用。P22 头部蛋白的特殊之处是即使没有门起始复合体，也可以组装为外观正常的结构。缺乏骨架蛋白，除了成为空的封闭多面体外，还可能组装为异常结构。T4 的骨架蛋白在组装后则被切割扔掉。有些噬菌体的门蛋白复合体是 12

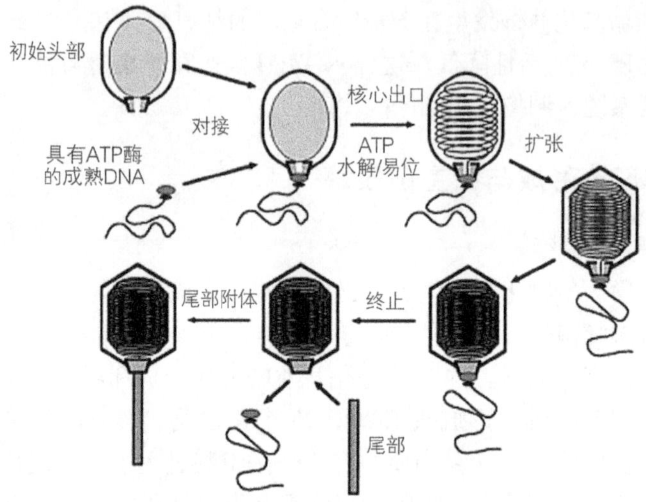

图 2-23 dsDNA 噬菌体头部的包装

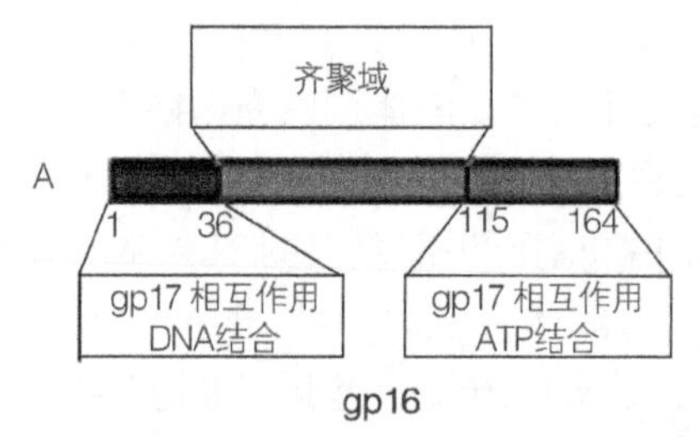

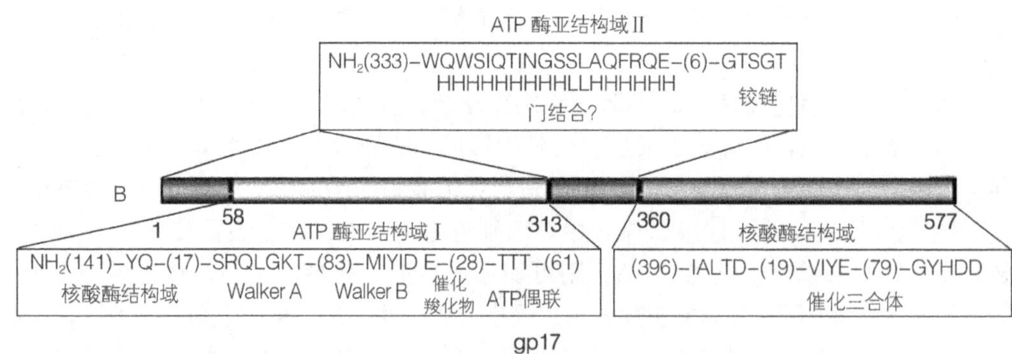

图 2-24 T4 噬菌体的末端酶功能域和模体

个门蛋白构成的环。每个顶点形成中所需的衣壳蛋白五聚体也是门蛋白。对称性误配（symmetry mismatch）导致 DNA 包装后门蛋白容易旋转。不同噬菌体，切割不同的结构蛋白，成熟为更稳定的最终结构。这可能发生在 DNA 包装前，或者包装过程中。疱疹病毒或者腺病毒都存在类似现象。

2. DNA 包装　病毒组装是指将极长的 DNA 分子包装入头部前体（prohead），一旦感染启动，这一步需要非常稳定，允许 DNA 快速进出，而且不发生缠绕。包装机器含三个组分：门（portal）、马达（motor）和调控因子（regulator）。门是十二聚体（dodecamer），马达是五聚体（pentamer）。门和马达在特殊的二十面体衣壳的五邻体顶端形成两个同心环。ATP 酶提供能量，马达负责像齿轮一样将 DNA 通过门塞入衣壳。TerS 是识别基因组所必需的，但是有关机制尚不清楚。马达的结构和机制、化学能-机械能转换守恒的性质确保包装有序高效。包装的底物是线性分子，进行线性包装。噬菌体 *f*29 和 P2 在装入（encapsidation）前产生一个单元长度（unit-length）的基因组。但大多数 dsDNA 噬菌体在复制时产生头尾排列的串联体，在包装过程中被切断。噬菌体 T7 和 *l*，在特异识别位点切割，产生独特的末端，切割交错（staggered）进行，产生短末端冗余（short terminal redundancy），留下单链，这有利于环化或在感染后恢复聚合体形成（图 2-25）。P22、P1 和 T4 的头部被装满，会装入比基因组更大一点的 DNA。该过程产生明显的末端冗余，在新噬菌体中形成环状的 DNA 分子。有些噬菌体在独特的 *pac* 位点启动包装。T4 可以从任何游离末端开始复制，然后大量重组复制，产生高度分支而不是线性复制的 DNA 结构，在正常噬菌体感染过程中形成大约 50 个噬菌体，如果突变阻断噬菌体组装，甚至可以形成大约 100 个噬菌体的基因组 DNA。DNA 包装后，加工酶 gp49 负责剪除分支，修复所有缺刻和缝隙。噬菌体 Mu 的 DNA 被包装，会整合进一些宿主基因。宿主 DNA 在 *Mu* 基因组复制起点前几百碱基处被切割，噬菌体基因组末端后面几千碱基也被包装进入。这提示 Mu 噬菌体基因组存在普遍性转导。

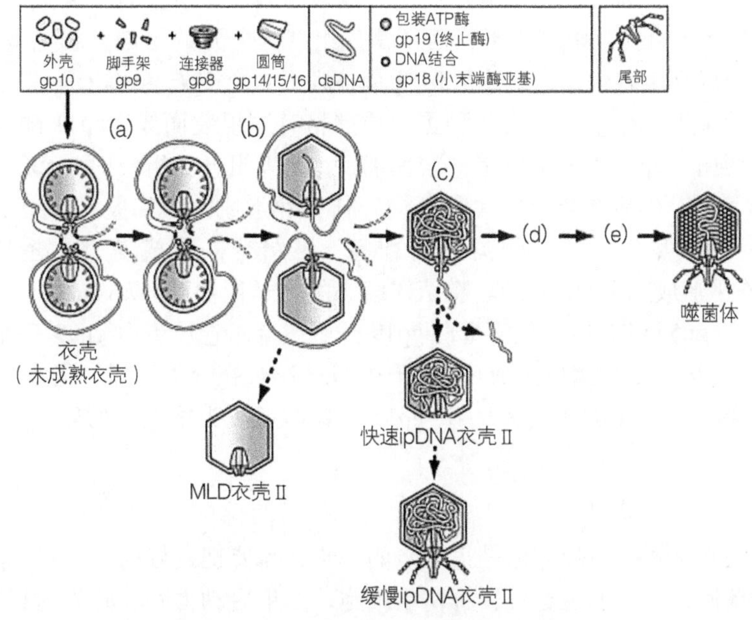

图 2-25　噬菌体 T3/T7 DNA 包装

实线箭头连接的中间产物是根据实验观测到的中间产物推测的。虚线箭头表示观测到的中间产物

末端酶 ATP 酶（terminase ATPase）将化学能转化为机械能。包装机器遵循普遍规律，但也具有个体差异。具有“中空的对称环连接复合体”结合在门顶点蛋白（portal vertex protein）。结合了 DNA 的噬菌体编码的末端酶 ATP 酶与连接复合体结合。末端酶识别和切割串联体 dsDNA 底物并结合位于头部的前体，启动包装所需的 ATP 驱动 DNA 载入。另一个核酸酶切割运行 DNA，包装得以完成。末端酶识别和结合 DNA 由小亚基完成。核酸内切酶和 ATP 酶位于大亚基中。这些酶蛋白也是所有噬菌体中最保守的蛋白

质。*f*29 噬菌体家族独特的 120 bp RNA 即 pRNA 可以取代这些蛋白质中的 ATP 酶的功能。pRNA 形成发卡结构，顶部具有头环（head loop）区，靠近顶部向右突出，向左侧倾斜。DNA 包装时，折叠的 pRNA 六聚体通过头环区结合“头–尾连接子”。这个区域与 SELEX 技术筛选获得的结合 ATP 的 RNA 适配体一致。每个噬菌体具有自己独特的 pRNA，不能相互替代。6 个 pRNA 中，即使一个 pRNA 被失活，DNA 包装也会被完全阻断，单碱基变化也会完全阻断包装过程。用纯化的组分进行体外包装的效率非常高，没有背景干扰。关于噬菌体 DNA 包装过程的大量认识都来自体外包装系统的研究。连接子/pRNA 复合体围绕五聚体头部顶点旋转，DNA 连续结合在 pRNA 分子的外侧端。

3. *尾部形态形成* 已经研究过的噬菌体绝大部分属于长尾噬菌体。这些噬菌体的尾部具有长而柔性的管子，由主要尾部蛋白的多个拷贝构成，在一个起始复合体的基础上，黏附一根或者多根纤维。尾部长度的精确控制取决于卷尺（tape measure）蛋白与终止子（terminator）蛋白，它们负责完成尾部组装。尾部可以与完成的头部相互作用。λ 噬菌体尾部形成涉及至少 11 个基因。黏附纤维 GpJ 与 gpK、gpI，gpH、gpM 和 gpL 一起组装成锥状起始子（initiator），然后在其上组装尾部亚基 gpV 形成的 32 个六聚体，形成 9 mm 中空的管子，供噬菌体感染过程中其 DNA 穿过。gpH 作为卷尺控制数量，延伸至中空管中。短尾噬菌体的组装细节尚不太清楚，在其成熟的病毒粒子中有 9 种蛋白质。其基板和尾突（tail spike）直接黏附到头部，而不是先组装为分开的尾部。肌尾噬菌体可收缩尾部的许多组分以高度有序方式组装。T4 噬菌体则由 6 个楔子（wedge）围绕一个轴心，形成一个圆状的基板。每个楔子由 7 种蛋白质严格有序组装而成，gp11 随时可以结合。中心含有卷尺蛋白、gp29、三聚体尾部溶菌酶、gp5 等组分。组装时，gp5 在 Ser351 和 Ala352 之间被切割，然后结合为异六聚体。Gp51 催化形成圆形基板。6 个三聚体短尾丝纤维（gp12）位于基板下面。短尾丝纤维头–尾结合，形成花环。短尾丝纤维与 $(gp11)_3$相互作用形成几乎 90°的结。噬菌体编码的分子伴侣 Gp57A 有利于形成长/短尾丝纤维。gp48 和 gp54 结合后，尾管蛋白 gp19 开始聚合，卷尺蛋白 gp29 完全展开纽结，聚合终止。23 个 gp19 的六聚体形成环状柱子。Gp3 结合在管子顶部。尾管聚合后，收缩鞘形成。gp18 和尾管亚基的比例为1∶1。gp15 六聚体形成头尾连接的环，是尾管形成的最后一步。

（二）宿主菌细胞裂解

裂解宿主细胞是最后一步，也是很危险的一步，需要把握好时机。如果裂解启动太早，产生的噬菌体太少，不能有效裂解宿主细胞；如果启动太晚，感染时机和新一轮繁殖的暴发期则会丢失。有尾噬菌体裂解涉及两个组分：可以切除肽聚糖基质化学键的裂解素（lysin），以及在细菌细胞内膜上组装成孔道，方便裂解素通过肽聚糖层并加速裂解的孔蛋白。生长条件和遗传组成影响噬菌体裂解宿主细胞的时机。可以筛选获得裂解时间改变的噬菌体突变菌株（图 2–26，图 2–27）。裂解的一般机制，以及各种裂解素和孔蛋白将在其他章节讨论。无尾噬菌体编码许多“单蛋白裂解–加速蛋白”（single-protein lysis-precipitating protein），以及“肽聚糖处理酶”（peptidoglycan-processing enzyme）（图 2–28）。裂解过程一般用时非常短。

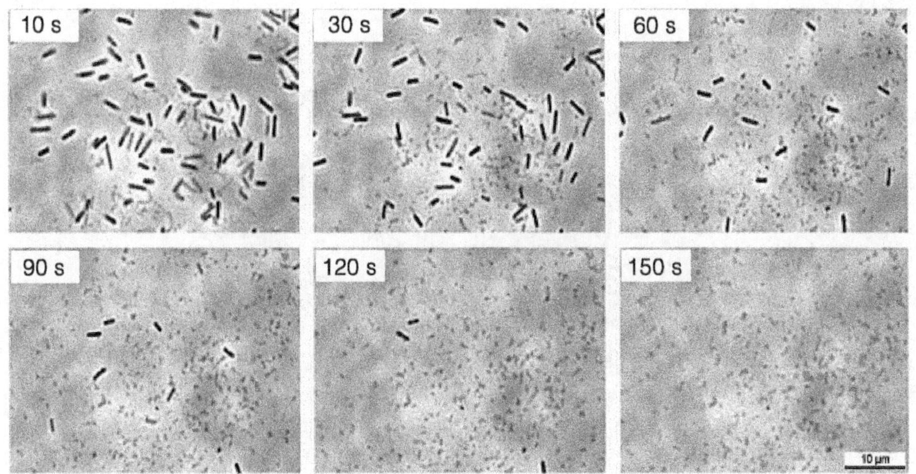

图 2-26 外源添加内溶素（浓度 100 μg/mL）快速裂解革兰氏阳性菌（标尺：10 μm）

单增李斯特菌与重组的酰胺酶 Ply511 混合，相差显微镜观察裂解情况。120～150 秒后细菌细胞壁完全裂解

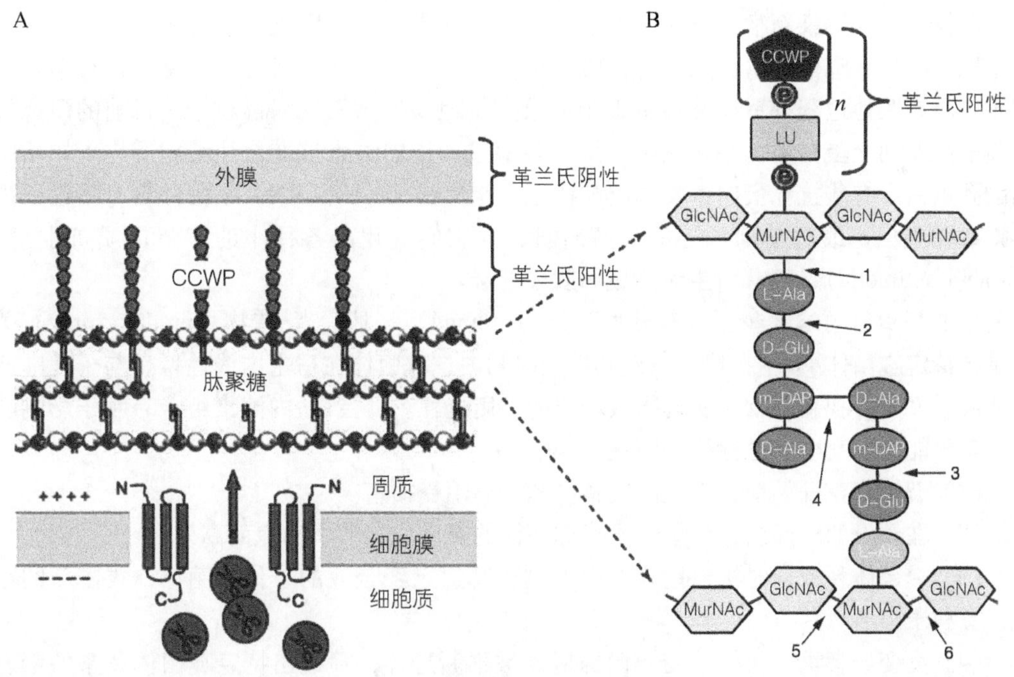

图 2-27 细菌细胞壁和内溶素靶标

A. 图示细菌细胞壁以及噬菌体内溶素如何接近其底物。孔蛋白插入细胞膜，寡聚化，破坏细菌细胞膜。内溶素从这些孔靠近肽聚糖。革兰氏阳性细菌的细胞壁可能被从外面裂解，因为厚而高度结合的肽聚糖网络一般容易从外面进入。革兰氏阴性细菌的外膜可能有效阻止游离内溶素的作用。B. 有些肽聚糖的肽桥由二氨基酸（m-DAP）组成，与相对肽链的末端 *D*-Ala直接交联。数字表示不同酶活性的内溶素可能攻击的键：1. *N*-乙酰胞壁酰基-*L*-丙氨酸酰胺酶；2. *L*-丙氨酰-*D*-谷氨酸内肽酶；3. *D*-谷氨酰-m-DAP 内肽酶；4. 肽桥特异性的内肽酶；5. 溶菌酶；6. 胞壁水解酶或裂解性糖基转移酶。CCWP：细胞壁碳水化合物高分子；GlcNAc：*N*-乙酰葡萄糖胺；LU：连接单元；m-DAP：内消旋-二氨基庚二酸；MurNAc：*N*-乙酰胞壁酸；P：磷酸盐基团

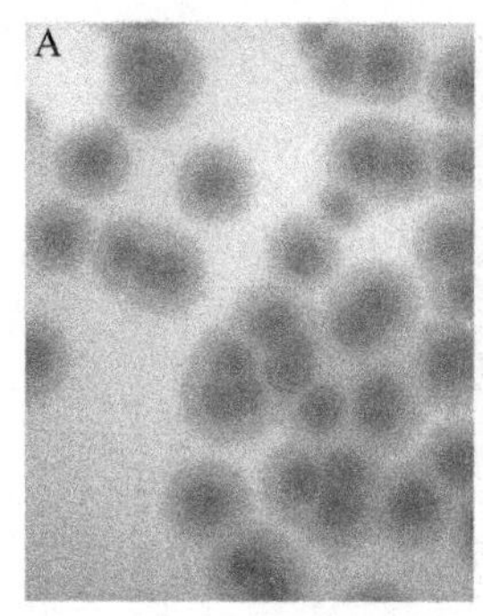

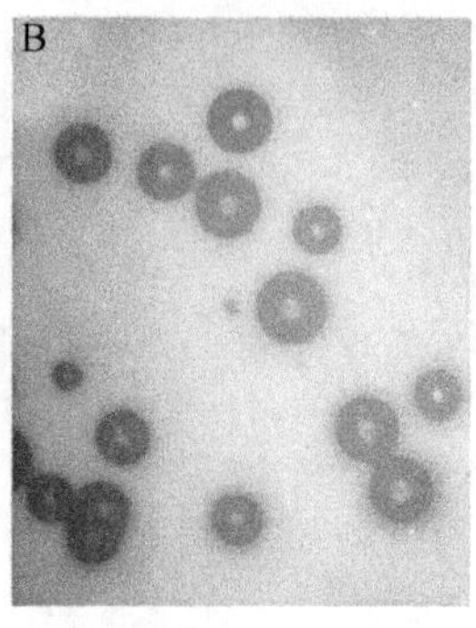

图 2-28　肉眼观察内溶素活性

A. 噬菌体 A511 在软琼脂培养基上形成的单增李斯特菌噬斑。噬菌体释放亲水的酰胺酶内溶素 Ply511 从噬斑中央扩散到周围，形成次级透明圈，水解周围的细菌。B. 产生 Ply511 的大肠埃希菌经氯仿处理后，形成渗漏细胞，在软琼脂培养基上，与浓缩的单增李斯特菌放在一起。酶从大肠埃希菌细胞扩散，水解李斯特菌细胞，围绕大肠埃希菌克隆形成大的裂解圈。存在细胞壁底物时，内溶素也具有外溶素活性

1. 噬菌体裂解蛋白和裂解系统　噬菌体相关的裂解过程比较复杂，尤其是 dsDNA 噬菌体。一般认为子代噬菌体是宿主细胞因压力而爆裂后释放，也有人认为后期溶菌酶导致噬菌体释放和感染新宿主细胞。其实，裂解过程是高度程序化的，时间上也是控制非常精准的事件。噬菌体生长周期中，唯一的重大决策可能就是何时终止感染，裂解宿主细胞。所有其他过程都旨在使宿主细胞内最大量地积累感染性病毒粒子。目前的研究发现裂解涉及两个蛋白质：裂解肽聚糖层的内溶素和使内溶素精准地从细胞质进入周质空间的孔蛋白。有些抗孔蛋白也发挥调控作用。小单链 DNA 和 RNA 噬菌体自身不编码内溶素或孔蛋白，或者精细调控的裂解时机，但它们进化出各种小的“蛋白质抗生素”（protein antibiotic），招募宿主酶，破坏肽聚糖层。

2. 孔蛋白、内溶素和“裂解时控”（lysis timing）　捕食者-猎物（predator-prey）关系是指特定噬菌体/宿主在特定条件和适当时间内，噬菌体在宿主内线性增殖与子代噬菌体释放后又要寻找新猎物，实现指数增殖的平衡过程。孔蛋白-内溶素组合有利于影响噬菌体竞争能力的几个关键性质的演化。

（1）裂解真正开始前，系统的完整性和产率不受损害。

（2）在预设的时间内，传染性子代噬菌体的释放应当非常迅速而高效。

（3）噬菌体释放的时机设定应当是有利于释放已经合成的子代噬菌体，攻击新的宿主，有利于存活。

（4）突变或者重组获得的变异菌株应当被不断选择，筛选出特定噬菌体和条件更有利于裂解时控。T4 样噬菌体利用前述性质（3），形成裂解抑制（lysis inhibition）。T4 样噬菌体试图形成超感染（superinfection），但环境中缺乏宿主，因此裂解被推迟，允许在宿主内继续产生噬菌体，为这些噬菌体提供保护，直到外界条件更适合。

孔蛋白可以聚集在内膜形成一定结构，允许内溶素外排，降解细胞壁，据此控制噬菌体感染过程中的裂解时机。孔蛋白是很小的膜蛋白，但变异较大。已知有 250 多个可能的孔蛋白序列，分为 3 大类，属于 50 多个家族。第一类孔蛋白（原型 *l* S 蛋白，95~130 个氨基酸）具有 3 个跨膜区，在胞质内有一短而带正电荷的 C 端尾部。第二类孔蛋白（原型 λ 样噬菌体 *f* 21 S 蛋白，65~95 个氨基酸），有两个跨膜功能域，两端均位于

胞质内。T4 样噬菌体的孔蛋白属于Ⅲ类（218 个氨基酸），残基 30~49 形成一次跨膜域，在周质空间具有强亲水的 C 端尾部，这是裂解抑制所需的结构。各类噬菌体内溶素攻击肽聚糖层的不同键。细菌细胞壁刚性强，防止细菌在低渗透压环境中破裂。肽聚糖类似包裹细菌的口袋。但是这个口袋可以生长、分裂，且不丧失结构完整性，也是青霉素等抗生素的靶标。肽聚糖主要是 *N*-乙酰葡萄糖胺（NAG）和 *N*-乙酰胞壁酸（NAM），通过 β-1，4 糖苷键连接。这也是 NAG 聚合形成几丁质的连接。不同细菌的肽聚糖有些差异。

内-β-乙酰葡萄糖酰胺酶和 *N*-乙酰胞壁酰胺酶（溶菌酶）作用靶标是 NAM-NAG 糖骨架二者之间的键。内肽酶靶标是交联肽桥，*N*-乙酰胞壁酰-*L*-丙氨酸酰胺酶水解交联糖和肽的酰胺键。在噬菌体蛋白质合成晚期（有时甚至更早），内溶素都在积累。T7 的内溶素是早期基因编码的。T4 早期也合成少量内溶素，但是晚期合成量多得多。内溶素只有在预设的裂解时间才影响细胞完整性，当跨膜电势发生明显改变时，提示宿主细胞不再适合噬菌体增殖，这时内溶素才发挥裂解功能。此时，孔蛋白组装形成跨膜结构，允许内溶素穿过，迅速破坏肽聚糖层，释放噬菌体，同时终止细菌呼吸，破坏相关的质子动力。为了防止内溶素扩散，大多数革兰氏阳性菌噬菌体的内溶素具有额外的 C 端组分，故内溶素连接在宿主肽聚糖层组分上。这种“分子栓”（extra tether）被应用于抗生素研发。可见，有无可用的孔蛋白和内溶素决定了宿主菌是否被裂解。许多噬菌体具有控制裂解时机的复杂机制，比如利用抗孔蛋白防止孔道形成。抗孔蛋白的形成至少涉及 3 种独立机制：①利用间隔很近的另一个起始密码子，使孔蛋白基因一结束就表达抗孔蛋白（*l*、P22、N15、*f*29）；②孔蛋白基因的重复和改变；③利用与孔蛋白无关的抗孔蛋白基因（膜蛋白 P2 lysA、可溶性的 T4 rI 和 P1 lydB）。噬菌体 *l* 的裂解系统被研究得较为透彻，是所有有尾噬菌体孔蛋白/内溶素双组分系统的原型。噬菌体 *l* 的 *S*（孔蛋白）基因具有两个起始密码子，中间被一个赖氨酸密码子隔开。较长的蛋白 S107 是抗孔蛋白，与较短的孔蛋白 S105 相互作用，阻止孔蛋白在裂解时机未成熟时组装为孔道。例如，如果去除抗孔蛋白，裂解时间会提前几分钟，噬菌体暴发量也降低。选择晚期或者提早裂解的 λ 突变噬菌体，发现两种突变：一种突变影响抗孔蛋白或者孔蛋白翻译速率，反映两者比例在决定裂解时机中的作用；另一种突变影响孔蛋白/抗孔蛋白基因的结构。该系统旨在噬菌体适应新宿主或环境条件时，突变和选择更加快捷。一旦膜电势改变，抗孔蛋白不再抑制孔道的形成，溶菌酶迅速进入周质空间，快速释放形成的噬菌体。这也是只要产生了孔蛋白和溶菌酶，氯仿就可以裂解噬菌体感染的细胞，杀死却不裂解未感染噬菌体的细胞的原因。其他噬菌体超感染一般导致膜短暂去极化，一旦产生了足够的孔蛋白，初始感染的噬菌体即裂解细胞，而不会与另外的噬菌体共存。孔蛋白-抗孔蛋白在空间上不必总是邻近。λ 噬菌体的Ⅰ类和Ⅱ类孔蛋白偶联酶学上不同的内溶素。有些噬菌体偶联不止一种内溶素，各内溶素的特异性不同。

3. 小噬菌体的单一蛋白质裂解系统　各种小单链 DNA 和 RNA 噬菌体裂解诱导策略是颠覆宿主平时用来延伸肽聚糖的酶，利用这些酶来进行裂解和噬菌体释放。这些蛋白质抗生素也称为“无胞壁素”。无胞壁素因噬菌体而异，影响胞壁肽合成的多个步骤，这也提供了研发抗生素的新思路。被研究较多的是噬菌体 ΦX174 *E* 基因编码的无胞壁素，它具有 91 个氨基酸，跨膜内嵌骨架蛋白（scaffolding protein）。其膜功能域

（membrane domain）和裂解功能位于前 35 氨基酸。GFP 或者 β-半乳糖苷酶取代整个 C 端细胞质功能域也不抑制宿主裂解。突变失活宿主编码非必需“肽酰基-脯氨酰基顺-反异构酶”（peptidyl-prolyl cis-trans isomerase，PPIase）的基因 *slyD* 可以丧失 E 介导的裂解。但是，ΦX *Epos* 突变可以增加 10 倍 E 的合成，克服该突变。将 *Epos* 等位基因克隆到表达载体，可以用来选择耐受裂解的宿主突变菌株。突变可以定位到 *mraY* 基因的两个跨膜区，该基因催化肽聚糖生物合成中第一个脂类的连接步骤，这也证明了无胞壁素抑制胞壁肽形成的特定酶。E 裂解依赖于细胞分裂，抗生素 mureidomycin 作用也是如此，后者特异性抑制 MraY，阻断分隔。除了宿主主动生长外，未发现调控 E 产生或者作用的分子。诸如 Q*b* 等轻小噬菌体（*Leviviridae*）不产生毒力的无胞壁素。这个功能可能由主要衣壳蛋白 A2 执行。雄性纤毛（male pilus）结合的受体也是这个衣壳蛋白，在形态形成过程中保护 RNA3′端和 RNA。宿主抗 Q*b* 裂解的 *rat* 基因突变菌株都具有 MurA Leu138 Gln 突变，MurA 催化胞壁肽合成的第一步。高滴度的 Q*b* 抑制纯化的 MurA 但不抑制 *rat* 基因突变蛋白。在 rat 菌苔上生长的 Q*b por* 突变菌株的突变位点是 A2 的 N 端 120 个氨基酸。这个区域在轻小噬菌体科如 ΦX174 的 A 蛋白中找不到任何同源分子。如果细胞处于生长期，病毒粒子积累到足以阻断所有可以利用 MurA 的水平，细胞壁合成停止，随后细胞开始裂解。如果感染对数晚期细菌，显然可以获得更高滴度的病毒粒子。

RNA 噬菌体 MS2 基因 *l*，*coat* 基因的末端和 *rep* 基因的起始重叠，编码 75 氨基酸的无胞壁素，其裂解活性位于 32 氨基酸 C 端。*coat* 基因和基因间部分重叠的目的可能是调控其产生，而不是催化功能。通过局部 RNA 二级结构调控其表达，对于噬菌体非常关键。

4. T 偶数噬菌体的裂解和裂解抑制　T 偶数噬菌体（T-even phage）发生裂解时，一般在宿主细胞内积累了 100～300 个噬菌体。与有尾噬菌体一样，裂解需要两种蛋白质。T4 噬菌体溶菌酶的编码基因是 *e*（endolysin 的缩写）。T4 噬菌体孔蛋白由基因 *t* 编码，负责在内膜上打孔，有利于溶菌酶从细胞质进入肽聚糖层。溶菌酶或孔蛋白任何一个缺乏，裂解都不会发生。T4 噬菌体孔蛋白属于Ⅲ类，分子更大，具有更长的 C 端周质空间尾部。尾部使得裂解抑制有可能发生。T 偶数噬菌体如果感知到环境中噬菌体数量多于宿主菌数量时，可以推迟宿主菌裂解，最大限度利用现有宿主菌，静待其他宿主菌生成。具体推迟的时长，取决于噬菌体攻击信号。攻击信号由 rⅠ蛋白介导，后者反过来调控 t 蛋白在细胞膜上组装。将 T4 噬菌体的 *t* 基因与噬菌体 *l* 的 *S* 基因替换，构建的杂合 *l* 噬菌体可以正常感染细菌，在感染后 20 分钟裂解。如果被感染的宿主大肠埃希菌携带克隆的功能 T4 *rI* 基因，还可以产生裂解抑制。T4 噬菌体的 gprⅢ还可以进一步延长裂解抑制，但不需要其他 T4 噬菌体蛋白。gprⅠ导致裂解抑制需要感知的信号尚未知，可能包括降解的 DNA，或者超感染噬菌体的内部蛋白质。两种情形都需要注入周质空间而不是细胞质。裂解抑制的程度随特定 T 偶数噬菌体、宿主菌株、环境条件而变化。通气良好的液体培养基中，T4 噬菌体感染大肠埃希菌 B 菌株需要 4～6 小时，厌氧呼吸则需要 27 小时。裂解抑制消失，噬菌体释放受到严格调控。用来定义裂解抑制的 T4 *rII* 基因，现在却与裂解抑制无关。T4 噬菌体的 *rII* 突变株提供了前噬菌体基因进行噬菌体排除的一种模式。T4*rII* 突变噬菌体表达大肠埃希菌 K12 菌株中的 *l* 溶原菌（lysogen），其 *rexA* 和 *rexB* 基因完全排除。Benzer 利用该现象进行了基因精细结构分析，排除的分子机制不清楚。RexB 形成离子的通道在 T4 *rⅡ* 突变株或其他噬菌体感染后打开，离子丢失，细胞能量丧失。参与 T4 重组的酶，也参与了排除。rⅡ 蛋白如何绕开排除的分子机制不清楚。gprⅡA 和 gprⅡB 可以保护被 T4 噬菌体感染的大肠埃希菌 B 细胞不受损伤，因为染色体中存在缺陷的 P2 相关前噬菌体。*rⅡ* 突变株在 P2 样噬菌体感染大肠埃希菌 K12 菌株时，遭受的损伤较噬菌体 *l* 感染小。DNA 复制不受影响，感染后 25 min，细胞才裂解。这一般发生在裂解抑制发生前，防止裂解抑制应答，在溶原性大肠埃希菌 B 菌株上产生更大的 *rⅡ* 突变株噬斑，噬菌体暴发量较大。如果宿主菌消除了前噬菌体，*rⅡ* 突变株的裂解抑制正常，噬斑较小。*rⅡ* 基因可能与细胞能量学有关，与裂解并不直接相关。

第四节 溶原与假溶原

一、溶原

根据生活史，噬菌体分为两大类：裂解性噬菌体和溶原性噬菌体。溶原是指溶原性噬菌体繁殖过程中部分子代噬菌体进入了溶原性周期的过程或状态。

裂解性噬菌体仅通过裂解循环周期繁殖，噬菌体粒子吸附到宿主细胞表面，将基因组注入宿主细胞，劫持宿主代谢功能，利用宿主分子机器产生更多噬菌体。数分钟或者数小时后，宿主细胞裂解，释放新噬菌体。

溶原性噬菌体感染宿主细胞，完成子代组装后，有些子代噬菌体进入裂解循环，使宿主细胞裂解，释放子代噬菌体。但有些子代噬菌体则进入溶原性循环。此时，噬菌体基因组不复制，而是进入静止态，成为前噬菌体（prophage）。前噬菌体一般是整合到宿主染色体上，但也可以质粒形式存在。溶原状态可以长期维持，随宿主细胞复制而复制。这些宿主细胞称为溶原化（lysogenized/lysogenic）细胞。但部分前噬菌体偶尔可能逃离静止态，进入裂解循环。影响噬菌体处于裂解还是溶原状态的因素较多。溶原状态高度演化，需要病毒和宿主共进化，可能涉及双方的不同优势。溶原性噬菌体保护宿主不被其他噬菌体感染，使宿主性质发生显著改变，包括限制系统、抗生素抗性，以及对其他环境刺激的应答。噬菌体也可能使宿主变为致病菌，比如白喉（diphtheria）或者肠出血性大肠埃希菌（enterohemorrhagic *E. coli*，EHEC），霍乱弧菌（*Vibrio cholerae*）的宿主特异性霍乱毒素噬菌体（host-type-specific cholera toxin phage，CTX phage）。研究较为透彻的为溶原性噬菌体 λ（*l*）、P1、Mu 以及各种奶制品相关溶原性噬菌体。溶原性噬菌体部分基因突变后，可能产生毒性噬菌体，但仍然属于溶原性噬菌体家族。较大的毒性噬菌体一般编码许多宿主致死蛋白质。这些蛋白质发挥功能主要为以下方式：破坏宿主复制、转录、翻译，降解宿主基因组，破坏或者改变宿主某些酶，或者改变细菌细胞膜。溶原性噬菌体一般对宿主的改变很少，即使有，对宿主致死蛋白质也非常少，而且在长期溶原过程中，这些基因的表达受到严格控制。溶原性噬菌体编码阻遏蛋白（repressor protein），作用在一些操纵位点（operator site），阻断其噬菌体基因的转录。溶原状态下，该阻遏蛋白有可能是唯一表达的噬菌体编码蛋白质。前噬菌体也可能表达其他一些对宿主存活有利的基因。阻遏蛋白也阻断属于同一“免疫群”（immunity group）的噬菌体的裂解性感染。因为同一阻遏蛋白可以调控其他噬菌体的基因。溶原性噬菌体得以保护其宿主细菌不被其他噬菌体感染。

对噬菌体溶原性的研究历史比较复杂。20 世纪 20~30 年代，有研究者报道噬菌体和细菌的关系不规律，有些细菌可以自发产生噬菌体，很多人认为这可能是发酵或者酶，而不是活病毒。Max Delbrück 等开始噬菌体工作时，把工作聚焦于经典的大肠杆菌噬菌体 T1~T7，T1、T3 及 T5 被称为 T 奇数噬菌体（T-odd phage），T2、T4 及 T6 称为 T 偶数噬菌体（T-even phage）。这些噬菌体都无前述性质。Delbrück 将前述报道归结于方法不严谨。Lwoff 和 Gutmann 于 1950 年在显微镜下看到大芽孢杆菌（*Bacillus megatherium*）微滴，细胞可以在无噬菌体的培养基中继续分裂，但无噬菌体产生的征兆。偶尔有一个细胞会自发裂解，释放噬菌体。他们将噬菌体基因组位于胞内的状态称为前噬菌体。紫外线等处理溶原细菌，前噬菌体会被诱导，脱离静止状态，启动裂解生长。命名时，细菌携带的前噬菌体放在括号内，如 K（P1）指携带前噬菌体 P1 的细菌 K 菌株。Esther Lederberg 1951 年将大肠埃希菌 K-12 菌株携带的前噬菌体命名为 λ（*l*）。同时，Jacob 和 Wollman 于 1961 年研究了大肠埃希菌供体菌（donor）Hfr 菌株与受体菌（recipient）F 菌株之间的接合。携带 *l* 的 F 菌株和非溶原性 Hfrs 菌株之间的交配正常进行，但是相互结合后并未产生重组子（recombinant），反而出现 λ 噬菌体暴发。如果在转移半乳糖代谢（galactose metabolism）基因 *gal* 之前停止，Hfr（*l*）与非溶原性 F 可以正常接合。如果接合时间够长，*gal* 基因进入了受体细菌，就可能诱生前噬菌体，称为合子诱导（zygotic induction）。这些实验提示前噬菌体 *l* 靠近 *gal* 基因的特定位置。溶原细胞表达 *l* 的一个阻遏蛋白基因，维持前噬菌体状态。该阻遏蛋白可以阻遏所有其他 *l* 基因的表达。例如 *gal* 基因，以及前噬菌体 *l* 在接合时转入了非溶原细菌，前噬菌体如果所处的细胞质缺乏阻遏蛋白，将会表达其他基因，进入裂解循环。噬菌体 *l* 的典型噬斑是浑浊（turbid）的，因为噬斑内部有一些溶原化的细菌。产生透明（clear）噬斑的 *l* 突变株不能溶原化细菌。从这些突变株中发现 3 个基因——*c*Ⅰ、*c*Ⅱ 和 *c*Ⅲ 的产物是溶原性所必需。*c*Ⅰ 基因编码阻遏蛋白（repressor protein）。Allen Campbell 等发现前噬菌体中基因的序列是噬菌体基因组中序列的环状排列。前噬菌体可能环化为感染的基因组，插入宿主基因组，随后噬菌体基因组与宿主环状基因组交换。*l* 病毒粒子的基因组具有短的、互补单链末端。溶原化中的一步，噬菌体基因组末端结合而环化，然后通过特定整合酶（integrase）整合到 *gal* 和 *bio*（biotin biosynthesis，生物素合成）基因位点之间。溶原性噬菌体可以将宿主菌的基因从一个细菌细胞转移到另一个细菌细胞，这种现象称为转导（transduction）。许多噬菌体具有其特异性的整合位点（sites of integration）。过渡到裂解性生长，前噬菌体被诱导时，前噬菌体 DNA 有时会带上被错误剪切的宿主菌 DNA，产生转导噬菌体（transducing phage），形成特化转导（specialized transduction），携带的宿主 DNA 特定片段进入其他细菌细胞，通过与被转导的片段重组交换基因。其他噬菌体如 Mu 随机整合到基因组中，并总会携带宿主 DNA，因此可以产生普遍转导（generalized transduction）。溶原性噬菌体和裂解性噬菌体都会错误产生带有宿主而非噬菌体 DNA 的颗粒，导致普遍转导。这些颗粒一般较少，不能繁殖，但是对于自然界细菌遗传物质交换具有重要贡献。转导在细菌遗传学中具有重要作用，无论是实验室还是野外。溶原性噬菌体其实具有水平基因转移能力的复制子（replicon），在细菌进化中作为重要因素，将基因组片段转移入新生物。哺乳动物宿主体内，体内溶原性转换（lysogenic conversion）将 Tox^- *S.*

pyogenes 变为 Tox^+ *S. streptococci*。

二、裂解性或溶原性的分子决策

关于噬菌体裂解性或溶原性的分子决策机制在噬菌体 λ 中研究较为深入。溶原性受阻遏蛋白 C Ⅰ控制。阻遏蛋白 C Ⅰ结合溶原状态基因的操纵基因（operator），阻遏除自己以外所有其他基因的转录（图 2-29）。溶原性与裂解性都有自己的启动子区域，*cI* 是溶原性启动区，*cro* 是裂解性启动区，两者密切联系。溶原性的启动通过 C Ⅰ蛋白结合这些位点，抑制裂解性生长。C Ⅰ蛋白协同性强，为四聚体（tetramer）或者八聚体（octomer）。另两个蛋白质 CⅡ和 CⅢ促进 *l* 噬菌体向溶原性转变。这两个蛋白质结合关键启动子，刺激 *cI* 基因和其他基因转录。CⅡ稳定性取决于感知细胞能量水平。能量充足的细胞几乎没有 cAMP，缺乏能量的细胞则 cAMP 浓度升高。高水平 cAMP 促进CⅡ稳定和溶原化(图 2-30)。进入宿主菌的噬菌体需要感知是否有足够的能量合成大量噬菌体。对付能量不足的最好策略是进入前噬菌体状态。噬菌体基因组整合到宿主细菌染色体是第二步。有的溶原性噬菌体如 P1，其溶原性前噬菌体在细胞质中作为质粒发挥功能。

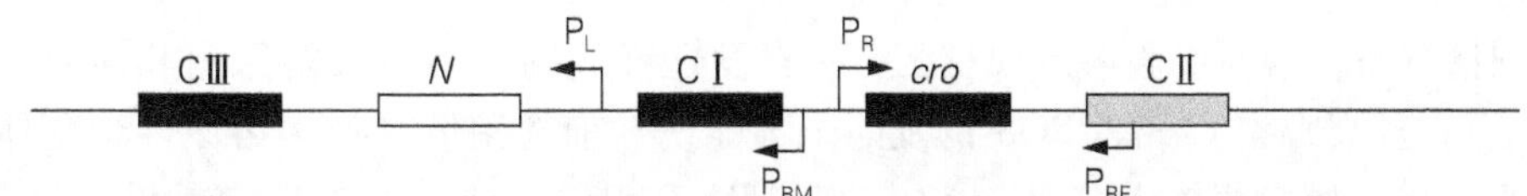

图 2-29 λ 噬菌体溶原和裂解性分子决定的调控区域

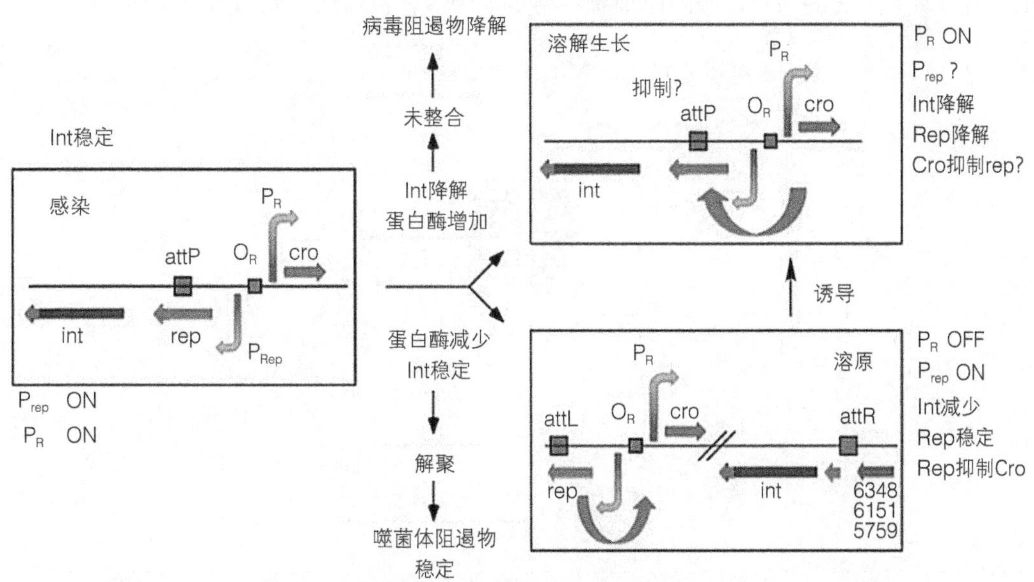

图 2-30 依赖整合的噬菌体命运决定

分枝杆菌噬菌体感染利用依赖整合的免疫系统。P_R 和 P_{rep} 两个启动子都激活，合成 Cro、阻遏蛋白（Rep）和整合酶（Int）。噬菌体感染后的命运取决于 Int 蛋白稳定性。Int 蛋白稳定性又取决于其 C 端的 ssrA 样标签。如果 In 蛋白质水解，Int 蛋白解聚，则只合成噬菌体 Rep 蛋白。Rep 蛋白也是通过其 C 端 ssrA 样标签降解。Cro 蛋白积累、拮抗阻遏蛋白的作用，随后细胞发生裂解。如果 Int 蛋白未被水解（可能源自噬菌体感染复数高或者细胞蛋白酶浓度低），噬菌体基因组整合，合成截短的阻遏蛋白并结合 O_R，下调 P_R。Cro 表达终止，溶原性得以建立。P_{rep}启动子组成型表达阻遏蛋白，且不是自调控，阻遏蛋白与自身启动子结合的亲和力小。如果 Rep 水平低于临界值，或者表达 Int，可以发生自发诱导

三、假溶原

自然环境生态系统中，噬菌体数量众多。噬菌体是细菌生存和活动的重要调控因素。噬菌体感染的半衰期（infective half-life）一般较短，如果其宿主细菌处于不利环境，噬菌体的遗传物质如何长期保存，一直困扰科学家们。自然环境中，噬菌体遗传物质长期保存与假溶原（pseudolysogeny）有关。假溶原在铜绿假单胞菌（*Pseudomonas aeruginosa*）、大肠埃希菌、沙门菌中都有报道，是指噬菌体发育受阻的阶段。该阶段中，噬菌体基因组既不进入裂解循环，也不与宿主菌的细胞周期同步复制并维持稳定。噬菌体基因组既不活跃，也不降解，即处于假溶原状态。假溶原状态的噬菌体可以重启发育。这种现象一般发生在宿主菌处于不利的生长环境如饥饿等。这个时候，宿主无法提供噬菌体繁殖所需的能量。一旦生长条件适合，假溶原就可能终止。此后，噬菌体或进入裂解循环，或进入溶原状态。

但也有研究指出，假溶原在活跃生长的大肠埃希菌中也存在。假溶原可能是噬菌体主动调控其发育节奏的一种方式。T4 噬菌体的 *r* I 基因参与了该过程。假溶原有助于认识噬菌体-宿主菌之间相互作用的复杂性。

下列情况下，溶原或假溶原很难区分：自发性释放的噬菌体（溶原菌和假溶原菌都可能发生）；丝裂霉素 C 或者 SOS 诱发因子不能诱导前噬菌体（许多溶原性噬菌体不被 SOS 应答诱导，如噬菌体 18、W、62、299、P2 和 P3）；前噬菌体稳定性波动幅度大，有时难以区分溶原菌和假溶原菌。自然环境中，噬菌体-宿主菌相互作用，容易见到假溶原。因为研究方法的局限、假溶原现象不稳定等因素，目前这方面的研究总体偏少。

参考文献

3 噬菌体的分类与命名

——危宏平

万千世界，物种纷繁，将物种进行分类是人类认识和理解世界的本能需要和基础。分类的作用一是将性质上具有共性的物种归纳在一起，便于对物种进行分类认识以及了解不同物种的区别，二是给这些物种提供了一种可以供人类相互交流的名称。生物学家以生物性状差异的程度和亲缘关系的远近为依据，一般将地球上现存的生物依次分为界（Kingdom）、门（Phylum）、纲（Class）、目（Order）、科（Family）、属（Genus）、种（Spieces）7 个等级。其中，种是生物分类的基本单位。噬菌体作为病毒中的成员，其分类和命名一般由国际病毒分类委员会（The International Committee on Taxonomy of Viruses，ICTV）进行。但 ICTV 不负责病毒种以下的分类和命名，病毒种以下的血清型、基因型、毒力株、变异株和分离株的名称由公认的国际专家小组确定。噬菌体在未被 ICTV 命名前，各研究者或实验室为了便于交流，根据一些标准也可有不同的分类与命名方法。例如，根据噬菌体的形态，可分为球形、杆状、丝状或复合对称的噬菌体；根据基因组核酸性质，可分为 DNA 噬菌体或 RNA 噬菌体；根据单链或双链，可分为 ssDNA 噬菌体、dsDNA 噬菌体、ssRNA 噬菌体与 dsRNA 噬菌体，以及基因组分节段的噬菌体；还有根据宿主菌来命名的噬菌体，如伤寒杆菌噬菌体、葡萄球菌噬菌体等。这些分类与命名虽然缺乏系统性，但对于了解噬菌体性质和早期交流信息有着非常重要的意义。

第一节　病毒分类和命名的一般规则

病毒分类是将自然界存在的病毒种群，按照它们的性质相似性和亲缘关系加以归纳编排，以了解病毒的共性与个性特点。一个好的分类系统必须建立在完善命名的基础上，并能形成稳固的分类学，不仅要满足严密的设想，还能提供一个有条理、容纳相当数据的信息存取系统，便于查考、交流、认识和利用。

由于病毒的极度多样性，为了能更好地对病毒进行分类，ICTV 在 2019 年 5 月 31 日更新发布的病毒分类表（ICTV 2018b Master Species #34V）中，在界的上一级增加了圈（Realm）和亚圈（Subrealm）。因此，目前病毒的分类已经由之前最高到目扩展到了圈，其 15 个分类阶元名字依次为：圈（后缀为-*viria*）、亚圈（后缀为-*vira*）、界（后缀为

作者单位：危宏平，中国科学院武汉病毒研究所。

-virae)、亚界（Subkingdom，后缀为*-virites*）、门（后缀为*-viricota*）、亚门（Subphylum，后缀为*-viricotina*）、纲（后缀为*-viricetes*）、亚纲（Subclass，后缀为*-viricetidae*）、目（后缀为*-virales*）、亚目（Suborder，后缀为*-virineae*）、科（后缀为*-viridae*）、亚科（Subfamiliy，后缀*-virinae*）、属（后缀为*-virus*）、亚属（Subgenus，后缀为*-virus*）及种。当病毒有明确的科而分属未确定时，这一病毒种在分类学上称为该科的未确定种（unassigned species）。

病毒名称在书写时，不论哪个阶元的英文名都用斜体，且种以上阶元首字母大写。种的名字由多个词组成的，除首个词的首字母大写外，其他词的首字母都小写。

对于具体的某一个新分离的病毒，为了确定其是否属于现有的某一个种，或属于一个新种，需要对其进行足够的表征后才能确定。目前随着基因组和蛋白质组等新技术的发展，为更好地对病毒进行分类提供了新的物质基础，病毒分类和命名也在不断完善和变化中。ICTV 欢迎任何个人对病毒分类和命名提出新的建议，只需到其官网（https://talk.ictvonline.org/）下载相关的模板并填写建议材料，发邮件给相关病毒分委员会（分为动物 DNA 和逆转录病毒，动物 dsRNA、负链 ssRNA 病毒和动物正链 ssRNA 病毒，细菌和古细菌病毒，真菌和原生生物病毒，植物病毒）主席即可。出于逻辑考虑，ICTV 只会考虑有 2 个以上全基因组序列并且序列在公共核酸序列库提交过的相似病毒提出新设立病毒属的建议。

第二节　ICTV 发布的噬菌体分类和命名

噬菌体的系统分类传统上基于噬菌体内部的核酸类型及电镜观察到的形状，对噬菌体在科水平上进行分类。该方法始于 20 世纪 60 年代 David Bradly 开始使用电镜图像和吖啶橙（acridine orange）荧光染色，将有尾噬菌体分为 A（肌尾）、B（长非收缩尾）、C（短非收缩尾）3 组，即后来 ICTV 采用的肌尾病毒科（也称肌尾噬菌体科，*Myoviridae*）、长尾病毒科（也称长尾噬菌体科，*Siphoviridae*）和短尾病毒科（也称短尾噬菌体科，*Podoviridae*）。

1998 年，Ackermann 建议设立有尾病毒目（也称有尾噬菌体目）（*Caudovirales*）将所有的有尾噬菌体包括在内，并被 ICTV 所采纳。以后随着蛋白质组和基因组等技术发展，噬菌体的分类增加了自复制病毒科（*Autographivirinae*）等科，并在 ICTV 2018b Master Species #34V（2019 年 5 月 31 日更新发布，见章后二维码）中增加了埃克曼病毒科（*Ackermanviridae*）和黑列尔病毒科（*Herelleviridae*）2 个新科。

噬菌体分类与命名在 2015~2018 年经过了较大幅度的调整：

（1）噬菌体从原来的 1 个目和 10 个科，变为 1 个目 12 个科，其中新增的埃克曼病毒科由原来肌尾病毒科 *Vi1virus* 属中的噬菌体（14 种：*Dickeya virus Limestone*，大肠埃希菌病毒 *Escherichia virus CBA120*、*Escherichia virus ECML4*、*Escherichia virus PhaxI*；沙门菌病毒 *Salmonella virus Det7*、*Salmonella virus Marshall*、*Salmonella virus Maynard*，*Salmonella virus SFP10*、*Salmonella virus SH19*、*Salmonella virus SJ2*、*Salmonella virus SJ3*、*Salmonella virus STML131*、*Salmonella virus ViI*，以及志贺杆菌病毒 *Shigella virus AG3*）调整组成，并分为 2 个亚科和 3 个属，还有 3 个未确定种。新增的黑列尔病毒科由原来肌尾病毒科 *Spounavirinae* 亚科中与芽孢杆菌噬菌体 SPO1 类似的噬菌体组成，分

为5个亚科、15个属，还有7个未确定种。

（2）RNA噬菌体的2个科囊状病毒科（*Cystoviridae*）和光滑病毒科（*Leviviridae*）因使用RNA依赖的RNA聚合酶，而划在新增顶级阶元的 *Riboviria* 圈下。

（3）从最后变动的类别和日期来看，在ICVT发布的病毒分类表中，几乎所有的噬菌体都在2015~2018年这4年间进行了位置移动（moved）、重命名（renamed）、新增（new）或指定为代表种（assigned as type species）等变化。这些变化的主因是因为比较基因组学的发展以及更多噬菌体全基因组被测序，为通过构建进化树来更精细地对病毒进行分类提供了可能。预计基于噬菌体基因组的分类还将持续更新，特别是最为复杂的有尾噬菌体目下的噬菌体。

第三节　新分离噬菌体的命名和分类

当在实验室新分离到一个噬菌体后，如何判断是否是一个新噬菌体以及对该噬菌体进行命名分类是非常重要的。特别是新噬菌体的名字，对于发表文章、与同行交流、将新噬菌体的序列上传到公共的核酸序列库，甚至对于以后病毒分类后使用的种名和属名都有影响。对于相关问题的指导，建议读者参考Adriaenssens与Brister在 *Viruses* 上发表的文章“How to Name and Classify Your Phage：An Informal Guide”，以下仅对该文中的几个要点进行说明。

（1）目前噬菌体的命名一般由3部分组成：宿主名+virus+独特名，如大肠埃希菌病毒T4噬菌体（*Escherichia virus T4*）。给新噬菌体命名时，独特名不应与现有的噬菌体名重复，以免混淆。一个较好的方法是在美国国家生物信息中心NCBI的网站上（https://www.ncbi.nlm.nih.gov/nuccore）输入“vhost bacteria [filter] AND ddbj_embl_genbank [filter]”进行搜索，网站会显示所有已在该数据库的噬菌体名，包括已被ICTV分类和未分类过的病毒。此外，在命名时注意不要有%、¥、@等特殊符号，不要用引起歧义词语或者商标，不要用数字开头等。

（2）给新噬菌体命名后，可以将噬菌体的基因组序列上传到国际公共的核酸序列库，如GenBank等。注意要提供尽量准确和详细的分类数据。如果发现新分离的噬菌体 *Escherichia virus WH* 属于 *Escherichia virus T4*，则应在lineage下输入“Viruses；dsDNA viruses，no RNA stage；Caudovirales；Myoviridae；Tevenvirinae；T4virus；Escherichia virus T4”。如果不能确定到种，只能确定到T4病毒属，则在lineage下输入“Viruses；dsDNA viruses，no RNA stage；Caudovirales；Myoviridae；Tevenvirinae；T4virus”。

（3）如何确定新噬菌体是属于哪一个种？目前的标准是在核酸水平与现有的噬菌体差异小于5%时，可以算为同一种。可以通过将噬菌体序列与已有的噬菌体序列用BLASTN、PASC、Gegenees或EMBOSS Stretcher等工具比对后得出。如果发现新噬菌体序列与现有任一噬菌体种的差异都在5%以上，就有可能是一个新种，可以与ICTV下的细菌与古菌病毒分委员会联系提交申请表格，增加新种。

（4）如何确定新噬菌体是属于哪一个属？目前的标准是在核酸水平与现有的噬菌体相似性大于50%，可以归为同一属。建议建立一个新属至少需要提交成员噬菌体的基因组大小、G+C含量、tRNA、编码基因、基因比对图、预测的蛋白质组和至少一个保守基因的进化树等信息供 ICTV 考虑。

（5）噬菌体归为哪个科目前主要依据其形态特征来确定，如短尾噬菌体被归为短尾噬菌体科等。如果新噬菌体的形态特征与现有的任何一科都不同，强烈建议与 ICTV 联系确定新科。

参考文献　　噬菌体分类与命名表

4 噬菌体相关的数学问题

——李　刚　胡福泉

任何学科，都存在数学解读问题。作为成熟学科，如经典物理学和化学，许多问题可以通过数学方法予以描述。还有许多学科如生物学，由于生物体内的变数甚多，且每一变数的变化幅度很大，所面临的许多问题还不能用数学方法予以精确描述。即便如此，在生物学科内也有一些问题，如描述酶学反应的米氏方程及生物信息学中的算法，实现了用数学方法进行描述。在微生物学面临的数学问题中，首先就是对描述客体存在难以准确计数的问题。例如，菌落形成单位（colony forming unit，CFU）的计数，同一个标本，不同方法或不同人员计数结果可能差别巨大，对于此类问题数学上也有解决办法，那就是转化为指数表达。

噬菌体属于一类特殊微生物，其个体微小，结构简单，存在于多种环境中，在数学上也面临与其他微生物类似的问题。从数学角度看，噬菌体生物学、生态学及应用生态学等领域尚存在诸多数学问题有待探讨。例如，测定环境或样本中的噬菌体数量，使用不同测量方法或统计法可能得出不同的结果。常用的噬菌体计数方法是噬斑测定法（plaque assay），该方法依赖于噬菌体感染和裂解细菌形成的噬斑而计数，但细菌状态、种类、培养基成分、培养时间等因素均可影响噬斑的形成，进而影响噬斑测定的精确性。

作为感染细菌的病毒，噬菌体与细菌之间关系密切，相互作用广泛。除了噬菌体的计数之外，噬菌体与细菌之间的相互作用中也存在诸多数学问题，如环境中噬菌体与细菌的数量与密度、噬菌体感染细菌的最佳感染复数等。如果噬菌体数量发生变化，将进一步涉及数量变化的速率，包括噬菌体吸附细菌的速率、噬菌体群体生长的速率等。目前，噬菌体与细菌相互作用的诸多过程，如噬菌体群体进化和噬菌体治疗等，已有一些可用相关的数学函数和模型加以描述和模拟。

本章旨在介绍噬菌体相关基本数学概念，阐述和探讨相关数学问题，从数学角度深化对噬菌体相关现象及其规律的认识，并为噬菌体研究和应用提供不同的视角和思考。

作者单位：李刚、胡福泉，陆军军医大学基础医学院。

第一节　噬菌体计数

一、噬菌体计数概述

噬菌体作为单个生物体，在研究和应用过程中，一个最基本的数学问题便是测定其数量，即在特定环境或样本中的噬菌体颗粒数。目前，多种基于不同原理的方法已被用于噬菌体计数，包括：①噬斑测定法，基于噬菌体特异性感染并杀灭细菌的特性，已被广泛应用；②透射电镜和荧光显微镜，基于染料染色和物理成像的原理；③流式细胞分析技术，近年来发展迅速且应用得到拓展，尤其是检测病毒等纳米级粒子的技术突破，使得其应用于噬菌体计数得以实现。

在噬菌体计数的诸多方法中，噬斑测定法因其简单易操作、结果较稳定、可重复而被广泛应用。噬斑（plaque）是一个噬菌体感染细菌后在细菌菌苔（bacterial lawn）上形成的透明或半透明空斑，也称为噬斑形成单位（plaque forming unit，PFU），也就是说，噬斑测定法是检测活的噬菌体的技术。对于给定的样本，测定单位体积中噬菌体的数量便可得到噬菌体的浓度，也称滴度（titer），噬菌体滴度的单位为PFU/mL。

一般而言，噬菌体感染细菌后，会阻止同种噬菌体对同一个细菌的再次吸附和感染，在生物学上该现象被称为超感染免疫（superinfection immunity），即可认为一个噬斑是由一个噬菌体感染所致的结果，即一个噬菌体感染一个宿主菌后，复制出来的子代病毒又感染周边细菌，裂解更多细菌后形成肉眼可见的噬斑。但在自然界中或实验条件下，噬菌体感染细菌也可能出现更加复杂多样的情形：不同种类的噬菌体可能同时感染一个细菌（即共感染，coinfection），噬菌体二次吸附和二次感染，或是多个噬菌体感染由多个细菌形成的细菌簇团。在上述情形下，平板上可能仍只会形成一个噬斑，从而影响噬菌体准确计数。

二、噬菌体计数的准确性和精确性

准确测定噬菌体数量在噬菌体研究和噬菌体制剂生产等应用中至关重要。在实际条件下，噬菌体计数往往存在误差，其原因主要有仪器、技术等造成的系统误差，操作过程中的取样误差，统计方法不当造成的误差等。上述误差最终体现在噬菌体计数的准确性（accuracy）和精确性（precision）不足上。

准确性反映的是测量值与实际值的偏差程度，精确性反映的是测量值与实际平均值的离散程度。一种测量方法可能准确性高（偏差小）而精确性低（数据离散），也可能精确性高而准确性低。例如，实际值为5，两组测量值分别为3、5、7和1、4、10，两组测量值的平均值均为5，但前者比后者更加精确；而测量值7、9、11和3、5、7相比，虽然精确性相当，但后者偏差小，更加接近实际值5。通过上述举例，可以更准确地理解准确性和精确性的内涵及其差别。

噬斑测定法测定噬菌体数量时，经常会遇到平板上噬斑数量过多或过少，造成不便计数或是不能计数从而影响计数准确性。要解决此类问题，除了增加生物学重复、增加或减少稀释梯度等方法外，还可调整统计方法。例如，5个平板上长出的噬斑数分别为100、200、300、400和500（假定数量过多），统计时便可去掉100和500，根据200、300和400计算平均值为300；与此类似，若5个平板上分别长出20（假定数量过少）、30、40、50和60个噬斑，则可以30、40和50计算其平均值。除统计平均值外，中位数也可视情况而采用。总体来说，采用噬斑测定法计数时应严格细菌种类、培养条件、培养时间等因素，且适当增加稀释梯度和生物学重复，以求计数结果的准确性和精确性。

三、成斑效率

噬斑测定法是基于噬菌体感染细菌后形成的噬斑数量从而对噬菌体进行计数的方法。噬斑形成涉及噬菌体吸附细菌、生物合成和颗粒释放、细菌裂解死亡，以及子代噬菌体在培养基中的扩散等多个过程，影响因素颇多。同种噬菌体对不同细菌形成噬斑的能力可能不同，在不同条件下其成斑能力也可能不同。为比较噬菌体对不同细菌或在不同条件下形成噬斑能力的差异，成斑效率（efficiency of plating，EOP）被广泛应用。

成斑效率可分为绝对成斑效率（absolute efficiency of plating）和相对成斑效率（relative efficiency of plating）。绝对成斑效率是指噬菌体群体中能够产生噬斑的噬菌体数与噬菌体总数的比值，也可认为是活性噬菌体与噬菌体总数的比值。若绝对成斑效率为1，表明群体中所有噬菌体均可吸附并感染细菌，经培养后在细菌菌苔上形成肉眼可见的噬斑；若绝对成斑效率小于1，表明噬菌体群体中存在不能吸附与复制的死的噬菌体。理论上，绝对成斑效率不应该出现大于1的情况，如果出现则应该解释为系统误差所致。

相对成斑效率表示噬菌体对不同细菌或在不同条件下形成噬斑能力的比值，其值可大于或小于1。例如，某种噬菌体在细菌A的菌苔上产生100个噬斑，相同条件下在细菌B的菌苔上产生50个噬斑，相对成斑效率便可表述为：与细菌A相比，噬菌体对细菌B的相对成斑效率为0.5或50%。相对成斑效率因易操作和可比较，在噬菌体研究中被广泛采用。

噬斑形成是一个复杂的生物学过程，无噬斑形成并不意味噬菌体无活性或噬菌体不能感染细菌。噬菌体形成噬斑的能力受细菌种类、培养条件、培养时间等多种因素影响。噬菌体因各种理化因素也可能失活，因此在噬菌体计数时，仅测定噬菌体滴度是不够的，尤其是在无噬斑形成的情形下，还需综合考虑成斑效率。

第二节　噬菌体与细菌比

噬菌体作为专性感染细菌的病毒，其生长繁殖严格依赖于宿主菌。研究噬菌体，除了需要测定数量或滴度外，噬菌体与细菌相互作用过程中二者的数量关系及其变化也是重要研究内容之一，例如特定环境或样本中噬菌体与细菌数量的比值、噬菌体感染细菌的最佳比例、噬菌体感染细菌引起噬菌体群体和细菌群体的数量变化等。本节内容旨在就噬菌体与细菌的数量关系进行阐述和探讨。

一、感染复数

感染复数（multiplicity of infection，MOI）常用于描述噬菌体感染细菌时二者的数量关系，即噬菌体数与细菌数的比值。MOI 在定义和计算方法上很容易被误解、误用。从严格意义上讲，MOI 是指在给定细菌样本中，加入一定数量的噬菌体，经过单位时间后，吸附到细菌表面并引起感染的噬菌体数量与细菌总数的比值。值得注意的是，噬菌体群体中总会存在部分噬菌体因基因突变、理化因素导致失活等原因，不能成功吸附到细菌表面，因此在计算感染复数时，噬菌体数量应为最初加入的噬菌体总数（P_0）减去吸附后游离的噬菌体数（P_t）（t 表示单位时间），若初始细菌数量为 B，则 MOI =（P_0-P_t）/B。

当细菌浓度较高（如>10^7 CFU/mL）时，如果噬菌体对细菌的吸附非常迅速，可认为噬菌体 100%吸附到了细菌表面，此时 MOI 计算公式可简化为 MOI = P_0/B。随着感染时间趋于无穷大，P_t数量趋于 0，可认为（P_0-P_t）/B 的极限趋于 P_0/B。

在文献中常出现对 MOI 概念有意或无意的误用，主要是忽略了 P_t。如果不计算 P_t，确切来讲，P_0/B 应理解为“加入复数”（multiplicity of addition）而非“感染复数”。尤其当细菌浓度较低（如<10^6 CFU/mL）时，利用 P_0/B 计算出的 MOI 应大于实际值。噬菌体吸附和噬菌体感染，二者存在本质上的区别，噬菌体吸附并不一定导致噬菌体感染，因此使用“吸附复数”（multiplicity of adsorption）代替“感染复数”更加严谨和准确。

二、泊松分布

MOI 广泛应用于噬菌体相关研究中，其数值表示的是在给定样本中，平均吸附到单个细菌表面的噬菌体数量，即 MOI 代表的是平均值。当 MOI 小于 1，表明部分细菌未有噬菌体吸附；当 MOI 大于 1，表示平均每个细菌被一个以上噬菌体吸附。

然而，仅仅计算 MOI 是不够的，它仅表示平均每个细菌表面吸附的噬菌体数量。在给定群体中，单个噬菌体对单个细菌的吸附是一种随机且独立发生的事件，单个吸附事件以一固定的强度（吸附速率）发生。对于某一细菌，特定数量的噬菌体吸附在细菌表面的概率符合数学上的泊松分布（Poisson distribution）。

根据泊松分布函数，以固定强度 λ 发生的随机且独立事件，以强度 n 发生的概率 $P(n)$，可用函数表示为

$$P(n)=f(n,\lambda)=\lambda^n e^{-\lambda}/n!$$

应用于噬菌体吸附研究时，为区别于噬菌体 λ，此处用字符 m 表示固定强度，即

$$f(n,m)=m^n e^{-m}/n!$$

对于某一固定感染复数 m(MOI)，单个细菌同时被 n 个噬菌体吸附的概率 $P(n)$ 则可以看成是一关于 m(MOI) 的函数 $f(n,m)$。

为简化公式和便于理解，假定 MOI = 1，即平均每个细菌有 1 个噬菌体吸附，此时无论噬菌体吸附数量 n 如何变化，m^n的值始终恒定为 1，e^{-m}也为一常数 e^{-1}，不同数量的噬菌体吸附单个细菌的概率仅由唯一变量 n 决定，即概率函数简化为

$$f(n,1)=e^{-1}/n!$$

根据这一公式，单个细菌被 0 个噬菌体吸附的概率为

$$P(n=0)=f(0,\ 1)=e^{-1}=0.37$$

以此类推，单个细菌同时被 1、2、3 个噬菌体吸附的概率分别为

$$P(n=1)=f(1,\ 1)=e^{-1}=0.37$$
$$P(n=2)=f(2,\ 1)=e^{-1}/2=0.18$$
$$P(n=3)=f(3,\ 1)=e^{-1}/6=0.061$$

上述结果表明，即使 MOI=1，也仅有 63%的细菌被噬菌体吸附，仍有约 37%的细菌未被噬菌体吸附，这与基于平均值 MOI 得到的结论相差甚大。

当 MOI≒1 时，计算噬菌体吸附概率则更加复杂。根据概率函数 $f(n,\ m)=m^n e^{-m}/n!$，单个细菌被 0 个噬菌体吸附的概率为

$$P(n=0)=f(0,\ m)=e^{-m}$$

即只由 MOI 值决定。当 MOI 分别为 1、2、3、5 和 10 时，通过 e^{-m}计算可得，未有噬菌体吸附的细菌占比分别为 0.37、0.14、0.05、0.01 和 0.000045。该计算结果表明，即使在 MOI 为 5 的条件下，即单个细菌平均被 5 个噬菌体吸附，此时仍有 1%的细菌未被噬菌体吸附。

同样的，根据公式还可以计算单个细菌同时被 2 个（含）以上噬菌体吸附的概率，为

$$P(n>1)=1-f(0,\ m)-f(1,\ m)$$

假定 MOI 分别为 0.01、0.1、1 和 2，则单个细菌被 2 个或 2 个以上噬菌体吸附的概率分别为 0.00005、0.005、0.26 和 0.59。该计算结果表明，即使在 MOI 为 2 的条件下，即平均 2 个噬菌体吸附 1 个细菌，在群体中也仅有 59%的细菌同时被 2 个或 2 个以上的噬菌体吸附。

值得注意的是，当 MOI 为 0.01 时，群体中仅有极少部分细菌（0.005%）被 2 个或 2 个（含）以上噬菌体吸附，这一结论虽在预期之中，却存在不严谨之处。一般来讲，更多关注的是，在被噬菌体吸附的细菌群体中，同时被多个噬菌体吸附的细菌比例，而非在总的细菌群体中，同时被多个噬菌体吸附的细菌比例。因此，在有噬菌体吸附的细菌群体中，被多个噬菌体吸附的细菌占比应采用如下公式计算：

$$P(n>1)=[1-f(0,\ m)-f(1,\ m)]/[1-f(0,\ m)]$$

假定 MOI 仍分别为 0.01、0.1、1 和 2，利用上述公式计算可得，在有噬菌体吸附的细菌中，同时被多个噬菌体吸附的细菌占比分别为 0.5%、4.9%、42%和 69%。这一结果表明，即使平均每 100 个细菌才有 1 个噬菌体吸附（MOI=0.01），在被噬菌体吸附的细菌群体中，仍有 0.5%的细菌被多个噬菌体吸附，这一比例要比基于总细菌数计算得到的比例高 100 倍。当 MOI 为 2 时，被多个噬菌体吸附的细菌占比为 69%，表明仍有约三分之一的细菌仅被 1 个噬菌体吸附。

基于 MOI 可计算出泊松分布概率，反过来，基于泊松分布概率也可以推导出 MOI。在给定样本中，通过活菌计数，很容易计算出未被噬菌体吸附的细菌数量（B_t），进而可算出未被噬菌体吸附的细菌数与细菌总数（B_0）的比例，该比例在数值上应等于 e^{-m}，

即 MOI = $-\ln(B_t/B_0)$。例如，经噬菌体感染后，仍有 1% 的细菌长出单克隆，则 MOI = $-\ln(0.01)$ = 4.5，该结果与前文计算结果较为一致，即当 MOI 为 5 时，99% 的细菌会被噬菌体吸附。

根据泊松分布的特点，在一个群体中，既存在部分细菌同时被多个噬菌体吸附，也存在某些细菌无噬菌体吸附，这与基于 MOI 计算的平均值有着很大的差别。在低 MOI 条件下时，多个噬菌体同时吸附一个细菌应比预期的更多；在高 MOI 条件下时，也可能存在部分细菌无噬菌体吸附的情形，因而无噬菌体吸附的细菌数量应比预期的更多。

第三节　噬菌体吸附

噬菌体吸附可认为是单个细菌由未吸附状态转变为不再被噬菌体吸附的状态。噬菌体感染细菌的第一步便是识别并吸附到细菌表面，在群体中，单个噬菌体自由运动，与细菌发生随机碰撞进而吸附结合。在给定群体中，细菌数量越多，噬菌体与细菌发生碰撞的概率越大，噬菌体吸附得越快；反过来，噬菌体数量越多，细菌群体被噬菌体吸附得也越快。噬菌体吸附细菌的快慢受多种因素影响，如噬菌体与细菌的浓度、噬菌体颗粒扩散速率、噬菌体颗粒与细菌的亲和性、噬菌体颗粒大小及细菌大小等，上述因素共同决定噬菌体吸附细菌的速率。基于噬菌体吸附速率（phage adsorption rate），可计算出游离噬菌体消失的快慢、游离细菌消失的快慢，或是噬菌体吸附细菌的快慢等。

一、噬菌体吸附速率

1879 年，Guldberg 和 Waage 基于分子碰撞理论提出质量作用定律（law of mass action），即化学反应速率与反应物的有效质量（或浓度）成正比。在充分混合的群体或样本中，噬菌体与细菌之间的相互作用近似服从质量作用定律，即噬菌体颗粒与细菌随机碰撞的概率与二者的数量高度相关。若细菌数量增加一倍，则单个噬菌体碰撞到细菌的概率增加 1 倍，在单位时间内，单个噬菌体吸附单个细菌的概率也增加 1 倍。反之亦然。

噬菌体吸附细菌的快慢除受到噬菌体和细菌数量的影响外，还受到环境因素的影响，为简化分析，通常将其他影响吸附的因素定义为一个参数，即噬菌体吸附速率常数（phage adsorption rate constant）。噬菌体吸附速率常数表示的是在单位时间（t_i）和单位体积内，单个噬菌体吸附单个细菌的速率，用字符 K 表示。

在给定群体中，若细菌浓度为 B，则在单位时间单位体积内，游离噬菌体因吸附细菌而减少的速率为 KB。以 T4 噬菌体为例，其吸附速率常数为 2.5×10^{-9} mL/min，若样本中细菌数量为 1×10^5 CFU/mL，则每分钟因吸附细菌而减少的游离噬菌体数量为 $1\times10^5\times2.5\times10^{-9}=2.5\times10^{-4}$，若样本中噬菌体数量为 1×10^9 PFU/mL，则每分钟减少的游离噬菌体数量为 $10^9\times10^5\times2.5\times10^{-9}=2.5\times10^5$。

同理，在给定群体中，游离细菌因噬菌体吸附而减少的速率，与噬菌体滴度（P）高度相关，可用 KP 表示。若噬菌体滴度增加至原先的 10 倍，则细菌被噬菌体吸附的速率也增加至原先的 10 倍，反过来，若噬菌体滴度减少至原先的 1/10，游离细菌减少速率相应也会减少至原先的 1/10。仍以 T4 噬菌体为例，若噬菌体滴度为 1×10^8 PFU/mL，在噬菌体感染4分钟后，MOI达到1；若噬菌体滴度减少至原先的1/100，即为 1×10^6 PFU/mL，相同感染条件下，MOI达到1则需要400分钟。

基于吸附速率常数 K、细菌浓度 B 和噬菌体滴度 P，在单位时间单位体积内，噬菌体吸附细菌的速率则可表示为 KBP，在时间 t 内则为 $tKBP$。

此外，若以字符 I 表示噬菌体感染速率，则 $I=KPB$，即为吸附速率常数、游离噬菌体滴度和细菌浓度三者的乘积，感染速率随噬菌体滴度和细菌浓度变化而变化。值得注意的是，随着噬菌体对细菌的吸附，游离噬菌体的滴度会逐渐下降；随着感染时间延长，细菌因噬菌体感染而裂解，细菌数量也会减少，感染速率 KPB 理应也会减小。

根据质量作用定律，在充分混合的样本中，经时间 $t+1$ 后，游离噬菌体因吸附细菌其滴度变化可用如下一阶差分方程表示：

$$P_{t+1}=P_t-KP_tB$$

其中，P_t 表示在 t 时间点游离噬菌体的滴度，P_{t+1} 表示在时间点 t 之后的下个单位时间点的游离噬菌体滴度。表达式 KP_tB 表示在 $t+1$ 时间间隔内，因吸附细菌而减少的噬菌体量。值得注意的是，为简化分析，此处假定样本中细菌的浓度保持恒定，即细菌浓度保持为 B。

此外，游离噬菌体的滴度随噬菌体吸附的瞬时变化还可用微分方程表示：

$$\frac{\mathrm{d}P}{\mathrm{d}t}=-KPB$$

微分方程适用于描述连续模型中噬菌体滴度的变化，而上述一阶差分方程多用于离散模型，且更易理解，因此后文主要探讨离散模型中噬菌体滴度的变化。

二、噬菌体二次吸附

由于噬菌体吸附细菌的概率服从泊松分布，即在群体中既存在一个细菌同时被多个噬菌体吸附，也可能存在无噬菌体吸附的细菌。对于已有噬菌体吸附的细菌而言，其在未裂解之前还可能发生噬菌体二次吸附，这使得研究噬菌体吸附更加复杂。

在给定样本中，若噬菌体感染细菌的速率为 I，则游离噬菌体吸附已有噬菌体吸附的细菌的速率理应为 KI。鉴于超感染免疫和噬菌体感染细菌后最终会导致细菌裂解死亡，因而噬菌体二次吸附不可能无限制地发生，即噬菌体对细菌的二次吸附仅应发生在部分细菌和特定时间段（即细菌裂解前）。

假定噬菌体滴度 P 保持恒定，在群体中可能发生二次吸附的噬菌体数量在理论上应为 $KIPL$（其中 L 为噬菌体感染的潜伏期），进而可计算出二次吸附复数或二次感染复数（multiplicity of secondary infection，MOSI），即 $\mathrm{MOSI}=KIPL/I=KPL$。

为进一步分析噬菌体二次吸附的可能及概率，此处再次引用泊松分布。根据泊松分布概率公式，在已有噬菌体吸附的细菌群体中，不再被噬菌体吸附的细菌比例应为 e^{-KPL}，反过来，可以被噬菌体二次吸附的细菌比例则应为 $1-\mathrm{e}^{-KPL}$。值得注意的是，噬菌体吸附与细菌裂解之间的间隔时间越久，即噬菌体潜伏期越长，则单个已有噬菌体吸附的细菌可能会发生更多的噬菌体二次吸附，反而可能导致噬菌体由裂解感染转变为溶原感染，或是抑制细菌裂解等。

第四节 噬菌体群体生长

认识噬菌体群体生长的现象及其规律，对于研究噬菌体与细菌相互作用、共进化，以及噬菌体生物应用等具有重要理论和现实意义。噬菌体作为病毒，其群体生长是一个复杂的生物学过程。噬菌体（此处指毒性噬菌体）感染细菌的生活周期，即噬菌体复制周期（phage replication cycle）可分为几个连续的过程：①游离噬菌体自由运动寻找敏感细菌；②噬菌体吸附到细菌表面，注入遗传物质；③细菌细胞内子代噬菌体的生物合成与组装；④子代噬菌体释放，寻找新的敏感细菌。

噬菌体感染细菌过程中，二者的数量一直处于动态变化，在分析噬菌体群体生长时，为简化问题，可假定样本体积足够大，样本充分混匀，细菌和噬菌体在样本中均能自由运动，不会发生多个噬菌体同时吸附一个细菌的情形，即发生噬菌体二次吸附的概率为零。

一、噬菌体代时

噬菌体代时（generation time）是指噬菌体开始由自由运动吸附到细菌表面，通过噬菌体基因组的注入、复制、组装，到释放子代噬菌体之间所用的时长，或可理解为从噬菌体吸附细菌开始到子代噬菌体吸附细菌结束之间的时长。子代噬菌体在细菌细胞内生物合成、组装和释放的时间称为潜伏期（latent，L，这里所讲的潜伏期与噬菌体一步生长曲线中的潜伏期有不同的内涵），潜伏期的长短因噬菌体种类、细菌种类及生理状态不同而各异，甚至同种噬菌体的不同个体在潜伏期上也可能存在差异。在群体分析时为简化问题，对于特定噬菌体可认为其潜伏期 L 为一恒定常数。一个潜伏期结束，随着细菌裂解，多个子代噬菌体释放到胞外，其数量称为暴发量（burst size，β）。同理，同种噬菌体不同个体的暴发量理论上也存在差异，但群体分析时仍假定其保持恒定。

噬菌体的复制周期大体可分为噬菌体感染细菌和子代噬菌体扩散两个过程，二者共同定义噬菌体代时。噬菌体吸附细菌的快慢、潜伏期的长短，以及暴发量的大小均可影响噬菌体代时。在其他因素保持不变的条件下，噬菌体感染代时越短，或者暴发量越大，噬菌体群体生长则越快。

如前文所述，噬菌体吸附速率等于 KB，即细菌浓度越高，噬菌体群体吸附得越快，吸附时间 A 就越短，进而缩短噬菌体代时。值得注意的是，当细菌浓度较低时，细菌浓度增加一倍，噬菌体群体生长速率可认为也会增加一倍，但在高浓度细菌条件下，由于噬菌体吸附非常快且很快趋于饱和，细菌浓度的增加对噬菌体代时的影响非常有限，此时随着吸附时间 A 趋于无穷小，噬菌体代时也缩短并接近于潜伏期 L，即噬菌体代时的极限为 L。

二、噬菌体群体生长建模

在群体中，游离噬菌体的滴度因吸附细菌而减少，同时因感染细菌释放子代噬菌体而增加，即其数量处于动态变化中。基于前文描述的离散模型，噬菌体群体的生长可用一阶差分方程表示如下：

$$P_{t+1} = P_t - KP_tB + \beta M_{t-L}$$

即在时间 $t+1$，群体中游离噬菌体的滴度等于上一个时间点（t）时的噬菌体滴度，减去因吸附细菌而减少的游离噬菌体数量，再加上因细菌感染而释放的子代噬菌体数量（βM_{t-L}），此处 M_{t-L}表示噬菌体感染的细菌数量。值得注意的是，此表达式并未考虑细菌在裂解前发生噬菌体二次吸附的情形，群体中可能发生噬菌体二次吸附的细菌比例可参考前文。

根据上述公式，噬菌体群体生长速率直接受到细菌浓度的影响。不过，当细菌浓度足够高时，噬菌体群体生长也会趋于饱和，就好比当高浓度底物存在时，酶活反应速率趋于酶的转换率（turnover rate）。

此外，模拟恒化器（chemostat）环境中噬菌体与细菌的相互作用及其群体变化，目前也已得到大量关注和研究，这在一定程度上得益于恒化器中可进行相对复杂的实验。恒化器是一类特殊的实验仪器，内部样本充分混合均匀，新鲜的营养物质以恒定流速加入以补充细菌代谢所需，而细菌、噬菌体和废液等则同时以恒定速率（F）流出。在恒化器中，噬菌体感染细菌后释放的子代病毒颗粒，以及噬菌体对细菌的吸附和流出，均可影响噬菌体的群体生长及其数量变化。

在恒化器环境中，为简化问题和更好地分析噬菌体群体生长，则不考虑潜伏期这一因素，此情形下，噬菌体群体变化可用方程表示如下：

$$P_{t+1} = P_t + \beta KP_tB_t - KP_tB_t - FP_t - I_PP_t$$

即在时间 $t+1$，群体中的噬菌体增加主要来源于时间 t 时的噬菌体数量，以及因细菌裂解而释放的子代噬菌体数量 βKP_tB_t。而噬菌体减少主要源于三个部分：一是在时间 t 时因吸附细菌而减少的游离噬菌体数量 KP_tB_t；二是因液体流出而造成的噬菌体损失 FP_t；三是恒化器环境中其他影响噬菌体减少的因素，如噬菌体吸附到细菌碎片，此处用速率 I_P 表示单个噬菌体减少的速率。

在上述分析基础上，加入潜伏期这一因素，则需考虑在一个潜伏期时间间隔里发生裂解的细菌数量，以及被感染细菌在裂解之前，因废液流出而减少的细菌数量（相当于减少噬菌体的释放），上述因素进一步使噬菌体群体生长的模拟复杂化，可表达为如下公式：

$$P_{t+1} = P_t + \beta M_{t-L}\mathrm{e}^{-LF} - KP_tB_t - FP_t - I_PP_t$$

式中，M_{t-L}表示在上一个潜伏期内被噬菌体感染的细菌数量，e^{-LF}表示经过一个潜伏期，M_{t-L}群体中因液体流出仍留在恒化器中的占比。

利用上述离散模型可分析和解决噬菌体群体生长中的大部分问题，不过，对于随时间连续变化的生物学过程，或是离散模型中的时间间隔趋于无穷小，此情形下选择微分方程来解决连续模型中噬菌体的群体生长更为合适。连续模型可结合多种生物学细节进行分析，比离散模型更符合实际，但采用微分方程其算法也更复杂，如下所示：

$$\frac{\mathrm{d}P}{\mathrm{d}t} = \beta KB'P'\mathrm{e}^{-LF} - KPB - FP - I_pP$$

这里为区别离散模型，式中未引入下标 t，用 B' 和 P' 分别表示一个潜伏期之前的未感染细菌浓度和噬菌体滴度，即噬菌体数量随时间的变化等于暴发量 β 与一个潜伏期之前噬菌体吸附细菌数量 $KB'P'e^{-LF}$ 的乘积，再减去因吸附而减少的噬菌体数量 KPB，以及因液体流出等因素而导致的噬菌体损失。

参考文献

5 噬菌体复制的基因调控

——孙建和　严亚贤

噬菌体自被发现以来一直是分子生物学研究的重要材料，特别是以λ噬菌体为代表的噬菌体家族，被广泛应用于研究生物各个生命过程的分子机制，是揭示原核生物和真核生物中众多调控机制的重要工具。噬菌体作为一类感染细菌的病毒，由于缺少独立的复制系统，需要利用宿主菌完成子代的复制。噬菌体复制通常经历吸附、基因组注入、基因组复制、基因组转录和翻译、前衣壳装配、基因组包装及子代噬菌体组装与释放等一系列复杂的生物学过程，每一环节均受到严密、复杂、精准的调控。噬菌体与真核生物病毒复制具有相似的生物学特征，但又具有独特性。噬菌体吸附至宿主菌表面是启动噬菌体感染与复制的第一步，随后噬菌体将基因组注入宿主菌细胞质，进而基于噬菌体和宿主菌编码的功能分子构成的调控网络，通过分子相互作用，调节噬菌体进入溶原途径（lysogenic pathway）或裂解途径（lytic pathway）。若噬菌体发生溶原，则噬菌体DNA整合至宿主菌染色体并以前噬菌体（prophage）的形式存在，这种状态可以在细菌细胞中长期维持。但在前噬菌体受到诱导后，噬菌体基因组将从宿主菌染色体上切离，进入裂解途径。在此状态下，噬菌体基因组进行复制，在经过基因组的转录激活、抑制、抗终止、RNA稳定性维持和翻译起始等多种机制的精准调控下，噬菌体编码基因表达、衣壳蛋白产生、前衣壳自组装（self-assembly）。在一系列噬菌体编码蛋白、ATP等分子的参与下，利用分子马达将噬菌体基因组泵入前衣壳，完成噬菌体基因组包装（genomic packaging），并在装配尾管和尾丝等结构后形成子代噬菌体，进而通过噬菌体编码的细菌裂解相关蛋白质引起宿主菌裂解，使子代噬菌体从宿主细胞中释放，完成噬菌体的复制周期（图5-1）。需要重点强调的是，噬菌体的复制全程均受到精准调控，相关分子调控的具体机制正被不断阐明，研究结果为原核生物和真核生物提供了重要的研究模型和参考。本章将聚焦噬菌体复制及调控的最新进展，重点阐述噬菌体复制环节的相关基因调控。

作者单位：孙建和、严亚贤，上海交通大学农业与生物学院。

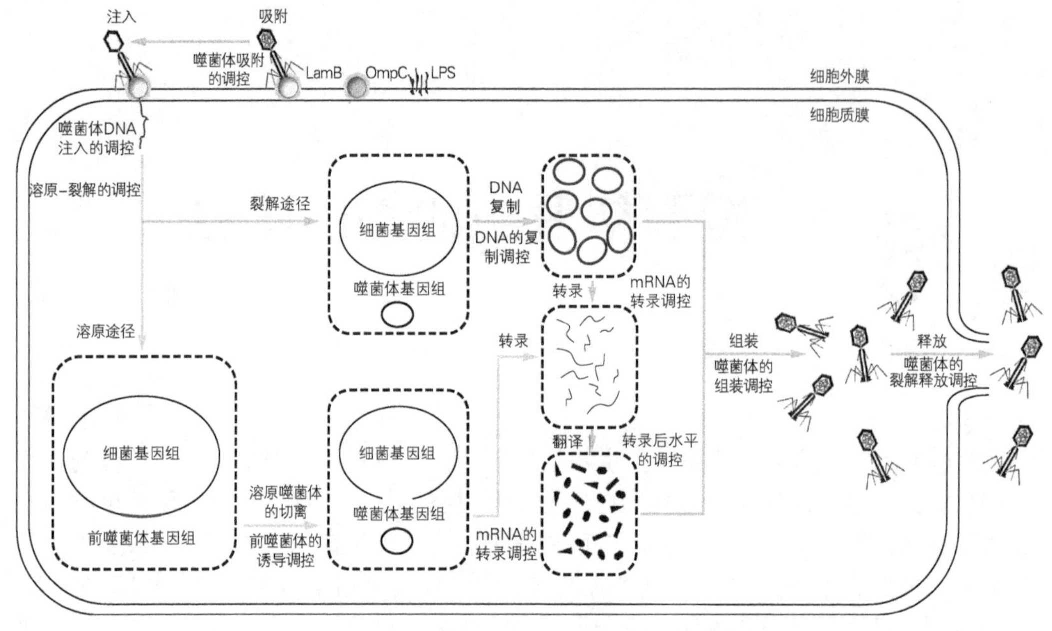

图 5-1　以 λ 样噬菌体为例的噬菌体复制和调控途径

第一节　噬菌体吸附宿主菌的分子基础与调控

噬菌体吸附宿主菌是启动感染过程的第一步，一般包括三个步骤：初始接触、可逆吸附与不可逆吸附。噬菌体能否成功吸附主要取决于细菌是否具有噬菌体的相应受体。Sauvageau 等综述了噬菌体在识别和吸附过程中涉及的受体种类及其在附着过程中的作用模式，建立了一个可开放获取的噬菌体受体资源数据库（PhReD），方便了对噬菌体受体的研究。噬菌体受体的性质和在细菌表面的分布因噬菌体和宿主菌的不同存在很大差异，噬菌体受体成分大多为蛋白质或多糖，如磷壁酸或多糖（G^+菌）、脂多糖或蛋白质（G^-菌）等。噬菌体可与 G^+菌和 G^-菌的细胞壁、荚膜或黏液层，以及纤毛、鞭毛等结构上的受体结合。细菌参与噬菌体吸附的受体可能不止一个，常常具有双受体吸附特征，而且参与可逆吸附与不可逆吸附的蛋白质和受体也不尽相同，呈现吸附过程的复杂性和多样性。

在 G^+菌中，肽聚糖作为主要受体成分在噬菌体吸附中发挥重要作用，另一重要受体成分为由磷酸甘油酯或核糖醇磷酸和氨基酸组成的磷壁酸多糖，迄今鉴定的大多数受体均与肽聚糖或磷壁酸结构有关。在 G^-菌中，脂多糖是噬菌体的重要受体，由于组成脂多糖的 O 侧链多糖极易变异，而其核心多糖相对保守，因此，仅对拥有完整脂多糖的 S 型菌株敏感的噬菌体通常倾向于靶向 O 多糖，与靶向缺少 O 多糖的 R 型细菌的噬菌体相比，通常具有更窄的宿主范围。大肠埃希菌噬菌体对蛋白质或多糖受体没有特殊偏爱，噬菌体不仅吸附于细菌表面，而且还会酶促降解 O 侧链结构中的糖。在 G^-菌的鞭毛、菌毛和荚膜上通常存在噬菌体受体，噬菌体可通过细丝结构黏附于鞭毛，鞭毛的螺旋运动推动噬菌体沿着鞭毛表面移动，直至噬菌体抵达细菌细胞壁，然后与位于细菌表面的受体相互作用，最终在鞭毛的基部附近发生不可逆吸附。噬菌体也可以选择性吸附于菌毛的某些部分，例如，有些噬菌体吸附仅发生在菌毛的尖端，而有些噬菌体吸附则发生在菌毛的侧面。噬菌体还可吸附于细菌荚膜或黏液层，该过程可通过酶解细菌胞外多糖实现。

不同类型的噬菌体对受体有不同偏好，所有 G^-菌的长尾噬菌体都需要蛋白受体介导吸附；绝大多数 G^+菌的长尾噬菌体都需要糖类受体介导吸附；G^+菌的肌尾噬菌体仅与糖类受体结合；短尾噬菌体家族的所有噬菌体均需要多糖介导吸附。不同噬菌体吸附宿主菌的部位也有差异，噬菌体通常以尾部吸附于细菌的表面，有尾噬菌体多以尾丝吸附宿主菌的外膜蛋白，丝状噬菌体则多吸附于细菌的菌毛上。

λ 噬菌体在感染过程中，主要通过其尾丝与宿主细胞上的受体结合从而实现吸附过程。噬菌体在吸附之前，首先通过一定的策略搜寻其宿主菌的表面受体。Rothenberg 等采用高分辨率荧光显微镜和单粒子示踪技术研究了 λ 噬菌体寻找大肠埃希菌表面受体并锚定靶位的过程。其发现噬菌体感染呈现独特的空间聚集过程，噬菌体经历最初在细菌表面随机着陆，随后在细菌表面“漫步”，沿细胞表面受体分布呈现特征运动、最终附着于受体密度较高的细菌两极，完成吸附过程。噬菌体最初通常随机吸附到宿主菌的表面，呈现非特异性和可逆性，容易从细菌表面滑落，吸附耗费的时间较长，随后则呈现出噬菌体与受体特异性、亲和力更强的相互作用。

噬菌体与病毒一样，具有不断演化的特性，通过不断演化改变其对宿主菌的吸附等生物学特征。例如，大多数实验室使用的 λ 噬菌体，并非 1951 年从大肠埃希菌 K12 菌株中分离的原始噬菌体 Ur-λ，而是源自帕萨迪纳使用的 λ 噬菌体和巴黎使用的另一株 λ 噬菌体的杂交突变株，即 λPaPa。λPaPa 在结构上与具有从尾部延伸出四条长而纤细尾丝的 Ur-λ 噬菌体相比，其基因组中侧尾丝 *stf* 基因移码突变导致侧尾丝缺失，仅在尾尖处具有短尾丝，感染后会产生较大的噬斑，使其更适合遗传学观察与研究。尽管侧尾丝对于 λ 噬菌体噬斑的形成不是必需的，但它们大大加快了噬菌体对宿主细胞表面的吸附速率。究其原因，Ur-λ 噬菌体除了通过尾丝 GpJ 蛋白与 LamB 受体在大肠埃希菌外膜上结合外，其侧尾丝还可与宿主另一个外膜蛋白 OmpC 结合。此外，侧尾丝可能会减缓 Ur-λ 噬菌体在上层琼脂中的扩散，从而导致噬斑变小。然而，侧尾丝如何影响 λ 噬菌体感染尚不完全清楚。

虽然现代成像技术使得噬菌体感染过程在纳米水平的可视化成为可能，但迄今尚未对噬菌体的吸附动力学做出全面系统的阐释，主要原因是噬菌体吸附机制的多样性和复杂性。噬菌体吸附的过程包括物理扩散、生化识别及受体构象改变等一系列事件，培养基的理化特性、噬菌体的作用模式、宿主细胞的生理状态等均会影响噬菌体的吸附动力学特征。尽管如此，研究人员仍在尝试如何处理吸附动力学中不直观的特性，并建立了用于描述细菌培养物中噬菌体群体动态的吸附模型，其中 Krueger 提出的“一步吸附机制”比较可靠，并且已被广泛使用。但是在吸附过程中，如果噬菌体群体中的部分噬菌体发生吸附，随后的吸附速率通常会显著减慢，采用“一步吸附动力学模型”无法精准描述，因此，研究人员又提出了“两步吸附模型”（two-step adsorption model）和“双相模型”（biphasic model）。尽管如此，仍然很难建立对噬菌体-宿主系统普遍适用的动力学模型，因此，在充分研究噬菌体培养系统的各种理化性质、细胞的生理特征及噬菌体的结合机制等多因素的基础上，通过调整“两步吸附模型”，使利用相对简单的模型提供高度准确的吸附动力学预测具有可行性。

第二节　噬菌体基因组进入宿主菌的策略

病毒感染的目标是将病毒基因组递送到宿主细胞中并进行复制，噬菌体和真核生物病毒有不同的入侵机制。真核生物病毒通过囊膜蛋白特异性识别宿主细胞表面受体，触发囊膜蛋白构象发生变化，直接暴露囊膜蛋白的融合肽，导致病毒囊膜和细胞膜融合；真核生物病毒还可引发宿主细胞内吞作用，进而使病毒将遗传物质释放至宿主细胞的细胞质中。无囊膜的真核生物病毒与有囊膜的真核生物病毒进入宿主细胞的机制也可能不同，前者会通过受体介导的内吞作用进入宿主细胞，但不会发生膜融合。虽然大多数真核生物病毒的入膜机制已大致明确，但所涉及的分子过程的具体细节仍然存在很多未知。

与真核生物的病毒相比，噬菌体使用完全不同的基因组递送机制，且不同类型的噬菌体其基因组进入细菌的策略也存在差异。根据噬菌体基因组核酸类型，其基因组内化特征概括如下：①对于 dsDNA 噬菌体，大多数病毒衣壳蛋白在感染后仍留在细胞外，内化的 dsDNA 可通过互补的 ssDNA 末端或通过末端重复序列的重组而环化；②对于二十面体 ssDNA 噬菌体，大多数病毒衣壳蛋白都留在细胞外，内化的 ssDNA 噬菌体均为环状基因组；③对于丝状 ssDNA 噬菌体，其结构蛋白在细胞膜上解体后会被子代噬菌体利用，噬菌体内化后也均为环状基因组；④对于 ssRNA 噬菌体，大多数病毒衣壳蛋白在感染后仍留在细胞外；⑤所有已知的 dsRNA 噬菌体均具分节段的基因组，并含有由磷脂和蛋白质构成的外膜，当其与细菌外膜融合后，核衣壳将释放到细胞周质，然后进入细胞质，蛋白质外壳在细胞质中解体，留下一个核蛋白，其中包含转录 RNA 基因组的 RNA 依赖的 RNA 聚合酶。

基于尾部形态，噬菌体可分为长尾噬菌体、肌尾噬菌体和短尾噬菌体 3 类。研究发现，T4 噬菌体（长尾噬菌体）在与细胞表面受体结合时，尾尖突复合体（tail tip spike complex）从尾部脱落，通过 Gp5 降解肽聚糖，协助尾管穿过肽聚糖层，尾鞘的进一步收缩推动尾管刺穿内膜。但是，最近在采用冷冻电镜断层成像技术研究 T4 噬菌体感染大肠埃希菌时却发现，尾管不直接穿透细胞膜，基因组的进入很可能通过膜孔结构介导，然而尚无确凿证据表明 T4 噬菌体参与膜孔形成，基于现有数据推测位于 T4 噬菌体尾管远端的 Gp27 和 Gp29 可能参与内膜穿透。

长尾噬菌体的尾尖复合体（tail tip complex，TTC）是受体识别和基因组释放的基本要件。通常，TTC 和膜蛋白受体之间的相互作用直接触发长尾噬菌体基因组的释放。对于感染 G^- 菌的长尾噬菌体，如 T5 和 HK97 噬菌体，需要 Gp29 协助穿膜并连接膜双层。然而，已经鉴定和验证的类似膜通道很少，它们在长尾噬菌体基因组递送中的作用仍然存在争议。

具有非收缩性短尾的噬菌体，如 phi29 噬菌体可感染 G^+ 枯草芽孢杆菌。研究表明，phi29 尾蛋白的 6 个 Gp9 分子形成一个管状结构，但在管的远端同样也由 Gp9 形成长环将管道阻塞。然而在基因组释放时，长环会退出并形成供基因组通过的膜孔。类似 phi29 噬菌体的穿膜机制可能在短尾噬菌体中很常见。

此外，研究发现广泛存在于真核生物病毒中介导基因组进入细胞的膜活性肽（membrane-active peptide）也存在于噬菌体中，其基本功能为穿膜，这些膜活性肽具有共同的特征，如富含疏水性氨基酸和甘氨酸残基，这意味着真核生物的病毒和噬菌体可能会在细胞膜这类屏障的压力下趋同进化。由于这些膜活性肽的序列呈现多样性，要精准预测它们在病毒蛋白中的序列具有难度，噬菌体基于穿膜的成孔机制可能比预期的更加多样。

关于λ噬菌体基因组DNA注入机制的研究，重点聚焦于影响该过程的物理和化学因素。研究发现，噬菌体DNA的注入过程虽然很快，但速率明显受温度、结构及其他理化因子的影响。噬菌体衣壳的内部压力直接影响基因组注入细菌的效率，衣壳压力的降低与噬菌体感染引起的细胞裂解效率的降低相关。那么触发噬菌体DNA注入宿主菌的力量来自何方？研究人员利用电子显微镜和X射线衍射技术探究噬菌体DNA包装时发现，包装进入噬菌体衣壳的DNA为B型，且为呈六边形排列的同心层状结构。通常认为将DNA弯曲成非常小的半径会高度耗能，由于噬菌体DNA在包装时被折叠压缩至接近晶体密度，因此其能利用高密度所产生的压力将DNA注射到受感染的细菌细胞质中。在过去的研究中，研究人员认为影响注射快慢的主要因素是盐诱导的相互作用和静电作用，而没有考虑病毒通过有序的DNA空间排列形成的高度可变的DNA包装构象产生的作用。进一步研究表明，病毒DNA空间排列会受到胆甾醇相互作用的影响，这种相互作用能够使相互接触的dsDNA链产生一个小角度的局部排列。越来越多的研究表明，这种DNA与胆甾醇相互作用，不仅对病毒DNA线轴空间排列有影响，而且可以调控DNA结（DNA knot）的复杂性，包括结型和丰度，从而改变病毒DNA的包装构象。最新研究通过构建病毒DNA及简单DNA聚合物的计算机模型，模拟了遗传物质DNA从病毒衣壳释放到宿主细胞中的过程，旨在揭示影响病毒DNA注射速度的因素。研究发现，这种DNA与胆甾醇相互作用引起DNA的空间有序排列，对DNA从衣壳中逸出的速度起关键作用。病毒DNA进行空间排列后，注射过程会非常快，即基因组的双链拓扑结构越有序，它从病毒颗粒中排出的速度就越快。相反，若没有这种DNA与胆甾醇相互作用的影响，整体天然纠缠的DNA只能缓慢地自发排出，甚至停滞，表明即使在相似的压力下注射DNA，注射速率因受DNA包装构象的影响而呈现巨大差异，其中注射的有效摩擦力（即DNA注射压力/DNA注射速率，因强烈依赖病毒基因组构象，故也称为构象或者拓扑摩擦力）成为影响DNA注射的主要因素。研究还发现，这种拓扑摩擦力依赖于DNA结的类型。例如，某类环面纽结（torus knot）可通过逐步简化其拓扑结构而逐渐解开，拓扑摩擦力减小，很容易从噬菌体释放出来。而扭结（twist knot）和非常复杂的结拓扑摩擦力大，会减慢或阻止DNA的注射。而且，通过对衣壳内DNA注射全程分析发现，DNA注射前后形成的结相似，间接证明了计算机模拟结果的真实性和可靠性。这些研究提供了λ噬菌体在复制早期基因组机械注入的重要信息。

另外，最近有研究利用荧光报告系统在单细胞水平上示踪噬菌体感染进程，以阐明λ噬菌体基因组DNA的注入机制，发现噬菌体侧尾丝对噬菌体感染具有影响。理论上，噬菌体的四个侧尾丝通过与细菌表面OmpC受体的结合可促进DNA注入过程，然而研究却发现噬菌体表现出更频繁的DNA注入失败。通常情况下，当λ噬菌体尾丝蛋白GpJ与LamB受体相互作用时，DNA开始注入。上述异常情况似乎是侧尾丝与OmpC受体的结合干扰了GpJ和LamB之间的最佳相互作用。那么λ噬菌体为什么需要四条侧尾丝？研究推测，四条侧尾丝可促进噬菌体以更快的速度和更高的亲和力吸附宿主，即使单个噬菌体可能出现更频繁的基因组注入失败，但整体而言综合感染效率可能更高。

目前，研究人员提出了两种体外 DNA 注入模型：连续介质力学模型（continuum mechanics model）和流体动力学模型（hydrodynamic model）。两个模型的核心差异是驱动基因组注入的力量来源不同。连续介质力学模型认为，注入力是由包装 DNA 高度折叠产生的能量形成；而流体动力学模型认为，该力量来源于外部水分扩散进入衣壳，通过中和渗透压梯度，形成静水压，将基因组 DNA 从衣壳中挤出。目前基于大多数的试验数据，普遍认为除了 ssRNA 噬菌体外，噬菌体至少将其基因组的主要部分直接注入细菌的细胞质。除此之外，T7 和 N4 噬菌体等部分其他噬菌体具有一种依赖于酶的基因组注入机制。

第三节　噬菌体裂解-溶原的调控机制

一、噬菌体裂解-溶原决策的调控

噬菌体感染细菌后需要做出重大决策——执行裂解循环或进入溶原循环，即噬菌体裂解-溶原决策（图 5-1），也称为“噬菌体基因开关”。基于对大肠埃希菌 λ 噬菌体的深入研究发现，这一过程涉及复杂的调控网络，包括转录激活、转录抑制、RNA 降解、转录抗终止和蛋白质水解等，通过调控细菌代谢和噬菌体感染等相关分子，最终完成裂解-溶原决策。对 λ 噬菌体裂解-溶原决策的研究始于 20 世纪 50 年代，到 20 世纪 80 年代科学家对此过程有了基本了解。然而，研究发现裂解-溶原决策会受到某些随机事件的影响，基于单细胞技术已在细胞或亚细胞水平上对决策的随机性做出了初步解释。通过荧光标记和单分子研究技术，对感染单一细胞的单个噬菌体进行全程示踪，以探究噬菌体感染细菌的裂解-溶原决策机制。结果显示，当 λ 噬菌体感染的细菌数量较大时，其进入溶原状态的概率往往较低，可能是由于噬菌体溶原促进蛋白质在较大的细胞体系中被稀释的结果。此外，当多个噬菌体感染同一个细胞时，噬菌体倾向于整合到细胞内，最终导致溶原化细菌的形成。

阐明大肠埃希菌 λ 噬菌体裂解-溶原决策的调控网络是分子遗传学研究的一个重要里程碑。建立和维持溶原的关键组分为噬菌体编码的 CⅠ阻遏物，其与噬菌体的两个操纵子 O_L 和 O_R 结合，阻断启动子 P_L 和 P_R 的转录，进而直接或间接地阻止裂解相关基因的表达，这是调控噬菌体溶原的基础理论。事实上，噬菌体裂解-溶原决策的调控机制更加复杂而精细。

O_R 和 O_L 均由 3 个串联的 CⅠ结合位点组成，这些位点可结合 CⅠ和 Cro 两种蛋白质中的任何一种。由于这两种蛋白质与操纵子三个位点的结合顺序不同，因而其对噬菌体基因表达具有相反作用。Cro 可阻止 CⅠ表达，使得 λ 噬菌体进入裂解途径，而 CⅠ则阻断包括 Cro 在内的噬菌体裂解基因表达，导致噬菌体进入溶原途径。CⅠ二聚体与相邻操纵子位点的结合抑制了 P_R 和 P_L 启动子的激活。此外，在前噬菌体溶原情况下，启动子 P_{RM} 负责 CⅠ的合成，在 CⅠ与 O_R2 结合后其会被激活，同时 P_R 的转录会被抑制。因此，许多发生在 O_R 操纵子上的蛋白质-蛋白质、蛋白质-DNA 间的相互作用将形成“基因转换开关”，使 λ 噬菌体进入两个完全不同的循环途径。基于目前的研究成果，噬菌体裂解-溶原调控网络的基本特征可概括如下：①CⅠ与 O_R1 结合的内在亲和力是其结合 O_R2 和 O_R3 的 10~15 倍。然而，由于CⅠ与 O_R1 和 O_R2 的结合具有协同作用，因此结合位点几乎同时被占据，这会导致 P_R被抑制而 P_{RM}被激活。②CⅠ单独与 O_R1 或 O_R2 结合足以抑制 P_R激活。CⅠ与 O_R1 的结合会阻止 RNA 聚合酶（RNAP）与 P_R结合，但尚不清楚的是，如果只有 O_R2 被占据，是否呈现同样的抑制机制。③CⅠ仅与 O_R2 结合足以激活 P_{RM}，而仅与 O_R3 结合则足以抑制 P_{RM}。当 O_R1 发生突变，与 O_R2 和 O_R3 结合的CⅠ二聚体可相互协作抑制而不是激活 P_{RM}。④Cro 与 O_R3 结合的亲和力最高，其与操纵子三个位点的结合不具有协同作用。与 O_R3 结合的 Cro 会抑制 P_{RM}，而与 O_R2 或 O_R1 结合的 Cro 则抑制 P_R。

在阐明裂解-溶原调控网络基本特性的基础上，研究人员进一步对基因及结构进行了综合分析。λ 噬菌体以溶原状态感染细菌时，其编码的阻遏蛋白CⅠ以二聚体形式与操纵子 O_L和 O_R结合，进而阻断 P_L和 P_R启动子的转录，干扰并阻断噬菌体由溶原状态向裂解状态转化。同时CⅠ与 O_R2 的结合激活启动子 P_{RM}的转录，通过调控CⅠ的合成，维持高水平的CⅠ浓度。进一步研究发现，结合在 O_R和 O_L的CⅠ二聚体相互作用导致 DNA 形成一个环（DNA loop），跨越大约 2.4kb 的噬菌体 DNA，当环化折叠完全形成时，λ 噬菌体裂解循环相关基因沉默，同时CⅠ浓度下降。此外，CⅠ在低浓度下，能以二聚体形式与 O_R1 和 O_R2 结合，进而与 O_L1 和 O_L2 相互作用形成八聚体，该八聚体有利于 P_R的抑制和 P_{RM}的激活，提高CⅠ浓度。CⅠ在较高浓度下，其二聚体能够与 O_L3 和 O_R3 结合，从而增强 P_{RM}转录的抑制，降低CⅠ浓度。因此，噬菌体的CⅠ作为一种微型开关，对噬菌体的裂解-溶原转化进行精细微调。

最新研究采用体外转录系统，解析了 λ 噬菌体“基因转换开关”相关操纵子在 DNA 环化过程中的作用，获得了一系列新的发现：①尽管 O_L和 O_R都是三联体，但在两个操纵子之中只要存在单个活性CⅠ结合位点便足以导致 DNA 环化折叠，推翻了CⅠ与 O_L1 和 O_L2 以及 O_R1 和 O_R2 相互作用形成八聚体是 DNA 环化折叠所必需的认识。②与CⅠ抑制 P_R转录机制不同，在 P_L中，CⅠ与 O_L启动子远端操纵位点 O_L3 的结合足以直接抑制 P_L的转录，该机制可能是由于与 O_L3 结合的CⅠ 可以阻止 RNA 聚合酶的 α-亚基与P_L的 UP 元件接触，此外实验还发现与 O_R3 相比，O_L3 更接近于 P_L的−35 区。而此前尚无关于 O_L中各个操纵位点对 P_L抑制作用的相关报道。③通过体外实验证明CⅠ与 O_L3 的结合抑制了 P_{RM}的激活。④CⅠ二聚体与 O_L和 O_R中相邻的操纵基因位点之间的相互作用形成CⅠ八聚体，从而介导的 DNA 环化折叠不需要 O_L和 O_R的“对齐”（如 O_L1 必须与 O_R1 结合发生聚化反应称为对齐），如 O_L1 与 O_L2 及 O_R2 与 O_R3 结合，也可以介导 DNA 环的形成。⑤研究发现只有非突变形式的 O_R1 或者 O_R2 与CⅠ结合才能够激活 P_{RM}，推测 RNA 聚合酶与非突变形式 P_R的结合干扰了 P_{RM}的转录，阻碍了 DNA 环的形成。因此，噬菌体 DNA 折叠环的形成涉及基因组中多种顺式作用位点（如 O_L和 O_R）与特定蛋白质结合后潜在的相互作用，该机制有助于更加精准调节噬菌体溶原状态与裂解状态的转化。

λ 噬菌体裂解-溶原决策过程需要一系列蛋白质及其他相关因子参与，在参与裂解-溶原决策的众多蛋白质中，Cro、CⅠ、CⅡ和 CⅢ至关重要。因此，了解这些蛋白质的详细结构及功能对于建立更为可靠的噬菌体复制调控模型非常重要。Cro 蛋白以二聚体形式发挥功能，因此这一结构形成的效率决定了该蛋白质的活性。Jia 等发现天然 Cro 单体结构紧致、难以展开，然而展开或部分折叠的单体似乎是二聚体形成的基础，提示 Cro 二聚体的形成是一个缓慢的过程。

研究发现，CⅡ蛋白由 97 个氨基酸组成，其 70～82 位残基为四聚体形成、DNA 结合及转录激活所必需，CⅡ的 C 端 15 个氨基酸残基具有柔性，或可作为宿主细胞中蛋白质水解的靶标。研究成功解析了 CⅡ的三维结构（2.6 Å），CⅡ呈现与众不同的四聚体结构，为二聚体的二聚体，但是不对称。这种结构有助于 CⅡ高效结合到 DNA 的主要沟槽。Parua 等进一步研究发现，70 位、74 位和 78 位残基对于维持 CⅡ的四聚体结构至关重要。CⅡ与 DNA 单面结合的模型被用于研究 CⅡ介导的转录激活机制，其涉及 RNA 聚合酶的 α 亚基。这可以解释当 CⅡ在与-35 区重叠的位点结合，以及与 RNA 聚合酶的 α 亚基相互作用时，CⅡ如何激活启动子。有趣的是，已经发现一种由 CⅡ介导活化的启动子 paQ 可直接被四磷酸鸟苷（ppGpp）激活。CⅡ在大肠埃希菌中可被宿主编码的 HflB 蛋白酶（也称为 FtsH）降解，另一种宿主因子 HflD 蛋白也可与 CⅡ相互作用并促进其降解，Parua 等证明 HflD 还影响 CⅡ与 DNA 的结合，通过该因子可抑制转录激活。Bandyopadhyay 等首次成功纯化了 HflC 和 HflK，发现二者均可与 HflB 结合并抑制 CⅡ蛋白水解。

CⅢ蛋白是目前研究得比较透彻的 HflB 的最佳抑制剂。Kobiler 等发现 CⅢ是 HflB 的竞争性抑制剂，通过 HflB 可阻止 CⅡ蛋白结合。Halder 等研究发现 CⅢ-HflB 相互作用具有抑制蛋白酶的作用，而 CⅡ和 CⅢ之间的相互作用无此功能。Kobiler 等还发现，CⅢ寡聚化是作为 HflB 抑制剂所必需的。但是，Halder 等却提出 CⅢ蛋白在天然条件下以二聚体形式存在。

裂解-溶原决策过程极其复杂，以现有知识尚无法对这一过程进行精准预测。因此，研发模拟决策过程的各种方法非常重要，而建立调控网络模型便是最常用方法之一。基于网络模型的定量动力学分析表明，Cro 蛋白可能在感知宿主细胞是否被一个或多个噬菌体感染中发挥关键作用。事实上，感染单一宿主细胞的噬菌体数量是影响裂解-溶原决策的因素之一。近期对“计量”过程的模拟表明，在决策过程中，除了已知的发挥着重要作用的 Cro 和 CⅡ蛋白的比例，还可能存在其他调控机制。另有研究提示宿主菌的限制修饰系统会影响 λ 噬菌体的复制。通过模拟研究表明，相较于非限制性宿主菌，噬菌体对特定限制修饰系统的适应与再适应可使噬菌体的复制效率降低，并延缓细菌细胞的裂解。

除了已知的影响裂解-溶原决策的调控因子之外，令人惊奇的是，近年来在该决策过程中还发现了一些新分子，其中之一便是 Ea8.5 蛋白，由位于噬菌体基因组非必需区域的基因编码。研究发现，这种蛋白质的过量产生影响 CⅡ介导的转录激活，进而导致溶原效率的降低。

虽然对 λ 噬菌体裂解-溶原决策调控机制的研究很多，但对其他噬菌体的调控机制知之甚少。Erez 等对 phi3T 噬菌体的溶原动力学研究发现，噬菌体编码的相关蛋白质在宿主菌编码的蛋白酶作用下，被切割成小肽——信号分子 arbitrium，进而调控裂解-溶原决策。在 phi3T 噬菌体感染进程中，随着感染的持续，子代噬菌体可感知小肽的浓度变化，一旦浓度达到一定限度，则噬菌体进入溶原途径。由此可见，基于噬菌体编码的小分子水平可使子代噬菌体能够估测在此前复制周期内成功感染的噬菌体数量，随着子代噬菌体在多个感染周期后裂解宿主菌的机会越来越少，噬菌体更倾向于通过其宿主基因组的复制进入溶原途径。从某种意义上讲，这与多个 λ 噬菌体对同一个细菌感染增加其溶原可能性的结果是一致的，因为大量噬菌体共感染也会减少其在下一个复制周期中找到合适宿主的可能性。进一步分析发现，arbitrium 的裂解-溶原决策系统在一大类感染芽孢杆菌的噬菌体中均存在，这是在病毒中发现的首个小分子通信系统。未来也许会在其他噬菌体，甚至可能会在真核生物病毒中发现使用这种通信系统协调群体决策。此外，Broussard 等在几个分枝杆菌噬菌体等非模式噬菌体的研究中，发现了新的溶原开关，与在 λ 噬菌体中观察到的复杂决策系统相比，分枝杆菌噬菌体系统似乎比较简单，只涉及 3 个基因：阻遏物、Cro 蛋白和整合酶。分枝杆菌噬菌体基因组上的整合位点（*attP*）位于阻遏物基因自身的开放阅读框（open reading frame，ORF）内，若其成功整合到细菌基因组中，将会截断阻遏基因并从其 C 端去除蛋白水解酶降解信号，从而稳定阻遏蛋白，维持溶原。在裂解途径中，阻遏物和整合酶被细胞蛋白酶降解，阻止溶原。

二、噬菌体、宿主菌的基因组整合——溶原调控

若 λ 噬菌体进入溶原途径，其形成前噬菌体的关键步骤是将基因组 DNA 整合至宿主菌染色体中。该反应由噬菌体编码的整合酶即 Int 蛋白催化，该酶的产生取决于 CⅡ依赖性 P_I 启动子和 t_I 终止子的功能。虽然 *int* 基因的转录也可能来自 P_L 启动子，但由于 N 依赖的抗终止作用，来自该启动子的转录本（transcript）不会终止于 t_I。而且，由于编码序列下游存在特定的 RNA 二级结构，会启动 mRNA 降解，这一逆向调节机制导致 *int* 的 mRNA 呈现高度不稳定。因此，只有在 t_I 终止的转录本才能产生功能性的 *int* mRNA。Martinez-Trujillo 等进行了 t_I 终止子的详细定位，同时鉴定了在该位点转录终止所需的序列，并绘制了转录物的替代末端。

最近，研究人员提出了一个关于噬菌体溶原现象的新观点，认为前噬菌体能够作为主动调控细菌的开关。不同于裂解性噬菌体，溶原性噬菌体进入溶原状态后能够与宿主菌维持相对长期的共生关系。溶原现象在细菌-噬菌体的“军备竞赛”中具有独特的作用，通过噬菌体和细菌基因组的整合与切离，实现互利共生。由于噬菌体依赖于宿主菌进行增殖，因此即使细菌-噬菌体在演化过程中存在斗争，噬菌体仍能从促进宿主菌存活和繁殖的过程中获益，维持细菌-噬菌体的互利共生关系。细菌-噬菌体呈现数种共生互利现象。溶原转换除了可阻止其他噬菌体感染宿主菌，使其具有更好的复制空间外，对噬菌体本身似乎没有更多特别的价值，但一些噬菌体编码的功能分子可增强其宿主菌的适应性和存活能力。还有一类不同寻常且更加吸引人的细菌-噬菌体长期共存现象被称为活性溶原（active lysogeny），整合的前噬菌体能够调控宿主菌基因的表达，因此该前噬菌体被称为“噬菌体调节开关”。在活性溶原过程中，前噬菌体整合在具有核心功能的细菌基因的编码区或邻近调控区，使细菌基因失活。在需要时，阻断目的基因表达的前噬菌体又可被精确地切离下来，从而恢复目的基因的表达，且不引发宿主菌的裂解。前噬菌体的这种主动调控方式分为可逆和不可逆两种类型。可逆活性溶原对细菌基因的调控策略类似一种开关机制，前噬菌体切离和重新整合完全可逆，被切离的前噬菌体以游离的形式存在于胞质内，并可在允许细菌基因再次失活的条件下重新整合到靶基因中。该方式不仅能够通过调控细菌感受态相关基因的表达来逃逸宿主细胞的吞噬，亦能够通

过调控细菌错配来修复基因，改变细菌的突变率。例如，单增李斯特菌在感染宿主细胞时，其前噬菌体切离后，可活化细菌相关基因调控子 *comk* 的表达，激活相关基因，形成假性菌毛及 DNA 转运通道，以此逃脱宿主细胞的吞噬作用。又如，化脓链球菌在对数生长期时，前噬菌体被切离，以附加体形式在体外复制，使得细菌的 DNA 错配得以修复，保持结构完整和功能正常，维持细菌较低的突变率，而在平台期细菌遭遇应激状况时，前噬菌体又会重新整合进 *mutSL* 操纵子，导致细菌突变率提高 160 倍，以提升细菌在不良环境下存活的可能性。另一种活性溶原调控为不可逆性切离，前噬菌体作为可控开关，正如那些调节发育过程的开关一样，一旦被切离将不再被整合，最终被丢失或降解。例如，枯草芽孢杆菌前噬菌体调控 *sigK* 基因激活亲代细胞芽孢形成相关基因表达，引发亲代细胞的最终分化。该现象仅发生于亲代细胞中，被切离的前噬菌体随后被降解，而芽孢中前噬菌体仍保留在细菌 *sigK* 基因中。在蓝藻菌中也存在类似现象，当环境中氮源匮乏时，1/20~1/10 的细胞分化成具有固氮功能的异型细胞，固氮及异化相关基因就是受到其中前噬菌体的调控，且前噬菌体的切离仅发生在异型细胞中。

值得关注的是，活性溶原已经成为一种由噬菌体介导调节细菌基因表达的新机制，并能进一步改善细菌的适应性。鉴于溶原转换主要通过噬菌体基因的水平转移来提高宿主的适应性，而活性溶原则是一种更复杂的现象，通过噬菌体-细菌的有效溶原和切离，交替驱动细菌-噬菌体的共同演化。在该过程中，噬菌体整合至细菌核心基因可能导致细菌适应性降低，然后通过噬菌体和细菌之间的相互适应使得适应性逐渐恢复。这些过程能够逐渐优化分子开关，提升对靶基因表达调控的效率。总之，活性溶原不仅能够带来互利的结果，而且前噬菌体在其宿主菌基因组中的持久存在，提示细菌具有适应性优势或存在噬菌体成瘾机制。

三、前噬菌体基因组的切离——裂解调控

CⅠ阻遏物失活是前噬菌体诱导的第一步，随后前噬菌体 DNA 从宿主染色体中切离并开始裂解过程。切离由噬菌体编码的蛋白质 Int 和 Xis 介导，同时需要至少四种宿主蛋白参与。利用荧光共振能量转移技术（FRET）和度量矩阵距离几何算法（MMDGA）研究核蛋白复合物的结构，显示其包含 6 种蛋白质和一个包含 *att* 位点的 DNA 序列，该序列是前噬菌体切离期间发生位点特异性结合的区域。这些数据有助于研究人员更详细地了解这一复合物的实际结构。另有研究发现，Fis 蛋白（宿主菌 DNA 结合蛋白）在 λ 噬菌体 DNA 从大肠埃希菌染色体中切离时发挥重要作用。事实上，在前噬菌体诱导后，已经观察到非常高水平的 λ 噬菌体 Xis 蛋白的合成，然而，这种蛋白质在缺乏 Fis 的情况下不起作用。值得一提的是，一些其他 λ 样噬菌体，如志贺毒素转换噬菌体 Φ24B，还可编码其他因子调控前噬菌体的切离。

第四节　噬菌体溶原状态的维持与前噬菌体诱导

一旦宿主菌被 λ 噬菌体感染导致溶原，噬菌体编码的 CⅠ蛋白就会确保前噬菌体处于稳定的溶原状态，CⅠ蛋白是裂解启动子 P_R 和 P_L 的强阻遏物，同时是其自身启动子 P_M 的激活物。只要 CⅠ持续激活，前噬菌体溶原状态就会长期维持。当遗传物质受到损

伤时，将触发特定细胞反应信号，即 SOS 应答。RecA 蛋白与 ssDNA 结合导致构象改变从而被激活，活化后的 RecA 蛋白与 CⅠ相互作用，催化 CⅠ裂解。CⅠ阻遏物的裂解引起 P_R 和 P_L 的去阻遏，导致前噬菌体从宿主基因组切离，随后进入噬菌体的裂解途经。

一、噬菌体基因开关与调控模型

大量数据表明前噬菌体溶原状态非常稳定，在没有 SOS 应答的情况下，每个代次细胞中前噬菌体诱导事件发生频率低于 10^{-8}。但在自然条件下，由于溶原细菌在其生境中频繁受到条件胁迫，前噬菌体诱导事件也会相对频繁发生。因此，建立基因开关调节模型对于认识噬菌体生命周期中的这一关键过程非常重要。近年来研究人员发现了 λ 噬菌体新的基因开关模型，如基于二次二阶微分方程的数学模型，以及展示 λ 样前噬菌体如何选择调节元件的实验演化方法。基于实验结果和理论分析提示，调节系统的某些元件在裂解-溶原决策上可能无关紧要，但在调节应答中仍发挥作用。

二、CⅠ阻遏物的结构与功能

前噬菌体溶原状态的维持主要取决于 CⅠ阻遏物的活性，CⅠ阻遏物维持恒定水平，可确保溶原状态的遗传稳定性。对 CⅠ蛋白结构和功能的研究也取得了新的进展，通过原子力显微镜解析 CⅠ的高分辨率结构，阐明了与 O_R 和 O_L 区域结合的 CⅠ寡聚体的作用机制，发现 CⅠ阻遏物可协同结合特定 DNA 序列，虽然这种协同作用并非必需，但采用数学模型分析证明，CⅠ的协同结合可以增加前噬菌体在各种环境条件下的稳定性。

通过先进的生物物理和生物化学方法对 CⅠ介导 pM 启动子活化的机制进行研究，结果表明 CⅠ在 pM 处同时结合 σ70 和 RNA 聚合酶的 α 亚基，并且当 DNA 环化时，该启动子的活性可以提高 2~4 倍。通过对与 DNA 结合的 λ 噬菌体 CⅠ阻遏物二聚体的完整晶体结构解析，促进了对其具体功能的全面了解，并发现 CⅠ二聚体的两个亚基呈现不同构象。

三、Cro 在前噬菌体诱导中的作用

研究发现，Cro 是 P_M 启动子的强阻遏物，是 P_R 和 P_L 的弱阻遏物，在裂解途径中发挥促进作用。有研究认为 Cro 在前噬菌体诱导中非常关键，而不仅仅发挥调节作用。通过构建 Cro 突变体，证明抑制 pM 的转录对于前噬菌体诱导至关重要，新的 CⅠ分子的合成可显著阻抑噬菌体进入裂解途径。也有报道认为 Cro 可能在 λ 噬菌体基因开关中发挥作用。但也有研究表明，Cro 在开关中并不重要，研究人员用 *lacI* 基因和 *lac* 操纵子替代 *cro* 时，虽然改变了噬菌体复制过程中的一些细节，但并不影响噬菌体最终复制。这一发现再次提示调节系统的复杂性及其在调节过程中对细微变化的敏感性。另有研究发现用编码 Tet 阻遏物的基因取代 λ 噬菌体基因组中的 *c Ⅰ* 基因，可以构建有活性的噬菌体，并且通过控制特定启动子调控的相关因子水平能够实现裂解或溶原。这些发现提示 λ 噬菌体的裂解或溶原可人工调控。

四、前噬菌体诱导的策略与机制

由于 RecA 蛋白能够触发切割 CⅠ阻遏物，故可诱导 SOS 应答。虽然通常采用紫外

线照射大肠埃希菌来研究 λ 前噬菌体的诱导过程与机制，但是，大肠埃希菌自然生境中的其他因素也会导致基因的开关。研究发现，浓度高达 200 mmol/L 的 NaCl 可以引起 λ 样前噬菌体的有效诱导。另有研究发现，通过酰基高丝氨酸内酯可以诱导 λ 前噬菌体，而这些化合物与细菌的群体感应信号分子密切相关，因此，可以推测前噬菌体诱导可能是对高密度细菌的应答。引起 λ 噬菌体诱导的另一个因素是过氧化氢（H_2O_2）。这种氧化应激介导因子不仅是 λ 噬菌体而且也是如志贺毒素转换噬菌体等其他 λ 样噬菌体的有效诱导剂。H_2O_2引起的前噬菌体诱导机制可能涉及宿主编码的 OxyR 蛋白，其在调节 λ 噬菌体 P_M 启动子活性中的作用已经明确。

研究前噬菌体诱导最常用的两个实验系统为：SOS 介导的野生型前噬菌体诱导系统和热介导的前噬菌体诱导系统，但二者在揭示 λ 前噬菌体诱导和裂解机制上却存在显著差异。究其原因，发现在热介导的前噬菌体诱导中，编码温度敏感性 CⅠ阻遏物的基因发生了突变。这个发现提示，现有的实验系统还存在局限性，对前噬菌体诱导机制的认识可能尚不全面。

第五节　噬菌体基因组的复制与调控

λ 噬菌体的基因组为 48 502 bp 的 dsDNA 分子，因基因组 DNA 含有 12 个核苷酸的单链互补末端，故极易成环。λ 噬菌体只编码两种直接参与其基因组复制的蛋白质，分别是 O 蛋白和 P 蛋白。O 蛋白与 oriλ 区域结合，P 蛋白将宿主编码的 DnaB 解旋酶传递给该位点，然后形成一个包含宿主细胞其他复制蛋白（包括 DNA 聚合酶Ⅲ全酶、DnaG 引物合成酶和促旋酶）的复制复合物。然而，与宿主细胞复制机制相反，λ 噬菌体 DNA 的双向复制需要 DnaJ、DnaK 和 GrpE 伴侣的激活。有趣的是，在 oriλ 区域附近没有转录的情况下这种激活是无效的，通过转录可激活复制复合物来启动 DNA 的双向复制。经过几轮这样的复制后，就会发生从圆环-圆环复制（或称 θ 复制）到滚环复制（或称 σ 复制）模式的转换，从而产生长链的多联体 λ 噬菌体 DNA 分子，最终将噬菌体基因组包装进入完成自组装的衣壳中。

近年来，对 λ 噬菌体 DNA 复制调控的研究主要集中在 oriλ 的转录激活，因为该过程触发了基因组 DNA 复制。此外，因为在转录未被激活的情况下，只有单向复制可从 oriλ 开始，所以一般认为，从 θ 复制到 σ 复制模式的转换是因为转录的抑制。经过一轮单向复制后，DNA 复制链的 5′端会被延伸链 3′端替代，从而引起滚环复制。由于激活 DNA 从 oriλ 位点复制的转录是从 P_R 启动子开始的，任何影响启动子活性的因素都会影响 λ 基因组的复制。

基于单细胞水平的基因调控技术（gene regulation at the single-cell level）为研究 P_R 启动子的特征和功能提供了重要帮助，利用该技术发现在细胞周期中 P_R 启动子活性具有波动特征，阐明了 P_R 转录起始的异构化步骤。值得一提的是，P_R 启动子受许多因素调控，包括负调控因子（CⅠ、Cro、ppGpp）和正调控因子（DnaA、SeqA）。有趣的是，DnaA 和 SeqA 蛋白都能促进从 P_R 开始的转录，并结合在转录起始点的下游，这在细菌中非常罕见。SeqA 在启动子清除（promotor clearance）阶段激活 P_R，这种蛋白质影响 DNA 的拓扑结构，另一种具有类似功能的蛋白 IHF，也可以刺激 P_R 启动转录。

SeqA 蛋白也可能通过影响复制复合物的稳定性来间接调控 λ 噬菌体 DNA 复制。P_R 启动子的另一种调控因子 DksA 经常与一种严谨控制信号——四磷酸鸟苷（ppGpp）协同作用，但它们在 P_R 上的作用是独立且拮抗的，ppGpp 抑制而 DksA 促进 P_R 活性。噬菌体编码的 P 蛋白可以抑制 DnaA 的生化活性，而 DnaA 通常作为 P_R 启动转录的刺激因子。这些发现为阐明 λ 噬菌体裂解过程中复制模式从 θ 复制到 σ 复制转变的机制提供了进一步依据。

关于 λ 噬菌体 DNA 复制机制还有另一论据，即 RNA 聚合酶直接与 λ 噬菌体的 O 蛋白相互作用，研究认为 RNA 聚合酶除了参与 oriλ 的转录之外，也在 λ 噬菌体的 DNA 复制起始过程中发挥作用，并证实了 λ 噬菌体的 O 蛋白与 DNA 序列中特定的串联重复序列的结合可更加显著影响 DNA 的拓扑结构，提示这种大的核蛋白结构的形成可能有更加复杂的调控模式。一些新的发现也支持这一推测，如一些 λ 样噬菌体在 ori 区域携带 6 个 O 蛋白结合序列，而不是 λ 噬菌体的 4 个，并且 O 蛋白与 P 蛋白中的单个氨基酸的替换也能够严重影响对 oriλ 转录过程发挥作用的一些转录因子（如 DnaA、ppGpp、DksA）。另外，人们也发现在 λ 噬菌体 DNA 复制中，CbpA 蛋白可取代 DnaJ，在不同层面上对 λ 噬菌体 DNA 复制进行调控。

在 λ 噬菌体 DNA 复制的后期，基于噬菌体基因组的 σ 复制，通过 σ 复制产生了一些长链的串联体，为了免受宿主核酸酶的影响，有必要针对这些线性“尾巴”进行保护，策略之一就是 λ 噬菌体通过编码 Gam 蛋白抑制 RecBCD 核酸酶。通过分析 Gam 蛋白的晶体结构，发现这种蛋白质可以阻止 RecBCD 与 DNA 的结合从而抑制其发挥作用。正是 λ 噬菌体自己产生了能够对其自身 DNA 复制造成抑制作用的蛋白质。例如，CⅡ蛋白如果在大肠埃希菌细胞中过量表达就会具有毒性，这已被人们熟知，但是其发挥毒性的机制却不为人所知。Kedzierska 等发现在 CⅡ基因过表达的细胞中，DNA 的复制过程可以很轻易地被阻碍，这一发现说明复制过程是 CⅡ毒性发挥作用的一个靶点。

对于基因组复制模式从 θ 复制变换到 σ 复制的解释，一种假说认为这是由于复制从双向变为单向所产生的结果，另一种假说则认为这种变换可能取决于重组中间物的形成。后一假说有一定的科学依据，这是因为 λ 噬菌体能够编码一套通用重组系统，称为 Red，该系统由两种蛋白质组成——Exo 蛋白与 Bet 蛋白。这套系统也是目前已知的最高效的重组途径之一。近期另一项研究发现复制与重组之间很可能存在着另一种关联。尽管此前已经提出了基于 DNA 链退火及链侵入的 Red 重组机制，但是这些理论都不能解释复制与重组之间的关系，即非复制中的线性 λ 噬菌体基因组能与携带 λ 噬菌体 DNA 克隆片段的复制中的质粒杂交。因此，研究人员又提出了一种复制体入侵的新机制来解析重组系统，认为复制过程与 Red 重组直接相关。Maresca 等的研究也进一步证实了 Red 重组系统确实需要靶分子的复制。他们提出了一个新的模型，在该模型中需要在复制叉中形成 ssDNA 异源双链结构。第三种假说由 Mosberg 等提出，认为 Red 重组依赖 DNA 复制。他们认为 Exo 蛋白只降解了双链 λ 噬菌体 DNA 中的一条链，而另一条未受影响的 DNA 链会在 Bet 蛋白催化下在复制叉中完成退火。综上，所有这些研究都说明 Red 重组系统依赖于 DNA 复制过程。

第六节　基于转录终止与抗终止的噬菌体基因调控

转录抗终止作用是调节 RNA 产生效率的一种特殊机制，通过影响 RNA 聚合酶与调控蛋白之间复合物的形成，阻止 RNA 聚合酶对其他功能性终止子区域的识别，从而逃避转录终止。噬菌体能够编码 N 和 Q 两种抗终止蛋白。

在 N 蛋白依赖性抗终止途径下，形成包含 RNA 聚合酶、λ 噬菌体 N 蛋白及一组宿主编码的调控蛋白在内的核蛋白复合物，其中调控蛋白包括 NusA、NusB、NusE 和 NusG 蛋白。作为细菌中最大的转录复合物之一，N 蛋白抗终止转录复合物能够在相应 DNA 片段转录后，即刻装配在新生的 RNA 链上。因此，近期的研究大多集中在深入阐明其复杂的结构及其组成之间的相互作用，以便更好地解析其功能。Conant 等定量描述了 N 蛋白的结合状态。Horiya 等也得出了相似结论，利用由 RNA 与肽分子相互作用构成的异源系统替换 boxB RNA（转录物的一部分，与 boxA RNA 一起形成的抗终止复合物识别结构）和 N 蛋白，确定了 RNA-蛋白质相互作用所需的空间构象。Conant 等对 RNA 成环作用进行了研究，并提出这种环化作用能够促进 RNA 与 N 蛋白抗终止复合物中其他成分相互作用。令人感兴趣的是，Zhou 等发现 pR 启动子活性可显著影响 N 蛋白抗终止复合物的组装，Prasch 等揭示了 NusA 蛋白分别与 λ 噬菌体 N 蛋白和特定 RNA 序列存在相互作用，而 Burmann 等则完成了 NusB-NusE 复合物对 boxA RNA 的亲和力测定。所有这些研究，为构建精准模型进行大型核蛋白复合物功能研究奠定了重要基础，使利用 N 蛋白依赖性复合物进行转录抗终止研究成为可能。Brown 和 Szybalski 成功对抗终止 nut 位点及其突变体进行有机化学合成，成为合成生物学领域的首批成果。

在 Q 蛋白依赖性抗终止系统中，形成的复合物的复杂程度不高，成分仅包括 RNA 聚合酶、Q 蛋白和 NusA 蛋白。与 N 蛋白相反，Q 蛋白似乎更倾向与 DNA 相互作用而非与 RNA 作用。然而，Nickels 等证实了由 RNA 介导的 σ70 和 β 亚基之间相互作用的去稳定化，是 Q 蛋白与 RNA 聚合酶全酶结合所必需的。Deighan 和 Hochschild 随后证明了 Q 蛋白是转录延伸复合物的稳定组分，并且证实该抗终止蛋白能够与 RNA 聚合酶的 β 亚基结构域接触。

第七节　子代噬菌体的组装、成熟与释放调控

噬菌体的组装是一个复杂过程，涉及参与噬菌体头部和尾部装配的多种蛋白质及基因组 DNA 的包装。尽管参与组装的相关分子均已明确，但对该过程中的某些具体细节及相关蛋白质的详细作用机制仍然知之甚少。例如，虽然蛋白质交联和蛋白质水解为噬菌体头部形成所必需，但与其相关的特异性蛋白酶仍然未知。Medina 等证明了噬菌体编码的 C 蛋白是催化 λ 噬菌体前衣壳成熟的特异性蛋白酶。Zhang 等发现噬菌体主要的头蛋白、尾蛋白、E 蛋白、V 蛋白及衣壳修饰蛋白 D 的形成都与过渡金属元素有关。

λ 噬菌体将基因组 DNA 泵入预先装配好的头部，完成基因组的包装（DNA packaging）。包装反应由噬菌体编码的 A 蛋白和 Nu1 蛋白组成的末端酶复合物催化。

Feiss 等对来自不同 λ 噬菌体的末端酶的特异性进行了研究，并分析了这些酶的系统发生情况。末端酶是噬菌体组装过程中的必要功能蛋白，它具有 ATP 酶和核酸外切酶双重活性，然而末端酶具体的作用机制至今仍未完全清楚。通过末端酶作用进行的噬菌体 dsDNA 包装主要有两种方式：一种包装方式为满头包装，其识别和切割的位点一般为非特异性的，如噬菌体 SPP2、P22 和 T1 等；另一种包装方式为位点特异性包装方式，末端酶小亚单位先识别 dsDNA 上的组装特异性位点，进而开启包装，如噬菌体 λ、T4、T7 等。Yang 等证实 λ 噬菌体的 DNA 在 4 ℃和 1 mmol/L ATP 的条件下包装速率约为 120bp /s。尽管噬菌体的包装通常发生于温度较高的自然环境，但这些研究成果仍然为有效评估噬菌体在宿主内 DNA 包装速率提供了重要的信息。噬菌体基因组完成包装后，与预先装配的噬菌体尾部一起，最终装配形成完整的、成熟的噬菌体颗粒，进一步通过裂菌机制完成子代噬菌体的释放。

第八节　噬菌体裂解宿主菌的机制

噬菌体在宿主菌中完成组装后，需要裂解细菌进而释放子代噬菌体。噬菌体通过 4 个裂菌相关基因（*S* 基因、*R* 基因、*Rz* 基因和 *Rz1* 基因）编码的 5 种蛋白，协同发挥裂菌功能。5 种裂菌相关蛋白分别是裂解素（lysin）、穿孔素（perforin）、抗穿孔素（antiholin），以及 2 种跨膜素（spanin）即跨内膜素（ispanin）和跨外膜素（ospanin）。所有这些蛋白质均为 λ 噬菌体晚期启动子 P_R' 负责转录的基因产物。噬菌体裂菌过程具有一定的时空特征，需要突破细菌的 3 道关键屏障，即细胞内膜、肽聚糖层和细胞外膜，为此，上述 5 种裂菌蛋白发挥各自独特的生物学功能，通过协作，最终成功突破细菌细胞壁，完成裂菌过程。裂解酶是噬菌体复制晚期合成的一类细胞壁水解酶，主要作用于细菌细胞壁肽聚糖，是裂解宿主菌的重要功能蛋白。穿孔素是噬菌体基因编码的小分子膜蛋白，通过在细菌细胞质膜上形成跨膜孔使裂解酶能够到达细胞壁肽聚糖层而发挥裂菌功能。穿孔素不仅是构成跨膜孔的重要元件，而且通过与抗穿孔素的相互作用决定细菌裂解时间，成为触发细菌裂解的“分子定时器”，在噬菌体的裂菌过程中扮演着关键角色。穿孔素-裂解酶二元裂解系统是 dsDNA 噬菌体普遍采用的裂菌模式，但对于 G^- 菌的裂解，在穿孔素和裂解酶的协同下，还需通过跨膜素介导以破坏细菌外膜，λ 噬菌体的跨内膜素和跨外膜素将细菌的细胞内膜（im）和外膜（om）进行牵拉，最终介导大肠埃希菌内膜和外膜有效融合，进而在细菌细胞壁上形成微米级的孔洞。

在裂菌过程中，裂菌相关蛋白呈现相互协作和精准调控。穿孔素是触发和调节细菌细胞膜成孔的关键。λ 噬菌体的穿孔素由 *S* 基因编码，其具有双起始基序（dual-start motif）特征，可编码 S107 和 S105 两种功能相反的蛋白质。其中，S105 发挥穿孔素功能，S107 在触发裂解时也参与跨膜孔的形成，但是在触发裂解前则具有拮抗 S105 的功能，可防止过早形成跨膜孔，因此 S107 为抗穿孔素。穿孔素 S105 具有 3 个跨膜区（transmembrane domain，TMD），N 端位于胞外，C 端伸向胞内。S105 的每个 TMD 均具典型的亲水特征：TMD_1 和 TMD_2 富含带电荷的氨基酸残基，TMD_3 含有羟基化的氨基酸残基。每个 TMD 对穿孔素发挥功能都是必需的，尤其是 TMD_1。与 S105 相比，抗穿孔素 S107 N 端多了两个氨基酸残基 Met_1-Lys_2，并伸向胞质，受到胞质去甲酰酶的作用。

因此，Lys_2和N端去甲基化产生的氨基酸基团提供了两个正电荷，使得S107蛋白的N端不能插入功能化的细胞膜，即不能形成与S105相同的拓扑结构。通过分析缺失TMD_1的$S105_{\Delta TMD1}$的生物学活性，发现不能在脂质双分子层上形成TMD_1是S107表现拮抗S105功能的直接原因。研究表明，S107的N端会随细胞膜去极化而穿过细胞膜并形成N端TMD。据此推测S107正是基于动态的拓扑结构实现其重要的生物学功能：在触发裂菌前，S107在功能化的细胞膜上仅具有两个TMD，发挥拮抗S105的作用；在触发细菌裂解时细胞膜发生去极化，S107的N端转而由胞内伸向胞外，该TMD的形成使S107失去拮抗S105的功能并表现出穿孔素活性。笔者课题组研究发现，猪链球菌噬菌体SMP的穿孔素基因*HolSMP*具有与λ噬菌体穿孔素基因*S*相似的双起始基序。*HolSMP*所编码的穿孔素蛋白与同源裂解酶LySMP可协同发挥裂菌作用，构成猪链球菌噬菌体SMP的穿孔素-裂解酶二元裂解系统，具有抗菌应用前景。

Young等基于生物化学、生物物理和分子生物学方法获得的大量数据，提出S蛋白造成膜损伤的两步聚集模型，在该模型中穿孔素聚集于细胞膜并最终形成大的蛋白质聚合体，称为“死亡之筏”（death raft）；通过穿孔素蛋白TMD间的密切作用，将脂质分子排斥在外，水通道打开，随之引起细胞膜局部去极化，触发穿孔素构象改变；局部发生的变化随后扩大蔓延，最终导致蛋白质聚合区域的膜损伤。这一模型后来也被Young等实验证实，其通过反卷积荧光显微镜实时记录了S105-GFP融合蛋白在细菌细胞膜上的运动和聚集过程，S蛋白在膜上呈现良好的运动性，在积累到一定浓度时聚集形成“死亡之筏”，触发细菌裂解。

穿孔素蛋白单体仅有3个TMD，必须形成多聚体才能触发在细胞膜上产生供裂解酶通过的跨膜孔。一般认为S蛋白二聚体具有两种模式：具有成孔活性的S105-S105同源二聚体和不表现成孔活性的S107-S105异源二聚体，但异源二聚体中巧妙地隐藏了两个潜在的成孔蛋白，当触发裂解时，随着异源二聚体中S107的构象变化，异源二聚体也表现出成孔活性。因此，有成孔活性的蛋白质数量骤增，导致细菌快速裂解。穿孔素合成速率和比例决定了λ噬菌体何时触发细菌裂解，当S107的合成量较S105多时，在正常的程序化裂解时间内不会发生细菌裂解。因此，S105在细胞膜上积累到临界浓度是穿孔素触发裂解的必要条件，而S105和S107的比例则可以调节裂菌触发时间。S蛋白的合成速率会因宿主菌的生长速度缓慢而下降。外界环境信号可调控*S*基因的双起始基序，并改变两个不同起始密码子起始翻译产物的比例。另外，S蛋白还可通过等位基因突变介导裂菌时间的变化，通过对S等位基因和裂菌表型相关性的研究发现即使是单个氨基酸突变也可能导致S蛋白裂菌特性发生巨大变化，即S蛋白具有很高的表型重塑性。因此，噬菌体可以通过调节S蛋白的质和量两条途径调控细菌触发裂解的时间。

裂解酶是在噬菌体复制晚期合成的一类细菌细胞壁水解酶，通过水解细胞壁肽聚糖发挥裂菌功能，λ噬菌体的裂解酶由*R*基因编码。在大多数噬菌体的复制周期中，裂解酶在合成后需借助穿孔素在细胞膜上的打孔，方能顺利通过细胞质膜到达其作用靶位——肽聚糖，最终导致细胞壁破裂、胞质外溢，引起细菌低渗崩解，完成裂菌作用（由胞内至胞外）。近年来，裂解酶被用于体外裂菌（由胞外至胞内），其可直接作用于细胞壁，无须穿孔素参与，且与抗生素相比，裂解酶杀菌作用更快、更强、特异，不易导致细菌产生抗性，并与抗生素具协同作用。鉴于噬菌体裂解酶强大的抗菌作用，作为一种新型的酶抗生素（enzybiotics）而备受关注。

噬菌体裂解酶通常具有两个结构域，即 N 端的催化域和 C 端的结合域。催化域主要编码四类酶：葡糖苷酶（glucosidase）、酰胺酶（*N*-acetylmuramyl-*L*-alanine amidase）、内肽酶（endopeptidase）和糖基转移酶（transglycosylase）。这些酶在肽聚糖上的酶切靶点已经明确：葡糖苷酶水解肽聚糖 *N*-乙酰胞壁酸与 1，4-β-*N*-乙酰葡糖胺之间的糖苷键；酰胺酶作用于 *N*-乙酰胞壁酸和与其相连侧链第一个氨基酸之间的酰胺键；内肽酶水解细菌肽聚糖层氨基酸侧链及肽链交联桥之间的肽键；糖基转移酶则将 *N*-乙酰胞壁酸与 *N*-乙酰葡糖胺之间的 β-1，4-糖苷键转换为分子内脱水型 β-1，6-胞壁酸。裂解酶的结合域则通过与细菌细胞壁上的受体（通常为多糖）高效、特异结合，启动裂菌事件。裂解酶结合域通常决定着裂菌的特异性和裂菌谱。噬菌体裂解酶呈现一定的遗传多样性，有的裂解酶拥有 2~3 个不同的催化域而只有一个结合域，如金黄色葡萄球菌噬菌体 Φ11、λSa2 的裂解酶。通常情况下，只有同时具备 N 端和 C 端的裂解酶才会呈现裂菌活性，但研究发现当 B 群链球菌噬菌体裂解酶突变成只含一个内肽酶功能域、大小只有全酶的 1/3 时，其活性却是全酶的 18~28 倍，提示裂解酶具有结构和功能的多样性与复杂性。

对于 G^- 菌而言，噬菌体裂解细菌要经历 3 步裂菌过程，在穿孔素触发细菌内膜穿孔后，裂解酶能够通过孔洞攻击肽聚糖，使得肽聚糖降解。肽聚糖的降解为 λ 噬菌体另外两种由 *Rz* 和 *Rz1* 编码蛋白质的相互作用提供了空间：跨内膜素与跨外膜素通过 C 端相互作用，形成了一个横跨整个细胞周质的跨膜素复合物。Young 等建立了膜融合模型、探究了基于跨越素调控膜融合的基本过程。研究发现，*Rz* 和 *Rz1* 具有独特的基因结构，二者基因序列相同，其中 *Rz1* 完全包含于 *Rz* 中，呈现+1 读框移码。*Rz* 编码的跨内膜素为 153 个氨基酸组成的膜蛋白，大约有 130 个氨基酸暴露在周质中，通过分子间的二硫键形成二聚体。二级结构分析表明，其周质结构域主要为 α-螺旋结构，两个螺旋结构域由一个中心非结构化铰链区分隔。相比之下，*Rz1* 编码的成熟跨外膜素只有 40 个氨基酸，同样通过分子间的二硫键形成二聚体。由于其脯氨酸残基比例很高（10/40），呈现非结构化特征。研究发现当将二者混合后，两个周质结构域可形成亚基比为 1∶1 的复合物，并经历包括 α 螺旋度显著增加等构象变化。通过电镜负染观察，发现复合物为长度约25 nm 的低聚棒状束，与细胞周质的宽度相对应。进一步分析发现由内膜跨越素与外膜跨越素形成的异源四聚体，通过构象改变成为发夹样，最终牵引细菌的内膜与外膜融合，形成穿孔。

第九节　细菌和噬菌体之间的交互调控

一、在转录后水平上细菌和噬菌体之间的交互调控

噬菌体感染细菌后，二者存在交互调控。研究人员对抵御噬菌体的细菌 CRISPR 系统、噬菌体编码的 RNA 结合蛋白 MS2 及 RNA 伴侣蛋白 Hfq 等进行了大量研究，发现细菌、噬菌体和前噬菌体间存在基于小 RNA（small RNA，sRNA）的转录后交互调控网络。可概括为以下几个方面：

（1）细菌和前噬菌体编码的 sRNA 可调节前噬菌体编码的细菌毒力因子表达，反之，

噬菌体和前噬菌体编码的 sRNA 也可调控细菌基因的表达，影响细菌代谢。前噬菌体编码的 sRNA 可抑制细菌编码的 sRNA 的活性，噬菌体也可通过抑制或改变与转录后调控相关的关键细菌蛋白来影响细菌的转录后调控。目前，还有大量的噬菌体和前噬菌体编码基因的功能尚不清楚，其中包括众多的调控 RNA，对揭示调控机制、研究细菌和噬菌体进化关系具有重大价值。

（2）细菌 sRNA 可调节前噬菌体编码的毒素。例如，由肠道沙门菌编码的 2 个 sRNA——SgrS 和 RprA，可调节由该菌编码或通过水平转移获得的毒力基因。与 SgrS 和 RprA 相反，另外 2 个可控制前噬菌体编码毒力因子合成的 sRNA——PinT 和 IsrM，则由水平转移获得的基因自身编码。研究发现前噬菌体可编码毒素蛋白，sRNA 可调控前噬菌体毒素的表达，如在大肠埃希菌中，转录因子 OxyR 在过氧化氢应激情况下，会诱导大肠埃希菌编码的 OxyS 转录，该分子过表达会导致毒性表型，而 sRNA 可用一种未知的机制抑制该反应。有研究发现 NusG 可抑制通过水平转移获得的基因组元件编码的毒素。另外，有研究显示由沙门菌前噬菌体 Gifsy-1 编码的 sRNA Isrk 则能间接诱导毒素表达甚至导致细菌死亡。尽管如此，尚有大量抗毒素 sRNA 有待鉴定。

（3）前噬菌体 sRNA 可调节细菌核心基因组编码的转录物。大肠埃希菌 sRNA DicF 来源于缺陷的 λ 样前噬菌体多顺反子转录本，其高水平表达能抑制细菌代谢相关基因的表达。另有研究表明，DicF 在厌氧条件下能被烯醇化酶稳定，与糖代谢及细菌中大量 RNA 转位关系密切。EcsR2 和 SesR2 两种 sRNA 分别来源于大肠埃希菌和沙门菌的前噬菌体基因，被认为是研究细菌中 sRNA 进化的模型，但目前相关研究较少。

（4）前噬菌体 sRNA 还可调控细菌核心基因组编码的 sRNA 活性。在肠出血性大肠埃希菌（EHEC）中存在两种高丰度的 sRNA，即 AsxR 和 AgvB，它们发挥着抗 sRNA 的功能，相对应地抑制核心基因组编码的 sRNA 如 FnrS 和 GcvB 的活性。

（5）噬菌体 sRNA 可调控核心基因组转录本的表达。研究发现，噬菌体 PA-2 感染大肠埃希菌可通过 sRNA IpeX 调控 OmpC 和 OmpF 的表达。另一个非同寻常的由噬菌体编码的 sRNA 为 24B_1，由编码志贺毒素的噬菌体 Φ24b 编码，与上述细菌编码的 sRNA 不同，其类似于真核生物的 miRNA，敲除 24B_1 会对噬菌体的多个生理功能造成影响，但机制尚不清楚。

（6）噬菌体蛋白可影响宿主菌转录后调控。噬菌体在感染宿主菌后会演化出一系列机制，如修饰细菌的 RNA 聚合酶、降解细菌 RNA 等，以此抑制细菌的增殖，并促进自身的复制。T4 噬菌体感染大肠埃希菌会导致细菌 mRNA 的快速降解而促进 T4 噬菌体的转录翻译，而 T7 噬菌体则是通过抑制 RNase E 进而影响 RNA 的稳定性。

目前，数以百万计的噬菌体编码基因尚未被鉴定，提示探索新的调节性 RNA 及其作用机制和演化规律具有巨大的潜在研究价值。对基于 RNA 调控噬菌体和细菌相互作用的网络和机制研究可能成为未来数年富有挑战的热点方向。

二、宿主菌抵御噬菌体入侵的策略

研究发现，大肠埃希菌等原核生物不断演化，形成了多种抵御噬菌体感染的免疫机制，如吸附抑制、注入阻滞、限制修饰系统、流产感染系统等（详见第 12 章），其中 CRISPR-Cas 更是一种高效的适应性免疫系统，该系统的激活会抑制噬菌体感染、降低噬菌体疗效、影响噬菌体的抗菌应用。因此，深入研究 CRISPR-Cas 系统激活的调控机制，对筛选和应用细菌免疫抑制剂、抑制细菌的适应性免疫、充分发挥裂解性噬菌体的抗菌治疗效果具有重要理论意义和应用价值。

细菌在正常生理状态下，若 CRISPR-Cas 持续激活，必然需要消耗大量细菌微环境中的有限资源，并且可能诱发自身免疫，那将是一种不经济、不合理的抗感染模式。因此，细菌针对不利生境，采取调控激活 CRISPR-Cas 的防御机制似乎更加科学。事实也的确如此，研究发现细菌中存在调控分子，如大肠埃希菌的热稳定类核结构蛋白（heat-stable nucleoid-structuring protein，H-NS），在正常情况下会抑制 CRISPR-Cas 的 *casA* 操纵子。在特定条件下，H-NS 被抑制，CRISPR-Cas 才会被激活，从而发挥相应的适应性免疫功能。另外的研究发现，细菌可利用密度感应信号分子调控 CRISPR-Cas 的激活，当细菌处于高密度、外源入侵风险增加时，CRISPR-Cas 系统的表达水平较低密度时显著增强。例如，沙雷菌在高密度状态下，能通过 Ⅰ 型 QS 信号分子 AHL（*N*-acyl-homoserine-lactone，AHL）上调其 CRISPR-Cas 的表达水平；铜绿假单胞菌在高密度状态时也能通过 QS 上调 *cas* 基因的表达，增强 CRISPR-Cas 对外源 DNA 入侵的抵抗力及对间隔序列 spacer 的整合能力，而且更为关键的是，在 QS 信号通路缺失或阻断的情况下，CRISPR-Cas 的适应性免疫功能会受到显著抑制，进一步说明 QS 系统在 CRISPR-Cas 的激活上具有不可或缺的作用。因此，可以推测，包括大肠埃希菌在内的大多数细菌能够通过 QS 信号分子的交流，在细菌处于高密度、易被噬菌体等外源 DNA 入侵时，激活其 CRISPR-Cas 适应性免疫系统，实现细菌内部的高效、低成本、精准调控。

参考文献

6 噬菌体调控宿主代谢的机制

——谭银玲　金晓琳　张应春

噬菌体是细菌的天敌，其利用宿主菌的细胞机制进行自身的繁殖和完成生命周期。噬菌体在感染过程中所使用的一种普遍的策略是：在基因组进入细菌细胞后立即产生调节或靶向特定宿主蛋白功能的蛋白质，用以逃避多种细菌防御机制或改变宿主代谢机制，这对于确保有效的噬菌体感染周期至关重要。目前研究发现，这些噬菌体编码的重要调节蛋白多为噬菌体感染后表达的早期蛋白，具有抑制细菌分裂，干扰细菌遗传物质的复制、转录及降解，促进噬菌体遗传物质的特异性表达，影响细菌免疫和代谢等作用。因此，了解这些噬菌体抑菌蛋白如何影响这些宿主机制，可以优化目前基于噬菌体的抗菌策略，找出控制细菌感染的新途径，为抑菌药物的发现和设计打开新的思路。

第一节　噬菌体编码蛋白抑制细菌分裂

细菌个体生长到一定阶段，大多数都以二分裂方式产生新的生命个体，进行繁殖。在细菌细胞正常分裂时，细胞膜和细胞壁在细胞中部内陷并在两个新复制的染色体间形成环状复合物，膜结构中的肽聚糖随后水解，将细胞一分为二。细胞分裂是新型抗生素最具吸引力的靶点之一。已有研究表明，有些噬菌体可通过编码一些蛋白质抑制细菌分裂（表6-1），以下举例说明。

一、T7 噬菌体编码蛋白抑制细菌分裂

噬菌体在其复制周期中，可产生一些能抑制宿主菌细胞分裂的基因产物。在这一领域，短尾裂解性 T7 噬菌体引起人们高度重视。近年来的研究发现，T7 噬菌体可编码多种不同蛋白，通过不同的作用机制或靶点抑制细菌分裂。

（一）Gp0.4 的分裂抑制作用

噬菌体主要通过感染早期表达的蛋白质活性来接管宿主资源，其中一种由大肠埃希菌 T7 噬菌体产生的蛋白质就是基因产物 Gp0.4。FtsZ 是细菌一个微管蛋白同源体，能在细菌分裂位点装配成 Z 环结构，在细菌细胞分裂过程中起着关键作用。Kiro 等研究发现

作者单位：谭银玲、金晓琳、张应春，陆军军医大学基础医学院。

Gp0.4 是大肠埃希菌 FtsZ 蛋白的直接抑制剂，在大肠埃希菌体内表达 Gp0.4 可导致细菌的形态拉长。化学合成的 Gp0.4 可结合纯化的 FtsZ 蛋白，并在体外直接抑制其组装。Simpkin 和 Rigden 用生物信息学分析 Gp0.4 与大肠埃希菌 FtsZ 蛋白的相互作用，采用从头计算与片段组装结构模型，用两个程序对 Gp0.4 的结构进行了预测：利用基于结构相似性识别出一个 U 型 α 螺旋-转角-α 螺旋折叠，利用 ClusPro 将这一预测结构与大肠埃希菌 FtsZ 蛋白的同源性模型进行对接，发现了一种较好的相互作用模式，并且进一步强有力地支持来自先前特异性插入突变，该突变位于 Gp0.4/FtsZ 接口附近，可消除 Gp0.4 活性。Kiro 等鉴定了 FtsZ 的 Gp0.4 抗性变异体 FtsZ 9，其中第 18 位的 2 个 6 核苷酸重复序列（TCGGCG ¦ TCGGCG）通过滑序复制导致形成 3 个 6 核苷酸重复序列（TCGGCG ¦ TCGGCG ¦ TCGGCG），使 FtsZ 9 能够克服 Gp0.4 的毒性，进一步证明了 FtsZ 蛋白是 Gp0.4 抑菌作用的靶点。

（二）Gp0.6、Gp3.8 和 Gp4.3 的作用

MreB 和 FtsZ 一样，也是大肠埃希菌的细胞骨架蛋白，它们负责染色质正确的分离和运动，以及在伸长和分裂过程中细胞壁的完整性。Molshanski-Mor 等通过高通量测序技术，发现 T7 噬菌体编码 Gp0.6 对细菌生长具有抑制作用，该蛋白质可与细胞骨架蛋白 MreB 相互作用并抑制其功能，而 MreB 基因中两个不同区域的突变可克服这种抑制作用。此外，细菌双杂交分析进一步证实了 MreB 与 Gp0.6 的相互作用。通过高通量测序，还发现一个噬菌体编码蛋白 Gp3.8 在宿主非必需基因 *ppiB* 存在下也可抑制细菌生长，PpiB 是一种参与蛋白质折叠的细胞质肽酶-脯氨酸顺反式异构酶，表明 PpiB 可能参与 Gp3.8 生长抑制因子的折叠。而另一个非必需基因 *pcnB* 则是另一个噬菌体编码蛋白 Gp4.3 抑制细菌生长所必需的，*pcnB* 已被证明能保持质粒的高拷贝数，因此 *pcnB* 可能与保持编码生长抑制子 Gp4.3 的质粒高拷贝数有关。

二、SPO1 噬菌体编码蛋白抑制细菌分裂

SPO1 噬菌体基因 56 编码的产物可抑制枯草芽孢杆菌的细胞分裂。当枯草芽孢杆菌被 SPO1 噬菌体感染时，噬菌体就会引导宿主细胞活动的重塑，并将其转化为噬菌体增殖的工厂。一组 SPO1 噬菌体基因（编号 37~60）占据了大部分的末端冗余，被认为可能参与宿主接管，因此被称为“宿主接管模块”。Stewart 等研究发现，SPO1 噬菌体基因 56 在未感染枯草芽孢杆菌中表达时，可抑制细胞分裂，而不影响细胞生长、DNA 合成或染色体分离，最终导致细胞丝状化和活力丧失。在 SPO1 感染期间，基因 56 的突变可以阻止野生型感染时的细胞分裂抑制，这表明 SPO1 基因 56 的产物对抑制细胞分裂是必要和充分的。

三、多种噬菌体来源的 Kil 家族抑制细菌分裂

Kil 肽（peptide Kil）是近年来从噬菌体中发现的抑制细菌分裂的因子。有研究发现，λ 噬菌体的前噬菌体 Rac 的 *orfE* 基因编码产物对大肠埃希菌细胞分裂具有强烈的抑制作用。进一步研究显示，在细菌中同时过表达 *orfE* 基因和宿主菌的 *ftsZ* 基因能够消除 *orfE* 基因的毒性作用，说明 *orfE* 和 *ftsZ* 基因的编码产物之间可能具有相互作用。*orfE* 的编码

产物被命名为Kil，它对大肠埃希菌的抑制作用不需要 MinC 而是通过 CRP-cAMP。Kil 蛋白也同样存在于其他噬菌体中，一起归属于 Kil 家族，与 Rac 噬菌体的 Kil 蛋白的功能相似，包括大肠埃希菌 Mu 噬菌体、λ 噬菌体及沙门菌 Sf6 噬菌体的 Kil 蛋白都能抑制宿主菌的细胞分裂。有研究发现，Kil 家族蛋白还具有一种新的作用：用无裂解活性的沙门菌 P22 噬菌体突变株或 SE1 突变株感染沙门菌能够诱导细菌的 SOS 系统，但是这种诱导作用需要 Kil 蛋白的参与。有趣的是，Kil 蛋白比较小，仅包含不超过 100 个氨基酸残基，虽然许多其他细菌的噬菌体也拥有编码该蛋白的基因，但是它们的一级结构却并没有相似性。

λ 噬菌体 Kil 肽的表达，能通过快速抑制 FtsZ 环的形成，诱导大肠埃希菌细胞丝状化。Haeusser 等发现 Kil 肽在体外可以直接抑制 FtsZ 的组装，另一种重要的细胞分裂蛋白 ZipA，在体内增强了 Kil 肽对 FtsZ 分子的作用活性。在 Kil 肽表达后，删除分裂基因 *zipA* 的细胞显示正常的 FtsZ 环，提示 ZipA 是 Kil 肽介导的抑制 FtsZ 环的必要条件。为了支持这一模型，在不明显改变 FtsZ-ZipA 相互作用的情况下，ZipA 的 C 端 FtsZ 相互作用域的点突变废除了 Kil 肽活性。这些数据可构建一个蛋白质相互作用模型，在这个模型中 Kil 肽与细胞中的 FtsZ 和 ZipA 相互作用，以防止 FtsZ 组装成一个连贯的、具有分裂能力的环结构。在体内 ZipA 可能专门用于招募 Kil 到 FtsZ 原丝，ZipA 分子中，针对 Kil 产生抗药性突变的位置与这一观点相一致。这些突变位于 ZipA 的 FtsZ 结合区域，但突变后的 L286 残基并不能直接与 FtsZ 的 C 端发生相互作用。L286 突变可能对 FtsZ-ZipA 相互作用产生变构效应，但携带 $ZipA_{L286Q}$ 的细胞正常分裂，因此这些相互作用不能被大幅改变。此外，$ZipA_{L286Q}$ 的过度表达会导致类似于 $ZipA_{WT}$ 的细胞分裂缺陷，进一步论证了突变体对 FtsZ 组装的影响并没有功能失调。澄清 Kil 活动的确切机制和 ZipA 在这一活动中的作用还需要进一步的工作。

有趣的是，Rocamora 等利用生物物理和生物化学相结合的方法进行研究表明，Kil 肽通过显著降低 FtsZ 原丝的 GTP 酶活性抑制大肠埃希菌 FtsZ 的组装，这一机制有别于分裂位点选择拮抗剂 MinC 及其所采用的机制。

四、Kim 前噬菌体蛋白 DicB 抑制细菌分裂

DicB 是由 Kim 前噬菌体编码的一种在大肠埃希菌中表达的蛋白质，与 Kil 蛋白的抑菌机制不同，DicB 对宿主菌 FtsZ 蛋白的抑制需要 MinC 的协助从而阻止细菌分裂。Yang 等将麦芽糖结合蛋白融合到 DicB 的 N 端构建融合蛋白 MBP-DicB，利用 MBP-DicB 的抑制活性降低的优势，研究其对细胞生长和形态的影响，系统评价 MBP-DicB 对细胞生长的抑制作用。结果发现，DicB 的 N 端比其 C 端起着更为关键的功能作用，尽管它可以被突变，但第一氨基酸（在初始 Met 之后）不能被去除，否则会失去对细胞生长的抑制作用。此研究首次揭示了 DicB 功能的分子决定因素。

另外，P1 噬菌体编码的 Icd 蛋白与 ΦX174 噬菌体编码的 A 蛋白也能显著影响大肠埃希菌的分裂。但引人注目的是，DicB、Icd、Kil 蛋白与 A 蛋白在一级结构水平都不具有相似性。这些结果说明，虽然这些噬菌体蛋白质对细菌的细胞壁的合成都有抑制作用，但是它们的结构和抑菌机制是不同的（表 6-1）。

表 6-1 抑制细菌分裂的噬菌体蛋白质

噬菌体	宿主	噬菌体编码的抑菌蛋白	作用靶点/参与的功能
T7	*E. coli*	Gp0. 4	FtsZ
T7	*E. coli*	Gp0. 6	MreB
T7	*E. coli*	Gp3. 8	ppiB
T7	*E. coli*	Gp4. 3	pcnB
SPO1	*B. subtilis*	Gp56	细胞分裂
Lambda	*E. coli*	Kil	FtsZ
Rac	*E. coli*	Kil	FtsZ
Mu	*E. coli*	Kil	细胞分裂
P22	*S. typhimurium* / *S. enterica*	Kil	SOS 系统
Sf6	*S. flexneri*	Kil	细胞分裂
Qin	*E. coli*	DicB	MinC
Qin	*E. coli*	DicB	FtsZ
P1	*E. coli*	Icd	细胞分裂
PhiX174	*E. coli*	A	细胞分裂

第二节 噬菌体编码蛋白抑制细菌 DNA 复制

DNA 复制是所有生物增殖必不可少的过程。越来越多的证据表明，许多噬菌体直接作用于宿主的复制过程（表 6-2）。大部分裂解性噬菌体能编码自身基因组复制所需的大部分蛋白，但溶原性噬菌体和少数裂解性噬菌体则非常依赖于宿主的复制体系。通过噬菌体与宿主间的相互作用，宿主的许多蛋白质都被招募到噬菌体基因组的复制中发挥作用，这通常会引起宿主自身复制的终止。但到目前为止，还没有证据表明宿主自身复制的终止是必不可少的。在噬菌体基因复制之前，宿主的类核会被降解，为噬菌体复制提供前体。

表 6-2 抑制细菌 DNA 复制的噬菌体蛋白质

噬菌体	宿主	噬菌体编码的抑菌蛋白	作用靶点/参与的功能
SPO1	*B. subtilis*	Gp38 Gp39 Gp40	DNA 复制
T4	*E. coli*	Gp55. 1	FolD，UvrA，UvrB
SPP1	*B. subtilis*	SSB	DNA 复制
P1	*E. coli*	Ref	DNA 代谢、RecA
P2	*E. coli*	B	DnaB
λ	*E. coli*	P	DnaB
λ	*E. coli*	CⅡ	DnaB、DnaC
G1	*S. aureus*	ORF240	DNAP β
Twort	*S. aureus*	ORF168	DNAP β
77	*S. aureus*	ORF104	DnaI
T4	*E. coli*	Ndd	核苷酸

一、λ 噬菌体蛋白抑制细菌 DNA 复制

λ 噬菌体编码蛋白能与宿主的 DNA 解旋酶 B（DnaB）相互作用从而启动噬菌体的 DNA 复制。λ 噬菌体的复制依靠蛋白 P 与大肠埃希菌 DnaB 发生作用。首先，λ 噬菌体引发蛋白 O（λO）与复制起始点结合，形成核蛋白复合物。然后，蛋白 P 与蛋白 O 结合，招募 DnaB 与核蛋白复合物结合。蛋白 P 高效竞争解旋酶的装载蛋白，这抑制了 DnaB 的 ATP 酶活性，以及它对引物酶的协助，阻碍了宿主的复制。在 λ 的复制起始点上，要将 DnaB 转变为高效的解旋酶，需要依靠大肠埃希菌的 DnaK 蛋白、DnaJ 蛋白和热休克蛋白 GrpE 的帮助，它们将蛋白 P 从复合物中移除。最后，复制所需的其他组分自发地结合在一起。

λ 噬菌体编码的 CⅡ 蛋白是调控 λ 噬菌体溶原-裂解转换的重要蛋白质。在大肠埃希菌中过表达 CⅡ 蛋白表现出细胞毒性和生长抑制效应。即使是突变了转录激活位点的CⅡ也能抑制大肠埃希菌的生长。然而，在大肠埃希菌中与 CⅡ 一起同时过表达 DnaB 和 DnaC 并不能消除 CⅡ 对细菌的抑制作用，说明 CⅡ 与 DnaB、DnaC 之间的相互作用可能是物理性的。

二、P2 噬菌体蛋白抑制细菌 DNA 复制

大肠埃希菌溶原性噬菌体 P2 在感染大肠埃希菌的早期合成自身 DNA，但是在 P2 噬菌体的 B 基因突变株中不能合成 DNA，这提示 B 基因在宿主菌裂解中所起到的关键作用。P2 噬菌体 DNA 的复制除了需要自身的 A 基因和 B 基因外，还需要利用几种宿主菌的蛋白酶，如 DNA 聚合酶、DnaB 和 DnaC 等。进一步研究发现，P2 噬菌体的 B 蛋白能与大肠埃希菌的 DnaB 直接结合，成为解旋酶的载体，其作用类似于 DnaC。

P2 噬菌体 B 蛋白 N 端的一级结构和二级结构与 λ 噬菌体 P 蛋白的 N 端具有一定的相似性，这提示 P 蛋白可能也能与 DnaB 相互作用。正如预期的那样，P 蛋白确实能与大肠埃希菌的 DnaB 相互作用并介导 DnaB 与 λ 噬菌体复制区域结合，从而启动 λ 噬菌体的 DNA 复制。此外，体外实验还发现，P 蛋白能够抑制 DnaB 的 ATP 酶活性。P 蛋白和 DnaC 都具有解旋酶载体的作用，但是 P 蛋白对 DnaB 的亲和力要强于 DnaC。将表达 P 蛋白的质粒导入大肠埃希菌会导致细菌出现显著的生长抑制现象，提示 λ 噬菌体的 P 蛋白可能对大肠埃希菌是致命的。有趣的是，在大肠埃希菌 *dnaA* 基因的关键位点进行突变并不能消除 λ 噬菌体 P 蛋白介导的致死作用。此外，P 蛋白还能抑制 DnaA 对 ATP 和 oriC 的结合活性。这些数据证明了 λ 噬菌体的 P 蛋白也能与大肠埃希菌的 DnaA 相互作用。

三、SPO1 噬菌体基因产物阻断宿主 DNA 和 RNA 合成

枯草芽孢杆菌 SPO1 噬菌体的宿主接管模块（host-take-over module）包含多个基因，其中基因 39 和 40 是该模块中最大的两个基因，在感染过程中强度表达，未在其他噬菌体中发现具有 Gp39 和 Gp40 特定活性的蛋白质。Charles R. Stewart 等研究发现，SPO1 噬菌体编码的蛋白质可延迟关闭宿主 DNA 和 RNA 合成。他们通过诱变获得了 3 个基因的无义突变，分别是基因 40 的第 10 密码子（AAA→TAG）、基因 39 的第 14 密码子

(AAG→TAA)、基因 38 的第 10 密码子(AAA→TAG),利用合适的突变质粒进行连续重组,产生多个突变体。实验结果表明,基因 40 无义突变阻止了枯草芽孢杆菌 DNA 和 RNA 合成的正常关闭,表明 Gp40 是关闭宿主核酸合成所必需的;基因 39 无义突变导致宿主 DNA 和 RNA 合成的加速关闭(需基因 38 无义突变的辅助),显示 Gp39(需 Gp38 辅助)限制了两个关闭发生的速率;此外,还发现基因 40 突变抑制了基因 39 突变和基因 38 突变的加速效应,表明 Gp40 在加速关闭中也起着至关重要的作用。但对于宿主接管模块中涉及的基因及其产物的分子作用机制还有待进一步阐明。

四、T4 噬菌体基因产物阻断宿主 DNA 代谢

T4 噬菌体基因产物 Gp55. 1 与 Ndd 蛋白可通过不同途径阻断宿主 DNA 代谢。Mattenberger 等研究发现 T4 噬菌体基因 55. 1 在质粒中诱导表达时会阻止大肠埃希菌生长。通过体内甲醛交联实验研究发现,基因产物 Gp55. 1 与叶酸代谢关键酶 FolD 直接结合对大肠埃希菌叶酸代谢产生影响,并抑制大肠埃希菌对紫外线(UV)的敏感性。用抗 6-4PPs 的单克隆抗体检测发现,基因 55. 1 受阿拉伯糖诱导表达时,大肠埃希菌 DNA 修复受到严重损害。在大肠埃希菌中,大多数紫外线诱导的 DNA 损伤都是通过核苷酸切除修复(nucleotide excision repair,NER)途径修复的。NER 需要 6 种蛋白质:①UvrA、UvrB、UvrC,这 3 种核心蛋白识别损伤并切割病变两侧的 DNA 链;②解旋酶Ⅱ(UvrD),去除含有损伤的寡核苷酸;③DNA 聚合酶Ⅰ(Pola)与连接酶(Liga),填补单链间隙。表达 His-55. 1 的细菌几乎完全阻断了 6-4PPs 的修复,提示 Gp55. 1 至少干扰了其中一个蛋白质的功能。进一步实验发现,Gp55. 1 诱导的紫外线敏感性并不是由于 UvrD 功能本身的阻断,而是由于对 UvrA、UvrB、UvrC 的部分抑制。采用体内甲醛交联实验以及镍柱拉下实验(Ni^{2+} pull-down)和抗 HA 蛋白印迹(anti-HA Western blot),结果表明 Gp55. 1-HA 主要与 UvrA 和 UvrB 相互作用,而不是与 UvrC 相互作用。综上所述,Gp55. 1 可与 UvrA 和 UvrB 蛋白相互作用,通过 NER 途径阻止紫外线诱导的 DNA 光产物的修复。

T4 噬菌体编码的 Ndd 蛋白能也能抑制大肠埃希菌的 DNA 复制并杀死细菌。Ndd 的抑菌机制非常独特,它并不是通过 DNA 复制相关酶类的抑制作用,而是与大肠埃希菌的 DNA 直接结合从而导致其 DNA 的破损。在杀鲑气单胞菌的几种噬菌体中发现了与 Ndd 编码基因具有相似性的基因,这表明这些基因的编码产物可能与 Ndd 具有相似的结构和功能。

五、SPP1 噬菌体蛋白抑制宿主 DNA 复制

枯草芽孢杆菌 SPP1 噬菌体编码蛋白 SSB(GP36)可抑制宿主菌基因组的复制。单链 DNA 结合蛋白(ssb)又称 DNA 结合蛋白,是 DNA 复制所必需的酶。ssb 结合于螺旋酶,沿复制叉方向向前推进的单链区,防止新形成的 ssDNA 重新配对形成 dsDNA 或被核酸酶降解。Elena M. Seco 等利用 σ 复制模型所需的元件建立了一个完整的 σ 复制系统,该系统需要 4 个噬菌体蛋白:噬菌体编码的解旋酶(GP40)、螺旋酶装载机(GP39)、原结合蛋白(GP38)和噬菌体 ssb(GP36),以及 7 个宿主延伸蛋白:宿主编码的 PolC 和 DnaE 聚合酶、加工率因子(β_2)、钳夹装载机(τ-δ-δ')和引物酶

（DnaG）。利用这个体外复制系统，研究人员重建SPP1的DNA σ复制，再现SPP1 DNA复制的串联阶段，从而重新描述了基因编码蛋白质的功能。研究发现噬菌体SPP1复制叉可以同时使用噬菌体和宿主编码的ssb，但是枯草芽孢杆菌复制叉只能使用自己的ssb，噬菌体ssb无法支持枯草芽孢杆菌的复制，可能因为它只能刺激枯草芽孢杆菌中的DNA聚合酶E合成但不能刺激PolC全酶合成，表明枯草芽孢杆菌的复制被病毒ssb（Gp36）抑制，从而确定了一种新的调控机制，即SPP1噬菌体利用ssb来关闭宿主DNA复制合成并促进自身复制。

六、P1噬菌体蛋白干扰宿主DNA代谢

P1噬菌体最早被描述于1951年，至今仍是分子生物学中的“明星”。与其他许多溶原性噬菌体不同，P1噬菌体基因组（93.6 kbp，117个基因）没有整合到宿主染色体中，而是作为一个低拷贝数的自主质粒存在。Ronayne等利用大肠埃希菌P1噬菌体系统，探讨噬菌体-抗生素协同作用（phage-antibiotic synergy，PAS）的分子基础。大肠埃希菌中PAS现象与噬菌体P1编码的具有重组增强功能的*ref*基因产物有关。Ref蛋白是一种HNH超家族内切酶，核酸酶活性位点位于一个球状的C端结构域，由3个组氨酸残基组成，这些残基与Zn离子配位。研究发现，当大肠埃希菌溶原菌受到DNA损伤，在暴露的ssDNA上可形成RecA蛋白丝，触发细菌SOS反应，进而阻止细胞分裂并诱导噬菌体裂解周期。P1噬菌体编码的Ref蛋白通过其N端结构域与宿主DNA结合，在其核酸酶活性位点切割与RecA蛋白结合的基因组DNA，这种额外DNA损伤使细胞进入一个扩增周期，形成更多的RecA蛋白丝，导致噬菌体复制的裂解性周期继续进行，此过程在细菌SOS反应中持续存在。因此，基因*ref*的表达导致DNA的额外损伤，在DNA损伤引起细菌SOS反应的条件下放大了裂解周期，从而干扰正常的DNA代谢。此外，研究人员还发现Ref蛋白可通过其C端结构域抑制细胞分裂，这与SOS反应介导的细胞分裂抑制无关，可能是通过与细菌分裂体的相互作用。Ref蛋白这些损害DNA和增强SOS反应的活性，可以大大提高杀菌剂的杀伤力，使宿主对环丙沙星更敏感。在SOS反应期和静止期，抗生素毒性最小的情况下，Ref蛋白对细菌的毒性最大，使其成为噬菌体-抗生素联合治疗方案的潜在候选药物。

七、金黄色葡萄球菌噬菌体蛋白抑制宿主DNA复制

噬菌体77是一种能感染金黄色葡萄球菌的噬菌体。该噬菌体的基因*ORF104*能够编码对金黄色葡萄球菌具有毒性的蛋白质。研究显示，该蛋白质也能够作为解旋酶载体与金黄色葡萄球菌的DnaI相互作用从而抑制宿主菌的DNA复制。而编码DnaI的基因是金黄色葡萄球菌的必需基因。生物信息学分析显示，P2噬菌体的B蛋白、λ噬菌体的CⅡ蛋白和P蛋白及77噬菌体的ORF104编码产物与其他噬菌体编码的直系同源蛋白具有显著的相似性，这表明，这些具有相似性的同源蛋白可能具有相似的结构和功能。

金黄色葡萄球菌噬菌体G1和Twort的2个基因*ORF240*和*ORF168*均能编码抑制宿主菌DNA复制的蛋白质并导致细菌死亡。这两个蛋白质抑制宿主菌DNA复制的机制不同于前面所描述的机制，它们都作用于DNA聚合酶Ⅲ的β亚基。DNA聚合酶Ⅲ

的 β 亚基的功能就如同滑钳结构，增强持续合成能力，提高 DNA 复制的速率。在 DNA 聚合酶Ⅲ的 β 亚基与 ssDNA 结合后，复制性 DNA 聚合酶会结合到 DNA 聚合酶Ⅲ的 β 亚基上，启动细菌 DNA 的快速复制。Gp168 和 Gp240 可与 DNA 聚合酶Ⅲ的 β 亚基发生作用，从而有效地竞争性抑制滑钳装载蛋白和复制性 DNA 聚合酶的作用。它们既终止了 DNA 聚合酶Ⅲ的 β 亚基与 DNA 的结合，也影响了与复制性 DNA 聚合酶的作用。尽管 *ORF168* 与 *ORF240* 之间的相似性并不显著，但是它们共同含有三个能够与 DNA 聚合酶 β 亚基结合的保守区域。有趣的是，在其他噬菌体中没有找到与基因 *ORF168* 和 *ORF240* 同源的蛋白质。

第三节　噬菌体编码蛋白抑制细菌转录

RNA 聚合酶（RNAP）不仅是调节细菌基因表达的纽带，而且是不同噬菌体获取和调控细菌基因机制多样性的重要靶点。在噬菌体感染早期，噬菌体基因组进入宿主细胞后，立即利用宿主菌的 RNAP 合成噬菌体早期的转录本并利用宿主的翻译机制快速合成这些噬菌体的早期蛋白（表 6-3）。噬菌体再利用其中一些早期蛋白修饰或者抑制细菌的 RNAP，阻止细菌的转录而启动噬菌体增殖相关基因的转录。噬菌体的目的是在减少宿主转录的同时有利于自身的转录。不管是被修饰的 RNAP（以 T4 噬菌体为例）还是噬菌体自身编码的 RNAP（以 T7 噬菌体为例），都能够在宿主菌被抑制的背景下进行噬菌体特异性的转录。

表 6-3　抑制细菌转录的噬菌体蛋白质

噬菌体	宿主	噬菌体编码的抑菌蛋白	作用靶点/参与的功能
T7	*E. coli*	Gp5. 7 Gp2 Gp0. 7	RNAP RNAP RNAP
LUZ24	*P. aeruginosa*	Mip	MvaT
SWU1	*Mycobacterium*	A321_ gp 67	转录
Xp10	*X. oryzae*	p7	RNAP，σ70，σ54
T4	*E. coli*	AsiA MotA Alt ModA	σ70 σ70 RNAP α，EF-Tu，etc. RNAP α
SP01	*B. subtilis*	E3	RNAP β

一、T4 噬菌体编码蛋白抑制细菌转录

T4 噬菌体感染的整个过程都依赖于宿主的 RNAP，T4 噬菌体编码的多个基因产物可以细菌 RNAP 为靶点阻止细菌的转录。

（一）T4 噬菌体早期转录中 Alt/Alc/ModA 的作用

T4 噬菌体内部的头部蛋白 Alt，高效地使 RNAP 的一个 α 亚基 ADP-核糖基化，使其

与 T4 早期启动子的亲和力增加，优先进行 T4 基因的转录。T4 噬菌体蛋白 Alc 与 RNA 聚合酶的 β 亚基间相互作用可影响 RNAP 与宿主 DNA 识别位点结合，引起含有胞嘧啶的 DNA 的转录早期终止。噬菌体 DNA 上的胞嘧啶全部替换为 5-羟甲基胞嘧啶，这样噬菌体 DNA 的转录就不受影响。ModA 是 ADP 核糖基转移酶，在感染的早期合成，也可对 RNAP 的 2 个 α 亚基进行 ADP-核糖基化修饰。经过 ADP-核糖基化修饰的 RNAP 核心酶对依赖 Rho 的转录终止更加敏感，但是与宿主 σ70 的亲和力降低，这导致 σ70 依赖的启动子和一些 T4 早期启动子的转录减少，特别是那些含有 UP 元件的启动子，从而促进 T4 基因早期转录向中期转录的转换。

（二）T4 噬菌体中期转录中 AsiA/MotA 的作用

早期蛋白 AsiA 和 MotA 是中期基因在体内转录所必需的。AsiA 作为抗 σ 因子蛋白有两种功能，一是与 σ70 结合产生构象的变化，抑制依赖-35 元件使其活化的 T4 早期启动子和宿主启动子的转录；二是构象改变后的 σ70 会产生一个与 MotA 结合的位点。AsiA 诱导的构象变化使 σ70 的 C 端可以与一个位于 MotA N 端结构域的裂缝发生相互作用。MotA 的 N 端可以激活转录，其 C 端与 T4 DNA 上的 MotA 盒相结合，这样就形成了一个中心位于 T4 中期启动子-30 位置上的模体。MotA 就像一座桥连接 σ70 与 DNA，它代替 σ70 与-35 元件结合，但并不影响 σ70 对-10 元件的识别。

AsiA 上与 α70 的 4 区相互作用的结构域也存在于大肠埃希菌的抗-α70 蛋白 Rsd 和铜绿假单胞菌的 AlgQ 蛋白中，这提示所有的 AsiA 类蛋白都可能具有相似的作用机制。

（三）T4 噬菌体晚期转录中 Gp55/Gp45/Gp33 的作用

T4 转录晚期会编码一个 σ 因子（Gp55），它介导宿主 RNAP 对晚期启动子的识别。晚期启动子含有一个特征性的 8 bp 的模体，其中心位于转录起始位点上游 10 bp 处。虽然 Gp55 对于转录正确地开始已经足够了，但晚期基因的有效转录依然需要共激活物 Gp33 和 DNA 的加载滑钳 Gp45。Gp55 和 Gp33 与宿主 RNAP 结合，它们的结合位点就是原本 σ70 的结合位点。Gp45 三聚体并不直接与 RNAP 发生作用，只是与 DNA 接触，顺着 DNA 滑动，三聚体与 Gp33 的 C 端连接在一起，Gp55 激活晚期启动子转录的开始。

研究表明，Gp45 可与 Gp55 和 Gp33 发生相互作用。缺失了 Gp45 与 Gp33 之间的作用，高效的转录延伸会终止。如果缺少了 Gp45，Gp33 会强烈抑制 gp55-RNAP 复合物所引起的基础转录。正是由于这两种功能，确立了 T4 晚期转录对 DNA 负载的 Gp45 的绝对依赖，而不需要直接参与启动子的识别。引人注目的是，Gp45 在 T4 DNA 复制复合物中起到 DNA 加载滑钳的作用，增强了复合物的持续合成能力。因为 Gp45 加载在复制叉的引物模板交界处，所以只有正在进行复制的噬菌体 DNA 才能进行 T4 晚期转录。

另外，T4 噬菌体蛋白 Mrh 和 Srh 可下调热休克因子 σ32 的磷酸化。Srh 与 σ32 的一个片段有序列相似性，这一片段会对 σ32 与 RNAP 核心酶间的相互作用产生应答。这说明 T4 噬菌体会影响 σ32 与 RNAP 核心酶的结合。这种作用可以增强 Gp55 与 RNAP 的结合，从而参与晚期转录的调节。

二、T7 噬菌体基因产物协同抑制细菌转录

T7 噬菌体的基因转录与基因组内化是耦合的。基因组 5′端的前 850 bp 序列以恒定速率进入细胞内。而后，大肠埃希菌的 RNAP 从三个依赖于 σ70 启动子中的一个或多个开始早期基因的转录，这三个启动子全都位于已经进入胞内的 850 bp 序列上。宿主 RNAP 沿着噬菌体基因组滑动，转录长度至少为 7kb。

Gp0. 7 和噬菌体编码的 RNAP（Gp1）在感染早期即生成。Gp0. 7 拥有两种不同的功能，可以通过多种途径影响受感染细胞的转录。C 端的结构域在宿主转录的终止中发挥作用，N 端拥有一个具有丝氨酸/苏氨酸激酶活性的结构域。Gp0. 7 可以催化超过 90 种宿主蛋白进行磷酸化，包括 RNAP 的 β′亚基、RNA 聚合酶Ⅲ、RNA 聚合酶 E 和 RhlB，这些靶蛋白都在转录或相关的加工过程中发挥作用。T7 噬菌体基因组的早期区是依靠一个转录终止子而被划分出来的。Gp0. 7 可催化大肠埃希菌 RNAP 中 β 亚基的一个位点（Thr^{1068}）磷酸化从而有效地终止转录。因此，Gp0. 7 对 Thr^{1068} 残基的磷酸化被认为会加快位于 T7 早期（由宿主 RNAP 转录）和中间基因（由 T7 RNAP 转录）之间的终止位点的转录终止。

在中期基因转录开始后不久，噬菌体的早期转录和宿主的转录都会停止，Gp0. 7 和 Gp2 都在这一过程中发挥作用。Gp0. 7 的 C 端结构域会抑制宿主的转录。但是其中的机制与宿主 RNAP 上的作用位点还不为人知。

分子量为 7 kDa 的蛋白质 Gp2 是由 T7 噬菌体 RNAP 转录的中间基因产物之一，被称为细菌转录的非细菌调节因子（non-bacterial regulator of bacterial transcription），与大肠埃希菌 RNAP 的一个 DNA 相互作用域（β′ jaw 结构域）结合，阻止 σ 因子与-35 启动子区域的结合，参与抑制宿主早期基因转录启动子的识别因子 σ^{38}、σ^{54} 和 σ^{70}，以利于 T7 噬菌体感染和后代发育。对于 T4 噬菌体的感染来说，Gp2 对 RNAP 活性的抑制是必需的。Gp2 同源蛋白在其他细菌的噬菌体中也有发现，如小肠结肠炎耶尔森菌、鼠疫菌、铜绿假单胞菌和大肠埃希菌等。这表明 Gp2 类的蛋白质可能具有相同的作用机制。

有趣的是，Gp2 还能间接地作用于 DNA 的包装，因为基因 2 的突变株噬菌体其 DNA 包装受到影响。在 T7 噬菌体的串联体基因组包装过程中，RNAP 停止在基因组末端的连接处，招募终止复合体对 DNA 包装做出应答。因为宿主 RNAP 的延长速率慢于 T7 的 RNAP，所以它可能会引起 T7 RNAP 介导的异常停止和 DNA 包装。

Aline 等发现了一个新的分子量为 7 kDa 的 T7 噬菌体蛋白质 Gp5. 7，研究表明 Gp5. 7 是一种大肠埃希菌 RNAP 结合蛋白，采用螺旋-旋转-螺旋状结构，特异地调控宿主 RNAP 启动早期 T7 噬菌体 A1、A2 和 A3 启动子的转录。缺失 Gp5. 7 的 T7 突变体在大肠埃希菌中的生长受到抑制，说明该蛋白质是噬菌体获得最佳感染结果所必需的。

综上可见，Gp0. 7、Gp2 和 Gp5. 7 分别从转录时间、宿主启动子的识别和噬菌体启动子的转录 3 方面协调抑制细菌转录以利于噬菌体基因的转录。

三、LUZ24 噬菌体逃避宿主菌的转录沉默

铜绿假单胞菌噬菌体 LUZ24 编码的 Gp4 可使噬菌体逃避细菌的转录沉默。Wagemans 等分析了噬菌体 LUZ24 感染铜绿假单胞菌后的蛋白质组变化，发现 LUZ24 编

码的 Gp4 与宿主转录调节因子 MvaT 之间存在相互作用，从而抑制细菌蛋白质与噬菌体基因组的结合。MvaT 在富含 AT 的 DNA 链上聚合，使得外源 DNA 基因沉默，从而限制外源性 DNA 的潜在不利影响。凝胶迁移实验证实 Gp4 对 MvaT DNA 结合活性有抑制作用。因此，将 Gp4 的基因产物命名为 Mip，即 MvaT 抑制蛋白，提示 Mip 阻止了 MvaT 寡聚体对富含 AT 的噬菌体 LUZ24 基因组转录的阻断作用，使噬菌体 DNA 逃避细菌转录沉默，从而完成噬菌体裂解感染周期。

四、结核分枝杆菌噬菌体蛋白下调宿主基因表达

结核分枝杆菌噬菌体 SWU1 编码的 Gp67 可下调细胞壁和生物膜发育相关基因的转录。噬菌体 SWU1 编码的基因 *gp67* 产物 Gp67 是一种推测的 GTP 酶激活蛋白。Yan 等研究发现，Gp67 过表达的结核分枝杆菌菌落表面褶皱明显变得光滑湿润，重组生物膜疏松多孔，并且增强链霉素和卷曲霉素对分枝杆菌的抑制作用。定量 PCR（QPCR）检测发现 Gp67 可下调细胞壁和生物膜发育相关基因 OmamA（MSMEG_0235）、lsr2（MSMEG_6092）、lpqB（MSMEG_1876）和 mmpL4（MSMEG_0382）转录，并且细胞壁脂肪酸显著改变。然而，噬菌体组分如何抑制这些基因的转录还有待确定，推测 GTP 酶激活结构域可能起一定作用。

五、水稻黄单胞菌噬菌体编码基因抑制细菌转录

水稻黄单胞菌噬菌体 Xp10 基因产物 P7 蛋白靶向宿主菌 RNAP 中的必需 σ70 和选择性 σ54 抑制细菌转录。RNAP 的催化核心由五个亚基 α2ββ′ω（E）组成，依赖于与可解离 σ 因子亚基的结合，即“全酶”（α2ββ′ωσ）的形成和启动子特异性转录的启动。以前的研究显示，在水稻黄单胞菌噬菌体 Xp10 感染过程中，噬菌体蛋白 P7 通过阻止宿主 RNAP 与启动子的有效结合，同时从 RNAP 中取代 σ70 因子抑制宿主水稻黄单胞菌（*Xanthomonas oryzae*）的转录起始，即抑制 Rpc（Eσ70 启动子复合物）形成；p7 蛋白通过与 RNA 聚合酶 β′亚基的相互作用可阻碍 RNAP 对基因启动子（主要是−10/−35 区）的识别，并且 p7 可通过减少 σ70 全酶与 DNA 结合区域之间的相互作用区域的距离而阻止宿主菌的转录。因此，p7 蛋白也被看作为一个抗终止因子。有趣的是，Brown 等发现噬菌体蛋白 P7 也抑制含有选择性 σ 因子 σ54 的细菌 RNAP 的产生。p7 与 β flap/β′NTD 结构域的结合可能会影响 RNAP 和 σ54 的其他部分，与启动子识别和 Rpc 形成有关。这一结果首次表明宿主 RNAP 的选择性 σ 因子也可能是噬菌体编码的转录调节蛋白的靶点。由于 RNAP 中主要的必需 σ 因子 σ70 和选择性 σ 因子 σ54 相互作用表面有很大的重叠，σ70 和 σ54 的不同区域被用于与 RNAP 结合，此结果进一步强调了 σ 因子-β flap-β′NTD 界面在细菌 RNAP 功能和调控中的重要性，可能被抗菌药物干预。

六、枯草芽孢杆菌噬菌体编码基因抑制细菌转录

枯草芽孢杆菌 SPO1 噬菌体编码的 E3 蛋白能抑制枯草芽孢杆菌和大肠埃希菌的转录，并导致它们的死亡。E3 蛋白通过与大肠埃希菌的 RNAP β 亚基的结合发挥杀菌效应，但是 β 亚基的 E1272V 突变能消除 E3 的杀菌效应。此外，人们还在 SPO1 噬菌体中发现有 24 个基因（基因 37~60）能编码挟持宿主细胞装置的产物。基因 50 和基因

51 产物也被发现具有抑制细菌 RNA、DNA 和蛋白质生成且导致细菌死亡的效应。奇怪的是，在 SPO1 噬菌体中突变 E3 蛋白，基因 50 或基因 51 对枯草芽孢杆菌的 DNA、RNA 和蛋白质合成的影响比野生 SPO1 噬菌体更强烈。这提示 E3 蛋白、基因 50 或基因 51 对宿主细菌的致死效应的发挥需要 SPO1 的早期或延迟早期蛋白的协助。事实上，已经有研究显示这几种基因能够调控 SPO1 噬菌体的早期、延迟早期和中期基因的表达。

第四节 噬菌体编码蛋白影响 RNA 降解

转录后的 RNA 降解过程在基因表达调控和质量控制中起着至关重要的作用。在生命的各个领域，RNA 的催化降解促进了快速适应环境条件的变化，而对外源 RNA 的破坏是防止宿主感染的重要机制。任何细胞内的 RNA 水平都是通过合成和降解来平衡的，并且必须与细胞过程同步。由上可知，噬菌体调控转录作用的最佳研究实例是 RNAP，它可由不同的噬菌体靶向不同的相互作用位点，通过多种机制影响转录。另一个关键的调控中心是 RNA 降解体（RNA degradosome），这是一种多蛋白复合体，负责细菌的 RNA 周转和转录后基因调控。RNA 降解体的主要成分为核糖核酸酶 E（RNase E）、多核苷酸磷酸化酶（PNPase）、核糖核酸酶螺旋酶 B（RhlB）和烯醇酶（enolase）。其中，RNase E 是 RNase E/G 家族中的一员，是一种四聚酶，其 N 端部分（NTH）是催化结构域，具有内切核酸酶活性，而非保守的 C 端部分（CTH）是非结构化的，充当组装复合物的支架。RNA 衰变机制是噬菌体效应蛋白的靶点，在大肠埃希菌 T7/T4 噬菌体及铜绿假单胞菌 phiKZ 巨噬菌体中均发现有稳定 RNA 的分子。近年来，发现 phiKZ 巨噬菌体编码的蛋白质 Gp37（Dip）直接结合并抑制铜绿假单胞菌的 RNA 降解。

一、大肠埃希菌噬菌体蛋白影响 RNA 稳定性

大肠埃希菌 T7 噬菌体蛋白 Gp0.7 与 T4 噬菌体蛋白 Srd 可影响 RNA 稳定性。

T7 噬菌体蛋白 Gp0.7 具有蛋白激酶活性，可以催化超过 90 种的宿主蛋白进行磷酸化，包括 RNase Ⅲ、RNase E 和 RhlB。被 Gp0.7 磷酸化后，RNase Ⅲ 的活性会增强 4 倍，它可以增强 T7 噬菌体 mRNA 的稳定性，促进 mRNA 成熟。在 30 ℃时，T7 噬菌体 RNAP 催化的转录速率是宿主的 5 倍，为每秒 200~300 个碱基。核糖体与 mRNA 结合，在 T7 噬菌体 RNAP 作用下，裸露的 mRNA 会延伸很长。如果没有 Gp0.7 的蛋白激酶活性作用，这些 mRNA 比由宿主 RNAP 合成的 mRNA 更容易被降解。降解酶包括 RNase E、烯醇酶、多核苷酸磷酸化酶和 ATP 依赖的 RhlB。Gp0.7 介导的 RNase E 和 RhlB 磷酸化会抑制它们对 mRNA 的降解，但并不影响 RNase E 的其他活性。因此，Gp0.7 对于维持 T7 噬菌体中、晚期 mRNA 的稳定性起着十分重要的作用。这再次表明 Gp0.7 在 T7 噬菌体感染中发挥着多种辅助作用。

另外，大肠埃希菌 T4 噬菌体编码的 Srd 蛋白，通过与 NTH 结合，提高 RNase E 对宿主 mRNA 的活性，从而增强宿主 mRNA 的降解。

二、铜绿假单胞菌噬菌体蛋白抑制 RNA 降解小体

PhiKZ 巨噬菌体是已知感染铜绿假单胞菌的 7 种肌尾噬菌体（均为裂解性噬菌体）中的一种。phiKZ 巨噬菌体感染宿主导致细胞总 RNA 增加了 5 倍以上，表明噬菌体影响铜绿假单胞菌 RNA 的发生与降解。Bossche 等通过基于亲和纯化和质谱的筛选，观察到一种噬菌体蛋白，称为“相互作用解聚体蛋白”（degradosome interacting protein，Dip），它与 CTH（一种 RNase E）的 2 个 RNA 结合位点（氨基酸残基 583～636 和 756～775）特异结合。体外实验表明，与这两个 RNA 位点结合的 RNA 被 Dip 所取代后，X 射线衍射发现 Dip 的 2.2Å 晶体结构为一个钳状的二聚体结构，该结构呈现出一个凹槽面，类似于部分打开的卷轴或夹子。通过结构、生化和生物信息学分析，RNase E 的两个结合位点实际上是在倾角二聚体的凸外表面，而不是在“钳”内。

由于含有二级结构的 RNA 底物在被具 RNase E 活性的 NTH 切割前，需要与 RNase E 的 CTH 结合，而 Dip 的一个二聚体在其表面有两个结合位点，很有可能 Dip 与 RNA 底物及 RNase E 的 CTH 紧密结合，从而有效地抑制了降解体对 RNA 的结合和降解。此外，通过蛋白质结构数据库的搜索，没有发现 Dip 的结构同系物，表明它是一个前所未有的 α-β 折叠组成。值得注意的是，Dip 是第一种已知的病毒蛋白，它通过一种直接的蛋白质相互作用来有效地抑制宿主的 RNA 降解活性。通过 Dip 的活性，phiKZ 巨噬菌体进化出一种独特的机制来下调宿主的 RNA 降解过程，从而允许病毒在感染细胞中的积累。

由于 phiKZ 噬菌体使用 Dip 直接和有效地抑制 RNA 降解小体，因此尝试以类似的方式应用对降解体的靶向作用作为新的抗菌策略的一部分。RNA 降解体的 RNA 结合段可能是一个很好的抗菌靶标，用小分子模仿 Dip 与这些特定 RNA 结合位点的作用。因此，值得开发基于 Dip 的小分子抑制剂去抵抗 RNase E 的支架结构域，以补充催化结构域抑制剂。

已经证明，Dip 除了能够抑制铜绿假单胞菌 RNase E 外，对大肠埃希菌降解体也有抑制作用。此外，在体内还检测到了 Dip 与远缘新月柄杆菌（*Caulobacter crescentus*）RNA 降解体的相互作用。因此，Dip 抑制剂可用于一系列病原体进行分离检测，并与小分子抑制剂一起对抗催化结构域。Dip 的异源表达甚至可以改善一系列工程性噬菌体对如铜绿假单胞菌、大肠埃希菌和新月柄杆菌的感染，通过保护噬菌体 mRNA，提高感染周期的表达效率，产生具有更高毒力的工程性噬菌体，将有助于其在噬菌体治疗领域的开发。

由于 Dip 可以与几种细菌的 RNase E 相互作用，并能抑制 RNA 的降解而不杀死细菌细胞，因此可以设想几种可能的生物技术应用：①Dip 在改善细菌重组蛋白表达方面具有潜在的应用前景，可通过 Dip 的共同表达（或添加小分子抑制剂）稳定重组蛋白在体内的 mRNA。②Dip 可作为总 RNA 提取试剂盒中的一种蛋白质添加剂，以帮助稳定 RNA。③识别负责 RNA 目标的降解或加工的特定酶。④Dip 或基于 Dip 的小分子抑制剂可与 CRISPR-Cas 编辑或 RNA 干扰应用结合使用，从而降低靶向基因的表达。

第五节 噬菌体影响宿主的翻译过程

噬菌体也需要依赖于宿主的翻译体系。一系列证据表明，噬菌体感染除了影响宿主mRNA 的合成及稳定性外，还会影响宿主的翻译（表 6-4）。

表 6-4 噬菌体对翻译作用的影响

噬菌体蛋白	宿主靶点	参与的功能
T7 Gp0. 7	IF1	辅助 IF2 与 IF3
	IF2	促进 fMet-mRNA 与 30S 结合
	IF3	促进大、小亚基分离
	EF-G	促进转位
	EF-P	激活转肽酶
	30S 核糖体亚基 S1	促进 mRNA 与小亚基结合
	30S 核糖体亚基 S6	16S rRNA 结合蛋白
T4 Alt	前赖氨酰-tRNA 合酶	合成赖氨酰-tRNA
	EF-Tu	促进氨基酰-tRNA 进入 A 位
	引发因子	分子伴侣，帮助新生肽链的折叠
T4 ModB	EF-Tu	促进氨基酰-tRNA 进入 A 位
	30S 核糖体亚基 S1	促进 mRNA 与小亚基结合
	引发因子	分子伴侣，帮助新生肽链的折叠

一、大肠埃希菌噬菌体蛋白影响翻译作用

T4 和 T7 噬菌体都会对翻译直接相关的蛋白质进行修饰，但目前它们产生的影响和作用机制还未明确。一些与翻译相关的蛋白质在 T4 噬菌体感染期间会被核糖基化。T4 噬菌体编码 3 种 ADP 核糖基转移酶，即 Alt、ModA 和 ModB。ModA 仅在翻译的调节中发挥作用。Alt 和 ModB 分别修饰 27 种和 8 种蛋白质，这些蛋白质有许多都与翻译直接相关，但是每种蛋白质修饰的具体作用机制尚不清楚。对这些蛋白的修饰暗示了在噬菌体感染期间，对宿主翻译产生有差异的或无差异的影响：翻译的起始、延长，以及肽链的成熟等。

T7 噬菌体的蛋白激酶（Gp0. 7）在感染期间会使超过 90 种蛋白质磷酸化。Gp0. 7 的 7 个靶蛋白被鉴定出直接参与翻译过程。这些蛋白质磷酸化的时间与 T7 噬菌体晚期蛋白开始合成的时间一致，提示它们的磷酸化对翻译的起始与延长产生了影响。虽然其具体机制还不清楚，但 Yamada 等研究发现 T7 噬菌体感染的细胞，其核糖体的体外翻译功能增强了，而晚期 mRNA 分子的活性并没有特异性地改变。还有研究发现，在 T7 噬菌体感染细胞内 70S 核糖体会转化成彼此分开的 30S 和 50S 亚基，这表明翻译起始的增加。这些发现都提示：在噬菌体感染期间，翻译的起始与延长受到了无差异的影响。

二、嗜热栖热菌噬菌体影响宿主翻译

关于嗜热栖热菌噬菌体（thermus thermophilus bacteriophage）ΦYS40 基因表达调节

的研究已显示翻译过程就是作用靶点。噬菌体的翻译起始倾向于利用缺乏 5′UTR 与 S-D（Shine-Dalgarno）序列的非引导转录本，可被 70S 识别并直接结合该 mRNA 的第一个核苷酸从而启动翻译。IF-2 可激活这种 70S 与非引导转录本结合，而 IF-3 则通过破坏顺-反密码子的相互作用而抑制 70S 与非引导转录本的结合。在 ΦYS40 噬菌体感染期间，IF-2 的转录显著增加，IF-3 的转录明显减少，并且高浓度的 IF-2 和低浓度 IF-3 刺激了非引导转录本的起始翻译，促进了噬菌体 ΦYS40 中期基因和晚期基因的翻译。

第六节　噬菌体基因编码抑制细菌 CRISPR-Cas 系统

CRISPR-Cas 系统由成簇的、有规律间隔的短回文重复序列（clustered regularly interspaced short palindromic repeat，CRISPR）和其关联基因（CRISPR associated，Cas）组成，是一种高度特异性的适应性防御机制，可以抵御所有可移动基因元件（mobile genetic element，MGE）的入侵，包括噬菌体、质粒和结合元件。在噬菌体和细菌之间的“军备竞赛”中，为了克服细菌防御系统，噬菌体已进化出了对抗宿主 CRISPR-Cas 系统有效的方法。

一、噬菌体基因编码的抗 CRISPR-Cas 系统

目前，已经发现许多噬菌体基因编码的抗 CRISPR-Cas 系统的蛋白质（anti-CRISPR protein，Acr）。Bondy-Denomy 等首先发现，亲缘关系相近的铜绿假单胞菌噬菌体群能够在一株具有活性 I-F 型 CRISPR-Cas 系统的铜绿假单胞菌中感染和繁殖，并通过质粒转化效率测定法和序列分析发现 5 种能使 I-F CRISPR-Cas 系统失活的蛋白质 AcrF1、AcrF2、AcrF3、AcrF4 和 AcrF5。由于这些蛋白质中没有一种能干扰 Cas 表达或成熟的 crRNA 分子的产生，因此推测它们直接阻断了 CRISPR-Cas 的干扰。在后续研究中，Pawluk 等利用质粒转化效率测定法发现 4 种可抑制铜绿假单胞菌的Ⅰ-E CRISPR-Cas 系统的蛋白质 ACR88A-32、ACR3-30、ACR3112-31 和 ACR5-34。这些蛋白质由同一群噬菌体中的基因编码，并位于Ⅰ-F 型抗 CRISPR 基因附近。Marino 等还发现 12 个 *Acr* 基因，包括 V-A 和 I-C CRISPR 系统的抑制剂。

编码抗 CRISPR 蛋白的噬菌体也编码一种被称为“抗 CRISPR 相关 1”的转录调节因子（anti-CRISPR associated 1，Aca 1；由 *aca 1* 基因编码），该转录调节因子包含一个螺旋-旋转-螺旋基序，位于抗 CRISPR 基因的下游。相比之下，缺乏抗 CRISPR 基因的噬菌体也缺乏 *aca 1*。抗 CRISPR 基因和 *aca 1* 基因形成一个单一的操纵子，而 Aca1 调节蛋白似乎控制了噬菌体感染周期中抗 CRISPR 和 *aca 1* 基因的表达，以获得最佳的活性。Pawluk 等使用关联推定（guilt-by-associatio）生物信息学方法，根据可移动基因元件中假定的调控因子 *aca 1* 上游的基因组位置，确定可能的抗 CRISPR 基因，从而揭示了 5 个新的Ⅰ-F 型抗 CRISPR 蛋白家族（AcrF 6、AcrF 7、AcrF 8、AcrF 9 和 AcrF 10，表 6-5），它们广泛存在于变形菌门。随后，利用这种方法发现了Ⅱ型 CRISPR-Cas 系统的抑制剂，包括 3 个小蛋白家族（AcrⅡC1、AcrⅡC2 和 AcrⅡC3，表 6-5），它们可以阻断脑膜炎奈瑟菌的Ⅱ-C CRISPR-Cas9 型活性。

表 6-5 抑制细菌 CRISPR-Cas 系统的噬菌体蛋白质

噬菌体/相关基因	宿主	噬菌体编码的抑菌蛋白家族	受抑制的 CRISPR 型别
JBD5-34	*P. aeruginosa*	AcrE1	Ⅰ-E
JBD88a-32	*P. aeruginosa*	AcrE2	Ⅰ-E
DMS3-30	*P. aeruginosa*	AcrE3	Ⅰ-E
D3112-31	*P. aeruginosa*	AcrE4	Ⅰ-E
D3112-30	*P. aeruginosa*	AcrF2	Ⅰ-F
JBD5-35	*P. aeruginosa*	AcrF3	Ⅰ-F
JBD26-37	*P. aeruginosa*	AcrF4	Ⅰ-F
JBD5-36	*P. aeruginosa*	AcrF5	Ⅰ-F
$AcrF6_{Pae}$	*P. aeruginosa*	AcrF6	Ⅰ-F
$AcrF7_{Pae}$	*P. aeruginosa*	AcrF7	Ⅰ-F
$AcrF8_{ZF40}$	*Pectobacterium*	AcrF8	Ⅰ-F
$AcrF9_{Vpa}$	*V. parahaemolyticus*	AcrF9	Ⅰ-F
$AcrF10_{Sxi}$	*S. xiamenensis*	AcrF10	Ⅰ-F
AcrⅡ$A1_{Lmo}$	*L. monocytogenes*	AcrⅡA1	Ⅱ-A
AcrⅡ$A2_{Lmo}$	*L. monocytogenes*	AcrⅡA2	Ⅱ-A
AcrⅡ$A3_{Lmo}$	*L. monocytogenes*	AcrⅡA3	Ⅱ-A
AcrⅡ$A4_{Lmo}$	*L. monocytogenes*	AcrⅡA4	Ⅱ-A
AcrⅡ$C1_{Nme}$	*N. meningitidis*	AcrⅡC1	Ⅱ-C
AcrⅡ$C2_{Nme}$	*N. meningitidis*	AcrⅡC2	Ⅱ-C
AcrⅡ$C3_{Nme}$	*N. meningitidis*	AcrⅡC3	Ⅱ-C

另一种生物信息学方法——间隔序列的同源性分析被用来发现Ⅱ-A 型抗 CRISPR-Cas9 系统，该系统的 crRNA 与它们自己的基因组中的前间隔序列（proto-spacer）相匹配。由于 CRISPR-Cas 系统的自我靶向可能会导致细胞死亡，因此推测任何进行自我靶向的基因组都有可能在同一细胞内的 MGE 中携带抗 CRISPR 基因。MGE 的内源性抗 CRISPR 蛋白的表达将使 CRISPR 系统失活，使细胞能够耐受自我靶向。Benjamin 等利用这些标准，研究发现了 4 个新的抗 CRISPR 蛋白家族（AcrⅡA1、AcrⅡA2、AcrⅡA3 和 AcrⅡ4，表 6-5），它们抑制单核细胞增多性李斯特菌的Ⅱ-A CRISPR-Cas 系统。

到目前为止，已有 21 个独特的抗 CRISPR 蛋白家族被发现，它们通常在 50~150 个氨基酸之间。在过去的几年中，结合遗传、生化和结构研究，已经确定了几种抗 CRISPR 蛋白的作用机制。AcrF 1 和 AcrF 2 均与Ⅰ-F 型级联复合物直接相互作用，抑制其与 DNA 的结合能力。虽然这些抗 CRISPR 蛋白具有相同的功能结果，但它们与不同的蛋白质亚基相互作用。Joseph 等研究发现，2~3 个 AcrF 1 单聚体拷贝绑定到 Csy3 六聚物上，从而形成了Ⅰ-F 型级联复合体的延伸主干。在 AcrF1 表面的 3 个关键残基之间形成临界面相互作用和暴露在 Csy3 蛋白主干中的赖氨酸残基，阻断 DNA 靶点的通路。AcrF2 蛋白与Ⅰ-F 型级联中的另外两种蛋白质（Csy1、Csy2）结合，通过与目标 DNA 竞争，在相邻的 Csy3 亚基上与两个带正电的螺旋发生重要的相互作用，从而在空间上阻止 DNA 的结合。与Ⅰ-F 型级联结合的抗 CRISPR 蛋白不同，AcrF3 被发现与 Cas3 相互作用，后者是在级联与目标 DNA 结合后被吸收的。利用 X 射线晶体和冷冻电子显微镜进行的结构研究表明，AcrF3 以二聚体的形式与 Cas3 结合，并将其锁定为 ADP 结合的形式以防止其通过级联方式被吸收，从而阻止 Cas3 对 DNA 降解。AcrⅡC1 也取得了类似的结果，其中，抗 CRISPR 蛋白 AcrⅡC1 通过结合 Cas9 HNH（His-Asn-His）内切酶结构域，阻断了Ⅱ-C 型系统中对靶标的切割。目前对抗 CRISPR 蛋白的研究还很少，有许多新的结构和机制有待确定。

二、抗 CRISPR-Cas 系统的应用前景

由于抗 CRISPR 蛋白具有独特的作用机制，可以创造性地对 CRISPR-Cas 功能进行调控。基于 CRISPR-Cas9 的基因组编辑技术的广泛应用，Ⅱ型抗 CRISPR 的潜在生物技术应用更具前景。作为基因驱动和基因治疗技术的后备安全措施，它们的使用可能特别重要。有研究报道，AcrⅡC3 能阻止脑膜炎奈瑟菌内不活跃的 Cas9 的催化活性从而避免与人细胞中的 DNA 结合，AcrⅡA2 和 AcrⅡA4 被证明通过抑制大肠埃希菌中化脓性链球菌 Cas9 的催化活性而阻止转录抑制。这表明抗 CRISPR 蛋白可用于 CRISPR 干扰（CRISPRi）、CRISPR 激活（CRISPRa）和其他依赖 Cas9 将融合效应域定位到特定基因组位点的应用中。这些生物学效应表明，抗 CRISPR 介导的对 CRISPR-Cas 活性的控制具有广泛的潜在用途。

第七节　噬菌体编码蛋白影响细菌代谢

由于病毒增殖依赖于宿主的代谢，许多病毒基因组获得宿主来源的代谢基因，影响宿主的代谢能力，但不一定是病毒复制所必需的，称为辅助代谢基因（ancillary metabolic gene，AMG）。目前在海洋蓝藻噬菌体（也称噬蓝藻体，cyanophage）中发现大量 AMG，提示这可能是在特殊环境压力下的一种选择结果，有助于提高噬藻体的生存适应性。目前大部分已知噬藻体 AMG 主要是与宿主蓝藻的光合作用、戊糖磷酸循环、营养吸收及 DNA 合成等代谢活动有关。由于这些基因可能是蓝藻产能与生物合成的关键基因，当它们在噬藻体感染过程中表达后，可打破蛋白质或核苷酸生物合成的潜在瓶颈，有助于噬藻体基因组 DNA 复制与病毒粒子组装，对噬藻体种群的繁衍具有重要作用。研究认为，在噬藻体感染蓝藻过程中，AMG 对宿主关键代谢反应的维持或抑制有利于噬藻体获得较大的感染复制概率，如释放更多的子代噬藻体。在特定环境下，AMG 可能对噬藻体与其宿主蓝藻相互作用具有决定性的作用，使噬藻体能够应对生态环境造成的选择压力。

一、AMG 参与宿主光合作用

目前，在噬藻体基因组中发现的与光合系统有关的基因主要包括 *psbA*、*psbD* 和 *hli*，以及 *ptoX*、*petE* 与 *petF* 等，其中 *psbA*、*psbD* 基因分别编码光合反应系统Ⅱ（PSⅡ）反应中心蛋白 D1、D2，*hli* 编码强光诱导蛋白 HLIP；*ptoX*、*petE* 与 *petF* 分别编码光合电子传递途径中的质体醌末端氧化酶（plastoquinol terminal oxidase）、质体蓝素蛋白（plastocyanin）和铁氧化还原蛋白（ferredoxin）。此外，噬藻体还编码几种其他光合色素的生物合成基因，包括藻胆素还原酶（ho1、pebS、pcyA）和藻红蛋白裂合酶（cpeT）。

通过实验研究表明，这些基因在噬藻体感染过程中能够在宿主细胞中转录与翻译，并对相应的宿主代谢途径发挥重要的生理作用。

噬藻体携带与宿主光合系统有关的功能基因，可能意味着噬藻体的生命过程与宿主蓝藻的光合能力存在着密切的联系。由于蓝藻主要是利用 PSⅡ反应中心蛋白 D1、D2，结合光合色素及必要的辅助因子进行光化学反应与能量传递，在正常的蓝藻细胞内，D1 蛋白易遭受光损伤而导致光合作用受到抑制，或过量光电流产生的活性氧而导致 D1 蛋白合成被抑制，受损 D1 的去除及新 D1 的合成都是通过 D1 修复循环完成的。当损伤速率超过修复速率，细胞就会遭受光抑制使其光合效率大大降低。光损伤一旦发生在噬藻体感染的蓝藻细胞内，宿主蛋白 D1 修复循环将会停止，光合活性逐渐降低，会明显削弱成熟子代噬藻体的释放量。因此，噬藻体通过表达光合作用基因将会继续维持 D1 蛋白修复循环。

二、AMG 参与戊糖磷酸途径

噬藻体辅助代谢基因中存在一些可以编码参与戊糖磷酸途径（pentose phosphate pathway，PPP）的酶，即葡萄糖-6-磷酸脱氢酶（zwf）、磷酸葡糖酸脱氢酶（gnd）和转醛醇酶（talC）。在感染过程中，这些酶具有增强戊糖磷酸途径的活性，在黑暗或昼夜交替的条件下能够调控宿主的碳源流向。此外，许多噬藻体还携带一个与卡尔文循环抑制有关的基因 *CP12*。该基因表达的蛋白质具有抑制磷酸核酮糖激酶和磷酸甘油醛脱氢酶的活性，从而影响被感染蓝藻宿主的卡尔文循环。

噬藻体编码 PPP 有关的基因，可能与噬藻体感染过程中的 DNA 生物合成及病毒粒子复制所需要的物质和能量有关。由于蓝藻是明显的昼夜交替生长的自养光合生物，在白天可通过光合作用产生 NADPH（电子载体）与 ATP（能量载体），并利用这些代谢产物进行卡尔文循环，将二氧化碳变成葡萄糖；晚间，将合成的葡萄糖通过 PPP 氧化分解 NADPH 与核糖-5-磷酸，并为 DNA 生物合成提供重要前体。在感染的细胞内，由于光合作用产生的 ATP 与 NADPH 及 PPP 产生的 NADPH 与核糖-5-磷酸，遭到噬藻体编码的 CP12 抑制而不能进行卡尔文循环，因此它们大部分的能量通过 PPP 为核苷生物合成所利用。

三、AMG 参与磷代谢

噬藻体基因组存在一些与磷酸盐调节单元（pho regulon）有关的辅助代谢基因，包括具有高亲和力的周质磷酸盐结合蛋白基因（*pstS* 基因）、碱性磷酸酶基因（*phoA* 基因）及功能未知的 ATP 结合蛋白基因（*phoH* 基因）。这些基因能够适应磷胁迫而上调表达，对宿主细胞在低磷浓度或缺磷的营养状况下调控磷的吸收与转运具有重要的辅助作用。*pstS* 基因与 *phoA* 基因是细胞磷酸盐转运系统的重要基因，在缺磷状态下调控磷酸盐的吸收与同化。噬藻体编码的 pstS 可能通过增加宿主细胞磷酸盐的供应而有助于促进高效的裂解循环，而 phoA 可能有助于获取有机磷，以供噬藻体在缺磷条件下进行复制。虽然 *phoH* 基因是噬藻体基因组中最普遍的磷酸盐调节单元基因，但其功能尚不清楚。该基因广泛存在于海洋噬藻体中，而极少存在于淡水噬藻体中，这可能与海洋低磷浓度环境的选择压力有关。

研究表明，噬藻体在感染过程中，其基因组的复制很大程度上依赖于 DNA 生物合成，而磷可能是核苷酸生物合成的一个重要的营养限制因子。特别是噬藻体感染的一些宿主蓝藻生长在贫营养和磷缺乏的环境内，水体磷的含量很可能对它们具有一定的选择作用，噬藻体编码磷吸收和转运系统有助于缓解宿主体内磷的限制。因此，噬藻体编码的磷代谢调控有关基因可能与噬藻体适应低磷浓度环境的选择压力有密切联系。

四、AMG 参与核苷酸生物合成

噬藻体基因组编码参与核苷酸生物合成的基因，其中核糖核酸还原酶（ribonucleotide reductase，RNR）是最广泛的一种核苷酸合成蛋白，它能将核糖核苷酸还原，生成相应的脱氧核糖核苷酸。Sullivan 等在他们分离的类 T4 噬藻体基因组中发现一个可催化细菌维生素 B_{12}生物合成的辅酶 cobS。维生素 B_{12}是蓝藻 RNR 重要的辅助因子，噬藻体 *cobS* 基因在感染过程中可促进维生素 B_{12}的生物合成，从而有助于提高 RNR 的活性。噬藻体编码的核糖核苷酸还原酶不需要维生素 B_{12}作为辅助因子，在感染过程中既可利用自身编码 RNR，又可利用宿主 RNR 进行 DNA 生物合成，从而提高噬藻体复制能力。此外，噬藻体基因组还编码多种其他 DNA 生物合成基因，如嘌呤合成酶（purH、purL、purM、purN）和嘧啶合成酶（pyrE、thyX），其中胸苷酸合成酶（thyX）是 DNA 合成和修复的关键酶和限速酶。在感染过程中，噬藻体在不同的嘌呤、嘧啶合成酶及核糖核苷酸还原酶作用下，催化 DNA 生物合成的重要阶段，从而为噬藻体基因组复制及自身基因组 DNA 合成提供核苷。

近几年，质谱相关技术的应用让研究人员可以更好地检测细菌代谢产物（包括胞内和胞外）在病毒侵染后的变化。Ankrah 等利用质谱检测技术发现，在病毒侵染亚硫酸杆菌（*Sulfitobacter* sp. 2047）后，宿主细胞内的代谢途径未发生显著变化，而约 71% 的代谢产物的浓度显著提高；同时，大于 70% 的可鉴别培养基组分显著降低，说明被病毒侵染的宿主细胞从培养基中吸收了更多的营养物质，其整体的表达作用也显著提升。De Smet 等探究了在 6 株不同病毒侵染后铜绿假单胞菌的胞内代谢产物的变化情况，发现在病毒侵染后嘧啶和核苷酸糖相关的代谢产物浓度显著增加，在侵染过程中病毒 AMG 的代谢产物大量积累：在铜绿假单胞菌中，Pf1 噬菌体的感染增加了胍丁胺的水平，而胍丁胺参与了生物膜的形成；YuA 噬菌体在感染早期引起嘧啶核苷酸的增加，可能是由于宿主基因组的降解；phiKZ 噬菌体则积极地调节嘧啶的生物合成，从而促进从头合成途径的进行。目前认为噬菌体介导的代谢变化能显著改变全球营养和生物地球化学周期，尽管它们具有重要的理论意义，但有关噬菌体感染对细菌代谢的净代谢影响的实验数据仍然很少。

参考文献

7 噬菌体生态学

——王晓雪　张　锐　曾庆璐

噬菌体和它们的宿主微生物是地球各种生态系统中数目最庞大的两种生命形式。噬菌体的生存依附于宿主，但它们的繁殖和扩散多伴随着宿主的裂解和死亡。在噬菌体和宿主的协同进化过程中，噬菌体不断侵染宿主，利用宿主的复制机器进行自我复制和释放，而宿主也进化出不同的机制以对抗噬菌体的侵染，二者始终保持着动态平衡，维持环境中噬菌体与其宿主相对数量的稳定。噬菌体生态学主要研究噬菌体的生态分布，以及噬菌体与其所处环境之间的相互作用，这些环境包括生物因素的和非生物因素的。其中，宿主的种类和数量是噬菌体所处环境的重要组成部分。在自然环境中，裂解性噬菌体一方面通过裂解宿主来调控微生物群落的组成，维持物种的多样性；另一方面其裂解宿主而释放的胞内物质也会促进或抑制微生物生长，影响群落的组成。而溶原性噬菌体在营养限制等环境下整合到宿主微生物的基因组中，通过溶原化建立共生关系，互惠互利。在特定环境条件下，整合的溶原性噬菌体可通过溶原-裂解转化重新被激活，进行繁殖，裂解宿主寻找新的宿主。噬菌体还能够通过水平基因转移调控细菌的代谢过程。最近研究发现，一些噬菌体携带有大量具有重要生态功能的辅助代谢基因。因此，噬菌体-细菌的相互作用具有重要的生态学意义。

本章结合传统生态学和分子生态学进展，主要从自然界中噬菌体的生态分布、烈性和溶原性噬菌体的生态功能、环境因子对噬菌体与宿主菌组成和相互作用的影响及其影响机制等方面进行讨论。

第一节　自然界中噬菌体的生态分布

一、水体环境

地球上的水体环境面积约占地球表面的71%，包括海洋、湖泊及河流等，是生命赖以生存的重要生态系统。噬菌体在海洋环境、陆地高盐湖泊及淡水环境中均分布广泛。

海洋生态系统是地球上最大的生态系统，虽然很久以前就知道病毒（大部分为噬菌体）存在于海洋生态系统中，但是其丰度被低估，其重要性也一直被人们忽视。20世纪60年代之前，微生态学家认为海洋噬菌体并不重要，因为只有当噬菌体的浓度足够高

作者单位：王晓雪，中国科学院南海海洋研究所；张锐，厦门大学海洋与地球学院；曾庆璐，香港科技大学海洋科学系。

时，才能影响细菌种群，而这种高浓度的噬菌体仅仅存在于一些特定的生态系统，如废物处理设施、奶酪和酸奶生产设施和微生物学实验室，其中并不包括海洋环境。直到20世纪80年代后期至90年代初，海洋中高噬菌体丰度以极高的感染频率被报道之后，水体环境噬菌体生态学才有了突飞猛进的发展。最初，相关的研究基于电子显微镜，后来由于数字荧光显微照相技术具有较高的准确度和精确度，被越来越多的科学家用于病毒计数。近年来，流式细胞术也被应用于病毒计数。研究发现，在海洋中表层浮游噬菌体丰度与叶绿素a浓度显著相关，大致为10^7个/mL，而在海底沉积物中病毒丰度可达到10^8~10^9个/mL。总体上病毒丰度随着海洋深度及其离岸距离增加，呈现下降趋势，其分布主要受其自养、异养宿主丰度和海区营养水平的共同控制，富营养近海的噬菌体丰度普遍高于寡营养的远海和大洋海区。需要注意的是，以往认为海洋噬菌体的主要宿主是异养细菌，近来的调查则发现海洋自养光合微生物（蓝细菌和超微型真核藻类）对真光层浮游病毒分布和丰度的贡献超过之前的认识，特别是在寡营养海区，有研究发现聚球藻噬菌体在24小时内处于动态变化，其高峰往往出现在上午10点，这可能与聚球藻的生理状态有关。垂直方向上，浮游噬菌体的丰度随深度增加逐渐降低，但噬菌体与宿主的比例随深度增加而增加，并与上层海洋病毒和宿主分布具有显著相关性。

海洋病毒具有极高的多样性。虽然目前可分离培养的病毒中无尾病毒很少，但是通过其他方法研究发现，海洋中51%~92%的病毒颗粒是无尾病毒。最近科学家从包括北冰洋和南大洋在内近80个地点的海水中收集了大量的病毒样品，通过宏基因组测序分析发现了大约20万个病毒群落，这些病毒群落可以根据来源海区分成5类：北冰洋，南大洋，温带和热带海洋上层、海洋中层和海洋深层。这些病毒类群主要属于肌尾病毒科和短尾病毒科。对于噬菌体而言，特定海域种噬菌体种类往往和细菌直接相关。远洋杆菌（*Pelagibacter*）和玫瑰杆菌（*Roseobacter*）是海洋中分布广泛、丰度较高的两类细菌类群，因此在很多海域远洋杆菌噬菌体和玫瑰杆菌噬菌体往往是优势类群。

海洋噬菌体生态学存在两种观点，一种观点认为裂解性噬菌体引起的感染是海洋细菌群落被感染的主要模式，另一种观点认为可诱导的溶原性噬菌体也具有重要作用，研究表明海洋中被诱导的溶原性噬菌体的数量非常多。一般认为，在海洋低宿主密度的生态环境中，噬菌体更趋向于整合在宿主基因组中。但是最近的研究报道表明，在一些特殊生境，如珊瑚礁生态系统中的珊瑚黏液层，细菌密度越大，溶原性噬菌体的特征性基因如整合酶等出现的频率越高，提示溶原性噬菌体的在珊瑚黏液层中发挥重要的作用。

湖泊、河流等淡水环境不仅是多种沉积矿藏贮存的场所，而且与大气、生物、土壤等多种要素密切相关，对气候、环境系统的变化更为敏感。淡水环境往往也具有高度动态变化和多样性的病毒类群，但是相比于海洋噬菌体的研究，对淡水环境中病毒的研究相对匮乏。研究发现，淡水环境中的大部分病毒是未被报道的，在已有数据库中找不到相似序列，在部分样品中最多只有约30%的病毒属于已报道噬菌体。通过对噬菌体的特征性蛋白——主要是衣壳蛋白进行比较分析，发现大量淡水环境中的噬菌体序列片段。以上研究结果表明，淡水生态系统中的病毒种类被大大低估，还有大量新的病毒有待进一步被发现和研究。在已经研究的淡水环境的病毒中，dsDNA病毒为优势类群，大部分为噬菌体，这和海洋环境中相似。最近一项研究对不同湖泊、河流和高山水池等淡水环境的病毒宏基因组进行分析，发现2 000多个完整的噬菌体基因组，基因组大小相差较大，为 13.5~446 kb，但是大部分噬菌体基因组大小为 40~60 kb，其中淡水放线菌噬菌体尤为丰富。淡水环境病毒多样性往往也会受到温度、营养物质、人类活动等影响。对美国弗吉尼亚州最古老的人造湖——Matoaka 湖的研究发现，病毒物种多样性和人类活动呈现负相关，湖泊中受人类活动影响最小的中心主要水体呈现最高的病毒多样性。然而不同淡水环境中的噬菌体的具体生态分布、多样性及其影响因素还有待进一步深入研究。

二、陆地土壤环境

虽然陆地土壤环境不似水体环境具有较高的流动性，但是土壤中细菌密度仍较高。2003 年，Ashelford 等利用噬斑计数法和透射电子显微镜（transmission electron microscopy，TEM）分析计算了根际土壤和非根际土壤中的噬菌体密度，平均值为每克土壤中含约 1.5×10^7 个噬菌体，表明土壤中有高丰度的噬菌体。令人惊讶的是，在根际土壤和非根际土壤之间，噬菌体的数量几乎没有差异，这说明噬菌体在土壤中分布广泛且分散性良好。由于透射电子显微镜计数可能会低估噬菌体的数量，因此实验人员进行了校准，他们将沙雷菌噬菌体的裂解物添加到土壤中，发现用电子显微镜直接计数法测得噬菌体数量至少为原先测得的 8 倍。因此，假设天然噬菌体同样被低估，那么每克土壤中的病毒数量平均为 1.5×10^8 个，相当于土壤中总细菌数量的 4%，这是海洋沉积物中噬菌体数量的 10%，这个结果也与 Pantasticacaldas 等的研究结果一致，土壤中噬菌体的存在反映了它们宿主的种群组成、生存及传播情况。

在遇到宿主前，大多数游离的噬菌体都是惰性颗粒，它们被动地回应动态变化的环境。因此，噬菌体的分布遵循非运动有机体的共同路径，即它们可以被动物携带、被风吹到尘土上或种子上，或被水流和雨水携带进行转移。而水能够溶解营养成分并促进细菌生长和运动，同时激活噬菌体与宿主间的相互作用。在很多陆地土壤环境中，只有部分土壤含水，在较干燥的地方，缺乏持续的水相使预测变得复杂，尤其是陆地土壤环境中噬菌体的扩散与降雨等因素有关。另一个使预测复杂化的因素是病毒颗粒对固体底物的吸附，吸附固体底物可降低噬菌体的移动性，但也可以保护噬菌体免受物理损害。环境中游离的噬菌体，经常被捕获在生物膜中，或非特异性结合到黏土表面，这些吸附过程通常是可逆的。据报道，与黏土颗粒的结合可刺激噬菌体与宿主间的相互作用，这种结合可能为噬菌体与细菌提供一个含水的环境，之后在适当的离子条件下，噬菌体就可以从黏土中解离出来。

季节变化也可能影响噬菌体繁殖所需环境的舒适度。多年来人们已经认识到海洋中噬菌体具有动态性和季节波动性，并且响应海洋环境中细菌宿主的密度。噬菌体的种类和丰度随季节变化也在土壤中得到了证实，Ashelford 发现了两种类型的沙雷菌噬菌体在甜菜根际内的季节性变化规律。其中一种是溶原性噬菌体，属于长尾噬菌体科，这种噬菌体具有很长的潜伏期和较大的裂解量；而另一种是裂解性噬菌体，属于短尾噬菌体科，具有较短的潜伏期和较小的裂解量。长尾噬菌体种群在春季和初夏占主导地位，但在随后的季节中被短尾噬菌体种群所取代。在不同生长季节的早期和晚期，菌体类型的差异反映其宿主密度的差异。这表明两种噬菌体适应不同的生态位，而这些生态位只是短暂地出现在植物根际，而植物营养条件的变化也能改变根际宿主细菌的类型和生理状态，从而改变噬菌体的种群类型和丰度。

三、极端环境

大部分微生物都生活在比较温和的环境下，但有些微生物却能在高温、低温、高盐、高碱、高酸、高压等特殊环境中生存，这些微生物由于长期生活在极端环境下，具有独特的功能、结构和遗传物质，这类微生物称为极端微生物。极端微生物不仅在基础理论研究方面有重要意义，而且在实际应用中潜力巨大，能够参与生产一些有生物活性的工业产品，如酶、抗生素、激素等。在生活条件看似苛刻的生态位如高盐湖、沙漠、极地、热酸泉、深海热液口，都能发现病毒的存在，高丰度 dsDNA 病毒可达到每毫升 10^9 个病毒颗粒。这些病毒基因组大小为 14~80 kb，暗示其可能适应特定的生态位。

极地与深海是一类独特的生态系统，由于其低温、寡营养，因此被认为是研究生命进化和地球环境演化等重大问题的天然实验室，也是天然的低温微生物“储藏库”。早在 20 世纪 80 年代，极地冰层就被证明是嗜冷微生物最重要的栖息地之一，然而对低温噬菌体的研究却相对滞后。Olsen 是最早系统开展低温噬菌体研究的学者，他从污水中分离到5 株荧光假单胞菌低温噬菌体，这些噬菌体均可在 3. 5 ℃增殖，而不能在 37 ℃增殖，但 3. 5 ℃时比 25 ℃的潜伏期长，裂解量小。随后分离到的其他低温噬菌体也发现类似现象。Borriss 等对分离自北冰洋的三株低温噬菌体 1a、11b 和 21c 进行研究时发现，它们的增殖对低温具有很高的依赖性，其感染增殖的最高温度均低于宿主的最高生长温度，其他海洋噬菌体也存在同样现象。据推测，低温噬菌体对于低温的高度依赖性可能是噬菌体-宿主系统在长期的进化过程中对生存环境定向选择的结果。此外，热不稳定性也是低温噬菌体最显著的特征，一般在 60 ℃左右处理 10 分钟，其活性就会丧失 99%以上，而常温噬菌体在此温度下活性损失很少，高温噬菌体则可耐受 80~90 ℃的高温。低温噬菌体热稳定性差可能缘于其溶壁酶或穿孔素在高温下会发生不可逆的变性失活，或因衣壳蛋白被高温破坏而导致其不能进行吸附，具体的形成机制目前尚不清楚。

最近，有分析发现在已测序的希瓦氏菌中，大约三分之一的希瓦氏菌基因组 tmRNA（*ssrA*）位置含有前噬菌体（prophage），该位点的前噬菌体在所有的菌株中均插入在 *ssrA* 的 3′端。在对其中一株深海希瓦氏菌的 P2 噬菌体的研究中首次发现，P2 类前噬菌体与宿主的关系为互利共生模式：随着宿主菌的生长，少部分细胞裂解释放噬菌体颗粒，并增加宿主群体生物膜的产生；一旦 P2 类前噬菌体从宿主菌中切离出来，宿主的 *ssrA* 基因功能将受到影响，导致宿主菌在海水中的生长受到严重影响。在对深海希瓦氏菌丝状噬菌体 SW1 的研究中，首次发现温度能够调控 SW1 蛋白质的合成与组装，并且发现温度对 SW1 噬菌体的调控不存在宿主特异性，而是噬菌体本身的一个固有特性。此外，海洋噬菌体普遍存在对盐度的适应性和依赖性，与其他噬菌体类似，低温噬菌体的稳定性也受离子组成和强度的影响，这些研究成果为进一步研究低温噬菌体的嗜冷机制提供了有益的启迪。

古菌噬菌体绝大多数来源于嗜热或极端嗜盐的环境中，因此嗜热或者高盐环境中的噬菌体大多来源于古菌。对于嗜盐古菌噬菌体的研究起源于 20 世纪 70 年代，Hs1 是第一株被报道的嗜盐古菌噬菌体，随后 Zillig 及其同事对嗜盐古菌噬菌体 ΦH 进行了深入的研究，Dyall-Smith 及 Bamford 领导的课题组在嗜盐古菌噬菌体研究方面也做出了巨大的贡献。最近，我国研究人员在嗜盐古菌-噬菌体相互作用过程中发现了古菌防御噬菌体感染的新系统——由 DndCDEA 介导的特异性 DNA 被硫代磷酸酯（phosphorothioate，PT）修饰的系统，以及由 PbeABCD 介导的抑制病毒 DNA 复制的系统。细菌的 Dnd 防御系统（细菌 DNA 的硫代磷酸酯修饰）是近年来新发现的一种新的细菌免疫系统，细菌 DNA 的硫修饰用以标记区分细菌胞内“自我”和“非我”的 DNA。Dnd 系统分为 3 个部分：①由 DndACDE 蛋白组成复合物，用于催化特异性序列 DNA 的硫修饰；②转录因子 DndB 用以调节 dndBCDE 簇的表达，并调控 DNA 的硫修饰水平；③DndFGH 蛋白用以识别和摧毁无硫修饰的外源 DNA。与使细菌 DNA 核碱基甲基化的限制性修饰（R-M）系统不同，硫代磷酸酯修饰发生在 DNA 的糖磷骨架。当噬菌体感染古菌时，与细菌的 DndFGH 不同，DndCDEA-PbeABCD 系统不会降解或切割入侵的 DNA，但是 PbeABCD 可以阻止入侵的噬菌体 DNA 复制，研究发现 PbeABCD 介导的防御系统普遍存在于多种细菌基因组中，为研究噬菌体-宿主间的相互作用提供了新的思路。

对嗜盐古菌噬菌体的研究虽然取得了一定的成就，但与对细菌噬菌体研究相比尚处于研究的早期。在古菌噬菌体形态多样性研究方面，据目前报道，纺锤体形、球形及星形噬菌体十分普遍，而肌尾噬菌体却很少，主要原因在于检测和分离方法不当，如主要采用在实验室利用有限的可培养的宿主菌对噬菌体分离，忽视了环境中噬菌体的多样性；对嗜盐古菌噬菌体分子生物学的研究也仅仅局限于极个别噬菌体，缺少噬菌体基因组学与蛋白质组学的研究，不利于对噬菌体起源及生命起源与进化的分析；对于这类特殊的噬菌体在生态中的地位及与宿主的相互关系尚缺乏较为系统的研究。总之，随着对嗜盐古菌噬菌体研究的深入，人们将逐渐加深对自然界中这类特殊的噬菌体的了解，并为自然界中生命的起源与进化提供依据。

四、人体环境

除了水体和陆地土壤等自然环境，噬菌体也大量存在于人体中。通过宏基因组分析发现，人体中的噬菌体丰度通常大于真核病毒。噬菌体可调控人体内的菌群平衡，预防感染和疾病，但是噬菌体在调节人体内的微生物组和人体健康方面的功能尚未完全明确。早期研究人员认为，人体内的噬菌体仅存在于人体的肠道细胞中，虽然宏基因组分析发现噬菌体分布于肺脏、阴道、皮肤、口腔或肠道中，但并未发现人体内的噬菌体直接与人体细胞相互作用。最近，在腹水和尿液等不同的临床样本中发现了感染性噬菌体，有人提出它们可以从肠道移位后到达腹膜腔。在动物的血清中发现了感染拟杆菌的噬菌体，证实它们存在于血液中。在怀孕小鼠中也证实了噬菌体从血液到小鼠胎儿组织的转移。由澳大利亚蒙纳士大学生物学家等发表的国际研究首次表明，噬菌体可以直接与人体细胞相互作用，这打破了人们的认知。

噬菌体存在于血液和人体器官中，人体细胞平均每天将 300 亿个噬菌体颗粒穿过肠道内的细胞屏障运输到血液和器官，但是没有人确切知道这些噬菌体如何进入这些身体部位。研究人员使用体外研究证明了不同噬菌体在肠道、肺脏，肝脏、肾脏和大脑细胞中可以快速和定向地运动。更有意思的是，研究人员还发现噬菌体甚至能够绕过血脑屏障进入脑细胞，而血脑屏障是体内最严格的生物屏障之一，许多药物和小分子都无法绕过这一屏障。还有研究发现，噬菌体可能天然有助于保护人体免受病原体入侵。从珊瑚到人类，在动物牙龈的黏液层和肠道的黏液层中，噬菌体的丰度是相邻牙龈和肠道组织环境中丰度的 4 倍以上。噬菌体的蛋白质外壳可以结合黏液中的黏蛋白和细胞分泌的大分子物质，这对于噬菌体和动物都有利，使噬菌体在黏液中能够遇到更多的宿主。在一系列体外研究中表明，噬菌体可以保护细胞免受潜在细菌病原体的侵害，从而提供额外的免疫层。

第二节　裂解性噬菌体的生态功能

在裂解性噬菌体的生活史中，它们能够在短时间内完成吸附、侵入、增殖与装配，并裂解宿主菌而释放新的噬菌体。虽然它们繁殖非常迅速，但不能整合到宿主的基因组中。裂解性噬菌体是原核生物的捕食者，它们在复制过程中以宿主菌作为物质和能量来源，释放过程伴随有宿主菌的死亡和细胞裂解物的释放，从而影响微生物的食物网及生物地球化学循环。此外，宿主的代谢状态对噬菌体生命周期产生关键影响。裂解性噬菌体通过“杀死胜利者”（Kill the Winner，KtW）抑制竞争性优势物种或群体，而非淘汰弱势群众，从而维持宿主群落的稳定性和多样性。在复杂多样的生态环境中，裂解性噬菌体占据怎样的生态位，行使怎样的生态功能，与环境、细菌的相互作用又是怎么样？围绕这些问题展开研究，将使噬菌体理论体系更加完善，从而更好地应用其生态价值。

一、裂解性噬菌体与宿主菌——“杀死胜利者”假说

裂解性噬菌体不仅裂解宿主，还在自身种群发展，以及与其他噬菌体、其他原核或整个生物群落中发挥重要的生态功能。以“杀死胜利者”假说来看，越是占据主体的宿主菌，就越容易被裂解性噬菌体裂解。裂解性噬菌体通过这种能力来限制生态系统中优势微生物的生长，从而维持群落的稳定性和多样性。即使是其他非宿主生物，也会在生态系统中受到裂解性噬菌体的影响。例如，噬菌体大量降解致病的宿主菌，导致其毒素释放，对被致病菌感染的生物造成毒害效果。

目前已知海洋环境中的微生物和病毒群落非常多样，但在海洋营养物质浓度较低的情况下，微生物的丰度并不高。那么，为什么微生物能在低营养的环境中维持高的生物多样性呢？最适宜环境的细菌为什么不能通过竞争排除其他菌株，来实现自己的最大密度？

Thingstad 等提出病毒控制细菌密度的假说。他们用一个由细菌、病毒和浮游动物组成的理想化食物网，以说明种群大小控制的机制，这就是“杀死胜利者”（KtW）假说。在生存竞争中“获胜”的细菌菌株，其增殖会受到特异性噬菌体的限制，一旦优势细菌丰度增加，其与裂解性噬菌体接触的概率也就增大，更加容易发生裂解现象，以此维持其种群数量的稳定。这一描述细菌、病毒和浮游动物密度变化的数学模型基于下列假设：①所有微生物竞争共同资源；②除一个种群外，其他微生物都易受病毒感染；③所有微生物都接受浮游动物捕食；④噬菌体感染特异的宿主菌，每种细菌菌株最多被一种病毒感染。对 KtW 模型的数学分析证明，KtW 平衡对于干扰是独特且稳定的，偏离平衡条件的细菌和病毒，将会受到强烈的恢复作用以维持其种群的稳定。同样，浮游动物密度和抗病毒感染的细菌密度也会收敛到它们的平衡值。即使是长期的动态变化，浮游动物密度和抗病毒感染的细菌菌株密度都维持平衡。

可以说，KtW 假说解释了微观生态系统的平衡动力，也赋予了噬菌体，尤其是裂解性噬菌体新的生态意义。然而，假说是基于理想化的噬菌体和宿主一对一裂解，且浮游动物对细菌进行无选择的均等捕食。一些噬菌体的宿主范围并不狭窄，而每种细菌也可能受多种噬菌体裂解。例如，Polz 等在 2018 年报道了海洋中存在大量新类型病毒——无尾病毒，这是一类没有尾部结构的病毒，能够侵染广泛的宿主。由此可见，KtW 假说还需要进一步完善。

二、基本功能——参与生态系统的物质循环和能量流动

（一）裂解性噬菌体影响能量流动

经典的食物链模型认为，食物链是从浮游植物开始的，然后是一系列体型越来越大的食草动物和食肉动物，微生物被列为分解者。在海洋生态系统中，原核生物被鞭毛虫和纤毛虫等原生动物吞噬，而鞭毛虫和纤毛虫又被大型食草动物吞噬，通过有机物又重新进入食草食物链，这被称为微食物环（microbial loop）（图 7-1）。噬菌体对这些微食物环的侵染，进一步展现了水生生物食物网的复杂多样。

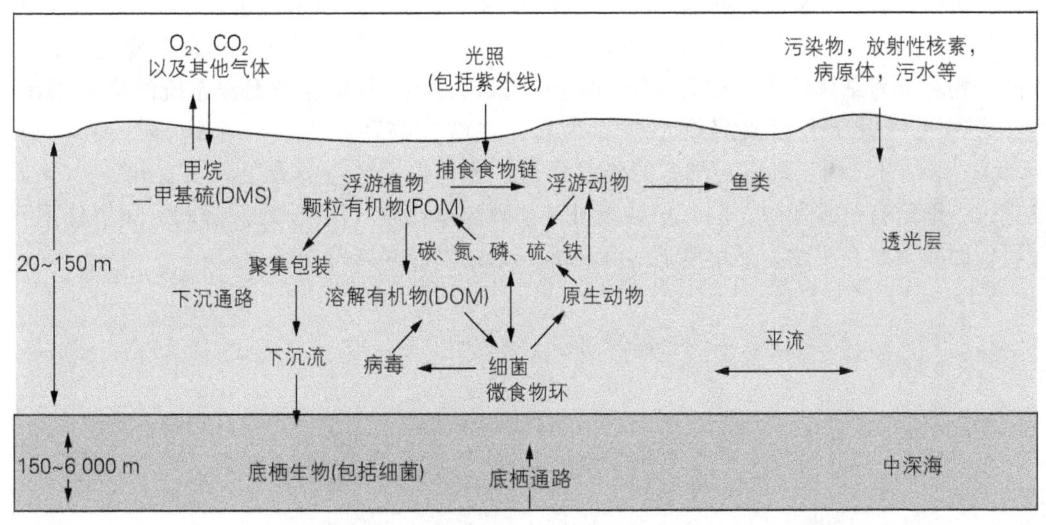

图 7-1 微食物环（改自 Azam，1998）

例如，在以海洋藻类为生产者的食物链中，每到春季，海洋上层水体温度升高，深层水流携带着大量的营养盐上升，适宜的温度和丰富的营养盐促使海洋浮游藻类迅速生长暴发。藻类暴发过后，则是以藻类有机质为食物的细菌和原生动物的繁盛时期。然而这种对浮游生态系统的传统认识，并没有考虑到水体中超高丰度病毒的影响。研究发现，病毒种群的长时间尺度与微生物群落的其他波动相关，这表明病毒和微生物食物网中的细胞有机体之间存在着很强的动态耦合。Mikal Heldal 等研究了春季挪威海域的硅藻暴发现象，在 3 月硅藻种群数量率先暴发，出现藻华现象（algae bloom），到 3 月底迅速回复到正常水平。细菌的密度在藻华期间和藻华过后均有增加，而病毒的丰度则会在藻华和细菌暴发后都出现新的峰值。在硅藻细胞外观测到的噬菌体，无疑把噬菌体的裂解作用与藻华的暴发结束关联在一起。此外，用含天然噬菌体的海水培养蓝细菌、硅藻等海洋

初级生产者时，能显著降低其碳固定速率，而用高压灭菌处理的海水培养时，碳代谢则没有明显的降低。可以说，除了通常认为的藻类-细菌-原生生物的食物网外，裂解性噬菌体也通过裂解作用，对生态系统的初级生产起着重要作用。此外，原绿球藻和聚球藻的噬菌体基因组中携带大量与光合作用相关的辅助代谢基因，这些基因在侵染的过程中改变宿主的代谢网络，使宿主进入“携病毒细胞”的代谢状态。基于蓝细菌噬菌体的基因信息和代谢分析，研究人员认为蓝细菌噬菌体的侵染能够增强宿主光合作用中 ATP 和 NADPH 的产生，以有利于噬菌体 DNA 的合成，而抑制宿主卡尔文循环的固碳反应。研究人员还研究了蓝细菌噬菌体的磷代谢相关基因，发现这些基因在缺磷的宿主细胞被侵染后会上调表达量。由于碳代谢和磷代谢的基因，蓝细菌噬菌体可以操控宿主的代谢状态和细胞内理化环境，并最终影响海洋可溶解有机物（dissolved organic matter，DOM）的组成。

（二）裂解性噬菌体影响物质循环

病毒是海洋中重要的生物碳库，占细菌碳库的 5%，是原生生物碳库的 25 倍。由于病毒的蛋白质和 DNA 含量高，对生物氮库、磷库也有重要贡献。海洋中的有机碳主要以溶解有机碳（dissolved organic carbon，DOC）形式存在。海洋病毒包括侵染浮游生物和原生动物的病毒和侵染原核生物的噬菌体等，其中大部分是噬菌体。海洋病毒通过裂解浮游植物和异养细菌促进颗粒有机物到溶解有机物转化，从而影响海洋系统的物质循环，海洋病毒死亡后又会形成溶解态营养物质，在微食物环中形成一个病毒回路（viral shunt）。据估计，由于病毒对细胞的裂解作用，光合作用产生的有机碳中有 6%~26%最终进入了溶解有机碳库中，同时导致无机氮和磷的净释放（图 7-2）。因此，裂解作用不仅可以回收溶解有机物，还可能通过无机营养素的供应来维持初级生产。

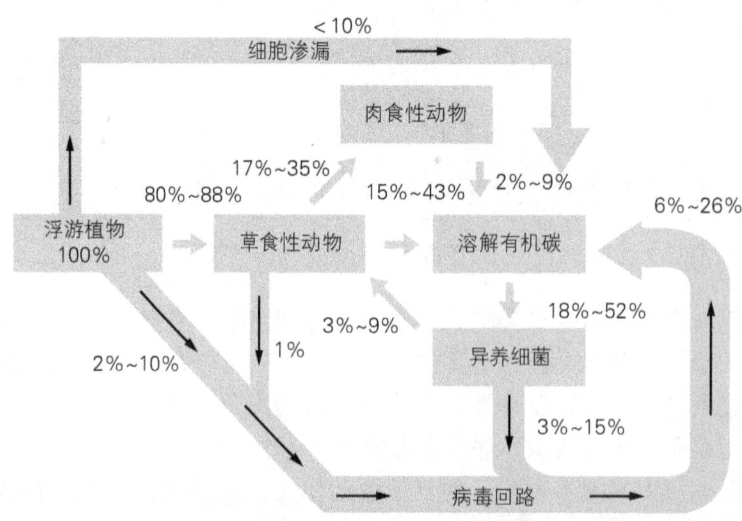

图 7-2　病毒对海洋碳循环的影响（改自 Wilhelm 等，1999）

病毒释放到海洋环境后面临的各种生物（如原生动物、胞外酶）、化学（如紫外线辐射）和物理（如水团运动）因素，影响病毒颗粒生活周期的主要生态过程和机制，包括捕食、降解、吸附、侵染等。病毒生物量及碳、氮、磷等元素在不同的海洋环境因素影响下进入不同的生物地球化学循环，如经典食物网、微食物环、颗粒沉降等。这些过程在时间尺度和空间尺度上的差异，决定了病毒生物量对特定海区生物地球化学循环的贡献。

除食物链和微食物环中病毒的作用外，病毒还影响着死亡生物体的降解。海雪花（marine snow）主要由微小的死亡有机物和活有机体结合而成，包括一些裸眼可见的甲壳动物和桡足类动物。在沉降过程中，海雪花不断聚拢其他微小物质，慢慢增大形成黏液物质。海雪花的沉降是底层生态系统获得有机物质的重要形式。原核生物在这些有机物聚集体的形成、转化和降解中发挥着关键作用。在这些过程中，原核生物丰度和功能会受到裂解性噬菌体的影响。对于裂解性噬菌体参与生态系统物质循环和能量流动的方式，现在大多停留在假说层面，缺乏足够的实验证据。而它们到底在其中起了多大的作用，还需要继续探索。

三、裂解性噬菌体影响宿主菌相关生物的生态功能

裂解性噬菌体裂解宿主之后，会导致大量细胞内含物释放到环境中，这些内含物不仅包括营养物质，还包括噬菌体的裂解酶体系。有尾噬菌体目的噬菌体感染细胞并裂解宿主的过程中，产生裂解酶系统，这可能对宿主菌的竞争细菌也构成威胁。据报道，被噬菌体裂解的弧菌能释放溶解其他细菌的酶，其作用范围相当广泛。由此可见，裂解性噬菌体不仅仅通过裂解过程发挥作用，它们的裂解后产物，也同样影响着环境中的其他生物，即使这些生物不是它们的宿主。

裂解性噬菌体对非宿主生物还有其他的功能。例如，T7 噬菌体 L1 编码的解聚酶（DpoL1）能增加其宿主菌，即植物病原体解淀粉欧文氏菌（*Erwinia amylovora*）的噬菌体易感性，使其更容易被别的噬菌体感染。这些植物寄生菌的噬菌体，同时也调节着植物本身的生长。此外，动物体内的肠道菌群正是目前研究的热点。肠道中的大肠埃希菌、沙门菌等，一旦失去控制，就会增殖暴发导致腹泻等疾病，威胁动物宿主的健康。而其中，噬菌体也发挥着重要的调控作用，因此也被用来治疗动物肠道菌群失调。

人体中的噬菌体对人体健康具有重要影响。2004 年 Dabrowska 等研究表明，某种特定类型的噬菌体可以与癌细胞膜结合，抑制肿瘤的生长并在小鼠中传播。几年后，Andrzej Gorski 表明，将噬菌体注射小鼠体内后，噬菌体会影响小鼠免疫系统，从而减缓 T 细胞增殖和抗体产生，并且噬菌体还会妨碍免疫系统攻击已经被移植的组织。此外，研究发现把从健康成人身上采集的白细胞暴露给五种不同的噬菌体时，细胞产生的主要免疫分子可减少流感症状和炎症。密苏里州圣路易斯华盛顿大学医学院免疫学家 Herbert Virgin 发现，患有两种自身免疫疾病——1 型糖尿病和炎症性肠病的患者肠道的噬菌体组成已经有所改变。噬菌体也可能提醒免疫系统存在潜在的病原体，细菌感染会带来新的噬菌体进入体内，这可能会以某种方式触发针对细菌的炎症反应。

目前对于噬菌体引起人体细胞反应的数据并不丰富，早期的一项研究评估了豚鼠皮内注射 MS2 噬菌体后的细胞反应，注射噬菌体后产生红斑和硬结，这是细胞介导的免疫迹象。相比之下，另一项研究发现，注射噬菌体后，小鼠血液中噬菌体的清除在免疫活性小鼠和缺乏 T 细胞的小鼠中并无差异，表明 T 细胞在免疫噬菌体过程中没有特定的作用。一些研究表明，当使用噬菌体与宿主细菌一起进行试验时，噬菌体似乎刺激对细菌

的吞噬作用，这归因于噬菌体对细菌细胞的某些“调节作用”。此外，当粒细胞摄入细菌时，噬菌体可以保持活性和感染性。因此，一些研究人员提出，在吞噬作用期间，噬菌体继续裂解吞噬细菌，帮助吞噬细胞活动，该过程在时间上受到限制，吞噬作用完成后噬菌体不再具有活性。尽管有这些描述，但没有明确的证据表明噬菌体本身会激活吞噬作用，而在更早年的报道中发现，当以非常高的剂量（10^{10}个/mL）注射噬菌体时，噬菌体可抑制宿主菌的吞噬作用，当使用抗体处理的噬菌体时，抑制作用更大，因此研究人员提出免疫复合物——噬菌体-抗体是特别活跃的灭活因子。此外，纯化的噬菌体可通过抑制活性氧（ROS）从而抑制 NF-κβ 的活性而具有抗炎症作用，影响细胞因子的产生。尽管有这些证据，但需要明确的是，已经用噬菌体裂解物进行了许多实验，噬菌体裂解物在许多情况下可能含有由噬菌体裂解的细菌残留物（如脂多糖）或者宿主细菌细胞壁的碎片黏附在噬菌体的尾巴上，这使确定真正负责免疫应答调节的组分变得极其困难。

第三节　溶原性噬菌体的生态功能

溶原性噬菌体是能够与宿主细菌建立和维持一种稳定关系的噬菌体，其具有两种生活方式：第一种，像裂解性噬菌体一样，以裂解方式在宿主菌中生长、复制、繁殖子代并裂解细菌，将子代释放到外界环境中。第二种，溶原性噬菌体在感染宿主后，能够编码整合酶，将自身的基因组整合到宿主染色体中，并随着宿主基因组复制而复制，不再形成产生后代所需的蛋白质，即溶原性状态。整合到宿主基因组中的噬菌体也被称为前噬菌体，携带前噬菌体的细菌被称为溶原菌。当溶原性噬菌体暴露在某些压力源下，如紫外线、低营养条件或丝裂霉素 C 等化学物质，可以自发地从宿主基因组中切离，进入裂解周期。最近的研究揭示细菌基因组可以由高达 30% 的噬菌体插入物或其残余物组成。

维持外来基因可能为宿主菌或噬菌体提供另外的选择优势。在溶原性状态期间表达外来基因能够影响宿主菌表型，从而提供选择压力以维持噬菌体中这些基因的存在，并且维持噬菌体和宿主菌之间的关系。同时，一些外来基因能够给细菌与其动物宿主的关系提供选择优势（促进与宿主的附属关系或造成致病效应）。例如，溶原性噬菌体携带的基因可以带来稳定的变化，直接影响宿主的行为和健康。溶原性噬菌体通过基因转移，扩大宿主菌的代谢组成，或通过提供新的功能基因，赋予或增强宿主菌毒力，影响宿主的表型和行为，增强细菌宿主适应性或影响宿主的表型和行为，加速细菌进化。鉴于溶原性噬菌体与细菌间复杂的相互作用，溶原性噬菌体在环境中具有广泛的生态意义，及对细菌基因组进化具有重要贡献。

一、溶原性噬菌体提高细菌宿主的环境适应性

溶原性转化以稳定的表型变化或增加宿主可塑性的形式，改善细菌在多变的环境下的存活能力。例如，插入的噬菌体（前噬菌体）可以防止相似的噬菌体颗粒再次感染，噬菌体携带的有益基因也可以为宿主提供多种生态功能。

溶原性噬菌体携带的基因可以增强细菌的代谢或扩展宿主的新陈代谢，从而开辟新

的生态位。例如，溶原性噬菌体 ΦSopE 介导的 *sopE* 基因的水平转移可以增强宿主硝酸盐的产生，从而增强鼠伤寒沙门菌的适应性。在小鼠结肠炎模型中，硝酸盐通过厌氧硝酸盐呼吸促进肠道内伤寒链球菌大量繁殖，同时抑制四硫酸盐等能量较低的电子受体的利用基因。这可能是通过促进细菌在肠道中的无氧呼吸来增强其适应性，使获得噬菌体的细胞在缺氧条件下从代谢率增加中获益。此外，细菌细胞的应激反应可以通过插入的噬菌体携带的基因进行调节，如在大肠埃希菌中观察到，在极端氧化、渗透或酸胁迫条件下，含有前噬菌体 CPS-53 和 CP4-57 的大肠埃希菌表现出比噬菌体缺失突变株更稳定的代谢水平，而这些前噬菌体上携带的基因参与了胁迫反应。希瓦氏菌菌株 MR-1 携带的溶原性噬菌体 CP4So 通过低温下的切离促进生物膜的形成，增强细菌的低温适应性。溶原性噬菌体 ΦCD38-2 启动 *cwpV* 基因的表达，*cwpV* 是一种编码与相变有关的细胞壁蛋白质的基因，可以使宿主细胞聚集并形成生物膜，通过附着于邻近细胞增强细菌存活率，同时促进噬菌体垂直传播。

溶原性噬菌体本身可以在自己的基因组中编码有用的细菌辅助基因，然后在溶原性转化的过程中供溶原化的宿主菌细胞使用。例如，霍乱、猩红热等许多众所周知的人类疾病，是由前噬菌体编码的毒力因子所致，这些毒力因子包括前噬菌体编码调节宿主-病原体相互作用的毒素或蛋白质，如抗原和效应蛋白。这些毒力因子赋予了宿主菌在特定环境的竞争力，促进了环境适应性。

二、溶原性噬菌体驱动细菌宿主的基因组多样化

与任何突变过程一样，由转座噬菌体插入引起的大多数突变将通过破坏基因功能而对宿主细胞适应性具有有害作用。然而，转座噬菌体引起的突变在适应新环境时可能是有益的，加速宿主菌的进化。在最近的一项研究中，当宿主铜绿假单胞菌与溶原性噬菌体（包括转座噬菌体 Φ4）共培养时，铜绿假单胞菌群体的适应速度更快。群体基因组分析发现，有噬菌体的铜绿假单胞菌群体比没有噬菌体的群体表现出更大程度的进化和更快的选择性清除（selective sweep），表明溶原性噬菌体可以改变细菌的进化轨迹和模式。此外，在与噬菌体共培养的铜绿假单胞菌群体中，细菌中观察到的适应性突变通常由 Φ4 插入介导的Ⅳ型菌毛依赖性运动和群体感应等相关基因的改变。

除了引起突变外，前噬菌体序列还可以为细菌适应性进化提供原始遗传物质。细菌基因组中充斥着失去侵染性的隐匿性（cryptic）前噬菌体，由于突变积累失去了裂解复制的能力。然而，许多失活的前噬菌体区域是保守的，这些隐匿型的前噬菌体基因对细菌适应性可能有积极作用。噬菌体的选择压力可促进细菌基因组的进化，其中包括获取可移动遗传元件（包括毒素-抗毒素和限制性修饰系统等防御元件）。

三、溶原性噬菌体参与细菌间竞争

噬菌体性状可以改变细菌种群及其运作方式。例如，增加代谢的直接益处赋予个体细胞选择性优势，从而形成成功的亚群。噬菌体也会影响邻近细菌的特性，从而影响种群水平的选择压力。

当噬菌体编码引起宿主致病的毒力因子（virulence factor）时，这些因子可能被认为是细菌种群内的“公共物品”。为了侵入真核宿主，需要细菌细胞之间的充分合作来维

持毒力。个体溶原化细菌细胞产生毒力因子并分泌到胞外，而所有相邻细胞，包括非溶原细胞和不分泌毒素的细胞，都从中受益。由于溶原免疫，后者既不会遭受噬菌体感染，也不会受到毒力因子的影响，因此这种方式在群体中受到青睐。

噬菌体可以影响生物膜形成、成熟和解体的多个阶段。在生物膜形成的第一步中，一些噬菌体可能会降低细菌的运动性，从而刺激细胞在聚集体中的沉降。在生物膜形成的早期阶段，噬菌体可以进一步调节细菌代谢，提供生物膜结构所需的细胞外多糖，或者作为生物膜的结构单元如炭疽芽孢杆菌噬菌体。此外，裂解生物膜内的一部分细胞可以增强生物膜的形成和维持。细菌和噬菌体基因表达可能受生物膜环境（营养和氧限制）的不同影响。局部裂解可以通过以下方式改善生物膜形成：①为邻近细胞的生长提供额外的营养物；②提供生物膜基质的组成部分——胞外 DNA（eDNA）；③在生物膜中形成空心，促进细菌脱离生物膜基质并扩散出去。有时候，这种看似随机的裂解可以通过噬菌体和溶细胞素的协同作用来促进。当生物膜中足够数量的细胞被溶原化并且其中一部分通过裂解产生 eDNA 时，生物膜变得更稳定。

在 2001 年基因芯片最早用于铜绿假单胞菌生物膜的检测时，研究人员发现，铜绿假单胞菌生物膜形成过程中差异表达变化最大的是丝状噬菌体 Pf 携带的基因。Pf4 噬菌体参与生物膜形成过程中的各个阶段，在敲除 Pf 后，铜绿假单胞菌生物膜形成能力与致病性明显下降。

噬菌体诱导的裂解可以进一步在细菌间的竞争中起作用。当细菌争夺资源时，它们可能会产生对竞争对手有害的毒素。细菌毒素的输出通常由细菌素操纵子中编码的特定蛋白质介导。在这种情况下，噬菌体介导细菌素的释放，携带噬菌体的菌株的适应性得到增强。已经证明在多数条件下，溶原性噬菌体能在细菌群体中稳定保持并且与裂解性噬菌体共存。溶原性是噬菌体在“困难时期”维持其种群数量的一种适应力。存活的溶原菌可以从降低的菌群密度中获益，而新的溶原化细胞可以避免立即死亡，并获得对抗竞争对手的“武器”。因此，噬菌体的溶原-裂解的益处是促进群体的适应，保持宿主和噬菌体的共存，具有显著的生态影响。

第四节　环境因子对噬菌体与宿主相互作用的影响及其机制

自然界中的噬菌体数量庞大，广泛存在于宿主菌存在的各种环境中。以海洋环境为例，据科学统计和估算，海水中噬菌体的平均密度为 10^6～10^7个/mL。在海洋中每秒大约有 10^{23}个微生物被噬菌体感染。海洋环境持续的病毒（噬菌体）生产对所有营养级别的海洋生物施加了强大的压力。从生物地球化学循环角度来看，病毒感染可以去除浮游植物通过光合作用固定的高达 26%的碳，并且每天在海洋中去除 20%～50%的细菌储存量。通过感染和微生物的溶解，病毒释放溶解的有机物质和营养物质，使其可用于其他微生物。这种控制减少了能量向更高营养级的转移，并从另一方面促进了微生物的生长。当环境中营养资源有限时，病毒的这种“能量分流”作用意义更大，如在贫营养海水中，病毒通过感染去除最具竞争力和优势的分类群，使竞争力较弱的微生物得以生长并保持多样性。

从生态系统的角度来说，噬菌体与宿主菌之间的相互作用与生态系统的物质循环和能量流动密切相关；系统中的环境因子也可以通过影响噬菌体与宿主菌的相互作用从而影响二者在环境中的分布，本节将从机制层面解析环境因子如何影响噬菌体与宿主菌的分布。

一、环境因子影响噬菌体的 r 选择和 K 选择

在生态学上，不同生存环境下的种群繁殖有 r 选择和 K 选择两种模式。r 选择的物种被称为 r-策略者，是新生境的开拓者，但存活要靠机会，所以在一定意义上它们是“机会主义者”；K 选择的物种被称为 K-策略者，是稳定环境的维护者，在一定意义上，它们是“保守主义者”，当生存环境发生灾变时，很难迅速恢复，如果再有竞争者抑制，就可能趋向灭绝。

噬菌体和宿主菌存在于 r 选择和 K 选择的连续体中。对噬菌体而言，具有小基因组和小裂解量（平均每个被感染细菌产生的噬菌体数量）的噬菌体是 K-策略者，它们可以感染原核生物群落中最丰富、生长缓慢的细菌。相比之下，大多数 r 选择的噬菌体具有高毒力、大裂解量，并且可以迅速裂解细菌，其响应于短暂的有利条件并且快速生长。

在噬菌体与宿主菌的分布问题上，选择不同生存策略的噬菌体将塑造不同结构的细菌群落，而噬菌体对于生存策略的选择并不是一成不变的，而是受到环境因子的广泛影响。在营养物质充足、能量流动不阻滞的生态系统中，噬菌体倾向于 r 选择，即通过感染环境中最具优势的细菌迅速繁殖，产生大量的子代噬菌体。一般而言，感染可以进行光合作用的细菌的噬菌体具有高毒性和高繁殖率，从而能够利用高生长速率的优势对快速变化的环境做出反应。在营养物质贫瘠的生态系统中，噬菌体更倾向于 K 选择，即通过将自身基因组整合到宿主菌的基因组上成为溶原状态，进而与宿主共同进化，维持相对稳定的状态。有研究指出，前噬菌体在细菌代谢中不仅可以抑制他们自己的裂解基因，而且可以抑制宿主代谢过程中不必要的和浪费的基因。这种“代谢节约”使宿主（和前噬菌体）能够在不利条件下存活，直到环境因子报告细胞生长条件已经改变。因此，前噬菌体不仅仅是危险的分子“定时炸弹”，可以导致细胞死亡，同时也是贫营养海洋中细菌存活的关键。

一般而言，寡营养或碳元素限制等恶劣条件可阻碍被噬菌体感染细胞的裂解过程，使受感染的细胞不会产生新的噬菌体，或推迟细胞裂解，或减小裂解量，同时宿主菌群的生理状况对噬菌体活性起着重要作用。例如，1990 年 Bratbak 等描述了春季浮游植物的繁殖，细菌丰度增加，当碳和能量输入到异养系统（细菌）中时，触发了噬菌体的裂解机制，随后噬菌体丰度增加导致细菌菌群（非浮游植物）瓦解。1995 年，Tuomi 等进行了类似的实验，将氨基酸和磷酸添加到海水微生态系统中，与细菌生物量相比，利用碳源和能量的增加刺激了噬菌体的繁殖，而可用性磷酸盐的增加刺激总生物量增加而不是噬菌体繁殖。在磷元素限制条件下，被噬菌体感染的蓝细菌的裂解量有所减小，且细胞裂解有所延迟。在海洋中，溶解氧饱和度的间歇性非周期性变化表明净自养过程（碳固定）随时间变化，暗示碳和能量输入异养区系也可能随着时间的变化而变化很大。许多系统中发生的这种短期变化可能会影响噬菌体的生产，这一集中现象解释了海洋中噬菌体丰度的变化、噬菌体与细菌比例的变化，以及海洋细菌感染频率

的变化。因此，评估环境中的噬菌体的一个指标是裂解性噬菌体和溶原性噬菌体的比例及其变化规律。

另外一个指标就是噬菌体和宿主菌的比例。噬菌体在海洋中的丰度在时空上存在差异，最高估计数超过 10^8个/mL。多年来，人们一直认为，噬菌体丰度通常比宿主菌细胞丰度高 10 倍。但有研究表明，在不同环境下，噬菌体与宿主菌细胞比例的变化显著，10∶1 的模型并不具有代表性。相反，噬菌体丰度被更好地描述为宿主菌细胞丰度的非线性幂律函数，拟合的比例指数通常小于 1，这意味着噬菌体/宿主菌细胞比随着宿主菌细胞密度的增加而减小，而不是保持不变。用不依赖培养的方法估计的病毒丰度比用传统培养方法估计的要高几个数量级，病毒-微生物细胞比率（virus-to-microbial cell ratio，VMR）被用作表示淡水和海洋系统中病毒及其潜在宿主之间关系强度的统计指标。噬菌体可以通过依赖于密度的裂解性捕食者-猎物动力学来控制宿主菌的丰度。在微生物的丰度增加时，噬菌体丰度更符合溶原而不是裂解的生命周期。一项对 24 种珊瑚礁噬菌体的分析表明，随着微生物数量的增加，溶原性噬菌体的丰度相对增加。人类活动造成的压力因素将珊瑚礁生态系统分流到可降解的状态，导致病毒和微生物群落组成发生变化，微生物能量需求和密度上升，这种状态被称为微生物化。在高度微生物化的珊瑚礁上，当微生物的丰度从每毫升 1×10^5个增加到 6×10^6个时，VMR 由 25 下降为 2。在不同的海岸和河口、深海、开阔海洋和温带湖泊等环境中，都观察到 VMR 随微生物密度增加而下降。由此提出了“搭乘胜利者”（Piggyback-the-Winner）模型，表示溶原性噬菌体在宿主密度高的生态系统中更为重要，因为噬菌体通过溶原作用来利用宿主，而不是将宿主杀死。

二、环境因子直接影响噬菌体存活能力

由于噬菌体选择的生存策略依赖于宿主菌，因此在环境中噬菌体与宿主菌的分布具有同一性，即在有宿主菌分布的环境才可能有噬菌体分布。

环境因子对于噬菌体和宿主菌分布的影响直接的表现是温度、盐度、酸碱度等理化因子，这些可以影响噬菌体的存活能力，从而影响宿主菌的分布情况。如前所述，噬菌体包含蛋白质外壳和核心基因组两部分，蛋白质遇酸碱、温度变化不稳定，容易变性，直接导致噬菌体降解，从而导致该种噬菌体的宿主迅速繁殖，占据生态位。

一般来说，分离于不同环境的噬菌体有相对于其分离地环境的生理特性，这也是其适应环境的直接证据。有研究表明，从海洋中分离的一株溶藻弧菌的噬菌体感染宿主的最适 pH 为 8.0，最适盐度范围为 25‰~35‰，其对酸碱和盐度的耐受范围较强并与海水环境相一致。一株从极地海冰中分离的假交替单胞菌的丝状噬菌体对低温和高盐有明显的耐受能力。

因此，生态系统中的环境因子可以直接影响噬菌体和宿主菌的理化特性和抗压能力，从而塑造系统中的微生物群落结构。

三、环境因子影响前噬菌体的溶原-裂解转换

据统计分析，环境中的溶原菌可以占到细菌总数的一半以上。与裂解性噬菌体不同，进入溶原状态的前噬菌体与宿主具有更密切的联系。一方面，噬菌体基因组作为一个大

的基因片段会破坏宿主原有基因表达，并且可能对细菌细胞造成健康负担；另一方面，细菌和前噬菌体之间在长期共存的情况下共进化，前噬菌体可以发挥一定功能使宿主受益进而维持自身在基因组上的稳定性。

宿主菌所处生存环境也可以影响前噬菌体的溶原-裂解转换。在致病菌侵染哺乳动物细胞的过程中，细菌群体的一小部分会发生前噬菌体的激活并裂解细菌，从而释放大量毒力因子，便于剩余细菌群体侵入哺乳动物细胞。这可能是由于细菌利他（一部分细菌为群体共同利益时牺牲自身）或噬菌体为确保未来宿主存活的机制，在感染哺乳动物细胞方面更有效。另一例研究指出，李斯特菌在一般情况下，基因组上摄取外来 DNA 的 Com 系统操纵子的主要调控基因 *comk* 是被前噬菌体隔断的，当人体内的李斯特菌在被吞噬细胞吞噬时，细菌体内的前噬菌体会自发切离，形成有功能的 *comk* 操纵子，促进胞外生物膜形成，从而帮助细菌从吞噬细胞逃逸。

从以上例子中可以看出，环境因子对于噬菌体溶原-裂解转换的调控实际上是对噬菌体和宿主菌的一种选择机制。对前噬菌体来说，只有帮助宿主抵抗环境压力才有继续存活下去的可能；对于细菌来说，前噬菌体本身是一种代谢负担，只有对细菌自身生存有帮助的噬菌体才有留存在基因组上的必要。环境因子正是帮助噬菌体和宿主菌进行双向选择的“试金石”，只有在环境中彼此合作，噬菌体与宿主菌才能在复杂多变的环境中生存，换言之，共进化才是噬菌体与宿主菌在环境中生存的不二法宝。

四、环境因子对噬菌体-细菌相互作用的影响机制

环境因子对前噬菌体的溶原-裂解转换的影响直接影响噬菌体和宿主菌的动态平衡及命运去向。溶原性噬菌体的溶原性状态虽然稳定，但也能转变为裂解性状态。针对不同噬菌体，调控这种转变的环境因子也存在较大差异。其中，对 λ 噬菌体的研究较为深入。这类噬菌体通过 SOS 调控循环的宿主调控机制作用而发生转变，而 SOS 应答又被其他外部事件所触发。λ 噬菌体在感染宿主菌后的 10～15 分钟后就要在裂解性和溶原性两种去向之间做出选择，这种选择依赖于激活蛋白 CⅡ的水平。如果 CⅡ水平高，则 CⅡ指导的 CⅠ阻遏物高水平表达，被感染的细胞进入溶原性途径。如果 CⅡ不存在或水平低，则细胞进入裂解性途径。细胞在贫瘠的培养基中、饥饿或低温等条件下生长都会有利于形成溶原性状态。温度可以影响前噬菌体的溶原-裂解转换，进而影响宿主的环境适应性。据报道，分离自湖泊的希瓦氏菌 MR-1 的前噬菌体 CP4So 在低温条件下（15 ℃）会发生部分切离，调控宿主菌中的基因表达，促进宿主菌进入生物膜状态下的休眠态以抵抗低温，帮助宿主菌在不利条件下存活，从而扩大噬菌体和宿主菌在不同环境中的分布。

此外，环境因子通过不同的方式调控噬菌体的侵染过程。海洋光合自养微生物主要包括蓝细菌门的原绿球藻（*Prochlorococcus*）和聚球藻（*Synechococcus*），它们是全球数量最多的光合作用生物，约贡献全球光合作用的 1/4，因此在海洋碳循环中起着举足轻重的作用。与高等动物类似，为适应地球 24 小时自转产生的光照和温度的节律变化，蓝细菌的生长、代谢和基因表达等多项生理活动受生物钟调控。在海洋中，大约 15%的蓝细菌被噬菌体侵染，噬菌体侵染蓝细菌时产生的子代噬菌体量受到光照强度影响。研究人员在研究原绿球藻噬菌体夜间侵染原绿球藻的动态过程中，发现 3 种夜间侵染模式：

①肌尾噬菌体 P-HM2 在黑暗中不吸附宿主，因而不进行复制；②肌尾噬菌体 P-SSM2 可以在黑暗中吸附宿主，但是吸附率比光照条件下低，而且不进行复制；③短尾噬菌体 P-SSP7 可以在黑暗中吸附宿主并完成复制和裂解，其释放的子代噬菌体比光照下有所减少。研究人员发现，在 14 小时光：10 小时暗的培养条件下，P-HM2 和 P-SSM2 对原绿球藻的吸附展现出昼夜节律。噬菌体的转录水平还呈现出白天增加、晚上减少的昼夜节律，这进一步证明病毒的转录节律受宿主的光合作用调控。这个研究是世界上首次发现病毒具有昼夜侵染节律，并且初步阐明了产生昼夜转录节律的分子机制。在海洋中，噬菌体的昼夜侵染节律会导致原绿球藻在夜间被统一裂解，并节律性地释放溶解有机物，从而控制海洋微生物类群变化及其主导的海洋碳循环。

尽管原绿球藻和聚球藻被认为是光合自养生物，但越来越多的证据表明它们可以吸收利用海洋溶解有机物，所以它们其实是混合营养型（mixotroph）生物。为了研究原绿球藻对病毒裂解所产生的氨基酸的响应机制，研究人员在原绿球藻培养液中添加病毒裂解产物，之后利用转录组测序技术 RNA-Seq 系统研究了原绿球藻的转录反应。结果发现，几个关键的氮代谢基因的表达有显著性降低，包括控制氮源转化的 *glnB* 基因和 *gdhA* 基因，氨转运蛋白基因 *amt1*，尿素转运蛋白基因 *urtA* 和 *urtB*，氨基酸转运蛋白基因 *PMT0894*、*PMT0896* 和 *PMT0897*。这些基因的表达量降低意味着病毒裂解产物中含有丰富的氨、尿素和氨基酸，这几个氨基酸转运蛋白很可能参与转运病毒裂解产物里比较丰富的氨基酸。为了研究吸收利用氨基酸对原绿球藻光合作用的影响，研究人员用稳定碳同位素标记的 $NaH^{13}CO_3$作为碳源，测定了添加氨基酸后原绿球藻的固碳速度，发现原绿球藻的固碳速度下降 5%~15%，与光反应电子传递有关的光能转化效率（可变荧光/最大荧光，Fv/Fm）也有所降低，这些结果暗示了原绿球藻吸收利用氨基酸后可能减弱光合作用。作为寡营养海域最重要的初级生产者，原绿球藻通过光合作用固定了这些海域的大部分二氧化碳，如果吸收利用氨基酸会降低其光合作用，这将极大地影响海洋食物链和全球碳循环。另一个有趣的发现是 miRNA 对病毒裂解产物中氨基酸的响应。6S RNA 的表达量在添加病毒裂解产物后显著提高，而且在添加甘氨酸后也显著提高。在大肠埃希菌中，6S RNA 已被发现可以形成独特的二级结构，从而结合到 RNA 聚合酶中，起到调控基因表达的作用。这些研究表明，6S RNA 可以调控原绿球藻基因表达，从而利用海水中的氨基酸等有机物。

参考文献

8 人体噬菌体组

——陈 倩 郭晓奎

人体微生物群（microbiota）是对人体内部与体表所有微生物有机体的总称，包括非细胞结构的病毒（包括噬菌体）、原核生物中的真菌和古菌，以及真核细胞型微生物。病毒群（viriota）是微生物群中的病毒组分，其数量非常庞大。

基于幂次定律和单峰模型，以往研究对海洋微生物数目进行的估算得出其中病毒-微生物细胞比率（VMR）介于2.6与160之间。在健康人类样本中，病毒颗粒在每克粪便中的数量为10^9~10^{10}个，质量低于3 μg，DNA量占总DNA的5.8%~22%。病毒宏基因组（viral metagenome）或病毒组（virome）是指机体所含病毒群的所有遗传物质（DNA、RNA）及其整合在宿主基因组中基因元件的总和。自Norman等于2003年提出人类病毒组（human virome）以来，关于病毒组的各项研究逐步开展，在人体微生态学中掀开一页新的篇章。

在病毒群中，噬菌体的含量最为丰富，人体肠道中约含有10^{15}个噬菌体。人体所含所有噬菌体的基因组及其整合在宿主细菌基因组中的遗传元件统称为人体噬菌体组（phageome）。本章将对噬菌体组的研究方法、组成特征、演化规律，与细菌组的相互作用，及其与人体健康或疾病的关系进行回顾性描述，并对噬菌体组未来的发展方向和应用前景与挑战做出展望。

第一节 人体噬菌体组的研究方法与挑战

噬菌体鉴定的经典方法依赖于培养，但在噬菌体组的水平上进行研究时，由于绝大多数噬菌体在实验条件下无法被纯化培养，以测序为核心的技术成为其研究的关键。此外，噬菌体组的研究还需要多种其他技术协同完成，主要包括透射电子显微镜（transmission electron，TEM）、落射荧光显微镜（epi-fluorescence microscopy，EFM）、超高速离心技术、生物信息学分析技术等。

噬菌体群包含DNA病毒和RNA病毒。根据ICTV对病毒的分类，绝大多数噬菌体属于DNA病毒，只有两个科为RNA病毒：①以ssRNA为遗传物质的轻病毒科（*Leviviridae*），如大肠埃希菌噬菌体FI、Qbeta、BZ13、MS2等；②以dsRNA为遗传物

作者单位：陈倩，同济大学附属第十人民医院；郭晓奎，上海交通大学全球健康学院。

质的囊膜病毒科（*Cystoviridae*），如假单胞菌噬菌体 phi6、phiYY 等。由于 DNA 噬菌体在噬菌体群中占据绝对的数目优势，且在样本处理时 DNA 比 RNA 更容易获得且稳定性更强，DNA 噬菌体相关数据库更为丰富，因此在目前噬菌体组研究中，DNA 噬菌体组成为主要研究对象。

对于自然样品，通常需要了解其中微生物群落的多样性。为了了解自然样品中噬菌体组的多样性，可以采用脉冲场凝胶电泳（pulsed-field gel electrophoresis，PFGE）或变性梯度凝胶电泳（denaturing gradient gel electrophoresis，DGGE）的方法。对于人体来源的样品，根据噬菌体组的研究流程可以将研究方法分为两类，一类方法是先分离样品中的病毒颗粒，扩增测序后分析病毒群中的噬菌体组，另一类方法是应用宏基因组学，直接对微生物群进行测序，基于生物信息技术对样品的总核酸进行噬菌体组分析。需要说明的是，宏基因组学的方法只能研究 DNA 噬菌体组，对于 RNA 噬菌体组，需要利用宏转录组学进行分析。

一、分离纯化噬菌体颗粒后测序

Shkoporov 等在 2019 年发表的综述中详细阐述了这一测序方法（图 8-1）。首先将样品（如粪便）充分溶解在镁盐缓冲液（SM buffer）中，通过离心和过滤，将样品中的残渣和部分细菌成分去除；利用密度梯度离心对病毒颗粒进行提纯与浓缩后，可通过 TEM 直接观察噬菌体的形态；对核酸物质进行染色后，可以利用落射荧光显微镜对病毒颗粒（主要是噬菌体）进行计数，评估提纯后的病毒颗粒中未能去除的细菌相对量。除了利用荧光显色的方法对病毒颗粒纯化后残余细菌量进行定性估计外，还可以通过实时定量 PCR（qRT-PCR）的方法进行相对定量估算：将同一份粪便样品分为两份，其中一份经过如上步骤浓缩病毒颗粒，另一份不做此处理；抽提 DNA 后，以 qPCR 对两份样品中的 16S rDNA 进行相对定量；有效纯化噬菌体颗粒的样品中细菌基因组的相对量低于未纯化样品中细菌基因组相对量的 1/10 000。

值得注意的是，这种方法所研究的噬菌体组局限于细菌胞外的噬菌体（包括由前噬菌体活化而来的溶原性噬菌体和裂解性噬菌体），不能分析胞内噬菌体及前噬菌体。另外，在密度梯度离心之后通常只选取在一定密度范围（通常是 1.35～1.5 g/mL）的样品进行后续处理，导致少量密度不在此范围的噬菌体被排除。由于选定浓度的样品与其他浓度样品处于同一个连续的液相中，在吸取目的样品时，往往难以保证每个样品吸取的密度完全一致，即便同一批次样品间也会存在一定误差。此外，可以采用 0.2 μm 或 0.45 μm 的滤膜，去除离心后样本中的细菌，保留其中的病毒成分，但是某些噬菌体（及一些真核病毒）颗粒较大，过滤时会导致这部分大颗粒噬菌体的损失。氯化铯梯度离心之后，可以加入氯仿破坏细胞膜并加入 DNA 酶（DNase）或 RNA 酶裂解噬菌体颗粒外的核酸物质，以进一步去除样品中的残存的细菌或宿主核酸，但是与此同时，会把一部分对氯仿敏感的病毒一并去除，从而对噬菌体组的结构认知产生一定影响。此外，为了获得更多的 DNA 以满足测序需要，可以适当增加粪便样品，但若样品溶解不充分或每个样品溶解程度不均，也会增加组内差异。使用该方法时，只能尽量提高噬菌体的分离效率，但难以完全去除样品中的细菌成分，仍需要生物信息分析手段对其中的细菌组分进行去除。

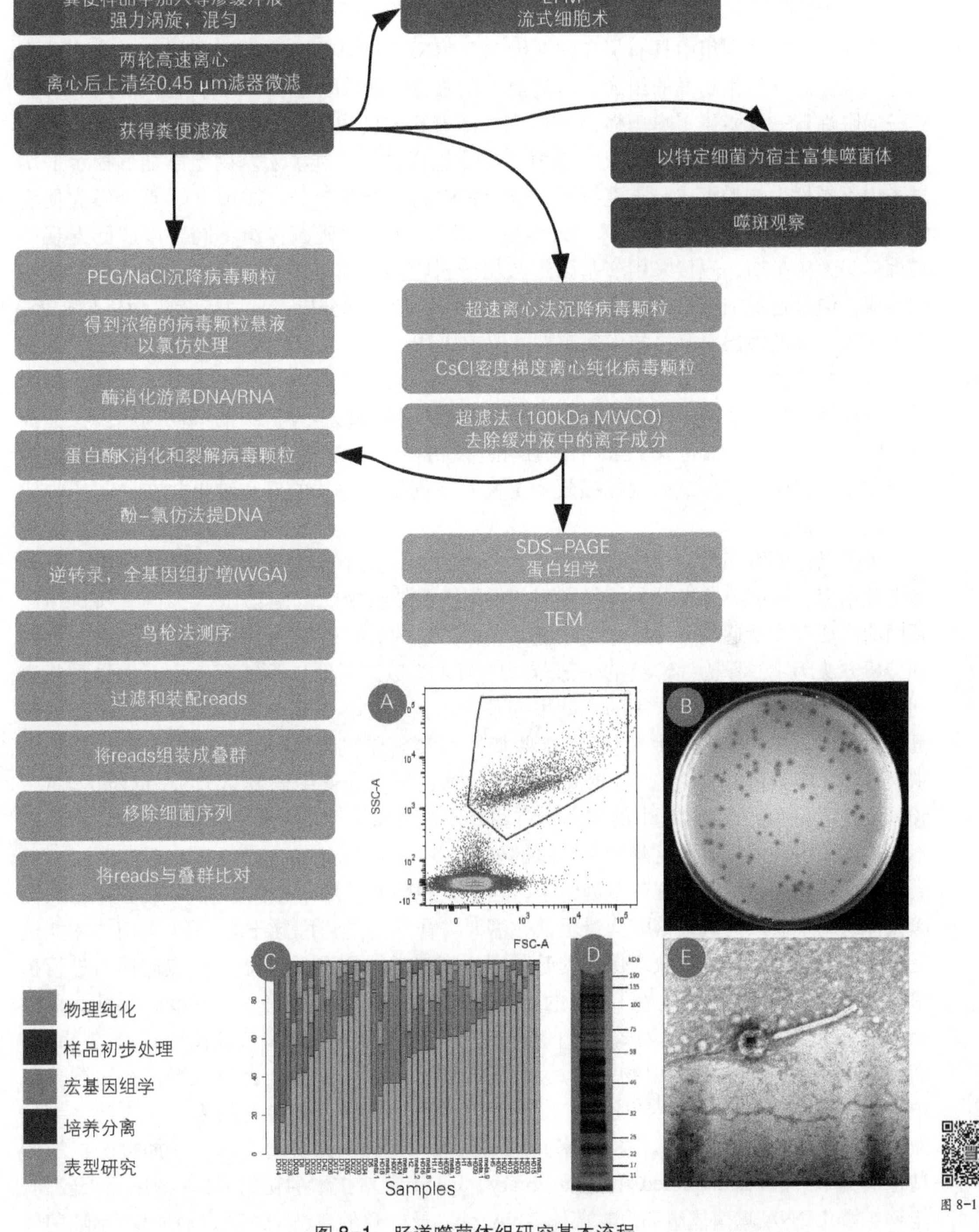

图 8-1 彩图

图 8-1　肠道噬菌体组研究基本流程

A. 流式细胞术计数人类粪便滤液中噬菌体颗粒；B. 来源于污水样品的粪肠球菌（*Enterococcus faecalis*）噬菌体 JD016 噬斑在双层 LB 琼脂平板上的形态（由郭明权提供）；C. 人类粪便样品中不同噬菌体丰度差异（由陈倩提供）；D. CsCl 梯度离心分离人类粪便中病毒颗粒的 SDS-PAGE 凝胶电泳条带；E. TEM 观察纯化后的粪肠球菌噬菌体 JD016（由郭明权提供）

二、不依赖于病毒颗粒分离的研究方法——宏基因组测序

原核微生物基因组中具有保守的编码 16S rRNA 的基因，可根据 16S rRNA 序列的多态性来推测原核微生物群的组成。而噬菌体在内的病毒基因组中不具有群体保守的基因，这一局限性曾一度阻碍了噬菌体组的研究。随着科技的发展，不断进化的测序技术和持续降低的测序成本为更大程度获取噬菌体组信息提供了可能。宏基因组学能够揭示群落样本中不同微生物的组成与丰度情况，包括其中的噬菌体成分。2010 年，首个对粪便病毒组的宏基因组研究揭示了肠道中大多数（83%~91%）噬菌体组不同于以往已发现的噬菌体。无须扩增，直接采用宏基因组数据分析噬菌体组，能够更客观地展现噬菌体组的构成，但是也更加依赖于数据库以及大量的生物信息学分析，且由于背景微生物较多，低丰度噬菌体的检出对测序技术敏感性的要求更高。

以上介绍的两种方法——无论是分离噬菌体颗粒后的测序分析还是直接对样品的宏基因组进行分析，都同样存在核酸抽提、测序及生物信息学分析中的共同问题。在抽提核酸时，以下问题需要考量：采用经典的酚/氯仿/异戊醇方法，还是选择商品化试剂盒？如果是后者，选择哪种试剂盒抽提效率更高？不同抽提方法的研究结果放在一起比较或整合是否可靠？

根据以往的测序数据，包含噬菌体组在内的病毒组中有高达 90% 的部分不能匹配到参考数据库，这部分难以被分析的序列就如同噬菌体组中的“暗物质”。由于“暗物质”基因的广泛存在及通用基因标志的缺乏，噬菌体组的研究以 de novo 组装和不依赖数据库的分析方法为主。作为病毒组的一部分，噬菌体组数据具有以下特征：含有大量重复序列、存在同宿主发生相互作用的高度可变基因组区域、具有高的突变率（导致宏基因组复杂性增加及噬菌体株发生变化）。这些特征对噬菌体组的测序与分析提出了更高的要求。另外，噬菌体群 DNA 产量较低，根据估算，每克粪便中病毒总 DNA 量能达 250~500 ng。但是由于处理过程中的损失，有些粪便样品每克中抽提出的 DNA 只有 4~5 ng，不经扩增的情况下难以满足建库及测序的要求。

噬菌体基因组相对于细菌基因组小，这极大地限制了测序过程中 reads 覆盖率。从健康人体组织中获取的病毒核酸含量更低，需要将样品富集到每微升含 10^6 个噬菌体才能进行后续处理。由于噬菌体缺乏保守的基因序列，常规的 PCR 方法难以对噬菌体组进行扩增。为了实现噬菌体组微量 DNA 的高效扩增，多重置换扩增（multiple displacement amplification，MDA）应用较多，该方法依赖于能够对微量 DNA 快速高效扩增的 phi 29 DNA 聚合酶和随机六聚体引物。但是，MDA 产物存在一定的嵌合体概率，在后续分析中需要先行去除，且 MDA 会优先扩增 ssDNA，这种扩增偏差会对结果产生影响，导致微小噬菌体科和丝状噬菌体科检出率高于实际值。另外一种扩增方法——加接头扩增的鸟枪法文库（linker amplified shotgun library，LASL）对扩增的初始 DNA 浓度要求较高，能够扩增 dsDNA 噬菌体组和由噬菌体 RNA 逆转录得到的双链 cDNA，对 ssDNA 噬菌体组的扩增效率相对较低。此外，不依赖于序列的 DNA 和 RNA 扩增（sequence-independent DNA and RNA amplification，SIA）可以用于 DNA 或 RNA 噬菌体组扩增，但该方法对 DNA 病毒组的扩增效率低于 MDA。对于研究者而言，首先需要明确研究对象，是聚焦于高丰度的 DNA 噬菌体还是更全面的噬菌体组等，然后根据研究对象选择更合适

的核酸抽提方法及扩增策略。

测序后 reads 覆盖率低及序列重复会导致基因组拼装效果差、序列破碎程度及错误组装率高。序列拼装软件的选择对于噬菌体组后续分析质量有很大影响。宏基因组序列组装程序的准确度和有效性通常利用已知的微生物群组成模拟数据集来评估，虽然这些模拟数据集在不断完善，但目前仍主要针对细菌宏基因组数据，想要真实地揭示噬菌体宏基因组全貌仍然面临很大挑战。

利用宏基因组学分析噬菌体组，除了从头开始实验之外还有另外的思路：整合前期分析菌群的宏基因组数据，应用大数据挖掘的方法对其中的噬菌体组进行研究。这也是充分利用资源、合理优化科研资源配置的一种方法。

第二节　人体噬菌体组结构特征

一、噬菌体组的结构与功能

噬菌体依赖细菌完成生命周期，因此噬菌体与菌群在人体的分布一致，在肠道中含量最为丰富。本部分内容主要介绍肠道噬菌体组的结构与功能，对肠道外其他部位的噬菌体组仅进行简要描述。

（一）肠道噬菌体组

大量研究揭示，人体肠道噬菌体组有非常高的个体差异性，以致个体间的噬菌体组差异成为整个噬菌体组差异的主要来源。

人类噬菌体组的相关研究多以肠道 DNA 噬菌体为研究对象。其中，dsDNA 病毒如长尾噬菌体目，包括长尾病毒科、短尾病毒科和肌尾病毒科，或 ssDNA 病毒如微小病毒科和丝状噬菌体科的噬菌体丰度最高。超过 95% 的噬菌体含有线性 dsDNA 和有尾的蛋白质外壳。在已发表的宏基因组序列数据库中，存在一种丰度极高的噬菌体，被命名为 crAss 样噬菌体（cross-assembly like phage），其预测宿主为拟杆菌属细菌。该噬菌体含有 1~97 kbp 的环状基因组，在多数人的粪便中能够检出，且丰度高于其他已知噬菌体基因组总和的 6 倍，其基因序列占据病毒组数据的 90%，占宏基因组数据的 22%。

Pilar Manrique 等通过研究 64 个北美的健康成人个体中肠道噬菌体组的分布，总结出健康成人的肠道噬菌体组共分为 3 类：第一类是存在于 50% 以上健康人群中的 23 个核心噬菌体组（core phageome）；第二类是在 20%~50% 健康个体中存在的 132 个常见噬菌体组（common phageome）；第三类在不同个体中相似性较低，为个体所特有的噬菌体组。其中，前两类噬菌体组被称为“健康肠道噬菌体组”（healthy gut phageome，HGP）。从分布上来讲，噬菌体分为胞内和胞外两类。胞内噬菌体包括前噬菌体未释放出的裂解性噬菌体；胞外噬菌体包括部分溶原性噬菌体、活化的前噬菌体及完成装配周期被释放出细胞的裂解性噬菌体。需要注意的是，有一部分噬菌体虽然在细菌胞外，但会被人体的免疫细胞所吞噬，这部分噬菌体与其宿主菌没有直接的相互作用。

在开放性环境如海洋生态系统中，大部分噬菌体具有裂解性；在较封闭的环境如人体肠道中，溶原性噬菌体占据主要地位。噬菌体能稳定存在于细菌基因组中需要一些特定的分子机制，如 c Ⅰ（促进溶原）和 *cro*（促进裂解）基因开关。诱导前噬菌体活化的过程通常伴随着 DNA 损伤的发生，或者触发细菌内其他紧急反应，导致前噬菌体开启将自身从细菌基因组中切除相关基因的表达。有些细菌在达到特定生长密度时会分泌自诱导物，其噬菌体则能够编码相应的群体感应分子受体，当两者结合时，也会激活前噬菌体的裂解途径。Arbitrium 系统能够促进噬菌体进入溶原状态。当细菌裂解后，由前噬菌体编码的一种肽会被释放到胞外，在封闭环境中，这种肽更容易积累。当其浓度超过一定阈值时，附近的细菌会通过特定分子感应到这一信号，进而导致噬菌体裂解态的终止，促进溶原状态的发生。

（二）肠道以外的人体噬菌体组

口腔是与外界直接连通的开放环境，且湿度与温度适宜许多微生物的生长。据估计，口腔中细菌含量高达 6.0×10^9 CFU，每毫升口咽拭子或唾液样本中噬菌体的含量达 10^8 个病毒颗粒，每毫克牙菌斑中有 10^7 个病毒颗粒。研究发现，口腔中最丰富的病毒也是噬菌体，在所有研究个体（涉及不同人种和性别）的病毒组中，最为常见的同源序列（占所有重叠群的 26.2%±1.4%）来自噬菌体组，且在男性与女性中的组成有所差异。此外，所有研究对象的多数病毒在一定时间（14～30 天）内是稳定的。口腔中的牙齿、齿龈、软腭、硬腭、舌等部位为细菌和噬菌体的定植提供了不同的生态位。健康人群的口腔唾液、龈上和龈下牙菌斑的噬菌体组中，长尾噬菌体目最多，且龈下生物膜中肌尾噬菌体目相对较少，说明健康人群龈下裂解性噬菌体比口腔疾病状态下更少。口腔中的噬菌体组能够塑造菌群结构，甚至可以影响口腔共生菌的毒力。例如，有研究发现口腔中放线共生放线杆菌（*Aggregatibacter actinomycetemcomitans*）噬菌体的存在与牙周炎的严重程度呈正相关 。虽然这个结论曾受到不同研究团队的质疑，但这也说明口腔中的噬菌体除了作为共生组分之外存在潜在的病原风险。

皮肤上存在多种微生物，如金黄色葡萄球菌、痤疮丙酸杆菌（*Propionibacterium acnes*）等都是皮肤上的常见菌。研究发现很多感染皮肤的细菌中含有前噬菌体，这提示噬菌体可能也是皮肤微生物群的重要组成部分。而同样经常见于皮肤的链球菌属（*Streptococcus*）和棒状杆菌属（*Corynebacterium*）的基因组中广泛地分布有 CRISPR 序列，能够阻止噬菌体的侵袭。研究发现不同部位皮肤的微生物组存在差异，但总体来说，长尾噬菌体目最多（占总序列的 73%），随后是短尾噬菌体目（占 12%）和肌尾噬菌体目（占 8%），在整个噬菌体组中以假单胞菌属细菌为宿主的噬菌体数目最多（占 36%）。

由于呼吸道取样过程复杂，且其中细菌丰度较低，当前并没有专门针对健康人群呼吸道噬菌体组的研究报道。2009 年有一篇关于囊性纤维病患者与健康人群呼吸道 DNA 病毒组差异的文献，后文会有详述。

健康人群血液中本身不存在噬菌体，但是当发生外部因素创伤血管（如静脉注射）时，噬菌体组可以在血液中被检出。随后，噬菌体能够迅速地通过各种内皮、黏膜、上皮细胞屏障，随血液循环到达肝脏、脾脏、肺脏、肾脏。在几项应用口服噬菌体治疗葡萄球菌、埃希菌、假单胞菌等感染案例中，应用噬菌体疗法 10 天之后，56 份血液样品中的 47 份呈噬菌体检测阳性，同时 26 份尿液样品中的 9 份也被检测到含噬菌体组。

二、影响人体噬菌体组的因素

能够影响人体微生物组的因素均能够对噬菌体组产生作用，但是其发挥作用的方式可能有所差异。这些因素可以分为3类：①微生物群自身演替规律及群体内部相互作用；②个体年龄、性别、疾病状态等内因；③个体所处地域环境、医疗条件，自身饮食习性、运动等外因。最受关注的影响噬菌体组的因素为饮食和抗生素的使用。

抗生素的使用能够显著地影响肠道细菌组及噬菌体组结构，导致噬菌体编码的耐药基因扩增。研究发现，在给予不同个体相同的饮食之后，个体间的噬菌体组差异相对于饮食之前要小。在饮食前后，对16S rDNA扩增子的多样性与噬菌体多样性进行关联性分析发现两者存在显著关联。饮食中果糖和微生物群通过乙酸激酶A介导的乙酸生物合成途径，触发诱导前噬菌体的压力反应，使更多的前噬菌体被释放，胞外检测到的噬菌体丰度增高。

三、噬菌体组的演替

新生儿体内不存在细菌和噬菌体，但出生后的婴儿肠道会迅速被各种微生物定植，初始定植的细菌丰度较低，但噬菌体的丰度和多样性却比较高。新生儿从母体或环境中获得初始菌群，新定植菌群的前噬菌体诱导产生的噬菌体组成为其最初的噬菌体群，随着新生儿暴露于环境及食物的摄取，菌群与噬菌体群得以迅速丰富。婴儿肠道内细菌与噬菌体丰度的动态变化关系可以用“杀死胜利者”（KtW）动态模型来解释：某种细菌宿主由于更容易获取和定植，在初始时丰度较高，随后其噬菌体增多将其裂解，导致其丰度降低，而与之有竞争关系的细菌借机增殖，随后也重复这种KtW动态规律。这一动态演变导致婴儿体内噬菌体多样性较高。多时间点的研究揭示在新生儿出生后4天内噬菌体组的丰度最高，随后的2~3年，细菌的丰度和多样性开始增高，从以乳酸菌为主转变为接近成人的菌群多样化组成，同时噬菌体的丰度逐渐降低。不同研究对象个体噬菌体丰度差异较大，但总体变化趋势一致。研究人员认为从婴儿微生物组到成人化微生物组转变的过程中，人体的肠道微生物群经历了反向的竞争生态模型Lotka-Volterra动力学变化：新生儿肠道内低丰度的细菌不能够满足高丰度的噬菌体的生存需求，导致噬菌体多样性和捕食者压力（predator stress）骤然下降，作为被捕食对象（prey）的细菌群丰度开始增高，又进一步影响噬菌体组的丰度。在出生后个体发育的前两年半时间内，婴儿肠道内有尾噬菌体目和微小噬菌体科丰度变化完全相反，前者逐渐降低，而后者逐渐增高。生命早期的噬菌体组较为多变，但在成年期，肠道噬菌体组结构呈现高度稳定状态，在健康成人两年半的受试时间内，约80%的肠道噬菌体组是稳定的。与此同时，健康个体间的噬菌体组差异较大。细菌DNA聚合酶的精准复制，溶原性噬菌体突变率较低；而以单链环状DNA为遗传物质的微小噬菌体科则呈现较高的碱基置换率（每天超过10^{-5}个核苷酸）。个体间噬菌体组多样性差异主要来源于两个方面：一是每个个体稳定传代的少部分噬菌体组；二是在长期生存过程中进化出来的新物种。

根据文献综述，如图8-2所示，健康成人肠道主要的噬菌体同婴儿相比，除了都具有有尾噬菌体目之外，健康成人还具有微小噬菌体科，但是噬菌体宿主范围减小。健康婴儿肠道噬菌体的宿主主要有拟杆菌门、厚壁菌门和变形菌门的某些细菌，而健康成人只有拟杆菌门与厚壁菌门。

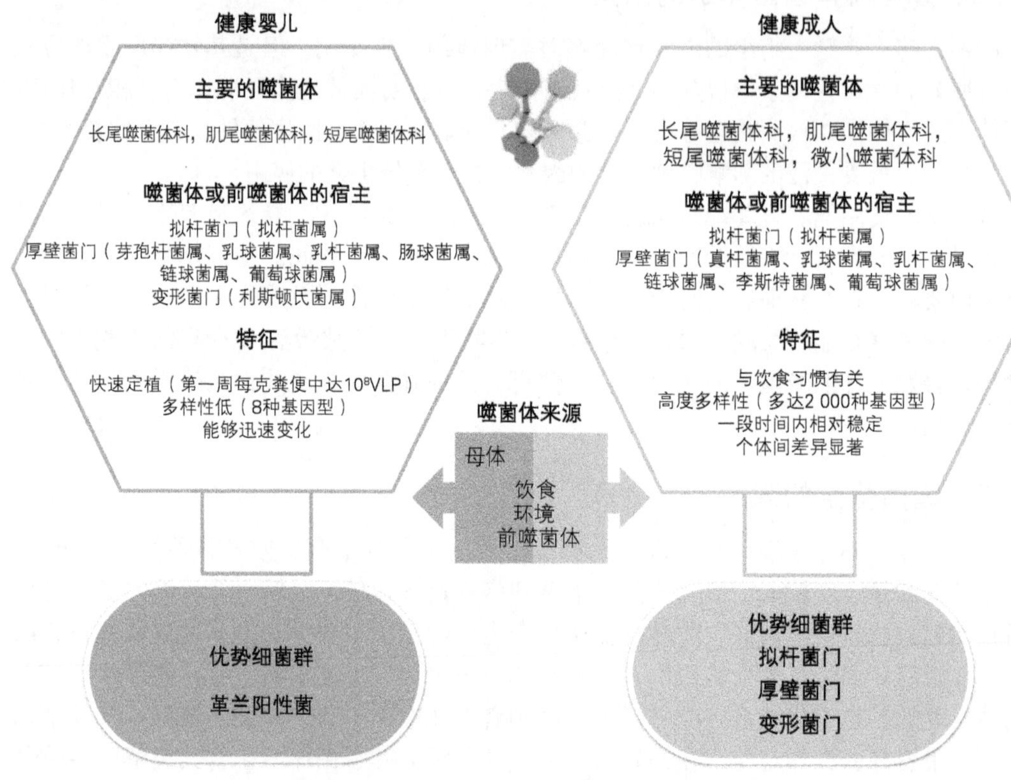

图 8-2　健康婴儿与健康成人噬菌体组差异

第三节　人体中噬菌体组与细菌组及与人体的相互作用

一、噬菌体组与细菌组的相互作用

噬菌体组与细菌组的相互作用提高了微生物组的进化速率和生物复杂性。两者作为微生物组中丰度最高的组分，其相互作用结果对于维持人体微生态环境的稳态具有重要作用。由于噬菌体群从结构上可以分为细菌胞外或胞内噬菌体，从性质上可以分为溶原性或裂解性噬菌体，因此，在解释噬菌体组与细菌组的相互作用时应考虑其中的区别，更加系统地描述两者相互作用的过程及结果。

溶原性噬菌体在每一次感染细菌宿主的过程中，都面临进入溶原或裂解周期的选择。进入溶原性状态的溶原性噬菌体能够将自身基因整合到宿主基因组中，成为前噬菌体，随着宿主基因组的复制而扩增。前噬菌体与细菌成为互利共生模式，通过转录因子、DNA 重排等机制来调控细菌基因表达，进而影响细菌的致病性及其在微生态中的行为模式。前噬菌体作为噬菌体组结构的重要组成部分，能够通过影响宿主菌来影响微生物群结构。前噬菌体通过多种途径为其宿主菌提供生存优势，如防止其他噬菌体的二次感染；诱导激活后从宿主菌中脱离，裂解与宿主菌有竞争关系的菌；编码毒素或黏附因子，促进宿主菌在人体内的生存；在特定情况下增强宿主菌的生存能力；编码碳水化合物代谢基因、维生素和辅酶因子合成基因等，对细菌生存提供有利产物。同时，溶原性噬菌体整合到细菌中，使自身能够获得持续感染细菌的机会并且在一些不利的外界环境下最大可能地保存遗传物质。

细菌持续进化增强对抗噬菌体感染的防御机制，噬菌体同时发生共进化，从而抵抗、逃避或破坏细菌的抗噬菌体机制，在裂解性噬菌体与细菌构成的捕食与被捕食关系中获得一定优势。这种动态共进化过程是“红皇后假说”（见第 9 章）中的一部分。虽然在这个过程中，细菌组与噬菌体组发生了共同进化，但是对于细菌与噬菌体两个群体而言，他们在竞争环境下的生存优势并没有得到明显提升。有些研究人员假设：在微生物组中，细菌组丰度的变化伴随着对应噬菌体组的相反变化。然而，研究表明人体肠道内的噬菌体组与细菌组的丰度多数情况下并非简单的此消彼长。两者间不只存在捕食关系，也存在寄生的关系，“军备竞赛”动态模型与波动选择模型（fluctuating selection dynamics）等也被用来描述两者之间的相互作用。这些作用最终促成了健康人体复杂的微生态环境中噬菌体组与细菌组的微妙动态平衡状态。

二、噬菌体组与人体的相互作用

虽然噬菌体是感染细菌的病毒，但是也能够直接与人体的免疫细胞相互作用。研究证明，噬菌体可以从肠腔穿过上皮层进入肠道基底层，即免疫细胞富集的部位，与免疫细胞直接接触。除了噬菌体本身之外，其 DNA 或 RNA 成分能够与免疫细胞的受体结合，影响免疫反应。前噬菌体作为微生物组中的可移动元件，具有将非致病菌的耐药基因转移至致病菌基因组的潜在威胁。此外，前噬菌体还能够转移毒力因子编码基因等有害遗传元件。

噬菌体对宿主的作用能够进一步影响细菌组的结构与功能。假溶原性噬菌体既不会导致宿主细菌的裂解，也不会将其基因整合到细菌基因组中，因此也不具有水平转移基因的功能。

由于噬菌体组作用的多元性及微生态系统的复杂性，关于噬菌体组如何维持人体微生态结构及影响人体健康的机制尚不明朗。

第四节　特定疾病状态下噬菌体组组成特征

人体的很多疾病都伴随着肠道细菌组的变化，但是由于噬菌体组研究开展时间尚短，与之在临床或科学研究中存在关联性证据的疾病与前者未能对应。以往研究发现，一些疾病包括免疫性疾病（1 型糖尿病、炎症性肠病）、代谢性疾病（2 型糖尿病）、心脑血管疾病（高血压）、神经精神类疾病（精神分裂症）等患者的噬菌体组相对健康人均有差异（表 8-1）。

2018 年的一项研究对来源于 196 名个体（包含健康成人、前期高血压患者和高血压患者）粪便样品中的病毒组（以其中的噬菌体组为主）进行了深度分析。基于病毒组信息对这 196 份样品进行主成分分析后，发现其聚为两簇，其中一簇的病毒以欧文氏菌噬菌体 phiEaH2 最为富集，另外一簇以乳球菌属噬菌体 1706 最为丰富。对结直肠癌患者肠道病毒组的研究证明，存在一组低丰度（在样品中的比例低于 1%）的关键病毒组，在机体从健康到生长腺瘤，直到罹患结直肠癌过程中发生变化。其中长尾噬菌体科的三个基因簇呈现不同的变化趋势，3 个属于肌尾噬菌体科的基因簇中有两个在此过程中呈现降低趋势，另一个基因簇则相反。多项关于炎症性肠病（inflammation bowel disease，IBD）患者病毒组的研究得出共同的结论：IBD 患者肠道噬菌体组异于健康人，克罗恩病和溃疡性结肠炎患者胞外噬菌体组的变化不同，但丰富度均增加（与此同时，细菌的多样性降低）。Norman 等对此提出假设，认为 IBD 患者肠道内前噬菌体被激活导致其粪便检测到的噬菌体组丰度增高。健康状态下，裂解性噬菌体、活化的前噬菌体和细菌基因组中整合的前噬菌体三者维持稳态。Mill 团队提出的群体洗牌模型（Community Shuffling Model）认为：IBD 导致的炎症作为一种压力因素，诱导特定前噬菌体从细菌基因组中独立出来，进而导致检测到的胞外噬菌体组丰度增加以及结构改变。

表 8-1　部分疾病状态下噬菌体组特征

疾病	噬菌体组变化	研究方法	参考文献
炎症性肠病	患者肠道长尾噬菌体科丰度增高	分离病毒颗粒之后，抽提 DNA 并扩增测序	Norman J M，Handley S A，Baldridge M T，et al. Cell，2015.
1 型糖尿病	基于读长分析，微小噬菌体科、长尾噬菌体科、短尾噬菌体科、肌尾噬菌体科的丰度在 T1D 易感性儿童与健康人肠道内无显著差异，但是短尾噬菌体目的香农-维纳多样性指数在 1 型糖尿病易感儿童中更高	分离病毒颗粒之后，抽提 DNA 及 RNA，扩增并测序分析	Zhao G，Vatanen T，Droit L，et al. Proceedings of the National Academy of Sciences of the United States of America，2017.
2 型糖尿病	肠道肌尾噬菌体科、短尾噬菌体科、长尾噬菌体科显著增多，其中包括 7 个核心 pOTU，其宿主菌推测为肠杆菌属、埃希菌属、乳杆菌属、假单胞菌属和葡萄球菌属	宏基因组学	Ma Y，You X，Mai G，et al. Microbiome，2018.
艾滋病	检测到的肠道噬菌体主要是有尾噬菌体目或微小噬菌体科；噬菌体组的丰度及 α 多样性与健康组及治疗组相比无显著差异；艾滋病患者的细菌组组成及丰度有明显改变	从人类粪便中富集病毒颗粒，并利用 Phi29 聚合酶扩增其 DNA，然后进行二代测序，通过 VirusSeeker 这一生物信息学工具来鉴定其中的病毒序列；同时以 16S rDNA 测序检测细菌组	Monaco C L，Gootenberg D B，Zhao G，et al. Cell Host & Microbe，2016.
精神分裂症	口咽样品中乳杆菌噬菌体 phiadh 的丰度显著增高	提取口咽拭子样品的总 DNA，进行二代测序后，利用生物信息学工具过滤掉人类、细菌、真菌及寄生虫的序列。剩余的序列通过 Refseq 病毒数据库分析病毒的序列	Yolken，Severance E G，Sabunciyan S，et al. Schizophrenia Bulletin，2015.
牙周疾病	牙周疾病患者的唾液样品中肌尾噬菌体丰度显著增加，而在龈下菌斑中显著降低，同时长尾噬菌体科丰度增高；在龈上菌斑中肌尾噬菌体科和长尾噬菌体科无显著变化	对两个组别的样品分别进行合并，分离其中的病毒群，对其 DNA 进行测序。利用 SEED 数据库和 MG-RAST 注释工具，进行 BLASTX 分析序列中的病毒科	Ly M，Abeles S R，Boehm T K，et al. Mbio，2014.

另外，抗生素的使用也会导致肠道噬菌体组结构的变化。健康成人服用环丙沙星后，宏基因组分析发现噬菌体组中抗生素耐药基因的丰度增高，且在停药后 28 天后涨幅更高。

除了肠道噬菌体外，人体其他生理部位的噬菌体组与疾病也存在关联性。2015 年，美国科学家招募了41名精神分裂症患者及33名健康成年人，分析其口咽样品的噬菌体组。通过测序，他们获得了79个噬菌体序列，并发现其中一个乳杆菌噬菌体phiadh在患者来源的样品中丰度显著增高（$p<0.00037$，$q<0.03$）。且该噬菌体丰度的差异在控制了年龄、性别、种族及是否吸烟等因素后依然显著（$p<0.006$）。对囊性纤维病（cystic fibrosis，CF）患者的呼吸道痰液样品进行处理，纯化富集其中的病毒颗粒，宏基因组测序结果显示CF患者呼吸道病毒组中噬菌体组的丰度和多样性均高于健康人，且健康人之间噬菌体组的差异较大，而不同患者间噬菌体组的相似性更高。CF患者的噬菌体组中，链球菌噬菌体丰度增加，且利用抗生素诱导CF患者样品所得的链球菌噬菌体也比健康人多。CF患者痰液中均能分离培养出铜绿假单胞菌，但是其噬菌体的丰度并未增高。

微生态学从20世纪初的经验时期发展至今，关于人体微生态稳态与健康状况的关系已经积累了大量的科研数据及临床证据。疾病状态下人体微生态的稳态被打破，微生物组结构会发生一定程度的改变。宏基因组关联研究（metagenome-wide association study，MWAS）提供了研究宿主疾病状态下微生物组变化的方法，旨在捕捉微生态系统变化中能够作为疾病指标的分子。与基因组关联研究（genome-wide association study，GWAS）相比，MWAS能够提供更大的信息量，且这些信息在人群中更为多变。但是目前大部分MWAS信息多是基于细菌组得出的，噬菌体组或病毒组信息近年来才得到关注。在MWAS前期研究中，有些疾病（如结直肠癌）在结合了常规诊断指标及细菌丰度变化指标之后，诊断的敏感性及准确率有了显著提升。若以噬菌体组联合细菌组的变化作为辅助靶标，结合疾病的固有诊断标准，将进一步提高疾病诊断的敏感度。但是将噬菌体组纳入疾病辅助诊断靶标尚存在一定问题，由于个体间噬菌体组差异较大，健康噬菌体组标准的不同可能会导致诊断结果的偏差。有必要在充分考虑地域、饮食习惯、年龄等因素对噬菌体组影响的同时，对不同地域的人群建立噬菌体组数据库，尤其是针对核心噬菌体组与常见噬菌体组建立健康人体噬菌体组电子数据库。此数据库可与个人健康档案关联，并按年龄阶段进行分类，在精准医疗时代将更好地服务于大众健康。

在人体微生态学研究中，通过调控微生态来干预、预防疾病或促进健康的方式一直是备受关注的议题。通常来讲，与饮食相关的个性化营养、益生元的摄入是最常见的调控微生态的方式；益生菌（probiotics）及与微生物群代谢有关的益生素（postbiotics）也能够调控微生态；粪菌移植在迅速恢复由疾病导致的微生物群紊乱、重建微生态过程中能够发挥作用（但存在一些失败案例）；与噬菌体组有关的调控方式除了应用于超级细菌感染的噬菌体疗法之外，还包括应用含噬菌体的滤液调控微生态——这种方式在治疗艰难梭菌感染过程中产生了良好的效果。从理论上来讲，由于噬菌体作用的高度特异性，利用特定噬菌体或噬菌体鸡尾酒制剂对某类细菌丰度进行精准调控，实现对人体微生态环境的改造是可行的。婴儿期噬菌体组与细菌组的演替符合KtW动态模型，在一定发育时间内婴儿体内的细菌组与噬菌体组处于高度变化状态，如果该动态模型对任何婴儿都适用，那么临床上将可以利用裂解性噬菌体操纵其微生物群，但前提是需要明确进行这种干预的最佳时间窗口，且在免疫系统尚未完全建成的婴儿内引起的机体反应可控。

利用噬菌体组调控微生物组的应用尚处于起步阶段，目前有一些关键的科学问题有待解决。例如，靶向某些细菌的噬菌体作用于人体之后，将对机体的其他微生物产生怎样的影响及其作用机制是什么；在研究干预噬菌体组对健康作用时，对于每一种干预方法都应设置随机双盲的队列研究，确保研究结果的可靠性，尽可能减少类似益生菌应用中的有效性争议；噬菌体特异性较强，发挥作用时可能只可以裂解一株细菌，而当前关于微生态与疾病的关系尚未完全精准到菌株水平，这在一定程度上限制了噬菌体组的应用。

值得称道的是，随着技术的进步与成本的降低，研究人员对微生态学的研究进入繁荣时期，对微生物组的探索已不满足于其结构变化的认知，已逐步开展对微生物组-宿主作用机制的研究，并推进相关产业发展。噬菌体组研究虽然起步较晚，但以细菌组中所做的探索作为基础，不断解决相关研究技术难点，其发展相当迅速。我们有理由相信，作为超级细菌的天然克星，噬菌体疗法在很长一段时间内会继续服务于医疗行业。但是在噬菌体组研究持续升温的今天，作为领域内的研究人员，我们对噬菌体组的未来充满信心的同时也应当有所担忧：①噬菌体组与相关疾病的关系还有待于在更多人群中进行检测和充分评估；②基础研究与临床科室的合作还需要更多支持，对于已有大量研究基础的特定疾病噬菌体组靶标，应当尽快推进临床验证，并将其真正应用到临床诊断并快速推广，加快研究成果的转化；③噬菌体组调控人体微生态的机制有待明确（除了与细菌组的相互作用之外，还有很多需要解决的问题）；④需要对受试者的身体状况进行长时间随访监测，充分评估其利弊；⑤噬菌体组干预的伦理规则迫切需要被建立。

2003 年人类基因组计划结束之后，2005 年 *Science* 报道了第一篇 GWAS 研究报告——关于年龄相关的黄斑变性。随后又出现了一系列关于 2 型糖尿病、肥胖、心血管疾病等研究成果。经历了热情高涨的研究热潮之后，GWAS 的研究面临转化率低的问题，热度逐渐消退。对于噬菌体组甚至整个微生物组的研究，也应当警惕这种热潮之后低迷的风险。在噬菌体组与人体健康证据越来越明确的当下，相信会有更多专家学者投入相关研究中，在做前沿科学的同时，能够解决真正的科学问题和服务于医学研究。

参考文献

9 噬菌体进化生物学

——乐　率

人类一直在孜孜不倦地探索生命的起源及其进化历程，但生命的起源与进化依旧是未解之谜。生物学家达尔文提出的“进化论”被誉为19世纪自然科学最伟大的三大发现之一，进化论也成为生命科学的重要理论。进入20世纪后，随着遗传学、分子生物学、生态学等生命科学的发展，生物进化论的研究已逐步由推论走向验证，由定性走向定量，生物进化论已逐渐发展为一门完整的学科——进化生物学。

进化生物学按研究的尺度可以分为宏观进化学和微观进化学。当前，噬菌体进化及噬菌体-细菌共进化的研究大多属于微观进化学的范畴，即研究自然因素导致的物种内积累的微小变异及其影响，这是一个渐变的过程。而与之相对的宏观进化学，研究的则是种及种以上的高级分类群在长时间尺度上的变化，常属于考古学研究范围。

达尔文提出进化论的依据，是基于不同天然物种之间的细微差异。因此，进化生物学主要通过比较不同样本之间的差异来进行分析研究。但是，发现的样本并不是按时间顺序出现的，对样本之间差异的不同解读会产生不同的结论。能否更加直接地观察进化事件，从而阐明进化学的规律呢？一门新的分支学科——试验进化学（experimental evolution）的出现为进化生物学提供了新的研究手段。

试验进化学主要利用实验室环境中快速繁殖的微生物来验证进化的规律，研究对象包括细菌、真菌和病毒。微生物在试验进化学中具有众多优势，如个体微小、数量庞大、繁殖迅速、易于保存，可在不同时间点分别保存微生物，形成研究的活化石；微生物基因组相对较小，易于对变异位点进行分析；在实验室环境中可模拟筛选压力等因素，从而验证相关进化规律。Richard Lenski被认为是利用微生物研究进化生物学的先驱，他自1990年开始，连续传代培养大肠埃希菌，至今已有20余年，为研究细菌进化规律提供了极其宝贵的材料，也验证了进化生物学中的部分重要理论，如自然选择和遗传漂变对细菌适应性的影响。

噬菌体是感染细菌的病毒，时时刻刻与细菌发生斗争。例如，当铜绿假单胞菌PAO1被裂解性噬菌体PaoP5感染时，可筛选出由于*wzy*基因突变导致脂多糖变异的突变菌；而能感染*wzy*基因突变菌的噬菌体也会随之被筛选出来。在长期的斗争过程中，噬菌体和细菌不仅分别进化出感染细菌和抵抗噬菌体感染的武器，也极大地影响了细菌在不同时间和空间的群体结构，对自然环境和人体微生态系统的稳态具有重要贡献。因此，噬

作者单位：乐率，陆军军医大学基础医学院。

菌体-细菌共进化研究是试验进化学的重要分支之一，为阐述进化生物学的重要理论提供了直观的实验证据。

本章简要介绍微生物进化的遗传学基础和进化动力，分别就噬菌体的进化和噬菌体-细菌共进化的研究进展及其意义进行阐述。

第一节　进化的内因与外因

一、进化的内因：遗传与变异

进化的基本过程就是物种的遗传物质发生变化的过程，这种遗传改变始于变异。变异是进化的基础和必要条件，但不是进化的原因。变异指基因或染色体的变化，也可以指表型特性的变化。变异的形式很多，如染色体数目变异、外显子改组等。而噬菌体的结构简单，通常仅有一条基因组，且非编码区较少。因此，噬菌体的变异主要包括突变（mutation）和重组（recombination）。

DNA 的突变有很多种。最简单的突变是点突变（point mutation），即 DNA 上的单个碱基对的改变，可以是一个嘌呤替代另一个嘌呤（如 A-G 突变），也可以是一个嘧啶替代一个嘌呤（如 T-A 突变）。由于密码子的冗余性，如果编码区的点突变不导致编码氨基酸序列的改变，这样的突变称为同义突变（synonymous mutation），不会导致蛋白质变异；而当突变导致编码氨基酸的改变时，则称为非同义突变（nonsynonymous mutation）。非同义突变出现在蛋白质的非关键位点时，可能对蛋白质功能没有影响；但是如果突变发生在蛋白质的关键活性位点，则会有显著影响。例如，铜绿假单胞菌噬菌体 JG004 的尾丝蛋白基因发生 A1959C 突变后，导致编码氨基酸出现 K653N 的改变，此时的变异噬菌体 JG004-m1 则发生了宿主谱的改变，可感染另一株铜绿假单胞菌 PA1。

噬菌体是突变研究的极佳对象。早在 1943 年，Luria 和 Delbruck 就利用大肠埃希菌及其噬菌体 T1 证明突变是随机产生的，且突变出现在接触噬菌体之前。随后，不同的噬菌体也被陆续分离鉴定。ssRNA 噬菌体 Qβ 和 dsRNA 噬菌体 phi6 的突变率较高，可达 10^{-5} ~ 10^{-3}，这是因为 RNA 噬菌体复制使用的 RNA 依赖的 RNA 聚合酶没有纠错功能。而 DNA 聚合酶具有纠错功能。因此，DNA 噬菌体的点突变率较低，如 ssDNA 噬菌体 M13 的突变率约为 10^{-7}，dsDNA 噬菌体 T2 和 T4 的突变率约为 10^{-8}。噬菌体的突变是其分子进化的重要基础，也是分子生物学和试验进化学研究的重要证据。

另一类常见的突变是 DNA 的插入（insertion）和缺失（deletion）。插入或缺失可涉及少数几个碱基，也可涉及较长片段。如果编码基因被插入或缺失了 1 个或 2 个碱基，则会导致移码框的改变，下游的氨基酸将彻底改变，这样的突变称为移码突变（frameshift mutation）。

重组是进化的又一重要力量。最早，研究人员在研究 λ 噬菌体整合时，发现重组包括 DNA 的断裂和 λ 噬菌体的整合两个步骤。重组按重组位点的序列特征可分为同源重组（homologous recombination）和非同源重组两种机制。

同源重组是指两个序列相同或高度相似的 DNA 分子之间的重新组合。当重组发生在基因内部时，破坏原有基因，导致变异；也可以通过重组获得新的基因，或丢失原有基因。当两个基因组有一定相似序列的噬菌体同时感染宿主时，则可能发生同源重组，而形成新的嵌合型噬菌体。

非同源重组是指重组发生的位点没有长的同源序列，也可导致基因的插入和缺失。目前研究得较为清楚的有非同源末端连接（non-homologous end joining，NHEJ）和微同源末端连接（microhomology-mediated end joining，MMEJ）等机制。NHEJ 依赖于蛋白 Ku 识别断裂的 dsDNA 末端，招募连接酶 LigD 直接修复末端。NHEJ 是一种应急的修复方式，常导致修复位点的突变、插入或缺失。而 MMEJ 是利用断裂位点附近的3~15 bp 的微同源序列进行的重组，也是一种易错的修复机制。

同源重组和非同源重组均是噬菌体在自然界变异的基础。而这一特点也为噬菌体的人工改造提供了理论基础，并被用于噬菌体的遗传改造（参见第 37 章）。

二、进化的外因：自然选择和遗传漂变

目前大量研究证实，突变是随机产生的，这有两层含义：第一，突变发生的过程是随机的、不确定的。尽管突变的概率可以被获知，但在一个细菌或噬菌体众多的基因中，哪个基因会突变无法预测；第二，突变产生的概率不受是否有利于该突变产生的环境因素的影响。换而言之，突变不是生物体为了适应环境而定向产生的。这两层含义是现代进化论的基本观点之一。

突变虽然是随机的，但是进化的过程却受到随机的和非随机的因素共同影响。自然选择（natural selection）是一个非随机的过程，而遗传漂变（genetic drift）则是一个偶然的、随机的过程。自然选择和遗传漂变是影响进化的重要因素。

自然选择是进化生物学的核心，解释了生物对环境的适应机制，也解释了生物多样性的缘由。自然选择是指不同表型的生物在适应性上的稳定差异。换而言之，一个可以遗传和变异的种群中存在某些特征上的差异，这些差异会导致物种在适应性上的差异，且这种差异是可以遗传的。例如，铜绿假单胞菌在复制过程中，会产生很多的随机突变，产生不同的突变体，其中就包括脂多糖结构发生改变的突变体，这些突变体出现的概率极低（约 10^{-7}），且这些突变体在没有生存适应性时，会一直保持极低的比例。但在特定情况下，这些脂多糖结构发生变异的细菌会表现出适应性，从而被筛选出来，大量繁殖。当这些细菌在被以脂多糖为受体的噬菌体 PaP1 侵染时，便不会被感染，从而被筛选为优势菌株。

遗传漂变是进化的另一个重要原因，是进化中的随机过程。由于自然种群的大小是有限的，因此，“抽样误差”会引起等位基因频率的随机波动。例如，在一个种群中，基因 *A* 的频率为 1%，如果这个种群有 1 亿个个体，含 *A* 基因的个体就有 100 万个；而如果这个种群只有 100 个个体，那么就只有 1 个个体含 *A* 基因。在这种情况下，这 1 个个体的偶然死亡或没有后代，都会使 *A* 基因在种群中消失。这种由于群体大小有限，导致的“抽样误差”现象就是遗传漂变。

第二节　噬菌体的进化

噬菌体的研究历史已过百年，但在新技术的推动下，新的噬菌体研究领域仍在不断

涌现。其中一个领域就是噬菌体进化学的研究。近年来，大量不同环境中的噬菌体被分离、鉴定，随着全基因组测序成本的不断降低，大量噬菌体基因组序列被公布，为研究噬菌体分子进化提供了新的基础。

一、噬菌体的多样性

要研究噬菌体的进化，就要先了解噬菌体的多样性。噬菌体在地球上分布极其广泛，数量庞大。从江河湖海、丛林草原，到人体皮肤、口腔、肠道，噬菌体无处不在，且与自然环境和人类健康密切相关。但噬菌体又必须依赖细菌才能繁殖，据推算每秒钟全球有约 10^{24} 个细菌被噬菌体感染。因此，在反复感染与斗争的过程中，噬菌体也在不断进化。在实验室条件下，dsDNA 噬菌体的突变和重组概率极低（约 10^{-8}）。但考虑到噬菌体庞大的数量，每天发生的噬菌体基因组突变和重组事件都极其丰富，这为噬菌体进化提供了足够的机会，也是噬菌体多样性的基础。

噬菌体形态极为丰富，包括有尾噬菌体、丝状噬菌体、纺锤状噬菌体、囊膜球形噬菌体等。其中，有尾噬菌体最常被分离鉴定，按尾部特征可以分为长尾噬菌体、肌尾噬菌体、短尾噬菌体。认识噬菌体多样性的另一个角度是噬菌体基因组的多样性。随着测序成本的飞速下降，测序已经成为噬菌体鉴定的基本内容之一。1977 年，Sanger 利用第一代测序技术对 ΦX174 噬菌体进行了全基因组测序，成为测序技术上的一个里程碑事件。如今，第二代和第三代测序技术的普及使噬菌体基因组的测序和分析变得容易，通过比较不同噬菌体的基因组差异，可研究噬菌体的多样性和进化特点。

噬菌体按基因组的特点，可分为 dsDNA、dsRNA、ssDNA、ssRNA 噬菌体。大量已测序的噬菌体是 dsDNA 噬菌体，且以有尾噬菌体为主。当然，研究人员须辩证地看待这一事实，因为噬菌体的分离鉴定技术和样本来源是存在偏差的。

目前通用的噬菌体分离方法是基于双层琼脂的噬斑法，即通过形成肉眼可见的噬斑，对该噬菌体进行分离、鉴定。而不能在这样经典的条件下形成噬斑的噬菌体，往往在研究中被忽略。例如，噬菌体 G 的基因组达 500 kb，繁殖和扩散效率低，在 0.7%的半固体琼脂平板上无法形成肉眼可见的噬斑，而在更低浓度的半固体琼脂平板上则可形成较小的噬斑。因此，必须客观地认识噬菌体分离鉴定的“经典”方法，这些经典方法使得具备其他生活特性的噬菌体无法被分离、鉴定和培养，噬菌体分离鉴定的标准方法可能需要创新。

噬菌体基因组测序时，同样可能存在偏差。目前测序的 DNA 噬菌体已有几千株，但是测序完成的 ssRNA 噬菌体仅有 12 株，dsRNA 噬菌体仅有 7 株。在 7 株 dsRNA 噬菌体中，6 株均为丁香假单胞菌噬菌体，而另一株为铜绿假单胞菌噬菌体 phiYY。为何完成测序的 RNA 噬菌体仅有 19 株呢？以笔者课题组的经验为例，在分离到 dsRNA 噬菌体 phiYY 时，研究人员不知其基因组为 dsRNA，而利用 DNA 的测序方法进行测序文库构建和二代测序，因而屡次失败。此外，RNA 噬菌体基因组较难抽提，极易降解，这也是导致 RNA 噬菌体较少被分离鉴定的原因之一。

从样本来源上来说，目前研究还是集中于少数模式细菌和病原体的噬菌体，以及来自海洋、土壤等少数生态环境的噬菌体。大量生态环境中的噬菌体未被分离鉴定，如对肠道和口腔中的噬菌体研究就相对较少。这种来源的差异，也会一定程度减少人们对噬菌体多样性的充分认识。

二、噬菌体基因组进化

噬菌体基因研究已经证实，噬菌体基因组多为镶嵌型结构（图 9-1），即某些噬菌体之间存在部分相似序列、部分非相似序列，说明噬菌体间的基因水平转移很常见。

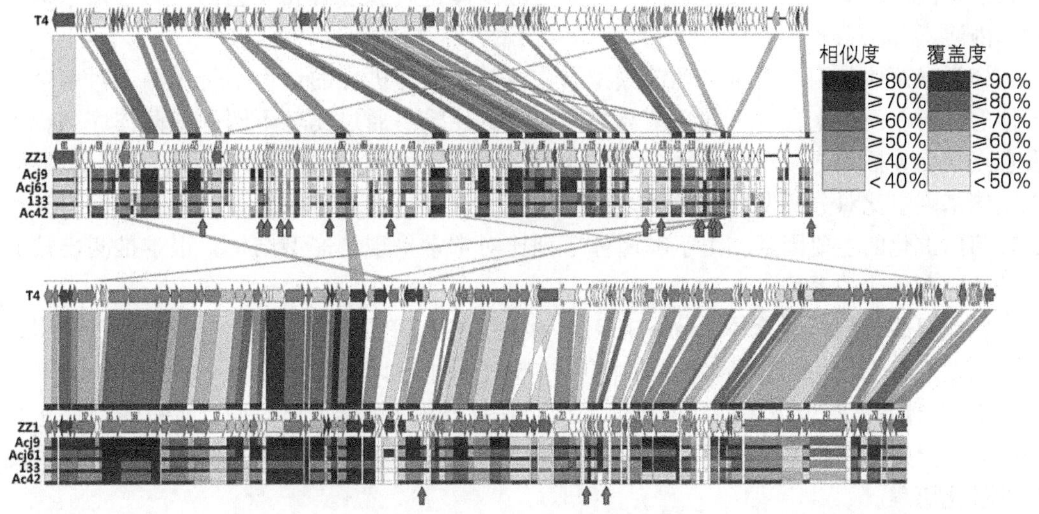

图 9-1 彩图

图 9-1　噬菌体 T4 与另外 5 株噬菌体的基因组比对结果（引自 Jin 等，2014）

不同颜色代表基因序列的相似度，6 株噬菌体之间有很多高度相似的序列，也夹杂很多不相似的序列，呈现出镶嵌型基因组结构特征

镶嵌型噬菌体基因组可以反映其基因组的进化历史。但是，传统的系统发育研究方法只能利用一个相对统一的标准进行衡量，如细菌的 16S rRNA 基因。但噬菌体没有一个共有的通用基因，因此，很难将噬菌体分类群放在更广泛的进化背景中去比较其进化规律。有研究人员提出一些噬菌体进化比对的新方法，例如用末端酶基因序列对 dsDNA 噬菌体进行比较，因为末端酶是 dsDNA 噬菌体最常见的基因；还有研究人员通过大数据分析，提出一个基于 dsDNA 噬菌体最常见的 77 个编码基因的比较分类方法。但这些方法均没有得到广泛认可和应用。大部分研究仅对相似性较高的噬菌体或同种、同属噬菌体进行进化关系比对。

此外，进化生物学研究常利用不同化石或历史样本进行比较分析，可推测出一些规律。而目前的技术尚无法研究化石中的噬菌体，所有噬菌体都是现代分离、鉴定、测序的，这使研究人员无法推测噬菌体是如何从古代进化至今的。

根据现有的研究，噬菌体基因组具有以下显著的特点：

（1）噬菌体对基因组的利用十分充分，很少有冗余序列。对于 dsDNA 噬菌体而言，通常 90%以上的 DNA 序列都用于编码蛋白质。以笔者课题组分离的一株铜绿假单胞菌 dsDNA 噬菌体 PaoP5 为例，其基因组大小为 93 464 bp，编码 176 个 ORF，仅有 11. 52%的序列为非编码序列，而这部分序列多属于调控序列，如启动子、终止子等调控元件。噬菌体 PaoP5 基因组还编码有 11 个 tRNA。通常，基因组较大（平均大小约为74 kb）的噬菌体普遍携带 tRNA，而基因组较小（平均大小约为 32 kb）的噬菌体则不携带 tRNA。PaoP5 的 tRNA 编码序列约 2. 75 kb，位于编码噬菌体组装相关基因的附近。

（2）从噬菌体基因的排列结构上看，通常功能相似的基因会在同一个调控元件下，排列非常紧凑，进行共转录。例如，噬菌体的早期表达基因会共转录，常常包含抑制或调控细菌功能的蛋白质、噬菌体编码的 RNA 聚合酶等。随后，利用噬菌体的 RNA 聚合酶转录噬菌体的中、晚期表达基因，主要是噬菌体包装和裂解相关蛋白，如一些结构蛋白、内溶素等。

（3）噬菌体基因组比对呈现镶嵌型结构。对噬菌体进化的认识不是来源于对单个噬菌体的分析，而是来自对不同噬菌体之间差异的比较。通过比较不同的噬菌体序列，可发现点突变、插入、缺失、序列重复、基因重组等现象，从而推测噬菌体的进化过程。噬菌体基因组比对分析发现噬菌体之间差异很大，且重组非常频繁。因此，重组被认为是噬菌体进化的主要因素。由于噬菌体序列比对常常呈现镶嵌型结构，很难推测出彼此的分子钟和进化关系。

以铜绿假单胞菌噬菌体 PaoP5 基因组为例，将 PaoP5 的序列提交至 NCBI 进行 Blast 比对，发现有 12 个噬菌体的基因组序列与 PaoP5 的序列相似性超过 90%（图 9-2），说明这 13 个噬菌体基因组序列高度相似，可能来源于共同的噬菌体。而有意思的是，这 13 个噬菌体分别分离自多个地区，包括亚洲、欧洲及非洲等，却可能存在共同的起源及复杂的进化历程。

值得注意的是，这 13 个噬菌体序列比对呈现出典型的镶嵌型结构，大部分序列相似性极高，但有 5 个区域序列相似度极低，即图 9-2 中的空白区域 1～5，大小为 270～1 900 bp。其中，区域 1、2、3、4 分别位于一个假定的蛋白基因、HNH 核酸内切酶、尾丝蛋白和 DNA 聚合酶，区域 5 则包含 4 个假定的蛋白序列。这 5 个区域的序列相似度相对较低，呈现出镶嵌型结构，说明这部分序列在噬菌体进化的过程中可能属于高变异区，且其变异可能不影响噬菌体的基本功能。这些高变异区的产生可能是重组导致的，且这些基因的重组不会降低噬菌体的适应性。重组如果导致关键基因的变异，使得噬菌体没有生存优势时，这些重组噬菌体则会面临自然选择而被淘汰。

一个有意思的突变区域是尾丝蛋白，即区域 3 所示位置。这些噬菌体尾丝蛋白的 N 端高度相似，而 C 端则毫无相似性。尾丝蛋白是吸附细菌的受体结合蛋白，决定了噬菌体的宿主特异性。在进化试验中，笔者发现噬菌体 JG004 的尾丝蛋白发生 A1959C 突变时，会扩展其宿主谱，使之感染其他铜绿假单胞菌菌株。噬菌体尾丝蛋白的点突变非常常见，因为噬菌体要不断感染新的细菌或变异后的细菌，这是一个极大的自然选择压力。笔者推测，尾丝蛋白 C 端的高度差异是噬菌体不断发生点突变的结果，不是重组介导的。因为噬菌体时时刻刻面临细菌的抵抗，通过自然选择的筛选，产生了极大的多样性。而尾丝蛋白 N 端结构域的功能是与尾部相连，功能必须保守，其突变可能会导致噬菌体无法组装，故 N 端变异较小。因此，点突变也是噬菌体进化的一个常见因素。但是，研究人员目前还不清楚噬菌体变异的分子钟及其规律，也无法根据变异推测噬菌体的进化时间。

目前噬菌体测序研究证实，dsDNA 噬菌体进化最重要的机制是非同源重组，导致基因组的替换、插入、缺失。非同源重组与点突变、同源重组一起，导致噬菌体基因组极大的多样性。

图 9-2 彩图

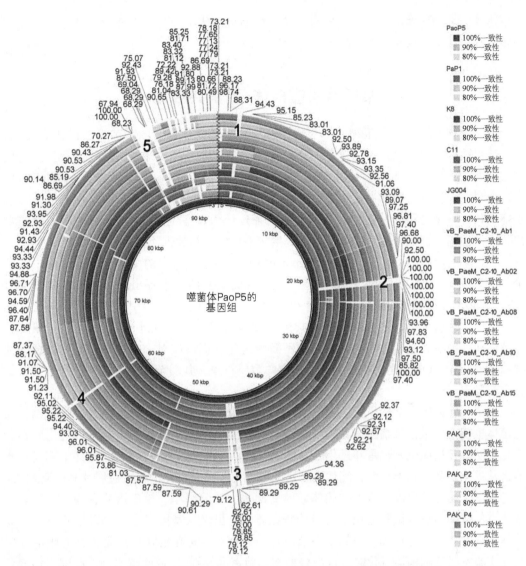

图 9-2 铜绿假单胞菌噬菌体 PaoP5 与 12 个相似噬菌体的全基因组比对结果（由卢曙光提供）

噬菌体具有极大的多样性，且没有一个噬菌体共有基因，因此难以进行比较进化学研究。但是，一些结构生物学的发现为揭示噬菌体和病毒进化提供了新思路：虽然有尾噬菌体 HK97、T4、P22、phi29 的结构蛋白序列没有相似性，但其结构蛋白的空间结构非常相似。更令人惊奇的是，这 4 个噬菌体的结构蛋白与人类疱疹病毒的主要衣壳蛋白结构类似，dsRNA 噬菌体 phi6 的衣壳蛋白则与肠道病毒的衣壳蛋白结构类似，且 phi6 的 RNA 依赖的 RNA 聚合酶与丙型肝炎病毒 HCV 的 RNA 聚合酶结构相似。因此，研究人员提出一个噬菌体进化的大胆推测：感染细菌、古菌的噬菌体与感染真核细胞的病毒可能有共同的祖先，在细菌、古菌和真核生物出现分化之前，能感染它们共同祖先的病毒就已经存在。随后，能感染细菌、古菌和真核生物的病毒则分别与其宿主共同进化，产生了噬菌体、古菌病毒和感染真核细胞的病毒。

此外，噬菌体进化学中还有很多未解之谜，如噬菌体出现于细菌出现之前还是之后。

由于缺乏远古时代噬菌体化石，我们也无法推测噬菌体是如何从古代进化至今的。这些问题都有待进化生物学家进一步去探讨和探索。

第三节　噬菌体-细菌共进化

当一个物种的进化伴随着另一个物种时，另一个物种也会随着前者的进化而变化，这个过程被称为共进化。共进化是广泛存在的，是导致物种多样性的重要因素。共进化有很多模式，当两者的利益相冲突时，称为对抗性共进化（antagonistic co-evolution）；当两者利益相符时，则称为互利型共进化（mutualistic co-evolution）。对抗性共进化常见于宿主和寄生物之间的进化，由于寄生物的筛选压力，宿主-寄生物的共进化速度非常快。这常常用于解释物种的变化和灭绝、生物多样性、物种进化历史等。

“红皇后假说”（the Red Queen Hypothesis）是共进化研究的一个经典的理论，该理论是由 Van Valen 在 1973 年根据《爱丽丝梦游仙境》的故事提出的。故事里的红皇后说：“你必须不停地跑，才能让你保持在原地。”在协同进化过程中，双方都在进化，如果一方进化速度慢了，则会被淘汰。共进化过程如同“逆水行舟，不进则退”。裂解性噬菌体和细菌在共进化过程中，都必须不断地进化从而适应对方的进化。因此，裂解性噬菌体-细菌的共进化是对抗性共进化研究的重要对象，其动态过程和意义受到研究人员的密切关注。

细菌和噬菌体在自然界长期相互斗争，细菌进化出多种抵抗噬菌体感染的机制，而噬菌体也获得大量抵抗细菌耐受的机制，这些机制随着噬菌体-细菌长期共同进化而不断变化。同时，这些机制也是共进化的遗传学基础，此部分内容将在第 12 章详细阐述。本节将从进化学和生态学角度，阐述裂解性噬菌体与细菌共进化的研究进展及其研究意义。

从进化研究的角度来看，噬菌体繁殖周期短、基因组小、易于培养、条件易控。这些优点使噬菌体成为试验进化学的极佳研究对象。虽然从基因组序列可以推测出一些噬菌体在自然界的进化过程，但如上一节所述，人类对该进化的认识还是极其有限的。但是在实验室研究噬菌体进化时，可严格控制细菌密度、细菌-噬菌体比例、温度、营养等多种条件，模拟自然选择、遗传漂变的各种压力，并综合利用生态学、进化生物学、遗传学、分子生物学、统计学的工具来准确地研究进化历程，对进化生物学理论进行验证。

一、细菌-噬菌体共进化的实验室研究模型

在半个世纪以前，研究人员就进行了噬菌体-宿主共进化研究，当时主要以 T1、T2、T4、T7 等模式噬菌体和大肠埃希菌 B 为研究对象，发现噬菌体-宿主共进化只能进行 1～2 轮，即细菌很快进化出耐受菌，噬菌体便无法共进化，导致噬菌体的消亡。这是由于噬菌体-细菌的进化不对称导致的。即细菌可以通过多种途径来改变噬菌体吸附受体的结构，而噬菌体基因组很小，其受体结合蛋白很难通过一个或两个点突变来获得吸附全新受体的功能。此外，早期研究均使用实验室长期培养的菌株和噬菌体进行共进化试验，可能长期实验室传代已经影响了它们共进化的能力。少数研究使用自然环境中刚分离的细菌、噬菌体，则可以较好地模拟长期共进化过程。

（一）"军备竞赛"模式

随着研究的扩展，研究人员陆续发现一些可以在体外实验中长期共进化的细菌-噬菌体模型。最经典的模式生物是荧光假单胞菌 SBW25 及其 T7 样噬菌体 phi2。在试管中培养时，SBW25 与 phi2 可长期共进化，其共进化过程可以分为两个阶段（图 9-3）。在最初的 200~250 代，共进化表现为"军备竞赛"模式，即细菌对噬菌体的耐受能力逐渐增强；同时，噬菌体能感染的细菌也逐渐变多。表型上，这一过程可用经典的时间推移试验（time-shift experiment）予以验证，即按共进化的不同时间点分别挑选一定数量的细菌和噬菌体，然后测试所有分离的细菌和噬菌体之间的耐受与感染能力。时间推移试验证实，随着进化时间的延长，细菌可对之前时间点的噬菌体产生耐受，噬菌体也可以感染其之前时间点的细菌（图 9-3 A）。在基因组水平，这种变化主要是由于噬菌体和细菌的基因组上逐渐积累了有益的突变。噬菌体的突变主要位于一些结构蛋白，尤其是与吸

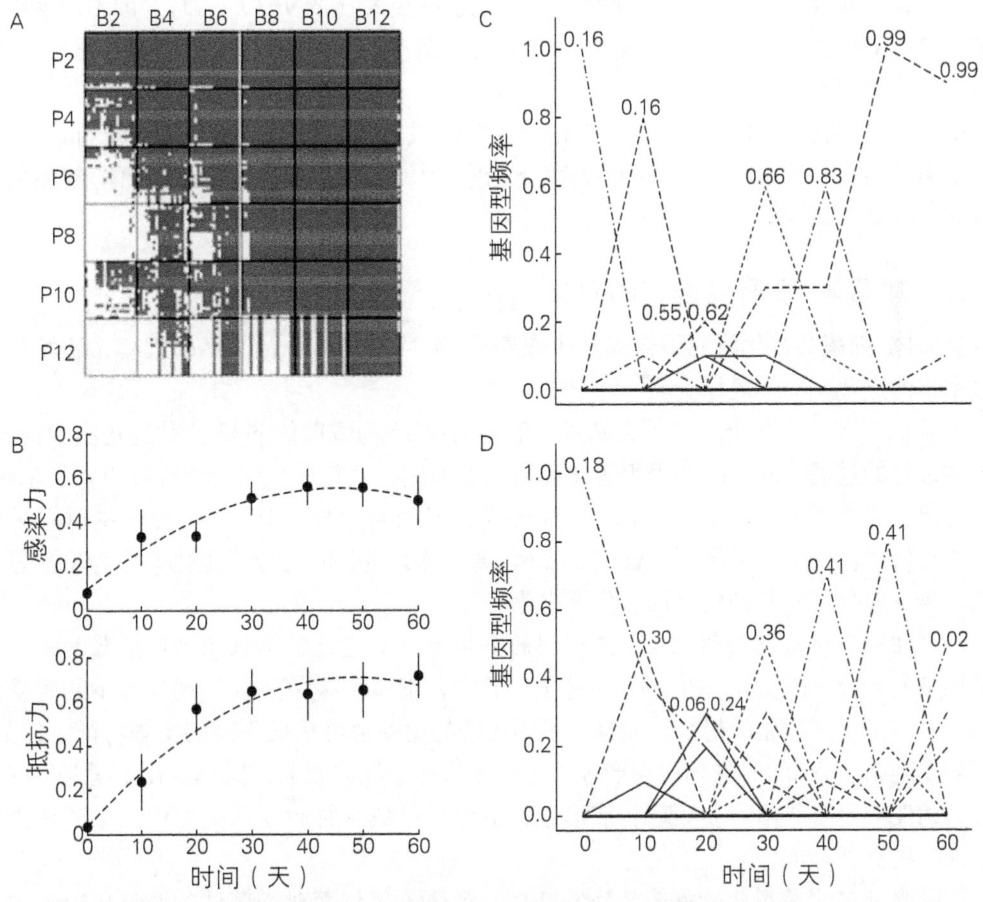

图 9-3 细菌-噬菌体共进化的两种经典模式（引自 Scanlan 等，2011）

A. "军备竞赛"模式：细菌和噬菌体共进化 12 天，每两天分离、鉴定一定数量的细菌（B2~B12）和噬菌体（P2~P12）。然后，鉴定每一个噬菌体对每一个细菌的裂解能力。白色表示噬菌体能裂解细菌，灰色表示细菌对噬菌体产生耐受。第 12 天的噬菌体宿主谱最广，而第 12 天的细菌则能耐受最多的噬菌体，说明细菌和噬菌体分别在不断增强抵抗和感染的能力。B. 波动选择模式：细菌-噬菌体共培养 60 天，噬菌体的感染力和细菌的耐受水平不会持续增长，而是出现周期性的波动，细菌-噬菌体之间没有显著的加速进化，不同基因型的细菌（C）和噬菌体（D）周期性地出现或减少

附相关的尾丝蛋白基因，这些突变使噬菌体的宿主谱变得更广；而细菌的突变则主要位于脂多糖合成相关基因，这些基因的突变和积累使之可耐受更多的噬菌体。这种“军备竞赛”模式证明，共进化会极大地加速细菌-噬菌体的分子进化速率，导致群体多样性的产生。

（二）波动选择模式

随着共进化时间的延长，在连续共进化超过250代后，荧光假单胞菌SBW25及其噬菌体phi2的共进化速率显著下降，噬菌体的宿主谱和细菌的抵抗性不会一直增加（图9-3 B）。虽然早期的“军备竞赛”模式会导致具有广谱性（generalism）的噬菌体和泛耐受型细菌的出现，但是两者都会出现适应性代价（fitness cost）。例如，脂多糖缺乏或异常的细菌不具备长期生存优势，而广谱性的噬菌体往往繁殖效率较低。这使得细菌、噬菌体的抵抗力和感染力不能持续增加。

因此，时间延长后，细菌-噬菌体出现波动选择模式（图9-3 C、D）。即不同基因型的细菌-噬菌体交替出现，此消彼长，但细菌的耐受性和噬菌体的宿主谱并没有持续扩大。

此外，一些新的噬菌体-宿主共进化研究陆续被报道，如海洋细菌Cellulophaga、聚球蓝细菌、嗜热链球菌都可在实验室环境下与噬菌体长期共进化，导致噬菌体-细菌的加速进化、多样化。

二、噬菌体-细菌共进化的意义

噬菌体-细菌共进化研究不仅揭示了噬菌体-细菌长期斗争、共存的规律，还解释了一些基本的进化生物学规律。

1. *共进化可加速分子进化* 荧光假单胞菌SBW25与噬菌体phi2的共进化实验证实，随着共进化的进展，两者的基因组进化都出现了加速，尤其是与耐受和感染相关的基因。作为对照，将荧光假单胞菌SBW25单独传代，或用野生株SBW25作为宿主对噬菌体phi2进行传代。经全基因组测序证实，细菌-噬菌体共进化时的分子进化速率为单独进化时的2倍，充分证明共进化可加速分子进化。

2. *共进化可促进物种的表型、基因型的多样性* 共进化的筛选压力使细菌耐受和噬菌体感染的能力不断变化。在一个共进化实验中，细菌和噬菌体会出现具备不同耐受机制的亚群，呈现多样化的趋势。而且，不同亚群的耐受菌可呈现不同的生理特征。例如，荧光假单胞菌SBW25共进化后会产生具有菌落形态差异的亚群，或具备在不同部位的定植能力的亚群。有些菌落会呈现黏液形态，更容易形成生物膜，这些变化使细菌能更好地适应某些自然环境。

3. *共进化可影响微生物群落的动态变化* 细菌不仅仅面对噬菌体的筛选压力，同时还面临自然环境和微生物群落的自然选择压力。耐受裂解性噬菌体的细菌往往伴随着生存适应性下降，如代谢能力下降、繁殖能力下降、与其他细菌的竞争力下降、对其他噬菌体的敏感性上升等变化。因此，环境因素的影响会进一步增强或限制细菌和噬菌体的共进化，影响其与微生物群落中其他微生物的相互作用，进而影响整个微生物群落的变化。

前述的噬菌体-细菌共进化研究是以极少数的细菌-噬菌体模型为基础，在实验室环境进行试验的结果，总结出“军备竞赛”模型和波动选择模型两种主要类型。而自然界还存在大量未被研究的细菌-噬菌体，复杂的自然环境也必然影响共进化的过程。随着研究的深入和拓展，会有更多的共进化模型被研究，从而揭示新的共进化规律和意义。

三、土壤和海洋环境中的噬菌体-细菌共进化研究

实验室研究发现噬菌体-细菌共进化的一些规律和影响，但是这些规律是否在自然界中也存在呢？能否用于预测自然环境中的噬菌体-细菌共进化规律呢？理论上，实验室条件下的研究结果与自然环境中的情况会有差异，因为自然界还有很多非生物和生物因素的影响，包括营养物质、环境温度与湿度、迁移率、微生物群落等。

Gomez 等将细菌 SBW25 和噬菌体 phi2 接种到野外采集的土壤中，连续观察 48 天。在自然条件下，土壤中的细菌的耐受能力和噬菌体的感染能力呈现波动选择模式，即细菌和噬菌体并没有逐渐扩大其耐受和感染的能力。这可能是与自然环境的限制有关：土壤中的营养物质有限，且存在其他细菌的竞争，使得 SBW25 的密度低于在试管中生长时的密度。细菌耐受能力的逐渐积累可能不利于其在自然环境的生存。因此，土壤中的细菌 SBW25 与噬菌体 phi2 共进化表现为波动选择模型。其快速协同进化有可能在自然界微生物群的构建中发挥了重要的作用。

海洋中的细菌-噬菌体共进化研究也备受关注。据推测，每天有 20%的海洋细菌被噬菌体裂解，这不仅仅是细菌-噬菌体共进化的问题，也涉及海洋营养物质循环。不少海洋细菌，如噬纤维菌（*Cellulophaga baltica*）、聚球藻均被证实可与其对应的噬菌体发生共进化，且随着共进化的时间延长，细菌和噬菌体的抵抗力和感染能力逐渐增强，表现为“军备竞赛”模式。

四、肠道噬菌体-细菌共进化的研究进展

细菌-噬菌体共进化的研究虽然取得了一定的进展，但其研究对象为实验室环境中的微生物，或土壤和海洋等少数生态环境。人体最重要的微生态环境是肠道微生物组，而肠道微生物组中的噬菌体-细菌共进化及其对人体健康和疾病的研究还非常匮乏。

肠道微生物对维持人体健康具有重要作用。近年来，随着高通量测序技术的进步，肠道微生物的多样性及其与健康和疾病的关系被不断揭示。影响肠道菌群的因素非常复杂，包括饮食、社会因素、遗传因素、抗生素使用、年龄等。目前，虽然人们已知肠道中存在大量噬菌体，但对肠道细菌-噬菌体共进化模式及其对肠道菌群结构的影响还不清楚。

细菌-噬菌体共进化对两者都有重要影响，会促进群体的快速进化和多样化。肠道中共存着大量不同种的细菌和噬菌体，其共进化可能会促进肠道细菌的遗传和表型多样性、调控细菌之间的竞争与合作、调控微环境中的群落定植，对肠道菌群结构和健康具有重要影响。

（一）肠道噬菌体-细菌共进化的研究方法

肠道细菌-噬菌体共进化研究方法主要有两类，一类是对来自活体的样本进行高通量

测序分析，比较不同个体、不同时间点的样本中肠道细菌-噬菌体的差异。例如，Minot等对一名健康志愿者进行了两年半的追踪研究，采集了24份肠道噬菌体组样本，进行宏基因组测序分析后发现，近80%的噬菌体组序列持续存在，说明总体上噬菌体组比较稳定。但是，裂解性噬菌体基因组有较高的突变率，单个碱基突变率达每日 10^{-5}，提示肠道细菌-噬菌体存在快速的共进化。Efrem 等则对婴儿肠道噬菌体组进行了分析：出生时，肠道微生物群落表现为高噬菌体多样性、低细菌多样性；在第24个月时，表现为低噬菌体多样性、高细菌多样性，即噬菌体多样性与细菌多样性成反比，提示肠道细菌-噬菌体的关系符合此消彼长的动态变化规律。

另一类研究方法是在动物模型中接种细菌、噬菌体，然后模拟细菌-噬菌体共进化过程。Debarbieux 团队利用小鼠模型，发现肠道微生物群体可促进噬菌体进化。在体外实验时，噬菌体 P10 只能感染大肠埃希菌 LF82，而无法通过共进化感染大肠埃希菌 MG1655。但是，在普通小鼠肠道接种噬菌体 P10 和大肠埃希菌 LF82 后，P10 可以进化出感染 MG1655 的噬菌体。因为 P10 可通过一个点突变，从而感染肠道正常菌群中的大肠埃希菌 MEc1。MEc1 则作为一个中间型宿主，支持 P10 的繁殖和进一步变异，最后 P10 通过积累多个突变，进化出感染 MG1655 的噬菌体。随后，研究人员对进化的细菌和噬菌体进行了全基因组测序，噬菌体的突变位点主要集中于尾丝蛋白基因，细菌的突变位点主要集中于脂多糖合成相关基因，如 *waaZ*、*waaY*、*gatY* 等。此研究说明，肠道中的噬菌体-细菌共进化过程非常复杂，肠道中极其丰富的细菌可以作为噬菌体的中间宿主，为噬菌体的持续进化提供必要支撑，而共进化过程会影响细菌、噬菌体及中间宿主的进化，这对维持肠道细菌多样性可能具有重要作用。

（二）肠道噬菌体-细菌共进化的影响

目前的研究均提示，肠道细菌-噬菌体对抗性共进化是广泛存在的。但是，肠道细菌-噬菌体共进化的研究多属于描述性研究，其对人体健康和疾病的影响还难以给出明确结论。笔者推测可能会有以下影响。

1. 可在菌株水平影响肠道细菌的进化和多样化　噬菌体感染会导致某些菌株的减少甚至灭绝，因而也会为其他菌株的生长提供新的空间。因此，共进化会导致肠道微生物组成、结构和功能的改变。

2. 影响肠道细菌的生理学特点　噬菌体常见的受体是脂多糖、菌毛、鞭毛、荚膜多糖等。细菌耐受噬菌体时，常常伴随这些结构的改变甚至丢失，而这些结构却是细菌定植、感染、生存的重要武器。因此，细菌-噬菌体共进化可能会影响部分细菌的生理特点及其在肠道中的生存和定植。

3. 可能影响肠道营养物质代谢　噬菌体对细菌的裂解会导致营养物质和小分子化合物的释放。在海洋细菌-噬菌体斗争过程中，每天约有20%的海洋细菌会被噬菌体裂解而释放出营养物质，这些营养物质再循环对于海洋生物能源代谢特别重要。在肠道中，噬菌体-细菌共进化也会导致细菌死亡，从而释放出营养元素，可能也会影响肠道营养物和代谢物的再循环。

综上所述，肠道微生物的研究日新月异，人们已经认识到肠道细菌-噬菌体共进化及其潜在影响。在研究手段上，有活体采样或动物模型研究，但两种研究手段均不完善，活体采样研究会面临多种不可控因素，如采样、测序和分析的误差；而动物模型则受限于接种的细菌-噬菌体模型，不能完全能模拟真实环境。由于相关研究才刚刚起步，肠道细菌-噬菌体的共进化机制及其对人体健康和疾病的影响还有待探索。未来的研究会更多地结合体内和体外实验，研究肠道细菌-噬菌体共进化机制、及其对分子进化、微生物多样性进化、肠道微生物群体结构和功能、人体健康和疾病的影响。

参考文献

10 噬菌体与细菌致病性

——严亚贤　孙建和

细菌潜在致病能力的差异主要取决于是否具有毒力相关基因及这些基因是否表达，编码细菌毒力的许多基因位于可移动遗传元件，如质粒、噬菌体、转座子、毒力岛、整合子等。噬菌体作为毒力基因传播的载体促进了病原菌和噬菌体自身的进化。噬菌体通过溶原或转导与细菌发生相互作用，前噬菌体通常携带有益于宿主菌的基因，通过延伸增加宿主细胞的存活率，也增加了前噬菌体的适应度。一方面，噬菌体的毒力相关基因可转移给宿主菌，使宿主菌毒力增强或适应性增强，或从非致病菌株转化为致病菌株，在细菌的进化、致病菌株的产生、细菌致病中发挥重要作用。例如，有的细菌通过前噬菌体的诱导调节毒力基因的表达，有的噬菌体颗粒中包含对机体致病的结构成分，有的噬菌体通过改变细菌细胞表面抗原帮助细菌逃避机体的免疫防御，有的前噬菌体作为细菌毒力基因表达的调控开关等。另一方面，噬菌体的存活也取决于溶原菌的存活，溶原菌有助于噬菌体基因组的保存、相关基因的进一步传播，并推动噬菌体的进化优势。值得一提的是，噬菌体或噬菌体相关基因与宿主菌的相互作用也有可能降低细菌的致病性，以便更好地保全噬菌体及相关基因库。在病原菌面临耐药的情形下，开发噬菌体抗菌制剂已得到普遍认可。作为治疗用的噬菌体必须是裂解性噬菌体，但噬菌体与宿主菌的相互作用机制还有很多有待揭示，对噬菌体更多更为详细的了解是噬菌体抗菌制剂安全性的保障。本章就噬菌体对细菌致病的影响、噬菌体与细菌的作用机制等展开阐述，这将为更好地防控产生新的病原菌、解析细菌的致病机制、开发利用噬菌体资源提供重要的思路和策略。

第一节　噬菌体编码细菌外毒素

噬菌体编码的毒力因子中最具有特征的是细菌外毒素（exotoxin），金黄色葡萄球菌、链球菌、白喉棒状杆菌、肉毒梭菌、大肠埃希菌、志贺菌、铜绿假单胞菌、霍乱弧菌等都具有由噬菌体编码的外毒素。噬菌体编码的外毒素功能多样，包括神经毒素、膜损伤毒素、肠毒素等。当携带毒力基因的溶原性噬菌体感染细菌时，噬菌体基因组整合到宿主菌的基因组中，并随细菌基因组的复制而复制，在某些特定条件下，这些基因转录表

作者单位：严亚贤、孙建和，上海交通大学农业与生物学院。

达，使溶原菌获得新的表型性状或致病性改变，即为溶原转换。噬菌体的溶原转换在细菌致病中发挥重要作用。

一、G^+菌噬菌体编码的外毒素

（一）葡萄球菌噬菌体编码的外毒素

葡萄球菌分离株多样性丰富，可引起一系列具有不同临床症状的疾病，包括心内膜炎、肺炎、皮肤脓肿和败血性关节炎等化脓性感染及由外毒素引起的多种疾病。非化脓性葡萄球菌病包括食物中毒及毒性休克综合征（toxic shock syndrome，TSS），由产肠毒素或毒性休克综合征毒素（toxic shock syndrome toxin，TSST）的葡萄球菌引起。TSS 是一种急性的、潜在致命的疾病，以发烧、皮疹、脱皮和由 TSST 引起的低血压为特征。葡萄球菌肠毒素在食物中毒中以引起呕吐为主，有的具有超抗原特性，并且与 TSS 有关。

葡萄球菌中由噬菌体编码的毒素有：①引起急性胃肠炎的葡萄球菌肠毒素（staphylococcal enterotoxin）；②引起白细胞溶解的杀白细胞素（panton-valentine leukocidin，PVL）；③引起猩红热和组织坏死的 SPEA（*Streptococcus pyogenes* exotoxin A）；④引起烫伤皮肤综合征的剥脱毒素（exfoliative toxin，ET）；⑤引起毒素休克综合征的 TSST。金黄色葡萄球菌的比较基因组分析发现，不同菌株遗传基因中前噬菌体的含量差异较大，所涉及的噬菌体均与含 *cos* 基因位点和 *pac* 基因位点的温和长尾噬菌体相关。这些噬菌体可能来源于链球菌和乳酸杆菌，这也说明噬菌体库可能在低 G+C 含量的 G^+菌中循环，噬菌体中溶原转换基因包括编码 ETA、肠毒素 A、葡萄球菌激酶、超抗原毒素、PVL 等，这些基因均位于噬菌体附着位点的右侧。

剥脱毒素有两种不同的形式——ETA 和 ETB，它们并不直接发挥细胞毒性，而是引起表皮细胞间附着物的溶解，随后形成水泡。直到 2000 年，从金黄色葡萄球菌中分离出一种编码 ETA 的噬菌体 ΦETA，并发现一些临床金黄色葡萄球菌的分离株在 *eta* 基因附近具有噬菌体基因序列。随后 ΦETA 全基因组序列分析发现，在噬菌体的 *att* 基因位点附近存在 *eta* 基因，确定了 ΦETA 编码剥脱毒素。而 ETB 则由质粒编码。

葡萄球菌肠毒素 A 是食物中毒中引起急性胃肠炎、以呕吐为主要特征的毒素之一，确定由噬菌体编码。肠毒素 A 的产生随编码噬菌体的不同而不同，这表明噬菌体和其相关启动子可能影响毒素的产生。大多数金黄色葡萄球菌可产生 PVL，该毒素攻击中性粒细胞和巨噬细胞，改变它们对阳离子的通透性而导致白细胞溶解。编码 PVL 的噬菌体为 ΦPVL，可通过溶原转换使溶原菌产生 PVL。金黄色葡萄球菌临床菌株中可分离获得编码 PVL 的噬菌体。

TSST 由 *tst* 基因编码，是一系列能引起 TSS 的相关毒素，TSS 最严重的后果是系统性休克，TSST 可能通过三种机制中的一种或多种实现致病：超抗原性、内毒素活性增强或直接作用于内皮细胞。葡萄球菌 *tst* 基因存在于细菌基因组一个约 15.2 kb 的移动遗传元件上，该元件被命名为葡萄球菌毒力岛 1（staphylococcal pathogenicity island 1，SaPI-1）。SaPI-1 与通常所说的毒力岛不同，而与噬菌体具有一定的相似性。SaPI-1 所含的 G+C 含量为 31%，与金黄色葡萄球菌的基因组 G+C 含量相似。SaPI-1 编码一个与 ΦPVL 同源的整合酶。金黄色葡萄球菌噬菌体 Φ13 和 80α 可将 SaPI-1 转换到受体菌株，且经 80α

诱导后，SaPI-1 可被特异性切除、复制和组装。这一关系类似于大肠埃希菌卫星噬菌体 P4 与辅助噬菌体 P2 之间的相互作用。SaPI 为噬菌体相关的染色体岛，对 SaPI 的进化和功能分析表明，这些区域确实编码卫星噬菌体，这些噬菌体整合了辅助噬菌体的形态发生基因，从而形成病毒颗粒。

一些葡萄球菌可产生趋化抑制蛋白（chemotaxis inhibitory protein，CHIP），它结合补体和甲酰化肽的嗜中性粒细胞受体，减弱其活性，从而使金黄色葡萄球菌免受中性粒细胞介导的杀灭作用，这是葡萄球菌的一种重要的防御功能。编码 CHIPS 的 *chp* 基因位于一个功能性的四重转换噬菌体，除了传递 *chp* 基因外，还传递葡激酶（*sak* 基因）和肠毒素 A（*entA* 基因），并消除 β-溶血素的产生。后者的作用是因 *hlb* 基因（编码 β-溶血素基因）被噬菌体插入而失活，也可通过另一种噬菌体 Φ13 的溶原转换而失活。葡激酶是将纤维蛋白溶酶原转化为纤溶酶，溶解血纤维蛋白凝块。葡激酶的产生不仅与编码 *chp* 基因的噬菌体有关，也与噬菌体的溶原转换有关。

（二）链球菌噬菌体编码的外毒素

链球菌可引致人类多种疾病，包括链球菌咽炎、猩红热、脓疱病和细菌性心内膜炎。此外，A 群链球菌（group A *Streptococci*，GAS）感染可导致感染后综合征，包括急性风湿热、风湿性心脏病和急性肾小球肾炎。与葡萄球菌一样，链球菌的致病性也是多因素的，既涉及细菌的结构成分，也涉及由细菌产生的胞外蛋白。在 GAS 中溶原菌很普遍，而噬菌体转导是唯一已知的在自然条件下能够使基因发生水平交换的机制，因此噬菌体在 GAS 周期性基因转换中发挥重要作用，GAS 中很多特定的毒力因子与噬菌体有关。

链球菌致热外毒素（streptococcal pyrogenic exotoxin，SPE）是由 GAS 释放的相关蛋白质（SpeA、SpeB、SpeC），可引起发热和中毒性休克综合征，并增强内毒素的活性。这些毒素还导致典型的猩红热皮疹，介导皮肤迟发型超敏反应和非特异性 T 细胞刺激（超抗原性）。非产毒链球菌菌株在接触产毒链球菌培养物的过滤上清液后，获得产生 SPE 的能力，这种转换是由编码 SpeA 的噬菌体介导的。SpeA 和 SpeC 的结构基因位于溶原性噬菌体的基因组上，编码毒素的噬菌体在调控 SpeA 和 SpeC 的产生中发挥直接作用。SpeB 被认为是由链球菌基因组编码的。在紫外线作用下，GAS 产生噬菌体和 SpeA（猩红热毒素）能力增强，提示前噬菌体的诱导促进 SpeA 的产生。一种由人咽上皮细胞修饰的可溶性噬菌体诱导因子（soluble phage-inducing factor，SPIF），诱导获得一种编码 SpeC 的噬菌体，并导致 GAS 毒素产量的增加，确定了前噬菌体的诱导在 GAS 毒素产生中的重要作用。

肺炎链球菌是肺炎、中耳炎、脑膜炎和败血症的常见病原，其主要的毒力因子之一是细胞壁降解酶（自溶素）。肺炎链球菌致病作用与肺炎链球菌毒力因子或结构组分的释放有关。很多肺炎链球菌临床分离菌株含有多种自溶素编码位点，肺炎球菌前噬菌体基因组可与自溶素基因（*lytA* 基因）探针进行杂交，提示自溶素实际上是噬菌体裂解蛋白。已发现肺炎链球菌溶原性噬菌体编码一个与 *lytA* 基因约 90%同源的基因，确定自溶素基因可由噬菌体编码。

（三）白喉棒状杆菌噬菌体编码的外毒素

白喉棒状杆菌感染上呼吸道并引起炎症、坏死和形成附着的假膜。该细菌产生的白喉毒素（diphtheria toxin，DT）可被吸收进入血液循环，导致全身性的、潜在致命的综合征，其特征是肌肉无力或瘫痪，以及心肌功能障碍导致的循环衰竭。DT 是一个没有活性的多肽链单体，可裂解为两个功能不同的片段：C 端负责毒素进入真核细胞，N 端催化真核细胞中延伸因子 2（elongation factor 2，EF2）的 ADP 核糖基化。1951 年，Freeman 发现噬菌体转换可导致白喉棒状杆菌产生 DT，并确定该溶原转换与 β 噬菌体的稳定溶原有关。将产毒素的 β 噬菌体与不产毒素且宿主谱不同的 γ 噬菌体进行重组，获得了宿主谱与 γ 噬菌体相同、产毒特征与 β 噬菌体相同的噬菌体。他进一步通过绘制噬菌体毒素位点图谱，确定了 DT 毒素结构基因位于 β 噬菌体基因组的一端，与附着位点相邻，由此推测该基因是噬菌体在异常剪切事件中获得的。

白喉棒状杆菌的 DT 产生与环境中铁离子浓度呈负相关。铁依赖性抑制因子 DtxR，由该菌基因组编码，是一个低铁反应调节因子，通过与相邻的操纵子直接结合来抑制白喉毒素启动子的表达。紫外线是噬菌体潜在的诱导因子，在低铁情况下可大大提高白喉毒素的产量，这表明前噬菌体的诱导和复制可以增强 DT 的产生。毒素基因的转录依赖于铁，当铁浓度足够低，以至于 DtxR 阻遏物不发挥作用时，DT 得以表达。也有研究发现，在噬菌体的所有生活周期都有 DT 的产生，前噬菌体的诱导仅仅是增强 DT 毒素的产生，因此有理由认为 DT 的调节整合了环境刺激因子，至少有两个途径——前噬菌体诱导和 DtxR 抑制系统，这些因素对白喉棒状杆菌在人体内产生 DT 的重要性还需要深入研究。

（四）肉毒梭菌噬菌体编码的外毒素

肉毒梭菌是厌氧芽孢杆菌，人类摄入已产生的肉毒毒素而引致肉毒毒素中毒，以弛缓性麻痹为特征。肉毒毒素有 8 个血清型（A、B、C1、C2、D、E、F 和 G），每种类型包括肉毒梭菌神经毒素（botulinum neurotoxin，BoNT）和血凝素（hemagglutinin，HA），以及其他无毒、无血凝性（nontoxic，nonhemagglutinin，NTNH）成分。BoNT 是一种锌蛋白酶，在神经肌肉连接处的突触前胆碱能神经元内起作用，分解含乙酰胆碱的囊泡与细胞膜融合所需的蛋白质，每种 BoNT 特异性地裂解一种或多种囊泡融合蛋白，破坏乙酰胆碱释放，从而导致瘫痪。在肉毒梭菌的毒素类型中，已证实 C 型或 D 型 BoNT、HA 和 NTNH 毒素基因位于相关的基因簇内，由噬菌体编码；G 型毒素由质粒编码；A 型、B 型、E 型和 F 型由基因组编码。非产毒的肉毒梭菌暴露于由丝裂霉素 C 诱导的无细胞产毒培养物的裂解液后，可转化为产毒素型的细菌，确定介导该菌株转换的是噬菌体 CEβ，肉毒毒素结构基因位于 CEβ 基因组内。菌株中噬菌体的差异导致毒素产量的差异，但噬菌体转录调控与肉毒梭菌毒素产量之间的精准关系仍有待进一步探讨。

艰难梭菌是医院环境中最危险的病原体之一，可引起腹泻和假膜性小肠结肠炎。它产生两种主要的外毒素——TcdA 和 TcdB，由 19.6 kb 的致病性位点 PaLoc 编码。PaLoc 被认为起源于一个古老的前噬菌体，它与噬菌体有许多共同的特征，特别是具有编码噬菌体样 Holin 的 *tcdE* 基因，参与毒素分泌。大多数艰难梭菌都有一个或多个整合性前噬菌体，影响细菌的生活方式和毒力。ΦCD119 前噬菌体编码 RepR 阻遏物，该阻遏物能够结合 PaLoc 中 TcdR 启动子的 DNA 区域，从而抑制毒素基因。另一种前噬菌体 ΦCD38-2 通过溶原增加了 5 个 PaLoc 基因的转录，导致在体外产生更多的毒素，并诱导与碳代谢相关的其他细菌基因的表达。ΦCD38-2 对毒素合成的影响依赖于菌株，表明前噬菌体对其宿主的影响部分取决于菌株遗传背景。最近在艰难梭菌的某些亚群中发现一个二元毒素位点——CdtLoc，该位点存在噬菌体 phiSimsix9P1 基因组中。CdtLoc 包括 *cdtA* 和 *cdtB* 两个毒素基因，以及 *cdtR* 编码的调节子。二元毒素通过促进上皮细胞的黏附而增强细菌毒性。此外，艰难梭菌溶原性噬菌体 phiCDHM1 编码与细菌 Agr 群体感应基因（*agrB*、*agrC* 和 *agrD*）同源的基因，表明在菌株中可能存在种群水平影响宿主行为的机制。

二、G⁻菌噬菌体编码的外毒素

（一）大肠埃希菌噬菌体编码的外毒素

大肠埃希菌是人体肠道中的兼性厌氧菌，许多致病性菌株引起肠道疾病（如严重的水泻、痢疾、出血性结肠炎）和肠道外的疾病（如膀胱炎、败血症、脑膜炎）。大肠埃希菌的毒力因子包括细菌的结构组成成分（如内毒素、荚膜、菌毛和黏附素）和外毒素，外毒素在胃肠道疾病中尤其重要。引致出血性结肠炎和溶血性尿毒综合征的菌株有肠出血性大肠埃希菌（Enterohemorrhagic *E. coli*，EHEC）和产志贺毒素大肠埃希菌（Shiga toxin *E. coli*，STEC）。它们的志贺毒素（Shiga toxins，Stx）和肠溶血素（Enterohemolysis，Hly）均由多种 λ 样噬菌体编码。Stx1 和 Stx2 是由一个 A 亚单位和五个相同的 B 亚单位组成的 A-B 型毒素。B 亚单位与宿主细胞上的糖脂结合，A 亚单位切割 28S rRNA，抑制蛋白质合成。

对致病性大肠埃希菌 O157 和实验菌株 K12 的基因组分析显示，主干序列中分布着菌株特异性的序列。O157 菌株中含有 130 万个菌株特异性碱基对，其中大多数包含噬菌体和毒力岛 DNA。比较基因组分析 O157 Sakai 株和 EDL933 株揭示，两者 DNA 含量非常相似，但是两者的前噬菌体含量不同，EDL933 株有 12 个前噬菌体序列，O157 Sakai 株有 18 个前噬菌体序列，其中 13 个是 λ 样噬菌体。大肠埃希菌中 λ 样前噬菌体的诱导促使 Stx 产生和释放，这是毒力因子由噬菌体生命周期调控的经典案例。

Stx 毒素基因与 λ 噬菌体序列密切相关。噬菌体 H-19B（Stx1）和 933W（Stx2）的基因组序列分析显示，*stx* 基因位于严格调控的晚期操纵子内。因此，Stx 毒素基因为噬菌体晚期调控基因，并在诱导后的适当时间与噬菌体裂解和形态发生基因一起转录。Φ361 噬菌体的溶原菌产生 Stx2，无论是在体外还是在小鼠肠道感染模型中，几乎完全依赖于晚期噬菌体启动子（pR′）及其相关的抗终止基因（Q），表明 Stx2 的产生最终依赖于前噬菌体的诱导。而 Stx1 的产生并不完全相同，在 H-19B 噬菌体的溶原菌中，噬菌体晚期基因的转录对于 Stx1 的产生并不是必需的。但噬菌体的复制和调节转录起始于 pR 和 pR′启动子，在前噬菌体诱导下，每一个启动子都有助于提高 Stx1 的产量，且噬菌体介导的裂解控制了 Stx1 产生的持续时间和总量，并允许 Stx1 从细胞中释放。前噬菌体诱导在 Stx 产生和释放中的关键作用，解释了临床中利用具有前噬菌体诱导作用的抗生素治疗 STEC 感染时，往往与预后不良相关，因此丝裂霉素 C 和其他诱导噬菌体的抗生素可增强 STEC 的致病性。此外，中性粒细胞及其释放的分子（H_2O_2）也可诱导 Stx 噬菌体和 Stx 的产生。

不同 STEC 菌株的 Stx2 噬菌体的滴度和毒素产量明显不同。对 EHEC、STEC、Ⅰ型痢疾志贺菌编码的 Stx1 和 Stx2 噬菌体及侧翼序列的分析显示，噬菌体基因组存在多样性，表明 Stx 毒素基因是由并不相关的噬菌体编码。从进化的角度来讲，编码志贺毒素噬菌体的多样性是保障菌株之间传播毒素基因的重要机制，因为噬菌体的多样性可以抑制噬菌体之间由于超感染免疫、整合位点竞争和限制修饰系统所产生的排斥。

（二）霍乱弧菌噬菌体编码的外毒素

霍乱弧菌可致人的霍乱，主要症状为严重的、致命的腹泻。霍乱弧菌定植在小肠并产生霍乱毒素（cholera toxin，CT），该毒素是引致大量水样腹泻的主要原因。CT 是一种类似于志贺毒素的肠毒素，由一个与上皮细胞受体结合的五聚体 B 亚单位和一个具有酶活的 A 亚单位组成的 A-B 型毒素，后者将 ADP 核糖转移到 G 蛋白，调节腺苷酸环化酶的活性，破坏小肠细胞离子的流动而影响膜的通透性，导致细胞内 cAMP 浓度增加，使大量氯和水从上皮细胞分泌到肠腔而致水泻。

霍乱弧菌的 CT 由丝状噬菌体 CTXΦ 编码，CTXΦ 是目前已知的第一个参与细菌溶原转换的丝状噬菌体。CTXΦ 的受体是毒素共同调节菌毛（toxin co-regulated pilus，TCP），即束状形成菌毛（bundle-forming pilus），CTXΦ 侵入细菌后可整合在霍乱弧菌基因组成为前噬菌体。由于 TCP 是在霍乱弧菌定植肠道过程中产生的，因此 CTXΦ 对霍乱弧菌的感染在机体肠道内最为有效。具有 TCP 的非溶原性霍乱弧菌通过 CTXΦ 噬菌体溶原可转换为产毒素菌株，这种情况可在人或动物宿主体内发生。CT 的 A-B 亚单位由 *ctxAB* 编码，其转录主要依赖于两种激活因子：基因组编码的 ToxR 和弧菌毒力岛（vibrio pathogenicity island，VPI）编码的 ToxT。VPI 还编码 *tcp* 基因簇。ToxT 和 *ctxAB* 启动子之间的相互作用，反映了细菌致病中两个移动遗传元件（VPI 和 CTXΦ）之间的相互作用。

噬菌体 CTXΦ 与丝状噬菌体 M13 和 f1 非常相似。CTXΦ 具有典型的基因结构特征，大约有 10 个 DNA 复制、衣壳和形态发生基因，具有序列同源性。CTXΦ 缺少一个假定的噬菌体输出基因，其与 CT 利用相同的途径输出细胞，即Ⅱ型分泌系统。与其他丝状噬菌体不同的是，CTXΦ 在霍乱弧菌基因组中作为一种前噬菌体存在。CTXΦ 基因组可分为 2 个功能域：4.7 kb 核心区和 2.4 kb 重复序列（RS2）区。其核心区基因（*cep*、*orfu*、*ace* 和 *zot*）与噬菌体 M13 的 *gⅧ*、*gⅢ*、*gⅥ* 和 *gⅠ* 相对应；而 *ctxAB* 与已知基因不具有序列相似性，也不是噬菌体增殖的必需基因。RS2 区的基因（*rstR*、*rstA* 和 *rstB*）编码调控、复制和整合功能。Ace 和 Zot 蛋白是肠毒素，同时也是 CTXΦ 的结构和组装蛋白。对噬菌体本身来讲，肠毒性可能是次要功能。霍乱弧菌分泌的 CTXΦ 可能将有毒性病毒颗粒输送到肠上皮，由此产生相应的毒性作用。对涉及超感染免疫的 CTXΦ 抑制基因（*rstR*）分析显示，在密切相关的菌株中存在很大的序列差异，表明霍乱弧菌存在多溶原机制。特别值得一提的是，与其他整合的前噬菌体不同，CTXΦ 不会从细菌染色体上剪切形成染色体外的病毒颗粒。

对来自霍乱弧菌自然分离株 CTXΦ 的多样性分析表明，在霍乱弧菌 O1 血清群经典和 El Tor 生物型分离株中存在两个不同的 CTXΦ 谱系，这可能是造成流行性霍乱不同类型的主要原因。CTXΦ 存在于大多数霍乱弧菌 O1 和 O139 血清群分离株中，偶尔从非 O1/非 O139 血清群中分离。从患者样本中分离的拟态弧菌（*Vibrio mimicus*）中获得

CTXΦ，表明该噬菌体存在霍乱弧菌以外的贮存库。对霍乱弧菌和拟态弧菌 CTXΦ 的比较基因组分析，显示了基因序列的一致性，从进化的角度来看，该噬菌体在不同弧菌之间发生了转移。霍乱弧菌经 CTXΦ 的溶原转变后产生 CT，引起分泌性腹泻，同时这也有利于霍乱弧菌的流行性传播。通过菌株的传播也使 CTXΦ 传播更广，由此可见细菌与噬菌体相互影响、协同进化。

（三）铜绿假单胞菌噬菌体编码的外毒素

铜绿假单胞菌是一种重要的机会性致病菌，常见于肺炎、烧伤、伤口和尿道感染，铜绿假单胞菌毒力因子有很多，其中成孔细胞毒素（pore-forming cytotoxin，CTX）由噬菌体 ΦCTX 编码。ΦCTX 的 *cos* 位点位于 CTX 毒素基因和 *attP* 位点之间，表明 ΦCTX 获得毒素基因的机制比异常切除更为复杂。ΦCTX 整合到细菌基因组，必须同时携带与 *ctx* 基因一致的活性启动子，这是铜绿假单胞菌产生 CTX 的关键。这种需求使 ΦCTX 跟其他编码毒素的噬菌体有所不同，因为其他噬菌体不会通过整合上调毒素基因的转录。

第二节　噬菌体编码其他细菌毒力相关蛋白

噬菌体除了编码外毒素以外，还可能编码与细菌黏附和定植、细胞侵袭、免疫逃避、胞内存活等相关的因子，这些因子直接影响了细菌与宿主相互作用的能力，导致细菌致病性增强。

一、噬菌体编码参与细菌黏附和定植的蛋白

黏附是细菌建立感染的关键步骤，参与细菌与宿主细胞黏附的蛋白质是噬菌体编码的毒力因子中的又一个成员。在霍乱弧菌中，TCP 是定植因子，在细菌感染过程中发挥黏附的作用。编码 TCP 的 *tcp* 基因簇被定义为 VPI 的一部分。VPI 是一个比较大的染色体区域（39. 5kb），编码多个毒力基因簇和一个噬菌体样整合酶，插入细菌的一个 tRNA 样的基因（*ssrA*）附近。随后发现 TCP 也由丝状噬菌体 VPIΦ 编码，组成 TCP 菌毛结构的主要菌毛蛋白（TcpA）也是 VPIΦ 的衣壳蛋白，且 VPIΦ 与其他丝状噬菌体的核苷酸序列完全不同。VPI 在霍乱弧菌中的分布与 CTXΦ 的分布相似，即 VPI 在大多数 O1 和 O139 血清型分离株中存在，而在大多数非 O1 和非 O139 血清型分离株中不存在。一些拟态弧菌也携带 VPI，它们的 VPI 基因与霍乱弧菌 EL-Tor 生物型中的 VPI 基因序列高度一致。可见 VPI 在霍乱弧菌和拟态弧菌之间存在种间横向基因转移，进一步说明 VPI 是可移动的因子。

另一个噬菌体编码的蛋白质参与细菌附着和定植的是缓症链球菌（*Streptococcus mitis*），该细菌是感染性心内膜炎的主要病原，心内膜的感染始于血源性细菌附着在受损心脏瓣膜表面所致。在缓症链球菌菌株 SF100 中发现了一个 PblAB 噬菌体，编码多顺反子操纵子 *pblA* 和 *pblB*，这两个基因编码的蛋白质促进细菌结合到血小板的表面。用紫外光或丝裂霉素 C 处理 SF100 培养物，这两种培养物都能诱导溶原性噬菌体的裂解循环，且两种处理均使 *pblA* 的转录显著增加。这些基因编码的蛋白质也存在于噬菌体颗粒中，如 *pblA* 和 *pblB* 基因簇与一些已知的链球菌噬菌体具有显著的同源性，进一步说明这些

蛋白质是噬菌体的结构成分。

二、噬菌体编码涉及细菌侵入的蛋白

肠道沙门菌（*Salmonella enterica*）是胞内寄生病原体，可致许多临床综合征，其中最重要的是胃肠炎、伤寒和败血症，其发病机制涉及一些与噬菌体相关的毒力因子。沙门菌入侵宿主细胞需要沙门菌毒力岛（salmonella pathogenicity island，SPI）编码的Ⅲ型分泌系统，该系统将效应蛋白直接运输到宿主细胞的细胞质，发挥相应的毒性作用。肠道沙门菌有两种特异的Ⅲ型分泌系统，分别由 2 个沙门菌毒力岛编码，即 SPI-1 和 SPI-2。已在沙门菌分离株中鉴定了多种效应蛋白。SopE2 和 SspH2 效应蛋白由相邻噬菌体样序列编码，SopE、GogB、SseI 和 SspH1 效应蛋白由溶原性噬菌体编码。SopEΦ 是一种 P2 样噬菌体，它编码效应蛋白 SopE，该蛋白激活人 Rho GTP 酶并促进沙门菌进入组织细胞。在 λ 样噬菌体中，Gifsy-1 编码 GogB，Gifsy-2 编码 GtgB，Gifsy-3 编码 SspH1，*sopE*、*gogB*、*gtgB* 和 *sspH1* 基因位于各自噬菌体基因组的尾丝编码区。这也是两种移动遗传元件（毒力岛和噬菌体）相互作用、协同增强沙门菌毒力的一个典型例子。同时，噬菌体和类似噬菌体的溶原转换是肠道沙门菌效应蛋白多样性的原因，获得各种溶原性噬菌体基因组可能是出现新的流行菌株、适应新的宿主的一个重要进化过程。

由于许多不同噬菌体均可编码效应蛋白，因此在菌株间噬菌体的重配和在噬菌体间效应蛋白的重配时有发生。SopEΦ 的大部分基因组与来自大肠埃希菌肌尾噬菌体 P2 的基因组密切相关。在 *sopE* 位置，P2 编码噬菌体抗性基因，以保护溶原菌不受大肠埃希菌 T5 噬菌体的超感染。而在另外一些沙门菌中，*sopE* 基因与 λ 样长尾噬菌体相关。在 λ 样沙门菌噬菌体中，*sopE* 整合位点被其他溶原转换基因占据，如Ⅲ型效应分子 *sseI*、吞噬激活基因 *pag*J 和编码神经氨酸酶基因 *nanH*。在肠道沙门菌鼠伤寒Ⅰ型亚种中存在大量的毒力岛与噬菌体的相互作用，但在肠道沙门菌其他血清型和其他亚种中，大多数鼠伤寒特异性噬菌体缺失或高度分化，表明肠道沙门菌其他血清型和亚种可能含有与 SPI-1 和 SPI-2 相互作用的独特噬菌体组合。与大肠埃希菌中不同噬菌体间 *stx* 基因的重配类似，沙门菌噬菌体间毒力基因的重配是细菌进化的一个重要机制，避免噬菌体介导的基因转移引致的超感染免疫、插入位点的竞争和限制-修饰系统的限制。

在链球菌中，许多链球菌产生透明质酸酶，透明质酸是细菌荚膜和人体结缔组织的组成成分。透明质酸酶基因可位于噬菌体基因组，该酶可整合到噬菌体病毒颗粒，有助于噬菌体在感染中从链球菌或荚膜中释放，也可帮助细菌在细胞内进一步扩散。

三、噬菌体编码辅助细菌胞内存活的蛋白

沙门菌被吞噬细胞吞噬后，在细胞器内受到氧化应激，产生氧活性中间体，包括超氧化物自由基。沙门菌利用超氧化物歧化酶（SodC）等酶抵抗氧化损伤，该酶催化超氧化物离子转化为过氧化氢和分子氧，从而保护细菌免受氧化应激，提高细菌的存活能力。沙门菌超氧化物歧化酶 SodC 由功能性噬菌体 Gifsy-2 或 Fels-1 编码，该噬菌体能够介导 *sodC* 转导。清除鼠伤寒沙门菌的这种噬菌体导致小鼠感染模型毒力减弱，说明 SodC 在沙门菌致病中发挥毒性作用。过氧化氢是一种高效的 Gifsy-2 噬菌体诱导剂，提示导致过氧化氢产生的 SodC 与 Gifsy-2 诱导之间存在相互作用。

在肠道沙门菌中，已鉴定出 3 个编码 SodC 的基因，即 *sodC* Ⅰ、*sodC* Ⅱ 和 *sodC* Ⅲ。氨基酸序列分析显示，SodC Ⅰ与 SodC Ⅱ、SodC Ⅲ分别具有 57% 和 60% 的同源性。染色体编码的 *sodC* Ⅱ 基因存在于所有沙门菌分离株中，*sodC* Ⅰ 由噬菌体 Gifsy-2 携带，仅限于高致病型菌株，属于Ⅰ型亚种分离株。*sodC* Ⅲ 基因确定在噬菌体 Fels-1 的基因组，其位置与 Gifsy-2 上的 *sodC* Ⅰ 相似。编码 SodC 的噬菌体的并不是肠道沙门菌所特有，在大肠埃希菌 O157 Sakai 菌株中有两个 λ 样噬菌体，在相似的基因组位置也有 *sodC* 基因，提示 SodC 同样在大肠埃希菌中发挥提高细菌存活的作用。

噬菌体编码的神经氨酸酶（neuraminidase）可提高细菌细胞内存活率，在细菌的毒力中发挥重要作用，该酶由 *nanH* 编码。鼠伤寒肠道沙门菌的噬菌体 Fels-1 携带 *nanH*，该基因位于噬菌体附着位点附近。在霍乱弧菌基因组中，*nanH* 存在于 VPI-2 中一个 59 kb 的编码区域，是致病性分离株独有的。VPI-2 区域的 G+C 含量为 42%，与霍乱弧菌基因组的其余部分 G+C 含量（47%）不同，说明该区域是通过水平转移获得的。此外，*nanH* 与几个与 Mu 噬菌体有显著同源性的基因相邻。在霍乱弧菌中，神经氨酸酶与 CT 具有协同作用，可将神经节苷脂转化为神经节苷脂 GM1，即为 CT 的受体位点，从而增强毒素与细胞的结合，提高对宿主肠细胞的毒性。在产气荚膜梭菌中也发现有 *nanH*，其整合在 *attP* 基因位点附近，G+C 含量为 32%，而产气荚膜梭菌基因组的 G+C 含量为 27%，提示该基因也是通过水平转移获得的。

四、噬菌体编码辅助细菌逃避宿主免疫的蛋白

一旦病原菌进入机体，抵御细菌感染的第一道防线就是宿主的固有免疫应答。有几种溶原转换基因编码的蛋白质，可改变宿主免疫系统对细菌的识别或赋予细菌血清抗性。O 抗原修饰基因的蛋白质可改变细菌的抗原性，从而促进细菌逃逸宿主免疫系统。大肠埃希菌和志贺菌的 O 抗原修饰基因包括 *rfb*、*oac* 和 *gtr*，分别表达脂多糖 O 抗原糖基化、乙酰化和转移酶蛋白。这些基因位于几种形态多样的噬菌体中，包括短尾病毒科、长尾病毒科、肌尾病毒科和丝杆状病毒科。这些噬菌体在遗传学上具有一些共同的特征，例如大肠埃希菌噬菌体 SfV、SfX、SfII 和 Sf6 及肠道沙门菌噬菌体 p22，它们的 O 抗原修饰基因紧邻噬菌体附着位点 *attP* 下游，在整合酶（*int*）和剪切酶（*xis*）基因之前。噬菌体 SfV、SfX、Sf Ⅱ和 Sf Ⅰ的整合酶蛋白与噬菌体 p22 中的相应蛋白非常相似。噬菌体 SfV、SfX、Sf Ⅱ的 *attP* 位点与 p22 相同。噬菌体 SfV 的 DNA 组装和头部基因具有类似 λ 样长尾噬菌体的遗传结构，而其尾部基因与 Mu 样肌尾噬菌体的基因相似。从形态学上讲，SfV 是肌尾病毒。因此，不同种类的噬菌体之间的嵌合体可以作为溶原转换基因的载体，可使溶原转换噬菌体更加丰富多样。

细菌 O 抗原在致病机制中发挥重要作用，是一种重要的保护性抗原，许多病原体，如肠道沙门菌、大肠埃希菌、霍乱弧菌、肺炎链球菌、铜绿假单胞菌和脑膜炎奈瑟菌等，都具有转换 O 抗原类型的能力，这种转换降低了原有疫苗的免疫保护力，或出现细菌新的流行血清型。在霍乱弧菌中，O 抗原基因通过噬菌体水平转移导致新的 O139 血清型出现，由于人群缺乏免疫力，O139 霍乱弧菌比 O1 血清型更容易感染，因此在 1992 年 O139 血清型取代了 O1 血清型，成为亚洲流行霍乱的主要病原。O139 血清型菌株是由霍乱弧菌 O 血清型 El Tor 生物型获得 O139 抗原基因演化而来的。对霍乱弧菌 O1、O139

和O22的O抗原生物合成基因的组成和核苷酸序列的分析发现，O139和O22血清型具有广泛的序列同源性。有证据表明霍乱弧菌通过O血清型El Tor生物型菌株与经典分离株交换O抗原生物合成基因，导致出现了几种具有致病潜力的非O1/非O139霍乱弧菌菌株。霍乱弧菌中的O抗原转换由噬菌体介导。沙门菌中O抗原被认为是沙门菌的重要毒力决定因子，决定其对补体、其他血清蛋白、吞噬作用的易感性。O抗原的结构和组成可被噬菌体编码的酶改变。沙门菌噬菌体O抗原转换是细菌致病的重要决定因素。铜绿假单胞菌中一些噬菌体通过溶原改变细菌O抗原的化学组成和结构。这些变化改变了细菌对噬菌体超感染的敏感性，帮助细菌逃避机体的免疫防御。

大肠埃希菌O157的基因组中有大量前噬菌体编码的毒力因子，除了Stx毒素以外，还有Bor和Lom蛋白等。λ噬菌体编码的外膜脂蛋白（Bor）在噬菌体溶原过程中分泌，提升λ噬菌体溶原菌在血清中的抵抗力。另一个λ噬菌体编码的外膜蛋白（Lom）可有助于细菌对宿主的黏附。O157获得噬菌体编码的毒力因子在细菌致病中起着决定性的作用。链球菌M蛋白是GAS的主要表面抗原，也是主要的毒力因子，具有抗吞噬、辅助细菌存活的作用。在已知去除质粒或噬菌体的生长条件下，GAS的M蛋白表达下降，这表明可移动的遗传元件可能参与M蛋白的调节。溶原性噬菌体SP24通过溶原可极大地提高链球菌M蛋白的产生，推测噬菌体编码的*mprA*基因上调了细菌基因组编码的M蛋白的表达，从而帮助细菌抵抗宿主的吞噬作用。

五、参与细菌形成生物被膜的噬菌体编码蛋白

铜绿假单胞菌慢性感染患者的气管易形成囊性纤维化，这与细菌形成生物被膜相关。前噬菌体的裂解诱导对于感染部位细菌生物被膜（biofilm）的形成和密度感应（quorum sensing，QS）的调节至关重要。前噬菌体整合到Ⅳ型菌毛和QS相关基因的位点使其插入失活，损伤细菌运动或调节QS信号的能力。在Ⅳ型菌毛基因失活的情况下，导致细菌运动能力丧失，可能是由于噬菌体的介导阻止了依赖于Ⅳ型菌毛的噬菌体超感染的发生。在生物被膜形成过程中需要前噬菌体的裂解过程。铜绿假单胞菌PAO1、Pf噬菌体对生物被膜形成的影响，最早被认为是通过诱导细菌死亡和随后释放细菌DNA实现的。随后发现长丝状、负电荷的Pf噬菌体粒子本身对生物被膜胞外基质的组装至关重要。噬菌体的长丝能启动高度有序的液态晶体基质的形成，从而增强生物被膜的功能，提高细菌的适应性和对抗生素的耐受水平。Pf噬菌体的产生还可以减少细菌在肺外的传播、促进细菌与黏蛋白的黏附、抑制巨噬细胞的吞噬作用。

有趣的是，在研究铜绿假单胞菌噬菌体非保守基因的功能时，发现噬菌体冗余基因可以影响宿主菌的表型，有的甚至可以增强或抑制宿主菌生物被膜的形成，抑制细菌的蹭行、泳动，抑制细菌鼠李糖脂和弹性蛋白酶等毒力因子的产生。可见，前噬菌体及噬菌体的冗余基因，在不同宿主菌背景下，可能发挥不同的作用。

细菌-噬菌体共进化的相互作用并不局限于致病菌，奥奈达希瓦氏菌（*Shewanella oneidensis*）是一种嗜冷性厌氧菌，其对寒冷环境的适应需要在细胞亚群中切离一种隐秘性的前噬菌体。隐秘性的前噬菌体（CP4So）整合在编码转移信使RNA（tmRNA）的3′端，但不干扰其表达。当温度开始下降时，切离前噬菌体基因会导致*ssrA*基因突变，删除一个单核苷酸U，从而产生一个无功能的tmRNA。在温暖的环境下，细菌H-NS蛋白

通过与剪切酶基因结合而沉默 CP4So 切离，因此保留了功能性 tmRNA。然而，在低温下，H-NS 水平降低，允许噬菌体切离和 *ssrA* 基因损伤。切离噬菌体的细菌在低温下形成更多的生物被膜，更能抵御低温，存活时间更长。虽然噬菌体切离只发生在一小部分细胞中，但它足以促进整个种群形成生物被膜并维持其生存。这是发生在 DNA 水平的新的冷适应机制，前噬菌体转换为调节开关，在特定条件下调节宿主行为，说明了前噬菌体和宿主共进化中产生新的相互作用。

第三节　噬菌体介导细菌抗生素抗性基因转移

近年来，细菌对抗生素耐受已经成为人们普遍关注的热点，抗生素抗性基因在细菌间的转移使得抗性基因得以广泛传播，并使细菌获得多种耐药基因。噬菌体转导、转换是基因水平转移的重要机制，也可促进细菌抗生素抗性基因的传播，尽管转导在自然情况下发生的频率并不高，但控制噬菌体介导的转导、减少抗生素耐药基因的传播，是未来防御细菌性传染病的新策略。

一、噬菌体介导产志贺毒素大肠埃希菌耐药基因转移

产志贺毒素大肠埃希菌（STEC）临床和环境分离株中存在很多抗生素抗性基因，包括链霉素、磺胺类、四环素、氨苄西林和头孢菌素等耐药基因，有的菌株甚至含有多达 10 种不同的抗生素抗性基因。从大肠埃希菌 O157:H7 诱导出 Stx 噬菌体，将噬菌体标记四环素或氯霉素耐药基因，发现重组噬菌体均可将抗性基因转移到大肠埃希菌实验菌株，且可产生相应的转导产物，可见 Stx 前噬菌体在实验室环境下通过普遍性转导转移四环素抗性。有研究发现，鸡肉中大肠埃希菌噬菌体能够将一个或多个抗生素基因（氨苄西林、四环素、卡那霉素和氯霉素）转导到大肠埃希菌实验室菌株；从废水样本中分离的噬菌体，通过普遍性转导将卡那霉素抗性基因水平转移到尿致病性大肠埃希菌菌株。利用单细胞水平的转导，发现氨苄西林抗性基因在大肠埃希菌菌株之间高频转移（10^{-4} ~ 10^{-3}）。Stx 噬菌体可在体外将对抗生素敏感的大肠埃希菌菌株转化为耐药株。因此，可以确定包括 O157:H7 在内的产 Stx 大肠埃希菌中，抗生素抗性基因可通过噬菌体转导进行转移。

2016 年之前，美国将卡巴多（carbadox）作为农业抗菌剂添加到猪饲料中，用于预防猪痢疾，提高饲料利用率，促进猪的体重增加并加快生长。不同浓度的卡巴多（0.5 ~ 8 ppm）可在体内、体外诱导临床菌株前噬菌体的释放。另一种农业抗菌剂奥拉奎诺（olaquindox）诱导噬菌体 933W 的能力是卡巴多的三倍。在牛或猪胃肠道内，一旦大肠埃希菌前噬菌体被诱导释放，它们就可以将抗生素抗性基因转移到其他菌株，特别是大肠埃希菌 O157:H7 或沙门菌属等食源性病原体。通过动物产品、粪便将抗性病原菌进一步扩散。而且，抗生素耐药性与特定噬菌体类型存在关联，与链霉素、磺胺类和四环素耐药相关的 3 种噬菌体类型是 pt23、pt45 和 pt67，也有报道与噬菌体 pt21/28、pt23、pt34 和 pt2 相关。噬菌体类型与抗生素耐药性之间的联系，暗示了噬菌体在抗生素耐药性传播中的潜在作用。噬菌体转导可使抗生素抗性基因发生转移，但从构建的牛大肠内感染大肠埃希菌溶原性噬菌体的模型来看，在机体中普遍性转导对基因横向扩散的贡献

度很小，所受的其他环境因素的影响也比较多。因此在自然条件下，噬菌体介导的抗生素耐药基因的水平转移值得进一步探究。

二、噬菌体介导肠道沙门菌耐药基因转移

沙门菌属的多重耐药菌近年来在全球范围内剧增。鼠伤寒沙门菌噬菌体 DT104 型菌株的五个抗性基因聚集在一个 43 kb 的沙门菌基因岛 1（*Salmonella* genomic island 1，SGI-1）上，SGI-1 两侧有两个 I 型整合子。DT104 中存在两个 P22 样的前噬菌体——ST104 和 PDT17。P22 是一种大家熟知的沙门菌噬菌体，在分子生物学中广泛用于普遍性转导和特异性转导。DT104 释放的 P22 样噬菌体 ES18 和 PDT17 可以转导多种抗生素抗性基因。噬菌体 PDT17 转导氨苄西林、氯霉素抗性。噬菌体 ES18 可分别转导氨苄西林、氯霉素和四环素抗性，ES18 还可以与氨苄西林、氯霉素抗性和四环素共同转导磺胺类和链霉素抗性相关基因，产生 ACSSuT 表型。ACSSuT 定义为与家禽、牛和猪有关的多重耐药鼠伤寒沙门菌噬菌体 DT104 型。卡巴多可诱导鼠伤寒沙门菌 DT104 和 ACSSuT 抗性菌株 DT120 的噬菌体转导。P22 样前噬菌体转导或协同转导耐药基因是一种比较常见现象，这些耐药基因共定位于多重耐药鼠伤寒菌 SGI1。

R 因子可能代表另一种形式的移动遗传元件（mobile genetic element，MGE），它可以通过噬菌体介导的转导水平转移。R 因子是包含一个或多个抗生素耐药决定因子的附加体。接合性 R 因子可在沙门菌和大肠埃希菌之间传播抗生素抗性基因。将 R 因子整合到 P22 样前噬菌体中，将有助于 R 因子在宿主菌诱导过程中包装到噬菌体的头部，从而有助于细菌在肠道内或环境中传播抗性基因。

沙门菌对第三代头孢的抗性也值得关注，这种耐药是由于超广谱 β-内酰胺酶（extended-spectrum beta-lactamase，ESBL），编码这些酶的基因可以通过普遍性转导转移。用含有 P24 噬菌体的海德堡沙门菌（*S. heidelberg*）S25 作为转导供体，可将 ESBL 和四环素抗性基因转移到受体菌鼠伤寒沙门菌，确定噬菌体可在不同沙门菌血清型之间介导耐药基因的转移，这是因为噬菌体可以结合到不同种类或不同血清型菌株的不同表面蛋白受体，如 LPS、FliC、OmpC、OmpF、OmpA 是 STEC 和沙门菌中存在的噬菌体受体。治疗侵袭型沙门菌感染的另一类抗生素是氟喹诺酮类，其中氧氟沙星、环丙沙星，以及用作兽药的恩诺沙星和丹诺氟沙星，都能诱导刺激卡那霉素抗性质粒对伤寒沙门菌的普遍性转导。因此，动物使用氟喹诺酮类药物，将增加抗生素抗性基因水平转移的风险。

第四节　噬菌体影响细菌致病性

早先大家对前噬菌体对细菌致病影响的研究主要集中在噬菌体编码的外毒素，随后发现噬菌体其实在很多方面参与细菌的致病。噬菌体除了作为移动元件在细菌种群中传播毒力基因，还通过多种不同的机制在细菌发病中发挥重要作用。噬菌体在细菌致病中作用机制较为复杂，不同噬菌体在不同条件下可能具有独特的机制。

一、噬菌体获得细菌毒力基因的方式

噬菌体获取毒力基因有 3 种可能的方式：前噬菌体从宿主菌中不精准地切离获得；

具有自身启动子和终止子的细菌基因组中可转移的DNA模块；噬菌体自身不可缺少的组成部分。

（一）前噬菌体不精准切离

噬菌体编码的大多数细菌的毒力因子，不是噬菌体复制、形态发生或组装所必需的。而且，由于许多毒力基因与噬菌体基因组的相比显示出独立的进化史，且位于噬菌体附着点附近，因此认为噬菌体是通过前噬菌体不精准地从宿主菌切离获得毒力基因的。对化脓性链球菌前噬菌体的序列分析发现，在噬菌体裂解酶和右侧附着点之间具有溶原转换基因，在金黄色葡萄球菌噬菌体中也发现类似的情况，说明这些噬菌体具有溶原转换特征。不精准切离使前噬菌体获得毒力基因，也是前噬菌体不精准复制造成变异的一个重要原因。

化脓性链球菌中前噬菌体不精准地切离获得了外毒素基因 *speA* 和 *speC*，它们分别由噬菌体T12和CS112编码，编码基因位于 *attP* 基因位点附近，并且它们有自己的启动子区域，与噬菌体的其他调节、控制区域明显不同。对铜绿假单胞菌细胞毒性转换噬菌体ΦCTX的研究发现，该前噬菌体不精准地切离可独立获得毒力基因，毒素基因 *ctx* 位于噬菌体附着点的右侧，其G+C含量与噬菌体基因组的其余部分不同。霍乱弧菌CTXΦ基因组中，编码CT的 *ctxAB* 基因位于噬菌体的 *attRS* 位点附近，与噬菌体基因组相比，*ctxAB* 基因区域具有独特的G+C含量。由于CTX病毒颗粒的产生不涉及CTX前噬菌体从染色体上切离，因此，*ctxAB* 基因的获得可能来源更早的重组事件。准前CTXΦ（pre-CTXΦ）基因组有可能整合了相邻 *ctxAB* 基因，拥有 *ctxAB* 基因的CTXΦ可能通过不精准的前噬菌体复制产生。在霍乱弧菌非产毒分离株中鉴定一个CTXΦ的准前CTXΦ，它不含 *ctxAB* 基因或不含有 *ctxAB* 启动子的上游控制区。每一个准前CTXΦ的前噬菌体都会产生一个CTXΦ复制性质粒，其基因组组成与CTXΦ复制形式相同，只是缺少 *ctxAB* 基因。在霍乱弧菌中准前CTXΦ和CTXΦ并存，推测携带除了编码CT以外还编码Ace和Zot等毒力基因的CTXΦ的细菌可能具有选择优势。

（二）毒力基因盒转移

大肠埃希菌和沙门菌前噬菌体中的毒力基因并非仅集中在 *att* 位点附近，有的存在于噬菌体基因组内，它们的位置不是随机的，大多数是位于以下几种情况的下游：①λ噬菌体抗终止子N或Q同源物；②裂解盒（位于λ样前噬菌体的中央）；③参与宿主识别的尾丝编码基因，该基因是重组反应的靶标；④编码噬菌体衣壳蛋白酶的基因。这些毒力基因由启动子和终止子侧翼组成独立的转录单元，即毒力基因盒，这阻止了为维持前噬菌体状态而必须保持转录沉默的部分基因组的转录。

大肠埃希菌H-19B噬菌体基因组的DNA序列分析表明，*stxAB* 基因位于 *Q* 基因的下游，与λ噬菌体Q具有相同的转录方向，在噬菌体晚期基因的晚期启动子 P_R' 处发挥转录激活作用。*stx* 基因或代表由营养信号（低铁浓度与真核宿主细胞接触等）调节的严格控制的转录单位，或与前噬菌体的诱导协同调节。例如，志贺毒素没有转运信号，但依赖于细菌裂解，对少量溶原菌进行前噬菌体诱导后，毒素将从细胞中输出。因此，*stx* 基因位于Q抗终止子转录因子和裂解盒之间在遗传上有重要意义。

(三) 噬菌体组成成分

许多噬菌体编码的细菌毒力因子似乎是宿主菌祖先的残留物，噬菌体的调节和形态发生不需要这些基因。但也有例外，缓症链球菌中 PblAB 噬菌体的结构蛋白 PblA 和 PblB 参与对人类血小板的黏附，这可能是蛋白质进化双重功能的一个例子。同样，在霍乱弧菌中，CTXΦ 的 *ace* 和 *zot* 基因产物参与了噬菌体形态发生和装配，同时也是有效的肠毒素。

二、噬菌体参与致病性细菌的传播

(一) 噬菌体的间接参与

编码毒力基因的噬菌体通常被认为是在细菌中传播这些基因的被动载体，它们与毒力因子的扩散和新的致病菌株的出现有关。例如，CTXΦ 是引致霍乱弧菌 *ctxAB* 基因的水平转移、产生新的产毒素菌株的关键因素之一。目前已鉴定出至少五种霍乱弧菌噬菌体有助于毒力因子在菌株之间的水平转移。此外，大多数大肠埃希菌 STEC 分离株中的 *stxAB* 基因都在 λ 样前噬菌体的基因组中，这可能是 *stxAB* 在 60 多个大肠埃希菌血清型中广泛分布的原因。痢疾志贺菌菌株也具有位于 λ 样噬菌体的志贺毒素基因。还有一些菌株也通过噬菌体溶原促使抗原转换，这是致病菌株产生新的血清型的一种方式。此外，许多链球菌和葡萄球菌前噬菌体中存在大量的超抗原毒素编码基因。携带毒素基因的噬菌体溶原可能是这些毒素广泛传播的原因，也是出现新的致病菌株的重要机制。

在肠出血性大肠埃希菌（EHEC）O157 基因组中有很多噬菌体衍生的元件，细菌与噬菌体元件的相互作用较为复杂，涉及细菌核心基因的噬菌体调节。在研究细菌基因调节蛋白 Hfq 相关的 sRNA 中，鉴定出 55 个噬菌体衍生的调控 sRNA，其中两个 sRNA 具有重要特征：一个是 AsxR-anti-sRNA，即志贺毒素 2 转录物的反义 RNA，与细菌 sRNA、FnrS 相互作用，调节编码血红素加氧酶 *chus* 基因，协同调节在溶原和裂解循环中释放或摄取血红素；另一个是 AgvB-anti-sRNA，对抗细菌核心基因组 sRNA、GcvB，从而阻断其与多种细菌靶向 mRNA 的相互作用，提高细菌在胃肠道的竞争力。这两种噬菌体来源的 sRNA 都与细菌在动物宿主中的作用有关，这些噬菌体 sRNA 可能介导细菌基因表达和毒力的调节。

肠道沙门菌鼠伤寒血清型中存在另一种促进细菌毒力的噬菌体-宿主相互作用的策略，这种策略不涉及细菌基因调控。鼠伤寒沙门菌产生成孔细菌素，即大肠菌素（A 型和 B 型），在肠道环境中释放以杀死易感的竞争菌群。大肠菌素只在一小部分细菌中与同源分解基因共同表达，从而导致细菌裂解和大肠菌素释放。沙门菌 SL1344 的大肠菌素 B 型 Collb 细菌素缺乏自身同源分解基因，依赖细菌基因组中前噬菌体的裂解。SL1344 菌株含有 4 种前噬菌体，其中至少 2 种对 Collb 的释放有很大的作用。在 SOS 应答下，前噬菌体转化为裂解状态，Collb 与噬菌体颗粒依赖于噬菌体裂解基因释放。沙门菌在肠道内以一种依赖于大肠菌素的方式，在大肠菌素易感的种群竞争中增强适应性，可见前噬菌体和 B 型大肠菌素共同进化到一种互利的状态，噬菌体介导的裂解已成为一种有利细菌种群的合作特征。

噬菌体-宿主相互作用决定溶原和裂解进程，现发现假溶原在鼠伤寒沙门菌中非常重要。假溶原是噬菌体基因组在细菌内维持为一个附加体，在细菌分裂过程中不对称地分离，产生一个稳定的不产生感染性颗粒的“噬菌体载体”细胞亚群。在鼠伤寒沙门菌中，溶原性噬菌体 P22 存在这种情况。当 P22 基因组以附加体形式存在时，一个位于晚期操纵子的 ORF 基因被表达，产生一个 9.3 kDa 的 Pid 蛋白。Pid 蛋白触发负责 D-半乳糖摄取和代谢的细菌操纵子（*dgoR KAT*）的表达，D-半乳糖是沙门菌胞内生长过程中的一个重要碳源。这是第一个假溶原作为噬菌体-宿主相互作用调节细菌代谢和毒力的例子，噬菌体假溶原促进了沙门菌的胞内存活。

（二）噬菌体的直接参与

细菌中前噬菌体的生活周期在细菌发病机制中具有重要意义。例如，由噬菌体控制的 Stx 毒素的产生和输出调控直接影响 STEC 所致疾病的发生。在大肠埃希菌 O157 噬菌体 H19B 中，*stx* 基因直接位于 P'_R启动子下游和噬菌体裂解基因上游。外源性因素（如丝裂霉素 C 等抗生素）和内源性因素（中性粒细胞释放的 H_2O_2）对前噬菌体的诱导可增加宿主菌株产生 Stx。H19B 噬菌体的 Q 蛋白可指导抑制态的 H19B 和 933W 的前噬菌体 Stx 的高水平表达。晚期噬菌体启动子 P'_R的转录导致前噬菌体的诱导，直接影响大肠埃希菌 O157:H7 临床分离株 Stx 的产生。

CTX 前噬菌体的诱导也会导致霍乱弧菌产生大量 CT 毒素。CTXΦ 或整合到细菌的基因组中，或作为一个附加体进行复制，处于复制形式（replicative form，RF）时产生很高的病毒滴度。CTX 前噬菌体 *ctxAB* 的表达依赖于 ToxR 和 ToxT 的转录激活，但复制形式的 CTXΦ 在体内或体外表达 CT 并不依赖 ToxR 和 ToxT。在肠道感染中，CTX 前噬菌体的诱导，通过增加 *ctxAB* 拷贝数和消除对 ToxR 和 ToxT 的需求，从而上调毒素的产生，这也表明可能还存在尚未确定的引致 *ctx* 转录的诱导相关的噬菌体调节因子。

活性溶原是一种新的描述细菌-噬菌体相互作用类型，其中整合的前噬菌体作用是控制细菌基因表达的调节开关，称为噬菌体调节开关。前噬菌体整合在具有关键功能的细菌基因的 ORF（或相邻调节区）内，从而使该基因的表达失活。在需要基因表达的条件下，诱导精准的前噬菌体切离，恢复被破坏的基因活性。可逆的活性溶原是一个完整的基因调控开关机制，噬菌体切离和再溶原事件可逆发生。被切离的噬菌体维持为一个附加体，可以在允许的条件下重新整合进入目标基因导致基因失活。例如，枯草芽孢杆菌噬菌体 RS 是可逆的，可从细菌基因组中切离，噬菌体不会裂解，而以附加体存在。在不可逆的活性溶原中，前噬菌体切离后噬菌体丢失。该方式不仅能够通过调控细菌相关基因的表达来逃逸宿主细胞吞噬体的吞噬，亦能够通过调控细菌错配修复基因，改变细菌的突变率。

产单核细胞李斯特菌是一种食源性传播的细胞内病原体，在感染过程中，细菌被巨噬细胞吞噬，但很快逃离吞噬体，在细胞质中复制，并在细胞间传播。细菌吞噬体逃逸需要溶原性噬菌体 ΦF10403S 的基因组切离，该噬菌体整合在李斯特菌 *comk* 基因中，破坏了 *comk* 的完整性。ComK 是补体系统的主要激活剂，能够摄取细胞外 DNA，有效促进吞噬体逃逸。李斯特菌在哺乳动物的吞噬体中，通过前噬菌体切离，*comk* 基因恢复完整，从而使得 ComK 得以表达。值得注意的是，噬菌体 ΦF10403S 采取了一种独特的行为，即前噬菌体切离但不产生裂解，从而避免细菌破裂。噬菌体 DNA 作为一个附加体，在条件合适的时候，可以重新整合到 *comk* 基因，关闭该基因的转录。这说明尽管这种噬菌体完全能够产生感染性病毒颗粒，但在哺乳动物感染期间，裂解途径被有效阻断，前噬菌体成为细菌 *comk* 基因表达的调节开关，这是噬菌体与宿主细胞在感染宿主内相互适应的一种独特方式。

三、噬菌体间的相互作用影响细菌致病性

噬菌体在细菌致病过程中的作用，除了作为基因传播的被动载体，还可作为毒力基因表达的调节因子，而且噬菌体间的相互作用在影响细菌毒力中也发挥重要作用。噬菌体间的相互作用的方式分为 2 类：一是辅助噬菌体促进噬菌体移动；二是辅助噬菌体促进噬菌体编码的毒力基因的表达。

辅助噬菌体辅助有缺陷噬菌体移动的经典例子是大肠埃希菌 λ 样噬菌体 P2（辅助噬菌体）和 P4（有缺陷的噬菌体）之间的相互作用。P4 依赖于 P2 或相关的 λ 样噬菌体来提供衣壳、尾丝和裂解基因，这些基因是 P4 组装衣壳、包装 DNA 和裂解宿主细菌所必需的，对 P4 完成一个裂解循环并产生病毒颗粒至关重要。P4 是一种有缺陷的噬菌体，一旦作为病毒颗粒释放，它可以在没有 P2 的情况下复制并整合到宿主菌 DNA。

（一）辅助噬菌体促进噬菌体移动

1. 霍乱弧菌 CTXΦ 为 RS1Φ 提供形态发生基因 RS1Φ 是一个有缺陷的噬菌体，需要霍乱弧菌 CTXΦ 的形态发生蛋白，这类似于大肠埃希菌中的 P2/P4 相互作用。引致霍乱流行的霍乱菌株（即 O1 血清群 El Tor 生物型和 O139 血清群菌株）含有能够产生 CTXΦ 感染性复制形式的功能完全的前噬菌体。在这些分离菌株中，CTX 的前噬菌体位于另一个遗传元件 RS1 的一侧。RS1 与 RS2 很相似，但额外含有一个 ORF *rstC*，它编码一个导致阻遏物聚合的抗阻遏物，从而影响噬菌体的调节和传播。溶原菌产生 CTXΦ 病毒粒子取决于 CTX 前噬菌体串联排列，还是 CTX 前噬菌体与 RS1 紧随相连，RS1 才能作为丝状噬菌体利用 CTXΦ 的形态发生基因进行水平传播。当将复制形式的 RS1 标记卡那霉素（pRS1-Kn），转导霍乱弧菌产生卡那霉素抗性（Kn^r），且检测到 RS1 的一个剪切拷贝。与 CTXΦ 相似，RS1Φ 也利用 *attRS* 序列通过特异性位点整合到霍乱弧菌基因组。然而，只有已经存在 CTXΦ 基因组的 RS1-KnΦ 的转导物，才能产生可检测的 RS1-KnΦ，表明了 CTXΦ 对 RS1-KnΦ 形态发生的重要性。

另一个被鉴定的丝状噬菌体 KSF-1Φ，提供产生 RS1Φ 所需的功能基因。与 CTXΦ 不同的是，它不需要 TCP 进入霍乱弧菌。因此，CTXΦ 进化似乎涉及 3 个主要步骤（图 10-1）：①RS1Φ 与相邻核心区域序列整合（可能伴随着 *rstC* 的丢失），形成准前 CTXΦ（pre-CTXΦ），即形成 RS2 和核心区域；②准前 CTXΦ 感染了一个含有 *ctxAB* 基因（编码 CT）的未知宿主菌，形成前 CTXΦ（pro-CTXΦ）；③前 CTXΦ 进入裂解循环形成产 CT 毒素的 CTXΦ。CTXΦ 复制不涉及从细菌染色体上切除前 CTXΦ，但它类似于复制转座子或 Mu 噬菌体的复制。产生 CXTΦ 需要存在串联元件，即 CTX-CTX 前噬菌体或 CTX-RS1 前噬菌体。因此，CTXΦ 不存在于经典霍乱弧菌生物型的分离株中，这些分离株不包含串联 CTX 前噬菌体或 RS1 前噬菌体。RS1 前噬菌体存在所有霍乱弧菌 El Tor 生物型分离株，这解释

了这种生物型菌株成为当前霍乱优势流行株的原因。CTX 和 RS1 前噬菌体之间的相互作用，促进了传染性 CTXΦ 的产生，增加了 *ctxAB* 在霍乱弧菌分离株之间的传播。

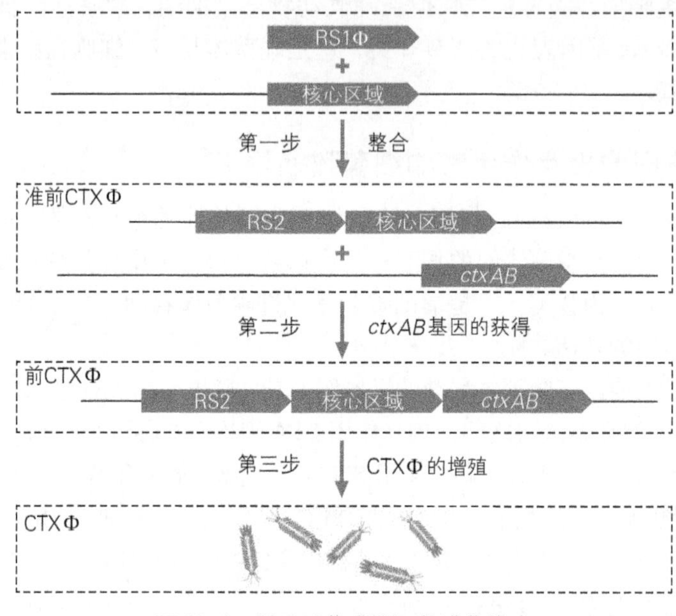

图 10-1　霍乱弧菌 CTXΦ 的进化模式

2. 霍乱弧菌 CP-T1 普遍性转导 CTXΦ　有研究表明两个连续步骤对致病性霍乱弧菌的进化至关重要。细菌必须首先获得编码 TCP 的 *tcp* 操作子，TCP 是 CTXΦ 的受体，然后必须被 CTXΦ 溶原。一些霍乱弧菌 O1 和非 O1 分离株缺乏 *tcp* 基因但含有 CTX 前噬菌体。推测这些分离株可能由 TCP 介导的 CTXΦ 感染，随后丢失 TCP 区。CP-T1 噬菌体介导的普遍性转导，使整个 CTXΦ 基因组整合到经典和 El-Tor 分离株，包括 TCP 阴性株，这些菌株又可作为 CTXΦ 供体。因此，对非产毒菌株转化为产毒菌株，特异性的 CTXΦ 受体的表达并不是必需的。但大多数霍乱弧菌产毒菌株的基因组同时编码 TCP 和 CTXΦ，可见大多数菌株的 CTXΦ 获得不是由普遍转导引起的，而是更多地偏向于毒力的顺序进化模型。

（二）毒力基因的表达依赖辅助噬菌体

1. RS1Φ 参与由 CTXΦ 介导的 CT 产生　与霍乱弧菌 CTXΦ 相关的 RS1Φ 是一种缺陷型卫星噬菌体，其传播依赖于辅助性前 CTX 产生的蛋白质。与其他卫星噬菌体不同的是，RS1Φ 也有助于 CTX 噬菌体的产生。由于 RS1Φ 编码的蛋白质 RstC 是一种抗阻遏物，能对抗 CTX 抑制剂 RstR 的活性，可促进 CTX 噬菌体产生所需的相关基因的转录，从而促进 RS1Φ 和 CTXΦ 的传播。此外，RstC 还可诱导 *ctxAB* 的表达，从而导致霍乱弧菌的毒性增强。

2. CT 表达需要 VPI 编码的调控基因　霍乱弧菌 CTX 前噬菌体基因和 VPI 中基因的表达受生长条件和环境信号控制，包括 VPI 基因（*toxT*、*tcpP* 和 *tcpH*）和细菌基因（*toxS* 和 *toxR*）的相互复杂调节。三种蛋白质 ToxR、TcpP 和 ToxT 协同调节 CT 和 TCP 的结构基因转录。ToxR 是一种转录激活剂，与 ToxS 协同作用，激活 VPI 基因座 *tcpP*、*tcpH* 和 *toxT*，以及 CTXΦ 基因座 *ctxAB* 的表达。ToxT 会扩大自身的表达，并与 TcpP 和 TcpH 一起直接激活 CT 和 TCP 的产生。体内研究表明，CT 和 TCP 的表达对 ToxR 和 TcpP 的需求与体外有显著差异。在霍乱幼鼠感染模型中，检测到 *ctxA*（编码 CT 的催化亚单位）和 *tcpA*（编码主要 TCP 亚单位）的转录，可见 VPI 和 CTXΦ 基因表达之间的密切关系。TCP 的产生先于 CT 的产生，只有在 ToxR 和 ToxT 水平升高后才诱导 CT 的表达，霍乱弧菌延迟 CT 释放，直到细菌接近宿主细胞。这些现象强调了 CTXΦ 和 VPI 的共同进化，以及噬菌体间相互作用在霍乱发病机制中的重要性。

3. *肠炎沙门菌 Gifsy-1 和 Gifsy-2 相互作用*　在沙门菌中，噬菌体 Gifsy-1 和 Gifsy-2 编码几种对沙门菌致病至关重要的毒力基因。Gifsy-2 编码 GtgB（易位效应蛋白）和 SodCⅠ（超氧化物歧化酶）。去除肠炎沙门菌的 Gifsy-2 前噬菌体导致细菌对小鼠的毒力实质性减弱。但在大多数情况下，去除 Gifsy-1 的菌株仍对小鼠具有完全毒性。另一项研究表明，Gifsy-1 可能编码依赖 *sodC*Ⅰ的毒力因子，Gifsy-1 可能通过增强 SodCⅠ的表达而提高菌株毒力。在 Gifsy-1 中发现了四个潜在的毒力基因：①*gogB*，一种Ⅲ型分泌系统蛋白；②*gogD*，一种 *pagJ* 同源物，*pagJ* 可增加沙门菌在吞噬细胞的存活；③*gipA*，是沙门菌在派尔集合淋巴结中存活所必需；④*ehly*，一种肠溶血素。*gogB*、*pagJ* 和 *gogD* 基因整合在右侧附着点附近，*gogB*、*pagJ* 位于转座酶的两侧，*ehly* 基因整合在 *int* 和 *xis* 基因的下游。在大肠埃希菌 O157 933W 前噬菌体中有一个相似的基因位于相同的位置。Gifsy-2 也携带一个抗毒力基因（*grvA*），其缺失和过度表达都会增加动物模型中小鼠的毒性。Gifsy-1 和 Gifsy-2 前噬菌体复杂的交互作用，以及与毒力因子编码基因（*grvA* 和 *sodC*）之间可能的相互作用，可能有助于细菌的致病性增强。

4. *大肠埃希菌前噬菌体增强 eib 的表达*　在大肠埃希菌中发现 4 个不同的大肠埃希菌免疫球蛋白结合基因（*eib*），均由大肠埃希菌 ECOR-9 各自独立的前噬菌体携带。Eib 蛋白对人血清补体具有抵抗，重叠基因 *ibrA* 和 *ibrB* 可显著增强 *eib* 基因的表达。IbrA 和 IbrB 蛋白与大肠埃希菌 Sakai 株前噬菌体样元件编码的蛋白质非常相似，在 ECOR-9 菌株中含有 *ibrA* 和 *ibrB* 的基因片段中发现存在与志贺毒素前噬菌体同源的区域，可见大肠埃希菌中噬菌体编码的基因产物可能相互依赖。基因 *ibrAB* 在所有编码 Eib 的菌株和大多数 B2 系统发育谱系中都有发现，表明噬菌体间的相互作用不是一个孤立的罕见事件。

四、噬菌体与细菌毒力岛

许多细菌编码毒力岛（pathogenicity island，PAI），它们具有一组共同的特征，即编码几种毒力相关因子的一个大基因组区域（35～200 kb），通常存在于致病菌株中。在许多情况下，它们也编码噬菌体样整合酶（P4 样整合酶），与 tRNA 基因邻近整合，并有重复序列在两侧。PAI 中 G+C 含量通常与宿主基因组不同，这表明是从另一来源获得的外来 DNA。PAI 不编码自我移动所需的基因产物，因此噬菌体可能是促进 PAI 转移的重要因子。

1. *霍乱弧菌 CP-T1 介导转移 VPI*　在霍乱弧菌分离株中，编码 TCP 的 VPI 区与丝状噬菌体 VPIΦ 的基因组相对应，但没有观察到 VPIΦ 转移到霍乱弧菌 O1 血清群菌株。序列同源性研究表明，VPI 区域在霍乱弧菌和拟态弧菌之间转移。O'Shea 和 Boyd 报道，通过噬菌体 CP-T1 的普遍转导，VPI 的一个卡那霉素标记的拷贝高效地从霍乱弧菌 E1Tor 生物型菌株转移到 4 株 VPI 阴性的霍乱弧菌 O1 血清型菌株，整个 39. 5 kb 的 VPI 区域被转导，且在 4 株菌株中均位点特异性整合到受体细菌相同的基因组位置，可见霍乱弧菌 O1 血清群菌株之间的 VPI 区域转移可由噬菌体 CP-T1 的普遍转导介导，表明在自然条件下，噬菌体的普遍性转导是 VPI 转移的重要机制。

2. 金黄色葡萄球菌噬菌体 80α 转导 SaPI-1　另一个噬菌体介导的毒力岛转移的例子是 SaPI-1，它编码金黄色葡萄球菌的 TSST。SaPI-1 的切离、复制和包装需要葡萄球菌噬菌体 80α 辅助。金黄色葡萄球菌 SaPI-1 中的 *tst* 基因编码毒性休克综合征毒素-1（TSST-1），是一种与金黄色葡萄球菌感染相关的毒性休克综合征超抗原。在金黄色葡萄球菌菌株 RN4282 中，15 kb *tst* 元件不能自我移动，它通过葡萄球菌普遍性转导噬菌体 13 和 80α 的转移，这些噬菌体能有效地壳体化和转导 *tst*。在 RN4282 菌株中，80α 噬菌体可诱导 SaPI-1 高效地切离、复制并包装到噬菌体样感染颗粒中，其头部约为辅助噬菌体头部大小的三分之一。在没有辅助噬菌体的情况下，SaPI-1 在金黄色葡萄球菌基因组中高度稳定。SaPI-1 依赖 80α 高频转移机制可能与临床金黄色葡萄球菌株间 *tst* 基因的水平传播有关。

VPI 属于 PAI 类别，但 SaPI-1 不完全符合 PAI 标准。因为它所含的 *tst* 元素具有某些与噬菌体相关的特征，如编码整合酶、螺旋酶和终止酶，以及侧翼重复序列，因此也将它归为噬菌体。SaPI-1 可能是一个有缺陷的噬菌体，需要辅助噬菌体，如噬菌体 13 和 80α 噬菌体的辅助，类似于 P2/P4 和 CTXΦ/RS1Φ 的相互作用。SaPI-1 和辅助噬菌体之间的密切联系表明它们存在相互作用。PAI 和噬菌体的共同特征、相互作用，反映了自然界一种通用的基因转移模式和整合机制。

近年来，越来越多的研究关注噬菌体在细菌致病中的重要作用，分子微生物学研究中发现了很多新的毒力因子及相关机制，通过细菌全基因组比较分析发现细菌基因组中存在许多前噬菌体，其中许多前噬菌体与编码细菌毒力因子相关。相关研究主要集中在两个主题：一是前噬菌体是细菌基因组的重要组成部分，它们是导致各种病原细菌的菌株差异的主要原因，包括大肠埃希菌、肠炎沙门菌、化脓链球菌、金黄色葡萄球菌、霍乱弧菌、假单胞菌等。二是溶原性噬菌体、前噬菌体作为细菌毒力因子水平传递的载体，是产生具有致病潜力的新菌株的重要因素。Laanto 等报道，柱状黄杆菌与相应的裂解性噬菌体作用，导致噬菌体抗性菌株的产生，而该抗性菌株对实验斑马鱼的毒力降低，表明病原菌与噬菌体的拮抗作用有利于降低细菌的毒力。因此对噬菌体编码的细菌毒力因子的种类、所涉及的噬菌体的分布和多样性、在细菌致病中所发挥作用等的深入探究，将对解析细菌致病机制、高效防控细菌性疾病、研发高效噬菌体抗菌制剂具有重要意义。

参考文献

11 噬菌体与哺乳动物的相互作用

——张莉莉 何 涛 周 艳 魏瑞成 赵 航 王 冉

噬菌体与哺乳动物的相互作用依赖于噬菌体与哺乳动物组织细胞的有效接触。噬菌体是一群共生的细菌寄生生物。有研究发现，在健康的人、牛和羊等哺乳动物体内检测到噬菌体，这一发现反映了哺乳动物与噬菌体的紧密联系。噬菌体疗法中，噬菌体进入机体后，会与哺乳动物机体防御的生理屏障产生相互作用，还会面对机体的固有免疫（非特异性）和适应性免疫（特异性）防线。噬菌体可以诱导哺乳动物固有产生免疫应答。研究表明，噬菌体产生固有免疫和适应性免疫的要素是吞噬细胞和抗体。噬菌体通过与介导固有免疫的模式识别受体（包括 Toll 样受体）相互作用，调节炎症，从而影响吞噬作用及突发性氧化应激反应，调控机体免疫力。通常，噬菌体能诱导抗噬菌体抗体的产生，这些抗体在清除噬菌体过程中发挥重要作用。另外，工程噬菌体为噬菌体调节免疫的分子机制研究提供了重要信息。噬菌体的免疫调节作用是衣壳蛋白多组分作用的结果，通过打破特定蛋白质的这种效应，可以获得一种处理抗噬菌体免疫力的敏感工具，进而改变噬菌体治疗的药代动力学，具有潜在的应用价值。这些应用方式，结合噬菌体治疗，不断丰富噬菌体与哺乳动物的相互作用内涵。

第一节 噬菌体在哺乳动物机体中的分布

人类基因组序列仅是人类遗传物质的一部分，事实上，人类栖息在比人类细胞更多的细菌细胞中，如内脏、皮肤、口腔等部位都生存着数以亿计的细菌，这些细菌都与它们特异性的噬菌体群体相联系。这种情况不是人特有的，在牛和羊每克粪便中检测到高达 10^9 个噬菌体，甚至在其他脊椎动物内脏也检测到高滴度的噬菌体。下面重点论述噬菌体在哺乳动物中的分布及其与相关疾病的关联性。

一、哺乳动物机体中噬菌体的存在

（一）皮肤表面的噬菌体

噬菌体与其宿主菌一起存在于皮肤表面，皮肤表面的主要细菌为痤疮丙酸杆菌和葡萄球菌，其中痤疮丙酸杆菌在毛囊和皮脂腺中占主导地位，并且通常与痤疮的发生相关。

作者单位：张莉莉、何涛、周艳、魏瑞成、赵航、王冉，江苏省农业科学院。

痤疮丙酸杆菌和葡萄球菌的噬菌体也是皮肤微生物组的成员，而且痤疮丙酸杆菌噬菌体在特定个体的皮肤微生物群体中往往只有一种。在健康人的皮肤中，痤疮丙酸杆菌噬菌体和痤疮丙酸杆菌在毛囊皮脂腺中的数量比例约为1∶20，但这一比例在不同个体或不同时间会有较大范围的波动。与大多数噬菌体不同，痤疮丙酸杆菌的噬菌体缺乏遗传多样性，具有较稳定的基因组及相对较宽的宿主谱，另外，痤疮丙酸杆菌噬菌体的基因组并不编码整合酶，表明它们无法稳定地整合到宿主的基因组中。因此，将痤疮丙酸杆菌噬菌体应用于痤疮等皮肤病的治疗具有可行性。

由于噬菌体的局部应用更接近靶器官，因此更有希望获得成功，皮肤就是典型案例。虽然关于噬菌体如何穿越皮肤各层组织的文献很少，但噬菌体疗法可以有效地抵抗皮肤细菌感染。细菌感染可能来自表皮、真皮、皮下、脂肪组织、肌肉筋膜及外皮屏障的破坏区域。过去十年中已经充分证实了噬菌体在治疗皮肤伤口和感染中的应用，但尚未明确其渗透真皮组织层的机制。噬菌体水凝胶制剂的局部应用有效地降低了克雷伯菌感染引起的小鼠死亡率，这再次证实噬菌体穿透真皮层的能力。在小鼠上建立全层烧伤感染模型，并将肺炎克雷伯菌局部接种于烧伤部位，克雷伯菌噬菌体 Kpn5 第一天提供 100% 保护力，保护力虽随着时间的推移而下降，但与未治疗组（0 保护力）相比，噬菌体治疗组在治疗后的第 7 天仍能提供高水平存活率（63%）。一旦从水凝胶制剂中释放出来，噬菌体就能穿透感染区域并侵染宿主菌，从而有效地防止菌血症的发生。实验动物模型中的噬菌体治疗记录令人印象深刻，但皮肤感染渗透和其他动力学参数尚未得到广泛研究。

（二）口腔中的噬菌体

口腔是病毒和细菌进入动物机体的主要入口，并且拥有高度多样化的暂驻和常驻微生物。研究表明，人类每毫升唾液中所含有的病毒颗粒多达 10^8 个，其中噬菌体占据了绝大多数。口腔中的噬菌体群落能够在数月内保持稳定，但其具有个体特异性，牙龈生物膜中的噬菌体群落组成与唾液中的噬菌体群落组成有较大区别。此外，健康口腔和牙周炎患者口腔牙龈生物膜中的噬菌体群落组成也存在显著差别，提示噬菌体可能与牙周炎的发生相关。唾液的转录组学研究表明，裂解厚壁菌的长尾噬菌体转录组序列丰度最高，且牙周炎口腔唾液中噬菌体裂解模块相关基因的表达量显著增高。宏基因组分析发现，口腔噬菌体基因组中存在较多编码毒力因子的基因，表明这些噬菌体可能是细菌获得毒力因子的重要来源。例如，缓症链球菌噬菌体所编码的血小板结合因子可能与心内膜炎相关。

（三）肠道中的噬菌体

在体内的所有微生物群落中，肠道群落是迄今最复杂、最密集，也是研究数据最丰富的群落。宏基因组学研究显示，人体肠道微生物组包括许多病毒，其中大约 90% 的肠道病毒由噬菌体组成，每克粪便中即含有 10^9 个病毒颗粒。一项对 600 名健康受试者和 140 名腹泻患者的大规模研究中发现，健康个体中 34% 的粪便样品都检出噬菌体，多数为溶原性噬菌体 phi80、λ 及 phi28；70% 的腹泻患者粪便样品中检测到噬菌体，这些噬菌体中约 50% 由 T4 和 T5 相关的裂解性噬菌体组成。

Reyes 等最早提供了详细的人类肠道病毒组分析结果，证明个体之间的病毒组存在显著的多样性，而特定个体的病毒多样性非常低，其中95%的病毒在特定个体的肠道中持续存在的时间能够超过一年，并且人类粪便中的病毒似乎是溶原性噬菌体占主导地位，与水生环境中裂解性噬菌体占主导地位的情况形成了鲜明对比。深度宏基因组测序结果也表明，80%的病毒体能够持续存在于特定个体的肠道内超过两年半，揭示了病毒在人体肠道内的长期稳定性。Dutilh 等应用交叉装配方法对病毒组数据的未识别序列进行分析后，鉴定出一个长度为 97 kb 的新型噬菌体 crAssphage，并且发现 crAssphage 在人类粪便病毒组中丰度高且普遍存在。以上研究表明，人体肠道病毒组是高度个性化的，且由一系列长期稳定存在的溶原性噬菌体占据主导地位。

噬菌体对肠道微生物群落的影响是多方面的。已有证据表明，噬菌体能稳定地附着在动物和人类肠道的黏液层中，因此，它们可能构成对抗潜在致病菌的“自然屏障”。新生儿健康肠道微生物群的建立即可能部分归因于噬菌体的保护作用。噬菌体还可通过抵消抗生素等引起的环境压力因素，以维持健康的肠道微生物群落。宏基因组研究发现，使用抗生素后，小鼠肠道噬菌体基因组中所含有的耐药基因丰度显著增加，参与编码维生素、糖和脂质代谢的基因数量也有所增加，这些结果表明噬菌体对于维持肠道菌群代谢和构成稳定的重要性。噬菌体似乎可以消除抗生素对肠道微生物群所产生的影响，但是，这种机制有时会促进多重耐药病原菌的出现。另外，噬菌体也可能导致肠道细菌群落的病理性转变。克罗恩病和溃疡性结肠炎就是噬菌体活性和噬菌体群体变化的突出例子，与健康人肠道微生物群落相比，克罗恩病和溃疡性结肠炎患者的肠道微生物群落具有一个共同特征——细菌的丰度显著下降，而噬菌体的种群数量显著增加。但是这种负相关是由激活的溶原性噬菌体还是由裂解性噬菌体导致的仍不明确。

（四）阴道中的噬菌体

乳酸杆菌是阴道微生物菌群中最重要的组成部分，在维持阴道健康方面发挥着至关重要的作用。虽然不同人群中乳酸杆菌可能存在种属或菌株的差异，但特定个体中往往由 1～2 株乳酸杆菌占主导地位，且生长密度较高（每支阴道拭子为 10^6～10^7 CFU）。在正常的情况下，乳酸杆菌能够通过发酵葡萄糖产生乳酸，使阴道环境呈酸性，从而抑制淋病奈瑟菌和加德纳菌等致病菌的增殖；而当乳酸杆菌不处于主导地位时，加德纳菌等厌氧菌过度生长，往往会导致细菌性阴道炎。目前尚未从阴道中分离到裂解性的乳酸杆菌噬菌体，但是能够从阴道环境的乳酸杆菌中诱导出溶原性噬菌体，且溶原性乳酸杆菌噬菌体在阴道中普遍存在。乳酸杆菌内的溶原性噬菌体能够被某种物质激活，裂解它们的宿主，进而导致加德纳菌等致病菌的繁殖。

由于细菌性阴道炎在吸烟者中的发病率更高，因此有研究推测香烟烟雾中存在的物质会诱导溶原性噬菌体的产生。事实上，吸烟者的子宫颈黏膜中苯并[a]芘浓度增加，且苯并[a]芘被确定为阴道乳酸杆菌噬菌体的有效诱导剂。以上现象可以解释厌氧细菌性阴道炎和吸烟之间的流行病学联系，也表明噬菌体在维持阴道菌群平衡中起重要作用。

二、噬菌体在机体组织中跨屏障途径

（一）噬菌体穿透肠黏膜屏障

肠道微生物可以通过旁细胞转运、跨细胞转运或由 M 细胞转运等途径进入血液循环。但是肠道上皮细胞顶端的紧密连接只允许小于 10 nm 的颗粒通过，大多数噬菌体因颗粒太大而无法穿透肠道上皮。研究表明，噬菌体穿透肠黏膜屏障进入体循环的最主要方式可能是通过“渗漏的肠道”，即当肠道发生炎症损伤或渗漏时，噬菌体可以通过细胞转运途径从肠黏膜进入血液循环，该过程称为“易位”，易位可以使肠道中的细菌或噬菌体出现在血液中。跨细胞转运也是噬菌体从肠黏膜进入体循环的一种途径，但是这种方法需要特定的受体进行转运，因此噬菌体利用该种方式进行转运的可能性较小。噬菌体还有可能通过 M 细胞转运的途径穿过肠黏膜屏障。M 细胞是散布于肠黏膜上皮细胞的一种特化的抗原转运细胞，能够介导人类免疫缺陷病毒、流感病毒、脊髓灰质炎病毒等从肠腔进入淋巴组织。但是噬菌体通过 M 细胞转运的频率可能性不高，因为 M 细胞在肠黏膜上皮中的分布频率较低（小于 1%），而且噬菌体转运的数量还受到巨噬细胞或树突状细胞的限制。

（二）噬菌体穿透内皮细胞屏障

进入循环系统的噬菌体需要穿透内皮细胞屏障才能够到达体内的各个器官。内皮细胞屏障是位于血管与周围组织之间形成的半渗透膜，稳态条件下，只有小分子（小于 70 kDa）能自发地穿过内皮屏障进入间隙空间；炎症条件下，分子量高达 2 000 kDa 的物质也可以自发地渗出。已有研究表明，在炎症患者的血液中能够检测到更高丰度的噬菌体或其 DNA。炎症状况可能有助于增加内皮细胞的通透性，细胞间隙连接能响应炎症因子发生溶解，从而有助于增强旁细胞转运，这可以解释细菌感染患者血液中噬菌体积聚增加的现象。然而，分子量并不能完全解释分子对内皮细胞屏障的穿透作用，细丝或圆柱形纳米颗粒比球形纳米颗粒具有更强大的穿透能力。例如，丝状噬菌体 fd 的分子量为14 600 kDa，但是能够很快渗透许多脊椎动物的内皮细胞屏障。噬菌体的形状结构也影响其对内皮细胞屏障的穿透能力。

（三）噬菌体穿透上皮细胞屏障

噬菌体穿透内皮细胞屏障后可以在肝脏和脾脏等器官中积聚。上皮细胞排列在组织的腔和表面，通过紧密连接形成上皮细胞屏障，其中物质的运输主要通过跨细胞转运途径。通常，上皮中的转运主要通过细胞膜穴样凹陷介导的内吞作用，但也可能是其他途径。大量研究已经表明，用于展示文库筛选的工程化噬菌体 M13 能够通过受体介导的内吞作用被摄取。Nguyen 等最近描述了噬菌体从顶端到基底方向进行转胞吞作用的一种广义机制，他针对 T3、T5、T7、SP01、SPP1 和 P22 等多种噬菌体，研究其在完整的上皮细胞层和内皮细胞层中的转胞吞作用，结果显示 0.1%的噬菌体能够从上皮细胞的顶端转运到基底一侧，而只有 0.0008%的噬菌体能够从基底转运到顶端一侧。Barr 详细描述了噬菌体与上皮细胞层相互作用的模型，为噬菌体进入体内提供了新的假说（图 11-1）。

（四）噬菌体穿透血脑屏障

血脑屏障是指血液与脑组织间的一种特殊屏障，这一屏障能够阻止某些物质由血液进入脑组织。通常能够穿过该屏障的分子至少具有以下特征之一：①分子量小于 500 Da；②极度亲脂；③在结构上类似于能够通过主动运输进入大脑的化合物。目前，已有证据表明噬菌体能够穿透血脑屏障。Dubos 等在 1943 年首次描述了噬菌体穿透血脑屏障的现

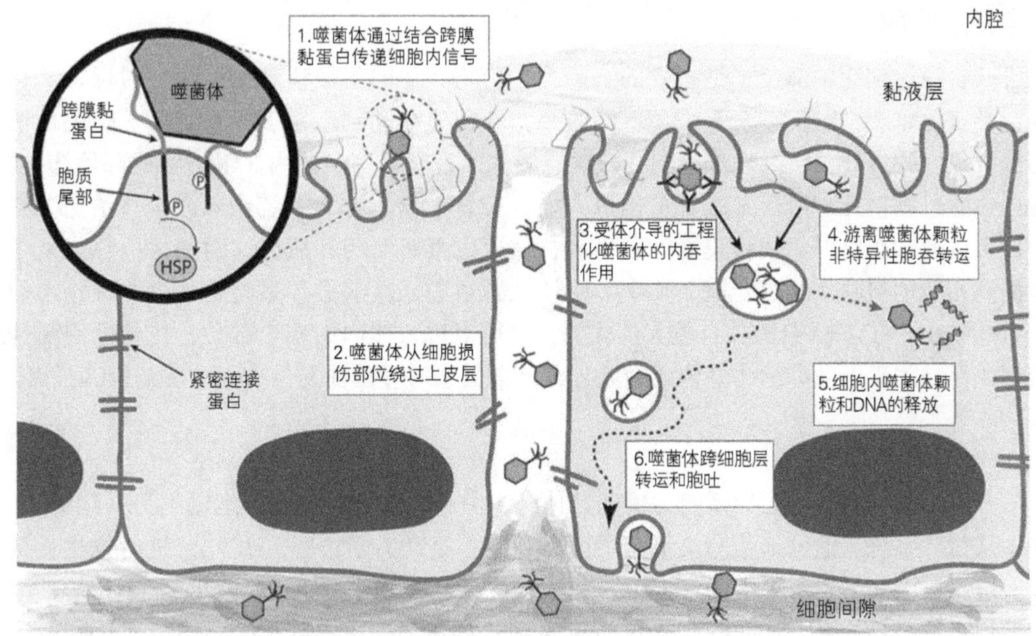

图 11-1 彩图

图 11-1 噬菌体与哺乳动物上皮细胞层的相互作用（引自 Barr，2017）

1. 噬菌体和跨膜黏蛋白之间的相互作用可能介导了上皮细胞中的信号转导。膜相关黏蛋白充当噬菌体的配体。跨膜黏蛋白主要通过构象的变化，导致胞质尾部磷酸化，触发下游信号转导和热休克蛋白（HSP）的激活，HSP 可能下调细胞凋亡并影响转录因子。2. 噬菌体可能通过“渗漏的肠道”，在细胞损伤和穿刺血管部位，穿透上皮细胞屏障，进入人体。3. 细胞表面特定的受体可与噬菌体衣壳上展示的胞外配体紧密结合，进而病毒颗粒通过受体介导的内吞作用转运入胞。通过对噬菌体工程化改造，使其衣壳上展示各种配体，从而触发受体介导的内吞被特定细胞摄入。4. 噬菌体还可以通过非特异性地摄入进入真核细胞。5. 内化的噬菌体可能发生降解，噬菌体和遗传物质在细胞内释放，遗传物质能在真核细胞器转录和翻译。6. 内化的噬菌体穿透真核细胞，渗透至体内

象，他们注意到当噬菌体腹膜内注射到小鼠体内，1 小时后即可以从大脑中分离出噬菌体。Frenkel 和 Solomon 在 2002 年报道了丝状噬菌体 M13 穿透血脑屏障的惊人能力，尽管 M13 的体积很大（长度为 900 nm），但在鼻腔给药后能够很快在大脑中积聚，他们推测 M13 噬菌体能够穿透血脑屏障与其细丝状的结构有关，因为他们发现球状噬菌体并不具有类似的穿透能力。关于噬菌体穿透血脑屏障的具体机制仍未阐明，但是通过增强对流输送提高了 M13 对血脑屏障的穿透能力，M13 能够成功分布于脑灰质和脑白质，提示活跃的轴突运输机制可能在噬菌体在大脑中的移动过程中发挥了作用。

第二节 治疗用噬菌体在哺乳动物体内的过程

噬菌体是侵袭细菌的病毒，当噬菌体与机体相关联时，仍具有一定的生物活性。在噬菌体治疗中，噬菌体是作为一种药物用于细菌性感染的治疗。但噬菌体又不是简单的化学药物，与化学药物相比，噬菌体与机体之间的相互作用更为复杂，如哺乳动物体内复杂的菌群体系和噬菌体在体内的自我复制过程。本节主要阐述治疗用噬菌体进入机体后，在哺乳动物体内的过程，包括噬菌体在机体内的吸收、分布和代谢的过程。

一、吸收

药物只有到达靶部位才是有效的。因此，药物在不同部位移动的能力，对保持药物的活性至关重要。对于噬菌体来说，吸收是指噬菌体移动到血液循环系统中。噬菌体给药的方式多种多样，包括局部给药、口服、吸入、直肠给药、肌内注射，除局部给药外，噬菌体通过其他几种给药方式都可以进入血液循环系统，称为系统给药或全身给药。噬菌体可以通过肠道屏障和黏膜屏障被吸收，如通过直肠给药和肌内注射都可以在血液中检测到相似的噬菌体峰浓度值，其中噬菌体从肠道进入血液循环系统的能力又称作易位（translocation）。直肠给药具有较大的优势，如可以进入体内的多个部位，机体的耐受性较好，但是关于不同噬菌体易位能力差异或个体因素对噬菌体易位方面的影响鲜有报道。

二、分布

分布是指噬菌体从循环系统运输到其他组织中和从某一组织中再运输到另一组织中，其中从循环系统运输到细菌感染组织中可以利用一级动力学方程（线性）进行描述；从某一组织运输到另一组织中的动力学过程比较复杂，如从小肠（A）进入血液（B），可以使用 $k_1 \times P_A$ 来描述，其中 k_1 是噬菌体从 A 到 B 的运动速率常数，P_A 是指 A 处的噬菌体密度；又如，$k_2 \times P_B$ 描述的是噬菌体从血液（B）运输到小肠（B）的过程。所以，为了增加噬菌体从肠道进入血液的数量，可以通过增加输入肠道的噬菌体数量来实现。

三、代谢

代谢一般是指由于化学性修饰导致的药物活性降低或丧失。对于噬菌体来说，代谢既包括自我复制引起的感染部位噬菌体浓度增加，也包括细菌或机体免疫系统作用于噬菌体引起的噬菌体衰亡。

（一）复制

用于治疗的裂解性噬菌体的生命周期一般是：通过扩散和其他形式的运动（易位），噬菌体与细菌相遇，这个过程也被称为“胞外搜寻”。随后噬菌体特异性地吸附在细菌细胞外，而非特异性的噬菌体则不能够吸附。吸附完成后，噬菌体将自己的 DNA 注射入细菌细胞内，如果细菌自身的免疫系统可以识别噬菌体，则会出现噬菌体死亡的现象，称为限制性修饰；如果噬菌体和细菌同时死亡，则称为流产感染，这也是噬菌体衰亡的一种方式。如果细菌不能够免疫噬菌体，则噬菌体会利用宿主遗传物质进行复制，随后细菌细胞裂解，子代噬菌体被释放出来。

伴随着子代产生的噬菌体自我复制对于噬菌体治疗来说很重要。尽管如此，也有一些噬菌体治疗策略可以使用一些噬菌体类似物质，而这些物质不涉及噬菌体的自我复制，包括 R 型脓菌素或高分子量细菌素，它们没有核酸，可以不经过感染（裂解）而灭活细菌。与此相对的是一些丝状噬菌体，它们不能裂解细菌但是可以持续释放子代噬菌体，因而可以通过改造让它们携带毒素而灭活细菌。以上这些不产生子代噬菌体的过程属于流产感染的范畴。尽管流产感染会影响噬菌体治疗的效力，却具有一定的优势：一是可以使噬菌体给药剂量更加精确，不用考虑噬菌体复制的影响；二是没有经过裂解过程产生的细菌内毒素较少，这对于机体更加安全；三是对于某些难以分离裂解性噬菌体的细菌（如艰难梭菌）来说，使用流产感染不失为一种解决方法。

（二）衰亡

噬菌体衰亡有 2 种方式，一种是噬菌体丧失产生子代的能力（灭活），另一种是噬菌体丧失杀灭细菌的能力。丧失产生子代的能力但仍具有杀灭细菌的能力，可以看作是“噬菌体主动治疗”的有效治疗剂量减少。丧失杀灭细菌的能力，则被看作是“噬菌体被动治疗”的有效剂量减少。噬菌体限制性修饰（如细菌的限制性内切酶作用）可以看作另一种形式的噬菌体灭活，对于噬菌体的主动治疗和被动治疗都是会产生副作用的。衰亡也可以是噬菌体蛋白质或核酸破坏的结果，其中蛋白质破坏主要影响被动治疗，而核酸破坏影响主动治疗。宿主特异性或非特异性防御对噬菌体的影响也可以导致噬菌体衰亡。非特异性防御包括胃酸和网状内皮系统，特异性防御主要是体液免疫。对于免疫力较弱的患者，或者不是系统给药的患者，体液免疫对噬菌体的影响可以忽略。总的来说，非特异性防御是普遍存在的，而特异性防御只是对于曾经接受过噬菌体治疗的患者适用。

网状内皮系统（主要位于脾和肝）可以识别噬菌体上的蛋白质从而将其从循环系统中清除。通过噬菌体上的蛋白质突变，可以使其不被网状内皮系统识别，而这种突变体很容易通过选择和富集在噬菌体“长循环表型”中得到。这种噬菌体应用的优势可以延长体内峰浓度的时间。

血液中噬菌体数量的减少也可能是其渗透的结果，渗透是指噬菌体运动至局部感染组织或靶细菌上，它与血液中噬菌体的数量相关。例如，某感染局部可以通过血液循环到达，那么在噬菌体灭活或数量减少之前，给予足够剂量的噬菌体就可以达到治疗效果，同时噬菌体的自我复制可以部分弥补噬菌体衰亡的损失。

四、治疗噬菌体进入哺乳动物后的过程

噬菌体进入机体内，其浓度会随着时间发生变化。随着噬菌体吸收进入血液，进行组织分布（包括移动至感染组织）和代谢（自我复制），噬菌体的浓度（血液或感染组织）会有一个上升的过程，一定时间内达到最高峰（峰浓度）；随着噬菌体的代谢和排泄，噬菌体的原位浓度会逐渐降低，最后至最低有效浓度以下。为了保证噬菌体治疗的有效性，其原位浓度要尽可能高于最低有效浓度（一般为 10^8 PFU/mL）［可通过自我复制实现（主动治疗）］，并且有效浓度具有一定的持续时间［可以通过多次给药方式实现（被动治疗）］，同时噬菌体峰浓度要低于最小毒性浓度以保证其安全性。

（一）浓度

对于噬菌体治疗效果而言，不管是被动治疗还是依赖噬菌体原位的复制，在靶细菌附近能够达到 10^8 PFU/mL 可能是一个较为合理的浓度值，该值被认为是有效的最小噬菌体浓度值。有效浓度不一定是系统给药后需要达到的全身浓度，也不一定是噬菌体给药的浓度，而是可以作用于靶细菌的噬菌体浓度。在治疗期间，理想的噬菌体的浓度往往要高于或者与最小有效浓度持平。当噬菌体浓度不能达到最小有效浓度时，治疗可能会失败。保持噬菌体的最小有效浓度在以下情况中尤为重要：①细菌的密度增加；②细

菌进入噬菌体难以处理的时期，如形成生物被膜或者进入细菌稳定期；③当噬菌体浓度低于最小有效浓度时，细菌的增殖会对组织造成负面影响。

（二）峰浓度（P_{max}）

对于传统药物，用 C_{max} 表示峰浓度，通常是指血浆内药物的浓度；对于噬菌体，用 P_{max} 表示峰浓度，它是原位（细菌靶位）复制的一个结果，是指靶组织内药物的浓度。对于传统药物，除非其在某些组织有特异性分布，否则血浆内药物浓度要远远高于血浆外药物浓度。而噬菌体具有在靶细菌附近进行自我复制的能力，因而噬菌体的峰浓度一般出现在感染部位，而不是在血浆内。由于高药物浓度仅局限于感染部位，因此其副作用也会很小。

（三）谷浓度（P_{min}）

另一个与剂量浓度和多重给药有关的参数是谷浓度。最大浓度是浓度依赖型药物（如氨基糖苷类、氟喹诺酮类）的药效学目标；对于时间依赖型药物（如青霉素类、头孢菌素类、碳青霉烯类及抗病毒药物），谷浓度是需要考虑的因素，因为有一个假定的阈值浓度，而在给药间隔时浓度不能低于这个阈值。由于噬菌体能够进行原位扩增，因此谷浓度对其的影响较小。然而，由于存在可一定程度杀灭细菌的噬菌体最小有效浓度，并且杀菌需要一定的速率，因此，不管是主动治疗还是被动治疗，噬菌体治疗的成功依赖于噬菌体峰浓度达到或者超过这个最小有效浓度的持续时间。关于噬菌体给药时间间隔的计算，可参照 Payne 和 Jansen 发布的公式：

$$t_i = \ln(P_0/P_e)/d$$

其中，t_i 表示给药时间间隔，P_0 是使用的噬菌体浓度（或者说是实际到达靶细菌的噬菌体的浓度），P_e 代表有效的噬菌体的浓度（e 是有效的意思，即允许的最小谷浓度），d 代表噬菌体在原位衰退的速率。

第三节　噬菌体引发的机体固有免疫应答

哺乳动物机体在进化中形成了一套完备的自我防御系统，保护机体免受损伤。针对外源物质入侵，机体有 3 层防护系统：物理屏障、固有免疫（非特异性免疫）和适应性免疫（特异性免疫）。物理屏障如皮肤表面和肠道建立的正常菌群能排除许多潜在的微生物入侵者。完整的皮肤提供了一种对抗微生物的有效屏障，如果皮肤受到损伤，感染就可能发生，然而创伤的愈合会保证屏障很快恢复。除了屏障作用外，机体还可以通过一系列活动如咳嗽、喷嚏和呼吸道的黏液流动、呕吐、腹泻及泌尿系统的排尿等达到自我清洁。

噬菌体治疗是人工引入外源噬菌体的过程。当天然物理屏障不能有效阻止外源物质入侵哺乳动物机体时，局部细胞因子的聚集及其他与应激相关分子在外源物质入侵部位的释放会激活机体防御的下一个阶段，即固有免疫。固有免疫防御系统包括由被入侵细胞释放的细胞因子、局部“哨兵”细胞（巨噬细胞和树突状细胞）和被称作自然杀伤细胞（NK 细胞）的淋巴细胞等。中性粒细胞和其他粒状白细胞也对树突状细胞、巨噬细胞和被入侵细胞最初释放出的细胞因子做出响应，在固有免疫中发挥重要作用。固有免疫应答在抵御外源物质入侵过程中是非常重要的，因为它可以非常迅速地做出响应，在入侵发生后的数分钟到数小时内就发挥作用。

一、噬菌体诱导的细胞因子产生

细胞因子（cytokine）是免疫系统中特殊细胞分泌的一个庞大和多样的蛋白质家族成员，而噬菌体能够引起各种细胞因子的生成。这些小的、多效性分子介导和调节很多细胞功能，包括细胞增殖、凋亡、分化和吞噬等。血清中的细胞因子分析可被用来描述组织的免疫状态。细胞因子可调节机体对感染、炎症和创伤的反应。其中有些是促炎细胞因子，如白细胞介素-1（IL-1）、IL-6 和肿瘤坏死因子-α（TNF-α）等，而另一些（抗炎细胞因子）则抑制炎症。

关于噬菌体引起细胞因子产生的研究，对噬菌体治疗至关重要，且被认为是噬菌体-哺乳动物免疫系统相互作用的主要指标。迄今，大多数体内实验描述噬菌体在清除细菌的同时，可诱导抗炎作用，这实际上可能是缓解炎症的原驱动力。且越来越多的证据表明，噬菌体调节炎症的能力与噬菌体的裂菌作用无关。Van Belleghem 等证实注射高纯度噬菌体后虽有出现促炎症反应介质（IL-1α、IL-1β、TNF-α 的上调），但总的免疫反应是抗炎反应（IL-1RN、SOCS3 的上调），且该抗炎效应与内毒素无关。噬菌体可能体外抑制外周血单核细胞中 IL-6 和 TNF-α 的产生。但是纯化后的 T4 噬菌体并不提高静息时外周血单核细胞中的 IL-6 和 TNF-α 分泌。假单胞菌噬菌体 PAK-P1 并没有诱导健康 BALB/c 小鼠中的促炎细胞因子产生。此外，在受感染的小鼠肺中，噬菌体可降低 IL-6 和 TNF-α 的水平。纯化后的 T4 噬菌体还可抑制 IL-2，并在一定程度上抑制人类白细胞分泌的干扰素 γ（IFN-γ）。IFN-γ 具有多效性的特点，如抗病毒活性（如 IFN-α 和 IFN-β）及诱导 TNF-α 和一氧化氮（NO）的产生。IL-2 和 IFN-γ 促进巨噬细胞的活化。这些数据表明，使用 T4 噬菌体药用制剂不会导致炎症反应，至少不存在 IL-2 或 TNF-CX 依赖性途径。然而据观察，纯化的 M13 噬菌体（无脂多糖污染）可诱导小鼠脾细胞培养物的 IFN-γ 和 IL-12 分泌。此外，M13 噬菌体也被认为是潜在的抗病毒试剂，因为它们具有促进干扰素产生的能力。

高度纯化的 T4 噬菌体衣壳蛋白可引发细胞因子的产生备受关注。有趣的是，一个非必需的衣壳蛋白 Hoc 能抑制小鼠血液中淋巴细胞趋化因子的产生。细胞因子是急性移植排斥过程中淋巴细胞转运的关键性调节因子，表明噬菌体改变细胞免疫反应的潜在能力是通过改善细胞因子分泌来实现的。重要的是，这个作用可能通过 Hoc 蛋白调节，Hoc 蛋白在噬菌体头部具有多拷贝，尤其是其暴露在外部易于相互作用，对于噬菌体循环感染是非必需的。Hoc 蛋白通常通过它的特殊结构被区别，尤其具有免疫球蛋白类似物区域，这个结构与 Hoc 能够与哺乳动物细胞相互作用的假说一致。

二、噬菌体与吞噬细胞之间的作用

吞噬细胞的吞噬作用是机体防御系统的基础，噬菌体对吞噬作用的影响对于噬菌体治疗具有重要意义。有研究人员认为，噬菌体作为特殊的免疫调节剂能够显著增强细菌吞噬作用。当志贺痢疾杆菌噬菌体加入培养有志贺痢疾杆菌的吞噬细胞悬浮液中时，吞噬指数上升。但 T5 噬菌体对吞噬作用没有影响，T2 噬菌体对吞噬有抑制作用。同样的，T4 噬菌体、假单胞菌 F8 噬菌体与嗜中性粒细胞或者单核细胞在体外孵育时，能够显著抑制大肠埃希菌的生长，而且不论是同源 T4 噬菌体还是外源 F8 噬菌体和细菌间都不呈剂量性依赖关系（有趣的是，共同培养低剂量的同源噬菌体和细菌能轻微增加嗜中性粒细胞的吞噬指数）。然而体内治疗试验并不能证实噬菌体能够显著影响健康或者受感染小鼠嗜中性粒细胞和单核细胞的吞噬作用。

三、噬菌体引发的氧化作用

病原性病毒能够激活吞噬细胞产生过量的活性氧，进而对哺乳动物细胞产生毒性作用。体外吞噬细胞和细菌病毒间的相互作用研究表明，与病原性病毒相比，噬菌体是突发性氧化作用的弱诱发剂。Borysowski 等评估了 4 种不同的噬菌体制剂对嗜中性粒细胞或单核细胞突发性氧化作用的影响，结果表明只有纯化的 T4 噬菌体制剂能够引发吞噬细胞的弱突发性氧化作用，而葡萄球菌噬菌体 A3/R 裂解物、T4 噬菌体裂解物和 A3/R 噬菌体并不能显著刺激活性氧产生。当给小鼠腹膜注射纯化的 T4 噬菌体时，并不能显著性地引发小鼠血液中嗜中性粒细胞的突发性氧化作用。

有趣的是，研究发现 T4 噬菌体能够显著抑制由同源（大肠埃希菌 B）或外源（大肠埃希菌 R4）细菌及其内毒素所激活嗜中性粒细胞而产生活性氧的能力，且该抑制作用呈剂量依赖性。Przerwa 等发现预培养同源 T4 噬菌体后，大肠埃希菌 B 激活吞噬细胞（单核细胞和嗜中性粒细胞）所产生活性氧的能力，比仅由细菌激活的吞噬细胞所产生的活性氧能力要弱，并且此激活能力与 T4 噬菌体浓度成反比。当用外源的 F8 假单胞菌属噬菌体替代 T4 噬菌体时没有观察到此效果。该研究发现，噬菌体抑制活性氧产生的原因不只是因为噬菌体能够介导细菌水解从而减少悬浮液中的细菌数量，还因为噬菌体和吞噬细胞之间发生的相互作用。进一步研究发现，用 PMA（佛波酯）或者不同浓度的脂多糖激活细胞，T4 噬菌体产生这种抑制作用不仅是因为脂多糖和噬菌体结合，还涉及噬菌体和嗜中性粒细胞的相互作用，也有可能取决于激活剂（噬菌体并不能影响由 PMA 引起的突发性氧化应激）。考虑到 F8 噬菌体不能影响吞噬细胞的突发性氧化应激作用，不能排除由外源细菌或者脂多糖刺激嗜中性粒细胞产生的活性氧抑制作用具有 T4 噬菌体特异性。

使用噬菌体治疗时，过量的外源细菌水解引起吞噬细胞产生活性氧，存在潜在的毒性作用，因此以上研究结果对于噬菌体治疗具有重要意义。有假说认为哺乳动物在进化过程中形成了一种机制，即当发现噬菌体的效价很高时，其在感染细菌时将会抑制活性氧（对于固有免疫抵抗细菌很重要，对于哺乳动物的细胞可能有毒性）产生。当体内其他的抗菌防御系统机制被激活时，噬菌体将会保护哺乳动物细胞免于活性氧的毒性作用。以上这些数据或许可以支撑内源性噬菌体的保护性作用假说。

四、噬菌体与 Toll 样受体

Toll 样受体（TLR）是一类模式识别受体，它识别微生物的保守成分，即病原体相关分子模式。通过模式识别受体（包括 TLR）识别病原体相关分子模式，对于病毒诱导固有免疫应答至关重要。

虽然关于致病病毒和TLR之间相互作用的知识非常广泛，但关于噬菌体与TLR相互作用的数据非常少。研究表明，纯化的T4噬菌体和大肠埃希菌噬菌体裂解物都不会显著影响人单核细胞内TLR2和TLR4的表达。但也有研究证明，噬菌体病毒粒子可以刺激TLR。与野生型小鼠不同，缺乏髓样分化因子（MyD88）——所有TLR信号传导所必需的关键接头分子（TLR3除外）——小鼠对M13噬菌体无免疫应答。然而，在黑色素瘤小鼠模型中的研究结果显示，与野生型小鼠相比，在MyD88缺陷小鼠中噬菌体可诱导肿瘤消退，肿瘤浸润性巨噬细胞产生促炎细胞因子和趋化因子，肿瘤中性粒细胞浸润的现象几乎完全消失。近年来又出现了评估噬菌体与个体TLR之间直接相互作用的证据。例如，铜绿假单胞菌的溶原性噬菌体可触发TLR3-TRIF通路，诱导Ⅰ型干扰素产生，抑制肿瘤坏死因子（tumor necrosis factor，TNF）分泌和吞噬作用，使机体的细菌清除系统受损；乳杆菌、埃希菌和拟杆菌噬菌体及其DNA，通过核苷酸感应受体TLR9刺激IFN-γ，加重肠炎。溃疡性结肠炎患者的噬菌体丰度增加与黏膜IFN-γ反应相关的研究结果也支持了该结论。总的来说，这些结果表明噬菌体可以通过与介导固有免疫的模式识别受体相互作用，调节机体免疫力，影响哺乳动物健康。

第四节　噬菌体引发机体产生的适应性免疫应答

一旦病毒突破固有免疫应答这个障碍，机体的另一道防线——适应性免疫就会发挥作用。适应性免疫应答由体液免疫（humoral immunity）反应（抗体反应）和细胞免疫（cellular immunity）反应（一些辅助细胞和效应细胞的反应）组成。这两种反应对抵抗病毒来说都很重要，它们是协同工作的，一般而言，抗体会结合到血液中的病毒和黏膜表面，被T细胞识别并杀死受感染细胞。

一、噬菌体引发的体液免疫

抗病毒抗体是抗病毒免疫应答的主要成分之一。基本上，这些抗体结合的表位是病毒颗粒感染宿主菌所必需的。对噬菌体而言，中和抗体通过结合噬菌体尾部，抑制其感染宿主菌。然而，噬菌体-抗体相互作用并不意味着噬菌体必然失活。通常，抗体结合至参与感染的蛋白质阻碍其功能，并导致噬菌体抗菌活性丧失。其他蛋白质与抗体结合对噬菌体活力无任何可见影响。

抗噬菌体中和抗体被认为是限制噬菌体治疗功效的重要因素之一。已有相当多的实验数据表明这些抗体可能减弱噬菌体治疗效果。第一，实际上非免疫人类和动物（或更具体地说，实验期间未使用噬菌体免疫的动物）血清具有低水平的噬菌体中和抗体（所谓的“天然抗体”）。因此，在噬菌体给药之前，一些个体血清中已存在噬菌体中和抗体。这种抗体的存在可以解释为在不同环境、食物及正常微生物群落中噬菌体与细菌一起大量存在。这意味着用噬菌体抗原对人类和动物进行着持续的“天然免疫”。第二，动物全身给予噬菌体后，可以产生高滴度的中和抗体。第三，与野生型小鼠相比，B细胞缺陷小鼠血液中T7噬菌体清除速度较慢。这些数据表明，中和抗体确实能够显著降低噬菌体疗法的功效。然而，抗噬菌体体液反应的强度可能因噬菌体类型而异。一些噬菌体是非常弱的免疫原，需要重复注射并使用佐剂以诱导产生可检测的抗体滴度。噬菌体的抗体反应似乎也取决于患者的初始状况，可分为“应答者”和“无应答者”两组。当然，噬菌体的免疫原性及诱导的体液免疫应答不同，也取决于给药途径、剂量和患者的免疫状态。

在噬菌体研究的早期阶段，噬菌体蛋白的抗原性和抗体诱导被作为表征进化的相关性工具。这个想法涉及血清学交叉反应，这些反应的强度反映了噬菌体之间的相关性，通常随着物种之间不断增长的进化距离而减少。噬菌体衣壳与抗血清的相互作用反映了噬菌体之间的同源性和相似性。如今已知的噬菌体基因组的同源性通常在特定的保守区域（甚至基因的某些部分）中积累，而其他区域则高度可变。与此相似，衣壳上抗原位点的排列不均匀，即噬菌体之间的潜在相似性可能仅在选定的部分中发生。一些衣壳组分对噬菌体具有抗原特异性，而其他衣壳组分可由不同种的噬菌体共享。针对所选噬菌体基因产物的抗体也是识别噬菌体基因功能的主要工具之一。结构蛋白可通过特异性抗体定位于衣壳，从而提供有关病毒颗粒排列的精确信息。研究证实噬菌体蛋白在刺激小鼠体液反应方面的能力不同，如 T4 噬菌体 gp23 和 Hoc 能诱导高水平的 IgM 和 IgG 产生，gp24 诱导特异性 IgM 和 IgG 水平次之，而 Soc 蛋白诱导的抗体水平最弱。

噬菌体的免疫原性易于定量并且缺乏毒性，已允许使用 ΦX174 噬菌体评估体液免疫，用于诊断原发性和继发性免疫缺陷症和监测患者。该噬菌体是有效的 T 细胞依赖性新抗原，静脉注射后，会触发典型的原发性、继发性和三级体液反应，目前被认为是用于评估临床医学中体液免疫的标准抗原之一。然而实际上，针对 ΦX174 噬菌体的特异性抗体的产生需要抗原递呈细胞——B 细胞和 T 细胞之间的协作。因此，其异常不仅可以由 B 细胞的功能障碍引起，也可以由 T 细胞、补体和黏附分子缺陷引起。

在解释抗噬菌体抗体研究结果时，应考虑到它们的产生不仅可以通过噬菌体本身，还可以通过噬菌体制剂中存在的某些细菌成分刺激，尤其是脂多糖。有研究证实，通过向小鼠全身施用 T2 噬菌体可诱导抗噬菌体抗体的产生。该研究显示全身给予 50 mg 大肠埃希菌 B 的脂多糖（未用噬菌体预先免疫动物），增加了小鼠血液中抗 T2 中和抗体的水平；使用志贺菌脂多糖后也出现类似的结果。然而，其抗噬菌体的抗体水平显著低于以 T2 噬菌体本身（10^9PFU/小鼠剂量）施用组的抗体水平，且与 T2 噬菌体组相比，施用脂多糖后小鼠血清中噬菌体中和活性升高的时间更短。但是脂多糖诱导抗噬菌体抗体产生的机制尚不清楚，特别是研究结果没有指明能诱导抗噬菌体抗体的脂多糖最小用量。由于即使在纯化的噬菌体中（PPh），仍存在低浓度脂多糖，因此这项结果具有重要指导意义。在设计（和解释）抗噬菌体抗体研究及噬菌体治疗的研究时，需要考虑其在噬菌体制剂中的存在。然而，用完整的细菌进行免疫对噬菌体没有影响，反之亦然，因为噬菌体的抗原特性不同于细菌。

二、噬菌体引发的细胞免疫

T 细胞在病毒感染的反应中发挥重要作用，病毒特异性 $CD8^+$T 细胞和 $CD4^+$T 细胞都参与病毒感染期间触发的适应性免疫反应。因此，可以预期施用噬菌体也应该诱导某种形式的细胞反应。

确有研究表明，施用噬菌体在体内外均可引发细胞反应。Langbeheim 等研究了豚鼠对 MS-2 噬菌体及对应于噬菌体外壳蛋白确定区域合成缀合物的反应，判定动物对抗原是否致敏的鉴定标准如下：体内致敏通过皮下注射测试抗原导致局部红斑和硬结来评估；体外细胞致敏通过测定淋巴结细胞对测试抗原的增殖反应来确定。结果发现，完整噬菌体比缀合物诱导具有更强的致敏作用。动物淋巴细胞对噬菌体致敏，对病毒产生快速反应，但未发现对缀合物的反应。对于缀合物致敏的动物存在仅与特定抗原反应的淋巴细胞。小鼠脾脏初始 T 细胞体外接种 Felix-01 沙门菌噬菌体，可产生较弱的增殖反应。然而，当接种经噬菌体免疫过的小鼠时，增殖反应更高。这些数据表明，正常个体内可能存在一些低水平的噬菌体致敏 T 细胞，这种反应可以通过噬菌体给药来上调。纯化的 T4 噬菌体在体外可以抑制 CD3 受体诱导的 T 细胞增殖，然而脂多糖即使在非常低的浓度下也可能诱导相似的效果，因此尚不清楚这种效应在多大程度上依赖于脂多糖。相同的噬菌体制剂已被证明可抑制健康和致敏小鼠中皮肤同种异体移植物排斥反应，减少同种异体移植物浸润。另外，有研究证明在正常和 T 细胞缺陷小鼠血液中噬菌体的动力学相似。该结果表明，T 细胞对于体内噬菌体的失活无任何重要作用。对噬菌体治疗患者的免疫监测结果表明，噬菌体可能引起 T 细胞、B 细胞和 NK 细胞反应性的瞬时波动及它们在外周血中的数量。但与治疗前的免疫参数相比，噬菌体治疗似乎没有显著改变患者的免疫状态。

第五节　基于药代动力学的噬菌体工程化改造

噬菌体的免疫效应相当复杂，因为大多数噬菌体的结构十分复杂，其中许多不同的衣壳蛋白暴露于外部。因此，噬菌体的作用依赖于衣壳蛋白多组分活性。通过打破特定蛋白质的这种效应，可以获得一种处理抗噬菌体免疫力的敏感工具。

工程噬菌体研究提供了关于噬菌体蛋白免疫原性的一些有趣结论。这些研究提供了关于分子细节的重要信息，这可能决定噬菌体对免疫的影响。研究人员制备的噬菌体展示短肽（T7 噬菌体）的相互作用研究，揭示了噬菌体表面肽的性质及其与固有免疫应答之间存在依赖关系。天然抗体，即哺乳动物血清中预先存在的抗体，识别噬菌体并开始补体激活。然而，提供具有羧基末端赖氨酸或精氨酸残基的衣壳可通过结合大鼠中的 C 反应蛋白，保护噬菌体免于补体介导的失活。

通过对无菌小鼠中噬菌体 λ 衍生物的研究，描述了另一种改变噬菌体对先天免疫的分子操作实例。噬菌体清除的整体机制涉及网状内皮系统过滤，即从未免疫哺乳动物中去除噬菌体的主要途径。主要衣壳蛋白基因中的单个突变（G→A 转换），赖氨酸取代谷氨酸，其决定了长循环表型。这些长循环突变体能够在小鼠循环中维持更长时间，并且在细菌感染小鼠中显示出更好的抗菌活性。进一步的研究已经证实，这种单一的特异性取代确实赋予了长循环表型，强调了噬菌体抗原结构中这种微妙差异在治疗中的潜在价值。

然而，T4 噬菌体则出现相反的现象，即短循环表型。在 T4 噬菌体失去其不必要的装饰蛋白 Hoc 后，其从小鼠循环中清除的速度更快。这不是蛋白质的改变，而是缺失，这表明某些蛋白质能够介导或缓和噬菌体与免疫系统的相互作用。与野生型噬菌体相比，特定基因缺陷的噬菌体对哺乳动物细胞更具黏附性，黏合力不太可能是特定的，但它的强度可能会决定噬菌体从高等生物体中去除的敏感性。研究表明，在低温电子显微镜图

像中可见 $Hoc^{-}Soc^{-}$ 噬菌体通过衣壳之间的相互聚集作用。Hoc 是原核蛋白，其结构中含有免疫球蛋白样结构域，这可能使它成为 T4 噬菌体效应调节剂，但是对于 T4 噬菌体衣壳的确切作用仍然存在疑问。有人提出，HOC 可能会阻止感染细胞中噬菌体的聚集，其中新组装的噬菌体浓度可以非常高；或者相反，暴露的 Ig 样结构域可以和表面碳水化合物及与其他细菌分子微弱地、非特异性地相互作用。对细菌或生物膜的黏附可以为噬菌体提供生存优势。生物信息学研究表明，Ig 样结构域在噬菌体基因组中非常常见，这表明其他噬菌体株可能会出现类似的具有黏附调节作用的衣壳蛋白。

通过受体靶向方法研究化学修饰的噬菌体 M13 对免疫反应的影响，结果表明半乳糖或琥珀酸基团与噬菌体外壳蛋白的缀合，导致噬菌体的血浆半衰期显著降低。然而，T7 噬菌体外壳上的随机肽（C-X7-C 文库）的噬菌体展示不影响小鼠血液中噬菌体的清除。所有这些研究都可能在疫苗设计和以噬菌体作为平台或递送载体的其他分子医学方法中发挥关键作用，但显然也可以阐明噬菌体治疗中噬菌体的有效性和副作用。

值得注意的是，通过单甲氧基–聚乙二醇（mPEG）与其蛋白质的缀合对噬菌体进行化学修饰，可使噬菌体的免疫原性降低：聚乙二醇化噬菌体引起细胞因子（IFN-γ 和 IL-6）水平降低，而其半衰期显著增加，表明这种方法可能提升噬菌体治疗的功效。

参考文献

12 细菌对噬菌体的免疫机制

——卢曙光　张克斌

噬菌体是细菌的天然“捕食者”，也是地球上丰度最高的生物，其数量约为细菌的10倍。据估计，噬菌体平均每两天就会“吃掉”地球上一半的细菌。面对噬菌体快速而“猛烈”的攻击，细菌进化出各种机制来抵抗噬菌体的感染，同时噬菌体也在不断进化，从而导致细菌和噬菌体之间无休止的“军备竞赛”。对应噬菌体感染细菌的不同阶段（参见第2章），细菌免疫噬菌体的机制也有几种不同方式，如抑制噬菌体的吸附、阻止噬菌体核酸进入细菌细胞、降解噬菌体的核酸及介导噬菌体的流产感染等（图12-1）。本章主要介绍细菌对噬菌体的免疫机制，同时简要介绍噬菌体拮抗细菌免疫的机制。

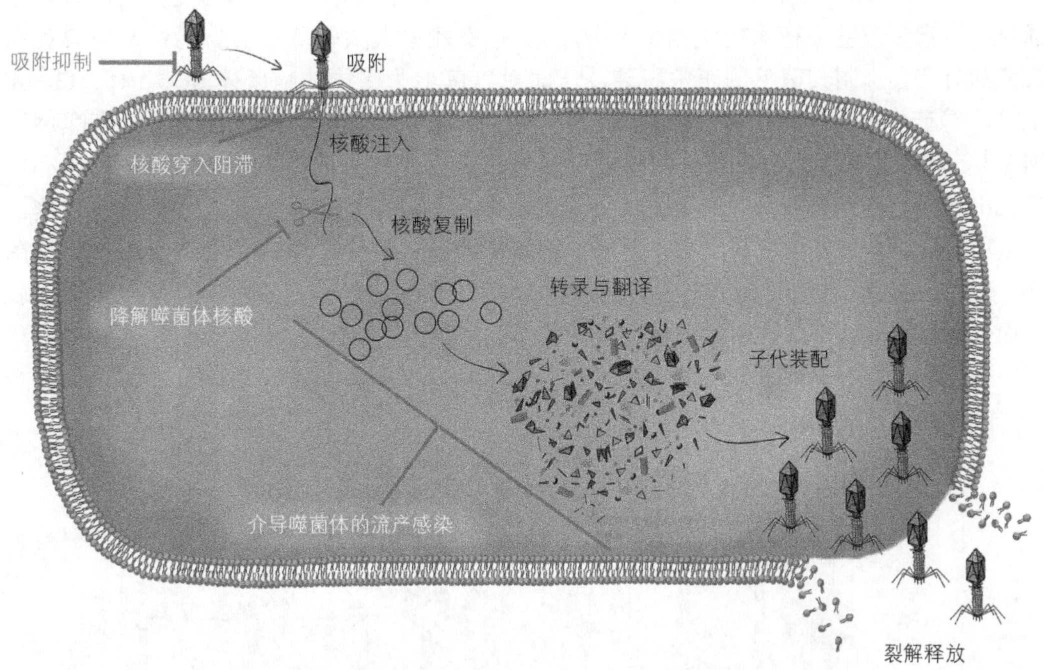

图12-1　细菌对噬菌体的免疫机制概览（改自Seed K D，2015）

作者单位：卢曙光，陆军军医大学基础医学院；张克斌，陆军军医大学第二附属医院（新桥医院）。

第一节　抑制噬菌体吸附

噬菌体吸附是指噬菌体受体结合蛋白（RBP）与细菌表面受体之间特异性结合的过程，这是噬菌体侵染宿主菌的第一步。有尾噬菌体的 RBP 一般为尾丝、尾刺或基板蛋白，无尾噬菌体的 RBP 可定位于其衣壳表面，有包膜噬菌体的 RBP 往往镶嵌在其包膜表面。细菌表面成分极为复杂，噬菌体的 RBP 必须从中识别出特异性受体。从化学组成及结构上看，噬菌体受体的种类较多，已有研究报道的包括鞭毛、菌毛、脂多糖、胞外多糖、肽聚糖、磷壁酸、外膜蛋白等。例如，噬菌体 PaP1 吸附铜绿假单胞菌的受体是脂多糖；而噬菌体 Yep-phi 吸附鼠疫耶尔森菌的受体除了脂多糖外还需要外膜蛋白 Ail 和 OmpF 的参与；噬菌体 K3 和 Ox2 吸附大肠埃希菌的受体是外膜蛋白 OmpA。噬菌体与细菌表面受体之间的吸附具有高度特异性，这种特异性决定了噬菌体的宿主谱。细菌已进化出一系列防御机制用于阻止噬菌体的吸附，如改变受体、竞争性抑制、分泌细胞外基质等。

一、改变受体

噬菌体的 RBP 和受体的结合依赖于受体本身正确的空间结构，一旦受体发生改变或缺失，将不能与 RBP 结合（图 12-2）。例如，铜绿假单胞菌可通过突变 *wzy* 基因或缺失 *galU* 基因，导致脂多糖受体的缺失或改变，从而阻止噬菌体 PaP1 的吸附；耶尔森菌的 *waaA* 基因参与脂多糖的生物合成，当该基因发生突变后，脂多糖的结构受到破坏，导致通过吸附脂多糖感染宿主的噬菌体 phiA1122 感染效率大大降低；大肠埃希菌内膜蛋白 TrbI 的突变会抑制其菌毛的正常组装，从而对以菌毛为受体的噬菌体 M13、f1、f2、fd 及 R17 等产生耐受。改变受体中氨基酸序列和分子构象会显著影响百日咳杆菌噬菌体 BPP-1 的吸附效率，而 BPP-1 仍能以较低效率感染受体缺失的宿主菌，表明噬菌体亦可进化出其他的途径试图保持对宿主菌的吸附，如识别突变的受体或全新的受体等，这已在多项研究中被证实（图 12-2）。此外，细菌也会通过改变受体分子表达量来耐受噬菌体，例如，霍乱弧菌脂多糖 O1 抗原是其噬菌体吸附的主要受体，其通过调节 O1 抗原表达而生成不同的亚群细胞，可助其逃避噬菌体的吸附。

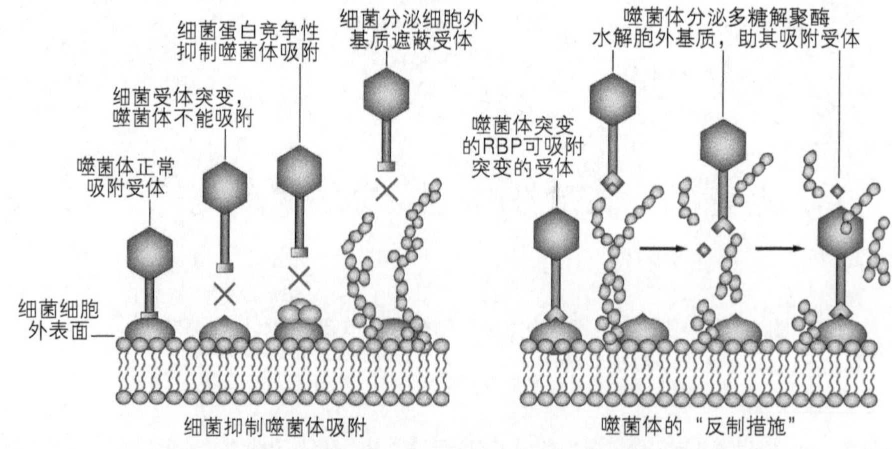

图 12-2 彩图

图 12-2　细菌抑制噬菌体吸附机制及噬菌体的应对策略示意图（改自 Labrie 等，2010）

二、竞争性抑制

细菌可利用一些蛋白质或小分子物质竞争性抑制噬菌体 RBP 与受体的结合，从而达到抑制噬菌体吸附的作用（图 12-2）。例如，金黄色葡萄球菌编码的 IgG 结合蛋白 A 可竞争性结合细菌表面的噬菌体受体，从而减少噬菌体的吸附数量；大肠埃希菌的外膜蛋白 OmpA 是 T 偶数噬菌体的受体，可被质粒编码的外膜蛋白 TraT 竞争性抑制，从而使噬菌体无法识别；大肠埃希菌的 B12/BF23 受体，可协助维生素 B_{12}的转运并作为噬菌体 BF23 的受体，当维生素 B_{12}的浓度达 0. 5～2. 0 nmol/L 时，由于维生素 B_{12}的竞争作用，BF23 的吸附效率降低 50%；FhuA 作为噬菌体 T1、T5 和 φ80 的特异性结合受体，可被细菌编码的抗菌肽 MccJ25（也称作抗菌小分子蛋白 J25，可抑制近缘菌株的生长）结合从而抑制噬菌体的吸附。此外，有些噬菌体编码的产物也能竞争性抑制细菌的受体。例如，噬菌体 T5 自身编码的脂蛋白 LIp 可阻断其吸附受体 FhuA。T5 噬菌体在感染初期所表达的 LIp 蛋白可防止重复感染，且可结合到已被裂解细胞的游离受体上防止其对新合成的病毒颗粒 RBP 的中和，从而提高噬菌体再感染效率。

还有一些细菌通过相变改变细胞的表面结构，如百日咳杆菌黏附素自转运子 Prn 为百日咳杆菌噬菌体的受体，只能在百日咳杆菌 Bvg^+相菌中表达，不能在 Bvg^-菌中表达，因此百日咳杆菌噬菌体 BPP-1 感染 Bvg^+相菌的效率比感染 Bvg^-相菌高出百万倍。在对空肠弯曲杆菌噬菌体 F198、F287 等感染宿主菌的研究中发现，感染速率与其受体荚膜多糖相变过程有显著关系，说明空肠弯曲杆菌噬菌体和受体的吸附依赖受体空间结构的相变。

三、分泌细胞外基质

多种细菌可分泌细胞外基质，包括荚膜及其他胞外多糖聚合物。细胞外基质不仅有利于细菌在恶劣环境中生存，也将噬菌体的识别受体包埋在其中，因此构成了一道抑制噬菌体吸附细菌的物理屏障（图 12-2）。例如，肺炎克雷伯菌通过产生荚膜隐藏脂多糖受体，使之对噬菌体 FC3-10 产生耐受；流感嗜血杆菌 *lic2A* 基因的编码产物参与低脂聚糖的合成，该菌通过修饰 *lic2A* 基因，大量合成低脂聚糖，在胞外形成低脂聚糖的聚合物，从而阻碍噬菌体 HP1c1 的吸附。此外，假单胞菌属、固氮菌属和一些藻类微生物可利用藻酸盐合成胞外多糖；致病性链球菌胞外含由 *N*-乙酰葡萄胺和葡萄糖醛酸残基交替形成的透明质酸；某些血清型的沙门菌和大肠埃希菌能在细菌表面形成种类繁多的糖复合物。这些细菌均是通过分泌细胞外基质，从而阻止噬菌体吸附，当胞外基质被去除后，噬菌体又可恢复感染。例如，大肠埃希菌的 K1 荚膜可阻止 T7 噬菌体的感染，而在其荚膜被降解后，又能被 T7 正常感染。除了分泌细胞外基质隐藏受体防止噬菌体吸附，细菌还可分泌含噬菌体受体的外膜囊泡（outer membrane vesicle，OMV）竞争性吸附噬菌体，降低噬菌体感染效率。例如，大肠埃希菌分泌的 OMV 可吸附 T4 噬菌体，从而减少 T4 噬菌体对细菌的吸附。

面对细菌的“阻拦”，一些噬菌体也进化出能识别甚至破坏这些胞外基质的酶类：一类是水解酶即多糖酶，能切开糖基—O；另一类是裂合酶，能切开单糖和糖醛酸 C4 端的连接部分，并用双键连接糖醛酸的 C4 和 C5。这两种酶存在于在噬菌体结构组分中或细菌的噬菌体裂解物中。例如，以假单胞菌为宿主的 F116 噬菌体能合成一种藻酸盐裂解酶，降低细胞外基质的黏滞性，有利于噬菌体的扩散与吸附；沙门菌 P22 噬菌体的尾部具有内切糖苷酶活性，可使 P22 穿过厚度达 100 nm 的沙门菌 O 抗原层并接触到受体。

最后值得一提的是，细菌通过吸附抑制来免疫噬菌体侵染，可能要付出一定的代价，即适应度代价。细菌细胞壁中受体结构的丢失或改变可能会导致细菌的适应度下降。例如，鼠疫耶尔森菌通过减少脂多糖的生物合成耐受噬菌体，但导致自身生长速度减慢、死亡率增加及毒力减弱；空肠弯曲杆菌可通过包膜多糖的修饰免疫噬菌体吸附，同时也造成自身毒力的减弱。因此，有学者提出，吸附抑制可能是细菌免疫噬菌体采取的最“昂贵”的机制。

第二节　阻断噬菌体核酸注入

如果细菌未能阻止噬菌体的吸附，则其还可阻断噬菌体核酸注入细菌细胞内，从而免疫噬菌体的入侵。除了细胞壁肽聚糖具有对噬菌体核酸的阻挡作用外，细菌主要利用超感染排斥（superinfection exclusion，Sie）系统阻止噬菌体核酸的注入。Sie 是指当噬菌体核酸进入细菌细胞后，来源于噬菌体的基因可编码一些锚定到膜上或与膜上元件相互作用的蛋白质，能阻止其他近缘噬菌体核酸进入宿主细胞，从而阻止其引起的继发感染（secondary infection）。由此可见，Sie 属于噬菌体的干扰机制，干扰近缘噬菌体的感染。Sie 需借助噬菌体本身的编码蛋白，通常 Sie 只能在特定宿主中发生，这与依赖细菌编码蛋白的其他免疫噬菌体的机制有所不同。目前已报道多种 Sie 系统，但只有少数 Sie 系统的机制被研究清楚。

一、G^-菌的 Sie 系统

在 G^-菌中，要数对大肠埃希菌的 Sie 系统研究得最为清楚。T4 噬菌体感染大肠埃希菌后，可赋予大肠埃希菌两套 Sie 系统，即分别由 *imm* 基因和 *sp* 基因编码的 Imm 系统和 Sp 系统。Imm 和 Sp 蛋白均可快速抑制噬菌体 DNA 的入侵，阻止同类噬菌体的重复感染。这两套系统功能相近，但分别采用不同的机制（图 12-3）。Imm 具有两个特殊的跨膜区，可助其定位在细胞膜上，通过改变 DNA 注入位点的构象来阻止噬菌体 DNA 的注入，这一过程的完成还需细菌的其他膜蛋白进行协助。由 T4 噬菌体的 *gp5* 基因编码的溶菌酶位于噬菌体的尾部，可通过降解肽聚糖层使尾管穿过细胞壁，从而促进噬菌体 DNA 的注入，而 Sp 蛋白可通过抑制该溶菌酶的活性，从而阻止噬菌体 DNA 的注入。大肠埃希菌噬菌体 hk97 编码的 gp15 也是一种跨膜蛋白，可抑制 hk97 和近缘噬菌体 hk75 的 DNA 注入。此外，携带溶原性噬菌体 P22 的鼠伤寒沙门菌编码的 SieA 蛋白可阻断噬菌体 L 及 MG178 核酸的注入；肠杆菌噬菌体 P1 编码的超感染排斥相关 Sim 蛋白亦可阻止与其相似噬菌体的 DNA 穿过细胞壁。

二、G^+菌的 Sie 系统

除 G^-菌外，在少数 G^+菌中也发现了类似的 Sie 系统。乳酸乳球菌在乳制品行业中广

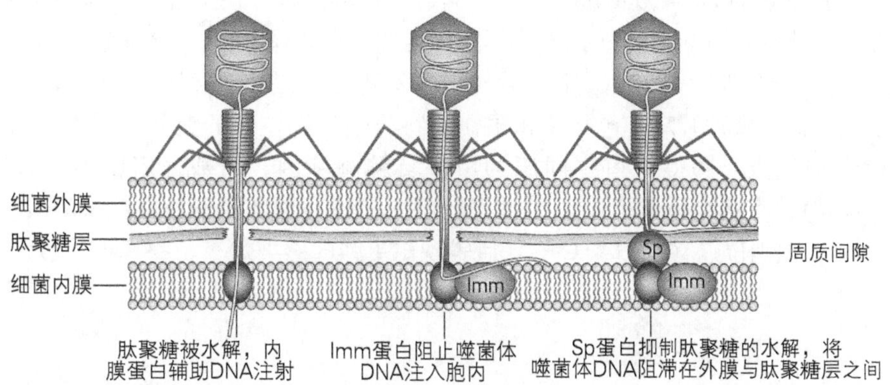
细菌外膜
肽聚糖层
细菌内膜
Sp
Imm
Imm
周质间隙
肽聚糖被水解，内
膜蛋白辅助DNA注射
Imm蛋白阻止噬菌体
DNA注入胞内
Sp蛋白抑制肽聚糖的水解，将
噬菌体DNA阻滞在外膜与肽聚糖层之间

图 12-3　大肠埃希菌通过 Imm 系统和 Sp 系统阻断噬菌体 DNA 注入示意图（改自 Labrie 等，2010）

泛应用，最先在其溶原性噬菌体 Tuc2009 中发现的 Sie 系统 Sie_{2009}广泛分布于乳球菌属 P335 型噬菌体中。Sie_{2009}能抵抗在乳酸乳球菌特异性噬菌体中处于优势地位的 936 群噬菌体。Sie_{2009}系统位于细胞膜，通过抑制噬菌体 DNA 进入细菌细胞而发挥免疫噬菌体入侵的作用。此外，嗜热链球菌前噬菌体 TP-J34 产生的膜定位脂蛋白（Ltp）LtpTP-J34 可与其他噬菌体的卷尺蛋白（TMP）相互作用，阻止依赖 TMP 的 DNA 通道的形成，从而阻断噬菌体 DNA 的注入。在其他的噬菌体中也发现了 Ltp 类蛋白质，如乳酸乳球菌噬菌体 P008 及嗜热链球菌溶原性噬菌体 TP778、TP-EW、TP-DSM20617 等，这些 Ltp 类蛋白质在噬菌体感染宿主菌时也发挥 Sie 系统的作用。

第三节　降解噬菌体核酸

当噬菌体成功吸附并将其核酸注入细菌细胞后，并不意味着感染一定会成功，因细菌早已准备好了专门降解噬菌体核酸的特异性免疫机制，主要包括限制性修饰（R-M）系统和 CRISPR-Cas 系统。这两种系统降解噬菌体核酸的机制截然不同，下面进行分别阐述。

一、R-M 系统

R-M 系统是经典的细菌免疫系统，在原核生物中普遍存在，是细菌对抗噬菌体侵染的重要武器。早在 20 世纪中叶，科学家就已开始研究细菌对抗噬菌体的宿主特异性限制修饰现象（其本质就是 R-M 系统），同时发现了限制性核酸内切酶（简称限制酶）。当时普遍认为限制酶能保护细菌不受噬菌体的感染，执行微生物免疫功能。首批被发现的限制酶包括来源于大肠埃希菌的 *Eco*RⅠ和 *Eco*RⅡ，以及来源于流感嗜血杆菌的 *Hind*Ⅱ和 *Hind*Ⅲ等。目前，发现大量细菌可利用 R-M 系统免疫噬菌体的入侵，如单核细胞增多性李斯特菌、乳酸乳球菌、沙门菌、弧菌的整合性接合元件等都含可对抗噬菌体的 R-M 系统。

R-M 系统通过甲基转移酶（也称甲基化酶）将细菌自身 DNA 中特定位点进行甲基化修饰（一般是胞嘧啶 N4 或 C5 的甲基化，以及腺嘌呤的 C6 甲基化），甲基基团能伸出到限制酶识别位点的 DNA 双螺旋大沟外，阻碍限制酶发挥作用从而保护自身 DNA 不被限制酶切割。当未甲基化或甲基化模式不同于细菌的噬菌体 DNA 注入细菌细胞时，限制酶即发挥作用，降解入侵的噬菌体 DNA（图 12-4）。在进化过程中，噬菌体为了克服 R-M系统也进化出多种策略，包括累积限制酶特异性识别位点的突变、用蛋白封闭限制酶特异性识别位点、获得与宿主同源的甲基转移酶基因、在基因组中掺入稀有碱基（unusual base）、直接竞争性抑制限制酶等。例如，葡萄球菌噬菌体在其 dsDNA 基因组中丢失 Sau3A 识别位点（5′-GATC-3′）后表现出更强的感染效率。

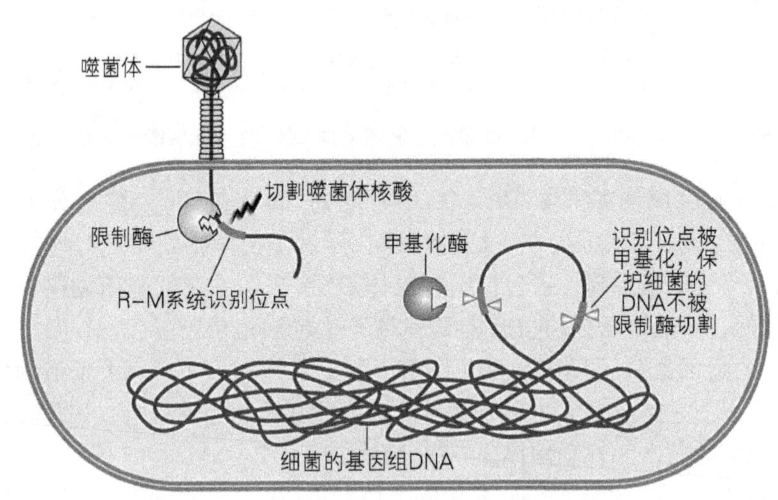

图 12-4　细菌 R-M 系统降解噬菌体核酸示意图（改自 Vasu 等，2013）

大多数限制酶常伴有至少一种甲基化酶，在某些 R-M 系统中，限制酶和甲基化酶是两种不同的蛋白质，它们独立行使各自的功能；另一些 R-M 系统本身就是一种很大的限制-修饰复合酶，由不同亚基或同一亚基的不同结构域分别来执行限制或修饰的功能。目前 R-M 系统按照限制酶的亚基组成、酶切位置、识别位点和辅助因子等不同，可分为Ⅰ～Ⅳ型（表 12-1）。

表 12-1　R-M 系统的分型

型别	Ⅰ型	Ⅱ型	Ⅲ型	Ⅳ型
特征	R 亚基与 M 亚基形成寡聚复合体；需 ATP 提供能量；切割方式复杂，常远离识别位点	R 亚基与 M 亚基分别起作用，或融合起作用；在识别位点内或附近切割；具有较多亚型	R 亚基与 M 亚基形成复合体；需 ATP 提供能量；在识别位点外切割	修饰依赖的限制酶；可识别含 6mA、5hmC 等的 DNA；切割距离可变；具有较多亚型
基因构成	*hsdR*、*hsdM*、*hsdS*	*ecorIR*、*ecorIM*	*ecoP1IM*、*ecoP1IR*	*mcrA*、*mcrBC*、*mrr*
功能性蛋白质构成	限制酶：$R_2M_2S_1$ 甲基化酶：$R_2M_2S_1$ 或 M_2S_1	限制酶：R_2 甲基化酶：M_1	限制酶：R_2M_2 或 R_1M_2 甲基化酶：R_2M_2 或 M_2	复杂多样
举例	*Eco*KI	*Eco*RI	*Eco*P1I	*Mcr*BC

（一）Ⅰ型 R-M 系统

Ⅰ型 R-M 系统的酶是一类兼有限制酶和甲基化酶活性的多亚基蛋白复合体，由 *hsd*

基因座表达。该基因座包含 3 个基因：*hsdR*、*hsdM* 和 *hsdS*（对应的蛋白质分别为 HsdR、HsdM 和 HsdS，也分别简称为 R 亚基、M 亚基和 S 亚基）（图 12-5）。S 亚基决定 DNA 序列的识别，R 亚基执行限制性切割功能，M 亚基催化甲基化反应（最常见产物是 m6A）。两个 R 亚基、两个 M 亚基和一个 S 亚基组成的复合体（$R_2M_2S_1$）既可执行限制功能，又可执行修饰功能；两个 M 亚基和一个 S 亚基组成的复合体（M_2S_1）仅执行修饰功能（图 12-5）。Ⅰ型 R-M 系统需要 ATP 提供能量，可在远离识别位点的任意位置切割 DNA 链。最典型的Ⅰ型 R-M 系统的酶是 *Eco*KI（也称为 R. *Eco*KI），它既是限制酶也是甲基化酶，同样包含两个 R 亚基、两个 M 亚基和一个 S 亚基。*Eco*KI 的表型通常被描述为 r_{KI}^+ 及 m_{KI}^+ 等。

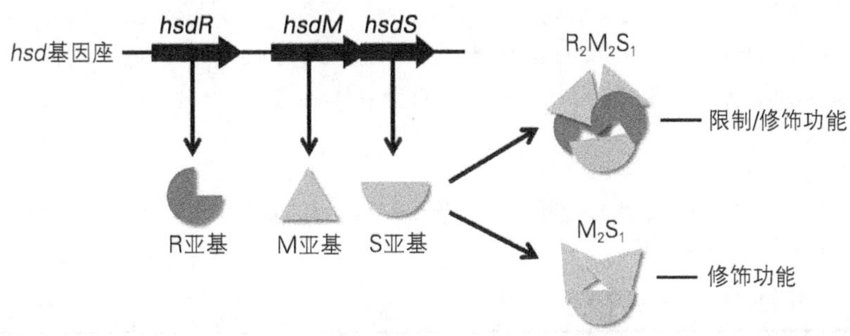

图 12-5 编码Ⅰ型 R-M 系统的 *hsd* 基因座结构示意图（*hsdM* 和 *hsdS* 间通常存在重叠）

之前认为Ⅰ型 R-M 系统很稀有，但目前基因组测序分析发现Ⅰ型 R-M 系统其实很常见。REBASE 数据库（网址：http://rebase. neb. com/rebase/rebase. html）中显示，Ⅰ型R-M 系统占所预测的总的 R-M 系统的比例高达 26.6%，仅次于占比第一的Ⅱ型R-M 系统（46.6%）。Ⅰ型 R-M 系统的酶类也具有一定的多样性，至少细分为 A、B、C、D 和 E 五种亚型。有些细菌可编码多种Ⅰ型 R-M 系统，如某些幽门螺杆菌菌株可编码近 30 种Ⅰ型 R-M 系统。然而，仅少数Ⅰ型 R-M 系统被鉴定清楚，如肺炎链球菌的 *Spn*D39Ⅲ、大肠埃希菌的 *Eco*R124I、黄杆菌的 FcI 等。除了在免疫噬菌体入侵方面发挥作用外，Ⅰ型 R-M 系统还具有调控基因表达、调节相位转变等多种功能。

（二）Ⅱ型 R-M 系统

目前研究最多、应用也最多的当属Ⅱ型 R-M 系统。实验室所使用的商品化限制酶几乎全是Ⅱ型限制酶，这些酶的分子量一般都比较小。Ⅱ型限制酶可识别短的回文对称序列，并在该位点及其附近进行切割，产生 5′端磷酸和 3′端羟基。最常见的Ⅱ型限制酶在特异性对称序列内部进行切割，如 *Hha*I、*Hin*dIII 和 *Not*I。也有少量的酶识别非对称序列（如 BbvCⅠ识别 5′-CCTCAGC-3′）及非连续性序列（如 BglⅠ识别 GCCNNNNNGGC）。Ⅱ型限制酶通常需要 Mg^{2+} 作为辅助因子，且以单体、双体或三体的形式发挥作用，一般不需要甲基化酶伴侣的协同，能从供体（S-腺苷-L-甲硫氨酸）直接转移一个甲基到 dsDNA 上，产生 4mC、5mC 或 6mA。

Ⅱ型 R-M 系统的限制酶是一群性状和来源都不尽相同的蛋白质，这些酶的氨基酸序列截然不同。如今看来，它们很可能是在进化过程中独立产生的，而非来源于同一祖先。根据识别位点、切割方式及其与甲基化酶协同作用的方式等不同，Ⅱ型限制酶可分为多个亚型（表 12-2）。由于Ⅱ型 R-M 系统最为常见，所以对其在细菌免疫方面的研究也较多。例如，李斯特菌的 BfuI、甲烷单毛杆菌的 *Mme*I、嗜热链球菌的 *Sth*368I、普雷沃菌的 *Pbr*TI 和 *Pru*2I 等。

表 12-2　Ⅱ型 R-M 系统限制酶的主要亚型

亚型	特征	举例
A	不对称识别序列	*Fok*I、*Aci*I
B	在双链上切割识别位点的两端	*Bcg*I
C	对称或不对称识别位点，限制酶和甲基化酶融合成一个蛋白质	*Gsu*I、*Hae*IV、*Bcg*I
E	两个识别位点，一个切割，一个是变构效应子	*Eco*RII、*Nae*I、*Sau*3AI
F	两个识别位点，同源四聚体协同切割	*Sfi*I、*Sgr*AI
G	对称或不对称识别位点，R 亚基与 M 亚基均需要腺苷甲硫氨酸作为辅助因子	*Bsg*I、*Eco*57I
H	对称或不对称识别位点，分开的 M 与 S 亚基，甲基化酶构成与Ⅰ型 R-M 系统相似（M_2S_1）	*Bcg*I，*Ahd*I
M	依赖甲基化的识别位点	*Dpn*I
P	回文对称识别位点，二聚体或单体起作用，通常在识别序列内对称切割	*Eco*RI、*Ppu*MI、*Bsl*I、*Eco*RV
S	不对称识别位点和切割位点	*Fok*I、*Mme*I
T	对称或不对称识别位点，限制酶是异二聚体	*Bpu*10I、*Bsl*I

（三）Ⅲ型 R-M 系统

Ⅲ型 R-M 系统的限制酶是一类较大的兼有限制和修饰两种功能的酶，一般由 *mod* 和 *res* 两个基因分别编码具有识别与修饰功能的 Mod 亚基和限制性切割功能的 Res 亚基。在限制性切割时需要两个亚基的协同，同时还需要 ATP 水解提供能量，并在识别序列之外不远处完成切割，但很少能达到完全切割。Mod 亚基可单独起作用，催化 DNA 甲基化，产物通常是 m6A，且修饰结果一般是半甲基化（dsDNA 仅一条 DNA 链的识别位点被甲基化）。Ⅲ型 R-M 系统的限制酶仅切割完全没有甲基化的噬菌体 DNA，所以对细菌自身 DNA 进行半甲基化是一种更加经济和高效的保护机制。Ⅲ型 R-M 系统最具代表性的酶是 EcoP1I 和 EcoP15I，其中 EcoP15I 的晶体结构和作用机制也得到了详细解析。目前已有部分Ⅲ型 R-M 系统酶类被发现与鉴定（表 12-3）。Ⅲ型 R-M 系统比较容易识别，因其基因在序列上比较保守，所以今后每测出一个细菌基因组，都可通过序列比对很快知道该细菌是否编码Ⅲ型 R-M 系统。

表 12-3　部分Ⅲ型 R-M 系统酶类的主要特征

酶	来源	识别序列	亚基组成	辅助因子
*Eco*P15I	质粒 P15B	5′-CAGCAG-3′	R_2M_2	SAM、ATP、Mg^{2+}
*Eco*P1I	前噬菌体 P1	5′-AGACC-3′	R_2M_2	SAM、ATP、Mg^{2+}、Ca^{2+}、Mn^{2+}
*Sty*LTI	鼠伤寒沙门菌	5′-CAGAG-3′	R_2M_2	SAM、ATP、Mg^{2+}
*Hin*fIII	流感嗜血杆菌	5′-CGAAT-3′	R_2M_2	SAM、ATP、Mg^{2+}
*Pst*II	斯氏普鲁威登菌	5′-CATCAG-3′	R_2M_2	SAM、ATP、GTP、CTP、Mg^{2+}
*Lla*FI	乳酸乳球菌	不清楚	不清楚	ATP、Mg^{2+}

（续表）

酶	来源	识别序列	亚基组成	辅助因子
*Bce*SI	蜡状芽孢杆菌	不清楚	不清楚	SAM、ATP、Mg^{2+}
*Pha*BI	溶血巴斯德菌	不清楚	不清楚	不清楚
*Ngo*AXP	淋病奈瑟菌	5′-CCACC-3′	不清楚	SAM、Mg^{2+}
*HP*0593	幽门螺杆菌	5′-GCAG-3′	不清楚	SAM、Me^{2+}

（四）Ⅳ型 R-M 系统

前述Ⅰ型、Ⅱ型、Ⅲ型 R-M 系统均存在两种作用的酶或亚基（限制酶和修饰酶），都是通过切开未修饰 DNA 的方式来保护宿主菌的。然而，噬菌体亦可进化出对自身 DNA 进行修饰的能力，从而拮抗细菌的 R-M 系统。为了反制噬菌体的这一策略，细菌也演化出专门识别并切割已修饰 DNA 的Ⅳ型 R-M 系统。该系统由 1~2 个基因组成，其编码的蛋白质仅切割甲基化、羟甲基化及葡糖基-羟甲基化等修饰过的 DNA。该系统以大肠埃希菌的 *Mcr*BC（也称作 *Eco*K*Mcr*BC）和 *Mrr* 为代表。*Mcr*BC 识别 RmC（一个嘌呤碱基紧靠着一个甲基化的胞嘧啶）位点，切割在距其约 30 bp 的位置发生。*Mrr* 限制多种腺嘌呤甲基转移酶及几种 5′-甲基胞嘧啶甲基转移酶修饰的 DNA。序列相似性分析表明，在其他许多细菌和古菌中存在Ⅳ型 R-M 系统，如金黄色葡萄球菌的 *Sau*USI、链霉菌的 *ScoMcr*A 等都是典型的Ⅳ型 R-M 系统。关于Ⅳ型 R-M 系统的酶类，在第 34 章的第一节中也有阐述。

近年来的测序分析表明，超过 90% 的细菌编码 R-M 系统，且限制酶的种类多种多样，若从分子水平上分类，则远远不止上述 4 种类型。随着测序技术的发展及研究的深入，今后必定会有更多细菌、质粒及其他原核遗传元件的序列被注释和分析，这将进一步促进和扩展对细菌 R-M 系统及其在降解噬菌体核酸方面作用机制的理解。

二、CRISPR-Cas 系统

早在 1987 年，Ishino 及其同事在对大肠埃希菌的 *iap* 基因进行测序时，在该基因的 3′端偶然发现了一种特殊的重复序列结构。之后在不同细菌和古菌中相继发现了类似结构，2002 年起正式使用“CRISPR-Cas”这一名称来表示。近年来对 CRISPR-Cas 系统的研究发展迅速，不论是在基础性研究还是应用性研究，CRISPR-Cas 系统都是名副其实的热点，Cas9 在基因编辑领域更是炙手可热的“明星”。然而，细菌编码 CRISPR-Cas 系统的“初心”主要是将其作为降解噬菌体核酸、免疫噬菌体入侵的一个重要“武器”。与细菌的其他免疫噬菌体的机制不同，CRISPR-Cas 系统是一种“获得性”免疫系统，这正是它的高级之处。

（一）CRISPR-Cas 系统的结构

CRISPR-Cas 系统由 CRISPR 位点和 Cas 蛋白组成。典型的 CRISPR 位点一般含有 21~48 bp 的正向重复序列（repeat），大多数重复序列中含有回文结构，可形成稳定的、保守的二级结构（多为发夹结构）。这些重复序列又由长度相似的 21~72 bp 的非重复性间隔序列（spacer）隔开，大部分间隔序列序列与细菌所捕获的噬菌体及质粒等序列相关或同源。CRISPR 位点的 5′端一般还有一段高 AT 含量的前导序列（leader sequence），新的间隔序列将加载于前导序列的后面。CRISPR 位点通常邻近 4~20 个的 *cas* 基因，这些 *cas* 基因表达一整套 Cas 蛋白，发挥核酸酶、解旋酶、聚合酶及 RNA 结合蛋白等功能（图 12-6）。CRISPR-Cas 系统存在于 48%的真细菌与 95%的古细菌中，具有丰富的多样性。根据 Cas 蛋白构成和功能不同，目前 CRISPR-Cas 系统可分为两大类共 6 个型别（参见第 13 章）。

（二）CRISPR-Cas 系统降解噬菌体核酸的机制

CRISPR-Cas 系统免疫排斥噬菌体核酸一般要经历 3 个阶段：适应、表达和干扰（图 12-6）。适应阶段进行“记忆存储”，而表达和干扰阶段则是执行“秒杀任务”。

1. 适应阶段　只有在 CRISPR 阵列中含有与噬菌体同源的间隔序列时，CRISPR-Cas 系统才能识别并靶向切割噬菌体注入的核酸。CRISPR-Cas 系统所靶向的是噬菌体 DNA 上的前间隔序列（proto-spacer）。在前间隔序列旁边还有一段序列，称为前间隔序列相邻基序（proto-spacer adjacent motif，PAM）（图 12-6），PAM 可帮助 CRISPR-Cas 系统识别前间隔序列。

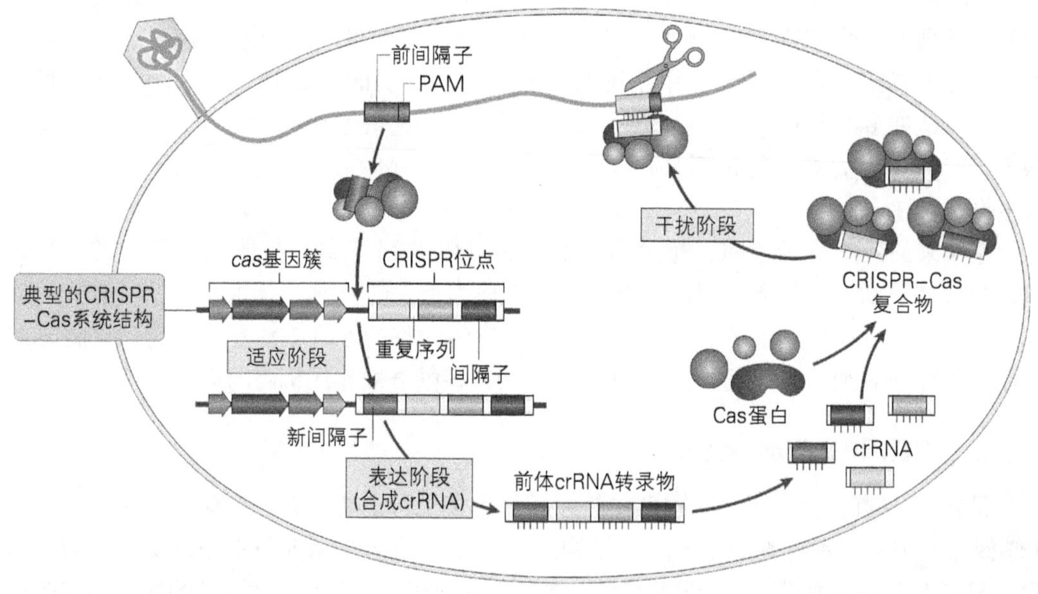

图 12-6 彩图

图 12-6　CRISPR-Cas 系统的典型结构与降解噬菌体核酸的机制示意图（改自 Samson 等，2013）

那么细菌是如何获得噬菌体的前间隔序列序列的呢？这是一个非常重要的问题，目前人类对这一问题的了解还不是很深入。有研究人员证实，有些细菌的 CRISPR-Cas 系统是在噬菌体注射 DNA 进入细菌细胞的过程中获取噬菌体的前间隔序列的，但这并不能解释为何细菌在噬菌体入侵后不仅没被噬菌体杀死，反而还获得了原本属于噬菌体的前间隔序列。可能合理的解释有：①某些发生突变的噬菌体在将 DNA 注入细菌细胞后，不能进行复制，而其 DNA 中的前间隔序列即被细菌的 CRISPR-Cas 系统获取；②细菌的 R-M 系统将噬菌体 DNA 降解成为片段，含有前间隔序列的片段会被细菌的 CRISPR-Cas 系统获取；③噬菌体裂解细菌所释放出来的含有前间隔序列的 DNA 片段，被周围未被噬菌体感染的细菌的 CRISPR-Cas 系统所获取。

已有大量研究证实，细菌还可编码一系列的蛋白质，通过类似于同源重组的机制将前间隔序列序列整合入 CRISPR 位点中，形成新的间隔序列，作为对该噬菌体入侵的“记忆”。这样一来，当含有相应前间隔序列的噬菌体感染细菌时，细菌的 CRISPR-Cas 系统可立即对噬菌体的入侵做出响应。

2. 表达阶段　在表达阶段，CRISPR 位点所转录出来的较长的前 CRISPR RNA（pre-crRNA）被剪切成较短的成熟 crRNA（图 12-6），这一过程需要一系列 CRISPR 相关蛋白的协助。在不同的 CRISPR-Cas 系统中，成熟 crRNA 的形成机制也有所不同。当然，Cas 蛋白的表达与储备也是在表达阶段完成的。

3. 干扰阶段　成熟的 crRNA 包含一个重复片段和一个完整的间隔序列，可与一组 Cas 蛋白结合形成 CRISPR-Cas 复合物。这些复合物作为一个监测系统，可靶向含有与 crRNA 互补的前间隔序列序列的噬菌体。在识别匹配的目标序列后，噬菌体 DNA 以特定的方式被切割或干扰（图 12-6），从而造成噬菌体入侵的失败。

CRISPR-Cas 系统降解噬菌体核酸的机制在许多细菌中都有研究，例如，嗜热链球菌噬菌体 5000、5002、5077 及 5102 的不同基因片段均可插入其 CRISPR 序列中，从而使嗜热链球菌获得对这些噬菌体的免疫能力。但在某些研究中还发现，一些假单胞菌属和黄杆菌属的抗噬菌体菌株中，其 CRISPR-Cas 系统与噬菌体耐受性并没有关联。针对细菌的 CRISPR-Cas 系统，噬菌体也发展出相应的反制策略，例如，在前间隔序列中引入突变、编码抑制细菌 Cas 复合体的蛋白质，噬菌体本身也编码一套 CRISPR-Cas 系统对抗细菌的 CRISPR-Cas 系统等。除了免疫噬菌体外，也有研究发现某些 CRISPR-Cas 系统具有其他功能。例如，铜绿假单胞菌的 CRISPR-Cas 系统与噬菌体的溶原性有关，还可抑制细菌的生物被膜形成和集群运动，这进一步印证了 CRISPR-Cas 系统的功能多样性。

第四节　介导噬菌体的流产感染

流产感染（abortive infection，Abi）也称顿挫感染，它不像前述的 R-M 系统一样在保证细菌本身正常生长的情况下免疫噬菌体，而是会使细菌在遭受噬菌体感染时采取“自杀”的方式同噬菌体“同归于尽”，以牺牲“小我”来保全“大我”。因此，流产感染被认为是细菌的一种利他主义行为，是一种更加高级的细菌种群生存策略。细菌能合成多种流产感染相关蛋白，在噬菌体感染的复制、转录或翻译等关键步骤发挥作用，导致被噬菌体感染细菌的死亡。对细菌流产感染系统的研究约始于 20 世纪 60 年代，但直到现在也仅了解部分流产感染系统在少数细菌中的作用方式，大多数细菌中的流产感染系统有待进一步鉴定。经典的流产感染系统是 Abi 系统，此外，部分毒素-抗毒素（toxin-antitoxin，T-A）系统也可执行流产感染的功能。本节将分别介绍这两种介导噬菌体流产感染的系统。

一、Abi 系统

Abi 系统也称噬菌体排除系统，典型的 Abi 系统会靶向噬菌体核酸的复制、转录和翻译；也有少数 Abi 系统会阻止噬菌体进入细胞，或破坏已侵染到细胞内的噬菌体核酸。

Abi 系统在细菌中广泛存在，如肠杆菌、乳球菌、乳杆菌、芽孢杆菌、链球菌、葡萄球菌、志贺菌及霍乱弧菌等均含有该系统。由于 Abi 系统比较复杂及噬菌体生物学相关知识的相对短缺，Abi 系统很多具体的作用方式至今仍无法被完全理解。目前，对大肠埃希菌及乳酸乳球菌的 Abi 系统研究得较清楚，接下来将以这两种细菌中的 Abi 系统为代表描述细菌 Abi 系统免疫噬菌体的机制。

（一）大肠埃希菌的 Abi 系统

在大肠埃希菌的 Abi 系统中，当属 Rex 系统、Lit 系统、PrrC 系统及 PifA 系统最具代表性。

1. Rex 系统　该系统发现于 λ 噬菌体溶原性大肠埃希菌中，是由 RexA 和 RexB 蛋白组成的二元系统。当感染发生时，在噬菌体 DNA 复制或重组过程中产生的一种中间产物（蛋白质-DNA 复合体）会激活 RexA 蛋白。RexA 蛋白是一种胞内感受器，能进一步激活定位在细胞内膜上的 RexB 蛋白，这一过程至少需要两个 RexA 蛋白参与。RexB 是一种可减少膜电位的离子通道蛋白，它的激活会使细菌向胞外排出一价阳离子（图 12-7），导致胞内 ATP 水平的急剧下降，从而导致细菌生命活动的终止，噬菌体感染也随之流产。

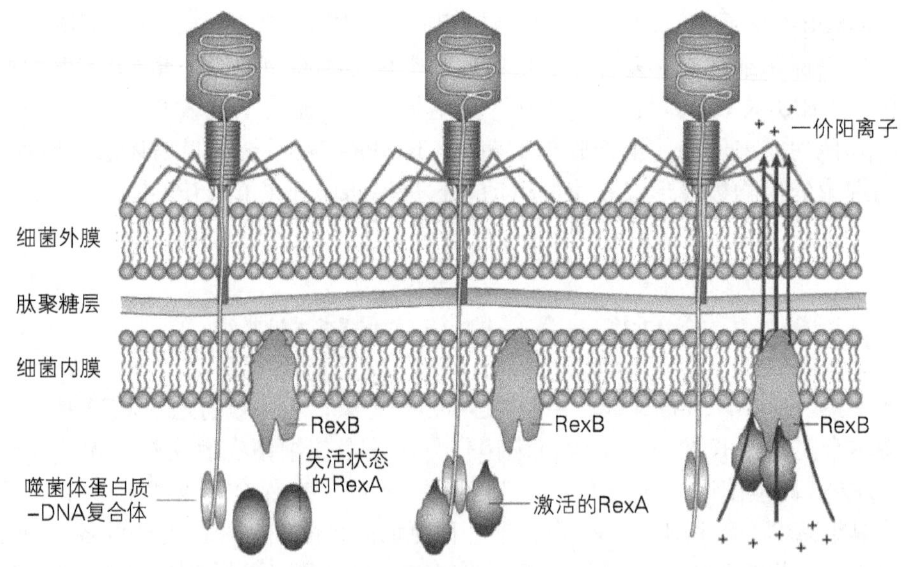

图 12-7 彩图

图 12-7　大肠埃希菌 Rex 系统介导噬菌体流产感染示意图（改自 Labrie 等，2010）

RexA 蛋白由噬菌体蛋白-DNA 复合体激活后，进一步激活 RexB 蛋白，后者形成一价阳离子通道，改变膜电位并杀死细菌

2. Lit 系统　该系统通过阻止蛋白质翻译机器的方式介导噬菌体的流产感染（图 12-8 左）。Lit 蛋白是一种锌金属蛋白酶，由大肠埃希菌 K12 缺陷型前噬菌体 e14 的 *lit* 基因编码。在 T4 噬菌体感染晚期，其主要衣壳蛋白上会展示仅含有 29 个氨基酸的 Gol 多肽，Gol 多肽会激活 Lit 蛋白。激活后的 Lit 蛋白可在 Gly59 和 Ile60 之间切割翻译延长因子 Tu（EF-Tu），从而终止蛋白质合成，造成噬菌体 T4 感染的流产。当然，T4 噬菌体也可通过突变 Gol 多肽来反击 Lit 系统，从而正常感染宿主菌（图 12-8 右）。

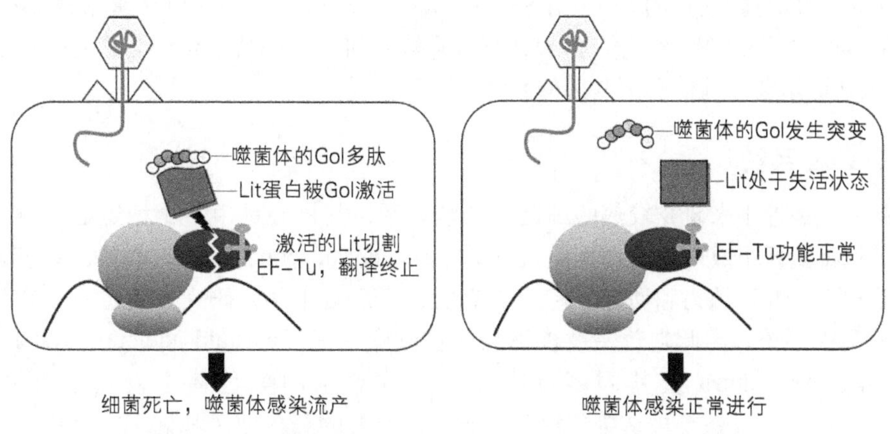

图 12-8　大肠埃希菌 Lit 系统示意图（改自 Stern 等，2011）

3. PrrC 系统　该系统主要成分是一种切割 tRNA 的核酸酶 PrrC，对应的 *prrC* 基因定位于大肠埃希菌 CT196 染色体上一个隐含的遗传元件中，为 *prrA*、*prrB* 和 *prrD* 所组成的基因盒的一部分。该基因盒也编码一种 R-M 修饰系统，可能充当防御噬菌体感染的防线之一。PrrC 的活性可被细菌 *prrD* 基因编码的限制酶（EcoprrⅠ）所中和，而 T4 噬菌体的 Stp 多肽会改变 EcoprrⅠ和 PrrC 的相互作用，释放有活性的 PrrC 蛋白。激活的 PrrC 会切割 tRNA-Lys 的反密码子环，而 T4 噬菌体由于没有多聚核苷酸激酶和 RNA 连接酶，被切割的反密码子环不能被修复，从而导致蛋白质合成的终止，造成噬菌体的流产感染。

4. PifA 系统　PifA 是一种膜结合蛋白，赋予细菌抵抗裂解性噬菌体 T3、T7 及其他相关噬菌体的能力。当噬菌体感染携带有 PifA 系统的细菌时，噬菌体早期基因转录会正常进行，但随后噬菌体晚期基因的转录被限制，大分子合成明显受阻。另外，细菌细胞膜的通透性被改变，导致像 ATP 这样的大分子的泄漏。目前还不清楚这些生理变化的发生顺序和具体机制，但其结果就是细菌死亡，留下被“困住”且不能继续复制的噬菌体。

（二）乳酸乳球菌的 Abi 系统

在许多 G^+ 菌中也发现有很多 Abi 系统，特别是在乳酸乳球菌中，约有超过 30 个不同的乳酸乳球菌的 Abi 系统被报道。乳酸乳球菌 Abi 系统通常由宿主菌的某一个单独基因所编码，也有少数由 2~4 个基因所编码。不同的 Abi 蛋白被认为会影响噬菌体增殖周期中的不同步骤。例如，AbiA、AbiF、AbiK、AbiP 和 AbiT 会干扰噬菌体的 DNA 复制，而 AbiB、AbiG 和 AbiU 则会影响噬菌体 RNA 的转录。AbiC 可限制噬菌体主要衣壳蛋白的合成，而 AbiE、AbiI 和 AbiQ 则会影响噬菌体 DNA 的包装。AbiD1 可干扰噬菌体编码的 RuvC 样内切核酸酶，而 AbiZ 会导致噬菌体感染的细菌细胞过早裂解。

此外，还有研究发现 AbiP 抑制噬菌体中晚期基因转录的过程中，伴随着早期转录物的积累和噬菌体 DNA 复制的减少。AbiK 可关闭噬菌体的裂解周期，其具体机制并未被研究清楚，但是与一种噬菌体编码的、称为 Sak 的 ssDNA 复性蛋白质有关（Sak 是 Rad52 家族成员之一）。有研究报道，AbiK 可能具有逆转录酶活性，其能以一种未知的

RNA 为模板合成与之互补的 DNA 分子。在这种模式下，该 RNA 分子降解而 ssDNA 保留。然后 Sak 与该 ssDNA 结合，保护其不被降解，同时允许其结合到与之互补的噬菌体 RNA 上，从而阻断噬菌体必须基因的翻译。

二、T-A 系统

T-A 系统是近年来研究较热的细菌多功能体系，其核心是由一个稳定的毒素和一个不稳定的抗毒素所组成的负反馈回路（negative-feedback loop）。1983 年 T-A 系统首次被发现于质粒上，并被认为和质粒的稳定性有关；之后若干年，研究人员也只是在质粒上发现新的 T-A 系统，因此它曾一度被称为质粒成瘾系统（plasmid addiction system），直到 1996 年，Aize nman 及其同事首次在大肠埃希菌的染色体上发现了 T-A 系统（MazEF）。目前 T-A 系统被认为广泛存在于几乎所有的真核细菌和许多古菌中，对细菌的多种生命活动起着重要的调控作用，如维持质粒稳定性、调控基因表达、控制细菌生长、介导持留菌（persister）的形成及细胞程序性死亡等。当然它还有一个重要功能，就是让被噬菌体感染的细菌在噬菌体还没来得及完成复制时就被抑制甚至死亡，从而有利于整个细菌群体的繁衍，这也是一种流产感染的机制。

（一）T-A 系统的结构特点

一般来讲，细菌的 T-A 系统由一个操纵子控制，且每种细菌都可能存在一个甚至若干个 T-A 基因簇。在一个典型的 T-A 基因簇中，启动子后紧接着就是抗毒素基因，然后才是毒素基因（图 12-9）。抗毒素表达后，细菌体内保守的蛋白酶（Lon 或 Clp）会将其降解，造成菌体内抗毒素水平处于一种不稳定的动态变化状态。而毒素则相对稳定得多，不会被蛋白酶降解，只有当抗毒素和毒素结合形成复合体（T-A 复合体）之后，才会被蛋白酶降解。细菌毒素与抗毒素分子的表达在不同的 T-A 系统中是千差万别的，但都受到严格的控制。T-A 系统的表达调控主要是通过对启动子的抑制和使用特殊转录终止子的方式进行。T-A 系统的毒素可抑制细菌多种功能靶标，对细菌生命活动造成损害。一般情况下，毒素处于被抗毒素持续抑制的状态，而各种环境条件的改变，如抗生素压力、营养缺乏、DNA 损伤、高盐高温、氧化应激及噬菌体入侵等，均可影响抗毒素的动态变化，使细菌生命活动得以调节和控制。

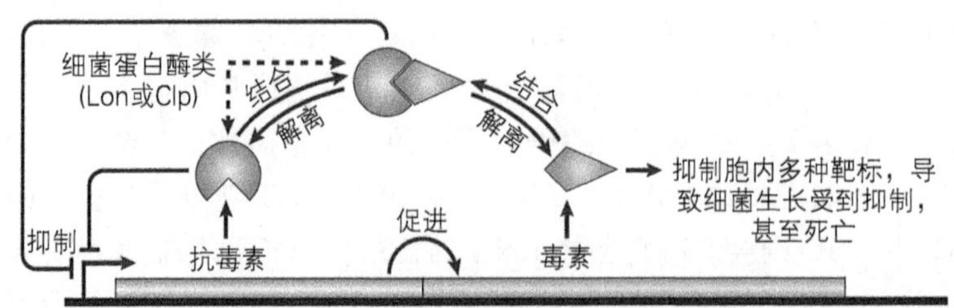

图 12-9　典型的 T-A 系统结构示意图（改自 Gerdes 等，2005）

虚线箭头指示胞内蛋白酶降解抗毒素及 T-A 复合体；90° 弯折向右的箭头指示 T-A 基因座的启动子

（二）T-A 系统介导噬菌体流产感染的机制

当噬菌体感染细菌时，抗毒素被抑制，细菌 T-A 系统的平衡被打破或扭转，从而释放毒素，最终造成细菌死亡，同时也把入侵的噬菌体扼杀在“摇篮中”（图 12-10）。例如，在果胶杆菌中发现的 T-A 系统（ToxIN 系统）所在的基因簇包含一个编码抗毒素的 *toxI* 基因和一个编码毒素的 *toxN* 基因。*toxI* 基因所编码的 RNA 可中和毒素 ToxN 蛋白。ToxIN 系统可介导细菌在噬菌体侵入后死亡，避免产生大量噬菌体继续感染细菌群体中的健康成员，从而发挥免疫效应。Hok-shok 系统是在大肠埃希菌中发现的一种 T-A 系统，该系统存在于低拷贝质粒 R1 上，用于维持该质粒的稳定性。但是 Douglas 等却发现 hok-shok 系统能阻止 T4 噬菌体的感染。MazEF 系统也是在大肠埃希菌中发现的一种 T-A 系统，定位于染色体上。当噬菌体 P1 侵染时，该系统会启动被感染细菌的“死亡开关”，阻止噬菌体感染群体中的其他细菌。为应对细菌的 T-A 系统，噬菌体也可通过基因突变、编码抗毒素样蛋白等方式改变流产感染的命运（图 12-10）。

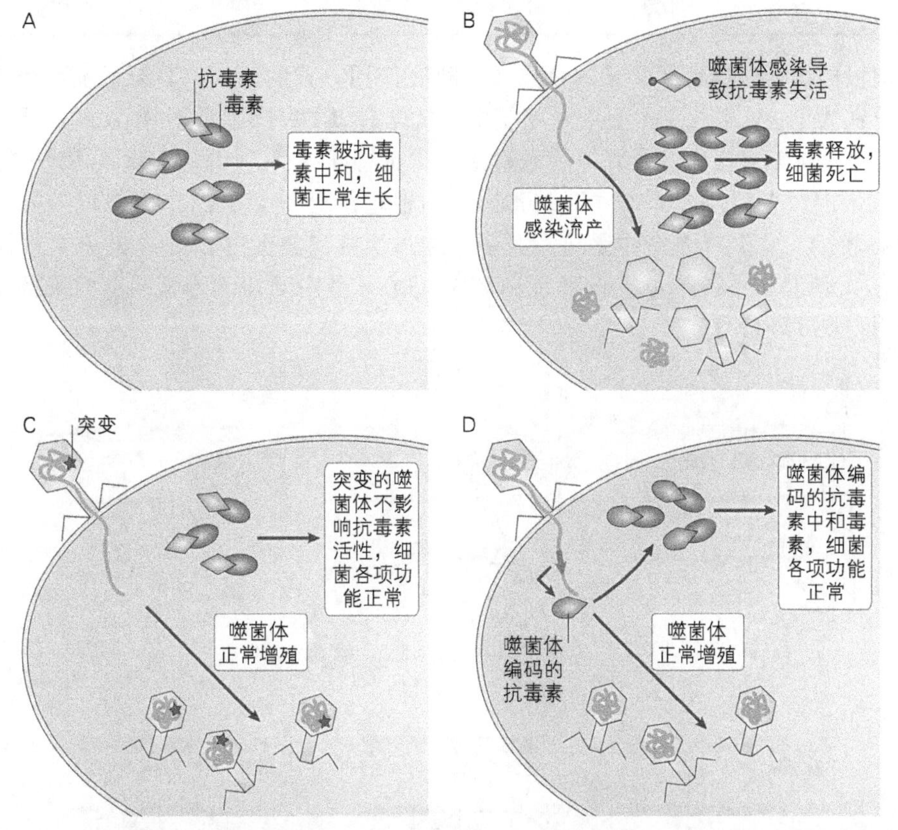

图 12-10 彩图

图 12-10　T-A 系统介导噬菌体流产感染及噬菌体应对策略示意图（改自 Samson 等，2013）
A. 细菌 T-A 系统的正常状态；B. 细菌 T-A 系统介导噬菌体的流产感染；C、D. 噬菌体拮抗 T-A 系统的策略

（三）T-A 系统的分类

T-A 系统广泛存在于细菌基因组与质粒中，其毒素与抗毒素的分子特点及作用活性多种多样。编码 T-A 系统的经典 T-A 基因簇可分为 9 个二元基因家族和 1 个三元基因家族（表 12-4），近年来不断有新的 T-A 基因家族被发现。所有这些 T-A 基因簇中毒素和抗毒素基因的表达都是被严格控制的，每一种蛋白质或 RNA 的过表达均会对细菌生长产生有害影响。

表 12-4 T-A 系统的典型基因家族

T-A 基因家族	毒素	毒素的靶标	毒素的活性	抗毒素	蛋白酶	分布
ccd	CcdB	DNA 促旋酶	产生双链断裂	CcdA	Lon	G^-菌
relBE	RelE	核糖体	诱导 mRNA 切割	RelB	Lon	G^-和 G^+菌，古菌
parDE	ParE	DNA 促旋酶	产生双链断裂	ParD	不清楚	G^-和 G^+菌
higBA	HigB	核糖体	诱导 mRNA 切割	HigA	不清楚	G^-和 G^+菌
hipBA	HipA	EF-Tu	蛋白激酶	HipB	不清楚	G^-和 G^+菌
hicBA	HicA	RNA	诱导 mRNA 切割	HicB	不清楚	G^-和 G^+菌
mazEF	MazF	RNA	核糖核酸内切酶	MazE	ClpXP/Lon	G^-和 G^+菌
phd/doc	Doc	核糖体	诱导 mRNA 切割	Phd	ClpAP	G^-和 G^+菌，古菌
vapBC	VapC	RNA	核糖核酸内切酶	VapB	不清楚	G^-和 G^+菌，古菌
ω-ε-ζ	ζ	不清楚	磷酸转移酶	ε	不清楚	G^+菌

目前根据毒素和抗毒素分子的特点及其相互作用方式的不同，T-A 系统可分为 6 个型别，分别为Ⅰ~Ⅵ型。在Ⅰ型 T-A 系统中是抗毒素 sRNA 抑制毒素 RNA 的翻译；Ⅱ型 T-A 系统中是抗毒素蛋白结合并抑制毒素蛋白；Ⅲ型 T-A 系统中是抗毒素 RNA 结合并抑制毒素蛋白；Ⅳ型 T-A 系统中是抗毒素蛋白通过结合毒素蛋白作用靶标的方式抑制毒素的功能；Ⅴ型 T-A 系统中是抗毒素蛋白通过切割毒素蛋白 mRNA 的方式抑制毒素的功能；Ⅵ型 T-A 系统中是抗毒素蛋白增强 ClpXP 蛋白酶切割毒素的能力来抑制毒素发挥作用（图 12-11）。

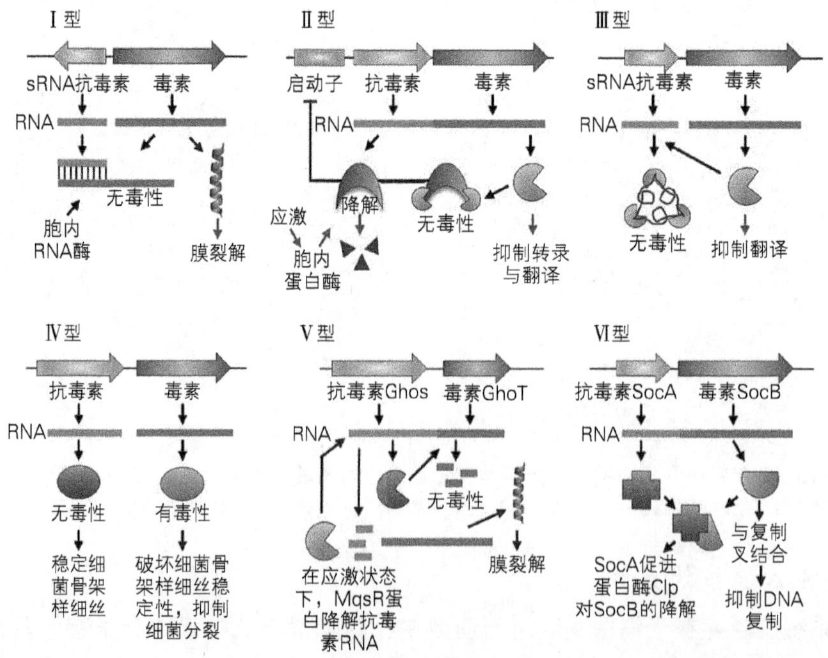

图 12-11 细菌 6 个型别 T-A 系统示意图（改自 Page 等，2016）

本章介绍了细菌抑制噬菌体的吸附、阻止噬菌体核酸进入细菌细胞、降解噬菌体的核酸及介导噬菌体流产感染的机制，这些是细菌免疫噬菌体的主要机制。当然，还有一些其他类似机制存在。例如，链霉菌可通过产生小分子DNA嵌入剂特异性阻断噬菌体DNA复制，费氏弧菌通过群体感应（quorum sensing）促进生物被膜生成从而阻断噬菌体的吸附，葡萄球菌毒力岛SaPI可干扰噬菌体的组装，其他类似的系统还包括BREX噬菌体排除系统、原核阿尔戈蛋白（pAgo）系统、依赖DNA磷硫酰化的DNA降解（DND）系统、与R-M系统相关的防御岛（DISARM）系统、基于环寡核苷酸的抗噬菌体信号系统（CBASS）等。此外，2018年有研究发现了细菌免疫噬菌体的9种新机制（如DRUANTIA、GABIJA、ZORYA等），但并未阐明其具体作用机制。

随着抗生素的滥用，耐药菌甚至超级细菌频现，因此噬菌体治疗得到了全社会的广泛关注。然而，细菌对噬菌体的耐受问题为噬菌体治疗设置了一道障碍。因此，对细菌免疫噬菌体机制的基础研究显得尤为重要。此外，对细菌免疫噬菌体机制的揭示，还可有其他重要价值，例如，可能发现新的、可产业化生产的、对遗传操作有用的限制酶；揭示新的T-A系统也能为新抗菌药物的研发提供基础；增强工业生产所用细菌的免疫系统，可防止噬菌体污染，从而对食品业、抗生素及生物技术产业十分有益。目前大部分研究清楚的细菌免疫噬菌体的系统大都是针对dsDNA噬菌体侵染的，细菌对ssDNA、ssRNA及dsRNA噬菌体的免疫机制有待深入研究。细菌免疫机制通常都是在实验室环境中使用一个宿主菌模型进行研究的，而在复杂的自然环境中，多种细菌免疫机制之间存在相互交叉。因此，在全局上把握细菌免疫噬菌体的机制需要引起研究人员的重视。

参考文献

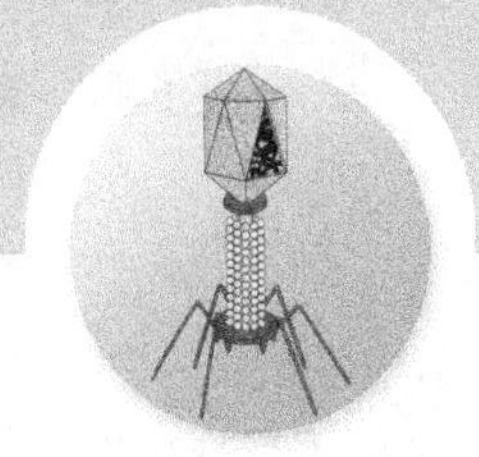

第二篇　实践应用篇

13 CRISPR-Cas 系统在基因组编辑中的应用

——邓子卿　袁盛建　郭　顺　马迎飞

CRISPR-Cas 系统是在细菌和古菌中发现的一种获得性免疫系统，主要用于防御噬菌体或外源质粒的入侵。CRISPR 全称为成簇有规律的短回文重复序列，是基因组上一段用于“记忆”外来 DNA 信息的区域。Cas 是在 CRISPR 序列附近被发现且具有核酸酶活性的蛋白的总称。基于序列比对的分析表明，CRISPR-Cas 系统存在于大约 40%已测序的细菌和 90%已测序的古菌中。

目前已发现 CRISPR-Cas 系统主要可以分为 6 种类型，其中Ⅱ型系统以 Cas9 蛋白及 crRNA（CRISPR RNA）为核心组成，较为简单。crRNA 主要负责目的 DNA 的识别，Cas9 蛋白主要负责 DNA 的切割。由于组分简单、DNA 切割机制清楚，CRISPR-Cas9 系统很快就被开发成为基因组编辑工具，并且取得了巨大成功。而基因组编辑工具的广阔应用前景带来的研究热度，也进一步推动了 CRISPR-Cas 系统的基础研究。CRISPR-Cas 系统的作用机制得到初步阐明，新的 CRISPR-Cas 系统也不断被发现。CRISPR-Cas 编辑技术的发展更是日新月异，编辑效率不断提高，应用场景不断拓展。

第一节　CRISPR-Cas 系统的背景介绍

一、发现历史

1987 年，大阪大学的 Yoshizumi Ishino 在对大肠埃希菌的一项研究中最早报道了成簇重复序列的存在，具体为 5 组 29 bp 的重复序列和 32 bp 的间隔序列。随着类似的序列结构在更多的细菌、古菌中被发现，该序列结构在 2000 年被命名为短间隔重复序列（short regularly spaced repeat，SRSR）。后续研究发现，该序列结构普遍存在于细菌、古菌中，并被重命名为 CRISPR（clustered regularly interspaced short palindromic repeat）。该研究同时，发现 CRISPR 序列的附近存在编码核酸酶和解旋酶的基因，并将其命名为 CRISPR 关联基因（CRISPR-associated gene，Cas）。CRIPSR 序列和 Cas 蛋白组成的系统被称为 CRISPR-Cas 系统（图 13-1）。

随后，多个研究团队发现 CRISPR 中的间隔序列与外源的噬菌体或质粒序列高度同

作者单位：邓子卿、袁盛建、郭顺、马迎飞，深圳华大生命科学研究院，中国科学院深圳先进技术研究院。

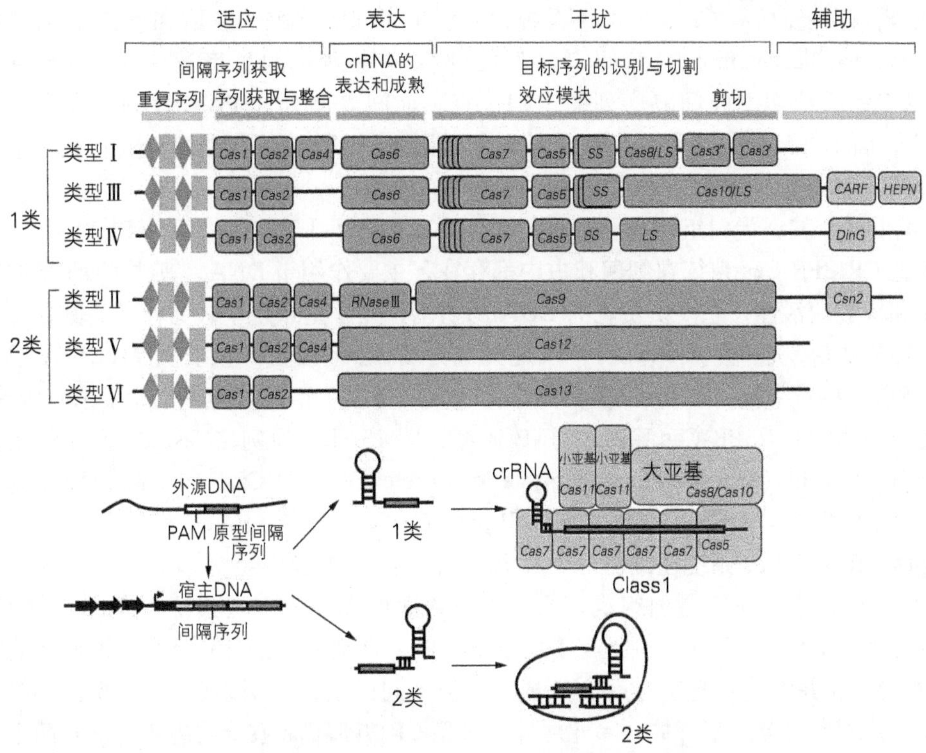

图 13-1 CRISPR-Cas 系统的分类、位点结构及作用机制

源，部分研究人员由此提出了 CRISPR-Cas 系统是细菌获得性免疫系统的假说。2007 年，Rodolphe Barrangou 等首次通过实验证明 CRISPR 系统使细菌具有获得性免疫功能。该研究发现嗜热链球菌（*Streptococcus thermophilus*）在被噬菌体侵染后，CRISPR 区域将噬菌体 DNA 序列捕获成为新的间隔序列，而获得新间隔序列的嗜热链球菌可以抵抗同种噬菌体的二次侵染。次年，Luciano Marraffini 等用实验证明 CRISPR 系统使表皮葡萄球菌（*Staphylococcus epidermidis*）具有对抗外源质粒的能力。这些早期研究为后续 CRISPR-Cas 系统工作机制的揭示及基因编辑的应用打下了坚实的基础。

二、分类与作用机制

随着越来越多的 CRISPR-Cas 系统在细菌和古菌中被发现，早期的分类方法导致部分命名变得混乱。2011 年，Kira Makarova 等根据 Cas 蛋白组成及作用机制的差异将 CRISPR-Cas 系统分为两大类（图 13-1），在此基础上根据 *cas* 基因的排布结构再细分为 6 种类型（Ⅰ~Ⅵ）和 30 多种子类型。虽然不同 CRISPR 系统的组成蛋白有所不同，但其作用机制类似，大体可以分为适应、表达、干扰 3 个阶段：在外源 DNA（如质粒或噬菌体）入侵时，Cas 蛋白通过识别 PAM 序列来获取外源 DNA 中的前间隔序列（protospacer），并将其整合到宿主的 CRISPR 间隔序列区域；然后，这些间隔序列被转录为长链的前体 CRISPR RNA（pre-crRNA），并在核糖核酸内切酶的作用下变为短链的成熟 crRNA；最后，Cas-crRNA 复合体靶向外源 DNA 上与 crRNA 互补配对的前间隔序列，对其进行切割，最终达到降解外源 DNA 的目的。在各类 Cas 蛋白中，Cas1 和 Cas2 蛋白比较保守，存在于所有 CRISPR-Cas 系统，主要负责间隔序列的获取和整合。PAM 序列（proto-spacer-adjacent motif，前间隔序列相邻保守序列）的长度通常为 2～6 bp，是 CRISPR-Cas 系统切割前间隔序列的识别位点。前间隔序列和 PAM 序列只存在于外源 DNA 中，而不在细菌基因组中出现，是宿主识别外源 DNA 的获得性免疫基础。下面将具体介绍 6 种类型 CRISPR-Cas 系统的主要特征和异同。

1 类由多个 Cas 蛋白组装成有功能的复合物，包含了Ⅰ型、Ⅲ型和Ⅳ型。

Ⅰ型 CRISPR-Cas 系统在细菌和古中都存在，主要作用于 DNA。其中 Cas3 蛋白具有解旋酶和核酸酶活性，主要负责靶向 DNA 的切割，在Ⅰ型系统中较为保守。其他 Cas 蛋白共同形成防御复合体（Cascade），因此又称为 Cascade 蛋白，主要负责 crRNA 成熟及最后的靶向 DNA 干扰。Cascade 蛋白的具体组成成分在Ⅰ型系统的各个亚型中有所差异。以大肠埃希菌的 CRISPR-Cas 系统（Ⅰ-E 亚型，图 13-1）为例，Cascade 蛋白包括大小亚基蛋白、RAMP（repeat-associated mysterious protein）蛋白 Cas5 和 Cas7，以及具有核糖核酸酶活性并参与 crRNA 成熟的 RAMP 蛋白 Cas6e。

Ⅲ型 CRISPR-Cas 系统在细菌和古菌均存在，但在古菌中更为多见。该系统主要由 Cas10 蛋白与其他 RAMP 蛋白组成。这些蛋白共同形成类似Ⅰ型系统中 Cascade 的复合体，主要负责 DNA 的靶向切割。与Ⅰ型系统类似，Ⅲ型系统也含有具有核糖核酸酶活性的 Cas6 蛋白，并由其主要参与 crRNA 成熟。但不同的是，Ⅲ型系统的 Cas6 蛋白单独行使功能，并不参与形成复合体。除此之外，Ⅲ型 CRISPR-Cas 系统的主要特征有两个：一是可以同时靶向 DNA 和 RNA；二是免疫活性依赖于目标序列的转录活性。后一个特征使宿主的免疫反应可以区分溶原性噬菌体的溶原和裂解状态。例如，crRNA 靶向噬菌体裂解基因的Ⅲ型 CRISPR-Cas 系统可以容忍基因组中前噬菌体的存在；但是当前噬菌体激活进入裂解状态时，裂解基因产生的转录活性会同时激活Ⅲ型免疫活性，导致目标转录物 RNA 和靶基因 DNA 被切割和降解。

Ⅳ型 CRISPR-Cas 系统主要存在于嗜热微生物中，几乎都存在于质粒、结合转移元件和前噬菌体中，暗示Ⅳ型系统主要存在于质粒中用于相互竞争。Ⅳ型 CRISPR-Cas 系统变体非常多，通常缺乏干扰所需的核酸酶。此外，仅 Cas5 和 Cas7 蛋白在Ⅳ型中按序列相似性很容易识别。最近对Ⅳ型和Ⅰ型系统 Cas 复合体进行结构比对，显示Ⅳ型系统可能是高度分化的Ⅰ型或Ⅲ型衍生物。

2 类中只有一个大型、多结构域的 Cas 蛋白，2 类包含Ⅱ型、Ⅴ型和Ⅵ型。

Ⅱ型 CRISPR-Cas 系统只在细菌中存在，主要靶向质粒及噬菌体 DNA。该系统的组分在三类系统中最简单，主要特征在于其大型的 Cas9 蛋白。Cas9 蛋白具有两个独立的核酸酶结构域（HNH 和 RuvC），分别负责目标 DNA 两端的切割。Ⅱ型 CRISPR-Cas 系统的 crRNA 成熟过程也与其他两型不同，其主要依赖 Cas 蛋白序列上游表达的 tracrRNA 的结合及 RNaseⅢ的作用。成熟的 crRNA 与 tracrRNA 通过碱基配对形成 dsRNA 结构，与 Cas9 蛋白结合后引导该复合体对外源 DNA 进行靶向切割。值得注意的是，切割过程仍然需要外源 DNA 上 PAM 序列，因此 PMA 序列的突变可以使外源 DNA 躲避免疫攻击。由于 CRISPR-Cas9 系统只需要一个蛋白质和两个 RNA 就可以完成 DNA 的靶向切割，该系统很快便被尝试用于基因组编辑，并取得巨大成功。

Ⅴ型 CRISPR-Cas 系统中，大部分 crRNA 前体的加工由 Cas 蛋白完成，但是核酸酶活性还没有被完全鉴定出来，部分加工由 RNase Ⅲ完成。Ⅴ型系统与Ⅱ型系统的 Cas 蛋白结构有根本区别。Ⅱ型 Cas9 蛋白包含两个核酸酶功能域，分别负责剪切目标 dsDNA 的一条单链，同时具有 RNA 的剪切活性，相比之下，Ⅴ型 Cas12 蛋白仅包含一个类似 RuvC 的功能域，该功能域可以切割两条链。

Ⅵ型 CRISPR-Cas 系统中，几乎所有的 pre-crRNA 的加工由 Cas 蛋白完成，但是核酸酶活性还没有被完全鉴定出来。Ⅵ型 Cas13 蛋白包含两个 HEPN 域，能进行 RNA 的剪切，除了能进行 RNA 噬菌体的防御外，在受 DNA 病毒感染的细菌中，Cas13 蛋白能识别入侵序列，并激活非特异性 RNA 酶活性，剪切转录的特异性或非特异性 RNA，从而防御噬菌体的侵染。

第二节　抗 CRISPR 蛋白及其作用机制

一、抗 CRISPR 蛋白类别及作用机制

噬菌体和可移动基因元件为对抗 CRISPR-Cas 免疫系统而编码的一种蛋白质，称为抗 CRISPR 蛋白（Acr）。迄今，已发现的抗 CRISPR 蛋白属于 22 个不同的家族，这些蛋白相似性较低。根据靶蛋白 CRISPR-Cas 免疫系统的分类，将其分为两大类：Ⅰ类抗 CRISPR 蛋白和Ⅱ类抗 CRISPR 蛋白。为了深入了解抗 CRISPR 的机制，结构生物学家已经做出了巨大的努力来解析这些抗 CRISPR 蛋白的结构及与靶 CRISPR-Cas 蛋白的复合结构。目前，总共报道了 7 种抗 CRISPR 蛋白的结构，包括 AcrF1、AcrF2、AcrF3、AcrF10、AcrⅡA1、AcrⅡA4 和 AcrⅡC1。

AcrF1 的整体结构包含一个非常简单的褶皱，由 4 条反平行的 β-链和两个反平行的 α-螺旋组成(β1↑—β2↓—β3↑—β4↓—α1—α2)。这 4 条反平行的 β-链构成了一个 β-片，与 C 端的两条反平行 α-螺旋形成疏水核。AcrF1 的抑制作用主要通过与Ⅰ-F 型 Cascade 复合体上不同位置的 Cas7 蛋白形成的界面结合（图 13-2），从而在空间上阻碍了 crRNA 对靶向 DNA 的访问。此外，AcrF1 蛋白与 Cas7 蛋白上的碱基残基相互作用，这些碱基残基是靶向 DNA 结合的关键。

AcrF2 的整体结构为三明治状褶皱，由 4 条反平行的 β-链组成，两侧各有两个 α-螺旋（α1—α2—β1↑—β2↓—β3↑—β4↓—α3—α4）。AcrF2 的一个显著的结构特征是表面有大量的酸性残基呈假螺旋状分布，使 AcrF2 的结构类似于 DNA 双链。AcrF2 的抑制作用主要通过与Ⅰ-F 型 Cascade 复合体上 Cas8 蛋白结合（图 13-2），从而空间上阻碍了靶 dsDNA 进入Ⅰ-F 型 Cascade 复合体的结合囊。此外，AcrF2 与周围Ⅰ-F 型 Cascade 复合体碱性残基相互作用，使 DNA 结合域远离靶向 DNA。

AcrF3 的整体结构由 6 个 α-螺旋组成。AcrF3 不能直接抑制Ⅰ-F 型 Cas3 蛋白核酸酶活性。AcrF3 的抑制作用主要依赖其二聚体填充在Ⅰ-F 型 Cas3 蛋白所包围的凹槽中，并通过大量氢键和广泛的疏水作用与 Cas3 蛋白形成复合蛋白（图 13-2），从而在空间上阻碍了底物 DNA 与 Cas3 蛋白结合。

AcrF10 的结构采用简单的 α/β 折叠，包括 4 个 β-片，一侧有两个 α-螺旋。AcrF2 的抑制作用主要通过与Ⅰ-F 型 Cascade 复合体上 Cas7 蛋白和 Cas8 蛋白形成的凹槽相结合，

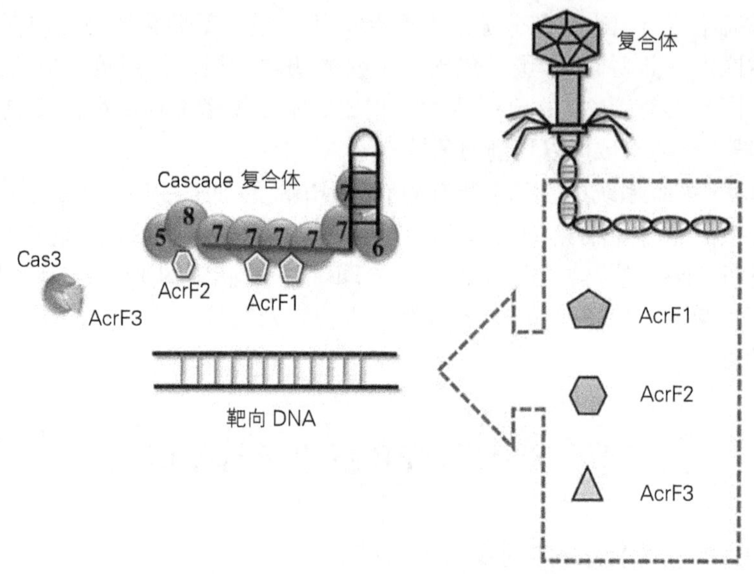

图 13-2 AcrF1、AcrF2 和 AcrF3 的抑制原理图

并与周围的碱基残基相互作用，从而抑制了 Cascade 复合体与靶向 DNA 的结合。另外，AcrF10 与Ⅰ-F 型 Cascade 复合体的结合也导致了复合体上 Cas8 蛋白钩状结构域构象变化。

AcrⅡA1 的结构通常为由两个 AcrⅡA1 分子形成的一个二聚体，每个二聚体显示为全螺旋双结构域。AcrⅡA1 确切的抑制机制仍然是未知的，相关研究小组推测其可能是通过 RNA 识别来对相应类型的 CRISPR-Cas 系统产生抑制作用。

AcrⅡA4 的整体结构呈三角形褶皱，由 3 条反平行的 β-链和三条 α-螺旋（α1—β1↑—β2↓—β3↑—α2—α3）组成。AcrⅡA4 通过多种机制抑制Ⅱ-A 型 CRISPR-Cas 系统的 Cas9 蛋白活性：①空间阻断 PAM 结合位点，与周围对 PAM 识别至关重要的碱性残基相互作用；②与磷酸锁环中的残基相互作用，占据靶向 dsDNA 的磷酸基团，抑制靶 dsDNA 的解旋；③与 Cas9 蛋白的 RuvC 结构域内的活性位点相互作用，阻断非靶链进入该结构域活性位点；④阻碍 HNH（两对保守的组氨酸和一个天冬酰胺）结构域的构象变化。

AcrⅡC1 的整体结构采用了一种新的褶皱，由 5 条 β-链和 2 个 α-螺旋组成（β1↑—β2↓—β3↑—α1—α2—β4↑—β5↓）。AcrⅡC1 的抑制作用主要通过其与Ⅱ-C 型 CRISPR-Cas 系统的 Cas9 蛋白的 HNH 结构域直接相互作用，从而阻断 Cas9 蛋白对靶向 DNA 进行切割。

二、抗 CRISPR 蛋白结构和作用机制的差异

以上 7 种抗 CRISPR 蛋白具有非常低的序列同源性，并且显示出不同的结构特征。同时，这些蛋白质的结构又具有一定的相似性。例如，AcrF1、AcrF2、AcrF10 和 AcrⅡA4 都采用 α/β 褶皱，包括一侧或两侧由 α-螺旋面侧翼的变体 β-片。此外，这些蛋白质采用类似的阻断靶向 DNA 结合的抑制机制。它们之间的区别在于 AcrF1 阻断了与 crRNA 杂交的 ssDNA，而 AcrF2、AcrF10 和 AcrⅡA4 阻止 PAM 双链进入其结合位点。更重要

的是，这些蛋白质的结合界面主要位于 β-链区域（或连接 β-链的环）。α-螺旋似乎起到封闭疏水孔的作用，以稳定蛋白质结构。

在这些抗 CRISPR 蛋白中，AcrF3 和 AcrⅡA1 完全由 α-螺旋组成。此外，AcrF3 的活性状态呈现二聚体结构，与上述单体抗 CRISPR 蛋白不同。AcrF3 和 AcrⅡC1 这两种蛋白质都采用了类似的抑制策略。不同之处在于 AcrⅡC1 直接与 Cas 蛋白结构域的催化残基相互作用，从而屏蔽了催化活性；而 AcrF3 则形成二聚体，覆盖靶向 DNA 识别槽以抑制相应 Cas 蛋白活性。除了简单的干扰抑制外，这两种抗 CRISPR 蛋白还具有将 CRISPR-Cas 系统转化为转录抑制因子的能力。

第三节 CRISPR-Cas9 系统在基因组编辑中的应用

一、基因组编辑原理

与传统的类转录激活因子效应物核酸酶（transcription activator-like effector nuclease，TALEN）和锌指核酸酶（zinc-finger nuclease，ZFN）编辑技术类似，CRISPR-Cas9 介导的基因组编辑也分为 DNA 切割和 DNA 修复两个过程。sgRNA 介导的 Cas9 蛋白在切割目的序列时产生双链断裂（double-strand break，DSB），同时胞内的 DNA 修复机制被激发，如非同源性末端接合（NHEJ）和同源重组定向修复（HDR）。NHEJ 会导致基因组双链断裂处发生随机的碱基插入、缺失等，从而达到基因敲除的效果（图 13-3）。HDR 则可以使携带目的序列的同源 DNA 片段在双链断裂处进行 DNA 替换，从而达到基因敲除、突变、插入等基因编辑效果（图 13-3）。总的来说，如何精确识别目标位点并完成切割是基因组编辑的关键。

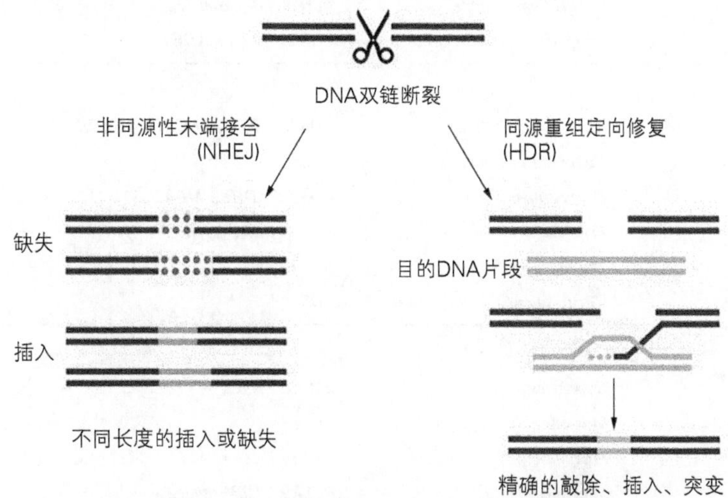

图 13-3 依赖 CRISPR-Cas 技术的基因组编辑原理

二、CRISPR-Cas9 编辑技术的发展

如前文分类与作用机制部分提到的，CRISPR-Cas 系统同时具备 DNA 识别和切割的

功能，具备了基因组编辑的基础。Ⅱ型系统（CRISPR-Cas9）由于组成成分少、crRNA成熟过程简单、DNA切割机制清楚等原因，较其他5种系统更具有开发为基因组编辑工具的优势。2012年，Jennifer Doudna实验室成功利用人工设计合成的crRNA引导Cas9蛋白对体外DNA进行切割，首次报道了CRISPR-Cas9系统可以用于DNA的靶向切割，为后续发展RNA介导的基因组编辑技术奠定了基础。该研究同时表明将tracrRNA和crRNA整合为单个引导RNA（single guide RNA，sgRNA）不影响靶向DNA切割，这更进一步将CRISPR-Cas9系统简化为易于操作的二元系统：sgRNA负责靶向识别，Cas9负责DNA切割。2013年，麻省理工学院（MIT）的张锋实验室和哈佛大学的Geroge Church实验室共同报道了利用CRISPR-Cas9系统在人体细胞和小鼠细胞中进行基因组编辑的研究，从而证明了CRISPR-Cas9编辑技术的可行性。张锋实验室的研究还证明了多重基因组编辑的可能性，即引入多个sgRNA同时对基因组进行多位点的编辑。此后，CRISPR-Cas9编辑技术的发展和应用便进入了快车道。理论上，研究人员只需要根据目标基因设计sgRNA序列，再将表达sgRNA和Cas9蛋白的载体送入细胞便可以完成目的基因的切割。很快，研究人员便利用该技术实现了在不同物种、多种基因的靶向编辑（表13-1）。

表13-1　部分利用CRISPR-Cas9系统进行基因组编辑的研究

生物物种	拉丁学名	靶向基因
微生物		
大肠埃希菌	*Escherichia coli*	*rpsL*
肺炎链球菌	*Streptococcus pneumoniae*	*srtA*、*bgaA*
金黄色葡萄球菌	*Staphylococcus aureus*	*agrA*、*SrtA*、*Hla*、*Coa*、*vWbp*
结核分枝杆菌	*Mycobacterium tuberculosis*	*engA*、*ftsZ*、*clpP2*、*groEL1*、*groES*、*clpC1*、*yidC*
艰难梭菌	*Clostridium difficile*	*Fur*、*tetM*、*ermB1/2*
酿酒酵母	*Saccharomyces cerevisiae*	*CAN1*、*LYP1*、*ADE2*
植物		
拟南芥	*Arabidopsis thaliana*	*PDS3*、*FLS2*、*RACK1b*、*RACK1c*
本生烟	*Nicotiana benthamiana*	*PDS3*
水稻	*Oryza sativa*	*PDS*、*BADH2*、*MPK2*
普通小麦	*Triticum aestivum*	*MLO*、*PDS*、*INOX*
玉米	*Zea mays*	*IPK*
甜橙	*Citrus sinensis*	*PDS*
动物		
绵羊受精卵	*Ovis aries*	*BMPR/FecB*
小鼠受精卵	*Mus musculus*	*Crygc*
小鼠细胞	*Mus musculus*	*Cell surface antigen*
小鼠肝脏	*Mus musculus*	*PCSK9*、*HBV sequence*
非洲爪蟾胚胎	*Xenopus tropicalis*	*six3*、*tyrosinase*
果蝇胚胎	*Drosophila melanogaster*	*Yellow*、*white*
家蚕胚胎	*Bombyx mori*	*bmBLOS2*
线虫胚胎	*Caenorhabditis elegans*	*Unc1/19*，*dpy13*，*klp12*
斑马鱼胚胎	*Danio rerio*	*tyr*、*golden*、*mitfa*、*ddx19*、*stsrp*、*gata4*、*gata5*、*eGFP*

（续表）

生物物种	拉丁学名	靶向基因
家兔胚胎	*Oryctolagus cuniculus*	*APOE*、*CD36*、*LDLR*、*SCARB1*、*RyR2*
猪胚胎/成纤维细胞	*Sus scrofa*	*Vwf*、*TYR*、*PARK2*、*PINK1*
食蟹猴胚胎	*Macaca fascicularis*	*Ppar-γ*、*Rag1*
山羊成纤维细胞	*Capra aegagrus hircus*	*MSTN*、*NUP*、*PrP*、*BLG*
人体细胞		
诱导多能干细胞	*Homo sapiens*	*hemoglobin beta*
$CD4^+$ T 细胞	*Homo sapiens*	*HIV-1 LTR*
$CD34^+$ 造血干/祖细胞	*Homo sapiens*	*CCR5*
人类受精卵	*Homo sapiens*	*Hemoglobin beta*

三、CRISPR-Cas9 编辑技术的优化

根据 CRISPR-Cas9 系统的作用机制，Cas9 对目标位点的编辑依赖于 sgRNA 与 PAM 序列相邻目标位点的碱基互补配对，因而对目标位点的选择尤为关键。以目前在各个实验室广泛应用的 spCas9（来自化脓链球菌）为例，其 PAM 序列为 NGG。理论上，这一序列在基因组上平均每 8 bp 即出现 1 次，因而 spCas9 可以应用于靶向基因组上的绝大多数基因。不同宿主来源的 Cas9 对应的 PAM 序列也不尽相同。例如，嗜热链球菌对应的 PAM 序列为 NNAGAA，而脑膜炎奈瑟菌（*Neisseria meningitidis*）对应的 PAM 序列为 NNNNGATT。多种 PAM 序列的存在也为 Cas9 的目标位点的选择提供了更多的可能性。

sgRNA 的设计要同时考虑目标位点及 PAM 序列两个因素。CRISPR-Cas9 系统的特异性主要由 PAM 序列的前 20 bp 决定，类似的序列可能在基因组其他位置存在，从而导致目标以外的位点被编辑，即所谓的脱靶效应。以人类细胞中进行的 CRISPR-Cas9 基因编辑为例，sgRNA 在与目标基因互补配对中允许 1~5 个碱基的错配。为减少此类脱靶效应，目标位点选取时至少需要与基因组中其他位点存在 2~3 个碱基的错配。David Liu 实验室通过对 spCas9 脱靶效应的高通量测试表明，sgRNA 中靠近 PAM 端的 8~12 个碱基是核心序列，在识别特异性上起重要作用。因此，在进行 sgRNA 设计时，靠近 PAM 序列的前 6 个碱基最好是基因组中完全特异的。此外，sgRNA 设计过程中还需要考虑替代 PAM 序列的影响。张锋实验室通过对超过 700 个 sgRNA 打靶效应的测试发现，spCas9 会靶向 NGG 以外的替代 PAM 序列（NAG），从而产生脱靶效应。因此，在进行 spCas9 的 sgRNA 设计时，需要在基因组中查找是否存在同样的目标序列位于 NAG 下游。随着 Cas9 的广泛应用，研究人员已开发出许多脱靶预测和 sgRNA 设计工具（表 13-2）。这些工具大部分都是免费的线上资源，用户可以根据自己的需求对 sgRNA 进行理性设计，并预估对应的脱靶效应。

表 13-2　sgRNA 设计工具

名称	链　接
Broad Institute GPP	https://portals.broadinstitute.org/gpp/public/analysis-tools/sgrna-design
Cas-OFFinder	http://www.rgenome.net/cas-offinder/
CHOPCHOP	http://chopchop.cbu.uib.no/

（续表）

名称	链　接
CRISPOR	http://crispor.tefor.net/
E-CRISP	http://www.e-crisp.org/E-CRISP/designcrispr. html
sgRNAcas9	http://www.biootools.com
ZiFiT	http://bindr.gdcb.iastate.edu/ZiFiT/
CasOT	http://eendb.zfgenetics.org/casot
Cas9 Design	http://cas9.cbi.pku.edu.cn/index. jsp

除了对 sgRNA 的优化设计，研究人员也一直在对 Cas9 蛋白进行改良，以获得切割效果更好、脱靶率更低的 Cas9 变种。张锋实验室通过突变 SpCas9 两个切割元件中间区域的单个氨基酸，使 SpCas9 的脱靶率大幅度降低，由野生型的 10%降低到 0.5%；同时通过累积突变，将突变型 spCas9 脱靶频率进一步降低，且切割效率保持与野生型 SpCas9 相同水平。Kleinstiver 等则通过定向进化的方法对 Cas9 识别的 PAM 序列进行改造，成功获得多个识别 NGAN、NGAG、NGCG 等 PAM 序列的 spCas9 变体，以及识别 PAM 序列由 NNGRRT 改为 NNNRRT 的 SaCas9 变体（源自金黄色葡萄球菌）。2018 年，David Liu 实验室利用噬菌体介导的进化方法对 spCas9 进行连续进化，筛选获得了具有广泛 PAM 序列识别能力（NG、GAA 和 GAT）、特异性更强的 xCas9。该研究也打破了此前大家对 Cas9 切割效率、PAM 序列兼容性及目标 DNA 特异性不可兼得的认知。除了直接对 Cas9 蛋白进行改造外，有的研究人员还通过控制 Cas9 蛋白的调控，使其只在特定的时间段表达，从而达到降低脱靶率的目的。

四、CRISPR-Cas9 技术的其他应用

针对 Cas9 的前期基础研究，表明其核酸酶结构域的某些突变（RuvC，D10A；HNH，H840A）可以导致 DNA 切割活性丧失，但仍具备 DNA 识别结合能力，该 Cas9 变体被称为 dCas9（nuclease-deficient Cas9）。研究人员很快意识到，dCas9 可以作为一个 RNA 引导的 DNA 特异性结合蛋白，并开展了一系列的应用开发。

dCas9 最重要的应用之一是对基因表达进行转录水平的调控。Lei S. Qi 等发现，dCas9 在细菌中与目标基因位点的结合可以有效地阻遏转录机器运行，从而达到抑制目标基因转录活性的效果。这套工具被命名为 CRISPR-干扰（CRISPR interference，CRISPRi）。dCas9 虽然在原核细胞中表现良好，但是在真核细胞中沉默基因表达的效果较差（在人体细胞中转录抑制效果差 2 倍左右）。在此基础上，Jennifer Doudna 实验室尝试将 dCas9 蛋白与转录抑制因子（如 Kox1 基因的 KRAB 结构域）相连，取得了较好的转录抑制效果（人细胞中 5～15 倍，酵母中可达 50 倍）。与此类似，将 dCas9 蛋白和转录激活因子（如 VP64 和 p65AD）相连则可以增强转录效果。这套用于激活转录的工具则被命名为 CRISPR-激活（CRISPR activatoion，CRISPRa）。Gilbert 等设计了超过 50 000 sgRNA 靶向 49 个基因的转录起始位点（+1）周围的区域，并高通量测试了这些 sgRNA 对基因转录调控的影响。他们发现将 dCas9 导向−50～+300 bp 区域可实现最高水平的转录抑制，而将其引导至−400～−50bp 区域可促进最高水平的转录激活。研究人员还发现，通过将多个 sgRNA 靶向目标基因可以进一步增强激活和抑制，该策略在 CRISPRi 和

CRISPRa 中均有效。

与 CRISPRi/a 类似，研究人员通过将 dCas9 与其他功能模块融合，借助 dCas9 精确靶向 DNA 位点的能力实现其他功能。例如，将 dCas9 与表观遗传编辑蛋白融合，达到定点表观遗传编辑效果。Kearns 等将 nmdCas9 与组蛋白去甲基化酶 LSD1 融合，并靶向小鼠部分基因的增强子（enhancer）。该研究证明，nmdCas9-LSD1 可以有效抑制增强子控制的基因表达，降低增强子区域附近的表观遗传标记 H3K4me2 和 H3K27ac，以及引起细胞形态的变化。dCas9 的另一个重要应用是通过与荧光蛋白融合实现 DNA 局部可视化。Chen 等将 spdCas9 与增强绿色荧光蛋白（eGFP）融合，用于观察人体细胞中特定 DNA 序列的时空动态。该研究利用单个 sgRNA 来靶向基因组中的重复位点，从而直接观测到这些位点在整个细胞周期中的动态变化。非重复的基因组位点则可以通过多个 sgRNA 来实现。其他研究人员使用类似的策略来标记小鼠胚胎干细胞中的内源性着丝粒和端粒。

第四节　CRISPR-Cas 系统在病原微生物检测中的应用

除了在基因组编辑中的应用外，也有研究人员尝试将 CRISPR-Cas 系统应用于病原微生物检测领域，并取得了许多可喜的进展。

2016 年，Jennifer Doudna 实验室在对 Cas13a 蛋白酶活性的基础研究中首次提出可以将其应用于 RNA 检测。Cas13a 属于Ⅱ型 CRISPR-Cas 系统，是一种比较特殊的 RNA 介导的 RNA 酶。Cas13a 蛋白与 crRNA 结合并识别相应的 RNA 序列后，RNA 酶活性被激活，使其可以切割任何遇到的 RNA，即所谓的“附加效应”（collateral effect）。再采用荧光猝灭的 RNA 作为报告基团，该 RNA 被 Cas13a 切断后发出荧光，从而通过荧光信号来检测特定的 RNA 序列。不过，由于该方法的检测灵敏度较低，起始核酸浓度在 nM 级别（10^{-9}），离实际应用还有一定差距。

2017 年，张锋实验室开发了名为“SHERLOCK”（specific high-sensitivity enzymatic reporter unlocking，取自大侦探夏洛克·福尔摩斯的名字）的分子检测系统，并成功应用于细菌和病毒检测。该系统的主要工作原理同样利用了 Cas13a 蛋白对 RNA 切割的附加效应及荧光淬灭的 RNA 作为报告基团，但是通过加入等温核酸扩增技术放大初始信号，将 RNA 检测灵敏度提高到 aM 级别（10^{-18}），并完成不同病原菌检测及毒株水平的登革热病毒检测。2018 年，张锋实验室推出 SHERLOCK 二代，将该技术的检测灵敏度、便捷度提到更高水平。这次技术升级主要有 4 个方面：通过对 Cas13 同源蛋白的筛选和引入多种荧光报告基团，完成 SHERLOCK 系统的集成化，实现 4 种病原同时检测；通过等温扩增技术的优化，实现对目标核酸的定量检测；通过引入 Csm6 蛋白介导的信号放大器，将检测起始核酸浓度降低到 zM 水平（10^{-21}）；通过结合毛细管技术，实现检测结果裸眼观察，省去了荧光读取的设备门槛。

同样是 2018 年，Jennifer Doudna 实验室基于 CRISPR-Cas12a 系统开发了名为“DETECTR”（DNA endonuclease target CRISPR trans reporter）的 DNA 分子检测系统，并成功应用于 HPV 病毒的检测。与 Cas13 蛋白类似，Cas12a 蛋白在切割核酸时也存在附加效应：Cas12a 蛋白在被 dsDNA 激活后可以非特异性地切割 ssDNA。与 SHERLOCK 类似，DETECTR 也结合等温核酸扩增技术，以荧光淬灭的 DNA 为报告基团，DNA 检测灵敏度在 aM 级别。整个检测过程在 1 小时内完成，实现了对 DNA 分子的快速检测。

CRISPR-Cas 编辑技术自出现以来，获得了学术界和社会的广泛关注，相关基础研究仍然在进行中，应用场景也在不断拓展。除了上文提到的基因组编辑的直接应用，CRISPR-Cas 编辑技术对动植物育种、基因治疗等更下游的产业应用亦带来了变革。与传统的 ZFN 和 TALEN 技术相比，CRISPR-Cas9 技术设计更加简单、更容易操作，势必会有更广阔的应用前景。CRISPR-Cas 系统在病原检测应用方面亦取得了可喜的成果，与传统检测方法相比，具有灵敏度高、检测时间短、设备成本低等优势，相信在不久的未来将会投入广泛的临床应用中。

参考文献

14 噬菌体与合成生物学

——邓子卿　马迎飞

噬菌体研究与合成生物学发展可谓息息相关、相辅相成。一方面，噬菌体是合成生物学"建物致知"的工具。噬菌体为合成生物学的基础研究提供了资源，如从头合成全基因组及基因线路的设计与构建。同时，噬菌体研究为合成生物学提供了基因工程的"工具箱"，如分子克隆技术、CRISPR-Cas 基因组编辑技术，以及基因组重组技术。

另一方面，噬菌体也是合成生物学"建物致用"的载体。噬菌体在 20 世纪 20 年代发现之初便被尝试用于治疗细菌感染，但受限于当时研究条件，以及之后抗生素的发现和广泛应用，噬菌体治疗的相关研究和应用经历了一个较长的停滞期。直到近 20 年来，抗生素耐药问题愈演愈烈，噬菌体作为一种潜在的替代或辅助疗法，才重新获得社会和学界的关注。合成生物学是一门相对年轻的交叉学科，其工具性、工程化、应用导向的内涵与噬菌体应用非常契合。合成生物学发展的各种基因组合成与改造技术为人工噬菌体的理性设计和合成提供技术保障，同时人工噬菌体丰富的应用场景也给合成生物学提供了理论测试的平台。噬菌体与合成生物学相结合的研究展现出了良好的发展势头。

第一节　噬菌体对合成生物学的贡献

自从 1917 年被首次发现，噬菌体的相关研究已过百年，经历了抗生素时代的"低谷"和 CRISPR 研究热潮中的"复兴"，其对合成生物学的发展做出了重要贡献。噬菌体不仅是构建"人造生命"的测试对象、基因线路设计的学习对象，也是基因工程研究的"工具箱"。

一、从头合成全基因组

合成生物学的终极目标之一即是理性设计并构造"人造生命"，而从头合成基因组的工程平台是完成这个目标的第一步。巧合的是，第一个人工合成的基因组与第一个被完整测序的基因组是同一个——噬菌体 ΦX174 的基因组。1977 年，Frederick Sanger 等利用链终止法 DNA 测序技术（Sanger 测序）绘制了噬菌体 ΦX174 的完整基因组图谱

作者单位：邓子卿、马迎飞，深圳华大生命科学研究院，中国科学院深圳先进技术研究院。

(5 375 bp)。26 年后，Craig Venter 团队利用酶连接和 PCR 技术将化学合成的寡核苷酸组装成为噬菌体 ΦX174 完整基因组（5 386 bp），并通过转化宿主菌的方式成功激活得到具有生物活性的噬菌体颗粒。该研究虽然合成的基因组不大，但它拉开了基因组合成研究的序幕，成为合成生物学的里程碑之一。随后，从头合成的细菌基因组（583 kbp，2008 年）和人工合成酵母染色体（人工合成酵母基因组计划，12 Mbp，2017 年完成 6/16 条染色体的合成）相继问世。从头合成全基因组也许只是合成生物学领域中的一小步，却是人类迈向“人造生命”目标的一大步。

二、基因线路

合成生物学的另一大目标是产生一系列标准化元件，并以此为基础设计和构建基因线路，以实现调控细胞功能、应激、发育等复杂生命过程的目的。类比计算机领域的电子线路，基因线路是指可以在细胞内执行逻辑运算的生物元件的组合。噬菌体作为早期分子生物学的模式生物之一，其相关研究成果为基因线路的构建提供了丰富的资源。2012 年，Drew Endy 实验室提出了一种信号可控的 DNA 重组基因线路，实现了在活体细胞内的基因组信息读写。该研究中的基因线路的设计借用了耻垢分枝杆菌（*Mycobacterium smegmatis*）噬菌体 Bxb1 中的溶原与裂解状态控制系统。在噬菌体 Bxb1 进入溶原状态时，整合酶控制噬菌体基因组与宿主基因组的整合，而外切酶则控制噬菌体基因组插入宿主基因组的方向。同时，噬菌体 Bxb1 的溶原状态转换呈现双稳态，即噬菌体接收溶原信号进入溶原状态后，即使溶原信号消失仍然可以稳定维持溶原状态，直到噬菌体接收到新的裂解信号才会改变溶原状态。受此启发，研究人员将噬菌体 Bxb1 的整合识别位点插入报告基因两端，通过控制整合酶和外切酶的表达（输入信号 1 和 2）来实现控制报告基因的插入方向（1 和 0 代表正和反），由此形成了一个可以存储并重写数据（1 和 0）的“生物内存”。将该基因回路置于大肠埃希菌基因组内，便可以实现活体细胞内的基因组信息读写。2013 年，Bennetta 实验室以 T7 噬菌体的 DNA 聚合酶为基础开发了一系列的逻辑门元件。该研究利用 T7 的 DNA 聚合酶拆分成两段（同时存在）仍具有转录活性的特性，设计了由两个独立信号分别控制两段 T7 DNA 聚合酶表达的基因线路，只有两个信号同时输入，两段 T7 DNA 聚合酶才能同时表达并产生转录活性，从而引起下游报告基因表达（输出），由此形成一个逻辑门（图 14-1）。

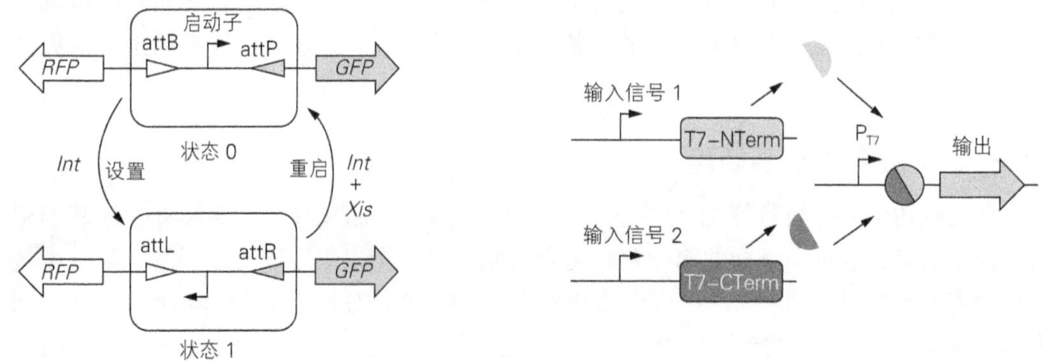

图 14-1　合成生物学元件的标准化和逻辑门的设计

三、基因工程的“工具箱”

从某种意义上说，早期的噬菌体研究成果可以说是“开创”了分子生物学。1952年，Alfred Hershey 和 Martha Chase 以 T2 噬菌体及其宿主菌为实验模型，证实 DNA 才是生物的遗传物质，为中心法则的建立打下基础。之后，对噬菌体和宿主菌相互作用的研究导致限制性内切酶被发现，为 DNA 的剪切提供了工具；从噬菌体 T4 中分离出的连接酶则为 DNA 片段的连接提供了工具；以 DNA 的剪切和连接为基础的分子克隆技术使单个基因的研究成为可能，而这也是整个分子生物学的研究基础。在 P1 噬菌体中发现的 Cre-loxP 重组系统中，Cre 重组蛋白可以识别 loxP 位点（34 bp）并产生 DNA 重组。该系统通过诱导 Cre 蛋白的表达可实现可控的遗传操作，被广泛用于真核细胞和原核细胞体系中。如今，这些经典的遗传操作工具仍然被广泛应用于合成生物学的各类研究之中。

与限制性内切系统类似，CRISPR-Cas 系统也是细菌应对噬菌体侵染的防御系统之一（详见第 13 章）。CRISPR 最早于 1987 年被报道，但直到 2008 年才有研究阐明 CRISPR-Cas 系统剪切噬菌体 DNA 的免疫功能。随着 CRISPR-Cas 系统工作原理的进一步揭示，其靶向特定核酸序列的功能被开发为基因组编辑工具，被广泛应用于各类细胞的基因组编辑。

在人工合成酵母基因组计划中，染色体设计中引入了名为“SCRaMbLE”的进化筛选系统（loxP 介导的合成染色体重排和改造）。该系统是基于 P1 噬菌体中发现的 Cre-loxP 重组系统改进而来。首先在酵母基因组序列设计过程中，每个非必需基因上游都被插入一个 loxP 位点；人工基因组完成合成后被转至胞内，并开始诱导表达 Cre 重组蛋白；在 Cre 蛋白的作用下，loxP 位点间基因发生随机重组，产生基因删除、重复、反转等基因组重排事件；最后通过表型的筛选，可以得到感兴趣的基因型。SCRaMbLE 系统在设计之初是为了利用进化筛选出酵母的最小基因组，以便作为底盘基因进行后续改造。但是生物学家很快发现，这个可以产生基因组多样性的技术可以广泛用于工业。例如，Blount 等利用酵母 5 号染色体的基因组重排在短短两周内便筛选出了可以提高紫色杆菌素和青霉素产量以及可以高效利用木糖代谢的基因组结构。除了工业上的应用，我们也期待 SCRaMbLE 系统能通过“建物致知”路径帮助人类更好地理解基因组的结构与功能。

第二节　人工噬菌体合成与改造技术

基因组的合成与改造技术是获得人工合成噬菌体的基础。下面将介绍现阶段比较常用的人工噬菌体合成与改造技术（同源重组、BRED 技术），以及一些合成生物学领域的新技术（基因组编辑、基因组组装、体外表达技术）（图 14-2）。

一、同源重组技术

同源重组技术是 20 世纪 80 年代中后期基于 DNA 同源重组的原理发展而来的。该技术利用含有同源序列的 DNA 分子之间或分子之内的重新组合，以达到基因敲除（knock out）或基因敲入（knock in）的目的，在分子生物学领域有非常广泛的应用。

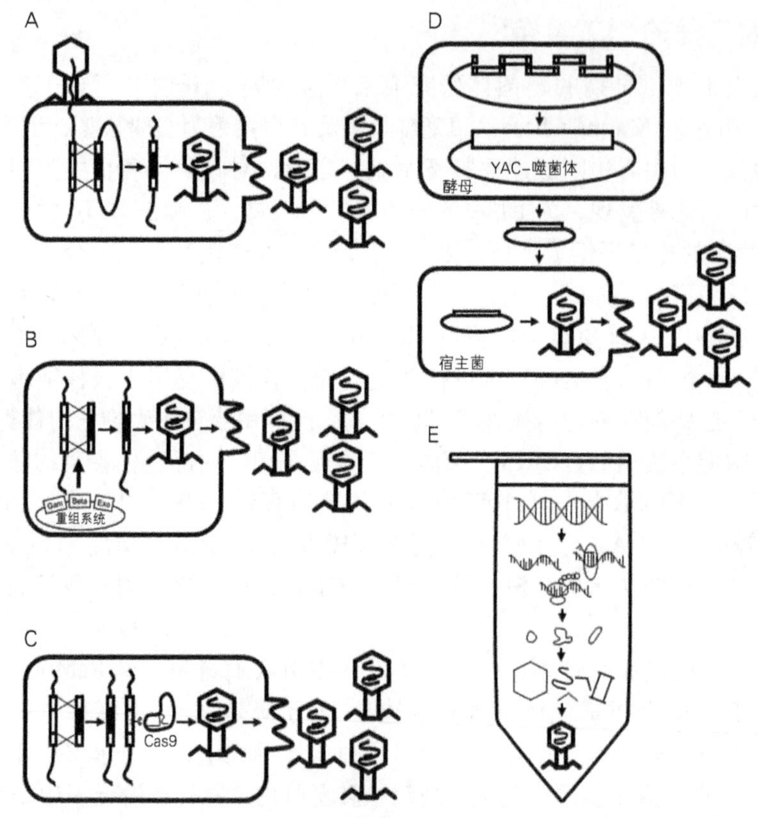

图 14-2　人工噬菌体合成与改造技术

A. 同源重组技术；B. BRED 技术；C. 基于 CRISPR-Cas 系统的基因组编辑技术；D. 基于酵母的基因组组装技术；E. 体外表达技术

早期噬菌体基因组的改造大多基于同源重组技术。1995 年，Loessner 等利用同源重组技术构建了插入报告基因的李斯特菌噬菌体 A511。该研究首先构建了插入 A511 噬菌体基因组同源序列的报告质粒，再用野生型 A511 噬菌体侵染携带该质粒的李斯特菌，噬菌体基因组注入宿主菌过程中有一定概率发生同源重组事件，插入报告基因的噬菌体基因组被包裹进衣壳进而得到完整噬菌体颗粒，最后通过对报告基因的筛选得到改造后的噬菌体。之后，其他研究人员利用类似的策略对噬菌体基因组进行改造，以达到基因敲除或替换的目的。不过由于该策略依赖随机发生的同源重组事件，重组率较低（10^{-10} ~ 10^{-4}），且后续筛选依赖报告基因，整个试验过程较为费时费力。

二、BRED 技术

Marinelli 等在 2008 年开发了名为“电转 DNA 噬菌体重组工程”（bacteriophage recombineering of electroporated DNA，BRED）的新技术。该技术主要基于电穿孔和外源表达的同源重组进行噬菌体基因组改造，包括基因敲除、插入、替换、点突变等。该技术利用电穿孔将噬菌体基因组和设计的目的 DNA 片段（两端携带基因组同源序列）同时传递至宿主菌内，由于宿主菌携带表达同源重组蛋白的质粒，同源重组率大大提高（10%~15%），电转噬菌体基因组与目的 DNA 片段以较大概率发生重组，对包装完的噬菌体颗粒进行分离后可利用PCR的方法进行鉴定和筛选目的突变。BRED技术最早被用于耻垢分枝杆菌噬菌体的改造，后续被其他研究人员应用于更多细菌噬菌体的改造，如大肠埃希菌噬菌体P1、沙门菌噬菌体SPN9CC和克雷伯菌噬菌体ΦK64-1。该技术有一定的普适性，可推广用于其他噬菌体基因组改造，但需要考虑电转效率及外源表达同源重组蛋白的质粒系统。

三、基于CRISPR-Cas系统的基因组编辑技术

如第13章中介绍，随着近年来CRISPR-Cas基因编辑系统研究的快速发展，该技术被广泛用于各类细胞的基因组编辑。2014年，Udi Qimron实验室首先将CRISPR-Cas基因编辑系统应用于大肠埃希菌T7噬菌体基因组的改造。该研究先使用传统的同源重组方法对T7基因组进行基因敲除，然后利用大肠埃希菌的Ⅰ-E型CRISPR-Cas系统对未发生重组的基因组进行剪切清除，达到高效构建基因敲除突变株的目的。同年，Sylvain Moineau实验室利用嗜热链球菌的Ⅱ-A型CRISPR-Cas系统对嗜热链球菌噬菌体2972进行了基因组编辑，成功构建了基因敲除、基因交换、点突变的噬菌体突变株。2017年，Sylvain Moineau实验室利用乳酸乳球菌异源表达的CRISPR-Cas9（来自化脓链球菌）成功对乳球菌噬菌体p2进行了基因组编辑。总的来说，基于CRISPR-Cas系统的基因组编辑技术主要通过对重组后的噬菌体基因组进行负向筛选和富集，以达到一个较高的阳性率（50%），从而节省了后续筛选的时间。但该技术依赖噬菌体宿主菌内有效的CRISPR-Cas编辑系统，对于其他噬菌体基因组改造的效率还有待测试。

四、基于酵母的基因组组装技术

酵母菌具有高效的DNA重组能力很早便被研究人员发现，并被应用于分子克隆、基因敲除、文库构建等。直到2008年，Gibson等首次将酵母同源重组引入合成生物学领域，成功完成了生殖支原体（*Mycoplasma genitalium*）基因组（580 kbp）从头合成与组装。此后，更多研究者对基于酵母的组装技术进行了测试，发现该技术可以一步完成多达38个DNA片段的组装，并能容纳高G+C含量的DNA大片段（55% G+C，454 kbp），拥有非常广阔的应用前景。

2012年，Drew Endy实验室首次将基于酵母的组装技术用于大肠埃希菌噬菌体ΦX174的组装和改造（5. 4 kbp）。该研究首先将噬菌体基因组分段设计合成，连接的片段间添加了同源序列；然后将DNA片段和载体（酵母-大肠埃希菌穿梭质粒）通过原生质转化送至酵母胞内，含有同源臂的DNA片段在酵母自身同源重组系统作用下完成组装；组装完成的基因组以质粒提取的形式富集，并酶切去除载体；最后将噬菌体基因组转化到宿主菌大肠埃希菌内，完成噬菌体颗粒的包装。此后，Timothy Lu实验室采用类似的策略成功对大肠埃希菌噬菌体T3（38 kbp）和T7（40 kbp）、克雷伯噬菌K11（41 kbp）进行了全基因组组装与模块化改造。作为侵染细菌的病毒，噬菌体基因组经常携带对宿主菌有毒性的基因，这可能对依靠宿主菌进行基因组改造的方法产生额外的筛选压力；而噬菌体无法侵染真核细胞的酵母，在酵母细胞内进行噬菌体基因组组装和改造可以有效避免毒性基因带来的负面影响。同时，酵母多DNA片段组装的模式也为人工合成噬菌体的功能模块化及高通量合成提供了可能。不过，由于最后酵母内组装的噬菌体基因组还是要在宿主菌

内完成噬菌体颗粒包装，因此噬菌体基因组的转化效率成为该技术的限制因素之一，该技术是否能应用于更大的噬菌体基因组（如 169 kbp 的 T4）组装和改造还有待进一步研究和测试。

五、体外表达系统

前述所有噬菌体基因组改造技术都包含将噬菌体基因组递送进宿主菌体内的步骤，由此完成从噬菌体基因组到噬菌体颗粒的“重启”（reboot），因此这些技术都依赖较高的 DNA 转化效率。一方面，即便对大肠埃希菌或者枯草芽孢杆菌这样转化方法成熟的模式生物来说，较大噬菌体基因组的转化效率依然有待研究和测试；另一方面，对于研究较少的非模式生物而言，宿主菌自身的低转化效率或者转化方法匮乏将限制前述技术的应用。

近年来，伴随着合成生物学迅猛发展起来的体外表达系统则为这个问题提供一种可能的解决方案。体外表达系统，或无细胞转录翻译系统（cell-free transcription-translation system），最早被应用于蛋白质合成，具有可表达细胞毒性蛋白、适合高通量操作、易于改变蛋白质折叠条件等优点。随后体外表达系统被合成生物学领域用于从底层构建复杂生化系统，如基因回路、模式形成、人造细胞等。2012 年，Vincent Noireaux 实验室在传统体外表达系统基础上加入 DNA 复制所需生化体系，成功地在试管内完成噬菌体基因组的转录、翻译、复制及噬菌体颗粒包装的全过程。以噬菌体 T7（40 kbp）和 ΦX174（5.4 kbp）为例，每毫升体外表达系统投入 1 nm 基因组反应 3 小时，即可产生 10^9个 T7 噬菌体颗粒和 10^6个 ΦX174 噬菌体颗粒。2017 年，Vincent Noireaux 实验室在对体外表达系统优化后，成功完成噬菌体 T4（169 kbp）的体外组装。总的来说，体外表达系统与基因组组装技术有一定的互补性，具有良好的应用前景。但是现在已报道研究均为大肠埃希菌噬菌体，如何将该技术拓展到其他噬菌体需要更多的研究。

第三节　人工合成噬菌体的应用

在传统的噬菌体疗法中，天然噬菌体通过侵染并裂解宿主菌达到杀灭病原菌的目的。而借助噬菌体基因组合成与改造技术，经过工程化改造的人工合成噬菌体可以携带特定的功能模块，完成天然噬菌体无法完成的工作。下面将根据改造目的的不同，介绍人工合成噬菌体的一些应用。

一、增强杀菌效率

2007 年，Timothy Lu 和 Collins 通过改造 T7 噬菌体基因组，使改造后的人工合成噬菌体具有了清除细菌生物膜的功能。该研究发表于美国科学院院刊，也是合成生物学“建物致用”的里程碑之一。作者将放线共生放线杆菌的生物膜降解基因 dspB 插入 T7 噬菌体衣壳基因之后，使得改造噬菌体侵染细菌后在胞内表达 DspB 蛋白。该蛋白可以降解生物膜中的黏附素，从而破坏生物膜结构，使得噬菌体有机会侵染更多游离状态的细菌，最终达到清除生物膜杀灭细菌的目的。结果表明，改造后的人工合成噬菌体杀菌效率显著提高，在 24 小时处理时间内杀菌数目比天然噬菌体高 100 倍。2014 年，

Ruoting Pei 等采用类似的策略改造 T7 噬菌体，使其携带可降解群体感应信号分子的模块，达到通过阻断群体感应抑制生物膜形成的目的。理论上，所有参与生物膜形成的组分或调节通路都是潜在靶标，可用于设计抑制或清除生物膜的基因模块，再结合噬菌体基因组改造技术，快速合成靶向不同细菌生物膜的人工噬菌体。

除了直接用于杀灭细菌外，人工合成噬菌体还可以作为辅剂与抗生素联用，起到增强抗生素杀菌效果的作用。2009 年，Timothy Lu 和 Collins 对大肠埃希菌温和型噬菌体 M13mp18 进行改造，使其表达能抑制 DNA 修复系统的 LexA3 蛋白，感染该噬菌体的大肠埃希菌在抗生素处理后，由于无法及时修复 DNA 损伤而更容易被杀灭。2014 年，Udi Qimron 实验室尝试了另一种策略，让噬菌体表达对抗生素敏感的靶标蛋白，以达到增强抗生素杀菌效率的目的。该研究以大肠埃希菌温和型菌体 λ 为例进行基因组改造，使其携带链霉素的靶标基因（*rpsL*，蛋白核糖蛋白 S12）或奎诺酮类的靶标基因（*gyrA*，DNA 促旋酶）；对链霉素或奎诺酮类耐药的大肠埃希菌被该噬菌体侵染后，噬菌体基因组以溶原状态整合进细菌基因组，两个抗生素的靶蛋白得以表达，使耐药菌变回药物敏感从而被抗生素杀灭。

二、核酸水平的精准干预

与抗生素的广谱性相比，噬菌体杀灭病原菌的精准度可以达到物种甚至菌株水平，能有效降低有益菌的误伤。但是对于部分机会致病菌而言，误伤还是不可避免。2014 年，两项背靠背发表于《自然生物技术》的独立研究不约而同地借助 CRISPR-Cas 技术，将改造后的人工噬菌体精准度提高到核酸序列水平，达到直接靶向病原菌的毒力基因和耐药基因的效果。其中，Timothy Lu 实验室对大肠埃希菌噬菌体 M13 进行了改造，使其携带来自嗜热链球菌的 CRISPR-Cas9 模块，通过设计 gRNA 序列，该模块可以靶向细菌中的耐药基因和毒力基因，引发 DNA 断裂，达到杀灭细菌的目的。该研究表明，人工合成噬菌体可有效杀灭携带 β-内酰胺类抗生素耐药基因（$bla_{\text{NDM-1}}$和 $bla_{\text{SHV-18}}$）和喹诺酮类抗生素耐药基因（$gyrA_{\text{D87G}}$）的大肠埃希菌，而不影响不携带耐药基因的野生型大肠埃希菌。有趣的是，在该研究中 β-内酰胺类抗生素耐药基因存在于质粒上，这说明对质粒的靶向剪切也有可能造成了细菌的死亡，不过这个策略的普适性还有待更多的测试。该研究还利用蜡螟（*Galleria mellonella*）幼虫模型测试了人工合成噬菌体在体内环境的杀菌效果，发现靶向致病性大肠埃希菌 O157:H7 毒力基因 *eae* 的人工合成噬菌体可以显著提高蜡螟幼虫的存活率。在另一项背靠背发表的研究中，Luciano Marraffini 实验室对金黄色葡萄球菌噬菌体 Φnm1 进行改造，同样使其携带来自嗜热链球菌的 CRISPR-Cas9 模块，并测试了其对抗生素耐药基因和毒力基因的靶向作用。该研究同样证明了人工合成噬菌体可以精准杀灭携带耐药和毒力基因的临床致病性金黄色葡萄球菌。此外，在小鼠的皮肤感染模型中，人工合成噬菌体亦成功清除携带耐药基因的金黄色葡萄球菌。以上研究展现了 CRISPR-Cas 系统在精准噬菌体疗法上的强大功能，但是如何将 CRISPR-Cas 系统递送至种类繁多的病原菌细胞内仍有待解决，而对噬菌体宿主谱的理性设计和改造有望为这个问题提供解决方案。

三、转换或拓宽宿主谱

天然噬菌体的宿主谱一般都很狭窄，只能覆盖一个物种的部分菌株型。一方面，噬菌体的超强特异性可以避免误伤有益菌达到精准治疗的目的；另一方面，这也给临床应用带来问题，即需要对病原菌进行菌株型的鉴定并找到配对的噬菌体。针对这个问题，部分研究人员尝试通过噬菌体鸡尾酒的方式（即多种噬菌体混合）来扩展其宿主谱。但噬菌体鸡尾酒又涉及各成分比例调节及混合物效价评定的问题，这又引入了新的工作。随着噬菌体识别宿主菌的分子机制被揭示，不少研究人员以噬菌体的宿主结合蛋白（尾部蛋白）为突破口，尝试设计并合成可以转换或拓宽宿主谱的人工噬菌体，并取得了不错的进展。

2005 年，Masatoshi Yoichi 等通过将大肠埃希菌噬菌体 T2 的尾部蛋白替换为 PP01 的尾部蛋白，从而使 T2 噬菌体的宿主由非致病性的大肠埃希菌 K12 转换为致病性大肠埃希菌 O157∶H7。2011 年，Tiao-Yin Lin 等发现大肠埃希菌噬菌体 T3 和 T7 混合侵染宿主菌时发生了同源重组，产生的 T3/T7 噬菌体尾部蛋白拥有 T3 尾部蛋白的骨架及小部分 T7 尾部蛋白的序列，重组后的噬菌体 T3/T7 拥有更好的吸附能力及更广的宿主谱。在此研究基础上，Timothy Lu 实验室采用酵母组装平台，对噬菌体 T3 和 T7 的换尾设计原则进行了系统化、工程化的测试。该研究表明，噬菌体 T3 和 T7 基因组内的尾部蛋白基因替换可以实现宿主谱转换，同时该策略也可以推广至亲缘关系较远的克雷伯噬菌体 K11（噬菌体 T7 替换 K11 尾部蛋白之后宿主由大肠埃希菌变为克雷伯菌）。这些研究初步阐明了将噬菌体宿主识别功能模块化的可行性，不过该策略（换尾）是否能应用于其他噬菌体还有待进一步测试。相信随着噬菌体识别宿主菌的分子机制进一步阐明，以及噬菌体合成改造技术的继续发展，针对病原菌靶向设计并合成人工噬菌体的高通量生产平台将成为可能。

四、降低免疫反应

噬菌体本身并不会激起人体的强烈免疫反应，在人体内一段时间内便会被免疫系统清除。但是，裂解性噬菌体是通过裂解作用杀灭细菌的，裂解的细菌成分中包含内毒素这样的可激发强烈免疫反应的成分。因此，有部分研究人员试图改造噬菌体，使其对细菌致死但不裂解，以降低噬菌体疗法中产生的免疫反应。Udo Bläsi 实验室对大肠埃希菌噬菌体 M13 进行改造，使其表达靶向宿主的限制性内切酶 BglII 或改良过的穿孔素；改造后噬菌体在杀灭大肠埃希菌的同时，释放的内毒素是普通裂解性噬菌体的 1/4～1/3。之后，该实验室对铜绿假单胞菌噬菌体 Pf3 做了类似的基因组改造，并利用小鼠模型评估了人工噬菌体在体内的表现，发现人工噬菌体引起的小鼠炎症反应比天然噬菌体要低，同时在最后的治疗存活率上人工噬菌体表现显著好于天然噬菌体。Takeaki Matsuda 等则尝试通过破坏内溶素功能来降低噬菌体的裂解能力，与天然噬菌体相比，改造后的大肠埃希菌噬菌体 T4LyD 在治疗小鼠腹膜炎感染中效果更好，产生的免疫反应也更小。这些研究表明，通过设计改造噬菌体以降低其裂解效果是一种有效降低噬菌体免疫反应的策略，但是在噬菌体疗法的实际应用中如何权衡噬菌体的免疫反应与裂解能力仍值得研究。

五、病原菌检测

上述介绍的噬菌体应用均与噬菌体治疗相关，除此之外，噬菌体也可用于病原菌检测。噬菌体侵染细菌的特异性天然便可以作为鉴定病原菌甚至分型的工具，如用于霍乱弧菌分型的噬菌体 VP1/VP2/VP3。随着合成生物学工具的发展，人工噬菌体被赋予更多功能，以满足病原菌检测中快速、灵敏、便捷等需要。这方面的研究进展详见第 17 章。

六、给药系统

除了作用于以宿主菌为主的原核细胞，改造噬菌体也可作为给药载体作用于真核细胞，应用于癌症治疗、抗体传递、疫苗开发等领域。现阶段这方面的研究多依赖噬菌体展示技术来筛选目的多肽，更具体的介绍详见 25 章。

百年来噬菌体研究为基因工程提供诸多工具，为分子生物学及合成生物学发展提供了发展基础。有趣的是，已测序噬菌体基因组中仍有很多基因功能未探明，而且环境中还有很多未知噬菌体有待挖掘，噬菌体这个“工具箱”是否还能给人类带来新的惊喜，让我们拭目以待。

同时，合成生物学的工具性、工程化、应用导向内涵非常契合噬菌体的应用，展现出良好的应用前景。相信随着基因合成成本的进一步降低、基因组合成改造技术的继续发展，人工合成噬菌体将在合成生物学时代将迎来更广泛的应用。

参考文献

15 噬菌体治疗在人类疾病中的应用

——吴楠楠　朱同玉　郭晓奎

噬菌体作为地球上最丰富的生命体，每一种都进化出了摧毁一类宿主菌的能力。在100多年前的法国，噬菌体的发现者和命名者——法裔加拿大微生物学家 d'Hérelle 便开启了噬菌体治疗细菌感染性疾病的临床应用。在抗生素尚未普及之前，噬菌体曾在世界各地广泛应用，不过随即在20世纪40年代被广谱抗生素取代。如今，抗生素应用已走过了80余年的辉煌历史，挽救了无数的生命。但是，医疗、养殖及食品加工等行业对抗生素的滥用也导致了多耐药甚至全耐药超级细菌的不断涌现，抗生素在与细菌的长期战争中逐渐丧失了部分战斗力。与此同时，噬菌体杀菌剂已经在食品加工、动物和水产养殖领域取得一席之地，临床医生和研究人员也正在重启噬菌体治疗，作为抗生素治疗的有效补充和替代武器。本章旨在回顾噬菌体治疗人类疾病的历史，综述现状，分析其遭遇的瓶颈，展望其发展的前景。

第一节　噬菌体治疗的历史

虽然英国细菌学家 Hankin 和 Twort 更早发现了噬菌体的杀菌现象，但真正认识到噬菌体的病毒本质和临床应用潜力的当属 d'Hérelle。1917年，d'Hérelle 发现并命名噬菌体，同时正式开拓了噬菌体治疗这一全新领域，噬菌体疗法迅速扩展到治疗痢疾、伤寒和霍乱等细菌感染性疾病。此后近20年间，在抗生素的冲击下，噬菌体临床应用仅在格鲁吉亚、俄罗斯等国家有限地延续下来。新中国成立初期，我国在苏联的影响下也曾研发和生产噬菌体制剂，但于20世纪50年代末随着广谱抗生素供应链的逐步完善而终止。

一、前抗生素时代的噬菌体治疗

如果说粪菌移植的治疗作用中很可能有噬菌体的功劳，那么最早的“噬菌体治疗”可以追溯到我国东晋时代，葛洪所著《肘后备急方》一书中详述了使用粪便悬液治疗包括食物中毒、瘟病和伤寒等危重疾病。1896年，英国微生物学家 Hankin 在研究恒河流域的霍乱疫情时注意到下游河水中的霍乱弧菌数量远远低于上游，进而发现下游河水中存

作者单位：吴楠楠，上海市公共卫生临床中心上海噬菌体与耐药研究所；朱同玉，复旦大学上海医学院，上海市公共卫生临床中心上海噬菌体与耐药研究所，复旦大学附属中山医院上海市器官移植重点实验室；郭晓奎，上海交通大学全球健康学院。

在大量对霍乱弧菌具有杀菌活性的物质，因此推断这可能是霍乱暴发后消失的重要因素。印度民众有喝恒河水的习俗，是霍乱等流行病多发的原因之一，但此时下游的河水可能起到了预防和治疗霍乱的作用。

从 d'Hérelle 首次进行细菌性痢疾的噬菌体治疗开始，噬菌体治疗的对象逐渐被拓宽，包括志贺菌、沙门菌、霍乱弧菌、葡萄球菌、肠杆菌和链球菌等感染引起的肠道病、皮肤病、脑膜炎、骨髓炎和斑疹伤寒等疾病。但治疗效果却喜忧参半，甚至模棱两可。这主要是由于早期人们对噬菌体的认知和治疗经验非常匮乏，抗生素还未来得及应用为对照，因此这些有效性数据的可靠度也值得商榷。即便如此，早期噬菌体临床实践对噬菌体适应证、噬菌体制剂的安全性及噬菌体选择和给药方案等方面的探索为噬菌体治疗的发展奠定了基础，具有重要意义。

1. *痢疾* 1919 年，d'Hérelle 与巴黎内克尔儿童医院儿科主任 Hutinel 合作开启噬菌体治疗志贺菌感染引起的重症痢疾。包括 d'Hérelle 和 Hutinel 在内的主要研究人员首先喝下噬菌体以身试“毒”，确认安全性后治疗了一名患严重痢疾的 12 岁男孩，单次口服噬菌体治疗后患儿症状随即好转并痊愈。随后该团队又治疗了 3 名类似患者，均能在治疗后 24 小时内病情开始好转。

2. *伤寒* 1922 年，Beckerish 和 Hauduroy 成功地使用噬菌体降低了伤寒患者血液中的伤寒杆菌载量，而一年后 Smith 在相似的患者群体中进行噬菌体治疗却没有成功，可能是由于使用的窄宿主谱噬菌体无法覆盖致病菌。Braude 和 Kashin 于 1929 年在苏联对 35 名伤寒患者进行研究，发现噬菌体治疗缩短了颤抖症状的持续时间，但并没有实现对伤寒的治愈。

3. *霍乱* Hankin 在 1896 年发现噬菌体杀菌现象时，就建议饮用过滤的恒河水来治疗霍乱，不过他的同事们认为饮用霍乱疫区的河水被传播疾病的风险更大而强烈反对。70 多年后的 1968 年，Hankin 的超时代思维在巴基斯坦得到验证，人们通过饮用疫区的河水成功控制了霍乱疫情。d'Hérelle 和格鲁吉亚微生物学家 Eliava 是历史上促进噬菌体临床应用最重要的两位科学家，Eliava 创建的格鲁吉亚 ELIAVA 研究所在 1931 年制造了世界上第一个针对霍乱弧菌的商业化噬菌体制剂，对苏联东南地区的霍乱疫情控制起到关键作用。1931 年，d'Hérelle 将霍乱的噬菌体疗法引入印度，开展的临床试验中噬菌体治疗组 73 名患者仅5 人死亡（6.8%），而对照组 118 名患者中死亡 74 人（62.7%），显示了噬菌体治疗的良好效果。

4. *皮肤感染* 比利时鲁汶大学的 Bruynoghe 教授和他的学生 Maisin 在 1921 年首次利用噬菌体治疗金黄色葡萄球菌皮肤感染，他们将噬菌体注射到的患者皮肤病灶及其周围，在 48 小时内即观察到感染消退。由于 d'Hérelle 早期临床试验的研究结果并未立即发表，这篇法语论文成为第一篇临床噬菌体治疗的科研论文。其他一些研究人员在葡萄球菌感染的噬菌体治疗实践中也观察到类似效果。Gratia 发现的 H 株（Strain H）噬菌体被许多研究者应用，特别是 Bazy 将之用于治疗多种葡萄球菌外科感染，对感染伤口的愈合很有帮助。

5. *尿路感染* Beckerish 和 Hauduroy 在 1923 年首次尝试噬菌体治疗尿路大肠埃希菌感染，随后 Cowie 和 Larkum 等将噬菌体治疗拓展到肾炎、肾盂肾炎和膀胱炎等尿路感染疾病，取得了不错的效果。

除此之外，噬菌体也被用于链球菌、鼠疫杆菌和淋球菌等感染的治疗。在 d'Hérelle 等的推动下，参与到噬菌体治疗实践中的研究人员、噬菌体治疗中心和噬菌体生产商初具规模，但早期的噬菌体治疗并非一帆风顺，d'Hérelle 的试验方法也饱受质疑。学界甚至对噬菌体是否真的是病毒也存在很大争论，包括 Twort 在内的一些科学家认为噬菌体是一种酶。Eaton 和 Bayne-Jones 于 1934 年在 *JAMA* 杂志发表了早期噬菌体治疗结果的综述文章，但对这一新疗法并不看好，且也倾向于认为噬菌体是一种酶。

虽然争议巨大，d'Hérelle 及追随者们并未停止对噬菌体治疗的探索和推进，d'Hérelle 不但创新性地提出了噬菌体“鸡尾酒”治疗的概念，其本人还曾前往印度尼西亚、埃及、印度、美国和格鲁吉亚工作，推动噬菌体治疗的传播。

二、噬菌体治疗在苏联的继承和发展

噬菌体治疗的出现为临床医生应对细菌感染疾病打开了新的大门，一些制药公司也参与到噬菌体的生产与零售。然而，1928 年苏格兰微生物学家 Fleming 发现的青霉素在当时无疑更加具有商业开发价值和临床应用价值，噬菌体治疗在欧美等发达国家逐渐被抗生素取代。第二次世界大战的爆发和随后的冷战更是间接促使西方国家大力发展抗生素，而苏联及其盟友继续在噬菌体领域发展。

几乎与 Hankin 发现噬菌体杀菌作用同时期的 1898 年，苏联科学家 Gamaleya 在枯草芽孢杆菌的研究中也发现了噬菌体杀菌现象。此后，在 Eliava 和 d'Hérelle 的推动下，苏联成为噬菌体研究和临床应用最活跃的地区。在 20 世纪 30~40 年代，苏联涌现出了大量的研究论文，噬菌体治疗被广泛应用于治疗和预防外科感染及伤口、皮肤、眼睛、耳鼻喉、尿路和肠道等诸多部位的感染。

（一）外伤感染的噬菌体治疗

Kokin 等是最早通过肌肉注射及静脉注射噬菌体，对莫斯科 Ostroumovkaya 医院收治的交通事故后伤口感染和血流感染的患者进行治疗的。这些噬菌体治疗案例得到了苏联红军卫生部门的认可，并在第二次世界大战中广泛用于治疗士兵的伤口感染。Kokin 在 1941 年报道的临床试验中使用生产自 ELIAVA 研究所的噬菌体鸡尾酒，治疗厌氧葡萄球菌和链球菌感染引起的气性坏疽。接受噬菌体治疗的 767 名士兵死亡率为 18. 8%，远低于采取其他治疗方案的对照组的死亡率（42. 2%）。另一项临床试验使用相同鸡尾酒产品，也取得了类似结果，噬菌体治疗组与对照组的死亡率分别为 19. 2% 和 54. 2%。

（二）肠道感染的噬菌体治疗

1. 噬菌体用于治疗伤寒　20 世纪 20~40 年代，细菌感染引起的肠道疾病是重大的公共卫生威胁，如伤寒导致的死亡率高达 5. 8%~12%。早期开展的噬菌体治疗伤寒临床试验虽能观察到细菌数量的减少和症状的缓解，但并不能治愈患者。Alexandrov 和 Diakov 在 1940 年报道的临床试验则取得成功，他们对 57 名伤寒患者进行噬菌体治疗，根据给药方式的不同分成口服组（17 人）、肌肉注射组（20 人）和口服合并肌肉注射组（20 人），3 组中观察到有明显治疗效果的分别有 5 人、12 人和 14 人。因此推断噬菌体治疗特别是肌肉注射或口服合并肌肉注射对伤寒有显著的治疗效果。

20 世纪 40 年代，许多研究人员开始尝试噬菌体治疗食品加工工人的伤寒沙门菌和副伤寒沙门菌感染，但大多并未展现噬菌体治疗的优势。Gnutenko 等总结这些教训后开创性地引入直肠和十二指肠直接给药的噬菌体疗法。理论上，这一方法能避免口服噬菌体时胃酸带来的不利影响，且能直接到达肠道感染灶进行作用。事实也是如此，任意一种噬菌体直接给药（合并肌肉注射）都能取得良好的治疗效果，特别是十二指肠给药组效果显著。

2. 噬菌体用于治疗痢疾　在 1939 年发表的一项大规模研究中，Sapir 等在莫斯科的两家诊所纳入了 1 064 名痢疾患者，主要诊断指标是细菌学（362 名）、临床观察（512 名）和结肠炎确诊（190 名）。细菌学诊断结果显示病原体主要为Ⅰ型痢疾志贺菌（289 名）、福氏志贺菌（69 名）和Ⅱ型痢疾志贺菌（4 名）。研究使用的志贺菌噬菌体来自莫斯科梅奇尼科夫研究所（Mechnikov Institute），对照组采用抗痢疾血清治疗或非特异性治疗（nonspecific therapy）。结果显示噬菌体治疗能大大减轻患者的症状，虽不能显著改善重度感染患者的治疗效果，但对中度感染患者的治疗有显著优势。抗痢疾血清治疗组和非特异性治疗组患者平均住院天数分别是 14. 9 天和 16. 5 天，而噬菌体治疗患者平均住院天数减少到 11. 5 天，且 95%的患者经噬菌体治疗一周后症状消失并出院。

Lipkin 和 Nikolskaya 在 1940 年报道了一项 150 名痢疾患者参与的对照试验，其中 100 名患者进入实验组接受噬菌体治疗，噬菌体来自 ELIAVA 研究所，给药方案为一天内 3 次口服 5 mL 含 2%小苏打的噬菌体制剂。给药 2 天后 25%的患者疼痛症状消失，4 天后 79%的患者痢疾症状消失，6 天后所有患者的粪便黏性、血症、张力及排便频率等指标回归正常。在接受常规治疗（主要为泻药）的 50 名对照组患者中，给药后 2 天、4 天和 6 天的改善率仅分别为 2%、14%和 46%。其中 21 名重症患者接受抗痢疾血清治疗，治疗后 4 天和 6 天的改善率分别是 33%和 67%，但治疗后 10 天仍有 5 人病情依然未得到改善，研究者随即将血清治疗改为噬菌体治疗，并获得成功。

3. 噬菌体用于治疗腹泻　大肠埃希菌和变形杆菌感染导致的腹泻是另一大类细菌性肠道疾病，对儿童的威胁尤其严重，因此当时有针对这两种细菌的固定噬菌体组合制剂——E &P-phages。Pogorelkaya 和 Semicheva 在 1961 年报道了一项大型对照临床试验，共入组 342 名诊断为大肠埃希菌相关肠炎的儿童。其中对照组 170 人使用链霉素、博来霉素、黏菌素与合霉素或林可霉素联合的抗生素治疗，噬菌体治疗组 172 人则采用上述抗生素合并 E &P-phages 治疗，噬菌体通过饭前口服和灌肠给药。虽然试验组比对照组有更多的严重患者（60. 5% vs. 30%），但试验组死亡率依旧低于对照组（5. 35% vs. 10%），体重增加率也优于对照组（89. 5% vs. 81%）。

同年，Vasilieva 和 Androsova 也报道了一项非常类似的对照试验，所用的抗生素组合略有差异，为链霉素、博来霉素、氯霉素和合霉素，噬菌体组合仍为 E &P-phages。对照组 47 名儿童使用单纯抗生素治疗，实验组共 44 名儿童则采用合并治疗，结果显示实验组治愈率高于对照组（97. 7% vs. 91. 5%）。Nesterova 和 Alexeeva 也在同一年也报道了 22 例婴儿（0~3 个月）的噬菌体治疗结果，采用受试者治疗前后对照比较的方案，这些婴儿经抗生素治疗失败后均接受 E &P-phages 治疗，采用与上述类似的口服加灌肠给药方案。经噬菌体治疗后 3~5 天即有 15 名婴儿好转，余下 7 名婴儿在稍长时间内得到好转，同时也未观察到噬菌体治疗导致的不良反应。

上述几项大样本量临床对照研究引入了抗生素治疗作为对照，更能说明噬菌体治疗的有效性，不过噬菌体治疗仍作为抗生素治疗的辅助手段，并没有单独使用噬菌体治疗与抗生素治疗进行比较。

（三）皮肤感染的噬菌体治疗

Beridze 在 1938 年发表了第比利斯皮肤病性病研究所（Institute of Dermatology and Venereology）和 ELIAVA 研究所合作的噬菌体治疗研究。共 143 名金黄色葡萄球菌感染导致皮肤化脓的患者被分为深度感染组和浅表感染组。其中，深度感染组中有 73 人患疖病，10 人患脓肿，7 人患汗腺炎。疖病患者进一步分为急性组（40 人）、亚急性组（13 人）和慢性组（20 人）。浅表感染组中 29 人患寻常性脓疱疮（impetigo vulgaris）、13 人患传染性脓疱疮（impetigo contagiosa），11 人患其他类型的皮肤病。研究人员首先对脓疮周围进行清洗，然后划开脓疮让脓流出并取样检测对噬菌体的敏感性。噬菌体治疗采用逐日递增的方法，第一天向感染灶注射 0.5 mL 噬菌体，第二天若症状无明显好转则继续注射 1 mL，以此类推。研究人员发现噬菌体治疗对深度感染尤为奏效，疖病组 40 名急性患者全部治愈，13 名亚急性患者中的 12 名获得治愈，而慢性疖病的治愈率（65%，13/20）稍差。浅表感染组中噬菌体对寻常性脓疱疮有较高治愈率（69%，20/29），而 13 名传染性脓疱疮患者中只有 5 名得到好转。

同在第比利斯皮肤病性病研究所的 Vartapetov 比较了商业化噬菌体制剂 Staphylo-phage（葡萄球菌噬菌体组合）和 Pio-phage（针对葡萄球菌、链球菌、大肠埃希菌和铜绿假单胞菌等常见化脓感染病原菌的噬菌体组合）对不同类型皮肤病的治疗效果。在 1937 年的研究中，共入组 50 名患者，每隔 24 小时皮下注射 2 mL Staphylo-phage 和 Pio-phage，治愈了 56%的疖病患者，但对毛囊炎、须疮和臁疮（ecthyma）的治疗效果较差。此后的 1938～1941 年，Vartapetov 又开展了一项针对 117 名皮肤病患者的噬菌体治疗试验，将患者分为 Staphylo-phage 组（72 人）和 Pio-phage 组（45 人），采用与 Beridze 研究一致的用药剂量和方案，取得了类似的研究结果。两组的疖病患者中 60%～66%得到治愈，13.4%～32%得到改善。

1970 年，Shvelidze 发表了一项噬菌体治疗前后受试者自身对照研究结果。共有 161 名慢性感染并反复发作的皮肤病患者入组，其中有 62 人患疖病，54 人患痈病和 45 人患汗腺炎，感染时间从 2 个月到 20 年不等。这些患者都经历过青霉素、金霉素和链霉素治疗，但没有效果。病原学诊断分离到 139 株凝固酶阳性的葡萄球菌，其中 82.7%对青霉素耐药。通过隔天皮下渐增注射噬菌体（0.1～0.5 mL），在 7～10 次噬菌体治疗后，94.4%（152/161）的患者得到治愈，7 名患者症状明显改善，只有 2 名患者的症状没有减轻。

这些研究表明，噬菌体治疗对葡萄球菌和链球菌引起的疖病等皮肤病有一定的疗效，但需要说明的是这些研究均未纳入常规治疗的对照数据。

（四）尿路感染的噬菌体治疗

1938 年，Tsulukidze 的临床试验入组了 13 名急性膀胱炎、15 名慢性膀胱炎、5 名肾盂膀胱炎（膀胱炎+肾盂肾炎）和 4 名化脓性肾周炎患者。病原菌中 78.4%为大肠埃希菌，其余为金黄色葡萄球菌和表皮葡萄球菌。采用针对患者病原菌的个性化噬菌体合并针对3种病原菌的噬菌体固定组合（Pio-phage）或仅Pio-phage，给药方法为膀胱灌注、肾盂冲洗或针对肾周炎的划破后喷洒治疗。经噬菌体治疗后，13名急性膀胱炎患者在1~3天全部痊愈，5名肾盂膀胱炎患者中4名得到治愈，1名因感染复发治疗失败，4名化脓性肾周炎患者经术后2~3天的噬菌体治疗后也得到痊愈，而慢性膀胱炎的治疗效果并不显著。

Perepanova等在1995年发表的文章中介绍了利用噬菌体组合治疗尿路混合感染的试验结果。研究人员针对入组者尿路感染常见的铜绿假单胞菌、变形杆菌、葡萄球菌和大肠埃希菌选取了对应的噬菌体制备成混合制剂，然后使用295株从尿路感染患者中分离的临床细菌对噬菌体进行敏感性检测，并通过多轮传代（passaging through）筛选适应噬菌体（adapted phage）进行固定组合，使噬菌体对细菌的覆盖率从传代筛选前的68. 9%提升至84%。这些噬菌体固定组合通过口服或局部给药治疗46名急性和慢性泌尿生殖道炎症患者，92%的患者症状得到改善或治愈。

Voroshilova等还开展了噬菌体治疗与抗生素治疗的随机对照试验，入组患者为膀胱炎和肾盂肾炎患者。噬菌体制剂通过膀胱灌注、肾盂冲洗和口服给药，对膀胱炎和肾盂肾炎分别有88. 4%±0. 9%和92. 2%±0. 7%的治愈（细菌清除）率。对照组经抗生素治疗后对膀胱炎和肾盂肾炎的治愈率分别为39%±9. 2%和58. 5%±5. 5%，显著低于噬菌体治疗组（$p<0.001$）。同时，研究者还发现噬菌体治疗能够增强患者的免疫应答，实验组包括中性粒细胞比例和代谢活性、淋巴细胞数量等免疫指标都显著高于对照组（$p<0.05$）。

除了上述常见细菌感染性疾病的治疗外，苏联研究人员们还在其他类型感染上进行了大量的临床实践，包括噬菌体治疗妇科疾病如乳腺炎和不孕症，以及眼科疾病如角膜炎和结膜炎等。这一时期，治疗细菌感染的抗细菌血清、抗生素等手段也已建立，因此噬菌体治疗效果不再单一地通过受试者治疗前后比较，在一些研究中出现了噬菌体治疗与血清治疗或与抗生素治疗的随机对照试验，研究人员对噬菌体与抗细菌血清或抗生素的合并疗法也进行了大量的探索。总体而言，虽然噬菌体治疗在苏联得到继承和发展，但仍缺乏大样本量的随机对照临床试验，噬菌体个性化治疗的数据欠缺，噬菌体固定组合（或商业化产品）的治疗效果参差不齐。笔者认为，在这一时期绝大多数治疗效果不佳的研究中，缺乏病原菌对治疗用噬菌体制剂的敏感性检测步骤是重要因素之一。波兰的噬菌体治疗历史也非常悠久，治疗对象和效果与上述研究类似，这里不再赘述。感兴趣的读者可以阅读ELIAVA研究所Chanishvili研究员和《科学美国人》编辑Kuchment分别发表于2012年的两本专著（详见本章参考文献）。

第二节　噬菌体治疗的现状

2017年，WHO公布了最急需开发新型抗菌药物的12类超级细菌名单，以耐受碳青霉烯类抗生素的鲍曼不动杆菌（CRAB）、铜绿假单胞菌（CRPA）、肠杆菌（CRE）和耐甲氧西林金黄色葡萄球菌（MRSA）为代表。2019年，WHO公布的全球十大健康威胁中，抗生素耐药再次上榜。人们已经充分认识到细菌耐药问题日趋严重，但新型抗菌药物的研发投入与其需求却相差甚远。在这样的背景下，噬菌体疗法异军突起，噬菌体研究机构和临床应用呈蓬勃发展之势。

一、噬菌体研究队伍的发展

传统的噬菌体研究机构如格鲁吉亚 ELIAVA 研究所噬菌体治疗中心、波兰科学院免疫与实验性疗法研究所噬菌体治疗科和加拿大拉瓦尔大学 d'Hérelle 噬菌体参照中心等继往开来，稳步发展。新的具有一定规模的噬菌体研究机构也在不断建立。美国于 2015 年和 2018 年先后在德克萨斯 A & M 大学和加利福尼亚大学圣迭戈分校（University of California，San Diego，UCSD）成立了噬菌体技术中心（Center for Phage Technology，CPT）和创新噬菌体应用与治疗中心（Center for Innovative Phage Applications and Therapeutics，IPATH）。得益于 UCSD 的 120 万美元资助，IPATH 已进行多项噬菌体个案治疗，并于 2019 年首次开启 Ⅰ/Ⅱ 期噬菌体治疗随机对照临床试验，治疗心脏支架的金黄色葡萄球菌感染。相较于"同情使用伦理"（ethics of compassion）的个案治疗，此次审批通过表明美国 FDA 对 IPATH 和对噬菌体治疗的进一步肯定和认可。2017 年成立的上海噬菌体与耐药研究所（Shanghai Institute of Phage，SIP）专注于噬菌体临床应用，自成立以来发展迅速，自 2018 年起开展了国内首个伦理审批的噬菌体治疗临床试验，在噬菌体治疗超级细菌感染和噬菌体环境杀菌防控院内感染方面进行了初步的探索。

与此同时，传统的噬菌体研究团队继续发展壮大，并逐渐往临床治疗倾斜，噬菌体研究的整体队伍也在不断壮大。例如，匹兹堡大学 Hatfull 实验室通过"噬菌体猎人科教联盟"（SEA-PHAGES）项目已成功筛选出 15 000 多株噬菌体，其中 3 000 多株噬菌体已进行全基因组测序。该团队今年在 *Nature Medicine* 杂志报道了首次通过基因改造噬菌体治疗一例脓肿分枝杆菌感染少年的案例。再如，美国马里兰海军医学实验室负责生化防御研究的 Hamilton 少校团队，从十几年前开始重启噬菌体防控超级细菌的研究，该团队搜集的 300 多株裂解性噬菌体正是"金字塔案例"得以开展和成功的关键。又如，美国耶鲁大学副教授 Chan 课题组也在不断搜集裂解性噬菌体并研究噬菌体感染机制，2017 年利用噬菌体合并抗生素成功治愈一例主动脉人工支架感染的临床案例。

我国的噬菌体研究团队近年来也在不断壮大，许多微生物学、生态学、兽医学、生物信息学、合成生物学等领域的科学家开始跨界噬菌体方向开展研究。SIP 在 2019 年年底也率先开启"噬菌体猎手"（Phage Hunters on Demand，PHD）科普兴趣营活动，招募高中生从身边环境中筛选和认识噬菌体。总体而言，我国的噬菌体研究成果、论文发表水平和数量日趋增进，学术交流与合作日趋活跃，各级政府支持开始显现。

二、噬菌体临床治疗进展

如果说 20 世纪的噬菌体治疗仓促且略显盲目，在 21 世纪伊始，无论是分子生物学还是医学都发展到前所未有的高度，而长期的抗生素使用导致的细菌耐药形势也达到了前所未有的困境，噬菌体治疗在长期蛰伏后进入了崭新阶段。自美国和英国率先重启了噬菌体Ⅰ/Ⅱ期临床试验起，噬菌体研究和临床实践呈蓬勃发展的趋势，但是目前已有的研究报道仍以安全性评估和个案治疗为主，规模化的噬菌体治疗有效性评估及随机对照试验仍然缺乏。以下将根据感染类型，介绍一些大样本量临床试验，以及最近的临床个案治疗。

（一）肠道感染的噬菌体治疗

细菌性肠道感染能引起腹泻和脱水等症状，严重时破坏肠道黏膜引发菌血症和内毒素血症，导致感染者休克甚至死亡。如今，肠道感染对儿童（特别是欠发达地区）健康依然有严重威胁。21 世纪以来，粪菌移植被大量用于治疗肠道感染和肠道菌群紊乱相关疾病，而噬菌体在这方面的应用却未取得实质性进展。

瑞士雀巢研究中心在 2005 年和 2012 年分别报道了在瑞士和孟加拉国开展的噬菌体安全性评估，证实患有腹泻的成年人口服噬菌体的安全性。此后该中心继续与孟加拉国国际腹泻疾病研究中心（ICDDR.B）合作，利用噬菌体治疗大肠埃希菌引起的儿童急性腹泻。该研究共入组 120 名儿童受试者，实验组口服购买自俄罗斯的商业化大肠埃希菌噬菌体组合，对照组口服安慰剂，比较噬菌体治疗的安全性和有效性。虽然噬菌体治疗并未引起显著的不良反应，对肠道菌群的影响也不显著，但噬菌体治疗组与对照组相比未能显著改善患儿的病情。笔者留意到该研究没有将治疗用噬菌体与受试者体内分离的致病菌做敏感性试验，也并未观察到明显的噬菌体增殖。考虑到噬菌体的高度特异性，该研究选用的噬菌体制剂对受试者的病原菌可能并不具针对性，加之口服给药方式利用率低，因此治疗没有效果也在情理之中。

2018 年，Gindin 等进行了噬菌体治疗轻度和中度胃肠道不适的双盲随机对照交叉试验，共入组 32 名成人。研究人员将针对胃肠道病原菌的 4 株噬菌体制备成胶囊，通过口服给药。研究发现口服噬菌体胶囊对受试者是安全的，且噬菌体治疗组相对安慰剂组能明显降低患者的结肠痛、小肠痛和胃功能异常等症状，但在降低胃肠道炎症指标方面却不如安慰剂组。

总体来说，口服噬菌体治疗肠道感染的安全风险较小，但治疗效果并不理想，这些临床试验并未能显示口服噬菌体治疗肠道感染的有效性。笔者认为，针对患者体内分离的病原菌选择裂解性噬菌体，提高噬菌体制剂滴度及口服给药的利用率，是扭转这一局面的可行办法。

（二）皮肤感染的噬菌体治疗

2009 年，明尼苏达大学研究人员率先开启美国第一个随机对照临床试验，研究人员招募了 42 例细菌慢性感染导致的腿部溃疡的患者，通过噬菌体局部治疗 12 周，随访 24 周，研究针对金黄色葡萄球菌、铜绿假单胞菌和大肠埃希菌的噬菌体鸡尾酒局部治疗的安全性。结果显示，噬菌体治疗组和安慰剂对照组在安全性（不良事件发生率）上并无显著差异。该临床试验样本量较小，事先也未检测受试者病原菌对所用噬菌体制剂的敏感性，无法评估噬菌体治疗的有效性，只能作为噬菌体治疗的安全性证据。

糖尿病患者由于免疫力低下、伤口难以愈合等原因，容易发生糖尿病足部溃疡（diabetic foot ulcer，DFU），其中金黄色葡萄球菌是最常见的致病菌。由于患者自身原因和细菌耐药问题，DFU 近年来的发病率和致死率都呈现增长趋势。2016 年，来自美国常青州立学院、UCSD、比利时鲁汶大学和格鲁吉亚 ELIAVA 研究所的联合研究团队报道了利用单株商业化金黄色葡萄球菌噬菌体 Sb-1 成功治疗 9 例金黄色葡萄球菌相关 DFU 患者的案例。9 例患者均经历过抗生素组合治疗但效果不佳，病原菌都已感染到骨头和软组织，其中 1 例为 MRSA 感染。经噬菌体湿敷治疗后，所有受试者均得到治愈。虽然该研究中噬菌体治疗效果显著，但由于采用患者自身治疗前后对照且样本量较小，没有统计学意义，需要有更大规模的随机对照临床试验加以论证。法国尼姆大学从 2019 年起牵头了一项针对 DFU 相关金黄色葡萄球菌单一感染的噬菌体治疗随机对照试验（NCT02664740），计划入组 60 名受试者，采用常规治疗合并噬菌体或合并安慰剂湿敷的方式进行比较研究，在入院第 0 天、第 7 天和第 14 天湿敷噬菌体，评估噬菌体治疗的安全性和有效性。该试验正在进行中，尚未有研究结果报道。

烧伤后皮肤屏障及局部免疫屏障受损，住院或治疗期间容易感染院内的超级细菌，且细菌容易通过创伤面的外露血管入血引起脓毒血症，因此会导致比较严重的后果。早在 1958 年，我国微生物学家余濱曾利用噬菌体治疗成功救治烧伤后铜绿假单胞菌感染案例。2014 年，比利时阿斯特里德女王军事医院（Queen Astrid Military Hospital）烧伤中心的研究团队报道了一组烧伤伤口铜绿假单胞菌和金黄色葡萄球菌感染的噬菌体治疗临床试验。该试验共入组 9 名受试者，利用 3 株噬菌体组合的鸡尾酒 BFC-1 进行创伤面喷雾治疗，每名受试者只治疗一次，噬菌体使用量为 10^9 PFU。虽然没有观察到任何与噬菌体相关的不良反应，但该噬菌体喷雾后并未对目标病原菌起到抑制作用。

这次试验的失败并未阻碍噬菌体在烧伤感染上的尝试，该研究团队随后与瑞士和法国的多家医院，以及法国 Pherecydes Pharma 公司一同开启了第一个符合药品生产质量管理规范（GMP）的噬菌体治疗多中心随机对照临床试验——Phagoburn 计划。Phagoburn 计划获得了欧盟的 380 万欧元资助，利用 12 株噬菌体组合（PP1131）治疗多耐药铜绿假单胞菌感染的烧伤患者。遗憾的是，该研究入组数量最终并未达到预期规模，仅入组 27 位患者，除 1 人未接受治疗外，噬菌体治疗组和标准治疗组（1%磺胺嘧啶银乳霜）各随机分配了 13 位患者。虽然噬菌体治疗能够降低患者烧伤处的细菌滴度，但在治疗时间和治疗效果上都不及标准治疗组，研究人员不得不提前终止此项临床试验。

研究人员总结此次失败的主要原因在于噬菌体使用浓度太低：一是由于为达到欧盟对 GMP 药物内毒素控制要求（每千克体重每小时不超过 5EU）而高倍稀释噬菌体制剂；二是 PP1131 中的噬菌体之间可能存在某些未知的相互作用导致混合后滴度大幅降低。最后用于治疗的噬菌体滴度仅为 10~100 PFU/mL，远低于预设的 10^6 PFU/mL。

笔者认为，结合这两次噬菌体治疗烧伤感染的试验结果，噬菌体滴度可能是 Phagoburn 计划失败的因素之一，而噬菌体对病原菌的覆盖度才是决定性因素。一方面是烧伤伤口感染往往是复杂、反复的多病原体混合感染，而 PP1131 只针对铜绿假单胞菌。另一方面，PP1131 未必能有效覆盖受试者伤口处铜绿假单胞菌的不同菌株。虽然 PP1131 包含 12 株裂解性噬菌体，但研究人员并未分析它们对应的受体类型，如果只是数量多但受体类型少，细菌的一种受体发生突变就可能同时耐受多株使用这一受体的噬菌体。

截至当前，较大规模的噬菌体临床试验仍然存在有效性不显著或证据不足等问题。而噬菌体个案治疗中的成功案例报道往往效果更加明显、证据更加明确，展现了噬菌体在多种细菌性感染疾病中的应用潜力。接下来描述的噬菌体治疗案例均为定制化噬菌体筛选的个案治疗。

（三）尿路感染的噬菌体治疗

笔者所在的 SIP 于 2018 年启动国内首个噬菌体治疗临床试验，入组经抗生素治疗无效或抗生素能够抑制但无法停药的超级细菌感染患者。该临床试验通过受试者病原菌筛选裂解性噬菌体组合进行个性化治疗，采用入组者自身治疗前后对照，目前正在进行中。

截至 2019 年 12 月，共有 6 名尿路感染患者入组，病原菌均为泛耐药肺炎克雷伯菌。经尿路局部噬菌体灌注冲洗治疗后，4 例获得成功，1 例仍在治疗中，1 例中途退出。下文列举 2 个代表性案例的治疗情况。

1. 案例 1　男性患者，67 岁，曾因膀胱癌切除部分膀胱，术后从 2006 年开始出现尿路感染症状并逐渐加重。病原菌对碳青霉烯类抗生素及哌拉西林/他唑巴坦敏感，但无法被抗生素根除，因此患者长期住院治疗无法停药。研究人员针对病原菌匹配筛选噬菌体进行膀胱灌注治疗，同时停用抗生素，发现噬菌体虽能有效杀灭膀胱中的病原菌，但无法逆行进入双侧肾盂感染灶，因此导致噬菌体治疗有效后又复发。鉴于此，研究团队最终采用噬菌体通过肾盂造瘘从上至下给药，同时合并抗生素治疗，最终获得成功，受试者出院且至今未有复发。

2. 案例 2　女性患者，62 岁，入组半年前发生感染性休克，在当地医院经替加环素等抗生素联合治疗后好转出院，但随后出现反复发烧和尿路感染症状，经鉴定病原体是仅对替加环素和多黏菌素敏感的超级肺炎克雷伯菌，经过多轮抗生素治疗仍无法杀灭。患者有糖尿病史，免疫功能和免疫应答水平均较低。研究人员采用主动筛选抗生素的方法，发现噬菌体鸡尾酒合并复方磺胺甲噁唑后杀菌效果显著增强。因此，通过口服抗生素合并噬菌体灌注治疗，受试者体内的超级肺炎克雷伯菌最终被全部清除，尿路感染症状消失且未有复发。

荷兰拉德堡德大学医学中心研究团队最近也报道了一例噬菌体治疗复杂尿路感染的成功案例，患者是一名 58 岁肾移植受者，移植当月发生了产超广谱 β-内酰胺酶（EBSL）肺炎克雷伯菌感染。药敏检测显示此细菌对碳青霉烯类抗生素敏感，但多轮的美罗培南治疗均告失败（美罗培南是常用的碳青霉烯类抗生素）。研究团队最终通过美罗培南合并噬菌体鸡尾酒，将患者成功治愈，此后随访一年内未有复发。

从已有的数据来看，复杂尿路感染的共同特征是患者免疫水平低下（如老年人、糖尿病患者、HIV 感染者、器官移植受者）、尿路结构改变（如输尿管梗阻、部分膀胱切除、肾移植）和多发感染灶（如上尿路、膀胱及周围脓腔）。因此，往往感染复杂、反复，抗生素作用有限，治疗周期较长且较难治愈。目前来看噬菌体治疗虽效果显著，但最终治疗成功与否决定于以下因素：噬菌体能否尽可能多地覆盖患者体内病原菌的不同菌株，能否到达所有感染灶进行杀菌；受试者能否依靠自身免疫力或通过联合抗生素，杀灭可能对噬菌体产生耐受的残留病原菌或生长缓慢的持留菌。

（四）呼吸道感染的噬菌体治疗

目前，呼吸道感染的噬菌体治疗案例越来越多，除了一些个案治疗外，UCSD 的 IPATH 团队和上海市公共卫生临床中心 SIP 团队均开展了较多案例。在最近发表的论文中，IPATH 团队共报道了 4 例肺部感染的噬菌体治疗。

其中 1 例为多耐药铜绿假单胞菌肺部感染的囊性纤维化患者，患有持续性呼吸衰竭并伴有多黏菌素诱导的肾衰竭。在继续抗生素治疗的同时，研究人员通过静脉注射噬菌体合并治疗，最终成功杀灭患者肺部的病原菌，随后患者未有感染复发并在 9 个月后成功进行了双肺移植。

另外 3 例患者是肺移植受者，患重症肺炎，其中 2 例也是由多耐药铜绿假单胞菌感染引起，研究人员采用与上述类似的治疗方案，体外筛选裂解性噬菌体，经静脉注射合并抗生素治疗后患者得以脱离呼吸机并痊愈出院。另一例致病菌则为洋葱伯克霍尔德菌（*Burkholderia cepacia*），经第一轮噬菌体治疗后症状曾显著改善并短暂脱离呼吸机，细菌载量也显著降低，但随后出现药物毒性引起的进行性肾衰竭等多器官损伤，此后病情急剧发展，伴感染复发死亡。

SIP 研究团队采用雾化吸入方式对重症呼吸道感染患者进行噬菌体治疗，截至 2019 年 12 月共治疗 4 例患者，均为继发性细菌感染。其中 3 例经噬菌体治疗后病原菌得到清除，1 例患者在治疗过程中病情恶化死亡。这里介绍 2 例代表性患者的治疗情况。

1. 案例 1　男性患者，42 岁，患重症肺炎，Ⅰ型呼吸衰竭，予气管切开呼吸机支持。痰培养为耐碳青霉烯类肺炎克雷伯菌，抗生素治疗无效。研究人员针对病原菌筛选裂解性噬菌体，将 5 mL 滴度为 10^9 PFU/mL 的噬菌体鸡尾酒经呼吸机雾化吸入治疗。随后受试者痰培养肺炎克雷伯菌消失，但 2 天后出现多耐药鲍曼不动杆菌，抗生素治疗依旧效果甚微。研究人员针对新病原菌筛选噬菌体并雾化治疗，治疗后受试者虽然痰培养仍有少量细菌，但感染指标和炎症指标显著降低，最终脱离呼吸机并出院，在家休养几日后获得痊愈。

2. 案例 2　男性患者，63 岁，入院诊断为重症肺炎，急性呼吸窘迫综合征，予以气管切开呼吸机支持。随后痰培养显示泛耐药鲍曼不动杆菌感染，除多黏菌素外对其他抗生素全部耐药，抗生素方案不得不调整为替加环素加多黏菌素，但效果轻微且不良反应显著。其入组噬菌体治疗后，研究人员紧急筛选噬菌体，单次雾化治疗后受试者病原菌即转为阴性，体温、炎症等指标显著好转。虽然噬菌体治疗非常奏效，但患者基础病情严重，噬菌体治疗 1 个月后因继发感染多耐药肺炎克雷伯菌及多器官衰竭死亡。

综上所述，虽然 IPATH 团队和 SIP 团队采用的给药方式有所区别，但总体而言噬菌体治疗肺部感染的治疗效率和效果都比较明显。可能由于雾化吸入效率高且呼吸道中的噬菌体易于入血（噬菌体雾化治疗后血液内毒素水平显著升高），容易充分接触到病原菌，往往单次噬菌体雾化吸入即能清除目标病原体。但重症呼吸道感染患者病情严重且复杂，一方面，ICU 往往是超级细菌聚集地，发生院内感染风险较大；另一方面，由于基础病情严重，很难完全清除病原体，SIP 治疗的 4 例受试者中有 3 例都出现了噬菌体清除一种细菌后又出现新的细菌或新的菌株（药敏格局与原菌株区别明显）。此外，细菌感染往往只是 ICU 患者众多危险因素中的一种，完全治愈还取决于其他病情的发展。因此，对于 ICU 患者来说，使用噬菌体环境杀菌防控院内感染将是未来重要的应用方向。

（五）多灶性感染的噬菌体治疗

对于一些患者来说，细菌感染后可能扩散到多个病灶，甚至发展为严重的脓毒血症。这些情况无疑加大了治疗难度，噬菌体治疗在这方面应用的经验也愈显珍贵。

1. 案例 1　2016 年，UCSD 的 Patterson 教授与妻子去埃及旅游期间突然发病，经诊断为坏死性胰腺炎合并泛耐药鲍曼不动杆菌感染，此鲍曼不动杆菌对多黏菌素以外的抗生素全部耐药，患者辗转埃及和德国的医院都未能治愈。Patterson 的妻子 Strathdee 教授当即想到噬菌体治疗并紧急联系了 UCSD 医学部的 Schooley 医生、马里兰海军医学实验室的 Hamilton 少校、德州 CPT 的 Young 教授及 AmpliPhi Biosciences 公司的 Salka 教授，共同商讨噬菌体治疗方案，同时提交 FDA 审批。FDA 最终批准了这例噬菌体个案治疗，但 Patterson 教授因鲍曼不动杆菌扩散到肺部并入血，引起了脓毒血症并陷入昏迷。研究人员利用从患者感染灶分离的 3 株鲍曼不动杆菌分别筛选噬菌体，通过引流管引流和静脉注射的方式进行了 3 轮治疗。在患者发病后尚未进行噬菌体治疗的 3 个多月时间内，患者的病情日益恶化。而噬菌体静脉注射 48 小时内即观察到疗效，并最终治愈患者。这一案例被认为是现代伦理学框架下第一例噬菌体治疗成功案例，对噬菌体治疗回归大众视野发挥了至关重要的影响。UCSD 在 2018 年组建了 IPATH，由 Schooley 和 Strathdee 共同担任所长，专注噬菌体临床治疗和应用。

2. 案例 2　2017 年，IPATH 的 Jennes 等报道了一例通过噬菌体治疗脓毒血症的案例。一名 61 岁患者感染的泛耐药铜绿假单胞菌只对多黏菌素敏感，且患者因抗生素治疗及自身病情恶化出现急性肾损伤，情况十分危急。研究人员筛选 2 株裂解性噬菌体组成鸡尾酒，每 6 小时静脉注射一次，每 8 小时伤口局部冲洗 1 次，共治疗了 10 天。经噬菌体治疗后患者的血流感染立即得到控制并转为阴性，患者体温、C 反应蛋白水平及肾功能均得到恢复。但由于患者基础病情严重，细菌感染以外的并发症仍然存在，最终在噬菌体治疗 4 个月后因其他病原体血流感染死亡。

3. 案例 3　一名 29 岁男性肾移植受者，在 2013 年和 2018 年两次接受肾移植手术。2019 年起发生反复尿路感染，病原菌对复方磺胺甲噁唑、替加环素和多黏菌素以外的抗生素均耐药。调整免疫抑制方案合并替加环素静脉滴注和膀胱冲洗治疗都没有效果，感染也开始扩散并导致左下腹手术刀口溢脓、移植肾右下方盆腔脓肿。SIP 的研究人员从各感染灶分别取样培养病原菌进行噬菌体筛选，发现不同感染灶的肺炎克雷伯菌虽药敏结果一致，但噬菌体裂解谱却有差异。因此，研究人员特异性选择噬菌体组合，分别通过膀胱灌注、盆腔引流管冲洗和切口处湿敷进行治疗。经两轮治疗后这 3 个部位的病原菌均得到清除，受试者已出院随访观察。

4. 案例 4　2019 年，英国大奥蒙街儿童医院的 Spencer 医生和 Hatfull 教授在 *Nature Medicine* 杂志联合发表了一篇噬菌体治疗非结核分枝杆菌的成功案例。患者是一名 15 岁英国女孩，患有肺囊性纤维化、胰腺功能不全和胰岛素依赖型糖尿病。患者长期遭受铜绿假单胞菌和脓肿分枝杆菌的慢性感染，在 2017 年 9 月进行了肺移植，术后脓肿分枝杆菌感染复发，抗生素治疗无法控制，患者出现多发性病变和肉芽肿性炎症结节，移植 7 个月后只能在家中接受抗生素姑息治疗。患者的主治医师联系到 Hatfull 教授，通过筛选和基因编辑制备了 3 株裂解性噬菌体组成的鸡尾酒，每 12 小时静脉给药 1 次（每株噬菌体量均为 10^9 PFU），并从噬菌体治疗的次月开始同时在受试者皮肤感染处每日湿敷噬菌体治疗。在接下来的 6 个月中，受试者的感染症状、伤口、结节及肝肺功能发生明显好转，体重开始增加。除了仍需要继续每日在家中进行噬菌体治疗外，患者已基本回归正常生活。这是第一例使用基因改造噬菌体的临床治疗案例，病原菌具有真核细胞内复制特性，且受试者经历过器官移植处于服用免疫抑制剂的状态。取得如此显著的治疗效果实属不易，也显示出噬菌体在治疗分枝杆菌感染上的巨大潜力。

（六）其他感染类型的噬菌体治疗

除了上述常见的细菌感染类型，噬菌体在关节感染、人工支架感染等领域的应用也开始有零星报道。以下进行简单介绍。

1. 案例 1　2016 年，一名 76 岁男性患者在置入主动脉弓后，发生了多耐药铜绿假单胞菌感染，感染随后蔓延到心脏。在抗生素治疗无望时，患者的主治医生联系了耶鲁大学的 Chan 副教授。此时 Chan 正在研究其新分离的 OMKO1 噬菌体，这株噬菌体利用铜绿假单胞菌外膜蛋白上的耐多药外排系统（multidrug efflux system，MES）作为受体，感染后的宿主菌将面临两难处境：野生型菌株将被 OMKO1 杀死，而耐受 OMKO1 的突变株对抗生素的耐受性将大大减弱。幸运的是，这位患者的铜绿假单胞菌同样有 OMKO1 的受体，且该病原菌正是通过 MES 的外排机制耐受头孢他啶和环丙沙星的。因此，研究人员利用 OMKO1 与头孢他啶联合用药，通过 CT 影像导引找到感染灶并注射 10 mL OMKO1（10^7 PFU/mL）与头孢他啶（0.2 g/mL）的混合制剂，单次噬菌体治疗后受试者继续服用头孢他啶，很快病原菌便被清除，经血常规、临床症状和 CT 诊断确认治愈。

2. 案例 2　患者为一名非缺血性心肌病的 65 岁男性，2014 年植入左心室辅助装置。随后装置感染金黄色葡萄球菌，同时伴胸骨骨髓炎和菌血症。由于持续细菌感染，患者无法进行心脏移植。因此，IPATH 的研究人员尝试噬菌体辅助抗生素进行治疗。AB-SA01（NCT03395769，AmpliPhi Biosciences 公司）包含 3 株金黄色葡萄球菌噬菌体，经验证能够裂解患者的病原菌。患者经每天两次静脉注射进行了持续 4 周的治疗，此后头孢唑啉和米诺环素继续治疗 8 周。经噬菌体治疗以后患者病情大为好转，此后心脏顺利移植且在随访中未有复发。

此外，2018 年 Tkhilaishvili 等报道了一例噬菌体治疗多耐药铜绿假单胞菌假体关节感染的案例。研究人员在体外验证了噬菌体联合多黏菌素对此铜绿假单胞菌的协同抑制作用，最终通过留置针关节注射噬菌体，合并抗生素治疗和手术清创，成功清除感染灶。在 2019 年发表的另一项研究中，来自以色列的研究团队报道了一例左胫骨创伤后发生泛耐药鲍曼不动杆菌和多耐药肺炎克雷伯菌感染的治疗案例。患者经噬菌体合并抗生素治疗后创伤组织快速修复，且细菌培养转阴。患者脱离了截肢的风险。

第三节　噬菌体临床应用的产业化发展

一、早期噬菌体产业

d’Hérelle 在巴黎的噬菌体实验室较早开展噬菌体产品的开发，在其女婿 Mazure 的运营下，研制了针对不同细菌感染类型的鸡尾酒产品（Bacté-Coli-Phage、Bacté-Intesti-Phage、Bacté-Dysentérie-Phage、Bacté-Pyo-Phage 和 Bacté-Rhino-Phage）。虽然法国是最早普及和应用抗生素的欧美国家之一，但作为噬菌体治疗的发源地，在 20 世纪 90 年代依然有噬菌体治疗的文献报道。d’Hérelle 创建的噬菌体实验室直到 1978 年才停止供应商业化噬菌体制剂，之后十余年间，虽然法国不再销售商业化噬菌体制剂，但仍使用实验室制备的噬菌体及购自格鲁吉亚和俄罗斯的噬菌体进行噬菌体治疗。

巴西里约热内卢的 Oswaldo Cruz 研究所从 1924 年开始制造针对痢疾的噬菌体产品，年产量近万份，在巴西国内的医院广泛使用。美国礼来公司在 20 世纪 40 年代生产了 7

种针对葡萄球菌、链球菌、大肠埃希菌等细菌性病原体的人用噬菌体产品。

格鲁吉亚ELIAVA研究所曾制造了世界上第一个针对霍乱弧菌的商业化噬菌体制剂，在19世纪80年代，ELIAVA研究所及其噬菌体生产工厂拥有1 200余名工作人员，每周生产近2吨噬菌体制剂。苏联噬菌体治疗中所用的噬菌体80%来自ELIAVA研究所。虽然在1937年因其创始人兼所长Eliava被处决遭受重创，但ELIAVA研究所仍然被保存下来，传承至今已有百年，是如今世界上规模最大的噬菌体研究、生产和销售机构。

二、当代噬菌体产业

当前抗生素耐药菌每年造成约70万人死亡，如果这一现象得不到解决，预计到2050年每年的死亡人数将会达到1 000万人，甚至超过每年死于癌症和糖尿病的总人数，在世界范围内带来超过10千万亿美元的损失。但由于新型抗生素研发周期长、上市后细菌耐药速度快等原因，创新抗菌药物的研发远没有跟上细菌耐药演化的步伐。根据美国FDA数据，截至2017年12月，正在研发中的抗菌新药仅74种，其中只有12种获得批件（https://www.fda.gov/media/110982/download）。与癌症相关抗PD-1/PD-L1抗体的研发热潮相比，抗菌药物的研发堪称冷清，研发投入与其需求相差甚远。

虽然现阶段噬菌体用于人体治疗还面临诸多瓶颈，但其治疗的诸多优势逐渐得到公认，且在人体治疗之外的领域迅速发展。在我国，除了2017年成立的SIP外，2014~2018年还先后成立了南京国际噬菌体研究中心、成都国际噬菌体药物研究中心、济南中英噬菌体合作研发实验室和大连国际噬菌体协同创新中心，分别专注于农林、药物研发、禽畜养殖和水产养殖中的噬菌体预防和治疗应用。除了用作即食食品添加剂预防食源性细菌污染的噬菌体产品外，包括菲吉乐科（南京）生物技术有限公司、南京巨豹生物工程有限公司、青岛诺安百特生物技术有限公司、瑞科盟（青岛）生物工程有限公司等专注噬菌体研发的生物公司也逐步推出了如AgiPhage、乐虾、噬菌28系列、诺安清和常噬等噬菌体产品。这些研究不直接应用于人体，伦理审查要求及研发成本相对较低，因此更易开展，这方面获得的宝贵经验和教训对噬菌体临床应用也将产生重要推动作用。例如，菲吉乐科等公司已经着手开发人用噬菌体产品并开展临床试验。

近年来在世界范围内，噬菌体研发公司、噬菌体研究机构和医院产学研紧密合作，开展了多项噬菌体及噬菌体编码蛋白的临床试验，产业链的起步之势凸显。美国AmpliPhi Biosciences、Adaptive Phage Therapeutics、Intralytix与法国Pherecydes Pharma等公司纷纷开展噬菌体治疗临床试验（表15-1）。Locus Biosciences公司通过建立大规模的噬菌体库和临床菌株库，为临床患者定制治疗用噬菌体鸡尾酒，还建立集合CRISPR-Cas3抗菌能力与噬菌体高效、安全传递能力优势的CRISPR-Phage（crPhage）平台，通过选择性地去除有害细菌而保留有益细菌来解决多种细菌感染疾病。iNtRon Biotechnology公司已有进入Ⅱ期临床试验阶段的噬菌体裂解酶药物。Bioharmony Therapeutics公司更是手握4个噬菌体裂解酶临床药物。噬菌体医药产业从以前的小作坊逐步成长，并在不断吸引大型制药公司的投入。Locus Biosciences公司以8.18亿美元授权强生公司开发商业化工程噬菌体技术平台及管线，强生公司还有一项与以色列BiomX公司合作开发用于治疗菌群紊乱的噬菌体疗法。Bioharmony Therapeutics与Boehringer Ingelheim公司签订了总价值约5亿美元的噬菌体裂解酶在研产品授权协议，iNtRon

Biotechnology 与 Roivant Sciences 公司就一项噬菌体裂解酶药物达成了总价值 6.67 亿美元的授权。国外噬菌体研发环环相扣，大型药企对噬菌体研发投入大量资本，噬菌体及噬菌体衍生产品涉及面很广，虽尚未大量投入市场，但已基本辐射到了超级细菌感染的各个方面。

表 15-1　噬菌体公司及其正在开展的噬菌体临床项目一览表

公司	成立时间（年）	资金（美元）	平台	对象	状态
Adaptive Phage Therapeutics（美国）	2016	500 万	个性化噬菌体疗法，噬菌体库及快速筛选	尿路感染等感染性疾病	临床前
AmpliPhi Biosciences（美国）	2002	823 万	噬菌体组合制剂	感染性疾病	Ⅰ/Ⅱ期
BiomX（以色列）	2015	2 400 万	定制化噬菌体鸡尾酒制剂	肠易激综合征	临床前
C3J Therapeutics（美国）	2005	1.36 亿	抗菌肽和工程噬菌体	感染性疾病、细菌组	临床前
Eligo Bioscience（法国）	2014	2 020 万	CRISPR 工程噬菌体	感染性疾病	临床前
EnBiotix（美国）	2012	未披露	工程噬菌体	关节、皮肤、伤口、囊性肺纤维化、人工关节感染	临床前
Intralytix（美国）	1998	1 750 万	针对附着侵袭性大肠埃希菌的噬菌体鸡尾酒	炎性肠胃病	Ⅰ/Ⅱ期
Locus Biosciences（美国）	2015	2 600 万	CRISPR 工程噬菌体	感染性疾病、细菌组	临床前
Nemesis Biosciences（英国）	2014	230 万	transmid（噬菌体载体）	产超广谱 β 内酰胺酶（ESBL）细菌	临床前
Pherecydes Pharma（法国）	2006	1 230 万	个性化噬菌体治疗	感染性疾病	Ⅰ期

第四节　噬菌体临床应用的瓶颈和方向

噬菌体种类丰富且易于改造，特异杀菌而不感染真核细胞，治疗不良反应小，相较抗生素疗法有诸多天然优势，将是“后抗生素”时代对抗超级细菌的重要力量。但同时，噬菌体在临床上的广泛应用还面临诸多障碍和瓶颈。以中国为例，省市级以上层面对农林、畜牧、水产等行业的噬菌体研发机构和企业有一定的支持力度，但对临床应用的扶持还未见开端，绝大多数噬菌体研究机构及公司仍处于自给自足的研发阶段，科研产出和影响力不够，人才队伍有待加强，相关的政策扶植和监管制度有待完善。因此，如何尽快突破噬菌体临床应用的瓶颈，找准发展方向至关重要。可喜的是，这一境况正在不断好转，2019 年，科技部在合成生物学重大专项中首次增加噬菌体合成生物学方向，也从侧面反映了噬菌体应用的前景。本节将列举噬菌体临床应用的主要瓶颈，并对应分析解决这些瓶颈的策略。

一、噬菌体自身的局限性

除了上文提到的“分枝杆菌感染案例”中应用了基因编辑噬菌体外，其他已有的报道中使用的噬菌体均为天然噬菌体。天然噬菌体种类丰富、易于分离，但其在安全性、稳定性、裂解谱宽度和工程化生产方面存在许多不确定因素。噬菌体与细菌长期的拮抗进化决定了其不完全猎杀宿主的特征，甚至还会获取、携带和传递细菌的基因片段，从而带来传播耐药基因的安全隐患。

这就要求开展噬菌体基因组分析，筛选安全、稳定、裂解谱宽、裂解效果好、产量高的噬菌体工程株。此外，噬菌体编码蛋白如裂解酶能单独裂解细菌，相比噬菌体整体这一活病毒来说，更易开发为稳定的杀菌产品。同时，在筛选优质安全的天然噬菌体的同时，采用基因编辑及合成生物学等技术定向改造或合成新型噬菌体也是未来噬菌体应用研究的发展方向。2007 年，Collins 通过在 T7 噬菌体的基因组上插入能裂解 β-1，6-乙酰-*D*-葡萄糖胺的糖苷键水解酶基因，使其能够杀菌并破坏细菌生物膜的形成。2015 年，Collins 实验室构建了噬菌体噬粒载体，使其能够携带靶向抗菌药物，通过非裂解途径杀菌，因此避免裂解细菌释放内毒素；Qimron 实验室对噬菌体进行重编程，使其仅识别和杀灭具有抗生素耐受基因的细菌；Lu 实验室建立了一套基于酵母人工染色体改造噬菌体基因组的方法，在 3 种遗传背景清晰的噬菌体间完成了细菌识别结合模块的置换。这些研究成果展现了通过合成生物学技术重构和改造噬菌体来赋予噬菌体特定功能的潜力。

二、噬菌体疗法的局限性

对于噬菌体治疗，除了患者免疫力低下等自身因素外，噬菌体疗法本身的局限性也是制约治疗效果的重要因素，主要包括以下几个方面。

（一）宿主特异性

宿主特异性的优势是保障噬菌体精准杀菌而不影响人体正常菌群，劣势是较窄裂解谱限制了噬菌体临床应用的普适性。噬菌体的特异性体现在不但对不同细菌之间存在特异，对同一种细菌的不同菌株之间也存在特异。如 G^- 菌对应的噬菌体往往裂解谱很窄，一株噬菌体只能裂解一种细菌的少数菌株，导致临床应用的噬菌体鸡尾酒并不能完全覆盖患者体内病原菌的不同菌株，那么治疗后未被覆盖的菌株将代替原菌株成为新的优势菌株，导致感染复发。

针对噬菌体的这一局限，需要从细菌和噬菌体两方面着手。一方面，要通过连续多次培养尽可能完整地筛选患者感染灶中病原菌的不同菌株，分别筛选裂解性噬菌体。另一方面，在噬菌体的选择上，不但要选择裂解效果好的噬菌体以直接、快速地杀灭病原菌，也要选择不同受体类型的噬菌体进行鸡尾酒组合。这两方面都是为了让噬菌体鸡尾酒最大限度地覆盖患者病原菌的不同菌株，从患者体内分离的病原菌菌株种类越多，对应的裂解性噬菌体组合覆盖度越大，鸡尾酒中的噬菌体受体类型越多样，能覆盖不同菌株的潜力就越大。

（二）制剂质量

对用于临床治疗的噬菌体制剂来说，有效性、安全性和稳定性是最重要的 3 项指标。一方面，需要在获得活性噬菌体的同时去除制备过程中细菌组分和产物的残留。特别是临床制剂对内毒素等细菌性热源的控制水平要求较高，而如 G^- 菌的噬菌体制备过程中细菌裂解会释放大量内毒素，会面临高噬菌体滴度和低内毒素水平难以两全的困境。另一方面，目前的内毒素限制标准是否合理也需要进一步考量。噬菌体静脉给药对血流感染、系统性感染和急性肠道感染等疾病的治疗效果良好，但由于噬菌体的免疫原性和噬菌体制剂内毒素等有害物的残留，人们对噬菌体制剂入血的安全性依然存在担忧。对此，Speck 和 Smithyman 对至今超过 1 000 例噬菌体入血治疗进行了统计，发现虽然大多数研究中并未控制噬菌体制剂的内毒素浓度等指标，甚至很多并未检测，但噬菌体静脉给药是安全有效的，极少数引起休克及血清病等不良反应的案例基本归咎于噬菌体制备阶段的污染。除以上的问题外，如何保持噬菌体制剂的稳定性也是尚未有效解决的问题。目前噬菌体制剂普遍采用 4 ℃冷藏保存的方法，滴度会随着时间的推移缓慢下降。已有研究表明，冷冻保存或者干粉保存能大大提高噬菌体稳定性，但冷冻和冻干过程中会对噬菌体滴度造成较显著的瞬时损失。

笔者认为，在提高噬菌体制剂质量方面，制备工艺和流程需要优化，以在提高产品滴度和降低细菌残留物水平上寻求平衡；保存体系需要优化，以在控制噬菌体滴度下降水平和提高产品稳定性上寻求平衡；质控指标也需要优化，以内毒素限制标准为例，目前美国和欧盟对临床制剂 5 EU/(kg · h) 的限定标准对噬菌体制剂来说可能过于苛刻，从已有的安全性数据来看，内毒素阈值有相应提高的空间。当然，这些优化措施需要做进一步的临床及临床前评估。

（三）细菌耐受

在体外试验条件下，单一噬菌体很难完全清除病原菌。首先，病原体往往并不是单一菌株，而是一个包含优势株和劣势株的混合体。其次，单一菌株在复制过程中也有一定的突变概率，容易产生耐受噬菌体的菌株。如上文的“分枝杆菌感染案例”中，三株噬菌体组成的鸡尾酒与患者病原菌体外共培养后仍有少量细菌存活，并对其中两株噬菌体产生了抗性。

因此笔者推断，在人体内，噬菌体同样很难将患者的病原菌完全清除，仍然会有一些本身对噬菌体耐受的劣势株或直接发生耐噬菌体突变的菌株，抑或是持留菌会在噬菌体将绝大多数优势菌株杀灭后再次活化，导致噬菌体治疗效果不彻底。这需要通过提高患者的基础免疫力、合并抗生素或其他杀菌手段进行治疗。

（四）空间隔离

噬菌体需要充分接触细菌以建立感染并裂解细菌，方能达到噬菌体治疗的效果。目前，噬菌体治疗普遍采用的给药方案包括局部用药（如灌注、注射、喷洒、湿敷和雾化吸入）和全身性用药（静脉注射/滴注）。后者的优势是噬菌体能够随血液到达人体内的各个感染灶，但缺点是入血制剂的安全性要求高，且血液中存在大量能够中和噬菌体的物质，使到达感染灶的噬菌体滴度下降。例如，“Patterson 案例”中使用的噬菌体鸡尾酒在静脉给药后的 5 分钟、30 分钟、60 分钟和 120 分钟时血液噬菌体浓度分别检测为 18 000 PFU/mL、4 400 PFU/mL、330 PFU/mL 和 20 PFU/mL。因此，需要持续给药或增加给药频率来维持噬菌体的浓度和治疗作用。局部用药对噬菌体的质控要求低于静脉给药，但缺点是容易出现“空间隔离”，即有噬菌体难以到达的感染灶导致其与细菌之间的隔离，从而影响治疗效果。例如，SIP 开展的尿路感染噬菌体治疗中就发现膀胱灌注的噬菌体难以逆行到肾盂而导致细菌感染复发。

抗生素局部用药也往往面临“空间隔离”问题，即使全身性用药，有些能形成生物被膜的细菌也以此作为屏障。噬菌体能够通过结合细菌受体裂解细菌来突破生物膜屏障，但是却无法突破人体器官、肌肉、脂肪、隔膜等实质性屏障，因为噬菌体无法感染这些结构中的人体细胞。因此，噬菌体局部用药时需要通过清创、引流或如肾盂造瘘等外科手术来引导噬菌体充分到达并接触感染灶，解决“空间隔离”的制约，提高噬菌体治疗效果。

（五）噬菌体防控研究缺乏

超级细菌感染多发生于医院等病原菌携带人群多、抗生素使用密集的环境下，特别是ICU中容易发生院内感染。传统杀菌剂由于对人有毒副作用，需要清空病房人员后方能有效杀菌消毒。而当前情形下医院病床紧张，难以做到人员隔离消毒，因此导致患者携带的耐药细菌残留并聚集。新入院的患者由于自身免疫力低下，在频繁接触感染源的情况下容易发生新的继发感染，导致噬菌体治疗虽能成功清除目标病原菌，但患者可能发生二次感染。因此，环境杀菌是从源头上避免超级细菌感染的有效手段，环境中的噬菌体对人体的危害微乎其微，可以在有人员的空间内直接进行雾化杀菌，这将是未来环境杀菌的重要方向。陈立光教授从2013年开始首次在台湾花莲地区进行噬菌体混合制剂喷雾预防院内感染的前瞻性干预实践，通过收集ICU环境中的鲍曼不动杆菌菌株，筛选匹配的噬菌体混合制剂对ICU进行雾化喷洒，结果表明噬菌体喷雾后耐碳青霉烯类鲍曼不动杆菌（CRAB）菌株比例从87.76%下降到46.07%，表明了噬菌体在防控院内感染上有巨大潜力。

（六）噬菌体治疗有效性证据不足

截至目前，噬菌体治疗仍未得到广泛的、科学的开展和评估。已有的随机对照临床试验中噬菌体治疗效果不佳，而噬菌体治疗效果较好的又往往是患者治疗前后的自身比较，抑或是噬菌体只作为辅助手段的联合治疗，难以准确评估噬菌体在治疗过程中的独立作用效果。总体而言，噬菌体治疗的安全性证据较为充足，极少有噬菌体引起的严重不良事件的报道，但有效性证据十分缺乏。一方面如上文所述，噬菌体及噬菌体疗法自身有其局限性；另一方面则反映出许多研究人员并未针对这些局限性采取科学的规避或破解措施。例如，在宿主特异性上，许多研究人员往往采用商业化或单一化的噬菌体组合，很难覆盖患者的病原菌，且在噬菌体治疗前并未检测受试者病原菌对所用噬菌体的敏感性，因此无法保证噬菌体的针对性和覆盖度，治疗效果差也在情理之中。

因此笔者认为，一方面，需要大量常规治疗与噬菌体治疗双盲随机对照的临床试验数据来验证噬菌体治疗的有效性。这方面IPATH于2019年1月先行一步，获美国FDA批准开展噬菌体静脉注射治疗心脏支架的金黄色葡萄球菌感染，虽然实验组只批复了9个入组名额，但这是现代伦理审批框架下第一个评估噬菌体治疗有效性的随机对照Ⅰ/Ⅱ期临床试验。考虑到金黄色葡萄球菌的噬菌体具有裂解谱广的特征，且此临床试验所用的噬菌体制剂此前已经通过了临床前安全性和有效性验证，因此本临床试验具有一定的可行性。但是另一方面，除少数G^+菌对应的噬菌体具有广谱性特点外，绝大多数噬菌体裂解谱相对较窄，特异性较强，很难通过少数几株噬菌体覆盖复杂多样的临床病原菌。因此，在大多数情况下，噬菌体治疗属于精准医学和个性化治疗范畴，应当因人而异，通过噬菌体裂解试验筛选针对患者病原菌的个性化裂解性噬菌体组合是噬菌体治疗取得成功的关键。

（七）知识产权归属不清晰

由于噬菌体为天然产物，且从环境中分离相对容易，因此在现有法规框架下受知识产权保护的可行性有限，大大限制了噬菌体从业人员和研发公司开发、应用和推广噬菌体产品的积极性。因此，如何从知识产权保护政策上对其进行保护并建立相关的行业准则，是当前急需解决的问题。笔者认为，需要从以下两方面着手：一是从对噬菌体本身申请专利权转移到保护噬菌体制备的上下游流程及鸡尾酒制剂配方，保护具有效果良好和质量稳定的噬菌体产品及生产工艺；二是应通过国际组织、国家间的合作来管理具有专利联营的私人、机构和政府间伙伴关系。维持良好的噬菌体产业秩序，从国家和国际组织方面考虑利用噬菌体治疗方面的得利作为预防细菌耐受抗生素及可能发生的耐受噬菌体相关的成本。

（八）药品申请和使用法规不适用

如上文所述，由于噬菌体的高度特异性，不同菌株、不同患者及治疗过程的不同阶段往往需要个性化噬菌体鸡尾酒组合来进行治疗，与现行医药产品申请要求的单一性、稳定性、普适性特征并不匹配。同时，知识产权归属不清晰也严重制约噬菌体相关的药品申请。因此，笔者认为，从国家甚至国际层面上，需要从以下几个方面着手：一是更新或拓展现有的医药产品指导原则，将噬菌体治疗视为与嵌合抗原受体 T 细胞免疫疗法类同的特需技术来进行针对性修订，或对噬菌体治疗采用药监局审核授权或备案机制；二是对背景清晰、机制明确、安全有效的噬菌体及噬菌体产物开放药品许可，并默认许可由它们搭配组合的噬菌体鸡尾酒制剂在临床上的应用；三是制订标准化、可推广的临床用噬菌体选配和使用指南，建立认证系统和多维度培训体系，以保障适当、合理、有效地进行噬菌体治疗、应用和评价；四是建立与抗生素耐药性监测类似的细菌耐噬菌体监测系统，制约不必要的噬菌体使用或滥用。

（九）医务人员和公众对噬菌体缺乏认知

目前，公众对噬菌体治疗优势的认知远不及对细菌耐药的认知，国内的医学课程对细菌-噬菌体的拮抗进化也鲜有涉及。这导致了临床从业人员、患者及患者家属对噬菌体及噬菌体治疗的认知缺乏，无法接受或无法正确实施噬菌体治疗。因此，这需要研究机构、医疗机构、企业及政府在噬菌体治疗方面的科普与教育方面加大投入，组织面向不同群体的噬菌体相关教育活动和研讨会，消除噬菌体是“传统病毒”的偏见，培养噬菌体对人类是“好病毒”的共识。

尽管噬菌体治疗在现在和将来仍然要克服重重壁垒，但好在人们已经意识到细菌耐药带来的巨大隐患，在开发和接受新技术、新疗法方面也越来越积极。相信随着噬菌体治疗的监管和知识产权政策的落实，噬菌体临床应用和产业化发展也将迎来自己的春天。

参考文献

16 噬菌体基因编码产物的抗细菌感染作用

——韩文瑜　顾敬敏

噬菌体特异性裂解细菌的现象最早是由英国的Twort和法国的d'Hérelle分别于1915年和1917年相继独立发现的。Jacob等于1958年首先发现噬菌体可以编码一类具有裂解细菌特性的蛋白质，这些蛋白质在噬菌体感染并裂解宿主菌的过程中发挥着重要的作用，被命名为裂解酶（又称为内溶素）。1959年，Freimer等首次成功纯化了裂解酶，且具有杀菌能力。2001年，噬菌体裂解酶首先被用作局部抗菌剂。2013年，全球第一个噬菌体裂解酶产品Gladskin上市，该产品主要用于辅助治疗耐甲氧西林金黄色葡萄球菌（MRSA）引起的炎症性皮肤病。目前，针对MRSA的裂解酶CF-301已完成人体的Ⅰ/Ⅱ期临床试验，证明了这一新治疗制剂的安全性和有效性，目前该裂解酶正用于MRSA菌血症住院患者及心内膜炎患者的实验治疗，如果获得成功，这将成为第一个裂解酶药物。除了裂解酶之外，对噬菌体基因编码的其他抗菌产物的相关研究也日益增多，主要包括穿孔素、转运信号多肽、跨膜素、解聚酶和尾突蛋白等，这些噬菌体来源的蛋白质也具有抗菌作用。

第一节　噬菌体裂解细菌的分子基础——裂解系统

正常情况下，噬菌体感染细菌之后所形成的子代噬菌体颗粒要穿过细菌的细胞膜和细胞壁结构，然后才能释放到细菌外。对于细胞膜这道屏障，有些噬菌体是通过非破坏性的“出芽”等方式通过，也有些噬菌体则是通过编码形成的蛋白质以打孔的方式破坏细菌细胞膜。对于细胞壁这道屏障，一部分噬菌体是通过编码表达抑制细胞壁合成的蛋白质分子进行突破；另外一部分噬菌体是通过编码表达能够结合细胞壁上特定结构并水解特定化学键的裂解酶，从而破坏细胞壁的完整性。噬菌体穿过细胞膜和细胞壁可能是依赖单个蛋白质分子，也可能需要多个蛋白质同时协作，据此可以将噬菌体的裂解系统分为单组分系统和双组分系统两大类。

1. 单组分裂解系统　一些具有小基因组的噬菌体，如噬菌体ΦX174、ssDNA丝状噬菌体ΦX174和ssRNA噬菌体MS2等，都具有不依赖裂解酶的裂解系统，其可抑制宿主

作者单位：韩文瑜、顾敬敏，吉林大学动物医学学院。

的细胞壁合成酶，并以独特的出芽方式释放子代噬菌体。其中噬菌体 ΦX174 的蛋白 E 为由 91 个氨基酸组成的膜蛋白，它通过抑制参与脂质 I 合成的 MraY 酶，从而完成子代噬菌体颗粒的释放。据报道，大肠埃希菌 ssRNA 噬菌体 Qβ 并没有独立的裂解相关基因，真菌线状 ssDNA 微小病毒噬菌体 X174 和 ssDNA 噬菌体 MS2 也都不存在能够破坏细胞壁的裂解酶。这些缺乏裂解酶的小基因组噬菌体主要是利用多肽在不同阶段抑制宿主菌的胞壁质合成酶，从而在不同阶段释放子代噬菌体颗粒，并最终导致宿主菌的裂解。小 RNA 噬菌体编码的单一蛋白质称为 amurin，这种蛋白质有导致细胞膜溶解并抑制细胞壁合成的作用，一般不需要其他蛋白质的协助。

2. 双组分裂解系统（holin-endolysin） dsDNA 噬菌体则具有主要依赖裂解酶的裂解系统，一般包括两种蛋白质，即细胞壁裂解酶和穿孔素。噬菌体在其感染晚期合成穿孔素和裂解酶：穿孔素可在特定的时间点在细胞膜上形成低聚物“跨膜孔”，并改变宿主细胞膜的通透性；裂解酶通过穿孔素在细胞膜上形成的孔洞到达细胞壁，并将之水解破坏，最终导致宿主细胞在渗透压的作用下裂解死亡。“穿孔素-裂解酶”二元裂解系统是 dsDNA 噬菌体普遍采用的裂菌模式，以实现在宿主菌内部裂解细菌并释放其子代噬菌体。

第二节　噬菌体裂解酶

一、裂解酶的概念

噬菌体裂解酶是 dsDNA 噬菌体感染细菌的后期，由噬菌体基因编码合成的一种细胞壁水解酶。在噬菌体裂解复制周期中，裂解酶通过穿孔素在细胞膜形成的孔洞，进而抵达细胞壁上的肽聚糖靶点，然后对细菌细胞壁肽聚糖中的重要化学键进行切割水解，最终导致细菌裂解、死亡，以帮助子代噬菌体释放到胞外。裂解酶可以选择性地快速杀灭特定的细菌，且不易产生抗性，不破坏机体的正常菌群，是“精准型”抗菌物质。

二、裂解酶的结构组成及抗菌作用机制

目前研究较多的是 G^+ 菌的噬菌体裂解酶，分子量一般为 25 kDa 以上（链球菌 C1 噬菌体的裂解酶 PlyC 为 114 kDa）。噬菌体裂解酶在结构上具有相似性，典型的结构由一个或多个 N 端细胞壁催化结构域（cell wall catalytic domain，CWCD）和一个 C 端细胞壁结合结构域（cell wall binding domain，CWBD）组成（图 16-1）。

图 16-1　噬菌体裂解酶的结构示意图（引自 Fischetti V A，2005）

（一）裂解酶催化域

裂解酶 N 端结构域具有催化活性，称为催化域（catalytic domain，CD），能够特异地切断肽聚糖（peptidoglycan，PG）的化学键，催化域在一定程度上使裂解酶保持其宿

主的特异性。根据作用于细胞壁肽聚糖共价键位点和种类的不同，可以将催化域分为6类：①*N*-乙酰基胞壁酰-*L*-丙氨酸酰胺酶（*N*-acetylmuramoyl-*L*-alanine amidase）；②*N*-乙酰基-β-*D*-胞壁质酶（*N*-acetyl-β-*D*-muramidase）；③*N*-乙酰基-β-*D*-氨基葡萄糖苷酶（*N*-acetyl-β-*D*-glucosaminidase）；④肽桥内肽酶（interpeptide bridge endopeptidase）；⑤*L*-丙氨酰-*D*-谷氨酸内肽酶（*L*-alanoyl-*D*-glutamate endopeptidase）；⑥糖基转移酶（transglycosylase，图16-2）。*N*-乙酰基-β-*D*-胞壁质酶、*N*-乙酰基-β-*D*-氨基葡萄糖苷酶和糖基转移酶的作用部位在肽聚糖的糖基上；*N*-乙酰基胞壁酰-*L*-丙氨酸酰胺酶的作用部位是聚糖与肽连接的酰胺键；而肽桥内肽酶和*L*-丙氨酰-*D*-谷氨酸内肽酶则作用于四肽侧链和五肽交联桥上的肽键。具有酰胺酶活性的裂解酶通常表现为较宽的裂解谱。有些报道的裂解酶含有两个催化域，如金黄色葡萄球菌噬菌体K的裂解酶LysK和金黄色葡萄球菌噬菌体GH15的裂解酶LysGH15，它们的催化域均包含半胱氨酸和组氨酸依赖性酰胺水解酶/肽酶（cysteine histidine-dependent amidohydrolase/peptidase，CHAP）结构域和酰胺酶（amidase）结构域，其中CHAP结构域通常在活性位点处含有半胱氨酸和组氨酸残基。

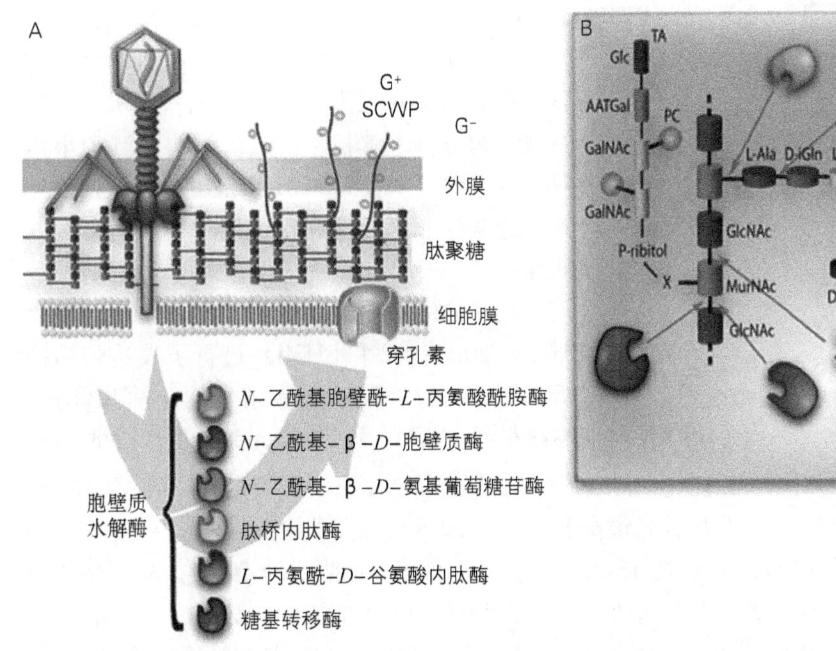

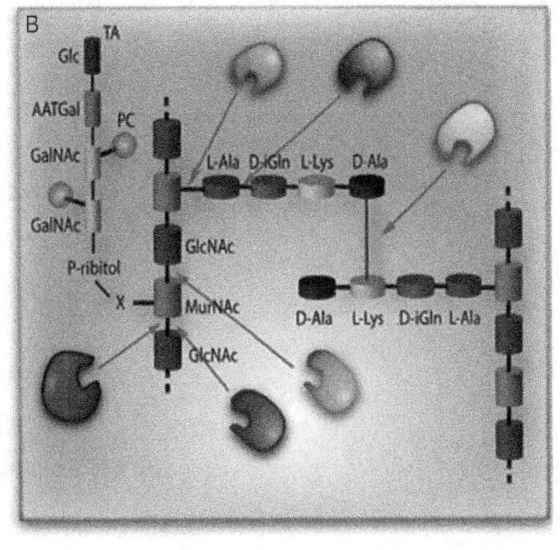

图16-2 作用于细菌细胞壁上不同结构的裂解酶（引自Hermoso等，2007）

（二）裂解酶结合域

C端结构域是与宿主细胞壁上的特异性底物发挥结合作用的区域，称为结合域（binding domain，BD），负责识别和结合细菌细胞壁内的保守模块，决定了裂解酶裂解作用的特异性。通常细菌细胞壁上含有多糖和磷壁酸受体，其中*N*-乙酰葡糖胺、胆碱和聚半乳糖等都被证明是结合域的靶标分子，能通过非共价键的方式与结合域发生高亲和且特异的结合。例如，干酪乳杆菌裂解酶Lc-Lys的C端结构域可以特异性地靶向含有酰胺化D-Asn交叉桥肽聚糖的细菌菌株，并在催化域作用下将细菌裂解，但是其对细胞壁修饰后的细菌突变体结合活性完全消失，也无法将细菌裂解，表明裂解酶对相关菌株特异的裂解活性依赖于结合域与细胞壁上保守表位的特异性结合。炭疽芽孢杆菌裂解酶PlyG的相关研究也证明了这一点，去除其结合结构域会导致裂解酶无法发挥催化活性，表明C端结合结构域对保持酶活非常重要。此外，有些文献表明天然不带有结合域的裂解酶通常比含有结合域的裂解酶倾向于具有更宽的抗菌宿主范围。

各种裂解酶的N端催化域是相对高度保守的，而C端结合域是高变的。但也有例外，Simmons等研究发现产气荚膜梭菌的两个噬菌体裂解酶的C端结合域显示100%序列同源性，而在N端功能区序列只有55%的同源性。

G^-菌噬菌体裂解酶的研究较少，而多数已被报道的G^-菌噬菌体裂解酶仅具有呈单体球状的催化域结构，而不具备结合域结构。一小部分G^-菌噬菌体裂解酶也呈现模块式镶嵌结构，其催化域和结合域与G^+菌噬菌体裂解酶的位置分布恰好相反，即结合域在裂解酶的N端，而催化域在裂解酶的C端。

（三）裂解酶的三维结构及分子作用机制

目前成功解析结构的裂解酶有两个典型的代表，一个是金黄色葡萄球菌噬菌体裂解酶LysGH15，另一个是链球菌噬菌体裂解酶PlyC。

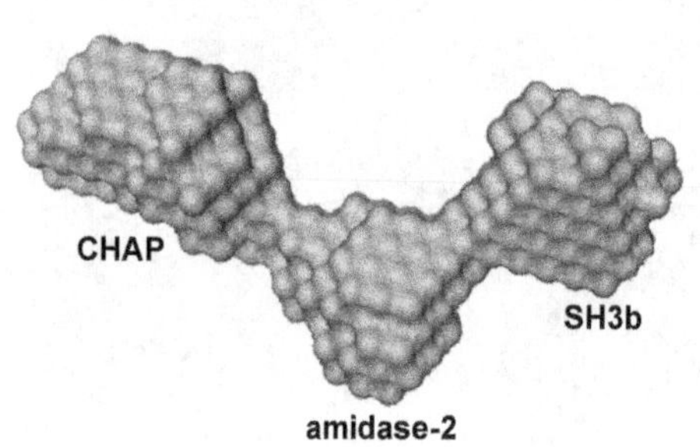

图16-3　LysGH15的结构模型
（引自Xia等，2015）

Jingmin Gu等为了揭示金黄色葡萄球菌噬菌体裂解酶LysGH15发挥裂解活性的作用机制，对其三维结构进行了解析。由二级结构预测和小角散射分析表明，全长LysGH15是由两个连接肽连接三个近似球形的活性区域组成，表现出很大的摆动性（图16-3），无法进行有效的蛋白结晶。

因此，他们分别对LysGH15的3个活性片段（CHAP、amidase-2和SH3b）进行了表达和结构解析（图16-4）。通过结晶条件的初筛和优化，最终获得了CHAP片段和amidase-2片段的高质量晶体，并分别通过硒代和泡重原子的方法解析了这两个片段的三维结构。对CHAP片段结构进行的位点突变、原子发射光谱分析（ICP-AES）、等温滴定量热法（ITC）、热漂移、圆二色谱分析（CD）和活性实验表明，C54-H117-E134-N136四联体为CHAP的活性中心，其中C54的巯基起主要的攻击作用；CHAP可以通过5个氨基酸残基结合一个Ca^{2+}，形成一个“ef-hand-like”钙结合位点，其中D45、D47和D56的侧链在结合Ca^{2+}中起关键作用；Ca^{2+}的丢失不会影响CHAP的二级结构，但是对其热稳定性具有影响，它与CHAP的解离平衡常数为27 μmol；Ca^{2+}在CHAP的裂解活性中起关键的“开关”调节作用，一旦丢失，将使C54位点偏离正确的空间位置，从而使CHAP失活。通过amidase-2的结构可以看到H214、H324和C332三个氨基酸残基的侧链可以结合一个Zn^{2+}，另外通过序列和结构的比对确定了与活性有关的氨基酸位点为E282和T330。对SH3b片段采用核磁共振技术进行结构解析，首先表达了N^{15}和C^{13}单标和双标的SH3b蛋白，通过核磁共振技术获得了二维谱数据，通过计算、分析和优化最终获得了SH3b在溶液状态下的三维结构；核磁滴定与突变实验鉴定了SH3b与底物多肽“AGGGGG”相互作用的界面和关键氨基酸位点。

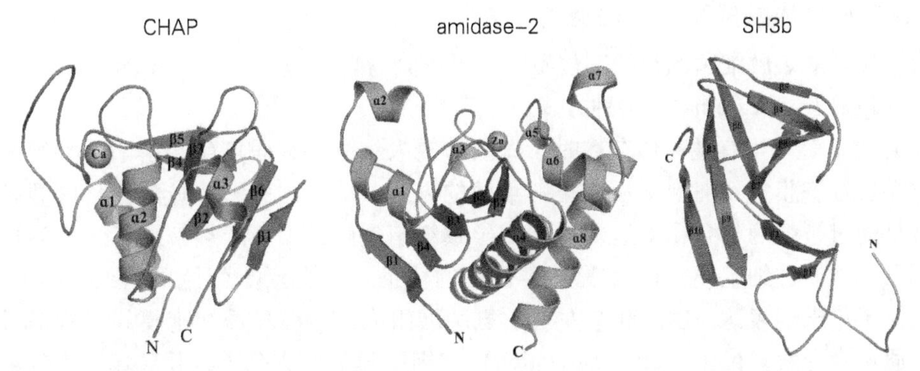

图 16-4 彩图

图 16-4 LysGH15 的 CHAP、amidase-2 和 SH3b 的三维结构（引自 Gu J M, et al., 2014）

通过定点突变，确定了三个片段在 LysGH15 活性的发挥中分别起到的作用。LysGH15 的三个活性片段单独存在时：CHAP 表现出较全长蛋白弱的裂解活性；amidase-2片段不具有裂解活性，但是amidase-2片段可以增强 CHAP 片段的活性；SH3b 具有特异性结合金黄色葡萄球菌的活性。LysGH15 及其 CHAP 片段的裂解活性均依赖于 Ca^{2+}的存在，Ca^{2+}所在的位置紧邻 CHAP 片段的四联体活性中心，四联体对其活性的发挥也是至关重要的，amidase-2 片段发挥活性的关键位点是 E282 和 Zn^{2+}，该片段在 LysGH15 的裂解活性中所起的作用很微弱；SH3b 与多肽 AGGGGG 相互作用的界面及关键的氨基酸位点的鉴定表明，该片段在 LysGH15 全酶活性的发挥上起重要导向和结合作用。

而链球菌噬菌体裂解酶 PlyC 与其他的裂解酶结构不同，它是由两个独立基因编码的 PlyCA 和 PlyCB 组成，二者共同组成具有活性的 PlyC（图 16-5）。从 PlyC 的蛋白质结构可以看到它是由 1 个 PlyCA 和 8 个 PlyCB 形成的多聚体，其中 PlyCA 位于 PlyCB 多聚体上方，包含一个 CHAP 片段，主要具有催化水解活性；而 8 个 PlyC 分子共同构成了一个环状结构，主要起结合作用。

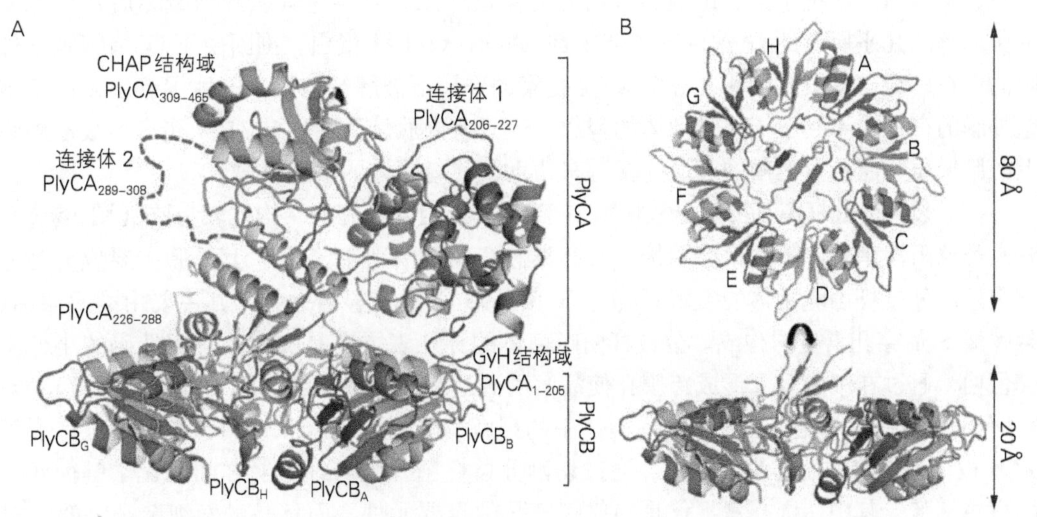

图 16-5 彩图

图 16-5 链球菌噬菌体裂解酶 PlyC 的三维结构（引自 McGowan 等，2012）

（四）噬菌体裂解酶裂解细菌的方式

根据裂解酶裂解细菌的起始部位不同，可以分为自内裂解（lysis from interior）和自外裂解（lysis from external）两种方式。

1. 自内裂解　当有噬菌体存在时，噬菌体侵入细菌并编码产生裂解酶，裂解酶从细菌内部穿过细胞膜达到细胞壁从而裂解细菌的方式，即自内裂解。噬菌体自内裂解细菌时通常是通过裂解酶与穿孔素这两种物质导致细菌裂解的。由于裂解酶不含先导信号序列，所以不能通过细胞膜，这就需要穿孔素的协助。穿孔素是细胞的溶解“定时器”，在噬菌体感染末期表达，由 100 个左右的氨基酸组成，能够穿透细胞膜并起到信号肽的作用，通过穿孔素寡聚化（oligomerization）在细胞膜上形成孔道，并破坏其内外渗透压平衡和正常的调节机制，导致细胞膜发生破裂、内容物外漏。随之裂解酶抵达肽聚糖并将其水解，细胞壁遭到破坏后，细菌在渗透压的作用下发生裂解，子代噬菌体被释放到外界。因此，自内裂解是穿孔素和裂解酶协同作用的结果。

而 G^+菌、G^-菌和分枝杆菌的细胞壁结构与组成相差很大（图 16-6），噬菌体为了能够破坏特定宿主菌的细胞壁从而将子代释放出去，进化出了一套能够精确破坏特定宿主细胞膜和细胞壁的裂解系统。

（1）裂解 G^+菌：G^+菌细胞壁主要成分为肽聚糖结构（图 16-6），其特点是多层、三维立体网状结构。噬菌体的裂解酶在细菌细胞质内表达，其要想到达细胞壁肽聚糖，则必须穿过细菌的细胞膜，但通常来说 G^+菌的裂解酶为亲水、可溶性蛋白质，没有破坏、穿过细胞膜的功能。所以 G^+会表达能够在细胞膜上打孔的穿孔素，从而辅助裂解酶穿过细胞膜，到达细胞壁肽聚糖，破坏细胞壁完整性，释放子代噬菌体颗粒。多数 G^+菌的细胞壁紧挨细胞膜一侧的结构与细菌细胞壁外表面的结构是一致的，这为异源表达的噬菌体裂解酶能从胞外直接接触并水解细胞壁肽聚糖提供了可能。

（2）裂解 G^-菌：G^-菌细胞壁由外膜和周质间隙组成，细胞壁除含有肽聚糖外还含有较厚的类脂层（图 16-6）。G^-菌细胞壁最外层是较厚的脂多糖等，被认为是一道渗透性屏障，阻碍疏水性抗生素、试剂和蛋白质的渗透作用，可避免其肽聚糖破坏后直接导致细菌崩解。几乎所有的 G^-菌的噬菌体中都编码有 Rz/Rz1 蛋白，推断由于 G^-菌细胞壁外膜的存在，噬菌体虽然能够在裂解酶-穿孔素的作用下裂解细胞壁中的肽聚糖层，但细胞壁外膜的存在也不利于子代噬菌体的释放，而具有内肽酶活性的 Rz/Rz1 蛋白可攻击外膜上的胞壁质和脂蛋白之间的寡肽连接键来协助子代噬菌体的快速释放。

（3）裂解分枝杆菌：虽然分枝杆菌属于 G^+菌，但其细胞壁结构比较特殊（图 16-6），既有类似阳性菌较厚的肽聚糖结构，又有类似 G^-菌的细胞壁外膜，其外膜主要成分为分枝菌酸。分枝杆菌噬菌体的裂解系统与 G^+菌及 G^-菌也有显著差异，其主要由裂解酶 A、裂解酶 B 及穿孔素蛋白构成。分枝杆菌噬菌体的穿孔素蛋白是噬菌体基因编码的小分子膜蛋白，通过在细胞膜上形成跨膜孔使裂解酶到达细胞壁肽聚糖层而发挥细菌裂解功能；裂解酶 A 蛋白的功能类似于其他噬菌体中的裂解酶蛋白，具有肽聚糖水解酶活性；裂解酶 B 被认为是在噬菌体裂解晚期，通过切割分枝杆菌外膜与细胞壁之间的化学键彻底裂解宿主细胞。其中，穿孔素不仅是构成跨膜孔的重要元件，而且是触发细菌裂解的“分子定时器”，在噬菌体裂解宿主菌的过程中扮演着重要角色。

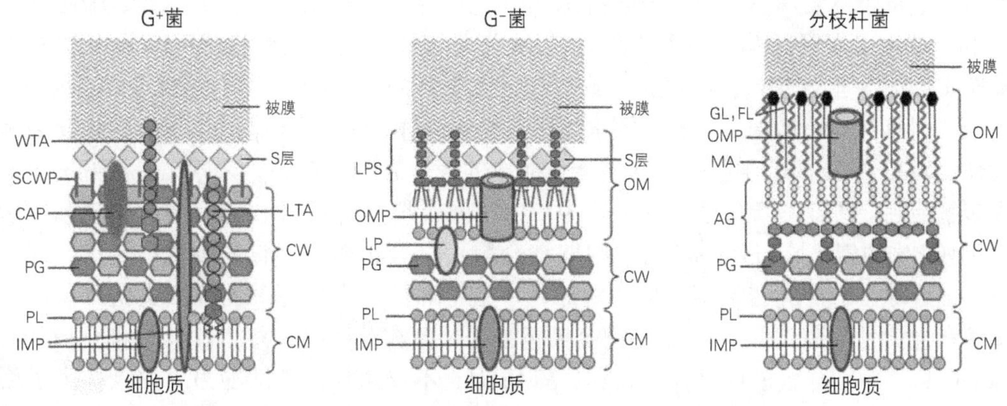

图 16-6　不同细菌细胞壁结构的差异性（引自 Fernandes 等，2018）

2. 自外裂解　当没有噬菌体时，将某些噬菌体裂解酶加入含有敏感细菌的环境中，噬菌体裂解酶也可以在细菌外发挥有效的裂解作用，即自外裂解。多数 G^+ 菌噬菌体的裂解酶可以从胞外快速裂解细胞壁，从而杀死细菌。这为裂解酶的单独使用提供了基础。迄今，已经报道了针对多种病原细菌的裂解酶，主要包括链球菌、葡萄球菌、李斯特菌和芽孢杆菌等。

三、裂解酶的改造

为了提高裂解酶的裂解活性、拓宽其裂解谱，可以应用分子生物学的方法对天然噬菌体裂解酶进行设计改造，对裂解酶的不同作用区域进行调整、转换，或者将其他功能蛋白的元件与裂解酶的结构域相嵌合，以构建嵌合式裂解酶，可以赋予其更优秀的抗菌功能。

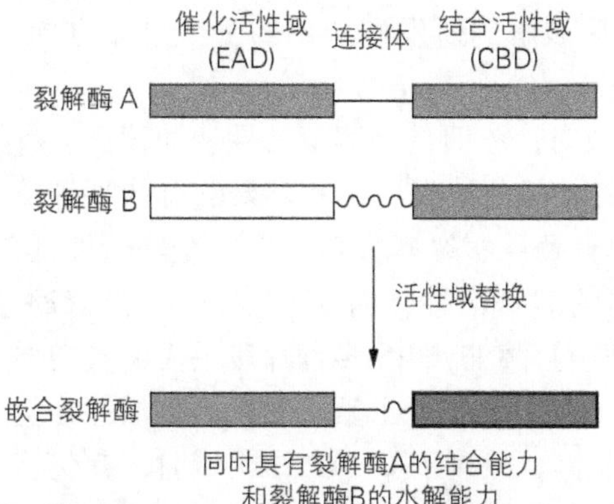

图 16-7　嵌合裂解酶的构建示意图（引自 Kim 等，2019）

（一）对 G^+ 菌噬菌体裂解酶的改造

1. 嵌合裂解酶　G^+ 菌的天然裂解酶结构是模块化的，通常由 N 端的催化域和 C 端的结合域组成，由于裂解酶这两个区域的结构域是相互独立的，可以通过将不同来源的催化域和结合域组合（图 16-7），构建比亲代裂解酶性能更优良的嵌合裂解酶（chimeolysin），以提高其杀菌活性、水溶性，拓宽杀菌谱等。Rodriguez-Rubio 等把金黄色葡萄球菌噬菌体裂解酶 HydH5 和溶葡萄球菌素的结构域进行了嵌合表达，嵌合蛋白 HydH5-SH3b、CHAP-SH3b 和 HydH5-Lyso 的裂解能力与 HydH5 相比都得到了提高。Osipovitch 等将金黄色葡萄球菌的自溶酶（autolysis enzyme）Lyt M 和金黄色葡萄球菌裂解酶的细胞壁结合域进行了嵌合构建，其裂解能力比原裂解酶提高了 540 倍。Dong 等将金黄色葡萄球菌裂解酶 Ply187 的催化域 Ply187N（1～157 aa）和噬菌体裂解酶 PlyV12 的结合域 V12C（146～314 aa）进行了嵌合构建，组成的嵌合酶 Ply187N-V12C 不仅能裂解金黄色葡萄球菌，还能裂解链球菌（包括停乳链球菌、无乳链球菌、酿脓链球菌）和肠球菌（屎肠球菌、粪肠球菌），极大拓宽了裂解酶的裂解谱。Fernandes 等把粪肠球菌噬菌体裂解酶 F168/08 的催化域和噬菌体裂解酶 Lys87b 的结合域组合成嵌合酶，既扩大了裂解谱，还增加了裂解酶的水溶性。由噬菌体 Twort 裂解酶 ply TW 的催化域和噬菌体phi nm3裂解酶的细胞壁结合域融合而成的嵌合裂解酶 ClyS，表现出了更好的水溶性和裂解活性。许晶晶等报道了一个较为广谱的嵌合裂解酶 ClyE，它是由天然噬菌体裂解酶 PlyGBS 的催化域和 PlySs2 的细胞壁结合域融合表达而来，它的裂解谱较广，能够裂解无乳链球菌、停乳链球菌、化脓链球菌、猪链球菌、变异链球菌、肺炎链球菌、粪肠球菌和金黄色葡萄球菌。Yang 等把金黄色葡萄球菌噬菌体裂解酶 Ply187 的催化域和裂解酶 phi nm3 的结合域进行组合形成嵌合酶 ClyH，不仅增加了裂解能力，而且扩大了裂解谱；他们还基于合成生物学的理论，将两个金黄色葡萄球菌裂解酶的不同功能域进行融合进而得到一个全新的嵌合酶 ClyH，其能高效杀灭包括 MRSA 在内的各种金黄色葡萄球菌临床分离株，而且 ClyH 具有比溶葡菌素更高的裂解活力和更广的裂解谱，有望成为一种用于临床上金黄色葡萄球菌感染控制与治疗的抗菌药物；将链球菌噬菌体裂解酶 λSA2 的肽链内切酶结构域与葡萄球菌噬菌体裂解酶 LysK 及溶葡萄球菌素的 SH3b 结合结构域组成嵌合酶，不但能对金黄色葡萄球菌（包括青霉素耐药株）具有较高的裂解活性，对链球菌同样具有裂解活性。除了可以对不同噬菌体裂解酶的片段进行嵌合，裂解酶的功能片段还可以跟其他来源的功能蛋白片段相结合，Fischetti 等将裂解酶的结合域与人源 IgG 抗体的 Fc 片段进行了融合表达，该融合蛋白（lysibody）能够靶向结合金黄色葡萄球菌，从而促使吞噬细胞有效清除细菌。

因此，通过对裂解酶进行修饰和改造，不仅能增强裂解酶的裂解活性，还能使其更准确地针对不同的目标致病菌，达到优化裂解酶的目的。嵌合裂解酶可以克服天然裂解酶活性低、可溶性差及作用靶点单一等缺点，并且可被赋予更多的功能，更适于治疗耐药菌引起的感染。嵌合裂解酶的设计和改造是今后裂解酶研发和应用的一个重要方向，也是裂解酶用于耐药菌控制和治疗最具有希望的增长点。

2. *裂解酶截短*　一些裂解酶在去除 C 端结合域时，依旧具有溶菌活性，如德氏乳杆菌噬菌体 LL-H 编码的 Mur；有些酶甚至 C 端缺失或部分缺失后，其剩余的母体裂解酶裂解活性反而得到了增强。Loessner 等发现金黄色葡萄球菌裂解酶 Ply187 的全酶活性低，但其 N 端的 1～157 aa 单独存在时却表现出更高的裂解活性，而 158～227 aa 和 158～628 aa没有裂解活性。Cheng 等也发现 B 群链球菌裂解酶 PlyGBS 多种片段丢失的蛋白质突变体活性得到了增高，如仅保留 N 端 1～141 aa 和 C 端的 13 个氨基酸，裂解活性为全酶的 28 倍。当截去葡萄球菌裂解酶 LysK 的一些肽链，只剩下 CHAP 结构域时，其仍保持裂解葡萄球菌（包括 MRSA）的活性。艰难梭菌噬菌体裂解酶 CD27L 被截短后剩下 N 端结构域 CD27L1-179，不但增加了其对艰难梭菌的裂解活性，其裂解谱亦有所扩大。此外，经过截短的裂解酶，甚至可以仅剩下某一单个结构域蛋白，这样能够使其分子量大大降低，能减少免疫应答的发生。Yang 等还发现针对金黄色葡萄球菌的裂解酶 PlyV12 截断至仅剩结合域 V12CBD 时，可以通过结合金黄色葡萄球菌来调控其毒力基因的下调转录和表达，并促使细菌被吞噬细胞清除；他们还首次发现在炭疽芽孢杆菌特异性裂解酶 plyG 的结构中存在两个独立的识别功能域，分别识别炭疽芽孢杆菌的芽孢和营养体，其中催化域中有一段 60 个氨基酸的序列能特异性的识别炭疽芽孢，免疫电镜分析结果显示，其作用靶点最有可能是芽孢外壁。他们将裂解酶 plyG 不同截短体与增强型绿色荧光蛋白进行融合，所得到的重组蛋白可以通过荧光消减法特异性的检测炭疽芽孢杆菌的营养体和芽孢。因此，新发现芽孢识别功能域不仅可以用于炭疽芽孢的快速检测，而且还为体外炭疽芽孢的控制提供了新的思路。

（二）对 G^- 菌噬菌体裂解酶的改造

对于作用于 G^- 菌的裂解酶，可以用物理（如高静压）和化学（如 EDTA、弱有机酸、柠檬酸）等方法协助其发挥作用，以增强其穿透细胞壁外膜的能力，拓宽其裂菌谱。有研究发现，某些少数裂解酶具有广谱的杀菌能力，单独使用的情况下，不仅可以裂解 G^+ 菌，也可以裂解 G^- 菌，可用于治疗混合感染。例如，何洋等发现类志贺邻单胞菌噬菌体 ΦP4-7 的裂解酶 Gp2 能够高效裂解 5 种 G^- 菌，包括铜绿假单胞菌、大肠埃希菌、黏质沙雷菌、摩氏摩根菌和弗氏柠檬酸杆菌，以及 3 种 G^+ 菌，包括金黄色葡萄球菌、枯草芽孢杆菌和地衣芽孢杆菌，具有潜在的应用价值。在不影响裂解酶水解肽聚糖活性的前提下，目前主要有 3 种方法可提高 G^- 菌裂解酶活性：第一种方法是采用物理或化学方法帮助裂解酶突破细菌外膜，如氯仿或静水压处理后的铜绿假单胞菌可被裂解酶 KZ144 裂解；将铜绿假单胞菌噬菌体裂解酶 OBPgp279 和沙门菌噬菌体裂解酶 PVP-SE1gp146 分别与多种外膜渗透剂（如 lycotoxin1）组合成融合蛋白 Artilysins，在体外具有较好的裂菌活性。第二种方法是使裂解酶嵌合一段阳离子多肽或穿透性功能域。抗菌肽嵌合裂解酶可有效裂解细菌，抗菌肽电荷数、亲疏水性对嵌合裂解酶活性影响较大，该嵌合酶可破坏细菌外膜并直接结合到细菌肽聚糖上发挥降解作用。Lei 等将能够渗透细菌外膜的抗菌肽 SMAP-29 融合在裂解酶 KZ144 的 N 端，组合成融合蛋白 SMAP-29-KZ144，该融合蛋白通过大肠埃希菌表达纯化后，能够通过细菌外模抵达细胞壁上的肽聚糖靶点，从而切割肽聚糖、杀灭铜绿假单胞菌。将鼠疫菌素上能特异识别耶尔森菌细胞膜上离子通道的序列与 T4 裂解酶融合，所得到的重组蛋白能借助离子通道通过耶尔森菌的细胞膜，导致耶尔森菌的死亡，而且对大肠埃希菌也有明显的杀灭效果。第三种方法是将裂解酶酸性氨基酸突变为碱性氨基酸以改变裂解酶携带的电荷数。如将蛋白质非功能区的酸性氨基酸改为碱性的精氨酸，可以提高蛋白质表面所带的正电荷数，而细胞壁外膜的磷脂双分子层大多携带负电荷，以此提高两者之间的亲和力，以帮助裂解酶穿过细菌外膜。

四、裂解酶作为抗菌剂的优势及应用策略

（一）裂解酶对宿主菌具有相对特异性

多数裂解酶的作用位点保守，只作用于一种或者一类细菌，对其他种类的细菌没有作用。噬菌体裂解酶因其 C 端具有特异性结合域和 N 端特异性催化域，能与相应的宿主菌进行特异性结合，因此裂解酶抗菌作用具有很好的特异性，不影响环境和机体的正常菌群。

（二）裂解酶抗菌作用高效

纳克级的裂解酶在与细菌接触的数秒内即可迅速使细菌细胞破裂，并在短时间内可使细菌下降几个数量级。Schuch 等将 2 个活性单位（2 μg）的炭疽芽孢杆菌 γ 噬菌体裂

解酶 PlyG 加入 1.0×10^4 CFU 耐链霉素的蜡样芽孢杆菌 RSVF1 中，10 秒内就能使细菌裂解；将 2 个单位的 PlyG 加入 1 mL（约 10^8 CFU）对数生长期的 RSVF1 中，20 秒就使细菌数量减少为原先的 1/17 000，并在 2 分钟时几乎杀灭所有细菌。

（三）裂解酶之间及与抗生素之间具有协同抗菌作用

研究发现裂解酶与抗生素之间具有协同抗菌效应，且裂解酶与裂解酶之间也具有协同抗菌作用。裂解酶与其他抗菌药物联用，不仅能够拓宽裂解谱，且能够更高效地发挥抗菌活性，降低细菌产生抗性的概率，且对游离细菌、持留菌和生物膜均有效。

（四）细菌对裂解酶不易产生抗性

裂解酶是噬菌体裂解宿主菌并释放子代噬菌体所必需的工具，与细菌同步相互作用、进化，故产生宿主菌耐噬菌体裂解酶的可能性极低。这可能是由于噬菌体为了配合宿主菌的变异，其裂解酶上针对宿主细胞壁受体分子的结合域经过长期演化，使其具有特异性识别并杀死细菌的能力。这也可能与裂解酶在细菌细胞壁上的受体是胆碱或者其他保守结构有关，这些结构为宿主菌生长所必需，因此细菌很难产生针对裂解酶的抗性。

大多数细菌具有产生抗性机制的能力，以保护自身免受抗菌剂的作用。这些机制包括细胞壁组分的变化、efux 泵过表达、酶修饰和穿孔素等。然而，到目前为止尚未报道细菌产生针对噬菌体裂解酶抗性的现象。有研究表明，在琼脂平板上培养的细菌暴露于低浓度的裂解酶中，即使经过 40 多个周期的相互作用，也没有导致耐药菌株的产生。在液体培养中，细菌暴露于低浓度裂解酶（5～20 个单位）10 个以上的周期后，也没有分离出对裂解酶产生抗性的细菌。金黄色葡萄球菌持续暴露于亚抑菌浓度的裂解酶 LysH5 及 LysGH15，同样也不会产生抗性菌株。

（五）裂解酶的抗体不会削弱其杀菌作用

裂解酶对于动物机体而言属于外源蛋白，很容易诱导机体产生特异性抗体，这在很多研究中均有报道，但是这些抗体不会显著影响裂解酶的杀菌活性。这可能是裂解酶与细菌细胞壁的结合效率远比抗体与裂解酶的结合力强所致，当裂解酶进入血液循环中，还来不及发生抗原抗体的反应时，就很快与细菌细胞壁结合而发挥杀菌作用。此外，对裂解酶的三维结构解析显示，裂解酶的催化域和结合域均不是暴露于分子外部的抗原决定簇，这可能造成免疫细胞不易产生针对催化域和结合域凹陷活性中心的抗体。

（六）可用于细菌的快速检测

裂解酶的 C 端结合域对特定细菌具有特异性结合活性，因此可利用裂解酶 C 端的细胞壁识别功能域来检测特定的靶细菌。基于此，噬菌体裂解酶的结合域可用作病原菌快速检测的标签；或者可以作为导向元件，将其他药物引导至特定的病原菌。

五、裂解酶的免疫原性、安全性及体内清除

（一）免疫原性

裂解酶用于临床治疗的潜在障碍之一是在全身和黏膜给药后能够诱导体液免疫应答。裂解酶的药代动力学与其他外源蛋白相似，全身性传递给动物时裂解酶的半衰期大约为

20分钟。因此，如果裂解酶要全身性地使用，则需要对其进行改良以延长其半衰期，或者需要频繁地给药或静脉输注。使用裂解酶的另一个关注点是中和抗体的产生，这种抗体可以降低治疗期间体内裂解酶的浓度。抗生素一般不具有免疫原性的小分子，而裂解酶与抗生素不同，是可以刺激免疫反应的蛋白质的，当在黏液或以全身方式传递时，可能干扰裂解酶的活性。为了明确这个问题，研究人员测定了特异性兔超免疫血清对肺炎球菌特异性裂解酶 Cpl-1 裂解活性的影响，发现高免疫血清能够减缓裂解酶的活性，但不影响 Cpl-1 最终的抗菌效果。当使用针对炭疽芽孢杆菌和化脓棒状杆菌特异性裂解酶的抗体进行类似的体外试验时，也发现抗体不能中和裂解酶的抗菌活性，这可能是因为酶对细胞壁中的底物具有更高的亲和力。研究人员还在动物体内验证了这一结果，接受3次静脉注射 Cpl-1 的6只小鼠中有5只检测到了抗 Cpl-1 的 IgG，然后用肺炎球菌静脉内攻入这些免疫和未免疫的小鼠，在10小时后用200g Cpl-1 进行静脉给药。在1分钟内，Cpl-1 使提前接种该裂解酶的小鼠血液中的肺炎球菌滴度降低至与未接种裂解酶的小鼠相同的程度，证明裂解酶抗体在体内同样没有中和裂解酶的活性。Rashel 等用葡萄球菌裂解酶进行的一项类似实验也显示了同样的结果，且多次注射裂解酶的动物没有表现出不良反应。

此外，溶葡萄球菌酶被报道，通过与聚乙二醇（PEG）缀合，可以显著降低裂解酶的免疫原性。已知蛋白质的聚乙二醇化降低了树突状细胞的抗体结合和摄取（并因此降低了抗原加工），以防止蛋白水解酶的接近，并减少肾脏超滤。因此，PEG 化的溶葡萄球菌酶，尤其是具有低 PEG 修饰程度的溶葡萄球菌酶，具有降低10倍以上的抗体结合亲和力和高达24小时的血清半衰期，而未修饰的酶则不到1小时。另外，低度聚乙二醇化导致酶的溶解活性仅略微降低，显著改善的药代动力学可以弥补这一影响。

（二）安全性

已有大量实验研究证明了裂解酶的安全性。在单剂量和重复剂量毒性实验中，实验动物均未出现任何不良反应，重要器官及组织也未见严重的炎性反应或其他病变，且对正常菌群无影响。其他重复剂量毒性试验表明，实验动物的体质量、食物消化、眼科、心电图、尿常规、血液学、血液生化和脏器重量及宏观和微观检查等，均未见异常变化。只有一些每天均注射裂解酶的动物在持续1周以后，才出现了一些短暂、轻微的临床症状。此外，有研究在处理小鼠的体重和行为方面进行了4周评估，表明即使重复鼻腔或静脉内使用大量裂解酶也未显示出毒性迹象。因为在真核细胞中不存在肽聚糖，所以预计裂解酶在人体中也不会对正常细胞产生任何不良反应。但是，对于一些裂解酶，尤其是内肽酶，可能会影响哺乳动物组织，如溶葡球菌酶已被证明可以结合并降解动物的弹性蛋白，后者甘氨酸含量高。尽管在全身或局部给药后溶葡萄球菌酶未发现引起任何不良作用，但这一发现仍然值得关注。

（三）裂解酶的体内清除

裂解酶是蛋白质分子，当应用于黏膜或全身时，会刺激机体产生免疫应答，有可能影响其活性，加快其体内清除速率。研究发现，肺炎链球菌噬菌体裂解酶 Cpl-1 在小鼠体内的半衰期很短，仅为20.5分钟，这导致1~2次应用 Cpl-1 不能完全清除小鼠体内的肺炎链球菌，之后感染会再次发生。还有研究显示，对小鼠腹腔反复3次注射裂解酶

MV-L 能够激活免疫应答，会使其血清中的抗体水平大幅上升。因此，免疫应答对裂解酶的影响主要在于加快体内清除。裂解酶在体内还可能被水解酶降解而失活，经肾脏被清除，这都加快了其在体内清除的速度，从而对其临床应用产生较大的阻碍。有一些方法能够减缓裂解酶的体内清除。间隔适当时间反复给药或持续静脉给药能使裂解酶在体内长时间保持。Resch 等发现 Cpl-1 二聚体的血浆清除速度明显小于 Cpl-1 单体，实验中，小鼠尾静脉注射 30 分钟后 Cpl-1 二聚体的血浆浓度是单体的 20. 32 倍，5 小时后仍为单体的 7. 76 倍，这是因为 Cpl-1 二聚体的分子量超过人类肾小球 60 000~65 000 的滤过阈值，因此减少了其肾小球滤过率。此外，Cpl-1 二聚体的抗菌能力是相同摩尔浓度 Cpl-1 单体的 2 倍。因此，多聚裂解酶也是一种减缓裂解酶体内清除的方式。而 Resch 等尝试将 Cpl-1 与聚乙二醇连接，以减缓其清除速率，但聚乙二醇分子结构影响了裂解酶的活性。

六、裂解酶在细菌感染治疗中的应用

（一）对 G^+ 菌感染的治疗

1. 葡萄球菌　部分裂解酶本身具有较强的杀菌活性，单独使用就可裂解包括 MRSA 在内的多种葡萄球菌。将作用位点不同的裂解酶混合使用，或与抗生素联合使用，或将裂解酶的 CHAP 结构域和溶葡萄球菌素的细胞壁结合结构域构成嵌合裂解酶等，这些措施对实验中所有被测试的金黄色葡萄球菌菌株（包括 MRSA 分离株）都具有较高的抗菌活性，明显提高了实验中患葡萄球菌性菌血症小鼠的存活率。Yang 等的一项研究发现，来源于噬菌体裂解酶 *Ply*V12 的重组蛋白 V12CBD 具有降低金黄色葡萄球菌毒力与增强菌株被免疫清除的多重功能，该研究首次发现一个蛋白质分子同时具有治疗和免疫保护效果，为研究治疗包括 MRSA 菌株在内的超级细菌感染的药物提供了新的思路和潜在靶标。Bae 等的研究表明，经鼻内服用重组裂解酶 SAL200，并与抗生素联合用药，可有效治疗小鼠致死性金黄色葡萄球菌感染。Sandhya Nair 等的实验表明，来源于噬菌体的裂解酶 P128 可以通过裂解细胞壁肽聚糖的甘氨酸桥使葡萄球菌裂解，可有效治疗由 MRSA 感染引起的大鼠菌血症，而且耐药细菌用 P128 处理后对抗生素的敏感性得到了一定程度的恢复，为将该裂解酶与抗生素联合应用提供了依据。Staphefekt SA. 100 是一种重组噬菌体裂解酶，它在局部皮肤上应用可特异地靶向甲氧西林敏感和甲氧西林耐药的金黄色葡萄球菌。Totté 等用 Staphefekt SA. 100 成功治疗了 3 例与金黄色葡萄球菌感染相关的慢性复发性皮肤病患者。

目前进入临床治疗阶段的只有金黄色葡萄球菌噬菌体的裂解酶，共 4 个，具体临床研究进程见表 16-1。

表 16-1　金黄色葡萄球菌噬菌体裂解酶的临床试验研究进展

实施单位	国家	名称	感染类型	进展情况	试验编号	启动时间
ContraFect	美国	CF-301	金黄色葡萄球菌引起的菌血症	已完成Ⅱ期试验	NCT03163446	2019/5/20
GangaGen	印度	P128	鼻腔金黄色葡萄球菌的消减	已完成Ⅱa 期试验	NCT01746654	2016/3/5

（续表）

实施单位	国家	名称	感染类型	进展情况	试验编号	启动时间
iNtRON Biotechnology	韩国	SAL200	金黄色葡萄球菌引起的菌血症	启动Ⅱa 期试验	NCT03089697	2018/8/8
Erasmus Medica Center	荷兰	Staphyfekt SA. 100	金黄色葡萄球菌引起的特应性皮炎	已完成Ⅱ期试验	NCT02840955	2018/2/23

注：数据于 2019 年 6 月 9 日整理自 ClinicalTrials. gov。

2. 链球菌　通过构建嵌合酶是治疗链球菌感染的主要方式。Yang 等应用 LytA 自溶酶为模板鉴定了由链球菌噬菌体 SPSL1 编码的假定裂解酶（gp20），该假定裂解酶含有对肺炎链球菌高度特异的胆碱结合性重复单位（choline-binding repeat，CBR）。为提高针对肺炎链球菌的裂解酶 Cpl-1 的活性，研究人员将结合域 GPB 与裂解酶 PlyC 的 CHAP 催化域融合，构建了一种新的嵌合裂解酶 Cly J。体外试验表明，连续 8 天将肺炎链球菌与双倍递增浓度的 Cly J 孵育，未见到抗性菌株的产生。在对小鼠菌血症模型的治疗实验中，与青霉素 G 治疗对照组相比，单次腹腔内注射 Cly J 提高了致死性感染小鼠的成活率，Cly J 有希望用于治疗肺炎球菌引起的感染。Gilmer 等鉴定了一种来源于猪链球菌噬菌体的新型裂解酶 Ply Ss2，其具有一个 N 端 CHAP 催化域和一个 C 端 SH3b 结合域，表现出极其广谱的裂解活性，可以裂解 MRSA、万古霉素中等敏感的金黄色葡萄球菌（VISA）、猪链球菌、李斯特菌、模拟葡萄球菌、表皮葡萄球菌、马链球菌、无乳链球菌、化脓链球菌、血链球菌、G 群链球菌、E 群链球菌和肺炎链球菌等。Vouillamoz 等将抗肺炎链球菌的达托霉素和链球菌噬菌体裂解酶 Cp-1 在肺炎链球菌菌血症小鼠模型中进行联合使用，证实了二者可呈现协同效应，联合疗法显著提高了裂解酶对肺炎链球菌菌血症的治疗效果。

3. 其他 G^+ 菌　产气荚膜梭菌是重要的人类食源性病原菌，该菌的芽孢在土壤、粪便或环境中可持续存在，并且会引起许多严重的动物和人类的感染疾病，如食物中毒、气性坏疽和坏死性肠炎等。Teresa Gervasi 等鉴定了一种产气荚膜梭菌的裂解酶 CP25L，其裂解活性与来自其他产气荚膜梭菌噬菌体裂解酶有所不同，原核表达的裂解酶 CP25L 能裂解参试的 25 株产气荚膜梭菌。炭疽杆菌能够引起人畜共患传染病炭疽，炭疽芽孢很容易储存、运输和传播，并可能在土壤中存活几十年。噬菌体裂解酶 plyb 和 PlyG 可作用于炭疽杆菌，使腹腔接种炭疽杆菌的小鼠 100% 存活，Plyb 和 PlyG 表现出不同的催化活性并切割不同的肽聚糖位点，因此将两种裂解酶联合使用抗炭疽效果非常显著。Hongming Zhang 等克隆、表达、纯化并研究了粪肠球菌（*Enterococcus faecalis*）噬菌体裂解酶的特征，该裂解酶对参试的大多数粪肠球菌菌株均有抗菌活性，与其他已报道的粪肠球菌噬菌体裂解酶相比展现出多功能的酶学特性。

（二）对 G^- 菌感染的治疗

1. 鲍曼不动杆菌　多重耐药性鲍曼不动杆菌已成为最重要的医院感染病原菌之一。已有报道表明，重组裂解酶 Ply AB1 对 206 株多重耐药鲍曼不动杆菌（MDRAB）及 48 株泛耐药鲍曼不动杆菌（PDRAB）在 30 分钟内均表现出高效的杀灭作用。还有研究人员从基于 13 株鲍曼不动杆菌前噬菌体的基因组文库中筛选出编码可能具有溶菌活性的基因，从中表达获得了可以裂解鲍曼不动杆菌的裂解酶 Ply F307，在小鼠感染模型中，1.0 mg Ply F307 可使腹腔注射了 10^8 CFU 鲍曼不动杆菌的小鼠达到 50%的存活率。Mya Thandar 等的研究表明鲍曼不动杆菌噬菌体裂解酶 Ply F307 的 C 端 108~138 组成的多肽 P307 对鲍曼不动杆菌表现出高效的杀灭活性（>3logs），通过对 P307 设计改造，获得了活性更好的 P307 SQ-8C 衍生物（>5logs 的杀灭效果），而且 P307 和 P307 SQ-8C 在体外对鲍曼不动杆菌生物膜均表现出显著的清除作用。

2. 铜绿假单胞菌　该菌引起的感染多发生在身体衰弱或免疫受损的住院患者，常引起术后感染、肺部感染和尿路感染等，是重要的医院内病原菌。目前已有多项研究发现裂解酶在 EDTA 或有机酸存在的条件下能够杀灭铜绿假单胞菌。有研究将抗菌肽和裂解酶共价结合构建重组裂解酶，由于抗菌肽有靶向细菌膜结构的作用，因此能够介导裂解酶穿过 G^- 菌的细胞壁外膜，5 分钟可使铜绿假单胞菌下降 3 个 logs，其中还包括一些多重耐药的菌株。噬菌体编码的具有裂解活性的蛋白质包括裂解酶和病毒颗粒相关肽聚糖水解酶（VAPGH），在治疗铜绿假单胞菌感染方面都具有应用潜力。大多数 dsDNA 噬菌体在感染时用 VAPGH 降解肽聚糖，而裂解酶则在裂解周期的后期裂解宿主细胞。对于 dsRNA 噬菌体而言，仅编码一种具有裂解活性的蛋白，这种蛋白质位于病毒外膜，在穿入过程中可降解 PG，并在后期子代噬菌体的释放过程中起重要作用。目前仅有 7 个已测序的 dsRNA 噬菌体，其中 phi YY 是唯一 1 个感染人铜绿假单胞菌的噬菌体。Yuhui Yang 等将噬菌体 phi YY 编码的裂解酶命名为 Ply17，并对其进行了克隆、纯化，Ply17 含有一个 PG 结合域和一个溶酶样家族（lysozyme-like-family）域。Ply17 在经通透剂处理的 G^- 菌表现出广谱的抗菌活性，尤其在加入 0.5 mmol/L EDTA 于 37 ℃、pH7.5 的条件下，可达最好的裂解活性。而且，Ply17 可有效裂解包括金黄色葡萄球菌在内的 G^+ 菌，有望成为治疗多重耐药细菌的新药物。

3. 其他 G^- 菌　很多裂解酶因其具有特异性，所以只能针对 1 种细菌，但最近有研究发现，将裂解酶与 EDTA 或有机酸等细胞通透剂联用可使裂解酶杀灭 2 种甚至 2 种以上的细菌。如裂解酶 ABgp46 在不加细胞通透剂条件下仅特异性杀灭鲍曼不动杆菌，但若与有机酸联合使用，则其对铜绿假单胞菌和鼠伤寒沙门菌都有较强的裂解活性。裂解酶 Lys68 仅可杀灭铜绿假单胞菌，但是若与柠檬酸或苹果酸联合使用，则可以在 2 小时内使 9~11 种 G^- 菌下降 3~5 logs，其中包括鼠伤寒沙门菌、鲍曼不动杆菌、宋内志贺菌、大肠埃希菌和阪崎肠杆菌等。Antonova 等报道了三种新克隆的裂解酶的体外抗菌活性研究，包括 Lys Am24、Lys ECD7 和 Lys Si3，这三种裂解酶能裂解铜绿假单胞菌、鲍曼不动杆菌、肺炎克雷伯菌、大肠埃希菌和伤寒沙门菌菌株，50 μg/mL 足以清除 5 logs 以上的活细菌。Guangmou Yan 等将大肠菌素 A（colicin A）的受体结合域与大肠埃希菌噬菌体裂解酶融合，获得了融合蛋白 Colicin-Lysep3，这种融合蛋白可以从外部对大肠埃希菌呈现裂菌作用，在体内还可显著降低小鼠肠道感染模型中大肠埃希菌的数量。

（三）裂解酶破坏细菌生物被膜

细菌生物被膜是指细菌黏附于植入的医疗器械或受损组织，通过自身产生的外部多糖基质、纤维蛋白质和脂蛋白等包裹细菌群体，是细菌相对于浮游状态的一种群体生存形式。细菌生物被膜可提高细菌对外界理化环境的抵抗力（可达到浮游细菌的 1 000 倍以上），使细菌不易被抗生素或常规消毒剂杀死。细菌生物被膜的产生，给临床治疗带来巨大挑战。Raymond Schuch 等的研究表明噬菌体裂解酶 CF-301 不但对金黄色葡萄球菌的生物膜具有清除作用，而且对凝固酶阴性葡萄球菌、化脓链球菌、无乳链球菌形成的成熟生物膜均具有破坏作用。裂解酶 CF-301 既能有效地破坏生物膜，还可以杀死生物膜中的细菌。在治疗由 MRSA 引起的小鼠菌血症方面，裂解酶 CF-301 与抗生素联合治疗的效果要优于各自的单独治疗效果。与其相似，Yufeng Zhang 等的研究也表明金黄色葡萄球菌噬菌体裂解酶 LysGH15 在低浓度时能够显著抑制葡萄球菌生物被膜的形成，提高浓度时还可以有效的破坏已经形成的成熟生物被膜，且裂解谱很广，包括金黄色葡萄球菌、表皮葡萄球菌和溶血葡萄球菌等。不过，到目前为止，还未见应用裂解酶直接治疗细菌生物被膜性感染动物的报道。

（四）裂解酶可恢复多重耐药菌对抗生素的敏感性

来源于噬菌体的裂解酶 P128 可以通过裂解葡萄球菌肽聚糖的甘氨酸桥来裂解细菌，Sandhya Nair 等的研究结果表明低于最小抑菌浓度的 P128（0.025 ~ 0.20 μg/mL）和 0.5 μg/mL 的苯唑西林相结合，可以使 4 株 MRSA 细菌的生长受到抑制，用其他参试药物也得到相似的结果。亚最小抑菌浓度的 P128 可使金黄色葡萄球菌和凝固酶阴性（CoNS）菌株恢复对 SoC（standard-of-care）药物的敏感性。对金黄色葡萄球菌和凝固酶阴性菌株的棋盘滴定实验显示，P128 和抗生素联合使用可持续抑制细菌生物膜的形成。对耐药性金黄色葡萄球菌和 CoNS 菌株的扫描电镜及菌落计数试验证实亚最小抑菌浓度的 P128 和 SoC 抗生素联合可杀死被生物膜包裹的细菌。在体内亚治疗剂量的 P128 和苯唑西林可以保护致死性菌血症的动物。以上研究表明，P128 和 SoC 抗生素的联合应用是治疗耐药性葡萄球菌感染的一种新策略。

尽管裂解酶有很多优势，但同时仍存在一些问题：

（1）有些天然裂解酶在大肠埃希菌中表达时对表达菌株具有明显的毒性，表达蛋白往往以包涵体的形式存在。

（2）裂解酶本质是蛋白质，进入机体后易受到蛋白酶的攻击，且易被机体免疫系统和滤过系统清除，因此半衰期较短。

（3）很难掌握裂解酶在治疗过程中的最佳应用时间和最适剂量。

（4）裂解酶的裂解谱比抗生素窄。

（5）如何长期地保存裂解酶、如何高效安全地给药、如何大量生产和应用裂解酶、如何评价裂解酶治疗的效用等，都有待解决。

第三节　与裂解相关的其他噬菌体编码蛋白

与裂解相关的其他主要噬菌体编码蛋白还包括穿孔素、转运信号多肽（signal peptide）和跨膜素等。

一、穿孔素

（一）概念

穿孔素（perforin）是一种疏水性的跨膜蛋白，不仅是构成跨膜孔的重要元件，而且是触发细菌裂解的“分子定时器”，能够精确调控噬菌体对细菌的裂解时间点，在噬菌体裂解细菌过程中扮演着重要角色。dsDNA 噬菌体普遍采用“穿孔素—裂解酶”二元裂解系统裂解细菌，其至少编码一种穿孔素。

（二）穿孔素的作用机制

裂解酶合成于胞内，而其作用靶位位于胞膜外的细胞壁，如何通过细胞膜作用于细胞壁靶位从而完成细胞裂解，这是一个关键问题。胞内合成蛋白具有分泌性是通过细胞膜时最重要、最直接的方式，但是这种方式并不符合噬菌体自然感染的需要。噬菌体作为细菌病毒，其裂解作用必须遵从种族的延续、子代产量最大化的原则。第一，宿主在未被裂解前，噬菌体不会破坏细菌表面的完整性，这样才能够保证有充足的时间合成子代噬菌体。一旦裂解酶合成即被分泌到胞外，宿主不是被迅速裂解就是耗费大量资源修复受损的细胞壁或者补偿生长缺陷。第二，噬菌体对宿主的裂解行为必须具有可调控性。噬菌体裂解细菌的理想体系应该是当裂解酶积累到一定程度，且子代噬菌体大量合成完毕，在特定时间点使裂解酶充分接触并水解其底物胞壁质，从而释放子代噬菌体。如果裂解酶合成即分泌到胞外，则不具备可调控性。事实上，裂解酶不具有外分泌的特征，虽然裂解细菌前可以大量积累，但不可以自行穿越细胞膜。因此，裂解酶在适当的时间穿过细胞膜就需要其他因素辅助，这个因素就是穿孔素。

穿孔素通常是在噬菌体感染宿主菌的后期合成，为小分子量疏水性跨膜蛋白，能够在特定时间以寡聚体形式聚集于细胞膜上形成稳定的跨膜通道，造成细胞膜损伤，从而释放细胞内的裂解酶，水解细胞壁中的肽聚糖层，引起细菌裂解，导致子代噬菌体从宿主菌内释放。形成跨膜孔前，穿孔素聚集成导致膜紊乱的潜力区，但是不会引起宿主细胞膜的任何损伤，也不会增加膜对质子或其他离子的通透性。但是在菌体裂解前的几秒钟细胞膜上的平均电势（potential of mean force，PMF）会突然下降，细胞膜去极化，当 PMF 降至约 50%时，会立即触发穿孔素成孔引起细菌裂解。典型的穿孔素通常形成非常大的孔道（500 kDa 蛋白质能够通过），允许非特异性释放裂解酶和其他蛋白通过细胞膜。而噬菌体 21 的穿孔素能形成很小的针状孔，用于细胞膜去极化。穿孔素—裂解酶系统相比完整的噬菌体而言，对细菌具有更广谱的活性，具有潜在的开发价值。

（三）穿孔素的分类与结构

至今已鉴定的穿孔素分属 52 个家族，对这些蛋白质拓扑特征分析表明它们具有 1~4 个跨膜 α-螺旋序列（TMSS）。有研究表明，由于原始 2-TMS 编码的穿孔素基因重复出现，从而导致了具有 4-TMS 结构穿孔素的出现。

不同噬菌体来源的穿孔素同源性很低，结构多样，成孔模式不同，其含有氨基酸数量差别也很大，根据其结构至少可以分为五种类型。已经报道 λ 和 T7 噬菌体的穿孔素含有 2~3 个跨膜区，而 T4 噬菌体的穿孔素仅含有一个跨膜区，属于Ⅲ类穿孔素。宋军等通过序列比对和生物信息学分析预测了噬菌体 GH15 的穿孔素基因，*HolGH15* 位于噬菌体裂解模块中，与裂解酶基因 *LysGH15* 相邻。HolGH15 具有两个跨膜区，其 N 端和 C 端都分布于细胞质内，具有Ⅱ类穿孔素特征。HolGH15 的第 13~95 位氨基酸与噬菌体穿孔素蛋白家族 Phage_holin_1 家族成员具有很高的同源性，属于该超家族的成员。HolGH15 仅与金黄色葡萄球菌噬菌体 K 穿孔素同源性最高（95%），其他低于 60%。为了进一步研究穿孔素 HolGH15 的功能，研究者对其进行了原核表达，其能够抑制表达菌株的生长。通过检测 HolGH15 对能量毒素敏感性和亚细胞定位特征，进一步确证了 HolGH15 具有穿孔素的功能，构建的跨膜区（TMD）缺失蛋白 HolGH15-TMD1（-）和 Hol GH15-TMD2（-）的活性测定表明，TMD 是 HolGH15 发挥生物学活性所必需的。

研究最多的穿孔素是被命名为 S 的 λ 穿孔素，它编码两种不同的蛋白质，分别称为 S105 和 S107，区别在于蛋白质序列中前两个氨基酸不同。据报道，λ 穿孔素的 C 端域对内膜损伤的形成不是必需的，而是在合理的成孔过程中起调节作用。λ 穿孔素的体外研究表明，其可以造成人工脂质体的损伤。绿色荧光蛋白融合表达穿孔素的研究表明，这些蛋白质在细胞膜中均匀积累，在膜中形成聚集物或筏（raft）。此外，还发现穿孔素抗体能阻止木筏形成，从而阻止溶解。

人们对典型的“穿孔素—裂解酶”作用模式的认识是基于丰富的生理学、遗传学和生物化学，以及可见光、荧光和低温电子显微镜等研究才建立起来的。对 λ 噬菌体的研究能够清楚地描述该模型，其所有晚期基因的表达都是在感染周期开始后 8～10 分钟开始的，此时晚期基因激活因子 Q 转变单个晚期启动子 P'_R。λ 穿孔素蛋白 S105 作为同源二聚体得到积累，可移动并均匀分布在细胞质或内膜中。同时，具有糖基转移酶活性的 R 裂解酶以单体形式在细胞质中积累，适当折叠并具有完全活性。一直持续到 50 分钟后，穿孔素“触发”打孔。在分子水平上，绿色荧光蛋白（green fluorescent protein，GFP）融合研究表明，触发与穿孔素分子突然重新分布组成相对较少的离散二维聚集体（即筏）相关。在超微结构层面上，冷冻和断层扫描显示，通过 S105 触发的细胞中，可以看到胞质膜上出现大量的“微米级”的孔（>1 μm）。最近，有半胱氨酸扫描可及性研究表明，几乎所有 S105 蛋白都参与打孔并将三个跨膜结构域中的两个暴露于水性环境。成孔时间对 S105 氨基酸序列具有严格的要求，S 中的单一错义突变可促进、延缓或取消触发。有人提出，这些变化会影响 S105 筏成核的临界浓度，在此之后，S105 蛋白快速积聚到筏形中，最终导致膜电位崩溃，形成微米级孔。

最近，有研究报道了一种新型的穿孔素，即 Pinholin，其触发不是形成大孔，而是形成使膜去极化的、小的七聚体通道。Pinholin 与 SAR 裂解酶有关，后者作为非活性的形式在周质中积累。Pinholin 触发使质子动力崩溃，从而使 SAR 裂解酶激活并攻击肽聚糖。破坏细胞壁外膜通常通过跨膜蛋白复合物实现，该复合物由小的外膜脂蛋白和整合的细胞质膜蛋白组成，分别命名为跨外膜素和跨内膜素。没有跨膜素功能，裂解将被阻断，后代病毒粒子被困在死亡的细菌内部，这也表明外膜具有相当大的拉伸强度。除双组分跨膜素外，还有一些单组分跨膜素或 u-spanins，它们具有 N 端外膜脂蛋白信号和 C 端跨膜结构域，催化内膜和外膜的融合可能是跨膜素破坏外膜的作用机制。

二、转运信号多肽

据报道，有些裂解酶的 N 端有信号序列。Sao-Jose 和他的同事证实，单球菌属裂解酶 Lys44 的表达伴随着结构上两种多肽的产生，这两种多肽被认为分别是酶的前体和成熟形式。发酵乳酸杆菌噬菌体裂解酶 Lyb5 的研究也支持裂解酶的 N 端有信号序列的观点。发酵乳杆菌溶原性噬菌体 ΦPyb5 利用裂解酶 Lyb5 和穿孔素 Hyb5 使宿主细胞破裂，研究表明，在大肠埃希菌中表达 Lyb5 可使宿主细胞缓慢溶解，从而推测 Lyb5 可部分通过胞质膜。进一步研究了 Lyb5 N 端假定转运信号多肽（Splyb5）的作用，在大肠埃希菌中，细胞在诱导 Lyb5 蛋白的过程中呈球形，而在 Splyb5 截短表达过程中没有观察到形态变化，表明 Splyb5 基序可能是一种功能性转运信号多肽。然而，在 Lyb5 的易位过程中，SPLyb5 并没有在预测的位置发生蛋白水解酶的活性，表达的 Lyb5 蛋白出现在细胞质、胞质膜和分子量相同的周质组分中。以乳酸乳球菌为宿主表达 Lyb5 也得到了类似的结果。这些结果表明，Splyb5 可以将 Lyb5 以膜栓形式导入外质，然后作为可溶性活性酶释放到外质中。此外，Splyb5 还可以将融合的核酸酶 B 蛋白导入大肠埃希菌和乳酸杆菌的胞外环境中。

三、跨膜素

噬菌体穿孔素和裂解酶在噬菌体裂解宿主细胞的过程中分别在破坏胞质膜和肽聚糖层中起着关键作用。对于 G^-宿主的噬菌体来说，可能有第三类蛋白质参与破坏外膜。这些蛋白质之所以被命名为跨膜素，是因为它们的蛋白质产物被预测可以跨越周质，能够在内外膜之间提供物理连接。最典型的跨膜素是 λ 噬菌体的 RZ 和 RZ1 蛋白。RZ 和 RZ1（λ 跨膜素成分）分别是Ⅱ类内膜蛋白和 OM 脂蛋白，由于它们可溶性 C 端的作用，被认为可以跨越整个外周。

最近有报道称，跨膜素复合物对 λ 噬菌体的裂解是至关重要的，他们构建了携带 λ 穿孔素和裂解酶基因的菌株，如果该菌株可以表达有活性的裂解酶和无活性跨膜素突变体的话，则不会导致细胞裂解，而是导致脆弱的球形细胞的形成。因此，有人认为，跨膜素在外膜破坏中起着重要作用，其作用方式在一定程度上受肽聚糖状态的调节。

在实验室条件下，λ 噬菌体裂解宿主菌只需要裂解酶和穿孔素基因，而不需要裂解盒的 *RZ* 和 *RZ1* 基因。*RZ* 或 *RZ1* 的缺陷仅在二价阳离子浓度高的情况下出现。λ 噬菌体的 *RZ*1 编码一种外膜脂蛋白，完全嵌入 RZ 的寄存器中，*RZ* 本身编码一种完整的内膜蛋白。虽然在 T7 和 P2 噬菌体中已经鉴定出 RZ 和 RZ1 类似功能的蛋白质，但对于大多数噬菌体，包括研究得很好的经典噬菌体，如 T4、P1、T1、MU 和 SP6，都缺乏 RZ/RZ1 类似功能蛋白质的注释。RZ/RZ1 同源蛋白在 G^-宿主的噬菌体中普遍存在，137 个噬菌体中有 120 个具有类似的基因。在 T4 噬菌体中，被鉴定为 RZ/RZ1 同源物的不重叠基因为 *pset*. 2 和 *pset*. 3，它们的缺失导致了相同的二价阳离子依赖性溶解表型。值得注意的是，在 T1 噬菌体和其他 6 个噬菌体中，没有发现 *RZ/RZ1*，但识别出一个编码外膜脂蛋白的单基因，其 C 端跨膜结构域能够整合到内膜中。在 G^-宿主的噬菌体中广泛存在 RZ/RZ1 或其跨膜素等同物，表明它们具有很强的选择性优势。

第四节　噬菌体解聚酶

解聚酶（depolymerase）于 1956 年被首次报道，现已证实该蛋白质具有快速鉴定微生物荚膜类型、清除并抑制生物被膜、降低细菌毒力等功能，该蛋白质在控制病原细菌感染等公共卫生领域具有重要的应用价值。

一、概念

噬菌体解聚酶是一种可特异性降解细菌表面荚膜多糖的噬菌体蛋白质。这类蛋白质通过识别荚膜多糖的糖苷键并随机水解以释放糖聚合物的重复单元（寡糖），同时牵引噬菌体颗粒逐渐靠近宿主细胞表面并最终与外膜受体结合，因此解聚酶是噬菌体完成对宿主菌吸附过程中必不可少的元件之一。具有解聚酶的噬菌体通常可在其噬斑的周围形成半透明的晕圈（halo）。一般情况下，随着培养时间的延长，噬斑的大小趋于稳定，而晕圈的面积仍可继续扩大。这是噬菌体解聚酶持续降解细菌表面多糖造成的结果，可根据此现象初步判定噬菌体是否产生解聚酶。

二、噬菌体解聚酶的分类

根据解聚酶编码基因在噬菌体基因组的位置，噬菌体解聚酶可分为两类：绝大多数解聚酶编码基因临近结构蛋白（主要是噬菌体的尾纤、基板、颈部连接蛋白等）编码基因簇，甚至与这些结构蛋白编码基因共用同一个 ORF，这些基因所编码的解聚酶一般也是噬菌体的结构蛋白；少数解聚酶编码基因不临近任何结构基因，这些解聚酶一般是分泌型可溶性蛋白质。

另外，也可根据解聚酶催化机制分为两大类，即水解酶（hydrolase）类和裂解酶类。水解酶类通过水解脂多糖 O 抗原的侧链或荚膜多糖中的氧苷键来发挥作用，主要包括神经氨酸酶（sialidase）、木糖苷酶（xylosidase）、果聚糖酶（levanase）、鼠李糖苷酶（rhamnosidase）、葡聚糖酶（dextranase）和肽酶（peptidase）等。而裂解酶类可定向切割单糖和 C4 糖醛酸之间的化学键，同时在 C4 和 C5 非还原性糖醛酸末端之间引入不饱和键，从而达到将多糖裂解为单糖的效果。主要包括透明质酸酶（hyaluronidase）、果胶酸裂解酶（pectate lyase）和海藻酸盐裂解酶（alginate lyase）等。

神经氨酸酶和果胶酸裂解酶类是噬菌体中最常见的结构蛋白型解聚酶，在肌尾噬菌体、短尾噬菌体和长尾噬菌体的尾纤、基板、颈部等部位均有分布（图 16-8）。然而，果聚糖酶、木糖苷酶、透明质酸酶和葡聚糖酶的相关结构域在噬菌体中较为少见。

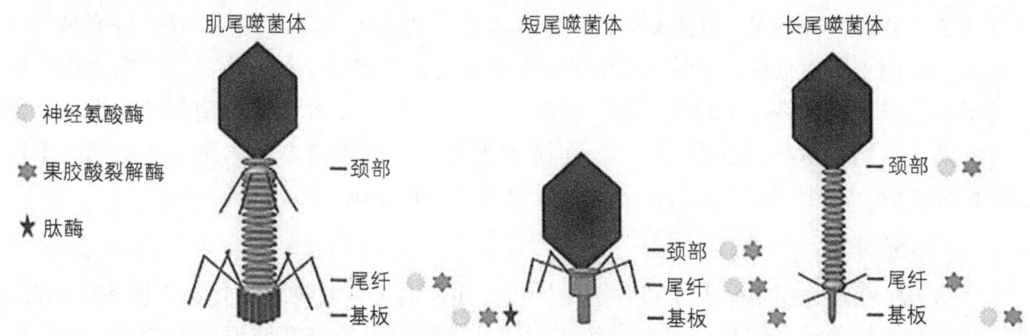

图 16-8　神经氨酸酶和果胶酸裂解酶在不同噬菌体中的定位（引自 Pires 等，2016）

三、噬菌体解聚酶的结构生物学特性及与宿主相互作用机制

随着核磁共振（nuclear magnetic resonance，NMR）、X 射线衍射（X-ray diffraction，XRD）和冷冻电子显微镜（cryoelectron microscopy，Cryo-EM）等技术在生物结构学领域的普及，少数噬菌体解聚酶的全部或局部的三维结构逐步被解析。例如，Olszak 等通

过X射线衍射技术，解析了来源于假单胞菌噬菌体LKA1的解聚酶催化模块的三维结构，包括β-螺旋、插入结构域和C端盘状蛋白样结构域，并预测了位于β-螺旋表面的酶与底物结合和催化的相关位点。综合现有的生物结构学研究结果，噬菌体解聚酶发挥生物活性似乎必须依赖三聚体结构。而绝大多数的结构蛋白型噬菌体解聚酶几乎都包含尾刺蛋白（tail-spike protein）结构域，在多糖被降解之后，解聚酶通常凭借该结构与宿主的外膜蛋白进行特异性结合。Muller等通过解析志贺菌噬菌体Sf6尾刺蛋白的晶体结构发现，其内切鼠李糖苷酶（endorhamnosidase）的活性位点位于两个亚基交界处，由β-螺旋构成凹槽结构的侧翼。Asp247和Glu293是该酶与O抗原片段结合的位点，而Asp399和Glu366是该酶的催化位点。此外，圆二色谱、多角度静态光散射（multi-angle static light scattering，MALS）等技术也为噬菌体解聚酶结构的解析提供了间接证据。另有一些研究通过结构生物学的方法直接证实了噬菌体解聚酶与宿主特异性识别机制。一些编码多种解聚酶的噬菌体，如沙门菌噬菌体SP6，其宿主通常包含多个血清型的细菌，但长期以来，人们对这些噬菌体与宿主的识别机制并不清楚。Tu等通过冷冻电镜揭示SP6的两个解聚酶编码蛋白——gp46和gp47可借助gp37为支点，根据不同的宿主O抗原和外膜蛋白类型进行转向调节，从而识别并侵染不同血清型的沙门菌。笔者团队近期利用冷冻电镜技术成功解析了能够高效水解肺炎克雷伯菌荚膜的完整噬菌体解聚酶的三维结构，相关研究还在进一步开展当中。

四、噬菌体解聚酶的应用

（一）进行细菌血清型诊断

由于噬菌体解聚酶对细菌荚膜多糖的降解具有专一性，因此这种蛋白质可作为细菌血清型诊断的工具。Lin等发现一种来自肺炎克雷伯菌噬菌体的解聚酶可特异性降解K1型荚膜多糖，而对其他血清型细菌的荚膜多糖却并无降解效应。而Hsu等的研究亦详细地阐述了可特异性降解K2型肺炎克雷伯菌荚膜多糖的噬菌体解聚酶的表征，证实该解聚酶可成功应用于克雷伯菌的荚膜分型。此外，Pan等发现ΦK64-1作为一种宽宿主谱的肺炎克雷伯菌噬菌体可编码9种解聚酶，这些解聚酶可针对10种不同血清型的肺炎克雷伯菌进行精确鉴别，由此可以得到启示：可降解多种荚膜多糖的噬菌体通常具有较为丰富的解聚酶资源，在细菌血清型诊断等领域具有潜在应用价值。

（二）抑制和清除生物被膜

生物被膜能够稳定地附着于各种医用器械表面，通过常规物理、化学手段难以清除。它们的存在能显著提高细菌对抗生素的耐药性及逃避宿主免疫系统识别的能力，因此生物被膜是医院内细菌感染的主要致病因素之一。由于生物被膜含有大量胞外多糖基质等成分，因此解聚酶也通常具有抑制或清除生物被膜的能力。1998年，Hughes等首次证实了利用噬菌体解聚酶清除和抑制生物被膜的可行性。而Guo等证实来源于大肠埃希菌噬菌体vB_EcoM_ECOO78的解聚酶Dpo42可抑制生物被膜的形成，并且具有剂量依赖性，但是不能清除已经形成的成熟生物被膜。Gutiérrez等通过对来源于噬菌体vB_SepiS-phiIPLA7的解聚酶Dpo7的研究发现，该酶在浓度为0.15 μmol/L时即对表皮葡萄球菌和金黄色葡萄球菌所形成的生物被膜具有明显的抑制和清除作用。

（三）治疗细菌感染

荚膜多糖（capsular polysaccharide）是细菌重要的毒力因子，它作为细菌的天然屏障可维持细菌的黏附、阻断一些抗生素渗透并协助菌体抵御机体免疫细胞的吞噬作用及调理吞噬作用。因此，产荚膜强毒菌株对公众健康构成巨大威胁。基于噬菌体解聚酶可靶向水解细菌荚膜多糖和几乎不含有细胞毒性的特性，近年来利用解聚酶治疗产荚膜细菌感染的研究不断增多。在针对以大蜡螟和小鼠为模型的试验中，相关学者已证实噬菌体解聚酶可治疗肺炎克雷伯菌引起的致死性感染。例如，Majkowska-Skrobek 等发现多种噬菌体的解聚酶可有效提高被不同血清型肺炎克雷伯菌感染的大蜡螟的生存率。而感染肺炎克雷伯菌 NTUH-K2044（K1 血清型）的小鼠在接受解聚酶 K1-ORF34 治疗后，其生存率亦显著提高。另外，来源于噬菌体 IME200 的解聚酶 Dpo48 对于被鲍曼不动杆菌感染的大蜡螟和小鼠均有良好的保护作用。虽然解聚酶并没有明显的直接杀菌作用，但是经解聚酶处理的菌株会丧失荚膜结构从而倾向于被补体 C3 结合，极大地增加了它们被巨噬细胞吞噬的概率，而被吞噬的细菌最终通常会被中性粒细胞或补体介导的细胞杀伤效应所清除。例如，Pan 等的研究证实血清和中性粒细胞对经解聚酶 K64dep 处理的肺炎克雷伯菌 KCR2A（K64 血清型）杀伤效率显著高于未经处理的菌株。而笔者所在团队目前也在探究噬菌体解聚酶对 K2 血清型肺炎克雷伯菌的间接杀伤机制，并评价其对该型细菌所引发急性肺炎的治疗效果。另外，研究证实噬菌体解聚酶不仅能治疗动物性细菌感染，而且对“火疫病”等植物细菌性病害也具有良好的防御效果。因此这类噬菌体蛋白质在治疗细菌感染方面有着重要的应用前景。

噬菌体解聚酶除了具有调理吞噬的功能，对一些抗生素的抑菌作用还具有协同效应。贾鸣等发现铜绿假单胞菌 PA3 的生物被膜经来源于噬菌体 PaP3 的解聚酶水解后，头孢他啶、乳酸环丙沙星、硫酸庆大霉素和加替沙星四种抗生素对该细菌的最小抑菌浓度（MIC）和最小杀菌浓度（MBC）均呈现不同程度的降低。严建龙等的研究同样证实经解聚酶 A321gp39（来源于噬菌体 SWU1）处理的耻垢分枝杆菌对抗生素的敏感性明显增强。这说明解聚酶在清除生物被膜等细菌表面多糖结构的同时，也为部分抗生素进入菌体扫清了障碍，从而提高了抗生素的抑菌或杀菌效率。因此噬菌体解聚酶与抗生素的联合使用理论上可更有效地对抗细菌感染，但是具体治疗效果仍需体内试验进一步证实。除了能够增强细菌对抗生素的敏感性，噬菌体解聚酶还可以减弱细菌对不利环境的抗逆性。商安琪等的研究发现，经噬菌体 P13 的解聚酶处理的肺炎克雷伯菌对高温、含氯消毒液和高渗透压溶液的敏感性明显增强。因此，噬菌体解聚酶亦具有成为辅助消毒剂的应用潜力。现今两种非噬菌体来源的解聚酶——海藻酸盐裂解酶和 β-*N*-乙酰氨基葡萄糖苷酶已经实现商品化。

第五节　尾突蛋白

研究表明，95%以上的噬菌体都含有尾部蛋白，在噬菌体裂解细菌的过程中，尾部蛋白具有极其重要的功能。尾部蛋白主要包括尾鞘蛋白、尾管蛋白、尾板蛋白、尾丝蛋白和尾突蛋白等。有研究表明，尾突蛋白是一种具有抗菌作用的蛋白质。Waseh 等发现噬菌体 P22 的尾突蛋白能够降低鸡肠道内沙门菌的定植及其对内部器官的侵染。Olszak 等的研究表明噬菌体 LKA1 的尾突蛋白是铜绿假单胞菌 O 抗原特异性多糖裂解酶，其能够降解铜绿假单胞菌细胞壁的脂多糖，并能够降解其形成的生物被膜。这些研究表明，噬菌体的尾突蛋白不但能降解细菌细胞壁的组成成分，而且对细菌的胞外分泌产物也有降解作用，从而实现对细菌生物被膜的降解。

随着全球耐药性细菌的威胁愈演愈烈，噬菌体作为一种发现已久、非主流的细菌感染控制手段，正逐步回归到人们的视线中，有望成为对抗这种威胁的有力手段。

从目前的研究来看，在噬菌体基因编码的具有抗菌作用的产物中，裂解酶被研究得最多、最广泛，也最具应用潜力。裂解酶呈现出几种典型的新型抗菌剂特征：

（1）在体内、外对 G^+菌都具有快速高效的抗菌活性。

（2）对 G^+菌具有全新的抗菌活性，即以细胞壁的肽聚糖为作用靶点，切割肽聚糖的化学键。

（3）对耐药性细菌同样具有裂解活性。

（4）特异的抗菌谱，相比来源于噬菌体的裂解谱有所扩展，同时又不破坏正常菌群。

（5）产生耐药性的可能性极低。

（6）表观安全性。

（7）通过基因工程相对容易改造。

（8）体内产生的相应抗体不影响其裂解活性。

这些特性使裂解酶成为非常有前途的潜在抗菌剂。当抗生素对泛耐药的超级细菌束手无策时，噬菌体及其产生的裂解酶给人类对解决超级细菌的问题带来了新的希望。与噬菌体相比，裂解酶具有不可增殖、易于定向给药、较小细菌抗性等特点，同时作为生物大分子，其监管路径相比噬菌体更为明确。随着对裂解酶结构和作用机制的深入研究以及修饰技术的进步，裂解酶也有望成为噬菌体治疗策略中一种极具价值的应用形式。

今后研究人员应在以下几个方面加强研究：对性质更优秀的噬菌体裂解酶的资源进行挖掘；基于基因工程、蛋白质工程对裂解酶进行改造，获得更加完善的裂解酶；裂解酶作用分子机制的深入研究和对更多耐药细菌感染病例的实验治疗研究；裂解酶的规模化制备、纯化工艺；裂解酶的成药性研究；以标准化产品进行开发，与个性化噬菌体治疗相比，标准化产品的监管路径会更加正规和顺畅，也便于针对更为广泛的患者群体，有望成为二线甚至一线治疗方案；推动国家相关部门对噬菌体裂解酶作为新药申报标准的制定和颁布，以加快裂解酶走向临床应用的进程。

参考文献

17 噬菌体在生物检测中的应用

——袁嘉晟　周　昕

噬菌体除可用在预防和治疗人类细菌感染性疾病、食品卫生、动植物疾病防治、工业发酵污染防治、土壤环境修复、构建组织工程生物材料等领域外，有研究人员通过改造噬菌体与纳米材料组装为纳米复合探针或者直接使用噬菌体作为探针，用于超灵敏地检测分子或病原体。目前研究人员主要通过两种途径来构建探针，用于生物（分子、细胞，寄生虫、细菌、真菌、病毒等）的检测：①利用噬菌体特异性侵染宿主的感染尾丝或衣壳蛋白的特异性，以该噬菌体为基础构建的探针来检测细胞或病原体；②通过基因工程手段，改造某种噬菌体颗粒，使之具有与目标细胞或病原体有特异性相互作用的抗体或蛋白质分子来构建探针。另外，根据不同的检测信号，构建噬菌体探针检测细胞或病原体的信号呈现方式有5种：①直接通过基因工程改造的噬菌体自带的荧光蛋白（fluorescin）或其介导的信号分子直接或间接呈现检测物信号；②直接利用噬菌体侵染宿主后呈现噬斑或噬菌体携带酶基因侵染宿主细胞后表达酶与培养基中底物反应生成有色噬斑；③利用与噬菌体组装的材料间接呈现样品信号；④把噬菌体作为一种标签，扩增噬菌体的基因组条带信号来呈现捕获目标的信号；⑤由于噬菌体对宿主感染的相对专一性，噬菌体感染宿主后可使不同的细菌在表型上呈现不同的形态特征，因而曾经被用于细菌的分型。

本章将介绍噬菌体通过以上几种不同的检测信号产生方式，介导的生物样品检测方法。

第一节　利用基因工程噬菌体直接或间接显现荧光信号

改造噬菌体通常使用的是噬菌体展示技术（phage display technique），该技术最早于1985年被Smith报道。他将目的蛋白展示在丝状噬菌体的表面，用于筛选分子相互作用的研究。噬菌体的基因组对外源基因片段具备广泛的包容性，因此可将各种大小的外源基因片段展示在其表面。将外源基因通过与噬菌体的衣壳蛋白融合，展示于噬菌体表面的技术，叫作噬菌体展示技术。由于这种技术的高通量及有效性，许多研究人员研究并发展出多种噬菌体展示技术。现在最常用的噬菌体展示系统有M13、fd、T4、T7及λ噬

作者单位：袁嘉晟、周昕，扬州大学兽医学院。

菌体展示系统。

噬菌体展示用于生物检测，可以通过将荧光蛋白或荧光素酶（luciferase）基因表达于噬菌体的衣壳上来实现间接检测目标。早在 1996 年有研究人员通过噬菌体特异性转移和表达细菌荧光素酶的技术构建了一种高灵敏性检测李斯特菌细胞的方法。他们利用同源重组在噬菌体基因组中某个位点插入荧光素酶基因，从而赋予新感染的宿主细胞生物发光表型进行鉴定，示意图见图 17-1。

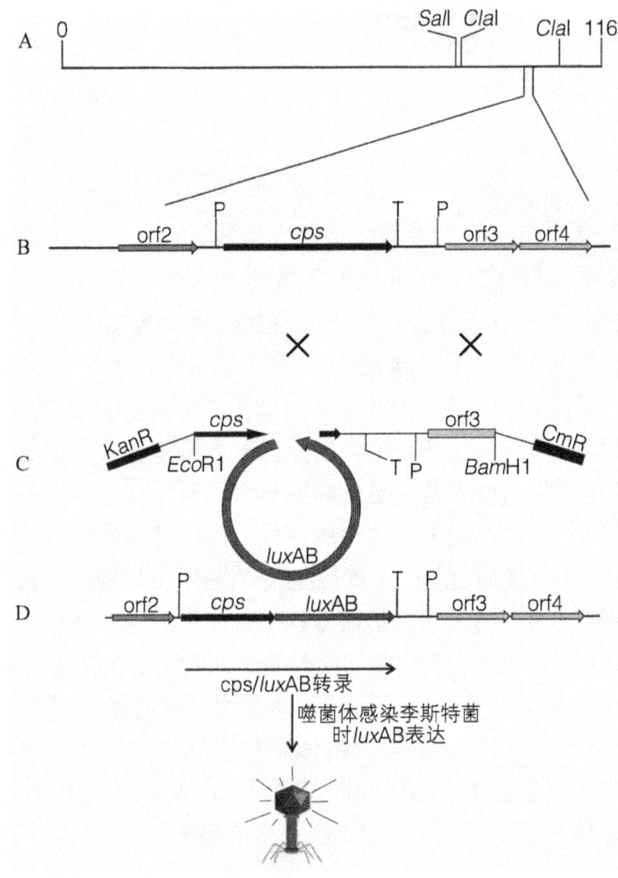

图 17-1　同源重组法制备“荧光噬菌体”（引自 Loessner 等，1996 年）

A. 简化的 A511 李斯特菌基因图谱；B. A511 基因图谱中约 5 kb 的片段，增殖标志表明感染细胞中噬菌体 DNA 与 pck511、-f3c、-luxAB 片段发生重组（双交叉）；C、D. luxAB 片段结合在 cps 片段的 3′端与下游转录终止子之间。在 A511::luxAB 基因表达期间，cps 片段融合了荧光素酶基因，感染李斯特菌细胞使之具有生物发光表型

2004 年，美国埃默里大学医学院的 Jaye 等用噬菌体展示技术将噬菌体噬斑用荧光染料分子标记后，将噬菌体阳性克隆与靶分子复合物直接用荧光显微镜及流式细胞分析仪来分析，这种方法为多个噬菌体克隆的目标提供多色标记，并通过最小化洗涤步骤，潜在地提高对低亲和力、低丰度目标的检测灵敏度。同年，为了利用该技术使噬菌体与样品相互作用便于用荧光显微镜直接观察，Slootweg 等在宿主菌的质粒 P5403 中插入 T7 噬菌体野生型衣壳蛋白（gp10）-黄色荧光蛋白（yellow fluorescent protein，YFP）多肽片段的融合基因，待 T7 噬菌体将基因组注入宿主后，宿主自身携带的质粒会表达融合了黄色荧光蛋白的衣壳蛋白，每个子代噬菌体中会有几个融合蛋白分子。于是，当这种衣壳

上展示有荧光蛋白的噬菌体与其他分子结合时，就能被荧光显微镜观察到。同年，Yasunori Tanji 团队也将该技术运用于大肠埃希菌检测，所用的是大肠埃希菌特异性 T4 噬菌体。T4 噬菌体小外壳（SOC）蛋白可插入一种易于检测的标记蛋白——绿色荧光蛋白（GFP）。为了灭活噬菌体裂解活性，该团队使用了 T4e 噬菌体，其不产生负责宿主细胞裂解的溶菌酶。用 GFP 标记的 T4e 噬菌体（T4e-/GFP）在宿主细胞中繁殖可以增加绿色荧光强度，从而用于区分大肠埃希菌细胞与其他细胞。而对于某些病原特异性蛋白，也可以通过噬菌体介导的信号分子表达间接完成目的样品的检测。例如，改造后的 M13 噬菌体具有与乙型肝炎病毒 HBc 抗原蛋白紧密、选择性相互作用的表面肽序列，通过噬菌体展示随机肽库的生物活性分析，该肽可以与 HBc 抗原结合，但不能与 HBs 抗原和 HBe 抗原（分别为乙型肝炎 s 型和 e 型抗原）结合，具有极高的特异性。利用噬菌体 ELISA、噬菌体斑点杂交（phage dot hybridization）和免疫沉淀分析（immunoprecipitation analysis）等技术已证明该展示肽具有检测该病毒抗原的作用。这些技术比传统的检测技术更灵敏、更经济、更便于使用。

噬菌体展示技术与多肽的合成密切相关。在如今的生命科学领域，多肽的应用已被赋予更高的价值与更广阔的应用空间。多肽分子量小，容易进入细胞和穿透组织，能在血液中迅速代谢，具有较低的免疫原性。使用噬菌体展示技术后，多肽的合成不需要再在动物身上产生，这使得它们比抗体开发技术更符合伦理，具有更高的经济效益，应用于噬菌体的生物技术和基因工程策略是这些新方法中的一部分。即使是天然的未经修饰的噬菌体，如果与适当的创新检测平台相结合，也可以广泛应用。如 2017 年，西南大学付志锋团队从污水中分离出一株对铜绿假单胞菌具有高度特异性的裂解性噬菌体（PAP1），通过将其与磁珠结合构建用于富集铜绿假单胞菌的特异性探针，再利用噬菌体增殖裂解细菌释放出三磷酸腺苷，配合萤火虫荧光素酶-三磷酸腺苷生物发光系统定量测定铜绿假单胞菌的数量，检测示意图见图 17-2。

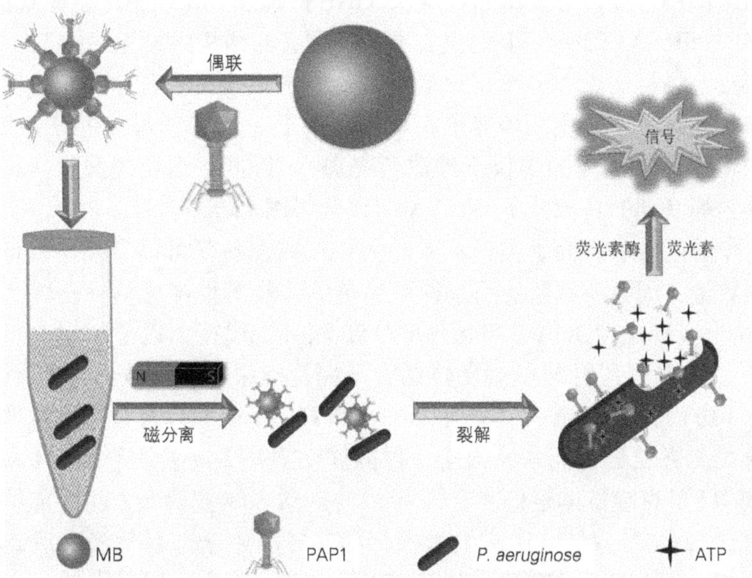

图 17-2　利用特异性噬菌体定量检测铜绿假单胞菌策略（引自 He 等，2017）

铜绿假单胞菌高度特异性的裂性噬菌体与磁珠组装，构建用于富集病原菌的特异性探针，通过噬菌体的裂解作用，释放出细菌体内 ATP，定量检测 ATP 来获得铜绿假单胞菌的存在和数量

第二节　利用噬菌体形成肉眼可见的单克隆噬斑

早在1938年，噬菌体就被用来通过分型确定细菌的分类。噬菌体分型利用了细菌对各种噬菌体的不同敏感性，从而能够确定细菌的属和种。该方法基于噬菌体复制和细菌细胞裂解后菌苔上斑块的检测，已应用于多种细菌。2008年，Threlfall E J团队将噬菌体分型实验应用于沙门菌监测系统的价值进行评估，其结果表明，该方法的应用意义十分重要，如果没有噬菌体分型这一检测体系，2/5的疫情将会被忽略。但是使用噬菌体分型分析作为诊断依据的限制比较多，例如，它们依赖于宿主菌的复制速度来形成菌苔，而对于生长缓慢的细菌如分枝杆菌，可能会耗费许多时间。有些研究人员便将固体培养基更换为液体培养基，通过电化学的方法获取噬菌体在其中扩增释放的标识物信号，进行对病原菌的检测。之后，康奈尔大学Nugen实验室为了提高噬菌体检测技术的效率及灵敏度，设计包含了*lacZ*基因的T7噬菌体，既而由T7启动子诱导β-gal在噬菌体感染扩增周期过表达，通过化学荧光法提高了大肠埃希菌细胞的检出限。在这些方法出现之后，众多实验室开始研究多种基于噬菌体扩增的特异性宿主检测方法。这些检测方法不断与化学、纳米生物技术等领域相结合，逐渐具备快速、灵敏、特异性强、生产成本低、仅检测活细胞等优点。2015年，周昕课题组报道了一种T7噬菌体与金纳米颗粒（gold nanoparticle，GNP）以“一对一”方式组装的T7@ GNP探针，以miRNA为检测对象，演示了一种可溯源的超灵敏肉眼计数的单分子检测策略。单分子可溯源检测，这在分子诊断中是一项极具挑战性的课题。他们将T7噬菌体经过基因工程改造，使其衣壳上带上荧光蛋白，将此噬菌体与金纳米颗粒（同时修饰有与目标miRNA的一端互补的DNA序列）以“一对一”的方式进行组装，制备一种T7@ GNP探针；同时，制备一种修饰有与目标miRNA的另一端互补的DNA序列的磁微米（magnetic microparticle，MMP）探针。因此，若样品中存在目标miRNA，T7@ GNP探针及MMP探针会捕获目标miRNA，形成一种MMP+miRNA+T7@ GNP的夹心结构。在夹心结构中，噬菌体与目标miRNA数量相同。在将夹心结构用磁力分离出来后，加竞争剂或直接加纯水，将噬菌体从夹心结构中释放出来，并涂布于宿主菌培养平板培养。由于一个噬菌体可在宿主平板上形成一个肉眼可见的噬斑（在荧光扫描仪下形成荧光斑）。因此，可用肉眼直接计数噬斑的数量，等同于计数捕获到的目标分子miRNA的数量（图17-3）。

在上述工作的基础上，为了实现不需要荧光扫描设备就可以直接肉眼计数探针捕获到的目标物的数量，周昕课题组使用一种可显色的非裂解性噬菌体——M13噬菌体（携带LaxZ）与纳米金颗粒构建M13噬菌体@ GNP探针，代替了以“一对一”方式组装的T7@ GNP探针。该方法利用M13噬菌体结合金探针肉眼直接计数H9N2流感病毒数目。其特点在于，一方面将M13噬菌体单克隆抗体和H9N2流感病毒单克隆抗体同时与修饰了G蛋白的金纳米颗粒进行偶联，构建一种能捕获H9N2流感病毒的M13@ GNP探针；另一方面将H9N2单克隆抗体跟包被有A蛋白的磁纳米颗粒偶联，构建能够特异性结合H9N2流感病毒的磁纳米探针。用磁纳米探针捕获样品中全部目标病毒后，再加入M13 @ GNP探针形成一种MNP+ H9N2+M13@ GNP的夹心结构。磁分离此夹心结构后，与M13宿主菌ER2738混合，涂布于含有IPTG/X-Gal的LB琼脂板双层平板，培养箱中培养6小时，计数蓝斑个数。该方法操作简单，仅需要一台细菌培养箱，相较于传统的TCID50病毒滴度测定法更为直观、简单和精确，是一种低成本、超灵敏的肉眼计数分子及病原体的检测方法（图17-4）。

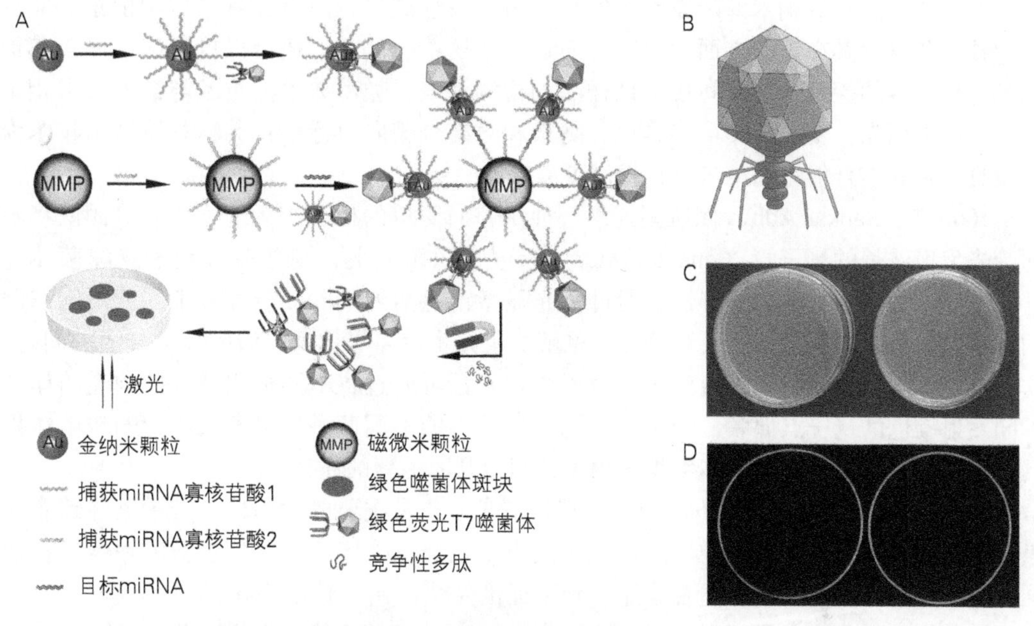

图17-3 彩图

图17-3 噬菌体介导的超灵敏肉眼检测核酸分子示意图（引自Zhou等，2015年）

A. 检测原理示意图。B. 重组荧光T7噬菌体构建示意图。C. 培养皿照片显示当绿色荧光T7噬菌体铺在宿主菌平板上培养后，培养板上有噬斑（右）；当没有噬菌体时，宿主菌平板上没有噬斑（左）。D. 荧光扫描仪在488 nm激发光扫描C所显示的图像。右边的图为对应的绿色荧光噬斑平板的扫描图，显示绿色荧光斑。而左边的平板上为无噬菌体感染的空白对照，没有出现荧光斑

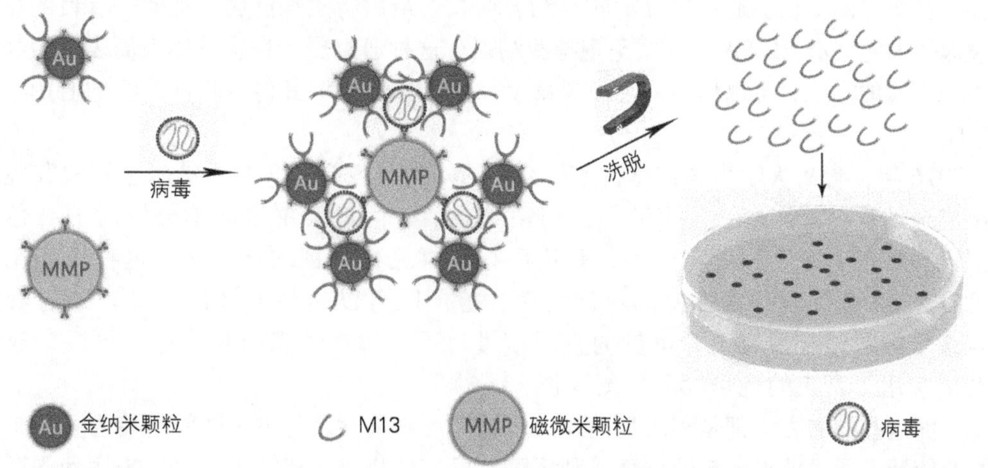

图17-4 彩图

图17-4 肉眼计数病毒的策略（由周昕课题组提供）

首先将MNP探针与样品中的病毒孵育形成H9N2/MNP复合物，然后将M13-GNP探针加入H9N2/MNP溶液中。最后，复合物被磁性支架分离，涂布在培养皿中感染宿主细菌，在培养皿中形成可见的斑块进行计数

这种利用噬菌体与纳米技术结合用于分子及病原体诊断的技术，有望成为一种具有独特方法及策略的分析技术。

第三节　利用与噬菌体组装的材料间接呈现样品信号

基于噬斑观察的纳米诊断技术开发已取得阶段性成果，具有良好的应用前景。而在纳米技术领域，其在诊断方面的研究方向远不止这些。例如，还可以构建噬菌体与其他纳米材料组装的探针，用来间接呈现样品的检测信号。噬菌体检测技术与纳米技术相结合的原因有两点：①噬菌体可特异性、高亲和力结合靶向目标物；②噬菌体展示技术为开发具有特异结合能力的纳米材料提供了良好的平台。

2006 年，Sankar Adhya 团队报道了一种快速而简单的检测细菌的方法。该团队将不同荧光发射波长的量子点（quantum dot）标记在噬菌体上，制备多种量子点噬菌体探针。利用噬菌体的宿主感染特性，通过荧光显微镜检测到不同荧光信号来区分不同细菌的存在及数量。使用量子点荧光信号，可解决荧光蛋白信噪比低、假阳性信号多的问题。这种检测方法将检测时间缩短到 1 小时以内，并且可通过将不同宿主特异性的噬菌体与不同发射颜色的量子点偶联，同步检测同一样品中的不同菌种。量子点标记的噬菌体仍具有感染性，这为解决噬菌体生物学相关的问题开辟了新的途径。

白色念珠菌（*Candida albicans*）一直是临床上非常重要的病原体，其感染导致癌症患者的高死亡率。在噬菌体介导的检测方法出现之前，临床诊断白色念珠菌感染的金标准——血液培养法需要 5 天左右才能得到可靠的结果。由于诊断系统的灵敏度较低，耗费时间极长，患者经常得不到及时有效的治疗。2015 年，毛传斌教授团队开发出一种可捕获生物标识物的“纳米纤维”，可快速、灵敏地检测人血清中的白色念珠菌抗体，而这种“纳米纤维”（nanofiber）正是 M13 噬菌体。他们首先将表面表达靶向白色念珠菌抗体多肽的基因工程 M13 噬菌体结合磁珠制备成一种磁噬菌体探针，然后将其加入血清样品中富集目的蛋白，通过磁分离收获结合产物，最后将磁珠洗脱，把捕获有目的蛋白的噬菌体通过夹心 ELISA 的形式呈现检测结果。这种通过展示在噬菌体表面表达生物标志物结合肽的方法，可以作为一种高灵敏度、高特异性检测其他生物标志物的通用策略（图 17-5）。

2016 年，青岛大学生物传感技术研究所的刘爱骅教授团队利用纳米金颗粒和噬菌体组成金纳米噬菌体探针，探针与沙门菌结合后，溶液会由原来单分散时的红色变为团聚导致的蓝色，因此构建了一种肉眼检测样品中细菌的比色法。这种快速比色法可以在 30 分钟内一次性检测出沙门菌，检测限可以达到 19 CFU/mL。通过噬菌体与纳米颗粒组装形成肉眼可见的直观信号，不仅选择性强而且快速、价廉，非常有希望应用于真正的现场样品检测（图 17-6）。

上面这些检测方法都是利用噬菌体具有基因可修饰性，与纳米颗粒组装为靶向被检测物的探针。通过纳米颗粒的颜色或利用酶及反应底物进一步放大信号，来达到提高灵敏度，或快速肉眼可见，或增加特异性等检测目的。

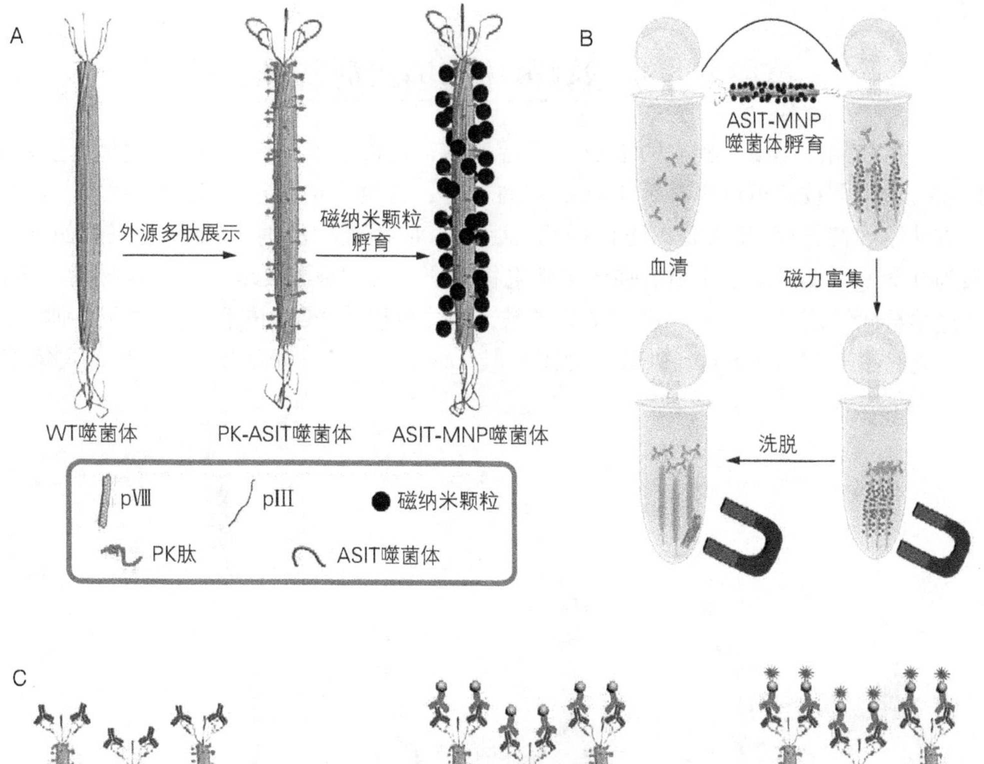

图 17-5 彩图

图 17-5 “纳米纤维”捕获抗体检测策略（引自 Wang 等，2015）

A.“纳米纤维”捕获抗体检测策略示意图；B. ASIT-噬菌体-MNP 捕获生物标志物，磁力架富集分离 ASIT -噬菌体/生物标志物复合物；C. 将洗脱后的 ASIT-噬菌体/生物标志物复合物涂覆在 ELISA 平板上，加入辣根过氧化物酶（HRP）标记的二抗识别该生物标志物，将 TMB 染色液添加到络合物中进行显色。PK 为 MNP 结合肽（PTYSLVPRLATQPFK）；ASIT 表示抗 Sap2-IgG 靶向肽（VKYTS）

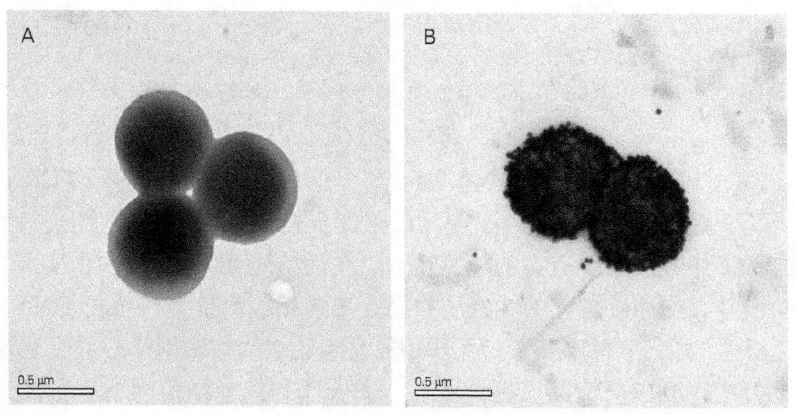

图 17-6 纳米噬菌体探针与细菌菌结合后的透射电镜（引自 Liu 等，2016）

A. 沙门菌；B. 纳米噬菌体探针与沙门菌结合复合物

第四节　扩增噬菌体基因组的特异条带

在一些疾病的早期，标志物蛋白分子低表达，在血清或组织中含量很低。超灵敏的蛋白质分子检测技术可以更早地干预疾病的进程，延缓病情或治愈患者。然而，蛋白质检测方法不如特异性 DNA 检测方法敏感。目前，应用最广泛的 ELISA 法报道的最佳检测限为 0. 2 ng/mL，但不能满足临床早期生物标志蛋白的检测要求。由于特异性 DNA 可以通过聚合酶链反应（PCR）进行指数扩增，因此可以将 PCR 技术与蛋白质识别技术结合，构建免疫 PCR（immuno-PCR，IPCR）技术（图 17-7）可以有效提高检测灵敏度。

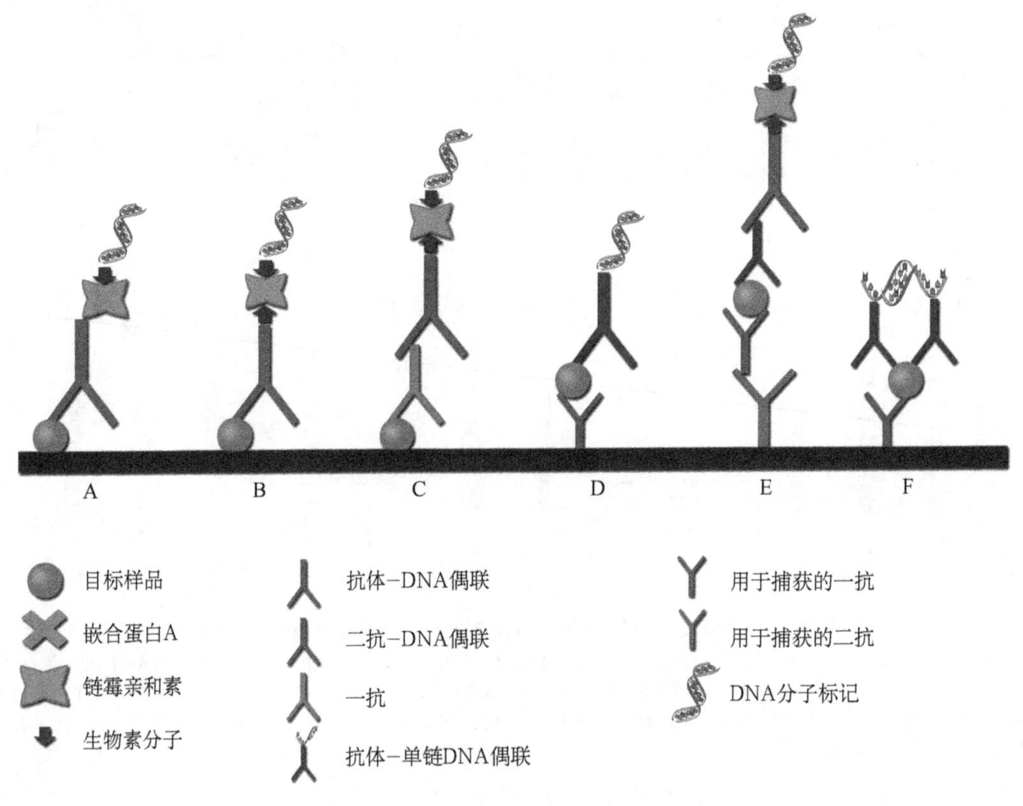

图 17-7　IPCR 示意图（引自 Luiza 等，2016 年）

A. 普通 IPCR；B. 使用生物素化抗体的直接 IPCR；C. 间接 IPCR；D. 直接夹心法 IPCR；E. 间接夹心法 IPCR；F. 近距离结扎 IPCR

最早将 PCR 技术引入免疫检测的是 Sano 等，他们利用免疫应答后 PCR 扩增到诊断浓度的报告基因，建立 IPCR 检测方法检测低丰度蛋白质。IPCR 由于其超敏性，在免疫学研究和临床诊断中是一种强有力的检测技术。在最初的 IPCR 方法中，实验室通常使用链霉亲和素嵌合体，与生物素化的线性质粒结合来连接检测抗体和报告 DNA。随后，有学者提出了基于生物素-链霉亲和素相互作用的自组装纳米结构网络，并在基础免疫学和应用免疫学研究中得到了广泛的应用。然而，嵌合体和纳米结构网络制备复杂，阻碍了 IPCR 的广泛应用。

为构建一套简便、通用的 IPCR 检测报告体系，有研究人员于 2006 年提出利用天然噬菌体纳米颗粒构建 IPCR 检测策略。该实验室以汉坦病毒（Hanta virus）核衣壳蛋白（nucleocapsid protein，NP）和朊病毒朊蛋白（prion protein，PrP）作为概念病原进行验证，分别作为噬菌体展示介导免疫扩增法的检测靶点和演示样本，重组噬菌体作为 IPCR 实验的检测替代品。该方法巧妙地利用了表面展示有单链抗体的重组噬菌体本身具有表面抗原结合分子和内部含有特异性核酸序列，通过表面展示的抗体识别目标抗原，利用特异核酸序列作为扩增模板，把重组噬菌体作为载体介导完成免疫识别和信号检测过程，该策略较传统的抗原蛋白检测显著提高了特异性与灵敏度。

IPCR 用于抗原的检测结合了免疫的特异性及 PCR 的高灵敏性。不仅可以利用噬菌体直接构建免疫探针，还可以将噬菌体及免疫磁珠分开作为一对探针，构建一种类似间接 IPCR 的技术来鉴定样本中非常稀少的目标分子或细胞。噬菌体展示靶向目标分子的单链抗体，以解决检测中的假阳性问题。免疫磁珠可以利用其分离捕获目标后易分离的优点。例如，循环肿瘤细胞（circulating tumor cell，CTC）检测面临极大的挑战，由于 CTC 在血液中非常稀少，因而磁珠捕获得到的细胞中绝大多数都不是 CTC。因此，利用二级分选可大大提高筛选 CTC 的阳性率。周昕课题组利用噬菌体展示技术将抗 CEA 的单链抗体展示于辅助噬菌体 M13KO7 表面，以构建抗 CEA 单链抗体修饰的噬菌体探针（M13-ACEC scFv）。首先用修饰有 CEA 抗体的免疫磁珠（magnetic nanoparticle）与血液样本孵育，磁分离后洗脱细胞。接着用噬菌体探针去孵育这些细胞，最后用修饰有噬菌体衣壳蛋白 P8 抗体的磁珠捕获与细胞结合的噬菌体。最后用 PCR 来扩增噬菌体 M13KO7 特有的一段基因，从而达到减少假阳性、快速、灵敏检测单个 CEA 过表达 CTC 细胞的目的（图 17-8）。

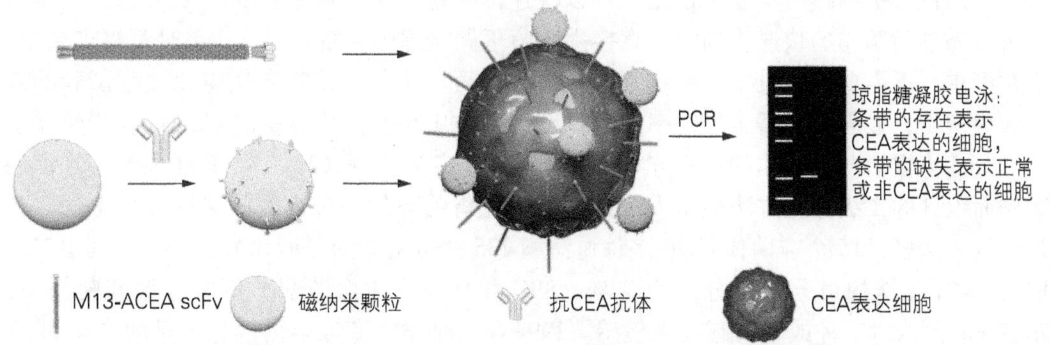
PCR
琼脂糖凝胶电泳：
条带的存在表示
CEA表达的细胞，
条带的缺失表示正常
或非CEA表达的细胞

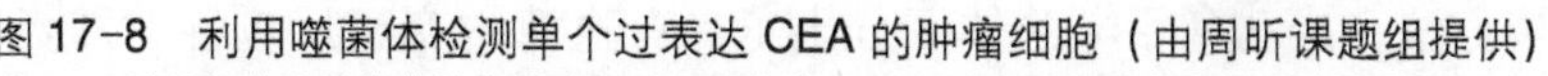
M13-ACEA scFv
磁纳米颗粒
抗CEA抗体
CEA表达细胞

图 17-8 彩图

图 17-8　利用噬菌体检测单个过表达 CEA 的肿瘤细胞（由周昕课题组提供）

首先使用表达 CEA 单链抗体的噬菌体结合肿瘤细胞，在结合基础上通过磁探针分离样品中的肿瘤细胞，继而使用 PCR 来扩增噬菌体特有的基因片段来间接检测单个过表达 CEA 的肿瘤细胞

此细胞检测方法充分利用了噬菌体基因可修饰特性及核酸特性扩增技术的优点，因此可获得高灵敏度检测，且成本低廉，有可能成为一种广泛使用的细胞检测方法，具有很好的应用前景。

总的来说，基于噬菌体的这些检测方法皆有较好的创新性。针对不同的检测对象，可以使用不同的检测方法。我们相信，这种利用噬菌体可展示多肽或蛋白以及可与纳米材料组装构建噬菌体纳米复合探针，有便捷、灵敏、可视化等特点，未来有希望转化为受市场欢迎的新型体外诊断试剂。

第五节　细菌的噬菌体分型

噬菌体作为一大类病毒，在自然界中分布极广，常伴随其宿主存在于患病或正常机体中。噬菌体感染细菌具有一定的专一性，可特异性地感染某一种或某一属的细菌，并能在其中增殖装配为子代粒子，进而裂解细菌而被释放，所以噬菌体能被运用于细菌的分型。

自 1917 年法国微生物学家 d'Hérelle 发现噬菌体起，人类利用噬菌体治疗人体细菌感染疾病有许多成功例子。而后他们又发现噬菌体是一类专性寄生于细菌细胞内的病毒，对宿主寄生的特异性高，而且稳定。这样在很长的一段时间内，噬菌体主要是广泛地应用于细菌的分型，以便于在细菌鉴定和疾病流行时对传染源进行追踪，对传播途径进行流行病学调查，并沿用至今。1954 年，Cherry 发现乙型副伤寒沙门菌噬菌体分型中所用的一株噬菌体（O-I 噬菌体）在高浓度（100 RTD）时可以裂解绝大部分沙门菌，具有属的特异性，并有人把它作为沙门菌新菌型的鉴定项目。但是经过许多科学家近 30 年的研究，O-I 噬菌体仍未能使全部的沙门菌裂解，为了发现由于噬菌体裂解试验呈阴性而漏诊的沙门菌，大量的生化学鉴定工作不可缺少。因此，O-I 噬菌体未能在细菌学诊断工作中推广使用，沙门菌的诊断工作仍需耗费大量的人力和物力。

为了解决对于卫生和防疫实践意义重大的沙门菌属的鉴别和诊断问题，我国科学家何晓青教授率领团队，筛选出大量与沙门菌生物学性状相似的肠杆菌科 4 个菌属的菌株。通过 4 个菌属的噬菌体（弗氏柠檬酸细菌噬菌体、大肠埃希菌噬菌体、阴沟肠杆菌噬菌体和沙门菌 O-I 噬菌体）联合使用，可以快速诊断这 4 个菌属中约 90%的菌株。使用这一方法做沙门菌属的快速诊断时，直接挑取菌落做噬菌体裂解试验，6 小时可得出结果，方法简单，不需要特殊设备，一般细菌实验室均可以进行，使需要做生化鉴别试验的菌株大为减少，显著提高了工作效率。1987 年，伦敦中央卫生化验所的 Gaston 教授建立了医院分离克雷伯菌噬菌体的分型方案。这个方案是专为区分 K2、K3、K21 血清型克雷伯菌株而设计的二级分型方法，是大多数血清型克雷伯菌的一种有效的通用分型方法。其设计的方法里，15 个噬菌体对 70 多种血清型 236 株噬菌体的分型率为 87. 3%，其中 K2、K3 和 K21 菌株的可分型率分别为 93%、89%和 91%。在血清学上不可分型的菌株中，76. 7%的菌株对一种或多种噬菌体敏感。1994 年，加拿大萨斯喀彻温省大学的 Pieroni 等再次改良了该方法，成功利用噬菌体区分出了具有血清学交叉反应性的肺炎链球菌和肺炎克雷伯菌，他从 17 个临床分离的肺炎链球菌中分离出 91 种噬菌体，这些噬菌体与两种或两种以上的肺炎链球菌血清呈交叉反应性，再通过简单的条带试验，大多数分离株可被确定为荚膜类型，但也有一些菌株需要应用高效的电镀分析来识别荚膜类型。至此，噬菌体分型被发现是一种有效的、价廉的和临床实用的检测技术，尤其在区分具有血清交叉反应性的细菌分离株时有非常大的优势。

但是，随着分子生物学技术的发展与兴起，从分子水平及基因水平上进行分型的方法已成为细菌分型的主流。细菌的噬菌体分型只能在表型上对细菌加以区分，而不能从分子水平确立菌株间的遗传变异关系。除此之外，噬菌体在种和型间还有一定程度的交叉反应，但有研究人员发现噬菌体的特异性吸附与尾鞘上的 H 蛋白有很大的关系，通过改造 H 蛋白有进一步提高特异性的可能。由于噬菌体分型的方法还不成熟，不同菌种的分型噬菌体的研究还不透彻，因而对细菌噬菌体型别的命名暂时还没有统一的标准。

参考文献

18 噬菌体在食品安全中的应用

——张 辉 包红朵 王 冉

在全球，食物污染已引发了严重的食源性疾病，随着发病率上升，死亡率也不断升高，严重威胁人类健康。食源性疾病是一种普遍存在的、代价高昂但可预防的公共卫生问题。目前在许多国家都建有食源性疾病主动监测网络，如 WHO 的 GFN（2000 年），美国的 FoodNet（1995 年）、PulseNet（1996 年），丹麦的 Da nmap（1995 年）及中国疾病与预防控制中心建立的 TraNet China（2012 年），每年都会定期提供食源性疾病报告。2013 年美国确定的 19 056 例食源性感染病例中，约有 4 200 人住院，80 人死亡。2016 年，我国暴发 4 056 起食源性疾病，患者数高达 32 812 人，死亡 213 人。而在欧洲，O104 肠出血性大肠埃希菌的暴发，直接导致西班牙每周损失 2 亿欧元。然而，在全球范围内，食源性疾病的统计数据是非常零散的，并不能完全代表不同国家的真实感染状况，特别是在发展中国家，其中主要原因是对疫情及暴发疾病未确认或未报告，从而缺乏统一的信息数据。

WHO 表示，食品安全（food safety）工作仍面临巨大挑战，特别是对传染性和非传染性食源性危害的管理。尽管目前食品生产行业已拥有有效的管控技术，但食品供应链仍会受生活方式、消费习惯、食品和农业的制造工艺等影响，每个环节都会导致食源性疾病的发生。一般来说，食源性疾病通常表现为急性、轻度自我限制性胃肠炎等。除此之外，还有一些慢性后遗症可能由食源性感染引起，影响心血管、肌肉骨骼、呼吸和免疫系统，大量的抗生素用于食源性疾病的治疗，耐药性也由此产生。

随着耐药性细菌数量的不断增加，其对人类健康的威胁就越来越大，抗生素用在食源性疾病治疗中失败的现象也凸显。因此，急需研发新的非抗生素疗法来对抗耐药性细菌病原，从而能在食源性疾病暴发早期进行有效遏制。然而，新药的开发周期和历程并不如人们所想象的，目前更多所谓研发的药物仅是对现有抗生素药物的进一步改良，反而导致了病原多重耐药骤然加剧。在进入后抗生素时代的同时，生物抗菌-噬菌体也将在疾病中发挥重要作用，其不仅能够特异性针对病原菌，而且在摄入肠道后不影响正常菌群。噬菌体可以作为不同领域中替代抗菌药物的新疗法，如在人体的细菌性感染、食品安全、农业和动物养殖领域等，且在食品和动物养殖应用中显示了良好的抑菌效果，从而引发了更多的制药企业转向食品安全、农业和工业噬菌体产品的开发，本章就针对噬菌体在食品生产及加工中的应用进行系统阐述。

作者单位：张辉、包红朵、王冉，江苏省农业科学院。

第一节 食品安全中的重要威胁

噬菌体在农业、动物养殖、食品安全及疾病诊断中具有巨大的应用潜力，然而在应用过程中仍需要考虑多种因素及可能产生的问题。噬菌体在食品生产之前或形成食品之后中的介入，都能够有效防控众多细菌性病原，如沙门菌、空肠弯曲菌、李斯特菌及大肠埃希菌等。在动物性食品生产之前，噬菌体的应用重点在于预防动物疾病的发生及降低病原携带率。而在食品生产及销售的整个链条中，重点则在于控制致病性微生物在食品中的污染。

一、食源性疾病

尽管现代食品科技不断进步，但食品工业仍面临着微生物污染的威胁。抗生素的过度使用进一步加剧了这一问题，导致耐药食源性病原菌（foodborne pathogenic bacteria）不断产生，全球每年由食源性病原菌引发的疾病已影响近百万人的健康。在众多病例中，引发死亡的主要病原有李斯特菌、弓形虫和沙门菌，它们造成75%以上死亡病例。产志贺毒素大肠埃希菌包括O157:H7血清型的菌株也是引发食品安全问题（特别是在碎牛肉中）的重要病原之一，且已造成几次重大疾病暴发并导致多人死亡。2013年美国CDC监测报道了贝类相关副溶血弧菌引起的弧菌病的暴发事件，引起来自9个洲的28人感染住院。此外，布鲁氏菌、耶尔森菌、志贺菌和其他病原菌也是引起食源性疾病的重要原因，弯曲杆菌属在美国引起的病例数最多，每年造成约240万例感染。近年来，我国食源性疾病居各类疾病总发病率的前列，食源性疾病患者数量一直居高不下，2016~2018年南京市食源性疾病暴发监测系统上报显示共36起，发病799例；浙江省2006~2017年的监测数据显示，细菌引起的食源性疾病感染率高达70.85%（表18-1）。

表18-1 食源性病原菌及其特性

病原	症状	感染源	致病机制
肠炎沙门菌	沙门菌病：通常表现为胃肠炎、肠热、菌血症等	污染的肉类、水果及蔬菜等	病原菌会寄生于小肠和结肠并入侵细胞，产生细胞毒素，抑制宿主细胞的蛋白质合成。刺激产生急性炎症反应，导致溃疡并伴随肠瘢痕
弯曲杆菌属	弯曲杆菌病：严重急性胃肠炎，伴发展Guillain-Barré综合征	未烹饪/生肉、巴氏鲜菌奶、蔬菜及环境水	弯曲杆菌会侵入肠上皮细胞，导致黏膜损伤和炎症。低水平弯曲杆菌感染可导致弯曲杆菌病。某些弯曲杆菌属脂多糖中的脂质A与全身感染有关，导致败血症和休克
大肠埃希菌O157:H7	腹泻，严重出血性结肠炎，出血性尿毒症综合征	未烹饪的牛源食物	极低感染剂量（10个细胞）就可以致病，产生一种被称为intimins的外膜蛋白，这种蛋白质会引起肠道黏膜A/E损伤。此外还产生参与溶血性尿毒症综合征和急性肾衰竭发展的志贺毒素
单核细胞增生性李斯特菌	李斯特菌病：恶心，呕吐，流产，胎儿死亡，败血症，脑膜炎	污染的即食食品（RTE）	病原菌通过诱导小肠中肠细胞/M细胞摄入。在免疫功能低下的个体中，李斯特菌可以进入并在巨噬细胞中繁殖，并被输送到不同的器官，并穿过血脑和胎盘屏障。李斯特菌具有自我营养功能，能够在低温、低pH和高盐浓度下生长并持续增殖
产气荚膜梭菌	能引发人类和动物气体坏疽和坏死性肠炎	污染的禽肉产品	病原菌在肠道内定殖，产生毒素和降解酶破坏肠组织并利用机体产生的氨基酸。抑制正常菌群的生长，导致疾病进展加剧
金黄色葡萄球菌	胃肠炎	污染的肉、禽及乳制品	这种生物体产生的毒素能穿透肠道内壁，引发局部和全身免疫反应，最终导致胃部和胃肠道病变
志贺菌	志贺菌病：出血性腹泻，发烧，胃痉挛，肠炎	污染的水、蔬菜、牛奶、乳制品及禽肉	通常被称为细菌性痢疾，具有高度传染性，仅10个细胞就能够致病。感染主要在大肠中形成，由M细胞侵入上皮细胞触发自身的吸收，引起强烈的炎症反应。此外也能产生肠毒素，引发结肠、肾脏和中枢神经系统的血管损伤

既往，高强度的抗生素治疗不仅导致耐药菌的产生，且长期使用会引发肝脏及肾脏功能性损失，最终还会导致患者无药可治的可能。与此同时，抗生素治疗功效下降、新药物生产公司也因耐药问题的严峻转向其他研发方向，从而导致抗生素生产数量急剧下降。面对消费者对安全、无化学药物残留的绿色食品的需求，亟须开发控制食品和食品加工环境中微生物污染的新方法及新技术。目前，在食品生产和加工过程中，食源性致病菌的防控主要基于温和的热处理、高压处理、脉冲电场、化学抗菌剂、防腐剂和消毒剂等。这些抑菌技术虽有一定优势但仍不能满足实际需求，如抑菌效率低、有毒性、腐蚀食品接触面等。此外，这些处理也会改变食品的感官特征，使营养价值大幅降低；其他的冷杀菌技术在打开包装以后，又有再次染菌而腐败的可能。而噬菌体的多种优点使其成为食品抗菌剂的优势候选来源，噬菌体及其衍生物在一系列食品和食品加工环境中对污染物的预防、治疗和根除是非常有效且安全可靠的。

二、食源性病原的耐药性

耐药性细菌病原可以通过多种途径进入食物，被人类食用而引发疾病。例如，畜禽养殖过程中耐药性细菌会不断滋生并通过粪便传播，而在屠宰过程中，被粪便污染的水可能会使耐药菌污染生产或加工后的食品。

目前很多研究都报告了食源性病原引发的耐药问题。例如，耐氟喹诺酮空肠弯曲杆菌、多重耐药性单核细胞增生性李斯特菌（*Listeria monocytogens*，Lm）和产毒素大肠埃希菌等，它们出现在食品和畜禽养殖中，最终传播并影响食品供应链。相关的流行病学研究也表明，动物饲料中使用的预防性抗生素药物与耐药菌的产生有直接关系，并最终通过食物链传播到人体。例如，从患病儿童体内分离到的耐头孢曲松的肠炎沙门菌与牛源的菌株一致。从牛、羊、猪及鸡肉中获取的食源性病原菌中，鸡肉污染最为严重，以弯曲菌为首，污染达 51%，对喹诺酮类药物耐药达 40.7%；沙门菌污染达 16.4%，耐药菌株达 57.7%，其中对喹诺酮类药物耐药达 42%。而在猪肉、牛肉中小肠结肠炎耶尔森菌污染分别为 43.3%和 31.9%，Lm 污染分别为 22%和 12%，但二者均未产生较强的耐药特性，仅 1 株来源于鸡肉的小肠结肠炎耶尔森菌对四环素出现耐药性。而近期，从生猪屠宰加工环境中获得的 Lm 已出现多重耐药特征，其中对头孢及沙星类药物耐药率超过 90%，且出现滞留（persistent）菌株，给食品安全带来隐患。此外，在消费者们更为关注的海产品中，弧菌属扮演着更为重要的角色，其中创伤弧菌（*Vibrio vulnificus*）能够引发败血症，死亡率达 37%。弧菌耐药性发展尤为快速，其主要通过突变或基因转移获取耐药性，目前副溶血弧菌和创伤弧菌对头孢类、β-内酰胺类、链霉素、四环素类药均呈现高度耐药特性。

对于免疫缺陷型患者来说，感染多重耐药菌几乎是无法治愈的。目前，新出现的耐药性沙门菌和弯曲杆菌会直接造成侵入性感染并引发死亡风险。此外，多重耐药菌还可能通过国际贸易传播到其他国家，最终引发国际食品安全事件，食品供应链中耐药性病原的出现需要通过预警系统及时更新。

第二节　噬菌体在食源性病原菌中的应用

很多研究都报道了噬菌体在农业、动物养殖、食品安全及疾病诊断中的应用案例，而噬菌体在食品生物防控（bio-control）中已被广泛作为天然抗菌剂来控制致病菌污染。此外，噬菌体在食品生产（农场）和加工后（餐桌）的干预措施中，均能够控制重要食源性病原，如沙门菌、弯曲杆菌、李斯特菌和大肠埃希菌等。噬菌体在“农场—餐桌”食品供应链中能够稳定发挥其效：净化养殖场、器械表面消毒（如挤奶及屠宰加工器械等）、生肉及包装中保鲜、鲜切食品中保鲜并延长货架期等。在整个“农场—餐桌”食品供应链中，噬菌体及其衍生物均能发挥重要作用，从而保障食品质量安全。

一、“农场—餐桌”食品供应链中的污染控制

（一）控制大肠埃希菌 O157:H7 污染

在“农场—餐桌”的全过程中，致病菌随时都在寻找机会来影响食品安全。在畜禽产品屠宰加工前，噬菌体可以直接进入动物体内进行干预。在此环节的控制重点在于消除或减少病原菌的定殖，从而进一步降低屠宰及加工中的病原菌数量。例如，常见的沙门菌、弯曲杆菌及大肠埃希菌 O157:H7 通常都存在于肠道，从而具有一定的安全风险，通过噬菌体在加工前的干预能够有效保障肉品免于病原污染。新西兰在 2014 年开发的一款噬菌体产品 STEC Cleanz® （https://www.esr.cri.nz/our-people/our-science-team/craig-billington/），是在牛屠宰前的体表喷洒消毒，用于控制大肠埃希菌 O157:H7 污染。同样，将 O157 噬菌体 CEV1 及 CEV2 制备成鸡尾酒并灌服绵羊，肠道 O157 菌数量减少 99.9%。也有报道通过直肠灌注噬菌体 KH1 和 SH1 能够有效减少 O157 的感染。尽管噬菌体在畜禽养殖生产中发挥了有效作用，但在实际应用中很多噬菌体并不能完全消除病原菌，从而影响到动物源食品的质量安全。其中仍有许多因素需要进一步深入思考，如肠道的复杂性、胃酸的影响等，从而使其更加完善。

“餐桌”即在加工中的噬菌体应用相对于“农场”产品应用效果更为显著。在食品的加工保鲜中，通常是将噬菌体直接用于食物表面，去除致病菌污染来保障食品安全。O'Flynn 等将噬菌体鸡尾酒（e11/2.E4/1c 及 PP01）进行肉品的 O157 抑菌效果评估，最终检测小于 10 CFU/mL。而结合食品级的抗菌剂反式肉桂醛油（trans-cinnamaldehyde oil）能够完全抑制 O157 病原的产生。

（二）控制沙门菌及弯曲菌污染

在禽产品生产过程中的两大重要致病菌——沙门菌及弯曲菌已成为人类健康的巨大威胁，全球沙门菌感染病例达 9.38 千万例，每年因沙门菌感染死亡人数高达 15.5 万。在欧洲，弯曲杆菌病仅次于沙门菌病，每年约有 20 万例病例。80%的禽肠道均可检测到弯曲菌，其通常以 10^7CFU 的数量存在于禽肠道内，从而给食品安全造成巨大隐患。

在禽产品生产前期，通过提前一天摄入噬菌体鸡尾酒（UAB_Phi20、UAB_Phi78），显著降低沙门菌在盲肠的感染率。同样，将 4 株噬菌体 CB4Ø 及 45 株来自废水中的噬菌体 WT45Ø 使用在感染 24 小时后的禽盲肠扁桃体上，能有效降低沙门菌的数量，然而

48 小时后并未发现持续降低，从而表明持续摄入噬菌体是有效降低致病菌的策略之一。弯曲菌也因噬菌体的摄入而降低其在肠道的定殖量，但仍处于一定水平的携带量。将噬菌体 CP8 和 CP34 应用于在鸡生长模型中，作用 1 天后，盲肠中空肠弯曲菌 GIIC8 显著降低，然而当应用噬菌体 CP34 后，盲肠中空肠弯曲菌 HPC5 不仅显著降低，且在随后的 5 天都处于较低水平，从而表明噬菌体作用于肠道后能够有效抑制病原生长。

噬菌体对动物源产品生产前期的污染控制仅仅是一方面，对于加工和储运环节仍需更多关注。目前，噬菌体与其他化学保鲜剂的联合使用也已成为热点，如将噬菌体鸡尾酒与过氧乙酸和乳酸等协同应用于禽肉品表面，能够消除沙门菌，从而在有效抑菌的同时减少化学抗菌剂的使用量。然而在低温加工过程中，弯曲菌噬菌体在 4 ℃ 冷藏下并没有像沙门菌噬菌体那样发挥显著抑菌效果，仅在-20 ℃下发现弯曲菌数量显著减少。也有研究人员将噬菌体用于屠宰后的鸡体表、生牛肉及加工后的牛肉，利用感染复数为 10^5 的噬菌体作用于食物表面 2 小时，能够至少减少 25%的感染菌。

（三）控制金黄色葡萄球菌污染

金黄色葡萄球菌通常存在于各种食物中，包括兽肉、禽类、蛋类、沙拉、糕点、未经高温消毒的牛奶和奶酪制品。这种细菌产生热稳定的肠毒素，导致食物中毒，如恶心、呕吐、胃痉挛和腹泻，加之多重 MRSA 的出现，亟须开发新型生物控制剂来防控金黄色葡萄球菌污染。

目前，已有许多针对金黄色葡萄球菌噬菌体的生物控制的研究。2012 年，Bueno 等发现金黄色葡萄球菌噬菌体 Φ88 和 Φ35 混合物可以高效控制凝乳制作过程中金黄色葡萄球菌污染。在凝固过程中，用含有这两个噬菌体的混合物对新鲜奶酪和硬奶酪进行处理，分别减少金黄色葡萄球菌 3. 83 logs 和 4. 64 logs。尽管鸡尾酒在控制金黄色葡萄球菌方面有效，但是噬菌体应用不会影响奶酪的外观特性、理化特性及微生物区系。而且有研究表明，两种金黄色葡萄球菌的噬菌体混合物（ΦH5 和 ΦA72）在牛奶中可以在 22 ℃和 37 ℃下裂解金黄色葡萄球菌，但是在 4 ℃下没有裂菌效果。噬菌体在超高温瞬时灭菌（UHT）和巴氏全脂牛奶中的效率最高，其次是半脱脂生牛奶，最低的是全脂生牛奶。

金黄色葡萄球菌噬菌体 K 能够在热处理牛奶中复制，但不能在生牛奶中复制。这是由于热不稳定的免疫球蛋白阻止噬菌体吸附到生牛奶中的金黄色葡萄球菌。因此，O′Flaherty等建议将金黄色葡萄球菌噬菌体应用于热处理后的牛奶和牛奶相关产品。在切达奶酪凝乳样品上使用两种噬菌体鸡尾酒（TEAM/P68/LH1-MUT 和 phi812/44AHJD/phi2）处理，在所有感染复数水平（15、45 和 150）下完全消除了 10^6 CFU/g 的金黄色葡萄球菌，而噬菌体滴度没有降低。此外，在噬菌体治疗后，金黄色葡萄球菌没有诱导肠毒素 C 的过度产生，这意味着噬菌体鸡尾酒的应用有潜力成为食品中以金黄色葡萄球菌为靶点的生物控制策略。

（四）控制李斯特菌污染

李斯特菌作为人类条件致病菌广泛分布于环境和食品中，其对环境高度适应，如高盐、低 pH、低氧及低温等均不影响其生长，且仅 10^3 CFU/mL 的 Lm 就足以使人致病，死亡率为 15%~40%，在我国食品卫生检验中已将 Lm 例为不得检出的致病菌。目前，全球监测体系中均在很多即食性食品如鲜切蔬菜、乳品及肉品中检出较高频率的 Lm，且在低温冷藏食品中仍时有召回事件的报道。

在Lm噬菌体的生物防控中，更多关注点聚焦于加工环境。首次将Lm噬菌体应用于食品的报道是在2002年，是将噬菌体和Nisin联合应用，随后又有将噬菌体鸡尾酒与细菌素共用于鲜切甜瓜抑菌。然而，Lm噬菌体在苹果中的抑菌效率不稳定，较低pH的食物中不宜使用噬菌体来进行抑菌，在其他食物如奶酪、鱼肉及豆浆中均表现良好。

自从2006年第一个噬菌体产品ListShield™（一种噬菌体鸡尾酒）被美国FDA批准用于控制肉和家禽产品中的李斯特菌污染以来，越来越多的噬菌体产品都陆续被尝试用于病原菌的防控。从农场生产到包装，噬菌体鸡尾酒的应用在食品加工的不同环节均能发挥重要作用。与使用单一噬菌体相比，研究人员强烈建议使用混合噬菌体，以限制抗噬菌体菌株的出现，并能够有效提高抑菌效力。利用噬菌体技术控制食品中的病原体污染，已经被许多研究人员证实有效可行，并有报道称直接用于加工后食品比用在活体动物中控制病原菌感染更为有效。通过噬菌体控制食品污染成功率可能更高，这都归因于噬菌体不受活动物体内复杂多变的肠道微生态的影响。因此，噬菌体已被认为是预防商业食品链细菌性病原菌污染的潜在抗菌替代品。目前，应用噬菌体防控食品细菌污染已取得重要进展，关于噬菌体作为生物抗菌剂的研究集中于Lm、沙门菌、大肠埃希菌、空肠弯曲杆菌和金黄色葡萄球菌等。研究的食品包括肉类、新鲜水果与蔬菜、即食性食品、婴儿配方奶粉和巴氏杀菌奶。例如，将毒性噬菌体A511和P100混合用于固体和液体食品的杀菌研究，已证实其能够有效地杀灭和控制即食性食品中的Lm污染。Loessner等对Lm噬菌体内溶素细胞结合性及其在体外灭菌活性方面都有系统性研究，从而可以看出，Lm噬菌体从研究到产品问世都能够满足消费需求。

噬菌体在食品工业中使用的方式主要有以下几种：①噬菌体可直接应用于生食或生食加工设施的环境表面，以降低生食中食源性病原菌的数量；②噬菌体可直接应用于即食性食品或即食性食品加工设施的环境表面，用于降低即食性食品中的致病菌水平；③还可以使用其他应用和组合方法（如噬菌体用于活体动物时及用于加工过程中）。

总而言之，在动物源食品加工前仅仅利用噬菌体将病原在动物肠道完全清除是不可能的。因为在动物肠道中特定病原菌数量庞大，只能相对降低病原菌数量。尽管在屠宰前控制能够提供更为安全的食品给消费者，但动物群体中不同病原定植加快了其传播速度，从而使噬菌体抑菌效果无法实现。综合来看，噬菌体在食品“收获前”和“收获后”的防控策略有优势但也有不完善，但最终将会以最佳形态为食品供应链提供最佳功能。

二、噬菌体在食源性病原菌检测中的应用

噬菌体不仅能够裂解病原菌用于抑菌应用，它还是检测病原菌的理想工具。自然界中噬菌体的丰富性及其宿主的特异性是噬菌体作为检测手段的基础。此外，它们在宿主细胞内的繁殖能力能够提高检测的灵敏度。这些噬菌体介导的技术包括视觉、光学和电化学检测，或者噬菌体本身也可以作为信号，如通过开发针对相关噬菌体的抗体的免疫分析，或者通过使用分子技术。这些检测方法的原理涉及噬菌体与细菌相互作用的全过程，有的建立在噬菌体与宿主细胞最初的识别与吸附过程中，还有的则依赖于侵染过程中噬菌体释放核酸进入宿主细胞体内，如噬菌体基因在宿主细胞内表达，或后代噬菌体裂解释放到胞外等。

噬菌体检测方法主要有以下几种：一是传统噬菌体检测方法，主要有噬菌体扩增法；二是基于分子生物学构建的报告噬菌体检测技术；三是辅以先进的生物或化学试剂进行检测的方法，如荧光标记法等。每种方法都有一定的优点和不足，但与传统方法相比较仍具有明显的优势，如敏感度高、检测限低或检测成本低等。近年来，噬菌体与免疫学、分子生物学和纳米学等其他方法的联合使用推动了基于噬菌体的食源性病原菌快速检测技术的迅速发展，促成了一系列操作简单、耗时短、灵敏度高的检测方法。噬菌体的结构成分尾丝蛋白和细胞壁结合区域对宿主细胞具有高亲和性、强操作性，生产应用简便，与传统免疫学方法结合使用具有很好的应用前景。报告噬菌体法是经过基因工程方法改造噬菌体，内含能够编码介导荧光发色的基因/基因簇，或含有其他由噬菌体特异性编码的可表达被检测标记物的基因。噬菌体在识别特异性宿主细胞（目标菌）后，侵染细胞并将其 DNA 注射进入宿主细胞内，随着报告基因的表达，便可以快速检测到目标菌。该方法用时短、耗能少、准确性好，同时伴随转基因技术的不断进步与革新，一定会有很好的应用前景。

伴随着生物领域相关技术的发展，以及对于现有应用瓶颈的突破，噬菌体及其相关产物必然将在食品安全检测中得到越来越广泛的应用，逐步走向市场化和常规化。因此，噬菌体是一种新一代的生物控制剂，也是一种快速检测工具，用于确认甚至鉴定各种食品中存在的食源性病原菌。

第三节　噬菌体在不同食品中的应用

随着人们生活节奏和水平的不断提高，对即食性食品的需求大大增强。而即食性食品也因其更富营养和便捷广泛受到人们的青睐。大部分即食性食品在运输和销售期间都需冷藏，而很多食源性病原仍能在低温环境中缓慢生长，因此噬菌体是否能杀死冷藏食品中的致病菌（2~8 ℃）是食品安全与否的关键。此外，食物的酸碱度和其他理化性质的影响、固体基质或生物膜上的活性、耐药性细菌突变体的出现等也是影响噬菌体抑菌效果的重要因素。考虑到噬菌体在食品中的稳定性是很重要的，要使噬菌体成功地成为生物控制剂，就需要噬菌体在所应用食品的物理化学条件（如 pH、水活性）下保持稳定。

一、鲜切食品中的应用

鲜切食品被认为是健康生活方式的一部分，露天种植的蔬菜很容易受微生物污染，主要通过土壤、有机肥料和灌溉水等。此外，由于这些食物通常是鲜切生吃，尽管经过充分洗涤，但微生物仍可在其表面上持久存在，从而诱发安全隐患。噬菌体生物防控的成功与否取决于食物基质和温度，2015 年 Bao 等研究噬菌体对卷心菜沙门菌的抑制效应，在 25 ℃作用时，噬菌体 PA13076、PC2184 或两种噬菌体混合的鸡尾酒对卷心菜表面沙门菌的抑制效果均优于 4 ℃时，这与在鸡胸肉和巴氏杀菌乳的作用效果完全相反。类似研究也表明，使用 10^9 PFU/mL 的噬菌体鸡尾酒 ECP-100 显著降低储存于 10 ℃ 24 小时、120 小时和 168 小时的番茄切片、西兰花及碎牛肉上的大肠埃希菌 O157:H7 活菌数（94%~100%）。2001 年，Leverentz 等也在新鲜水果中证实了沙门菌噬菌体对抗沙门菌的超强抑菌潜力。此外，利用噬菌体鸡尾酒 SCPLX-1 在不同温度（5 ℃和 10 ℃）下能够有效降低鲜切甜瓜上的细菌数量（3.5 logs）。针对鲜切食品中噬菌体和化学消毒剂在蜜瓜切片上的抑菌效果比较分析，结果表明噬菌体对沙门菌的抑制作用优于化学消毒剂。Perera 等用商品化噬菌体产品 ListShield™ 能够显著降低生菜、奶酪、熏鲑鱼和冷冻食品中 Lm，分别为 91%（1.1 logs）、82%（0.7 logs）、90%（1.0 logs）和 99%（2.2 logs）($P<0.05$)。当然，噬菌体在鲜切食品中应用效果并不完全一致，当应用于鲜切苹果片时，沙门菌数量并没有明显下降，而噬菌体数量却下降了，由此可以得出苹果的酸性 pH 可能使噬菌体活力降低，因此，有研究人员认为应使用耐酸较强的噬菌体控制苹果中沙门菌的污染将会更为有效。

Leverentz 等在另一项研究中同样也比较了噬菌体鸡尾酒（LM-103、LMP-102）和生物抗菌剂 Nisin 控制鲜切甜瓜和苹果切片 Lm 的协同效应。他们发现，两种抗菌剂（噬菌体鸡尾酒喷洒及添加 Nisin）的组合比单独使用任何一种能更好地减少水果表面的 Lm。在类似的协同研究中，Viazis 等也将噬菌体混合物单独和与必需的反式肉桂醛油组合对污染生菜和菠菜叶的不同大肠埃希菌 O157:H7 菌株进行了抑菌分析，结果表明当大肠埃希菌数量较低（10^4 CFU/mL）时，单独使用噬菌体或反式肉桂醛油在23 ℃和 37 ℃下 24 小时后成功抑制了叶片上大肠埃希菌 O157:H7 的生长，而当大肠埃希菌数量较高（10^6 CFU/mL）时，其抗大肠埃希菌活性均下降。但当噬菌体与反式肉桂醛油联合应用时，大肠埃希菌 O157:H7 能够被完全灭活。随后，Boyacioglu 等报道了抗大肠埃希菌 O157:H7 噬菌体混合物与新鲜切叶绿色蔬菜的改良空气包装一起使用时的改进效果。Ye 等研究表明噬菌体鸡尾酒和拮抗菌（阿氏肠杆菌）单独使用可降低沙门菌的数量 3.5～5.5 logs CFU/g，而两种联合使用抗菌效果更佳。ListShield™ 单独应用或与抗氧化剂/防褐变溶液结合使用，4 ℃下作用24 小时后可显著降低苹果片上93%（1.1 logs）的Lm 污染（$P<0.001$）。因此，在应用上不仅仅噬菌体鸡尾酒，其与其他食品级抗菌剂联合应用将也是一种新的生物抑菌方法。

二、水产品中的应用

水产品因其蛋白质含量较高，受到众多消费者青睐，然而水产品中致病菌风险也受到更多关注。Listex™ P100 是美国 FDA 和美国农业部食品安全和检验局批准用于所有生食食品和即食性食品以对抗 Lm 污染的商品化噬菌体产品（$\leqslant 10^9$ PFU/g）。Listex™ P100 的抗菌效果已经在鲜三文鱼片和淡水鲶鱼片中得到了证实。在实际应用中，在未加工的三文鱼组织表面，4 ℃或 22 ℃温度下，需要更高剂量 10^8 PFU/g 噬菌体才能使 Lm 从初始浓度 2～4.5 log CFU/g 降低至 1.8～3.5 log CFU /g。在 4 ℃下储存 10 天后，Lm 数量被噬菌体 P100 杀灭到 0.3 log CFU/g 以下，而对照组细菌数为 2.6 log CFU/g。在 10 天的储存期内，噬菌体 Listex™ P100 在加工前三文鱼片组织表面保持稳定，效价仅降低 0.6 log PFU/g，这从另一方面说明 Listex™ P100 在鲜食三文鱼片中充分体现其防控效应。而在沙门菌控制方面，Galarce 等利用沙门菌噬菌体在生三文鱼和熏三文鱼组织中证实了噬菌体抑制肠炎沙门菌的理想效果。在 18 ℃和 4 ℃下储存 10 天过程中，噬菌体在 18 ℃环境下降低 0.75～3.19 lg CFU/g，4 ℃情况下降低 2.82～3.12 lg CFU/g，而在熏三文鱼中，细菌减少量相对较低（18 ℃时 1.02～1.96 log CFU/g，4 ℃时 0.50～1.16 log

CFU/g)。Baños 等研究了肠溶素 AS-48 和 Listex^{TM} P100 单独和联合使用对生鳕鱼片、生三文鱼片和熏三文鱼片组织中 Lm 的生物防控，Listex^{TM} P100 处理能显著降低两种生鳕鱼和生三文鱼片中的 Lm 数量（效果低于 AS-48）。AS-48 和 Listex^{TM} P100 联合应用，分别在 2 天和 1 天内消除了生鳕鱼和生三鱼片中的 Lm。从这些应用的案例中可以看出，噬菌体鸡尾酒对鲜三文鱼和熏三文鱼组织中的致病菌有良好的抑菌能力。

随着人们生活水平的不断提高，海产品的消费已呈上升趋势。我国作为全球首位的水产养殖大国，海产品已达到前所未有的规模。然而在海产品中，质量安全仍是重中之重。弧菌属已成为海产养殖中“头号杀手”，表现尤为突出是副溶血性弧菌——一种嗜盐弧菌，存在于近海岸的海水、海底沉积物及鱼类、贝类之中，引起人类食物中毒，使人或家兔红细胞发生溶血，造成鱼虾类的严重死亡。副溶血性弧菌食物中毒是因进食含有该菌的食物所致，主要来自海产品如墨鱼、海鱼、海虾、海蟹、海蜇，以及含盐分较高的腌制食品如咸菜、腌肉等。该菌存活能力强，在抹布和砧板上能生存 1 个月以上，海水中可存活 47 天。海产中毒事件中 80% 源于弧菌污染，目前面对弧菌的高度耐药特性，针对其特异的噬菌体研究日益增多。例如，Nisin、Natamycin 及 ε-poly-*L*-lysine 等都已被应用于生物抗菌，而噬菌体在弧菌中的应用更为广泛，其在养殖过程中能在鲜食海鲜中进行生物保鲜防腐，有效延长货架期。噬菌体 VPp1 在对抗副溶血弧菌中已呈现出潜在价值，当其与溶菌酶联合应用后显示更佳的抑菌效果。在水产品应用中，噬菌体不仅能够用于保鲜抗菌，也可以在养殖中进行防控治疗。然而，噬菌体在实际模拟水体中应用效果并不优于海产品保鲜，应用初期噬菌体能够有效降低弧菌生长，但随着时间推移，弧菌又可再度生长。水体净化中更倾向于使用化学消毒剂二氧化氯（ClO_2），然而二氧化氯的残留同样带来安全隐患，因此人们更为关注的是水产品生产与加工中噬菌体应用的关键技术，以及如何进行多重联用，推动水产品安全绿色，促进水产品的正向安全循环。

三、畜禽产品中的应用

应用噬菌体减少各种细菌病原体对食物的污染需要深入了解致病菌的流行情况，并确定加工周期中哪些关键干预点是使用噬菌体后可以达到最大效果。肉制品被食源性病原菌污染通常是由于胴体在进入加工过程之前接触了受感染动物的粪便。猪可以在运输过程中被沙门菌定植，并且在受沙门菌污染的拖车和围栏的环境中进行饲养，导致在屠宰之前病原菌增加。而增加的病原菌加大了进入加工设施的病原菌数量，增加了胴体污染的可能性。确保食品安全是一个复杂的过程，取决于在食品生产链的各个层面进行广泛的协调控制（“农场—餐桌”）。目前正在探索的各种食品安全方法中，噬菌体已成为食品中细菌污染的生物控制的一种新工具。

（一）生肉及肉制品

动物源食品微生物污染引发的疾病频频出现，然而化学消毒剂如苯扎氯铵等并不能有效抑制加工过程中的微生物污染，反而由于使用剂量的不合理引发食源性病原的耐药性，因此，噬菌体以其独特的方式受到食品生产企业的青睐。在近期的研究中，Spricigo 等模拟生产中使用条件，将 3 种裂解性噬菌体（UAB_Phi20、UAB_Phi78 和 UAB_Phi87）

组成的噬菌体鸡尾酒用于4种不同的食物基质（猪皮、鸡胸肉、新鲜鸡蛋和包装的莴苣叶）中，并证实噬菌体混合物可以作为潜在沙门菌的生物防治剂。而在之前的研究中，这3种噬菌体已被成功地用于控制家禽体内的细菌污染。利用噬菌体鸡尾酒喷雾消毒猪皮并在33 ℃放置6小时，能够有效降低鼠伤寒沙门菌和肠炎沙门菌（>4 log/cm^{2}和2 log/cm^2）（$p\leq 0.005$）。将鸡胸肉和莴苣叶在含有噬菌体鸡尾酒的溶液中浸泡5 min，然后鸡胸肉在4 ℃冷藏7天，鼠伤寒沙门菌和肠炎沙门菌的数量显著降低（2.2 log CFU/g和0.9 log CFU/g，$p\leq 0.0001$），而莴苣叶在室温下放置60分钟，鼠伤寒沙门菌和肠炎沙门菌的数量也显著降低（3.9 log CFU/g和2.2 log CFU/g，$p\leq 0.005$）。然而，用噬菌体混合物喷洒于新鲜鸡蛋表面，在25 ℃下作用2小时，细菌浓度仅下降0.9 logs。而在即食性的五香鸡肉中，志贺菌噬菌体形成的鸡尾酒能够有效抑制痢疾志贺菌于检测水平以下。目前开发的ShigaShield™噬菌体制剂，亦由5种裂解性噬菌体组成，专门针对污染和食品中的致病性志贺菌，其效果显著。Soffer等研究了其对熟肉、熏三文鱼、预煮鸡肉、生菜、甜瓜和酸奶污染志贺菌的抑制效果，所有噬菌体处理的食品中的志贺菌数量均显著降低（$p<0.01$），但最低噬菌体剂量（9×10^5 PFU/g）在甜瓜上的效果与预期有差异，仅降低约45%（0.25 logs）。Guenther等也以多种即食性食品（热狗、熟火鸡胸肉、混合海鲜、巧克力牛奶及蛋黄）为基质，研究宽宿主谱裂解性沙门菌噬菌体FO1-E2对鼠伤寒沙门菌的生物防控效果。在8 ℃时，在使用FO1-E2后，没有存活细菌，细菌数减少量超过3 logs。在15 ℃时，使用噬菌体可将火鸡熟肉和巧克力牛奶上的鼠伤寒沙门菌的数量减少5 logs，热狗和海鲜减少3 logs。在蛋黄中，仅在2天后观察到效果，但6天后抑菌效果消失。噬菌体很容易被食物基质固定，影响其扩散和感染致病菌的能力，从而影响噬菌体的抗菌效果。Bigwood等的研究同样证实了这一结论，在5 ℃和24 ℃下，模拟冷藏和室温储存，在熟肉和生肉中研究噬菌体对鼠伤寒沙门菌和空肠弯曲杆菌的抑制能力，发现这取决于温度和作用的食物基质。影响噬菌体在食品中杀菌效果的另一个重要因素是抗噬菌体菌株的出现。使用噬菌体鸡尾酒要比单一噬菌体产生抗性的概率低，而且如果产生了抗性，可以在噬菌体鸡尾酒中添加新的噬菌体来杀死抗性菌株。

兽肉和禽肉产品，以及其他易变质食品（如鱼和蔬菜），含有天然的渗出液，这些液体会随着时间的推移从产品中排出。当肉类放在塑料托盘上售卖时，这些液体就聚集在托盘内，随后可能会在运输和处理过程中泄漏。因此，开发基于噬菌体的抗微生物生物活性包装材料，如使用醋酸纤维素膜和含有噬菌体的吸收性食品垫，是另一个有吸引力的技术，可以延长食品安全期和保质期。最近含有噬菌体的食品垫对沙门菌具有显著的抗菌活性。Gouvêa等研究冷藏肉塑料托盘中使用的吸收性食品垫，含有6种噬菌体BFSE16、BFSE18、PaDTA1、PaDTA9、PaDTA10和PaDTA11的混合物，可用于食品保鲜区域的生物防控，这是一种延长冷藏加工食品保质期的优良方法。在食品垫中加入3种不同浓度的噬菌体（10^9 PFU/mL、10^8 PFU/mL和10^7 PFU/mL），能够在15 ℃时减少伤寒沙门菌的数量（4.36 logs、3.66 logs和0.87 logs）。噬菌体的浓度越高，其对宿主的抗菌作用越好。在15 ℃的温度下，噬菌体作用的前12小时结果比10 ℃的抗菌效果更为显著，这是由于噬菌体的生活周期和复制过程依赖于宿主代谢功能，而10 ℃时细菌细胞代谢速度低。噬菌体在抗菌包装材料上的稳定性是其发展面临的主要挑战之一。目前，大部分研究是对水介质中噬菌体稳定性的分析，而对包装材料中噬菌体稳定性的了解有限。但该研究表明，在48小时内食品垫上的噬菌体仍可检测得到。Vonasek等评估了在水性介质和食品表面上的乳清蛋白可食用薄膜中包封的噬菌体的释放。结果表明，噬菌体在水介质中的释放量大于在食品表面的释放量。由此可见，噬菌体应用形式也将成为不同应用领域中的重点，其与不同基质的复合应用将能放大其抑菌效果，从而发挥更大潜能。

（二）生鲜乳及乳制品

生鲜乳及乳制品生产过程中总伴随不同病原菌的滋生，生鲜乳在挤奶中的金黄色葡萄球菌污染、乳制品中沙门菌的污染已引发多次召回事件。针对生牛奶或巴氏杀菌奶的切达干酪的生产、熟化和储存过程，Modi通过实验研究噬菌体SJ2防控lux荧光标记的沙门菌。将生牛奶和巴氏杀菌奶接种含有10^4 CFU/mL荧光沙门菌（lux）和10^8 PFU/mL SJ2噬菌体，按照标准程序将牛奶加工成切达干酪，8 ℃存储99天后，含噬菌体的牛奶制成的生乳酪和巴氏杀菌乳酪中的肠炎沙门菌（lux）计数减少了1~2 logs。在巴氏灭菌乳酪中89天后，未检测到菌。然而，在含噬菌体的生乳酪中，99天后的沙门菌数量约为50 CFU/g。Bueno等研究了新鲜和硬乳酪中金黄色葡萄球菌的噬菌体的生物防控能力，将巴氏杀菌奶接种金黄色葡萄球菌SA9（约10^6 CFU/mL），同时加入两种裂解性噬菌体（约10^6 PFU/mL）的混合物。在新鲜奶酪中，与对照奶酪相比，3小时内金黄色葡萄球菌的含量降低了3.83 log CFU /g，6小时后的活菌计数低于检测限。在凝固过程（24小时）结束时，试验奶酪和对照奶酪中均未检测到葡萄球菌菌株，且冷藏期间未出现葡萄球菌再生长。在硬奶酪中，噬菌体的存在导致葡萄球菌的持续减少。在凝乳中，与对照奶酪相比，金黄色葡萄球菌的活菌数减少了4.64 log CFU/g。结束时，试验奶酪中仍检测到1.24 log CFU /g葡萄球菌菌株，而对照奶酪中检测到6.73 log CFU /g。而且，奶酪的物理化学性质不受噬菌体影响。这两项研究表明，添加噬菌体可能是降低细菌在生牛奶和巴氏杀菌奶制成的奶酪中污染风险的一个有效手段。

Guenther等研究证明了裂解性噬菌体A511和P100单独或联合使用对即食性食品中Lm的生物防控的有效性。在液体食品如巧克力牛奶和莫扎里拉奶酪中，噬菌体作用后，样品6 ℃储存6天，细菌数量从初始的10^3 CFU/g迅速下降到检测水平以下。对于固体食物（如热狗、切片火鸡肉、烟熏三文鱼、海鲜、切片卷心菜和生菜叶），细菌数减少高达5 logs。而在20 ℃时，储藏期延长到13天，可获得类似的结果。通常，应用高剂量的噬菌体比低剂量更有效。在动物源食品中添加噬菌体的储存期间，大部分噬菌体保留了感染性，而在植物材料中噬菌体失活超过1 log。该数据表明，宽宿主谱裂解性噬菌体如A511和P100，对即食性食品中污染的Lm的生物防治非常有效。因此，无论是多种噬菌体鸡尾酒还是宽宿主谱的噬菌体应用，都将会是未来噬菌体开发的重要考虑因素，其将能体现噬菌体的优势并发挥重要作用。

第四节　食品行业商品化噬菌体制剂研发现状

噬菌体因其特有优势和潜力使人们对其寄予厚望，众多研发企业纷纷将目光转向替代化学品的生物制剂研发领域。目前全球已有多家企业投资研发噬菌体产品（表18-2），主要用于食品生物控制、卫生及疾病诊断等领域，作为消除腐败生物的生物防腐剂，农场和工业环境中的消毒剂，以及检测食品中有害病原体的生物识别装置，使其在不同领域发挥出超强的应用潜力。

表 18-2 全球噬菌体产品研发现状

公司名称	地点	公司名称	地点
Intralytix	美国马里兰州	Phage Therapy Center	格鲁吉亚第比利斯
OmniLytics Inc.	美国犹他州	Special Phage Services Pty, Ltd.	澳大利亚新南威尔士州
Elanco Food Solutions	美国伊利诺伊州	Gangagen Biotechnologies PVT Ltd.	印度班加罗尔
EBI Food Safety	荷兰瓦赫宁恩	Phage Biotech Ltd.	以色列雷霍沃特
CJ CheilJedang Corporation	韩国首尔	Hexal Genentech	德国霍尔茨基兴
Phage Works	爱尔兰费莫伊	Innophage	葡萄牙波尔图
BigDNA	英国爱丁堡	Viridax	美国佛罗里达州
Blaze Venture Technologies	英国赫特福德郡	Gangagen Inc.	美国加利福尼亚州
Phico	英国剑桥	Phage International	美国加利福尼亚州
AmpliPhi Biosciences Corporation	英国贝德福德郡	New Horizons Diagnostics	美国马里兰州
AmpliPhi Biosciences Corporation	英国考文垂	Neurophage Pharmaceuticals	美国马萨诸塞州
JSC Biochimpharm	格鲁吉亚第比利斯	Targanta Therapeutics	美国马萨诸塞州
Biopharm Ltd.	格鲁吉亚第比利斯	Biophage Pharma Inc.	加拿大蒙特利尔

一、食品相关噬菌体产品开发进程

病原菌和腐败微生物在食品生产过程中的影响加剧了控制微生物污染的必要性。在食品初级生产、采摘后加工、生物环境化和生物保护等领域，通过噬菌体来控制食物病原菌和腐败菌具有潜在优势。噬菌体适用于从农场到餐桌的各个环节：从动物的去污到农场和加工设备表面的卫生洁净，再到生肉和新鲜农产品的微生物控制。此外，噬菌体还可作为食品的天然防腐剂，以延长货架期或保质期。许多研究人员已经证明了噬菌体或其衍生物在食品中的生物控制作用，并取得了良好的抑菌效果。

鉴于噬菌体在研究中的正面积极效果，其无以比拟的抗菌性能刺激了很多企业投资研究噬菌体产品。例如，由 OmniLytics 公司生产的噬菌体产品 Agriphage™，是第一个由美国 EPA 正式批准用于农业的噬菌体产品，主要用于治疗农作物的番茄细菌斑病；2006 年，美国政府批准了 Intralytix 公司生产的第一种与食品安全相关的噬菌体制剂 ListShield™（LMP-102™），用于控制兽肉和家禽产品等即食性食品中的 Lm，并于 2006 年获美国 FDA 批准，通过 GRAS 认证，可应用于即食性肉制品和禽肉制品中。这些产品的陆续上市标志着 FDA 对噬菌体的安全性的认可。目前，ListShield™已在欧洲注册为有机食品添加剂，并获得澳大利亚和新西兰食品标准局的批准。荷兰 EBI 食品安全公司开发的另一种抗李斯特菌噬菌体制剂 Listex™ P100 已被批准用于所有易受 Lm 污染的食品，2007 年获得美国农业部有机认证，随后分别被荷兰卫生部（2010 年）、欧洲食品安全局（2011 年）、加拿大卫生部（2011 年）、澳大利亚新西兰食品标准局（2012 年）、巴西卫生部（2012 年）等批准使用。2007 年，FDA 批准使用 Omnilytics 公司生产的抗大肠埃希菌和抗沙门菌噬菌体制剂在屠宰前净化宰前动物。2011 年，Intralytix 公司生产的 EcoShield™获得监管机构的批准，用于控制红肉的大肠埃希菌 O157:H7 污染；2013 年

2 月，由其生产的 SalmoFresh™再次获得批准用于消除家禽产品和其他食品中沙门菌污染。此外，Elanco 食品公司与 OmniLytics 公司联合开发了 2 种噬菌体产品，Finalyse 主要针对牛屠宰前控制大肠埃希菌 O157：H7 污染，Armament 可用于商业用途，重点针对沙门菌。韩国 CJ Cheiljedang 公司开发了第一个用于动物饲料中替代抗生素的噬菌体产品 BioTector，用于控制引起禽伤寒和鸡白痢的沙门菌感染。

二、噬菌体产品应用效果

商用噬菌体产品 Listshield™和 Listex™ P100 是食品工业中最先研发出的对抗 Lm 的噬菌体制剂。Listshield™可有效抑制 Lm，而 Listex™ P100 仅能裂解 64%的菌株。根据说明书，Listshield™使用浓度低于 Listex™ P100。尽管两者存在差异，但这两种产品在 12 ℃下 4 小时处理后，均可有效去除大多数被测菌株在不锈钢表面形成的 72 小时生物膜，从而完全去除黏附在表面的细菌。在 32 ℃条件下，用 Listex™ P100 处理 4 小时后，能够完全去除在聚苯乙烯表面形成生物膜。干腌火腿在 4 ℃和 12 ℃条件下，Listex™ P100 作用 24 小时后，Lm 污染降低到检测限以下（<10 CFU/cm^2）。使用 Listshield™处理后也得到了类似的结果，但污染水平较高（10^5 CFU/cm^2）的样品除外。Viazis 等也做了模拟实验，将噬菌体混合物 BEC8 用于防控食品加工表面，如在无菌不锈钢片（SSC）、瓷砖片（CTC）和高密度聚乙烯片（HDPEC）表面，来分析其针对混合大肠埃希菌 EHEC O157:H7 的效果。噬菌体混合物 BEC8 可以在高于室温的情况下作用 1 小时内降低表面低浓度的 EHEC 混合污染，并且抑制效率随着处理时间的延长、温度的升高和感染复数的增加而提高。这些结果表明，噬菌体产品可用于食品接触面和干腌火腿中 Lm 的生物防治，且在不同温度下均能表现良好。

由于生物膜在食品工业中经常与细菌污染有关，它们为食源性病原体提供了一个储存库。然而，Soni 与 Nannpaneni 发现 Listex™ P100 可以高效去除不锈钢表面 Lm 形成的生物膜，在多层生物膜形成 2 天和 1 周时可以分别降低 5.41 log CFU/cm^2 和 3.5 log CFU/cm^2。Iacumin 等的研究也表明噬菌体商业产品 Listex™ P100 在 10^8PFU/cm^2浓度时具有杀菌作用，可用于降低设备及工作环境中 Lm 生物膜或从圣丹尼耶列干燥火腿中消除该菌，该研究结果令人鼓舞。最新的工业实验也表明了噬菌体在防控细菌污染的高效性，Hagens 等研究了市售沙门菌噬菌体产品 PhageGuard S 对于人工污染的家禽产品（带皮肉和去皮肉）及工业生产中的生物防控效果。在人工污染实验中，无论是在去皮还是带皮禽类产品上，噬菌体可以降低细菌数 1 log。在工业试验中，未经噬菌体 PhageGuard S 处理的鸡肝组织、颈部、鸡胸肉、火鸡背部中沙门菌的阳性率分别为 21%、83%、49%，100%，而经 PhageGuard S 处理的对应的组织中沙门菌的阳性率约为 1%、35%、13%，21.6%。简言之，阳性样本的减少率分别为 94%、58%、80%和 88%。工业试验的结果表明，噬菌体产品为提高食品安全提供了一个新的有效的防控手段。

第五节　噬菌体在食品生物防控中的隐患及建议

噬菌体以其无以比拟的优势在食品生物防控中扮演着重要角色，能够有效发挥从食品保鲜到延长货架期的重要作用，并且能够伴随宿主菌的减少而消失，无残留且不易产生抗性。然而，随着在实践中的应用及研究人员不断的跟踪报道，噬菌体也在不同领域产生了一些安全隐患，这些都可能影响其未来在食品安全中的应用。

噬菌体是一种细菌病毒，能够以溶原和裂解方式与其宿主相互作用。在实际的应用中，仅有裂解性或称为毒性噬菌体能够完全将宿主菌裂解。然而，与抗生素的应用具有一定相似性，噬菌体在应用不当时也会发生一定程度的抑制不完全等现象。而导致这些现象的原因有多种，其中宿主-噬菌体相互作用的方式、细菌中 CRISPR 系统的免疫逃逸、噬菌体可能发生裂解-溶原的转换、裂解效力发生改变等都需要在生物防控应用中进行认真考虑。

一、CRISPR 系统在噬菌体中的功能

在噬菌体感染细菌的“战争”中，噬菌体通常会编码抑制细菌免疫系统的元件来提高自身的能力，进一步裂解宿主菌或是整合入基因中。噬菌体抑菌应用过程中会产生竞争性生存，细菌可以发挥自身的耐受特性而持续生存，使噬菌体不能将其清除。然而，噬菌体也会突破阻碍产生选择性压力，迫使噬菌体进化并形成能够攻克细菌防御机制的新群体。例如，在李斯特菌前噬菌体中发现 4 种Ⅱ-A 型 CRISPR-Cas9 抑制蛋白，在一半以上携带 CRISPR-Cas9 的 Lm 中至少有一种前噬菌体编码抑制子。尽管在前噬菌体中可以发现这种抑制子，但在毒力噬菌体中也有潜在的抗噬菌体蛋白质广泛分布。因此，在未来的应用中，新分离的噬菌体如具有对抗 CRISPRS-Cas 系统功能将更有利于病原的生物防控。

二、基因水平转移

值得关注的是噬菌体具有介导的广义性及专业性之间的基因水平转移。广义性转移即细菌 DNA 片段被重新组装并转移至新的宿主菌，而这种转移同时也能由裂解性噬菌体介导，在噬菌体应用中很难避免。但在专业性转导中，主要由溶原性噬菌体介导，在细菌基因中邻近噬菌体基因组的基因将会被错误地剪切并整合到新感染的宿主中。而由溶原性噬菌体与宿主产生的这种溶原状态是应用中需要考虑的重点，由于它们对不同循环的选择而最终会整合并在菌体内复制。同样，当溶原性噬菌体整合进入细菌基因组时，会显示超感染免疫，导致敏感性宿主对噬菌体感染产生耐受而不敏感。与此同时，在应用噬菌体进行食品生物防控过程中可能会带来一些安全风险，如基因的水平转移，一些专属性噬菌体可能会在细菌中传播毒力及耐药基因。近期，对来源于医院废水的宏基因组分析表明，噬菌体可能是耐药基因的储存库。此外，噬菌体还能通过一种称为“自转导”的方式使金黄色葡萄球菌获得耐药基因。在这个过程中，对噬菌体敏感的金黄色葡萄球菌将会被邻近的溶原性菌释放的噬菌体颗粒裂解。这类含有前噬菌体并对噬菌体会产生免疫的亚群，能够获得在病毒转导中偶然捕获的抗生素抗性基因（antibiotic resistance gene，ARG），从而使细菌在高水平的抗生素条件下增殖。由此，在生物防控制剂的研发中裂解性噬菌体将是关键。此外，未来生物防控所用的噬菌体基因组必须完全不具有毒力和耐药基因及过敏蛋白等。

然而，当溶原性噬菌体携带了增强宿主毒力的基因便可能会引发溶原转换。例如，引起腹泻的大肠埃希菌 O157∶H7 能够获取编码志贺毒素的前噬菌体，霍乱弧菌能够获取由丝状噬菌体编码的霍乱毒素等。转导通常会散播耐药基因和其他可转移遗传元件如毒

力岛，从而有助于细菌性病原的进化。像抗生素一样，细菌同样对噬菌体产生耐受性。通常是由于细胞表面分子即受体（衣壳、外膜蛋白、脂多糖、菌毛及鞭毛）的丢失或修饰而导致的。这些受体同样具有其他功能如毒力决定簇，这些分子的丢失可能使宿主菌毒力下降从而缺乏竞争性生存能力。Smith 运用噬菌体作用于大肠埃希菌 K1 衣壳抗原并鉴定出具有抗性的 K1 菌毒力降低。此外，不同噬菌体结合相同的宿主菌可能识别不同受体，从而对其中一种噬菌体产生抵制特性，但不会抵制所有噬菌体。当出现噬菌体抗性突变菌株时，噬菌体会很快发生变化来作用于新的突变宿主菌。同时，如新分离的噬菌体也同样能够与抗性突变菌株反应，并且其成本更低、周期更短，更容易形成新的噬菌体体系，这绝对优于抗生素新品或消毒剂的研发周期。

三、抑菌效力的不均一性

噬菌体在作为生物防控制剂在抑制细菌生长中表现参差不齐，但其主要优势仍具有较强的抑菌力，至少在添加或治疗初期能够看到明显的作用。理论上，应用单次低剂量的噬菌体就应该能达到很好的效果。然而现实情况并非如此，很多研究都报道了噬菌体并不能完全将病原菌完全根除而是与病原共存而使菌产生抗性的亚群。在体内也同样无法完全消除宿主菌，以鸡肠道为例，鸡肠道内的细菌数要远远大于鸡胴体及其产品。此外，病原在动物群体内定植并以指数形式传播并感染，也是噬菌体无法清除的因素之一。因此，在农场的防控可能更容易产生噬菌体抗性菌株，从而进一步传播至不同种群中。同时，反复运用噬菌体也可能产生抗体而中和噬菌体功能。因此，在生物防控中，噬菌体抗性菌的产生将是需要仔细考虑的问题。

从噬菌体应用的一致有效结果来看，建议噬菌体应在屠宰动物前的短时间内应用。因为在屠宰过程中，动物将是细菌及噬菌体的终端，这将防止噬菌体抗性菌的出现、传播，同时也不影响农场中的正常菌群平衡。此外，这种方式将建立一个实际的单剂量效果，这样会使加工中的病原数量显著降低，减少交叉污染，从而有助于消费的安全。

噬菌体鸡尾酒即结合不同且具有互补性的噬菌体组合，可提高噬菌体抑菌效力并防止噬菌体抗性菌株的出现。大部分鸡尾酒配方都是严格挑选完全裂解性的噬菌体组成，因为其作用范围更广且稳定。例如，艰难梭菌（*Clostridum difficile*）缺乏裂解性噬菌体，而有报道溶原性噬菌体鸡尾酒能用于抑制艰难梭菌，这种鸡尾酒疗法能够在体内完全清除艰难梭菌并能阻止出现耐受及溶原突变。在仓鼠模型中，证实了裂解性及温和性艰难梭菌噬菌体鸡尾酒能够有效降低在感染 36 小时的艰难梭菌定植，且能够延迟发病症状至 33 小时。另有报道利用 4 种溶原性噬菌体在布满粪便的发酵容器中完全清除艰难梭菌。然而，这种疗法会加剧共生细菌特种的产生，也会因此使艰难梭菌重新定植。Bourkal'tseva 等证实了一种包含铜绿假单胞菌噬菌体 phi297 突变体 vir 在内的商品化噬菌体 mixture 显著降低了噬菌体耐受菌株的产生。由此可见，具有互补性的裂解性的噬菌体和 vir 突变体混合疗法也是防止噬菌体耐受的可依赖策略，从而在未来应用亦有良好优势。

参考文献

19 噬菌体在畜禽细菌感染防治中的应用

——任慧英　潘　强

二十多年来，我国动物养殖业发展迅速，规模化和高密度养殖在全国范围内扩展，高密度养殖导致动物养殖环境空气污浊，疾病易于在群体内传播，大肠埃希菌、沙门菌等导致的感染往往引起全群发病。另外，动物病原菌的耐药性不容乐观，一个养殖房舍内的同种病原菌分离株的血清型和耐药性多种多样，导致临床预防和治疗疾病的难度加大。大肠埃希菌感染产蛋鸡导致持续性下痢及输卵管炎，会进一步影响鸡的增重及蛋的品质；大肠埃希菌还可以引起仔猪黄痢、白痢及仔猪水肿病，造成死亡及不同程度的生长迟缓，降低养殖效益。沙门菌、铜绿假单胞菌、金黄色葡萄球菌、产气荚膜梭菌等是畜禽感染的常见病原菌，有的还会引起长期持续性感染。通过噬菌体制剂防治动物细菌病，对保障动物健康、提高养殖效益具有重要意义。

第一节　噬菌体防治动物细菌感染的早期研究

一、兽医临床的首次噬菌体治疗

第一个将噬菌体用于动物细菌感染治疗的是噬菌体的发现者之一 Felix d'Hérelle。1919 年春天，法国的 Acris-sur-Aube 地区暴发了致死性禽伤寒。d'Hérelle 从患病死亡的动物体内分离出鸡伤寒沙门菌并确定该菌是引起家禽死亡的病原体，他还从鸡的粪便中分离到了鸡伤寒沙门菌的噬菌体，并研究了噬菌体对预防和治疗 6 只伤寒沙门菌感染鸡的效果。他以 0~4 分的等级进行噬菌体活性的评价，并发现感染禽伤寒的鸡能存活下来与体内存在噬菌体有关。他将一只接种了高活性噬菌体的鸡与另外几只鸡在一起饲养了 3 天，发现这几只鸡体内获得了同种噬菌体。此后他用鸡伤寒沙门菌连续 21 天感染这些鸡，试验期内这些鸡都没有发病，依然存活，而没有接触过噬菌体的鸡在接受了单剂量鸡伤寒沙门菌口服感染 3 天内发生死亡。

小规模动物试验的结果令人振奋，d'Hérelle 决定开展更大规模的试验。他将 100 只鸡用鸡伤寒沙门菌感染，其中 20 只鸡用特异性噬菌体处理。结果 20 只噬菌体处理的鸡全部存活，而未经噬菌体处理的鸡中有 60 只感染致死，死亡率达 75%。在家兔和水牛上

作者单位：任慧英，青岛农业大学动物医学院；潘强，青岛诺安百特生物技术有限公司。

开展的类似的试验也观察到噬菌体治疗细菌感染的神奇作用，d'Hérelle 便开始使用噬菌体治疗人的细菌性痢疾。他用噬菌体防治禽伤寒的成功吸引其他研究人员纷纷开展动物细菌感染的噬菌体防治，这些研究结果差异很大，因为噬菌体治疗的效果取决于细菌的种类、动物感染模型的建立及噬菌体的裂解性能等诸多因素。

二、动物临床噬菌体治疗的早期研究

小鼠沙门菌感染可由多种血清型的沙门菌引起，包括鼠伤寒沙门菌、肠炎沙门菌、都柏林沙门菌、猪霍乱沙门菌和流产沙门菌。1925 年，Topley 等用鼠伤寒沙门菌感染小鼠，再给小鼠口服噬菌体，分析未经噬菌体处理组和噬菌体处理组小鼠的死亡率及排菌情况，以评价噬菌体治疗的效果。与 d'Hérelle 对沙门菌感染鸡的观察结果相反，噬菌体给药并未降低死亡率或减少细菌排放。此外，Topley 等还发现腹膜内注射噬菌体并没有显著减少鼠伤寒沙门菌在小鼠中的传播。在这两项研究中，噬菌体治疗失败的主要因素是噬菌体不能体外裂解感染所用的鼠伤寒沙门菌。后来 Fisk 吸取了这个教训，先通过体外试验确保噬菌体能有效裂解鼠伤寒沙门菌，然后再进行攻毒及噬菌体治疗，得到了理想的保护效果，噬菌体可为攻毒小鼠提供 24 小时的保护，而且攻毒后 4 小时开始噬菌体治疗也能有效保护小鼠。当用 70 ℃ 50 分钟热灭活噬菌体后再进行噬菌体治疗，发现热灭活的噬菌体未能提供保护作用，证明噬菌体制剂的有效性需要有活力的噬菌体。

一些早期研究将细菌和噬菌体同时接种到动物体内观察噬菌体的防治效果，但该方法不能反映临床实际，并可能产生潜在的误导性结果。在这种情况下，细菌与噬菌体快速地发生相互作用，噬菌体吸附到细菌表面可能仅需要几秒或几分钟，噬菌体对细菌的裂解可能需要 20~40 分钟。因此，将细菌与噬菌体混合后接种实验动物取得的结果仅代表噬菌体与细菌体外相互作用的结果，而不能说明噬菌体在预防或治疗体内细菌感染方面的有效性。

Georgi Eliava 是格鲁吉亚第比利斯的 ELIAVA 研究所的创始人之一，他的试验证实对葡萄球菌和链球菌引起的家兔和小鼠败血症开展的噬菌体治疗是不成功的，其他的研究人员也有类似的报道。此外，许多在家兔、豚鼠、大鼠和小鼠中开展的噬菌体治疗鼠疫人工感染的试验，未能发现噬菌体可干扰疾病的进程。Pyle 报道，尽管他使用的噬菌体对攻毒菌株具有显著的体外裂解活性，噬菌体仍无法有效治疗鸡伤寒沙门菌的感染。

然而，证明噬菌体治疗有效的例子也很多。有报道称，将噬菌体注入家兔的颈动脉可显著降低链球菌性脑膜炎引起的死亡率。此外，通过噬菌体处理可有效治疗或减轻家兔和豚鼠大肠埃希菌性膀胱炎，Dubos 等发现腹膜内注射噬菌体可成功治疗小鼠脑内注射痢疾杆菌引起的感染。

第二节　噬菌体防治动物感染的近期研究

一、沙门菌感染

（一）鸡沙门菌感染

Berchieri 等从英格兰的鸡、鸡饲料和人类污水系统中分离出几株对鼠伤寒沙门菌有

裂解作用的噬菌体，并开展了噬菌体治疗鼠伤寒沙门菌感染鸡的研究。他给 1 日龄雏鸡口服感染 10^6 CFU 的鼠伤寒沙门菌（F98 株），然后再以 0.1 mL 10^{12} PFU/mL 的剂量给雏鸡口服 9 种不同噬菌体中的 1 种，连续监测鸡群 21 天。结果表明，53%未经噬菌体处理的鸡发生了感染致死，有 3 株噬菌体可分别将死亡率降至 28%、22%及 16%。研究人员选择 3 株噬菌体中的 Φ2.2 噬菌体继续开展试验，发现 Φ2.2 除了显著降低由其他 2 株鼠伤寒沙门菌引起的死亡率以外，还可显著降低攻毒鸡消化道中的鼠伤寒沙门菌含量，攻毒后 12 小时小肠和盲肠中鼠伤寒沙门菌含量下降 1 个数量级，攻毒后 24 小时和 48 小时肝脏中下降 0.9 个数量级。由于攻毒菌株的 LD50 剂量相对较低，仅为 10^3 CFU/只，研究人员认为动物组织中细菌含量降低 1 个数量级将对临床治疗具有非常重要的作用。研究人员还发现，噬菌体原液可将动物死亡率从攻毒对照组的 56%降至 20%，而经 4 倍及 2 倍稀释的噬菌体仅可将死亡率分别降至 44%及 36%，说明噬菌体滴度对治疗效果非常重要。研究人员还从鸡的盲肠内容物中分离出一些抗噬菌体的鼠伤寒沙门菌，这些分离株的菌落为粗糙型，是无毒或低毒性沙门菌的特征。此外，在攻毒后 32 天的鸡血清中未检测到抗噬菌体的中和抗体。结果还表明，只要肠道中沙门菌含量仍然很高，在体外能够高度裂解细菌的噬菌体就可以在肠道中持续存在。噬菌体治疗的时机对噬菌体疗效也很重要。Bardina 等发现，给白来航鸡口服沙门菌之前或攻毒之后立即口服噬菌体鸡尾酒可以更有效地减少盲肠内沙门菌的定植。Kunyuan Tie 等用 5×10^7 CFU 的鸡白痢沙门菌给鸡灌服，感染 2 小时后，再给鸡灌服不同浓度的噬菌体（10^6 PFU/mL、10^8 PFU/mL、10^{10} PFU/mL，80 μL/只），感染后 10 天 10^{10} PFU/mL 组的鸡存活率在 90%以上，10^8 PFU/mL 组的存活率在 80%以上，10^6 PFU/mL 组的存活率为 70%，都远远高于攻毒组 50%左右的存活率。Nabil 等给肉鸡分别在 1 日龄、2 日龄、3 日龄、6 日龄、8 日龄、10 日龄、13 日龄、15 日龄灌服鼠伤寒沙门菌噬菌体（1.18×10^{11} PFU/mL，0.1 mL/只）或肠炎沙门菌噬菌体（1.03×10^{12} PFU/mL，0.1 mL/只），在 2 日龄口服感染鼠伤寒沙门菌或肠炎沙门菌（0.1 mL，10^5 CFU/mL），分别在 5 日龄、7 日龄、9 日龄、11 日龄、14 日龄、17 日龄时剖检，检测沙门菌在肠道的存在情况，结果发现在 9 日龄后的盲肠内容物中没有再检出沙门菌，而攻毒组沙门菌持续存在于盲肠内容物中。笔者近年来在规模化鸡养殖场用沙门菌噬菌体制剂中试产品（青岛诺安百特生物技术有限公司的诺安沙）开展了控制鸡沙门菌感染的田间试验，一场 27 000 只鸡的 18 日龄肉仔鸡群发生沙门菌病，每天死淘 200~300 只，剖检发现沙门菌的典型症状及病理变化，死亡鸡翅关节及跗关节肿大，肝脏肿胀伴灰白色坏死点及肝脏青铜色、心脏结节等变化，细菌学检验证实为沙门菌感染。用沙门菌对鸡群进行噬菌体治疗，每只肌肉注射 5×10^8 PFU 的噬菌体，2 天后疾病得到控制，死淘数量降至每天 4~5 只。

Henriques 等对 30 枚种蛋进行沙门菌表面喷雾（3×10^8 CFU/mL，100 mL），然后用 100 mL 浓度为 2×10^8 PFU/mL 的噬菌体进行喷雾处理，对新生雏鸡沙门菌携带情况进行了研究，发现沙门菌感染没有影响出雏率，噬菌体处理组关节中未检出沙门菌，而攻毒组 22%的雏鸡关节中存在沙门菌。泄殖腔中的沙门菌阳性率也从攻毒组的 61%降低为噬菌体处理组的 17%。该研究表明在种蛋上孵前进行噬菌体喷雾处理，可减少沙门菌对鸡胚的感染。

利用噬菌体进行环境改善对减少环境中病原体的数量、预防疾病暴发及阻止食源性病原体定植到动物体来说是一种切实可行的方法。Lim 等将未受沙门菌感染的雏鸡与感染沙门菌的雏鸡饲养在同一鸡笼中，发现喂食含有 10^7 PFU/g 或 10^9 PFU/g 噬菌体的饲料可以显著减少肠炎沙门菌在肠道的定植，以死亡率作为评估指标，在鸡感染沙门菌前 7 天及感染后 21 天饲喂噬菌体，可显著降低鸡伤寒沙门菌的水平传播。

（二）猪沙门菌感染

猪是沙门菌的第二大宿主，猪肉制品常存在沙门菌污染。虽然成年猪的感染通常无症状表现，但一旦沙门菌定植到猪体内，就可以通过粪便持续排菌数周至数月。Wall 等给 3~4 周龄感染 5×10^8 CFU 肠炎沙门菌的小猪同时口服给予 5 mL 10^9 PFU/mL 的噬菌体鸡尾酒制剂，发现扁桃体、回肠和盲肠内定植的沙门菌可下降 2~3 个数量级，细菌含量减少 99.0%~99.9%。给成年种猪口服 5×10^9 CFU 肠炎沙门菌，48 小时后口服 15 mL 10^9 PFU/mL的微囊包被的噬菌体鸡尾酒制剂，发现未经噬菌体处理组盲肠内沙门菌含量为$10^{2.9}$CFU/mL,噬菌体处理组的沙门菌含量为 $10^{1.5}$ CFU/mL，减少了 95%。噬菌体还明显降低了回肠沙门菌含量（攻毒组为 $10^{2.7}$ CFU/mL，噬菌体处理组为 $10^{1.7}$ CFU/mL，减少了 90%），而且与已感染的动物接触前使用噬菌体预防可降低沙门菌在健康猪体内的定植。

Callaway 等给每头断奶仔猪口服 2×10^{10} CFU 的鼠伤寒沙门菌，24 小时和 48 小时后分别用 3×10^9 PFU 的噬菌体口服给药，可减少猪盲肠和直肠中的沙门菌含量，盲肠内容物沙门菌含量下降超过 $10^{1.4}$ CFU/g。

Saez 等设计了噬菌体饲喂组、灌胃组及对照组研究微囊包被噬菌体的作用。每天给小猪饲喂微囊包被的噬菌体鸡尾酒制剂 5.0×10^{11} PFU，连续用 5 天，第 15 天时灌胃组接受了相同的噬菌体鸡尾酒，然后给猪口服感染了鼠伤寒沙门菌。结果发现，2 小时及 4 小时后饲喂组粪便中排菌率分别为 38.1% 及 42.9%，与未经噬菌体处理的对照组 71.4%（2 小时）及 85.7%（4 小时）相比差异明显，但噬菌体鸡尾酒制剂与沙门菌同时灌胃的组其排菌率与对照组没有差异。噬菌体饲喂组回肠及盲肠沙门菌的含量比对照组分别下降 1 log，从回肠及直肠内容物中均可以检出噬菌体，但噬菌体饲喂组的噬菌体含量高于噬菌体灌胃组 2~3 logs。虽然给每头猪接种了等量的噬菌体，但从回肠及盲肠回收到的噬菌体数量差别很大。研究人员认为微胶囊化噬菌体饲喂可减少沙门菌在猪体内的定植及排放。

总的来说，获得积极的治疗效果往往需要高效价的噬菌体制剂。此外，噬菌体处理的时间也很重要，在细菌攻毒后不久就开始噬菌体处理比延迟治疗更有效。目前，何时进行噬菌体治疗还没有很明确的结论。由于沙门菌是一种胞内寄生菌，因此在沙门菌内化之前，及早使用噬菌体将肠道中的大部分沙门菌杀死能产生更好的治疗效果。

二、大肠埃希菌感染

（一）Smith 和 Huggins 的研究

大肠埃希菌可引起多种动物非侵袭性肠炎和败血症。早期评价噬菌体治疗动物疾病是否有效的许多试验集中在大肠埃希菌感染方面，如对家兔和豚鼠膀胱炎的治疗。兽医临床最著名的噬菌体治疗是英国剑桥郡霍顿市动物疾病研究所的 Herbert Williams Smith

及其同事开展的研究。他们用分离自脑膜炎患儿的 O18:K1:H7 ColV+大肠埃希菌诱导小鼠发生败血症，以四环素、氨苄西林、氯霉素为对照，使用特异性针对大肠埃希菌荚膜 K1 菌株的噬菌体研究噬菌体的防治效果。试验发现单次肌肉注射 1 种抗 K1 大肠埃希菌的噬菌体比多次肌肉注射各种抗生素能更好地避免大肠埃希菌引起的小鼠感染死亡，噬菌体处理至少与多次注射链霉素一样有效。噬菌体和病原菌在血液中持续存在 24 小时，而高效价的噬菌体（10^6 PFU /g）在脾脏中能够持续存在数天。试验中分离到一些噬菌体的抗性菌株为 $K1^-$表型，而 K1 是大肠埃希菌的主要毒力因子，因此这些抗性菌株比野生型 $K1^+$菌株毒性更低。尽管在不同宿主菌株上增殖的噬菌体之间的保护作用有差异，但在大肠埃希菌攻毒前 3~5 天使用噬菌体都能够有效保护小鼠免受感染。

Smith 和 Huggins 还研究了大肠埃希菌噬菌体制剂在犊牛、仔猪和羔羊肠炎中的防治效果。他们选择 71 只新生犊牛，分为 6 组，其中有 57 只由初乳喂养。给 71 只新生犊牛口服 3×10^9 CFU 的 O9:K30. 99 产肠毒素大肠埃希菌，其中 4 个组用 2 种不同的大肠埃希菌噬菌体混合物处理。在口服感染细菌后 8 小时再用 10^{11}PFU 的噬菌体混合物处理组中，9 只小牛均没有发病。在一组无初乳喂养且经噬菌体治疗的 13 只小牛中，只有 2 只死于腹泻。相反，初乳喂养的小牛中未经噬菌体处理的对照组的死亡率为 93%，无初乳喂养未经噬菌体处理的对照组小牛的死亡率为 100%。如果动物感染腹泻后再用噬菌体治疗，就不能避免发病，但是疾病症状会减轻，死亡率也会降低。噬菌体并未完全杀灭肠道中的致病性大肠埃希菌，但能够将其数量降低至发病所需的细菌水平以下。只要宿主菌在肠道保持相当的数量，噬菌体就会在肠道中持续存在；一旦肠道中宿主菌减少，噬菌体就会随之消失。他们还进行了大肠埃希菌 O20:K101. 987P 感染仔猪和大肠埃希菌 O8:K85. 99 感染羔羊并进行噬菌体治疗的试验，证明噬菌体可有效控制产肠毒素大肠埃希菌的感染，并且在羔羊体内未鉴定出噬菌体的抗性菌。在噬菌体处理的小牛和仔猪中检测到一些噬菌体抗性菌，但 K30 或 K101 的表型已丢失，证明这些抗性菌株比野生型菌株的毒力更低。

在随后的一系列研究中，Smith 等再次用大肠埃希菌感染的犊牛来评价噬菌体治疗的效果。他们分析了噬菌体制剂在动物体内可能遇到的各种条件，评价了这些条件下噬菌体的敏感性。Smith 等指出，牛胃的第四部分皱胃中的低 pH 会影响口服进入的噬菌体的活性，但如果在动物吃奶后不久即给予噬菌体制剂，则对噬菌体的破坏作用会降低，或者在口服噬菌体处理之前或与噬菌体同时在饲料中添加碳酸氢钠也会降低对噬菌体的破坏作用。苏联和东欧等国家在人类临床开展的噬菌体治疗中，通常在口服噬菌体之前不久通过口服碳酸氢盐液体来中和胃酸以提高噬菌体的疗效，这些实例说明噬菌体进入消化道之前给动物口服碳酸氢钠会提高噬菌体治疗的效果。

（二）牛大肠埃希菌感染的噬菌体防治

Smith 等报道了许多关于噬菌体防治犊牛经口感染大肠埃希菌导致腹泻的研究。犊牛腹泻症状出现后，立即用低滴度的噬菌体（10^5 PFU）进行治疗，20 小时内犊牛全部康复，而未接受噬菌体治疗的犊牛则发生严重腹泻。Smith 等还比较了不同裂解活性的噬菌体对预防犊牛腹泻的功效。2 株具有相同体外裂解活性的噬菌体在预防犊牛腹泻方面存在差异，犊牛感染大肠埃希菌后 10 分钟立即口服 10^5 PFU 的噬菌体，一株噬菌体可完全预防犊牛腹泻，而服用另一株噬菌体的 6 头犊牛中有 5 头发生腹泻，但最终都康复。体外裂解活性较低的噬菌体未能预防腹泻，3 头犊牛全部死亡。此外，Smith 等还证明了噬菌体滴度对预防犊牛腹泻的重要性。感染大肠埃希菌前 6 小时或 3 小时口服 10^5 PFU 噬菌体的犊牛未发生腹泻，口服 10^2 PFU 的犊牛均发生腹泻。感染大肠埃希菌前 10 分钟或感染后 6 小时和 12 小时口服更低滴度的噬菌体（10^2 PFU），犊牛没有发生腹泻，但感染 18 小时后再口服 10^2 PFU 的噬菌体，犊牛会发生腹泻。在感染大肠埃希菌前 4 小时或感染后 2 小时、4 小时、6 小时、8 小时、10 小时和 12 小时，每天口服 2 次噬菌体，试验结果显示，感染大肠埃希菌后 8 小时内口服噬菌体可有效预防犊牛腹泻，而感染后 10 小时、12 小时口服噬菌体组发生轻度腹泻。在另一项研究中，研究人员把犊牛放在感染大肠埃希菌并用噬菌体治疗的犊牛舍中 3 小时，发现犊牛未发生腹泻，而未接受噬菌体治疗的犊牛发生严重腹泻。Barrow 等证明肌肉注射噬菌体可预防经口感染大肠埃希菌引起的犊牛败血症。

（三）鸡大肠埃希菌感染的噬菌体防治

大肠埃希菌感染是所有家禽生产中最重要的细菌性疾病。大肠埃希菌感染的初期症状为呼吸道感染，又称气囊炎，主要感染 1 周龄以内的雏鸡，此时鸡体免疫力尚未完全建立。大肠埃希菌感染可迅速扩散到全身，引起肝周炎和心包炎，导致高发病率和死亡率。家禽大肠埃希菌病主要由禽致病性大肠埃希菌引起，其中血清型 O1、O2、O35、O36 和 O78 被认为是引起家禽大肠埃希菌病的主要血清型。

美国农业部/农业研究所（USDA/ARS）开展了通过胸腔气囊注射大肠埃希菌 O2 血清型诱导大肠埃希菌病并开展噬菌体治疗的研究。将噬菌体 SPRO2 与大肠埃希菌（10^4 CFU/mL）以不同感染复数（MOI）混合，注射 1 周龄雏鸡。感染大肠埃希菌 2 周后，对照组雏鸡的死亡率为 85%，10^4 PFU 的噬菌体与大肠埃希菌（MOI = 1）同时注射组雏鸡的死亡率降至 35%，10^8PFU 的噬菌体与大肠埃希菌（MOI = 10^4）同时注射组雏鸡的死亡率为 0。研究人员认为该研究提供了相对容易和快速的体内效力测试方法，并且证明噬菌体滴度对治疗效果非常重要。然而，由于将噬菌体与细菌在体外混合后再注射到鸡体内，两者在体外就已发生相互作用，不能代表噬菌体与细菌分别进入体内的相互作用情况，因此对结果的分析应更谨慎。

Huff 等开展了噬菌体治疗雏鸡大肠埃希菌病的研究。将 10^4 CFU 大肠埃希菌注入 7 日龄雏鸡的胸腔气囊后 24 小时和 48 小时，用 10^9 PFU 噬菌体经喷雾或肌肉注射进行治疗，研究持续到雏鸡 3 周龄（即大肠埃希菌感染 2 周）后结束。噬菌体经喷雾给药对大肠埃希菌病的治疗效果很差。与感染对照组相比，噬菌体经肌肉注射可显著降低死亡率。由于大肠埃希菌迅速引起全身性感染，噬菌体经喷雾给药时，雏鸡的血液中几乎未检测到噬菌体滴度，而肌肉注射噬菌体的雏鸡血液中噬菌体滴度都较高，Huff 等认为这是不同途径噬菌体给药导致的差异。研究还发现，经肌肉注射噬菌体时，多次给药比单次给药更有效。

Barrow 等也证实了噬菌体治疗家禽大肠埃希菌感染的治疗效果。在这些研究中，噬菌体同时以不同的滴度肌肉注射时，可以显著降低肌内或颅内大肠埃希菌感染引起的死亡率；噬菌体滴度低至 10^4 PFU 时可显著降低大肠埃希菌肌内感染引起的死亡率；噬菌

体滴度为 10^8 PFU 时，能显著降低因大肠埃希菌颅内感染引起的 3 周龄雏鸡死亡率；噬菌体滴度为 10^6 PFU 时，能显著降低孵化过程中雏鸡感染大肠埃希菌引起的死亡率。

Oliveira 等研究了噬菌体在商品鸡群中控制大肠埃希菌病的作用。在人工感染试验中，鸡感染大肠埃希菌后立即口服和喷雾 10^9 PFU 的大肠埃希菌噬菌体，可显著降低死亡率、发病率和病理学指数。在一次田间试验中，有 11 个商品鸡群发生了大肠埃希菌病，研究人员同时将噬菌体进行饮水和喷雾对鸡群给药。噬菌体治疗 1 周后，11 个鸡群中有 5 个鸡群的死亡率控制在 0.5%以下。第 3 周后，11 个鸡群中有 10 个鸡群的大肠埃希菌病得到控制。虽然没有与未经治疗的商品鸡群进行比较，但这项工作表明，噬菌体在商品鸡群中的实际应用可降低大肠埃希菌感染引起的死亡率。

笔者利用大肠埃希菌噬菌体制剂中试产品（青岛诺安百特生物技术有限公司的诺安清）对一个 450 日龄左右的产蛋后期的蛋鸡群通过口服给予了噬菌体饮水（5×10^7 PFU/只），连用 4 天，鸡群所产粪蛋从每周的 11 520 枚减少到 6 840 枚，沙壳蛋从每周的 12 240 枚下降到 9 720 枚，分别下降了 40.6%和 20.6%，明显提高了蛋的品质。由于鸡的输卵管与肠道相通，多数输卵管炎与大肠埃希菌感染有关，造成粪蛋和沙壳蛋等许多劣质蛋的产生，大肠埃希菌噬菌体被认为是改善蛋品质的有效制剂。

Huff 等研究了噬菌体与抗生素控制鸡大肠埃希菌病的协同作用。7 日龄雏鸡感染大肠埃希菌后，抗生素组用 0.005%恩诺沙星饮水治疗 7 天，噬菌体组在 7 日龄时单次肌肉注射 10^9 PFU 噬菌体，试验还设了噬菌体和恩诺沙星共同治疗组。试验结果显示，恩诺沙星和噬菌体治疗均显著降低死亡率，将大肠埃希菌感染对照组的死亡率从 68%分别下降到 3%和 15%，恩诺沙星和噬菌体共同治疗时具有显著的协同作用，可对雏鸡产生完全的保护。这些数据表明，抗生素和噬菌体共同治疗时效果会更显著，较低剂量的抗生素与噬菌体联合应用可能是一种治疗策略。Xie 等也进行了噬菌体与抗生素疗效的比较研究，发现噬菌体疗法比氯霉素治疗对控制大肠埃希菌感染雏鸡更有效。

（四）猪大肠埃希菌感染的噬菌体防治

Smith 和 Huggins 研究了噬菌体控制大肠埃希菌性仔猪严重腹泻的效果。仔猪经口感染大肠埃希菌后口服 2 株噬菌体。其中一株噬菌体对大肠埃希菌攻毒菌株有裂解活性，另一株对攻毒菌株没有活性，但是对第一株噬菌体作用大肠埃希菌后产生的噬菌体抗性株具有裂解活性。经 2 种噬菌体共同治疗的仔猪没有出现死亡，仔猪的腹泻症状也明显减轻。仅用对攻毒菌株具有裂解活性的噬菌体对仔猪进行治疗，也有效减轻了腹泻的严重程度。

Jamalludeen 等研究了 6 种噬菌体对预防和治疗断奶仔猪腹泻的效果。当经口感染大肠埃希菌后立即给仔猪口服噬菌体，研究发现 6 种噬菌体均可减少由腹泻引起的体重减轻和综合腹泻评分，其中 3 种噬菌体降低了仔猪腹泻的持续时间和腹泻评分均值。在后续试验中，预先用氟苯尼考和抗酸剂碳酸氢钠对猪进行口服给药，再给猪口服感染大肠埃希菌。猪感染大肠埃希菌后立即口服 3 种噬菌体的混合物，可有效地缩短腹泻的持续时间，减轻腹泻的严重程度。在治疗腹泻的研究中，在腹泻发作后每隔 6 小时给猪服用 2 种噬菌体，连续使用 3 次，证明噬菌体治疗可增加仔猪体重、降低腹泻的持续时间和严重程度。

三、梭菌感染

（一）产气荚膜梭菌

家禽坏死性肠炎是由A型产气荚膜梭菌引起的一种严重的家禽疾病，可引起高发病率和高死亡率。产气荚膜梭菌在养殖环境中普遍存在，在有无症状的家禽体内都会存在。抗球虫药和抗生素生长促进剂的使用可减轻坏死性肠炎的严重程度，当欧洲部分国家停止使用抗生素饲料添加剂后，家禽养殖中坏死性肠炎的发生率增加了25%～40%，我国在2020年底前实行饲料中抗生素生长促进剂全面退出，国内养殖业者普遍担心这会导致家禽坏死性肠炎的发病率上升、病变加重，因此寻找能有效控制坏死性肠炎的抗生素促生长剂的替代品迫在眉睫。

Miller等比较了产气荚膜梭菌类毒素疫苗与噬菌体产品（Intralytix公司的INT-401）治疗家禽坏死性肠炎的效果。该噬菌体产品含有5种噬菌体，对产气荚膜梭菌具有广泛的裂解活性。在2项研究中，雏鸡在14日龄时经口感染5×10^3个巨型艾美耳球虫卵囊，随后在19日龄、20日龄和21日龄（研究1）或18日龄、19日龄和21日龄（研究2），经口感染10^8 CFU的产气荚膜梭菌。结果显示，噬菌体产品控制坏死性肠炎的效果优于类毒素疫苗，同时证明了该噬菌体产品控制坏死性肠炎的功效。在第一项研究中，2种噬菌体治疗方法如下：第一种方法是在鸡胚孵化至18日龄时向胚内注射噬菌体，同时在孵化过程中对鸡胚进行噬菌体喷雾处理；第二种方法是在雏鸡第19～22天经口灌胃噬菌体，观察至28日龄时试验结束。总体而言，2种噬菌体治疗的雏鸡体重均显著高于感染产气荚膜梭菌未治疗组，但是显著低于未感染产气荚膜梭菌组。2种噬菌体治疗组的饲料转化率与未感染组没有显著差异，而且明显高于感染未治疗组。未经治疗的产气荚膜梭菌感染组的死亡率为56%，2个噬菌体治疗组的死亡率分别降至18%和16%，噬菌体治疗组与阴性对照组没有显著差异。单纯由坏死性肠炎引起的死亡率在各组间也有明显差异，未经处理的产气荚膜梭菌感染组为24%，噬菌体处理组的死亡率分别降至6%和2%，噬菌体组与阴性对照组没有明显差异。第二项研究与第一项相似，在鸡42日龄时经杆菌肽及3种噬菌体治疗，这3种噬菌体分别经灌胃、饮水或饲料分别给药。结果显示，经灌胃或饲料给药进行噬菌体治疗的鸡体重显著高于产气荚膜梭菌攻毒对照组，但显著低于阴性对照组的体重。经饮水给药的鸡体重显著高于产气荚膜梭菌对照组，与阴性对照组无显著差异。所有接受噬菌体治疗的组饲料转化率均明显优于产气荚膜梭菌攻毒对照组，且明显低于阴性对照组。经灌胃、饮水或饲料分别给予噬菌体时，感染产气荚膜梭菌的鸡死亡率从67%显著下降至18%、3%和5%，单纯由坏死性肠炎导致的死亡率从64%显著降至18%、3%和5%，同时感染产气荚膜梭菌和患坏死性肠炎的鸡死亡率从64%显著降低到14%、0%和0.7%。

（二）艰难梭菌

Ramesh等通过试验发现噬菌体能预防艰难梭菌感染导致的仓鼠弥散性回肠炎。试验所用的噬菌体分离自一个艰难梭菌溶原性菌株。第1组分为1a、1b和1c亚组，每个亚组各有6只成年仓鼠，第2组和第3组各有4只成年仓鼠。为了建立艰难梭菌引起弥散性回肠炎模型，将第1组和第2组中的仓鼠用克林霉素预处理（每100 g体重给予3 mg，灌胃给药)；第3组为对照组，未接受抗生素处理。在克林霉素预处理后24小时，将3个组所有仓鼠的胃酸中和（每只动物口服1 mL 1 mol/L 碳酸氢盐缓冲液），并用10^3 CFU的艰难梭菌胃内接种仓鼠。细菌接种后，立即用10^8 PFU噬菌体制剂处理1a，1b和1c亚组中的仓鼠。1b和1c亚组中的动物均以8小时间隔接受额外剂量的噬菌体制剂处理，1b亚组至感染后48小时，1c亚组至72小时，各组在每次噬菌体处理之前均用碳酸氢盐中和胃酸。第2组和第3组的仓鼠作为对照，未用噬菌体制剂处理。对照组中的所有动物在攻毒后96小时内死亡；所有噬菌体处理组中，除了1只仓鼠死亡外，其他仓鼠都存活下来。在接受最后一剂噬菌体制剂后不久，不能再从盲肠内容物中检测到噬菌体。研究还发现，当存活的仓鼠用克林霉素预处理并用艰难梭菌再次攻击时（停止噬菌体治疗后2周)，这些仓鼠均在攻毒后96小时内死亡，因此噬菌体治疗对仓鼠没有持久的保护作用。研究过程中没有对试验中所用的噬菌体进行详细鉴定，且该噬菌体为溶原性噬菌体，不具备噬菌体治疗的条件。尽管如此，该研究的结果仍可表明，艰难梭菌感染可用噬菌体治疗，并且在通过口服途径进行噬菌体治疗之前中和胃酸对保证噬菌体治疗的效果非常重要。

四、弯曲菌感染

弯曲菌在欧洲国家鸡群的阳性率为18%~90%，90%的美国鸡群存在弯曲菌感染，造成严重的公共卫生问题。Wernicki 等报道了空肠弯曲菌和大肠埃希菌引起的感染，它们占家禽消化道定植菌的80%。Wagenaar 等的一项研究首次尝试使用噬菌体对抗弯曲菌，发现噬菌体可使10日龄雏鸡和成年鸡肠道内空肠弯曲菌的定植受到抑制，肉鸡盲肠中空肠弯曲菌的滴度分别下降2 logs 和1 log。将肉鸡在7~16日龄通过灌胃给予4×10^9~2×10^{10} PFU的噬菌体，在10日龄时用1×10^5 CFU的空肠弯曲菌攻毒。研究发现，攻毒之前使用噬菌体没有阻止细菌定植，但可以延迟细菌定植。在空肠弯曲菌定植后接受噬菌体治疗的鸡中，其肠道定植的细菌数量下降3 logs。应该强调的是，该研究中空肠弯曲菌没有完全被清除，这是使用噬菌体疗法清除家禽弯曲菌感染中存在的主要问题。

英国诺丁汉大学对25日龄雏鸡进行空肠弯曲菌噬菌体的灌胃，发现噬菌体可导致鸡肠道中的空肠弯曲菌出现0.5~5 logs 不等的短暂下降。当用10^7~10^9 PFU噬菌体进行处理时，鸡上消化道、下消化道及盲肠中的弯曲菌数量出现明显下降。将空肠弯曲菌人工感染鸡后，分别给鸡注射10^7 PFU/mL 和10^9 PFU/mL 的噬菌体，连续治疗5天，结果发现使用噬菌体48小时后不同噬菌体剂量组的弯曲菌数量出现下降，其中使用10^9 PFU/mL 噬菌体组的细菌出现明显下降，但是在第二次空肠弯曲菌攻毒时，仅有2%的鸡对攻毒菌株具有抵抗力。

用噬菌体预防弯曲菌在雏鸡肠道的定植结果也有不理想的报道。用含有（0.4~2）× 10^{10} PFU /mL 噬菌体给10日龄肉鸡灌胃，可减少肠道细菌总数，但24小时内空肠弯曲菌可重新定植。该研究还指出，约有4%弯曲菌对噬菌体产生耐药性。因此作者建议使用几种空肠弯曲菌特异性噬菌体组合鸡尾酒制剂进行应用，而鸡尾酒制剂的体外研究已显示可提高噬菌体治疗的有效性。

五、金黄色葡萄球菌感染

金黄色葡萄球菌引起的奶牛乳腺炎是奶牛养殖中的一个重要问题。迄今，噬菌体治疗奶牛乳腺炎尚未显示出功效。研究人员认为噬菌体治疗乳腺炎缺乏疗效有几个原因，包括免疫干扰、乳蛋白与噬菌体非特异性结合而产生抑制作用，金黄色葡萄球菌与脂肪球发生凝集等。然而，分离可能具有预防和治疗乳腺炎功效的噬菌体的工作仍在继续。许多研究还集中在噬菌体裂解酶的编码基因的克隆及在牛乳腺生物反应器中表达这些基因，以提供对葡萄球菌特异性裂解酶的固有表达。Schmelcher 等证明了两种嵌合体噬菌体裂解酶可显著降低乳腺炎小鼠模型中金黄色葡萄球菌的数量，但不如溶葡萄球菌酶有效。然而，当把噬菌体裂解酶与溶葡萄球菌酶联合使用时，二者的协同作用可显著降低乳腺炎小鼠模型中金黄色葡萄球菌的数量，该项研究可为预防和治疗奶牛乳腺炎提供参考。

六、动物养殖环境中的噬菌体消毒

Smith 等开展了噬菌体喷雾牛舍垫料预防大肠埃希菌性犊牛腹泻的研究。他们先对犊牛舍垫料喷洒 10^3 PFU/mL 或 10^6 PFU/mL 噬菌体，再将犊牛放在舍中，3 小时后使其感染大肠埃希菌，犊牛均未发生腹泻。他们用不同的大肠埃希菌菌株攻毒、用不同的噬菌体防治，得到类似的结果。用噬菌体喷雾垫料，将犊牛在进入牛舍前的 0 小时、6 小时或 12 小时感染大肠埃希菌，发现感染 6 小时后进入牛舍的犊牛没有腹泻，感染 12 小时后进入牛舍的 3 头犊牛中有2 头发生腹泻。研究还证明，在垫料上喷洒噬菌体比口服噬菌体能更有效地预防犊牛腹泻。

对牛食源性病原体的关注主要集中在大肠埃希菌 O157:H7 上。虽然尚未证实噬菌体可完全消除大肠埃希菌 O157:H7，但在牛舍环境中普遍存在 O157:H7 大肠埃希菌的噬菌体在预防大肠埃希菌 O157:H7 在牛体内的定植方面可以发挥作用。

Huff 等开展了噬菌体喷雾预防大肠埃希菌病的试验。他们对 7 日龄雏鸡进行噬菌体喷雾，分别在喷雾后第 0 天（7 日龄）、第 1 天（8 日龄）和第 3 天（10 日龄）进行 10^4 CFU 大肠埃希菌的攻毒。研究发现噬菌体喷雾后立即感染大肠埃希菌组雏鸡的死亡率显著降低，噬菌体喷雾后 1 天或 3 天感染大肠埃希菌的试验中只有一次出现死亡率显著降低。

第三节　动物养殖领域限抗与噬菌体应用前景

一、动物养殖领域限抗的紧迫性

动物养殖领域使用抗菌药物主要有 3 个目的：①预防用药。以肉鸡 42 天的养殖周期为例，针对肉鸡群早期易发的大肠埃希菌病和沙门菌病，在 2～5 日龄给雏鸡用开口药，将药物加到家禽饮水中，让鸡群自由饮水。为了预防大肠埃希菌和支原体引起的慢性呼吸道病，在 9～12 日龄用一次抗生素；在 16～19 日龄，为了预防大肠埃希菌病、肠炎、慢性呼吸道病等疾病，采用抗生素给鸡群自由饮水。在 21～28 日龄，再参考 16～19 日龄的用药进行一次预防用药，为了防止耐药性产生，会适当更换药物。动物饲养过程中预防用药的时间长，累积用药量大。②治疗疾病。通过饮用水或饲料在发病后给药。③改善饲料的消化和利用，以促进动物增重。这种情况下使用的抗生素通常被称为促生长剂。

大多数促生长剂通常不用于人医临床，在家禽和家畜饲料中的添加量低。欧盟曾经允许在饲料中使用的抗生素类促生长剂有黄霉素、盐霉素、莫能霉素及卑霉素。

兽用抗生素的滥用导致的药物残留和细菌耐药性等问题日趋严重。动物源细菌耐药率上升，导致兽用抗生素治疗效果降低，迫使养殖环节用药量增加，从而加剧兽用抗生素毒副作用和残留超标的风险，严重威胁畜禽产品质量安全和公共卫生安全，给人类和动物健康带来隐患。2017 年 6 月 22 日，我国农业部印发《全国遏制动物源细菌耐药行动计划（2017—2020 年）》，提出推进兽用抗生素减量化使用，实施“退出行动”，推动促生长抗菌药物逐步退出。随后，农业农村部牵头淘汰了 100 多种高风险的兽药产品，规定在 2020 年底以前，饲料端禁抗，养殖端减抗、限抗。

瑞典与欧盟分别于 1986 年、2006 年全面在饲料中禁用抗生素。1995~1998 年，丹麦政府先后宣布禁止使用添加了某些类型抗生素的饲料；1998 年 2 月，丹麦牛肉与鸡肉行业宣布，自愿停止使用一切抗生素饲料；4 月，猪肉行业宣布针对 35 kg 以上生猪自愿停止使用一切抗生素饲料；同年，丹麦政府开始对使用抗生素的猪肉收税（每头猪 2 美元）。2000 年，丹麦政府下令，所有动物，不论大小，一律禁用一切抗生素饲料（即禁抗）。饲料禁抗后，动物的死亡率由 3%提高到 4. 5%，给丹麦动物养殖业疾病防控带来很大的压力。我国在 2020 年底之前饲料端全面禁抗，给养殖业带来了新的挑战。噬菌体作为特异性杀菌制剂，有望成为防治动物细菌病有效的抗生素替代品。

二、噬菌体防控畜禽细菌感染的可行性

动物临床越来越严重的细菌耐药性问题给抗生素治疗带来很大的障碍，需要抗生素替代品参与到动物疾病的防控中。我国在 2020 年底之前全面禁止在饲料中添加抗生素促生长剂，给动物细菌病的预防增加了很大的压力。另外，国家禁止在许多动物养殖阶段用抗生素进行细菌病的治疗，例如肉鸡出栏前的休药期、蛋鸡产蛋期等，这些阶段发生的细菌病都需要用抗生素替代品解决。通过本章噬菌体在动物养殖中的诸多案例分析，清楚地表明噬菌体作为抗生素替代品的可行性。噬菌体可以作为抗生素的替代品，解决动物在休药期、产蛋期、泌乳期发生的细菌病，也可以应用于动物日常的饲料和饮水，以及喷雾消毒、体表消毒等方面。虽然有许多案例表明噬菌体治疗效果优于抗生素治疗，但是噬菌体治疗存在许多限制，噬菌体在体内的药代动力学不像抗生素这样明确，噬菌体的杀菌特异性限制其在混合性感染中发挥理想的治疗作用。然而，噬菌体在许多方面比抗生素更胜一筹。噬菌体可自我增殖，也可自我限制，是控制细菌病的天然途径；噬菌体对人和动物细胞是安全的，不会产生毒性；噬菌体对环境也是友好的，噬菌体在自然界中大量存在，具有多种多样的生物学特性，可特异性作用于致病菌而不破坏动物体的正常菌群。噬菌体疗法对抗生素耐药菌感染的治疗尤为重要。另外，噬菌体与抗生素联合应用可增强抗生素的治疗效果，也可以增强噬菌体的治疗效果。

关于噬菌体治疗，人们普遍担心的是噬菌体抗性菌株的产生问题。在噬菌体的作用压力下，细菌会产生噬菌体耐受性，这一点毋庸置疑。但是在应对抗性菌的问题上，噬菌体比抗生素具有明显的优势。细菌一旦对抗生素产生耐药性，就需要寻找新型的抗生素，而抗生素的研发存在周期长、研发费用高昂等问题。细菌对噬菌体产生耐药性，还可以快速筛选到针对抗性菌的噬菌体，这个问题可以通过研发针对病原菌及其噬菌体抗

性菌有效的噬菌体鸡尾酒制剂得以解决。另外，许多研究表明，抗性菌对噬菌体产生抗性往往与细菌表面的受体突变有关，噬菌体抗性菌株往往会丢失细菌的荚膜抗原、脂多糖片段等，从而失去致病性或导致致病性降低。如果受体是细菌表面的药物外排泵，这些受体突变可导致抗性菌对某些药物重新变得敏感起来。

噬菌体在动物体内需要进行多次应用时，是否会受到机体免疫因素的干扰从而影响噬菌体治疗的效果，是人们关心的另一个问题。自然界中96%的噬菌体为有尾噬菌体，这些噬菌体感染细菌的能力取决于噬菌体的尾部蛋白，而尾部蛋白远远少于噬菌体头部蛋白。噬菌体进入机体后，免疫系统产生的抗体主要为头部蛋白的抗体，这些抗体不能中和噬菌体的感染性。通过消化道进入的噬菌体主要在消化道对细菌产生杀伤作用，除通过注射途径进入体内以外，几乎可以不考虑噬菌体在体内产生抗体并通过抗体干扰噬菌体的杀菌能力。免疫干扰的问题可以通过分离抗原性不同的噬菌体得以解决，自然界中的噬菌体多种多样，做到这一点并不难。

畜禽的高密度养殖中容易出现同一养殖舍或养殖场大量动物同时感染相同疾病，但从不同动物个体分离到的同种细菌却存在细菌耐药性、血清型的差异，也会对同一株噬菌体具有不同的敏感性，这种差异在同种病原菌的各地分离株中广泛存在。要保证噬菌体的防治效果，建立动物病原菌的菌种库非常有必要，菌种库应包含大量来自各地的分离株，这样才能更好地评价某株噬菌体的裂解谱，从而保证噬菌体防治的效果。针对同种细菌不同地区的分离株对噬菌体的敏感性存在差异的特性，对规模化养殖场研制个性化的噬菌体定制产品将会起到更好的防治效果。

噬菌体治疗中的一个重要的问题是研发实用且有效的噬菌体给药方法。目前动物的饲养往往是规模化养殖，一栋鸡舍可能有几万只鸡，对于这么多的动物，通常情况下，如果噬菌体制剂不能通过饮水或饲料给药，而需要对每个动物进行注射，那么噬菌体治疗的实施就会受到限制。作为一种预防措施，在动物进行常规注射免疫的时候，将噬菌体与疫苗或抗体进行混合注射，不失为一种切实可行的方法。口服给药也会遇到许多障碍，如消化道的pH很低，也存在许多消化酶类，噬菌体通过消化道还会非特异地结合到消化物和其他细菌表面，或沉降在小肠绒毛的凹腔里，这些因素都会限制噬菌体到达消化道特定部位杀灭病原菌或阻止噬菌体进入组织及血液发挥全身性杀菌的作用。这些问题可以通过许多方法得到解决，如将噬菌体进行微囊包被、用碳酸氢盐中和胃酸、分离耐酸的噬菌体或能有效穿过呼吸道或消化道进入全身循环的噬菌体等。对于胞内寄生菌引起的疾病治疗，噬菌体疗法存在明显的局限性。

如果到达细菌感染部位的噬菌体滴度足够高，那么噬菌体对清除感染是有效的。除了注射途径以外，还可以通过其他措施用于防治动物细菌病。一种方法是用噬菌体降低环境中病原菌的滴度，使动物养殖设施更安全。临床实践中经常会发现这样的现象，有的动物养殖设施内不断有细菌病的暴发，设施内饲养的动物对病原菌更易感，而那些存在天然噬菌体的养殖舍内所饲养的动物可免于感染。Smith等通过试验证实用噬菌体喷洒犊牛舍垫料比口服噬菌体能更好地预防大肠埃希菌引起的腹泻；Oliveira等证明在商品鸡养殖场中喷洒噬菌体及在家禽饮用水中添加噬菌体均可以减少家禽大肠埃希菌病的发病率和死亡率。以上研究均可以说明噬菌体可改善动物养殖环境，减少细菌病的发生。另一种方法是以噬菌体气溶胶喷雾的形式来预防和治疗动物呼吸道感染。呼吸道感染基本上是一种外在感染，抗生素治疗效果有限，而噬菌体喷雾方式可将高滴度的噬菌体传递到感染部位，Huff 等已证明该方法可预防家禽大肠埃希菌病引起的呼吸道感染以及由此引发的全身性感染。在家禽养殖业中，常规做法是对入孵的鸡胚进行噬菌体卵内注射及对新孵出的雏鸡进行噬菌体气溶胶喷雾，两种方法均可预防许多家禽疾病。

噬菌体已被证明可以防治动物细菌病，无论采用哪种给药方法治疗动物疾病，都没有关于噬菌体对动物产生副作用的报道。噬菌体通过天然的途径杀灭细菌，安全性高，具有在自然界中含量丰富、自我复制和自我限制的特性，噬菌体还可特异性杀伤病原菌而不影响共生菌，这些都是抗生素无法企及的。然而，如何更好地挖掘噬菌体的潜能，将其开发为高效的抗生素替代品，尚需开展大量的研究。

参考文献

20 噬菌体在水产养殖中的应用

——徐永平　李晓宇　李　振

水产养殖业是世界上发展最快的行业之一，也是我国经济发展的重要组成部分，中国是世界第一水产养殖大国，水产养殖已成为中国水产品供给的主要来源。然而，规模化和集约化养殖导致水产动物病害频发，损失惨重，加之抗生素及化学药物的应用日益受限，无疑给水产动物病害防治带来新的挑战。噬菌体作为一种天然、无残留的细菌"杀手"，具有良好的抗生素替代前景。而且我国农业农村部已经明确提出，在2020年底实现饲料零药物添加，并鼓励积极探索使用兽用抗菌药替代品。噬菌体疗法为一种生物防控手段，本章概述了噬菌体在主要水产养殖动物细菌性病害防控中的应用案例，可为未来水产动物的绿色、无抗养殖提供思路。

第一节　水体中的噬菌体

病毒是自然界丰度最高的生命体，而其中大多数是噬菌体（感染细菌的病毒），它们广泛分布于世界上的任何角落，如海洋、河流、土壤，甚至人和动物肠道内等，其中蕴含噬菌体最丰富的地方就是海洋。

1955年，Spencer从海洋环境中分离出第一个噬菌体，当时人们对噬菌体的研究还只是一种兴趣，直到20世纪80年代末大量病毒被发现后，科学家们才开始研究它们对海洋的生态影响，在过去的20年里，海洋病毒学已经发展成为一个对海洋学至关重要的研究学科。随着研究的不断深入，研究人员了解到噬菌体能够通过裂解其宿主来调控细菌的丰度和群落组成。在海洋中，每天估计有10^{28}例噬菌体感染发生，从细胞中释放100亿吨碳，据估计，全球25%的碳是病毒分流器通过光合作用循环固定的，这些数据足以说明噬菌体在生物地球化学循环中的重要作用（图20-1）。

基于噬菌体裂解细菌的生物学特性及其在水环境中的高丰度，各国研究人员逐渐探索出噬菌体在水产养殖领域中防控细菌性疾病的经验。总体看来，水产领域噬菌体研究呈逐年上升趋势，随着噬菌体研究的深入发展，噬菌体治疗将会成为一种重要的抗菌方式，在我国及全世界水产养殖业中发挥作用。

作者单位：徐永平、李晓宇，大连理工大学生物工程学院；李振，盐城工学院海洋与生物工程学院。

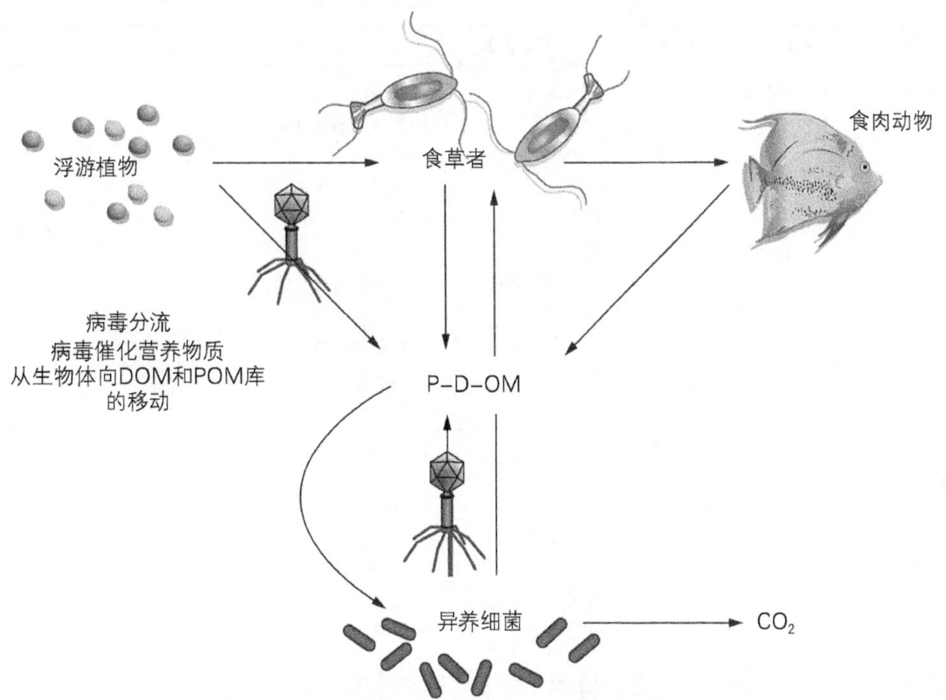

图 20-1　病毒是生物地球化学循环的催化剂（改自 Suttle，2005）

第二节　水产养殖中的细菌性疾病防控现状

一、水产养殖业常见的细菌性疾病

中国作为一个水产养殖业大国，是世界上唯一养殖产量超过捕捞产量的渔业国家，水产养殖已成为中国水产品供给的主要来源。根据《2019 中国渔业统计年鉴》统计，从新中国成立至今，中国水产品产量从每年 100 多万吨增长到 6 400 多万吨，水产养殖占水产品总量的比重由 8%增长到 77. 3%，中国水产养殖产量也已占到世界水产养殖产量的 70%左右。据联合国粮食及农业组织（Food and Agriculture Organization of the United Nations，FAO）估计，随着外海渔业的过度捕捞致使产量下降，2020 年全球的海产品供应将有一半来自水产养殖。

然而，病害问题已成为我国水产养殖业发展的瓶颈。近年来，随着水产养殖规模不断扩大，养殖方式过于追求产量效益、养殖密度和品种结构不科学、药品和其他化学药物使用不规范等问题普遍存在，导致养殖环境和养殖水体的污染严重，水产动物病害暴发频繁，而且发病面积大、范围广，损失惨重。主要发病时间集中在 4~11 月、5~9 月，且疾病种类多，主要为细菌性疾病和寄生虫感染，尤其是鱼类最为严重。近两年贝类病害也高频发生，多次发生规模性死亡；综合发病情况逐渐增多，继发感染其他疾病情况增多；发病范围广，持续时间长。常见的水产动物致病菌属包括：弧菌属、气单胞菌属、假单胞菌属，以及链球菌属和放线菌属等（表 20-1）。

表 20-1　水产养殖类主要致病菌

致病菌		感染对象	疾病名称
弧菌属	副溶血弧菌	凡纳滨对虾	弧菌病
		南美白对虾	急性肝胰坏死病
		方斑东风螺	弧菌病
		牡蛎	细菌性疾病
		刺参	化板症
	哈维弧菌	斑节对虾	发光病
		热带岩石龙虾	发光弧菌病
		南美对虾	发光弧菌病
		红鳍东方鲀	皮肤溃疡病
		刺参	腐皮综合征
	灿烂弧菌	刺参	腐皮综合征
	溶藻弧菌	刺参	腐皮综合征
	嗜环弧菌	刺参	腐皮综合征
	塔斯马尼亚弧菌	刺参	腐皮综合征
	鳗弧菌	大西洋鳕鱼	细菌性疾病
		大菱鲆	细菌性疾病
		斑马鱼	弧菌病
	河流弧菌Ⅱ	皱纹盘鲍	脓疱病
气单胞菌属	杀鲑气单胞菌	大西洋鲑鱼	疖疮病
		塞内加尔鳎	疖疮病
		美洲红点鲑	疖疮病
		虹鳟	疖疮病
	嗜水气单胞菌	泥鳅	出血性败血症
		鳗鱼	红鳍病
爱德华菌属	迟缓爱德华菌	日本鳗鲡	爱德华菌病
		泥鳅	爱德华菌败血症
	爱德华菌	鲶鱼	鱼肠败血症
	鮰爱德华菌	斑点叉尾鮰	鮰肠败血症
		香鱼	鮰肠败血症
	鲇爱德华菌	鲇	肠道败血症
假单胞菌属	变形假单胞菌	香鱼	细菌性出血腹水病
	铜绿假单胞菌	非洲鲶鱼	皮肤溃疡
	病鳝假单胞菌	日本鳗鲡	鳗鲡红点病
黄杆菌	嗜冷黄杆菌	香鱼	系统性细菌冷水疾病
		虹鳟	虹鳟苗期综合征（RTFS），细菌性冷水疾病（BCWD）
	柱状黄杆菌	胡子鲶	柱形杆菌病
链球菌属	乳酸链球菌	五条鰤	乳酸链球菌病
	海豚链球菌	牙鲆	败血症
		五条鰤	败血症
放线菌属	鲑肾杆菌	鲑科	细菌性肾病
	分枝杆菌	鲟鱼	分枝杆菌病
	诺卡菌	多种鱼类	诺卡菌病

二、水产养殖业常见细菌性疾病的传统防控措施

对于快速、有效控制水产养殖中的细菌性感染，抗生素及化学药物治疗是目前实际应用中的传统方法，但因在水产养殖中频繁使用，已导致耐药菌株的大规模产生。另外，疫苗也是一种预防感染性疾病的理想方法，但是可用的商业化疫苗在水产养殖业仍然受限，主要是因为它们的市场需求低、研发周期长且候选疫苗的效果不理想。目前，生物防控技术，作为控制水产疾病的一种可替代性途径，已被研究人员进行了许多细致的研究，如益生菌和天然活性物质，但它们的对抗细菌性疾病暴发的能力有限，远无法达到快速抑菌的效果，并且还会与目标动物生存的微生态环境发生相互作用。

近年来，国家相关部门愈发重视水产领域抗生素滥用情况。抗生素通常与特制饲料混合进行饲喂，可是鱼类等动物并不能有效地代谢抗生素，大量未经代谢的抗生素通过粪便重新释放到环境中。据估计，养殖过程中75%的抗生素未被代谢就排入了水中。国外针对水产药物的研究已经持续多年，通过开展详尽的药理学、毒理学研究，为水产药物的研发和科学规范使用奠定了基础。与国外相比，国内的水产药物研究严重滞后，由于缺少系统的理论研究和科学的试验平台，导致国内严重缺乏有效的水产养殖抗病害药物。在缺少正规药物的情况下，为达到快速治病的效果，以抗生素为主的化学药物在水产养殖中超量、滥用现象极为普遍。我国水产品出口每年因微生物超标及使用禁用的抗生素和药物残留问题而滞留外国海关的案例不胜其数，给我国形象及相关产业造成巨大经济损失。

2019年，国务院兽医行政管理部门发布《水产养殖用药明白纸》，规定水生食品动物禁止使用的药品及其他化合物，其中禁止使用的抗生素涉及喹诺酮类中的洛美沙星、培氟沙星等，硝基呋喃类中的呋喃唑酮、呋喃西林等，以及万古霉素、氯霉素及甲硝唑等。《2019年全国水产养殖用药减量行动方案》指出，通过各地实施水产养殖用药减量行动，参与行动养殖企业使用兽药总量同比平均减少5%以上，使用抗生素类兽药平均减少20%以上。农业农村部《兽用抗菌药使用减量化行动试点工作方案（2018—2021年）》也指出，力争通过3年时间，实施养殖环节兽用抗菌药使用减量化行动试点工作，推广兽用抗菌药使用减量化模式，减少使用抗菌药类药物饲料添加剂，兽用抗菌药使用量实现“零增长”，兽药残留和动物细菌耐药问题得到有效控制。也就是说，要在2020年底实现饲料零药物添加，并鼓励积极探索使用兽用抗菌药替代品，逐步减少促生长兽用抗菌药使用品种和使用量，提高健康养殖水平。因此，随着抗生素残留问题日趋严峻，以及国家监管日趋严格，新型的抑菌方式亟须提上日程。

三、噬菌体在水产养殖细菌性疾病防控中的优势

1946~1990年，西方国家对抗生素的禁运使得苏联只能继续使用噬菌体疗法对抗人类细菌性疾病。截至目前，格鲁吉亚仍然在广泛使用噬菌体疗法。随着抗生素抗性问题的日益严重及超级细菌的暴发，西方研究人员和政府部门重新重视噬菌体的治疗作用。到目前为止，世界各国在采用噬菌体控制细菌性疾病方面都做出了相应的贡献并取得了令人满意的结果，那么将噬菌体应用于水产养殖业也应具有现实可行的意义。相较于抗生素，噬菌体在水产养殖的优势主要体现在以下几点：

（1）天然结构，无毒副作用；

（2）能够自我复制，易于分离和繁殖；

（3）可用于 G^+细菌或 G^-菌；

（4）特异性裂解病原宿主菌，不影响正常菌群；

（5）易于喷洒或直接与水混合；

（6）混合物（噬菌体的多组分噬菌体制剂）的协同作用；

（7）与抗生素、防腐剂和消毒剂协同作用；

（8）噬菌体与食物相容；

（9）可用于治疗或生物消毒；

（10）鱼类等水产养殖动物还未发现相关噬菌体抗体，这种低免疫反应使噬菌体在水产养殖中的应用变得更加有利；

（11）噬菌体无所不在，被认为是安全的，因为尚未报告不良影响，所以被视为“公认安全（generally recognized as safe，GRAS）”产品。

噬菌体疗法已经在多个领域广泛研究并使用，并且其在水产中的研究应用已逐渐成为一种趋势。水产养殖业是我国经济产业链中的重要组成部分，而该行业大部分的经济损失是由致病菌频繁暴发引起的各种疾病所致。噬菌体在水产养殖领域应用的最大障碍来自法规与监管，这需要我国噬菌体研究人员的共同努力，针对性地研究以促进监管部门对噬菌体应用的认可。

而噬菌体具有特异性高、裂解性强、自我复制快、绿色环保等抗生素无法比拟的优点，且基因组小，便于研究人员研究。噬菌体作为抗生素替代品来防控细菌性疾病是备受关注的研究方向，随着研究人员对噬菌体深入细致的研究及生物工程技术的快速发展，提高噬菌体的治疗效率及进一步保证其安全性将指日可待，噬菌体治疗必定会为水产养殖业的健康稳定、可持续发展做出重要贡献。因此，噬菌体治疗在水产养殖业中的应用前景广阔并值得期待。

第三节　噬菌体在水产养殖中的应用

一、鱼类

随着人类对海产品的需求大幅增加，水产养殖鱼类经常受到微生物感染的威胁，在宿主、病原体和环境之间形成复杂的相互作用因子。尤其是针对鱼类这种变温动物，它们对于环境条件变化（水温、溶解氧、代谢物、化学添加剂等）是高度敏感的，因此环境极大影响着鱼类对感染因子的敏感性。这种复杂性使得建立控制感染性疾病的方法变得更加困难，因此需要针对各种不同病因寻找不同的解决方法。由于一些鱼类病原体在天然海洋或淡水环境中也是普遍存在的，如创伤弧菌、乳酸链球菌和爱德华菌，病原微生物对水域和鱼类的污染也引起了公众和食品卫生的进一步关注。

20 世纪 80 年代早期，我国台湾地区的一个研究团队报道了一个嗜水气单胞菌的噬菌体治疗中试研究项目，研究表明噬菌体可有效治疗嗜水气单胞菌引起的鳗赤鳍病，存活率可提高至少 60%。自 20 世纪 90 年代以来，关于鱼类病原菌和水产养殖的噬菌体的研究越来越得到重视，近年来更是引起人们极大的兴趣。然而，在该领域的噬菌体应用的可用信息还很有限，以下将简要地对研究结果，包括早期的一些研究进行综述，并讨论在水产养殖业应用噬菌体控制细菌性感染的潜力。如今，噬菌体治疗已经针对多种已知的淡水或海洋鱼类疾病，这些疾病病原主要包括香鱼假单胞菌（*Pseudomonas plecoglossicida*）、嗜冷黄杆菌（*Flavobacterium psychrophilum*）、乳酸链球菌（*Lactococcus garvieae*）、海豚链球菌（*Streptococcus iniae*）、迟缓爱德华菌（*Edwardsiella tarda*）、杀鲑气单胞菌（*Aeromonas salmonicida*）和哈维弧菌（*Vibrio harveyi*）等。

（一）应用噬菌体治疗香鱼假单胞菌感染

香鱼（*Plecoglossus altivelis*）是一种名贵的小型经济鱼种，有着“淡水鱼之王”的美誉，然而它对生活环境相当挑剔，一般地方很难养殖，若生活水域稍有污染，就无法生存，曾一度濒临灭绝。日本是香鱼消费大国，香鱼的人工养殖也始于日本，但由于工业化普及影响了香鱼生长环境，香鱼感染的疾病不断增多，严重影响了香鱼的养殖，目前日本国内香鱼养殖产量逐年降低。如今，我国浙江省和河北省已成功实现香鱼的人工养殖，台湾地区则更为盛行。自 1990 年以来，由香鱼假单胞菌引起的细菌性出血性腹水和嗜冷黄杆菌引起的细菌性冷水病（bacterial coldwater disease，BCWD）对水产养殖业和该物种自然资源的扩增造成了危害。目前还没有已正式获批的治疗香鱼假单胞菌感染的药物，但是一些抗菌药如氟苯尼考和磺胺异噁钠，已经应用于治疗细菌性冷水病。但是，应用化学药物治疗细菌性冷水病后，香鱼假单胞菌感染仍会突然暴发且死亡率高，通常超过 50%。

日本广岛大学 Park 等从患病香鱼组织内和养殖池水中筛选到两株香鱼假单胞菌的特异裂解性噬菌体。一株命名为 PPpW-3，形态学鉴定为肌尾噬菌体科，其可形成小的噬菌体斑；另一株命名为 PPpW-4，形态学鉴定为短尾噬菌体科，可形成较大噬斑。体外裂解实验表明，PPpW-4 相较于 PPpW-3 能更有效地抑制假单胞菌的生长，而且这两株噬菌体混合液的抑菌活性最高。同时研究发现，对噬菌体敏感的变形假单胞菌与该菌的噬菌体抗性菌株相比，更容易感染香鱼。

在噬菌体治疗试验中（表 20-2），给香鱼饲喂含假单胞菌的饲料（投料率 1.5%），随后立即饲喂含单一噬菌体或噬菌体混合液的饲料，两周后对照组累计死亡率达 93.3%，而混合液组的死亡率（20.0%）与噬菌体 PPpW-3 组（53.3%）及 PPpW-4 组（40.0%）相比均显著降低，说明两株噬菌体可能存在一种协同作用。随后在水体交叉感染的情况下饲喂混合噬菌体，结果表明混合噬菌体组可使死亡率下降 60% 以上，显著增强了香鱼抗假单胞菌感染的能力。

表 20-2 假单胞菌噬菌体对香鱼的保护效果

组别	死亡率（%）	
	口服攻毒	水体交叉感染
对照组（仅攻毒）	93.3	90~100
PPpW-3	53.3	—
PPpW-4	40.0	—
PPpW-3+ PPpW-4	20.0	26.7

随后在一个假单胞菌感染严重的商业化香鱼养殖场进行试验，试验对象为约 120 000 条香鱼，在进行噬菌体治疗前 2 周，每天约有 1 000 条香鱼死亡。分别在第 0 天、第 1 天和第 8 天使用机械化饲喂机饲喂含 PPpW-3 和 PPpW-4（10^7 PFU/尾）的饲料。在第0 天噬菌体施用 3 小时后，90%的鱼肾脏内检测到所接种的噬菌体。预处理 2 周后，死亡率也下降到了一个稳定的频率，是预处理时的 1/3。

值得注意的是，在观察期内，在病鱼或健康鱼体内并没有发现抗噬菌体菌株和噬菌体中和抗体的存在。对香鱼主动免疫活性低也可以说明噬菌体的低免疫原性：即使每天口服 10^7 PFU/尾 7 天或每周肌肉注射 10^8 PFU/尾 4 周后，在鱼体内也没有检测到噬菌体中和抗体。口服噬菌体对抗自然感染的功效表明了其在实践中对该疾病进行控制的潜力。然而，这一疗法也出现了另一个问题，在噬菌体治疗的后期出现了嗜冷黄杆菌感染，并且导致了鱼类的大量死亡。

（二）应用噬菌体治疗五条鰤乳酸链球菌感染

日本有名的几家高级寿司店选用的食材包括五条鰤（*Seriola quinqueradiata*）、黄条鰤（*Seriola lalandi*）和高体鰤（*Seriola dumerili*）等，在日本传统里，鰤鱼是婚嫁时不可缺少的聘礼，是典型的“出世鱼”，其产量占亚洲海洋鱼类的 17%左右。

乳酸链球菌过去被称为杀鱼肠球菌，是感染鰤属鱼类和虹鳟鱼的主要病原菌，会引起鱼类血管内皮细胞病变，导致出血和内脏器官表面出现瘀点。每条鱼少至 10 个细菌即可引起感染。该菌对鱼类产生毒力的最关键因素是细菌荚膜，从鱼中分离的毒性乳酸链球菌只有一个血清型。红霉素和土霉素等许多药物对治疗乳酸链球菌感染是有效的，口服和注射疫苗现在已经在日本等其他国家商业化。

日本广岛大学 Park 等从鱼肾脏和养殖海水中分离出了乳酸链球菌特异性噬菌体，形态学上鉴定为长尾噬菌体。研究人员将临床和环境中的乳酸链球菌菌株（$n = 111$）分为 14 个噬菌体分型，其中一个主要噬菌体分型包含 66%的检测菌株。然而，至少 90%的乳酸链球菌对所分离的噬菌体敏感。乳酸链球菌在 17~41 ℃下生长良好，但只在 29 ℃以下噬菌体对其有裂解活性。体内条件下，给五条鰤腹腔注射一株宽宿主谱噬菌体（PLgY-16），24 小时仍可在脾脏内检测到噬菌体，并且在口服噬菌体饲料 3 小时后，肠道内的噬菌体的数量恢复，但 10 小时后则检测不到。此外，活乳酸链球菌和噬菌体同时施用能够延长噬菌体的存活时间。在这项实验中，噬菌体效价在腹腔注射 5 天后的脾脏和口服 24 小时后的肠道内均恢复。

应用实验感染的幼鰤检验乳酸链球菌噬菌体（PLgY-16）的保护效果（表 20-3），发现腹腔攻毒乳酸链球菌后，腹腔注射噬菌体的存活率比对照组要高得多。实验还发现，在攻毒后 24 小时施用噬菌体，仍有保护作用。为了便于噬菌体转移至鱼类的器官内，在攻毒时腹腔注射已被噬菌体感染的细菌，其结果表明细菌作为一种噬菌体运输工具，并不影响噬菌体的作用效果。对鰤肛门插管进行攻毒后，饲喂含有噬菌体的饲料也获得了保护效果。肛门插管攻毒后 72 小时或更久，仍可在对照组的脾脏中检测到乳酸链球菌，而噬菌体治疗组在 48 小时后仅偶尔检测到或完全检测不到乳酸链球菌的存在；而口服噬菌体处理 3~48 小时后，在鱼的肠和脾中检测到噬菌体，最大值为 10^6 PFU/g。噬菌体抗性突变体在体外抑菌实验中相当普遍，但是所有在体内实验获得的死鱼中乳酸链球菌分离物仍然对噬菌体敏感。此外，在重复饲喂含噬菌体饲料的鰤血清中未检测到中和抗体。

表 20-3 乳酸链球菌噬菌体对五条鰤的保护效果

实验动物	攻毒方式	噬菌体	施用方式	浓度	死亡率	
					对照组	噬菌体组
五条鰤	腹腔注射	PLgY-16	腹腔注射	$10^{7.5}$ PFU/尾	90%	0
	肛门插管		饲喂	10^{7} PFU /尾	65%	10%

二、刺参

刺参（*Apostichopus japonicus*）是我国北方沿海地区最具规模的经济类海水养殖动物，具有极高的药用价值和商业价值。近年来，随着刺参养殖规模的快速发展，由弧菌为主要病原菌引发的腐皮综合征对刺参养殖业造成严重的经济损失。根据外界自然环境温度变化差异性，每年经济损失高达几亿到十几亿人民币不等，其患病幼参的死亡率高达 90%以上，该病已成为制约刺参养殖业发展的一大难题。

（一）应用噬菌体治疗刺参腐皮综合征

刺参腐皮综合征（skin ulceration syndrome）俗称“化皮病”，初期症状为口部肿大、摇头、吐肠、吸附能力下降等，随着病情的加重，溃疡处增多，形成蓝白色斑点，全身溃烂最终溶化为鼻涕状胶体。其高发期为每年的 1~4 月，由于此段时间的外界室温回升快，而水温回升慢影响了池中溶解氧的分层，导致池底溶解氧不足，氨氮含量升高，微生物繁殖速度加快，进而次级代谢产物大量释放。如此恶性循环最终形成池底环境的极度恶化，在养殖过程中刺参幼体体表造成的小面积机械损伤成造成了胶原层裸露在外，细菌大量定植在破损部位继续蚕食刺参组织，这些外界刺激进而触发刺参的机体自溶机制，导致死亡。刺参腐皮综合征具有发病快、死亡率高的特点，可导致刺参生长缓慢，摄食量减少，在苗期和养成期均可暴发，极易造成重大经济损失。对该病的病原学研究表明，其病原主要以细菌为主，继发感染霉菌、寄生虫等。目前，已报道的可引起该病的主要病原菌为弧菌属、气单胞菌属、假单胞菌属和假交替单胞菌属，具体分类如表 20-4 所示。

表 20-4 刺参腐皮综合征的主要病原菌

病原菌	主要发病地区
灿烂弧菌 *Vibrio splendidus*	山东省、辽宁省、福建省
嗜环弧菌 *Vibrio cyclitrophicus*	辽宁省
溶藻弧菌 *Vibrio alginolyticus*	山东省
哈维弧菌 *Vibrio harveyi*	辽宁省
副溶血弧菌 *Vibrio parahaemolyticus*	辽宁省
塔斯马尼亚弧菌 *Vibrio tasmaniensis*	辽宁省
杀鲑气单胞菌 *Aeromonas salmonicida*	山东省
假交替单胞菌属 *Pseudoalteromonas*	山东省、福建省
假单胞菌属 *Pseudomonas*	辽宁省、山东省
黄海希瓦氏菌 *Shewanella smarisflavi*	辽宁省

对该病的防治措施目前以预防为主、治疗为辅，据报道，发病后使用抗生素的治疗效果并不理想，且容易产生细菌耐药性和药物残留等问题。因此，有效避免环境中水质恶化及微生物的大量繁殖是防控此类疾病的重点。通过噬菌体这种绿色的生物抑制剂可有效地预防池底微生物大量增殖，同时，细菌与噬菌体的进化共生可使得噬菌体丰度随细菌丰度变化而变化，具有长久抑制的功效。大连理工大学动物生物技术与营养研究室自2014年底开始，针对刺参腐皮综合征开发新型刺参海水养殖疾病防治绿色产品。研究内容主要以该病的主要病原菌为宿主筛选裂解性噬菌体，并探究噬菌体对刺参该病的治疗效果及对刺参非特异性免疫的影响。在刺参养殖领域，噬菌体控制引起该病的主要病原菌如溶藻弧菌、塔斯马尼亚弧菌、嗜环弧菌、哈维弧菌、灿烂弧菌等的效果均获得验证。

（二）应用噬菌体治疗刺参溶藻弧菌感染

全球范围内由溶藻弧菌引起的经济类养殖水产动物感染的案例有很多，已报道的致病水产动物有鲑点石斑鱼（*Epinephelus fario*）、点带石斑鱼（*E. coioides*）、凡纳滨对虾（*Litopenaeus vannamei*）等。其中，Becker等从马达加斯加岛糙海参（*Holothuria scabra*）育苗场中的感染幼参病灶处分离到大量溶藻弧菌，且研究表明溶藻弧菌对糙海参幼体的骨架具有侵蚀能力。在水产领域，溶藻弧菌等弧菌致病菌是通过水产动物活体饵料如轮虫（rotifer）和卤虫（*Artemia nauplii*）等携带进入养殖池中。目前现有的养殖水体灭菌技术如过滤、臭氧、紫外光等都无法达到完全消杀病原菌的水平，池底小区域存在的高浓度致病菌为病原菌大量繁殖提供了可能性。

大连理工大学徐永平教授团队首次进行噬菌体防控刺参致病性溶藻弧菌的感染研究，从预防和治疗两个方面对噬菌体的防控效果进行考察，试图最大限度地模拟在水产养殖环境下，溶藻弧菌的感染发病过程及噬菌体预防和治疗的实际效果。结果显示，噬菌体PVA1、PVA2（图20-2）的混合噬菌体制剂可显著提高刺参的存活率（71.1%），起到很好的预防作用；而在噬菌体治疗中发现，刺参在经腹腔注射攻毒后，噬菌体施用的时间点越早治疗效果越好，但噬菌体治疗效果显著低于5 mg/L多西环素的治疗效果。

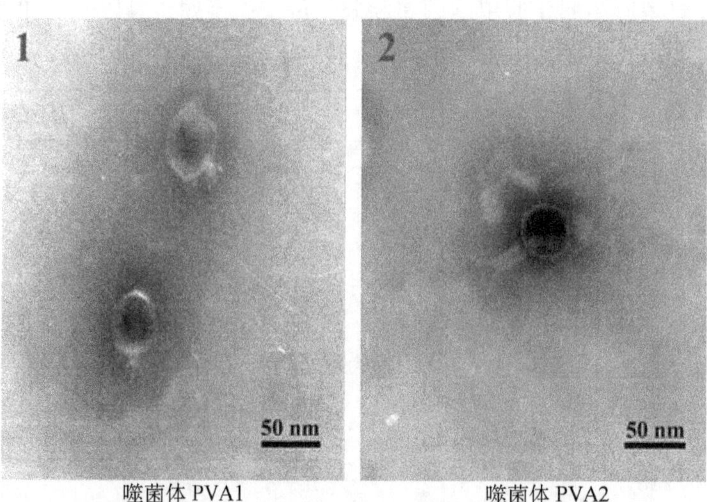

图20-2　溶藻弧菌Z1210噬菌体透射电镜图（引自Zhang，2015）

首先为简化噬菌体与抗生素之间比对的复杂性，实验先对单一噬菌体和混合噬菌体的最佳保护浓度进行摸索。从获得的噬菌体最佳施用浓度结果来看，感染复数（MOI）未必越高越好，对于混合噬菌体组，其 MOI 为 10 和 1 的试验组刺参存活率分别为 73.3%和 86.7%，显著高于其他 MOI 的单个及混合噬菌体试验组（图 20-3）。造成这一结果的可能原因是高 MOI 浓度的噬菌体对宿主菌形成“胞外裂解”，即噬菌体大量吸附于细胞表面造成细胞直接破裂死亡。在这种情况下，缺乏完整宿主菌的噬菌体无法进行大量繁殖，整体丰度也会随时间的推移保持在一个较低的水平。

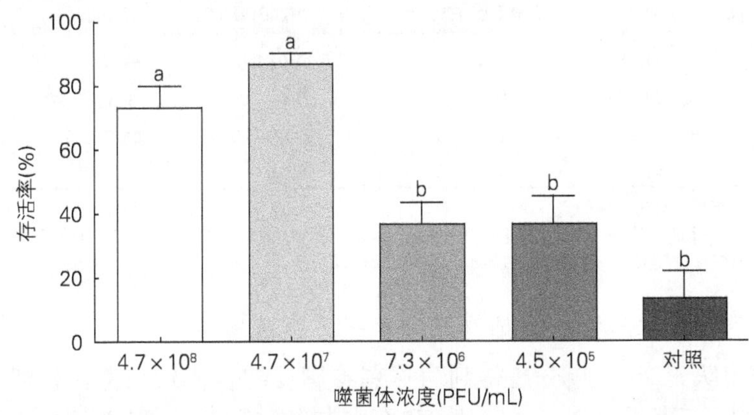

图 20-3　不同混合噬菌体浓度对刺参溶藻弧菌感染的预防效果（引自张建城，2017）

不同字母代表组间差异显著（$P<0.05$）

在噬菌体预防试验当中，多西环素和混合噬菌体试验组的刺参存活率显著高于噬菌体 PVA1、PVA2 和卡那霉素试验组；混合噬菌体和多西环素试验组的存活率分别为 71.1%和 81.1%，二者之间无显著性差异。由此可见，MOI 为 1 的混合噬菌体对刺参有较好的保护效果（表 20-5）。

表 20-5　不同噬菌体与抗生素处理组的刺参存活情况（浸浴攻毒）（改自张建城，2017）

组别	剂量	攻毒后刺参数目[1]					存活率[2]（平均值±SD%）
		12h	24 h	48 h	72 h	120 h	
噬菌体 PVA1	5.6×10^6 PFU/mL	0/90	9/90	12/90	18/90	44/90	52.2±5.1[b]
噬菌体 PVA2	3.0×10^7 PFU/mL	3/90	6/90	15/90	36/90	48/90	46.7±3.4[b]
噬菌体鸡尾酒	1.0×10^7 PFU/mL	3/90	15/90	15/90	15/90	26/90	71.1±5.1[a]
多西环素	5 mg/L	0/90	3/90	9/90	15/90	17/90	81.1±5.1[a]
卡那霉素	10 mg/L	0/90	6/90	21/90	30/90	46/90	48.9±1.9[b]
阴性对照	—	27/90	51/90	72/90	78/90	88/90	2.2±3.9[c]

1：死亡个数/刺参总数。
2：上标为组间多重比较情况。
a、b、c：为组间多重比较情况，不同字母表示差异显著（$p<0.05$）。

在噬菌体治疗实验中，经腹腔注射攻毒的刺参在不同的时间点通过浸浴的方式施用不同噬菌体和多西环素，结果如表 20-6 所示，在攻毒后 1 小时施用不同的噬菌体和多西环素进行处理，在试验结束时多西环素组刺参存活率为 63.3%显著高于 3 种噬菌体实验组，且 3 种噬菌体实验组之间无显著性差异但高于对照组；而攻毒后 12 小时给药处理的刺参存活情况虽然与 1 小时情况类似，但各噬菌体组与对照组无显著性差异，说明噬菌体处理无显著治疗效果，第 48 小时的情况与第 12 小时相同，第 72 小时结果显示各组之间无显著性差异，说明各处理组对刺参均无治疗效果。

表 20-6　噬菌体治疗实验中不同处理组的刺参存活情况（改自张建城，2017）

施用时间[1]	存活率[2]（平均值±SD%）				
	PVA1	PVA2	噬菌体混合物	多西环素	对照组
	5.2×10^8 PFU/mL	6.0×10^8 PFU/mL	4.9×10^8 PFU/mL	5 *mg/L*	None
1 h	26.7±7.6[b]	25.0±8.7[b]	30.0±5.0[b]	63.3±7.6[a]	3.3±2.9[c]
12 h	18.3±10.4[b]	11.7±2.9[b]	10.0±5.0[b]	63.3±12.6[a]	0.0±0.0[b]
48 h	3.3±2.9[b]	5.0±5.0[b]	3.3±5.7[b]	26.7±2.9[a]	3.3±2.9[b]
72 h	1.7±2.9	0.0±0.0	5.0±5.0	8.3±2.9	5.0±5.0

1：腹腔注射攻毒后进行处理的时间点。
2：上标为同一治疗时间点不同处理组之间多重比较情况。
a、b、c：为组间多重比较情况，不同字母表示差异显著（$p<0.05$）。

（三）应用噬菌体治疗刺参灿烂弧菌和嗜环弧菌感染

笔者研究团队于 2011 年分离得到两株刺参腐皮综合征致病菌，分别为嗜环弧菌 VDL-1、塔斯马尼亚弧菌 VDL-2，并从养殖海水中筛选得到分别裂解 VDL-1 和 VDL-2 的两株噬菌体 PVDL-1 和 PVDL-2，分别属于长尾噬菌体科和肌尾噬菌体科。噬菌体治疗实验采用浸浴给药方式，两噬菌体治疗组可将刺参存活率由 45%提高到 90%以上；PVDL-2 预防性和治疗性实验组可将刺参存活率从 0%分别提高到 95%和 55%。噬菌体预防性实验组的疗效优于噬菌体治疗组，说明接种细菌前加噬菌体比接种细菌后加噬菌体的治疗效果更好。原因可能为预防性实验组中，提前向刺参的养殖水体中加入噬菌体 PVDL-2，在加入细菌后，水体中的 PVDL-2 会迅速吸附裂解 VDL-2，降低水体中的细菌浓度，从而降低刺参的发病率。治疗性实验组中，接种细菌后，水体中细菌浓度升高并感染刺参，6 小时后加入噬菌体，虽可以在一定程度上降低细菌浓度，但部分细菌已经感染了刺参，从而使刺参存活率下降。

噬菌体 PVDL-1 预防性和治疗性实验结果相差不大，治疗效果均较好的原因可能为：①VDL-1 的致病力比 VDL-2 弱；②PVDL-1 的裂解量远大于 PVDL-2；③在体外试验中，PVDL-1 对其宿主的裂解能力就强于 PVDL-2。

该研究团队还筛选得到 4 株灿烂弧菌和嗜环弧菌噬菌体（图 20-4），并针对施用方式的不同设计了 3 种弧菌噬菌体剂型——注射剂、冻干粉饲料添加剂和混合噬菌体液体浸浴剂。结果表明，噬菌体鸡尾酒对苗期刺参弧菌感染的防控效果最好（表 20-7）。在人工攻毒条件下，注射嗜环弧菌噬菌体 Vc1 可以将刺参存活率由 30%提高到 60%，注射灿烂弧菌噬菌体 PVS-3 可以将刺参存活率由 20%提高到 65%；饲喂实验中，噬菌体冻干粉按 5%添加量添加至基础饲料，实验结果表明，饲喂嗜环弧菌噬菌体可有效地提高刺参存活率，各处理组均达到 60%以上，饲喂灿烂弧菌噬菌体也可有效地提高刺参存活率，各处理组均达到 50%以上，并且两种混合噬菌体的饲喂处理组中，刺参存活率均能达到抗生素处理组水平（80%）。混合噬菌体浸浴实验中，噬菌体浸浴组刺参存活率（85%）

超过实验中抗生素处理组水平（65%）。同时，在噬菌体饲喂保护和浸浴治疗实验中，养殖水体和刺参肠道内均检测到噬菌体的存在，且肠道内噬菌体效价水平低于水体噬菌体效价水平。噬菌体 4 ℃长期保藏时，以脱脂牛奶为保护剂的噬菌体真空冷冻干燥处理对噬菌体效价的维持效果最佳，在监测的 14 个月时间内均保持较高效价水平（≥10^7 PFU/mL）。此外，饲喂噬菌体不会对刺参的主要生长性能指标（增重、摄食率、饲料转化效率及脏壁比）产生影响，在降低实验中弧菌属微生物丰度的同时，不会影响刺参正常肠道菌群微生物的丰度水平，说明施用噬菌体有效地抑制了目标菌株的生长。

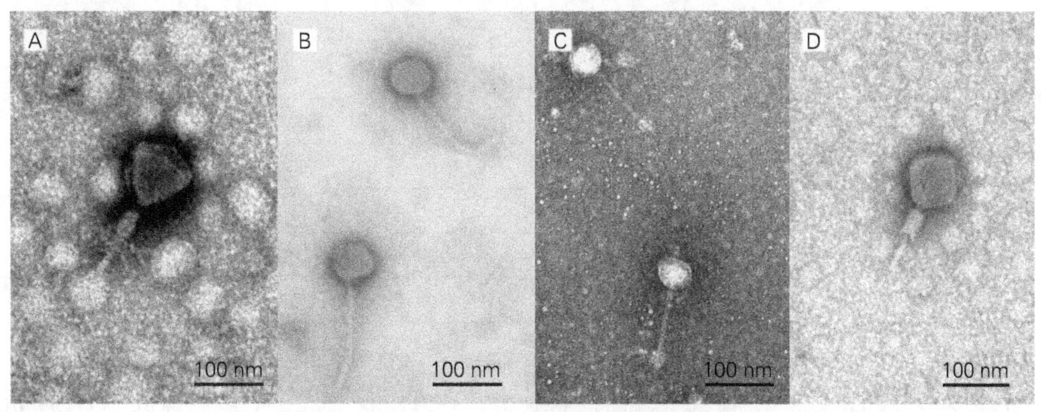

图 20-4　噬菌体透射电镜图（引自 Li，2016）

A. PVS2；B. PVS3；C. Vc1；D. Vc2

表 20-7　噬菌体鸡尾酒对苗期刺参弧菌感染的防控效果

	噬菌体鸡尾酒	施用方式	存活率%		
			对照组	噬菌体组	抗生素组
刺参	PVS 2+PVS 3	饲喂	18	82	82
	Vc1+Vc2	饲喂	30	80	80
	PVS 2+PVS 3+ Vc1+Vc2	浸浴	20	85	65

三、对虾

集约化对虾养殖极易暴发大面积的弧菌感染，以哈维弧菌、副溶血弧菌、鳗弧菌、创伤弧菌和灿烂弧菌等为主，据报道，此类病原菌菌株在虾类中引起疾病暴发时，死亡率近 100%，使对虾养殖业蒙受了巨大的损失。

（一）噬菌体裂解副溶血弧菌

由副溶血性弧菌引起的急性肝胰坏死病（acute hepatopancreatic necrosi disease，AHPND）一直是东南亚和拉丁美洲对虾养殖业中最严重的疾病之一，副溶血性弧菌毒素能够影响虾的中肠上皮，导致严重炎症和顶端膜脱落。

Alagappan 等用副溶血弧菌菌株 MTCC-451 作为宿主，从健康对虾和对虾养殖池中分离出 5 种噬菌体（Vp1、Vp3、Vp5、Vp7 和 Vp9）。其中 Vp1 噬菌体能裂解所有分离的副溶血弧菌，其余 4 株噬菌体的裂解谱较窄，但都无法裂解虾池中分离到的溶藻弧菌、哈维弧菌、大肠埃希菌、假单胞菌和芽孢杆菌。在此研究的基础上，该团队取其中 3 个噬菌体（VP1、VP7 和 VP9）进一步评估了其控制对虾养殖池中副溶血弧菌感染的效果（表 20-8）。另外，在噬菌体饲喂实验中，还监测了对虾的相关免疫指标、肠道噬菌体计数和细菌计数。噬菌体鸡尾酒处理组的虾相较对照组，表现出良好的血细胞计数，总酚氧化酶和呼吸暴发活性（超氧化物阴离子）也很高。所有噬菌体处理组的溶菌酶活性均逐渐升高，对照组明显降低。值得注意的是，噬菌体裂解细菌后产生的细菌碎片会刺激虾产生免疫应答，这使得噬菌体成为一种免疫刺激物，可对抗任何非特异性感染。

表 20-8　噬菌体对斑节对虾副溶血弧菌感染的保护效果

组别	宿主	浸浴		饲喂	
		存活率%	水体细菌数 CFU/mL	存活率%	肠道细菌数 CFU/mL
对照组	BG24	20	8.9×10^6	20	4.5×10^4
VP1		70	2.5×10^3	65	$\approx10^3$
VP7		60	1.3×10^4	65	
VP9		60	3.7×10^4	60	
VP1+VP7+VP9		80	2.2×10^2	70	1.1×10^2

对虾感染副溶血弧菌的另一途径是通过受污染的饵料——卤虫无节幼体。有研究人员用噬菌体 Vpms1 治疗被副溶血性弧菌 ATCC 17802 感染的无菌卤虫（*Artemia franciscana*）无节幼体，评价了降低噬菌体剂量及延迟治疗的效果。结果发现，裂解性噬菌体的效力不受其剂量减少的影响（Vpms1 噬菌体在效价为 2.7×10^9 PFU/mL 时，分别施用 1 000 mL、100 mL、50 mL 或 10 mL 都可使死亡率降低 9%左右，而对照组的死亡率为 19.4%）；然而在晚期感染（攻毒后 5~30 小时）中，Vpms1 噬菌体控制弧菌的能力有限，疗效受到影响（治疗组的死亡率达到 18%）。因此，在养殖对虾综合疾病管理计划中，噬菌体治疗必须与有效的早期诊断和感染风险的预测工具相结合。该团队随后又以凡纳滨对虾幼体作为研究对象，评估裂解性噬菌体（A3S 和 Vpms1）的不同剂量和延迟治疗对控制感染的影响，结果同样表明噬菌体的治疗效果不受剂量减少的影响，其中噬菌体 A3S 在 MOI = 0.1 时的存活率是所有实验组中最高的，并且与 MOI = 10 时的结果存在显著性差异（$p<0.05$），而用不同剂量的 Vpms1 处理的存活率在统计学上没有差异（表 20-9）。无论是早期还是延迟噬菌体治疗，裂解性噬菌体均可有效降低凡纳滨对虾幼体的死亡率［存活率：75%（噬菌体 A3S）vs. 53%（对照组）］。

表 20-9　不同剂量噬菌体对凡纳滨对虾副溶血弧菌感染的保护效果

组别	感染复数（MOI）	存活率[1]（平均值±SD%）
无菌对照组	—	79 ± 5.0^{a}
VP	—	53 ± 3.6^{b}
VP+A3S	0.10	75 ± 4.5^{a}
VP+A3S	1.00	72 ± 1.0^{ac}
VP+A3S	10.0	60 ± 2.6^{b}
VP+Vpms1	0.10	65 ± 5.3^{bc}
VP+Vpms1	1.00	58 ± 2.9^{b}
VP+Vpms1	10.0	62 ± 5.9^{b}

1：上标为组间多重比较情况。不同字母表示差异显著（$p<0.05$）。

总的来说，这些研究表明，裂解性噬菌体可能是一种对抗对虾弧菌病的潜在方法，并可能应用于任何副溶血性菌株，包括 AHPND 菌株。这些研究同样表明，噬菌体的使用可以最大限度地减少副溶血弧菌耐药菌株的出现。

（二）噬菌体裂解哈维弧菌

哈维弧菌是一种杆状、运动性、嗜盐性发光弧菌，是世界上众所周知的对虾病原体，尤其会在斑节对虾（*Penaeus monodon*）的幼虾阶段造成其大量死亡。经常使用抗生素预防虾孵化场中的细菌感染，导致了哈维弧菌耐药性的产生。作为斑节对虾的养殖大国，印度的研究人员做了许多关于哈维弧菌噬菌体的分离工作，他们认为噬菌体在虾孵化场中拥有控制哈维弧菌感染的巨大潜力。

在研究早期，Vinod 等从虾场、孵化场和海水中分离出一种哈维弧菌的广谱 dsDNA 噬菌体，对从不同来源获得的所有 50 个哈维弧菌分离株均敏感，并在实验室水平和中试水平评价了噬菌体控制哈维弧菌感染效果（表 20-10）。在实验室水平试验中，将哈维弧菌以 10^5 CFU/mL 接种到 18 日龄斑节对虾幼虾中，然后施用噬菌体，噬菌体处理 48 小时的幼虾存活率为 70%，发光细菌计数同时减少 2 logs，而对照组的存活率为 25%，细菌计数增加 1 log。在自然感染哈维弧菌条件下也证明了噬菌体的治疗或预防效果，将无节幼体（n = 35 000）暂养在 500 L 水箱中，每天加入 10^5 PFU/mL 的噬菌体或抗生素（5 ppm 土霉素、10 ppm 卡那霉素）培养 17 天，经历蚤状幼体、糠虾状幼体和后期幼虫体时期，结果表明，噬菌体具有控制孵化场环境中哈维弧菌感染的潜力。

此外，该团队从虾孵化场、生长池、河口和小溪的水样中分离出 7 株噬菌体（Viha1～7），并针对 183 株来源不同的哈维弧菌和其他弧菌进行了噬菌体裂解谱分析，结果表明除了 Viha5 之外，其余噬菌体都拥有较宽的裂解谱，能够裂解至少 40% 以上的测试菌株，可以达到 100% 覆盖，但是不能裂解其他种的弧菌。然而在另一项研究中，从虾孵化场分离出的四个噬菌体（φVh1～4），不仅对 125 株哈维弧菌有着超高的感染覆盖率，而且 φVh1、φVh2、φVh3 噬菌体还能够裂解副溶血弧菌和溶藻弧菌等其他弧菌。这些结果表明，哈维弧菌噬菌体的裂解谱相对较宽，在那些可能感染哈维弧菌 AHPND 的地区（或渔场）中，噬菌体具有巨大的应用潜力。

表 20-10　噬菌体对斑节对虾哈维弧菌感染的保护效果

噬菌体	施用方式	组别	存活率（%）	
			实验室水平	田间/中试水平
哈维弧菌噬菌体	浸浴	对照组	25	17
		噬菌体组	80	86
		抗生素组	—	40

四、其他

李太武等用噬菌体对河流弧菌Ⅱ（*Vibrio fluvialis* Ⅱ）导致的皱纹盘鲍（*Haliotis-discus hannai*）脓疱病进行了防治研究（表 20-11）。结果表明，使用一定浓度的噬菌体可以有效地治疗或推迟脓疱病引起的盘鲍死亡，可将盘鲍的成活率提高 50% 以上。李太武等在噬菌体分离时选择了 15 个点采样，其中除死亡的稚鲍外，只有室外地下脏水和室外排水沟内没有分离到噬菌体，其他 12 个点都成功地得到了噬菌体，室外水沟和地下水内含有很高的杀菌药物（如高锰酸钾等），使噬菌体的宿主菌河流弧菌难以生存，因此分离不到噬菌体。通过分析比较发现在河流弧菌浓度高的地方分离到的噬菌体较多。比较典型的例子是在病鲍的脓疱内、室外硅藻及其池水内均分离出大量的噬菌体。李太武等还指出，用噬菌体感染河流弧菌Ⅱ（或其他宿主菌），到对数期，把感染的细菌离心沉淀出来再扩增，该类菌已失去毒性，再用注射法感染鲍鱼，不会出现死亡和任何异常反应。大量噬菌体培养液连同脱毒的菌一起加入水环境中，则可有效抑制致病细菌的增殖，从而达到防治该病的作用。在健康鲍和病鲍体内（消化道、血淋巴等处）也分离到其他几种菌，鉴定后内含副溶血和溶藻弧菌，但至今未发现这两种菌引起的鲍病和病灶。脓疱病只由一种菌即河流弧菌Ⅱ引起，病灶只在足上出现。河流弧菌Ⅱ的最适生长温度为 37 ℃，该病原菌应原为陆地种而次生性进入海洋中。

表 20-11　噬菌体对皱纹盘鲍脓疱病治疗效果

治疗方式	攻毒方式	组别	死亡率%
注射噬菌体	足部注射	空白组（2% 生理盐水）	0
		对照组（仅攻毒）	70
		噬菌体组	20
浸浴噬菌体	创伤感染	对照组	0
		攻毒组	30
		噬菌体组	0

荣蓉等将噬菌体 VPp1 用于牡蛎体内副溶血弧菌的清除，结果发现，噬菌体在 MOI = 0. 1 条件下，经过 36 小时的净化，可使牡蛎体内的副溶血弧菌数量降低 2. 35 ~ 2. 76 logs。同样条件应用于工厂化规模，可使牡蛎体内的副溶血弧菌数量降低 1. 11 logs。另外对于牡蛎体内的其他海洋性弧菌的增值也起到了抑制作用。与此类似，牡蛎养殖水体中施用噬菌体 qdvp001 后确实对养殖牡蛎环境中的副溶血弧菌具有裂解作用，可使 1.0×10^8 CFU/mL 和 1.0×10^6 CFU/mL 的副溶血弧菌浓度分别下降 5 logs 和 3 logs，与未添加噬菌体的对照组相比较，添加噬菌体后牡蛎体内的副溶血弧菌数量也显著降低，对牡蛎副溶血弧菌病的预防起到了积极作用。

第四节　噬菌体在水产养殖业的应用途径及现状

噬菌体作为绿色生物制剂来预防和治疗水产养殖中细菌疾病的几种应用途径现已有报道，包括拌饲投喂、肌内、腹腔、浸浴给药或直接释放于培养体系中。此外，噬菌体复合剂为噬菌体应用开辟了新的领域，如两个或两个以上的噬菌体一起，或噬菌体与抗生素、溶菌酶等其他制剂的结合应用，在水产养殖中也有所记载。不同宿主特异性的噬菌体混合物或复合剂可能有助于预防噬菌体抗性病原体的产生。虽然每种应用模式各有利弊，但主要取决于细菌病原体的性质。简而言之，施用方法不具有普遍性，例如，给很小的鱼和贝类注射是不实际的。但是对于皱纹盘鲍来说，种鲍中的脓疱病最明显，损失也较大，但种鲍个体大、数量少，可以采用注射噬菌体法防治。同样地，在大水体中使用高浓度浸泡疗法也很难实现，直接释放法也要取决于环境、感染性质或噬菌体特性。在真实养殖环境下，噬菌体的有效活性和分布位置对保护效果将会受到显著影响，受水体中存在的水产动物产生的杂蛋白和物理、化学等因素的影响，噬菌体的完整性和受体蛋白的活性将会逐渐下降，并使噬菌体最终丧失对宿主细胞的侵染能力。另外，考虑到养殖循环水系统运行能力和池体构造，噬菌体会在池底及水体交换量小的隐蔽处大量积存。因此，在噬菌体的实际应用过程当中需要将这些因素考虑进去，通过考察施用时间点、浓度和位置，寻找最佳施用策略，如对刺参而言，在进行倒池的过程当中，通过浸泡的方式施用噬菌体也是一种可能的有效方式。

一般情况下，噬菌体施用的最佳时间和最佳浓度是噬菌体治疗中需要考虑的因素，例如，日本的水产品噬菌体应用专家 Nakai 就认为噬菌体治疗时间应该提前，在致病菌还未达到致病浓度时将其抑制。但 Payne 等则认为噬菌体疗法应涉及主动治疗和被动治疗，主动治疗是利用噬菌体自我复制的特点通过噬菌体的生命活动周期使宿主菌裂解，而被动治疗则是利用高 MOI（>1 000）、高效价的噬菌体直接使病原菌体外裂解以杀灭宿主。但是，主动治疗也需要寻找最佳时间和最佳浓度，需要大量的时间去探索以致形成标准，被动治疗则需要生产高 MOI 的噬菌体，那么在实际生产中自然会增加劳动力成本和生产成本。因此，任何噬菌体治疗实验要从实际生产角度和产品效益出发，设计出合理有效的施用方式。

噬菌体可有效控制宿主菌在养殖体系中的浓度，预防养殖动物细菌病的发生。除了作为治疗或预防药物的应用外，噬菌体还可以作为预测疾病暴发的良好指标。据报道，在疾病暴发前 1 个月或检测到细菌之前，在鱼的养殖环境中检测到了爱德华菌噬菌体，以此来推测养殖环境中是否存在目标病原菌。

目前，噬菌体治疗虽然在陆生动物模型和鱼类模型中取得了一定的疗效，但大规模用于细菌感染的防治尚不成熟，噬菌体尚未形成规模化生产和（或）批准用于水产养殖，但由于一些噬菌体制剂已经获得监管批准，噬菌体治疗可能成为现实。早在 2006 年，美国 FDA 就已批准 ListShield™噬菌体产品可作为食品消毒剂，用于即食食品和禽肉制品中控制单核细胞李斯特菌的污染；2007 年，FDA 又批准另外 1 株李斯特菌噬菌体 LISTEX™ P100 为公认安全产品，其抗李斯特菌活性已在鲑鱼和新鲜的鲶鱼中得到证实，用于食物保鲜或防止食源菌超标；2011 年，FDA 批准了 EcoShield™产品大肠埃希菌噬菌体，可应用于红碎肉中降低大肠埃希菌 O157:H7 污染，同时被用于检测水中和鱼类的粪便污染。

虽然噬菌体治疗有很多优势，但仍有如下一些问题需要解决：①毒素基因的诱导；②噬菌体溶菌作用导致细菌内毒素快速释放；③噬菌体介导细菌间遗传物质交换的可能性，即转导或噬菌体转化；④通过正常繁殖的方式来维持噬菌体数量的稳定需要专业的知识和完善的体制；⑤机体对噬菌体产生抗体；⑥一些溶原性噬菌体可以增强细菌毒性；⑦噬菌体抗性细菌的出现；⑧噬菌体治疗具有高度特异性，无法应对由未知细菌引起的疾病；⑨噬菌体治疗对胞内菌无效，因为脾脏、肝脏和其他过滤器官（网状内皮系统）在不断地清除噬菌体，但可显著推迟死亡时间。

无论如何，以上研究为水产养殖中噬菌体治疗的策略提供了思路。作为一种清洁的、绿色的、对生态友好的预防方法，噬菌体疗法将会在我国及世界水产养殖业中占据一定的地位。

参考文献

21 噬菌体在土壤环境修复中的应用

——叶　茂

随着全球化、信息化与智能化等人类文明进程的快速升级与更迭，大量尚未被安全化处置的人类家庭生活、医疗、化工及农业等生产运行过程中产生的毒害废弃物，会经过各种直接或间接途径进入到土壤生态环境系统中，致使土壤成为滋生、残留和传播人畜共患病致病菌重要的源和汇，给人类健康、生态环境安全和社会经济可持续发展带来了极大的风险和隐患。土壤的新型生物污染问题亟须解决，对此开展针对性的治理研究十分必要。由于细菌噬菌体具有较为专一的寄生、捕食和裂解宿主细菌的特性，采用噬菌体疗法靶向追踪削减土壤生态环境系统中多种致病菌的方式是一种具有广泛应用潜力的绿色生物管控技术，目前已得到研究人员的高度重视，正成为致病菌生物污染土壤防治领域内新的研究热点。

第一节　用噬菌体疗法灭活土壤环境系统中的致病菌

一、噬菌体在土壤-植物体系中灭活致病菌的应用

噬菌体疗法（phage therapy）最初主要应用于医学领域相关致病菌感染的治疗。近年来在土壤-植物（作物/蔬菜/果树）体系中引入“农业噬菌体疗法”（agricultural phage therapy）的概念来灭活致病菌的研究也得到了长足发展（图 21-1）。使用农业噬菌体疗法在土壤-植物体系中靶向灭活青枯雷尔氏菌（*Ralstonia solanacearum*）的研究已有较多报道。Askora 等从农田土壤中分离纯化得到 4 株专性针对青枯雷尔氏菌的噬菌体（φRSL、φRSA、φRSM 和 φRSS），随后将噬菌体原液在植物根系周边土壤中直接进行灌根处理或在距离土壤表面 1 cm 内的植物主茎中注入噬菌体原液，发现处理后西红柿和烟草生长过程中青枯雷尔氏菌发病概率和病害程度显著降低，有效降低了青枯雷尔氏菌残留丰度。Fujiwara 等将西红柿种子在分离筛选出的高效噬菌体 φRSL1 原液中浸泡预处理后发现，在西红柿生长期的 4 个月内，土壤根际中噬菌体 φRSL1 可显著抑制根际土壤中青枯雷尔氏菌向西红柿根系的侵染过程，并且在西红柿茎叶中也检测到稳定丰度和活性的噬菌体 φRSL1，说明噬菌体疗法在土壤-植物体系细菌病害防治过程中具有一定的自主

作者单位：叶茂，中国科学院南京土壤研究所。

靶向迁移性，接种至土壤中的噬菌体不仅可以有效减小植物根系周边致病菌暴发的风险，而且还可以进入植物组织内部长期维持追踪灭活植物内生致病菌的能力。Frampton 等从猕猴桃果园土壤中分离筛选出 275 株有尾噬菌体目噬菌体，通过进一步形态和基因组鉴定，确定它们主要隶属于肌尾噬菌科、短尾噬菌科和长尾噬菌科，并发现这些噬菌体大多具有专性灭活猕猴桃果树中植物病害菌丁香假单胞菌（*Pseudomonas syringae* pv. actinidiae）的能力；Meczker 等从已受到解淀粉欧文菌毒害作用的苹果园土壤中，分离筛选出多种长尾噬菌科的噬菌体，并进行了全基因测序和亲缘分析，指出在果树病害暴发的土壤中就近筛选目标噬菌体，可以为靶向灭活植物病害细菌提供巨大的“武器”资源库。Chae 等从淹水水稻土壤中分离筛选出 34 株噬菌体，其中 29 株属于肌尾噬菌体科，并研发出使用脱脂奶粉负载噬菌体喷施在水稻表面的方式，既可以有效杀灭水稻白叶枯病菌（*Xanthomonas oryzae* pv. *oryzae*），又可以减弱自然条件下紫外线对噬菌体疗法产生的副作用。

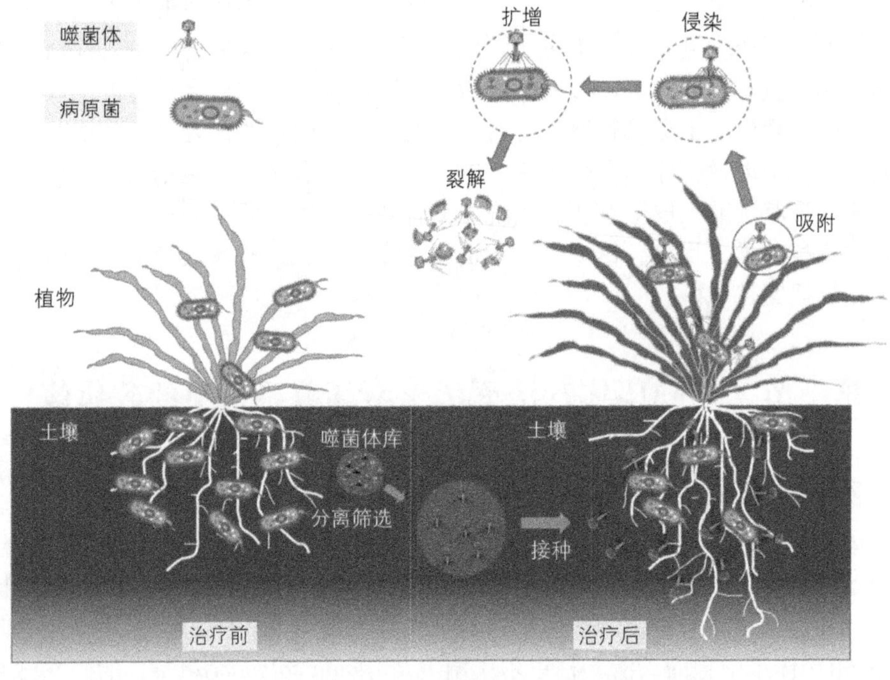

图 21-1 彩图

图 21-1　噬菌体控制土壤-植物体系中的病原菌

针对农业噬菌体疗法的规模化运用，西方国家大多制定了较为严苛的法律条文，但在一些特殊法案的允许下，进行噬菌体疗法的公司近年来也得到了显著发展。在美国部分州市地方政府的授权下，盐湖城市、圣迭戈市、巴提摩尔市、帕罗奥图市都已探索性成立并专营产业化的“噬菌体疗法”生物公司（AmpliPhi 公司、Intralytix 公司、Omnilytics 公司及 Gangagen 公司等），他们针对在土壤上种植西红柿、辣椒、葡萄等过程中出现的典型病害细菌，研发了“从农场土壤到科技公司，再回归到农场作物”的及时诊断、量身研发、针对性治疗的运营模式，在使用噬菌体疗法防治土壤-植物体系中病害细菌问题的解决方案上积累了许多成功的经验。此外，某些人类致病菌在作物生长过程中也会从土壤介质里不断迁移定殖在作物组织内，对此，科技公司也研发了可以定向灭活作物组织中大肠埃希菌、沙门菌、志贺菌、李斯特菌、铜绿假单胞菌、肠球菌及链球菌等类致病菌的噬菌体疗法田间技术与产品。此外，由于医疗理念和学科发展的不同，相较于西方国家，俄罗斯和格鲁吉亚关于农业噬菌体疗法的应用研究和公司运营及发展现状则更为活跃。例如，俄罗斯的 Immunopreparat Research Productive Association 公司、格鲁吉亚 Biochimpharm 公司和 Phage Therapy Center 等都是世界著名的农业噬菌体疗法研究中心。

早在 20 世纪 80 年代，我国就已有科学家针对农业噬菌体疗法在土壤-植物体系内的研究和应用进行了相关探索和尝试。许志纲等从水田中成功分离获得 24 株针对水稻白叶枯病菌的噬菌体，堵鹤鸣等从桑树病田土壤中分离筛选出 29 株针对桑细菌性疫病菌（*Pseudomonas syringae* pv. *mori*）的噬菌体，他们对分离出的噬菌体进行了初步的生物学特性鉴定和表征；近年来，刘俊丽、高苗、苏靖芳、马超等也围绕土壤-植物（马铃薯、西红柿、烟草、果树、烟草）体系中青枯雷尔氏菌、猕猴桃溃疡病菌开展了一系列噬菌体疗法的生物防控研究工作。上述研究为开发我国土壤中噬菌体疗法的资源库存奠定了重要基础。王孝芳等使用复合噬菌体疗法在防治番茄青枯病上取得了显著进展，青枯病是重要的植物病害，其致病菌是青枯雷尔氏菌，能够侵染多种常见作物，在该研究中混合了 4 株田间分离得到的短尾噬菌体，施加到温室和大田体系中，发现能够显著降低青枯病的发生，防控效率高达 80%，并且这些裂解性噬菌体能快速、有效地降低病原菌的数量，残存下来的病原菌虽有一定的耐受性，但生长显著受累，噬菌体组合显著影响了群落结构，增加了群落多样性，客观上修复了病原菌入侵对土著群落的扰动，增加了土著菌群对抗外来病原菌的能力。目前，我国也已经有专营的公司推出了一系列噬菌体疗法的相关技术和产品，如青岛诺安百特生物技术有限公司以及菲吉乐科（南京）生物科技有限公司等，已经有较多噬菌体疗法规模化应用的成功实例。

二、噬菌体在土壤-动物体系中灭活致病菌的应用

早在科学家 Felix d'Hérelle 首次发现噬菌体后，科学界就一直尝试将其用于动物细菌性感染的治疗，但由于当时对噬菌体的特征及本质缺乏了解，早期的动物噬菌体疗法研究结果混乱，重复性也较差，并未受到其他医学同行的认可。直到 20 世纪 80 年代，随着细菌抗生素耐药性问题日趋严重，噬菌体疗法才重新受到重视，美国 FDA 也在 2006 批准使用噬菌体控制肉类产品中的李斯特菌。我国对于噬菌体疗法在动物细菌性疾病防治领域的研究主要从 21 世纪初开始，针对不同动物细菌感染已有较多成功的报道，如利用噬菌体控制动物沙门菌、弯曲杆菌、大肠埃希菌、产气荚膜梭菌、金黄色葡萄球菌等。同时，使用噬菌体疗法在土壤-动物体系中靶向灭活致病菌的研究也有较多成功报道。张利军等从土壤中分离得到裂解性噬菌体 φ03Z-1，在 30 代传代培养之后仍对生物武器类炭疽芽孢杆菌和短小芽孢杆菌（*Bacillus pumilus*）有很好的裂解效应，同时发现 φ03Z-1 对于土壤样本中的类炭疽芽孢杆菌杀灭率可达到 60. 3%～92. 1%。李存香等从我国云南省鼠疫疫源地土壤中分离出肌尾噬菌体科鼠疫噬菌体 φYL060，对其宿主鼠疫疫苗株 EV76 具有很好的裂解效果。针对牛类细菌感染的噬菌体疗法研究主要集中在金黄色葡萄球菌感染导致的牛乳腺病及分枝杆菌感染引起的牛结核病等。苏胜兵等从 12 头感染牛和 6 头

健康牛的唾液和鼻黏液及 50 份土壤样本中分离纯化得到 18 株噬菌体，其中一株噬菌体 CJAUS9 能够以模式菌株耻垢分枝杆菌 mc2155 为宿主菌，具有治疗土壤及牛体内结核杆菌的潜在能力。

三、噬菌体在土壤-地下水体系中灭活致病菌的应用

土壤-地下水体系是指包括从地表土壤顶部延伸至地下水位的非饱和区（vadose zone）及包气带下边缘地下水的饱和区（phreatic zone）（图 21-2）。它是一个非均质组成、非均相渗透性的体系，非饱和区具有土壤层理化性质，上连大气，下接饱和区，有较好的连通性，因而致病菌可以在土壤-地下水体系中迁移扩散并滋生定殖。Forslund 等发现，使用含有山夫顿堡沙门菌（*Salmonella senftenberg*）、空肠弯曲杆菌（*Campylobacter jejuni*）与大肠埃希菌（O157:H7）的地下水进行农田回溉时，土豆食品安全会受到致病菌的污染，但如果在滴灌水系统中添加特异性噬菌体，不仅可以有效监测三类宿主细菌在农田土壤-地下水中的迁移及赋存状态，评估污染状况，还可以在土壤中靶向灭活致病菌，大幅减少致病菌向地下水的迁移扩散风险。孙等利用土柱实验发现同时施用多价噬菌体和生物炭，会刺激耐药病原菌在土柱中的耗散，从而阻碍耐药病原菌从土壤表层向下层的垂直迁移；在培养 60 天后，土壤柱中耐药病原菌和抗生素抗性基因（ARG）水平显著降低 2~6 个数量级。这项工作表明，生物炭/噬菌体组合的应用可有效地控制表层土壤中耐药病原菌/ARG 向下地下水系统迁移。

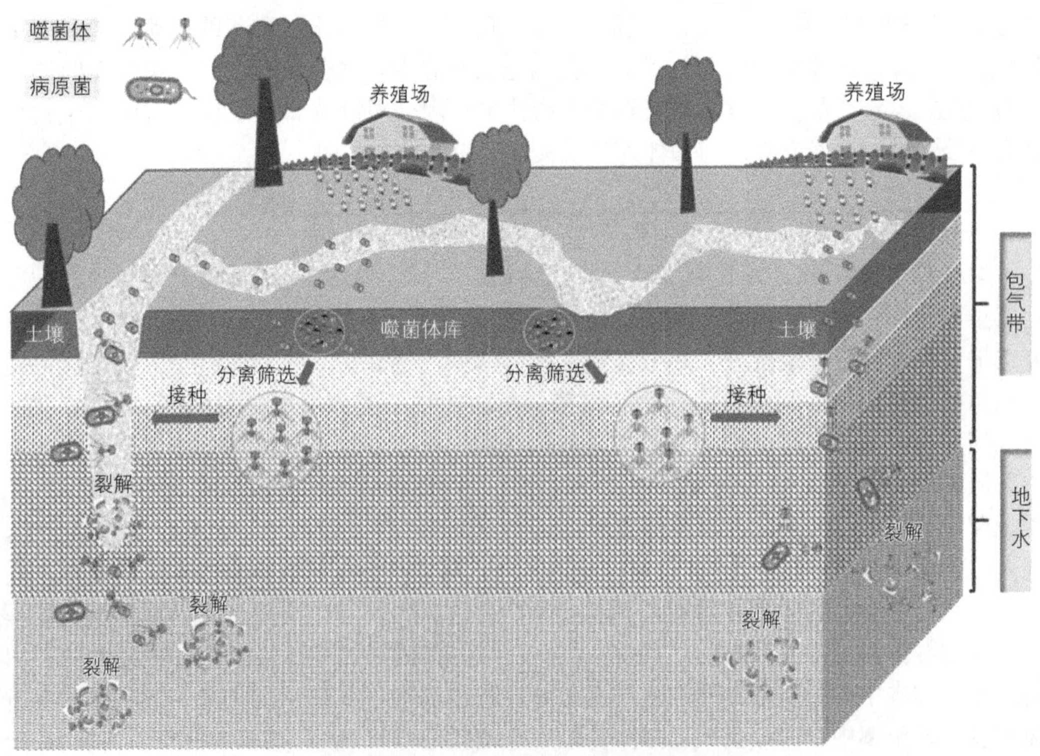

图 21-2 彩图

图 21-2　噬菌体控制土壤-地下水体系中的病原菌

第二节 噬菌体技术修复重金属污染

采矿、电镀、冶炼、皮革和电子等行业的大力发展导致大量的重金属被排放入土壤生态系统。一些重金属，包括砷（As）、镉（Cd）、铅（Pb）、铬（Cr）、镍（Ni）、金（Au）、锰（Mn）等，不但会影响生物体的正常生理过程，还会破坏生态系统功能多样性与稳定性，最终带来严重的生态风险。重金属污染环境常用修复技术包括化学法、物理法、生物法。相比物理化学修复，生物修复具有成本低廉和环境友好等优势。传统土壤重金属污染环境生物修复技术主要包括植物修复、土著动物修复、微生物刺激、微生物强化及酶修复等。相较于其他修复材料，噬菌体具有反应灵敏、还原效率高、菌种资源丰富、环境适应性强等特点，因而利用噬菌体群落吸附和还原解毒污染环境中重金属是一种具有较大应用潜力的新兴环境微生物技术。

作为天然纳米生物材料（nano-biomaterial），噬菌体不但具有较大的比表面积，其蛋白质衣壳上还具有丰富的侧链基团可作为金属结合位点和还原性官能团，包括—COOH、—OH、—NH_2、—SH、—C=O—等。因而噬菌体具有主动吸附和还原重金属离子的能力，可通过吸附来富集环境中的重金属离子，并将金属离子还原为纳米颗粒或将高毒性、高价态金属离子还原为低毒性、低价态金属离子（图 21-3）。噬菌体解毒环境中重金属离子毒害作用主要包括两个过程，第一步是吸附过程：重金属离子通过离子键、共价键及分子间相互作用力等途径吸附在噬菌体表面。在中性或者碱性条件下，噬菌体表面带净负电荷，可有效吸附游离的重金属离子，如 Ni^{+}、Cd^{2+}等，但在酸性条件下噬菌体的蛋白质亚基质子化带正电，对 $Mn_2O_7^{2-}$、$Cr_2O_7^{2-}$、$AuCl_4^{2-}$ 等酸根离子具有较强吸附能力，且共价键主要发生在酸根离子与蛋白质表面官能团之间。第二步是还原过程：当金属离子被吸附在噬菌体表面后，电子将从电子供体（噬菌体蛋白质衣壳上的还原性基团，如—OH、—NH_2、—SH 等）传递到电子受体（金属离子）上，从而实现高价态金属离子的有效还原。除了利用野生型噬菌体，还可采用化学方法或者生物工程技术定向修饰（directional modification）噬菌体的蛋白质官能团，以提高噬菌体的吸附还原性

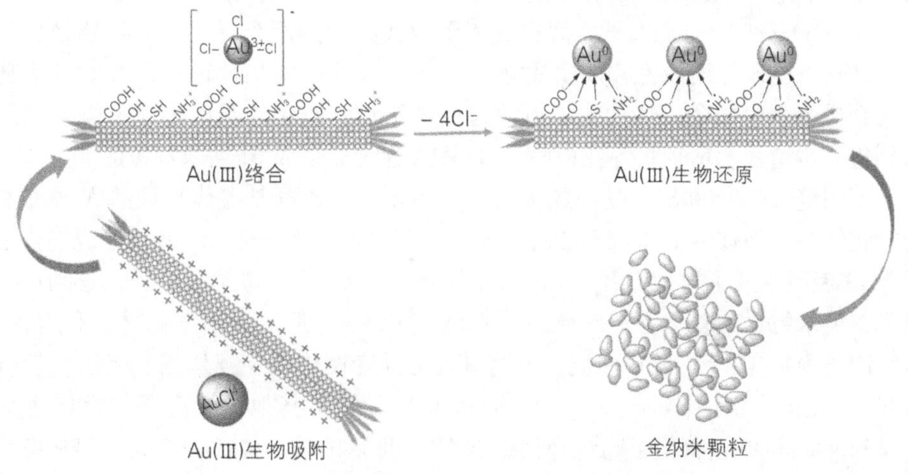

图 21-3 酸性条件下噬菌体吸附和还原金离子

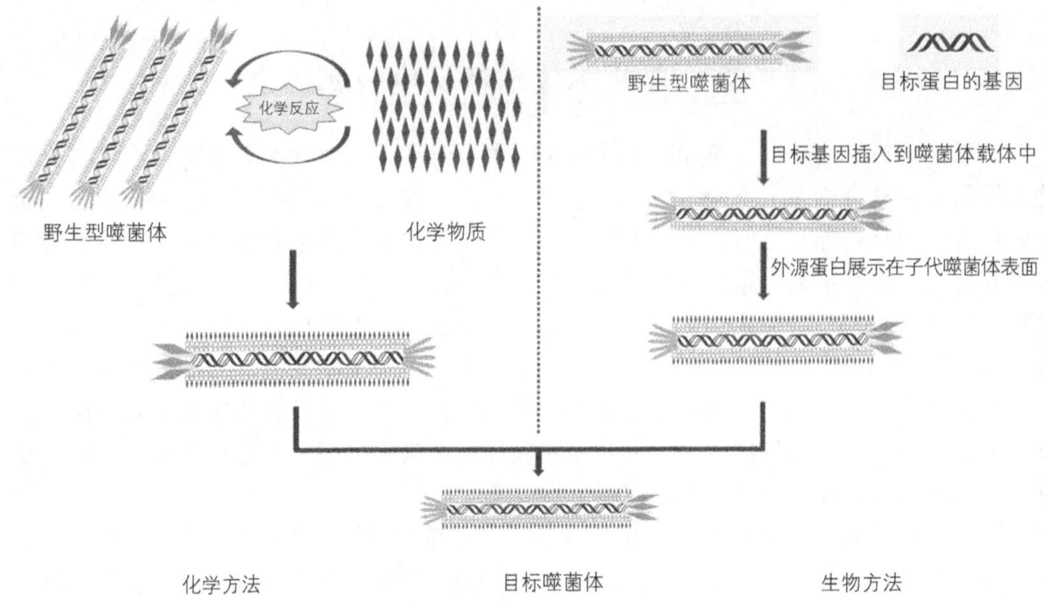

图 21-4　采用化学方法或者生物工程技术定向修饰噬菌体

能（图 21-4）。化学方法是指通过含有目标官能团的外源物质与噬菌体衣壳蛋白上的特定位点发生化学反应，最终将具有吸附或还原能力的官能团固定在噬菌体的蛋白质衣壳上。生物方法则是指在已知目标污染物的特异性结合肽或氨基酸种类的情况下，可通过精准编辑噬菌体的遗传物质，而获得可特异性吸附目标污染物的功能噬菌体。同时还可利用生物淘选（biopanning）经过随机肽库（random peptide library）展示的噬菌体来筛选出目标肽段，由于随机肽库中肽段的多样性可高达 10^9 数量级，该方法可作为一种生产高选择性吸附剂的通用方法。

前人研究证实噬菌体蛋白质衣壳对重金属离子具有较好的吸附和还原能力，Setyawati 等探究了噬菌体 M13 对水相中金离子的吸附和还原作用，发现噬菌体对金离子吸附效率最大可达每克噬菌体可吸附 571 毫克金，并在反应过程中检测到了还原生成的金纳米颗粒；该生物吸附过程主要是由噬菌体蛋白外壳上的吸附性基团（—COOH、—NH_2、—C═O—等）与金离子之间形成离子键或共价键所介导的，该生物还原过程主要是由—OH、—SH 等还原性官能团所介导。该技术可作为一种环境友好的高效还原方法来回收金矿废水中的金。经过化学方法定向修饰后，噬菌体吸附还原重金属离子的性能可得到进一步增强。Irais L 等在以噬菌体 M13 为骨架合成 Bi 纳米颗粒的研究中，利用含羟基的不同链长化合物 S-乙酰基巯基乙二醇酯和 3-（乙酰基硫代）丙酸 *N*-琥珀酰亚胺酯，功能化修饰噬菌体 M13 的 p8 蛋白，这些巯基化区域将作为 Bi^{3+} 的还原成核中心；结果显示 M13 表面生成了典型直径为 3.0 nm 的晶体状 Bi 纳米颗粒，该研究是利用生物矿化法合成铋纳米粒子的首次报道。此外，Yang 等以 Cr（Ⅲ）为模型靶材，利用 Ni-NTA 亲和树脂制备固定化 Cr（Ⅲ）树脂，并将其与七肽噬菌体库相互作用，经过三轮针对目标Cr（Ⅲ）的正向生物淘选（positive biopanning）和针对其他金属离子的负向生物淘选（negative biopanning），获得了高选择性结合 Cr（Ⅲ）的噬菌体，并将其固定在细胞微球上用于 Cr（Ⅲ）的预浓缩。

第三节　噬菌体对土壤生态环境系统的影响

噬菌体是严格的细菌内寄生生物体，其复制循环对于土壤宿主种群、群落相互作用、元素循环、ARG 传播扩散等都有重要影响。但目前针对噬菌体对生态系统功能影响的研究还主要集中在海洋生态系统中，对于土壤环境的研究相对较少。

一、噬菌体对土壤微生物群落及养分循环的影响

土壤噬菌体群落动态非常活跃，且对宿主菌的变化动态反应迅速。由于具备这些特性，噬菌体对于土壤微生物种群具有潜在的由上而下的控制，从而进一步影响由微生物调控的土壤养分循环（nutrient circulation）过程（图 21-5）。水体环境中 10%～50%的细菌死亡是由噬菌体裂解引发的，且裂解后的产物会被活细菌利用来刺激自身生长，因而噬菌体数量的增加通常伴随着非宿主细菌生长速率的提高。土壤环境中由噬菌体裂解释放驱动的碳循环，主要遵循图 21-6 中"细菌-噬菌体-溶解性有机碳循环"规律，即所谓的噬菌体回路。如图 21-6 所示，可分解碳循环过程能够将溶解性有机碳持留在水体表面，否则可能会导致溶解性有机碳转化成为大气 CO_2。类似循环也会发生在土壤环境中，

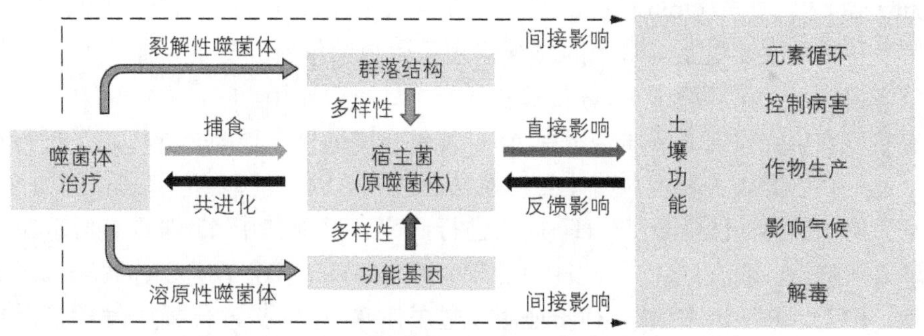

图 21-5　噬菌体治疗对土壤功能的影响

大气 CO_2 由植物光合作用固定后变成新鲜的有机碳输入到土壤中，随后这些有机碳会被土壤微生物矿化，再通过细胞呼吸作用转化为生物量碳或部分转化为惰性更强的矿物结合态。通过裂解作用，土壤噬菌体还可以增加易分解碳的含量并降低其他矿质结合态有机质组分的比例。

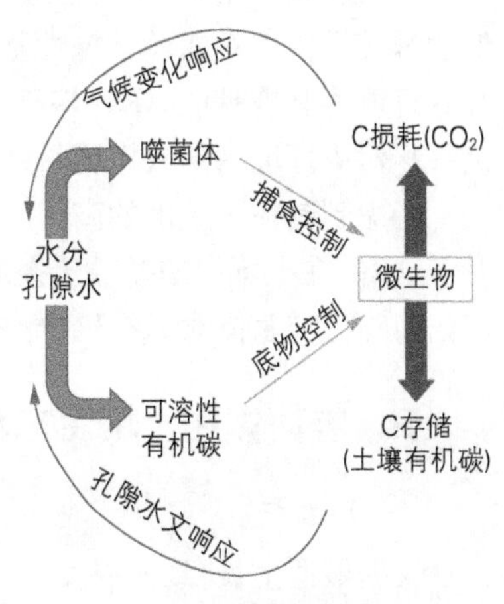

图 21-6　土壤中碳转化的控制途径概念模型

除了碳循环之外，土壤环境中噬菌体对其他营养元素的循环过程可能也有重要影响，如 N 元素、S 元素、P 元素。其中，根瘤菌噬菌体对于豆科植物-根瘤菌共生的影响可能会间接影响到土壤 N 元素的固定。研究发现，根瘤菌噬菌体添加到农田土壤中后会显著降低噬菌体敏感根瘤菌的结瘤效果，且不同噬菌体-根瘤菌之间的相互作用对不同土壤中根瘤菌种群的影响

并不一致，如固氮根瘤菌的定殖、结瘤的成败、共生效果及固氮率。因而为了建立更加精确的全球元素循环概念模型，很有必要探明裂解性噬菌体对于土壤中养分转化速率的贡献。

除了裂解性噬菌体，土壤中还存在大量的溶原性细菌，即溶原性噬菌体将 DNA 整合到宿主菌基因组中与宿主菌共存的现象。已有数据表明至少 40%的土壤细菌体内含有前噬菌体，因而溶原性噬菌体与宿主菌共生的现象在土壤环境中广泛存在。通过寄生在宿主菌细胞内，溶原性噬菌体可以调节宿主菌的代谢，如溶原性噬菌体能够编码转录的调节蛋白，使噬菌体裂解基因表达沉默，这一蛋白质能够与宿主染色体上的同源基因结合，使宿主细菌的代谢功能下调从而降低能量消耗。当土壤中养分供应不足时，这一过程会直接影响宿主的生存。此外，其他一些前噬菌体编码基因能够保护宿主菌免受其他噬菌体的侵染，或通过改变宿主表型来改变宿主的适应能力。

二、噬菌体对土壤环境中抗性基因扩散传播的影响

由于抗生素在医疗和畜禽养殖业中的广泛使用，大量残留抗生素进入土壤环境中，造成土壤中抗生素抗性细菌（antibiotic resistance bacteria，ARB）和 ARG 的传播和扩散，ARB 和 ARG 还可通过食物链传递作用，对人体健康和生态环境安全带来巨大威胁。接合（conjugation）、转导（transduction）及转化（transformation）是导致土壤环境中 ARG 水平转移及扩散的主要机制，其中的转导作用是由噬菌体所介导的。越来越多的研究者开始关注噬菌体对土壤环境中 ARG 传播扩散所起的重要作用。

已有实验室研究发现大肠埃希菌中 ARG 能够在噬菌体介导的转导作用下进行快速水平转移。此外，研究人员发现噬菌体类型通常能够与 ARG 类型对应起来。例如，Ziebell 等对加拿大的 187 株 STEC O157:H7 特征进行研究，发现其中 45 株具有对链霉素、磺胺、四环素的抗性。而在这 45 株抗性菌株中，43 株 O157:H7 的噬菌体属于以下 3 种噬菌体类型：PT23、PT45、PT67，初步证明了噬菌体在 ARG 扩散传播中发挥了潜在的强化作用。Köhler 等在实验室研究中发现，猪养殖业的抗生素卡巴多司（0.5～8 ppm）能够诱导大肠埃希菌 C600 产生溶原性 Stx-噬菌体 933W。由于溶原性 Stx-噬菌体 933W 能够通过转导作用对四环素抗性基因产生水平传播，此类溶原性噬菌体一旦释放到环境后，很有可能将其携带的 ARG 转移至牛或猪肠道的致病菌中，如 O157:H7 或沙门菌，从而进一步污染环境中的农作物，并最终威胁到人体健康。

考虑到其在土壤中的高丰度，噬菌体作为 ARG 重要的储存库所，所介导的转导作用对于 ARG 在土壤中的扩散传播影响不可忽视。因此，今后在运用噬菌体疗法的同时应考虑如何降低噬菌体对 ARG 转导的潜在风险。

三、噬菌体在土壤生态环境中应用效果的影响因素

（一）温度

根据最适生长/致死温度，土壤细菌通常分为嗜冷菌、嗜热菌和中温菌。与此对应，土壤中噬菌体的存活/失活也同样与温度密切相关，但并非一定与其宿主菌生存温度一一对应。根据研究人员的研究结果发现，温度是土壤中噬菌体能否存活的决定性因素之一。

例如，土壤中嗜热脂肪芽孢杆菌（*Geobacillus stearothermophilus*）噬菌体在45 ℃时丰度最高，而在55 ℃时其繁殖能力显著降低。此外，Tan 等在土培实验中发现与30 ℃、37 ℃、55 ℃相比，环状芽孢杆菌（*Bacillus circulans*）噬菌体在45 ℃条件下生长状况最好。而 Moce-Llivina 等研究发现脆弱拟杆菌（*Bacteroides fragilis*）RYC 2056 噬菌体对于温度的抵抗能力比其宿主更高，甚至能在60~80 ℃条件下存活。

（二）pH

土壤 pH 不仅影响宿主菌的生长，还会影响噬菌体的存活状况。Sykes 等从不同 pH 土壤中分离出5种以嗜中性链霉菌（neutrophilic streptomycete）和3种以嗜酸性链霉菌（acidophilic streptomycete）为宿主菌的噬菌体，并发现当土壤 pH 小于6.0时，尽管嗜酸性链霉菌仍然存在，却无法分离出以其作为宿主的噬菌体。Sykes 等研究还发现一株自由态放线菌噬菌体在 pH 4.9 时会失去对其宿主菌的侵染能力，认为土壤环境酸度升高会显著影响噬菌体-宿主相互作用过程的吸附、侵染能力和潜伏期长度。此外，土壤 pH 对于噬菌体的存活还有间接的影响效果。土壤固体颗粒对于疏水性噬菌体的吸附作用会影响噬菌体的存活期，并且该吸附能力的强弱是由土壤表面电位性质及体系 pH 决定的。

（三）土壤黏质类型

通常认为黏土矿物能够保护噬菌体免受土壤生物及生物因素的干扰而失去活性，从而使其在缺乏宿主菌的情况下仍能存活较长时间。Straub 等将噬菌体 φMS2 及 PRD-1 连同活性污泥一起施入到亚利桑那的沙漠土壤中，发现在黏壤中两种噬菌体的存活时间显著大于砂壤。Babich 等在自然条件、灭菌及过滤处理下，对湖水中金黄色葡萄球菌 RN450 噬菌体 φ11M15 的灭活效果进行研究，发现凹凸棒和蛭石存在时，噬菌体的灭活效果远低于蒙脱石及高岭石存在时的效果，说明黏性矿物的类型及含量对于噬菌体的存活具有显著的响应。此外，Roper 等还发现蒙脱石的粒径大小对于噬菌体的侵染能力也有显著影响，只有当蒙脱石粒径大于0.6 μm 时才能使得噬菌体完全失去裂解大肠埃希菌的能力。由上述研究可知，黏土矿物的类型及粒径大小均对噬菌体在土壤中的存活、侵染及裂解宿主的能力有显著影响。

（四）有机质含量（营养状况）

Delisle 等研究了培养基成分对腐败假单胞菌（*Pseudomonas putrefaciosa*）噬菌体噬斑形成的影响，发现在 TSB 培养基中添加草酸盐能够抑制噬菌体噬斑的形成，说明营养成分如土壤中有机质含量会显著影响噬菌体对宿主菌的侵染能力及宿主菌的敏感性。宿主细胞对噬菌体侵染的抵抗方式之一是改变其细胞表面性质。例如，在磷酸盐缺乏条件下枯草芽孢杆菌 W23 的细胞壁会缺失磷壁酸，从而使噬菌体 SP50 无法完成侵染的第一步——识别吸附。Wellington 等研究发现链霉菌的多价噬菌体也能够侵染 G1 放线菌，却不能侵染 GⅡ、GⅢ、GⅣ组内的任何菌株。由于土壤环境通常较为贫瘠，土著细菌可能处于对于噬菌体的侵染并不敏感的状态。例如，土壤中通常很难检测出球形节杆菌（*Arthrobacter globiformis*）的噬菌体，但在添加营养元素后，该噬菌体可以被大量检出，甚至不需要添加宿主菌。

（五）土壤含水量

土壤含水量对于噬菌体的活性具有非常显著的影响。Straub 等研究了污泥施用对沙漠农田土壤中大肠埃希菌噬菌体 MS2 及鼠伤寒沙门菌噬菌体 PRD-1 活性的影响，发现土壤含水量降低至小于 5%时两种噬菌体的侵染能力与含水量未降低土壤相比显著下降，且水分挥发会使两种噬菌体活性完全丧失。Williamson 等使用荧光显微镜对美国特拉华州 6 种土壤中的病毒颗粒进行检测时发现其丰度与土壤含水量存在显著的正相关关系。

（六）其他因素

土壤污染状况、通气状况、离子强度等其他因素对土壤中噬菌体的活性及侵染效果也具有显著影响。Babich 等研究发现 Zn^{2+} 与 NaCl 的存在通常会影响土壤中大肠埃希菌噬菌体 T1、T7、P1、φ1 的活性。还有研究表明 $HgCl_3^-/HgCl_4^{2-}$ 复合体对金黄色葡萄球菌噬菌体 φ11、M15 及大肠埃希菌噬菌体 P1 的毒性显著小于相同离子浓度的 Hg^{2+}。此外，厌氧条件会使产钠弧菌（*Vibrio natriegens*）噬菌体 φnt-1 和 φnt-6 的潜伏期显著变长。

由于噬菌体疗法可以在土壤生态环境系统中靶向追踪灭活特定种类的宿主菌及解毒重金属污染，因而具有较为广泛的应用前景，同时也很有必要从全局角度了解噬菌体疗法对土壤微生物生态系统功能的综合影响。未来，噬菌体疗法应用于土壤生态环境系统的研究热点将集中于以下几方面：①研发和筛选环境更加友好、成本低廉和广宿主型的噬菌体作为治疗制剂，或进行多种专一型噬菌体混合“鸡尾酒”疗法的研制，从而保证噬菌体在土壤中对宿主致病菌高效灭活的持久效率；②利用化学及生物技术，进一步研发和筛选具备高吸附和还原能力的噬菌体，提高噬菌体解毒重金属污染的能力与持久性；③探明噬菌体疗法对于土壤微生物群落结构、功能及养分循环的影响，保障噬菌体疗法应用过程中对土壤生态系统的安全性，维持土壤微生物群落结构的稳定性与多样性；④建立噬菌体疗法在土壤环境中应用的风险评估模型及评价方式，建立高效无害化土壤环境噬菌体疗法的运行监管机制。

参考文献

22 噬菌体在疾病防控中的应用

——陈立光

在噬菌体被发现之初，就与细菌性疾病的治疗密切联系在一起，噬菌体主要用于人体及动物细菌性疾病的治疗，但尚未见被用于处理环境中的病原体进而达到防控疾病目的的报道。但从理论上讲，噬菌体作为细菌的天敌，有调控环境中宿主菌分布及密度的作用。因此，在特定环境中，使用噬菌体制剂杀灭目标病原体，减少病原体密度，从而减少病原体所致疾病的发生应该是可行的。鉴于此，笔者在国际上首次于中国台湾东部地区使用噬菌体制剂处理医院环境，达到了明显降低耐药性细菌院内感染率的效果，并将具体方法总结成文在此分享，希望起到交流和推进该领域工作的目的。

第一节　院内感染的严重性亟待解决

一、医院内感染超级细菌的严重性

一株细菌对 3 种以上的抗生素有抗药性就可以称为多耐药菌，如果对目前临床使用抗生素几乎都有耐药性，则称为超级细菌。以前细菌有机会获得 3 种以上多重抗药性主要发生在医院中，因为医院用很多不同的抗生素治疗患者，同时筛选出多抗药性的细菌。但近年来动物养殖业也大量使用抗生素，加重了抗药性的产生与流行，甚至造就了一些超级细菌。超级细菌一旦出现在医院中，危害性极大，原来没有感染的病患因其他疾病住院后反而感染了超级细菌，严重的可能导致患者因此失去生命，这是医院中患者安全的大敌，是不能容忍任其发生的。

二、全世界院内感染致病的超级细菌大同小异

台湾“疾管署”的台湾院内感染监测系统（Taiwan Nosocomial Infections Surveillance，TNIS）从 2006 年开始统计并记录各中型及以上医院中院内感染细菌的信息，每年将结果公布在其官方网站上（http://www.cdc.gov.tw/Category/MPage/4G8HuDdUN1k4xaBJhbPzKQ）（图 22-1 左）。2009 年美国感染性疾病协会也公布了全美六大院内感染的超级细菌名单（图 22-1 中），竟与 TNIS 的排名雷同。WHO 于 2017 年

作者单位：陈立光，台湾花莲慈济医学中心。

公布的全世界最危急的超级细菌也是相同的抗药菌（图 22-1 右）。抗生素的滥用，将造成未来超级细菌感染无药可医，是全球人类急需解决的共同问题。

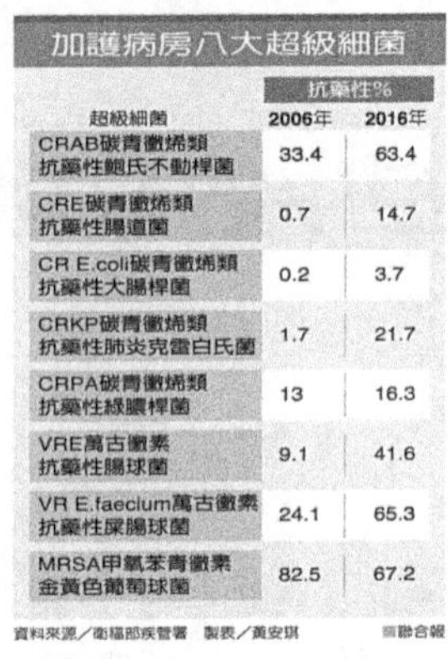

加護病房八大超級細菌

超級細菌	抗藥性% 2006年	抗藥性% 2016年
CRAB碳青黴烯類抗藥性鮑氏不動桿菌	33.4	63.4
CRE碳青黴烯類抗藥性腸道菌	0.7	14.7
CR E.coli碳青黴烯類抗藥性大腸桿菌	0.2	3.7
CRKP碳青黴烯類抗藥性肺炎克雷白氏菌	1.7	21.7
CRPA碳青黴烯類抗藥性綠膿桿菌	13	16.3
VRE萬古黴素抗藥性腸球菌	9.1	41.6
VR E.faecium萬古黴素抗藥性屎腸球菌	24.1	65.3
MRSA甲氧苯青黴素金黃色葡萄球菌	82.5	67.2

資料來源／衛福部疾管署　製表／黃安琪　聯合報

国内外面临相同的問題

超级细菌对抗生素产生抗药性

Bad bugs, no drugs, no ESKAPE!

An update from the Infectious Diseases Society of America.

Clin Infect Dis. 2009;48:1-12

E	*Enterococcus faecium*	肠球菌	2
S	*Staphylococcus aureus*(MRSA)	金黄色葡萄球菌	5
K	*Klebsiella pneumoniae*	克雷白肺炎菌	4
A	*Acinetobacter baumannii*	包曼不动杆菌	1
P	*Pseudomonas aeruginosa*	绿脓杆菌	3
E	*Enterobacter sp* MDR	抗药性大肠杆菌	6

卫福部疾管署院内感染监视年报

WHO priority pathogens list for new antibiotics

News Release: Feb. 27, 2017

Priority 1: CRITICAL

1. *Acinetobacter baumannii*, carbapenem-resistant
2. *Pseudomonas aeruginosa*, carbapenem-resistant
3. *Enterobacteriaceae*, carbapenem-resistant

图 22-1　全世界院内感染致病的超级细菌大同小异

三、院内感染超级细菌的源头是患者及病房环境

超级细菌危害住院患者安全的问题当然不容忽视，过去专家认为造成院内感染的主要因素是医护人员的双手触摸过感染的患者，又去接触未感染的患者，导致超级细菌的散播。因此，美国和 WHO 分别于 2002 年和 2009 年提出要求医护人员必须勤洗手并规定了洗手的正确方法。但是全世界遵行几年后，发觉院内感染率只下降了 10%～15%，远低于预期。检讨其成效不彰的原因，是忽略了医院中真正超级细菌存在的源头：患者的身体，特别是双手，以及病房内常被触摸的物体表面。2019 年在 *Clinical Infectious Diseases* 的文献报道中，一名患者在新住进一间病房的 24 小时后，其身上的超级细菌分离率增加 1 倍（8. 1%→15. 7%），而一位感染患者进住病房 24 小时后，该间病房中高频率触摸的物体表面超级细菌分离率则是原先的 7 倍（5. 4%→37. 8%），这个惊人的结果证实了要控制院内超级细菌感染只靠医护人员勤洗手，其成效不佳是必然的。

四、防控院内感染必须清除病房环境中的致病菌

患者的身体及病房的环境都是医院中超级细菌存在及散播的重要源头，要清除患者身上的超级细菌就要把患者的感染治愈，如何使用抗生素来治疗超级细菌感染不是本书的主题，而如何使用噬菌体治疗则在本书中有其他章节专题讨论，在此不再赘述。如何清洁医院中的环境是公共卫生老掉牙的课题，沿用了几十年并未随科技进步而有明显进步。而超级细菌在院内环境中猖獗存在，致使院内感染日益严重，已充分证明目前医院使用的环境清洁方法对清除超级细菌效果欠佳。检索探讨如何解决这个问题的文献过去很少，最完整具有前瞻性的回顾综述是英国的院内感染防控专家 Dancer 于 2014 年发表在 *Clinical Microbiology Reviews* 期刊上的文献，该文回顾了 276 篇文献，介绍了清除环境中超级细菌的新科技，也比较了传统人工清洁和自动除菌装置的优劣。Dancer 在这篇论文中用两页的篇幅介绍了清除被污染环境表面超级细菌的新方法，在众多金属纳米粒子包膜技术中脱颖而出的是首次被认同的噬菌体平面除菌法，而引用的支持证据是笔者的

团队在台湾花莲慈济医院监护病房，以世界首发的客制化噬菌体喷雾法降低超级细菌感染率的成功案例。

第二节 噬菌体生存的环境条件

存活的噬菌体才能侵染、裂解宿主菌，所以生产、保存、应用噬菌体时都需要将噬菌体维持在适合生存的条件下。温度、湿度、酸碱度及化学物品都会影响噬菌体的活性，不同的噬菌体可能对环境因素有不同的敏感度，本节是笔者根据对实验室中噬菌体已知的一般特性归纳而成，有些特殊的噬菌体未必完全适合，建议保种噬菌体前先评估其在不同的条件下的稳定性。

一、温度

在实际应用噬菌体消毒以前，这些噬菌体往往在低温下储存。为了确定这些噬菌体溶液在储存时的稳定性，通常必须了解噬菌体对温度的适应性。一般在储存时会考虑将噬菌体储存在冷藏（4 ℃）或是冷冻（-20 ℃）的温度下。如果对于环境条件不是特别敏感的噬菌体，在这两种常见的储存温度下应能稳定存活两周以上，超过两周以上的稳定性则依不同噬菌体可能有不同的结果。例如，以鲍曼不动杆菌为宿主的噬菌体 ΦAB2 在 4 ℃下可以维持 6 个月的稳定性（图 22-2A），但另一株可感染肺结核杆菌的噬菌体 ΦBTCU-1 在 4 ℃下只能维持约 2 周的稳定性。倘若需要更长时间的储存，一般建议储存在更低的温度（如-80 ℃），此时必须注意使用抗冻剂，如甘油或是二甲亚砜（dimethyl sulfoxide，DMSO）。但要注意这两种抗冻剂是否会影响噬菌体气溶胶的稳定尚不清楚，需要进一步确认。此外，长期冷冻噬菌体样本也应该避免多次重复冷冻、解冻的步骤，噬菌体可能因此快速丧失感染力。

二、湿度

笔者团队获得的噬菌体大多是从废水或较深层的泥土中分离出来的，通常都是含有较多水分的环境。如果将含有噬菌体的气雾颗粒附着在玻璃表面任其自然干燥后，90%的噬菌体将在 24 小时内失去活性，48 小时后仅剩 2%仍然存活，一周后只剩下千分之一，两周后仅有万分之一仍有活性（图 22-2D）。所以湿度是噬菌体生存环境中必要的条件之一。

三、酸碱度

除了温度、湿度以外，酸碱度也是另一个影响噬菌体感染力的重要因子，以 ΦAB2 为例子，ΦAB2 可在中性环境（pH 7.0）下维持稳定的浓度（图 22-2B），虽然 6 个月后会下降2 logs，但相较于较酸（pH 4）或较碱（pH11）的情况下已属相对稳定，在这两个环境下经过 3 个月后，ΦAB2 的效价将显著降低超过 5 个对数浓度（5 logs）以上。反观另一株以鲍曼不动杆菌为宿主的噬菌体 AB1 对酸碱度并不敏感，在 pH6 时最稳定，在 pH5～9 时丧失感染性的 AB1 噬菌体小于 42.9%。因此除了较极端的噬菌体外，一般噬菌体在中性环境可以保持较好的稳定性，原因可能是这些噬菌体原来的生存环境应该较接近于酸碱度呈现中性的环境。

四、有机溶剂

笔者团队用氯仿处理噬菌体 ΦAB2（图 22-2C），ΦAB2 暴露于浓度 0.5%和 2%的氯仿后，活性仍在 10^7以上，仅降低 1 log。氯仿常用于噬菌体纯化，可以将多余的宿主细胞分解，常用于噬菌体纯化的氯仿浓度为 0.5%～2%（*v/v*），因此在先前的研究中评估了 ΦAB2 暴露于 0.5%和 2%氯仿后的感染性。结果发现，暴露于 0.5%氯仿的 ΦAB2 在 360 天后的存活度仍高。然而在 2%氯仿中储存 360 天后，ΦAB2 的浓度下降 95%。不同噬菌体在不同的有机溶剂浓度下稳定度应该有很大的差异，因此如果需要复制大量噬菌体时，就要慎选所使用的有机溶剂，或者尽量将其浓度降低。由于有机溶剂可能影响噬菌体浓度，因此在先前 ΦBTCU-1 的噬菌体复制时没有添加任何有机溶剂。对于有囊膜的噬菌体，是不能用有机溶剂处理的。用有机溶剂处理有囊膜的噬菌体会使其囊膜迅速解体，膜中镶嵌蛋白丢失，丧失感染宿主的活性。

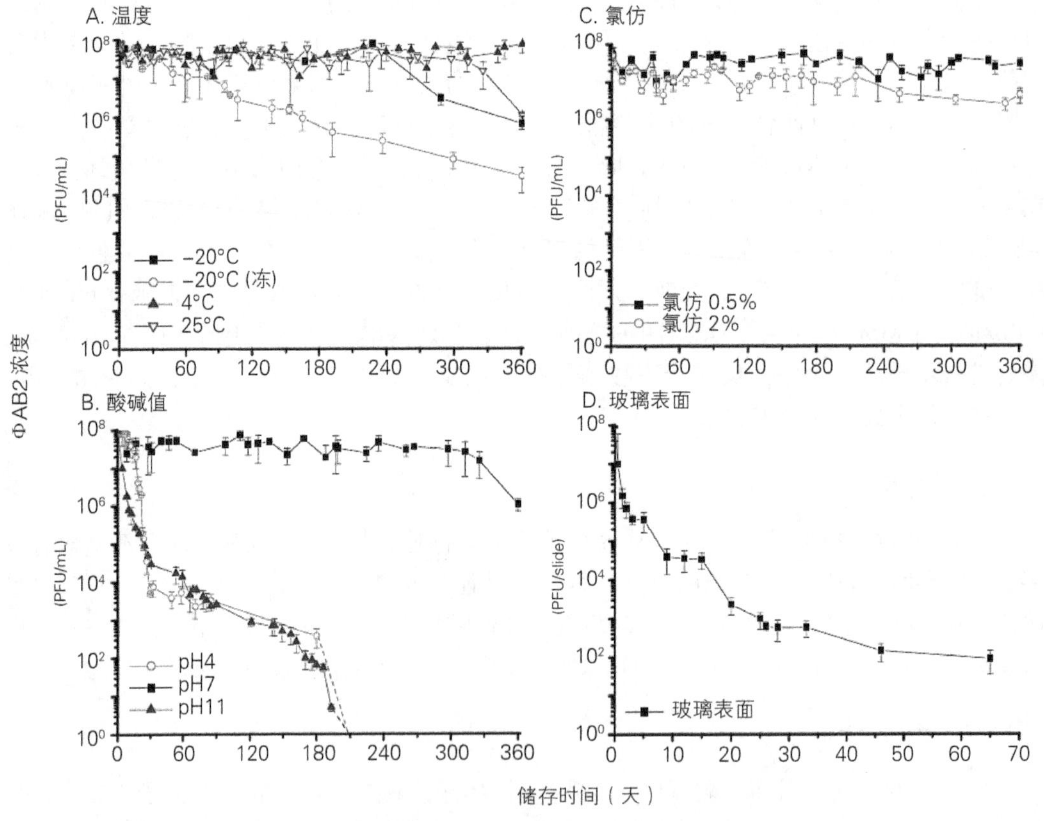

图 22-2 噬菌体 ΦAB2 在不同条件下的稳定性（噬菌体 ΦAB2 为无囊膜受体）

条件包括温度（A）、酸碱值（B）、氯仿（C）及玻璃表面（D）

五、常见的清洁剂

较常见的清洁剂通常含有酒精、漂白水、两性界面剂、EDTA、吐温-20 等，会造成蛋白质变性的成分、降低噬菌体活性，所以不建议将噬菌体加入清洁剂中混合使用。

六、噬菌体的宿主菌

噬菌体是可以侵染细菌或古菌的病毒，其繁殖过程与一般病毒有相同之处，都包括吸附、进入、复制、组装及释出5个过程，其中任何一个过程都须与宿主菌完美配合，才能完成其繁殖过程。有尾噬菌体靠尾丝上的蛋白质与细菌表面的受体恰当地结合，才能启动后续的进入过程，反之，噬菌体头部的蛋白质与细菌表面的其他非受体物质结合，不但不能顺利地将基因组注入细菌，而且很可能被细菌当食物吞入消化。所以噬菌体是否具有特异性的RBP与特定细菌上的受体结合决定吸附是否成功，常被认为是噬菌体能否在特定细菌中成功繁殖的主要因素，其实之后的每一个过程，都有可能因为宿主菌的不匹配而无法繁殖成功。所以能进入特定适当的宿主菌中，不论是对于裂解性噬菌体还是溶原性噬菌体，都是其繁殖的先决条件。

第三节　应用噬菌体杀菌的必要条件

噬菌体杀菌剂是生物制剂，具有活性的噬菌体才有能力侵染特定的细菌，通过复制裂解宿主菌。因此，在应用噬菌体进行体内治疗或体外杀菌前必须测定噬菌体的活性。

一、能跨越距离障碍的噬菌体才能杀菌

噬菌体没有动力结构，无法自行移动。在微生物的现实世界，微米级的距离可能就是“天堑”，如果没有外力的帮助永远无法跨过。在人体内，因为体液及呼吸道气流的流动具有固定的方向与速度，治疗时只需把噬菌体送入机体，噬菌体在流体中浮沉，就有机会被带到宿主菌的表面与之结合。但在体外环境中杀菌，必须提供将噬菌体与宿主菌间距离拉近的外来动力，通常需要依靠气流及水流的力量投递噬菌体到宿主菌的表面。另外，想要缩短距离的方法就是提升噬菌体的浓度，在单位体积内增加活性噬菌体的数目，自然就拉近了与宿主菌的距离。

二、选择目标超级细菌

在众多临床感染或环境污染的细菌中，选择哪种细菌作为噬菌体清除的目标是一个关键问题，目标选错可能永远达不到防治疾病的目的。以下是选择目标细菌进行噬菌体杀菌的原则：

（1）已做过裂解谱试验的病原性细菌。没做过裂解谱试验的细菌，不知是否有裂解性噬菌体可供使用。

（2）基于目标细菌选择具有高强裂解力的噬菌体。在双层固体培养平板上可呈现大而透亮的噬斑，或在含有目标细菌的液体培养基中，可以明显抑制目标细菌生长，大于10小时以上肉眼未见生长现象，这即是具有高强裂解力的噬菌体。

（3）已做过药敏试验且具多重耐药性的超级细菌。前两项原则浅显易懂不必多做解释，但这一项原则常使人产生疑问，如对哪一种抗生素耐药的超级细菌或对多少种抗生素耐药，才适合应用噬菌体杀菌？

这些问题的答案在2017年 *Scientific Reports* 期刊的一篇文献中可以找到。在该文献

中，笔者的研究团队以 26 株裂解性噬菌体库（见该文中的表 1）对临床上 2 800 百余株鲍曼不动杆菌测定裂解谱，发现这些细菌对临床常用的八大类抗生素具有耐药性，且这些细菌对噬菌体的敏感度也较高（表 22-1）。我们在实践中似乎常可见到：耐抗生素数目的多寡与噬菌体敏感度似乎有明显的正相关性，即对越多种抗生素具耐药性的超级细菌似乎越容易找到其裂解性噬菌体（表 22-1）。换言之，对抗生素没有耐药性的敏感细菌，常常难以从环境中找到它们的裂解性噬菌体。

表 22-1　噬菌体收集库已扩充完成至 CRAB、CRKP、CRPA 及 VRE 四种超级细菌

超级细菌	裂解性噬菌体株数	宿主覆盖率
鲍曼不动杆菌（CRAB）	>120	>97%
克雷伯肺炎菌（CRKP）	>210	>98%
铜绿假单胞菌（CRPA）	>65	>95%
屎肠球菌（VRE）	>40	>92%

三、选择裂解性噬菌体

决定了需要控制的目标细菌后，下一步就是要选择裂解性噬菌体，具有的噬菌体种类越多，选择的机会就越大。在已经具备多种噬菌体甚至噬菌体库的条件下，该如何选择裂解性噬菌体？是用一种能产生大而透明噬斑的噬菌体？还是选择由多种噬菌体混合而成的鸡尾酒？在面临这种选择时该遵守什么原则？

噬菌体鸡尾酒中的裂解性噬菌体株的数目应该达到多少才可以对目标细菌进行彻底地清除，目前尚未有定论，但美国加利福尼亚大学圣迭戈分校的 Schooley 于 2017 年发表了如何使用噬菌体鸡尾酒成功治疗埃及度假后被超级鲍曼不动杆菌感染病例，该文的图 3 显示：在试管中分别单独使用八株高裂解性噬菌体两周后，细菌产生了对噬菌体的耐受性，八株噬菌体都不能再有效杀菌。用此八株噬菌体组成的鸡尾酒持续治疗超过 100 天仍不能根治此超级鲍曼不动杆菌感染，直到换了一株从未使用过的短尾噬菌体 AbTP3Φ1，两周后病患完全康复，身上再也分离不出那株超级鲍曼不动杆菌（见该文的表 3）。这些数据似乎表明，想要获得好的灭菌效果，关键有效的噬菌体一株就够了。如果杀菌效果不强，再多亦是无用，完全符合“用兵在精不在多”的原则。问题是这九株噬菌体在裂解谱试验中都具有裂解力，这表明噬菌体的选择无法只依据一个简单的试管内裂解试验结果作为唯一的指标，要在人或动物体内对感染有效才行。

四、细菌耐受噬菌体的预测：次演化裂解谱

一株噬菌体在裂解谱试验时呈现明显裂解力，在应用中却不能完全清除目标细菌，这是因为细菌很容易产生对该噬菌体的耐受，那还有什么办法清除它们？当目标细菌对第一波裂解性噬菌体产生了抗性之后，如果仍有其他噬菌体可来裂解它，就加在起始的鸡尾酒中，不给细菌耐受演化的机会。这种预测细菌产生耐受性的方法包括次演化裂解谱（next-evolution phage typing，NEPT）和原裂解谱（primary phage typing，PPT）。

NEPT 的方法是：取目标细菌分别与 PPT 试验结果（图 22-3）中裂解力强的噬菌体

以 MOI=0.01 接种培养，其菌液应在 2 小时左右呈现完全清澈，再经数小时后又逐渐变为混浊，培养至 OD>0.6 后，再以噬菌体库进行第二次裂解谱试验，记录各噬菌体裂解能力的结果，选择出对耐受细菌已有高强裂解力的噬菌体供后续使用。

五、如何挑选鸡尾酒中的噬菌体

细菌对噬菌体产生耐受所需的时间通常很短，在体外实验只需要几小时（如 NEPT），在动物体内也只需要数天。临床噬菌体治疗的记录是同时使用了八株裂解力强（抑菌力长达 20 小时）的第一线噬菌体治疗超过 100 天，仍无法完全治愈患者。所以是否能成功清除目标细菌不是用许多第一线的裂解性噬菌体就足够了，关键是能否阻止演化出来的具有抗性的细菌生长。若经 NEPT 试验结果，可揭示出细菌在第一波噬菌体筛选压力下，演化产生了耐受之后，能裂解耐受菌的新的噬菌体裂解谱，则此 NEPT 提供了细菌获得对噬菌体耐受后下一步的信息。下面举例说明如何利用 NEPT 信息，正确选择裂解性噬菌体，以及指引鸡尾酒组成。

如图 22-3 所示，假设一细菌的原裂解谱呈现 4 株噬菌体 1、3、5、7 可裂解该细菌，经过延长时间培养后，清澈后的培养液呈现 4 种不同变化。其演化后产生抗性的毒株分别命名为 Φ1R、Φ3R、Φ5R 及 Φ7R。Φ5R 从未被彻底裂解，Φ3R 在短时间内又变浑浊，表示细菌对 Φ3R 较易变得耐受，不予采用。Φ7R 不再浑浊，表示没有耐受菌株产生，Φ7R 是用来杀菌的首选，但这种幸运并不常见。Φ1R 是该往下进行 NEPT 筛选的毒株。

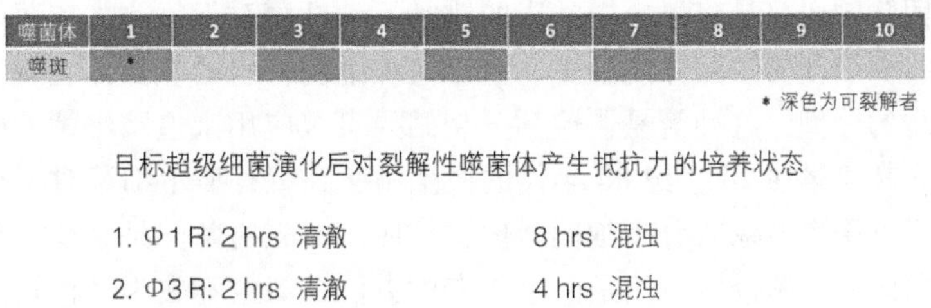

噬菌体 1 2 3 4 5 6 7 8 9 10
噬斑
* 深色为可裂解者
目标超级细菌演化后对裂解性噬菌体产生抵抗力的培养状态
1. Φ1 R: 2 hrs 清澈 8 hrs 混浊
2. Φ3 R: 2 hrs 清澈 4 hrs 混浊
3. Φ5 R: 永不清澈
4. Φ7 R: 2 hrs 清澈 永不混浊

图 22-3 原裂解谱（PPT）

图 22-4 中呈现的是 Φ1R 进行 NEPT 的 4 种可能的结果，其中型别 4 指出用了 Φ1 后，筛选出来的 Φ1R 对所有的噬菌体都有抗性，将无二线的噬菌体可用，千万不要使用。型别 1 的结果显示 Φ3、Φ5、Φ7 的裂解力不受 Φ1R 得到的抗噬力影响，仍可裂解，所以可以加入鸡尾酒内与 Φ1 同时使用。型别 2 的结果显示对 Φ1 的耐受时也耐受了 Φ3 的裂解力，则 Φ3 不适合与 Φ1 同时使用。型别 3 呈现 Φ1R 在得到 Φ1 耐受性时顾此失彼，反而使原来不能裂解的 Φ2 变成可裂解，所以 Φ2 是在使用 Φ1 消除此目标超级细菌时鸡尾酒中最应该加入的二线裂解性噬菌体。这种噬菌体选择策略将使此目标细菌好不容易演化后产生的 Φ1R 也无逃生之路，使目标超级细菌无法对抗噬菌体。

这是应用噬菌体消灭病原性细菌选兵用兵之法，也是笔者在台湾花莲慈济医院成功清洁环境及在上海公卫及临床中心成功治愈患者所采用的方法。

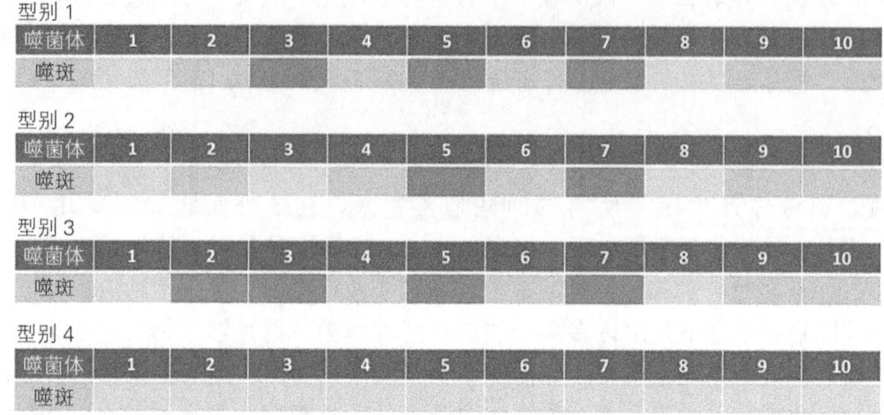

图 22-4　Φ1R4 种可能的次演化裂解谱（NEPT）

目标细菌对 1 号裂解性噬菌体产生耐受性演化后可能产生的 4 种次演化裂解谱

第四节　噬菌体在疾病防控上的应用

一、应用噬菌体裂解谱追踪超级细菌

先前笔者团队的研究是将每一株临床的鲍曼不动杆菌对于每一株噬菌体的感受性记录下来，成为每株细菌的噬菌体裂解谱。基于每株细菌特有的噬菌体裂解谱，可以将不同细菌做进一步的分型，这种简易快速的分型结果可被应用来追踪细菌的感染途径，成为管控的工具。其实早在 20 世纪 80 年代的微生物研究就有显示细菌对于噬菌体的敏感性与耐受性同样可用来追踪或分型细菌，但这种应用的先决条件是必须有足够大的噬菌体库。基于噬菌体的细菌分型虽然是一个较老的方法，却也不失为一种较为经济省时的方法。目前临床上进行细菌的耐药性分析时，往往可能需要 48 小时以上，但利用噬菌体分型可能只需要 6 小时左右的时间，这个优点让噬菌体分型在一些经济比较困难的国家或地区可以快速推测临床菌株的抗药情况并拟定给药方案。当然噬菌体分型的准确度无法与耗时又昂贵的全基因测序相比，但其精细度远高于多位点序列分型（multilocus sequence typing，MLST）。

二、噬菌体用于杀菌时的可能制剂

（一）洗手液

一般市面上的消毒洗手液可能都具有酒精成分，因此具有抑菌效果。但也因为酒精的成分可能影响噬菌体稳定性，而且倘若长期使用会使皮肤干涩，造成使用者不适。另外一种在洗手液中可以考虑添加的成分是甘油，化妆品工业常使用甘油来保持皮肤中的水分。因此，配制含有噬菌体的制剂时，需要考虑的是：制剂具有抑菌效果的同时必须保持皮肤内水分不丢失。

目前市面上产品的甘油含量一般都小于 20%（*v*/*v*），所以在笔者先前的研究中，评估了噬菌体在10%甘油浓度下的稳定性。在添加含噬菌体的甘油之前，于LB培养基中加入5×10 CFU/mL、5×10^2 CFU/mL或5×10^3 CFU/mL（变异系数为12.3%）的鲍曼不动杆菌（图22-5）。当加入噬菌体甘油溶液并储存90天后，ΦAB2噬菌体的浓度（10^8 PFU/mL）没有显著降低。而且无论初始细菌浓度为何，将储存了90天的含有噬菌体的甘油溶液接种于LB培养基，能显著降低（$p<0.05$）鲍曼不动杆菌的浓度达99.9%。进一步储存达180天后，ΦAB2效价降低约2 logs（$p<0.05$）。以此噬菌体甘油溶液分别处理初始浓度为10 CFU/mL、10^2 CFU/mL以及10^3 CFU/mL的鲍曼不动杆菌时，可使鲍曼不动杆菌浓度分别下降62.4%、86.2%和98.6%。此外，将较大体积(0.5 mL)的噬菌体甘油在培养基上的抑菌效果与较小体积（0.1 mL）的抑菌效果相比，没有显著差异。以上结果虽然显示噬菌体在甘油中可能稳定度较佳，但一般市售产品除了甘油以外还会添加防腐剂，因此在开发产品前都还必须进一步评估噬菌体在产品中的稳定性及抑菌效果。

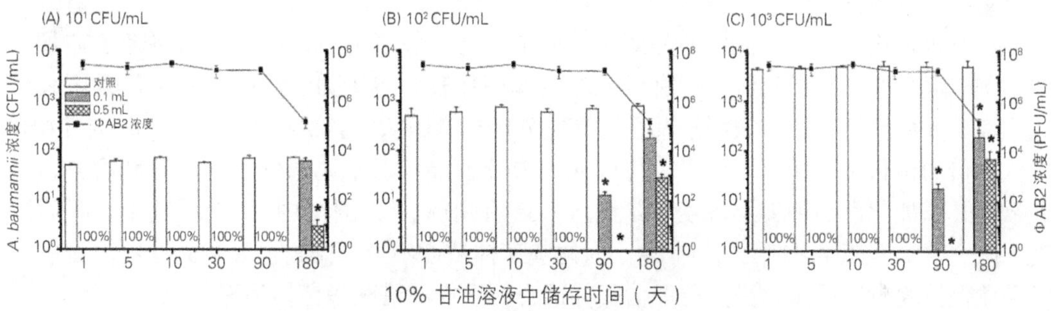

图22-5 甘油保存噬菌体对杀菌效果的影响

0.1 mL和0.5 mL含有ΦAB2的甘油（储存长达180 d）对不同浓度鲍曼不动杆菌的杀菌效果，与对照组相比达显著标记为*($p<0.05$)。100%：未加入噬菌体时的鲍曼不动杆菌菌落数为100%

（二）沐浴乳

沐浴乳大多呈乳液状，石蜡油是比较常见的添加物。笔者团队曾评估在石蜡油中ΦAB2的稳定性，同时也评估其涂抹在培养基上时（噬菌体体积为0.1 mL），杀死鲍曼不动杆菌的效力。在加入噬菌体乳液之前，先在LB琼脂接种5×10 CFU/mL、5×10^2 CFU/mL或5×10^3 CFU/mL（变异系数为3.0%）的鲍曼不动杆菌（图22-6），乳液中的初始噬菌体浓度为10^8 PFU/mL，储存10天后，细菌数量显著降低了约98%($p<0.05$)。

利用储存1天后的噬菌体乳液，在培养基上进行初始浓度10 CFU/mL、10^2 CFU/mL和10^3 CFU/mL的杀菌测试，可以发现噬菌体对鲍曼不动杆菌的杀菌效率可分别达到97.6%、99.8%和99.9%。储存5天后的噬菌体乳液也可以显著降低（$p<0.05$）鲍曼不动杆菌的浓度达92%、88%和90%。但储存超过5天的噬菌体乳液已经无法有效降低鲍曼不动杆菌的浓度。同时发现，当乳液涂布在培养基时，较大体积(0.5 mL)与较小体积（0.1 mL）相比，没有显著改变其噬菌体杀死的鲍曼不动杆菌的能力。由这样的结果可以推论ΦAB2在石蜡油中只能稳定存活5天以内，超过5天将影响其稳定性并导致杀菌效果下降。因此，欲生产洗手乳或沐浴乳的噬菌体产品时，仍须评估其稳定性。

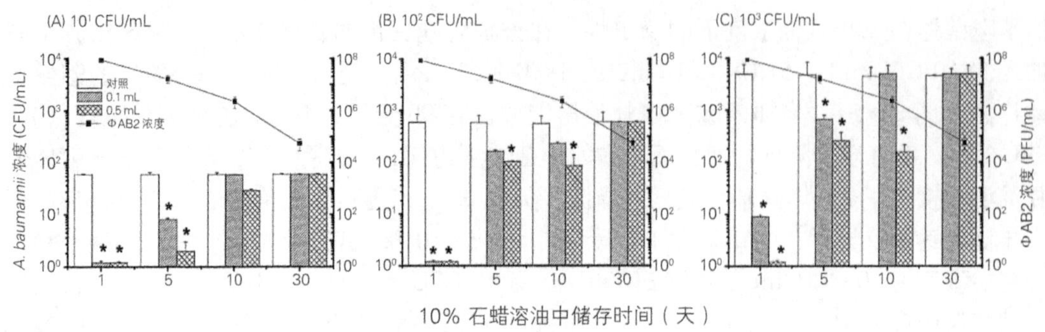

图 22-6　石蜡油保存噬菌体对杀菌效果的影响

0.1 mL 和 0.5 mL 含有 ΦAB2 的石蜡油（储存 30 天）对不同浓度鲍曼不动杆菌的杀菌效果，与对照组相比达显著则标记为*($p<0.05$)

（三）洗衣液

在有机溶剂中，最常使用的是氯仿，如果进行一般清洁时，可以尝试将噬菌体加入清洁剂。但是必须意识到清洁剂有可能导致噬菌体丧失感染力。洗衣液中常包含阳离子或阴离子界面活性剂、防皱因子及香精等成分。笔者团队曾尝试将 10^6 PFU/mL 的 ΦAB2 加入原倍的市售洗衣液中，由于市售洗衣液成分迥异且通常属于各厂商的专利配方，因此欲知其添加化学品种类及浓度非常困难。最后发现，噬菌体在接触洗衣液 4 小时后浓度下降 90%，虽然 4 小时之后到 24 小时内噬菌体浓度不再下降，但显然此洗衣液无法让噬菌体保持稳定。后续仍需另行评估找寻适合的洗衣液搭配噬菌体消毒。

（四）环境清洁剂

医院环境的清洁，除了希望能达到去污及有效杀菌的目的外，更希望能兼顾施行简单、迅速及节约成本等目标，因此大多使用无选择性的毒性化学物质，难免对人体健康或装备材料产生危害。但是经年累月使用至今的结果，却是日益猖獗的超级细菌院内感染，除了证明效果不如预期外，更显示急待改良方法的出现。许多创新的环境杀菌方法已经被发表且很广泛应用在环境中，包括紫外线、化学消毒剂、臭氧、光触媒和金属纳米颗粒等。这些控制法或许效果显著一时，但却也有可能对人体健康或装备材料产生危害。此外，大量使用化学品可能导致细菌对化学消毒剂产生耐受性，进而导致杀菌效果不佳。因此，迫切需要具有创新性与替代性的杀菌策略。

（五）食品清洁剂

噬菌体是细菌的天然寄生物，并且有极端的宿主特异性。因此，使用噬菌体去消除特定食品中的病原体已经引起越来越多的关注。例如，噬菌体目前已被用于处理被曲霉菌、大肠埃希菌 O157、李斯特菌、沙门菌及葡萄球菌等菌株污染的食品。根据文献，噬菌体可以有效降低这些细菌病原体的数量达 1~5 logs。此外，美国 FDA 也已批准使用李斯特菌特异性噬菌体 Listex™ P100 进行食品保存，被加入噬菌体处理过的食品，拆开包装立即可食用，无须另外清洗，噬菌体被看作是食品安全级的。基于噬菌体在食品卫生及噬菌体临床治疗成功的应用结果，以客制化裂解性噬菌体用于防控超级细菌院内感染的发生是非常安全且具有可行性的。

三、噬菌体环境清洁剂可能的形式

要用噬菌体去清除造成环境污染的细菌，必须把裂解性噬菌体送到细菌所在的位置完成第一步吸附。噬菌体环境清洁剂可能制成3种形式。

1. *溶液型* 以人力使用噬菌体溶液清洗或擦拭环境。

2. *干粉型* 将噬菌体冷冻干燥在承载颗粒表面，再以加压气体喷洒干粉颗粒到空间环境中。

3. *气溶胶*（aerosol） 将噬菌体溶液加热、加压或振动制成气雾颗粒，投递至细菌污染的空间环境。医院环境中被细菌污染最严重的三个部位就是患者的身体、病房内的可触及表面及病房中的空气。过去不同形式的环境清洁剂大都不能同时兼顾这3个方面：对人体有害的清洁剂不宜接触人体；直线投递不会转弯就有清洁的死角；靠人力操控的方式难免有人为疏失的清洁漏洞。能克服所有这些缺点的唯一方法就是使用高浓度的噬菌体气溶胶灭菌法。

本章随后将与读者分享笔者团队过去5年内，在台湾一家超级细菌院内感染非常严重的三级医院中，用噬菌体环境清洁剂成功控制超级细菌院内感染的实战经验。

四、气溶胶噬菌体环境清洁剂的应用

倘若欲以噬菌体气溶胶形式进行环境消毒，目前笔者实验室是以超声波加湿器制造含噬菌体的气雾。超声波加湿器可使用在一般商业及居家环境，目的是用来增加室内湿度。因此，在植物培养温室及商场常可以看见这些设备。先将可有效裂解细菌的噬菌体加入生理盐水或是噬菌体缓冲液中，再将其放置于超声波加湿器中。超声波加湿器产生气雾的原理是利用芯片，以超声波频率震动产生噬菌体雾滴。加湿器产生的雾滴直径为5~7μm，若在一个体积为27 m^3的密闭空间中，将噬菌体气雾产生到空气中约可在2.5分钟内达到饱和，此时假设噬菌体气溶胶皆能沉降在此密闭空间内，则平均每平方厘米的地表面积有浓度为5.5×10^4 PFU的噬菌体沉降于该表面。

为考虑噬菌体的稳定性，在超声波加湿器内加入的噬菌体浓度会随着噬菌体种类而异，一般加入浓度约在10^7 PFU/mL以上，浓度越高的噬菌体的杀菌效果会越好。但在产生噬菌体气雾时必须注意：①噬菌体在加湿器中的稳定性，曾经有研究发现噬菌体在振动芯片频率为48 kHz的情况下，会导致噬菌体下降2 logs。先前笔者实验室使用的机器振动频率较小，因此发现噬菌体ϕBTCU-1的浓度可稳定存在加湿器中1小时。②加湿器中的振动芯片可能使噬菌体溶液的温度上升，因此可以放置一些冰块进行降温。无论使用何种加湿器，欲利用噬菌体气雾消毒最好都先确认其在加湿器产生气雾前后的浓度。此外，空气中的噬菌体气雾也应该利用空气生物采样器了解噬菌体在空气中的浓度，如此才能确保稳定地产生噬菌体气雾进行环境消毒。

五、噬菌体喷雾前后效果的质控

噬菌体喷雾的目的是清除被污染环境中的特定细菌，因此喷雾完毕是否仍有特定的活菌存留可作为品质管理指标。为确定噬菌体喷雾的效果，于每次喷雾的前后，进行环境中常被触及物体的表面采集样品送细菌培养（表22-2）。消毒前样品有菌是可想而知的，消毒后采集样品中仍有目标细菌就要鉴别是否为所用噬菌体的宿主菌，若仍旧有表示噬菌体喷雾除菌效果未达标，需要再执行一次。

表 22-2　噬菌体喷雾病房环境采检点

高频率触摸位置	标示
(1) 工作车下二层手把	前采为 B1，后采为 B2
(2) 水槽+周围环境	前采为 C1，后采为 C2
(3) 呼吸器+面板按钮	前采为 D1，后采为 D2
(4) 帮浦按钮与转轮	前采为 E1，后采为 E2
(5) 床沿	前采为 F1，后采为 F2

六、以噬菌体分型作为质控确效工具

噬菌体宿主菌的裂解作用是非常专一的，裂解性噬菌体只能清除对其敏感的宿主菌，上表中后采的样品中若培养出与指标菌相同种类的细菌，并不代表就是未清除的指标菌，要做进一步的噬菌体分型（裂解谱）测定。假如分型结果与指标菌相同，则是清除不尽，须再补救。如果培养出来的噬菌体分型与指标菌不同，则表示另有同种的细菌污染环境。

第五节　气雾式噬菌体环境清洁剂的实战经验

一、重症监护病房中碳青霉烯类抗药性鲍曼不动杆菌的清除

2013 年，碳青霉烯类抗药性鲍曼不动杆菌（carbapene-resistant *Acinetobacter baumannii*，CRAB）与全球的院内感染高度相关，因此笔者的研究团队以 CRAB 作为对象，探讨气雾式噬菌体对于 CRAB 的去除效果。图 22-7 是在此次研究中超级细菌 CRAB 客制化噬菌体气雾环境杀菌的流程图。在一间有 945 个床位的医学中心的检验科，如果从 ICU 样品中培养出 CRAB，则送进噬菌体实验室，选配最适当的裂解性噬菌体。然后在培养出 CRAB 的 ICU 进行标准清洁程序并搭配噬菌体气雾消毒（图 22-8），以评估此感染控制方式对于医院感染发生密度的影响、碳青霉烯类抗药性率及临床抗生素的消耗量。在医院感染发生密度是以每千人日数发生新个案的发生率（the number of new acquisitions per 1，000 patient-days）来表示的。

研究中共有 264 位 ICU 中 CRAB 患者纳入该研究。结果发现，应用科研计划样本制备噬菌体于环境气雾消毒并搭配日常清洁步骤，使 CRAB 感染的发生率从每千人日数 8. 57 显著降至每千人日数 5. 11（$p=0.0029$）。CRAB 在 ICU 的分离率也由 87. 76%显著降至 46. 07%（$p=0.001$）。此外，我们也发现抗生素的使用量除了亚胺培南之外均明显下降，包括针对多重耐药性鲍曼不动杆菌才使用的最后线药物——多黏菌素（colistin）（图 22-9）。由此研究可以发现，噬菌体用于环境消毒具有显著的成效，前文提到大多临床上具抗药性的细菌对于噬菌体的抵抗力比不具有抗药性的细菌低，这也使噬菌体用于对抗抗药性细菌更具有潜力。

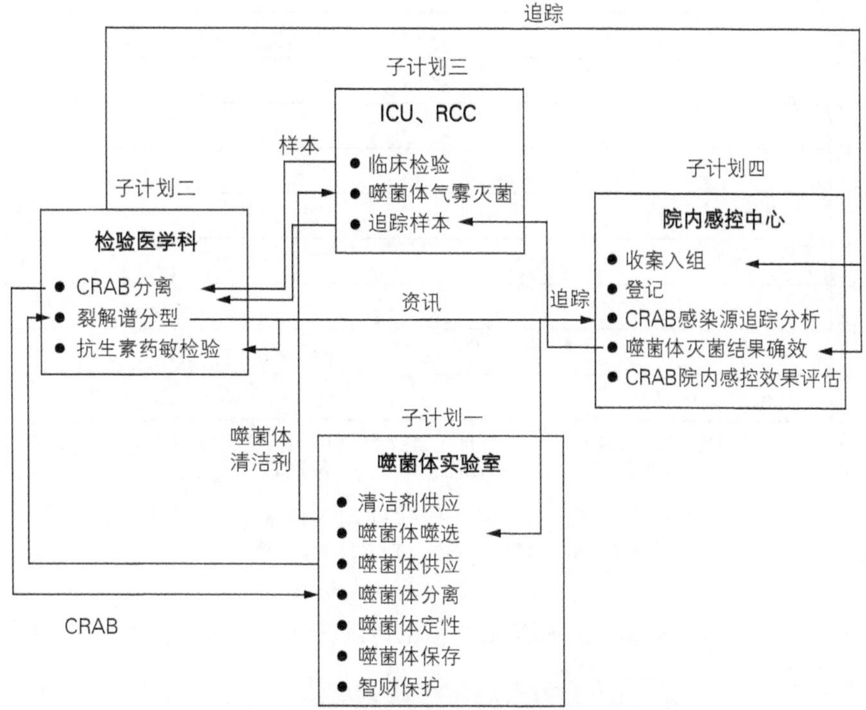

图 22-7　超级细菌客制化噬菌体气雾环境杀菌的流程图

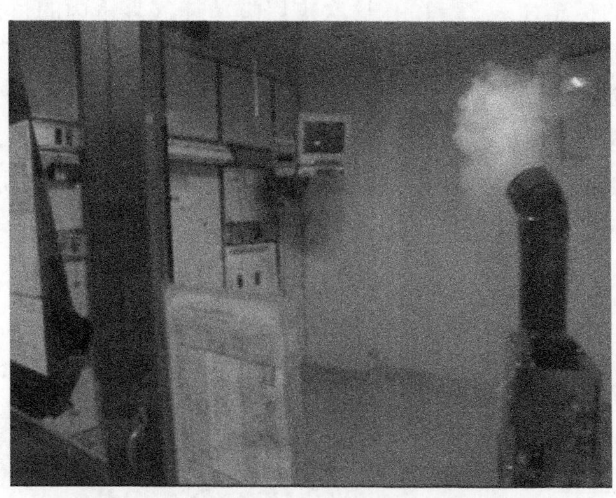

图 22-8　以噬菌体喷雾法消毒超级细菌污染的 ICU

花莲慈济医院是台湾东部地区唯一的医学中心，也是 TNIS 上东区的指标医院。从 2007 年起，在 TNIS 发布的 CRAB 院内感染中，花莲慈济医院的疫情是台湾最严重的。经过 2014~2015 年本研究计划的执行，使得该医院从既往八年被评为台湾地区感染最严重的医院首度成为感染最轻微的医院。笔者也因此于 2016 年获颁台湾新创奖。2017 年因为研究该专题经费问题，该计划中断了一年，TNIS 发现花莲慈济医院 CRAB 院内感染很快又变得严重，2018 年至今医院重新启动 CRAB 噬菌体喷雾清除计划，又立即见到效

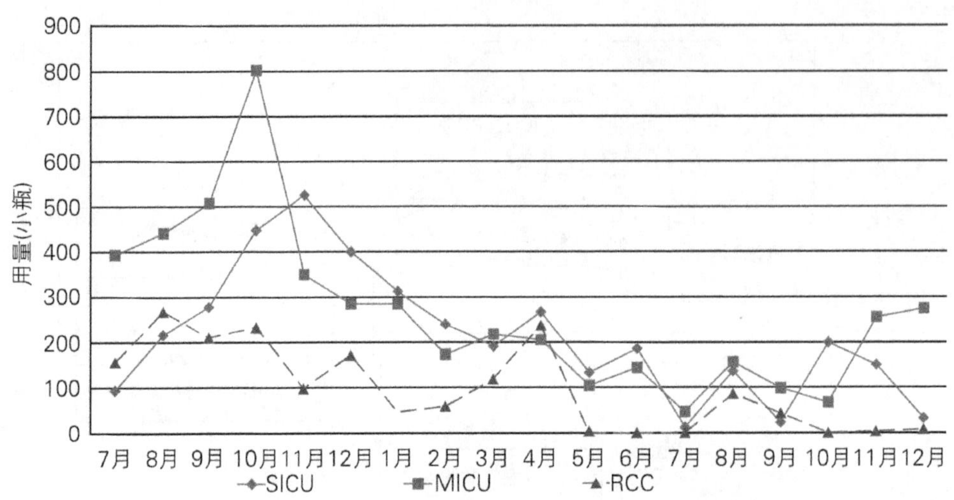

图 22-9 多黏菌素在花莲慈济医院 ICU 使用量（2015 年）

SICU：外科监护病房；MICU：内科监护病房；RCC：呼吸照护中心

果，再次成为台湾地区 CRAB 院内感染最轻微的医院。这一工作又获得 2019 年台湾新创奖—临床创新奖。

二、医院监护病房中 CRKP 及 CRPA 的清除

由于噬菌体库的扩充（表 22-1），这次重启噬菌体气雾杀菌的目标超级细菌也从碳青霉烯类耐药的鲍曼不动杆菌（CRAB）扩大至碳青霉烯类耐药的克雷伯肺炎菌（CRKP）、碳青霉烯类耐药的铜绿假单胞菌（CRPA）及屎肠球菌（VRE），这 4 种细菌被 WHO 认为是最危险的 4 种超级细菌院内感染病原，经消毒后检测，花莲慈济医院近两年来这 4 种细菌感染均为台湾地区最轻微（图 22-10）。2020 年台湾新创奖再次颁给笔者团队，这也是该奖项首次因同一主题向同一团队颁发三次。

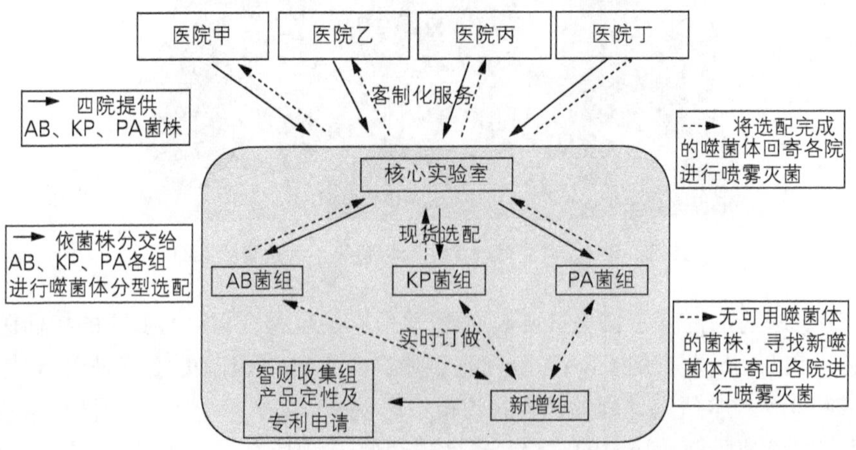

图 22-10 AB、KP、PA 三种超级细菌在四家医院跨院除菌服务运作模式流程图

三、超级细菌客制化噬菌体气雾环境杀菌的未来

应用客制化选择裂解性噬菌体的气雾消杀医院中目标超级细菌，已被笔者团队证实有预防的效果，可以明确地降低超级细菌院内感染率。在干净的医院里，患者才安全。除了避免每年 70 万人死于超级细菌感染外，也可以节省下许多医疗资源。但本章倡议的噬菌体杀菌方法并非每家医疗院所都能接受，所以特别设计了未来推广此理想实现的跨院进行模式（图 22-10）。由先进的噬菌体供应中心向医院提供附近其他医院客制化的裂解性噬菌体，以照顾各家医院的病患。

在超级细菌对抗生素的耐药性日渐增多，即将无药可医的危急之时，人类将希望放在细菌的另一个天敌——噬菌体上，从微生物在地球上几十亿年的进化史中，人类又开启了更多微生物的奥妙与应用，学习与微生物共处之道，利用抗生素与噬菌体互补长短。希望读者通过阅读本章的知识及信息后，能正确选择及使用裂解性噬菌体，预防与治疗并重，成功地控制可怕的超级细菌感染。

参考文献

23 噬菌体与发酵工业

——王金锋　关翔宇　贾子健

发酵工业广泛利用微生物将复杂底物转化为各种有价值的化合物或小分子。自20世纪80年代初，行业内开始使用大肠埃希菌等重组菌发酵生产商业产品，推动了发酵工业及其周边的食品加工、化工用品生产、生物技术和制药等三大支柱产业的升级与快速发展。通过在受控的发酵容器中进行大规模微生物发酵，可以获得多种多样的食品、药品、日用品、有机溶剂及酶类等。时下人们的生活已经离不开微生物参与的工业化发酵过程。

理论上任何细菌种群都可能会遇到侵染它的噬菌体，所以无论使用天然微生物还是依靠重组菌进行发酵，生产过程的每个技术环节都有可能面临噬菌体污染的问题。一方面，噬菌体污染能够造成工程菌株的发酵能力受限或丧失，错误发酵甚至会导致整个生产批次被破坏。更为严重的是，在规模化使用细菌及其发酵产物的现代生物技术产业中，噬菌体还会导致发酵装置、分离纯化设备、原料和成品遭受不同程度的污染。在极端情况下，暴发噬菌体污染需要数月才能得到有效控制，会导致较长时间无法恢复生产，成为笼罩在工厂上空挥之不去的阴云。

另一方面，噬菌体在发酵工业中也能发挥积极作用，主要作为靶向调控者抑制工业发酵系统的细菌污染。尽管目前更多的是采用消毒或抗生素处理的方式控制细菌污染扩散，但出于对副产品中有害物质和抗生素残留的担忧，未来在生产环节中可能会尽量限制这些方式的使用，因此需要有其他切实可行的“无抗生素”替代方案。近年来，发酵工厂开始尝试利用噬菌体减少细菌污染，或恢复被污染破坏的反应过程，有的直接使用裂解性噬菌体菌株，还有的采用噬菌体编码的裂解酶，均取得了不错的效果。

本章将从工业化发酵中常见的噬菌体污染问题及其发生过程、控制噬菌体污染的方法与策略，以及使用噬菌体控制细菌污染的优势、成功案例和潜在应用等方面，阐述噬菌体对发酵工业规模化生产的弊与利。

第一节　噬菌体对工业化发酵的危害

噬菌体污染对发酵行业来说是极其令人苦恼和沮丧的难题，尤其是其漫长的清理周期和反复发作，对生产构成了持续威胁。由产品损失、原材料变质和非生产性额外成本

作者单位：王金锋，中国农业大学食品科学与营养工程学院；关翔宇、贾子健，中国地质大学（北京）海洋学院。

增加所造成的连带经济损失将是灾难性的，这给从事商业发酵的技术人员带来了巨大压力，即使经验丰富的工业微生物学家和相关专业人士也对噬菌体污染心存畏惧。

所有涉及微生物发酵的体系都存在被噬菌体污染的可能。但目前为止，食品加工工业或许是噬菌体危害最严重的行业，特别是在生产奶酪、酸奶和其他由乳酸菌发酵的乳制品生产过程，噬菌体是乳转化工业中发酵失败的主要原因。即便高密封性的发酵罐提供了较高等级的保护，但因环境来源或低含量、难以检测到的噬菌体可能混入原材料，仍然有1%~10%的乳制品发酵批次会被噬菌体破坏。牛奶中的噬菌体浓度通常较低，但如果起始培养物中存在对噬菌体敏感的细胞，那么特定噬菌体群体便可迅速增加。噬菌体诱导的细菌细胞大量裂解导致发酵失败或迟缓、酸产量降低，以及乳制品营养价值、味道和质地等质量指标下降。在最糟糕的情况下，必须完全丢弃已接种的原料奶，造成实质性的经济损失。

对于其他依赖细菌发酵的生物技术产业而言，由噬菌体造成损失的批次比乳制品行业低1~2个数量级，约为0.1%。但许多日用化学品和生物技术产品的发酵系统处于非无菌操作状态，包括氨基酸、维生素、酶、抗生素、有机酸和醇等在内的工业生产，也同样遇到过不少噬菌体污染问题。这不仅影响到了产品质量，甚至因不完全或错误发酵混入了其他产物而引发诚信危机。

一、发酵工业中遭遇的噬菌体污染

由噬菌体导致的错误发酵在现代生物技术产业中不在少数，其中最常见也最典型的莫过于在食品工业中，噬菌体肆虐造成的乳制品发酵失败。全世界发酵乳制品的生产都面临着严峻的噬菌体污染问题。用于乳制品发酵的起始培养物是多种乳酸菌（lactic acid bacteria，LAB）的混合物，通常包括乳酸乳球菌、乳杆菌、嗜热链球菌和明串珠菌等G^+菌。为了控制发酵过程并获得高质量的最终产品，生产奶酪时需要在巴氏杀菌奶中接种一定量精心挑选的LAB细胞。LAB对成功发酵至关重要，其噬菌体也成为食品加工业乃至整个发酵产业最受关注的对象。早在1935年，Whitehead和Cox就首次报道了噬菌体引起乳品结扎的现象。80多年来，微生物学家一直在尝试消除或更好地控制干扰乳制品发酵生产的噬菌体，如今全世界已鉴定的LAB噬菌体不下数百种。然而至少到目前为止，松软和硬质奶酪生产中一半以上的技术问题，依然是由乳球菌属细菌的噬菌体感染引起的，这一状况始终没有得到彻底有效的解决。

其他食品的工业发酵也普遍存在噬菌体污染的情况。例如，广泛食用的醋是依靠醋酸杆菌进行工业生产的，而醋酸杆菌噬菌体被公认是造成醋发酵问题的重要原因。从来自德国、丹麦和奥地利3个国家受到破坏的醋工业发酵样品的镜检结果来看，无论是采用液态深层式还是滴流式发生器，都有噬菌体颗粒存在。70%的液态深层式发生器内，每毫升培养物中至少含有10^7~10^9个噬菌体颗粒，而每个滴流发生器中含有的噬菌体颗粒数，基本保持在每毫升10^6~10^7个。液态深层发酵如果出现噬菌体感染，发酵能力有可能完全丧失；如果出现在滴流发生器中，发酵有时会变缓但不会完全停止。在一些具有地域和民族传统特色的发酵食品中，噬菌体污染现象依然大量存在：100%的韩国豆酱、辣椒酱和清麴酱等大豆发酵食品以及70%的原料，都会沾染枯草芽孢杆菌噬菌体。个别噬菌体在清麴酱发酵过程中，显著抑制了枯草芽孢杆菌的生长，降解γ-PGA产生非常多的水解产物，可能对产品的质量和功能性产生不利影响。

氨基酸发酵工业同样面临严峻的噬菌体污染问题。20 世纪中期，Kinoshita 博士首次发现谷氨酸棒状杆菌是一种非常高效的氨基酸生产者，从此拉开了利用棒状杆菌生产氨基酸的序幕，而在那之前氨基酸仅通过提取或化学合成的方法获得。当今全球每年氨基酸的消费总量估计超过 200 万吨，且 *L*-谷氨酸作为风味增强剂的需求日益强烈，大多数消费市场以超过 10%的年增长率提升。包括 *L*-谷氨酸在内的各种氨基酸大多通过棒状杆菌发酵生产，应用范围从食品到饲料和药品。然而在日本刚刚通过发酵开始生产 *L*-谷氨酸不到两年，便出现了噬菌体感染引起的异常发酵情况。此后世界各地的 *L*-谷氨酸发酵实践中，也陆续报道了许多噬菌体污染事件。重度噬菌体感染引起部分或几乎全部发酵菌被裂解，导致发酵放缓及 *L*-谷氨酸产量下降。即使与乳酸菌或其他细菌发酵相比，虽然谷氨酸棒状杆菌生产过程中的噬菌体污染更少发生，但通常会对生产力造成更大的破坏。

在药物和化学品发酵工业中，噬菌体也是高风险因素。实际上在使用链霉菌开始，工业化生产抗生素后不久，就遇到噬菌体污染问题。被噬菌体感染的培养物迅速裂解，导致产品的链霉素滴度受到负面影响。大规模生产金霉素、利福霉素和万古霉素的金链霉菌（*Streptomyces aureofaciens*）、地中海拟无枝酸菌（*Amycolatopsis mediterranei*）和东方拟无枝酸菌（*Amycolatopsis orientalis*），都对噬菌体污染和裂解敏感。在意大利米兰的一处抗生素发酵生产设施中，就从被裂解的发酵液中分离出五种不同的噬菌体。幸运的是，对于抗生素工业，许多链霉菌和放线菌不易受到噬菌体侵染和裂解，因为它们拥有限制/修饰系统，产生限制性内切核酸酶切割注入的 DNA 来阻断 dsDNA 噬菌体的感染，并且可以通过产生自发突变体使敏感株获得噬菌体抗性。可能是因为链霉菌和放线菌在抵御噬菌体上的天然优势，以及抗性突变株的成功应用在很大程度上解决了污染问题，在抗生素生产早期的这些报道之后，后续很少能见到这方面的文献。依靠细菌生产其他药品或制药原料就没有抗生素产业那样幸运，例如在生物合成人胰岛素 A 和 B 链的发酵过程中，会遭遇多种大肠埃希菌噬菌体的污染。最近也有报道从工业发酵液中发现了一种新的裂解性噬菌体 DTL，能快速裂解用于生产 1, 3-丙二醇的大肠埃希菌 K12 菌株，证明噬菌体感染可能在其中盛行。

有机溶剂发酵工业的噬菌体感染一度非常严重，美国、波多黎各、日本和南非运行的工业丙酮-丁醇发酵都曾有过相关的报道。1923 年，位于美国印第安纳州的一家商业溶剂公司，在使用丙酮丁醇梭菌（*Clostridium acetobutylicum*）生产丙酮-丁醇时，出现了玉米醪发酵缓慢的问题，造成溶剂产量在接近一年时间里减少了一半，经过广泛研究最终确定是由噬菌体感染引起的。大约 20 年后，波多黎各丙酮-丁醇发酵工业也遇到了噬菌体感染的问题。陆续发生的感染同样影响了日本 20 世纪 40～60 年代的丙酮-丁醇发酵产业。最初几家从事丙酮-丁醇生产的工厂，不约而同地出现了异常的发酵现象。期间发酵工艺中的底物从玉米转换为糖浆，可发酵菌仍时常受到噬菌体的攻击。南非丙酮-丁醇发酵过程中发生的噬菌体感染信息并未出现在科学文献中，但运行发酵过程的公司做出了相关的内部报告。标准批次的丙酮-丁醇发酵在南非杰米斯顿的国家化学产品工厂使用了 46 年，其间共有 4 次被确认的及 2 次疑似但未经证实的噬菌体感染报告，并对 1980 年发生的最后一次噬菌体感染的症状、严重程度、处理措施和发酵结果等进行了详细记录。

工业发酵过程中噬菌体的流行程度和现状在行业内存在差异。例如，上文介绍的各种工业发酵都产生了不同程度的产品损失。此外还有生产葡萄糖酸、2-酮葡糖酸、淀粉酶、肠毒素和疫苗等许多噬菌体导致的发酵难题的例子。例如，由于溶原性噬菌体被诱导后使发酵菌被完全裂解，最终造成了治疗嗜酸性鼻炎的疫苗发酵生产失败。有些行业的噬菌体问题近些年鲜有报道，有些则仍然流行。

二、发酵工业中的噬菌体污染来源与症状

工业发酵中噬菌体污染有许多潜在的来源途径。尽管大多数发酵罐被设计成封闭系统，其内容物不会直接暴露于外部环境，然而没有任何系统能够完全与外界隔绝，造成了各产业出现如上述的噬菌体感染问题。在部分产业中，噬菌体污染的发生概率是相当高的，少量的噬菌体就能引起发酵异常。以大规模乳制品发酵为例，在发酵起始阶段每毫升乳汁一般接种 10^7 个左右 LAB 细胞。乳汁及周边环境中普遍存在的噬菌体，都可能会裂解 LAB，从而延迟乳酸生成甚至停止发酵过程（表 23-1）。通常，当噬菌体滴度高

表 23-1　乳制品发酵工业中噬菌体污染的主要来源

噬菌体来源	控制策略	应用方法	备注
工厂环境	工厂和设备设计	发酵区域的物理分隔 针对不同工艺使用特定操作区域 在正压力下使用过滤空气 控制生物气溶胶	
	流程设计	优化加工步骤	
	卫生	使用有效的生物杀灭剂、消毒剂和清洁剂（氧化剂和季铵化合物） 物理处理（紫外线照射、光催化） 选择合适的表面清洁材料 高盐浓度	效率取决于噬菌体易感性、噬菌体初始量和培养基类型
	空气环境	合理的通风系统和充足的气流 过滤空气中的噬菌体颗粒	
生牛奶	冷冻储存原料		
	卫生	热处理原材料和配料 高压灭菌技术 电离辐射	效率取决于噬菌体易感性、噬菌体初始量和培养基类型
	直接向发酵桶接种种菌		适用于所有发酵类型
	使用具有较强噬菌体抗性的起始培养物	对噬菌体不敏感的突变体 抗噬菌体的衍生物 使用不含前噬菌体的菌株 遗传修饰的菌株	方法简单，对许多 LAB 有效 菌株含有天然噬菌体抗性 仅有少数几个国家/地区使用
	培养物轮作		适用于许多类型的发酵工艺 但会造成噬菌体多样性增加
	控制 pH		
水源	使用对微生物安全的水		
加工或回收的成分（即乳清）	对乳清进行充分处理	避免生物气溶胶的产生 在回收前进行充分处理 尽量减少在工厂内回收最终废物	效率取决于噬菌体易感性、噬菌体初始量和培养基类型
溶原性菌株	在设计/选择起始培养物时评估它们的缺陷		
发酵剂	培养基	用抗噬菌体培养基进行发酵剂繁殖	

于 10^4 PFU/mL 的临界阈值时，牛奶发酵就会受到影响；当滴度超过 10^5 ~ 10^6 PFU/mL 时，就可能导致发酵彻底失败。一旦发生裂解性噬菌体污染，其发展进程和扩散将会极其迅速。在乳品发酵罐内，裂解性噬菌体潜伏期大约为 30 分钟，而暴发期也只有约 100 分钟。例如，生产奶酪及其他一些连续发酵过程，会让发酵菌繁殖多代，噬菌体的指数倍增更加令人担忧。造成的后果大多是非常严重的，接种了发酵菌的牛奶不能凝结，产品性能发生变化或完全丧失，且必须仔细清理整个生产线以消除噬菌体。有些生物技术行业不接受任何程度的噬菌体污染，产生的经济损失更加巨大，需要有灵敏高效的检测技术手段，在噬菌体污染发生早期或之前加以警示。

（一）噬菌体污染的来源

噬菌体是目前公认的地球上数量最多的生命体，几乎出现在所有存在细菌的自然及人工生态系统中。庞大的生物量加上广泛的分布范围，决定了从原料到产品、从空气到设备表面、从操作人员到发酵菌本身的诸多环境，都能成为发酵工业噬菌体污染的潜在来源。

1. *发酵底物* 进入发酵设施的任何原料成分均可能携带噬菌体。在乳制品加工产业及各种发酵工业中，底物都是噬菌体污染的首要来源。例如，来自西班牙不同产地用于发酵的牛奶样本，其中近 10%含有感染性乳球菌噬菌体。如果使用更灵敏的分子生物学检测方法，这一比例甚至高达 37%。尽管原料乳中的噬菌体滴度基本处于 10^1 ~ 10^4 PFU/mL的较低水平，但只要发酵菌培养物中包含少量的噬菌体敏感菌株，进入生产流程的噬菌体即可在发酵过程中迅速增殖，在乳清及最终产品中达到较高的颗粒物浓度。此外，由于原料乳通常是从多个不同农场获得的生牛奶混合物，每个农场都有自己独特的一套生产管理流程，包括收集和储存牛奶的条件、运输到工厂的过程以及最后在工厂的处理方式，都可能存在差别，使噬菌体的生物多样性和易感性在牛奶囤积过程中被进一步放大。总的来说，原料乳中天然存在着丰富多样的噬菌体，因此在乳品工业发酵起始阶段完全杜绝噬菌体是难于实现的。

2. *循环利用物* 发酵加工副产品的回收和循环利用同样存在风险。乳品发酵工业经常重复使用乳清蛋白以改善产品的味道或质量，提高其营养价值、标准化工艺流程和增加产量等。然而据报道，奶酪乳清的噬菌体滴度可高达 10^9 PFU/mL。即便经过巴氏灭菌甚至 95 ℃高温数分钟的热处理，仍然有许多噬菌体可以存活下来。发酵体系中的盐、脂肪、糖类、乳清蛋白可以进一步保护噬菌体免受热损伤。在这种情况下，残留于乳清蛋白浓缩物中的噬菌体，会污染其添加的产品，从而增加了循环使用副产品的风险。当通过超滤或微粒化浓缩乳清成分时，噬菌体也有很大概率被滤膜截流下来。一旦使用这些过滤物或浓缩物，残留的噬菌体将在随后的转化过程中引发问题。连续使用相同的细菌培养物进行发酵，便为噬菌体提供了持续共存的宿主环境，则可能频繁地发生噬菌体感染问题。

3. *起始培养物* 另一个容易联想到的噬菌体来源是用于发酵的细菌菌株。当溶原性噬菌体进入细菌细胞时，其基因组可以整合到后者的染色体中，形成前噬菌体与溶原菌的组合并一同繁殖。如遇热、盐、抗菌剂、饥饿或紫外线等胁迫条件，前噬菌体被诱导进入裂解周期，释放噬菌体颗粒。诱导也能以高达 9%的频率自然发生。前噬菌体还可以作为基因的储存库，参与基因组之间的重组和进化，扩大噬菌体宿主范围并赋予其新的感染特性。例如野生型噬菌体通过与宿主菌基因组中溶原的诱导型前噬菌体进行大规模的同源和非同源重组，能进化出对噬菌体抗性系统不敏感的裂解性突变株。因此，当菌株携带溶原性噬菌体时，发酵起始培养物本身就是噬菌体的来源。若在起始培养物中使用溶原性菌株，或可感染敏感菌株导致发酵期间的细菌裂解。近些年的细菌基因组学研究表明，许多菌株含有前噬菌体。据报道，商业来源或分离得到的干酪乳杆菌、副干酪乳杆菌和鼠李糖乳杆菌中，超过80%的菌株携带可诱导的前噬菌体，甚至一个基因组中携带了不止一种噬菌体。即便嗜热链球菌的溶原发生率相对较低，也可以达到25%的水平。

4. 工厂环境　虽然上述的内源性噬菌体威胁是发酵工业中的主要污染源，但工厂内外的原料运输和人员流动，尤其是空气置换及流通导致的内容物扩散，都将造成外源噬菌体涌入。空气流经富含噬菌体的物体表面或液体飞溅时，会使其中的噬菌体颗粒分散为气溶胶。气溶胶化的噬菌体被认为是一个重要的污染源。奶酪加工厂每天在开放式奶酪大桶中进行大量的牛奶及乳清加工，不可避免地发生液体飞溅和噬菌体气溶胶化，长时间保留在空气中并扩散到整个工厂或其他环境。由于能与直径小于2.1 μm的细小颗粒物结合，噬菌体甚至可以随之漂浮到距离污染源很远的区域。在德国一些生产奶酪的地区，空气中检测到的噬菌体浓度高达10^8 PFU/m^3，严重威胁周边乳制品发酵工厂的安全。空气中高水平的噬菌体意味着某些工厂发生过污染或有噬菌体大量繁殖，如果在生成地及其内容物未知的情况下不限制气溶胶传播，很可能引发新的污染和发酵工艺问题。

此外，发酵工作台和器物表面上沾染的噬菌体是一个容易被忽视的污染源头。从奶酪加工车间的门把手、墙面、地板、仪器设备甚至清洁工具等各种设施和物体上，能够检测到大量（大于10^3 PFU/cm^2）的c2型和936型乳球菌噬菌体。目前尚不清楚噬菌体进入工作区域的传播途径，但人体携带可能是一个重要因素。有研究认为大肠埃希菌培养过程中，最可能的噬菌体污染源正是人体本身，因为大肠埃希菌是胃肠道的常驻者之一。作为噬菌体的储存库，人体会持续向发酵环境中释放噬菌体，并对发酵产生长期持续性的威胁。充分了解噬菌体的潜在来源及发病症状，对防范控制污染、保证顺利生产至关重要。

（二）噬菌体污染的症状

在受控发酵容器中，噬菌体使细菌生长受到抑制或培养物被裂解，一般引起溶液浊度下降、黏度提升、发泡过度、溶解氧增加、二氧化碳生成减少及氨或碳源等营养物质消耗降低等症状。在任何噬菌体感染事件中，能够观察到的症状取决于许多因素，包括噬菌体种类及发酵类型、发生感染时所处的发酵阶段、噬菌体颗粒相对于细菌细胞的比例、发酵底物的成分以及发酵罐内的物理和化学条件等。

经验丰富和训练有素的技术人员，仅通过直接目视和普通光学显微镜抽检发酵样本，就可以识别症状比较明显的噬菌体污染。通常样品可能比正常情况更黏稠，并出现颗粒物。在一些情况下，培养物的浑浊度可能会显著降低，甚至呈现出与未接种培养物时类似的清亮状态。显微镜下可见样本中含有的细菌细胞数量明显少于正常数量，菌液中可能会悬浮大量的细胞碎片。由于样本的黏稠度较高，能够观察到细胞和碎片一直处于流动状态。如果噬菌体污染严重，发酵通常会完全停止，大多数细菌细胞可能在数小时内溶解。低水平的噬菌体污染相关的症状比较难以诊断，通常会出现发酵时间延长并且观察到产量降低。工业发酵过程中起始培养物被噬菌体污染会导致发酵启动困难，而在发酵后期发生的感染则产生不太明显和相对较小的影响。具有短潜伏期和大裂解量特性的裂解性噬菌体污染，大多出现非常快速和严重的症状。相反，溶原性和假溶原性噬菌体通常产生不太明显但更持久的症状，并且极难从感染的发酵设备中根除。

噬菌体感染引起的一些较为典型的症状，可以从利用大肠埃希菌生产工业化学品 1，3-丙二醇的发酵过程中看到。该过程中裂解性噬菌体感染最主要的特征是细菌细胞突然裂解，同时溶解氧快速增加。在分批补料发酵时，氧摄取速率及二氧化碳释放速率完全丧失。经过大约 11 小时的发酵后，OD_{550}在 30~40 分钟的时间内，从 42±2 Abs 迅速降至小于 1. 4±0. 5 Abs，活细胞数量会呈指数级减少。由于在设施启动时很多工厂并未考虑使用内部分子检测技术，因此这些早期事件很难被发现。但在后续开展污染查证工作时，可以从收集自发酵罐并冷冻保存的样本中，观察到被裂解的大肠埃希菌细胞、细胞膜组分、蛋白质和游离的核酸物质等，而且能通过透射电镜直接观察到这些样品中含有噬菌体颗粒。

噬菌体污染更典型的症状是发酵减缓或停止、发酵周期延长及产量大幅下降，这在丙酮-丁醇发酵工业中尤为凸显。由于发酵过程变得异常缓慢，历史上这种现象在日本一度被称为“昏睡病”。无论是以玉米还是糖浆作为发酵底物，发生感染时的症状都是非常相似的。在噬菌体污染开始时，首先观察到的往往是糖消耗延迟，发酵液中存在大量未被分解利用的糖，并且会导致 pH 突然改变，酸水平升高。同时，噬菌体污染导致异常发酵，还会出现气体生成变少和培养基循环减弱的症状，而且发酵醪会一直保持较深的颜色。这也与正常情况下分批发酵，底物颜色逐渐变浅的表现截然不同。有研究报告指出，停滞的发酵通常在 24~48 小时后再次启动，但经过长时间的发酵仅能得到中等到低等的产量。发酵菌种群和形态上的变化也很明显，包括细菌细胞数大幅减少、运动能力丧失及蚀刻或虫蛀状异常形态细胞大量出现，在有些时候还可以观察到细长的细胞甚至原生质体。例如，在糖丁酸梭状芽孢杆菌（*Clostridium saccharoper butylacetonicum*）被噬菌体 HM 感染的情况下，出现了上述的许多症状并造成丙酮-丁醇产品的得率显著降低。不同噬菌体污染产生的具体症状可能存在差异，如噬菌体 HM7，其潜伏期较长且裂解量较小，在发现噬菌体感染后该过程持续长达 100 天甚至更长时间，并且没有剧烈的扰动或明显的损伤迹象；而由噬菌体 HM2 引起的感染具有潜伏期短和裂解量大的特点，症状也会非常迅速地表现出来，使发酵过程仅在被噬菌体感染后很短的一段时间内维持正常。

溶原性细菌携带的前噬菌体也会引起发酵减缓和减产的症状。麦氏梭菌（*Clostridium madisonii*）4J9 菌株携带溶原性噬菌体。在孢子形成期间，这种噬菌体的基因组被包埋在宿主菌的内生孢子内，并且能够经受巴氏灭菌的高温处理。溶原性 4J9 菌株会自发地释放高滴度的噬菌体，感染拥有相似基因组序列的许多工业菌株，包括拜氏梭菌（*Clostridium beijerinckii*）NCIMB 8052 和麦氏梭菌 214 菌株。在评估溶原性对工业糖浆发酵培养基中细菌性能的影响时发现，溶原性麦氏梭菌 4J9 菌株的生长速率明显慢于非溶原性 214 亲本菌株及拜氏梭菌 NCIMB 8052 菌株。在测试的多种培养基中，4J9 菌株的倍增时间约为 42 分钟，而非溶原性菌株为 30 分钟。除了生长速率减缓之外，4J9 菌株的发酵症状还表现出产品得率的降低，在含有5%可发酵糖的培养基上产生约7.4 g/L的总产物浓度，产率仅为18.6%。野生型菌株在等效发酵培养基上得到的产物浓度为11.9~12.8 g/L，产率为30%~32%。缓慢和错误发酵将给工业生产带来一系列的不良影响。

第二节　控制噬菌体污染的方法与策略

噬菌体污染对工业微生物发酵造成巨大的威胁，但迄今解决这一问题的研究和有效方法仍然很少，已知的方法都不能完全杜绝噬菌体污染发生。过去几十年几乎所有的努力都旨在防患于未然，或控制其扩散而非根除它们（表23-1）。一些策略或有助于降低污染发生的风险，如良好的工厂设计、改善卫生条件、改变工艺、发酵菌轮作和使用噬菌体抗性菌株等。例如车间功能区物理分隔和设备布局、空气流通等因素，甚至需要在发酵工厂设计建造之初便有所考虑。对于来自发酵源头、不可避免的噬菌体混入，需采取必要的措施控制其增殖，包括谨慎处理原料和循环利用的副产品，以及使用噬菌体抑制性培养基等，后续还应采用对噬菌体不敏感的细菌突变株进行替换。当前最流行的策略是采用合成生物学方法，借助基因工程手段加速发酵菌株选育过程，进一步改良性状及开发噬菌体抗性菌株。对于已经发生的污染，还需要考虑尝试各种方法，挽救已被噬菌体污染的发酵物和车间设备等。虽然目前已有不少控制噬菌体污染的方法与策略可供选择，但噬菌体污染的形势也在持续变化，新的变种接连涌现。这也提醒人们在总结经验的基础上，不断寻找新的预防和控制策略，以跟上噬菌体进化的脚步。

一、噬菌体污染的防范措施

噬菌体污染的控制依赖于在工厂和实验室水平上采取各种措施，降低高风险因素的影响。总体原则是对噬菌体的潜在源头进行重点防范，尽最大可能将噬菌体隔绝在发酵设施之外。对依赖细菌将底物转化为商业产品的任何发酵过程，都有必要进行准确的噬菌体检测。特别是裂解性噬菌体可以迅速增殖，定期检测和持续监控更加重要，也需要采取有效措施，抑制噬菌体的快速过量复制。

（一）噬菌体暴发的高风险因素

废气、污水和土壤等外部环境是噬菌体的丰富来源，应远离发酵设施。发酵菌细胞随废气排放，将促使换气口附近环境中的噬菌体大量繁殖。对于任何工厂和设施，当发酵罐排气过滤器没有按时更换，或者根本没有安装时，就容易导致噬菌体暴发。如果在工厂设计时，进气口位于发酵车间的下风处，类似情况也会发生。对广泛使用重组大肠埃希菌菌株的生物技术工业，生活污水和粪便是噬菌体的一个风险来源。曾有一些大肠埃希菌发酵工厂，将进气口安置在粪便收集池附近或污水处理厂下风处，那里的大肠埃希菌噬菌体含量可高达200 PFU/mL，因此经常暴发噬菌体疫情，直到进气口被重新安置情况才得到改善。土壤的翻动和地表破坏也是引起噬菌体污染的危险因素，且呈现季节性规律，在每年的1~3月和10~11月，土壤中的噬菌体数量大幅增加。随着春季耕种和秋季收割，噬菌体可能会从被翻动的土壤中被释放出来，所以一年中的这些时间段是土壤来源的噬菌体暴发的高峰期。土壤在任何季节被破坏和扰动都可能导致噬菌体暴发，附近的发酵设施便容易发生疫情。可供选择的控制措施是适当遮盖建筑工地受扰动的地面，尽量减少噬菌体的释放，同时留意发酵异常现象，必要的时候对发酵物进行抽样检测。建议在噬菌体高发季节及发酵设施附近的任何重大破土动工期间，加强清洁和监测。

对于一些有氧发酵来说，持续供应的空气中隐藏的噬菌体污染是一个潜在的威胁，非常难以应对。进气滤清器的平均孔径虽然略大于多数噬菌体，但仍然可以从进入的空气中去除一定量的噬菌体（图 23-1）。如果进气滤清器在灭菌后减压过快，可能会造成破裂导致效果变差，因此有必要经常测试进气滤清器的完整性。对进入的空气进行热处理能够有效地控制噬菌体，但在设备需要大量进气时并不适用。良好的进气口微生物清洁措施有助于将噬菌体排除在发酵设施之外。

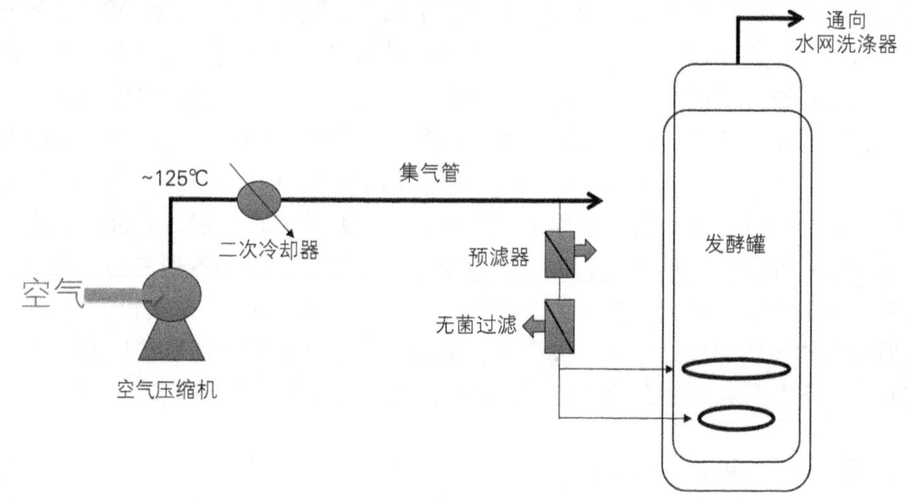

图 23-1　为生产发酵罐提供过滤空气的一种设计方案

发酵工厂的布局和设施内部环境的维护，对于降低噬菌体暴发的风险非常重要。为了防止受到外界环境噬菌体的污染，细菌发酵剂培养物应该在正压室中制备。发酵菌制备室也应与加工区域密封隔离，副产品和废弃物放置在尽可能远离起始室和发酵罐的单独区域，避免发酵菌、发酵副产物和工厂设备之间的交叉污染。鉴于大多数噬菌体在潮湿环境中可以无限期存在，但对干燥却很敏感，因此对发酵设施最基本的要求应该是易于清洁和保持干燥。地毯和地垫等编织物能够锁住水分，由此造成的潮湿问题经常容易被忽视；反观塑胶地面和地板的表面比较平整，易于保持清洁和干燥，更利于防止污染物滋生。同时应注意避免设施周边积水和过度潮湿，查找并处理隐蔽的潮湿区域，及时清理及修复泄漏。

对发酵设施的结构和功能的设计应该规范合理。例如，在一个研究大肠埃希菌发酵的设施中，含活的大肠埃希菌的所有发酵废料，都进入废料系统的一个储存罐中。储存罐在设计之初并未考虑消毒措施，本身不具备灭菌功能也从未消毒过，其中形成了浓度为 10^5 PFU/mL 的常驻噬菌体群落。这些噬菌体以定期进入罐中的活大肠埃希菌细胞为宿主进行复制，偶尔会从废料系统上行进入设施的工作区域，造成污染。问题的解决方案是重新设计规划，使储存罐具备沥干及在内部喷洒热苛性碱消毒剂的功能。此外，发酵设备组件应保持良好的工作状态。盘管通过其中流动的冷却水控制发酵罐培养温度，水中常常携带噬菌体。生产中有时会将次氯酸钠以非常低的浓度添加入冷却水系统，控制其中的微生物生长。但该化学品的腐蚀性可能导致盘管泄漏，从而引入噬菌体成为感染的来源。在有的发酵设施中，噬菌体感染的频率与冷却水中的细菌通量正相关，但并不一定直接相关；有些感染则与水中过高的溶解氧或有机物含量有关。对盘管的定期维护、清洗和水处理能够消除这些问题。

对发酵环节而言，鉴于噬菌体的生长和繁殖依赖于细菌，精心挑选和核验发酵菌株将有助于避免噬菌体出现或至少限制其数量。在使用之前，对起始培养物和预培养物等所有接种物进行测试，尽管大多数供应商会测试他们的菌株是否携带前噬菌体及其天然诱导率。特别需要注意的是，不确定来源和菌株组成的接种物不应被随意使用，即便在使用之前也应对其进行噬菌体检测。当然，测定存在着一定的难度，因为这类培养物的确切菌株组成往往是未知的，有可能需要借助基因组测序手段加以识别和谨慎筛查。严格的原料进出和储存、循环物料和废料管控措施同样不可或缺。在发酵过程中的任何环节，对原材料或副产品中的噬菌体进行早期检测，都有助于最大限度地减少噬菌体对发酵工厂的不利影响。需要在发酵过程开始之前，查明原料中是否存在、存在多少噬菌体，并根据噬菌体污染的频率和设施的大小，确认初始噬菌体通量不会成为发酵失败的显著风险要素。尽量不要使用过多来源的物料，因为这样可能会增加噬菌体的多样性。对于循环使用物料或副产品的发酵产业，应对重复利用的成分进行处理以灭活噬菌体，或用于使用不同发酵菌的其他发酵过程。例如，如果从使用嗜温起始培养物制备的切达干酪发酵中收集乳清，则该乳清副产品可以安全地用于酸奶或需要嗜热培养的干酪制造过程。如果认为原料或循环利用成分仍然存在风险，须采取有效的措施减少初始噬菌体通量，或将它们用于不会受噬菌体影响的其他生产过程。

（二）检测噬菌体污染的技术方法

如果在生产过程中的任何阶段观察到异常发酵现象，应立即进行检测以评估发生噬菌体感染的风险，一般可分为直接检测和间接检测两种方法。直接检测法主要检测样品中是否存在裂解性噬菌体颗粒或其核酸及蛋白质组分，如噬斑测定和分子检测，在发酵行业中使用比较广泛。在间接检测法中，活性测试是发酵工厂最常用的方法之一。此外，根据时效性和灵敏度的需求，可以选择电子显微镜观察、ELISA 法、核酸分子杂交、流式细胞术、蛋白质谱甚至基因组测序等其他手段。

1. 直接检测法

（1）噬斑测定：噬斑测定法是比较常规的微生物学方法，一直是检测噬菌体的黄金标准，用于确定发酵样品中是否存在裂解性噬菌体。即使起始培养物由多种菌株的混合物组成，也应尽可能用纯培养物进行噬斑测定。它的一大优势是可以区分活性和非活性噬菌体，缺点则是需要敏感的指示菌株及相对较长的时间才能得到结果。例如，有些时候在细菌菌苔上可能难以观察到噬斑，在这种情况下，增加或降低孵化温度、改变感染的多样性、添加 Ca^{2+} 或 Mg^{2+} 等辅因子、添加甘氨酸等细菌细胞壁弱化剂，或可增加斑块的显示度。对检测溶原性菌株携带的前噬菌体而言，用诱导剂处理导致细胞裂解并形成噬斑是最直接的检测证据。由于存在未找到合适的诱导条件或指示菌株的可能，阴性结果并不能完全证明没有携带可诱导的前噬菌体。

（2）显微镜观察：显微镜观察是应用较广的噬菌体检测手段。除了常用的电子显微镜之外，近年来还有结合荧光显微镜和原子力显微镜监测噬菌体污染的尝试。简单来说，就是使用荧光显微镜从被感染的培养物中计数噬菌体颗粒，同时配合使用原子力显微镜动态追踪感染过程中噬菌体和细菌种群的变化。用荧光显微镜计数的噬菌体颗粒需要先经过染料染色，发出超过病毒粒子实际大小的绿色荧光，使其足以被显微镜识别。但缺点是无法识别毒力和非毒力噬菌体。

（3）分子检测：基于分子生物学技术的直接检测法似乎颇具优势，其检测时间比噬斑测定短得多且灵敏度较高。常规 PCR 检测方法已用于检测或快速区分乳杆菌、乳球菌和链球菌噬菌体。从噬菌体增殖到 PCR 扩增，再到凝胶电泳步骤，整套流程只需要花费数小时的时间。考虑到噬菌体种类和样品的性质可能存在差异，常规 PCR 方法检测限通常为 10^4 ~ 10^7 PFU/mL。如果引入噬菌体浓缩步骤，检测限最低可达 10^3 PFU/mL。

实时荧光定量 PCR（qPCR）则可在发酵过程中实现对特定噬菌体的高灵敏度、高效和实时监测。这种方法已被应用于检测嗜热链球菌噬菌体，分别针对 pac 型噬菌体编码的小尾蛋白基因及 cos 型噬菌体编码的 RBP 基因设计引物，只需要不到 30 分钟的时间就能完成测试。采用 qPCR 靶向内溶素基因的保守片段，来检测牛奶中的乳杆菌噬菌体，检测浓度下限为 10^4 PFU/mL。同样使用 qPCR 检测山羊原料乳和乳清中的乳球菌噬菌体 c2、936 和 P335，最低检测限可达 10^2 PFU/mL。

由此可见，PCR 可提供快速、特异和高灵敏度的技术以检测噬菌体污染。但需要指出的是，因为分子生物学技术只检测噬菌体 DNA，不能区分活性和非活性噬菌体颗粒。相对于常规的微生物学实验方法来说，分子检测略为昂贵且特异性更强，仅能检测到引物靶向的噬菌体。这意味着只有先前已有足够的噬菌体基因组数据可用，才能设计出有效的引物。为了克服这些限制，基于 PCR 的分子检测方法一般作为辅助手段，仍并行使用微生物学方法来确定宿主范围和噬菌体滴度等信息。

2. 间接检测法

（1）细菌活性：在无法进行可靠的噬斑测定的情况下，细菌活性和指示剂测试等一些间接检测方法，也可以用来推断发酵液中是否有噬菌体污染。例如，在灭菌或巴氏杀菌乳发酵样品的检测中，取约 1 mL 样品，经 0.45 μm 的滤膜过滤后，接种 10 mL 灭菌乳；另取 1 mL 发酵菌培养物接入等量的灭菌乳作为对照；两管发酵液孵育后测量各自的 pH，如果含滤液一管的 pH 比对照的一管高 0.2 个单位或以上，表明抽检样品的乳酸产量较低，则怀疑可能有噬菌体污染。还可以在乳制品发酵液中添加亚甲基蓝或溴甲酚紫等化合物作为指示剂，根据颜色变化推断其中是否存在噬菌体。当发酵液的 pH 降至 5.4 以下时，指示剂从紫色变为黄色，表明乳酸能够正常生成；如果在孵育期间没有颜色变化，则提示存在噬菌体或其他物质干扰乳酸生成。

（2）显色反应：包括活性测试和指示剂测试，但都存在一定的局限性，主要是当起始培养物为混合发酵菌时，噬菌体可能只裂解部分菌株，而对噬菌体不敏感的菌株仍将继续生长并持续产酸，引起活性或颜色变化的显示时间延迟，甚至产生假阴性结果。还有一种基于显色反应的方法是 ELISA 检测，能针对特定噬菌体结构蛋白制备抗体进行噬菌体识别。ELISA 检测特异性较强，却恰恰成为一大缺点，使其不能检测具有不同结构蛋白质的噬菌体，并且敏感性通常较低。

（3）流式细胞术：这是一种可判断发酵过程中是否出现噬菌体污染的间接检测方法。当噬菌体感染其宿主时，细菌细胞将发生破裂或其他形态上的变化。流式细胞仪可以灵敏地捕捉到质量损失和分裂中断这两种形式的细胞变化。只要噬菌体裂解细胞能够在相差显微镜下被观察到，流式细胞仪就可以通过光散射有效地测量细胞质量的损失，从而区分感染和未感染的细胞。当检测是否存在噬菌体时，可以在流式细胞仪上对样本进行培养，获得细胞质量分布范围信息。如果培养物中同时含有裂解细胞和活细胞，通常细胞质量的分布范围较宽，而如果只存在活细胞一般会产生较窄的峰。无论起始培养物中存在哪种噬菌体、细菌菌株数量有多少，流式细胞术都可以检测出细胞形态变化，且检测限与常规 PCR 方法相当，达 10^5 PFU/mL。需要注意的是，在使用流式细胞仪进行测定前，应先滤除真核细胞或脂肪颗粒等，以避免造成仪器管路堵塞。从工业发酵的生产应用角度来看，流式细胞术允许实时噬菌体检测，但需要昂贵的设备和经过培训的技术人员来操作和分析数据，使其应用范围受到了极大的限制。

（4）生物传感器检测：在噬菌体检测方面已展现出良好的应用前景。通过表面等离子体共振，传感器可以从每毫升水体中检测到低至 10^2 个大肠埃希菌噬菌体，并且实时跟踪它们的复制。基于阻抗滴定法的生物传感器检测，则通过感知乳制品样品中细菌降解时产生的电流变化来检测噬菌体。另有使用碳纳米管传感器检测电流变化识别噬菌体及细菌的技术，通过添加 1-芘丁酸琥珀酰亚胺酯使碳纳米管传感器“功能化”，诱导电阻增加。当噬菌体或细菌等抗原与连接至碳纳米管传感器的抗体结合时，电阻进一步增加。计算初始电阻和抗原结合后电阻之间的差值，以此估计结合到碳纳米管芯片的抗原数量。该方法被证明对噬菌体比对细菌更加有效，可在 5 分钟内检测到最低浓度为 10^3 PFU/mL 的噬菌体。这种方法的关键技术优势在于它可以进行定量，并且能够通过选择抗体轻松地调整结合特异性。由于蛋白质序列较为保守，抗体一次可能会靶向多个噬菌体，因此必须开发多种不同的抗体来特异性检测最常见的噬菌体群体。有人认为这种技术可以实现小型化，并在常规检测中以较低的成本推广应用。

3. 检测法选择　总的来说，噬菌体污染检测技术的选择和使用范围将取决于几个因素，如工厂的规模、发酵产品的数量、噬菌体感染的频率、起始培养物的类型、快速检测的必要性、对检测限的要求及产品价值和成本投入等。尽管有些技术还有待在发酵产业中进行更多的实践检验，却为新型噬菌体污染检测方法的开发和应用打开了大门。除了发酵培养物之外，工厂环境和空气中噬菌体污染检测技术的发展，将有助于污染防治方法与策略的制定，同样值得重视。

（三）抑制噬菌体的快速过量增殖

实际上，有些未经过消毒的原料本身就具备自我消毒和杀灭噬菌体的能力。例如，标准浓度为 29% 的氢氧化铵在发酵中被用于控制 pH 和补充氮源，能够在数秒时间内使噬菌体滴度下降为原先的 1/10。$pH<5$ 或 $pH>10$ 的溶液对大多数噬菌体也有类似的杀菌效果。但绝大多数发酵过程仍需额外添加抑制剂（表 23-2），设计含有杀灭或延迟噬菌体繁殖组分的培养基。抑制发酵设施中噬菌体的快速过量增殖主要依靠两种方式，即选择性灭活游离的噬菌体或干扰噬菌体与其宿主菌之间的相互作用。

表 23-2　适用于发酵过程的特定噬菌体抑制剂

抑制剂	应用范围（发酵过程的最终产品）
特异性噬菌体抗血清	乳制品
维生素、辅酶	
维生素 K_5	
维生素 E、维生素 K_1、维生素 K_2	
辅酶 Q	
维生素 C	乳制品
氨基酸及其相关化合物	
碱性氨基酸（赖氨酸、精氨酸、鸟氨酸）	
酰基氨基酸	
己糖胺（*D*-葡萄糖胺）	*L*-谷氨酸、赖氨酸、鸟苷、蛋白酶
抗生素	
氯霉素	丙酮丁醇 *L*-谷氨酸
四环素	丙酮丁醇 *L*-谷氨酸
卡那霉素	丙酮丁醇
新霉素	丙酮丁醇
硫醇还原剂	
谷胱甘肽	
二硫苏糖醇	
L-半胱氨酸	
2-巯基乙醇	乳制品
生物活性杂环化合物	
吖啶黄	杆菌肽
吲哚	淀粉酶
氯己啶	普遍适用
取代三嗪	普遍适用
取代哌啶基乙酰苯胺	普遍适用
食品防腐剂	
对羟基苯甲酸烷基酯	发酵食品
β-丙内酯	乳制品
苯甲酸盐	发酵食品
二乙基碳酸酯	乳制品
洗涤剂	
十二烷基苯磺酸钠	生物质能
聚乙二醇单酯	
聚氧乙烯烷基醚	
吐温-20 和吐温-60	*L*-谷氨酸
碳氢化合物和硅油	
正构烷烃	*L*-谷氨酸 生物质能
硅油	生物质能
螯合剂	
钠-三聚磷酸盐和四聚磷酸盐	*L*-谷氨酸
磷酸酶	乳制品
草酸盐	*L*-谷氨酸 链霉素
柠檬酸盐	乳制品
植酸	*L*-谷氨酸 链霉素 *L*-谷氨酸

（续表）

抑制剂	应用范围（发酵过程的最终产品）
无机离子	
Fe^{2+}	丙酮-丁醇
单价阳离子（Na^+、Rb^+、Cs^+、NH_4^+）	丙酮-丁醇
低级脂肪酸单甘油酯	乳制品
萜烯（来自植物）	乳制品
碳源	生物反应器
反式蛋白质	工业发酵

1. 选择性灭活剂　许多生产行业在发酵罐中使用化学试剂，在不干扰发酵菌生长及生产力的同时，特异性抑制噬菌体增殖。有不少化学物质可以有效地杀死噬菌体，但是在选择消毒剂前需要充分考虑几个因素，包括具有快速抗菌活性、易于施用、成本低、对最终产品没有负面影响，以及最终降解成无害的化合物。含有过氧乙酸的产品通常是最有效的，能确保快速、高效地杀灭噬菌体颗粒。乳品工业使用的几种经典杀菌剂对德氏杆菌、干酪乳杆菌和副干酪乳杆菌噬菌体的灭活效果各异，季铵盐、碱性氯化物泡沫或聚氧乙烯壬基酚磷酸酯是非常有效的，而对甲苯磺胺类药物对噬菌体数量没有明显的减少作用。次氯酸钠、乙醇和异丙醇常用于清洁实验室台面和器皿，但其在灭活噬菌体方面效果还存在疑问。

在能够选择性灭活游离噬菌体的化合物中，对抗坏血酸的认识尤为全面。已经证实抗坏血酸可以抑制多种类型的噬菌体。抗坏血酸自动氧化过程中产生的自由基，尤其是羟基自由基，发挥杀毒作用。自由基导致 dsDNA 噬菌体的单链断裂，也是造成 ssDNA、dsDNA 和 RNA 噬菌体失活的原因。虽然在强烈曝气的连续发酵过程中，似乎难以将必需的自由基浓度保持在恒定的最佳水平，但除此之外，抗坏血酸可抑制所有类型的噬菌体，并且几乎满足噬菌体抑制剂的所有其他要求，因此被认为是一种通用的噬菌体灭活剂。与抗坏血酸类似，含有巯基的氧化还原物质（如二硫苏糖醇、半胱氨酸、巯基乙醇、巯基乙酸盐和谷胱甘肽等）在硫醇氧化过程中形成自由基，导致噬菌体核酸断裂，实现杀菌目的。赖氨酸与噬菌体 DNA 的磷酸残基相互作用，也可能与噬菌体尾部结合导致尾部结构的构象变化，形成杀灭效果。

2. 繁殖期阻断剂　有的化合物能干扰噬菌体与宿主菌之间的相互作用，阻断其生命活动周期。许多噬菌体需要金属离子，尤其是 Ca^{2+} 和 Mg^{2+}，作为吸附和 DNA 注入的辅助因子，帮助噬菌体在细胞表面上结合，启动感染过程。所以通过加入低钙和低镁介质，可以抑制噬菌体对细菌细胞的吸附。使用柠檬酸盐、草酸或植酸金属螯合剂，同样能够结合二价阳离子，阻止噬菌体完成裂解循环。此外，聚乙二醇、吐温-20、吐温-80 等化学物质，在微生物细胞表面形成非常薄的薄膜，可以阻断或修饰宿主表面及噬菌体尾部的受体位点，这些非离子洗涤剂也常被用作抑制噬菌体的成分。这些试剂在合适的浓度下，对细菌细胞生长和发酵生产力几乎没有不利影响，可以在工业上推广应用。

某些抗生素以不同方式影响毒力噬菌体生命周期的后段。短芽孢杆菌和梭菌噬菌体的繁殖被 1.5 pg/mL 左右的四环素或氯霉素所抑制，2.5 pg/mL 可以完全阻止噬菌体在宿主细胞内的增殖，而 0.5 pg/mL 的四环素仅延长潜伏期并降低暴发规模。氯苯二酚和红霉素抑制早期蛋白质的合成，放线菌素与注入的噬菌体 DNA 结合阻断 mRNA 的合成，新霉素和链霉素则通过抑制噬菌体裂解酶的活性，防止感染的梭菌细胞被裂解。由于抗生素一般也抑制宿主细菌的生长，因此有必要选择对宿主细胞的影响比对噬菌体更小的抗生素，即具有选择性作用的抗生素。

最新的阻断方法要数生物活性物质的应用，其竞争性地阻断细菌表面上受体位点与噬菌体识别的区域。在波兰，噬菌体抗血清被用于奶酪生产，在接种起始培养物之前，将一定比例的含有抗噬菌体免疫制剂的免疫血清加入到原料乳中，针对工厂中常见的噬菌体类型帮助发酵菌产生抗性。与之类似，凝集素能够识别和阻断细菌表面由多糖组成的特定受体位点，也是一类生物噬菌体抑制剂。另有方法使用纯化的噬菌体多肽作为保护乳球菌培养物的添加剂，尽管噬菌体未被完全灭活，但这些肽能够促进乳酸菌培养物在含有噬菌体的培养基中生长。当在含噬菌体肽的培养基中制备起始培养物时，乳酸菌甚至可以在复性和成熟阶段免受噬菌体感染。

3. *物理灭活方法* 除了上述化学和生物学方法之外，物理方法也是杀灭和抑制噬菌体的不错选择。工业设施中会用到熏蒸/雾化系统、臭氧处理和紫外光照射等杀菌方式。其中，光催化具有成本低、安全性高、无残留、可处理混合污染、应用范围广和操作方便等诸多优点，可以替代传统的化学消毒方法。二氧化钛具备光催化性能，最初主要用于氧化去除光化学污染物。当紫外线照射时，会激发二氧化钛产生高度氧化的物质，催化包括有机物分解在内的各种化学反应。使用涂有二氧化钛和氧化银混合物的陶瓷制剂，可在 300~400 nm 波长的光线条件下灭活乳酸菌噬菌体 PL-1 悬浮液。光催化暴露不到 1 小时的时间，德氏乳杆菌和植物乳杆菌噬菌体减少了 6 logs，而干酪乳杆菌和乳杆菌噬菌体则需要 2 小时。

使用高压灭活噬菌体的技术也在工业发酵中得到了广泛运用。研究和使用得最多的是高压均质化（high pressure homogenization，HPH）和高静水压（high hydrostatic pressure，HHP）这两种方式。噬菌体失活率与施加的压力和次数成比例，对不同培养基和噬菌体类型的处理效果也可能不同。例如，在 100 kPa 下经过 5 次高压均质化法处理复配脱脂乳后，副干酪乳杆菌、干酪乳杆菌、德氏乳杆菌、植物乳杆菌、瑞士乳杆菌、嗜热链球菌和乳酸乳杆菌的噬菌体分别减少了 2~6 logs 不等。只有对成本进行详尽的分析，充分了解噬菌体的分类组成，才能选择最有效的灭活方法来抑制噬菌体的快速过量增殖。

二、对发酵菌株的筛选与改造

使用高效的细菌发酵培养物对获得优质产品至关重要，对噬菌体不敏感的菌株更能减低风险，保证产品稳定性和生产的持续发展。不同于前面提到的防范和控制感染的策略，使用噬菌体抗性株将从源头上避免这一问题。在条件允许的情况下，应使用 2~3 种具有优良性状的细菌菌株制成混合物，防止噬菌体感染全部起始培养物造成后续发酵过程中断或彻底失败，确保工厂稳定运行。如果使用不敏感突变株或具有天然抗性机制的发酵菌不能达到令人满意的效果，可以尝试构建新的噬菌体抗性系统。在过去的二十多年里，基因工程已被作为开发噬菌体抗性菌株的替代方法，一些噬菌体遗传元件成为抗性性状的来源。这些对抗噬菌体的方法包括来源于噬菌体编码的抗性系统、反义 RNA 技术、噬菌体引发的自杀系统、噬菌体蛋白的过度表达、设计的锚蛋白重复序列和中和抗体片段等。

（一）使用对噬菌体不敏感的发酵菌株

为规避风险，发酵工厂广泛采用的一种成功对抗噬菌体的策略是交替使用细菌菌株。基本操作是用一组候选的发酵菌确定噬菌体宿主范围，然后根据结果合理设计起始培养物轮作系统。如果交替使用对不同噬菌体敏感的两个发酵菌株，则可以限制噬菌体对发酵过程的影响。该策略通常将噬菌体滴度保持在不干扰发酵的水平。但轮作的前提条件是要有足够数量的菌株供选择，况且筛选对噬菌体不敏感的菌株本身就困难重重。使用不同菌株带来的发酵效果差异，也是轮作方法可能存在的问题。而且从进化的角度来看，频繁变换菌株还会促进噬菌体混杂群体的形成，增加噬菌体基因库遗传重组的可能性。因此，如果可能的话，最佳方案是在同一设施中对发酵产品类型也进行定期的更换。

当发现工业菌株对噬菌体敏感时，首先要做的是用具有相同功能特征的噬菌体抗性菌株进行替换。如果尚未获得这样的菌株，即便将耗费大量的时间和成本，也需要进行从头筛选。获得噬菌体不敏感突变体的常用方法是从敏感株中筛选抗性株——在长期暴露于裂解性噬菌体后，一些细菌可能由于编码受体蛋白的染色体基因发生突变，不再被噬菌体吸附；引起细菌碳水化合物组成、蛋白质谱或脂磷壁酸浓度变化的突变，造成细胞表面特征改变，也可能是噬菌体吸附水平下降的原因。将这些细菌突变菌株挑选出来培养，作为噬菌体抗性株使用。任何细菌群体总会有一些个体通过改变细胞壁成分自发产生噬菌体抗性，通过诱变剂处理则可以显著增加产生抗性突变体的百分比。

在使用抗噬菌体突变体时，应始终牢记它们不可避免地会受到噬菌体感染的可能性。这一点可以从谷氨酸和溶剂发酵产业的经验中清晰地看到，虽然在生产中每次噬菌体感染后都会筛选和使用抗性突变株，但由于出现新噬菌体或前噬菌体产生突变，噬菌体感染引起的发酵异常依然反复发生。尽管如此，目前已经分离得到了许多噬菌体抗性株，并且在工业条件下普遍使用。

（二）利用基因工程开发噬菌体抗性菌株

细菌的天然防御机制，使它们能够抵挡噬菌体的攻击。仅乳酸乳球菌就拥有超过 50 种噬菌体防御系统。根据在裂解周期中起效的机制，这些防御系统被分为四类：阻止噬菌体吸附、阻断核酸注入、限制/修饰系统及流产感染系统。这些天然防御机制的基因由质粒或染色体编码。几种质粒可通过结合进行转移，能够开发出噬菌体抗性菌株而不影响其生产性状。这些天然噬菌体防御系统通常对多种噬菌体有效，具有重要的商业价值，许多已在全球被授予专利。

1. 噬菌体编码的抗性（phage-encoded resistance，PER）系统　即使用源自裂解性噬菌体基因组的元件进行防御。工程化的 PER 系统导入了噬菌体的复制起始位点，通过钝化 DNA 多聚酶或竞争复制因子干扰噬菌体 DNA 复制，抑制噬菌体的增殖，使其无法对其他细菌进行后续侵染。最早被开发的一类 PER 系统是将工业噬菌体 Φ50 的复制起始位点引入乳酸乳球菌 NCK203 菌株，不仅对噬菌体 Φ50 本身产生抗性，而且对来自工业环境的其他一些小等轴噬菌体分离株也具有抗性。有人认为，所有这些敏感噬菌体都源自同一家族，并且很可能在它们的复制起始区域表现出很高的同源性。该系统既不影响噬菌体吸附也不影响 DNA 注射，而是在噬菌体侵染后期的 DNA 复制阶段发挥作用。噬菌体编码的抗性表型强烈依赖于质粒拷贝数，低拷贝数质粒可能不足以提供充足的复制起始位点吸引和竞争噬菌体复制因子。然而当拷贝数过多时，会对这些抗性突变株产生一定的副作用。另有基于噬菌体 Sfi21 的复制起始位点，开发的来源衍生型 PER 系统用于嗜热链球菌菌株 Sfi1，使得宿主菌株对 Sfi21 和其他 17 种嗜热链球菌噬菌体产生抗性。开发用于其他发酵菌的类似系统，则需要对各自噬菌体的复制起始区进行鉴定和功能表征。该方法对于尚未确定其他质粒编码防御系统的噬菌体敏感菌株特别有效。

2. *反义 RNA 技术*　基于反义 RNA 技术实现基因沉默，也是产生工程化噬菌体抗性菌株的有效方法之一。它可以靶向推定编码 DNA 聚合酶亚基、单链结合蛋白、转录因子、主要尾部蛋白、终止酶、主要衣壳蛋白和解旋酶的各种噬菌体基因，与 mRNA 特异性结合，抑制噬菌体基因的转录和翻译，实现对噬菌体繁殖周期的干扰。工业发酵中的典型例子是针对嗜热链球菌噬菌体开发的反义 RNA 系统，能够靶向 Sfi21 型噬菌体基因组的引物酶或解旋酶基因，为宿主菌提供保护。Sfi21 型噬菌体复制模块在大多数工业分离的噬菌体中十分常见，这种强保守性使其成为了噬菌体防御靶标的最佳选择。通过表达针对其他噬菌体基因的反义 RNA，在乳酸乳球菌中也开发了类似的系统。总体而言，该系统能够干扰及延迟细胞内噬菌体 DNA 的复制，减少噬斑形成，降低噬菌体感应 mRNA 转录物的丰度，并减少噬菌体释放后代颗粒感染其他细菌。最有效的反义 RNA 系统通常是那些靶向对噬菌体发育至关重要、早期或低水平表达及各个转录本不稳定的基因。噬菌体全基因组序列和基因注释信息的不断累积，将为反义 RNA 技术提供更多精准的靶标。

3. *触发式自杀*　这是另一种可用于基因工程操作的噬菌体防御策略。它与流产感染系统的原理极为相似，同样是诱导噬菌体侵染宿主细胞，并使细胞在受到感染后自杀溶解。基因工程的方法是将由限制性基因盒构成的致死基因克隆到高拷贝质粒上，使用噬菌体诱导型启动子触发自杀系统的表达，同时杀死细菌细胞和感染的噬菌体，让噬菌体无法复制和传播，从而保护未受感染的细菌群体。基于诱导型质粒策略的这种系统最初是为乳酸乳球菌创建的，以控制其噬菌体感染。它包含致死的三基因盒 llaIR+，编码乳酸乳球菌 LlaI 限制性修饰系统的限制性内切酶，在噬菌体 Φ31 中表达启动子的严格控制下克隆。在感染期间，llaIR+盒被诱导，导致噬菌体 Φ31 噬斑形成能力显著下降，只有一小部分被感染细胞会释放后代噬菌体颗粒。该系统还提供乳酸乳球菌针对其他 Φ31 样噬菌体的保护，然而有一些噬菌体能逃脱这种防御。改用更强劲的噬菌体启动子或更高效的限制性内切酶，也许能提高现有自杀系统的效率，但可能对细菌细胞生长产生负面影响，因此在选择时须谨慎。

4. *超感染免疫和排斥*　在溶原性噬菌体的溶原周期内，裂解模块不具有活性，而超感染免疫和超感染排斥基因却被活跃表达。这两类基因的功能是防止溶原性宿主菌遭受噬菌体的二次感染。尽管噬菌体相关序列给细菌细胞带来了负担，但它们也被认为通过增加其适应性为宿主提供了益处。像嗜热链球菌前噬菌体 Sfi21、乳酸球菌噬菌体 TP901-1 和乳酸杆菌噬菌体 A2，携带着超感染免疫基因，赋予了细菌细胞针对同源噬菌体感染的免疫力。超感染排斥基因虽然不参与维持溶原状态，但在溶原性循环期间也是活跃的。嗜热链球菌噬菌体 Sfi21 超感染排斥基因 *orf*203，使宿主菌对一系列裂解性链球菌噬菌体的重复感染产生了抗性。利用超感染免疫和超感染排斥基因创建工程化的噬菌体防御系统，是保护细菌细胞免受侵染的另一种策略。基于溶原性噬菌体 Tuc2009 的 *sie*2009 基因，在乳酸乳球菌中已经开发出了一种重叠感染排除系统，对一些936型噬菌体具有抗性。或许发酵工厂的技术人员会对使用溶原性菌株存在抵触情绪，可以考虑选择缺陷性前噬菌体（defective prophage）。这种有缺陷的噬菌体不能被环境因素有效诱导，而在宿主菌株中固化。超感染排斥和免疫基因也可由缺陷性前噬菌体提供。这种溶原性菌株由于不易被诱导而对发酵过程没有威胁，作为重复感染事件的天然抗性菌株，发酵工业应该会特别感兴趣。

5. 亚基中毒系统　这也是一种工程化的噬菌体防御策略，依赖于截短/突变蛋白质的反式表达，损伤其野生型变体的功能。为了实现这一点，突变蛋白应该以高于其野生型对应物的水平表达。该策略的一般概念与超感染免疫方法非常相似，但具体的防御机制有所不同。乳酸乳球菌噬菌体Φ31的野生型CⅠ阻遏蛋白不具有功能，并且当在宿主细胞中表达时，不提供对超感染噬菌体的防护，也不抑制噬菌体裂解基因转录。然而当这种野生型CⅠ阻遏蛋白或其截短的变体以反式表达时，可以有效地抑制Φ31和其他裂解性P335型噬菌体感染。嗜热链球菌细菌表达噬菌体Sfi21的CⅠ阻遏蛋白也能受到保护，免于被密切相关的噬菌体裂解。亚基中毒对多种裂解性P335型噬菌体有效，因此被认为是一种构成广泛噬菌体防御系统的方法。在这点上它也不同于前面提到的超感染免疫系统。在超感染免疫中，来自链球菌噬菌体Sfi21、乳酸球菌噬菌体TP901-1或乳酸杆菌噬菌体A2等各种乳酸菌噬菌体的阻遏蛋白基因表达，仅针对单一的同源噬菌体。

6. 宿主因子消除　从发酵菌的基因组中消除遗传元件以获得噬菌体抗性菌株，是另一种设计噬菌体防御系统的策略。宿主因子消除可以靶向噬菌体生命周期的不同阶段。通过分析嗜热链球菌Sfi菌株基因组，确定编码跨膜蛋白的*orf*394基因，是其噬菌体Sfi19发育所必需的宿主基因。如果消除*orf*394基因座，将使嗜热链球菌对Sfi19及其他10余种异源噬菌体产生抗性。一种破坏噬菌体复制的策略，是从工业乳酸乳球菌菌株的基因组中删除胸苷酸合酶（thyA）基因。在感染细菌细胞后，噬菌体原本可以借助宿主的DNA复制机制扩增其自身的遗传物质。然而，当宿主缺少这种主要的DNA构建因子时，新DNA分子的形成受到了抑制。亲本野生型乳酸乳球菌株会被P335和936型噬菌体感染，而ΔthyA突变体对这两类噬菌体具有抗性，并且ΔthyA突变体的产酸能力未受到影响。该系统的缺点是缺乏胸苷酸合成酶的突变菌株的生长受损。因此，在工业条件下必须将其以高于亲本野生型菌株的浓度接种到乳罐中，以满足技术标准。

（三）合理开发和使用噬菌体抗性菌株

通过选育方式获得噬菌体抗性株的过程虽然相对简单，但也出现了一些问题。因为一般只有在噬菌体污染发生后才能分离出噬菌体抗性突变株，而无法预防性地获得。基本上，噬菌体抗性仅保护原始或高度同源噬菌体的感染，而非来自原始噬菌体的突变体或异源噬菌体的感染。此外，噬菌体抗性突变株会发生高频率的表型回复，而且这些细菌的生理学特征通常会发生变化，生长速率可能会低于野生型菌株。

使用基因工程方法获得对噬菌体不敏感的菌株，是控制噬菌体污染、保护发酵过程有序进行的一种有效途径。面对如此多的噬菌体防御机制，有必要彻底评估它们的应用潜力，因为并非所有系统都能够承受工业环境中的噬菌体攻击。应针对工业发酵菌株常见的噬菌体，用含有抗噬菌体系统的抗性株获得的噬菌体滴度，除以用敏感宿主获得的滴度，测试系统的保护功效（efficacy of protection）。强大的噬菌体抗性机制将使保护功效保持在10^{-9}～10^{-7}，其中10^{-9}是技术上可测量的最大强度，10^{-6}～10^{-4}的保护功效被认为是中等效力，而弱抗噬菌体屏障仅有10^{-3}～10^{-1}的保护功效。在发酵过程中，弱的屏障可能无法提供足够的保护。测量抗噬菌体系统有效性的另一种方法是基于对乳品发酵的测定。简单来说，在噬菌体存在的情况下，改良的菌株经历模拟发酵过程时，如果抗噬菌体系统保护菌株免受>10^6 PFU/mL 高初始浓度噬菌体的影响，则它可能在工厂环境中有效。可以组合多种天然噬菌体防御机制，以强化特定菌株的整体噬菌体抗性。

然而，其中也存在着一些不可回避的缺点。例如，基因工程化的抗性系统仅对靶向遗传元件来源的噬菌体有效，很难或不可能通过基因转导方式获得对多种噬菌体具有抗性的菌株，因此目前可能只适合在具有较高商业价值的发酵生产中应用。还应该注意的是，许多工业上重要菌株的遗传操作是难以控制和实现的，需要优化基因编辑方法并开发适合于实际使用的新型表达载体。突变菌株在获得噬菌体抗性的同时，生产性状也常常会发生变化，会使生产效率降低、发酵液流体性质改变从而影响下游加工环节或导致产品产量下降。引发问题的噬菌体还会通过点突变或与其他噬菌体或宿主交换 DNA 功能模块，快速进化适应最初具有抗性的宿主菌，克服这些宿主防御机制使其失去作用。因此，需要安全合理地使用噬菌体抗性菌株，包括将它们保存起来，只在发生噬菌体危机时使用；使用混合培养的菌株，每个菌株对不同种类的噬菌体具有抗性，同时在噬菌体暴发时进行轮换；使用抗性机制明确、噬菌体短期无法适应的菌株。

三、对噬菌体污染的善后处理

绝大多数情况下，一旦确定发生了无法控制的噬菌体感染，标准做法是消除所有受污染的物质，然后进行清洁和灭菌。在清理工作中，应控制设施内人员的移动，非必要人员不得进入，甚至在净化过程中关闭整个工厂。既往已经报道了许多处理噬菌体感染的方法，包括物理和化学处理形式，如高温和紫外线、添加螯合剂以去除对噬菌体感染必不可少的二价阳离子，以及使用非离子型洗涤剂或抗生素等。目前，还没有特别有效的方法可以挽救已经出现明显噬菌体污染症状的发酵液。

（一）回收已被噬菌体污染的发酵物

对于通过添加特定化学物质或采取某些措施，挽救已发生噬菌体污染的培养物，要在破坏或干扰噬菌体增殖的同时，对发酵菌株的生产性状不产生显著影响。虽然有一些化学物质和措施能够达到这样的要求，但实施的前提条件是对噬菌体的存在进行快速有效检测，或者发生的是低水平的慢性噬菌体污染，只减缓了发酵过程。对于大多数生物技术行业来说，由于担心影响产品质量或避免造假嫌疑，噬菌体污染要求丢弃培养物，销毁任何可能受到污染的产品。仅对于某些食品和商品化工产品来说，如果培养物黏度或污染水平不高，不影响下游加工，而且残留营养和产品效价足够高，才可以尝试对发酵批次进行回收。希望今后能开展这方面的研究工作以发现合适的挽救方法，并找到通过能量转换或其他方式利用受污染发酵物的途径。

（二）清理受到污染的发酵物和设备

虽然有些噬菌体相对耐热，但当加热到 80 ℃以上时，几乎所有噬菌体都能在溶液中迅速失活，因此应对受污染的发酵罐中的培养物进行就地热消毒。常见的噬菌体都对强酸性或碱性条件敏感。热苛性酸/碱溶液，如 50 ℃下 0.1 mol/L 的氢氧化钠，可以有效地消除噬菌体。灭活受污染发酵罐内的噬菌体是一件相对简单的事情，但当罐内噬菌体滴度高达 1×10^{12} PFU/mL 时，发酵罐周围的容器和其他设施就可能受到严重污染。这种对设施的污染通常是在噬菌体污染被确认之前，对发酵罐培养物进行常规取样及可能存在的任何泄漏或气溶胶导致的。发酵罐排气系统可以传播大量的噬菌体，所以应该实施严格的废气控制方法。措施包括尽快切断气流、观察和消除发酵罐出口的泡沫，并在排气系统上使用清洁剂或其他方法进行消毒。

受噬菌体污染的设施需要重复清洁。湿润和潮湿的区域需要特别注意，应尽可能清洁或处理车间中的所有物体。紫外线对灭活噬菌体有效，但它的作用止于物体表面。一般的方法是使用大量的消毒剂溶液拖地、喷洒和擦拭。使用的消毒剂应含有能有效对抗噬菌体的成分。有些消毒剂对噬菌体完全或部分无效，如以邻苯二甲酸和过氧戊二酸为主要活性成分的消毒剂。乙醇对大多数噬菌体相对无效，浓度为70%和100%的乙醇，指数递减时间分别为 12 小时和 2 天。但如果这些消毒剂对噬菌体繁殖的宿主菌库有一定的清除作用，也可以考虑适当施用。前面已经提到了许多对噬菌体有灭活效力的试剂，然而其中不少化学品由于毒性太强烈、太昂贵或作用效果有限而不适合大范围使用。

细菌发酵行业需要对操作人员相对安全、价格低廉、对多种噬菌体高效的细菌噬菌体消毒剂。有 3 种消毒剂比较符合要求。浓度 0.05%的次氯酸钠和浓度 0.02%的甲醛对所有类型的噬菌体都快速有效，起效时间约为 10 秒，被普遍用于清理噬菌体污染。这两种消毒剂的缺点是甲醛的毒性相对偏大，而次氯酸钠的腐蚀性相对较强。第三种较好的噬菌体消毒剂为抗坏血酸，而铜则能增强抗坏血酸的抗菌作用。10 mmol/L 抗坏血酸和 0.05 mmol/L 氯化铜制备成 pH 约为 3.2 的混合溶液，其中氯化铜也可以用硫酸铜替代，配制后可在室温下保存 1 周。抗坏血酸对所有类型的噬菌体都有明显的效果，并且起效时间仅为 4 秒。即使将浓度稀释到原来的 1/10，它仍能保持这种效果，因此可用于潮湿区域消毒。这种溶液不像甲醛和氯酸钠般具有毒性或腐蚀性，对操作人员非常安全。唯一需要注意的是 pH 可能对它的作用效果产生影响，如果 pH 提高到 5 以上，噬菌体指数递减时间会增加到大约 2.5 分钟。

当然，仅通过清洁不可能从污染设施上完全消除每一个噬菌体颗粒，还需要让那些被遗漏的噬菌体，在保持干燥或其他措施干预的情况下，随着时间的推移失去活性。大多数噬菌体在干燥表面上的指数递减时间从 1 小时到 10 天，T7 噬菌体约为 1 小时。T1 噬菌体比较难以清理，即便处于干燥的环境下，它几乎也能无限期地持续存在下去。只有在高温下才能观察到明显的 T1 失活，它在 90 ℃干燥表面上的指数递减时间约为 14 小时。在发酵工业中，噬菌体反复污染和彻底清除的斗争一直在持续。

第三节　用噬菌体控制发酵罐中的细菌污染

本章前两节已就噬菌体带来的危害进行了详细叙述，噬菌体被描绘成了工业发酵上令人谈之色变的反面角色。实际上在有些时候，它也有助于压制对健康和福祉构成威胁的其他微生物。噬菌体对宿主菌的侵染极为特异，这种特异性非常适合于清除不需要的细菌、保留对发酵有益的微生物种类。相较于噬菌体引起的污染问题，人们在这方面的认识还非常有限。迄今，还没有较为系统的研究全面了解噬菌体在工业发酵中的应用。

对于工业规模的发酵而言，细菌污染问题出现最多的是燃料乙醇生产过程。少数提及噬菌体控制细菌污染的文献报道，也基本局限在这一领域。这类生产工艺主要以淀粉或糖为底物混合酿酒酵母进行发酵，发酵培养物慢性和急性细菌污染时有发生，降低产量的同时减少了生产的收益。出于对生物燃料发酵过程经济性的考虑，必须采取有效措施控制细菌污染水平。噬菌体因其独有的系列优势，成为了一种不错的选择。

一、燃料乙醇发酵中的细菌污染问题

生物燃料包括来自生物的乙醇、脂类和油基产品，对保护环境具有非凡意义，特别是其作为可再生能源获得了消费者和监管机构的广泛认可。由微生物发酵单糖和淀粉产生的生物燃料，已经实现了商业化。用于生物燃料发酵的原料基质，主要包括玉米、小麦、大麦、小米和高粱等谷物，以及甘蔗、甜菜和土豆等作物原料，还可以是植物木质部分、外皮、种子、叶片、根以及作物秸秆等。近几十年来，人们对酵母在生物燃料工业生产中的应用进行了大量的实践，尤其是乙醇。生物乙醇已在许多国家被用作发动机燃料，其发酵设施的数量也在迅速增加。由于工业发酵的许多生产环节都是半开放式的，且很多是大型设备，许多情况下杂菌污染是不可避免的问题。染菌的原因很多，设备结构不合理、设备存在泄露或死角和空气传播等都会导致污染，破坏发酵罐内环境。

（一）生物乙醇发酵的细菌污染

生物乙醇发酵的标准操作是利用淀粉酶、物理和化学的组合处理方法，将原料的复杂碳水化合物转化为糖浆，然后将液化醪中的单糖用作酵母乙醇发酵的基质。生物乙醇发酵底物很少接受抑菌或杀菌处理，因此在发酵过程中，慢性和急性细菌污染十分常见。污染菌可能与原料一起进入或最初便存在于设施中。例如，发酵罐、管道转弯处、热交换器和阀门中，也可能存在于液体或生物膜中。细菌水平会在制备谷物原料的过程中发生变化，但是在正常的发酵设施中，当加工的糊状物准备接种酵母时，湿磨设备中总细菌水平大约是 10^6 CFU/mL，在干磨设备中高达 10^8 CFU/mL，高于此细菌水平常常对乙醇产量造成负面影响。广泛引起燃料乙醇发酵减缓的污染菌是LAB，主要包括 G^+乳杆菌属、片球菌属（*Pediococcus*）、魏斯氏菌属（*Weissella*）和明串珠菌属。这些细菌非常适合在发酵过程中的高乙醇、低 pH 和低氧条件下生存。

Skinner 等人监测了 3 种使用玉米为原料的燃料发酵过程，其中一种为湿磨发酵不使用抗生素；另两种为干磨发酵，包括一种只向酵母繁殖罐添加抗生素，另一种每 4 h 向发酵罐添加弗吉尼亚霉素一次。最终检测发现，湿磨设备达到了 10^6 CFU/mL 的细菌污染水平，44%～60% 的总菌种是乳杆菌属，主要是德氏乳杆菌德氏亚种（*Lactobacillus delbrueckii* subs. *delbrueckii*）。在第一个干磨设备中，细菌污染水平达到 10^5～10^8 CFU/mL，而后在发酵结束前降低。其中 37%～39% 的细菌分离物是乳酸杆菌，主要是德氏乳杆菌德氏亚种和乳酸亚种（*Lact. delbrueckii* subs. *lactis*）。另一种占优势的细菌分离物是片球菌，约占全部分离物的 24%。在第二个干磨设施中，乳酸杆菌占所有分离细菌总数的 69%~87%，其中德氏乳杆菌德氏亚种同样最普遍。

巴西是全球第二大生物燃料生产国，有 300 多家酿酒厂使用甘蔗汁或糖蜜作为发酵基质。2007~2008 年对其中四家酿酒厂进行了采样，共获得了 489 株 LAB 分离株。发酵罐中 LAB 的丰度为 6.0×10^5~8.9×10^8 CFU/mL。大多数菌株属于乳酸杆菌属，主要是发酵乳杆菌和文氏乳杆菌（*Lact. vini*）。这些物种是在含有高达 10%乙醇的培养基中被发现的。在整个过程中随着时间的推移，耐乙醇细菌逐渐被富集筛选。韩国一家以木薯淀粉为底物的工业乙醇发酵工厂发现，乳酸杆菌是从木薯加工开始到发酵结束后唯一存活下来的细菌污染。在发酵结束时，它们的滴度达到了 10^8 CFU/mL。在进一步的分析中，他们发现发酵乳杆菌（*Lact. fermentum*）是对发酵危害最大的乳酸菌，导致乙醇产量减少了 10%。这说明世界多地都有乙醇发酵细菌污染的情况，并且都有乳酸杆菌参与其中。

利用木质纤维素或生物质原料的中试工厂也同样会受到细菌的污染。随着更多的生物质和木质纤维素酒精发酵设施开始运作，细菌污染问题也会愈演愈烈。另外，使用含油藻类、真菌、原生动物培养物生产生物柴油时，会因侵入性细菌导致生产减缓。所以发酵工业中的细菌污染是一个很普遍和迫切需要解决的问题。

（二）细菌污染对生物燃料发酵的影响

杂菌可能通过发酵起始物进入发酵罐，许多杂菌都与工业菌种有着相似的生长条件，在发酵前期就和有益菌争夺营养，影响有益菌生长。而且污染菌有可能形成生物膜，使污染持续存在。引起污染的 LAB 通过竞争性消耗糖抑制酵母发酵，将糖转化为有机酸而不是乙醇。产生的有机酸主要是乳酸和乙酸，进一步对酵母的活力产生抑制作用。

在不控制 pH 的情况下，将快速生长的 LAB 接种到一个多阶段连续培养的发酵系统中，该系统酵母菌群滴度为 3×10^7 CFU/mL。无论使 LAB 数量下降到 3×10^3 CFU/mL，还是使 LAB 对酵母菌的接种率高达 100∶1，对酵母菌生长和乙醇生产都没有影响。但这种低水平的慢性污染，对乙醇生产来说很可能是一个潜在威胁。如果各种发酵条件发生变化，如 pH 或温度，则可能使 LAB 生长速度超过酵母菌，并导致发酵停滞或最终产品受损。在稳态发酵中引入 pH 控制，LAB 种群能够在 pH 变为 6 以后，3 天内增加 4 个数量级，酵母菌种群则会减少 80%以上，乳酸水平从 0.41%增加到 2%，乙醇浓度降低了 44%。也有人认为 LAB 和酵母菌之间对硫胺等微量营养物质的争夺，在发酵抑制中起着关键作用。然而，从未有证据证明添加微量营养素可以减少 LAB 污染的影响。

有机酸浓度的增加通常表明 LAB 在发酵系统中生长。感染可能是慢性的，将会导致整体发酵效率不断下降，进而导致生产停滞，需要关闭系统进行纯化。乙醇损失的范围从 1%至超过 20%，取决于原料、发酵系统和污染物的性质。对乙醇生产商来说，产量下降 1%即意义重大。以年产量十万吨的工厂为例，1%的损失相当于每年减少 1 000 吨乙醇。按照当前乙醇燃料现货价格每吨 1 800 元计算，这意味着年收入损失近 200 万元。细菌感染导致乙醇产量下降，使发酵过程变得不经济。

二、噬菌体用于细菌污染控制的优势

控制发酵罐中不受欢迎的细菌，具有非常明显的积极作用。减少一个数量级的乳酸菌，玉米乙醇发酵的产量就可增加约3.7%。现有许多控制污染的策略，包括使用化学处理、热处理、天然化合物、植物来源的化合物、清洁卫生、降低原料pH和添加抗生素等方法。燃料乙醇工厂中的细菌污染，一般通过工厂管理结合添加化学抗菌剂和抗生素来应对。可控制乳酸菌的化学药品种类是非常有限的，因为这些化合物必须减少细菌并且不影响酵母发酵物，也不能在燃料乙醇发酵的固体副产物中形成有害残留物。可加入化学抗微生物剂，包括典型的季铵化合物和戊二醛以及其他更专业的制剂，以降低细菌水平。

（一）化学抗菌剂和抗生素

用于控制有害细菌的抑制性化合物，相比其他药剂对发酵菌可能影响更大。杀菌剂有时被用于发酵系统的补救处理。一般来说，生物杀灭剂的效果很差，它们非特异性地同时攻击酵母菌和污染细菌。当有害细菌生长习性和发酵菌特别相似时，控制污染将变得更具挑战性。还有一种补救方法是使用抗生素积极预防污染细菌的生长。现已发现，抗生素特别是维吉尼亚霉素和青霉素，在不干扰酵母生长的情况下，可以特别有效地抑制细菌群体。这使得抗生素在燃料乙醇发酵工业中被广泛使用。由于抗生素在与目标细菌发生反应后不会失活，因此可以在发酵的固体产物中保留和积累。然而，发酵的固体副产物通常被售卖用于动物饲料，从酒糟中经常能够检测到抗生素残留。许多国家已经或正在考虑对动物饲料中抗生素的数量进行管制，但抗生素在发酵固体产物中积累的问题仍然存在。另外，有证据表明抗生素的广泛使用会产生抗生素耐药性，因此即便有效，人们也已普遍认为需要停止非治疗性使用抗生素，在发酵系统中使用抗生素抑制细菌生长，已经变得越来越不受欢迎。因此，生物燃料行业尤其是乙醇发酵行业，有必要预防或控制发酵过程中污染细菌的生长，同时尽量减少或消除抗生素和杀菌剂的使用，需要迅速发展其他手段来取代抗生素。

（二）LAB噬菌体

有趣的是，乳制品发酵产业中不受欢迎的LAB噬菌体，在这里可能大有作为。可以利用裂解性噬菌体制剂，作为杀菌剂和抗生素的绿色替代品，控制燃料乙醇发酵工业中不需要的LAB。噬菌体是天然的、普遍存在的溶菌剂，具有极高的宿主特异性，也很容易纳入目前的生物燃料生产系统。与化学杀菌剂和绝大多数抗生素相比，噬菌体制剂特异性地杀死不需要的宿主细菌，而不与生产乙醇的酵母菌发生相互作用。在不使用抗生素的情况下，去除生物燃料生产设施中的特定污染微生物，噬菌体通过控制有害细菌进而保护生物燃料工业生产，在提高发酵效率的同时，减少废物和抗生素残留，降低人类活动对生态环境的影响。因此，在生物燃料生产过程中，噬菌体控制有害细菌的创新应用，将带来直接的经济效益和长期的社会经济影响。

噬菌体对人体和动物安全，在食品行业中的应用很少面临阻碍，噬菌体抗菌剂已在各种医疗、农业和工业环境中得到评估。2007年，噬菌体被美国FDA批准为食品添加剂，专门用于控制商业午餐肉类中食源性病原体李斯特菌。在售的商业噬菌体产品，包括用于控制辣椒和番茄中黄单胞菌感染的AgriPhage，以及用于控制屠宰场牛肉大肠埃希菌水平的Finalyse等。同时，噬菌体来源广泛，可以从样品本身分离获得，也可以源自外界环境。可以通过先前收集并保存在噬菌体文库中的噬菌体，与污染物相匹配来制备噬菌体制剂，组装成一个或多个噬菌体组实现对有害细菌的控制，其中每组中的一个或多个噬菌体菌株，对一种或多种有害细菌具有毒性。可以在生物燃料生产过程的任何环节，通过噬菌体控制有害细菌，可以以多种方式进行，在制备发酵起始物之前、在发酵期间或作为清洁容器和设备的预防措施。

三、噬菌体控制细菌污染的探索实践

目前使用噬菌体控制细菌污染的成功实例仅在少数专利和文献中出现过，未见系统性应用于燃料乙醇生产的相关报道。这些探索实践主要针对酵母发酵过程中的植物乳杆菌和发酵乳杆菌等污染，有些直接使用噬菌体菌株，有些则使用特定噬菌体编码的细胞溶解酶。

（一）应对植物乳杆菌污染

一项专利提到的例子中，将植物乳杆菌 ATCC8014 菌株在 MRS 琼脂培养基中 30 ℃过夜培养，稀释至工业燃料乙醇发酵中常见的约 10^4 CFU/mL 细菌水平。制备植物乳杆菌噬菌体 B-8014，并按照植物乳杆菌和噬菌体从 1∶1 到 1 000∶1 的比例制成 4 种混合物。另设两种独立的对照样品，即仅含细菌不含噬菌体，以及细菌加百万分之一的青霉素。在培养 40 小时后，无任何添加的培养物在 450 nm 处的光密度达到约 1.2 ODU。添加青霉素也对抑制植物乳杆菌生长无效，光密度甚至高于仅含细菌的对照组。而向培养物中添加噬菌体则导致植物乳杆菌生长抑制。当每个噬菌体对应 1 000 个细菌时，培养后光密度降至 0.6 以下；当对应 100 个或 10 个细菌时，光密度进一步降至约 0.2。在噬菌体和细菌细胞一一对应时，光密度小于 0.1，几乎完全抑制了细菌的生长。由此可见，与使用青霉素相比，噬菌体可以限制植物乳杆菌的生长，从而使抑菌效果得到改善。

这项专利所举的另一个例子是用取自商业化燃料乙醇工厂的玉米醪作为底物，以约 10^4 CFU/mL 浓度的植物乳杆菌接种玉米醪。第一组玉米醪未接受处理；第二组添加 $3/10^6$ 的青霉素；另外三组用噬菌体处理，细菌与噬菌体的比例分别为 1∶1、1∶10 和 1∶100。所有样品在 33 ℃的商业发酵温度下孵育后，再将十进制稀释液接种到 MRS 琼脂平板上，培养过夜并计数菌落。在 24 小时后，青霉素对植物乳杆菌的生长没有影响。以每个细菌细胞对应 1 个或 10 个噬菌体的水平添加噬菌体，对植物乳杆菌的生长具有轻微的影响。当以每个细菌细胞对应 100 个噬菌体的水平加入时，植物乳杆菌浓度显著下降。通过实例表明，在发酵系统中预防和控制细菌的生长是可取的，特别是在噬菌体与细菌比例较高时。

为深入了解此类噬菌体用于控制乙醇发酵细菌污染的潜力，有研究评估了不同 pH 对乙醇发酵中噬菌体 B-8014 抑制细菌生长的效果。噬菌体 ATCC8014-B1（噬菌体 B1）和 ATCC8014-B2（噬菌体 B2），在 pH 为 3.5~7 的酸碱测试中表现出不同的感染性。噬菌体 B1 在 pH 为 6 时显示出最佳的感染性，噬菌体 B2 在 pH 为 4~5 时毒性最强，而两种噬菌体组合在一起时，pH 范围为 4~6，感染性均较高。向 pH 为 6 的 MRS 培养基中接种 10^7 CFU/mL 的植物乳杆菌 ATCC8014，酵母的生长受到了阻碍，酵母细胞数量和乙醇产量均显著下降。在有氧条件下降低乙醇产量至小于 0.4%，在厌氧条件下甚至低于检测限。以低初始感染倍数添加噬菌体混合物，细菌细胞数量就会明显减少，酵母细胞数得到显著恢复。这种处理方式足以减少 99%以上的污染，并使酵母数量和乙醇产量达到与无菌培养物相同的水平。

（二）模拟处理其他 LAB 污染

另一项针对乙醇生产中污染的尝试，是使用噬菌体恢复被发酵乳杆菌打乱的发酵过程。发酵乳杆菌 0315-25 菌株对玉米醪的污染，会严重降低发酵速率。将其以 10^7 CFU/mL 的接种量进行接种，伴随着乳酸和乙酸水平升高，酵母活性受到抑制，导致发酵在 48 h 左右被暂停，乙醇产量下降 14%。以发酵乳杆菌 0315-25 为目的菌株，从工业乙醇发酵罐中分离到两种噬菌体 EcoSau 和 EcoInf。它们具有较宽的宿主范围，能够感染来自多个发酵工厂的多数发酵乳杆菌。添加噬菌体 EcoSau 和 EcoInf 至被发酵乳杆菌污染的玉米醪发酵模型中，可以恢复乙醇的产量，并将残留的葡萄糖、乳酸和乙酸水平降低到与无感染对照组相同的水平。经噬菌体处理的和无污染的培养物，均含有 0. 05%左右的残留葡萄糖水平，乳酸水平为 0. 19%~0. 24%；而在有细菌污染但未经噬菌体处理的系统中，残留葡萄糖含量为 2. 8%，乳酸和乙酸分别为 0. 53%和 0. 28%。所有三种噬菌体处理方式——单独的 EcoSau、单独的 EcoInf，以及 EcoSau 和 EcoInf 组合，都减轻了细菌污染对发酵的影响，并恢复了乙醇、葡萄糖、乳酸和乙酸的水平，得率与无感染对照组相当。尽管可能受到多糖或固体物质的干扰，但在玉米醪基质中应用噬菌体可以恢复正常的乙醇发酵特性。相关成果也在美国申请了专利。

一种新的抗菌剂来源是噬菌体产生的裂解酶。在公共数据库的噬菌体和前噬菌体基因组中，有许多候选的 LAB 裂解酶基因。有研究从中筛选了 7 种噬菌体的裂解酶作为目标，它们能够杀死燃料乙醇发酵中经常出现的 6 种乳杆菌菌株和 16 种其他 G^+ 菌株。其中三种乳杆菌溶解酶 LysA、LysA2 和 LysgaY，以及一种链球菌噬菌体来源的内溶素 λSa2，成功实现了表达、纯化和检验。LysA、LysA2 和 LysgaY 具有相似的裂解范围，能针对约 60%的测试乳杆菌，包括所有 4 种发酵乳杆菌分离株，以及加氏乳杆菌、短乳杆菌和罗伊乳杆菌。LysA 的裂解能力较强，对于含一半敏感菌株的发酵液，LysA 能降低其光密度超过 75%，而 LysA2 和 LysgaY 小于 50%。内溶素 λSa2 对 22 种乳杆菌、葡萄球菌或链球菌中的绝大多数具有强烈的溶菌能力。所有这些裂解酶菌都在 pH 为 5. 5 的发酵条件下呈现极佳的杀菌活性，在低浓度的乙醇环境中也不受影响，并且对 G^- 大肠埃希菌 DH5α 或酿酒酵母没有抑制效果。在玉米纤维水解物的模拟发酵中，细胞溶解酶能够同时降低发酵乳杆菌 BR0315-1 和罗伊乳杆菌 B-14171 的污染，证明它们具有控制发酵系统中 LAB 污染的潜力。

四、使用噬菌体作为抗菌剂的可行性

从上面的例子可以看出，在一系列条件下使用一种或几种噬菌体的混合物，对燃料乙醇发酵中的 LAB 污染具有抑制效果。工业环境中 LAB 细菌的污染水平通常在 10^5 CFU/mL 左右，当以高于此水平 100 倍的浓度（10^7 CFU/mL）接种细菌污染物进行模拟实验时，噬菌体表现出很好的抑菌作用，并且不会或只会轻微地影响酵母数量和乙醇产量，表明了噬菌体作为燃料乙醇发酵抗菌剂的潜在价值。

然而，在发酵过程中使用噬菌体作为抗菌剂的可行性可能会引起疑问。主要有 5 个方面的问题需要明确：①噬菌体特异性与污染物菌株的多样性；②细菌对噬菌体抗性的潜在提升；③使用噬菌体的条件范围；④噬菌体在产物或副产品中可能残留；⑤与抗生素相比，生产和使用噬菌体的附加成本更高。

需要有更多的研究解决上述问题，但目前可以提出一些基本思路：

（1）尽管乙醇发酵中的污染物种类繁多，但对这些细菌进行鉴定发现有大量的共同物种。这些污染物大多是LAB，因此可以针对几种LAB物种开发单一的噬菌体混合物，使其在不同地区的各种工业中发挥效力。

（2）虽然细菌可能会出现对噬菌体的耐受性，但噬菌体的一个实质性优势是它们不仅能够快速繁殖，而且还能够进化以克服宿主抵抗。为了阻止耐受性的产生，有效的混合物应该由多个噬菌体菌株组成，以抵抗同一细菌菌株。

（3）应进一步研究噬菌体应用的最佳条件，提供有关该实践更为全面的知识；已有的pH、通气和搅拌等各种评估是这类研究的开始。

（4）产品中不太可能残留活性噬菌体，主要是因为下游工艺，特别是蒸馏器的蒸馏和干燥作用足以使噬菌体失活或破坏。当然，释放大量未经处理的活性噬菌体到环境或动物饮食中，会对生态系统产生难以想象的后果，因此必须谨慎对待。

（5）尽管在酵母发酵中使用噬菌体代替抗生素的经济性评价尚未进行，但噬菌体容易自我增值并迅速达到高浓度，且纯化和浓缩成本通常低于抗生素，因此在经济上具吸引力。可以说，噬菌体在工业培养基中控制污染物的应用前景是令人鼓舞的。

参考文献

24 噬菌体载体及其应用

——谢建平　张　蕾

噬菌体载体是基因工程载体的重要类型之一。基因工程载体是能将分离或人工合成的基因导入目标细胞的 DNA 分子。这些载体一般应当满足以下条件：①能在宿主细胞中复制繁殖，自主复制能力较强；②能够高效进入宿主细胞；③载体 DNA 上有合适的限制性核酸内切酶单一位点供插入外源 DNA 片段，且插入后不影响其进入宿主细胞和在细胞中复制；④容易从宿主细胞中分离纯化进行重组操作；⑤带有筛选标志。噬菌体基础生物学研究为进一步揭示生命科学重要问题提供了工具如噬菌体载体。DNA 分离、测序、突变、表达、转导等往往需要噬菌体载体，常用的噬菌体载体包括 λ 噬菌体载体、单链噬菌体载体、噬菌粒载体和柯斯质粒载体［带有黏性末端位点（*cos*）的质粒，*cos* site-carrying plasmid］。重组 DNA 技术中常用的噬菌体克隆载体主要有 λ 噬菌体（双链噬菌体）和 M13 噬菌体（单链丝状噬菌体）。

第一节　基于丝状噬菌体的载体

丝状噬菌体具有丝杆状的形态，属于丝杆噬菌体科（*Inoviridae*）丝状噬菌体属（*Inovirus*）或短杆状噬菌体属（*Plectrovirus*）。丝状噬菌体属包括感染大肠埃希菌和其他肠道细菌、假单胞菌、弧菌和黄单胞菌的噬菌体。丝状噬菌体不裂解宿主，可以包装比噬菌体单位长度更长的 DNA。这两个性质使得它们适合作为克隆载体。丝状噬菌体复制时为双链超螺旋 DNA，但包装时只是环状单链分子。从噬菌体颗粒可以迅速制备高纯度 ssDNA，适合 Sanger 双脱氧链终止法测序（Sanger dideoxy chain ter mination），以及基于寡核苷酸的定点突变（oligonucleotide-directed mutagenesis）。随着对丝状噬菌体的结构、基因组及生活史的认识深入，基于丝状噬菌体如 M13、fd 和 f1 的克隆载体广泛应用于重组 DNA 克隆。本节主要以 M13 噬菌体为例进行阐释（图 24-1）。

M13 噬菌体基因组长度为 6 407 bp，是共价闭环 DNA 分子（covalently closed circular DNA，cccDNA）。M13 噬菌体是一类只能特异性感染带有 F 性菌毛的大肠埃希菌噬菌体。

M13 噬菌体虽然只感染雄性大肠埃希菌，但其 DNA 可以转导入雌性大肠埃希菌。M13 噬菌体感染大肠埃希菌后，在宿主细菌体内酶的作用下进行复制。复制过程中，宿

作者单位：谢建平、张蕾，西南大学生命科学学院。

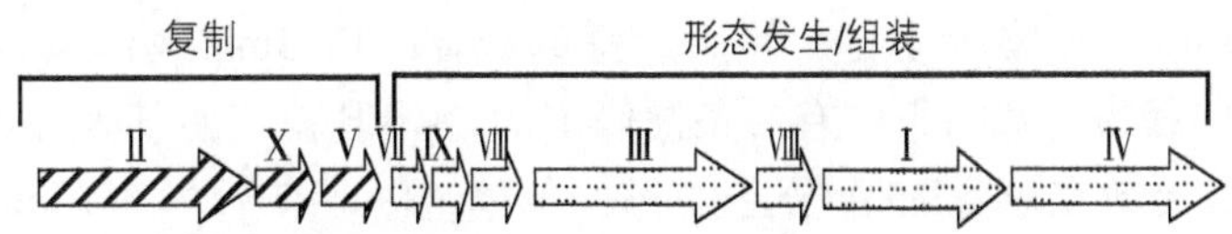

图 24-1 大肠埃希菌 M13 噬菌体基因组结构示意图

箭头表示 ORF，箭头方向表示转录方向。ORF 上面的罗马数字表示基因编号。带条纹的箭头表示 DNA 复制基因，带点的箭头表示参与噬菌体形态建成和组装的基因

主细胞内慢慢积累了一种由 M13 ssDNA 噬菌体编码的单链特异的 DNA 结合蛋白，积累到一定量后，就与复制型 DNA（replicative form DNA，RF DNA）结合，使 RF DNA 的复制变成一种不对称的形式，只合成进入细胞时起模板作用的那条（+）链 DNA，而另一条互补（-）链 DNA 的合成就停止了。然后以感染性 ssDNA（+）为模板，转变为复制型 dsDNA。一般当每个细胞内有 100~200 个 RF DNA 拷贝时，噬菌体 DNA 的复制即停止，产生有感染性的被包装到蛋白质外壳内的（+）链 DNA 完整单链丝状噬菌体，并分泌到菌体外。感染 M13 噬菌体后的大肠埃希菌可继续生长而不裂解，但生长较正常菌慢。不论是 RF DNA 还是 ssDNA，都能够转染感受态的大肠埃希菌；M13 ssDNA 噬菌体可大可小，只受 DNA 的大小控制，不受外壳蛋白的包装限制。

（一）M13 ssDNA 噬菌体载体

M13 RF DNA 在宿主细胞中以高拷贝存在，可以大量产生 ssDNA，为 Sanger 核酸序列分析提供单链模板 DNA，或者纯化作为载体进行重组操作。感染 M13 噬菌体的细菌培养物经离心处理除去大肠埃希菌细胞和细胞碎片之后，上清液可以有效制备 M13 ssDNA 或者 RF DNA 噬菌体颗粒，大量制备单链模板 DNA。天然 M13 ssDNA 噬菌体只具有复制基因，没有选择标记基因和克隆位点，不适合作为基因克隆载体。为了构建良好的克隆载体，需要根据 M13 特性进行改造。

为了将 M13 ssDNA 噬菌体发展成为一种有用的基因克隆载体，首先需要确定可以用来插入外源 DNA 如选择标记基因的非必需区段。分析 M13 ssDNA 噬菌体的 DNA 全序列，发现其基因Ⅱ和基因Ⅳ之间的长度为 507 bp 的基因间区段虽然含有复制起点，但仍可以插入外源 DNA 片段并保留复制起点的功能。对 M13 噬菌体这个区域的改造成功构建了 M13 克隆载体系列。

引进乳糖操纵子的 *Hin*d Ⅱ片段。该片段由 *lac* Ⅰ基因的一部分（*lac* Ⅰ′）、*lac* 启动子（P）、*lac* 操纵基因（O），以及 β-半乳糖苷酶基因的前 145 个氨基酸密码子即 α-肽链（*lac*Z′）组成。

*lac*Z′标记基因非常有用。由此获得了 M13 噬菌体来源的第一个载体 M13mp1。M13mp1 的缺点是缺乏基因克隆常用酶（如 *Eco*R Ⅰ或 *Hin*d Ⅲ等）的限制性位点。通过甲基化试剂突变的办法将乳糖操纵子 *Hin*d Ⅲ片段上的 α-肽链的第五个氨基酸密码子及其附近的一段 GGATTC 序列突变成 GAATTC，即碱基鸟嘌呤 G 变成腺嘌呤 A，产生一个 *Eco*RI 限制性内切酶的识别位点，得到 M13mp2 载体。M13mp2 具有了理想载体的要件。

M13mp2 只能接受 *Eco*RI 限制酶片段的克隆，使用范围太窄。因此，在多次改良后获得了一系列均以 M13mp 表示的适合多种限制酶核酸内切酶的克隆载体。其命名规则是 M13mp 后加上阿拉伯数字，表示这一系列中的某一成员。M13mp1 是最早的一个载体，

M13mp18 和 M13mp19 是较后改良，使用广泛的载体。M13mp 载体系列特别适合克隆 ssDNA 分子。这些载体的基因组中有一条被修饰的 β-半乳糖苷酶基因片段，其中插入了多克隆位点，可以有效克隆 ssDNA 分子的每一条单链。改良后的 M13mp 系列中，有几个载体成对存在，如 M13mp18 和 M13mp19。这对载体基本结构和核苷酸总数相同，唯一的区别就是多克隆位点区的核苷酸方向正好相反。成对的 M13mp 载体，可以从两个相反的方向同时测定同一个克隆的 DNA 双链的核苷酸顺序，获得彼此重叠而又相互印证的 DNA 序列。

（二）M13 克隆体系

M13 及其衍生的系列 M13mp 载体都是噬菌体（图 24-2）。噬菌体与其宿主细胞总是不可分离的。M13 噬菌体和其宿主细胞组成了 M13 克隆体系。通过检测有无 β-半乳糖苷酶活性，可以从 M13 克隆体系中筛选出插入外源 DNA 的重组子。

M13 克隆体系中，单独 M13mp 载体及其大肠埃希菌宿主细胞都不能够产生有功能活性的 β-半乳糖苷酶。只有两者结合，才有可能形成有功能活性的 β-半乳糖苷酶。M13mp 载体上的 β-半乳糖苷酶基因片段由乳糖操纵子的调控基因部分、操纵区和 α-肽链基因片段组成。因此，M13mp 载体在大肠埃希菌宿主细胞中编码出的蛋白质产物只是一种 α-肽链，而不是完整的 β-半乳糖苷酶。此外，M13 克隆体系中的大肠埃希菌宿主细胞的 F^- 质粒上带有特殊的 M15 突变基因。M15 突变基因实质上是乳糖操纵子的缺失突变，它缺少 β-半乳糖苷酶的前 11~41 个氨基酸密码子，即 *lacZ* 基因突变。因此在宿主细胞内合成的是缺失了前 11~41 个氨基酸的缺陷 β-半乳糖苷酶，又称为 M15 多肽。因为有缺失，M15 多肽失去了正常 β-半乳糖苷酶聚合成四聚体的能力，无法聚合成有功能的 β-半乳糖苷酶。

M13mp 克隆体系非常巧妙地利用 IPTG、X-gal 和 α-互补现象进行蓝白斑筛选，提高筛选效率：体外实验发现 α-肽链和 M15 多肽可以发生 α-互补作用，即 α-肽链能使 M15 多肽恢复形成四聚体的能力，补偿了 *lacZ* 基因突变带来的功能缺陷。其中，M15 蛋白质多肽是 α-受体，α-肽链是 α-供体。M13mp 载体只有在大肠埃希菌宿主细胞中才能促使宿主细胞产生有功能活性的四聚体形式的 β-半乳糖苷酶。β-半乳糖苷酶能将无色的化合物 5-溴-4-氯-3-吲哚-β-*D* 乳糖（Xgal）分解成半乳糖和深蓝色的 5-溴-4-氯靛蓝。在宿主细胞的培养基上加入 Xgal。凡是被 M13 噬菌体感染的宿主细胞能产生有功能活性的 β-半乳糖苷酶，可以将菌落所在处的无色 Xgal 分解成深蓝色的 5-溴-4-氯-靛蓝，菌落呈现蓝色。未被 M13 感染的细菌菌落则呈乳白色。当用 M13mp 载体克隆外源 DNA 片段时，因多克隆位点区（polylinker）位于 β-半乳糖苷酶 α-肽链内部，将造成插入失活，使重组的 M13mp DNA 无法产生活性的 α-肽链。因无法与宿主细胞配合产生 α-互补作用，长成的噬斑为乳白色。应用 X-gal 显色反应可以十分灵敏、准确而快速地检测重组体噬菌体。

与质粒载体相比，丝状噬菌体载体的局限性主要是：有些大片段容易缺失；克隆效率因片段而异；片段克隆进入的方向不一定是双向；插入片段越大，产生的噬菌体数量越少。一般可以插入 10 kb 外源 DNA 进入 f1 基因组，而不破坏噬菌体的存活力。对于缺陷噬菌体或者小噬菌体，需要辅助噬菌体（helper phage）才能生长。

对该类载体感兴趣的读者可以参考网站 http://www.sfu.ca/biology/courses/bisc431/m13.htm 提供的信息。

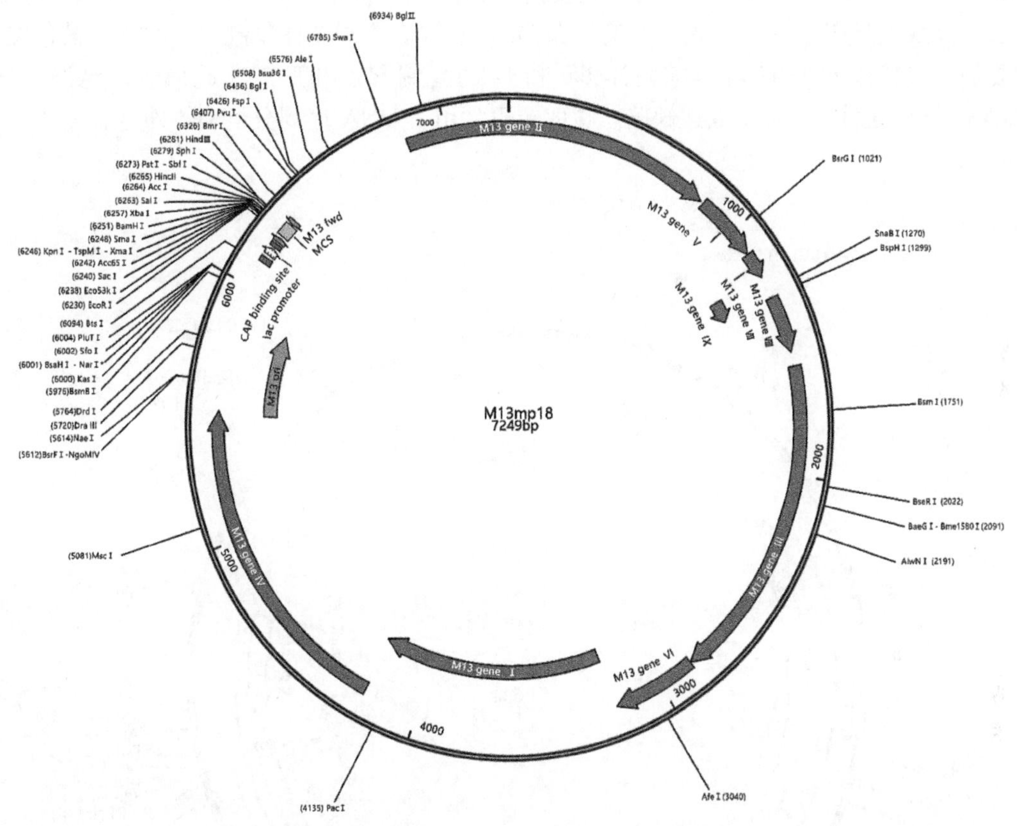

图 24-2 M13 mp18 载体结构示意图（引自 http://seq.yeastgenome.org/vectordb）

适合的宿主基因型为 *E. coli* JM101、*E. coli* JM103、*E. coli* JM105、*E. coli* CJ236、*E. coli* JM107、*E. coli* JM109、*E. coli* DH5alphaF′、*E. coli* NM522。相关的载体还包括 M13mp9、M13mp11、M13mp18

第二节 噬菌粒载体

噬菌粒（phagemid）是一类综合了质粒载体和单链噬菌体载体优点而构建的新型载体，含有单链噬菌体包装序列、复制子及质粒复制子、克隆位点、标记基因。其优点包括：①具有小分子量的共价、闭合、环状的基因组 DNA，因为载体小，可克隆高达10 kb 的外源 DNA；②有氨苄西林抗性等基因作为选择标记；③拷贝数高；④噬菌粒载体是包含质粒复制起点的丝状噬菌体衍生载体，避免了将外源 DNA 片段从质粒亚克隆到噬菌体载体这一烦琐、费时的步骤，如 pGEM-3Zf（-），噬菌粒可像一般质粒一样操作。噬菌粒通常只编码一种丝状噬菌体的外壳蛋白，其他完成生命周期必需的结构和功能蛋白由辅助噬菌体提供。制备 ssDNA 时，需要加入辅助噬菌体进行培养。常用的辅助噬菌体有 M13KO7 和 R408。噬菌体 f1 基因间区域含有噬菌体复制和包装 *cis*$^{-}$的所有功能。用辅助噬菌体感染后，携带该基因间区域的质粒被诱导进入 f1 复制模式，单链分子可以有效组装，包入噬菌体颗粒。如果缺乏任何噬菌体基因产物，噬菌体复制起点则没有活性，噬菌粒利用质粒的复制起点正常复制。酵母穿梭载体、pUC 系列载体、pBluescript、pBR322、pEMBL（图 24-3）系列等克隆载体基于丝状噬菌体（f1、fd、M13 和 Ike）IG 区域，其缺点是产生 ssDNA 时，只有一条 DNA 链（含有噬菌体复制起点的链）被包装。双复制起点载体 pKUN9 含有噬菌体 Ike 和 f1 的复制起点和形态建成信号，允许两条 DNA 链分开复制，弥补了上述缺陷。噬菌粒也常用于 DNA 序列分析和体外定点突变。

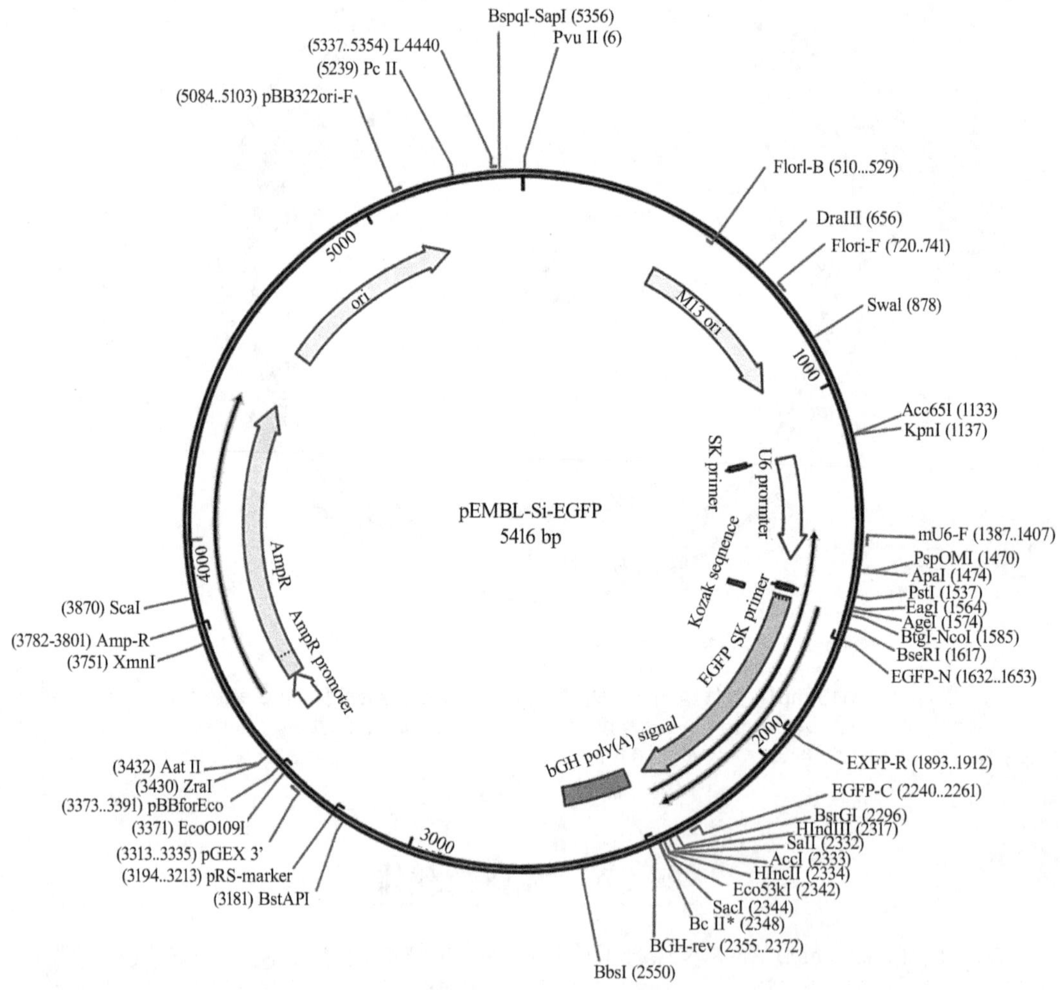

图 24-3　pEMBL 载体结构示意图（引自 http://seq.yeastgenome.org/vectordb）

该载体比 M13 系列载体小，插入大片段后，也更稳定。f1 噬菌体部分复制方向与氨苄西林抗性基因转录方向相反。f1 IG 可以两个方向插入。兼容的宿主细菌基因型包括 *E. coli* JM83、*E. coli* JM105、*E. coli* JM109。与其相关的载体有 pUC18、pEMBL8$^-$、pEMBL18$^+$、pEMBL19$^+$、pEMBL19$^-$

辅助噬菌体

噬菌粒在分子生物学研究中应用广泛。噬菌粒一般需要辅助噬菌体。辅助噬菌体编码产生另一些噬菌体所不能产生的重要蛋白质，使噬菌体得以生长和繁殖。辅助噬菌体提供噬菌粒复制及包装过程中所需要的酶及结构蛋白，形成有活性的完整噬菌体颗粒。

在辅助噬菌体的帮助下，噬菌粒复制产生两种不同的子代噬菌体：包含噬菌粒基因组的子代和包含辅助噬菌体基因组的子代。后者不含目的外源基因，辅助噬菌体导致 ssDNA 产生的量显著降低。这可能是噬菌粒与辅助噬菌体竞争复制因子（replication factor），导致噬菌体拷贝数降低，产生 ssDNA 所需的噬菌体基因产物减少所致。采用带有复制缺陷和包装信号基因的辅助噬菌体可以将子代中包装了辅助噬菌体基因组的概率降到千分之一。目前使用的辅助噬菌体主要是 M13KO7、M13Δ3. 2、R408d3、KM13、Hyper-phage、Ex-phage、Phaberge、VCSM13、CT-Phage。M13KO7 噬菌体按照标准程序分离自受侵染的大肠埃希菌 ER2738。M13KO7 是 M13mp1GⅡ基因 *Met40Ile* 突变的噬菌体，具有质粒 P15A 的复制起点和 Tn903 卡那霉素抗性基因，这两个片段插入 M13 的基因间隔区。M13K07 通过 p15A 复制起点可以独立于基因Ⅱ蛋白复制，在噬菌粒存在时，可以维持足够的基因组拷贝。M13KO7 在没有噬菌粒 DNA 的条件下也能复制。当存在一个携带有野生型的 M13 或 f1 复制起点的噬菌粒时，单链噬菌粒可以完整包装，并分泌到培养基中。该特性可用于生产用作突变和测序的单链噬菌粒 DNA。但是，M13K07 基因Ⅱ突变蛋白与自身基因组复制起点相互作用不如与克隆到噬菌粒上的野生型复制起点强，这导致优先产生噬菌粒（+）链，确保从宿主释放的噬菌粒含有足够的噬菌粒单链 ssDNA（图 24-4）。

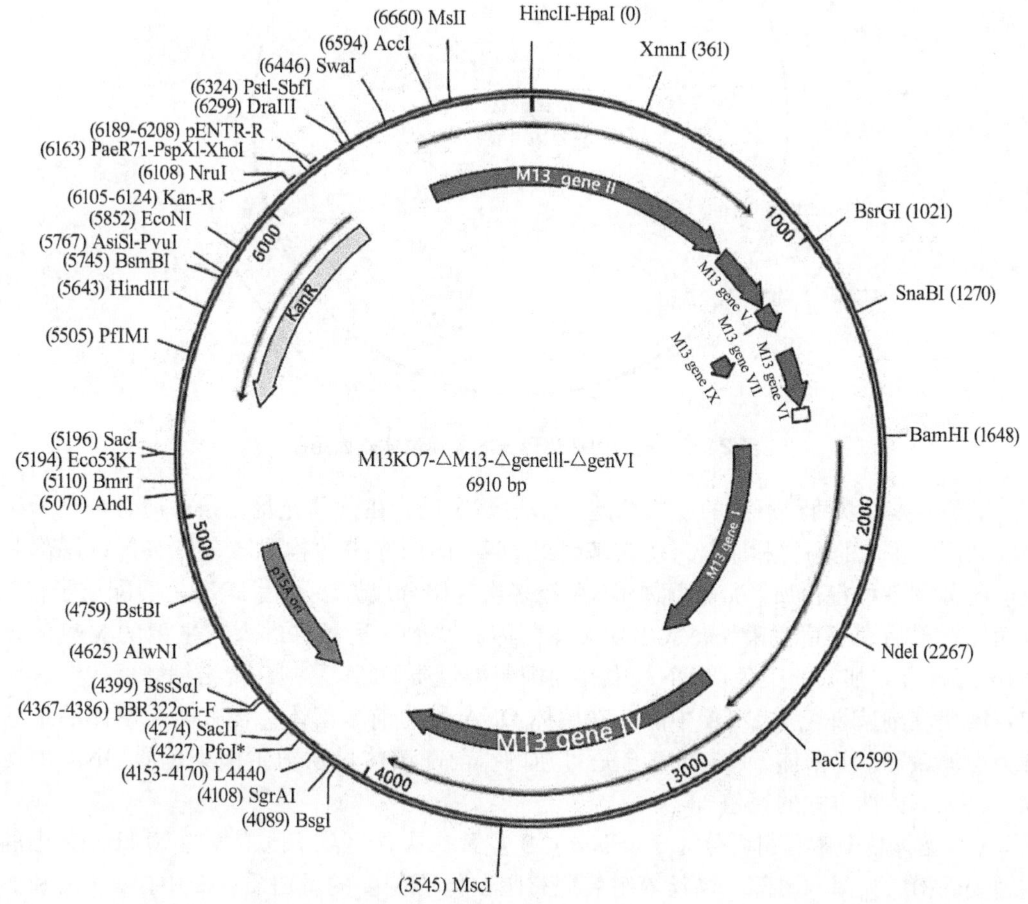

图 24-4　M13KO7-ΔM13-ΔgeneⅢ-ΔgeneⅥ辅助噬菌体（引自 Brodel 等，2016）

第三节 λ噬菌体载体

λ 噬菌体由头部和尾部构成。其基因组是长约 49 kb 的线性 dsDNA 分子，组装在头部蛋白质外壳内部。λ 噬菌体 40% 基因组并非裂解生长必需的。基因组两端各有一个由 12 个核苷酸组成的短的 5′单链末端，且两者序列互补，形成 *cos* 位点。λ 噬菌体感染宿主大肠埃希菌时，通过尾管将基因组 DNA 注入大肠埃希菌，而将其蛋白质外壳留在菌外。DNA 进入大肠埃希菌后，以其两端 12 bp 的互补单链黏性末端环化成环状双链（图 24–5）。

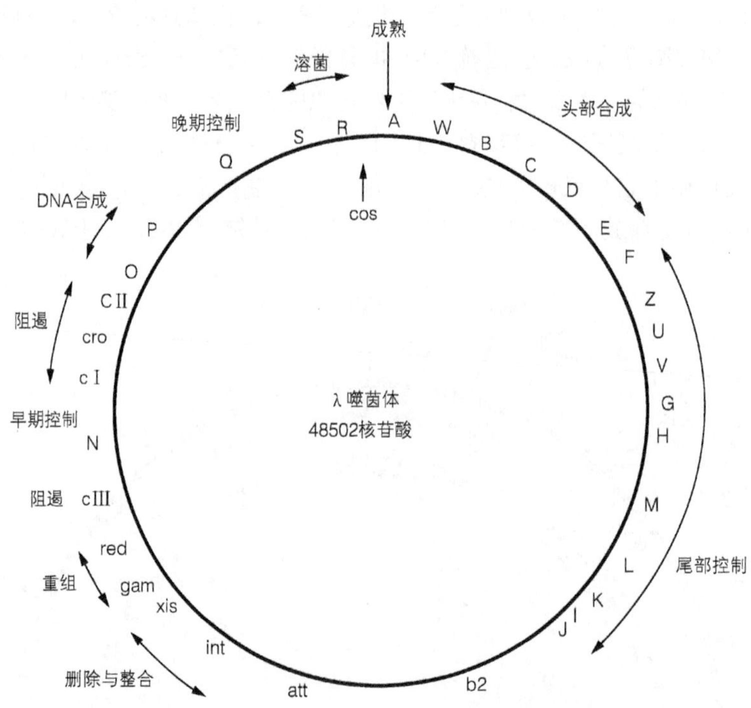

图 24–5　细胞内环化形式的 λ 噬菌体基因组图

λ 噬菌体可以两种不同的方式繁殖：①裂解途径，在营养充足，条件适合细菌繁殖时，利用宿主菌的酶类和原料，按 λ 基因组 DNA 的顺序表达构成噬菌体头部、尾部和尾丝所需的各种蛋白质。λ 噬菌体 DNA 经多次复制合成许多子代 DNA，装配成子代 λ 噬菌体，最后裂解宿主菌，释放出新 λ 噬菌体。②溶原途径，进入宿主菌的 λ 噬菌体 DNA 可整合到细菌的染色质 DNA 中，随细菌染色质 DNA 复制，传给细菌后代。这种稳定潜伏在细菌染色质 DNA 中的 λ 噬菌体 DNA 称为前噬菌体，含有前噬菌体的细菌称为溶原菌。λ 噬菌体 DNA 的整合是可逆的。前噬菌体可从宿主菌染色质 DNA 中切除，进入溶菌性方式的繁殖。

λ 噬菌体整个基因组可分为 3 个部分：①左臂，从 A 区到 J 区，长约 20 kb，其中的基因编码构成头部、尾部、尾丝等组装完整噬菌体所需要的蛋白质；②中段，J 区和 N 区，长约 20 kb，是 DNA 整合和切除，溶原生长所需的序列；③右臂，长约 10 kb，是调控区，控制溶菌和溶原生长最重要的调控基因和序列、DNA 复制起始均在这区域内。左右臂包含 λ 噬菌体 DNA 复制、噬菌体结构蛋白合成、组装成熟噬菌体、溶菌生长所需全部序列。对溶菌生长来说，中段并非必需，可以插入 38~51 kb 外源 DNA。

噬菌体体外包装的基本原理：噬菌体头部和尾部的装配分开进行。头部基因发生了突变的噬菌体只能形成尾部，而尾部基因发生了突变的噬菌体则只能形成头部。将这两种不同突变型的噬菌体的提取物混合，就能够在体外装配成有生物活性的噬菌体颗粒。

λ 噬菌体载体是由 λ 噬菌体经改造而构建的一系列载体（λgt、λgt-λB 等）（图 24-6）。λ 噬菌体作为载体，主要是将外源目的 DNA 替代或插入中段序列，使其随左右臂一起包装为噬菌体，去感染大肠埃希菌，并随噬菌体的繁殖而扩增。现在广泛使用的 λ 噬菌体载体主要经过以下改造：①去除 DNA 必需区一些限制性酶切点。这是因为 λ 噬菌体 DNA 较长，序列中的限制性酶切点过多，但缺乏单一限制性内切酶位点，不利于克隆。②加入琥珀突变（*Sam100*、*Bam100* 和 *Wam403*），利用宿主的琥珀阻遏突变菌株，重组子在天然环境中生存力弱，提高生物安全性。③在中段非必需区插入某些标记基因，如可供重组子蓝白斑筛选的 *lac*I-*lacZ'* 序列和多克隆位点等。λ 噬菌体载体主要分为两类：一类是插入型载体（insertion vector）。外源 DNA 片段插入噬菌体载体，如 λgt10 和 λgt11，会使 λ 噬菌体的某种生物学功能丧失，即插入失活效应（图 24-7），常见的是免疫功能失活（根据是否形成清晰的噬斑判断）和大肠埃希菌 β-半乳糖苷酶失活（根据有无 α-互补判断）。加入强启动子如来自噬菌体 T7 和 T3 或者鼠伤寒沙门菌噬菌体 SP6，可以体外转录克隆片段，也可以加入诱导性启动子。以 λ 噬菌体载体系统构建的 cDNA 文库具有装载容量大、质量高、代表性好、适合长期保存等优点，但是噬斑铺平板培养工作量大、费时费力，效率很低。通过亚克隆可以将 λ 克隆变成质粒。常用的 λgt 系列载体（图 24-6、图 24-7）一般容许插入 5~7 kb 外来小片段 DNA 如 cDNA。另一类是替换型载体（replacement vector）。外源 DNA 片段替代噬菌体中央片段，如 EMBL 系列载体。中央片段的两侧有两个方向重复的多克隆位点，可以克隆长达 24 kb 的 DNA。插入或置换中央片段外源 DNA 长度有一定限制，当噬菌体 DNA 长度大于野生型 λ 噬菌体基因组 105%或小于 78%时，包装而成的噬菌体的存活力显著下降。所以 λ 噬菌体载体可插入长 5~20 kb 的外源 DNA，这比质粒载体能容纳的外源 DNA 片段要长得多；而且包装的 λ

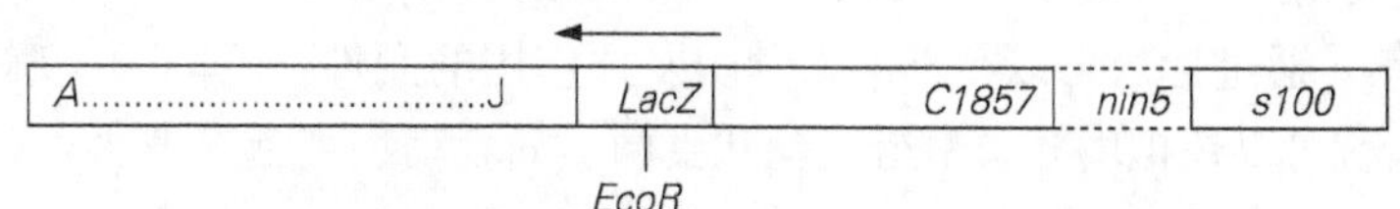

图 24-6 λgt11 载体示意图

主要用于克隆 cDNA 大肠埃希菌 *LacZ* 基因末端独特的 *Eco*RI 位点，可供插入 7.2 Kb 的外源片段。外源片段在 *lac* 启动子控制下表达。重组噬菌体可以用外源 DNA 编码产物的抗体检测。培养板上添加 X-gal/IPTG 也可以通过蓝白斑筛选

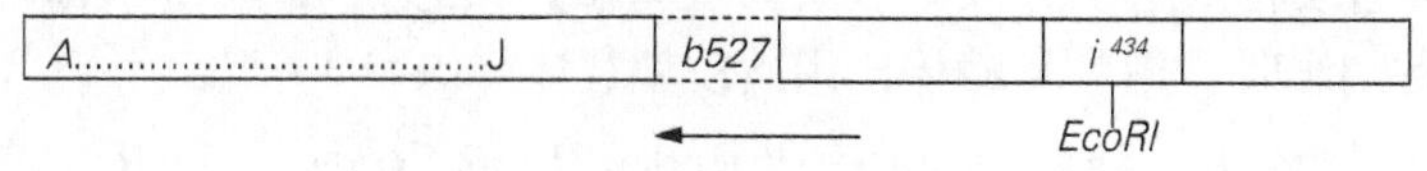

图 24-7 λgt10 载体示意图

主要用于克隆较短的 DNA 片段，尤其是 cDNA。7.6 kb 左右的外源片段可以插入 *Eco*RI 位点。插入导致阻遏蛋白（λ 基因 *i*434）失活，形成清晰的噬斑。b527 是 λ 噬菌体基因组部分缺失。A……J 是结构基因

噬菌体感染大肠埃希菌要比质粒转化细菌的效率高，所以 λ 噬菌体载体常用于构建 cDNA 文库或基因组文库。但 λ 噬菌体载体的克隆操作要比质粒载体复杂。

λ 噬菌体 DNA 进入细菌细胞后，迅速通过黏性末端配对形成双链环状 DNA。黏性末端结合形成双链的区域称为 *cos* 位点。如果将 λ 噬菌体左右臂和中段都缺失，仅留下 DNA 两端噬菌体包装必需的黏性末端序列（*cos* 序列），再加上质粒的复制序列、标志基因、多克隆位点等，就成为 *cos* 质粒或黏粒。黏粒主要用于构建 DNA 文库。黏粒可容纳 40~50 kb 长的外源 DNA，且不影响用 λ 噬菌体外壳蛋白包装为成熟噬菌体。感染大肠埃希菌后，黏粒 DNA 以质粒形式在细菌中繁殖。

一、各种重组噬菌体筛选方法

Spi-（对 P2 噬菌体干扰敏感，sensitivity to P2 interference）筛选：衍生自 λ1059 的载体可以基于 Spi 正选择克隆插入表型。当噬菌体含有功能的重组酶基因 *red* 和 DNA 滚环复制所需的 *gam* 基因时，P2 溶原菌抑制噬菌体复制。外源基因插入在携带 *red* 基因和 *gam* 基因的填充（stuffer）序列时，重组克隆 *red-gam-*产生 Spi 表型，当在 P2 溶原菌宿主内生长时，表型与亲代菌株不同。重组噬菌体能够形成噬斑，野生型噬菌体不能形成噬斑。Spi-筛选不利于亲代噬菌体，会降低非重组噬菌体的数目。*red-gam-*噬菌体生长、产生并包装适合的底物取决于宿主重组功能。可以监测插入失活的噬菌体基因（如 *cI* 、*int* 和 *redA*）或者遗传标记（*lacZ*）的活性。

免疫插入载体（immunity insertion vector）如 λgt10 利用 λ 噬菌体 434 免疫区域的*cI* 阻遏基因的 *Eco*RI 位点。外源 DNA 是否成功克隆进 λ 噬菌体 434*c I* 基因可以根据肉眼观察噬斑能否从浑浊（cI^{+}）变成澄清（cI^{-}）。携带高频溶原突变（high frequency lysogeny mutation，Hfl）的菌株也可以用来筛选重组子。Hfl 菌株中，溶原所需基因 *cI* 亲代噬菌体阻遏其基因组中的基因，因此不能形成噬斑。重组噬菌体（*cI* ）不能阻遏其基因组，噬斑形成效率正常。高频溶原宿主与 *cI* 基因插入失活，可以有效去除 λgt10 cDNA 文库中的非重组噬菌体。

自主亚克隆（automatic subcloning）利用噬菌体 P1 *cre/loxP* 位点特异性重组（site-specific recombination）或丝状辅助噬菌体的琥珀突变（M13mp7-11、M13gt120 或 Exassist）切除来自 λ 载体 λZAP 含有插入的噬菌粒。噬菌体 P1 的复制可以被葡萄糖抑制。这是葡萄糖通过环腺苷一磷酸受体（cAMP receptor protein，CRP）介导的阻遏 *cas* 基因转录和 crRNA 成熟。通过掺入可以在不同物种中发挥作用的元件，不同的 λ 噬菌体 DNA/质粒杂合穿梭噬菌粒可以在拟南芥、酵母、丝状真菌、哺乳动物细胞等表达 cDNA。

二、应用

λ 型载体 λgt 10 和 λgt 11 常用于构建 cDNA 库。λgt 10 是 43 kb 线性 dsDNA。λ 型载体可以通过体外包装将重组子有效导入大肠埃希菌，其感染效率比质粒转化的要高。特别当 cDNA 制备困难时，用 λ 型载体比用质粒型载体好。

（一）基于 λ 噬菌体 Red 操纵子（Redα/Redβ/Redγ）和 Rac 噬菌体 RecE/RecT 系统介导的 DNA 同源重组技术用于基因打靶载体

Red 重组系统由 3 种蛋白组成：Exo 蛋白是一种核酸外切酶，结合在 dsDNA 的末端，从5′端向3′端降解DNA，产生3′突出端；β蛋白结合在ssDNA上，介导互补ssDNA退火；γ蛋白可与RecBCD酶结合，抑制其降解外源DNA的活性。Red同源重组技术具有同源序列短（40～60 bp）、重组效率高的特点。该技术可以简单、快速地对任意大的DNA分子进行插入、敲除、突变等多种修饰，无须使用限制性内切酶和连接酶，还可对长达80 kb的DNA片段进行亚克隆。重组反应整个过程都在大肠埃希菌细胞内部完成，不存在碱基突变危险。

（二）基于原核生物获得性免疫系统（CRISPR/Cas）和λ Red重组系统的体内质粒编辑系统及其应用

噬菌体既是原核生物CRISPR阵列（CRISPR array）进化的原动力，又是CRISPR/Cas系统防御的对象。该体系的体内质粒编辑系统包括：*Hsd*R功能缺失且基因组中整合有可诱导表达的λRed重组蛋白基因和可诱导表达的Cas蛋白基因的大肠埃希菌工程菌株，插入靶标序列的crRNA表达质粒，以及等位交换底物和靶标质粒。这个系统将CRISPR/Cas系统与重组工程整合使用，可以快速且无痕进行体内质粒编辑，在大肠埃希菌中对质粒进行基因删除、点突变和片段插入，以及建立质粒突变库。

第四节　噬菌体P1克隆系统

P1噬菌体载体（bacteriophage P1 vector）是美国杜邦公司的Sternberg基于P1噬菌体构建的，是与黏粒载体工作原理相似的一种高通量载体（图24-8）。其含有许多P1噬

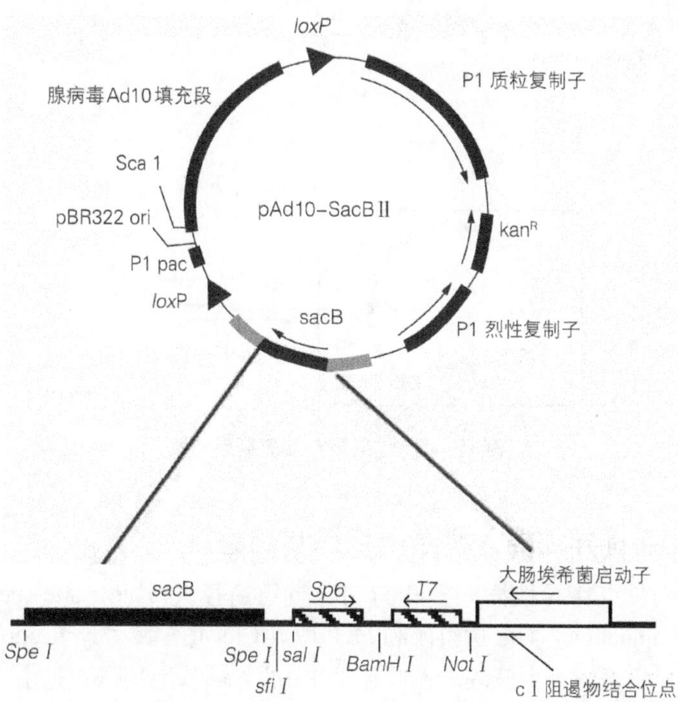

图24-8　常见的P1噬菌体载体示意图

载体左侧：从pBR322衍生来的*col*E1复制子，最小的P1包装位点，11 kb的腺病毒填充片段；载体右侧：来自Tn903的卡那霉素抗性基因，P1质粒复制子和分配系统，由*lac*启动子驱动的裂解性P1复制子和sacB

菌体来源的顺式作用元件、2 个 *lox*P、1 个 DNA 复制质粒起始位点、1 个包装进入 P1 颗粒的最小信号序列 *pac* 及一个来源于腺病毒的填充片段、1 个通用选择标记即卡那霉素抗性基因 *kanR*、1 个噬菌体 P1 来源的复制子 P1 以确保每个细胞都含有约 1kb 环状重组质粒、1 个可诱导强复制子（Pl 裂解性复制子，在可诱导的 *tac* 启动子控制下，用于增加质粒的拷贝数），还有一个来自解淀粉芽孢杆菌选择性标记 *sacB*（levan sucrase，果聚糖蔗糖酶，负责将蔗糖转换为高分子量的果糖聚糖 levan）。含 *sacB* 基因的大肠埃希菌在蔗糖培养基上不能存活。*sacB* 基因含有一个克隆位点（*Bam*HI），位点两端分别是噬菌体 SP6 和 T7 的启动子，能插入 70~100 kb 大小的基因组 DNA 片段，外源片段插入后，*sacB* 基因失活，重组子在蔗糖培养基上可以存活，因此可用于插入失活筛选重组子。该系统中，含有基因组和载体序列的线状重组分子在体外被组装到 P1 噬菌体颗粒中，后者总容量可达 115 kb（包括载体和插入片段）。P1 载体在大肠埃希菌中以质粒形式存在，操作比较方便。该载体系统可以避免基因组 DNA 在宿主中发生重排和缺失，克隆效率可达 10^5克隆/μg 载体 DNA，也可以将载体转入表达 Cre 重组酶（Cre recombinase）的大肠埃希菌中，线状 DNA 分子通过载体的两个 *lox*P 位点发生环化（图 24-9）。

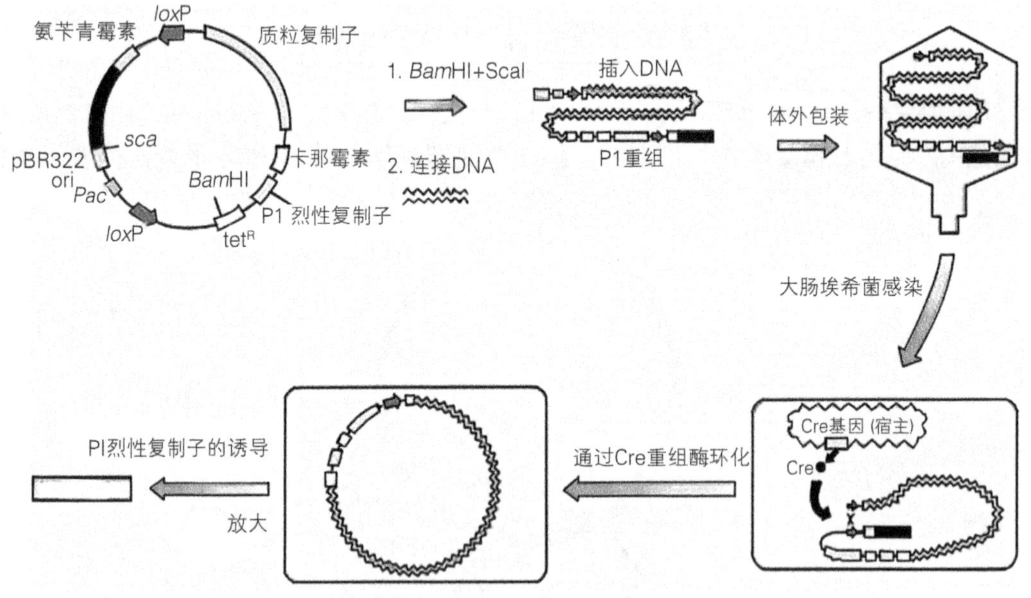

图 24-9　P1 噬菌体载体复制示意图

一、体内位点特异性插入整合与切除重组途径

1981 年，体内位点特异性插入整合与切除重组途径（*in vivo* site-specific integration and excision re-combination）Cre 重组酶和 *lox*P 位点 Cre 重组酶（cyclization recombination enzyme）被发现。该系统由大肠埃希菌噬菌体 P1 的 *Cre* 基因编码，是由 343 个氨基酸组成的 38 kDa 的蛋白质。它不仅具有催化活性，而且与限制性内切酶相似，能够特异性识别 *lox*P 位点，使位于位点间的基因序列被删除或者重组。Cre 重组酶是一种位点特异性

重组酶，具有70%的重组效率，不借助任何辅助因子，可作用于多种结构的DNA底物，如线状、环状或者超螺旋DNA。*lox*P位点长为34 bp，包括两个13 bp的反向重复序列和一个8 bp的间隔区域。其中，反向重复序列是Cre重组酶的特异识别位点，间隔区域决定了*lox*P位点的方向（图24-10）。

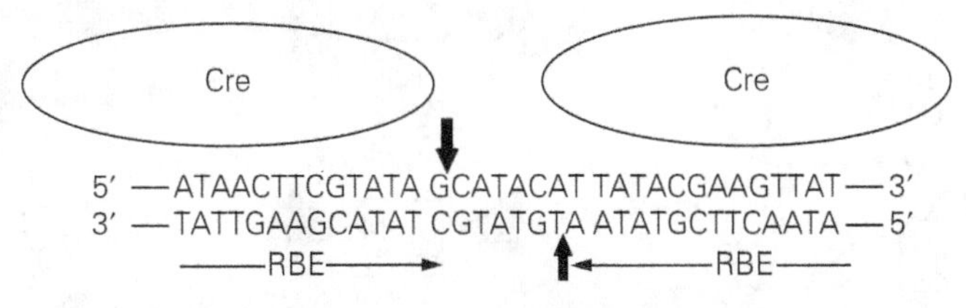

图24-10 Cre重组酶和*lox*P位点示意图

*lox*P序列：来源于P1噬菌体，是由两个13 bp反向重复序列和中间间隔的8 bp序列共同组成，8 bp的间隔序列同时也确定了*lox*P的方向。Cre在催化DNA链交换过程中与DNA共价结合，13 bp的反向重复序列是Cre酶的结合域

Cre/*lox*P系统在基因敲除中获得了非常广泛的应用。其优点如下：①Cre重组酶与具有*lox*P位点的DNA片断形成复合物后，可以提供足够的能量引发之后的DNA重组过程，不需要细胞或者生物体提供其他的辅助因子；②*lox*P位点较短，非常容易合成；③Cre重组酶是一种比较稳定的蛋白质，可以在生物体不同的组织、不同的生理条件下发挥作用；④Cre重组酶的编码基因可以置于任何一种启动子的调控之下，可以在生物体不同的细胞、组织、器官，以及不同的发育阶段或不同的生理条件下产生，进而发挥作用。

利用噬菌体P1的Cre/*lox*P位点特异性重组系统，将外源基因插入整合到λ噬菌体基因组中。例如，在D蛋白的N端构建文库，将含有与D基因融合后的外源目的基因重组质粒（带有*lox*P序列）转化宿主大肠埃希菌（提供重组酶Cre），同时将带有*lox*P位点的λD噬菌体共感染该宿主菌，在宿主菌体内发生插入整合重组，产生新的重组噬菌体，可用氨苄西林（Amp）抗性作为筛选标记。经过热诱导后释放出自由的重组噬菌体颗粒，与D蛋白融合后的目的蛋白可以展示在重组噬菌体的表面（图24-11）。

采用改进的*lox*P位点，将外源目的基因插入质粒中D基因的3′端。在含有D融合基因和Amp标记质粒（供体质粒）中引入*lox*Pwt和*lox*P511位点，转化到能表达位点特异性重组酶（Cre）的宿主菌中。再用λ噬菌体（D基因带有琥珀突变）感染该宿主菌，噬菌体携带侧翼中含有*lox*Pwt和*lox*P511位点的填充DNA片段。在位点特异性重组酶Cre作用下发生体内插入整合（在*lox*P位点处），形成带有Amp的分子间单交换、分子内双交联的合体，进一步形成新的重组噬菌体，将D融合蛋白展示在噬菌体表面。这里采用了两个互不兼容的*lox*重组序列*lox*Pwt和*lox*P511，它们分别以相反方向存在于质粒和噬菌体基因组中，所形成的合体中含有两个*lox*Pwt位点，方便切除整合质粒。因为重组发生在宿主菌细胞内，所以不必分离λ基因组、插入酶切位点、克隆外源片段及在体外包装λ噬菌体重组子。在质粒水平和噬菌体水平（杂合体）上重组子频率大于90%，而直接在λ展示载体里克隆的频率仅3%~5%。降低插入片段重组的方式是采用特殊基因型的宿主如*recA*突变（失活了主要同源重组系统），$lacI^q$阻遏突变（抑制激活P1裂解性复制子）以及甲基化修饰途径失活。反选择标记基因的使用可以提高重组子和非重组子筛选效率约 70 倍。

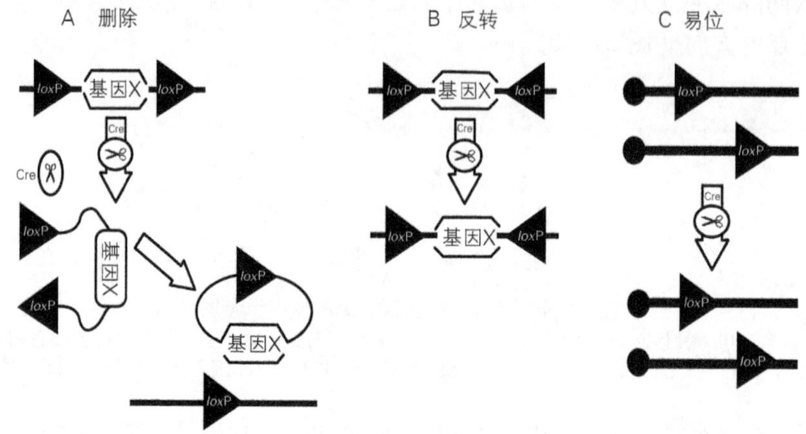

图 24-11 Cre/*lox*P 重组系统诱导基因重组的方式示意图

当基因组内存在 *lox*P 位点时，一旦有 Cre 重组酶，便会结合到 *lox*P 位点两端的反向重复序列区形成二聚体。此二聚体与其他 *lox*P 位点的二聚体结合，进而形成四聚体。随后，*lox*P 位点之间的 DNA 被 Cre 重组酶切下，切口在 DNA 连接酶的作用下重新连接。重组的结果取决于 *lox*P 位点的位置和方向。主要存在几下几种重组方式：①两个 *lox*P 位点位于同一条 DNA 链上且方向相同，Cre 重组酶敲除 *lox*P 间的序列；②两个 *lox*P 位点位于同一条 DNA 链上且方向相反，Cre 重组酶诱导 *lox*P 间的序列翻转；③两个 *lox*P 位点位于不同的 DNA 链或染色体上，Cre 重组酶诱导两条 DNA 链发生交换或染色体易位；④4 个 *lox*P 位点分别位于两条 DNA 链或染色体上，Cre 重组酶诱导 *lox*P 间的序列互换

二、P1 人工染色体

人工染色体载体是利用染色体的复制元件来驱动外源 DNA 片段复制的载体，是结合了 P1 载体和细菌人工染色体（bacterial artificial chromosome，BAC）载体的大片段 DNA 克隆最佳系统。P1 人工染色体（P1 artificial chromosome，PAC）载体自身片段较大（约 16 kb）。PAC 系列克隆载体（如 pCYPAC1）衍生自 pAd10sacBII，除去腺病毒（adenovirus）的填充片段，插入了基于 pUC 质粒的序列，具有正选择系统和两个 P1 复制子，但不需要 P1 的头部包装和位点特异性重组，可以插入 100~300 kb 片段，将环状连接产物电转化（electroporation）导入大肠埃希菌，替代体外包装，方便哺乳动物基因组的物理作图（physical mapping）和定位克隆（positional cloning）（图 24-12）。PAC 载体的再改造也包括：①亚克隆插入片段到修饰过的 PAC 载体；②通过 Cre 介导的重组插入 *lox*P 表达盒；③利用含有 *lox*P 基于 *Tn*10^{-} 的方法，产生 P1 克隆的巢式缺失（nested deletion）；④利用 Chi 刺激的同源重组（homologous recombination）构建缺失突变。P1/PAC 克隆也可以转入酵母人工染色体（yeast artificial chromosome），或者在酵母中同源重组，转入酵母-细菌穿梭载体（yeast-bacterial shuttle vector）。这样构建的文库是基因组研究的重要基础。

PAC 具有许多 BAC 载体的特征。另外，其多克隆位点位于蔗糖诱导型致死基因 *sacB* 上，通过加入蔗糖和抗生素的培养基筛选出来的克隆都是含有插入片段的重组子。

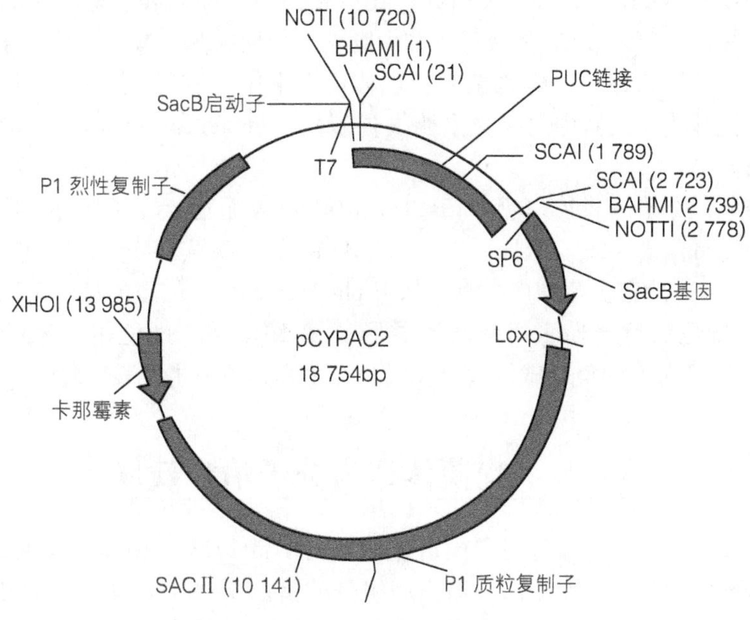

图 24-12 P1 噬菌体人工染色体示意图

三、将 DNA 投送到 G⁻菌的 P1 噬菌粒系统

少数细菌能够被天然转化（transformation）。噬菌体可以高效感染携带其受体的细菌。基于 P1 的体内包装系统（*in vivo* packaging system）可以投送宿主范围宽的载体到细菌细胞。P1 投送系统包括携带 P1 包装载体的 *pac* 位点、产生串联 DNA 的 P1 裂解性复制子、卡那霉素抗性标记基因、宽宿主范围复制起点（broad-host-range origin of replication）的质粒（P1pBHR-T）。P1 溶原菌提供复制因子（replication factor）激活质粒上的 P1 复制起点，以及形成成熟噬菌体粒子所需的结构组分。质粒维持在 P1 溶原菌中。带氯霉素抗性的 P1 前噬菌体携带温度敏感的 C1 阻遏突变（repressor mutation），温度从 32 ℃变为 42 ℃，可以诱导前噬菌体，激活裂解，将质粒串联 DNA 包装为 P1 噬菌体粒子，裂解溶原菌。该系统可以投送质粒 DNA 到大肠埃希菌、福氏志贺菌、S 痢疾志贺菌、肺炎克雷伯菌、弗氏柠檬酸菌和铜绿假单胞菌。P1 可以吸附和将 DNA 注入包括鼠疫杆菌、黄色黏球菌和根癌农杆菌等细菌中。

第五节 噬菌体表达载体

基于噬菌体的表达载体主要利用噬菌体来源的启动子。启动子强度需要适中。启动子强度过大，影响质粒及载体的复制。另外，转录干扰也可以阻遏限制性内切酶表达，尤其是细胞缺乏修饰基因时。这包括来自大肠杆菌和非大肠杆菌噬菌体（noncoliphage）的启动子。G⁺菌枯草芽孢杆菌适合作为宿主表达异源基因：非致病菌、发酵性质明确、蛋白质可以分泌，枯草芽孢杆菌噬菌体的启动子被用来构建载体。维持在质粒载体上的噬菌体 f29 的晚期启动子（A3），在变铅链霉菌（*Streptomyces lividans*）指数期组成型表达（constitutive expression）。这个表达系统在链霉菌中不能高表达琼脂糖酶（agarase）。来自枯草芽孢杆菌噬菌体 SP01 的启动子和大肠埃希菌操纵基因被用在枯草芽孢杆菌诱导表达人白细胞干扰素 A 基因。链霉菌系统现在可以采用 T7 启动子系统。噬菌体启动子也用来驱动分枝杆菌噬菌体内的荧光素酶报告基因（luciferase reporter），检测是否存在活的分枝杆菌。

链霉菌溶原性噬菌体 phiC31 和 phiBT1 的 *att*P-*int* 整合位点非常保守，但两者整合的黏附位点（attachment site）不同。基于 phiBT1 整合酶（integrase）构建整合载体（integration vector）的宿主范围广，也与基于 phiC31 *att*P-int 位点的载体可以兼容。溶原性噬菌体 phiFC1 位点特异性重组整合到粪肠球菌 KBL 703 染色体。含有 *att*P 位点和 phiFC1 整合酶基因 mj1 的整合载体适合在粪肠球菌和其他宿主中表达基因。

第六节　噬菌体作为分子治疗载体

非裂解性丝状噬菌体可以包装和投送噬菌粒到携带 M13 噬菌体受体的大肠埃希菌。噬菌粒可以编码各种分子，如靶向必需细胞组分的蛋白质，与细菌染色体结合的成瘾毒素（addiction toxin）Gef 和 ChpBK，表达由 LacI 调控的启动子控制，插入位点是 f1 基因间隔区。携带该噬菌粒的雄性大肠埃希菌细胞被 M13 辅助噬菌体 R408 感染，优先包装噬菌粒 DNA 而不是辅助噬菌体 DNA（裂解物中含有 95%的噬菌粒颗粒）。利用裂解物感染大肠埃希菌，MOI 为 3.6，加入诱导剂 IPTG，pGef 和 pChpBK 裂解物使活细菌数量分别减少为原先的 1/1579 和 1/948。这些结果提示噬菌体可以用来构建噬菌粒，体内表达杀菌蛋白，噬菌体递送系统在抗生素替代治疗也在积极探索中。丝状噬菌体也可以作为鼻腔投递抗阿尔茨海默病关键分子淀粉样物质的抗抗体（anti-beta amyloid antibody）的载体，可能用于诊断和检测老年认知障碍。

噬菌体作为基因治疗的靶向投递系统噬菌体颗粒在哺乳动物体内没有靶标，因此，对哺乳动物细胞没有嗜性（tropism）。丝状噬菌体基因组可以插入抗体、蛋白质、肽等大分子的编码基因，与噬菌体衣壳蛋白融合。通过合理设计，可以靶向细胞表面受体。例如，将整联素结合肽（integrin-binding peptide）（GGCRGDMFGC）与 pⅧ融合，可以被哺乳动物细胞受体介导的内吞（receptor-mediated endocytosis）内化。修饰后展示 RGD 肽-pⅤ主要胃尾蛋白 C 端融合的 lambda 噬菌体可以特异性转染携带 *lacZ* 报告基因的 COS 细胞。靶向成纤维细胞生长因子 2（fibroblast growth factor 2，FGF2）的丝状噬菌体能够瞬间稳定转导 FGF 受体阳性的哺乳动物细胞。携带巨细胞病毒（cytomegalovirus）驱动的报告基因——绿色荧光蛋白（green fluorescent protein，GFP）或 *lacZ* 的噬菌粒被辅助噬菌体 M13KO7 包装，利用链亲和素-生物素连接（avidin-biotin-linked）的 FGF2，靶向细胞表面受体。这种靶向、噬菌体介导的转导需要 FGF2 靶子，依赖于噬菌体浓度。但是转导效率低，一般约 1%。通过与小衣壳蛋白融合，遗传展示生长因子如 FGF2 的噬菌体可以将 GFP 表达盒投送到含有适当受体的细胞。游离配体或者中和性抗受体竞争，提示哺乳动物细胞转导的特异性强，噬菌体靶向的基因转移依赖配体、时间和剂量。配体靶向的噬菌体应用主要有以下例子：抗-ErbB2（ErbB2 又称 HER2，human epidermal growth factor receptor 2）、单链抗体、HER2 配体、腺病毒衣壳蛋白。

进一步研究噬菌体投送的DNA在胞内的行为，可以掺入受体结合分子及序列，增强内吞体逃避、细胞核定位、转基因表达。展示SV40 T抗原32-体核定位信号（nuclear localization signal）的λ噬菌体，在投送到人成纤维细胞的细胞质后，比野生型噬菌体对细胞核的亲和力更强，能够更有效地诱导标记基因表达。

总之，丝状噬菌体的遗传可塑性可以用来定制基因转移载体，用于疾病治疗，降低毒性和靶向递送基因。

参考文献

25 噬菌体展示技术及其应用

——张　灿

噬菌体展示技术（phage display technology）是指以噬菌体或噬菌粒（phagemid）为载体，将外源的蛋白质或肽与衣壳蛋白融合并展示于噬菌体表面，同时保持外源蛋白质或肽的生物活性及空间构象的一种技术。该技术具有简单、有效、易控、高效、高通量等优点，尤其是能够实现外源蛋白质基因型与表现型的偶联，将重组蛋白筛选与基因筛选合二为一，在蛋白质组学研究中具有重要作用。近20年来，噬菌体展示技术在蛋白质相互作用、疫苗和新药开发等研究领域应用广泛。本章就噬菌体展示技术的原理、常用的展示系统及其在生命科学研究领域的应用做简要介绍。

第一节　噬菌体展示技术原理及特点

噬菌体展示是通过分子标靶（通常是蛋白质）的亲和作用，对构建的噬菌体库进行多轮淘选、富集，最终获得目标肽或蛋白质，因此也称为蛋白质-标靶相互作用的“检索机器”。1985年，George Smith团队首次建立了基于丝状噬菌体f1的噬菌体展示技术。从20世纪90年代开始，基于噬菌体展示技术的研究和报道发展迅猛，目前已经建立了基于f1、fd、M13、T7、T4、λ等多种噬菌体的展示系统，其中基于M13噬菌体的展示系统应用最广泛（表25-1），根据展示载体的类型可以分为噬菌体载体和噬菌粒载体。以噬菌体为载体，因存在多个结合位点，外源基因是多价展示，不容易筛选到高亲和力的展示噬菌体，融合蛋白对噬菌体本身的感染活力有较大影响。以噬菌粒为载体，需要辅助噬菌体提供复制及包装所需的酶和蛋白质，以外源基因为单价展示，不受衣壳蛋白融合对噬菌体的负面影响，转化效率高，可用于筛选高亲和力的结合肽或蛋白质，但是噬菌粒载体需要辅助噬菌体，而辅助噬菌体有时不稳定，限制了其应用。目前使用的辅助噬菌体主要有M13KO7、M13Δ3.2、R408d3、KM13、Hyper-phage、Ex-phage、Phaberge、VCSM13、CT-Phage等。

噬菌体展示是一个将蛋白质或肽与噬菌体衣壳蛋白融合表达在噬菌体表面的过程，其技术原理是利用靶分子（诱饵）对展示在噬菌体表面的外源基因表达产物（猎物）进行亲和筛选。首先利用基因工程方法将外源蛋白或肽的编码DNA插入噬菌体基因组中的

作者单位：张灿，青岛农业大学动物医学院。

表 25-1 常用噬菌体展示系统及其特征

噬菌体（溶原/裂解）	基因组（bp）	展示载体	融合的位置		展示效率（拷贝数）	展示蛋白质/肽分子量（kDa）
			N 端	C 端		
M13（溶原）	6 407	P3	是	是	5	>110
		P8	是	—	2 700	<10
		P6（不常用）	—	是	5	/
		P7/P9（不常用）	是	—	5	/
		Jun-Fos（不常用）	—	是	/	/
λ（溶原/裂解）	48 502	gpV	—	是	32	/
		gpD	是	是	420	116
T4（裂解）	168 895	Wac（不常用）	—	是	/	/
		Soc	是	是	810	710
		Hoc	是	—	155	710
T7（裂解）	39 937	gp10（10 A/10B）	—	是	5～15（<1 200 aa） 415（<50 aa）	132

适宜位点，外源基因随噬菌体的复制进行扩增，生成蛋白质或肽库，并以融合蛋白的形式展示在噬菌体表面，同时保持了其本身的生物活性和相对空间构象。随后，利用靶分子（诱饵）与目标蛋白或肽（猎物）的亲和能力，对增殖的噬菌体进行 3～5 轮淘选和扩增，去除非特异性结合的噬菌体，获得表面展示了能够与靶分子特异结合的目标蛋白或肽的噬菌体。最后通过 DNA 测序获得能够与靶分子特异结合的目标蛋白或肽的 DNA 序列信息（图 25-1）。利用噬菌体展示系统可以建立蛋白或肽的文库，同时展示大量不同

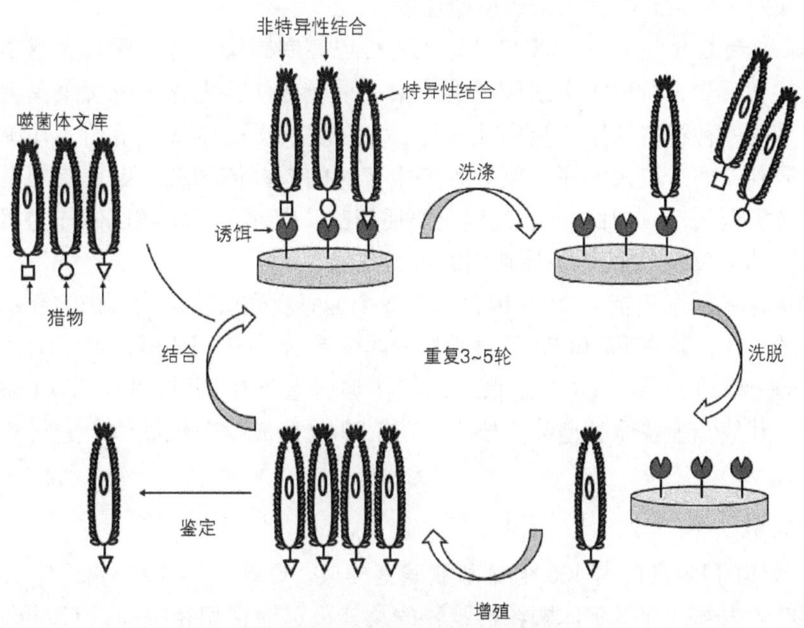

图 25-1 噬菌体展示技术原理

首先构建噬菌体文库，将随机 DNA 片段、cDNA、抗体及其他蛋白质的编码基因序列通过分子克隆技术，插入噬菌体基因组的外源插入位点，然后完成噬菌体的组装而获得此文库。噬菌体颗粒表面展示出来的分子成为猎物。利用固相特异性诱饵进行目标噬菌体的淘选，只有表达了特异性猎物的噬菌体可被结合，通过洗涤去除非特异性噬菌体，将欲捕获的特异性噬菌体洗脱下来，感染宿主菌扩增目标噬菌体，如此通过多轮淘选，即可获得大量纯化的目标噬菌体，随后对噬菌体表面展示的猎物分子进行鉴定和分析

的外源蛋白或肽，进而利用靶分子进行特定目标蛋白质或肽的筛选。根据建立的文库的不同，可以分为随机肽库、cDNA 文库、抗体文库、蛋白质文库等。

噬菌体展示系统与其他方法如酵母杂交系统互补，并且有各自的优点和局限性。噬菌体展示的最大优势是能够展示数量巨大的外源蛋白或肽，这一过程可以在体内或体外进行。噬菌体展示的另一优点是构建文库不需要特殊设备、简单、廉价、快速。噬菌体展示文库是噬菌体克隆的混合物，每个噬菌体克隆携带不同的外源 DNA，因此在其表面上可展示不同的蛋白质或肽。文库中的每个蛋白质或肽都可以复制，因为每个展示的噬菌体都会感染宿主菌，繁殖并产生大量相同的后代噬菌体。

一、丝状噬菌体展示

丝状噬菌体属于单链环状 DNA 病毒，基因组大小约为 6.4 kb，通常用于外源蛋白展示的丝状噬菌体主要有 f1、fd 和 M13 噬菌体。丝状噬菌体表面有 5 种结构蛋白，包括 1 个主要衣壳蛋白（P8）和 4 个次要衣壳蛋白（P3、P6、P7、P9）。P8 蛋白主要分布在噬菌体颗粒的两侧，数量较多，每个噬菌体表面大约有 2 700 拷贝。P3 和 P6 蛋白位于丝状噬菌体侵染宿主端，而 P7 和 P9 蛋白位于丝状噬菌体的另一端，每个次要衣壳蛋白在噬菌体表面大约 5 拷贝。丝状噬菌体在宿主菌的细胞周质中进行装配。5 种结构蛋白均在宿主菌细胞膜上合成，其 C 端位于细胞质中，而 N 端在细胞周质腔中。噬菌体 DNA 合成后，先由 P5 蛋白包裹，被送到宿主菌细胞膜附近，随后由 P8 蛋白替代 P5 蛋白包裹 DNA，最终形成完整的噬菌体颗粒。子代噬菌体装配完成后从宿主菌中释放，并不会导致宿主菌的裂解，但会影响宿主菌的增殖速度。

丝状噬菌体专性感染 F^+ 大肠埃希菌，因此可以控制感染条件，而且大肠埃希菌感染后导致 F 菌毛被解聚，所以每个细菌只能感染一种噬菌体，也就是说每个单菌落代表丝状噬菌体展示的一种特定的肽或蛋白质。另外，在丝状噬菌体基因组插入外源序列的大小一般不受限制，插入较大的序列仅导致产生较长的噬菌体颗粒。更重要的是，丝状噬菌体可以抵抗极端条件，如低 pH、高温及酶促切割。因此，丝状噬菌体作为展示系统得到广泛应用。其中 M13 噬菌体是最常用的展示系统。

M13 噬菌体基因组包括 11 个基因，其中 5 个编码衣壳蛋白，均可作为展示系统中插入外源片段的载体，其中 P3 和 P8 是最常用的两个展示系统。P3 展示系统的载体类型主要有 3 型、3+3 型和 33 型；P8 展示系统的载体类型主要有 8 型、8+8 型和 88 型。除 3 型和 8 型外，其他几种载体类型都需要将 P3 或 P8 改造成噬菌粒载体，进行外源蛋白或肽的展示。

（一）P3 展示系统

M13 噬菌体的 P3 蛋白由 406 个氨基酸残基构成，C 端（第 198~406 位氨基酸）位于噬菌体颗粒的内部，与噬菌体颗粒透膜释放及其稳定性密切相关，在 C 端融合的外源蛋白或肽不能展示于噬菌体表面，通常不能插入外源蛋白或肽。P3 蛋白 N 端与噬菌体感染相关，包括 3 个结构域 N1、N2 和 CT。N1 和 CT 结构域均可融合外源蛋白或肽。P3 蛋白插入外膜依赖 sec（大肠埃希菌膜分泌系统），因而适合展示大分子量外源蛋白或肽，并将其运输到细胞周质中。P3 蛋白 N 端展示系统可以用来展示大分子量的外源蛋白或肽，但是展示的大分子量外源蛋白或肽会干扰噬菌体的组装，导致噬菌体感染率降低。P3 蛋白拷贝数较少，每个噬菌体表面展示的融合蛋白仅有 1~2 个，因此多用于抗体文库的筛选，可以淘选到高亲和力的抗体。但是该展示系统在生物疫苗开发及免疫学相关研究中使用受限。另外，M13 噬菌体的装配是在细胞周质中完成，所有的衣壳蛋白在装配前都插入宿主菌细胞外膜，因此不适宜展示影响衣壳蛋白输出过程的外源蛋白或肽。在噬菌体装配过程中如果缺少 P3 蛋白，将产生多聚噬菌体。多聚噬菌体是指携带两个或更多基因组的长噬菌体。多聚噬菌体在噬菌体 f1、fd 的野生群体中天然存在，大约占 5%。

为了实现外源蛋白或肽在 P3 蛋白的 C 端展示，Crameri 和 Suter 设计了适合 cDNA 展示的双组分载体系统用于 cDNA 展示。他们利用亮氨酸拉链蛋白 Jun 和 Fos，通过二硫键将 P3 蛋白 C 端和外源 cDNA 结合在一起，将 cDNA 文库展示在噬菌体表面，并通过 cDNA 展示文库从多种来源的成分中分离过敏原。Fuh 和 Sidhu 在 M13 噬菌粒系统中优化了接头序列，建立了 P3 蛋白的 C 端展示系统。该系统避免了终止密码子的问题，通常用于 cDNA 文库的淘选，也适用于需要 C 端游离的蛋白质-蛋白质间相互作用研究。

另外，Kretzschmar T 等建立了半胱氨酸展示法（Cys-display）。在该方法中，外源蛋白或肽不是与衣壳蛋白融合，而是在蛋白质翻译后修饰期通过二硫键与特定设计的 P3 蛋白相连。这样在淘选过程中，噬菌体的洗脱可以通过添加还原剂来完成。这样可以洗脱那些用常规方法无法洗脱下来的具有超高亲和力的抗体。

（二）P8 展示系统

P8 蛋白大约由 50 个氨基酸残基组成，分子量为 5.2 kDa，其 N 端位于噬菌体表面，C 端埋藏在内部。外源蛋白或肽可展示于 P8 蛋白的 N 端。由于 P8 拷贝数多，该系统常用于筛选低亲和力的配体。但是 P8 蛋白的分子量很小，只适合与短肽融合。如果外源肽段长度超过 6 个氨基酸，则会影响噬菌体的装配和侵染过程。影响 P8 展示系统效率的影响因素很多：①展示大分子量肽会大幅降低噬菌体的活力。例如用 P8 蛋白展示含 16 个氨基酸的多肽将使噬菌体的活力降低到原来的 1%。②P8 蛋白 N 端的前 5 个氨基酸可以变换，但是一旦删除，将导致噬菌体的活力下降。在 P8 系统 N 端第 4 位和第 5 位氨基酸之间插入五肽，不会影响噬菌体的螺旋对称性，小肽将以扩展的形式展示于噬菌体的表面。③P8 蛋白 N 端第 7 位氨基酸携带大的疏水性残基，第 1 位氨基酸为天冬酰胺（Asn）时，在 P8 系统插入脯氨酸含量高的外源序列，噬菌体-肽融合体活性增高。④在 P8 蛋白与外源蛋白间加入一个氨基酸接头可以实现 P8 蛋白的 C 端展示，但是在第 47 位氨基酸及其之后的区域不能插入外源小肽。由于 P8 的拷贝数多，该系统在免疫学特性模拟等相关研究中得到广泛应用。

P8 融合蛋白展示效率低，每个噬菌体颗粒展示的数量小于 1 拷贝。Nakayama 等通过突变将展示效率提高了 10 倍。Sidhu S S 等对 P8 基因进行突变，可以展示包括寡聚蛋白在内的大分子蛋白，展示效率可提高 100 倍。为了提高 P3 展示系统的展示效率，Jiang J 等在 P3 噬菌粒为载体的展示系统中，通过改变软腐欧文氏菌（*Erwinia carotovora*）*pelB* 基因编码的果胶酶信号肽起始位点，将 Taq 酶的 stoffel 片段展示效率提高 50 倍以上。但这只是一个个例，改变信号肽起始位点不可能提高所有外源蛋白的展示效率。

（三）P3/P8 展示系统其他类型载体

P3 展示系统的 33 型载体和 P8 展示系统的 88 型载体是指同一噬菌体的基因组中携带

2拷贝的*P3*或*P8*基因，其中1拷贝用作融合配偶体（fusion partner），另外1拷贝为插入外源片段的融合基因。以这种方式，子代噬菌体表面具有两种类型的外壳蛋白：野生型和融合型。这种方法解决了3型和8型系统的不足，能够展示大分子量的肽或蛋白质，同时不会影响噬菌体的装配，保证了噬菌体的稳定性。这种系统可以同时产生野生型和融合的衣壳蛋白，因此可以展示分子量更大的蛋白质，但是噬菌体表面上展示的融合蛋白的拷贝数也相应减少。目前在33型或88型展示系统中，已有能够稳定遗传的fd噬菌体88型展示载体Fth1，可产生高滴度的重组噬菌体。

基于丝状噬菌体基因组DNA建立的展示文库，适用于鉴定细菌蛋白质及与一系列靶分子相互作用的结构域。但是毒性蛋白在丝状噬菌体中直接展示容易失败，通常需要用噬菌粒系统进行毒性蛋白的展示。P3展示系统的3+3型和P8展示系统的8+8型都需要噬菌粒载体。噬菌粒载体是指利用分子生物学技术将P3或P8蛋白改造成噬菌粒（具有质粒的复制功能，也能辅助噬菌体的装配）作为噬菌体展示系统的载体，通常需要辅助噬菌体与野生型P3或P8噬菌体组合，在组装后可展示噬菌粒的一小部分片段。

噬菌粒载体用于3+3或8+8型展示系统，野生型P3或P8可作为辅助噬菌体转染。与33型或88型展示系统比较，3+3型或8+8型的*P3*或*P8*基因的2拷贝分别位于两个基因组上。作为外源融合蛋白载体的衣壳蛋白由噬菌粒编码；质粒除了携带细菌复制起点外，还携带丝状噬菌体复制起点和抗生素抗性基因，便于抗性筛选。野生型的衣壳蛋白由辅助噬菌体编码，通过辅助噬菌体感染携带噬菌粒的细菌触发重组噬菌体的产生。辅助噬菌体提供噬菌体装配所必需的蛋白质，这些蛋白质也作用于噬菌粒ori，生产携带噬菌粒基因组的噬菌体颗粒。通过该方法会获得两种不同的衣壳蛋白：一种是由噬菌粒编码的融合了外源蛋白或肽的衣壳蛋白，另一种是由辅助噬菌体编码的野生型衣壳蛋白。此外，细菌中携带两种类型的噬菌体，一种携带噬菌粒基因组，另一种携带辅助噬菌体基因组，噬菌体都携带野生型和重组衣壳蛋白。由于辅助噬菌体和噬菌粒携带不同的抗生素抗性基因，在随后的淘选步骤中可以通过抗生素选择携带噬菌粒基因组的噬菌体。因此，只有被噬菌粒感染的细菌才会繁殖。将缺失*P3*基因的辅助噬菌体与携带野生型*P3*基因的质粒结合使用，具有高效展示外源蛋白或肽的优势。该系统在噬菌体组装过程中没有野生型P3的竞争，P3融合蛋白的所有拷贝都能全部展示于噬菌体表面。然而，这种系统也因没有野生型P3蛋白与P3融合蛋白竞争而可能丢失有用的单价展示蛋白。

为了减少辅助噬菌体的数量，同时增加携带噬菌粒的噬菌体数量，通常辅助噬菌体ori或装配信号肽会被突变缺失，这样辅助噬菌体的复制和装配效率将降低到原来的1/1 000左右。另外，为了能够在3+3型系统中对携带噬菌粒的细菌进行超感染，这些载体上的*P3*基因缺失N端结构域，由于P3的N端结构域在噬菌体感染过程中必不可少，因此导致辅助噬菌体失去感染活性。另一种减少辅助噬菌体数量的方法是在辅助噬菌体的P3蛋白序列上插入蛋白酶切位点，这样在淘选过程中，使用蛋白酶如胰蛋白酶洗脱捕获的噬菌体，将除去辅助噬菌体P3的N端结构域。

早期M13噬菌体展示系统将外源基因直接插入噬菌体的基因组进行展示，但是P3蛋白的拷贝数为3~5个，往往形成外源蛋白或肽的多价展示。噬菌粒系统开发完成后，实现了外源片段的单价展示，并且转化效率更高，有利于构建更大的文库，因此应用最为广泛。与噬菌粒展示系统相比，噬菌体展示系统则具有更广泛的抗体亲和性。

（四）其他衣壳蛋白展示系统

基于P6蛋白的展示系统可用于cDNA文库的展示。该系统将外源多肽或蛋白质展示于P6融合蛋白C端，减少了N端展示过程中终止密码子的问题。Sidhu等建立了基于M13噬菌体的P7和P9蛋白的噬菌粒载体，实现了在蛋白质N端同时展示有功能的重链和轻链可变区抗体。在该展示系统中，外源抗体的重链和轻链分别与P7和P9蛋白N端融合，展示在表面的融合蛋白能够相互作用形成功能性的Fv结合域。

综上所述，以M13为代表的丝状噬菌体展示系统可以在衣壳蛋白上展示外源蛋白或肽，且能够保持其本身的生物活性和空间构象，同时噬菌体在宿主菌中的产量维持在较高水平。但是该系统不适用于构建cDNA文库。另外，展示的外源肽或蛋白质需要以融合蛋白的形式分泌到细胞周质，这一过程就限制了插入外源片段的大小，同时也给宿主菌带来毒性作用，还有可能影响蛋白质的正确折叠。

二、λ噬菌体展示

λ噬菌体是一种溶原性噬菌体，属于长尾噬菌体科，是基因组为48.5 kb的线性dsDNA。λ噬菌体由头部、尾部和尾丝组成。头部主要由衣壳蛋白gpE（415 kb）和gpD（405~420 kb）组成，尾部由主要尾部蛋白gpV的六聚体组成。其中，gpD和gpV蛋白通常被用作构建λ噬菌体展示系统的载体。

（一）gpV蛋白展示系统

尾部蛋白gpV首先应用于λ噬菌体的展示。gpV蛋白有两个折叠区域，其中C端的折叠区域（非功能区）可以插入或替换外源序列。Dunn等开发了基于gpV蛋白C端的展示系统，用外源片段取代gpV蛋白C端的70个氨基酸。设计λ*foo*载体插入外源序列，以融合蛋白形式连接到gpV蛋白的C端进行展示，尽管展示效率很低（每个噬菌体仅有几拷贝），噬菌体产量也很低，但是它适合捕获高亲和力的外源蛋白或肽，利用该载体实现了如β-半乳糖苷酶（465 kDa）、植物外源凝血素BPA（120 kDa）等同源多聚体蛋白质的展示。随后又实现了β-半乳糖苷酶展示体系的α-互补肽的展示。这种展示α-互补肽的噬菌体纯化后，应用于体外测定β-半乳糖苷酶互补试验。在λ噬菌体gpV蛋白展示系统中展示RDG序列，能够使噬菌体高效率转染COS细胞。λ噬菌体是在宿主细胞内完成装配的，无须将外源肽或蛋白质分泌到细菌细胞膜外，因此可展示难以分泌的肽或蛋白质、有活性的大分子蛋白（100 kDa以上）以及对宿主细胞有毒性的蛋白质。但是该系统展示外源蛋白或肽的拷贝数很低，这就导致淘选过程中回收效率低。另外，在筛选抗体文库中，由于展示的蛋白质或肽拷贝数低，可能会丢失高亲和力的抗体。

（二）gpD蛋白展示系统

gpD蛋白位于λ噬菌体的头部，分子量只有11.4 kDa，以三聚体形式突出于噬菌体表面。在缺少gpD蛋白的情况下，λ噬菌体仍可以完成组装，因此gpD蛋白可用做外源序列的载体构建展示系统。gpD蛋白的结构分析显示其蛋白N末端到第15位丝氨酸之间呈无序状态，而C端氨基酸排序良好。gpD蛋白两端都位于三聚体与衣壳结合域的同侧，因此gpD蛋白作为展示系统的载体，融合蛋白可通过连接肽与gpD蛋白的任一末端连接，且不影响噬菌体的装配和感染能力。与gpV蛋白展示的低效率对比，gpD蛋白的展示效率很高，可以达到 gpD 蛋白拷贝数的 90%，以 gpD 蛋白为载体构建的文库范围为 $10^7 \sim 10^8$ PFU。

gpD 蛋白展示系统对外源蛋白或肽的展示可以在体外或体内进行。体外展示是将外源片段插入 gpD 载体并进行表达，随后将表达的融合蛋白与 λ 噬菌体 gpD 缺陷株混合，使融合蛋白结合到 λ 噬菌体表面完成展示；体内展示是在宿主菌细胞内，将含 gpD 融合基因的质粒转入大肠埃希菌中，补偿 λ 噬菌体 gpD 缺陷株的 gpD 蛋白，通过噬菌体装配过程展示在噬菌体表面。Sternberg 和 Hoess 首次构建了以 gpD 蛋白为载体的展示质粒，融合蛋白的表达受 *pTrc* 调控或受 ara 启动子的调控。利用噬菌体 P1 的 *cre-lox* 重组系统，携带 *lox*P 的 gpD 表达质粒感染 λ 噬菌体 gpD 蛋白缺失株，该缺失株在表达 Cre 重组酶的细胞中含有 *lox*P 位点。插入展示质粒的 λ 噬菌体可以被氨苄西林抗性转导子/溶原菌恢复。溶原菌被诱导产生一个 λ 噬菌体文库，在 gpD 蛋白 N 端展示外源肽或蛋白质。这个噬菌体展示系统被进一步设计改造，实现了在 gpD 蛋白 C 端展示 cDNA 文库。但是构建的质粒整合性能不稳定，因此又构建了 gpD 蛋白 C 端展示载体 λ171*LoxP*⁻ 和 λ*Dsplay1*。这两个载体均已用于 cDNA 展示文库的构建和淘选。外源蛋白或肽用 gpD 蛋白展示系统在体内展示过程可以通过调控宿主 tRNA 活性，控制噬菌体上融合蛋白和 gpD 蛋白的比例，适用于展示对噬菌体装配过程有害的蛋白质。

λ*foo* 载体还被设计改造为在 gpD 蛋白 N 端或 C 端进行外源蛋白或肽的展示。在噬菌粒载体的 gpD 蛋白两端的第 1 位和第 2 位氨基酸编码序列之间分别设计一个插入位点，通过在 *gpD* 基因终止子后立即插入外源片段的方法构建 C 端融合表达的质粒，通过宿主菌抑制剂控制终止子，从而调节融合蛋白在每个噬菌体上的拷贝数。另外，还构建了 2 个噬菌体展示载体：λ*fooDn*（N 端）和 λ*fooDc*（C 端）分别在 gpD 蛋白 2 个末端展示外源蛋白或肽。λ*fooDc* 的衍生载体 λ*fooDcSfi*1 通常用于 cDNA 文库的展示。

三、T4 噬菌体展示

T4 噬菌体属于有尾噬菌体，基因组为 dsDNA，其头部衣壳主要由 3 种必需的衣壳蛋白组成——gp23（主要衣壳蛋白）、gp24 和 gp20（次要衣壳蛋白），还有 2 种非必需衣壳蛋白——Soc 蛋白（small outer capsid protein）和 Hoc 蛋白（highly antigenic outer capsid protein），在衣壳蛋白装配完成后附着于衣壳蛋白表面，呈网格状分布。Soc 蛋白分子量为 9 kDa（960 拷贝），以三聚体形态位于主要衣壳蛋白 P23 的顶点，具有保护噬菌体衣壳的作用，使其能够适应高 pH 和高温等恶劣环境。Hoc 蛋白的分子量为 40 kDa（160 拷贝），以单体形态位于 P23 六聚体蛋白的中心。这两种蛋白质具有很多优点：①Soc 和 Hoc 是非必需蛋白，缺失不会影响噬菌体的形态及其感染性；②Soc 和 Hoc 与噬菌体的衣壳蛋白具有高亲和力；③Soc 和 Hoc 在化学变性或热变性后很容易恢复，并能够恢复完全结合能力，这表明在细菌中的包涵体纯化后，Soc 和 Hoc 的融合也可以恢复，然后用于装饰噬菌体衣壳，因此它们通常用于 T4 噬菌体展示的载体。目前在 Soc 和 Hoc 的 C 端和 N 端都实现了外源蛋白或肽的融合展示。

第一个基于 T4 噬菌体建立的展示系统并不是以 Soc 和 Hoc 为载体，而是以 *wac* 基因编码的 fibritin 蛋白为载体。fibritin 蛋白 C 端可以插入外源片段而不影响蛋白质本身的折叠和结合噬菌体颗粒能力。例如，利用 fibritin 蛋白为载体构建了携带 53 个氨基酸外源多肽的嵌合 T4 噬菌体，其中 45 个是乙型肝炎病毒前 S2 区序列。

1996 年，Ren 等建立了基于 Soc 蛋白和 Hoc 蛋白的 T4 噬菌体展示系统。随后，Sternberg 和 Hoes 也建立了类似的展示系统。该系统可以在宿主菌细胞内子代噬菌体装配过程中进行展示，也可以在体外进行。在体外 Soc 或 Hoc 融合蛋白在大肠埃希菌中表达、纯化，然后与噬菌体 Soc 或 Hoc 缺陷株混合，利用其亲和能力结合到噬菌体表面完成展示。在宿主菌细胞内需要将融合蛋白结合到缺陷型噬菌体上，或利用同源重组的方式将 *soc* 或 *hoc* 基因插入到 T4 噬菌体基因组特定位点实现融合基因的表达。Hoc 蛋白的 N 端和 Soc 蛋白的 C 端都可以作为外源蛋白或肽的融合位点，这两个蛋白质是非必需结构蛋白，融合外源蛋白不影响噬菌体的稳定性。该系统具有容量大（外源蛋白分子量>35 kDa）、拷贝数高、展示外源蛋白或肽种类多等优点，尤其适用于展示分泌型的复杂蛋白。例如，脊髓灰质炎病毒衣壳蛋白 VP1（312 个氨基酸）插入 Soc 蛋白的 C 端，以融合蛋白形式展示在菌体表面；在宿主菌细胞内以 T4 噬菌体 Hoc 蛋白 N 端为载体展示了 183 个氨基酸的外源多肽。Jiang 等还开发了 T4 噬菌体的 Soc-Hoc 的双重展示系统，可将两种肽或蛋白质分别与 SOC 位点的 C 端和 HOC 位点的 N 端融合，同时展示于 T4 噬菌体表面。例如，将炭疽致死因子（LF）与 Hoc 蛋白融合，LF 的 N 端结构域（LFn）与 Soc 蛋白结合，同时展示在噬菌体表面，通过 LFn 结构域的特异性相互作用将 PA63h 组装成七聚体，然后将水肿因子（EF）附着于七聚体的未占据部位，完成三联炭疽毒素的组装。融合蛋白复合物分子量高达 133 kDa，每个衣壳颗粒含 2 400 个蛋白质分子。这些复合分子在噬菌体表面的表达具有很大的优势，因为一些免疫过程需要完整的蛋白质而不是表位或缺乏天然折叠的结构域，并且可以跳过构象表位。另外，T4 噬菌体的 Soc-Hoc 双重展示系统可以实现两种性质完全不同的外源蛋白或肽在 SOC 位点和 HOC 位点同时展示，展示的拷贝数也较多。基于 SOC-HOC 蛋白的 T4 噬菌体展示系统还能够与亲和层析技术结合形成基于噬菌体的纯化方法。即将标准亲和标签（GST，His 标签）展示在噬菌体表面，使噬菌体能够与标准的亲和树脂紧密结合。

Black 和 Coworkers 基于非必需支架蛋白 IPⅢ，建立了 T4 噬菌体的内部展示系统。该系统能够实现在 T4 噬菌体衣壳蛋白的构建、包装，甚至特定加工过程。这种表达-包装-加工系统（EPP）用于展示 IPⅢ蛋白融合到 T4 噬菌体衣壳的内部通道。除此之外，该系统还有很多用途，如检测、纯化没有进行蛋白酶水解的蛋白质及将蛋白质运输到大肠埃希菌细胞中。

基于 T4 噬菌体的展示系统，在体外展示外源蛋白或肽，表达的蛋白质不需要复杂的蛋白质纯化过程，最大限度地避免了因纯化而引起的蛋白质变性或丢失；在体内展示外源蛋白质或肽，噬菌体在宿主菌细胞内进行装配，不需通过分泌途径，因此能够最大限度地展示大型异源寡聚物复合体，不受分子量的限制，可广泛应用于新型疫苗开发、蛋白质间相互作用分析、蛋白质复合物结构测定等方面的研究。

四、T7 噬菌体展示

T7 噬菌体属于有尾噬菌体，基因组为线性 dsDNA，主要有 6 种结构蛋白。T7 噬菌体头部主要由 gp10 蛋白组成，其中主要衣壳蛋白 gp10A（344 个氨基酸）和次要衣壳蛋白 gp10B（397 个氨基酸）通常用于构建噬菌体展示文库的载体。gp10B 是 gp10A 编码基因第 341 位氨基酸处移码突变的产物，在衣壳中的比例为 10%。T7 噬菌体颗粒可以由任一种衣壳蛋白 10A 或 10B 构成，也可由两种不同形式的衣壳蛋白混合物构成，因此 T7 噬菌体衣壳蛋白被用作 C 端展示载体。T7 噬菌体通过裂解宿主菌释放子代噬菌体，装配过程在宿主菌细胞质内完成。

Novagen 首先建立了基于 gp10 蛋白的 T7 噬菌体展示系统，用 10B 蛋白的表面区域进行噬菌体展示。为了使载体仅表达一种类型的衣壳蛋白，去除了 gp10 基因的天然移码位点，并在 10B 蛋白的第 348 位氨基酸之后插入了多克隆位点。与其他噬菌体比较，T7 噬菌体展示系统有其独特的优势。

1. *T7 噬菌体展示容量大，稳定性高* 丝状噬菌体 M13、fd、f1 的展示系统应用最广泛，但是载体容量有限，如 M13 噬菌体插入外源片段不能超过 1 500 bp，而且单链基因组在插入外源基因后稳定性明显降低。T7 噬菌体基因组为 dsDNA，在复制过程中大大减少了碱基突变概率，展示系统的稳定性增强，即使插入大于 1 kb 的片段仍然稳定。T7 噬菌体展示多肽效率高。例如，T7Select415-1b 载体应用广泛，可以融合长度高达 40~50 个氨基酸的多肽，并且在每个噬菌体表面展示 415 拷贝。T7 噬菌体还能够以低拷贝数（0.1~1/噬菌体）或以中拷贝数（5~15/噬菌体）展示 1 200 个氨基酸的多肽或蛋白质。例如，T7Select1-1b 载体用于展示每个噬菌体颗粒少于 1 拷贝的多肽和蛋白质，并且在该展示量下可以耐受高达 900~1 200 个外源氨基酸的融合。为了实现低拷贝数展示（0.1~1/噬菌体），该系统去除了 Phi10 启动子并改变了翻译起始位点，使其他上游启动子启动翻译，但是翻译效率较低。此外，还需要一个特殊的 gp10A 补充宿主来实现低拷贝展示。

2. *T7 噬菌体展示载体可以有效保证外源蛋白或肽的活性* T7 噬菌体通常在衣壳蛋白 gp10B 的 C 端展示外源肽或蛋白质，避免了空间构象受到影响。膜分泌的独立性扩大了展示融合蛋白或肽范围的选择，并消除了 M13 噬菌体在展示球状或疏水性融合蛋白的局限性。

3. *适用各种极端条件* T7 噬菌体展示系统可以在各种极端条件下（高温、低 pH 等）稳定展示外源蛋白质或肽，这有助于进行高通量的亲和淘选。

4. *能够快速淘选目的蛋白或肽* 丝状噬菌体 M13 生长速度慢，而 T7 噬菌体可以在 3 h 内形成噬斑，展示速度快，可以有效减少噬菌体展示过程中进行多轮淘选所需的时间，因此更容易进行大型展示文库的构建和淘选。

5. *适宜构建 cDNA 文库* 与丝状噬菌粒不同，外源 cDNA 文库可以直接插入 T7 噬菌体基因组并作为融合蛋白表达，用 T7 噬菌体作为载体可以构建各种类型的 cDNA 文库。

T7 噬菌体展示系统尚有需要改进之处：①在大肠埃希菌中展示的肽库容量有限，一般不超过 10^9，转化效率为 10^7~10^8。②噬菌体展示技术依赖于在宿主细胞内表达基因，展示的毒力蛋白或肽对宿主菌有害，导致展示效率低。③基因编码多肽具有密码子偏好性，同一氨基酸使用的密码子频率不一样，这也限制了肽库的多样性。④原核表达系统限制了氨基酸的后期修饰，如磷酸化等。

T7 展示系统常用于鉴定抗原和表位、检测分子间的相互作用、疫苗研发、癌症的诊断和治疗等方面。

五、其他噬菌体展示

噬菌体展示已经成为一项成熟的技术，得到越来越广泛的应用。就目前的经验看来，大多数的病毒（包括噬菌体）都能开发成外源蛋白或肽的展示系统。除上述噬菌体展示系统外，基于其他噬菌体的展示系统也有相关报道。噬菌体 P22 的尾刺蛋白（TSP）以六聚体形式连接到衣壳上形成噬菌体的尾部，已用于外源肽的展示。应用 P22-TSP 展示系统，将 13 个氨基酸的口蹄疫病毒 VP1 蛋白抗原肽插入 TSP 的 C 端，融合蛋白保留了内切蛋白酶活性和 TSP-融合蛋白组装活性。噬菌体 P4 的衣壳装饰蛋白 Psu 也用于外源蛋白或多肽的展示。Psu 具有稳定 P4 噬菌体衣壳的作用，类似于 λ 噬菌体的 gpD 蛋白和 T4 噬菌体的 Soc 蛋白。另外，有报道在噬菌体 $Q_β$ 的衣壳蛋白 gpA1 上展示了 195 个氨基酸的外源蛋白。噬菌体展示现在已拓展到动物和植物病毒系统，例如以脊髓灰质炎病毒衣壳蛋白 VP1 为载体，在其第 100 位氨基酸处插入三肽或六肽，并成功展示在病毒表面。

近年来，研究人员还开发出无细胞展示系统，如核糖体和信使 RNA 展示，用于体外制备分子文库。这些系统主要通过其自身模板捕获展示的蛋白质，但是需要经过细胞转化释放。尽管现在已经建立了高度复杂的噬菌体展示肽文库（$\geqslant 10^9$），但体外方法应该进一步开发分子/化学的多样性，从而增强弱亲和力分子的相互作用。

噬菌体展示系统是构建大型蛋白质库或肽库的有效工具，可以简便、快速、直接地进行文库中目标克隆的筛选、分离和增殖。如上所述，展示系统中噬菌体的种类很多，并且每种噬菌体都有其优点和缺点，但是其中首选仍然是 M13 噬菌体展示系统。M13 噬菌体的各种衣壳蛋白都可以作为展示的载体，首选 P3 或 P8 蛋白作为载体展示各种具有独特特征的肽或蛋白质。P8 蛋白拷贝数高达 2 700 个，可以高密度地展示外源肽，但是容量低，只能展示 8 个氨基酸以内的外源肽，一旦超过，就会中断噬菌体组装。为了克服这种限制，研究人员开发了双重展示系统，即在野生型 P8 存在下使用 P8 融合体，在不干扰噬菌体完整性的情况下展示更大的融合蛋白。P3 蛋白能够展示较大的蛋白质，但拷贝数较少，通常用于抗体库的筛选，能有效筛选到高亲和力的抗体。M13 噬菌体展示系统的主要缺点是溶原性噬菌体需要通过细菌外膜分泌衣壳蛋白。因此，一些由于构象或疏水性而干扰该分泌途径的蛋白质不适用于该系统进行展示。在 T4、T7 等裂解性噬菌体展示系统中，装配在宿主菌细胞内完成，因此不能展示那些影响噬菌体装配的蛋白质。裂解性噬菌体展示系统的缺点是噬菌体基因组大、处理过程复杂。另外，由于二硫键仅在细菌的细胞周质中形成（如在 M13 组装中），所以在展示带二硫键的外源蛋白时不能形成二硫键，融合蛋白的空间折叠也会受影响。在裂解性噬菌体展示中，融合蛋白的拷贝数在每个噬菌体颗粒中各不相同，这也影响了淘选的灵敏度。

噬菌体展示技术作为一种新兴的研究方法和工具，在研究蛋白质结构上已被广泛应用。但是仍然存在一些局限性：①在噬菌体展示过程中必须经过细菌转化、噬菌体包装，有的展示系统还要经过跨膜分泌过程，这就大大限制了所建库的容量和分子多样性。目前，常用的噬菌体展示文库中含有不同序列分子的数量一般限制在 10^9，要想构建大片段的肽库存在困难。②有些蛋白质（如高疏水性蛋白、带修饰的真核蛋白）在展示过程中需要折叠、转运、膜插入等过程，导致在体内筛选时需外加选择压力。③噬菌体文库建成以后，很难再进行体外的突变和重组，从而限制了文库中分子遗传的多样性。④噬菌体展示系统依赖于细胞内基因的表达，某些对细胞有毒性的蛋白质很难进行有效展示。尽管噬菌体展示系统存在这些不足，但是该技术可以利用抗原-抗体的特异性亲和作用对多达百万以上的文库进行高通量的淘选，并通过噬菌体的扩增富集目的蛋白或肽，纯化步骤简单，不要求昂贵的试剂与设备，在一般的实验室条件下就可以完成。噬菌体展示系统的这些优点足以表明其巨大的应用潜力。

第二节　噬菌体展示技术的应用

噬菌体展示作为一种快速发展的技术广泛应用于不同研究领域，包括表位作图，新受体、配体鉴定，蛋白质间相互作用，药物筛选，重组抗体的制备，免疫性能分析及疫苗研发等。另外，噬菌体表面展示技术还用于研究复杂的成分如细胞、组织或器官，如动物体内基因或药物的传递、癌细胞的监控、治疗和成像。本节主要介绍噬菌体展示技术在研究蛋白质间相互作用、抗体和多肽的制备及酶定向进化中的应用。

一、M13 噬菌体展示技术在鉴定蛋白质间相互作用中的应用

细胞通过蛋白质间相互作用调节诸多生理功能，因此鉴定蛋白质间相互作用通常是研究蛋白质功能的重要方法。噬菌体展示技术是研究蛋白质间互相作用的有效方法，可以针对特定蛋白质进行研究，也可以在全基因组范围上通过对相应 DNA 区域进行测序来鉴定存在相互作用的蛋白质。

利用噬菌体展示技术，可以构建大规模的噬菌体库（10^9 ~ 10^{13} PFU），携带大量的外源蛋白或肽（猎物）以供淘选。淘选过程的强度取决于靶分子（诱饵）和猎物相互结合的强度。能够与诱饵相互作用的噬菌体数量可能很少，但是可以通过连续几轮的淘选、扩增得到富集，因此能够高效率地筛选到与靶分子存在相互作用的蛋白质或肽。噬菌体展示系统可以对多种分子（蛋白质、DNA、RNA、碳水化合物、脂质）进行相互作用的筛选。靶蛋白诱饵分子有多种，如蛋白质、miRNA、细胞、组织、器官和生物体等。某些诱饵分子可以在亲和基质中固定在培养皿、微量滴定板、免疫管、包被了链霉亲和素的磁珠、Ni-NTA 琼脂糖亲和填料上，便于噬菌体文库的淘选，也可以在生物体内进行淘选。噬菌体展示技术以全细胞为诱饵，细胞表面的蛋白质保持了其天然状态及生物活性，能够从噬菌体库中快速淘选出与之特异结合的肽或蛋白质，很多是生物学功能未知的新分子。

利用噬菌体展示技术构建的肽文库、cDNA 文库和基因组片段文库，能够进行全基因组范围上的蛋白质相互作用的筛选。基因组片段文库能够通过研究诱饵结合的氨基酸区域的特征获得更多相互作用的细节。筛选大型蛋白突变体库可以鉴定诱饵-猎物相互作用中关键的氨基酸，揭示氨基酸在突变后的结合特征和对蛋白质稳定性的影响。Kärkkäinen 等构建了人源的保守蛋白 Src 的同源结构域 SH3 的噬菌体文库，以病原体蛋白如 HIV 的 Nef 蛋白、p21 蛋白活化激酶等为靶分子进行文库的筛选，成功鉴别出能够与之作用的 SH3 结构域。Kofler 等利用噬菌体展示技术筛选到能够与细胞衔接蛋白 C 端 GYF 结构域特异结合的新分子。Fuh 等对 P8 蛋白 C 端进行改造，构建了能够产生两个不同蛋白质组的肽文库（ProP-PD），两个文库分别包括人的蛋白质 C 端 7 肽库和已知病毒

的蛋白质C端文库，随后通过NGS分析不同淘选轮次的噬菌体库，获得每轮淘选的相关信息。在5轮淘选后，每个PDZ结构域均获得了2~30个配体，其中50%以上与DLG1、densin-180和erbin相关。在筛选到的配体中只有13%具有已知功能。这证明了ProP-PD文库能够有效地鉴定生物学相关的病原体-宿主之间的蛋白质相互作用网络。

二、噬菌体展示技术在抗体和多肽制备中的应用

抗体是一类能够与抗原特异性结合的免疫球蛋白。抗原分子中决定抗原特异性的特殊化学基团称为抗原表位或抗原决定簇。只针对单一表位的抗体称为单克隆抗体，具有结构和组成上的高度均一性（含有完全相同的重链和轻链），具有纯度高、特异性强、效价高等特性，已广泛应用于疾病的诊断、特异性抗原的鉴定、生物靶向药物的制备等领域。至今为止，已有350多种单抗应用于临床。然而，传统单克隆抗体技术制备的抗体为鼠源抗体，用于人体疾病治疗时，其本身作为抗原会引起人抗鼠的抗体反应，不仅使治疗性单克隆抗体半衰期变短，疗效减弱，有时还会引起严重的不良反应，通常情况下需要对鼠源抗体进行人源化的改造，仅保留鼠源抗体的核心片段（识别区），其他大部分用人源的抗体片段代替，这种抗体被称为嵌合型抗体。这个改造过程周期长，工作量大，短时间难以获得优质的人源化抗体。噬菌体展示技术能够很好地解决这一难题，直接将蛋白质与基因关联起来，以目标蛋白为诱饵，直接在抗体库中淘选高亲和性、高特异性的人源化抗体。

通过噬菌体展示技术筛选单克隆抗体的基本原理是利用PCR技术扩增免疫的特异性抗体或未免疫的天然抗体的轻链或重链基因，连接到噬菌体基因组，并展示在衣壳表面。然后利用抗原-抗体特异结合的特点，筛选得到所需的抗体。与全长的IgG相比，单链的scFv或Fab片段能够在大肠埃希菌中表达，这些小分子片段是噬菌体展示的主要成分，在此基础上建立的噬菌体展示抗体库，不同DNA序列的重链和轻链基因可以随机组合，形成比实体B细胞更大的抗体库，其筛选范围比常规的杂交瘤技术扩大了成千上万倍。因此，利用噬菌体展示技术淘选抗体文库，理论上可以获得任何与抗原具有高亲和力的单抗，并且相对于传统的抗体筛选过程，噬菌体展示技术具有周期短、成本低、筛选范围大等突出优势，利用该技术可以省略鼠源抗体人源化的过程，能够在短时间内直接获得高亲和力的全人源化抗体。

1985年，George Smith团队首次将R1核酸内切酶以融合蛋白的形式展示在噬菌体fd衣壳蛋白P3表面。5年后，McCafferty团队首次将噬菌体展示技术应用于抗体文库的构建。他们将P3蛋白编码序列中插入*scFvs*基因（编码单链可变区片段），利用抗原-抗体的亲和能力进行外源抗体文库的筛选。从1990年开始，噬菌体展示技术广泛应用于大分子抗体片段的展示，如Fabs、scFvs和sdAbs等。通常这些抗体片段与M13噬菌体的P3蛋白融合，构建大型的抗体文库。该技术结合了基因型多样性、基因型/表型偶联、选择压力和克隆扩增等特征，是一个高通量的筛选过程，可以筛选多达10^{11}突变体的文库，并且可以从中分离频率低至$1/10^6$的目标肽并确定其特征。因此，该方法可以从随机肽库中淘选并获得目标肽，从免疫抗体文库中淘选目标抗体片段，从合成抗体文库中淘选与任意靶抗原具有高亲和力、高特异性的抗体。Schofield等构建了人的scFv抗体库，噬菌体数量达1.1×10^{10} PFU/mL，他们用292个抗原成功筛选到多达7 200种重组抗体。如

今，噬菌体展示技术已经在不同的研究领域中得到了广泛的应用，包括治疗性抗体开发、疫苗开发、表位作图、抗体酶（abzyme）的开发以及受体激动剂和拮抗剂的鉴定等。

（一）治疗性抗体或多肽的开发

噬菌体展示技术已经用于筛选能够中和毒素、抵消自身免疫性疾病及治疗转移性癌症的全人源单克隆抗体，并且可在某种程度上使抗体能够识别具有毒性或者危害性的抗原。目前，临床研究中有近 30%～35% 的抗体是通过噬菌体文库分离得到的，其中最常见的几种单抗见表 25-2。剑桥大学 MRC 分子生物学实验室的 Gregory P. Winter 利用噬菌体展示技术开发的 Adalimumab 单抗是全球第一个获批的临床人源化的单抗，通过构建人 Fab 噬菌体文库，用 TNFα 作为抗原筛选人的 Fab 文库分离得到该抗体，用于治疗青少年型关节炎、银屑病关节炎、类风湿性关节炎和克罗恩病等十几种疾病，作为免疫类药物连续 6 年蝉联全球“药王”称号，Adalimumab 单抗的成功大大刺激了制药行业的发展。Winter 还利用噬菌体展示技术对天然抗体进行改造，筛选与目标蛋白之间结合能力更强的抗体，以获得更好的治疗效果。基于其在“肽和抗体噬菌体展示”领域所作出的突出贡献，2018 年 Winter 和 George P. Smith 共同分享了诺贝尔化学奖。Belimumab 是一种人单克隆 IgG1λ 抗体，已经批准用于治疗系统性红斑狼疮（systemic lupus erythematosus，SLE）。利用 B 淋巴细胞刺激物（BLyS）作为抗原从 scFv 噬菌体文库中淘选到该抗体的可变区 scFv，能够减少 B 细胞亚群相关的自身抗体，然后利用分离的 scFv 得到全长的 IgG1λ 抗体。Ramucirumab（IMC 1121B）是从非免疫 Fab 文库分离到的另外一个单抗，能够与血管内皮生长因子受体（VEGF-R2）特异结合，从而抑制 VEGF 与 VEGF-R2 的结合，用于治疗血管瘤，目前正在进行 I 期临床试验。

表 25-2 应用噬菌体展示技术开发的已获批或进入临床试验的治疗性抗体

抗体名称	类型	靶标	临床应用	开发阶段
Adalimumab（Humira©）	IgG1	TNF-α	风湿性关节炎，克罗恩病，银屑病关节炎	已获批
Belimumab（Benlysta©）	IgG1	B-Lyse	系统性红斑狼疮	已获批
Necitumumab（IMC-11F8）	IgG1	EGFR	直肠癌	Ⅱ期临床
Raxibacumab（ABtraxT）	IgG1	PA	炭疽病	Ⅰ期临床
MOR103	IgG1	GM-CSF	类风湿性关节炎，自身免疫性疾病	Ⅰ期临床
CAT-354	IgG4	Inerleukin 13	严重哮喘	Ⅱ期临床
Lexatumumab	IgG1κ	TRAIL-R2	肿瘤	Ⅰ期临床
Mapatumumab	IgG1	TRAIL-R1	肺癌，直肠癌	Ⅱ期临床
ABT-874	IgG1λ	Inerleukin 12	银屑病	Ⅱ期临床
Cixutumumab（IMC-A12）	IgG1	IGF1R	实体瘤	Ⅰ期临床
GC-1008	IgG4κ	TGFB	特发性肺纤维化	Ⅰ期临床
Ramucirumab（IMC-1121B）	IgG1κ	VEGFR2	血管瘤	Ⅰ期临床
Gantenerumab（R1450）	IgG1	β-Amyloid	阿尔茨海默病	Ⅰ期临床

肽作为激素、神经递质、细胞因子、抗原和生长因子中的生物活性分子，参与多种生物过程，广泛用于肿瘤学、内分泌学、泌尿科和产科等医学领域的治疗和诊断。目前，市场上已有 60 多种获批的肽类药物，还有 140 多种新的治疗性肽正在进行临床试验。

模拟天然表位的肽噬菌体文库在开发新的肽类药物过程中起关键作用。通常将大量不同的寡核苷酸与噬菌体结构蛋白编码基因相融合，构建肽文库，然后用特定抗原进行肽的淘选。目前通过噬菌体展示技术已经开发了几种肽类药物。第一个从噬菌体展示肽文库中筛选出的肽类药物是Nplate1（肽-Fc融合蛋白），用于治疗免疫性血小板减少性紫癜。对该分子进行改造，将4个肽与1个Fc片段连接，可延长该药物在人体内的半衰期。另一种用同样方法筛选出的肽类药物是AMG-386（Trebananib），其具有抑制内皮细胞增殖和肿瘤生长的作用，目前作为癌症治疗药物正在进行Ⅲ期临床试验。CNTO 530作为促红细胞生成素的受体用于治疗慢性肾源贫血，从肽库中分离出来后，将它与人的IgG4 Fc片段连接，以延长其半衰期。如今，具有多种药理活性的多功能肽药物正在兴起，如开发具有抗微生物活性的多功能肽，以促进伤口愈合，激发免疫刺激等。与胰高血糖素样肽-1（GLP-1）受体激动剂相关的药物如Tanzeum（albiglutide）已作为2型糖尿患者运动和饮食过程中控制血糖的辅助药物投放市场。然而，开发的多肽药物在动物体内存在酶促反应快、半衰期短的缺陷，这一缺陷限制了其作为治疗和诊断药物的应用。为了解决这个问题，需要利用PEG修饰、糖基化及蛋白质结合等方法改善肽类药物的药效学和药代动力学特征。

目前治疗肿瘤的传统化疗、放疗方式存在靶向性低、细胞毒性大等缺陷，往往不能获得预期的治疗效果。针对肿瘤细胞标志物的单抗或多肽药物具有高靶向性和高杀伤性，在肿瘤的治疗中具有良好的临床应用效果。利用噬菌体展示系统可以高效地筛选单抗或多肽类抗肿瘤药物。筛选这类药物的基本原理是以肿瘤标志物为诱饵，从构建的噬菌体库中筛选获得高亲和力的单抗或多肽，能够特异性作用于肿瘤细胞的信号通路或直接作用于肿瘤细胞本身，进而达到有效杀伤肿瘤细胞的目的。Barati等通过噬菌体展示技术筛选获得HER2来源的多肽AE37，与λ噬菌体的衣壳蛋白gpD融合，可以有效防治HER2阳性的乳腺癌。以表皮生长因子受体、PD-1、PD-L1等为诱饵筛选得到的特异性单抗均表现出良好的抗肿瘤效果。这些筛选得到的能够特异性结合肿瘤细胞的多肽还可以偶联抗肿瘤药物，从而提高抗肿瘤药物的靶向性，减少抗肿瘤药物的不良反应。另外，还可以将筛选得到的多肽进行荧光标记，应用于肿瘤的早期诊断。

（二）疫苗及病原特异性抗体的开发

微生物和寄生虫引起的传染病威胁人类和动物健康，尽管已经开发了多种疫苗，但传染病仍然是人和动物死亡的主要原因之一。目前，噬菌体展示技术广泛用于宿主-病原体相互作用检测、疾病诊断标志物的开发、候选疫苗的鉴定和致病靶标的特异抗体筛选等方面。

位于病原体细胞表面的抗原，通常与病原体的感染、防御和毒力相关，作为分子结合位点是疫苗开发的适宜靶标。在应用噬菌体展示技术进行分子靶标筛选过程中，主要有两种方法。以病原为对象时，通常筛选细胞复制酶或宿主毒力因子等；以细胞为对象时，细菌的整个细胞都是筛选的靶标。靶抗原在固定条件下不稳定时，则以携带病原体的活细胞为筛查对象，靶向细胞表面的天然蛋白质。近年来，通过噬菌体展示技术已经开发了针对多种病原体的诊疗试剂，包括幽门螺杆菌、金黄色葡萄球菌、铜绿假单胞菌、利什曼原虫和空肠弯曲杆菌等。例如，幽门螺杆菌表面的胃黏膜定植因子脲酶保守性极高，且具有高免疫原性。利用噬菌体展示系统淘选到2个模拟表位肽段，用于开发幽门螺杆菌的疫苗。针对感染 MRSA 患者的发病率和死亡率逐年增加的问题，研究人员通过筛选肽噬菌体文库（PhD-12）获得了模拟 RNAIII 活化蛋白（RAP）的肽和模拟金黄色葡萄球菌肽聚糖（PGN）的免疫原性肽，所得肽能够诱导机体产生有效的免疫应答；另外还获得了一种合成肽，用于金黄色葡萄球菌感染的诊断。针对铜绿假单胞菌的感染问题，通过筛选噬菌体文库（J404）获得了几种免疫原性肽，用于该病疫苗的开发。此外，用肽噬菌体文库鉴定了铜绿假单胞菌模拟膜蛋白（HmpA）的合成肽（Pc-EP），可作为铜绿假单胞菌角膜炎的预防药物。在利什曼原虫疫苗开发方面，研究人员通过筛选利什曼原虫感染的动物血清的肽噬菌体文库，获得了利什曼原虫的两种模拟抗原合成肽，能够刺激机体的 IFN-γ、IL-12 和 GM-CSF 水平增加，在动物实验中显示出有效的保护作用。

（三）噬菌体展示技术用于筛选抗体或多肽的影响因素

用噬菌体展示技术筛选抗体或多肽的过程中，影响筛选效率的因素很多。从构建免疫文库或随机文库中成功分离目标肽或抗体的关键因素是免疫反应的性质、文库大小、文库的多样性、选择的噬菌体载体或噬菌粒载体及与之结合的辅助噬菌体的种类。这些因素导致抗体或肽展示水平的不同。此外，噬菌体展示水平高度依赖于抗体片段的大小、组成及其固有的空间构象，因为大肠埃希菌作为宿主菌在组装真核蛋白方面存在转录后修饰的不足。

另外，噬菌体展示技术筛选抗体或多肽的过程中，淘选条件也是影响最终收获率的重要因素。噬菌体文库通过生物淘选获得目标抗体或肽，通常纯化的抗原吸附在固体介质表面（如 ELISA 板），也可以直接用固定好的原核细胞、哺乳细胞、活细胞表面的抗原进行原位淘选。用自然状态下抗原可能会淘选到某些尚未鉴定的细胞表面的未知结合物，这也是该技术的优势所在。在几轮淘选过程中，包被的抗原数量逐渐递减，淘选的时间和条件（长时间淘选有助于获得高亲和力结合速度慢的结合物）、噬菌体与靶标孵育的时间、自由竞争抗原的数量决定了淘选的肽或抗体的亲和力。值得指出的是，亲和力不是淘选特定靶标的唯一标准，还包括其他因素，如靶向表位的可用性，对细菌蛋白酶敏感导致克隆丢失，某些克隆产生毒素对宿主菌有害也将导致文库中亲和性最好的结合物丢失。淘选过程的重要指标是基于噬菌体淘选后富集的产量。噬菌体的投入和产出数量常用 CFU 或 PFU 表示。每轮淘选后，按照产出数量/投入数量的比值计算，并与上一轮淘选的数值比较。淘选过程使用的富集条件各不相同，但是一般经过 4 轮淘选后，比值均为 $10^3 \sim 10^6$。另外，还可以通过菌落 PCR、多克隆/单克隆噬菌体 ELISA 等方法监测每轮淘选后抗原特异性结合抗体的富集情况。

三、噬菌体展示技术在酶定向进化中的应用

酶是一种具有催化作用的蛋白质，在生化反应过程中具有至关重要的作用，与化学反应比较，酶具有反应条件温和、专一性好、无污染的优点，但是大多数酶也存在稳定性差、敏感性高、活性低的不足，从而限制了酶在生产中的应用。因此，需要从众多天然存在的酶中有目的地进行突变和筛选，最终获得性能改进或具有新功能的酶。与自然进化过程相比，人为筛选过程中施加了人的有目的的干扰，因此将该过程称为酶的定向

进化。传统的酶定向进化过程工作量大，周期长，多采用突变-表达-筛选的方式，反复循环，直到获得预期的酶。噬菌体展示技术能够将基因型与表现型直接关联，通过人工诱导的方式对酶基因进行大批量的突变，构建噬菌体库，利用噬菌体展示系统进行有目的的淘选，在短时间内获得活性高、理化因素耐受性好、稳定性高等符合预期目标的酶，从而迅速实现酶的定向进化。利用噬菌体展示系统实现酶定向进化的策略在酶的改造工程中突破了天然酶的诸多限制，不仅能够迅速筛选得到稳定性好、活性高的酶，还能够鉴定得到多种具有新型催化活性的酶，甚至获得自然界中不存在的人工合成酶，进一步拓展了酶的应用。

当前基于噬菌体展示系统定向进化技术得到的酶广泛应用于多个领域。Arnold 对枯草芽孢杆菌的蛋白酶（subtilisin）进行了人工改造，首先对编码枯草芽孢杆菌蛋白酶基因（DNA）进行随机突变，从而产生多种存在少许差异的枯草芽孢杆菌蛋白酶基因序列，然后利用噬菌体展示系统筛选在有机溶剂中活性最高的酶，随后对第一轮筛选得到的酶进一步进行 DNA 的随机突变，再进行下一轮的筛选，直到找到符合预期酶活性为止。通过这种方式，Arnold 在第三轮淘选中就成功实现了枯草芽孢杆菌蛋白酶的催化条件，从正常情况下的水溶液转换为适用于工业环境的有机溶剂，且突变体的酶活性比天然酶活性高 256 倍，为其工业化应用奠定了基础。有趣的是，对该酶的突变位点进行分析发现很多突变并不在酶的活性位点范围内，这就说明在酶的改造过程中，非活性位点的突变也能够提高酶的活性，这为将来人工设计蛋白质提供了新的思路。除此以外，Arnold 团队还对细胞色素 c 氧化酶进行定向进化，提高了碳-硅键形成的催化效率；获得了能够将单糖转变为异丁醇的酶，用于生产生物燃料和环保型塑料；合成了传统方法难以合成的高能高张力的小分子碳环，用于制备医药中间体等工业领域。2018 年，Arnold 因在酶的定向进化方面所做的工作获得了诺贝尔化学奖。除此之外，其他团队利用噬菌体展示技术进行酶定向进化研究也取得了优秀的成果，如提高了 DNA 聚合酶的逆转录活力，获得了可卡因水解抗体；提高了逆转录酶的耐热性能等等。利用噬菌体展示技术彻底改变了传统的通过化学反应获得这些产品的方式，对酶的定向进化领域带来了深刻的影响，促进了绿色环保型化学和医药产业的迅速发展。

噬菌体展示技术作为一种重要的体外筛选技术以其独特的优势在生物医药领域展现出日益重要的作用，广泛应用于疾病诊断、抗体制备、酶的改造等方面。除此之外，在生物能源开发、半导体氧化物、稀有金属检测等领域的应用也日益受到关注。究其根本是该技术将基因型与表现性结合在一起，使研究人员能够更方便地研究蛋白质的功能及活性。随着噬菌体展示技术的不断应用和优化，将对多个领域产生深远的影响。

参考文献

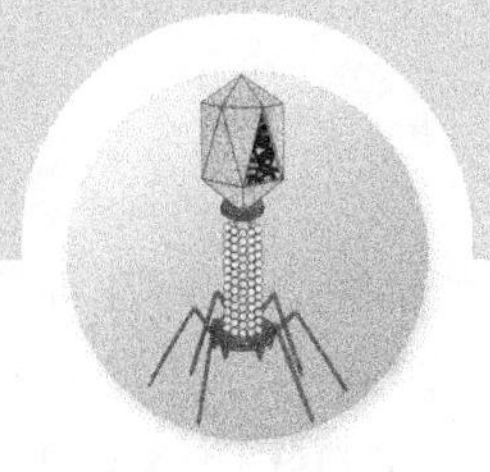

第三篇　操作技术篇

26 噬菌体分离和纯化

——王静雪　井玉洁

噬菌体是地球上数量最多的生命形式，它们在细菌生态学、细菌的进化和致病机制等方面发挥着重要的作用。噬菌体广泛存在于土壤和水体中，据估计全球的噬菌体总量可高达 10^{31}。高效分离纯化噬菌体，建立噬菌体资源库是深入研究噬菌体的关键环节。目前分离纯化噬菌体的通用方法趋于成熟，分离纯化的噬菌体逐年增加。然而和预估的噬菌体数量比较起来，分离到的噬菌体不足千万分之一，因此噬菌体分离纯化仍然是一个长期的工作。

第一节　从天然环境中分离纯化噬菌体

自噬菌体被发现并成功培养以来，d'Hérelle 所采用的噬菌体分离方法一直被沿用至今，即细菌样本与待分离的环境样品混合孵育一段时间后通过离心和（或）过滤的方式从培养物中去除细菌，并分析滤液。

富集过程是噬菌体分离的关键环节，虽然有很多研究人员没有通过噬菌体的富集而直接从环境样品中分离得到噬菌体，省略了噬菌体富集的烦琐操作并避免了富集方法带来的偏差，但是这通常需要待分离的环境样品中含有更高浓度的噬菌体。因此，为了更高效地分离噬菌体，尤其是那些滴度相对较低的噬菌体，富集过程是必不可少的。由 Sergius Winogradsky 和 Martinus Beijerinck 设计的经典细菌富集法，经过修订后可以用于富集噬菌体。以下将介绍从水样和土壤中采集样品、浓缩富集噬菌体，并进行后续纯化、保存的基础策略和方法。

一、宿主菌、培养基和稀释缓冲液的准备

噬菌体生长的介质通常为处于指数阶段生长的细菌培养物。为了保证每次实验中宿主菌具有相似的生长状态，常采用相同的培养基，在细菌适宜的生长条件下从单菌落开始进行细菌的培养，并通过细菌浊度（OD_{500} ~ OD_{600}）的测定以获得处于相同生长阶段的新鲜细菌培养物。这些进入了稳定期的细菌培养物经过稀释（至少 100 倍）可确保宿主菌处于相同的生长阶段。

作者单位：王静雪、井玉洁，中国海洋大学食品科学与工程学院。

对于快速冷却后不会丧失活力的宿主菌来说，可以将生长到对数中期的细菌培养物在冰浴中立即冷却后低温保存，需要使用时只需稀释 20 倍，第二天就可作为起始培养物，而且比使用稳定期细菌更具可重复性；也可以通过预实验去摸索所需宿主培养物的最佳条件，通过确定精准的培养时间，提前进行宿主的培养，从而不需要进行稀释就可以获得最佳状态的宿主。

噬菌体可以在任何适合宿主菌生长的培养基和条件中生长。宿主菌在传统的微生物富集培养基（如 LA、TSA、TBA、TTA 等固体培养基及其相应的半固体培养基和液体培养基）上生长速度较快，生长状态较好。合成培养基（如 M9）因成分简单、成本低，且更容易获得可重复性的结果而受到广泛的应用。对于目标宿主极难培养、条件苛刻的个例则需要根据宿主的最佳生长条件选择个性化的培养基和缓冲液。

微生物培养基及配方可以通过培养物保藏中心查询，如美国模式培养物集存库（American Type Culture Collection，ATCC；http://www.atcc.org）、德国微生物菌种保藏中心（German Collection of Microorganisms and Cell Cultures GmbH，DSMZ；http://www.dsmz.de）和中国普通微生物菌种保藏管理中心（China General Microbiological Culture Collection Center，CGMCC；http://www.cgmcc.net/directory/medium.html）。

在噬菌体研究的过程中常用到稀释缓冲液中，TSG、PBS 和 SM 缓冲液是目前最常用的两种。

二、从天然环境中采集样品

尽管理论上噬菌体可以从含有宿主菌的任何环境中分离得到，但是良好的采样环境仍然是成功分离噬菌体的关键。未经处理的污水池富含丰富的微生物种群，是分离噬菌体的良好场所。池塘、湖泊、河流和海洋也是分离噬菌体的良好场所。除了上述的液体环境，噬菌体也可以从固体环境或样本中进行分离，如富含微生物的土壤和污泥等。

按照分离目标，在适宜的地点无菌采集相应的污水或土壤后，即可进入样品前处理（过滤除杂）的过程：

（1）对于从环境中采集的液体样本，可通过离心和过膜的方式去除杂质。

（2）对于从环境中采集的固体样本，需要混合或均质于培养基或缓冲液中（通常在 10 mL 的培养基或缓冲液加入 1 g 的固体样品）再进行离心、稀释和分离。

（3）如果采集的样品中包含大量的残余颗粒和细菌，样品稀释和噬菌体分离前需要通过离心、过膜等方法去除杂质和菌体。

（4）如果采集的样品中噬菌体浓度足够高，可以进行直接分离或通过梯度稀释后进行分离。如果采集的样品中噬菌体浓度较低，则应采用浓缩或富集等方法后再进行后续分离。

三、从天然环境中浓缩噬菌体

对于噬菌体丰度不足，无法直接用平板分离得到噬菌体的样品来说，浓缩是提高噬菌体分离成功率的好办法。

（一）超滤浓缩

水环境中的噬菌体可以通过超滤方式进行浓缩。环境样品通常先选用 0.45 μm 或 0.22 μm 微孔滤膜净化。澄清的样品可使用过滤系统进行处理：①截留分子量为 30 kDa 的超滤离心管；②截留分子量为 100 kDa 的切向流过滤器；③截留分子量为 100 kDa的一次性超滤器。一般来说，应根据截留值、过滤器特性、待处理样品的体积和成本等选择过滤器。例如，上面提到的过滤系统中前两个过滤器适用于容积大于 5 L 的样品且可实现 5 000 倍浓缩；而一次性过滤器适用于体积小于 0.5 L 的样品，以实现约 10 倍浓缩。

（二）聚乙二醇沉淀浓缩

聚乙二醇（PEG）等两相聚合物分离技术可用于天然来源的噬菌体颗粒的浓缩。由于环境样本中可能含有干扰 PEG 沉淀噬菌体的成分。因此，将样品在加入 PEG 前进行 10 倍稀释可改善沉淀效果。噬菌体丰度较低的样品（每毫升小于 10^5个噬菌体颗粒）很难利用 PEG 沉淀的方法浓缩噬菌体，需要通过添加无法感染宿主细菌的“载体噬菌体”或通过超滤浓缩提高回收率。用 PEG 富集环境样品中噬菌体的方法与用 PEG 富集噬菌体储备液的方法非常相似（详见本章第二节）。

（三）顺序吸附-洗脱浓缩

水环境样本中的噬菌体可以被各种吸附剂吸附，然后被洗脱。常见的吸附剂为正电荷或负电荷的微孔滤膜、羟基磷灰石、鱼精蛋白硫酸盐、氢氧化铝、氧化铁和硅藻土等。Sobsey 等和 Mendez 等分别实现了使用含 0.05 mol/L $MgCl_2$的硝酸酯膜过滤浓缩噬菌体。然而，不同的噬菌体具有不同的吸附特性，而且吸附过程相当缓慢。因此，除非有特定的原因需要使用顺序吸附-洗脱浓缩的方法来获得噬菌体，否则超滤浓缩和 PEG 沉淀浓缩仍是优先选择的方法。

四、噬菌体的富集

噬菌体的富集（enrichment）通常有助于噬菌体的分离。然而，由于许多不可控的因素，如原材料中噬菌体的丰度、其他生命形式的存在和浓度，以及原材料中可能影响宿主生物体或噬菌体自身生长的组分等，富集的结果通常是不可预测的，且不同的策略会产生不同的富集效果。本章所展示的策略为通用指南，供读者参考，必要时仍需要研究人员按照自己的需求调整富集的策略。

（一）基础富集策略

富集培养应根据宿主的生长特性在特定的温度和时间段内（对于快速生长的宿主菌，可过夜培养；对于生长较慢的宿主菌，需要更长的培养时间）进行培养。根据样品的特征及预期的噬菌体含量，可使用不同的富集培养方案（表 26-1）：富集培养策略 A 中的噬菌体将在样本内源存在的宿主菌中生长和裂解，富集培养后将产生多种噬菌体，能够感染取样环境中存在的多种不同细菌；富集培养策略 B 中的一些噬菌体会在样本内源存在的宿主菌中增殖，同时也可以产生大量的可以感染和裂解外源添加宿主菌的噬菌体；富集培养策略 C 中，只有那些能够感染和裂解目标宿主的噬菌体才能增殖和富集。

当分离特定目标菌株的特异性噬菌体时，建议采用富集培养策略 C。富集后，培养物可以通过涂布平板获得可分离的噬斑。对于不带有脂质膜的噬菌体或对氯仿不敏感的噬菌体，可以在富集样品中加入几滴氯仿来终止富集过程，提高分离效率。

表 26-1　基础富集培养策略

成分	策略 A	策略 B	策略 C
噬菌体源样品	1 g/1 mL	1 g/1 mL	1 g/1 mL（去除菌体细胞等杂质）[1]
宿主菌	—	1 mL	1 mL
液体培养基[2]	10 mL	10 mL	10 mL

1：固体样品应采用均质、重悬、净化等方式预处理样品。
2：对于液体样品，培养基的添加量为 9 mL。

（二）多重微量富集

为了实现多个不同宿主噬菌体的同时富集，或者优化样品和宿主菌富集的最优条件，可以在 96 孔板（培养体积 50~150 μL）或 48 孔板（培养体积 400 μL）中完成多重微量富集，还要根据基础富集策略等比例减少用量，从而保证每个富集培养可以在单独的孔中完成。不同的孔可以测试不同的宿主、不同的稀释度和不同的培养基；不同的测试板还可以放置在不同的培养条件下进行条件优化。在富集过程中应防止孔中培养基的蒸发，如使用封口膜、增加培养环境湿度等。如果宿主为需氧菌，应避免氧气耗尽。

将富集后的裂解液涂布平板用于噬斑的观察，如果未观察到明显的裂解现象，则需要随机挑取一些孔中的裂解液，用氯仿处理它们，并按如下所述的辅助方法继续检测噬菌体：

（1）如果细菌裂解缓慢（即使在加入氯仿后），可以在冰浴中冷却，然后快速升温至 37 ℃。如果得到的悬浮液黏性较高，可以在室温下用胰酶 I （1 mg/mL）处理 30 min。

（2）如果仍没有可见的噬斑产生，可能是因为噬菌体数量太少，无法裂解大量细菌，或者可能存在噬菌体抗性细菌，阻碍了可见噬斑的产生，则可通过离心沉淀细菌碎片（1 500 *g*，20 min）、收集上清液、利用上清液进行点滴试验（spot test）进行预判或者直接涂布平板观察噬斑。

（三）从采样、浓缩到富集的具体案例

1. 从污水中直接富集噬菌体

（1）将污水悬浮液 10 000 *g* 离心 10 min 或通过 0. 22 μm 微孔滤膜去除颗粒沉淀。

（2）上清液于 4 ℃下保存在玻璃或耐溶塑料瓶中，必要时可加入几毫升氯仿。

（3）将 10 mL 含有 2 mmol/L $CaCl_2$的无菌双倍浓缩肉汤移入 125 mL 锥形瓶中，并加入 10 mL 澄清（或过滤）的污水。

（4）在锥形瓶中接种 0. 1 mL 过夜培养的宿主菌菌液，并在适当的生长温度下震荡培养。

（5）24~48 h 培养后，以 10 000 *g* 离心 10 min。将上清液倒入带螺旋盖的小瓶或具塞试管中。

（6）向澄清的粗裂解液中加入约 0. 5 mL 氯仿，轻轻摇动并在 4 ℃储存。

注：如果使用未经过滤的污水进行噬菌体的富集分离，污水中存在的细菌芽孢会萌

发，在培养 48 h 后产生难闻的气味。

2. 膜过滤吸附洗脱法分离水样噬菌体

（1）通过 10 000 *g* 离心 10 min 澄清水样，除去大颗粒物质和细菌。

（2）加入固体 $MgSO_4$至终浓度为 50 mmol/L。

（3）通过 0.22 μm 混合纤维素酯微孔滤膜过滤器缓慢过滤水样。

（4）将过滤膜切成许多小块，将其放入带有 5 mL 洗脱液的烧瓶中。

（5）置于超声波清洗浴中 4 min，以洗脱噬菌体。

（6）富集后的样品可以直接涂平板分离噬菌体，也可以使用双层平板法进行噬菌体的分离。

3. 以芽孢杆菌为例从土壤中富集噬菌体

（1）在无菌容器中收集至少 5 g 土壤，并记录土壤的来源、性质和类型。

（2）称出 0.5 g 土壤，放入 15 mL 无菌离心管中。向样品中加入 4.5 mL TSB 培养基，然后用倒置法使其彻底混合。

（3）让样品在室温下孵育至少 1 h，使游离噬菌体悬浮在液体组分中。在孵育期间经常反转以增加颗粒物质的破坏程度，促进噬菌体分布在整个溶液中。

（4）将样品在台式离心机中全速离心 5 min。

（5）可以按照从污水中直接富集噬菌体的步骤（3）开始进行操作。也可以按照以下步骤进行噬菌体的有效分离。

（6）将 3 mL 上清液移入 15 mL 无菌离心管中，并接种 0.1 mL 的过夜芽孢杆菌培养物。

（7）在 30 ℃下振荡孵育过夜，以 10 000 *g* 离心 10 min，小心地将上清液倒入另一个含有几滴氯仿的无菌试管中，标记试管并在 4 ℃储存备用。

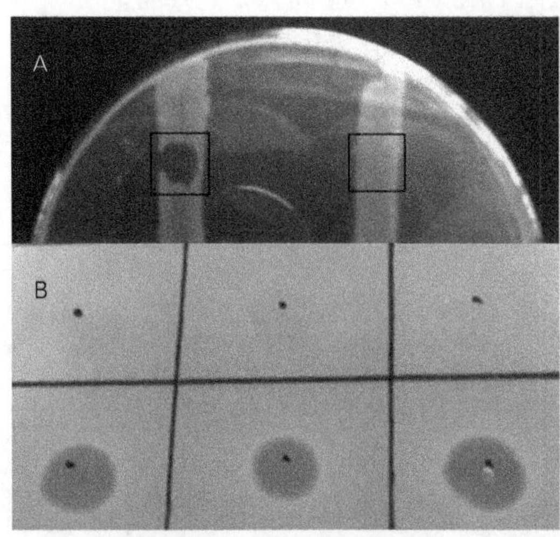

图 26-1　噬菌体点滴试验

A. 左框为裂解区域，在一个平板表面涂布多种宿主菌（引自 Clokie 等，2009）；B. 下方透明圆形为裂解区域，在涂布有同一宿主菌表面点滴不同的富集物样品

五、点滴试验进行噬菌体的预判

对于经过预处理或浓缩富集的样品可以直接进入噬菌体的分离环节。很多研究人员倾向于预先采用点滴试验进行预判，以排除不存在目标噬菌体的样品，并且可以验证富集结果的有效性，从而提高分离效率。点滴试验操作简单，可参考以下步骤进行。

（一）直接平板点滴法

（1）在补充有 Ca^{2+} 的相同培养基制备的琼脂平板表面均匀涂布宿主菌。

（2）待液体干燥后，在平板表面点滴 5 μL 澄清的富集物，过夜培养，观察裂解区域（图 26-1）。

（二）双层平板点滴试验

（1）100 μL 过夜培养的菌体和 3 mL 融化并保温于 50 ℃的半固体培养基混合后，倒入底层琼脂平板上制备每种菌株的菌苔。

（2）在细菌菌苔上加入数滴 5 μL 待测样品过滤液，直至液滴完全干燥。

注：可根据选用平板的尺寸确定测定点滴斑的数量，通常点滴的过滤液为 5 μL，点滴量通常不超过 20 μL。

（3）将平板置于 37 ℃恒温培养箱中孵育过夜。检查是否存在透亮或浑浊的裂解区。

六、平板法进行样品中噬菌体的分离

通常噬菌体分离可采用平板法，通过观察平板菌苔上的噬斑来判断是否存在待分离的噬菌体。利用标准的双层平板法分离噬菌体可参考以下流程：

（1）准备固体琼脂平板，参照样品的稀释程度对平板进行编号（如“-4”至“-9”，以及“对照”）。

（2）准备足够的半固体琼脂培养基，将半固体琼脂完全融化后放置于 45~48 ℃的水浴或烘箱中保温。

（3）准备足够的无菌加盖试管或微量离心管。根据实验需求向无菌试管或离心管中添加 0.9 mL 稀释液。根据稀释度对试管或微量离心管进行编号（如“-1”至“-9”）。

（4）向第一个管中加入 0.1 mL 噬菌体裂解液，混合均匀后吸取 0.1 mL 转移至第二个管中。按此方法依次进行 10 倍稀释。

（5）分别将 0.1 mL 噬菌体稀释液转移到温热的半固体培养基试管中，立即加入 0.1 mL 宿主菌的过夜培养物，均匀混合后倒入固体培养基的表面。

注：含有噬菌体混合物与半固体琼脂混合时应避免过于剧烈，否则会在半固体琼脂中引入气泡。这些混在琼脂中的气泡看起来很像噬斑，特别是对于没有经验的人来说较难判断（图 26-2D）。

（6）半固体层在 15~30 min 凝固后在最适培养温度下倒置培养。持续培养 18~24 h 或过夜培养，选择具有单个噬斑的平板进行噬菌体的纯化。

平板法是噬菌体分离纯化的基本方法，且广泛应用于效价的测定，更多利用平板法测定效价的方法见第 27 章，读者也可以根据需要采用其中的方法进行噬菌体的分离。

七、单一噬菌体的纯化

（一）从噬斑中纯化噬菌体

如果从天然来源的样本中获得了噬斑（图 26-2），用无菌接种针从平板中挑选噬斑进行传代培养，将实现噬菌体的进一步纯化。通常为了获得单一的噬菌体，谨慎的做法是从形态（噬斑大小、是否透亮、是否存在晕圈等）看似不同的几个斑块中分别挑选噬斑，并将它们分开培养。在传代培养中，从噬斑获得的噬菌体被重新悬浮在稀释缓冲液或生长培养基中，在与第一次涂布平板相同的条件下重复试验，并在重复传代培养后进一步制备噬菌体储备液（详见本章第二节）。

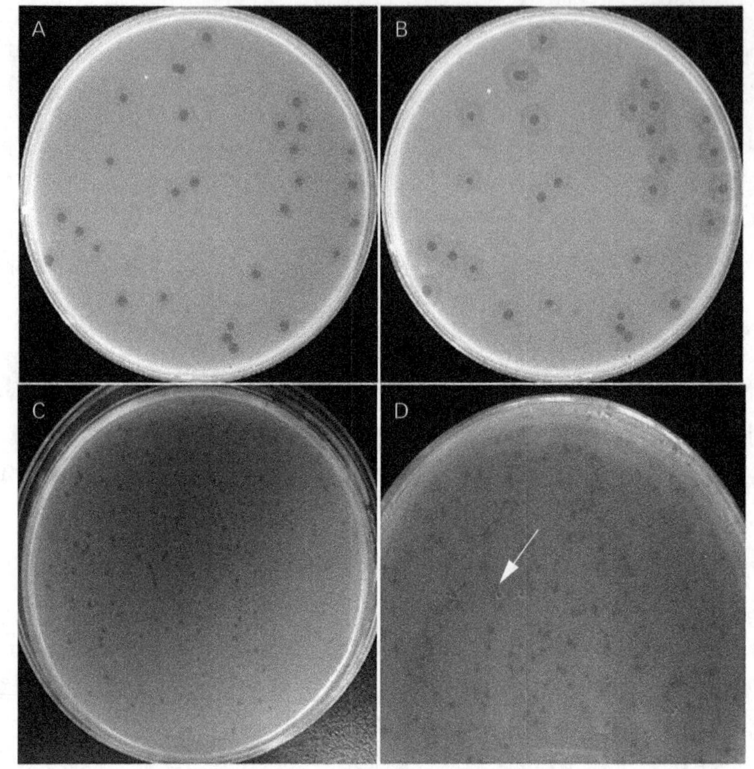

图 26-2　噬菌体在固体培养基上形成的噬斑

A. 噬菌体感染宿主菌，37 ℃培养 12 h，形成带有晕圈的噬斑；B. 噬菌体感染宿主菌，37 ℃培养 24 h，形成带有晕圈的噬斑；C. 噬菌体形成透亮噬斑；D. 噬菌体在混有气泡的琼脂培养基中形成的噬斑（图 A、图 B 引自 Liu 等，2019）

（二）从噬菌体富集液中直接纯化噬菌体

如果细菌在固体培养基上生长时不能形成菌苔，会使分离单个噬菌体变得复杂。当出现这种情况时，可以待噬菌体样品进行浓缩和富集后，使用以下方法进行单一噬菌体的纯化：

（1）制备噬菌体样品（通常为浓缩、富集以后）的系列稀释液，使最高稀释液不含噬菌体。

（2）在适当的培养基中培养宿主菌使其生长到对数期，并将宿主菌稀释至10^6 CFU/mL。

注：为了使噬菌体在宿主菌达到稳定期之前生长，最好使用稀释的细菌培养物。

（3）10 μL 细菌培养物（10 μL = 10^4CFU）分装到单个微孔板（100 μL）中（如果使用较大的微孔板，可相应增大体积）。

（4）将每个待测噬菌体的梯度稀释液添加到 10~20 个微孔中（至少 10 个稀释度，通常 20 个稀释度比较适宜），每孔添加量为 10 μL。同样稀释度噬菌体感染的孔为一个“系列”。

（5）吸附约 10 min 后，每孔加入 60 μL 液体培养基。

（6）在防止孔内蒸发的条件下（同时避免需氧菌氧气耗尽），将培养物培养过夜或几天，并持续监测其裂解情况。

注：如果每个细胞产生的噬菌体数目较低，无法产生足够的新噬菌体去感染10^4个细菌从而产生可见裂解时，应在培养基中加入氯仿。如果氯仿仍没有引起可见的裂解，或者因目标噬菌体含有脂质而无法使用氯仿，则需要收集最小稀释样品的培养物，通过离心去除细菌，并按照上述方法完成新一轮的感染。

（7）寻找只有1个或2个培养物出现裂解的系列，其很有可能是由单个噬菌体感染产生的。

第二节　噬菌体储备液的制备、纯化和贮存

迄今，尽管有些噬菌体可以在稳定期状态的细菌中繁殖，大多数噬菌体更适宜在处于长活跃的对数生长期的细菌中繁殖。在繁殖过程中，噬菌体和细菌的每一代基因组的自发突变率几乎相同，这意味着在大型dsDNA大肠埃希菌噬菌体中，每一次复制过程中每对碱基的突变率比大肠埃希菌高出约100倍。因此，谨慎的做法应该从单个噬斑开始构建新的噬菌体库。但是选择单一噬斑也存在着该噬斑为非预期变异噬菌体的风险，因此使用单个噬斑还是选择2~3个噬斑必须根据具体情况确定。理想情况下，每个噬菌体均应该进行保存，组建新的噬菌体库。为了避免意外选择噬菌体突变体或污染物，建议将新噬菌体库的特性与原库的已知特性进行比较。

一、噬菌体储备液的制备

通常裂解性噬菌体的子代会在裂解菌体细胞后从宿主菌中释放出来。然而，一些噬菌体（如T4样噬菌体）会表现出裂解抑制现象，其持续时间取决于噬菌体、宿主菌和生长条件。因此，在进行这类噬菌体的增殖培养时需要在噬菌体后代收获之前再额外培养几个小时，从而提高噬菌体的产量。如果噬菌体不含脂类，可以在培养物中加入氯仿释放后代噬菌体，并减少它们对菌体和细菌碎片的吸附。裂解培养物经离心或过滤以去除细菌碎片后产生的悬浮液通常被称为“澄清的裂解液”。以下几种方法常被用于噬菌体裂解液的制备。

（一）标准液体增殖法

（1）将噬菌体库中保存的噬菌体、新分离的噬菌体或富集培养物通过涂布平板获得噬斑。针对每个噬菌体，将宿主菌（约10 mL）培养到对数初期（约7×10^7 CFU/mL）。

（2）用无菌移液枪头挑取一个或几个斑块，小心地将移液枪头插入培养皿底部的菌斑周围（以便取出琼脂块）。取出枪头，将琼脂块吹到细菌培养基中，或者将噬菌体从琼脂块中洗脱到1 mL培养基中，并使用该培养基进行感染。

（3）培养噬菌体直到观察到裂解。如果噬菌体裂解被抑制，则培养4~8 h。

注：对于代时约为20 min的宿主菌需要培养4~8 h；对于生长较慢的宿主菌则需要更长时间的培养。过长的培养时间通常会由于释放的噬菌体的二次吸附而导致噬菌体产量降低。

（4）在培养物中加入几滴氯仿（含脂质的噬菌体除外），并轻轻混合（诱导或完全

裂解）。一般来说，裂解液在室温下放置过夜，会获得较高的噬菌体滴度。

或者在室温下用 10 μL 胰酶Ⅰ（1 mg/mL）处理裂解物 30 min，以完全降解残留的细菌 DNA 和未包装的噬菌体 DNA，从而避免在下一步中损失（内源性核酸酶通常能充分消化裂解液中的游离核酸，从而避免对外源酶的需要）。

（5）将混合物倒入一个耐氯仿的离心管，4 000 *g* 离心 10 min。

注：确保不要将氯仿混进试管中。它会在沉淀下面分层，当上清液被移取时导致沉淀颗粒分散。

（6）倾倒或用移液管将上清液移入另一个离心管（进行二次离心）或具螺旋盖玻璃管（用于储存）中。小心避免打散试管底部的细菌碎片。

或者使用注射器或真空管，通过硝化纤维素膜（孔径为 0.6 μm 或 0.45 μm）过滤冰浴过的上清液用以制备澄清、稳定的噬菌体裂解液。

注：应用这种方法时，pH 应在 7 或 7 以上，因为在较低的 pH 下，噬菌体可能很容易黏附并堵塞过滤器。因此，细菌生长和感染噬菌体的培养基应调节 pH 至 7.3~7.4。此外，噬菌体在过滤前要保持低温，以免因吸附细菌而丢失。

（7）将过滤后的噬菌体悬液转移到螺旋盖玻璃管中。在最终的噬菌体悬浮液中加入几滴氯仿（含脂质的噬菌体除外）。

澄清的噬菌体裂解液，特别是通过人工合成培养基制备的裂解液通常具有相当高的滴度（10^8~10^{10} PFU/mL），可以直接应用于许多实验。对于许多噬菌体来说，澄清的裂解液在低温和黑暗条件下保存是相当稳定的，可以使用几个月或更长时间，不会出现明显的效价降低。

（二）双层平板固体增殖

在液体培养中效价不高的噬菌体可采用固体增殖法进行噬菌体储备液的制备，其中最常见的方法是双层平板固体增殖法。尽管这种方法制备的噬菌体制剂有时会因为可溶性琼脂吸附和失活，而使噬菌体稳定性低于液体增殖法制备的噬菌体制剂，但仍然可以作为制备噬菌体储备液的一种备选方法。其具体操作可参考下述方案：

（1）准备足量、提前倾倒好培养基的固体平板（直径为 90 mm），若需制备更大体积的裂解液时，可以选择更大尺寸的培养皿制备固体平板。

（2）向无菌试管中加入 0.2 mL 对数期宿主菌培养物，并在每只试管中加入 10^3~10^5 PFU的噬菌体。

注：为了确保产生光滑均匀的菌苔，90 mm 直径的培养基应加入 0.1~0.2 mL 的菌液以保证每个平板中含有宿主菌 10^7~10^8 CFU。

（3）将半固体琼脂培养基提前融化并降温至 50 ℃左右，在每只试管中加入 3 mL 融化的半固体琼脂，并迅速将混合物倒入固体培养基上。如果菌体代时约 20 min，培养皿应放在适合的温度下培养 6~8 h，孵育时间过长通常会因释放的噬菌体二次吸附而导致噬菌体产量降低。对于生长缓慢的细菌，培养皿可能需要更长的培养时间。

（4）用三角玻棒或药匙将软琼脂刮到烧杯中，然后用 5 mL 噬菌体稀释液冲洗底部琼脂表面。在混合物中加入几滴氯仿，轻轻地混匀，在室温下培养约 30 min。

注：一些研究人员更倾向于在培养皿中加入几毫升稀释液和 1~3 滴氯仿，几个小时

后让噬菌体扩散到液体中，倾倒并保存含有噬菌体的液体。用这种方法得到的噬菌体裂解液含有较少的可溶性琼脂，但它通常比第一种方法获得的噬菌体裂解液浓度更低。

(5) 将液体（和琼脂）转移到耐氯仿离心管中，4 000 *g* 离心 10 min。

注： 确保不要将氯仿混进试管中。它会在沉淀下面分层，当上清液被移取时导致沉淀颗粒分散。

(6) 用移液管将上清液移到新的离心管中，然后重复离心步骤。

(7) 因为制备过程中可能仍然存在一些干扰后续噬菌体研究的琼脂，此时可以选择过滤步骤进行进一步的纯化。

(8) 将最终的噬菌体悬液转移到螺旋盖管中，并添加几滴氯仿（含脂质的噬菌体除外）。在滴度测定前可以将裂解液保存几天，以分散在离心步骤中可能聚集在一起的噬菌体颗粒。

（三）单层平板固体增殖

噬菌体和细菌也可以直接在单层固体培养基上进行增殖。该技术避免了琼脂对噬菌体的污染。与双层平板固体增殖方法相比，该方法速度略快，噬菌体制剂所含的可溶性琼脂较少，保质期较长，但也存在噬菌体产量较低的缺点。具体操作可参考以下流程：

(1) 按照每个培养皿约为 0.5 mL 的总体积制备指示细菌（宿主菌）培养物和噬菌体的混合物。根据需要可以采用多个培养皿进行重复。

(2) 用无菌的玻璃涂布器将混合物均匀地涂在培养皿上。

(3) 培养至完全裂解（细菌代时约为 20 min 时，培养 3~6 h）。

(4) 将培养基或噬菌体稀释液（0.5~2 mL）加入每一个培养皿中，并用无菌三角玻棒均匀铺开。

(5) 倾斜平板，用移液管将液体移到螺旋盖管中，加入几滴氯仿（含脂质的噬菌体除外）。

二、噬菌体储备液的浓缩和纯化

通过液体增殖法、固体增殖法所获的噬菌体裂解液需要进一步浓缩和纯化，得到高纯度、高效价的噬菌体储备液，这对于噬菌体的研究、噬菌体的保存都是非常重要的环节。以下介绍几种噬菌体常见的浓缩和纯化的方法。

（一）离心浓缩

基因组≥40 kbp 的 dsDNA 噬菌体可从澄清的裂解液中以 35 000 *g* 离心 20 min 形成沉淀；大噬菌体（如基因组大小为 170 kbp 的 dsDNA 噬菌体 T4）可通过 18 000 *g* 离心 60 min 形成沉淀（而一些更小的噬菌体需要更大的离心力和更长的时间）。离心后，将噬菌体沉淀颗粒浸泡在小体积稀释液中过夜，然后用吸管轻轻吸出或倒出含噬菌体的上清液（过度地吸打或涡旋来悬浮已经离心沉淀的噬菌体，很可能会破坏噬菌体）。噬菌体可以被立即用来测定效价、用于其他应用实验或储存备用。

（二）PEG 沉淀法

用 PEG 沉淀法浓缩和纯化噬菌体制剂可参考以下步骤：

(1) 在 4 ℃下连续混合（如使用磁力搅拌器）将 NaCl 溶解在噬菌体溶液中（终浓

度 0. 5~1 mol/L，用时约 1 h)，NaCl 可使噬菌体与细菌碎片和培养基成分分离，且可以促进 PEG 沉淀噬菌体的效果。

或者用离心法（11 000 *g*，10 min，4 ℃）去除细菌碎片，并将含噬菌体的上清液转移到干净的烧瓶中。

（2）将样品保持在 4 ℃，在恒定搅拌下逐渐添加 PEG-8 000 至最终浓度 8%~10%（*w/v*）。将混合物在 4 ℃下保存至少 1 h，以使噬菌体颗粒形成沉淀。更长的储存时间（过夜）可以提高噬菌体的产量。

（3）离心沉淀噬菌体（11 000 *g*，10~20 min，4 ℃）。

（4）使用固定在真空吸管上的普通吸管或吸管头，小心地去除上清液，确保不要接触到沉淀颗粒。

或者对上清液进行点滴斑实验测试。如果 PEG 沉淀成功，上清液中应含有极少的噬菌体。

（5）将适当体积的噬菌体稀释液加入沉淀中，低温过夜，然后轻轻混合悬浮液（剧烈地吸打或涡旋很可能会破坏噬菌体颗粒）。

或者在悬浮噬菌体后，通过低速离心（1 500 *g*，15 min，4 ℃）去除剩余碎片。也可以通过氯仿萃取从制剂中除去 PEG。

上述步骤所产生的半纯化噬菌体制剂可直接用于噬菌体的多项研究。通过 CsCl 梯度离心可进一步纯化该制剂。

（三）CsCl 梯度离心

通过 CsCl 梯度离心进行噬菌体纯化可用于从噬菌体悬浮液中纯化和回收病毒颗粒，通常 CsCl 梯度的方法通用于电镜观察前的样品处理。具体的策略和步骤详见第 28 章。

（四）蔗糖密度梯度离心

噬菌体也可以通过在蔗糖溶液或产生稳定密度梯度的其他物质中离心纯化。其原理是根据噬菌体的大小和形状进行分离，因此需要预先了解噬菌体参数，才能获得最佳结果。例如，大肠埃希菌噬菌体 T7 和 T4 在含 0. 1 mol/L NaCl、0. 001mol/L $MgCl_2$和未指定浓度的溴乙锭的 0. 01 mol/L Tris 缓冲液（pH 7. 4）中以 5%~25%（*w/v*）蔗糖梯度离心（53 000 *g*，20 min），获得成功分离。

三、离子色谱法制备噬菌体

在噬菌体的研究和治疗中，氯化铯梯度超速离心是获得高纯度噬菌体悬液的标准方法。但是这种方法操作烦琐，做工精细，价格昂贵，且不适合于大量噬菌体悬浮液的纯化。因此色谱法可以作为纯化制备噬菌体的一种替代方法。早在 1953 年，Sagik B 就提出离子交换色谱法是一种纯化和浓缩噬菌体的有效方法。1957 年，Creaser 和 Taussig 建立了使用阴离子纤维素进行噬菌体纯化的方法。阴离子交换色谱法是将噬菌体结合到固定相，通过缓冲溶液清洗柱以去除杂质。噬菌体随后从柱中被具有高离子强度洗脱液洗脱并收集。这样就可以有效地纯化和浓缩噬菌体。

近年来，研究人员发展了一种用于纯化生物大分子（如质粒 DNA、病毒、蛋白质）的离子交换整体柱，其高度互联的中空通道网络具有大而明确的孔径，形成了一个强大而坚固的海绵状结构，使得流动相的层流轮廓得以实现，即使在高流速下，也能确保具有有限压强的大接触面。这些条件有利于大分子如噬菌体的高结合能力，并且其分辨率和容量不受流量的影响。

利用离子色谱进行噬菌体纯化的方法，对几乎所有的噬菌体都具有广泛的适用性，如 BIA Separations 公司的 CIMmultus™ 阴离子交换整体柱、Agilent 公司的 Bio-Monolith DEAE 等均可以实现噬菌体的纯化。

第三节　噬菌体的保存

在微生物学中，基于科学研究、遗传资源保存及为生化过程提供基础等目标，进行微生物的保存是必不可少的。其目的在于保持微生物的初始特征，并避免当生物体保持持续生长状态时发生突变。在噬菌体生物学中也是如此，当需要保存一组噬菌体时，这一点尤为重要。

对各种储存条件下噬菌体稳定性和存活率的研究，通常需要在几周到 1~3 年的时间内进行，也有研究人员报告了 3~5 年的稳定性数据。但这些试验均被视为短期研究。据已知的文献，唯一关于噬菌体的长期储存（≥5 年）和生存能力的研究来自 Ackermann 和 Zierdt 的报道。Ackermann 等绘制了数百种不同的噬菌体在 4 ℃、−80 ℃、−196 ℃和冷冻干燥条件下储存 20 年的总体趋势。20 多年来的数据积累，包括电子显微镜分析和宿主范围测定，为几种噬菌体的长期稳定性和储存条件的有效性带来了新的信息。他们的结论证实 T 系列、λ 系列和 φ29 等模式噬菌体在 10~12 年是稳定的，而 T4 和 T7 组的噬菌体具有极强的抵抗力。

在过去几十年中，为了长期保存噬菌体，研究人员对多种方法进行了评估。在这些不同的方法中，冷冻干燥具有明显优势：①已被证明对细菌细胞的长期保存非常有效；②一旦冻干，生物材料在室温下通常是稳定的，因此无须使用冰箱、冷冻机或液氮罐；③减少了保存液体所需的空间；④冻干材料可以很容易地运送到其他实验室，无须冰或干冰。因此，将这一技术应用于噬菌体的储存是很有吸引力的。Clark 和来自 ATCC 的合作者对感染芽孢杆菌、大肠埃希菌、分枝杆菌、巴氏杆菌、假单胞菌、根瘤菌、沙雷菌、志贺菌、葡萄球菌和弧菌在内的 60 多种不同的噬菌体进行了分析。他们的研究表明，冷冻干燥对大粒径的肌尾噬菌体科噬菌体（如 T2 和 T6）破坏较大（滴度损失高达 3 logs），而对小粒径长尾噬菌体科噬菌体（如 T1 或 ΦX174）则破坏较小（滴度损失不到 1 log）。一些噬菌体，包括 ssRNA 噬菌体 F2 和 ssDNA 噬菌体 M13，对冻干的抗性甚至优于深度冷冻（液氮）。通常认为深度冷冻和 4 ℃裂解液储存都是保存噬菌体活力最有效的方法，然而 Carne 和 Greaves 报道了 14 种棒状噬菌体在冷冻干燥条件下储存 30 个月后呈现高稳定性。

本节旨在为噬菌体研究人员提供长期构建和维持噬菌体保存库的一般方法。尽管许多噬菌体和细菌菌株均可以在这些条件下繁殖和储存，但评估每个噬菌体和细菌的特定培养基和（或）生长、储存条件还是很有必要的。在此，笔者强调了影响噬菌体扩增和储存的主要因素，希望这将有助于噬菌体研究人员根据其目标噬菌体开发自己的方法。

一、4 ℃保存法

将高纯度的噬菌体裂解原液或浓缩液保存在 4 ℃的螺旋盖玻璃管中。这些裂解物通常可稳定保存数月，甚至数年，而不会显著降低裂解性能。如果已知噬菌体能够耐受氯仿，添加几滴氯仿可以避免微生物污染。

二、≤-70 ℃和液氮保存

低温冷藏保存噬菌体可按以下步骤进行：

（1）在 2 mL 保藏管中，将 0.5 mL 噬菌体裂解液与 0.5 mL 无菌甘油混合，终浓度为 50%，每株噬菌体多保存几管。

（2）将低温小瓶置于乙醇干冰中，快速冷冻噬菌体。5～10 min 后，将一半的小瓶转移到≤-70 ℃的超低温冷冻柜中进行长期储存。

（3）将另外一半小瓶转移到液氮罐（-196 ℃）中。

（4）将小瓶保存在不同的位置（在不同的房间保存可以获得最大的安全性）。

三、噬菌体的冻干保存

噬菌体的冻干保存可按以下步骤进行：

（1）将 2.5 mL 噬菌体裂解液与 2.5 mL 无菌甘油混合，终浓度为 50%。将样品 0.5 mL等分，分别转移到冻干安瓿中。

（2）将所有安瓿转移到冻干瓶中，并用水填充至安瓿中噬菌体悬浮液的水平位置。用穿孔的石蜡纸盖住瓶子。将含有安瓿的瓶子在-80 ℃冷冻至少 1 h，可以冷冻保存过夜，在第二天进行冻干。

（3）按照冷冻干燥机说明书，在≤-50 ℃的温度下将安瓿冷冻干燥一夜。然后将安瓿密封，用真空测试仪验证，并于黑暗中储存在 4 ℃。

四、数据库

理想情况下，应该为保存的每一个噬菌体和宿主整理数据库。例如，应该由保存者为每个长期保存的噬菌体制作一个表格（或电子表格）。表格应包括有关噬菌体的所有可用信息，如分离者，分离的日期、时间、地理位置，分类学鉴定，菌株表型、基因型特性和参考文献等。此信息能给未来用户提供科学数据。

当处于保存状态的生物材料和噬菌体需要进行复苏，或者需要进行运输转移时，要对储存的噬菌体进行适当的检测，确保它们是原始保存物，如电子显微镜分析、噬菌体 DNA 酶切、噬菌体生化分析及噬菌体对宿主菌灵敏度分析等。

此外，还应提供生物材料使用者的详细记录。如果材料的性能不良（如发生污染），或者需要提供后续信息，使用者可以联系保存方。

第四节　特定噬菌体的分离案例

尽管在许多环境中都能分离到噬菌体，但是寻找某些特定宿主的噬菌体并非易事，不同宿主菌的噬菌体分离成功的概率各不相同。例如，Mattila 及其同事发现以污水为来源分离特定的抗生素抗性细菌噬菌体时，样品中能够很容易地找到耐药性铜绿假单胞菌、大肠埃希菌、沙门菌和肺炎克雷伯菌的噬菌体；而仅在不到一半的样本中可以分离得到万古霉素耐药肠球菌（vancomycin-resistant enterococcus，VRE）和鲍曼不动杆菌的噬菌体；而 MRSA 的噬菌体很少被分离出来。此外，众所周知一些细菌极难培养，其相应的裂解性噬菌体的分离也具有更高的难度，以下将展示了几种噬菌体的分离方案，供读者参考。

一、临床细菌的噬菌体分离

许多临床相关的细菌对生长要求苛刻，有的需要厌氧培养。因此，这些细菌的噬菌体分离难度较大，且需要一些不同于常规的分离方法。然而，仍有许多从患者身上分离的微生物对生长没有特别的要求，如 ESKAPE 细菌，包括粪肠球菌（E）、金黄色葡萄球菌（S）、肺炎克雷伯菌（K）、鲍曼不动杆菌（A）、铜绿假单胞菌（P）和肠杆菌属（E）。这些病原体不仅是 ICU 中主要的感染源，而且因其具有较高的抗生素耐药性，使得抗生素的使用变得无效。屎肠球菌和金黄色葡萄球菌是 G^+ 菌，两种菌株均常发生万古霉素耐药现象，而 MRSA 是临床医学中的主要问题。其他 4 种 ESKAPE 病原体是 G^- 菌，其中肺炎克雷伯菌对青霉素具有内在抗性，可以对第三代和第四代头孢菌素产生耐药性；鲍曼不动杆菌对碳青霉烯抗性逐渐增加，减少了多黏菌素等最后药物的治疗选择；铜绿假单胞菌菌株对许多常见的一线抗生素表现出广泛的耐药性，尽管碳青霉烯类、多黏菌素和替加环素成为了治疗该菌种的首选药物，但是这些药物的耐药性也时有报道；肠杆菌对氨苄西林、阿莫西林、头孢菌素、头孢西丁、脲基和羧苄西林等具有内在抗性。由于临床细菌耐药性越来越严重，噬菌体成为控制临床细菌的有效手段。

在以下分离临床细菌噬菌体的方法中，由于其宿主菌的培养条件并不苛刻，因此分离方法与常规噬菌体的分离方法一致，读者可以将本章前三节内容中噬菌体分离纯化的基本策略与以下具体示例相结合，找到适合自己的方法进行目标噬菌体的分离。

（一）材料的准备

1. 临床相关菌株　20.0 g 市售 LB 培养基溶于 800 mL 去离子水中，在 121 ℃下高压灭菌 15 min。在含有 25 mL 无菌 LB 培养基的 100 mL 锥形瓶中过夜培养细菌。

2. 噬菌体分离源样品　可能含有噬菌体的液体或固体样品。

3. LB 肉汤　25.0 g LB 培养基加入 1 L 去离子水，在 121 ℃高压灭菌 15 min。

4. 无菌双倍浓缩 LB 培养基　称取 40.0 g LB 培养基，加入 800 mL 蒸馏水，在 121 ℃下高压灭菌 15 min。

5. LB 琼脂　包括 1.2%（*w/v*）琼脂的 LB 肉汤培养基（在直径 90 mm 的一次性培养皿中加入约 20 mL 培养基）。

6. 无菌 LBTop-Agar（TA）　称取 17.5 g LB、3.0 g 琼脂，用去离子水调节至 500 mL。在 121 ℃高压灭菌 15 min 并储存。

7. 无菌生理盐水溶液　称取 9.0 g NaCl 加入 1 L 去离子水中，在 121 ℃下高压灭菌 15 min。

8. 无菌器皿　无菌 500 mL 和 250 mL 瓶、无菌 500 mL 和 100 mL 锥形瓶、无菌 50 mL Falcon试管、0.22 μm 和 0.45 μm 过滤器、无菌拭子或无菌纸条、无菌牙签等。

（二）富集分离样品中的噬菌体

（1）对于液体样品：使用 100 mL 可能含有噬菌体的样品，将样品倒入 50 mL Falcon 试管中离心（9 000 *g*，10 min，4 ℃）并回收上清液。对于固体样品：将 100 mL 生理盐水和 10~50 g 固体样品（如土壤）加入 500 mL 瓶中，充分混合，在室温下孵育至少1 h；孵育后，倒入 50 mL Falcon 试管中并离心（9 000 *g*，10 min，4 ℃）。

（2）将上清液过滤（0.45 μm）至 500 mL 无菌锥形瓶中。

（3）将 50 μL 过夜生长的细菌悬浮液、100 mL 的 LB×2 和 100 mL 过滤的上清液加入 500 mL 锥形瓶中；于 37 ℃下孵育（120~200 r/min）24 h。

（4）将浓缩的样品倒入 50 mL Falcon 管中，离心（9 000 *g*，4 ℃，10 min），收集并使用 0.22 μm 过滤器过滤上清液至 100 mL 无菌锥形瓶中。

（三）检查样品中是否存在噬菌体

1. 点滴法　100 μL 过夜培养的菌液和 3 mL TA 混合后倒入 LB 琼脂平板上制备每种菌株的菌苔；在细菌菌苔上加入 1~4 滴 10~20 μL 待测样品过滤液，直至液滴完全干燥；将培养板在 37 ℃孵育过夜；检查是否存在透亮和浑浊的裂解区，表明是否存在噬菌体（图 26-3A）。

2. 稀释平板法　100 μL 过夜培养的菌液、100 μL 可能含有噬菌体的富集样品（10 000 倍稀释）和 3 mL TA 混合后倒入 LB 琼脂平板上制备不同的细菌菌苔；加入 TA 混合物后立即旋转 LB 琼脂平板，使混合物均匀分布于整体平板；将平板在 37 ℃孵育过夜后。检查是否存在明显和混浊的裂解区，表明是否存在噬菌体（图 26-3B）。

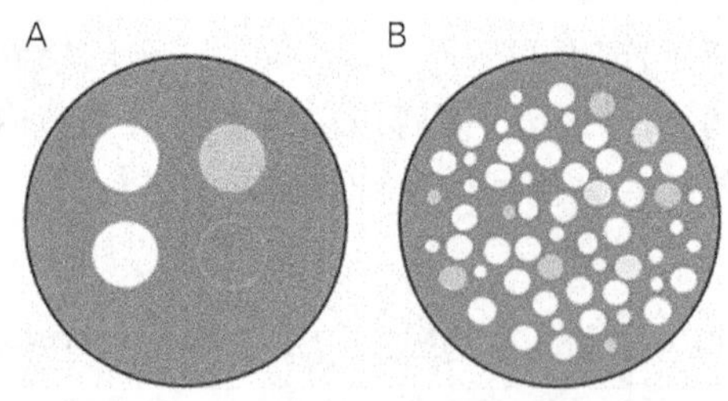

图 26-3　检测噬菌体的琼脂平板法（引自 Sambrook 等，2001）

A. 点滴法；B. 稀释平板法

（四）噬斑分离

富集的样品可能含有一种以上的特定宿主的噬菌体，可通过目视检查菌苔上的噬斑来确定是否含有一种以上的噬菌体。如果存在不同尺寸的斑块、含有晕圈的斑块或具有浊度差异的斑块，需要对噬菌体做进一步分离。具体的分离策略可以参考本章“单一噬菌体的纯化”，也可以根据需要按照下面详述的步骤从富集后的样品中进行分离：

（1）在富集最后步骤中获得的噬菌体悬浮液中润湿无菌棉签或无菌纸条的尖端。

（2）按照细菌菌落划线的方式用无菌棉签在菌苔上划线（图 26-4A），若使用纸条，则将纸条覆盖向下划线（图 26-4B）。

（3）确保更换棉签或纸条转接浓度较低的噬菌体，以便最终可以产生单个噬斑。

（4）将平板在 37 ℃条件下孵育过夜。

（5）分析噬菌体斑块形态以检查其形态差异（图 26-4C、D）。

（6）用牙签分别挑选不同形态的单个噬斑，并将牙签在含特定细菌菌苔的琼脂平板上多次划线。

（7）如上所述，使用无菌棉棒划线噬菌体。

（8）将平板在 37 ℃条件下孵育过夜。

（9）重复步骤（6）~（8），直到所有噬菌体斑块大小均匀。

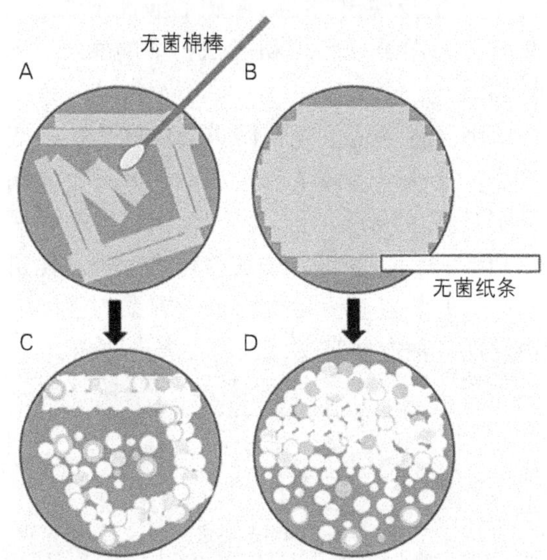

图 26-4　将富集的噬菌体样品接种在长有细菌菌苔的 LB 平板上（引自 Joana 等，2018）

A. 使用无菌棉棒；B. 使用无菌纸条；C、D. 过夜孵育后的相应结果

二、从高温环境分离噬菌体

从高温（>80 ℃）酸性（pH<4）温泉、喷气孔和土壤中分离病毒是一项具有挑战性的工作。与富营养化淡水湖或近岸海洋环境相比，这些极端环境往往具有低生物量（通常<10^6/mL）和低游离病毒丰度（10^3~10^6/mL）的特性。因此，在对极端环境中病毒多样性的基本知识匮乏、可用于病毒检测和分离的通用保守特性研究不足的情况下，在实验室环境中模拟极端环境和不明确的生长条件，培养极端环境微生物绝非易事。

存在于高温酸性环境中的病毒宿主主要为古菌。然而，人类对这些环境中的古菌及其病毒的了解非常有限。与细菌和真核生物相比，只有相对较少的古菌病毒被鉴定出来。在已知的 5 000 多种病毒中，只有少数病毒的宿主来自古菌。目前，从高温陆地环境中分离得到的约 25 种病毒的宿主来源于 4 个属（硫化叶菌属 *Sulfolobus*、嗜酸热古菌 *Acidianus*、热棒菌属 *Pyrobaculum* 和热变形菌属 *Thermorotus*），另外还有一些病毒来源于广古菌门（Euryarchaeota）。随着古菌病毒逐渐被发掘，一些规律性的趋势也逐渐呈现：①来源于广古菌门（主要来自产甲烷菌和嗜盐菌）的病毒往往具有许多噬菌体特有的头尾形态。②在泉古菌门（Crenarchaeota）中没有分离出具头尾形态的病毒，其病毒与其他生命领域的病毒几乎没有相似之处。例如，硫化叶菌纺锤形病毒（SSV）中独特的纺锤形病毒颗粒形态（60 nm×90 nm），是感染泉古菌病毒中最常见的形态类型。③除了独特的形态外，从古菌嗜热菌中分离出的许多病毒编码的蛋白质与数据库中其他蛋白质序列几乎没有同源性。

与低温中性环境相比，高温酸性温泉环境中的细胞和病毒丰度通常较低。根据不同温泉的差异，酸性温泉中宿主菌丰度的估计值为 10^5 ~ 10^7/mL。基于荧光显微镜和透射电镜计数，酸性温泉中游离病毒颗粒的估计范围为 10^4 ~ 10^6/mL。游离病毒颗粒与细胞的比率较低（估计为 1∶10），这可能反映出在接近沸腾的酸性条件下，游离于宿主外的病毒颗粒的不稳定性。与之相反，海洋沿岸水域和沉积物中的病毒计数高达 10^8 ~ 10^9/mL，病毒与宿主的比率为 3∶1 ~ 10∶1。

尽管从高温酸性环境中培养古菌宿主存在困难，但迄今从极端环境中分离出的大多数古菌噬菌体均源于该方法。这些噬菌体主要是从硫化叶菌中分离出来的，该菌在高温酸性环境中普遍存在，且相对容易培养。下文以好氧硫化叶菌为例，介绍古菌噬菌体的分离培养方法（程序如图 26-5 所示）。该方法在遵循常规噬菌体富集培养分离的一般流程的基础上，使用了一些特殊的装置。读者可以在该方案的基础上根据厌氧和好氧培养技术，从高温酸性环境中发现各种古菌宿主，进而分离古菌噬菌体。

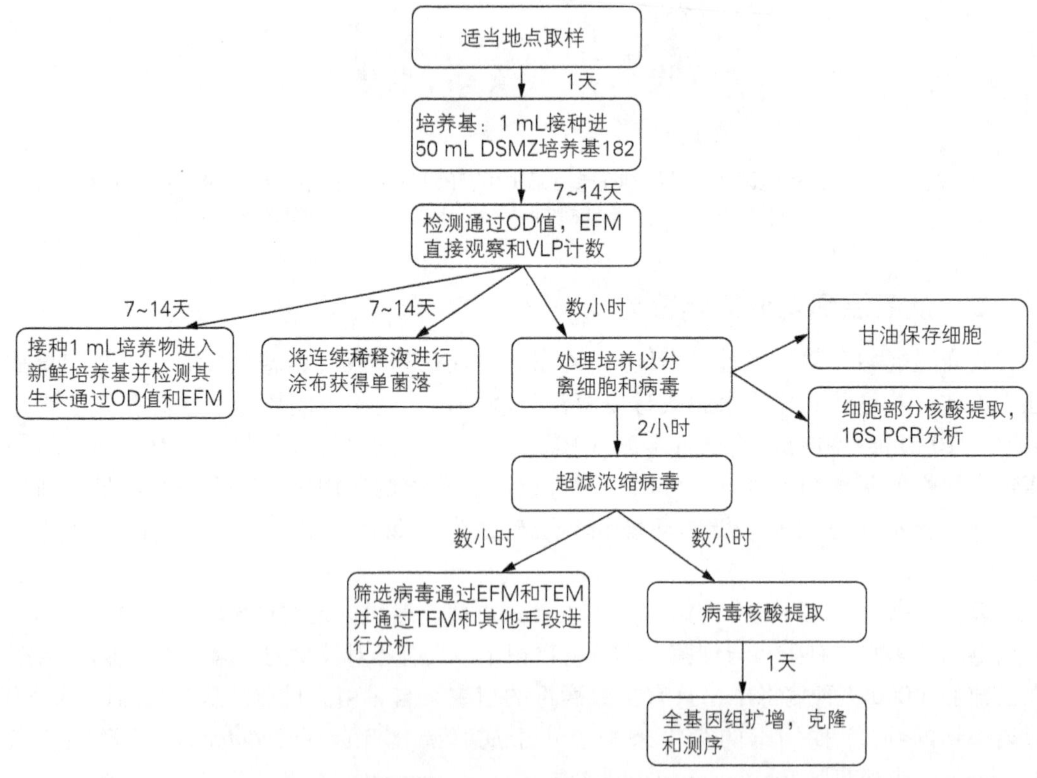

图 26-5　从高热环境分离噬菌体的方法步骤（改自 Clokie 等，2009）

（一）宿主菌培养件的设置

设置符合硫化叶菌生长的条件（温度>75 ℃、pH<4.0）。如果使用pH计，请确保其已经根据采样环境的温度范围进行了校准。

或者使用温度计和pH试纸提供可靠的现场温度和pH测量值。

（二）样品采集

用伸缩杆夹住50 mL无菌管，从热环境处采集样品。样品采集后，将无菌管盖紧，以便运输回实验室。如果环境样本能在24 h内进行接种培养，则几乎不需要采取特殊措施来保存样品，否则需要将样品保持在取样环境温度。

（三）噬菌体的分离

进入实验室后，将0.5~1 mL采集的样品接种到50 mL无菌培养基中（装于125 mL长颈烧瓶中）。适合的培养基及其配方可以通过培养保藏中心查询，如DSMZ和ATCC，或使用过滤灭菌的温泉水补充碳和营养源。在78~80 ℃的油浴培养箱中孵育。

通过600 nm处的吸光值或通过宿主菌细胞计数和噬菌体颗粒［或病毒样颗粒（VLP）］计数监测培养物细胞生长。通常情况下，在细胞生长和病毒样颗粒数量产生明显变化之前，需要监测富集培养7~14天。当通过荧光显微镜估测到已经获得了最大或期望的噬菌体颗粒数量水平时（通常为10^5~10^9/mL），可以通过进一步的富集获得噬菌体裂解物以进行生物性质表征和浓缩纯化。

如果要保存最初的培养物，可将1 mL原始富集培养物接种到新鲜培养基中。如果目标是获得单一分离物，则可以将样品通过稀释后接种在固体培养基上以获得单菌落。

使用培养依赖性的方法来分离古菌噬菌体可能是一个漫长而烦琐的过程，需要数月到数年才能完成。然而，一旦方法经过优化，再从不同热环境分离表征相同或相似的噬菌体则会相对较快。如果噬菌体的详细特征及其与宿主的相互作用是一个长期目标，则需要制定保存和维持噬菌体持续供应的方法。

三、厌氧菌噬菌体的分离

目前，一些法规中将噬菌体作为微生物水质指标用来验证水处理过程。例如，在环境样品中存在拟杆菌噬菌体则表明存在人或动物来源的粪便污染。不同的研究指出，感染不同拟杆菌属的噬菌体可用于微生物溯源。虽然已有分子检测方法，但是使用适当的宿主菌株通过双层琼脂方法检测噬菌体是一种简单且经济的方法。除了检测噬菌体和评估微生物水质外，拟杆菌噬菌体的分离还有助于研究噬菌体受体，分析其与不同毒力拟杆菌的不同细胞表面组分的结合情况。

下文将介绍一种基于双层琼脂平板法检测和计数拟杆菌噬菌体的方法，作为厌氧细菌噬菌体分离的一个案例。拟杆菌噬菌体主要为具有柔性尾部的长尾噬菌体科噬菌体（dsDNA，长的非收缩性尾部，60 nm衣壳）。该方法依赖于在适当培养条件下噬菌体能够侵染特定的宿主菌并产生噬斑。所检测到的噬菌体是能够吸附并感染拟杆菌的裂解性噬菌体。它们在最佳条件下能在30 min内裂解宿主细胞，并产生形态差别相近的噬斑。该方法可应用于所有类型的水、沉积物和污泥提取物，以及贝类提取物，并已由国际标准组织进行了标准化。

（一）宿主菌培养条件

拟杆菌的处理或生长不需要非常严格的厌氧条件。细菌可以在空气存在的情况下进行快速操作，但是 BPRMA（拟杆菌噬菌体活化固体培养基）平板应该在厌氧柜、厌氧罐或含有厌氧生成剂和厌氧指示剂的厌氧袋中培养。BPRMB（拟杆菌噬菌体活化液体培养基）可以在试管或烧瓶中进行，采用培养基完全填充并用螺旋盖封闭，而无须在厌氧条件下孵育。如果有条件可以选择在厌氧条件下进行操作和培养。

其他类型的厌氧菌可能需要更严格的厌氧条件以及不同的生长培养基和培养条件，读者可以根据实际情况进行调整，制定优质的方案。

（二）宿主菌原液的制备和储存

（1）用相应的宿主菌接种 BPRMA 平板（用无菌棉棒蘸取宿主菌液擦拭平板两次，以确保最大生长面积）并在厌氧罐或厌氧室中 37 ℃孵育 24 h。

（2）将 BPRMA 平板上生长的至少 1/4 宿主菌接种到 10 mL BPRMB 中，并在 37 ℃下孵育过夜。

（3）以 1∶1（*v/v*）的比例混合培养物和冷冻保护剂，避免形成气泡，将等量的 0.5 mL试样分装到无菌螺旋盖小瓶中，并在−70 ℃储存。

（三）用于噬菌体分离的宿主菌培养物的制备

（1）在室温下解冻一小瓶宿主菌原液，并在 BPRMA 平板上划线，覆盖整个平板。在 37 ℃孵育 24~48 h。孵育 24 h 后，检查是否可见致密的细菌生长。否则，在 37 ℃下继续孵育 24 h，直至平板完全被细菌覆盖。

（2）在 10 mL 的 BPRMB 液体培养基中接种至少 1/4 的平板上生长的菌体，并在 37 ℃下孵育过夜。

（3）将该培养物以 1∶10（*v/v*）的比例转移至装有新鲜的 BPRMB 培养基的螺旋盖管。用 BPRMB 液体培养基完全填满管后于 37 ℃孵育。2 h 后，每 30 min 测量吸光度直至达到约 5×10^8 CFU/mL（OD_{620} = 0.3~0.5）。

（4）从培养箱中取出培养物，将培养物放入冰中快速冷却，并在 6 h 内使用。

（四）点滴法进行噬菌体检测

（1）将 1 mL 宿主菌菌液加入 2.5 mL 融化且预先冷却至 45~50 ℃的半固体 BPRMA 中。

（2）充分混合并倒在 BPRMA 平板上。

（3）待其凝固后滴加一滴（最多 20 μL）噬菌体悬浮液或待测试的过滤样品，静置至少 15 min。

（4）将平板在 37 ℃厌氧条件下倒置孵育过夜后检测是否形成噬斑。

（五）噬菌体计数

（1）将 1 mL 宿主菌菌液（OD_{620} = 0.3~0.5）和 1 mL 待测样品加入 2.5 mL 融化的半固体 BPRMA 中。

（2）充分混合，避免形成气泡，并倒在 BPRMA 平板上。

（3）凝固后，37 ℃厌氧条件下孵育过夜。

（4）计算噬斑的数量并根据样品的稀释度计数。

（六）从噬斑中分离噬菌体

（1）使用无菌枪头从半固体琼脂层上小心地剥离所需的噬斑。

（2）将噬斑斑块重悬于 SM 缓冲液中。

（3）以 1∶10（*v/v*）加入氯仿。剧烈混合 5 min 后 16 000 *g* 离心 5 min，收集上清液。

（4）将 1 mL 上清液接种于 9 mL 宿主菌菌液，用 BPRMB 填满管顶部，并在 37 ℃下孵育过夜。

（5）以 1∶10（*v/v*）加入氯仿，剧烈混合 5 min 后以 16 000 *g* 离心 5 min，小心地将上层水相转移到无菌空琼脂平板中，避开溶剂相。

（6）通过 0. 22 μm 孔径的低蛋白结合膜过滤器（PVDF 或 PES 膜）过滤上清液。

（7）对悬浮液中的噬菌体进行计数。如果需要更高的噬菌体效价，则使用 1 mL 悬浮液重复步骤（4）~（7）。

（七）在固体琼脂培养基中制备高效价噬菌体裂解液

（1）使用在上一步“从噬斑中分离噬菌体”中的步骤（3）中获得的 1 mL 噬菌体上清液进行噬菌体计数。同时准备一个没有噬菌体悬浮液的对照组（仅含有宿主菌株和半固体 BPRMA）。

（2）孵育后，与细菌对照组相比，噬菌体将平板表面宿主细胞完全裂解，加入 5 mL SM 缓冲液，在 4 ℃孵育 15 min。

（3）用无菌移液管小心地从表面回收液体。

（4）以 1∶10（*v/v*）加入氯仿剧烈混合 5 min 后，以 16 000 *g* 离心 5 min。

（5）取上清液并通过 0. 22 μm 直径的微孔过滤器过滤。

（八）噬菌体的保存

（1）在蛋白胨盐水溶液中稀释噬菌体悬浮液，使其浓度达 40~100 PFU/mL。

（2）向噬菌体悬浮液中加入无菌甘油［甘油终浓度为 10%（*v/v*）］。

（3）按每管 1mL 等分，并在−70 ℃储存。

四、从水生环境中进行噬藻体分离

蓝藻是主要的水生光营养细菌，聚球藻属和原绿球藻是优势属，对海洋的初级产物有重要贡献。噬藻体是一类感染蓝藻的病毒，通过裂解宿主细胞，在微生物循环和生物地球化学循环中起着重要作用。1963 年淡水环境来源的噬藻体首次被报道，1981 年首次报道了能够感染单细胞和丝状海洋蓝藻的噬藻体。直到 20 世纪 90 年代初，侵染海洋蓝藻（聚球藻属）的噬藻体首次被分离出来，他们的性质和功能也伴随着噬藻体的分离和纯化而逐渐被报道：①通过裂解宿主细胞在微生物循环和改变生物地球化学循环中发挥重要作用；②对蓝藻的群落结构和进化起到重要作用；③噬藻体携带宿主的光合成基因。随后，海洋噬藻体陆续从许多不同的地理位置被分离，如英吉利海峡、马尾藻海、墨西哥湾、红海和百慕大沿海水域。不同区域噬藻体的丰度不同，其数量通常为 10^6~10^8 PFU/L，偶尔存在超过 10^9 PFU/L。到目前为止，所有分离出感染海洋聚球藻的噬藻体都是裂解性的，且绝大多数属肌尾噬菌体科。而感染原绿球藻的噬藻体大部分属于短尾噬菌体科。通过分离噬藻体，已经开发了许多基于衣壳蛋白和门户蛋白的特异性基因探针来确定天然噬藻体种群的多样性；噬藻体的分离也使得更多噬藻体的全基因组被测序；噬藻体的分离使得核心光合成基因和其他重要的宿主基因被挖掘，如由噬藻体携带的营养物获取相关基因。因此，只有通过持续分离噬藻体，然后对其生理学进行适当的研究，并观察它们在实验室和模拟环境条件下的行为，才能更好地了解它们的多样性及与宿主的相互作用。

以下将介绍聚球藻噬藻体分离的方法，且适用于以其他蓝藻为宿主分离噬藻体。

（一）洁净琼脂的制备

聚球藻对痕量元素和洗涤剂敏感。因此，有必要清洗琼脂以去除任何可能抑制聚球藻生长的杂质。在 Waterbury 和 Willey 开发的方法基础上进行修改而形成了以下流程。

（1）琼脂必须在使用前几天进行清洗，并按图 26-6 所示设置布氏漏斗。确保布氏漏斗适合布氏烧瓶顶部并形成紧密密封。将布氏烧瓶侧臂上的橡胶软管连接到第二个锥形瓶中的顶部玻璃管中。将第二个橡胶软管从锥形瓶的侧臂连接到真空泵。

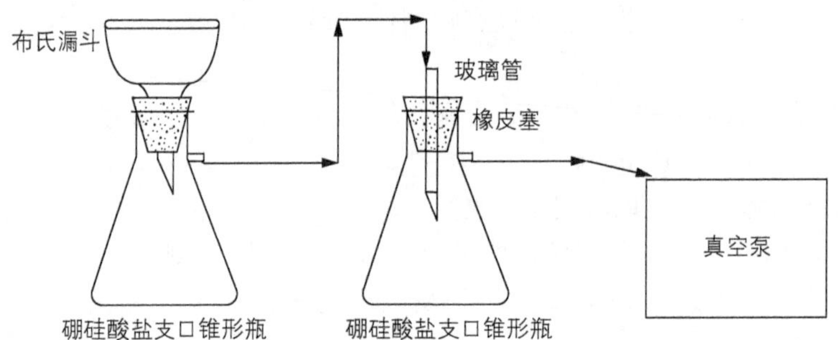

图 26-6　通过真空过滤除去琼脂中的水（改自 Clokie 等，2009）

（2）以布氏漏斗的顶部作为模板，在 3MM Whatman 滤纸上剪出圆形滤纸。

（3）在 5 L 塑料烧杯中将 250 g Bacto 琼脂（Difco）与 5 L 水混合。

注：琼脂混合的同时应使用玻璃棒搅拌琼脂，以防止琼脂快速沉在底部形成黏性糊状物而难以被磁力搅拌子搅拌。

（4）将磁力搅拌子放入烧杯底部，将烧杯放在磁力搅拌器上搅拌 30 min。

（5）让琼脂沉淀到烧杯底部，上层形成独特的稻草色水层。尽可能将水倒出，同时尽量减少倒掉琼脂的数量。

（6）将预先剪切的滤纸放入布氏漏斗的顶部，用水轻轻蘸湿。

（7）将琼脂水混合物倒入布氏漏斗中。

（8）打开真空泵，保持 40~50 cm 汞柱的真空。当水被吸出时，琼脂开始变成白色。保持泵开启，直到布氏漏斗不再有稳定的水滴流出。

（9）用刮刀将布氏漏斗边缘的琼脂松开，然后将琼脂倒回 5 L 烧杯中。加入 5 L 水并重复洗涤程序［步骤（3）~（9）］，直到吸出的水清澈为止（通常需要用水洗3 次）。

(10) 用水洗涤后，将琼脂与 5 L 乙醇混合并重复洗涤一次 [步骤 (3) ~ (9)]。

(11) 用乙醇洗涤后，用丙酮重复洗涤程序 [步骤 (3) ~ (9)]。

(12) 用刮刀将布氏漏斗中白色压实的琼脂取出，并放在衬有 3 MM Whatman 滤纸的盘子上。

(13) 确保没有大块琼脂粘在一起，并将托盘放入通风橱中直至琼脂彻底干燥。干燥的琼脂应该比未洗涤的琼脂颜色更浅。

(14) 将干燥的琼脂储存在塑料密封容器中备用。

(二) 聚球藻的生长

将聚球藻 WH7803 常规培养于 100 mL 和 1 L (40 个噬斑测定实验) 培养基中。将 100 mL 的聚球藻 WH7803 培养液 (OD_{750}>0.5) 接种于 1 L 的人工海水培养基 (artificial seawater, ASW)。培养物在持续通气、生长温度 25 ℃和 2~25 $\mu Em^{-2}/s$ 的照射条件下生长，通常在初始接种后 7~10 天，聚球藻可达到对数生长期 ($OD_{750}\approx$0.35~0.40)。

(三) 1% ASW 琼脂平板的制备

(1) 将 500 mL 水与 10 g 洁净琼脂在 1 L 瓶中混合并高压灭菌。

(2) 将其与 500 mL 2×ASW 混合。

(3) 使用 18 cm 直径的培养皿，1 L 的琼脂可以倾倒 40 块平板。

(4) 在 4 ℃下，可将平板倒置在密封袋中存放数周。

(四) 0.4% (*w/v*) 半固体琼脂培养基的制备

(1) 将 60 mL 2×ASW 加入 150 mL 瓶中。

(2) 在第二个瓶中，加入 0.48 g 洁净琼脂和 60 mL 水。

(3) 高压灭菌，并在 50 ℃的水浴中保温。

注：每次进行噬斑测定时都需要新鲜的 0.4% (*w/v*) 半固体琼脂，每个平板的用量为 2.5 mL。通常需要制备过量的半固体琼脂备用。

(五) 噬斑检测和噬菌体纯化

(1) 将 1 L 聚球藻培养物 (可供 40 个噬斑测定试验) 在 25 ℃下 6 000 *g* 离心 15 min,以沉淀聚球藻。

(2) 倒出澄清的上清液，注意不要打散聚球藻细胞团。

(3) 用 25 mL 移液管吸取 10 mL 1×ASW 吹打细菌菌团，使细胞沉淀重悬。

(4) 转移细胞悬液至 25 mL 透明玻璃螺旋盖小瓶，并记下转移的体积。用 5 mL 新鲜的 1×ASW 洗涤离心管侧面的剩余细胞，并转移到相同的玻璃小瓶中。

(5) 添加 1×ASW，使总体积等于 20 mL。

(6) 将等量的 0.5 mL 浓缩聚球藻细胞液转移到 5 mL 玻璃螺旋盖小瓶中，20 mL 浓缩细胞液需要分装于 40 个螺旋盖小瓶。

(7) 将 50 μL 不同稀释度的海水样品分别添加到每个螺旋盖小瓶中，每个样品瓶一个样品。

(8) 轻轻摇动聚球藻细胞和海水的混合物。然后在 25 ℃、2~25 $\mu Em^{-2}/s$ 的恒定光照条件下放置 1 h。

（9）向每个含有 0.5 mL 细胞的小瓶中加入 2.5 mL 熔化并提前预冷的 0.4%（*w/v*）半固体琼脂，轻轻混合琼脂和细胞。将该混合物倒入固体 1% ASW 琼脂平板的顶部。将琼脂放置 1 h，然后倒置平板，放入培养箱中，在 25 ℃、2~25 μEm^{-2}/s 的光照条件下培养。

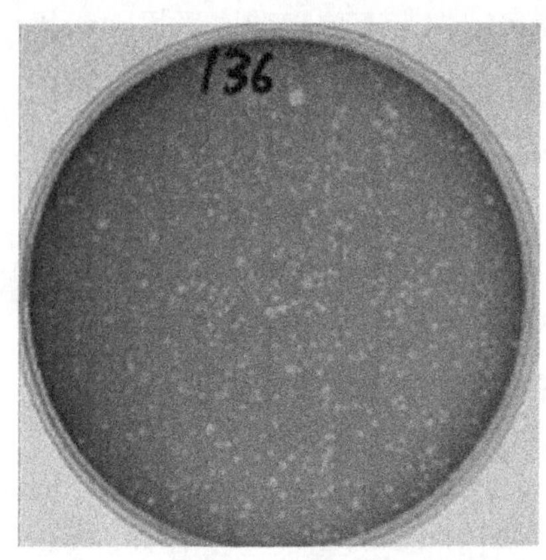

图 26-7　噬藻体在聚球藻 WH7803 菌苔上形成的噬斑（引自 Clokie 等，2009）

从红海采集的水样中发现的蓝藻噬藻体裂解了聚球藻，10 天后形成单个噬斑

（10）每天监测平板上噬斑的变化（如图 26-7）。

注：噬斑可在 3~10 天发生变化。

（11）用移液管在噬斑上轻轻取出琼脂块。

（12）将琼脂块重新悬浮于 1 mL 新鲜 ASW 中，并在 4 ℃黑暗条件下放置至少 1 h，以使噬菌体扩散到新鲜培养基中以形成裂解液。

（13）制备系列稀释的裂解液，并在第二轮噬斑测定中使用［步骤（1）~（12）］。该过程必须重复 3 次以确保已分离出纯的噬菌体。

（14）对最后一步纯化获得的裂解液做进一步的噬斑测定，以裂解聚球藻。取出上层琼脂重新悬浮在 2 mL 新鲜 ASW 中，并在 4 ℃下放置过夜。

（15）将裂解液在台式离心机中以 13 000 *g* 离心以沉淀琼脂，吸取上清液并通过 0.22 μm 过滤器以除去任何细菌污染物并产生噬菌体原液，可在 4 ℃黑暗环境下储存 4 年。

五、从溶原菌中识别和分离溶原性噬菌体

溶原性噬菌体感染宿主时遵循两种复制周期，即裂解循环和溶原循环。在裂解循环中，噬菌体复制基因组、组装数百个新的后代，并在细胞裂解后释放后代；在溶原循环中，溶原性噬菌体基因组以不增殖的方式与宿主遗传物质进行可逆地相互作用，并与宿主 DNA 和细胞分裂同步复制。保留在宿主中的噬菌体基因组，无论是作为质粒还是整合到宿主染色体中，都被称为前噬菌体。携带前噬菌体的细菌被称为溶原性细菌。在某些条件下，前噬菌体可以被诱导进入噬菌体复制的裂解循环，并从溶原性细菌中分离出来。

溶原现象广泛存在于细菌中。细菌全基因组的比较分析表明，除了少数外，前噬菌体是细菌基因组非常重要的组成部分（如大肠埃希菌 O157:H7 的多溶原性 Sakai 株含有 18 种前噬菌体；约 12%的完整细菌基因组对应于前噬菌体的 DNA 序列）。溶原性噬菌体包括拥有 dsDNA 尾部的肌尾噬菌体科、长尾噬菌体科和短尾噬菌体科成员，以及丝状噬菌体科的成员（ssDNA，丝状）。大多数前噬菌体基因组具有相同的遗传结构：由两组基因簇组成，每组基因控制相关功能，并且分别转录。这些簇中一个包含参与溶原性整合和维持的基因，另一个包括参与裂解生命周期的基因。这些基因组具有保守序列的镶嵌结构，中间穿插着非同源区域。这些数据表明，前噬菌体通过同源重组交换模块进行水平 DNA 转移，实现进化。

下文将以乳酸菌（如乳球菌和乳杆菌）噬菌体为例，展示溶原性噬菌体的一些重要性质及其诱导条件。该策略适用于大多数溶原性噬菌体的诱导和分离，但是针对个体独

特的噬菌体仍然有必要开发个性化的方案。

（一）用丝裂霉素C诱导噬菌体

（1）将50 μL待测菌株的过夜培养物接种到5 mL新鲜肉汤培养基中，用于溶原性检测。测量600 nm处的初始吸光度。在最佳细菌生长温度下水浴孵育30 min。

注：MRS培养基用于乳杆菌的培养，M17-glu培养基用于乳球菌的培养；嗜中温乳酸菌培养温度为30 ℃，嗜高温乳酸菌培养温度为37 ℃。

（2）加入丝裂霉素C至终浓度为0.1~0.5 μg/mL。每小时测量一次600 nm处的吸光度，持续6~8 h（或直至观察到光密度降低）。

注：丝裂霉素C应在0.1~2 μg/mL浓度范围内使用，较高浓度的丝裂霉素C对细胞有毒。通常嗜热乳杆菌的使用浓度为0.1~0.2 μg/mL，嗜温乳杆菌的使用浓度为0.5~1.0 μg/mL；乳球菌的使用浓度为1.0 μg/mL。建议在新鲜接种后30 min或在光密度为0.1的条件下加入诱导剂。处理丝裂霉素C的诱变溶液时，应戴上一次性手套和合适的防护衣。丝裂霉素C溶液应在4 ℃下储存，避免光照和高温。

（3）将培养物在4 ℃下以3 000 *g*离心12 min。

（4）用0.1N NaOH调节上清液pH至7.0。

（5）上清液过0.45 μm的滤膜除菌。

（6）将无菌上清液在4 ℃保存。

（二）紫外线诱导噬菌体

（1）将100 μL过夜培养的待测试菌株培养物转移至5 mL新鲜肉汤培养基（MRS或M17），分别在30 ℃（MRS）或37 ℃（M17）孵育3 h。

注：MRS培养基用于乳杆菌的培养；M17培养基用于乳球菌的培养。嗜中温乳酸菌培养温度为30 ℃，嗜高温乳酸菌培养温度为37 ℃。

（2）将细胞液转移到无菌离心管中，在室温下以6 000 *g*离心10 min，除上清。

（3）将细胞重悬于5 mL无菌0.1 mol/L $MgSO_4$中。

（4）将细胞悬液转移到无菌玻璃培养皿中。

（5）将培养皿放置在离杀菌短波灯16 cm处，以120 r/min转速旋转照射20~30 s。

（6）将细胞悬液转移到含5 mL双倍浓缩肉汤培养基（MRS或M17）的螺旋盖管中。

（7）在恒温水浴中于30 ℃（乳球菌）或37 ℃（乳杆菌）孵育，防止菌体细胞受到光照。

（8）每45 min读取600 nm处的吸光度直至6 h或吸光度读数显著降低（使用含0.05 mol/L $MgSO_4$的MRS或M17肉汤作为对照调零）。绘制时间（h）与吸光度(600 nm)的关系图。

（9）4 ℃、3 000 *g*离心12 min，取上清液。

（10）检查并用0.1 N NaOH调节上清液pH至7.0。

（11）将无菌上清液在4 ℃储存。

（三）点滴法确定宿主范围

（1）在无菌管中混合10 μL待测指示菌株的过夜培养物和3 mL软琼脂，并将混合物倒入含有15 mL底层琼脂的培养皿中。晃动平板使混合物均匀地铺在板上。

（2）将平板放在工作台上，直至软琼脂凝固（约 10 min）。

（3）在固化的软琼脂上滴加 5 μL 无菌上清液（丝裂霉素 C 或紫外诱导的噬菌体上清液），使其在待测指示菌株的最佳生长温度下将培养皿吸收并孵育过夜后检测噬斑。

或者使用无菌棉棒浸润指示菌细胞的过夜培养物，涂布底部琼脂平板表面。然后在固体琼脂上滴加 5 μL 无菌上清液，在待测指示菌株的最佳生长温度下过夜培养后进行噬斑的检测。

（四）治愈菌株的分离

（1）按照方法（二）中的步骤（1）~（5）进行操作。

（2）对于经辐照后的菌体细胞，在 1/10 浓度的培养基肉汤中制备 10 倍梯度稀释液，并在适当的琼脂培养基上铺板 100 μL 稀释度为 10^0、10^{-1}和 10^{-2}的菌液。

（3）在最佳细菌生长温度下孵育 36 h。

（4）挑取几个菌落转移到新鲜的培养基肉汤中，在最佳细菌生长温度下孵育过夜。

（5）继续执行方法（三），通过噬斑测试确定宿主范围。

（6）保留噬斑呈阳性的细菌进行进一步表征，并将其用作指示菌。

（五）双层平板法测定噬菌体效价

（1）在无菌试管中，将 100 μL 指示菌株的过夜培养物与 100 μL 噬菌体裂解液的 10 倍梯度稀释液（通常至 10^{-7}）混合。使用无菌 1/10 培养基肉汤（加入 $CaCl_2$ 至终浓度为 10 mmol/L）制备噬菌体稀释液。

（2）在 30 ℃或 37 ℃下将试管预孵育 8 min，以便吸附噬菌体。

（3）45 ℃下加入 3 mL 含有 10 mmol/L $CaCl_2$ 熔化的软琼脂。

（4）在手中轻轻摇晃直到菌体细胞均匀分布（必须注意避免在熔融琼脂中形成气泡），并将混合物倒在含有 25 mL 底部琼脂的培养皿上，晃动平板使混合物均匀地铺展在板上。

注：噬菌体混合物在试管中剧烈混合可能会损坏噬菌体颗粒并将气泡引入软琼脂中。这些混在琼脂中的气泡看起来很像噬斑，特别是对于没有经验的人来说较难判断（图 26-2D）。

（5）将平板放在工作台上直至软琼脂凝固，将培养皿倒置并在最佳生长温度下培养过夜。

（6）次日进行噬斑计数，计算效价（单位：PFU/mL）。

（六）固体培养基增殖噬菌体

（1）将 100 μL 培养过夜的指示菌菌液或 100 μL 在 MRS 或 M17 肉汤中生长的治愈菌株菌液与 100 μL 含有 10^4 ~ 10^5 PFU/mL 的噬菌体裂解液混合（噬菌体稀释应在噬菌体缓冲液中进行），加入 $CaCl_2$ 至终浓度为 10 mmol/L。

（2）将混合物在 30 ℃或 37 ℃孵育 8 min，以便噬菌体吸附。

（3）将细菌-噬菌体混合物加入含有 3 mL 融化并预冷到 45 ℃的 MRS-Ca^{2+} 软琼脂的试管中。混匀后将内容物倒入含有 25 mL MRS-Ca^{2+} 底层琼脂的培养皿中，晃动平板使混合物均匀地铺展在板上。

（4）将平板放在工作台上，直到软琼脂凝固。在适当的温度下将平板过夜培养，无须倒置。

(5) 在显示半融合裂解（噬斑应彼此接触，细菌生长仅在相邻噬斑之间的连接处可见）的平板上加入 4 mL 噬菌体缓冲液，并轻微摇动 30 min。

(6) 用微量移液管尽可能多地收集噬菌体缓冲液，并将其转移到无菌离心管中。

(7) 使用新鲜缓冲液重复执行步骤（5）和步骤（6）。

(8) 将含有噬菌体的混合缓冲液在 4 ℃下 4 000 *g* 离心 15 min，上清液通过孔径为 0.45 μm 的膜滤器过滤除菌，将无菌上清液在 4 ℃储存。

（七）液体培养基增殖噬菌体

(1) 将 100 μL 过夜培养的宿主菌培养液接种到 5 mL 新鲜 MRS 或 M17 肉汤中，加入 $CaCl_2$至终浓度为 10 mmol/L，在适当的温度下水浴孵育 30 min。

(2) 加入 100 μL 至少含有 5×10^6 PFU/mL 的噬菌体裂解液（MOI≈0.1），继续孵育 6~8 h 或直至完全裂解。

(3) 在 4 ℃下 3 000 *g* 离心 10 min。

(4) 用 0.1 N NaOH 调节上清液 pH 至 7.0。

(5) 上清液通过孔径为 0.45 μm 的膜滤器过滤除菌，将无菌上清液在 4 ℃储存。

在上述的方法操作过程中，有如下几点需要补充说明：

(1) 溶原性噬菌体的裂解循环可以自发诱导，也可以通过生理刺激物和损害 DNA 的完整性处理进行诱导。导致细菌 DNA 损伤的丝裂霉素 C 是激活溶原性噬菌体裂解循环的标准化学品。其他能够诱导溶原性噬菌体裂解循环的物理或化学处理包括能损伤细菌 DNA 的紫外线和抗肿瘤药物、破坏 DNA 复制的试剂（抗螺旋酶药物、叶酸拮抗剂和 DNA 拓扑异构酶Ⅱ抑制剂，如氟喹诺酮类抗生素）、过氧化氢等。二次噬菌体感染也可以促进前噬菌体的诱导。然而，仍有许多前噬菌体是不可诱导的，且许多是可诱导的前噬菌体在不同的诱导剂下产生不同的诱导效率。因此，上述的方法仅供参考，更多的方案仍需要研究人员进一步摸索。

(2) 丝裂霉素 C 的浓度、宿主菌菌龄和孵育温度都是噬菌体诱导的重要因素。每种待测菌株的最佳生长条件应当先被测定。高营养培养基通常用于诱导和培养噬菌体，复合培养基更容易制备并且通常能产生高效价的噬菌体。一些噬菌体在二价阳离子存在下最稳定，而在常用的复合培养基中，含有足够的二价阳离子，因此通常不需要向培养基中额外添加。

(3) 对于具有运动性的细菌，一些噬菌体能附着在细菌鞭毛上，且只感染高度运动性的微生物。在此情况下，应通过显微镜检查细菌的运动性。

(4) 溶原性噬菌体通常表现出较窄的宿主范围。对于大多数溶原菌，很难定义合适的烈性增殖条件，噬菌体仅能通过透射电子显微镜观察，或者用 SYBR Gold 或 SYBR Green Ⅰ对噬菌体基因组染色后，通过落射荧光显微镜证明其是否存在。大多数溶原性噬菌体表现出的狭窄宿主范围表明其存在同源免疫或限制性修饰系统。质粒 DNA 转导已被用作噬斑测定的替代方法，以确定乳杆菌噬菌体 φadh 的宿主范围。

(5) 前噬菌体消除菌株可作为证明噬菌体复制过程中经典裂解和溶原循环的证据。对噬菌体裂解生长敏感且不能用丝裂霉素 C 诱导的治愈菌株可以充当重建溶原性的宿主。

原始宿主和新的溶原菌对超感染噬菌体免疫。

（6）一些噬菌体已显示出最佳感染条件下对二价阳离子的依赖性（主要是 Ca^{2+}，在某些情况下是 Mg^{2+}）。培养基的初始 pH 也很重要，如加氏乳杆菌噬菌体，在 pH 6.5 的 MRS 琼脂中不能形成噬斑，仅在初始 pH 为 5.5 培养基中才出现噬斑。

（7）结构成分中不含脂质的噬菌体裂解液可以通过加入几滴氯仿在 4 ℃下储存数年。一些噬菌体可以储存数月甚至数年而不会损失效价。然而，大多数噬菌体是不稳定的并且必须经常扩增以保持活性。

参考文献

27 噬菌体生物学性质测定

——王静雪　井玉洁

当一株新的噬菌体被分离纯化后，通常需要对噬菌体的生物学性质，如颗粒大小、基因组核酸性质、耐热性、耐酸碱性、宿主谱、吸附特性、裂解能力等进行测定，进而分析其潜在的应用价值。本章聚焦讨论噬菌体效价测定的方法、宿主谱和成斑率测定、吸附特性测定及一步生长曲线测定等相关策略和实验方法。

第一节　噬菌体计数

一、噬斑分析法

噬菌体的效价（titer）也称为滴度。效价测定是对单位体积内活的噬菌体颗粒进行计数测定。活噬菌体计数最常用的方法是噬斑形成量（plaque-forming unit，PFU）的测定。可观测的单个噬斑不仅仅可以用来计数，也是分离噬菌体、噬斑形态特征（透明与混浊、斑块大小、是否存在晕圈）分析及分离噬菌体突变体的基础。传统的噬斑计数可通过双层平板法、直接平板法和小液滴法（small drop plaque assay）来实现。

（一）双层平板法

双层平板法（double agar overlay plaque assay）是噬菌体效价测定最常见的方法，最初由 Andre Gratia 提出，并由 Mark Adams 进行了方法的标准化。该方法是将噬菌体稀释液与宿主菌混合在半固体培养基中，均匀地分散在固体培养基上。在培养过程中，宿主菌在培养基上形成菌苔，噬菌体裂解宿主菌或者抑制宿主菌生长，从而形成一个局部透明或半透明的区域，即噬斑。

以效价为 10^6~10^{11} PFU/mL 的噬菌体制剂的效价测定为例，介绍双层平板法测定效价的基本操作流程：

（1）准备足够数量的固体琼脂平板。通常可以直接从 4 ℃冰箱中取出预先制备好的固体琼脂平板置于 37 ℃培养箱中倒置或倾斜放置 1~2 h，也可以使用刚刚配制、灭菌、冷却后新制备的琼脂平板。如果平板中有过多的水蒸气，可以在超净工作台中半开盖放置 10~15 min 以干燥平板。

作者单位：王静雪、井玉洁，中国海洋大学食品科学与工程学院。

（2）当平板干燥后，参照样品的稀释程度对平板进行编号（如“-4”至“-9”和“对照”）。

（3）准备足够的半固体培养基。可以从4 ℃取出所需数量的含有3 mL半固体培养基的试管，水浴或微波加热使半固体琼脂完全融化后放置于45~48 ℃的水浴或烘箱中保温，如果使用的是刚刚经过灭菌后新制备的半固体培养基，应稍稍冷却后再放入45~48 ℃的水浴或烘箱中保温备用。

（4）准备足够的无菌加盖试管或微量离心管（通常为9个）。根据实验需要向无菌试管或离心管中添加0.9 mL稀释液。根据稀释度对试管或微量离心管进行编号（如“-1”至“-9”）。

（5）向第一个管中加入0.1 mL噬菌体裂解液，混合均匀，更换移液器枪头并取0.1 mL转移至第二个管中。

（6）每次使用新的移液器枪头继续进行10倍稀释。在最后一个管中，噬菌体裂解液将稀释至10^{-9}。

（7）将0.1 mL噬菌体稀释液转移到温热的半固体培养基试管中，立即加入0.1 mL宿主菌过夜培养物，混合均匀后倒入固体培养基的表面。

（8）每个稀释度均使用新的移液器枪头，重复步骤（7），将噬菌体稀释液依次倒入对应编号的固体培养基的表面。

（9）覆盖层（半固体层）凝固约30 min后在最适培养温度下倒置培养。

（10）持续培养18~24 h，选择具有30~300个噬斑的平板进行噬斑计数：原始噬菌体制剂的效价（PFU/mL）= 噬斑数×10×稀释度的倒数。

注： 对于大体积样品，可以根据试管体积添加适量稀释液，同时等比例提高噬菌体液的添加量以获得10倍稀释的噬菌体稀释液。为了获取更准确的噬菌体效价，建议每个稀释度做3个平行。

（二）直接平板法

直接平板法（direct plating plaque assay）不需要在培养基上覆盖混有宿主和噬菌体的半固体培养基，而是直接将噬菌体溶液和其宿主菌混匀后涂布在单层琼脂平板上，经孵育后进行噬斑计数，该方法比双层平板法更简单快速，也适用于大多数噬菌体效价的测定。

以效价为10^{8}~10^{10} PFU/mL的噬菌体制剂的效价测定为例，介绍直接平板法测定效价的基本操作流程：

（1）取出足够的保存于4 ℃的固体培养基的平板，在37 ℃培养箱中倒置孵育1~2 h，或者在超净工作台中室温半开盖放置10~15 min，将平板干燥。根据稀释梯度依次对平板进行编号。

（2）对于每个噬菌体待测液样品，设置8个微量离心管（分别编号为“-1”至“-8”），并在每个管中无菌添加450 μL稀释液。

（3）向第一个管中加入50 μL噬菌体原液，用移液枪头吹吸至少3次使其均匀混合。更换移液枪头，吸取50 μL至下一个管中，并在所有稀释梯度中重复该过程。

（4）取100 μL待铺板的稀释液加入装有100 μL宿主菌过夜培养物（10^{8}~10^{9} CFU/mL）的微量离心管中（标注相应的稀释度）。用干净的移液枪头反复吸打混合。

（5）将离心管置于 37 ℃孵育 15~20 min，使噬菌体吸附在细菌上。

（6）快速地将 200 μL 接种了宿主菌的噬菌体稀释液吸取至相应编号的琼脂平板上，并涂布均匀。

（7）将琼脂平板在超净工作台中干燥 30 min 后在 37 ℃倒置培养 20~24 h。

（8）选择具有 30~300 个噬斑的平板进行计数：原始噬菌体制剂的效价（PFU/mL）= 平均噬斑数×10×稀释度的倒数。

注：为了获得更准确的噬菌体效价，建议每个稀释度噬菌体涂布琼脂平板时做 3 个平行。

（三）小液滴法

当需要同时测定较多样品的效价时，小液滴法（small drop plaque assay）是一种更加高效和经济的方法。在该方法中噬菌体稀释液的制备及宿主菌的接种与直接平板法非常相似。在接种、混匀和孵育后，小剂量的混合液直接滴在适宜的琼脂平板上，通过过夜培养，可在 10~12 mm 大小的圆形菌苔上形成肉眼可见的噬斑。

以效价为 10^6~10^{10} PFU/mL 的典型噬菌体制剂的效价测定为例，介绍小液滴法测定效价的基本操作流程：

（1）从 4 ℃取出足量的底层琼脂平板，在 37 ℃培养箱中倒置或倾斜 1~2 h，或者在超净工作台中室温半开盖放置 10~15 min，将平板干燥，并对平板进行标记。

（2）对于每个噬菌体待测液，设置 8 个无菌微量离心管（分别编号为“-1”至“-8”），在每个管中无菌添加 180 μL 稀释液。另外设置 1 个“空白对照”管，加入 180 μL 稀释液。

（3）向第一个稀释梯度管中加入 20 μL 噬菌体原液，用移液枪吹吸至少 3 次使其均匀混合。更换移液枪头，吸取 20 μL 至下一个管中，并在所有稀释梯度中重复该过程。最高稀释度管弃去 20 μL 稀释液。空白对照管里不加噬菌体。

（4）向梯度稀释管和对照管中各加入 20 μL 宿主菌的过夜培养物（10^8~10^9 CFU/mL）。使用无菌移液枪头反复吸打使其均匀混合。将梯度稀释管和空白对照管同时置于 37 ℃孵育 15~20 min，使噬菌体吸附在细菌上。

（5）从待测试噬菌体样品的最高稀释度管中（即“-8”）取 20 μL 混合稀释物滴加在标记的琼脂平板上，同时在第二个板上做一次平行。

（6）重复步骤（5），完成其他梯度的噬菌体待测液和细菌对照组的点滴试验。

（7）将平板在超净工作台中干燥 20~30 min，然后翻转，在 37 ℃倒置培养 20~24 h。

（8）在具有 3~30 个噬斑的一个或多个梯度的点滴平板上计数噬斑：原始噬菌体制剂的效价（PFU/mL）= 平均噬斑数×50×稀释度的倒数。如考虑体积变化，该公式乘以体积补偿系数 10/9。

注：20 μL 液滴会形成直径为 10~12 mm 的菌苔。因此，如果使用标准的 90 mm 直径平板，可以在平板上均匀地滴入 8~12 滴样品而不会聚集。如果待测的样品较少，可以选择更小直径的平板，如在直径为 35 mm 的平板上可滴入 2 滴样品（图 27-1C）。

需要特别说明的是，小液滴法测定效价需要和点滴试验进行有效的区分：小液滴法观察的仍是单个的噬斑，是一种在更小的菌苔范围内观察单个噬斑并进行直接计数的方法。而点滴试验观察的并非单一的噬斑而是点滴斑。尽管有人通过梯度稀释的方法用点滴试验进行效价的测定，但点滴试验严格说来只是一种半定量的方法。

利用双层平板法、直接平板法、小液滴法均可进行噬菌体效价的测定，不同的方法所呈现的噬斑形态特征略有不同（图 27-1），其中平板法获得的噬斑分布比较均匀，更加容易计数，尤其在双层平板法效价测定中噬斑更大更清晰，这和宿主菌及噬菌体在半固培养基中更易扩散有关。因此读者可根据分离获得的噬菌体的性质选择不同的方法进行效价测定。

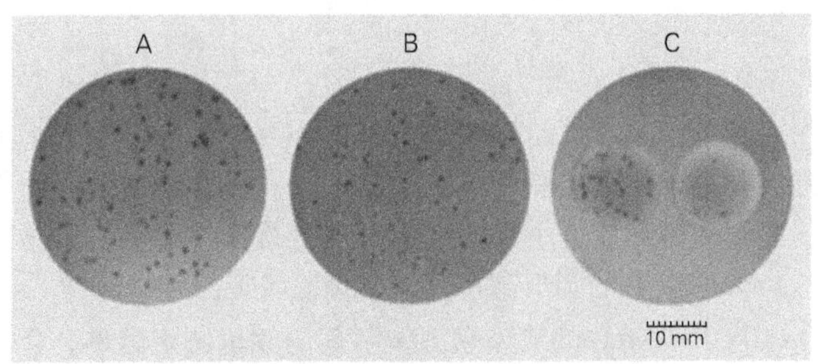

图 27-1　琼脂法测定噬菌体效价（引自 Clokie 等，2009）
A. 双层平板法；B. 直接平板法；C. 小液滴法

此外，在效价的测定过程中，如果原液中噬菌体浓度太高，会导致计数困难。这时，通常需要对原液进行稀释，再进行效价测定。稀释后测得的数量需要乘以原液稀释倍数，即可得到原液单位体积内的噬菌体数量。

二、基于点滴试验的效价测定

点滴试验是一种进行效价测定的半定量方法，它通过对待测样品的梯度稀释液点滴在预先涂布了菌体的固体平板上形成的点滴斑的观察，根据能够观察到点滴斑的最大稀释度推算出原始噬菌体液中噬菌体的效价。尽管点滴试验只是一种半定量的方法，但是在噬菌体分离纯化中得到了广泛的应用。通常在利用双层平板法进行分离噬菌体前利用点滴法可以筛选样品、确定含有目标噬菌体的样品或者排除一些没有目标噬菌体的样品，从而提高分离效率。此外点滴法由于操作简单、处理量较大，因此在确定噬菌体的裂解范围时常采用点滴试验进行验证，从而减少平板的用量。

点滴试验操作简单，可采用双层平板法进行操作，也可以选择直接平板法进行操作，即把目标指示菌通过和软琼脂混合均匀铺到下层琼脂上，或者直接将指示菌用棉棒或三角玻棒涂布在下层琼脂上，然后滴加 5~10 个不同稀释度的待测噬菌体样品，过夜培养观察点滴斑。在具体的操作过程中，可以选择标准的 90 mm 或 180 mm 圆形培养皿，也可以选择带刻度的方形培养皿，以获得更加整齐可辨的结果。

利用标准的 90 mm 圆形培养皿进行双层平板法的点滴试验（图 27-2）可参考以下步骤（具体流程也可参考第 26 章第二节及本章第二节）：

（1）将预先灭菌的装有 3 mL 半固体培养基的试管水浴或微波煮沸，定期拿出摇晃均匀，以确保半固体琼脂完全溶解，并将其保温在 45~50 ℃。

（2）向试管中加入 0.1~0.3 mL 指示菌菌液，用手指轻弹几次以混合，并立即依次倒在平板上，旋转平板以使琼脂均匀分布。

（3）将琼脂平板放置至少 10～15 min 使其凝固，然后依次在平板上滴加 10 μL 待测噬菌体。

（4）过夜培养后对点滴斑进行检查。

注：如果使用点滴试验用于分离噬菌体前的验证，通常可以选择待分离样品的浓缩液进行测试，如果使用点滴试验用于噬菌体效价的半定量测试，通常需将待测噬菌体样品进行 10 倍或 100 倍梯度稀释。

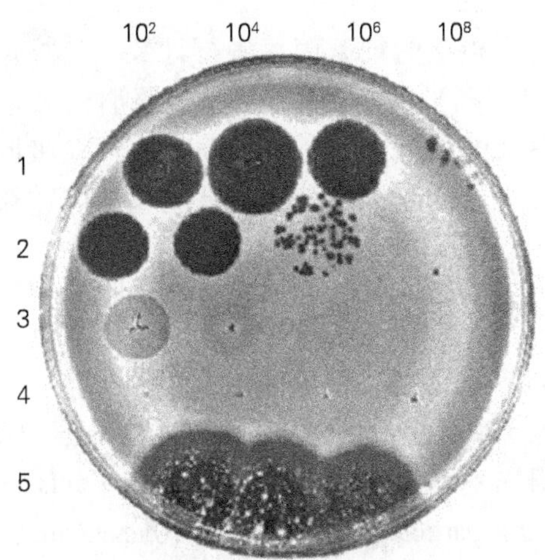

图 27-2　在 90 mm 圆形培养皿进行双层平板法的点滴试验（引自 Elizabeth 等，2004）

将五种不同噬菌体制剂的 100 倍系列稀释液点滴在第 1～5 行：A. 点滴区域裂解完整，噬菌体的生长良好（第 1、2、5 行）；B. 噬菌体裂解细菌，但没有完整点滴斑形成（第 3 行）；C. 由于宿主的抗性，噬菌体没有生长，没有点滴斑形成（第 4 行，移液器尖端标记着噬菌体样品滴加的位置）

三、通过测定杀伤效价估算噬菌体数量

前面所列举的噬菌体数量的测定方法都是基于噬菌体可以在宿主菌菌苔上形成可见的噬斑或点滴斑而进行的。但有时宿主菌由于自身生长特性的限制或在与噬菌体共培养的条件下被“杀死”而无法形成菌苔，从而导致新噬菌体不能形成易于观察或计数的噬斑或点滴斑。在这种情况下，噬菌体效价可以通过检测噬菌体对宿主的杀灭能力即噬菌体引起的宿主菌致死量来确定，称为杀伤效价或致死滴度（killer titer）。

为了检测杀伤效价，首先要测定噬菌体感染时细菌的准确浓度以便精准计算 MOI。杀伤效价估计值建议在 MOI 为 1～4 的条件下获得，因此需要对仅相差 2～3 倍的噬菌体稀释液进行分析。如果噬菌体效价未知，预先进行 10 倍稀释试验将有利于正式实验中获得更精确的稀释范围。

测定噬菌体杀伤效价的方法主要包括以下流程：

（1）提前通过一步生长曲线确定噬菌体和细菌的“吸附时间 A”。

（2）制备 3 个连续的噬菌体二倍稀释液，获得介于 1 和 4 之间的 MOI。

（3）将 0.05 mL 指数期宿主菌培养物（“0-样品”）与 5 mL 稀释缓冲液混合，快速稀释至菌数为 1 000～3 000 CFU/mL 的最终浓度，并将 0.1 mL 菌体稀释液平行涂布 3 个固体琼脂平板，在适宜培养温度下培养至单菌落以便于计数。

（4）将等量的 1 mL 指数期细菌培养液平行分装到预先放置于同一恒温水浴中的空烧瓶中。

（5）噬菌体稀释液每隔 1 min，取 0.1 mL 加入到 1 mL 的细菌培养液中，并在细菌生长条件下继续培养。

（6）在时间点 A，从每个受感染的 1 mL 培养物中取 50 μL 于 5 mL 稀释液中，10 倍梯度稀释，并立即取每个稀释液的 0.1 mL 平行涂布 2~3 个固体琼脂平板，在适宜培养温度下培养至单菌落以便于计数。

完成以上操作后对所有平板上的细菌菌落进行计数，计算每个噬菌体稀释液用于感染细菌的存活宿主菌的比例（P_0）。噬菌体和细菌按照泊松分布分布在液体中（见第四章第二节）。应用于感染细菌的噬菌体时，k 是噬菌体颗粒吸附并杀死细菌的数量，m（感染的实际 MOI，MOI_{actual}）是 k 的平均值，P 是被噬菌体颗粒感染的细菌的分数。因此，存活宿主细菌的比例为

$$P_0 = P(0,\ m) = e^{-m};\ m = -\ln P_0$$

噬菌体的杀伤滴度由 m 和用于感染细菌的噬菌体的稀释度计算得出。例如，如果感染细胞中有 5%存活，则 $P_0 = 0.05$；$m = -\ln 0.05 = 3$。如果感染 1 mL 含有 2×10^8 CFU/mL 的细菌培养物后获得了这部分存活者，则用于感染的 0.1 mL 噬菌体稀释液每毫升含有 $10\times3\times2\times10^8$ 杀灭颗粒（killing particle，KP），即 6×10^9 KP/mL。

四、荧光显微镜法测定噬菌体丰度

使用荧光显微镜确定病毒丰度是一种快速而准确的方法。该方法在计算病毒颗粒大小方面比透射电镜和流式细胞仪具有更高的精度和准确度。该方法需要将病毒粒子浓缩在滤网上，用荧光染料将病毒颗粒中的核酸染色，并用荧光显微镜观察样品。该方法最初是为了确定水样中病毒的数量而开发的，目前已适用于培养物和沉积物样品测定，以及样品的快速筛选。同时，该方法可以应用于难以找到宿主且难以产生噬斑的溶原性噬菌体效价的有效测定。

本部分提供了一种使用 SYBR Green Ⅰ 染色确定水样或培养物中病毒丰度的方法。其基本步骤包括试剂的制备、样品的制备、样品的过滤和染色及病毒的计数。

因为强光会导致染料褪色并减弱病毒颗粒的荧光强度，因此所有涉及荧光染色的步骤都应在暗处进行。如果有条件，在暗室中设置一个区域，并使用红色或间接光照来处理载玻片。

（一）试剂的制备

1. 储备溶液　用 0.02 μm 滤器过滤的去离子水 1∶10 稀释 SYBR 染料，分装到离心管中，并在-20 ℃下储存。

注： SYBR 染料易与塑料和玻璃结合，与聚丙烯的结合能力最低。

2. 抗淬灭试剂

（1）准备含有甘油和 PBS（1∶1）的混合溶液，摇动或涡旋以确保两相充分混合。

（2）准备 10%的对苯二胺储备液，并在-20 ℃下分装储存，以最大限度地减少反复

冻融。

注：当对苯二胺氧化时，它变成棕色，不再有抗淬灭作用。在制备工作液之前检查储备溶液的颜色，如果是茶色或更深的颜色，则停止使用。

(3) 在制作载玻片之前准备好抗淬灭试剂：将10%对苯二胺溶液加入甘油和PBS混合（1∶1）溶液中，使对苯二胺终浓度为0.1%。确定抗淬灭试剂使用量，每张载玻片大约50 μL即可。

(4) 制备所有试剂均使用0.02 μm滤器过滤的去离子水，特别在染料和样品的稀释中尤其重要，以防止病毒进入。

（二）样品的制备

(1) 在用滤器收集病毒颗粒之前，需要将样品，尤其是来自培养物的样品稀释至约每毫升10^7个颗粒。病毒的丰度应该足够低，以便可以识别单个颗粒（但每个视野要多于10个颗粒）。应使用0.02 μm滤器过滤样品稀释液，确保用于稀释的溶液不含病毒。

(2) 制备载玻片前，用SYBR染料染色的样品在4 ℃下用0.5%戊二醛固定30 min。这可能会提升某些病毒颗粒的荧光特性，便于计数。由于储存过程中病毒会损失，因此不建议戊二醛固定的病毒在4 ℃储存。如果在制备载玻片之前需要固定和储存样品，可以将样品固定在0.5% EM级戊二醛中，并在液氮中快速冷冻。然后将样品储存在−86 ℃，直到制备载玻片时取出。

(3) 土壤或沉积物样品中丰富的噬菌体也可以使用荧光显微镜测定，但需要进一步制备样品去除可能干扰计数的微粒：将0.5 g样品与4.0 mL焦磷酸盐溶液（终浓度为10 mmol/L）混合。将混合物超声处理3 min，然后在800 g下离心1 min。将上清液稀释，并按上述方法制备载玻片。对于不同类型的沉积物和土壤，可能需要测试和优化焦磷酸盐的量和超声波的条件。

（三）样品的过滤和染色

(1) 在塑料容器中准备染色工作液：将2 μL SYBR染料的储备溶液加入78 μL通过0.02 μm滤器过滤的去离子水中，工作液的用量为每个滤网一滴。

注：塑料材质的容器和培养皿适合此阶段的工作，一个塑料培养皿里最多可以对4个滤网同时染色，且可以重复使用。

(2) 准备过滤装置，将其连接到真空源。真空度应不高于7 mmHg。

(3) 使用0.45 μm硝酸纤维素滤膜作为背景滤膜。

注：如果滤膜没有破损并且保持平整，可以多次重复使用。

(4) 将0.02 μm Anodisc无机膜放置在预先添加了一薄层去离子水的背景滤膜上。打开真空泵把水抽出来，确保滤膜或样品之间没有空气滞留，从而导致样品不能通过Anodisc滤膜。处理Anodisc滤膜时，请将其固定在膜周围的塑料环上。

注：由于Anodisc滤膜的特性，滤膜不会弯曲，但是可能会破裂。因此在使用滤膜之前，要进行检查以确保滤膜没有破裂。

(5) 关闭真空装置，将样品添加到Anodisc滤膜中。没有过滤塔时，水张力允许0.8~1.0 mL的样品添加在过滤器上。确保整个体积在塑料环内，否则样品将被拉到过滤器边缘下方。打开真空装置并通过过滤器过滤样品。如果需要过滤 1 mL 以上的样品，则有两种选择：

1）如果总体积≤2 mL，则先加入 1.0 mL 样品并进行过滤，再次添加样品直至所有样品都经过过滤。需要保证滤膜在添加样品期间不会变干。

2）如果总体积>2 mL，需要使用过滤塔，过滤塔必须安装在 Anodisc 滤膜的中心，而不是越过塑料环。测量塔的内径，以确定过滤表面的直径，确保在过滤区域内。

（6）样品完全过滤后，要在真空开启的情况下小心取下 Anodisc 滤膜。拿起 Anodisc 时，只触碰塑料环，注意不要使滤膜弯曲或破裂。

（7）将 Anodisc 滤膜样品面朝上，放在塑料培养皿中的一滴染料上。让过滤器在黑暗中染色 15 min。

（8）15 min 后，从染料中取出 Anodisc 滤膜并将其置于 0.45 μm 背景滤膜上（在过滤器之间加入少量去离子水以确保没有空气）。打开真空装置，将液体从过滤器中抽回。

（9）在真空装置仍然开启的情况下从过滤装置中取出 Anodisc 滤膜。将样品面朝上的 Anodisc 放在无摩擦试纸上，将过滤器进行干燥。

注：当过滤器干燥时，它将变得不再透明。

（10）干燥后，使用抗淬灭试剂将 Anodisc 滤膜安装到载玻片上，在载玻片上添加 12~15 μL 抗淬灭试剂并将 Anodisc 滤膜放在上面。在 Anodisc 滤膜上面添加大约 20 μL 抗淬灭试剂，并用盖玻片盖住。按压盖玻片，确保滤膜和盖玻片之间没有气泡。

（11）载玻片可立即计数或在-20 ℃冷冻保存长达 4 个月，病毒效价或荧光强度不会减少。但应避免载玻片多次冻融。

五、流式细胞仪法

快速识别和计数噬菌体对于研究其生态学是至关重要的。传统的抗体分析、噬斑计数和最近似数分析均为宿主专一性/培养依赖型的计数方法。利用灵敏的核酸染料与流式细胞仪相结合的方法是一种高灵敏度、高重复性的快速方法。基于荧光染色的流式细胞仪分析法可以辨别在自然样本中不同种类的病毒，以及具有不同形态、大小和不同基因组类型的病毒。

由于病毒的粒径太小，无法使用标准的商业化台式流式细胞仪根据其光散射特性进行识别。新一代荧光核酸凝胶染色剂灵敏度高，当插入 DNA 和 RNA 时会发出强烈的荧光，这使得它们适用于病毒检测等许多核酸数量有限的应用。此外，它们的低背景荧光增强了实用性。实际上，经 SYBR Green Ⅰ染色的核酸在 497 nm 附近的最大可见激发值非常接近许多激光扫描仪器的主要发射基线，因此氩离子激光（488 nm）流式细胞仪等设备可以用于病毒检测和病毒计数。

值得一提的是，尽管不同种类的噬菌体显示出不同的绿色荧光，但是噬菌体的绿色荧光与基因组大小不是线性相关的。所以应该尽量避免 DNA 过高或过低的噬菌体类型。

由于流式细胞仪并不是为分析这些微小而丰富的颗粒而设计的，所以为了获得高质量的数据，必须注意细节：①超敏染色和低本底荧光（即高信噪比）至关重要；②最佳工作条件和待测样品的彻底清洗不可忽视。

下面将列举一种利用标准化流式细胞仪平台进行噬菌体计数的改进方法。然而更多的操作经验和技术细节的掌握还需要读者认真学习各种试剂的详细说明及不同流式细胞仪的使用原理和产品说明书。

（一）准备流式细胞仪

（1）首先检查鞘液桶和废液桶，清空废液桶并用新制备的 MilliQ 填充鞘液桶。

注：由于样品是固定的，可用 MilliQ 作鞘液。它含有极其微量的颗粒，不会对结果产生影响，并且比 TE 溶液（含稀释病毒样品的溶液）的价格更实惠。

（2）打开流式细胞仪，加压并擦拭样品入口（进样器）的外套管。将装有 MilliQ 的试管放在取样器下，让机器运行至少 10 min。

（3）取出样品管，擦拭进样器并更换装有 MilliQ 的新管。开启侧向散射按钮（SSC），设置的压力水平要接近且低于仪器噪声开始变得显著的水平，检查机器是否足够干净以允许计数病毒。通常，SSC 电压设定在 300 左右，流速为 35 μL/ min，工作速率参数<75/s。

（4）根据上述标准，只有当流式细胞仪洁净时才能确保精确计数噬菌体。如果 event rate 参数较高，但机器仍然太脏，应在使用前清洗机器：运行 BD™ FACSClean 10 min，然后运行 BD™ FACSRinse 10 min，再运行 MilliQ 10 min。

（5）使用新的 MilliQ 样本再次测试。如果机器仍然很脏，尝试更长时间的清洁，取出样品管后重复几次，或联系机器负责人，以获得更严格的清洁程序。

（二）流量校准

（1）确保倾空废液桶，并且用 MilliQ 填充鞘液桶。

（2）选择合适的流速。典型的流速为 MED，25~35 μL/min。

注：在噬菌体计数阶段，该流速是速度、噬菌体计数结果和精确度之间的良好平衡（流速越低，精度越高）。

（3）向流式管中加入 2~3 mL TE 溶液并测定其重量（X_0）。

（4）小心取下进样器的外套，等待液滴掉落。在下一个液滴形成之前，将管放在进样器下面并将样品臂置于“运行”位置。同时启动计时器。

（5）运行样品至少 15 min。取下管并停止计时器。

（6）称量管并使用以下公式计算流速 v（μL/min）：

$$v=\frac{(X_i-X_f)\times 1\,000}{t}$$

其中，X_i =初始重量，X_f =最终重量，t=时间（min）。

（三）噬菌体计数

（1）打开 80 ℃和 35 ℃水浴。

（2）提前在室温避光条件下解冻 SYBR Green Ⅰ工作液。

注：SYBR Green Ⅰ工作液由商品储备液 5 μL 加入 995 μL MilliQ 制备而成。尽管 SYBR Green Ⅰ工作液理论上可以反复冻融，但建议一种工作液仅解冻使用一次，以保持最佳的染色质量。

（3）从-80 ℃冰箱中取出一组样品（8 个为宜），并在约 35 ℃的水浴中快速（1~

2 min）解冻（解冻后的样品仍需冷却放置）。

（4）用TE缓冲液将每个样品进行梯度稀释（每管0.5～1 mL），以优化染色并防止噬菌体在分析过程中重叠。最佳的细胞流速控制在每秒200～600 PFU。

注：尽可能减小由移液体积小引起的误差；当处理海水样品时至少稀释10倍（最好是25倍以上）。然而，过高的稀释度不仅需要更长的分析时间，而且还会导致核酸-染料复合物的发射信号的损失。

（5）根据所制备的稀释液，加入TE缓冲液的空白组，使用经0.22 μm微孔滤膜过滤不含噬菌体的试剂（如海水、PBS缓冲液）。

注：理想情况下，在固定和冷冻之前应该采用0.02 μm孔径过滤器过滤实际样品（大多数天然噬菌体不能通过该孔径滤膜），但通常这种过滤很困难并且会产生大量不必要的背景噪声。

（6）将流式校准微球作为内标添加到管中（5 μL SYBR Green Ⅰ工作液加入500 μL样品）。

注：由于这些微球在分析时具有特定的特征，因此可以检查由流式细胞仪引入的变化和误差。当对某些噬菌体群体的平均绿色荧光特别敏感时，将信号用微球校准。

（7）最后，将SYBR Green Ⅰ工作液充分混合，在微量离心机中短暂离心，并将5 μL染料工作液加入500 μL样品以达到最终稀释浓度为0.5×10^{-4}。

注：由于SYBR Green Ⅰ对光线敏感，因此应在暗处进行处理。

（8）将样品在80 ℃进行孵育（最佳染色条件），在黑暗中孵育10 min后继续让样品在黑暗中冷却约5 min，然后进行分析。

（9）采集：使用MilliQ作为鞘液，设置细胞流速参数低于每秒1 000（最好为每秒200～600）的速率运行样品，流速在20～50 μL/ min运行1～2 min。在开始数据采集之前，请确保将鉴别器设置为绿色荧光，电压处于不会产生明显电子噪声的水平。此外，在允许获取数据之前，等待样品流速稳定（通常需要大约15 s，但等待的时间更长一点可以使样品更好地冲洗流动池）。

（10）在每次分析之间用湿纸巾擦拭样品针以减少污染，定期更换纸巾。

（11）分析：为了能够最佳地分析存在的大部分颗粒，坐标轴应设置在对数刻度（4个logs）收集参数。数据以列表模式存入，便于通过各种软件进行分析。根据染色后获得的绿色荧光与侧向散射来区分病毒种类。在计算每毫升的总病毒丰度之前，考虑稀释因子，校正空白的原始数据（背景噪声）。

（12）完成病毒样品分析后，用BD™ FACSClean和BD™ FACSRinse冲洗（通常每次10 min），确保机器清洁，然后用MilliQ（或BD™ FACSFlow）进行冲洗。

第二节　噬菌体宿主谱的测定

噬菌体宿主谱是指它所能裂解的细菌属、种和株，它是特定噬菌体的生物学特性之一。由于宿主中存在O抗原和限制性内切酶，噬菌体和细菌一起涂布在琼脂培养基上所生成的噬斑数可因指示菌的种类或条件不同而异。

噬菌体宿主谱测定的基础与噬菌体效价测定的原理基本一致，有效的噬斑、点滴斑均可以作为测定宿主谱的依据。但是由于宿主谱测定实验中待测的噬菌体通常较多，目标细菌也较多，因此更倾向于使用高通量的方法同时进行测定以达到高效和省时的效果。

本节以点滴试验为基础，介绍一种适合同时进行多菌种和多噬菌体的噬菌体宿主范围测定的基本操作流程：

（1）将预先灭菌的半固体培养基水浴或微波煮沸，定期拿出摇晃均匀，以确保半固体琼脂完全溶解。

（2）将半固体琼脂加入温浴于水浴的试管中，等待约 10 min 使半固体琼脂冷却至 46 ℃左右，然后加入细菌，混合均匀后并倒入固体平板上。

（3）向前两个试管中分别加入 0.1~0.3 mL 待测试的宿主菌，用手指轻弹几次以混合，并立即依次倒在平板上，旋转平板以使琼脂均匀分布。

（4）琼脂平板放置至少 10~15 min，然后依次在平板上滴加 10 μL 待测噬菌体。

（5）实验时应采用两个平板进行平行实验，并将噬菌体以完全相同的顺序滴加在每个平板上，以便于分析并减少误差。

（6）过夜培养后对点滴斑进行检查，按照点滴斑的状态进行分类和记录：

+4——完全裂解（图 27-3A）。

+3——点滴区域裂解完整但有隐隐约约的背景（图 27-3B）。

+2——点滴区域存在大量浑浊（图 27-3C）。

+1——存在一些个别噬菌体（图 27-3D）。

0——没有裂解，但可能会看到移液器尖端接触琼脂的位置（图 27-3E）。

也可以选择拍摄数码照片或者采用凝胶成像技术进行半定量的测定。

注：①如果使用标准的直径 90 mm 圆形培养皿进行测试，向覆盖层为 2.5~3 mL 的半固体培养基中加入 0.2 mL 待测菌，可以点滴 20 个样品；如果使用一次性方形平板培养皿（100 mm×100 mm），向覆盖层为 4 mL 的半固体培养基加入 0.3 mL 的待测菌，可以点滴 36 个样品。②为了在培养皿上获得合适的菌苔，通常待测细菌的浓度为 10^5~10^6 CFU/mL。

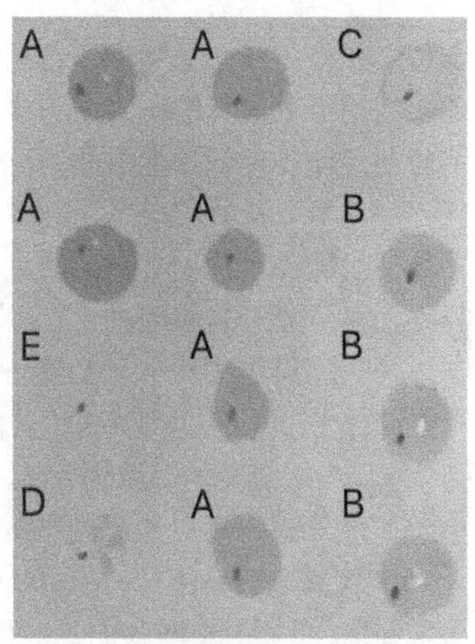

图 27-3　噬菌体平板点滴试验结果

A. 完全裂解，点滴区域透亮；B. 点滴区域裂解完整但有隐隐约约的背景；C. 点滴区域存在大量浑浊；D. 出现个别噬斑；E. 没有裂解

第三节　噬菌体成斑效率的测定

噬菌体的成斑效率（EOP）是反映噬菌体对不同细菌或在不同条件下形成噬斑能力差异的指标。成斑效率可分为绝对成斑效率（absolute efficiency of plating）和相对成斑效率（relative efficiency of plating）。

绝对成斑效率是指噬菌体群体中能够产生噬斑的噬菌体数与噬菌体总数的比值，也可认为是活性噬菌体与噬菌体总数的比值。若绝对成斑效率为 1，表明群体中所有噬菌体均可吸附并感染细菌，经培养后在细菌菌苔上形成肉眼可见的噬斑。

许多噬菌体如 T4 噬菌体，在最佳条件下具有 100%的成斑率，即附着于宿主细胞的每个噬菌体颗粒可以在理想条件下侵染适当的菌株并形成噬斑。通常选择绝对成斑效率为 1 的宿主菌和实验条件，作为下一步测定相对成斑效率的标准条件。

相对成斑效率指噬菌体与特定宿主所产生的效价与所能观察到的最大效价的比值。噬菌体和指示菌一起涂布在琼脂培养基上所生成的噬斑数，可因指示菌的种类或条件不同而异。

针对同一个噬菌体来说，成斑效率代表了它对不同宿主的裂解侵染能力的差异。对于某些易于成斑的噬菌体，如 T4 噬菌体对宿主大肠埃希菌具有 100%的裂解，即在最佳条件下 100 个噬菌体颗粒可以产生 100 个噬斑，那么其绝对成斑效率为 1，假如该 T4 噬菌体对某些受体缺失的大肠埃希菌不具有 100%的裂解，如 100 个噬菌体颗粒在最佳条件下只能形成 80 个噬斑，那么针对受体缺失的大肠埃希菌该 T4 噬菌体的绝对成斑效率为 0. 8，相对成斑效率也为 0. 8。

对于一些不易产生噬斑的噬菌体，即使用最佳宿主进行噬斑测定时也不能 100%形成噬斑。如果 100 个噬菌体颗粒在最佳条件下只能形成 80 个噬斑，其绝对成斑效率为 0. 8；如果使用更不适宜的宿主进行噬斑分析时，则形成的噬斑数量更少，如果 100 个噬菌体颗粒在最佳条件下只能形成 60 个噬斑，其绝对成斑效率为 0. 6，而相对成斑效率为 0. 75（0. 6/0. 8）。

针对同一个宿主来说，成斑效率代表了不同噬菌体对同一宿主的裂解侵染能力的差异。例如，大肠埃希菌是 T4 噬菌体的良好宿主，100 个 T4 噬菌体颗粒可以产生 100 个噬斑，其绝对成斑效率为 1；而另一株噬菌体 A 对该宿主菌侵染裂解能力较差，如果 100 个噬菌体颗粒在最佳条件下只能形成 80 个噬斑，那么该噬菌体 A 的绝对成斑效率为 0. 8，相对成斑效率也为 0. 8。

如果某个菌株（如噬菌体抗性菌）不易被噬菌体侵染裂解，即使最具侵染能力的 T4 噬菌体 B 去裂解该菌株时，100 个噬菌体颗粒在最佳条件下只能形成 40 个噬斑，那么针对该细菌，T4 噬菌体 B 的绝对成斑效率为 0. 4；另一株裂解能力更差的噬菌体 C 侵染该菌株时，100 个噬菌体颗粒在最佳条件下只能形成 20 个噬斑，那么其绝对成斑效率为 0. 2，相对成斑效率为 0. 5（0. 2/0. 4）。

理论上，相对成斑效率测定时，通常将最适培养条件和最佳宿主所获的成斑效率（通常是选取噬斑最多的指示菌和条件作为标准）作为分母，因此相对成斑效率≤1。但是在实际操作过程中有时很难准确找到最佳条件，所以不同噬菌体和不同宿主之间成斑效率的比值，我们更愿称其为比较成斑效率，该指标是指相同宿主条件下不同噬菌体或者相同噬菌体针对不同宿主时成斑效率的差异，该结果可以大于 1，也可以小于 1。

以下将介绍一种利用点滴试验测定相对成斑效率的方法，对于更精确的噬斑计数及对于每个菌株的噬斑大小和形态的比较，则需要针对每个噬菌体采用双层平板法进行更精准的噬菌体效价的测定：

（1）确定指数期培养或过夜培养的宿主菌是否适用于噬菌体计数。

（2）培养各种可被待测噬菌体裂解的细菌菌株，或是常用来进行噬菌体增殖的原始菌株。

（3）在微量离心管中对每个待测噬菌体进行10倍梯度稀释，每个步骤使用新的移液器枪头，使用培养和增殖噬菌体的原始菌株测定噬菌体效价，并根据结果将噬菌体液的效价降至约100 PFU/mL。

（4）准备实验用平板。如果采用推荐的方形平板可以在每个平板测定6个噬菌体，每一行可用来检测6个连续梯度的噬菌体稀释液，且每组实验进行平行实验。

（5）噬菌体计数。

注： 对于产生大噬斑的噬菌体，培养几小时后即可检查平板，并在斑块清晰可见时立即计数。对于产生小噬斑的噬菌体，通常过夜培养后计数可多达20个斑点。即使噬菌体对于特定菌株的成斑效率是其对原始宿主成斑效率的10倍，这样的稀释范围也是比较合理的，如果最后一个梯度的平板仍然不可数，则需要进一步稀释。在一组宿主菌中，滴度差异高达10倍的情况并不罕见。但是若存在多个数量级的差异，则需要确定特定菌株是否确实对待测噬菌体具有敏感性。

第四节　噬菌体吸附性质测定

一、最佳感染复数测定

感染复数（MOI）是指在特定的时间内可吸附的噬菌体与细菌宿主的比值，是进行裂解性噬菌体侵染试验的一个重要指标。MOI的测定通常需要在防止噬菌体暴发的情况下，在给定时间段内添加到细菌培养物中的噬菌体数量减去未能吸附的噬菌体的数量确定。也就是说，在MOI测定中，通常仅考虑那些明确添加到培养物中并成功吸附的噬菌体。该方法需要一些措施在吸附间隔后计数剩余游离噬菌体（R），以每毫升的噬菌体粒子数为单位测量，并且需要与感染噬菌体的细菌相分离，同时需要计数添加到或至少是已经存在于吸附容器内的游离噬菌体的总数（P）（P同样以每毫升的噬菌体颗粒数为单位，吸附间隔开始时的噬菌体密度可以描述为P_0）。另外，需要测量细菌密度，即已添加密度为P_0的噬菌体的每毫升细菌数（B）。因此，

$$\mathrm{MOI} = (P_0 - R)/B$$

因为噬菌体吸附在细菌密度相对较高（如>10^7 CFU/mL）时更容易发生，如果假设噬菌体群体中大部分噬菌体吸附能力一致，且所有的噬菌体加入细菌后很快就发生了100%的噬菌体吸附，公式可简化为

$$\mathrm{MOI} = P_0/B$$

需要注意的是，当时间（t）趋近于无穷大，则R趋近于0，P_0/B应该作为（P_0-R）/B的限制项存在。然而，在MOI测定十分重要的情况下，如杀伤滴度，可能与噬菌体介导的细菌的生物控制或噬菌体治疗相关，则其可能与MOI的计算相关，在实际情况中，在适当的时间范围内（通常是几分钟，或在实验室外可长达几个小时），R的确可以下降到0的近似值。可以推测吸附/感染复数有可能是关于噬菌体密度和时间的函数，甚至可能与细菌密度无关。

许多试验表明，当 MOI>1 000 时，宿主细胞常因噬菌体的过度侵染而死亡，以致难于实现噬菌体的复制和扩增。因此，通常在制备、扩增或保存噬菌体裂解液时，将 MOI 控制在 2~5。进行噬菌体杂交试验时，MOI 以 5~10 为宜。测定噬菌体的一步生长曲线或裂解液效价时，MOI 应更低，通常为 10^{-6} 数量级，以保证在开始时，每一细菌细胞最多只为一个噬菌体所侵染，并可为第一代裂解释放的子代噬菌体提供充分的受体细胞，以完成第二代裂解，从而有利于噬斑的形成。

在噬菌体的实际应用过程中，尤其是噬菌体的大规模培养过程中常以获得更高的效价为目的，因此在某一培养条件下获得噬菌体最高效价时的 MOI 为最佳感染复数，其方法描述如下：

(1) 预先准备对数期宿主菌培养液（10^7 CFU/mL）。

(2) 按照感染复数为 0.00001、0.0001、0.001、0.01、0.1、1、10、100 等的比例，提前用液体培养基获得待测噬菌体的 10 倍梯度稀释液。

注： 可通过预实验获得更精准的感染复数范围。

(3) 分别吸取 100 μL 的待测噬菌体与 100 μL 菌体对数期宿主菌培养液加入到预先保温的 10 mL 液体培养基中，在最适条件下恒温振荡培养箱中过夜培养。

(4) 培养液经 4 000 r/ min 离心 15 min，取上清液经 0.22 μm 微孔滤膜过滤除菌。

(5) 双层平板法测定噬菌体的效价，各实验组中效价最高的 MOI 即为最佳感染复数。

二、噬菌体吸附率和细菌吸附率的测定

噬菌体吸附率的测定是噬菌体生态学研究的基础，可用于评估捕食者（噬菌体）对猎物（宿主）种群的影响。在噬菌体感染细胞的一步生长实验和转录研究中，保证噬菌体感染的同步性也具有重要意义。

噬菌体的吸附速率与环境中噬菌体易感细菌的浓度成正比。也就是说，如果将存在的细菌数量加倍，那么这应该导致噬菌体遇到这些细菌的速率加倍，以及给定噬菌体每单位时间吸附的可能性加倍。噬菌体在该环境中吸附单个细菌的实际速率等于噬菌体吸附速率常数 k。该常数是单位时间、单位体积内单个噬菌体吸附单个细菌的可能性。噬菌体吸附速率常数通常以 mL/min 为单位，也可以用扩大 60 倍的 mL/h 作为单位。

由于一种噬菌体对一种细菌的吸附速率由 k 表征，噬菌体对由一种以上细菌组成的特定细菌群体的吸附速率可简单地用 Bk 描述，其中 B 是细菌的浓度。如上所述，噬菌体吸附速率常数是关于噬菌体颗粒扩散速率、细菌目标大小，以及噬菌体与细菌发生碰撞时噬菌体吸附的可能性的函数。

细菌吸附率表明细菌被噬菌体吸附的速率对噬菌体效价的依赖性。同样，细菌吸附率是关于噬菌体密度的函数，即 Pk，其中 P 是噬菌体滴度。该计算表明，对于噬菌体滴度每增加 10 倍，观察到的噬菌体吸附细菌的速率也增加 10 倍。反之亦然，即噬菌体滴度每减小 10 倍，细菌被噬菌体吸附的速度应减少 10 倍。当噬菌体滴度为 10^8/mL 时，细菌被吸附的速率应该比给予的噬菌体滴度为 10^6/mL 时高 100 倍。

读者可参考以下策略进行噬菌体吸附常数的测定，从而计算出噬菌体吸附率和细菌吸附率：

(1) 将 0.95 mL 培养基加入 12 个 13 mm×100 mm 具塞试管中，并将其编号为 A_1~

A_{10}和 C_1~C_2。

(2) 向每个管中加入 3 滴氯仿，按数字顺序放置于冰上。在进行下一步操作前至少冷却 10 min。

(3) 将对数中期细菌培养液稀释获得至少 10 mL 菌液（OD_{650}= 0.1~0.2）。

(4) 将两个 125 mL 烧瓶分别标记为“A”和“C”，将 9 mL 细菌悬浮液加入烧瓶 A，将 9 mL 液体培养基加入烧瓶 C。

(5) 将烧瓶置于 60 r/min 的水浴振荡器中，并在加入噬菌体前保持 5 min 的平衡时间。将剩余的细菌悬浮液置于冰上。

(6) 在 t=0 时，向烧瓶 A 中加入 1 mL 效价为 1~3×10^5 PFU/mL 的噬菌体悬浮液，并开始计时。随即将 1 mL 噬菌体加入烧瓶 C。

(7) 每间隔 1 min 从烧瓶 A 中取出 0.05 mL 样品至冷却管中。使用涡旋振荡器将混合物剧烈混合 10 s，并将管放回冰上。持续从烧瓶 A 中取出样品直至 t=10。

(8) 从烧瓶 C 中取出 0.05 mL 样品分别移至管 C_1和 C_2，混合后放于冰上。

(9) 依次用新的移液器吸头从每个氯仿管中取出 0.1 mL 加至装有预先加热融化的半固体琼脂的试管中，加入宿主细胞，混合并倾倒于固体琼脂平板表面。

(10) 将细菌细胞悬浮液稀释至 10^{-6}，从 10^{-6}~10^{-4}稀释液中分别取出 0.1 mL 样品涂布平板以获得单菌落。

(11) 在适当的温度孵育所有平板，并在合适的培养时间后进行噬斑计数（步骤 9）和菌落计数［步骤（10）］。

(12) 根据菌落计数结果和稀释度，计算 OD_{650}的细菌数量（CFU/OD）。

(13) 以时间（0~10 min）为 X 轴，以噬斑数为 Y 轴在半对数纸上作图，其中 t=0 对应 C_1和 C_2板上的噬斑数平均值。

(14) 填写数据，并使用透明标尺用线将各点连接起来。确定未吸附的噬菌体减少 50%所需的时间。

(15) 吸附速率常数（k）可以根据步骤（10）~步骤（12）中确定的细菌浓度计算（值得注意的是，烧瓶 A 中测出的细菌浓度实际上是该值的 90%），以及达到 50%吸附所需的时间。根据以下公式计算：

$$k = \frac{2.3}{Bt}\log\frac{P_0}{P}$$

其中，B 是细菌的浓度，t 为噬菌体从初始（t=0）到终点的时间，P_0和 P 分别为初始（t=0）和终点效价。

(16) 根据噬菌体吸附率的公式和细菌吸附率的公式，通过 k 值及噬菌体和细菌的效价进行计算。

三、感染率测定

基于噬菌体吸附泊松分布规律进一步引申出噬菌体感染的概念。由于存在一个细菌被多个噬菌体吸附及多次吸附的发生，感染率的测定变得异常复杂。然而，目前普遍接受了将其进行合理的简化，认为一个噬菌体对细菌的吸附导致其不会再被其他噬菌体吸附，并且忽略多重吸附而将噬菌体感染率重新定义为每分钟内每毫升体积内因吸附细菌而消失的游离噬菌体数。

以 I 表示噬菌体感染率：

$$I = PBk$$

式中，P 为噬菌体滴度（游离噬菌体），B 为细菌密度，k 为噬菌体吸附速率常数，即感染的速度随着噬菌体密度和（或）细菌密度的增加而增加。然而，P 会由于吸附而下降，并且 B 也会下降。P 或 B 的下降意味着感染率也会下降。如果允许多次吸附，B 的下降不会立即导致噬菌体吸附速率的下降，因为通常噬菌体感染的细菌将继续能够吸附噬菌体。换句话说，如果考虑到一个细菌被多个噬菌体吸附的情况，感染率应该比 k（B+I）更高或更低。

具体实验方法同噬菌体吸附率的测定，计算获得吸附常数后，可进行感染率的换算。

四、二次吸附率测定

根据之前的公式，若噬菌体感染细菌的速率为 I，则游离噬菌体对已有噬菌体感染的细菌的吸附速率为 kI。假定噬菌体滴度 P 保持恒定，则在群体中可能发生二次吸附的噬菌体数量在理论上应为 $kIPL$（其中 L 为噬菌体感染的潜伏期）。将可能发生二次吸附的噬菌体数量除以已发生感染的噬菌体数量进而可计算出二次吸附复数或二次感染复数（MOSI）：

$$MOSI = kIPL/I = kPL$$

然而，上述公式并不能完全描述有多少受感染的细菌最终被一个以上的噬菌体吸附，因为噬菌体吸附细菌的概率服从泊松分布，即在群体中既存在一个细菌同时被多个噬菌体吸附，也可能存在无噬菌体吸附的细菌。对受感染的细菌本身来说，无法区分是否被第二个噬菌体吸附。也就是说，噬菌体吸附在已经有多个噬菌体吸附的细菌上，并不会增加被多噬菌体吸附的细菌数量。此外，感染的细菌最终会被裂解（针对裂解性噬菌体），因此对于任何给定的被感染细菌，发生二次吸附的可能性是有限的。

为了探究噬菌体感染发生二次吸附的可能和概率，必须再次关注泊松分布。IkL 描述了在潜伏期内噬菌体吸附到已经被噬菌体感染的细菌 I 的期望值。根据泊松分布概率公式，在已有噬菌体吸附的细菌群体中，不再被噬菌体吸附的细菌比例为 e^{-PkL}［即 1–泊松分布函数（0，PkL，False）］，反之，可以被噬菌体二次吸附的细菌比例则为 $1-e^{-PkL}$。

需要注意的是，噬菌体吸附和噬菌体诱导的细菌裂解之间的间隔越长，则每个已经感染的细菌将可能发生的噬菌体二次吸附更多。噬菌体二次吸附越多，杀死细菌所损失的噬菌体就越多，因为通常只有一次噬菌体吸附是导致细菌死亡所必需的，也就是说，噬菌体显示单击杀伤动力学。此外，显然二次吸附越多，培养物中将发生的噬菌体二次吸附相关现象就越多，如可能导致噬菌体由裂菌感染转变为溶原感染，或是抑制细菌裂解等。

具体实验方法同噬菌体吸附率的测定，计算获得吸附常数后，可进行后续二次吸附率的换算。

以上关于吸附常数、噬菌体吸附率、细菌吸附率、感染率、二次吸附率等概念也可以参考第四章。本章主要为读者提供一个易行的实验流程以进行相关参数和指标的测定。

五、噬菌体钝化动力学测定

与噬菌体结合的细胞表面受体包括菌毛、鞭毛、脂多糖、表面蛋白、磷壁酸和荚膜。当噬菌体宿主发生表面受体缺失时会导致噬菌体与宿主的结合能力发生变化，这使得噬菌体在选择受体缺陷突变体和鉴定特定受体菌株方面非常有用。在许多情况下，噬菌体与分离得到的受体不可逆地结合会导致噬菌体失活。

下面的试验是基于噬菌体-脂多糖相互作用的研究而进行优化的方法，该方法可以用于描述噬菌体和细菌表面受体的相互作用。

（1）在架子上放置 12 个 13 mm×100 mm 玻璃试管，并在第一个试管中加入 1.6 mL 蒸馏水或缓冲液。

（2）向剩余的试管中加入 0.9 mL 水或缓冲液。

（3）将试管编号为“1~11”，并将最后一支试管编号为“C”。

（4）向第一个试管中加入 0.2 mL 脂多糖储备液（脂多糖的储备液浓度为 1.8 mg/mL），使终浓度为 200 μg/mL。

（5）混合，并使用新的移液器枪头从管“1”转移 0.9 mL 至管“2”。混合并继续对 11 支试管进行倍增稀释。

（6）从管“11”中取出 0.9 mL，丢弃。

（7）向每支试管中加入 0.1 mL 用肉汤或缓冲液稀释的噬菌体制剂，以达到 3×10^3 PFU/mL 的最终浓度。

（8）将管放在所需温度的水浴或加热块中。

（9）在 1 h 的温育后，从每个管中取出 0.1 mL 加到预先融化的半固体培养基中，接种宿主细胞混合均匀后倾倒在固体琼脂平板上。

（10）适当培养后计数并记录噬斑数，并计算每种脂多糖浓度下钝化的噬菌体百分比。

（11）以脂多糖的最终浓度对数值和噬斑数在半对数坐标纸上作图。由图推算出噬菌体半数钝化浓度 PhI_{50}，即可以灭活 50%的噬菌体的脂多糖浓度。

第五节　噬菌体一步生长曲线的测定

不同的噬菌体呈现不同的生长规律，一步生长曲线测定是定量描述裂解性噬菌体生长规律的经典实验，能够反映噬菌体潜伏期的长短、裂解量大小等特性，是衡量噬菌体裂解能力的一个重要生物学指标。利用裂解性噬菌体的生活周期，可在实验室条件下获得噬菌体的生长曲线。具体操作是将适量噬菌体接种于敏感宿主菌培养物以建立同步感染，以感染时间为横坐标，噬菌体的效价为纵坐标，在噬菌体侵染和成熟子代释放的时间间隔范围内，通过定时监测噬菌体的效价从而估算每个被侵染的细菌细胞释放出来的新的噬菌体生长曲线。

如图 27-4 所示，一步生长曲线分为潜伏期、裂解期和稳定期。潜伏期即噬菌体从吸附至宿主细胞表面到裂解宿主菌释放子代噬菌体所需的最短时间，潜伏期内噬菌体数量没有明显增加。潜伏期可以分为两个阶段：①隐蔽期，噬菌体在吸附和侵入宿主后，细胞内只出现噬菌体的核酸和蛋白质，还没有完全组装并释放出噬菌体。在此期间如用氯仿裂解宿主细胞，此裂解液仍无侵染性。也就是说，这时细胞正处于复制噬菌体核酸和合成蛋白质衣壳蛋白的阶段。②胞内累积期（intracellular accumulation phase），即潜伏期的后期，指在隐蔽期后，若人为地裂解细胞，其裂解液已呈现侵染性的一段时间，这意味着细胞内已经开始装配噬菌体颗粒，此时电镜可以观察到。

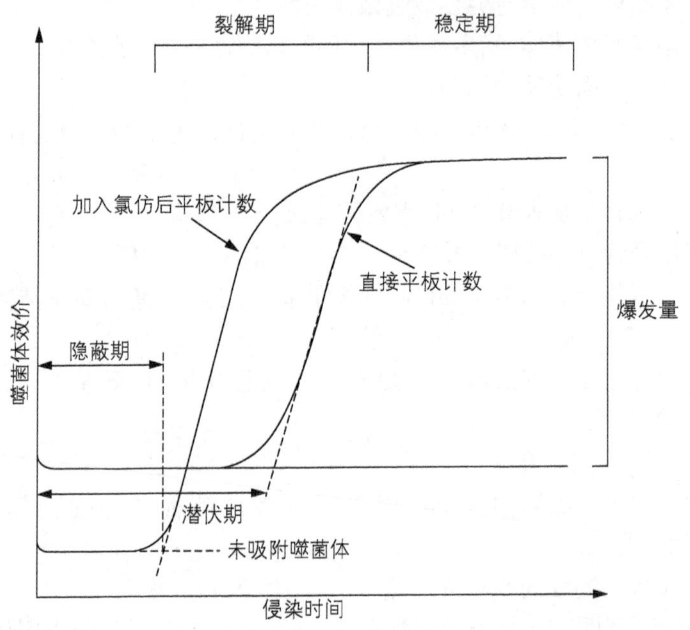

图 27-4　一步生长曲线描述生长规律（改自 Elizabeth 等，2004）

裂解期为噬菌体裂解宿主菌的过程，即噬菌体通过裂解酶的作用裂解宿主细胞，子代噬菌体迅速释放的阶段。随着侵染时间继续延长，噬菌体的数量不再有较大变化，即宿主细胞全部被噬菌体裂解，噬菌体数量达到并维持最高值的阶段，此为噬菌体的稳定期。在这个时期，每一个宿主细胞释放的平均噬菌体颗粒数即为裂解量：裂解量 = 裂解末期噬菌体的效价/感染初期宿主菌的浓度。裂解量表征了宿主最终释放噬菌体的个数。

为了进行一步生长曲线的测定，首先应该控制噬菌体感染的起始点，通常选择 MOI 为 0.1 的条件下将噬菌体和细菌稀释液在预热的培养基里进行培养。如有必要，去除未吸附的噬菌体。建议噬菌体稀释液的效价为 4 000 PFU/mL，若菌液浓度为 10^8 CFU/mL，并且 MOI 为 0.1，则需要将菌液稀释 2 500 倍。若细菌密度足够低，无须进行稀释。然而，仍然建议摇动培养物，或者至少周期性地用手轻轻涡旋或摇晃，以促进培养物在一步生长过程中混合。然后如下继续进行实验：

（1）对于爆发量大小测定，在裂解开始之前进行噬菌体计数是必要的，并且需要进行足够的平行实验（至少 3 次），因为在随后的爆发量测定中，会将噬菌体初始滴度作为分母，从被感染的细菌中释放出的噬菌体数量与噬菌体初始滴度的比值即为裂解量。此时，还应测定未吸附的噬菌体。

（2）为了精确地确定潜伏期，需要在裂解之前和裂解期间进行尽可能多的平板计数，因为噬菌体效价的增加标志着潜伏期的结束。对于在相对较短的时间内发生裂解的噬菌体，最好能够在潜伏期实验过程中尽可能快而连续地采样进行平板计数，而不是以恒定的预定速率进行取样和计数（如以 30 s 为间隔进行计数）。必要时需进行预实验以确定何时发生裂解。

（3）为了更好地确定生长过程和爆发量大小，有必要在噬菌体开始增长之后继续监测并计数培养物中噬菌体的数量，直到噬菌体的滴度稳定。为了确定一步生长过程中噬菌体的增长过程，请按以下步骤进行实验：在裂解开始之前，实验前期取 50 μL 培养物样品并稀释 10 倍铺板计数。之后随着实验的进行，可以取 50 μL 样品，进行 100 倍稀释。在实验进程接近结束时，继续按照这个比例稀释，如果噬菌体爆发量大小超过 250，则需要在铺板之前进一步稀释。为了最大限度地减少稀释误差的影响，考虑均在 10 mL 体积中进行 10 倍稀释和 100 倍稀释（在初始培养稀释步骤之后）。这些稀释液初始滴度将分别为 400 PFU/mL 和 40 PFU/mL，因此，在 10 mL 的体积中，应代表对总体的充分取样。保持稀释溶液处于实验温度，涡旋或振荡稀释混匀，然后取 50 μL 进行平板计数。对于爆发量相对较小的噬菌体，考虑从 100 倍稀释中取样大于 50 μL，可以取到高达 20 倍的体积（1 000 μL），会比较有利于平板计数。

考虑到稀释原因，我们倾向于使用测定的 PFU 的对数值来呈现一步生长数据。噬菌体效价开始上升的时刻减去感染开始的时刻即为噬菌体的潜伏期。

以下为测定一步生长曲线的具体操作流程：

（1）培养宿主菌至对数生长中期（$OD_{650}\approx0.5$）。

（2）如图（图 27-5）所示，在小烧瓶上贴上标签，其中烧瓶 ABC 按图示预先添加新鲜的液体培养基，将所有烧瓶放置于恒温水浴中（调节至宿主菌生长的最适温度）。

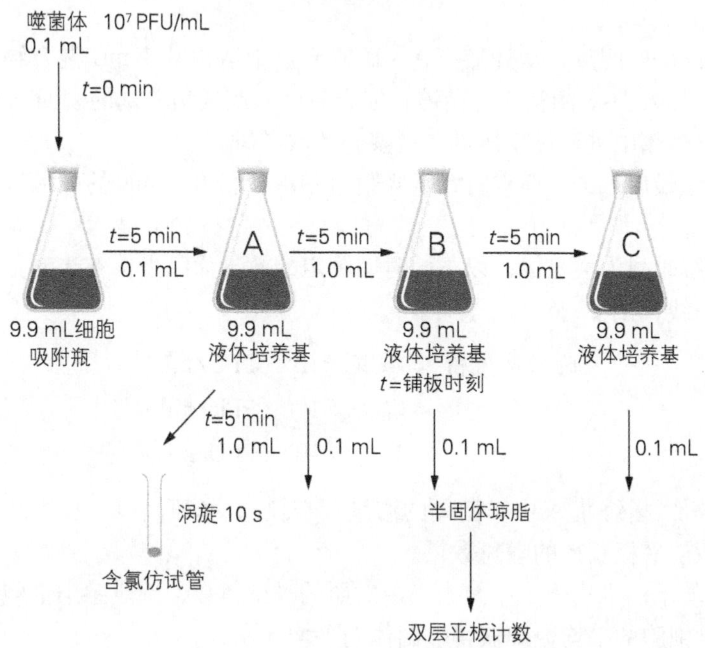

图 27-5　一步生长曲线实验设计（改自 Clokie 等，2017）

（3）用移液管将 9.9 mL 对数期培养物转移到空烧瓶中，并在适当的培养温度下放置 5 min。

（4）用吸管将几毫升宿主培养物移入 13 mm×100 mm 的试管中，放置在试管架子上。

（5）将 0.1 mL 预先准备的噬菌体制剂（1×10^7 PFU/mL）添加到含有 9.9 mL 宿主菌的吸附瓶中（此时噬菌体效价为 1×10^5 PFU/mL），轻轻旋转并在恒温水浴中孵育 5 min。

（6）5 min 后，从吸附瓶中取出 0.1 mL 混合物移至含有 9.9 mL 预热培养基的烧瓶 A 中充分混合（此时噬菌体效价为 1×10^3 PFU/mL）。

注：本次时间前已经测定吸附时间为 5 min，对于吸附时间未知的噬菌体来说，可以在 5 min（或适当延长测定时间）之内分时间节点取出 1.0 mL 混合物转移至含有氯仿的试管，经离心或过膜后测定上清液的噬菌体效价，当噬菌体效价不再降低时即为吸附时间。或者根据噬菌体吸附率的测定方法进行吸附时间的准确测算。

（7）同时从烧瓶 A 中取出 1.0 mL 混合物转移至含有氯仿的试管，涡旋 10 s 后放置于冰上（吸附对照）。

注：测定对氯仿不敏感的噬菌体的一步生长曲线时，在试管中预先放入氯仿可以除去已经侵染了宿主细胞的噬菌体。而对于含脂噬菌体或对氯仿敏感的噬菌体可通过超速离心或通过 0.22~0.45 μm 微孔滤膜，将噬菌体感染细胞从游离噬菌体颗粒中移除。

（8）从烧瓶 A 取出 1.0 mL 混合物转移至含有 9.0 mL 预热培养基的烧瓶 B 中充分混合（此时噬菌体效价为 1×10^2 PFU/mL）。

（9）从烧瓶 B 取出 1.0 mL 混合物转移至含有 9.0 mL 预热培养基的烧瓶 C 中充分混合(此时噬菌体效价为 1×10^1 PFU/mL)。

注：在步骤（8）和（9）进行噬菌体的梯度稀释的整个操作过程应该在 2 min 内尽快完成。

（10）在不同的时间点，从烧瓶（A、B 或 C）中取出 0.1 mL 混合物，加入熔融的半固体培养基，加入 1~3 滴宿主菌菌液；混合后倒入底层培养基的表面。大约 15 min 后凝固，倒置于培养箱中进行过夜培养，观察并计数噬斑。

（11）在测定最后一个取样点时，从吸附瓶中取两份 0.1 mL 的样品进行双层平板法测定效价。

（12）以裂解时间为横坐标，以不同时间测定的效价为纵坐标在半对数纸上做图，即得到一步生长曲线（图 27-6）。

$$\begin{aligned}\text{噬菌体效价}_A &= \text{噬斑}_A\times10^2\ (\text{PFU/mL})\\ &= \text{噬斑}_B\times10^3\ (\text{PFU/mL})\\ &= \text{噬斑}_C\times10^4\ (\text{PFU/mL})\end{aligned}$$

其中，噬菌体效价$_A$指烧瓶 A 中噬菌体的浓度；噬斑$_A$、噬斑$_B$、噬斑$_C$为从相应烧瓶中取出混合液涂布双层平板获得的噬斑数量。

如图 27-6 所示，平均值 1 中减去吸附对照的噬菌体数，确定感染细胞的平均数；平均值 2 除以感染细胞的平均数即获得噬菌体的平均暴发量。

平均值 1 的直线与斜率的交集即可获得潜伏期。

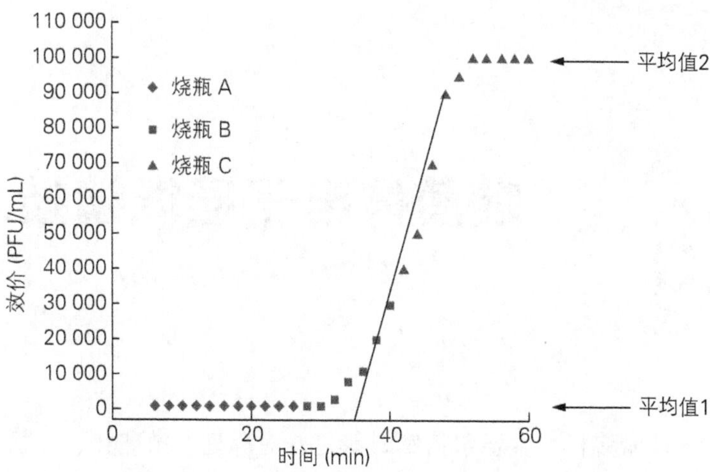

图 27-6　一步生长曲线实验结果（改自 Clokie 等，2017）

参考文献

28 噬菌体电子显微镜技术

——顾敬敏 杨 丽 韩文瑜

噬菌体的形态非常多样，主要包括蝌蚪状复合对称型、微球状、杆状和丝状等。对于蝌蚪状的噬菌体根据其尾部的结构不同又可以分为3类，包括短尾噬菌体、长尾噬菌体和肌尾噬菌体。噬菌体的增殖离不开宿主菌，其在感染宿主菌时，会经历特定的感染周期，主要包括吸附、穿入和脱壳、生物合成、组装和释放等。电子显微镜（electron microscope，EM）简称电镜，分辨率可以精确到纳米级别。经过了五十余年的发展，截至目前，已经演变出多种类型的电镜，按照结构和用途的不同可以把电镜分为透射式电镜、扫描式电镜、反射式电镜和发射式电镜等，另外还有研究蛋白质和大分子结构生物学的冷冻电镜（Cryo-EM）。在噬菌体研究过程中最常用到的是透射电镜（TEM），随着透射电镜技术的发展，其在研究噬菌体方面发挥着越来越重要的作用，尤其在研究噬菌体形态、类别及其感染细菌发生和发展的过程中，已经成为不可或缺的重要工具。

第一节 电子显微镜在噬菌体研究中的应用

一、利用透射电子显微镜研究噬菌体的形态

在噬菌体研究中最常用到的是透射电镜，其分辨率为0.1~0.2 nm，可以放大几万至几十万倍。可以利用透射电镜来观察样品中有没有噬菌体，液体样品可以经过离心取上清进行观察，固体样品可以溶解到液体中，离心后取上清观察。另外，利用透射电镜还可以确定所分离噬菌体的形态（图28-1），进一步通过形态确定其类别。对于噬菌体形态的观察和类别的确定，可以通过把待观察样品进行负染后直接进行观察，省时省力。通常，利用透射电镜观察对样品中噬菌体的含量有一定的要求，其浓度应该在10^7 PFU/mL以上才容易观察到，低于该浓度很难找到噬菌体。另外，应该尽可能地除去细菌、细菌碎片等杂

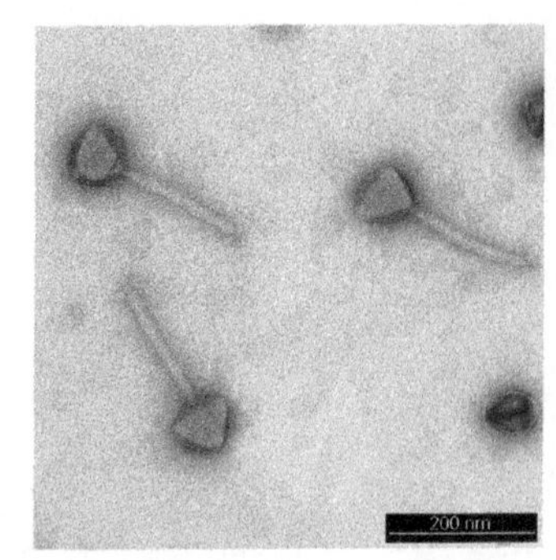

图28-1 蜡样芽孢杆菌噬菌体的透射电镜图片（引自El-Arabi等，2013）

作者单位：顾敬敏、杨丽、韩文瑜，吉林大学动物医学学院。

质，从而避免杂质影响噬菌体形态和结构的观察。

二、利用透射电子显微镜研究噬菌体的感染周期

透射电镜还可以用来观察噬菌体对细菌的感染周期，尤其是吸附、穿入和脱壳、组装和释放等步骤，均可以通过透射电镜捕捉到。如图 28-2 所示，张灿等利用 JEM-1200EX 型号的透射电镜对大肠埃希菌噬菌体 Bp7 感染宿主菌的复制周期进行了观察。噬菌体与细菌互作的样品需要进行样品包埋、切片及一系列后续处理，但由于电子易散射及被物体吸收，所以其穿透力较弱。因此，如果用透射电镜进行切片观察，必须制备超薄切片，通常为 50～100 nm。

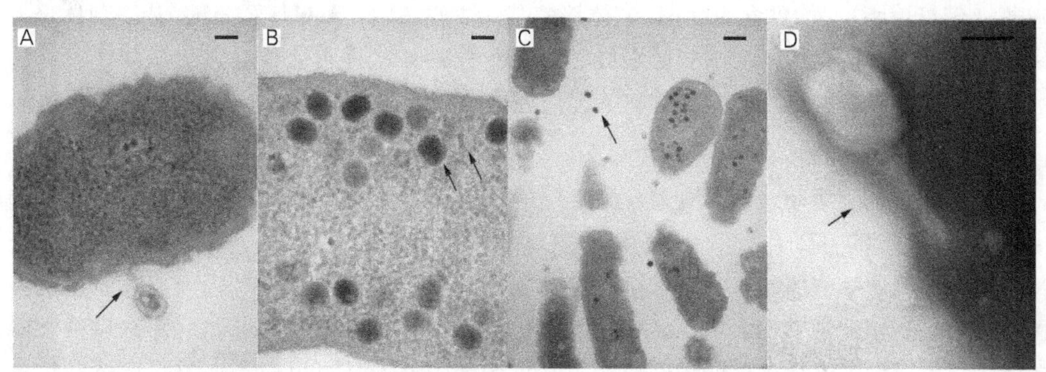

图 28-2　大肠埃希菌噬菌体感染周期的透射电镜观察（引自 Zhang 等，2013）

A、B、D. 标尺均为 50 nm；C. 标尺为 200 nm

第二节　噬菌体形态学的透射电子显微镜技术

一、噬菌体样品的准备

（一）噬菌体的分离纯化

1. 噬菌体的分离

（1）用污水代替双蒸水配制液体培养基 100 mL（无须高压），对于其他可能存在目标噬菌体的样品可以将其直接加入目标菌株需要的液体培养基中，充分混匀。

（2）在加入样品的培养基内加入 1 mL 过夜培养的菌液，震荡培养 12～18 h（温度和具体培养时间根据培养菌株最适生长温度及其生长快慢而定）。

（3）取混合培养液，在 4 ℃离心机内 10 000 *g* 离心 10 min，取上清，并用 0.22 μm 孔径的滤器进行过滤，所获得的滤液即为噬菌体裂解液。

（4）通过空斑实验验证裂解液中是否存在目标噬菌体：取过夜培养的菌液 200 μL 均匀涂布于固体培养基上，用移液器吸取 10 μL 噬菌体裂解液滴于涂布菌液的平板，待晾干后，将平板倒置于培养箱静置培养（温度以适宜所选细菌生长为宜）。或者将过夜培养的菌液与含 0.75%琼脂的半固体培养基（液态，50 ℃左右）混匀，铺于正常固体培养基平板上面，形成含细菌的半固体上层结构，然后将噬菌体裂解液滴到半固体菌液层上

面，待晾干后倒置放于培养箱内静置培养。

2. 噬菌体的纯化　若空斑实验出现空斑，则继续进行双层平板实验：将噬菌体原液进行10倍的倍比稀释，取200 μL过夜培养的菌液和100 μL噬菌体稀释液一起加入离心管中混匀，放置5～10 min，将含0.75%琼脂的7 mL半固体培养基煮沸，冷却至50 ℃左右，将细菌和噬菌体的混合液加入半固体培养基中，混匀后倒至固体平板上层，凝固后倒置于培养箱培养（温度以适宜所选细菌生长为宜），若有噬菌体，可见单个噬斑。

原液铺的双层平板中，噬菌体不纯，噬斑可能大小不均一，选取不同大小、形态的噬斑分别进行纯化。选用10 μL或者2 μL的移液枪，枪头垂直插入噬斑位置，吸取单个噬斑（带着琼脂），加到含500 μL液体培养基的离心管中，4 ℃静置3 h，让噬菌体释放出来，然后进行倍比稀释，铺双层平板。如此反复3～4次即可获得纯化的噬菌体（有的噬菌体可达到噬斑大小均一，有的噬体即使纯化后噬斑依旧大小不一，这没有影响）。

（二）噬菌体的大量扩增和浓缩

1. 噬菌体的大量扩增和预处理

（1）配制800 mL（或更多）的液体培养基，高压灭菌。

（2）向培养基中加入3～5 mL过夜培养的菌液，在摇床中培养（温度以适宜所选细菌生长为宜）至菌液OD_{600}为0.4～0.6，加入1 mL左右纯化好的噬菌体（添加菌液和噬菌体须在超净台中进行；根据噬菌体裂解和增殖能力不同，可以适当调整噬菌体和细菌加入的量，也可以在加入菌液的同时加入噬菌体），然后继续放到摇床中扩增，混合液一般需要一段时间才能全部裂解。

（3）将扩增的噬菌体分装到50 mL离心管中，用4 ℃离心机10 000 *g*离心20 min，以除去细菌及其碎片，收集上清。

（4）将上清液收集到新的800 mL锥形瓶中，加入DNase I和RNase A至终浓度为1 μg/mL,室温放置30 min。

（5）加入NaCl至终浓度为1 mol/L，混合均匀后，冰浴1～2 h。

（6）4 ℃、10 000 *g*离心15～20 min，收集上清。

2. 噬菌体的浓缩

（1）按每100 mL 10 g的量加PEG-8000，轻轻搅拌使其溶解，冰浴2 h以上（最好冰浴过夜），使噬菌体在PEG-8000作用下形成沉淀。

（2）过夜后的培养物，4 ℃、10 000 *g*离心15～20 min，弃上清后将离心管倒置5 min,使残余液体流干。

（3）用2 mL SM缓冲液［NaCl（5.8g），$MgSO_4$（1.5g），1 mol/L Tris-HCl（pH＝7.5，50 mL），2%明胶（5 mL），定容至1 000 mL，121 ℃高压20 min，4 ℃存放备用］重悬沉淀，注意噬菌体主要在侧壁，应该吹侧壁，从上到底部吹打，管底一般是之前未被处理的细菌碎片，尽量不要。

（4）加入等体积的氯仿抽提：用震荡器震荡30 s，然后4 ℃、5 000 *g*离心15 min，回收上层含噬菌体的水相，再加等体积的氯仿抽提，重复3～5次，直至上层液相澄清，最后将回收的噬菌体浓缩液置于4 ℃保存。

（三）密度梯度离心

1. CsCl 梯度液的制备　按表 28-1 制备 CsCl 梯度液，按照从高密度到低密度的顺序，在 5 mL 半透明聚丙烯高速离心管中依次加入各梯度液 1 mL，加样时要沿着离心管壁轻柔缓慢地加，尽量保持 CsCl 梯度液的清晰界面（以上所用为 5 mL 离心管，若用更大体积的离心管，可按比例增加量）。

表 28-1　常用的 CsCl 梯度液

浮力密度（g/mL）	CsCl（g）	SM 缓冲液（mL）
1.32	0.42	0.90
1.45	0.60	0.85
1.50	0.67	0.82
1.70	0.95	0.75

2. 加样和离心　将噬菌体浓缩液 700 μL（具体体积视具体应用的离心管容积而定）缓慢加入 CsCl 梯度液，加样时注意保持界面清晰。置于 4 ℃高速离心机中，35 000 *g* 水平离心 3 h。

3. 取样及处理　用注射器缓慢吸取上层浑浊界面，注意不要碰到蓝色条带（噬菌体所在位置）存在的界面。接着将注射器插入蓝色条带所在界面，缓慢轻柔地收集淡蓝色噬菌体浓缩液。

将浓缩好的噬菌体转入预先用 PBS 透析液煮好的透析袋中，于 4 ℃透析过夜，其间更换两次 PBS 透析液，即可除去 CsCl，得到纯化的噬菌体颗粒，或者用 100 kDa 的超滤管超滤，除去 CsCl。

注意： 通过以上步骤得到的噬菌体样品既可以用于透射电镜观察，也可以用于基因组的提取。若噬菌体增殖效率高，也可以直接用透射电镜观察噬菌体的增殖液，但由于没有除去增殖液中的细菌碎片，可能观察到的视野背景不干净。

二、透射电子显微镜观察样品的制备

（一）材料的准备

1. 噬菌体样品的准备　取纯化的噬菌体样品 20 μL 以上。样品溶剂应为双蒸水或缓冲液，且溶液的 pH 应为中性（无菌水金属离子浓度低，背景会更干净些；载网为金属网，上面还有一层有机膜，其不耐酸碱和有机溶剂的溶解和腐蚀）。

2. 负染色液制备　常用的负染色液有磷钨酸（PTA）、磷钨酸钾（KPT）和磷钨酸钠（NaPT）等，此外，醋酸铀、甲酸铀、硅钨酸、钼酸铵等也可作为负染色液使用。磷钨酸染色液的浓度、pH 和染色时间因样品而异，通常用双蒸水或磷酸缓冲液配成 pH 6.4~7.0（1 mol/L 氢氧化钠溶液调节）的 1%~3%染色液。对于噬菌体染色，通常选用 pH 7.0 双蒸水配置的 2%磷钨酸染色液。

3. 载网和支持膜的选择与处理　载网是透射电镜技术中承载样品的多孔网状支架，一般是很薄的多孔铜片，根据用途不同还有镍网、钼网、金网、银网、铂网、不锈钢网、尼龙网和碳网等。此外，根据用途不同，所选载网孔径的形状和数目也不同。对于噬菌体负染色样品观察常选择200~400目的圆形、蜂窝形或正方形铜网。

常见的支持膜（表28-2）有Formvar膜（方华膜/聚乙烯醇缩甲醛）、火棉胶膜、Parlodion膜（帕罗丁膜）和碳膜等。除碳膜外，其他几种均为有机膜，弹性好，能满足一般分辨率要求。对于需要进行高分辨率观察的样品。则需要用纯碳膜，虽然纯碳膜支持性好，但弹性差，所以通常为了增强有机膜的强度，可再喷镀一层碳作为加固膜。通常对于细菌、病毒（包括噬菌体）的负染观察可以选择Formvar膜，或在Formvar膜的基础上再镀一层碳支持膜。

表28-2　几种有机膜材料、溶剂和制备浓度

有机材料	溶　剂	浓度范围
聚乙烯醇缩甲醛 (Formvar)	三氯甲烷（氯仿） 二氯乙烯 二氧六环	0.2%~0.5%
火棉胶	乙醚 醋酸戊酯丙酮	0.5%~1%
聚乙烯醇 (polyvinyl alcohol)	水	0.5%~1%

制膜的方法有很多，常用的是漂浮法，即根据需要制备合适浓度的制膜溶液：首先准备合适宽度的洁净光滑玻璃片或玻璃条和1 000 mL烧杯及蒸馏水，然后手持玻璃片或玻璃条一端浸入有机膜溶液内，缓慢提出玻璃片或玻璃条，静置片刻待溶剂挥发，用刮胡刀片或锐器尖端沿玻璃边缘将膜划出一条线，以利于稍后漂浮时膜的剥离，之后手持玻璃片或玻璃条倾斜45°缓慢浸入盛有蒸馏水的烧杯中（在这个过程中，有机膜会借助水表面张力与玻璃表面分离开来，漂浮在水面上），待有机膜漂浮于水面上，将准备好的洁净载网用镊子夹取摆放于薄膜上，摆满后用略大于薄膜的滤纸沿一端接触薄膜，顺势覆盖于载网上面，与有机膜贴合，并迅速提起，置于玻璃平皿内晾干。

4. *透射电镜电压的选择*　生物样品及支持膜不耐电子束照射，一般选择80~120 kV加速电压观察。

（二）电镜样品染色

利用透射电镜观察噬菌体的形态和结构通常要进行负染色。由于染色液中高电子密度物质（重金属盐等）在低电子密度样品周围形成一个黑色晕，而呈现样品光亮、背景染液暗，样品与背景之间的反差与正染色形成的反差正好相反。常见的负染色方法有以下三种。

1. *漂浮法*　用移液器吸取5~10 μL样品液滴于石蜡封口膜上，铜网膜正面朝下倒扣在样品悬滴上浸泡1 min，夹起铜网，用滤纸吸走多余样品液，晾干铜网，再倒扣到磷钨酸染色液上染色1 min，夹起铜网，用滤纸吸干多余染色液，晾干铜网、上镜观察。

2. *悬滴法*　在铜网膜上滴一滴样品液，静置1 min后，用滤纸吸干，再滴一滴磷钨酸染色液，染色1 min后，用滤纸吸干、镜检。

3. *喷雾法*　样品液和染色液等量混合，用特制的喷雾器喷到铜网膜上，待干后上镜观察，这种方法缺点较多，不常用。

三、噬菌体的透射电镜观察

吸附样品的载网经过负染色后可上透射电镜观察，将载网装入样品杆内，可观察到样品中噬菌体结构呈低电子密度、明亮的负染色，而噬菌体周围存留的染色液呈高电子密度、比较暗的染色（图 28-3）。

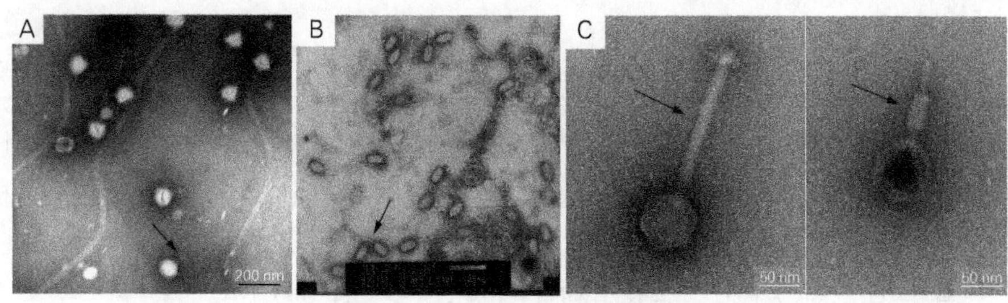

图 28-3　噬菌体的透射电镜照片

A. 短尾噬菌体（标尺为 200 nm，引自 Gu 等，2016.）；B. 长尾噬菌体（标尺为 200 nm）；C. 肌尾噬菌体（标尺为 50 nm，引自 Dickey 等，2019.）

利用透射电镜可以观察到不同形态和不同状态的噬菌体，成熟的噬菌体头部整体呈低电子密度的亮染色，而未完全成熟的噬菌体（头部内基因组装配不完全，有未被占据的空间）及已经将遗传物质注射入宿主菌的噬菌体，染色时染色液会进入头部，镜下观察时会看到头部结构外部是明亮的一圈衣壳结构，内部呈现不同程度的暗染色区域（图 28-3C，左侧为尾部未收缩的噬菌体颗粒，右侧为尾部已经收缩的噬菌体颗粒）。

第三节　观察噬菌体感染周期的超薄切片技术

一、超薄切片样品的制备

负染色技术可观察分离的噬菌体形态，但要观察噬菌体感染细菌及在细菌内的增殖过程则需要应用超薄切片技术。超薄切片技术通常包括取材、固定、脱水、包埋、修块、超薄切片及染色等步骤。相较负染色过程，超薄切片技术更烦琐，周期更长。

（一）取材

取材是超薄切片技术的关键环节之一，对于组织取材要求较多，简单总结为“快、准、小、轻、冷”五个原则，但对于噬菌体/细菌样品收集要求相对较简单。将噬菌体的宿主菌培养至对数生长期，然后向菌液中加入纯化的噬菌体，通常 MOI 为 1 或者 10，以保证多数细菌都可以被噬菌体感染，每隔 1 min 取一次样品进行离心、去上清，用磷酸盐缓冲液离心洗涤 3 次，最后一次离心成团收集于 1. 5 mL 离心管内，缓慢加入 2. 5%～4%戊二醛固定液。

（二）固定

固定的目的是通过物理或化学的方法，将样品中的各种化学成分保存下来，同时可以使样品内的酶类失活，防止自溶，以更好地将某一时刻的结构固定并保存下来。不同的化学试剂对不同的生物大分子固定和保存的效果不同（表 28-3），通常采用 0~4 ℃戊二醛和锇酸双重固定法，虽然这种固定方法可以使样品大部分成分的结构得以保存，但经过后续的脱水等过程，仍会有部分成分丢失。

表 28-3　不同固定剂与生物大分子的作用

固定剂	多糖	磷脂	不饱和脂肪	蛋白质	核酸
醛类	弱反应	弱反应	弱反应	中等反应	弱反应
锇酸	弱反应	强反应	强反应	中等反应	弱反应

戊二醛是一种交联剂，有两个醛基，具有稳定糖原、保存核酸和核蛋白的特性，常用浓度为 2.5%~4%，4 ℃固定 2~4 h 或更长时间。锇酸是强氧化剂，与氮原子有极大的亲和力，可与氨基酸、肽及蛋白质反应，使蛋白质分子交联固定。同时，锇是重金属，对样品有较强的电子染色作用，能够增加样品的电子反差，常用浓度为 1%~2%，于4 ℃进行固定，不同材料的固定时间不同，一般需要 0.5~4 h 或更长时间。

（三）脱水

由于绝大多数包埋剂不溶于水，而易溶于部分有机溶剂，因此脱水是用合适的有机溶剂取代样品内的游离水，为后续的包埋做准备。常用的脱水剂有乙醇和丙酮，为了减少样品损伤，采用梯度脱水的方式将样品内的游离水置换出来，一般采用 30%、50%、70%、80%、90%、95%、100%乙醇或丙酮置换法。由于市面上的乙醇或丙酮往往纯度不够，会含有少量水分，为了保证脱水彻底，常在 100%脱水剂中加入烤干的无水硫酸铜或无水硫酸钠从而吸走多余水分。

为了保证包埋剂浸透完全，常在浸透前加一个中间溶剂，环氧树脂（Epon 812）常用环氧丙烷作为中间溶剂，甲基丙烯酸等聚酯树脂常用苯乙烯作为中间溶剂，即在无水乙醇或丙酮脱水后，加一步环氧丙烷或苯乙烯置换。

（四）预浸透和浸透

预浸透和浸透的目的是使包埋剂逐步浸入样品，以便样品内外的包埋剂同时聚合，保证样品与周围的包埋块硬度一致，以便于获得高质量的超薄切片。

预浸透是将样品置于脱水剂（或置换剂）和包埋剂（如环氧树脂 Epon 812）不同比例的混合物中逐步浸透，脱水剂或置换剂的比例逐渐减少，一般由 2∶1、1∶1、1∶2、1∶3 逐步替换为纯包埋剂，即用包埋剂逐步取代脱水剂或置换剂，直至完全取代，样品最后进入纯包埋剂内浸透，浸透时间根据样品不同而调整，噬菌体与细菌相互作用的样品一般可浸透 1 h 或更长时间。

（五）包埋与聚合

包埋是将浸透后的样品挑入装有包埋剂和标签的包埋盒内，有切片方向要求的样品，用烤干的牙签调整样品至合适切片的方向（噬菌体与细菌相互作用样品无切片方向的要求），根据包埋剂聚合时的温度和时间要求在烤箱内聚合即可。

常用的包埋剂有环氧树脂 Epon 812、Spurr 树脂、环氧树脂 618 和环氧树脂 600 等，包埋块软硬对于超薄切片的质量起着至关重要的作用，只有选择合适的包埋剂、合适的包埋剂配比，制备出软硬适中、适合切割的包埋块，才能切出高质量的连续切片。因此，电镜操作人员必须掌握好包埋剂的性能、配方、聚合条件等方面的专业知识，才能根据操作环境条件的变化制备出高质量的包埋块。不同的包埋剂配方不同，可以向试剂公司索取配方，并摸索出适合自己工作环境的配方比例及聚合条件，根据不同季节时间的变化适时调整配方。

（六）修块与超薄切片

进行超薄切片前需将样品块修成适当大小、便于切片的形状。修块首先是为了去除样品周围多余的包埋介质和无关部分，尽可能只保留要观察的部分。由于组织区域和包埋介质区域软硬度不同，会给切片带来一定干扰，因此需通过修块尽量去除组织外的包埋介质，使切片大部分区域硬度一致，以获得良好的切片。修块一般是在显微镜下操作，将包埋聚合好的样品块手工修成锥体，暴露出要观察的样品部分，锥体上方的切片面约为 0.2~0.3 mm^2的梯形，组织切片还涉及半薄切片定位，噬菌体与细菌相互作用样品不需要定位。

超薄切片技术是利用钻石刀或玻璃刀，在超薄切片机下切出 50~100 nm 的超薄切片，用覆膜载网捞取切片，染色观察。超薄切片很薄，容易形成皱褶，导致结构重叠无法观察，通常可以用浸有氯仿或二甲苯的滤纸靠近刀槽表面，通过有机试剂的挥发接触软化切片，使其展开，但用氯仿和二甲苯展片的时间不宜过长，一般 3~4 s 即可，距离也不宜太近，防止结构受到损伤。连续切片可以将睫毛笔断成几段合适的长度，并用睫毛笔将几段切片集中到一起，用镊子夹取覆膜载网，正面朝下靠近水面贴取切片，即“捞片”。然后用滤纸吸走载网表面的大部分水分，待晾干载网后放入铺有滤纸的玻璃平皿内，等待后期染色。

（七）染色

利用透射电镜观察超薄切片样品通常用正染色（positive staining）法进行染色。超薄切片的正染色中，样品结构中不同成分会因与染色液结合，电子密度被加强，在图像中显示为黑色，而未被染色的背景呈现为光亮。超薄切片的染色就是对切片进行的“电子染色”，即利用某些重金属盐类（如铀、铅等）与样品上不同结构成分结合能力的差异，形成不同的电子散射能力，电镜观察时表现出电子密度差异（即明暗差异），从而显示出不同的结构形态。

铀和铅具有不同的染色特性，目前常用醋酸双氧铀和枸橼酸铅双染色法，醋酸双氧铀主要结合核酸、蛋白质和结缔组织纤维，对膜染色效果较差，而枸橼酸铅可与切片中的还原锇反应，提高细胞膜系统及脂类物质与周围的反差。

二、噬菌体的超薄切片观察

利用透射电镜观察噬菌体对细菌的影响，以及噬菌体感染细菌的过程，都需要借助超薄切片技术。噬菌体和细菌相互作用后，离心收集两者的共同培养物团块，除去培养基，缓冲液离心洗涤 3 次，加入戊二醛固定液，按照超薄切片技术步骤制备出可供观察的超薄切片，可观察到噬菌体对细菌的影响或感染过程。超薄切片染色是醋酸双氧铀和柠檬酸铅双染法、正染色，有结构的部分呈高电子密度的暗染色区域，无结构部分呈低电子密度的明亮区域。图 28-4 是 Hargreaves 等利用透射电镜对艰难梭菌噬菌体

phiCDHM1 的感染周期进行的观察，从这套透射电镜图片可以清楚地看到噬菌体的吸附、穿入和脱壳、生物合成、组装和释放的整个过程。

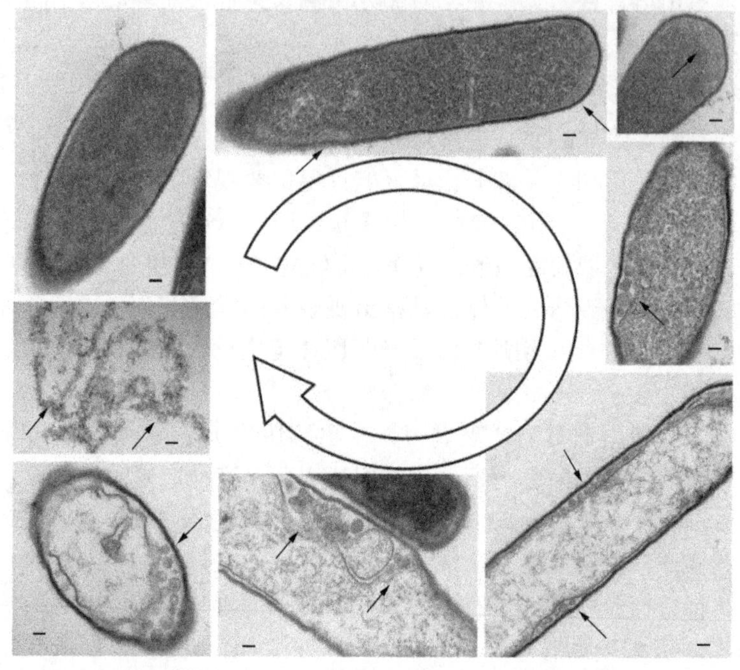

图 28-4 艰难梭菌噬菌体感染周期的透射电镜观察（引自 Hargreaves 等，2014）

参考文献

29 噬菌体冷冻电子显微镜技术

——甄向凯　欧阳松应

透射电镜技术可以为生物大分子与细胞提供许多至关重要的结构信息，在早期对噬菌体的研究中，研究人员通常利用透射电镜观察噬菌体形态，进而对噬菌体进行分类。但是，用透射电镜技术获得的结构信息依赖于样品的性质、样品的制备方法等，并且分辨率很低。20 世纪 80 年代冷冻电镜（Cryo-EM）技术诞生，随着其各个方面（成像硬件、图像处理软件、样品制备）的快速发展，特别是 2013 年直接电子探测器（direct-electron detection device，DDD）被应用于记录冷冻电镜单颗粒成像，使冷冻电镜经历了一个“分辨率革命”，冷冻电镜的分辨率可以和 X 射线晶体学相媲美。目前，冷冻电镜已经成为结构生物学研究的一个强有力的工具，许多研究人员利用冷冻电镜在结构生物学的各个方面取得了重大进展。由于冷冻电镜技术（图 29-1）的重要应用，2017 年诺贝尔奖被授予了为冷冻电镜技术做出开拓性工作的三位科学家。有趣的是，回顾冷冻电镜的发展历程，从 20 世纪 40 年代电镜技术的出现到 20 世纪 80 年代冷冻电镜技术的诞生，噬菌体凭借其自身高对称性的特点，作为电镜常用的研究对象，促进了冷冻电镜技术的发展。冷冻电镜的进步也促进了噬菌体领域的发展，近年来，研究人员利用冷冻电镜技术在噬菌体研究领域取得了重要进展，许多以前难以用传统结构生物学研究的生命过程逐渐被揭示。

图 29-1　FEI Titan Krios 300kV 场发射电子显微镜

第一节　冷冻电镜技术原理及发展

一、结构生物学概述

结构生物学（structural biology）是通过解析生物大分子的三维结构来研究其结构

作者单位：甄向凯、欧阳松应，福建师范大学生命科学学院。

与功能的关系，进而理解生物大分子作用机制的一门学科。迄今，已经解析的生物大分子结构，近90%是利用X射线晶体学（X-ray crystallography）技术解析的，X射线晶体学也是目前发展最成熟的技术，各种软件的开发也十分成功。但是X射线晶体学必须获得能够用于衍射的晶体，这对于那些不能结晶的生物大分子或者极难得到晶体的生物样品，获得高质量的晶体成为X射线晶体学的瓶颈，通常获得晶体需要耗费研究人员数个月乃至数年的时间。另一个技术——核磁共振波谱学（nuclear magnetic resonance，NMR）虽然不需要得到晶体，但是只适用于分子量较小的蛋白质和核酸，对于一些大型复合物、膜蛋白受体等样品，这些传统方法的应用受到了极大限制。

二、结构生物学新纪元

冷冻电镜技术为结构生物学带来了新的突破，使结构生物学迈入了新纪元，极大地推进了结构生物学的发展。以单颗粒冷冻电镜（single-particle Cryo-EM）为代表的冷冻电镜技术是近几十年来发展十分迅速的生物物理学方法，可以用来解析分子量比较大的蛋白质及其复合体的三维结构。冷冻电镜三维重构技术使原本难以结晶的生物大分子，不需要形成晶体其结构也能展现在人类面前，并且需要相对较少量的生物样品。该方法因而成为结构生物学研究的一个强有力的工具，受到越来越多的研究人员的重视。简单来说，冷冻电镜技术就是利用透射电镜对迅速被冷冻在液氮温度（−196 ℃）甚至更低温度的含水生物样品进行图像收集，并通过后期的图像处理获得目标样品相关结构信息的技术。

三、冷冻电镜的发展概述

（一）电子显微镜在生物样品中的早期应用

通过上一章节介绍可知虽然光学显微镜的分辨率在19世纪末就已经被推进到极限，但是这个分辨率仍然不足以看到原子层次的细节。电子显微镜的出现，极大地推进了人们探究微观世界的秘密。尤其是电子显微镜在材料研究领域取得的广泛应用，促使研究人员想将电子显微镜应用于生物研究领域。1934年，研究人员利用电子显微镜第一次获得了生物样品的照片，发现电子束对生物样品具有破坏性。除此之外，为了达到最佳效果，电子束必须处于真空环境之中，生物样品也必须位于同样的真空环境，这对于生物大分子来说会造成严重问题：真空导致的脱水会对样本的结构完整性带来破坏性的影响；生物样品一般由碳氢氧等轻元素组成，对电子的散射能力较弱，使得生物样品在电镜中的衬度极低；生物样品的这些特点导致生物样品的电镜分辨率大部分在十埃到几十埃。

为了能使生物样品不被电子束破坏，并增加电子的衬度，研究人员开始在生物样品的制备上进行探索。Marton最早提出使用铜网支撑生物组织样品，同时用重金属对生物样品染色增加衬度，并在物镜旁增加光阑提高图像衬度。这些方法被一直沿用。1959年，剑桥大学的Brenner和Horne用金属盐对铺在载网上的生物样品进行染色，使得在电镜中生物样品的周围变暗而突出样品本身，这就是负染色（negative staining），即用高电子密度的染色剂沉积在蛋白质分子周围，使蛋白质的电镜图像具有较高的反差（衬度），常用的负染色剂为醋酸铀。这种方法还能抵抗电子辐射损伤，防止样品在真空环境中坍缩。随后这种方法被广泛使用，用于研究病毒、细菌等生物样品，并且分辨率大大提高。

（二）冷冻电子显微镜的出现

负染色的应用，使电子显微镜研究生物样品的分辨率有了很大提高，特别是在一些病毒等具有对称性结构的生物样品方面的研究取得了很大突破。然而用电子显微学研究生物大分子的结构仍然必须解决以下几个问题：保持样品的天然含水状态；尽量减少样品漂移及辐射损伤；提高图像衬度，提高信噪比。1976 年，Glaeser 提出了生物样品在液氮保护下可以大大减少电子辐射损伤的观点，1984 年，Dubochet 应用液氮冷冻技术首次观察到了经快速冷冻于无定形冰中病毒颗粒的冷冻电镜图像，这标志的冷冻电镜技术的诞生。冷冻电镜技术是在极低温下使用透射电镜观察样品的显微技术。在液氮温度下，无定形冰的蒸气压远远低于透射电镜内部的真空压力，同时液氮可以大大降低生物样品的电子辐射损伤。因此，将含水样品快速冷冻于液氮中，在此温度下进行透射电镜显微观察，解决了电镜技术在生物学上应用的技术难题。冷冻电镜的出现及完善使得人们对天然状态的样品研究成为可能，且能提高样品对电子辐照的耐受度，有效地提高了分辨率。这种技术在过去几十年里日益成熟。

（三）冷冻电镜的分辨率革命

在冷冻电镜的早期阶段，电子是用胶片来记录的，对于冷冻电镜单颗粒重构而言，胶片只能获得纳米级别分辨率结构，不能够搭建三维模型。想要将分辨率提高是非常困难的，因为胶片很难保留低频信号，为了产生足够的衬度，只有离焦的图像才能被记录，牺牲了分辨率。进入 20 世纪 90 年代，电荷耦合元件 CCD（charged coupled device）相机被应用于冷冻电镜，而 CCD 探测过程需要将电信号转换成光信号，通过较厚的光传导介质，将光信号再转换成为电信号进行记录，导致 CCD 的探测效率（detective quantum efficiency，DQE）比较低，人类迫切需要更方便快捷的相机，直至电子直接探测器（direct detective detector，DDD）被应用于冷冻电镜对电子进行探测。DDD 可以精准计算出电子的位置从而显著提高电镜的图像质量。除此之外，DDD 可以实现高速拍照和读出，而且能快速记录电镜图像，追踪并矫正样品漂移轨迹，矫正辐射损伤，极大地提高了冷冻电镜的分辨率。2013 年，研究人员首次将 DDD 应用于冷冻电镜并且解析了 TPRV1 的高分辨电镜结构。

除 DDD 外，还有其他许多突破，如高端场发射电镜、更加稳定的冷冻杆等。另外，随着相位板技术的发展及球差矫正器的应用，一些分子量较小的蛋白质因为衬度低而不能用冷冻电镜的问题，目前也得到了解决。一些三维重构算法也得到发展，尤其是最大似然估计法（maximum-likelihood estimator，MLE）引入三维重构算法，用来解决对齐颗粒及二维分类等技术难题。在 MLE 算法基础上开发的 Relion 程序，成为冷冻电镜三维重构的重要软件，促进了冷冻电镜分辨率革命，从 2013 年开始，采用冷冻电镜技术解析的生物大分子的结构数量剧增，分辨率也越来越高，目前有分子量小于 100 kD 的结构解析，分辨率为 2~3 Å，图 29-2 总结了冷冻电镜技术的发展历程。

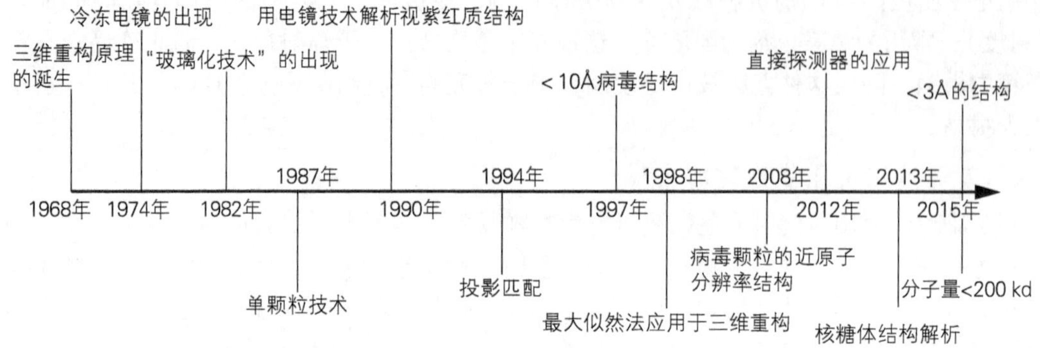

图 29-2 冷冻电镜技术的发展历程

四、冷冻电镜三维重构原理

（一）快速冷冻

Jacques Dubochet 教授系统研究水在冷冻条件下的各种性状，在 1981 年 12 月发表了在制备样品时让水成功进入玻璃态的方法，即快速冷冻（plunge-freezing），跳过形成冰晶的阶段，直接进入玻璃态（vitrification）。所谓玻璃态是指水在气态、液态和固态外的另一种状态，要让水进入玻璃态，必须急速冷却到-108 ℃。玻璃态和普通的冰不一样，不具备固定形态和晶体结构，而且水在玻璃态和液态密度相同。这对于生物样品极其重要，因为冰的密度比水的密度小，所以水一旦结冰，生物样品的体积膨胀导致结构被破坏，如果水能直接进入玻璃态，就可以避免这个问题。Dubochet 在尝试用液氮使水直接从液态进入玻璃态失败后，于 1984 年成功应用液态乙烷或者丙烷成功实现了生物样品的快速冷冻，并成功用这种方法获得了病毒结构的照片。快速冷冻生物样品的方法，不仅保持了生物样品的完整性，还能有效降低电子对样品的辐射损伤，同时能够增加生物样品的衬度。这种方法成功解决了电镜诞生后几十年内困扰生物学界的问题，并结合三维重构技术，发展成为后来的冷冻电镜三维重构。

（二）三维重构技术

剑桥大学 MRC 分子生物学实验室的 Aaron Klug 教授提出，每一张电镜照片就是生物样品的三维结构在某一个角度的投影。因此，如果想要解析出生物样品的结构，需要拍摄不同角度的二维投影照片。在这种思想的指引下，Klug 教授在 1968 年成功解析了 T4 噬菌体尾部的三维结构，该文章的发表标志着电镜三维重构方法的确立。电镜三维重构思想的数学基础是中心截面定理（the central section theorem）和傅里叶变换。中央截面定理的含义是：一个三维函数的投影函数的傅里叶变换等于该函数傅里叶变换通过坐标原点且垂直于投影方向的截面函数。因此，电镜三维重构的理论基础是一个物体的三维投影的傅里叶变换等于该物体三维傅里叶变换中与该投影方向垂直的、通过原点的截面（中央截面）。每一幅电子显微像是物体的二维投影像，沿不同投影方向拍摄一系列电子显微像，经傅里叶变换会得到一系列不同取向的截面。当截面足够多时，会得到傅里叶空间的三维信息，再经傅里叶反变换便能得到物体的三维结构（图 29-3）。这种方法目前已经在很广泛的范围内得到应用，从无固定结构特征的细胞器和生物大分子复合物到大分子晶体，已发展为蛋白质结构解析的一种实用方法。

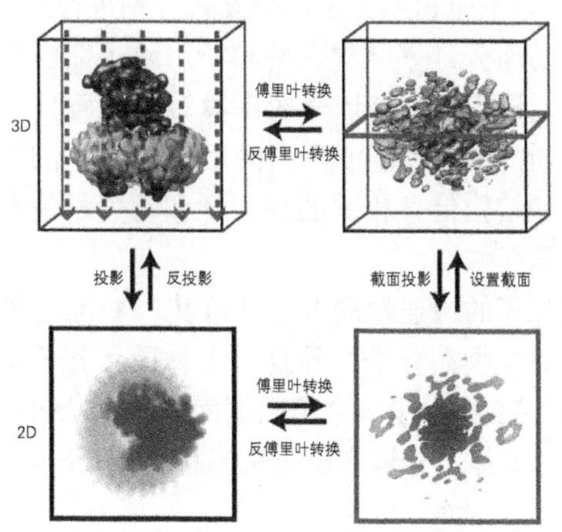

图 29-3 中心截面定理示意图

图 29-3 彩图

五、冷冻电镜的优势

随着冷冻电镜三维重构技术的快速发展，越来越多的生物大分子，尤其是那些用传统结构生物学方法研究有极大难度的结构被解析，冷冻电镜和传统结构生物学手段相比具有明显的优势，主要体现在以下几点。

1. *冷冻电镜的研究对象更接近生理状态* 生物大分子一般都不能离开水，并且含水状态和样品所处的溶液环境（如 pH、离子浓度等）都会影响生物样品的活性。冷冻电镜的样品制备通过快速冷冻能将样品在合适溶液中的活性状态迅速固定在玻璃态的无序冰中，而不需要通过特殊的溶液体系来结晶或“固定”样品的状态，这样也能更好地捕捉天然状态下具有正常活性的生物样品的结构信息。

2. *样品需求量小* 冷冻电镜技术与其 X 射线晶体学及 NMR 相比，对样品的需求量很少。在实际操作中，对于生化性质及构象均一性很好的样品，一个冷冻样品只需要 3~5 μL（0.1~1 μmol）的蛋白质溶液，即有可能获得近原子分辨率的三维结构。这与 X 射线晶体学需要大量的蛋白质（甚至毫克），形成了鲜明对比。

3. *冷冻电镜研究的样品范围很广泛* 冷冻电镜技术很早就被用于从微米尺度的细胞结构、亚细胞尺度的细胞器再到细胞内的各种大分子复合体的研究。尤其是随着近年来硬件及方法学的发展，现在已经能够用单颗粒技术对许多超大分子复合物进行原子分辨率的结构解析，随着技术的进步，用于冷冻电镜研究的生物分子的大小及冷冻电镜分辨率都在不断刷新纪录。

4. *能够对不均一的样品进行研究* 对于 X 射线晶体学，样品的均一性决定了晶体获得的难易程度及晶体的衍射质量，同一个晶体里的蛋白质颗粒处于同相同构象，通常一颗晶体只能提供某一种构象的结构。然而，即使是生物化学性质很均一的蛋白质样品，在溶液中也处于不断变化的状态，可能会有不同的构象。这给利用 X 射线晶体学研究带来很大挑战，而冷冻电镜通过迅速固定蛋白质颗粒的状态并收集放大数万倍之后的图像，能够收集到溶液中各种不同状态的蛋白质分子。随后研究人员就可以通过统计学的分析，利用 Relion 等软件，对样品数据进行二维和三维分类，以此来删除“坏”的颗粒（杂质或者噪声），同时将不同构象的蛋白质分子区分开，分别进行三维重构。这样的操作也能让一些均一性较差的样品的高分辨率结构得到解析。除了能够直接获得同一样品中的不同分子构象以外，研究人员还能利用统计学的手段对蛋白质分子在不同条件下（如不同温度、不同溶液环境、不同的结合因子或不同的反应时间）的结构变化结合条件的改变进行统计分析，从而获取和结构信息相关的热力学和动力学信息，实现对生物大分子相关功能分子机制的更全面阐释。

正是由于冷冻电镜近几年的快速发展及上述优势，冷冻电镜的研究对象从结构高度对称的病毒拓展到非对称的生物大分子，并且对生物样品分子量的限制也取得了很大突破，从 2013 年开始，每年提交到电子显微镜数据库（The Electron Microscopy Data Bank，EMDB）中的结构数量快速增加，分辨率也越来越高（图 29-4）。

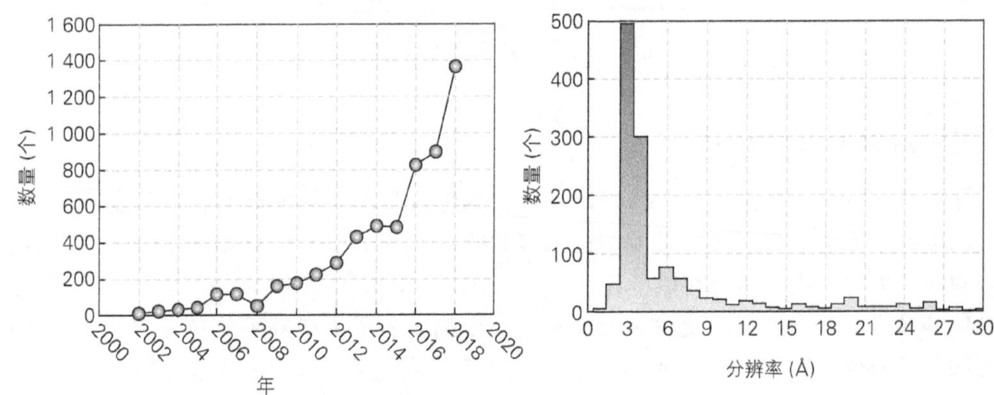

图 29-4　EMDB 数据库中冷冻电镜结构数量情况

左：2000～2018 年历年提交的蛋白质结构数量变化情况；右：2018 提交到 EMDB 数据库中蛋白质数目及其分辨率

第二节　冷冻电镜三维重构方法

通过冷冻电镜三维重构技术根据数据收集和处理方式的不同，可再细分为电子晶体学技术（electron crystallography，EC）、单颗粒技术（single particle analysis，SPA）及电子断层成像技术（electron tomography，ET）。它们只是研究对象不同，基本原理都是相同的。

一、电子晶体学技术

（一）电子晶体学概述

电镜对生物大分子在一维、二维甚至三维空间形成的高度有序重复排列的结构（晶体）成像或者收集衍射图样，进而解析这些生物大分子的结构，这种方法称为电子晶体学。20 世纪 70 年代早期，Bob Glaeser 教授意识到用电镜观察没有负染色的生物样品，必须保持极低的电子剂量来降低非弹性散射带来的电子损伤。由于低剂量的电子带来的信噪比也很低，所以需要大量的颗粒进行平均来提高信噪比。他根据晶体中排列着数量巨大的规则有序的生物大分子，认为即使其中有一部分结构被电子破坏，还有足够的结构信息，提出使用晶体样品来进行电镜观察。二维晶体的三维傅里叶变换在倒易空间中表现为一系列的衍射点，晶体的结构信息就存在于这些衍射点中。晶体结构因子的振幅可直接从电子衍射谱测出，而相位可以从电子显微像的傅里叶变换得到，将两者整合并进行逆傅里叶变换就获得了晶体相应投影方向的结构密度图。

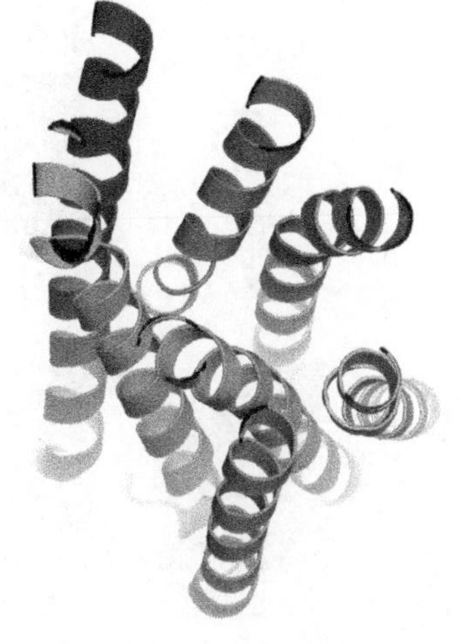

图 29-5 电子晶体学解析举例——视紫红质的晶体结构（PDB 1BRD）

图 29-5 彩图

（二）电子晶体学的应用及优点

电子晶体学在电镜刚出现的几十年间，同 X 射线晶体学和 NMR 一起，成为结构生物学通用的工具。第一个被电子晶体学解析的结构是细菌视紫红质（bacreriorhodopsin）（图 29-5），此后许多结构包括 T4 噬菌体尾部蛋白、植物捕获光能复合体Ⅱ（plant light harvesting complex Ⅱ）、水通道（aquaporin）和乙酰胆碱受体（acetyl choline receptor）等也是利用这种方法解析的。电子晶体学一个不可比拟的优势在于通过这种方法得到的结构信息，和 X 射线晶体学相比更反映生理状态下的真实结构，电子晶体学的研究对象能形成高度有序的晶态蛋白，电子晶体学经常被用于研究膜蛋白在天然脂环境中的构象变换。

二、冷冻电子显微镜单颗粒技术

（一）冷冻电子显微镜单颗粒技术概述

冷冻电镜单颗粒技术是目前被广泛采用的冷冻电镜技术，它是对分离纯化的颗粒状大分子进行结构解析的方法，通过获得具有全同性结构生物样品不同方向的二维投影图，采用平均化方法提高信噪比，确定二维图像与空间投影关系，通过三维重构技术获得生物大分子高分辨率结构。

（二）冷冻电子显微镜单颗粒技术的基本流程

目前单颗粒三维重构技术是一个比较常规的方法，其流程如图 29-6 所示：先将样品进行冷冻制样，然后将其冷冻转移到冷冻电镜中，在低剂量模式下进行图像的搜索，通过评估所获得的二维投影图像，挑选质量较好的图像进行颗粒框选，对所选颗粒进行图像调制。获得调制图像后，对具有相同空间取向的颗粒进行归类，同一类颗粒经平均化处理后在傅里叶空间进行三维重构，再经过反傅里叶变换获得物体真实的空间结构。

1. 冷冻电镜样品制备　样品制备是用冷冻电镜解析三维结构的第一步。对于一般的生物大分子可以通过外同源重组过量表达的方法提取纯化；而对于外源表达纯化困难的生物大分子复合物如核糖体等，则一般通过组织提取方式获得。样品纯度尽量高，一般应达到 90% 以上，若进一步纯化很困难，后面的数据处理过程中可进行计算机纯化，即通过计算分类区分样品的不同状态。虽然采用冷冻电镜技术不需要获得生物大分子的晶体，但是样品制备对于冷冻电镜技术同样重要。冷冻电镜技术对样品的要求是样品制备

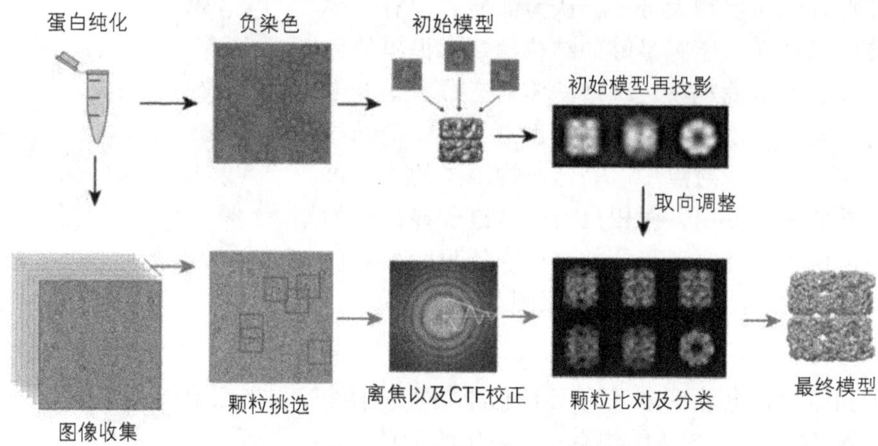

图 29-6 彩图

图 29-6　冷冻电镜单颗粒三维重构的示意图

的考虑因素。为了用单颗粒冷冻电镜技术获得生物大分子的高分辨率的结构，要收集许多均质性的颗粒图像，然后进行平均，以提高信噪比。所以，对于冷冻电镜单颗粒重构技术而言，理想的单颗粒样品应尽可能具有很高的均一性。样品的不均质性可能由样品本身构象的多样性及样品的灵活性、样品多组分的不均质性等引起。样品的不均质性可以通过合适的生物化学手段降低，如选取合适的蛋白质纯化策略。除此之外，样品所处缓冲液成分也能够显著改变样品自身的表现，通过高通量的筛选可以找到合适的生物样品缓冲液；化学偶联（chemical crosslinking）是减少样品异质性的一个非常有效的方法，但是化学偶联容易引入人为假象，如使生物大分子复合物保持在非功能或者非天然状态。通过加入配体或者底物、核酸等也可以稳定所研究生物样品，增加其均一性，这些方法是在 X 射线晶体学中常见的策略。

冷冻电镜制样的目的是要获得分散性、均一性较好的样品来进行数据采集。冷冻制样是将含水生物样品（如蛋白质溶液）用经过液氮/液氦冷却的液态乙烷速冻，使水分子形成非晶体玻璃态冰，样品颗粒悬浮于玻璃态冰中，以保持生物分子近天然态状态的同时也可减少电子束对样品的辐射损伤。

该方法有两个关键步骤：一是将样品在载网上形成一层水薄膜；二是将第一步获得的含水薄膜样品快速冷冻。在多数情况下，用手工将载网迅速浸入液氮内可使水冷冻成为玻璃态。或者通过喷雾冷冻装置（spray-freezing equipment），利用结合底物混合冰冻技术（spray-freezing），可以把两种溶液（如受体和配体）在极短的时间内（毫秒）混合起来，然后快速冷冻，将其固定在某种反应中间状态，这样能对生物大分子在结合底物时或其他生化反应中的快速的结构变化进行测定，深入了解生物大分子的功能。

2. 负染色样品的制备

（1）负染色样品的制备：取适量样品分别稀释适当的倍数，用于制备负染色样品。制备负染色样品之前，先用等离子清洗仪对所用载网进行亲水化处理，再进行以下操作步骤：用镊子夹取一个载网，载网正面朝上，平放在一个培养皿上。吸取 4 μL 样品滴于载网之上，静置 1 min。

（2）吸取 15 μL 的 1% 醋酸铀染料，用滤纸迅速吸取载网上的样品（注意不要吸干），迅速加上 5 μL 左右的醋酸铀，用滤纸吸取液滴，加上第二滴 5 μL 左右的醋酸铀，再用滤纸吸取液滴，最后再加上第三滴 5 μL 左右的醋酸铀，静置 1 min。

（3）用滤纸吸取剩余液滴，留下薄薄的一层醋酸铀染料，等待其自然风干。所得到的载网可用于后续的负染色样品检查。

3. 负染色样品的检查　负染色样品上样的具体操作步骤如下。

（1）用针将样品杆的压环挑起，将负染色载网置于样品杆上，再用针将压环放下压在载网上，轻轻转动样品杆以确定样品是否被压紧。

（2）将样品杆对准电镜样品台上的白色直线，缓慢插入样品杆直至不能继续插入，此时触发抽真空系统，样品台上的红灯亮，等待 1 min，抽真空结束，红灯熄灭，逆时针转动样品杆（样品台上从“Close”到“Open”）至样品杆呈垂直方向，再缓慢推入样品杆，上样结束。

（3）待电镜 Gun/Col 真空值降至 20 以下，打开“Filament”，等待 200 s 左右直至灯丝完全加上。

（4）打开“Col Values Closed”，开始观察样品。一般先对整个样品进行浏览，选定染色较好的区域。

（5）选定一个区域，调节放大倍数到 6 000 倍左右，调节高度。调节高度的方法是将一个特征点移动到视野中央，再将样品台倾转 15°，通过调节 Z 轴将该特征点移回视野中央，然后将样品台倾转回来。重复上述操作，直至特征点的位置不会随样品台的倾转而发生变化。将荧光屏中心对准一个狭缝，调节放大倍数至 59 000 倍。点击相机界面的“Preview”和“Live FFT”，调至正焦（无 FFT 环）。逆时针旋动“Focus”按钮，给予 1.5~3 μm 的欠焦值，点击“Acquire”进行拍照。

（6）拍照结束后，调节放大倍数至 6 000 倍左右，可以移动到其他区域，按照上一步的操作再次拍照。

（7）全部拍照结束后，保存照片。调节放大倍数至 6 000 倍左右，将样品台归零，关闭“Col Values Closed”，关闭“Filament”。拔出样品杆，取出铜网，检查结束。

4. 数据收集　所有的生物分子不同于材料分子，主要由 C、H、O、N 等元素组成，电子散射能力弱，成像衬度低。同样为减少辐射损伤，生物样品必须使用低电子剂量（通常约 20 e/Å^2）成像，这导致信噪比和衬度更低，所以成像时需要增加欠焦值以提高图像衬度。单颗粒技术解析生物大分子三维结构，一般需要采集大量粒子，一般而言目标分辨率越高，需要采集的粒子数目越多。同时收集数据量的大小取决于样品对称性、均一性、成像质量及目标分辨率等因素，目标分辨率越高，需要粒子数越多，那些无对称性样品及均一性较差的样品则需要收集更多的粒子。目前，想要达到近原子分辨率一般需要 5 万~15 万个粒子。

5. 数据处理

（1）粒子参数的确定与二维分类：每一个粒子的电镜图像有 5 个参数需要确定，即两个平面内的平移自由度 X、Y，一个平面内的旋转自由度 γ，以及两个离开平面的旋转自由度 α、β。平面内自由度可以通过对位加以消除，每个粒子离开平面的旋转自由度提供了粒子的三维信息。单颗粒图像处理的目的就是通过电镜重构软件计算确立每一个粒子的这些参数，常用的重构软件有 EMAN2、XMIPP、SPIDER、IMAGIC 等。

（2）二维分类：二维分类是将颗粒图像对位后，根据相似性进行归类，计算每一类的二维类平均图。二维分类算法有 *K* 均值聚类算法及最大似然法。通过二维分类，可评估数据质量、粒子取向分布等样品状态。粒子取向测定的准确度是决定重构分辨率的主要因素。电镜照片包含大量噪音信号，是影响粒子取向确定的主要限制因素。大分子颗粒可提供足够强的信号以实现准确的对位及分类，因此分子越大越容易区分异质性。低信噪比限制对位及粒子取向测定的准确度，使小分子结构解析更加困难。

6. 三维重构　电镜三维重构的基本原理是 DeRosier 和 Klug 于 1968 年提出的中心截面定理。拍摄的电镜照片，可视为样品沿电子入射方向的二维投影，沿不同投影方向拍摄样品不同取向的一系列电镜照片，经傅里叶变换可得到一系列不同取向的截面，当截面数足够多时，可重构出傅里叶空间的三维函数，再经傅里叶逆变换，便可得到实空间中样品的三维结构。常用的三维重构方法有角度重构法（也称共价线法）与随机锥倾转法（RCT 法）。角度重构法适合于取向随机分布的样品，RCT 法则适合于具有明显优势取向的样品。对于结构未知的样品，RCT 法是获得可靠初始模型的有效方法。

（1）三维分类：模型精修之前，可按照三维分类原则对粒子集进行分类，即根据粒子与一个或多个参照模型的相似度进行分类。三维分类的目的是区分粒子不同的取向、构象状态、结构组成等。三维分类的算法基于最大似然法原理，常用软件有 RELION 及 FREALIGN 等。通过三维分类可去除低质量的数据，有助于获得高分辨结构。

（2）模型精修：在获得均一的粒子集及初始三维模型后，用“投影匹配”法进行模型精修以提高分辨率。首先将每个粒子图像与初始模型的一系列二维投影图进行比对，按照与每个粒子最为相似的投影图取向，对粒子进行平移及角度参数调整，调整后的粒子再用于重构新的三维模型，新计算出来的三维模型又被用于下一轮的粒子参数优化。如此反复，直到模型投影和原始的粒子图像匹配。颗粒对位及投影匹配时，以粒子结构中体积较大较稳定的部分为主，相对灵活的亚区分辨率相对较低。有时需要将参照模型甚至粒子图像中较大的稳定区域进行掩盖，只对灵活区域做精修，前提是目标区域能够进行准确对位，如在核糖体中，小亚基相对于大亚基可呈现不同的结合状态。

（3）分辨率评估和结构解析：以傅里叶壳相关（fourier shell correlation，FSC）曲线评估 EM 模型的分辨率，结果为模型整体分辨率。模型各部分结构稳定性不同，分辨率可能存在局部差异。通常位于结构中央、较稳定的部分，分辨率较高；而处于结构边缘、较灵活的区域，分辨率较低。ResMap 软件可评估局部分辨率。要区分亚基边界，要求分辨率达到 15 Å 以上；高于 10 Å 可显示 α 螺旋对应的棒状密度；4 Å 左右可显示肽链骨架；接近 3 Å，可识别大多数氨基酸的侧链基团，或双链 DNA/RNA 的堆积碱基。近原子分辨率的 EM 密度图，可用 X 射线晶体学建立的一套方法，直接进行原子模型的建立和精修。常用 COOT 软件建模，REFMAC 软件进行精修。对于分辨率为 4.5~10 Å 之间的 EM 密度图，将结构域的已知高分辨结构进行拟合，可获得准原子模型。对于中等分辨率的密度图，通过密度差减分析、晶体结构对接等方法，可解析分子构架方式。

（三）冷冻电子显微镜单颗粒技术的应用

目前，单颗粒冷冻技术在结构生物学研究中得到了非常广泛的应用，是冷冻电镜三维重构技术的主要方法，单颗粒技术最早起源于20世纪70年代，随着冷冻电镜技术的发展，理论上单颗粒技术可以达到原子分辨率，在短短几年内，其解析生物大分子结构的分辨率日益提高，越来越多的高分辨率结构被解析。由于它处理的是同一大分子随机散布的电镜照片，这是单颗粒研究方法的最大优点。单颗粒技术可以解析生物大分子在不同功能状态时的结构，如结合不同的底物后研究结构有何变化，这对于揭示蛋白质或复合体发挥功能过程中的结构变化和作用机制都有着重要作用。

（四）冷冻电子显微镜单颗粒技术存在的问题

虽然运用单颗粒技术解析了许多生物大分子的结构，但是用于冷冻电镜制样的生物样品不像X射线晶体学具有稳定的结构，同一个生物大分子可能出现不同的功能性结构。有的样品在各个取向的二维投影差异很小，在进行分选的时候，会造成一定困难，因此需要手动去除这些颗粒。另外，单颗粒技术仍然是基于体外纯化生物样品的三维重构，因此样品制备仍然是一个问题。还有，冷冻电镜图像衬度相对较低，单颗粒技术中，确定粒子取向时容易出错，有研究表明对中的角度相差0.2°，可造成700 kDa大小的颗粒边缘信号衰减70%。虽然通过增大欠焦量和加入物镜光栏可以增加照片反差，但是会牺牲高分辨率信息。单颗粒冷冻电镜三维重构面临严重的科学问题，为解决这些问题，许多软件应运而生。冷冻电镜三维重构需采集大量图像数据，颗粒图像信噪比极低，成像样品不均一，颗粒图像识别软件Picker可以快速、准确进行蛋白颗粒的挑选。冷冻电镜三维重构计算时间极其漫长，重构并行软件EMAN2可以对三维重构结果精度优化，从而获得高性能计算。在冷冻电镜中，能够捕捉到大量高分辨率的图像，利用RELION这一由GPU加速的开源软件程序可以来处理并重建3D图像。

三、电子断层成像技术

（一）电子断层成像技术原理

电子断层成像技术是指通过在显微镜内倾转样品，收集样品多角度的电子显微图像，并对这些电子显微图像根据倾转几何关系进行重构的方法（图29-7）。单颗粒冷冻电镜

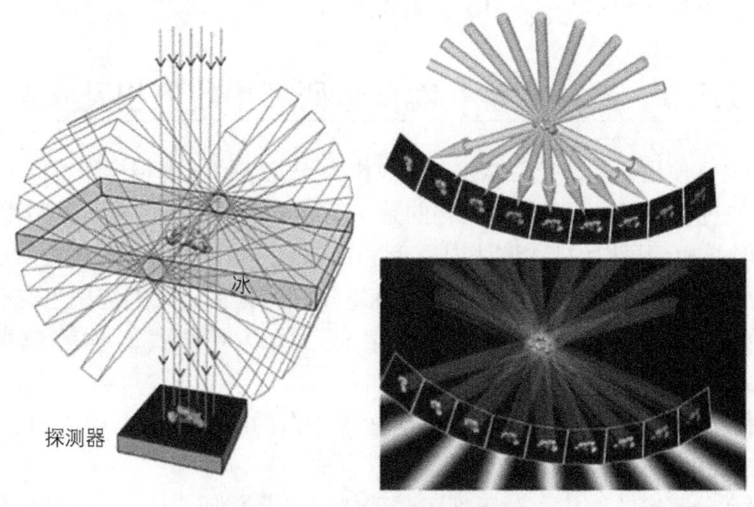

图29-7　电子断层成像示意图

三维重构虽然可以获得高分辨率的结构，但是这种方法获得的结构并不能代表生物大分子在发挥功能时的实际状态。电子断层成像技术虽然不能获得很高的分辨率，但是该技术可以对细胞内生物大分子结构进行原位再现，更接近生理态。与冷冻电镜单颗粒技术不同，电子断层成像技术主要集中于不具有全同性生物单分子的结构研究，在过去几十年间，电子断层成像技术最大的发展是实现样品台的自动倾转和数据的自动收集。电子断层的主要策略是对同一个粒子每隔一定的角度间隔拍一幅照，这样就得到了几十幅代表图（一般将样品倾斜旋转±65°，每 2°收集一张照片，总共产生 65 张图像），然后将获得的二维投影输入到重构软件中进行三维结构的计算，获得三维结构以后，再对所需要的结构进行分割渲染，进而进行结构分析和功能分析。

（二）电子断层成像技术的应用

电子断层成像术技术的主要优势在于解析多种不定形态生物样品（包括组织、细胞、亚细胞，乃至生物大分子复合物）在近生理条件下的三维结构，所研究对象可以为不具备周期性或全同性的生物大分子复合体系或细胞器的结构，如线粒体、高尔基体、细胞等，这些不具全同性的粒子结构是无法用其他方法解析的。而低温电子断层成像技术上的进展，使人们可以直接看到整个细胞内的结构和动态变化，从而可以用于研究亚细胞量级的生物学过程。

（三）电子断层成像技术存在的问题

理论上，电子断层扫描成像可以完美地重构出目标物的三维结构，但在实际操作中这是很难做到的。因为实际样品具有一定的物理形状，以组织样品的超薄切片为例，其在电镜中处于 90°倾角时的厚度要远远大于其在水平时的厚度，甚至超出了电子的穿透范围，而且样品架本身也很难达到 90°倾角。目前通常数据采集的倾角在±65°之间。由于投影角度的限制，在三维重构时会产生信息缺失的问题，进而导致三维重构分辨率的各向异性。目前电子断层成像三维重构所能达到的空间分辨率为 2～10 nm，远远低于电镜本身所能达到的分辨率极限，因而在分辨率提高方面还有很大的潜力。在仪器硬件方面，改进现有电镜设备及附件，如高分辨电子探测器、相位板、能量过滤器等，都会为该技术的进一步拓展提供保证。

第三节 冷冻电镜在噬菌体研究中的应用及实例

从最初的电镜使用开始，噬菌体就一直被作为研究结构的理想模型，同时噬菌体也在图像算法的发展过程起到重要作用，巧合的是，冷冻技术引入电镜也是用噬菌体作为样品的。噬菌体和冷冻电镜可以说是相辅相成、互相促进。目前随着冷冻电镜技术的快速发展，研究人员解析了很多噬菌体相关的结构。冷冻电镜在噬菌体研究的应用主要有以下几点：

（1）应用冷冻电镜获得的噬菌体的信息，可以帮助我们理解噬菌体的组装（assemble）以及病毒的成熟（maturation）过程。

（2）利用冷冻电镜解析了许多噬菌体与宿主蛋白的结构，可以帮助我们了解噬菌体是如何与宿主相互作用的。

（3）获得高分辨率的结构，对于理解噬菌体感染是如何引起的、如何利用噬菌体解决细菌耐药性提供有益的结构信息。截至 2019 年 7 月 21 日，在 PDB 数据库中，采用冷冻电镜解析的噬菌体的相关蛋白质为 164 个。下面列举一些用冷冻电镜研究噬菌体的实例。

一、解析噬菌体尾部蛋白的结构，阐明病毒入侵宿主的分子机制

噬菌体的尾部是一个令人着迷的分子机器，根据尾部形态，噬菌体可以分为 3 类：长尾非收缩性噬菌体、长尾收缩性噬菌体和短尾噬菌体。噬菌体的尾部在噬菌体的繁殖过程中具有两个非常重要的功能，即通过它将噬菌体颗粒吸附在细菌的表面，并且将噬菌体的遗传物质注射到宿主细胞质内。噬菌体特异性识别并和对应的受体结合，如噬菌体 SPP1 能够和枯草芽孢杆菌的受体 YueB 结合，对于它进入宿主至关重要。噬菌体尾部构造由许多噬菌体蛋白质构成并受到精细调控。地球上的噬菌体，95%都是有尾噬菌体，说明尾部这一特殊构造能够为噬菌体提供极其重要的进化优势。利用冷冻电镜解析噬菌体尾部的结构，对于了解尾部如何组装、噬菌体如何识别宿主细胞及噬菌体如何引起感染等提供了丰富的结构信息。2016 年，研究人员利用冷冻电镜解析了 T4 噬菌体尾部基板的结构（图 29-8），这一接近于 6MDa 的尾部基底结构是将收缩信号传递给鞘层的最复杂的结构，通过比较它吸附前和吸附后的结构，从原子水平阐明了噬菌体尾部入侵宿主的结构基础。

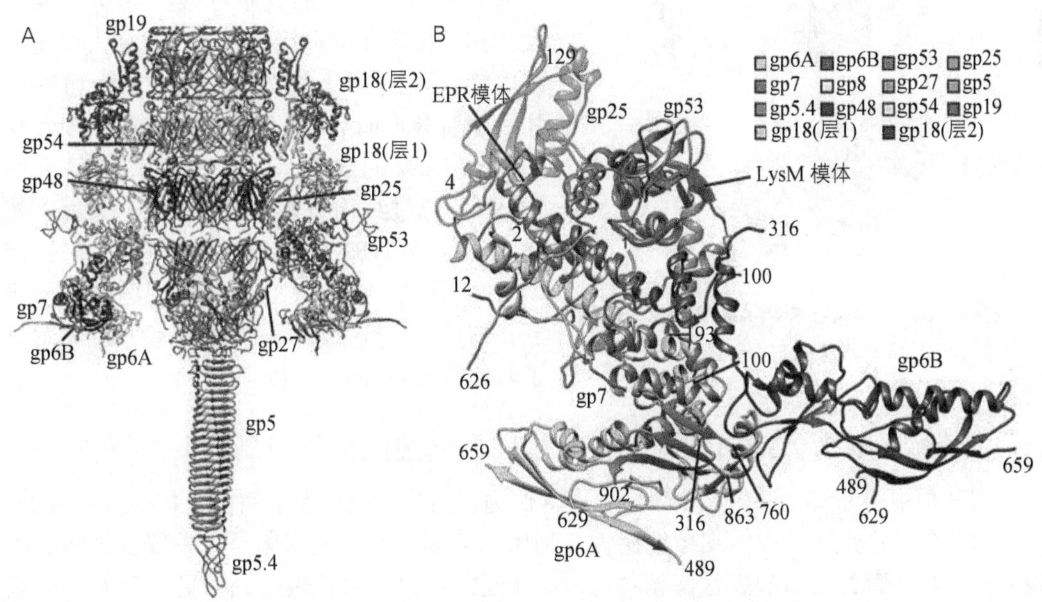

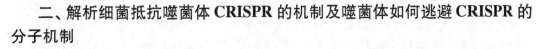

图 29-8　冷冻电镜解析 T4 噬菌体尾部结构，阐明噬菌体入侵宿主的分子机制

二、解析细菌抵抗噬菌体 CRISPR 的机制及噬菌体如何逃避 CRISPR 的分子机制

研究人员在研究细菌如何防御噬菌体感染时，发现了 CRISPR-Cas 系统，CRISPR-

Cas 是一个 RNA 指导的、广泛存在于细菌和古菌中的、抵抗病毒和外源质粒入侵的获得性免疫防御系统。CRISPR-Cas 系统能够为细菌提供一个序列特异性的防疫机制抵制“外来”的核酸如噬菌体等，主要原理是在 crRNA 分子引导下 CAS 系统效应酶分子结合到入侵核酸特定位点，发挥核酸解旋酶和内切酶活性对靶标 DNA 进行切割从而防御病毒、质粒等外源核酸类物质的入侵。由于其对 DNA 干扰的特性，目前被广泛应用于遗传工程中，利用非同源性末端接合（NHEJ）的机制，被用作基因编辑工具。

CRISPR-Cas 主要分为Ⅰ型、Ⅱ型、Ⅲ型、Ⅵ型和Ⅴ型，其中Ⅰ型、Ⅱ型和Ⅴ型靶向 ssDNA，Ⅵ型和Ⅲ型能够抵御 RNA 噬菌体的入侵。CRISPR-Cas 系统中的 CAS 蛋白一般比较大（如 CAS9 有 1～1 400 个氨基酸残基），用传统的结构生物学解析其工作机制比较困难，随着冷冻电镜的快速发展，研究人员将冷冻电镜应用于对 CRISPR 的研究，阐明细菌抗病毒的机制。研究人员发现铜绿假单胞菌中存在Ⅰ～F 型 CRISPR-Cas 防御体系，其中的 CAS-crRNA（csy 复合体）能够结合在外源 DNA 上招募的 Cas2/3 核酸酶，最终降解外源 DNA。有趣的是，研究发现噬菌体进化出了逃避细菌 CRISPR-Cas 系统的机制，在噬菌体中发现了抗 CRISPR 蛋白，如 AcrF1、AcrF2、AcrF3、AcrF4、AcrF5 等，证明它们能够抑制Ⅰ-F 型 CRISPR-Cas 系统，随后抑制Ⅰ-E 型 CRISPR 的抗 CRISPR 蛋白被发现。这些发现揭示了噬菌体抗 CRISPR 系统的作用机制，对于有效调控 CRISPR-Cas 系统效应酶分子活性及降低其脱靶效应具有重要意义。正是由于冷冻电镜的发展，研究人员用冷冻电镜技术解析了相关抗 CRISPR 蛋白的结构，随后 Ruchao Peng 用冷冻电镜解析 AcrF1/2 结合在 Csy 的结构，分辨率达到 3.8 Å（图 29-9），通过结构分析发现，AcrF1 通过干扰 DNA 靶点与 crRNA spacer 的碱基配对来抑制 CRISPR 系统，阐明可这一重要问题的分子机制，随后，研究人员通过冷冻电镜技术，解析了其他抗 CRISPR 蛋白的工作机制。

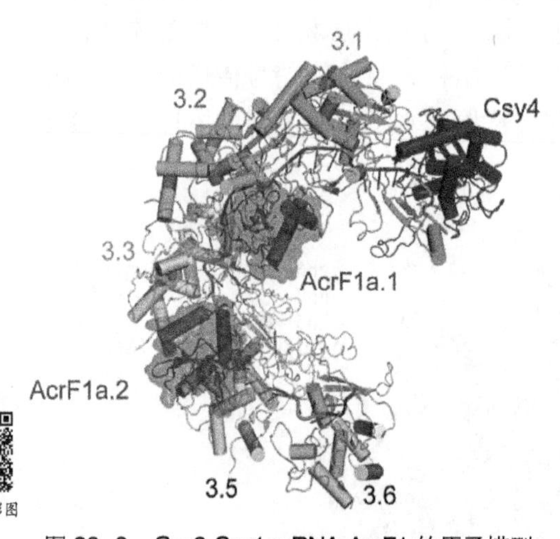

图 29-9　Csy3-Csy4-crRNA-AcrF1 的原子模型

品红色为 AcrF1 分子

三、解析噬菌体蛋白抑制宿主细菌转录调控的分子机制

水稻是中国和其他许多国家的主要粮食作物。白叶枯病是由水稻白叶枯病菌引起的，它是水稻生产中危害严重的细菌性病害。利用噬菌体抑制该病原菌是一种安全经济的生物防治方法。黄杆菌属裂解性噬菌体 Xp10 可侵染并裂解水稻白叶枯病菌。已有研究表明，P7 是 Xp10 噬菌体编码的一个关键的基因转录调控蛋白，其能够劫持宿主的 RNA 聚合酶，一方面关闭宿主基因转录，另一方面还具有抗终止作用，可以阻止终止子处新生肽链的释放，抵抗非依赖 Rho 因子的转录终止作用，使得噬菌体基因转录持续进行，从而控制噬菌体早期基因到晚期基因的时序性表达。为了阐明这一机制，研究人员利用冷冻电镜解析了水稻白叶枯病菌 RNA 聚合酶与 P7 的高分辨率转录复合物电镜结构（图 29-10）。通过分析冷冻电镜解析的噬菌体 P7 蛋白与细菌 RNA 聚合酶的结构发现，

P7 结合在细菌 RNA 聚合酶的 RNA 通道出口，阻止了 RNA 发卡结构的形成，这是转录终止的先决条件，P7 通过该独特的方式赋予了细菌 RNA 聚合酶通读转录终止信号的能力。另外，P7 蛋白还能够关闭宿主菌的基因转录，这是由于 P7 限制 RNAP 结构域之间的运动，特异性抑制转录起始阶段启动子 dsDNA 的解链过程。该研究揭示了噬菌体蛋白 P7 通读转录终止信号，开启噬菌体后期基因转录的分子机制；解释了噬菌体蛋白 P7 抑制宿主菌转录的分子机制；阐明了噬菌体基因表达调控的结构基础和分子机制，为人工噬菌体的构建提供了理论基础。

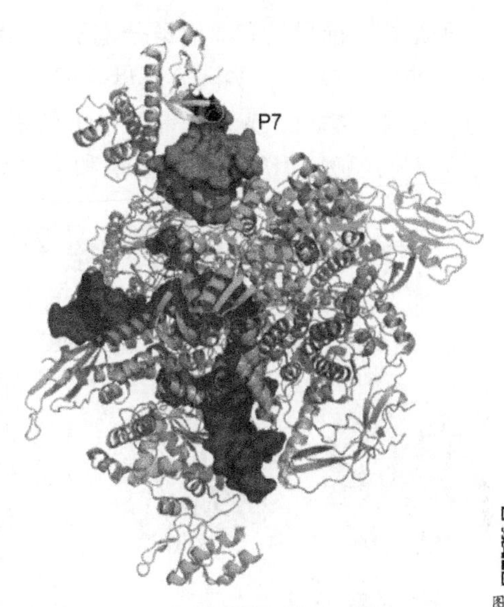

图 29-10 彩图

图 29-10　噬菌体 P7 拮抗 RNA 转录的分子机制

P7（红色表示）结合在细菌 RNA 聚合酶的 RNA 通道出口，阻止了 RNA 发卡结构的形成

四、阐明 DNA 复制体结构和工作机制

早在 60 年前，人们利用噬菌体确认了 DNA 是生命遗传信息的载体，并且解析出了 DNA 的双螺旋结构。DNA 的复制是生命繁衍过程中非常重要的一步，关于 DNA 复制分子机制的研究一直是生命科学中最基本的问题之一。已有研究表明 DNA 的复制由多个蛋白质组成的复制体协同完成，这些蛋白质包括 DNA 聚合酶、DNA 螺旋酶、引发酶和若干辅助蛋白。然而直到今天，复制体如何在 DNA 上组装并协同完成 DNA 复制这个问题，依然没有明确的答案。研究人员利用冷冻电镜技术，研究了模式生物 T7 噬菌体的 DNA 复制机制，并获得了第一个 DNA 复制体的三维结构（图 29-11）。研究人员发现在复制体结构中，DNA 聚合酶、螺旋酶和引发酶紧密地结合在“T”形的复制叉周围，形成一个多层紧密

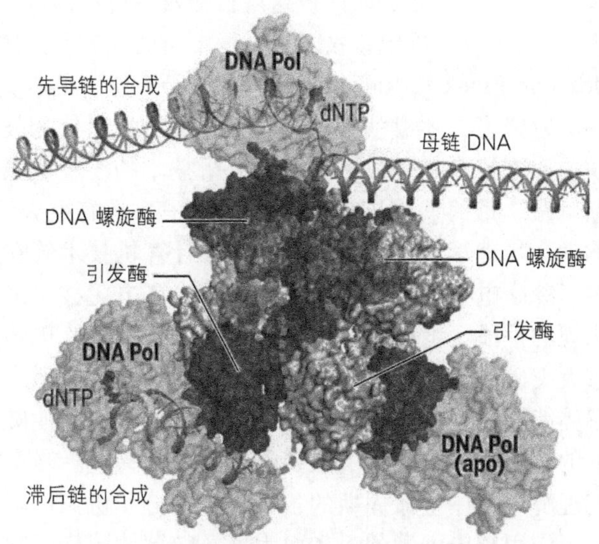

图 29-11 彩图

图 29-11　T7 噬菌体 DNA 复制体的冷冻电镜三维结构

先导链 DNA 聚合酶解旋酶呈现“T”形的复制叉

分子结构。前导链和滞后链分别被 DNA 聚合酶和 DNA 螺旋酶捕获，两个酶向相反的方向拉伸母链 DNA，协同完成母链 DNA 的解旋。先导链直接被 DNA 聚合酶复制，而滞后链穿过螺旋酶后，先后被滞后链上的引发酶和 DNA 聚合酶捕获，作为复制模板被复制，这为人们理解 DNA 复制、重组和修复等过程之间的协调提供了基础。

五、解析 ssRNA 噬菌体基因组的组装机制

病毒将基因组包装到蛋白质衣壳中并传递到宿主细胞，是病毒生命周期中非常重要的过程，与 dsRNA 病毒不同的是，ssRNA 病毒不会把它们的基因组包裹到预制的外壳蛋白中，而是由基因组和衣壳共同装配壳体，关于这个共同组装的过程，研究人员了解得很少。2016 年，Xinghong Dai 等利用冷冻电镜解析了 ssRNA 病毒——大肠埃希菌噬菌体 MS2 的分辨率高达 3.6 Å（图 29-12），在解析的结构中发现它的 3 569 个碱基的正义 ssRNA 被一个具有一个成熟蛋白和 89 个外壳蛋白二聚体的衣壳所包围，研究人员追踪了 80% 病毒基因组 ssRNA 的三维结构，搭建了 16 个 RNA 茎-环结构的原子模型，鉴定了三个保守的 RNA 与衣壳蛋白相互作用的位点，阐明了 ssRNA 基因组在病毒内如何折叠以及 RNA 如何通过成熟蛋白进入宿主细菌的机制。这些发现也为理解其他 ssRNA 病毒的基因组-壳体共组装机制，以及核蛋白复合物与病毒起源之间的联系提供了重要的信息。

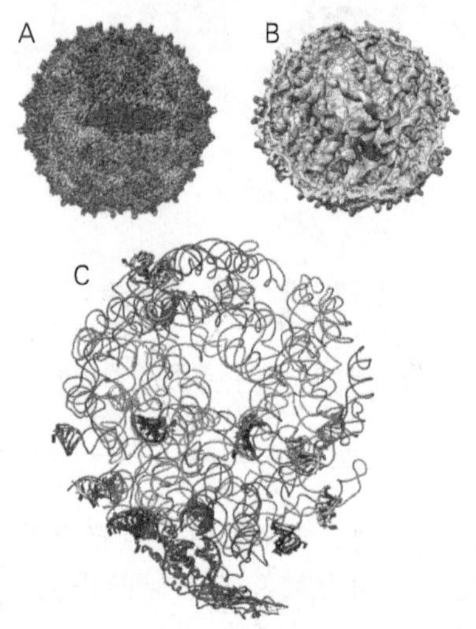

图 29-12 彩图

图 29-12　噬菌体 MS2 的冷冻电镜结构

A. 二十面体 MS2 噬菌体冷冻电镜密度前视图；B. 二十面体 MS2 噬菌体冷冻电镜密度后视图；C. 噬菌体基因组主体结构，用线状表示

从 20 世纪 40 年代电镜的诞生，到 20 世纪 80 年代冷冻电镜技术的基本确立，经历了将 40 年左右的时间，再到近原子分辨率三维重构的实现，又经历了将近 40 年的时间。这漫长的发展过程体现了研究人员在发展冷冻电镜技术的过程中所面临的巨大挑战。正是由于包括 Jacques Dubochet、Joachim Frank 和 Richard Henderson 等 3 位诺贝尔奖得主在内的一大批科学家和技术人员的不懈努力，才成就了冷冻电镜这一个划时代的技术。从三维重构原理的提出，到样品快速冷冻技术确立，再到图像分析技术的逐步成熟完善，生物样品的辐射损伤问题被逐渐解决，最终使冷冻电镜技术成为一个具有巨大潜力的革命性技术。这一过程与包括生物学、物理学、数学、电子工程和计算机技术等在内的多学科交叉是密不可分的。正是由于冷冻电镜的快速发展，使得用冷冻电镜技术来获得生物大分子的结构成为一个比较常规的手段。世界上的许多研究人员利用冷冻电镜技术在结构生物学的许多领域取得了重大突破，也包括在噬菌体研究领域。在当今微生物耐药性问题日益严峻的背景下，噬菌体能够特异性地感染并清除细菌这一特点，使噬菌体治疗为细菌耐药性提供了一个潜在的解决方案，吸引了很多研究人员的兴趣。噬菌体蛋白质结构信息的获得，能够让我们理解噬菌体生命周期的各个阶段的分子机制即噬菌体是如何通过宿主细胞膜上的受体相互作用感染细菌的，从而为理解噬菌体感染及噬菌体治疗提供强有力的结构信息。应用冷冻电镜技术研究噬菌体与宿主之间相互作用过程、深入了解其吸

附识别和溶菌机制、寻找其溶菌机制的共同特点，对于应用噬菌体作为抗生物制剂来进行有效的治疗和预防手段具有重大意义。目前将噬菌体应用于临床研究还处于起始阶段，随着研究的深入，噬菌体治疗还会展示出更大的发展空间。

参考文献

30 噬菌体基因组测序与分析

——李　萍　范华昊　童贻刚

基因组测序是将基因型与表型特征相关联的重要步骤，在生命科学的许多领域都很重要。测序技术可以分为三代，第一代测序技术主要指 Sanger 测序（双脱氧链终止法）和 Maxam-Gilbert 测序（化学修饰法）。第二代测序的代表技术有瑞士罗氏公司的 454 测序（焦磷酸法）、美国应用生物系统公司的 Solid 测序（连接法）、Illumina 公司的 Solexa 测序（合成法）和美国赛默飞世尔科技有限公司的 Ion Torren 测序（半导体芯片）。第三代测序技术主要指单分子测序技术，目前主要代表测序平台是 PacBio 公司的 SMRT 单分子实时测序技术（零模式波导孔芯片）、牛津纳米孔公司的 MinION 纳米孔测序仪（电子传导检测）。第二代和第三代测序技术合称为下一代测序技术（next-generation sequencing，NGS），又称高通量测序技术（high-throughput sequencing，HTS）。下一代测序技术能一次同时对几十万到几百万条 DNA 分子进行序列测定，与传统的第一代测序技术相比具备成本低、时间短、通量大等优势，目前已经广泛应用于基因组测序、表观基因组学及功能基因组学等多方面研究。

据报道，生物圈中噬菌体的数量超过细菌的十倍，但是目前已知基因组序列的噬菌体却非常少。噬菌体的基因组较小，大多为 2.3~316 kb，具有多样性的特点，存在大量较高比例、未知功能的基因序列，因此对噬菌体基因组的测序和分析，有助于深入了解噬菌体及其与宿主、环境的相互作用。第二代测序技术是目前使用最普遍的噬菌体基因组测序技术。第二代测序技术过程主要包括：样本准备、文库构建、测序反应和数据分析。本章将从噬菌体基因组提取及纯化、基因组测定、基因组文库构建与测序和测序数据分析四部分进行阐述。

第一节　噬菌体基因组提取及纯化

噬菌体是一类以细菌为宿主的病毒，属非细胞生物，主要由蛋白质外壳和内部遗传物质——核酸（DNA 或 RNA）组成。因此，提取噬菌体基因组需要破坏病毒颗粒的蛋白质外壳使核酸释放出来，然后去除杂质并抽提核酸。为了得到高纯度的噬菌体基因组，经纯化后的单个噬菌体可以经超滤浓缩、聚乙二醇沉淀或密度梯度离心等浓缩纯化制备

作者单位：李萍、范华昊、童贻刚，北京化工大学生命科学与技术学院。

高滴度的噬菌体增殖液，而复杂组分样品中的噬菌体则需要经过必要的前处理再进行噬菌体基因组提取和鉴定。

噬菌体基因组提取方法主要有苯酚-氯仿法、核酸纯化柱法、磁珠法、吸附树脂法及商品化的试剂盒。提取噬菌体基因组前用核酸酶消化宿主核酸可以减少宿主基因组的污染。核酸提取的基本原理为：使用蛋白酶 K 消化蛋白质并裂解噬菌体，加入去污剂十二烷基硫酸钠（SDS）溶液促进核酸与蛋白质分离；使用苯酚-氯仿法、核酸吸附树脂法、磁珠法或核酸纯化柱法等提取核酸；使用异丙醇或乙醇沉淀核酸；将核酸溶于无核酸酶双蒸水或 TE 缓冲液中。

一、苯酚-氯仿法

（一）材料

DNase Ⅰ、RNase A、0.5% EDTA（pH 8.0）、蛋白酶 K、10% SDS（赛默飞世尔科技有限公司，美国），Tris 平衡酚（pH 8.0）、DNA/RNA 提取液（25∶24∶1）（索莱宝公司，中国），氯仿（国药集团化学试剂有限公司，中国），异丙醇，75%乙醇，无核酸酶双蒸水（索莱宝公司，中国），Qubit 4.0 荧光计（赛默飞世尔科技有限公司，美国）。

（二）方法

（1）取 600 μL 高滴度噬菌体制备液于 1.5 mL 的离心管中，依次加入 3 μL DNase Ⅰ和 RNase A 至终浓度均为 1 μg/mL，混匀，37 ℃温育 1～12 h，以降解残留的宿主菌 DNA 及 RNA。

（2）加入 24 μL 的 0.5% EDTA（pH8.0），混匀，80 ℃灭活 15 min，以使核酸酶灭活。

（3）加入 1.5 μL 的 20 mg/mL 蛋白酶 K，30 μL 的 10% SDS，混匀，56 ℃水浴1 h，消化蛋白质，裂解噬菌体。

（4）加入等体积的 Tris 平衡酚（pH 8.0），混匀，抽提核酸，12 000 r/min 离心 10 min,将上层水相转移到新的离心管中。

（5）加入等体积的 DNA/RNA 提取液（25∶24∶1），混匀，抽提核酸，12 000 r/min 离心 10 min，将上层水相转移至新的离心管中。

（6）加入等体积的氯仿，混匀，去除残留的酚，12 000 r/min 离心 10 min，并将上层水相转移至新的离心管中。

（7）加入等体积的异丙醇，混匀，-20 ℃放置 3 h，沉淀核酸，13 000 r/min 离心 20 min,缓慢倒掉上清，收集沉淀。

（8）加入 1 mL 预冷的 75%乙醇，静置 10 min，沉淀核酸，12 000 r/min 离心10 min，缓慢倒掉乙醇，收集沉淀。

（9）室温干燥 10 min 挥发乙醇，用无核酸酶双蒸水溶解核酸沉淀。

（10）使用 Qubit 荧光计测量核酸浓度，DNA 保存于-20 ℃，RNA 保存于-80 ℃。

二、核酸纯化柱法

（一）材料

DNase Ⅰ、RNase A、0.5 % EDTA（pH 8.0）、蛋白酶 K、20% SDS（赛默飞世尔科技有限公司，美国），6 mol/L NaCl（青岛海博生物技术有限公司，中国），裂解缓冲液（0.1 mol/L NaCl，0.01 mol/L MgSO4，1 mmol/L EDTA，100 mmol/L Tris-Cl，pH 8.0），结合缓冲液（6 mol/L 异硫氰酸胍，100 mmol/L Tris-Cl，pH6.4），漂洗缓冲液（100 mmol/L Tris-Cl，pH 8.0）与无水乙醇按 1∶4（*v/v*）比例混合，DNA /RNA 吸附柱（凯杰生物工程公司，德国）。

（二）方法

（1）取 500 μL 高滴度噬菌体制备液，依次加入 20 μL DNase Ⅰ和 RNase A 至终浓度均为 40 μg/mL，混匀，37 ℃温育 30 min，降解宿主核酸。

（2）加入 500 μL 裂解缓冲液、100 μL 20% SDS、3 μL 25 mg/mL 蛋白酶 K，混匀，50 ℃温育 30 min，破坏和水解噬菌体蛋白质结构。

（3）加入 200 μL 6 mol/L NaCl，轻轻混匀，12 000 r/min 离心 10 min，去除杂质，将上清转移至新的离心管中。

（4）加入上清 50%体积的结合缓冲液，轻轻上下颠倒混匀，结合噬菌体核酸。

（5）将上述混合液转移至 DNA/RNA 纯化柱中，将纯化柱放置在离心管中，12 000 r/min 离心 1 min，吸附核酸。

（6）将纯化柱转移至新的离心管中，向纯化柱中加入 700 μL 漂洗缓冲液，12 000 r/min 离心 1 min；重复此操作 2 次，清洗核酸。

（7）将纯化柱转移至新的离心管中，室温干燥 5 min，向纯化柱的膜中央加入100 μL 的无核酸酶双蒸水，室温放置 1 min，12 000 r/min 离心 1 min，洗脱液核酸，DNA 保存于-20 ℃，RNA 保存于-80 ℃。

三、磁珠法

（一）材料

天根磁珠法病毒 DNA/RNA 提取试剂盒（裂解液 RLCK、漂洗液 PWC、漂洗液 PWE、Carrier RNA、蛋白酶 K、磁珠悬浮液 G、无核酸酶双蒸水）（北京百奥莱博科技有限公司，中国北京）。

（二）方法

（1）在 200 μL 高滴度噬菌体制备液中依次加入 15 μL 混匀的磁珠悬浮液 G、20 μL 蛋白酶 K、300 μL Carrier RNA，振荡混匀 10 s。

（2）室温孵育 10 min，期间每 3 min 上下颠倒混匀 10 s，使磁珠和核酸充分结合，瞬时离心以收集附着在管壁及管盖的液体。

（3）将离心管放置于磁力架上静置 1 min，待磁珠完全吸附后小心去除液体。

（4）将离心管从磁力架上取下，加入 500 μL 漂洗液 PWC，振荡混匀 1 min。将离心管放置于磁力架上静置 1 min，待磁珠完全吸附后小心去除液体。

（5）将离心管从磁力架上取下，加入 500 μL 漂洗液 PWE，振荡混匀 1 min。将离心管放置于磁力架上静置 1 min，待磁珠完全吸附后小心去除液体。重复该步骤一次。

（6）将离心管于磁力架上，56 ℃晾干 5~10 min。

（7）将离心管从磁力架上取下，加入 100 μL 无核酸酶双蒸水，56 ℃振荡混匀 5 min。

（8）将离心管放置于磁力架上静置 2 min，待磁珠完全吸附后小心将核酸溶液转移至新的离心管中，DNA 保存于-20 ℃，RNA 保存于-80 ℃。

四、吸附树脂法

（一）材料

DNase Ⅰ、RNase A、蛋白酶 K（赛默飞世尔科技有限公司，美国），异丙醇（国药集团化学试剂有限公司，中国），1×TE 缓冲液（10 mmol/L Tris-HCl，pH 8.0），1 mmol/L EDTA（pH 8.0），Wizard Lambda DNA Preps DNA 纯化树脂（普洛麦格公司，美国），Qubit 4.0 荧光计。

（二）方法

（1）在 500 μL 高滴度噬菌体制备液中依次加入 15 μL DNase Ⅰ和 RNase A 至终浓度均为 5 μg/mL，37 ℃孵育 15 min，以降解残留的宿主菌 DNA 及 RNA。

（2）加入 1.5 μL 蛋白酶 K 至终浓度为 0.5 mg/mL，37 ℃孵育 10 min，以降解核酸酶活性。

（3）将噬菌体液低速离心 20 s 以除去不溶性颗粒，将上清液转移至新的离心管中，加入混匀的 1 mL DNA 纯化树脂，混合均匀。

（4）将树脂与噬菌体混合液转移至 5 mL 无菌注射器中，将注射器缓慢插入微型柱，轻轻将溶液推入微型柱。

（5）使用新的注射器将 2 mL 的 80%异丙醇溶液轻轻推入微型柱，清洗微型柱。

（6）将微型柱放入 1.5 mL 离心管中，低速离心 30 s 以干燥树脂。

（7）将微型柱放入新的离心管中，加入 100 μL 的 TE 缓冲液（80 ℃预热效果更佳）洗脱 DNA，14 000 r/min 离心 1 min，收集噬菌体 DNA 并储存在-20 ℃。

五、复杂组分样本中基因组的提取

（一）环境样本中噬菌体宏基因组的提取

噬菌体是一类以细菌为宿主的病毒，自然界中凡是有细菌分布的地方，均可发现其特异的噬菌体，如海水、工业或生活污水、土壤、污泥、粪便等。环境样本中含有多种细菌和噬菌体，高通量测序技术和宏基因组学的发展为探索环境中噬菌体的多样性提供了可能。对于海水和污水等液体样本，需要进行分级粗滤以去除大体积杂质，8 000 r/min 离心 15 min 以沉淀残留杂质，上清用 0.45 μm 滤膜过滤，滤液用100 kDa超滤膜浓缩富集。对于污泥、粪便等固液混合样本，根据需要添加适量的 1×PBS 缓冲液，用磁力搅拌器搅拌打散，后进行分级粗滤去除大体积杂质，8 000 r/min 离心15 min沉淀残留杂质，上清用 0.45 μm 滤膜过滤，离心和过滤后的沉淀用 1×PBS 缓冲液洗脱 3 次，将此滤液与初次滤液混合，滤液用 100 kDa 超滤膜浓缩富集。对于土壤等固体样本，添加适量的 1×PBS 缓冲液，用磁力搅拌器持续搅拌 12 h，后进行分级粗滤去除大体积杂质，8 000 r/min 离心 15 min 沉淀残留杂质，上清用 0.45 μm 滤膜过滤，滤液用 100 kDa 超滤膜浓缩富集。将经过富集的噬菌体制备液用聚乙二醇沉淀和密度梯度离心法等浓缩纯化噬菌体，使用商品化试剂盒或其他方法提取噬菌体总基因组。当需要能感染某种特定细菌的噬菌体时，可用富集的噬菌体制备液感染对数期的宿主菌，经过夜培养后再进行噬菌体的浓缩纯化及噬菌体基因组的提取。

（二）临床样本中噬菌体宏基因组的提取

人体肠道中含有大量的古菌、细菌及其病毒如噬菌体。噬菌体的多样性、动态分布对肠道菌群结构和人体健康有重要关系。下一代测序技术的进展为探索噬菌体的多样性以及它们对人类肠道细菌群落结构的改变和影响提供了新的机会，可获得更丰富的噬菌体颗粒，进而获得更高的 DNA 产量和质量，更准确地估计肠道中的噬菌体的群落结构。然而，从样本中提取噬菌体的效果一直不太理想。目前噬菌体的提取方法主要为：溶解样本，根据需要适度均质；离心，去除细胞和杂质；0.45 μm 超滤膜过滤或切向流过滤；聚乙二醇沉淀或 CsCl 梯度超速离心浓缩和纯化噬菌体。经过纯化的噬菌体制备液进一步使用商品化试剂盒或其他方法提取噬菌体总基因组。

第二节　噬菌体基因组测定

标准琼脂糖凝胶电泳广泛应用于 0.2~50 kb DNA 片段的分离，可适用于酶切后的基因组分析。细菌或整个病毒基因组 DNA 的片段较大，可以用脉冲场凝胶电泳（pulsed-field gel electrophoresis，PFGE）方法分析。

在琼脂糖凝胶电泳中，DNA 分子在高于其等电点的电泳缓冲液中因磷酸基团解离而带负电荷，相同分子量的 DNA 在电泳时向正极移动的速率相同。琼脂糖凝胶的网络结构能够发挥分子筛效应，不同大小和构象的 DNA 分子电泳时具有不同的迁移率。琼脂糖凝胶电泳操作简单快速，是分离鉴定和纯化核酸分子最常用的方法。常用的琼脂糖电泳缓冲液为 1×TAE/TBE，琼脂糖浓度为 0.5%~1.5%，核酸染料如 SYBR Gold、Gold View 和溴乙锭（EB）等。TAE 对超螺旋 DNA 分子和大于 13 kb 的大片段 DNA 分子分辨率更好，更适合在回收电泳中使用。TBE 对小于 1 kb 的小片段 DNA 分子有更好的分离效果，更适合长时间电泳使用。琼脂糖浓度越高则可以分离的 DNA 片段越小，电泳时间越长。EB 染色效果最好，操作方便，但是稳定性差，具有毒性，故操作过程中要小心谨慎。琼脂糖凝胶可以区分相差 100 bp 的 DNA 片段，常用来分析经限制性内切酶消化后的噬菌体基因组或 0.2~60 kb 未消化的噬菌体基因组。

当噬菌体基因组为 60~200 kb 时，dsDNA 分子太大不能进入常规琼脂糖凝胶，可以用 PFGE 方法，以噬菌体制备液为原料进行分析。在 PFGE 过程中，脉冲电场的大小、方向和时间交替变化，在电场转换后小分子 DNA 可以较快转变移动方向而大分子 DNA 转向较为困难，因此小分子向前移动的速度比大分子快。常用的 PFGE 电泳缓冲液为 1×TAE/0.5×TBE，琼脂糖浓度为 1.0%~2.0%，电泳温度 14 ℃，脉冲角度为 120°。提高电泳温度，电泳速度加快，条带的分辨率降低。降低脉冲角度，电泳速度加快，大片段DNA分子条带的分辨率提高。脉冲时间是电极在单一方向改变所需要的时间，当DNA分子变换方向的时间小于脉冲周期时才能够根据分子量大小而分离，增大脉冲时间有利于大片段DNA分子的分离。

一、琼脂糖凝胶电泳

（一）材料

SeaKem Gold琼脂糖（龙沙公司，瑞士），1×TAE/TBE电泳缓冲液、EB染色剂（索莱宝公司，中国），DNA凝胶电泳仪及相关设备（沃德生物医学仪器，中国），Tannon-4200SF凝胶成像仪（上海天能科技有限公司，中国）。

（二）方法

（1）称取1 g琼脂糖溶解在100 mL 1×TAE电泳缓冲液中，加热至完全融化，制备1%琼脂糖胶。

（2）将琼脂糖溶液室温冷却到50 ℃，加入10 μL EB染色剂至终浓度为0.5 μg/mL，缓慢晃动混匀。

（3）将琼脂糖溶液缓慢倒入制胶模具中，插入梳板，室温放置30 min待其凝固。

（4）将琼脂糖胶块放入电泳槽中，将梳板缓慢拔出。在电泳槽内加入1×TAE电泳缓冲液至刚好没过胶块表面。

（5）将DNA样品与10×上样缓冲液按照9∶1的比例混匀，取2~10 μL混合液加入上样孔内，注意不要将枪头插至孔底以免戳破凝胶。

（6）设置电压5 V/cm，电泳时间30~60 min，开始电泳。当溴酚蓝或者二甲苯青移至凝胶前沿1~2 cm时停止电泳。

（7）将琼脂糖胶块取出，使用凝胶成像系统在254 nm紫外灯下观察DNA条带。

二、脉冲场凝胶电泳

（一）材料

1×PBS缓冲液，1×TE缓冲液，λ多联体（宝灵曼公司，德国），SeaKem Gold琼脂糖，1×TAE/0.5×TBE电泳缓冲液，100 mmol/L NaCl，EB染色剂，脉冲场凝胶电泳仪及相关设备（伯乐公司，美国），Tannon-4200SF凝胶成像仪。

（二）方法

1. 琼脂糖包埋样品

（1）按照每个噬菌体保存液样品制备0.5~1 mL体积2%的低熔点琼脂糖胶块，称取适量琼脂糖溶解在PBS缓冲液中，加热至完全融化，摇匀，并在水浴中保持50 ℃。

（2）在离心管中加入50 ℃预热的500 μL噬菌体保存液、500 μL融化的琼脂糖，轻轻混合避免产生气泡，立即转移混合物至样品模具中，室温静置30 min使琼脂糖凝固。

（3）用无菌镊子小心地将样品琼脂糖胶块从模具中取出，将凝胶块放在含蛋白酶K的TE缓冲液中50 ℃保持2~3 d。

（4）将凝胶块取出，直接用于酶切反应或用 0.5 mol/L EDTA（pH8.0）于 4 ℃保存。凝胶块使用前用 TE 缓冲液清洗干净。

2. 标准物的制备（λ 多联体）

（1）以 TE 缓冲液悬浮 λ 多联体至终浓度为100 ng/μL。

（2）用等体积 TE 配制的 2%低熔点琼脂糖。

（3）在离心管中加入等体积的 50 ℃预热的 λ 多联体和琼脂糖，轻轻混合避免产生气泡，立即转移混合物至样品模具中，室温静置 30 min 使琼脂糖凝固。

（4）室温下用 TE 及 100 mmol/L NaCl 溶液温育 2 d。

3. 脉冲场凝胶电泳（PFGE）

（1）称取适量琼脂糖溶解在 100 mL 0.5×TBE 电泳缓冲液中制备一个 0.8%琼脂糖凝胶，加热至完全融化，摇匀。

（2）将琼脂糖溶液室温冷却到 50 ℃，缓慢晃动混匀，倒入电泳槽水平板上，室温放置 20 min 待其凝固。

（3）缓慢拔出梳子。将样品块放入梳孔中，并使样品块紧贴梳孔前壁，用 0.8%琼脂糖填满样品空隙，室温放置 10~15 min 使琼脂糖凝固。

（4）把胶块放入电泳槽内，在电泳槽内加入 14 ℃预冷的 0.5×TBE 电泳缓冲液至刚好覆盖胶块表面。连接电泳槽和电泳仪。设置电压 6 V/cm，电泳温度 14 ℃，蠕动泵流速 5~10 mL/min，脉冲角度为 120°，脉冲时间为 2~50 s，电泳时间 4~20 h。

（5）将琼脂糖胶块取出，在 EB 溶液（0.5 μg/mL）中染色 30 min，然后在无核酸酶双蒸水中冲洗直到未结合的污渍被清除。

（6）将琼脂糖胶块取出，使用凝胶成像系统在 254 nm 紫外灯下观察 DNA 条带。

第三节　基因组文库构建及测序

一、DNA/RNA 文库构建

第二代测序技术包括单端测序（single-read）和双端测序（paired-end 或 mate-pair）两种方式，都需要构建体外文库，其中使用最广泛的是构建双端测序文库。单端测序是将 DNA 样本片段化，末端补平，在 DNA 片段的一端连接接头和测序引物，选择目标大小的 DNA 片段后经过 PCR 扩增构建文库。双端测序与单端测序不同的是 DNA 片段的两端都连接测序引物和接头。单端测序则是首先将片段化的 DNA 末端修复后进行生物素标记和环化，再把环化后的 DNA 分子打断并用磁珠捕获生物素标记的片段，然后再把捕获的片段经末端修饰和连接测序接头建成文库。DNA 双端测序文库构建的基本步骤包括：DNA 片段化、末端修复、连接接头和测序引物、选择目标大小的 DNA 片段、PCR 扩增并纯化。若是 RNA 文库构建，则需要先将片段化的 RNA 逆转录为 cDNA，然后构建 cDNA 文库，基本步骤包括 RNA 探针杂交、RNase H 消化、RNA 纯化、RNA 片段化、cDNA 合成、cDNA 纯化、cDNA 文库的末端修复、连接接头和测序引物、选择目标大小的 DNA 片段、PCR 扩增并纯化。

二、文库质量鉴定

文库质量与高通量测序的数据质量紧密相关，文库质量不足可能会出现簇（cluster）多重模板过多或数据读取量过少，导致基因组覆盖率低。目前评估文库质量主要包括文库长度检测、文库精确定量和文库污染物检测，以下将对这三个指标进行阐述。

（一）文库长度检测

文库长度检测常用仪器有 Agilent 2100 Bioanalyzer 和 Caliper LabChip GX，它们都是基于自动化的微控流芯片技术对核酸进行分离、定性及定量分析。样品在 DNA 芯片上的显微蚀刻管道中进行毛细管电泳，不同的 DNA 片段根据其大小被分离。同时荧光染料嵌入 DNA 双链后激发荧光，仪器依据收集到的荧光信号强度对样本粗略定量。一般情况下，好的文库应该呈现出单一的、圆滑的峰，且接近正态分布，长度范围在 150~700 bp 之间，通过计算峰面积进行定量分析。

使用 Agilent 2100 Bioanalyzer 进行实验的步骤如下：

（1）打开 2100 Expert 软件，确认仪器被电脑检测到。

（2）选择芯片运行类型（电泳），选择芯片槽类型，设置芯片混匀仪转速。

（3）准备电泳样品、试剂、芯片和注胶平台。取出所有需要的试剂，室温平衡大约 30 min，注意避光。

（4）将芯片放入注胶平台，将核酸凝胶染料混合物加入注胶孔进行注胶。

（5）从注胶平台取出芯片。在电泳芯片上的标准品孔中加入 1 μL 标准品，样品孔中各加入 1 μL 样品。

（6）将加好样品的电泳芯片放入芯片混匀仪，旋混 1 min。

（7）将电泳芯片放入 Agilent 2100 Bioanalyzer，选择相应的实验类型，设定数据保存路径，开始运行电泳。

（8）运行结束后清洗电极。

（9）打开数据操作界面，查看运行报告，分析实验结果。

（二）文库精确定量

文库定量的常规方法为 qPCR 法和荧光计法（Qubit）。qPCR 法是用荧光染料或荧光探针实时检测 PCR 每个循环扩增产物的荧光信号，通过标准曲线对 DNA 进行定性和定量分析。qPCR 法进行文库定量时可以使用特异性引物对样品中两端接头连接完整的文库即可测序的文库进行定量，排除了不可测序文库的干扰。一般情况下，理想的文库浓度应在 10~100 nmol/L 之间。Qubit 法是采用荧光染料法对 DNA、RNA 或蛋白质进行精准定量，使用 Qubit 法进行文库定量时，染料与所有 DNA 双链结合，无法有效定量可测序的 DNA 文库。与 qPCR 法定量文库相比，Qubit 法的精确度稍弱一些，但是 Qubit 法出众的简便性、灵敏度及低成本，使其非常适合文库 DNA 的定量。

qPCR 法的实验步骤如下：

（1）将标准品按 10 倍梯度稀释，用作模板在 qPCR 仪器上进行扩增，建立反应 *ct* 值与 DNA 浓度对应关系的标准曲线。

（2）按照试剂盒说明书建立反应体系：10 μL SYBR Premix ExTaq Ⅱ，0.8 μL PCR

正向引物，0.8 μL PCR 反向引物，2 μL DNA 模板，6.4 μL 无核酸酶双蒸水，混匀。

（3）设置反应条件：95 ℃初始变性 3 min；95 ℃变性 30 s，55 ℃退火 15 s，72 ℃延伸 30 s。30 个循环。

（4）按照仪器操作说明选择溶解曲线分析：95 ℃、16 s，60 ℃、15 s，95 ℃、15 s。

（三）文库污染物检测

Nanodrop 是检测样本污染物最快的方法之一，能够在包括紫外及可见光区域在内的光谱范围内检测污染物的吸光度信号，核酸污染物的常用参考标准是 A260/280 和 A260/230。理想文库的标准是 A260/280>1.8、A260/230>2.0。

Nanodrop 实验步骤如下：

（1）打开 Nanodrop 软件，选择核酸检测功能，设置样品名称和样品类型。

（2）抬起仪器上臂，在仪器的下基座上滴加 1 μL 样品缓冲液。

（3）放下仪器上臂，点击“Blank”图标进行调零。

（4）抬起上臂，用无尘纸把上下基座擦拭干净。

（5）擦拭完后抬起仪器上臂，在仪器的下基座上滴加 1 μL 样品，点击“Measure”图标进行检测。

（6）检测完后抬起上臂，用无尘纸把上下基座擦拭干净。

三、基因组测序

第二代测序技术是目前获得噬菌体全基因组序列最主要的方法。454 生命科学公司首先推出高通量焦磷酸测序法。2005 年，罗氏公司收购 454 生命科学公司并发布高通量基因组测序系统。此后 Solexa 公司推出 Solexa 测序技术。2007 年，Illumina 公司收购 Solexa 公司。2007 年，美国应用生物系统公司推出 Solid 测序技术。2010 年，赛默飞世尔科技有限公司推出半导体测序技术，发布 Ion torrent 测序平台。

罗氏 454 焦磷酸测序（pyrosequencing）技术是将构建好的文库连接到 DNA 捕获磁珠上进行乳液 PCR（emulsion PCR）扩增，每条 ssDNA 模板经过多轮乳液 PCR 扩增后生成数十万条固定化的单克隆模板，将所有磁珠富集并加到“Pico TiterPlate”（PTP）平板上进行酶级联化学发光反应测序。测序时只有与模板配对 dNTP 才能掺入引物链中并释放出焦磷酸，焦磷酸盐被转化为荧光，荧光被电荷耦合器（CCD）捕获后转化为峰值，峰值与反应中掺入的核苷酸数目成正比。罗氏 454 焦磷酸测序技术读长较长，约 400 nt，但在判断连续单碱基重复区时准确度不高。

Solexa、HiSeq 测序平台是基于单分子簇的边合成边测序技术（sequencing by synthesis，SBS）和专有的可逆末端终止测序法，可以在短时间内获得大量数据。构建好的文库通过引物互补杂交附着到芯片表面后经过桥式 PCR 扩增形成了具有数以亿计相同模板簇的测序芯片，对这些模板使用可逆终止并可移除四色荧光染料标记的 dNTP 进行边合成边测序，每合成一个碱基，芯片就被放到显微镜下进行激光扫描，CCD 根据发出的荧光判断碱基种类和数量。Solexa 测序平台读长较短，约 100 nt，但测序通量高、价位低，适合基因组重测序。

Solid 测序技术是将构建好的文库连接到 DNA 捕获磁珠上并进行乳液 PCR 扩增，用四色荧光标记寡核苷酸进行连续的连接反应，通过发出的荧光获得 Solid 原始序列，然后根据双碱基编码技术进行数据比对确定碱基种类和数量。Solid 测序平台读长较短，约 100 nt，但测序精密度较高，适合单核苷酸多态性（single nucleotide polymorphism，SNP）检测。

Ion torrent 测序技术原理类似于罗氏 454 焦磷酸测序技术，与 454 焦磷酸测序技术不同的是 Ion torrent 测序技术依赖于一种高密度半导体小孔芯片测序。Ion Torrent 半导体测序芯片的每个微孔里微球表面含有大约 100 万个 DNA 分子拷贝，测序时当 dNTP 分子发生碱基互补配对时会掉下来一分子焦磷酸，故每次发生聚合反应微环境中就会多出数千个酸分子，pH 就会短暂地下降。离子传感器检测到 pH 变化后，即刻便从化学信息转变为数字电子信息以确定碱基种类和数量。这种方法属于直接检测 DNA 的合成，因为少了 CCD 扫描和荧光激发等环节，几秒钟就可检测合成插入的碱基，大大缩短了运行时间。Ion torrent 测序平台基于半导体技术测序原理，具有测序速度快、成本低、通量大、读长长、所需样本少等优势。

（一）Illumina 测序平台

Illumina 新一代测序技术使用体外克隆扩增构建测序文库和边合成边测序技术实现快速且准确的测序。边合成边测序技术是指在使用 dNTP 进行核酸链合成的过程中确定 DNA 序列的顺序，由于每个碱基在添加到核酸链中时发出独特的荧光信号，故通过收集荧光信号可以识别碱基种类和数量。Illumina 新一代测序技术以大规模平行方式对 DNA 进行测序，能够实现 DNA 的定性和定量检测，具有高分辨率、高通量、高灵活性等优势。

Illumina 公司先后推出多种测序服务：DNA 测序、RNA 测序和甲基化测序等。其中 DNA 测序包括全基因组测序、靶向重测序和染色质免疫沉淀测序。由于大多数噬菌体基因组在 50~200 kb 左右，所以噬菌体基因组测序适合小基因组（≤5 Mb）测序和从头测序服务。小基因组涉及对细菌、病毒或其他微生物的整个基因组进行测序，然后将该序列与已知参考进行比较。从头测序是指对新基因组进行测序，将序列读长（reads）组装为重叠群（contig），进而组装成长序列片段（scaffold），最终组装成全基因组序列，此过程中没有可用于比对的参考序列。Illumina 公司推出的 MiSeq 测序仪可以实现小基因组测序、从头测序、宏基因组测序和靶向重测序等多种测序，可实现高达 15 Gb 的输出，具有 2 500 万个测序读数和 2×300 bp 的读取长度。以下将阐述用 MiSeq 测序仪配合 MiSeq Reagent Kit v3（600 cycles）测序试剂盒进行 DNA 测序的基本步骤：文库构建（2×300 bp）、上机测序及数据分析。

1. 文库构建　①超声法片段化 DNA；②纯化片段化的 DNA；③末端补平；④纯化末端补平的 DNA；⑤连接接头；⑥纯化连接接头后的 DNA；⑦选择 DNA 片段；⑧PCR 扩增；⑨纯化 PCR 扩增后的 DNA。

2. 上机测序

（1）稀释文库并使其变性：①从−20 ℃存储条件下取出 HT1 缓冲液并置于室温解冻，解冻后放到 2~8 ℃下存储。将构建好的各文库用 HT1 缓冲液稀释至终浓度均为10 nmol/L，每个文库分别取出 10 μL，混合均匀。②取 2 μL 混合后的文库，加入 8 μL 缓冲液，混合均匀。③取 2 μL 1mol/L 的 NaOH，加 8 μL 缓冲液，混合均匀。④将 10 μL 0. 2 mol/L 的 NaOH 和 10 μL 2 nmol/L 的混文库混合均匀，将文库进行变性 5 min，此时文库浓度为 0. 1 mol/L 的 NaOH 和 1 nmol/L 的混合文库。⑤向上述 20 μL 的混合文库中加入 1 980 μL 缓冲液，将文库稀释至 10 pmol/L，共得到稀释后的文库 2 000 μL，取 600 μL 上述混合文库，上机测序。

（2）准备要使用的预填充试剂盒。

（3）将文库混合液装到指定槽的试剂盒中。

（4）从软件界面设置测序样品表格，选择测序流程以开始运行设置步骤。

（5）用蒸馏水清洗并彻底干燥流动槽表面后装入流动槽，装入 PR2 瓶，装入试剂盒，确保废水瓶是空的。

（6）查看运行参数和运行前检查结果，选择启动运行。

（7）运行过程中，在 Miseq 控制界面（MCS）或者在另一台计算机上使用测序分析界面（SAV）监控运行进行软件初级分析，包括图像分析和碱基的读取及质量评估。

（8）运行结束后执行清洗程序。

3. 数据分析　Miseq 测序过程中单个 DNA 分子会附着到流动槽表面进行桥式扩增以形成簇。簇生成后，会使用特定于 4 个荧光标记的双脱氧核苷酸中每一个的 LED 和过滤组合对簇进行成像。一个小区域成像完成后，流动槽会移动到相应位置以曝光下一个小区域，图像形成后软件自动进行初级分析。运行结束后，Illumina Experiment Manager 分析软件自动启动进行二级分析，包括碱基比对和变异判定。

（二）Ion Torrent 测序平台

与其他第二代台式测序技术相比，搭载半导体芯片的 Ion Torrent 测序技术更简单，更快速，更具成本效益并且更具扩展性。Ion Torrent 公司也推出多种服务：染色质免疫沉淀测序、从头测序、外显子组测序、微生物测序、小分子 RNA/miRNA 测序、靶向测序、转录组测序等。Ion S5 和 Ion S5 XL 新一代测序系统利用半导体测序适合于外显子组测序、微生物测序、靶向测序、转录组测序等，可实现 2×200/400 bp 的读长，可在短短 2. 5 h 内生成高质量的测序数据，结合 Chef 系统的自动化流程能够在 24 h 内获得精确的测序结果，具有快速，简单，经济等优势。Ion Chef 系统可完全自动化完成文库制备，模板制备和芯片加载，最大限度地提高了效率和产量，简化了 Ion Torrent 新一代测序工作流程。操作者只需使用直观的触摸屏界面选择运行参数，加载文库样品以及试剂和耗材，执行运行，实际操作时间不超过 45 min。以下将阐述用 Ion S5 测序仪结合 Chef 系统进行 DNA 测序的基本步骤：文库构建（2×400 bp）、样品准备、上机测序及数据分析。

1. 文库构建　使用 IonTorrent 文库构建试剂盒：①酶法片段化 DNA；②Agencourt AMPure XP 磁珠纯化片段化的 DNA；③末端补平；④Agencourt AMPure XP 磁珠纯化末端补平的 DNA；⑤连接接头；⑥Agencourt AMPure XP 磁珠纯化连接接头后的 DNA；⑦选择 DNA 片段；⑧PCR 扩增；⑨Agencourt AMPure XP 磁珠纯化 PCR 扩增后的 DNA。

2. 样品准备

（1）创建实验计划：选择全基因组应用类型、Ion 540 Kit-Chef 模板试剂、Ion S5 Sequencing Kit 测序试剂，输入或者扫描 Ion Chef Library Sample Tube 的条形码

(Barcode)，保存。

(2) 稀释样品文库：使用无核酸酶水稀释两份文库至 50 pmol/L。每次使用 Ion Chef 时均使用在 48 h 内稀释的新鲜文库。

(3) 准备文库和耗材：使用前 45 min 打开 Ion 540 Chef Reagent Cartridge 包装，使其平衡至室温。将 250 μL 稀释后的文库加入 Ion Chef 文库样品管，盖上管盖，放置在冰上代用。

(4) 配置 Ion Chef 系统：①安装吸头盒及 PCR 板；②安装试剂及溶液模块；③配置回收管和富集容器 v2；④配置芯片加样离心机；⑤确认所有试剂、耗材安装正确。

(5) Ion Chef 运行：①设置仪器运行参数；②关上仪器门，仪器自动激活视觉系统。启动仪器运行前检查，扫描完确认试剂盒、芯片和创建的运行程序；③启动运行程序；④运行结束后，取出芯片并进行立即测序。如果需要此时对样品进行 QC，可以在试剂及富集容器找到 QC 样品。

3. 上机测序

(1) 初始化测序仪：在 Ion Chef 系统结束芯片加样的 40 min 前初始化 Ion S5 或 Ion S5 XL 测序仪。清空废液缸，更换新的 Ion S5 测序试剂反应试剂盒，安装好 Ion S5 洗涤液试剂瓶。启动仪器初始化程序。

(2) 开始测序反应运行：①仪器初始化完成后，取出用过的芯片，将完成的测序芯片放入芯片槽；②确认仪器自动已加载完正确的实验计划；③启动仪器测序程序。

(3) 清洗 Ion Chef 仪器：运行结束后，取出并扔掉用过的耗材，关闭仪器门。启动仪器清洗程序。

4. 数据分析　采用 Torrent Suite 软件自动进行测序的监控和数据分析。

第四节　测序数据分析

一、数据质量检测

当得到第二代测序的原始数据之后，需要对数据进行质量评估以确保测试结果的可靠性。原始的测序数据（fastq data）的质量评估指标一般为：读长各个位置的碱基质量值分布；碱基的总体质量值分布；读长各个位置上碱基分布比例；G+C 含量分布；读长各位置的 N 含量；读长是否包含测序接头序列；读长重复率。数据质控是一个综合的评价标准，其中主要指标为碱基质量与含量分布，如果这两个指标合格了，后面大部分指标都可以通过。如果这两项不合格，其余都会受到影响。最常用的数据质量分析工具为 FASTQC，图标绿色为通过，黄色为警告，红色为失败。一般需要在服务器上用命令来执行 FASTQC，并对结果进行分析。

FASTQC 命令行：eqfilFASTQC（-o output dir）（--（no） extract）（-f fastq | bam | sam）（-c conta minant file）seqfile1 … seN。

其中-o 用来指定生成的报告文件的储存路径，fastq 不能自动新建目录。输出的结果是.zip 文件，默认自动解压缩，命令里加上--noextract则不解压缩。-f 用来强制指定输入文件格式，默认会自动检测。-c 是用来指定 conta minants 文件，格式是 Name（Tab）

Sequence，里面是可能的污染序列，如果有这个选项，FASTQCQ 会在计算时候评估污染的情况，并在统计的时候进行分析，一般用不到。如果输入的 fastq 文件名是 test.fastq，FASTQC 输出的压缩文件将是test.fastq_ FASTQC.zip。解压后，查看 html 格式的结果报告，结果分为如下几项：碱基统计（basic statistics），每个测序碱基的质量分布（per base sequence quality），每条测序的质量分布（per sequence quality scores），每个测序位置的碱基含量分布（per base sequence content），每个测序位置的 G+C 含量（per base G+C content），每条测序的平均 G+C 含量（per sequence G+C content），每个测序位置的 N 含量（per base N content），各序列长度分布（sequence length distribution），各序列分布水平（sequence distribution level），重复序列（over represented sequence），Kmer 含量（Kmer content）。

二、全基因组拼接

序列拼接（assembling）算法根据有无参考序列分为两类：Mapping 拼接和 De Novo 拼接。Mapping 拼接是在有参考序列的指导下通过比对算法进行序列的拼接，De Novo 拼接则是指在没有参考序列的情况下对序列进行拼接、组装，从而绘制物种的全基因组序列图谱。噬菌体基因组序列拼接多为没有参考序列的 De Novo 拼接。

在下一代测序过程中，完整的 DNA 分子先被打断成短的小片段，然后经过扩增形成几百 bp 的短片段文库，这些短片段可以直接测序，一条片段成为一个读长（reads）。读长经过 De novo 拼接，依次产生重叠群（contig）和支架（scaffold），最终得到基因组序列。读长是指高通量测序平台直接产生的 DNA 序列；重叠群指读长基于重叠关系，拼接获得的长序列；支架是指将获得的重叠群根据配对末端关系，将重叠群进一步组装成更长的序列。De Novo 拼接工具有很多，不同的软件采取不同的拼接策略，如 Greedy Graph、Overlap-Layout-Consensus 和 De Bruijn Graph 拼接策略。

Greedy Graph 拼接策略是选取一个初始的读长作为种子序列，通过寻找与种子序列的重叠区域匹配得分最高的读长进行延伸，然后将延伸的结果作为新的种子序列，迭代延伸来完成拼接。Greedy Graph 策略的优点是原理简单，操作方便，缺点是基于选择局部而非全局的最优序列进行延伸，通常容易出现错误延伸。常用的软件有 SHARCG、SSAKE 和 VCAKE 等。

Overlap-Layout-Consensus（OLC）拼接策略分为三个步骤：①重叠（Overlap），计算任意两条读长之间的重叠区域，当两条读长之间具有超过阈值的重叠时建立连接，并建立重叠图；②布局（Layout），对读长进行排序，确定读长之间的位置，将重叠的读长组合成重叠群结构；③共识（Consensus），在已经建好的重叠图上寻找一条从起始节点到终止节点的最佳近似路径指定为“共识”。OLC 拼接策略的优点是结果准确，适用于长读长基因拼接，缺点是算法无法解决重复序列问题，而且算法运算量较大。常用的软件有 CABOG、Edena、Newbler、Shorty 等。

De Bruijn Graph 拼接策略是将长度为 1 的读长分割成长度为 k（$k<1$）的小片段核苷酸片段（k-mer），将所有的 k-mer 根据重叠关系构建 De Bruijn 图；在 De Bruijn 图中寻找最优的欧拉路径构建重叠群结构；通过数据配对确定重叠群之间的相对方向和位置关系，对重叠群进行组装得到支架序列。De Bruijn 拼接策略优点是能有效解决重复序列问题，

缺点是构造 De Bruijin 图对内存要求较高，消耗计算资源较大。常用的软件有 Velvet、ABySS、AllPaths、Euler 和 SOAPdenovo 等。

下面以 Newbler 为例介绍拼接流程：

1. *准备 fastq 文件*　噬菌体基因组平均长约 65 kb，估算覆盖倍数约为 100 倍时组装效果较好，所以需要 6.5 Mb 序列。对新噬菌体基因组进行测序时，由于预期的基因组长度未知，因此需要准备约 10 Mb 的原始测序数据。

（1）打开终端并导航到 fastq 文件的位置。

（2）将 Miseq 下载数据解压缩，合并双端数据。

（3）统计合并双端数据的数据量大小和文件的行数。

（4）根据数据量分割数据，选择要用的数据子集。

2. *创建 Newbler 项目*

（1）启动 Newbler，创建新的 Newbler 项目。

（2）添加准备好的 fastq 文件到创建的项目中。

（3）设置参数运行，通常使用默认值。

3. *运行拼接程序*

（1）运行组装和拼接程序。

（2）查看已组装的重叠群及其大小的列表、所用读数的数量和百分比，及其他输出的文件。

4. *组装结果排序*

（1）将输出的 454Contigs.ace 文件导入本地软件，使用 Cytoscape 软件查看组装结果。

（2）根据组装结果进行重叠群的排序，将排序好的文件进行连接，得到初步的噬菌体基因组。

5. *矫正基因组序列*　将原始数据和得到的初步噬菌体基因组文件上传至 CLC Genomic Workbench 软件。将原始数据拼接到初步得到的噬菌体基因组上，得到矫正的噬菌体全序 Consensus。

6. *测序深度及覆盖率*　查看 Consensus 的测序覆盖率（coverage）和每个碱基的测序深度（depth），确保测序深度在 10~15 读长以上。

参考文献

31 从噬菌体单噬斑扩增噬菌体基因组与测序

——胡运甲　范华昊　童贻刚

自 1917 年噬菌体被发现以来，噬菌体逐渐走进大众视野，尤其对于如今日益严峻的抗生素耐药性而言，噬菌体作为一种潜在的治疗手段更为大众熟知。从 20 世纪 40 年代开始，噬菌体作为模式生物对分子生物学的诞生和发展起到至关重要的作用，研究人员利用噬菌体在分子水平上获得了关于生命本质的最基本的发现，包括突变的随机性、DNA 是遗传物质等信息。

噬菌体广泛存在于自然界中，从自然环境如海洋、湖泊、热泉、土壤等到医院、食品加工厂、污水处理厂等，噬菌体无处不在。随着对肠道菌群研究的深入，人体微生物组中噬菌体组的研究逐渐火热。噬菌体在人体肠道微生物组中非常丰富，有研究表明它参与塑造健康的肠道微生物组并且在致病条件中起作用。分子生物学的蓬勃发展极大地拓宽了人类研究生命奥秘的方法和手段，下一代测序技术的成熟和广泛应用更加促进了这一进程，生命科学进入组学时代。基因组是细胞或生物体中包含的全部 DNA 或 RNA 分子，它携带了生物体的全部遗传信息，对于了解繁殖、遗传、变异、进化等生命过程至关重要。全基因组扩增（whole genome amplification，WGA）是一种对全部基因组序列进行非选择性、均匀扩增的技术，可以在保持基因组原貌的基础上最大限度地增加基因组 DNA 的量。下一代测序（next generation sequencing，NGS）技术与 DNA 芯片技术等高通量分析方法往往因样品量太少而无法发挥其全部作用，全基因组扩增技术能够实现对整个基因组的扩增以提供大量可供分析的样品，因而为此类研究提供了强有力的支持，并且高灵敏度 WGA 技术的不断进步也极大地促进了单细胞全基因组测序技术的发展，使很多针对单细胞的大规模研究分析成为可能。单噬斑是单一噬菌体增殖的结果，因此，单噬斑中仅含有目的噬菌体的基因组，通过扩增单噬斑基因组并测序是一种高效进行噬菌体测序的策略。

研究噬菌体的传统方法是通过收集海水、污水、土壤等样品，利用指示菌培养，通过观察双层平板上能否产生噬斑进而判定有无目的噬菌体，这一方法沿用至今。噬菌体与细菌往往相伴而生，因此从自然环境中获得噬菌体是简单易行的，然而就像从自然界中分离菌种一样，分离到的噬菌体往往包含多种成分，因此，分离后的纯化也是必不可少的环节。

作者单位：胡运甲、范华昊、童贻刚，北京化工大学生命科学与技术学院。

本章第一部分将从噬菌体在自然界的分布出发，说明其在自然界的丰富性，进而论述如何从自然界中分离、筛选并纯化噬菌体，同时，对噬菌体的培养条件略有涉及。本章重点在于噬菌体基因组的全基因组扩增，对几种全基因组扩增技术的原理进行详细说明，并简单介绍相应的实验方法和步骤。本章最后重点阐述一种直接从单噬斑中对含有 dsDNA 的噬菌体进行基因组测序的方法。

第一节　噬菌体分离纯化

一、噬菌体培养

（一）培养基

一般而言，噬菌体能够在支持其宿主菌生长的任何条件下于任何培养基中生长。常用培养基按来源可以分为天然培养基和合成培养基，与天然培养基相比，合成培养基化学成分明确，也常常比传统加富微生物培养基更便宜，而且能够获得理想的重复结果，因此在噬菌体增殖和其他噬菌体相关的研究中一般使用合成培养基。然而，在某些特殊情况下不能对培养基中的有机成分进行高压灭菌，尤其是糖类，其在高压灭菌时易分解。这种成分应该用 0. 22 μm 滤膜过滤除菌，或在减压条件下灭菌，然后添加到灭菌的培养基中。二价阳离子的磷酸盐在高温时相当难溶并且容易在高压灭菌时形成沉淀，因此，二价金属盐和磷酸盐的溶液应该分开高压灭菌，待冷却后再混合。

不同品牌的琼脂和琼脂糖具有不同的凝胶特性，在使用之前应该对它们加以测试以确定制备平板所需琼脂或琼脂糖的浓度，并且应适当保持一致。原则上所有液体培养基都可以通过添加一定量的琼脂或琼脂糖而转换成固体培养基。制备固体培养基通常先将培养基粉末与水混合，并在加热板上搅拌使其溶解，然后进行高压灭菌。将培养基从高压灭菌器中取出时，应轻轻地旋摇长颈瓶使琼脂或琼脂糖均匀分布于溶液中。用来倾倒平板的琼脂培养基应该在倾倒前让其冷却到大约 50 ℃，避免蒸发。如果有任何热不稳定的物质（如抗生素）需要加到固体培养基内，应该待培养基冷却后加入，然后再次旋摇长颈瓶，混合均匀。倾注在平板上的培养基完全凝固后翻转平板，于 37 ℃过夜烘干后置于 4 ℃保存。

（二）宿主菌

就噬菌体而言，宿主菌即是其生长培养基，并且宿主菌一般需要培养至对数期。此外，在每次实验中细菌培养物表现出的特性应尽可能相似。一种可行的方法是将新鲜培养物置于相同成分的培养基中培养，每次实验便可获得相同的生长期。用于感染的细菌培养物应该用分光光度计监测一两代，以确保它们被感染之前处于对数生长期。

（三）培养条件

各种外部因素如温度、酸度、盐度和离子浓度，决定了噬菌体的发生、存活和储存，并可通过影响其结构蛋白（头部、尾部及包膜）和脂质，使噬菌体失活。噬菌体可以抵抗不利的物理和化学因素，如低温和高温、pH、盐度和离子。因此，它们可以在极端环境下生存。

温度是决定噬菌体存活率的关键因素，影响噬菌体附着、渗透、增殖和潜伏期长短（溶原性噬菌体）。当低于最佳温度时，只有较少的噬菌体遗传物质能够渗入细菌宿主细胞内，而较高的温度可以延长潜伏期的长度。

噬菌体可以存活的非典型环境是温泉，温度可以达到40~90 ℃。对从加利福尼亚州的温泉中分离的噬菌体分别在低温和高温下进行了测试：超过75%的噬菌体颗粒即使在冰上孵育（约0 ℃）也能保持完整；当煮沸（约105 ℃）时，只有18%~30%的噬菌体颗粒保持完整。Buzrul等将10种乳球菌噬菌体悬浮在肉汤中，分别在72 ℃暴露15 min、90 ℃暴露5 min。在较低温度下，仅两种噬菌体失活，但暴露于90 ℃时一半的噬菌体失去活性。

影响噬菌体稳定性的另一个重要因素是环境的酸度。Thorne和Holt观察到蜡状芽孢杆菌噬菌体CP-51的稳定性受pH变化影响：在pH 5.6下孵育30 min后，噬菌体滴度仅降低11%，而在pH 7.0时，噬菌体滴度仅为1%。

渗透压休克已被证明可以灭活噬菌体。Whitman和Marshall观察到嗜冷的假单胞菌噬菌体（wy和ps1）在高浓度的NaCl或蔗糖溶液中持久性降低。在4 mol/L NaCl中稀释的噬菌体ps1活力降低99%，而噬菌体wy的存活率仅降低26%。然而，2 mol/L蔗糖溶液使ps1活力降低50%，wy则降低48%。在软琼脂培养基中添加0.1%柠檬酸盐，两种噬菌体的存活率降低了30%。

二、噬菌体分离

噬菌体是地球上最为丰富的生命体，在各种不同的环境中均有发现。获得某种特定噬菌体的最佳地点是其特异性宿主含量丰富的环境，而且噬菌体可以相对容易地从不同来源中分离出。在此论述的噬菌体分离程序涉及裂解性生长的噬菌体，这些方法适用于从大多数细菌中分离噬菌体，类似的方法也可用来分离古菌噬菌体。在开始分离一种噬菌体之前，首先必须分离到其宿主菌，并且需纯培养生长。在分离噬菌体时，虽然有些噬菌体能够在静止期细菌中增殖，但最好还是使用指数期生长的宿主菌。除非有特殊的要求，生长条件（培养基、氧的水平、温度、孵育时间等）应该按照宿主菌的偏好进行选择。

噬菌体可以从各种水相（如水）和非水相（如土壤）中分离。从非水相中分离噬菌体时，首先应该将标本悬浮在适合靶细菌生长的培养基中。为了除去标本中的固体成分、固有细菌和其他生物体，需“净化”标本。这一过程可以通过离心（1 500 *g*、20 min）实现，得到的上清液即可用于噬菌体分离。还有一种可行的方法是用0.45 μm或0.22 μm的滤膜过滤悬浮液，但过滤之前还需要离心或使用大孔径滤膜预先过滤悬浮液。分离完成后可以将噬菌体悬浮在TSG或SM等稀释液中，或者悬浮在培养基中。

液体标本连续稀释后可以在相应宿主菌的菌苔上测试斑点或进行平板测试；固体标本则应与培养基或缓冲液混匀，并在稀释和平板接种前于室温下放置几小时。如果悬浮液中含有很多碎片和细菌，那么在平板接种前应离心使其澄清。标本中如果含有足够的靶细菌的噬菌体，将会在菌苔表面形成噬斑。如果标本中噬菌体颗粒很少，应该进行浓缩或富集。

富集原始标本中的噬菌体通常利于分离，但是每种富集方法的结果不可预测，它取决于许多无法控制的因素，如原始材料中的大量噬菌体、其他生命体的存在和浓度、原始材料中可能既影响宿主菌生长也影响噬菌体增殖的成分。因此，应该综合评价各种方法，然后确定最终的适宜方法。

水生环境中的噬菌体可以采用超滤浓缩的方法。二相聚合体分离技术如聚乙二醇可以浓缩天然来源的噬菌体颗粒。

三、噬菌体纯化

T4、SPO1 和 φKZ 等大型噬菌体可以很容易地通过高速离心的方法浓缩和纯化，但这种方法不适于制备大体积的噬菌体。即便如此，这种方法在其他方面仍具有重要作用，如除去培养基成分、纯化用放射性同位素标记的噬菌体或浓缩低滴度的小到中体积的噬菌体制备液。聚乙二醇（PEG）沉淀法相较高速离心法更加温和，对于体积太小而不易用离心法浓缩的噬菌体来说更合适，并且也适于制备大体积噬菌体液，但耗时过久。这两种方法都可以在用 CsCl 梯度离心纯化前用来浓缩噬菌体。

第二节　噬菌体全基因组扩增

分子生物学的不断发展除了为生物学领域带来了革命性的突破之外，也被广泛应用于其他相关领域，极大地推动了如食品、医学、环境等学科的研究，成为各学科前沿研究中必备的强大工具。分子生物学方法大多是以 DNA 作为主要的研究对象，然而很多情况下可供分析使用的 DNA 量极少。随着测序技术飞速发展，基因测序已经成为生物学研究的常规手段。而目前测序仪需要足够的 DNA 量才能使用：Illumina 和 Pacific Bioscience（PacBio）平台至少需要 3 μg，但是往往 5 μg 以上效果才会更好。在许多生物环境中，获得足量的符合质量和长度要求的 DNA 很难，在单细胞或单个选择的染色体研究中更是如此。为了克服这一限制，全基因组扩增应运而生，它能从小到几皮克的量开始扩增 DNA。全基因组扩增技术通过对微量组织，甚至单个细胞的整个基因组 DNA 扩增，再将其扩增产物分为多份，作为模板进行后续分析，进而完成多位点、多基因以及全基因组 DNA 组成的研究。

一、序列非依赖性单引物扩增

基因组学极大地改变了人类对噬菌体生物学的认识和理解，传统上用于全基因组测序的 DNA 分离方法要求噬菌体在大规模制剂中生长至较高的滴度，然而一般只有在实验室条件下有效生长的噬菌体才可能符合这个要求，并且可能会选到能够在培养中更有效生长的突变或缺失噬菌体。从单个分离的噬斑中对噬菌体基因组测序则降低了这些风险，同时减少了噬菌体基因组测序的时间和复杂性。序列非依赖型单引物扩增（sequence-independent single primer amplication，SISPA）可用于分离自单个噬斑的噬菌体的全基因组鸟枪法测序，其最大优点是基因组的同时扩增和片段化，下面对其做详细说明。

（一）原理

SISPA 基于 Djikeng 等对其原始方法进行的改进：以随机扩增而不是连接标记的引

物，通过 TOPO TA 克隆而不是平末端连接进行克隆。改进之后的方法灵敏度提高了 1 000 倍，起始 DNA 含量从 10 ng 降低到 10 pg。

该方法先在宿主菌的平板上分离得到单个噬斑，噬菌体颗粒通过扩散从琼脂中释放，为了除去宿主细胞和碎片需要进行过滤。在使用蛋白酶 K/SDS 和苯酚提取法提取基因组之前，通过添加核酸酶混合物除去宿主和未包装的噬菌体核酸，并添加线性丙烯酰胺辅助沉淀。SISPA 通过加热变性并在冰上快速冷却以模板核酸、引物和 DMSO 的混合物开始扩增反应。对于 DNA 模板，使用大肠埃希菌 DNA 聚合酶 I 的大 Klenow 片段进行两轮随机引物延伸。使用 PEG/$MgCl_2$和大肠埃希菌外切核酸酶 I 除去未掺入的引物、小片段(<200 bp) 和 ssDNA，然后利用代表 SISPA 随机引发寡核苷酸的 20 bp 条形码序列部分的单一引物，将 Klenow 反应产物用作 PCR 的模板。凝胶纯化 500~850 bp 的扩增子。对于下一代测序平台，选择合适大小的 PCR 产物用于衔接子连接、文库构建和乳液 PCR。

（二）材料

所有酶促反应应使用无菌去离子水（如从 Milli-Q®或 Barnstead™水净化系统获得的水）。如果是 RNA 噬菌体，则应使用二乙基焦碳酸酯（DEPC）处理过的水。所有试剂纯度应为分子生物学等级或者更高级别。在使用之前，酶、缓冲液、水等分试样、核苷酸和寡核苷酸引物应储存在非循环的-20 ℃冰箱中。

1. 试剂　试剂名称及生产商如表 31-1 所示。

表 31-1　试剂名称及生产商

序号	试剂名称	生产商
1	Benzonase®	Sigma-Aldrich
2	RNaseZap®	Ambion
3	A cocktail of RNases A and T1	Ambion
4	RNase-OUT™	Invitrogen
5	SuperScript® Ⅲ Reverse Transcriptase	Invitrogen
6	BioMix™ Red DNA polymerase	Bioline
7	RNeasy Mini and QIAquick Gel Extraction kits	Qiagen
8	Sterile，RNase-free DEPC-treated water	Sigma-Aldrich
9	Polyethylene glycol（PEG）8000	USB Corporation
10	Phenol/chloroform/isoamyl alcohol（PCI）	Invitrogen
11	Oligonucleotide primers	Integrated DNA Technologies
12	Invitrogen™ TrackIt™ Cyan/Yellow Loading buffer（6×）	Thermo Fisher Scientific
13	Ethidium bromide（EtBr）	Invitrogen
14	1 kb Plus DNALadder	Invitrogen

2. 缓冲液

（1）SM 缓冲液：0.01% 胶原蛋白，250 mmol/L NaCl，8.5 mmol/L $MgSO_4$，50 mmol/L Tris-HCl，pH7.5。用 0.22 μm 的滤器过滤后灭菌，4 ℃下储存。

（2）将以下试剂混合可配制 1 L 的溶液：① 20 mL 5 mol/L 的 NaCl；② 8.5 mL 1 mol/L 的 $MgSO_4$；③ 50 mL 1 mol/L 的 Tris-HCl，pH 7.5；④ 10 mL 1% 胶原蛋白（10 g/L Milli-Q 水）；⑤用 Milli-Q 水定容至 1 L。

（3）10×蛋白酶 K 消化混合物配方见表 31-2。

表 31-2 蛋白酶 K 消化混合物配方

试剂	10×Conc.	总体积			
		100 μL	200 μL	500 μL	1 mL
20 mg/mL 蛋白酶 K	500 μg/mL	2.5 μL	5 μL	12.5 μL	25 μL
0.5 mol/L EDTA	80 mmol/L	16 μL	32 μL	80 μL	160 μL
10% SDS	5%	50 μL	100 μL	250 μL	500 μL
无菌水	—	31.5 μL	63 μL	157.5 μL	315 μL

注：如果分离 RNA，则应使用 DEPC 处理过的水。

（4）10×TAE 缓冲液体系见表 31-3。

表 31-3 10×TAE 缓冲液体系

试剂	总体积			终浓度
	500 mL	1 L	2 L	
Tris Base	24.2 g	48.4 g	96.8 g	400 mmol/L
冰醋酸	5.72 mL	11.44 mL	22.88 mL	400 mmol/L
0.5 mol/L EDTA，pH 8.0	10 mL	20 mL	40 mL	10 mmol/L

配制过程如下：

（1）称量 Tris Base，加入一半终体积经高压灭菌的 Milli-Q 水。

（2）用搅拌棒搅拌使其溶解，同时加入剩下的两种试剂，调节溶液 pH 至 8.0。

（3）加入高压灭菌的 Milli-Q 水至终体积。

（4）无须高压灭菌，室温条件下储存，并根据需要用高压灭菌的 Milli-Q 水稀释至终浓度。

3. *SISPA 引物序列* 详见表 31-4。

表 31-4 SISPA 引物序列

引物名称	序列	作用
27F-YM	AGAGTTTGATYMTGGCTCAG	细菌污染检查
1492R	TACCTTGTTACGACTT	细菌污染检查
FR20RV-N	GCCGGAGCTCTGCAGATATCNNNNNN	SISPA 随机启动
FR20RV	GCCGGAGCTCTGCAGATATC	SISPA PCR 步骤
BC004N	CGTAGTACACTCTAGAGCACTANNNNNN	SISPA 随机启动
BC004CG	CGTAGTACACTCTAGAGCACTA	SISPA PCR 步骤
BC009N	CGAGCTCTATACGTGTAGTCTCNNNNNN	SISPA 随机启动
BC009CG	CGAGCTCTATACGTGTAGTCTC	SISPA PCR 步骤
BC015N	CGTCGTACGCTGTCGTCGCGATNNNNNN	SISPA 随机启动
BC015CG	CGTCGTACGCTGTCGTCGCGAT	SISPA PCR 步骤
BC019N	CGAGTATACGTACGTCTCAGTCNNNNNN	SISPA 随机启动
BC019CG	CGAGTATACGTACGTCTCAGTC	SISPA PCR 步骤
BC024N	CGTAGTAGATAGTCACTCTACGNNNNNN	SISPA 随机启动
BC024CG	CGTAGTAGATAGTCACTCTACG	SISPA PCR 步骤

（续表）

引物名称	序列	作用
BC025N	CGTCTATCATACGACTGTCTACNNNNNN	SISPA 随机启动
BC025CG	CGTCTATCATACGACTGTCTAC	SISPA PCR 步骤
BC026N	CGCGTCTAGATACTCTGTAGAGNNNNNN	SISPA 随机启动
BC026CG	CGCGTCTAGATACTCTGTAGAG	SISPA PCR 步骤
BC031N	CGTACATGTGTCGTATACACTCNNNNNN	SISPA 随机启动
BC031CG	CGTACATGTGTCGTATACACTC	SISPA PCR 步骤
BC034N	CGAGACACTCATACGACTACTANNNNNN	SISPA 随机启动
BC034CG	CGAGACACTCATACGACTACTA	SISPA PCR 步骤
BC035N	CGAGATGACGAGACGCACGACGNNNNNN	SISPA 随机启动
BC035CG	CGAGATGACGAGACGCACGACG	SISPA PCR 步骤
BC044N	CGAGTAGACGATCGACGCGCTGNNNNNN	SISPA 随机启动
BC044CG	CGAGTAGACGATCGACGCGCTG	SISPA PCR 步骤
BC045N	CGTGTCGTCTCGACGTGTGTGTNNNNNN	SISPA 随机启动
BC045CG	CGTGTCGTCTCGACGTGTGTGT	SISPA PCR 步骤
BC081N	CGAGAGATACTGTACTAGAGCGNNNNNN	SISPA 随机启动
BC081CG	CGAGAGATACTGTACTAGAGCG	SISPA PCR 步骤
BC0391N	CGTGACTATCTCGCGAGTACGANNNNNN	SISPA 随机启动
BC0391CG	CGTGACTATCTCGCGAGTACGA	SISPA PCR 步骤

（三）方法

1. 噬斑纯化

（1）使用无菌 5 英寸（1 英寸 = 2.54 厘米）巴斯德吸管从覆盖宿主菌苔的琼脂平板上挑选单个、分离良好的噬斑［见注意事项（1）］。

（2）将含有单个噬斑的琼脂块添加到含有 100 μL SM 缓冲液的无菌 1.5 mL 离心管中，在 4 ℃下浸泡过夜。

（3）第二天早上用 SM 缓冲液将总体积增加至 400 μL，然后用注射器通过 0.22 μm 滤器过滤，去除细菌细胞和碎片。

2. 去除未包装噬菌体和宿主核酸

（1）在 500 μL 的裂解物中加入 5 μL 1 mol/L $MgCl_2$ 和 2 μL 1 mol/L $CaCl_2$，使 $MgCl_2$ 和 $CaCl_2$ 的终浓度分别为 10 mmol/L 和 4 mmol/L［见注意事项（2）］。

（2）加入 0.5 μL（125 U）Benzonase、5 μL（10 U）DNase Ⅰ和 10 μL RNase 混合物（50 U RNase A 和 200 U RNase T1 的混合物）［见注意事项（3）］，37 ℃下孵育 1 h。

（3）将 1 μL 等分试样移入新的无菌薄壁反应管中，使用 16S 引物 27F-YM/1492R 进行基于 PCR 的细菌 DNA 污染检查［见注意事项（4）］。

（4）如果悬浮液中不含污染的 DNA，加入 50 μL 0.5mol/L EDTA（pH 8.0）灭活 DNase［见注意事项（5）］。

3. 基于 PCR 的细菌污染检查　Master Mix 体系见表 31－5。向 PCR Master Mix（24 μL/rxn）中加 1 μL 上述步骤（3）的等分试样或阳性对照。

表 31-5 Master Mix 体系

试剂	体积（μL）
无菌水	19.5
10×PCR 缓冲液	2.5
50 mmol/L $MgCl_2$	0.75
10 mmol/L dNTP	0.50
10 μmol/L 27F-YM 引物	0.25
10 μmol/L 1492R 引物	0.25
Platinum™ Taq DNA 聚合酶	0.25

以下是对实验的几点说明：

（1）Master Mix 体系应按表中列出的试剂顺序添加，通过将每种试剂乘以样品数加 1 来制备 Master Mix 体系。

（2）应包括除模板之外的所有物质的阴性对照（加入 1 μL 水代替模板），并包括细菌基因组 DNA 的阳性对照。

（3）25 μL 的反应体系中阳性对照的模板应有 25 ng。用水稀释模板。

（4）PCR 反应条件如表 31-6 所示。

（5）凝胶电泳：取 5 μL 扩增产物（加 1 μL 6×凝胶上样染料），使用 1.2%琼脂糖凝胶，90 V 运行 50 min，检查条带大小。PCR 的产物长度应为 1.5 kb。

表 31-6 PCR 反应条件

温度	时间	
94 ℃	2 min	
94 ℃	30 s	
55 ℃	30 s	35 个循环
72 ℃	2 min	
72 ℃	7 min	
4 ℃		

4. 提取已包装噬菌体核酸

（1）将 1/10 体积的 10×蛋白酶 K 消化混合物加入 2 中步骤（4）得到的噬菌体悬浮液中，并在 55 ℃下孵育 1 h，自然冷却至室温［见注意事项（6）］。

（2）加入 1/10 体积为 5 mol/L 的 NaCl 和 1 体积的 PCI，剧烈摇动并在室温下于台式微量离心机中离心 10 min。

（3）将水相转移到新的 1.5 mL 离心管中。

（4）向水相中加入 1 体积的 PCI，如前所述剧烈摇动并离心。

（5）将水相转移到新的 1.5 mL 离心管中。

（6）加入 2 倍体积的异丙醇和 2 μL 线性丙烯酰胺［见注意事项（7）］。轻轻摇动混匀后于干冰上放置 5 min。

（7）在微量离心机中以 4 ℃、16 100 *g* 的条件离心 30 min，沉淀核酸。

（8）弃去上清液，用 1 体积冰冷的 70%乙醇洗涤沉淀，再次在微量离心机中以 4 ℃、16 100 *g* 的条件沉淀核酸 20 min。

（9）使用无菌移液管移除上清液，在彻底清洁的 PCR 罩中打开管盖、干燥沉淀物［见注意事项（8）］。将沉淀重悬于 10 μL EB 中［见注意事项（9）］并在室温下放置 10 min。纯化的病毒核酸便可用于 SISPA。

5. SISPA 条形码引物的变性和退火

（1）DNA 噬菌体

1）取 2 μL 上述步骤（9）得到的重悬噬菌体 dsDNA 与 1 μL 100 μM SISPA 条形码 “A” 随机六聚体引物和 0. 5 μL 50%的 DMSO（终浓度为 7%）于无菌反应管中混合［见注意事项（10）］。用手指轻弹管侧面并在微量离心机中短暂旋转，将管壁上的液体离心到管底［见注意事项（11）］。

2）96 ℃下加热 5 min，在冰上快速冷却［见注意事项（12）］。

（2）RNA 噬菌体

1）在一式两份的反应中合并以下物质（退火反应体积共 10 μL）：

A. 使用 DEPC 处理的水纯化上述 4 中总体积为 6. 4 μL 的 RNA 模板。

B. 添加 3. 6 μL 含有以下物质的 Master Mix 体系：

a. 2 μL 100 μM SISPA 条形码 “A” 随机六聚体引物。

b. 0. 6 μL 10%的 DMSO。

c. 1 μL 10 mmol/L 的 dNTP。

2）96 ℃孵育 5 min 后在冰上冷却。

6. Klenow 片段延伸

（1）DNA 噬菌体

1）在 PCR 中，将以下物质混合到 “Klenow Master Mix” 中，体积乘以（n+1）（其中 n 是想要放大的反应数）：

A. 0. 6 μL 无菌水；

B. 0. 5 μL 10× NEB 缓冲液 2；

C. 0. 1 μL 10 mmol/L dNTP；

D. 0. 3 μL（1. 5U）exo-Klenow 片段（5 U/μL）。

2）向从上述 5 的（1）中步骤 2）的每管退火模板中加入 1. 5 μL 该 Klenow Master Mix，得到终体积为 5 μL 的反应体系。

3）37 ℃下孵育 1 h。

4）加入另外 0. 5 μL（2. 5 U）的 exo-Klenow 片段，继续在 37 ℃下孵育 1 h［见注意事项（13）］。

5）75 ℃下将 DNA 聚合酶加热灭活 15 min。

（2）RNA 噬菌体

1）在 PCR 中，使用 RNaseZap® 处理所有表面和移液器，混合以下物质制成第一链预混液，如上所述将每种试剂乘以（n+1）：

A. 3. 3 μL DEPC 处理过的水；

B. 4 μL 5×第一链合成缓冲液；

C. 2 μL 0. 1 M DTT；

D. 0. 2 μL RNaseOUT™（40 U/μL）；

E. 0.5 μL SSIIIRT（200 U/μL）。

2）将 10 μL first strand master mix 加入到上述 5 的（2）步骤 3）的 10 μL 引物退火的 RNA 模板中。

3）在下述条件下孵育：

A. 25 ℃，10 min；

B. 50 ℃，50 min；

C. 85 ℃，10 min；

D. 冰上冷却。

4）加入 1 μL RNase H（5 U/μL）去除 RNA 模板。

5）在 PCR 仪中 37 ℃孵育 20 min，85 ℃孵育 10 min，最后 4 ℃保温。

6）加入 1 μL exo-Klenow 片段（5 U/μL）产生第二链。

7）37 ℃孵育 1 h。

8）在 75 ℃下将 DNA 聚合酶加热灭活 15 min 并置于冰上。

7. 去除引物和短片段（<200 核苷酸）

（1）如果从含有 DNA 的基因组开始，加入 15 μL 无菌水使体积达到 20 μL，并将整个体系转移到新的无菌 1.5 mL 离心管中。

（2）加入 10 μL 补充有 10 mmol/L $MgCl_2$的 30% PEG-8000［见注意事项（14）］。

（3）轻轻摇晃均匀，然后在冰上放置 15 min。

（4）在 4 ℃、16 100 *g* 的条件下离心 30 min，沉淀 DNA。

（5）用微量移液管小心地吸出上清液，并将沉淀重悬于 20 μL 无菌水中，室温下孵育 45 min（见注意事项 15）。

（6）将整个体系转移至 0.2 mL 的反应管中。

（7）加入 2.5 μL 10× ExoI 缓冲液和 1 μL ExoI，用手指轻弹管壁并快速旋转。

（8）在 37 ℃下孵育 30 min。

（9）在 80 ℃下热灭活 20 min［见注意事项（16）］。

（10）将重复反应产物集中于一个管中。

8. 扩增随机片段

（1）每次反应将下述试剂在冰上于 0.2 mL PCR 管中按以下顺序混合：

1）18 μL 无菌水；

2）25 μL 2× BioMix Red；

3）2 μL 10 μmol/L 缺少 30 个随机六聚体的 SISPA 引物；

4）上述 7 中步骤（10）合并的 5 μL exo-Klenow 反应产物。

（2）放入 PCR 仪中，按表 31-7 中的条件运行。

表 31-7 PCR 反应条件

温度	时间	
98 ℃	30 s	
98 ℃	10 s	
54 ℃	20 s	35 个循环

（续表）

温度	时间
72 ℃	45 s
72 ℃	5 min
4 ℃	

在 1×TAE 内用 1% 或 1.2% 琼脂糖凝胶以 90 V 的条件电泳 50 min，检查片段大小。

9. 凝胶纯化

（1）如果产物大小为 300~1 000 bp，则使用宽梳子在含有 EtBr（终浓度为 0.1 μg/mL）的 1.2% 琼脂糖 TAE 凝胶中以 90 V 电泳 2 h，即可获得良好的分离效果。向阳极中加入 2 μL 10 mg/mL 的 EtBr 储备液，使凝胶的下 1/3 部分充分染色。

（2）使用乙醇消毒的刀片切割 300~850 bp 的条带，并在蓝光或长波紫外光源下观察条带［见注意事项（17）］。

（3）使用 QIA quick gel extraction kit（目录号为 28704 或 28706）从凝胶片段中提取 DNA。说明书中所有建议的额外步骤不可省略。

（4）用 25 μL 温的无菌水洗脱 DNA。

（5）使用 SYBR Gold 或类似的荧光方法对 DNA 浓度进行定量。

（6）如果使用 Sanger 测序法，需将序列克隆到 pCR4-Topo 或类似载体中，按照 Sanger 测序方案挑选菌落、模板并测序。

（7）对于下一代测序方法，使用 Agencourt AMPure XP 磁珠进一步纯化，利用 Agilent High Sensitivity DNA Kit 和 qPCR 对文库进行定量和质控，qPCR 则使用 KAPA Biosystems Library Quantification Kit。

（四）注意事项

（1）可以使用 1 mL 无菌塑料移液器。

（2）如果缓冲液中含有足量的 Mg^{2+} 和 Ca^{2+}，可以省略此步骤。回收体积小于 500 μL 时，相应调整 $MgCl_2$ 和 $CaCl_2$ 的量。

（3）可以使用 Ambion®TURBO™ DNase 代替 DNase Ⅰ。

（4）Benzonase 和 TURBO™ DNase 不能仅通过加热灭活，因此实验仅在使用 DNase Ⅰ时才有效；如果裂解物中含有人或者真核细胞 DNA，应使用靶向 18S rRNA 基因或 Alu 重复序列的其他引物组。

（5）塞子悬浮液可以冷冻或储存在冰箱中（仅过夜）。

（6）对于 RNA 基因组纯化，建议使用 Qiagen 的 RNeasy Mini Kit 而不是蛋白酶 K/SDS/EDTA 法，洗脱 RNA 用 25 μL 不含 RNase 的 DEPC 处理的水。

（7）线性丙烯酰胺是共沉淀剂，有助于少量核酸的沉淀，并且能够避免来自其他载体如糖原的污染风险。

（8）可以在倾倒管中液体后快速离心，使用微量移液管吸尽剩余的液体，大约需要 1 h 蒸发剩余的乙醇。

（9）如果提取 RNA，则需重悬在 DEPC 处理过的水中；TE 中的 EDTA 可能会干扰下游 SISPA 反应的敏感性。

（10）添加DMSO会破坏DNA的二级结构，从而能够在PCR中获得更高的产率，但并不是必需的。

（11）每个噬菌体需设置两个反应以增加随机性。

（12）在冰上快速冷却后反应可以在热循环仪中以1 ℃/min的速率从4 ℃升至37 ℃孵育。

（13）可以添加0.5 μL的Master Mix，0.1 μL 10×NEB缓冲液2，0.1 μL 10 mMdNTP，0.6 μL exo-Klenow和0.2 μL水。

（14）PEG的终浓度为8.7%以除去小于200 bp的片段。

（15）上述7中的步骤（8）和步骤（9）都可以在热循环仪中完成。

（16）不能使用短波紫外线，会损坏DNA。

（17）在定量少量DNA时，Nanodrop不如荧光测定法准确。

二、多重置换扩增

下一代测序技术通常需要纳克至微克级别的DNA，但是许多标本的核酸含量是微量甚至痕量的，不能直接用于测序。为了能够对这些样品测序，必须在不改变原始DNA样品性质的基础上对其扩增。多重置换扩增（multiple displacement amplification，MDA）是一种被广泛使用的全基因组扩增方法，MDA用随机引物引发靶DNA并使用链置换φ29 DNA聚合酶来扩增给定样品中的所有DNA。φ29 DNA聚合酶是一种高保真链置换聚合酶，研究表明其错误率为10^{-7}～10^{-6}，而天然Taq DNA聚合酶的错误率为三万分之一，Pfu DNA聚合酶为$1.6×10^{-6}$。

MDA技术的灵感来源于质粒DNA和病毒DNA的滚环循环复制模式，MDA采用高度延伸活性的DNA聚合酶和耐核酸外切酶的随机引物，基于随机引物退火变性DNA链置换合成，在等温条件下对基因组进行扩增。相比Bet（芽孢杆菌）DNA聚合酶，φ29 DNA聚合酶能够产生较高的DNA，具有高度富集和较低的扩增偏向性等优点。

MDA的一般过程是：随机6碱基寡核苷酸作为引物在多个位点与基因组模板DNA退火，φ29 DNA聚合酶在DNA的多个位点同时起始复制，沿着DNA模板合成DNA，同时取代模板的互补链。被置换的互补链又成为新的模板进行扩增，成为一个级联分支的放大系统。

三、多次退火环状循环扩增

2012年12月刊登在*Science*上的一篇文章首次提出了多次退火环状循环扩增（multiple annealing and looping based amplification cycles，MALBAC）的方法，它通过引入准线性前置放大，减少了与非线性放大相关的偏差。MALBAC使用随机引物库进行扩增，每个引物具有相同的27个核苷酸序列和8个可变核苷酸，可在0 ℃下与模板均匀杂交。在65 ℃的高温下，具有链置换活性的DNA聚合酶产生具有可变长度（0.5～1.5 kb）的半缩孔，然后在94 ℃下从模板上熔解半缩聚物的扩增产生具有互补末端的完整扩增子。将温度循环至58 ℃使完整扩增子环化，阻止进一步扩增和交叉杂交。五个预扩增循环之后通过PCR指数扩增全扩增子，产生下一代测序所需的微克级DNA。在PCR中，使用具有相同的27个核苷酸序列的寡核苷酸作为引物（图31-1）。

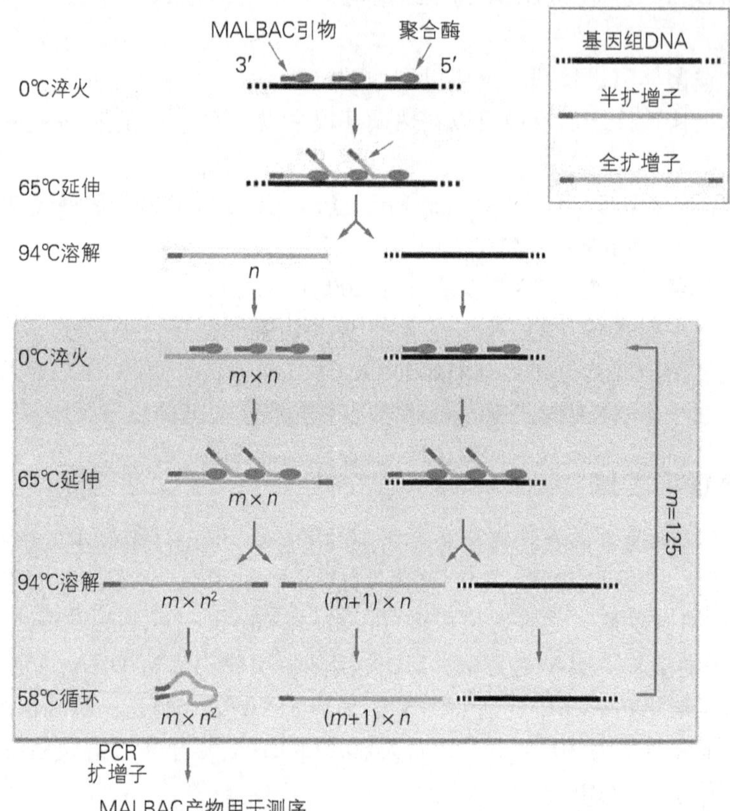

图 31-1 彩图

图 31-1 MALBAC 单细胞全基因组扩增

m：循环数；*n*：原始投入量。将单细胞的基因组 DNA 在 94 ℃下熔化成 ssDNA 分子，然后 MALBAC 引物在 0 ℃下随机退火成 ssDNA 分子，并通过在升高的温度下具有置换活性的聚合酶延伸，产生半扩增子。在循环全扩增子的步骤之后，接下来的五个温度循环中单链扩增子和基因组 DNA 作为模板分别产生完整扩增子和另外的半扩增子。完整的扩增子序列的 3′端与 5′端互补，两端杂交形成环状 DNA，有效阻止整个扩增子作为模板，保证扩增过程接近线性扩增。在线性预扩增的五个循环之后，使用相同的 27 个核苷酸序列作为引物，仅指数扩增全扩增子。整个 PCR 反应会产生微克级的 DNA 产物，可用于后续测序实验

四、转座子插入的线性扩增

转座子插入的线性扩增（linear amplification via transposon insertion，LIANTI）是一项经过改良的单细胞全基因组扩增（WGA）技术。其先利用 Tn5 转座子结合 LIANTI 序列，形成 Tn5 转座复合体（含 T7 启动子），之后该复合体随机插入单细胞基因组 DNA，经转座后将 DNA 随机片段化并连接 T7 启动子。T7 启动子行使体外转录功能，获得大量线性扩增的转录本，转录本再经过逆转录之后得到大量的扩增产物，随后进行正常的建库测序操作。整个过程仅进行线性扩增，没有进行指数扩增，大大增强了扩增稳定性，降低 PCR 干扰。此外，该技术将测量拷贝数的空间分辨率提高了 3 个数量级（能在千碱基分辨率进行微 CNV 检测，基因组覆盖率可达到 97%），可更有效、更精准地检测出更多遗传疾病。

LIANTI 的基本过程如图 31-2 所示，将来自单个细胞的基因组 DNA 随机片段化并用

LIANTI 转座子标记，然后进行 DNA 聚合酶缺口延伸，将单链 T7 启动子环转化为每个片段两端的双链 T7 启动子。体外转录过夜，将基因组 DNA 片段线性扩增成能够在 3′端自引发的基因组 RNA。在逆转录、RNase 消化和第二链合成后，形成标记有独特分子条码的双链 LIANTI 扩增子，代表来自单个细胞的原始基因组 DNA 的扩增产物，并准备用于 DNA 文库制备和下一代测序。

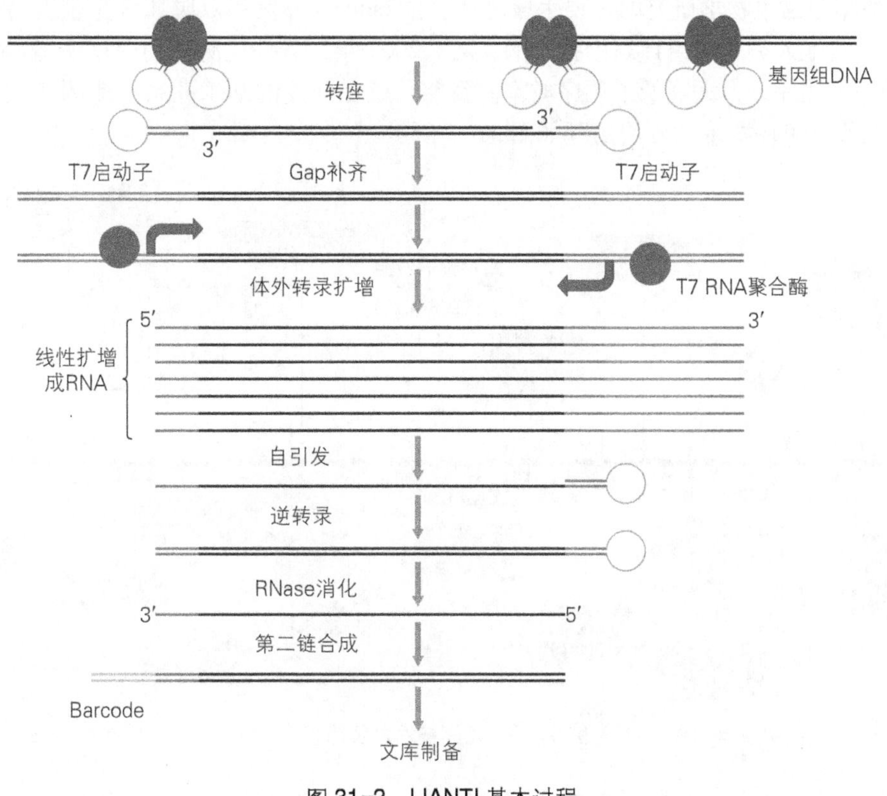

图 31-2 彩图

图 31-2　LIANTI 基本过程

第三节　噬菌体全基因组测序

噬菌体 DNA 测序始于 1977 年，φX174 基因组是第一个被完全测序的噬菌体基因组。5 年后，第一个 dsDNA 噬菌体 λ 的基因组也被确定下来。绝大多数已知的噬菌体（96%）属于有尾噬菌体目，以 dsDNA 作为遗传物质。为了获得高质量的 DNA 样品进行测序，一般通过 CsCl 梯度离心纯化得到高滴度噬菌体原液，然后进行透析并用蛋白酶 K 处理，用苯酚-氯仿提取 DNA。该方法能够获得大量优质 DNA，与所有测序平台兼容，包括第三代测序平台，并允许如限制性内切酶分析、染色体末端分析等额外的基因组分析方法。如果难以获得足量的 DNA 用于文库构建和测序，可以使用如 MDA 或 SISPA 等一系列 DNA 扩增方法。然而这些方法减慢了测序过程并增加了测序的总成本，还可能引入额外偏差。

随着基于转座子的测序文库制备试剂盒如 Nextera XT（Illumina）的引入，可以从少至 1 ng 的 DNA 中对文库进行测序。

本节将简要介绍传统测序手段，这些手段可作用于细菌、真菌、病毒等各种微生物、植物、动物及人体；再着重论述一种直接从单噬斑中对含有 dsDNA 的噬菌体进行基因组测序的方案。

一、传统测序手段

核酸测序是生物学研究的主要手段之一。由 Sanger 开发的双脱氧终止子测序主导了 30 年，是实施人类基因组计划中技术的主力。2005 年，下一代测序的数据输出量级首次超过 Sanger 测序，大大降低了测序成本。目前，正在开发的纳米孔系统使测序技术正式进入第三代。测序技术的发展历程如图 31-3 所示。

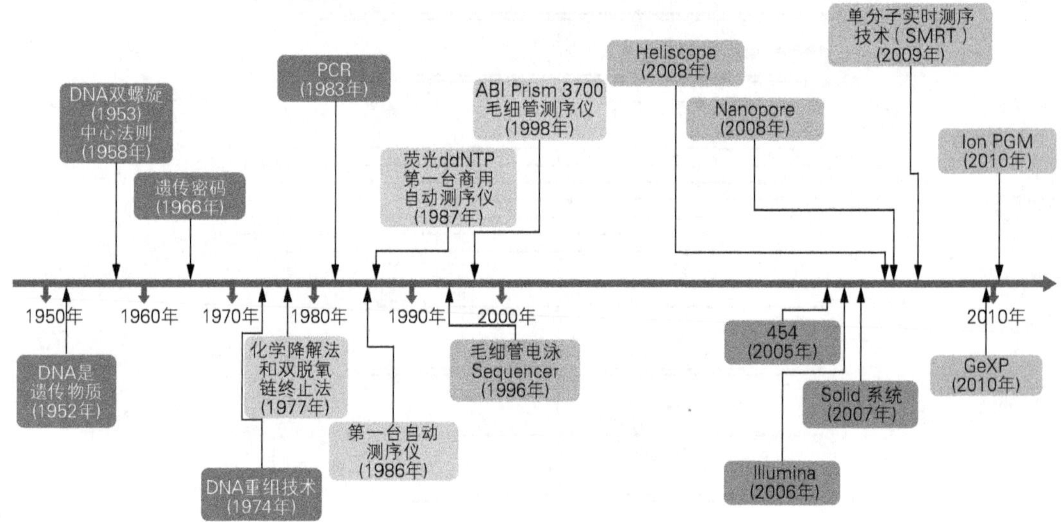

图 31-3　测序技术发展历程

（一）第一代测序技术——Sanger 测序

1977 年，Sanger 等首先提出了经典的双脱氧链终止法，第一代测序技术由此诞生。它的基本原理是：双脱氧核糖核苷酸进行延伸反应，生成相互独立的若干组带放射性标记的寡核苷酸，每组核苷酸都有共同的起点，却随机终止于一种（或多种）特定的残基，形成一系列以某一特定核苷酸为末端的长度各不相同的寡核苷酸混合物，这些寡核苷酸的长度由这个特定碱基在待测 DNA 片段上的位置所决定。然后通过高分辨率的变性聚丙烯酰胺凝胶电泳，经放射自显影后，从放射自显影胶片上直接读出待测 DNA 上的核苷酸顺序。由于其通量低、成本高，逐渐被下一代测序技术取代。

（二）下一代测序技术

第一代测序技术的主要特点是测序读长可达 1 000 bp，准确性高达 99. 999%，但由于其测序成本高、通量低，严重影响了其大规模的应用。经过不断的技术开发和改进，以 Roche 公司的 454 技术、Illumina 公司的 Solexa 及 Hiseq 技术和 ABI 公司的 Solid 技术为主的下一代测序技术逐渐兴起。下一代测序技术在大大降低测序成本的同时，还大幅提高了测序速度，并且保持了高准确性，但在序列读长方面则要短很多。

二、直接从单噬斑中对含有 dsDNA 的噬菌体进行基因组测序

噬菌体基因组的测序已经成为表征噬菌体的常规手段。以下介绍的方案允许从单个噬斑中快速分离 DNA，然后构建随时可用的 Illumina 兼容文库。

（一）材料

（1）双层琼脂平板上分离良好的单噬斑。上层（即覆盖层）应使用较低浓度（5~6 g/L）的琼脂糖固化。

（2）可变容量的移液器，覆盖范围为 2 μL 至 1 mL。

（3）用无菌手术刀将常规 1 mL 移液器吸头剪去部分，使内径扩大为 1~2 mm。

（4）1.5 mL 带盖的无菌微量离心管。

（5）用于加热微量离心管的模块。

（6）实验用涡旋振荡仪。

（7）超滤旋转柱（0.45 μm），可安装在 1.5 mL 微量离心管（Merck Millipore）中。

（8）可放置微量离心管的离心机。

（9）DNase Ⅰ和 DNase Ⅰ 缓冲液（1 U/μL，Thermo Fisher EN0525）。

（10）50 mmol/L EDTA 溶液。

（11）1% SDS 溶液。

（12）蛋白酶 K 溶液（如 Thermo Fisher EO0491）。

（13）DNA Clean & Concentrator-5 Kit（Zymo Research cat#D4013，包括 DNA 结合缓冲液、Zymo-Spin 柱、DNA 洗涤缓冲液和 DNA 洗脱缓冲液）。

（14）Nextera XT DNA Library Prep Kit（Illumina，cat#FC-131-1024 或-1096，包括 Tagment DNA 缓冲液、Amplicon Tagment 混合物、Neutralize Tagment 缓冲液、Nextera PCR 混合物和 Resuspension 缓冲液）。

（15）Nextera XT Index Kit。

（16）0.2 mL 反应管。

（17）热循环仪。

（18）用于 1.5 mL 微量离心管的磁力架。

（19）Agencourt AMPure XP 磁珠。

（20）80%乙醇。

（21）带有 dsDNA HS 试剂盒的 Qubit 荧光计。

（二）方法

1. 从单噬斑中分离 DNA

（1）用剪去头部的 1 mL 移液器小心地蘸取一块单噬斑。仅选取上层覆盖层，避免接触下层琼脂和菌苔，蘸取量不可过多，否则可能会影响后续的 DNase Ⅰ活性。

（2）将蘸取的单噬斑悬浮在装有 100 μL 1×DNase Ⅰ缓冲液（不含 DNase Ⅰ酶）的 1.5 mL 微量离心管中。

（3）在 37 ℃下使噬菌体扩散至少 30 min。

（4）将溶液转移到新的装有 0.45 μm 超滤旋转柱的 1.5 mL 微量离心管中，2 500 *g*

离心 1 min，以去除宿主细胞从而减少宿主 DNA 的量。

（5）加入 5 μL DNase Ⅰ（5 U）并在 37 ℃下孵育 30 min，可以减少不受蛋白质衣壳保护的宿主 DNA 的量。

（6）加入 10 μL 50 mmol/L 的 EDTA 和 10 μL 1%的 SDS，灭活 DNase Ⅰ并增强蛋白酶 K 的活性。

（7）加入 5 μL 蛋白酶 K（约 3 U）并在 55 ℃下孵育 45 min，消化噬菌体衣壳并释放噬菌体 DNA。

（8）使用 DNA Clean & Concentrator-5 Kit 纯化 DNA。加入 2 倍体积的 DNA 结合缓冲液（200 μL），并将混合物加到装在收集管中的 Zymo-Spin 柱上。

（9）全速（大于 10 000 *g*）离心 30 s。

（10）加入 200 μL DNA 洗涤缓冲液，全速离心 30 s。重复此洗涤步骤。

（11）将 Zymo-Spin 柱放入新的 1.5 mL 微量离心管中。直接向柱中加入 6 μL DNA 洗脱缓冲液，全速离心 30 s。

（12）洗脱的 DNA 即可直接用于 Nextera XT DNA Library Prep Kit。

2. 构建测序文库

（1）在新的 0.2 mL 反应管上标记样品名称。

（2）加入 10 μL Tagment DNA 缓冲液。

（3）加入 5 μL Amplicon Tagment 混合物。

（4）在不调节 DNA 浓度的情况下，从前一步骤中加入 5 μL 洗脱的噬菌体 DNA。

（5）涡旋振荡 30 s。

（6）将反应管放入热循环仪中并运行以下程序：55 ℃，5 min；10 ℃恒温。

（7）当样品温度达到 10 ℃时立即加入 5 μL Neutralize Tagment 缓冲液。

（8）涡旋振荡 30 s 后在室温下孵育 5 min。

（9）向反应管中加入 15 μL Nextera PCR Master 混合物。

（10）向反应管中加入 5 μL Index 1 引物。

（11）向反应管中加入 5 μL Index 2 引物。

（12）涡旋振荡 30 s。

（13）将反应管放入热循环仪中，并按表 31-8 运行程序。

表 31-8 PCR 反应条件

温度	时间	
72 ℃	3 min	
95 ℃	30 s	
95 ℃	10 s	
55 ℃	30 s	16 个循环
72 ℃	30 s	
72 ℃	5 min	
10 ℃恒温		

（14）继续进行 PCR 清理。

1）标记新的 1.5 mL 管，并添加 50 μL Nextera XT DNA Library Prep Kit。

2）加入 25 μL AMCure XP 磁珠。

3）短暂涡旋并在室温下孵育 5 min。

4）在磁力架上放置 2 min。

5）小心取出并丢弃上清液。

6）加入 300 μL 80%的乙醇，室温下孵育 30 s。小心取出并丢弃上清液，重复洗涤。

7）小心取出并丢弃上清液。

8）将管子放在磁力架上，风干磁珠 10 min。

9）从磁力架上取下管子，加入 52 μL Resuspension 缓冲液，短暂涡旋后在室温下孵育 2 min。

10）将管子在磁力架上放置 2 min。

11）将 50 μL 预备文库转移到新的标记的 1.5 mL 管中。

12）使用之前将文库保存在冰上或者储存于-20 ℃。

（三）注意事项

（1）使用带滤芯的吸头，避免交叉污染。

（2）尽量降低双层平板中琼脂糖的浓度，这样噬斑会更大且更易挑取。

（3）使用新制的双层平板效果更好。

（4）对于特定的噬菌体-宿主，可以调整实验方案，使用不同口径大小（如0.2 μm）的超滤旋转柱。

（5）该方法在基因组末端附近区域可能无法提供良好的读取覆盖率，Nextera XT 技术在每个远端序列的覆盖率预计下降 50 bp。这对于具有末端冗余基因组的噬菌体而言不是问题。

（6）DNA Clean & Concentrator-5 Kit 可用于纯化高达 23 kb 的 DNA 片段，它对于较大的噬菌体基因组仍然适用。

参考文献

32 噬菌体基因组序列的注释

——林　威　范华昊　童贻刚

基因测序技术及生物信息学的发展使生物学进入了大数据时代。生物数据库的建立和共享促进生物领域的交流和发展。噬菌体数据库中日益增长的基因组序列信息及相关生物信息学软件的不断开发和改进，使人类能够通过基于序列比对等方法对所研究的噬菌体进行快速的分类鉴定及基因组序列注释，为后续实验及应用奠定坚实基础。本章主要介绍噬菌体基因组序列比对方法、基因组特征鉴定（包括末端分析、ORF 预测及结构域鉴定等），以及通过构建系统发育树确定噬菌体的分类及进化地位等，为目前噬菌体基因组序列注释主要流程做一个简要总结，以供参考。

第一节　全基因组 BLAST 比对

一、主要数据库简介

近年来随着基因测序技术的不断发展，测序成本逐步下降，研究人员从基因水平对生物进行深入研究已成为一种常态，各种生物序列也正在不断地被测序鉴定。为了加强全球范围内生物信息的交流，促进数据的实时共享，推进生物领域的快速发展，许多国家和机构都构建了公共生物数据库。

生物数据库首先分成三大类：核酸数据库、蛋白质数据库和专用数据库。

三大核酸数据库包括 NCBI 的 Genbank（由美国 NIH 开发、维护），EMBL 的 ENA（由 EMBL 开发、维护）和 DDBJ（由日本 NIG 开发、维护），它们共同构成国际核酸序列数据库。

主要的蛋白质数据库是 UniProt 数据库，它由 Swiss-Prot、TrEMBL 和 PIR 三个数据库构成。

专用数据库指的是专门针对某一主题的数据库，或者是综合性的数据库，以及无法归入其他两类的数据库，如京都基因与基因组百科全书（KEGG）、人类孟德尔遗传在线（OMIM）等。

作者单位：林威、范华昊、童贻刚，北京化工大学生命科学与技术学院。

二、BLAST 比对

为了确定测得噬菌体基因组序列与目前已测得的其他生物之间的相似性及同源性关系，需要将噬菌体序列与生物数据库中的序列进行比较。

局域搜索比对工具（basic local alignment search tool，BLAST，https://blast.ncbi.nlm.nih.gov/Blast.cgi）既是一种算法又是一种基于该算法设计出的搜索工具，是由美国NCBI 研发的一个生物信息数据库搜索工具系统，该系统对于生物基因序列数据在计算机中的表达和处理做了许多的研究，提供了一个快速的基于碱基数据的搜索引擎。

BLAST 是基于匹配短序列片段，用一种强有力的统计模型来确定未知序列与数据库序列的最佳局部联配，可在序列数据库中对查询序列进行相似性比对工作。BLAST 主要程序如表 32-1 所示。

表 32-1　BLAST 程序概览

程序名	查询序列	数据库	搜索方法
Blastn	核酸	核酸	在核酸数据库中比对核酸序列
Blastp	蛋白质	蛋白质	在蛋白质数据库中比对蛋白质序列
Blastx	核酸	蛋白质	在蛋白质数据库中比对待检的核酸序列（用所有 6 种 ORF 翻译）
Tblastn	蛋白质	核酸	在核酸数据库（用所有 6 种 ORF 翻译）中比对待检的蛋白质序列
TBlastx	核酸	核酸	在核酸数据库（用所有 6 种 ORF 翻译）中比对待检的核酸序列（也用所有 6 种 ORF 翻译）

BLAST 同时提供网络在线比对版本及本地单机版本。网络版本具有操作方便、数据库同步更新等优点，但若需要处理大批量数据及自己定义搜索数据库，则推荐使用单机版本。

选取合适的 BLAST 程序及数据库，对噬菌体基因组序列进行比对后，结合生物实验结果及样品信息，能够初步得出其与已知物种之间的同源性及基本分类地位。

第二节　基因组末端鉴定

一、末端鉴定的意义

噬菌体基因组末端的鉴定对于研究整个 DNA 包装过程至关重要。不同种类的噬菌体具有不同的末端酶，而不同种类的末端酶可产生不同种类的基因组末端序列，因此根据末端酶的种类可对不同噬菌体的末端序列进行聚类分析。到目前为止，根据基因组末端序列，dsDNA 噬菌体或病毒至少存在 8 种类型的末端结构。

（1）λ 类噬菌体，具有 5′端序列突出的单链黏性末端（5′-protruding single-stranded cohesive end），如噬菌体 λ 和 P2。

（2）噬菌体 Φ105、HK97、D3 等，拥有 3′端序列突出的单链黏性末端。

（3）T7 类噬菌体、T3 噬菌体、噬菌体 Ye03-12 $，拥有正向末端重复（direct terminal repeat）。

（4）一些利用“headful”（满头包装，单个噬菌体头部所含的 DNA 的长度）包装机制进行包装的噬菌体，如 SPP1、P22 及 P1 等，既含有末端冗余（ter minal redundancy，TR），又存在环状不均一（circular permutation），有确定的 pac 识别位点。

（5）T4 噬菌体，既含有末端冗余，又存在环状不均一、无确定的 pac 识别位点。

（6）噬菌体 Φ29 家族，蛋白共价结合在两个自由的末端，拥有正向末端重复。

（7）Mu 样噬菌体，宿主的 DNA 片段绑定到其基因组的末端上。

（8）N4 类噬菌体，拥有短的长度可变正向末端重复，左侧末端为一个唯一的序列，而右侧基因组末端拥有几组不同的序列。

传统的方法是利用测序数据组装一个噬菌体基因组的完整序列，然后进行分子生物学实验来确定其末端。这种末端分析方法复杂、耗时且成本高。在对测序的 reads 进行拼接之后，完整的噬菌体基因组可能以任意序列为开头呈现，该序列起始点可能并非该噬菌体真正的末端，并且该断点极有可能正好处于一个 ORF 当中，这直接影响到噬菌体后续的基因组注释以及分析研究。

二、利用高通量测序鉴定噬菌体末端

（一）噬菌体末端序列高频理论

如图 32-1 所示，线性 dsDNA 噬菌体 T3 具有末端重复。这些重复用于噬菌体 DNA 复制过程中的同源重组。噬菌体的 dsDNA 可以通过基因组末端重复序列环化，因此要去鉴定被末端酶切割的噬菌体的天然基因组末端是比较困难的。利用高通量测序原理，张湘莉兰等提出了噬菌体末端序列高频理论，可以根据 reads 出现频率找到噬菌体的自然末端。

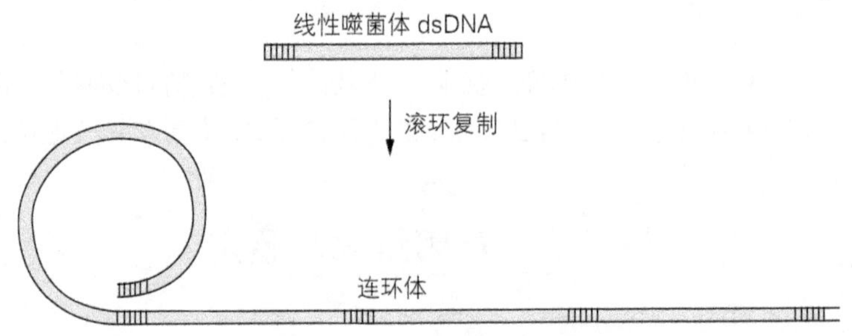

图 32-1　噬菌体滚环复制示意图

假设有 m 条完整的基因组，每条全长为 L，将所有基因组打断成 Nr 条小片段序列读长，每条读长长度为 L_{reads}。基于高通量测序的结果，每个 dsDNA 的基因组都有两个末端，末端的覆盖率为

$$\mathrm{Freq}_{ter}=m$$

所有读长的平均覆盖率为

$$\mathrm{Freq}_{ave}=Nr/(2\times L)$$

所以末端覆盖度与所有读长的平均覆盖度的比值为

$$R=\mathrm{Freq}_{ter}/\mathrm{Freq}_{ave}=2\times m\times L/Nr=2\times L$$

该理论上的比值反映在高通量测序的结果当中会呈现出末端的序列的覆盖度会明显高于该序列的其他位置。

（二）高通量测序鉴定噬菌体末端方法

以T7类噬菌体为例，通过查找高频序列来确定噬菌体的末端。

首先，在Linux的终端输入命令（表32-2）以获得各条reads的每20个碱基，并按出现频率由高到低进行排列（图32-2）。

表32-2　判别末端类型的准则表

噬菌体	测序读长数	覆盖度	基因组长度（bp）	平均频率[1]	最高频率	最高频率/平均频率（R）	正向最高频率/正向次高频率	反向最高频率/反向次高频率	特征	末端类型[2]
IME-AB2	320 569	1 194	43 665	3.67	44	11.99	1.1	1.16	无明显末端	环状基因组
IME-AB3	513 242	3 466	43 050	5.96	160	26.85	1.04	2.25	无明显末端	
IME-SL1	595 966	1 106	153 667	1.94	16	8.25	1.07	1.07	无明显末端	
IME08	9 883 185	6 924	172 253	28.69	938	32.69	1.18	1.28	多个倾向性末端	倾向性末端
IME09	2 096 452	2 355	166 499	6.3	527	83.65	1.03	1.38	多个倾向性末端	
IME-EC1	1 005 020	1 866	170 335	2.95	109	36.95	1.5	1.38	多个倾向性末端	
IME11	686 863	2 479	72 570	4.73	486	102.75	4.81	1.33	左侧具有唯一末端，右侧排列有两个末端，具有401 bp末端重复序列	固定末端
IME-EF4	431 269	6 582	40 685	5.3	2 762	521.13	1.09	19.59	右侧具有唯一末端，左侧随机，无明显末端	
IME-SA2	281 925	1 730	140 434	1	626	626	6.59	1.3	左侧具有唯一末端，右侧随机，无明显末端，具有8 kb的长末端冗余区	
IME-SA1	1 474 251	3 577	140 181	5.26	961	182.7	11.44	1.17	左侧具有唯一末端，右侧随机，无明显末端，具有8 kb的长末端冗余区	
IME-SA3	54 737	285	140 807	0.19	90	473.68	12.86	1.12	左侧具有唯一末端，右侧随机，无明显末端，具有8 kb的长末端冗余区	
T3	574 358	5 606	38 208	7.52	1 570	208.78	15.39	10.02	两侧各有唯一末端，具有230 bp的末端重复序列	
IME-EC-16	509 962	7 106	38 870	6.56	2 342	357	35.48	38.38	两侧各有唯一末端，具有147 bp的末端重复序列	
IME-EC-17	311 780	3 040	38 435	4.06	897	220.94	15.74	4.85	两侧各有唯一末端，具有81 bp的末端重复序列	

（续表）

噬菌体	测序读长数	覆盖度	基因组长度（bp）	平均频率[1]	最高频率	最高频率/平均频率（R）	正向最高频率/正向次高频率	反向最高频率/反向次高频率	特征	末端类型[2]
IME-EC2	785 489	7 259	41 510	9.46	1 075	106.02	9.43	1.02	一个具有少量碱基变异的确定起始位点和末端冗余约 300 bp 的部分排列终止位点	
IME-EF3	367 251	3 638	41 118	4.66	1 125	241.42	30.83	4.95	两侧各有唯一末端，具有 540 bp 的末端重复序列	
IME-EFm1	1 103 508	9 657	42 598	12.95	3 855	297.68	19.67	14.23	两侧各有唯一末端，具有 265 bp 的末端重复序列	
IME-SF1	355 397	4 675	38 842	4.57	1 609	352.1	67.04	32.49	两侧各有唯一末端，具有 159 bp 的末端重复序列	
IME-SF2	720 811	9 155	40 387	8.92	1 934	216.82	9.57	9.08	两侧各有唯一末端，具有 190 bp 的末端重复序列	
IME-SM1	162 104	1 081	149 960	0.54	420	777.78	42	7.76	两侧各有唯一末端，具有 487 bp 的末端重复序列	

1：平均频率=测序读长数/基因组长度/2。

2：判别标准：$R<30$，无末端，环状基因组；$30<R<100$，倾向性末端；$R>100$，固定末端。最高频率/次高频率>3，唯一一个末端；最高频率/次高频率<3，多个末端或无末端。

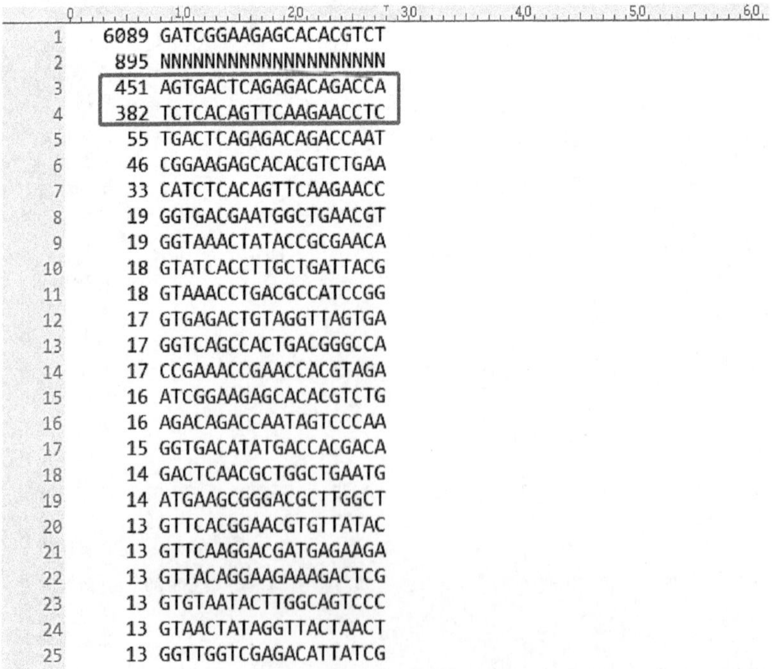

```
0         10        20        30        40        50        60
1   6089 GATCGGAAGAGCACACGTCT
2    895 NNNNNNNNNNNNNNNNNNNN
3    451 AGTGACTCAGAGACAGACCA
4    382 TCTCACAGTTCAAGAACCTC
5     55 TGACTCAGAGACAGACCAAT
6     46 CGGAAGAGCACACGTCTGAA
7     33 CATCTCACAGTTCAAGAACC
8     19 GGTGACGAATGGCTGAACGT
9     19 GGTAAACTATACCGCGAACA
10    18 GTATCACCTTGCTGATTACG
11    18 GTAAACCTGACGCCATCCGG
12    17 GTGAGACTGTAGGTTAGTGA
13    17 GGTCAGCCACTGACGGGCCA
14    17 CCGAAACCGAACCACGTAGA
15    16 ATCGGAAGAGCACACGTCTG
16    16 AGACAGACCAATAGTCCCAA
17    15 GGTGACATATGACCACGACA
18    14 GACTCAACGCTGGCTGAATG
19    14 ATGAAGCGGGACGCTTGGCT
20    13 GTTCACGGAACGTGTTATAC
21    13 GTTCAAGGACGATGAGAAGA
22    13 GTTACAGGAAGAAAGACTCG
23    13 GTGTAATACTTGGCAGTCCC
24    13 GTAACTATAGGTTACTAACT
25    13 GGTTGGTCGAGACATTATCG
```

图 32-2　读长前 20 个碱基出现频率图

框中代表两条出现频次相对较高的读长

将高通量测序原始数据以及拼接好的噬菌体全基因组导入 CLC Genomic Workbench（版本 9.0）当中（表 32-3）。在 CLC Genomic Workbench 上方菜单栏选择“Toolbox”，打开“Map Reads to Reference”程序，以噬菌体全基因组序列为参考序列，将高通量测序原始数据与全基因组进行比对拼接。在拼图的结果当中，可以看到有一区域的 reads 覆盖度明显高于全基因组的平均覆盖水平（图 32-3）。

表 32-3 末端分析中常用的命令

<table>
<tr><th>命令</th><th>用法</th></tr>
<tr><td>awk 'NR% 4 = = 2' input. fastq | cut -b 1-20 | sort | uniq -c | sort -g -r -o output. txt</td><td>在 fastq 格式文件中搜索高频序列片段</td></tr>
<tr><td>awk 'NR% 4 = = 2' input. fasta | cut -b 1-20 | sort | uniq -c | sort -g -r -o output. txt</td><td>在 fasta 格式文件中搜索高频序列片段</td></tr>
<tr><td>sed '1i temp' input. fastq | awk 'NR% 4>1' | perl -p -e 's/^@/>/g'> output. fasta</td><td>fastq 格式文件转换为 fasta 格式</td></tr>
<tr><td>awk 'length ($1) >50' input. fasta | cat -n | sed 's/ \ t/ \ n/g' | sed 's/ \ //g'>output. fasta</td><td>输出长度大于 50 个碱基的 reads</td></tr>
</table>

图 32-3 原始测序数据拼图结果

圈中突起代表该区域读长覆盖度明显高于全基因组的平均覆盖水平

然后在噬菌体基因组中搜索上一步中高频率的序列，发现第 3、4 条序列正好位于读长高覆盖区域的两端（图 32-4）。因此可以判定这两条高频序列片段之间的读长高覆盖区域即为该噬菌体的固定末端。

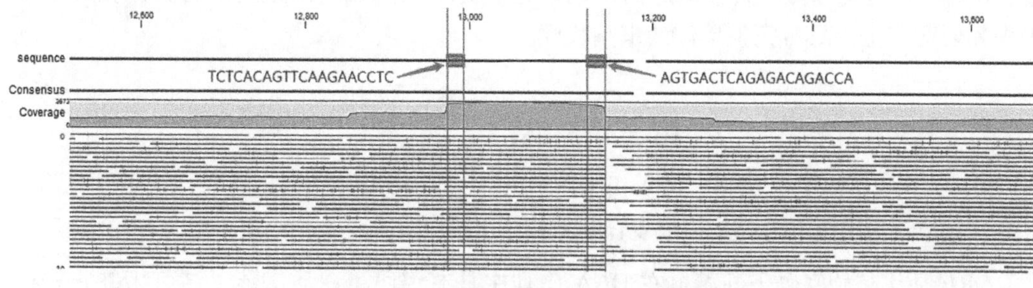

图 32-4 彩图

图 32-4 高频读长在参考序列中的位置

箭头所指位置为高频的两条读长所在区域

需要注意的是，通过高频序列得到的末端，需要判别其是否为真正的基因组末端，通过比较这个末端序列的频率产生的峰值（即频率）与其上下游 20 bp 的序列的峰值来确定。如果“末端”序列的峰值明显高于其上下游 20 bp 的序列的峰值，这个末端便可判别为一个阳性末端，因为可以作为末端的高频序列，其频率将比全基因组上任何一个位置的频率均高出数倍。另外，选择 20 bp 作为比较只是为了更方便查看结果，事实上，这个距离可以选择任何长度来比较，如 10 bp、500 bp 等。总之，如果一个高峰被一末端序列展示而不被其周围的序列展示，则这个末端可以被称着真正的末端。

除上述方法之外，还可以利用网页版工具“PAUSE”（Pileup Analysis Using Starts and Ends）来查找噬菌体末端，其原理与上述方法类似，也是通过寻找末端高频序列来定位末端所在区域。

三、噬菌体基因组末端类型判别方法

利用 NGS 进行大规模测序可以同时获得病毒的全基因组序列和末端序列。这些末端出现的次数可以通过计算最高频序列的频率与平均出现的频率的比值而获得，即比例（R）= 最高频率/平均频率。利用这个准则，笔者团队成功对以下 20 株噬菌体末端类型进行定义：噬菌体 T3，N4 类噬菌体 IME11，黏质沙雷菌噬菌体 IME-SM1，沙门菌噬菌体 IME-SL1，大肠埃希菌噬菌体 IME-EC2，T4 类噬菌体 IME08、IME09 及 IME-EC1，鲍曼不动杆菌噬菌体 IME-AB2、IME-AB3，粪肠球菌噬菌体 IME-EF3、IME-EF4，屎肠球菌噬菌体 IME-EFm1，T7 类大肠埃希菌噬菌体 IME-EC-16、IME-EC-17，T7 类弗氏志贺菌噬菌体 IME-SF1、IME-SF2 及金黄色葡萄球菌噬菌体 IME-SA1、IME-SA2 和 IME-SA3。以上噬菌体均进行高通量测序。

如表 32-2 所示，在鲍曼不动杆菌噬菌体 IME-AB2 和 IME-AB3 及沙门菌噬菌体 IME-SL1 中，$R<30$，这代表此类噬菌体没有末端，也意味着它们是环状的基因组或完全不均一、末端冗余的环状基因组；T4 类噬菌体 IME08、IME09 及 IME-EC1 中，$30<R<100$，这代表它们具有倾向性的末端（preferred termini），并且末端酶对其基因组进行切割可产生含有末端冗余和部分环状不均一的末端类型；然而，在 T7 类噬菌体 T3、IME-EC-16、IME-EC-17、IME-SF1、IME-SF2 及粪肠球菌噬菌体 IME-EF3、IME-EF4，金黄色葡萄球菌噬菌体 IME-SA1、IME-SA2 和 IME-SA3，N4 类噬菌体 IME1，大肠埃希菌噬菌体 IME-EC2，屎肠球菌噬菌体 IME-EFm1，以及黏质沙雷菌噬菌体 IME-SM1 等噬菌体中，R>100，这类噬菌体具有固定的末端，它们的末端酶在基因组上对特异性位点进行识别并切割产生，具有完整单位的末端长度。

第三节　基因鉴定

一、开放阅读框、蛋白质编码区和基因标识符

ORF 是从起始密码子开始，在 DNA 序列中具有编码蛋白质潜能，结束于终止密码子的连续的碱基序列。蛋白质编码区（coding sequence，CDS）是编码一段蛋白质产物的序列。CDS 必定是一个 ORF，但也可能包括很多 ORF，反之，每个 ORF 不一定都是 CDS。locus_tag 是分配给每个基因的系统基因标识符。每个基因组项目都具有相同的唯一基因标识符前缀，以确保基因标识符特定基因组项目的标志，这就是要求注册基因标识符前缀的原因。基因标识符前缀必须是 3~12 个字母、数字字符，第一个字符不能为数字。此外，基因标识符前缀区分大小写，基因标识符前缀后跟下划线，然后是在特定基因组内唯一的字母数字标识号。除了用于将前缀与标识号分开的单个下划线之外，基因标识符中不能使用其他特殊字符。

二、开放阅读框预测

为了确定噬菌体当中的不同蛋白质种类及其功能，首先要在基因组序列的基础上对其中存在的ORF进行预测及注释。

针对不同的生物，有许多不同的ORF预测工具，所使用的算法也不尽相同，并且随着生物信息学的不断发展，新的预测工具也正在被不断地开发，最终目的即是要达到精准快速地预测生物基因组中完整的ORF。ORF预测的方法主要有3种：①分析mRNA和EST数据直接得到结果；②通过相似性比对从已知基因和蛋白质序列得到间接证据；③基于各种统计模型和算法从头预测。现在较为流行的做法是先通过Glimmer、GeneMarks等软件预测出基因组的ORF，然后通过BLAST方法将ORF同其他物种的基因进行比对。有同源基因的ORF被注释为具有同样功能的基因，没有同源性的ORF被舍去或注释为假设蛋白（hypothetical protein）。

Glimmer是用于寻找微生物DNA的工具，特别是细菌、古菌和病毒中的基因，其对原核生物的ORF预测非常准确，但是对真核生物比较有限。Glimmer采用的方法为用内插马尔科夫模型（interpolted Markov model，IMM）来识别编码区域和非编码区域。GeneMarks软件的原理是使用统计学模型的从头预测（ab initio）方法，不依赖任何先验知识和经验参数，通过描述DNA序列中核苷酸的离散模型，利用编码区和非编码区的核苷酸分布概率不同来进行基因预测。GeneMarks无须人为干预和相关DNA或rRNA基因的资料即可对新的细菌基因组进行预测，测试表明GeneMarks对GenBank数据库中已注释的枯草芽孢杆菌的预测准确度达到82.9%，而对已通过实验方法证实注释功能的大肠埃希菌的预测高达93.8%，其对新测序基因组的预测与Glimmer存在同样问题，即相当一部分基因在数据库并不能发现同源，只能作为假设蛋白基因存在。

由于注释需要大量的数据库，为了使预测及注释变得简单，一些研究机构将不同功能的预测及注释软件整合在一起，提供在线的ORF预测与注释服务，生成各种格式的结果以供下载使用和后续分析，如RAST、ORF Finder、Xbase等。

编码蛋白质的噬菌体基因的功能注释通常是基于对现有噬菌体进行同源性搜索。过去，噬菌体基因通常以从gpA开始的单个字母命名，并且基于发现基因或其产物的顺序指定名称。这就导致来自不同噬菌体的几种不相关的蛋白质具有相同的名称。例如，在Genbank中可以找到来自不同噬菌体基因组的末端酶基因和DNA复制起始蛋白都被标记为gpA。近年来，随着基因组序列的爆发式增长，这种由基因注释导致的混乱愈加严重，由此衍生出了将噬菌体蛋白质分类为噬菌体直系同源组（POG）或子系统的方法，统一了许多噬菌体蛋白质的注释，并且为比较不同噬菌体基因组之间的注释提供了一个框架。例如，RAST系统使用同源性、染色体聚类和子系统的组合对蛋白质进行注释。RAST基于与已知蛋白质的同源性来注释蛋白质，如果发现匹配上了某个子系统下的蛋白质，那么再尝试基于该蛋白质的先前注释的基因组信息找到基因组应表现和要注释的噬菌体相同的该子系统的其他成员。这种方法的优点是RAST系统可以根据子系统的注释规则来对基因进行注释。值得注意的是，RAST系统允许在其染色体环境中分析蛋白质，这有助于根据染色体邻近区域功能来注释具有未知功能的蛋白质。与细菌基因组类似，噬菌体基因组中一些基因会呈现出有序排列的基因簇现象，找到基因簇有助于对基因组注释。

例如，末端酶大亚基（TerL）和末端酶小亚基（TerS）在基因组上经常相邻出现，通过预测出其中一个便能够快速预测出另一个。

通过搜索同源性蛋白对噬菌体基因组上的蛋白质功能进行注释的主要困难是大多数蛋白质在参考数据库中没有相对同源的物种，尤其是新型噬菌体，这导致大多数 ORF 找不到匹配的功能注释（no hits），或者最多具有假设功能。一类可能的解决方案是基于蛋白质的氨基酸使用概况的注释，这种方法不通过同源性关系来进行注释如 iVIREONS（https://vdm.sdsu.edu/ivireons/），使用机器“学习”手动注释的噬菌体蛋白的特征，然后测试未知的蛋白质，看它们是否具有相似的特征。

如何在没有明确实验证据的前提下鉴定此类基因预测及注释的准确性，切实可行的方法就是综合利用多个预测软件对预测结果进行比较，再使用不同的功能注释工具将 ORF 与多个蛋白质库进行比对，如 HHpred（https://toolkit.tuebingen.mpg.de/#/tools/hhpred）、hmmscan（https://www.ebi.ac.uk/Tools/hmmer/search/hmmscan）等，分析其中的异同点。对于溶原性噬菌体，建议将搜索范围限制为“Viruses（taxid：10239）”，因为在宿主基因组序列中前噬菌体基因组往往被注释得不够理想。

三、使用 DNA Master 对噬菌体基因组注释

（一）DNA Master 简介

DNA Master 程序是由匹兹堡大学的 Jeffrey Lawrence 编写的。它集成了多个注释工具，程序与 GenBank 和 NCBI 相对接，能够将注释结果直接生成 gbk 格式以便直接向 NCBI 上传序列。DNA Master 非常适合噬菌体基因组的注释，它集成了多个单独的基因预测程序如 GeneMark、Glimmer 3、Aragorn 和 BLAST 等，简单的基因编辑相关操作，以及预测常见的原核生物元素，包括核糖体结合位点、启动子、保守基序、程序化翻译移码和自剪接内含子等。噬菌体感染细胞蛋白质组学分析结果验证了 DNA Master 生成的注释结果。除了基本的注释工具之外，DNA Master 还集成了许多生物信息学的综合分析的工具，能够比较多个基因组、分析密码子使用和核苷酸组成的偏差、扫描特定 DNA 序列、找到复制起点等。

DNA Master 目前只能够在 Windows 系统中运行。

（二）使用 fasta 格式的序列文件生成“.dnam5”文件

为了注释噬菌体基因组序列，必须将序列正确导入 DNA Master，并且必须生成“.dnam5”格式文件。每次导入一个序列，所有注释和数据将保存在“.dnam5”文件当中。虽然 DNA Master 可以处理多种类型的序列文件格式，但在这里只讨论“.fasta”格式，因为这种格式广泛用于公共数据库和测序领域。

将“.fasta”文件导入 DNA Master 中后，噬菌体基因组序列的名称及长度等信息在中央信息窗口可见。重要的一点是要检查已知的基因组序列长度是否与导入文件中序列的长度一致，这将有助于避免由于错误的序列数据导致注释错误等情况出现。检查标题信息和序列长度正确之后，按窗口右下角的“Export”按钮，然后选择“Create sequence from this entry only”，生成一个“.dnam5”文件。

（三）“.dnam5”的文件结构

DNA Master 生成并与之交互的主要文件是“.dnam5”文件，是由基因组序列和多个表组成的数据库文件，其中包含有关该序列的数据，包括基因起始和终止坐标、功能分配、BLAST 数据等。“.dnam5”文件基本窗口的上方显示有五个选项卡，分别为：“Overview”（概述）、“Feature”（功能）、“Reference”（参考）、“Sequence”（序列）和“Documentation”（文档）。使用新导入的基因组，这些选项卡中的大部分信息尚未确定，因此它们将为空白。如果文件是通过导入 fasta 格式化的序列文件生成的，则“Sequence”选项卡将包含“.fasta”格式文件中的序列。

一旦文件被自动注释，“Overview”选项卡将填充基因或 tRNA。“Feature”选项卡的中央列显示有关当前存储在数据库文件中的功能的所有信息。无法通过直接点击中央列中的信息来修改数据，必须通过中心列右侧显示的“Description”选项卡进行更改。“Documentation”选项卡显示静态文本文档，反映了功能数据库中的信息。随着功能的更改或添加，文档会定期重建以匹配功能数据库的内容，这样可以提高整个“.dnam5”文件的稳定性，减少文件遭受重大损坏的可能性，并提供在重大损坏情况下重建文件的机制。用户可通过按下选项卡上的“Recreat”按钮来调整文档，或者通过将程序设置为在自动注释或基因插入等过程中自动调整文档。建议在保存文件之前立即重新创建文档。“Documentation”选项卡顶部的“Parse”按钮是使用“Documentation”选项卡的内容来填充功能数据库的内容，覆盖当前存储在数据库中的所有功能或信息。“Parse”功能与“Recreat”功能正好相反，“Recreat”使用功能表中的信息来编写文档，而“Parse”则使用文档中的注释来填充功能数据库。

（四）自动注释

DNA Master 中的大部分基因鉴定工作都是使用基因预测程序 GeneMark、Glimmer 3 和 Aragorn 完成的。在自动注释期间，原始序列由 DNA Master 提交到 NCBI 的服务器，该服务器内置 Glimmer 和 GeneMark 的启发式版本。注意，如果承载着 Glimmer 和 GeneMark 的 NCBI 服务器处于脱机状态，则自动注释将失败；同样，如果计算机没有互联网连接，也会导致注释失败。通过这两个程序找到的蛋白质编码基因的坐标从 NCBI 服务器检索并写入“.dnam5”文件的 Features 数据库。这两个程序都是高度准确的，自动注释中的大部分基因预测都是正确的。然而在每个基因组中，一些基因可能会被遗漏，有时两个程序对于包含特定基因或特定基因的起始位置等预测不一致，并且错误地添加了一些基因。这种现象在预测移动或寄生元件如归巢内切核酸酶（homing-endonucleases）和转座子（transposons），或者是最近基因组内刚获得的基因的情况下尤其明显。因此，必须手动对每个自动注释的结果进行修正，并且适当添加一些功能注释。

打开已保存的或生成新的“.dnam5”序列文件，然后通过“Genome”菜单选择“Autoannotate”来完成自动注释。在弹出的窗口中，如果两个程序注释不一致，可以选择两个基因预测程序中以其中一个为准。选择哪一个并没有严格要求，因为两者的输出将记录在自动注释期间每个基因特征的注释中。在单独的选项卡上，还可以进行许多分析，这些分析可以帮助手动检查自动注释，包括 ORF 图。最后，可以通过 BLASTp 自动将所有特征的蛋白质序列与 GenBank 蛋白质序列数据库进行比较，并从 NCBI 中检索这些结果并永久存储在“.dnam5”文件中。Aragorn 程序用于在自动注释期间查找序列中的 tRNA 基因。嵌入在 DNA Master 中的独立版 Aragorn 是相对旧的版本，因此建议使用网页上最新版本的 Aragorn 分析基因组序列，然后手动调整 tRNA 基因。

（五）手工检查并细化注释

完成自动注释后，有必要检查每个结果以评估其作为基因的有效性，必要时调整其起始坐标，并在适当时添加功能。在检查中，重要的是要记住噬菌体注释的指导原则。这里仅列出以下几点：

（1）噬菌体基因组中的大部分序列被蛋白质编码基因（90%或更高）占据。

（2）每片 DNA 通常限于一种蛋白质编码基因，即在不同的翻译框架中通常没有两个基因表达自同一条 DNA。

（3）噬菌体基因组很少在逐个基因的基础上改变转录方向。

（4）虽然有些基因具有规范的 Shine-Dalgarno 序列，但其他基因却没有。因此，良好的核糖体结合位点对于选择特定的起始位点并不是必需的。

必须通过功能选项卡对“.dnam5”文件中自动注释的功能进行更改。如果要插入要素，按“Insert”，然后在弹出窗口中输入要素的坐标和类型（“coding sequence”或“tRNA”的 CDS）；如果要删除元素，在表格中单击该功能，然后按“Delete”。通过与该功能关联的描述选项卡可以修改任何功能的起始坐标。要修改起始坐标，在“Feature”表中单击要更改的要素，然后单击窗口右侧的“Description”选项卡（如果尚未选中）。基因边界列在标有“5′ end”“3′ end”的字段中，这些标记指整个基因组的 5′端和 3′端，而不是特定基因的 5′和 3′端。对于沿向右（向前）方向转录的基因，起始坐标显示在 5′框中，只需在框中单击并键入更正的开始坐标。对于向左（反向）转录的基因，单击 3′框并键入新的起始坐标。更改开始后，必须手动调整基因长度，这是通过单击长度字段旁边的按钮来完成的，单击此按钮也会自动将更改内容整合到数据库表。

除了调整基因内容和起始坐标外，还必须对每个基因进行功能分配。在标有“Product”的字段中进行功能分配。可以使用 BLASTp 和 GenBank 数据库，保守域数据库或使用 HHPred 和蛋白质数据库进行功能分配。所有功能性匹配都应在其比对的质量和长度及生物体的生物学背景中仔细考虑，然后才能将其写入向 GenBank 提交的注释文件中。研究人员需要秉承严谨负责的科学态度，在没有重要支持证据的情况下就不分配功能。如果某个特定基因没有已知功能，则该字段应填入“Hypothetical protein”。可以通过“Validation”选项卡在注释结束时自动完成所有未知功能的基因。

（六）生成文件并提交到 GenBank

注释完成，验证并保存为最终版本后，可以通过“Tools”菜单中的“Submit to GenBank”工具生成 GenBank 格式文件并提交。应使用窗口左下方的“Add”按钮将新文件添加为新项目。其他选项卡包含与 GenBank 文件中的标题对应的各种字段。GenBank 提交的关键信息包括选择正确的遗传信息，如“细菌和植物质体”、基因组序列是否完整、基因组是线性或是环状的、宿主菌株、噬菌体的谱系、测序平台和覆盖深度、序列组装软件和发布日期，以及注释作者等。DNA Master 几乎有所有这些信息的标签，除了测序平台外，覆盖范围和组装软件信息等都可以在标记为“Submission comments”

的选项卡中手动输入。

输入所有适当的信息后，可以从“Process”选项卡生成最终的平面文件和提交文件。平面文件是一个文本文件，以最终 GenBank 条目的方式显示。最后再将生成的“.asn1”文件提交到 GenBank。

第四节　系统发育树的构建

一、系统发育树介绍

由于噬菌体体积小，形态特征有限，通过比较它们的基因组序列是研究噬菌体进化最可靠的方法。随着公共数据库中噬菌体序列的不断增加，系统遗传学将成为研究噬菌体的重要手段，特别是在重建现存噬菌体基因组之间的进化关系方面。系统遗传学已经被用来揭示几种噬菌体类型之间的关系，如 T4 样噬菌体。通过对来自海洋环境中样本的主衣壳蛋白（g23）序列进行 PCR 扩增后的系统发育分析，发现了地理分布广泛的新型 T4 样噬菌体。

在原核生物中，通过基因侧向转移（lateral gene transfer，LGT）或同源重组进行基因交换而导致的基因组嵌合是一种普遍的现象。与原核生物一样，噬菌体存在垂直和侧向进化模式，它们的基因组已被广泛描述为模块化。此外，基因不仅在噬菌体基因组之间广泛改组，而且能通过噬菌体侵染宿主与宿主基因组之间进行不断交换。例如，目前已经在噬藻体的基因组中发现了与光合作用相关的基因 *psbA* 和 *psbD*。分子系统发育学在证明这些基因可能通过噬菌体中间体在聚球藻和原绿球藻物种之间传播发挥了重要作用。

系统发育树由结点（node）和进化分支（branch）组成，每一结点表示一个分类学单元（属、种群、个体等），进化分支定义了分类单元（祖先与后代）之间的关系，一个分支只能连接两个相邻的结点。系统发育树分支的图像称为进化的拓扑结构，其中分支长度表示该分支进化过程中变化的程度，标有分支长度的进化分支叫标度支（scaled branch）。校正后的标度树（scaled tree）常常用年代表示，这样的树通常根据某一或部分基因的理论分析而得出。进化分支可以没有分支长度的标注（unscaled），没有被标注的分支其长度不表示变化的程度，虽然分支的有些地方用数点进行了注释。

系统发育树可以是有根的（rooted），也可以是无根的（unrooted）（图 32-5）。在有根树中，有一个叫根（root）的特殊结点，用来表示共同的祖先，由该点通过唯一途径可产生其他结点；有根树是具有方向的树，包含唯一的节点，将其作为树中所有物种的最近共同祖先。无根树只是指明了种属的相互关系，没有确认共同祖先或进化途径。最常用的确定树根的方法是使用一个或多个无可争议的同源物种作为“外群”（outgroup），这个外群要足够近，以提供足够的信息，但又不能太近，否则会和树中的种类相混。把有根树去掉根即成为无根树。一棵无根树在没有其他信息（外群）或假设（如假设最大支长为根）时不能确定其树根。无根树是没有方向的，其中线段的两个演化方向都有可能。

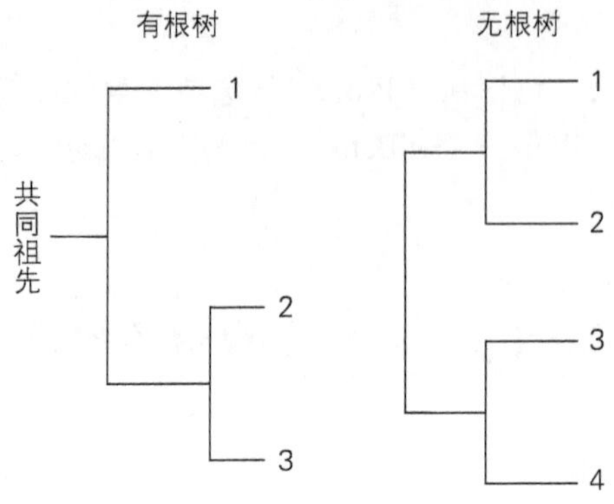

图 32-5　有根树和无根树示意图

二、系统发育树的构建——以 MEGA7 为例

MEGA7 是一款界面友好、操作简便、功能强大的分子进化遗传分析软件（表 32-4）。MEGA7 提供多种计算距离的模型，包括 Jukes-Cantor 距离模型、Kimura 距离模型、Equal-input 距离模型、Tamura 距离模型、HEY 距离模型、Tamura-Nei 距离模型、General reversible 距离模型和无限制距离模型等。MEGA7 可以计算个体之间的遗传距离，还可估算群体间的遗传差异及群体间的净遗传距离，并且能估算一个群体或整个样本的基因分歧度的大小。另外，MEGA7 还提供了多种构建系统发育树的方法，包括非加权配对算术平均法（unweighted pair groupmethod with arithmetic mean，UPGMA）、邻接法（neighbor-joining，NJ）、最大简约法（maximum parsimony，MP）、最小进化法（minimum evolution，ME）等。在此基础上，MEGA7 还提供了对已构建系统树的检验，包括自展法（bootstrap method）检验和内部分支检验等。在对于自然选择方面，MEGA7 提供了 Codon-Based Z 检验、Codon-Based Fisher's 原样检验 *t* 和 Tajima 中性检验 3 种方法。

表 32-4　构建系统发育树相关的软件

软件	网址	说明
ClustalX	http://bips.u-strasbg.fr/fr/Documentation/ClustalX/	图形化的多序列比对工具
ClustalW	http://www.clustal.org/clustal2/	命令行格式的多序列比对工具
GeneDoc	https://github.com/karlnicholas/GeneDoc	多序列比对结果的美化工具
BioEdit	http://www.mbio.ncsu.edu/BioEdit/bioedit.ht mL	序列分析的综合工具
MEGA	http://www.MEGAsoftware.net/	图形化、集成的进化分析工具
PAUP	http://paup.csit.fsu.edu/	商业软件，集成的进化分析工具
PHYLIP	http://evolution.genetics.washington.edu/phylip.ht mL	免费的、集成的进化分析工具
PHYML	http://atgc.lirmm.fr/phy mL/	最快的 ML 建树工具
PAML	http://abacus.gene.ucl.ac.uk/software/pa mL.ht mL	ML 建树工具
Tree-puzzle	http://www.tree-puzzle.de/	较快的 ML 建树工具
MrBayes	http://mrbayes.csit.fsu.edu/	基于贝叶斯方法的建树工具
MAC5	http://www.agapow.net/software/mac5/	基于贝叶斯方法的建树工具
Evolview	https://www.evolgenius.info/evolview/	进化树美化工具

（一）序列选择

用于构建系统发育树的序列可以是核苷酸序列也可以是氨基酸序列，可以是全基因组序列也可以根据需要选取的全基因组当中某个基因的序列，每一类型有不同的程序选项，作为进化相关性指标。对于噬菌体而言，通常选择其相对保守的管家蛋白来构建系统发育树，如 DNA 聚合酶、末端酶大亚基和尾丝蛋白等。

噬菌体系统发育树当中的其他序列的来源途径主要有以下几种：①BLAST 获取，将噬菌体序列进行比对后，取同源性较高的几株噬菌体序列。②ICTV 分类查找，ICTV 根据不同标准对目前已知的大多数病毒进行分类（https://talk.ictvonline.org/ taxonomy/），可根据需求进行有目的的噬菌体选取。③文献查阅，若分离的噬菌体与已发表的噬菌体有较高的同源性，可参考噬菌体对应文献当中的系统发育树的构建方法及序列选择。

以肠杆菌噬菌体 vB_EcoS_IME347 为例，根据其末端酶大亚基的氨基酸序列构建系统发育树。结合上述三种其他序列来源途径，最终从公共数据库当中获取 20 株噬菌体的末端酶大亚基氨基酸序列。每条序列名称以“>”开头，序列从名称的下一行开始（图 32-6）。

```
>Enterobacteria phage vB_EcoS_IME347
MLVWEELDATQKLAIKKMSEASFEKMIRIWFQLIQAQQFKPNWH
HLYLCHEVEEIIAGRRGNTIFNVTPGSGKTEVFSIHLPVYAMLRVNKIRNLNVSFADS
LVKRNSKRVREIIASKEFQELWPCGFATSKDDEIQVLNQAGKVWFELISKAAGGQITG
SRGGYMSDGFSGMVMLDDIDKPDDMFSKVKRERTHTLLKNTIRSRRMHNETPIIAIQQ
RLHAQDSTWFMMSGGMGIDFEQISIPALVTEEYGQSLPEWLRPHFEKDVLSSEYVMID
GVKHYSFWPDKESVHDLIALREADQYTFDSQYQQRPIALGGSVFNSEWWTYYGNSLEA
DEPDPGKFDYRFITADTAQKTGELNDYTVFCLWGKKNDKVYFIDGVRGKWKAPEMETQ
FKSFVSTAWRHNKSMGVLRKIYVEDKASGTGLIQNLEKKTPVPITPLQRNKDKVTRAM
DAQPVIKAGRVVLPESHPMLSEIITEHSAFTYDDTHPHDDIVDNFMDAANIELLTIDD
PIERMKRLAGMAKRK
```

图 32-6　序列格式图

将文档保存为“.fasta”格式，并导入 MEGA7 中，选择“Align”之后便得到氨基酸序列图（图 32-7）。

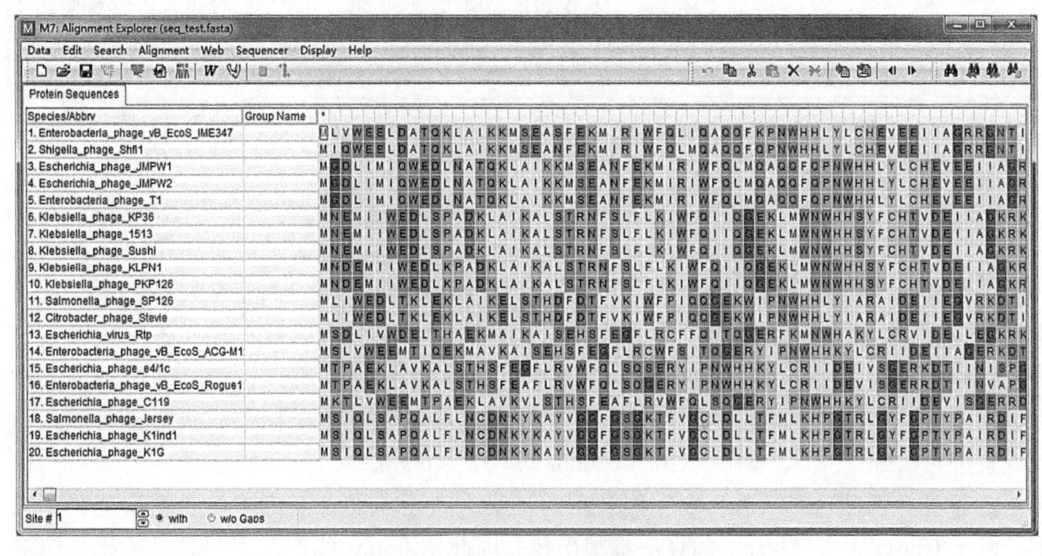

图 32-7　MEGA7 中氨基酸序列图

图 32-7 彩图

（二）序列联配

建树的最基本前提是系统树上的所有序列必须同源。所有建树方法都假设，在一组同源序列中任意一列中的所有碱基也都是同源的（即当前的碱基全部起源于祖先序列中同一位置的碱基）。如果没有插入或缺失突变（indels），那么两条序列长度一样，从头到尾每个碱基都是同源匹配的。然而，实际上插入缺失可能确实存在，它们会改变序列的长度，移动碱基位置，并且会影响氨基酸的序列。序列联配（alignment）就是一个在序列中引入缺口的过程，是为了将碱基移动到它们相应的同源位置上。

1. 序列联配方法　MEGA7 提供了两种序列联配方法——ClustalW 和 Muscle（multiple sequence comparison by log-expectation）。虽然 ClustalW 使用比较普遍，但在精确度及运行速度方面，Muscle 更具优势。在 MEGA7 界面中，点击在窗口上方菜单栏中的“Alignment”便可打开序列联配的几种选项。根据需要选择“Align by ClustalW”或者“Align by Muscle”（图 32-8），也可点击工具栏中的“ClustalW”或“Muscle”图标进入序列联配界面。

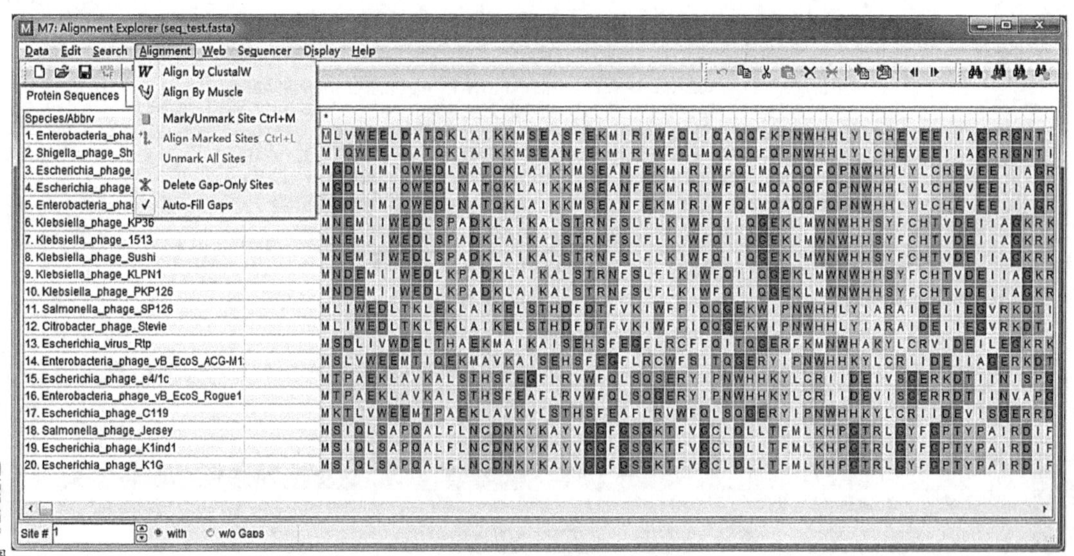

图 32-8 彩图

图 32-8　氨基酸序列联配

此处使用“Muscle”来进行序列联配，在弹出的窗口中对序列联配的参数进行调整。Muscle 工作原理及具体参数设置可以阅读软件开发者 Edgar 的文章。总体来讲，不同的参数设置即是在联配速度和准确性之间做出权衡。Edgar 讨论了 3 种参数设置：第一种是默认参数设置，这种设置以速度慢为代价来提高联配结果的准确性；第二种是速度较快的“Fast speed”设置（在“Presets”中选择），但是牺牲了准确性；第三种便是准确性和联配速度折中的“Large Alignment”设置（在“Presets”当中选择）。此处选择默认参数设置进行联配（图 32-9），点击“Compute”开始联配。

2. 检查并调整联配结果　在序列联配的结果中，还需要人工检查并手动微调联配结果。由于 ClustalW 及 Muscle 的算法都很出色，因此切不可大幅改动序列联配结果，仅对一些比较突出的错误进行校正即可。

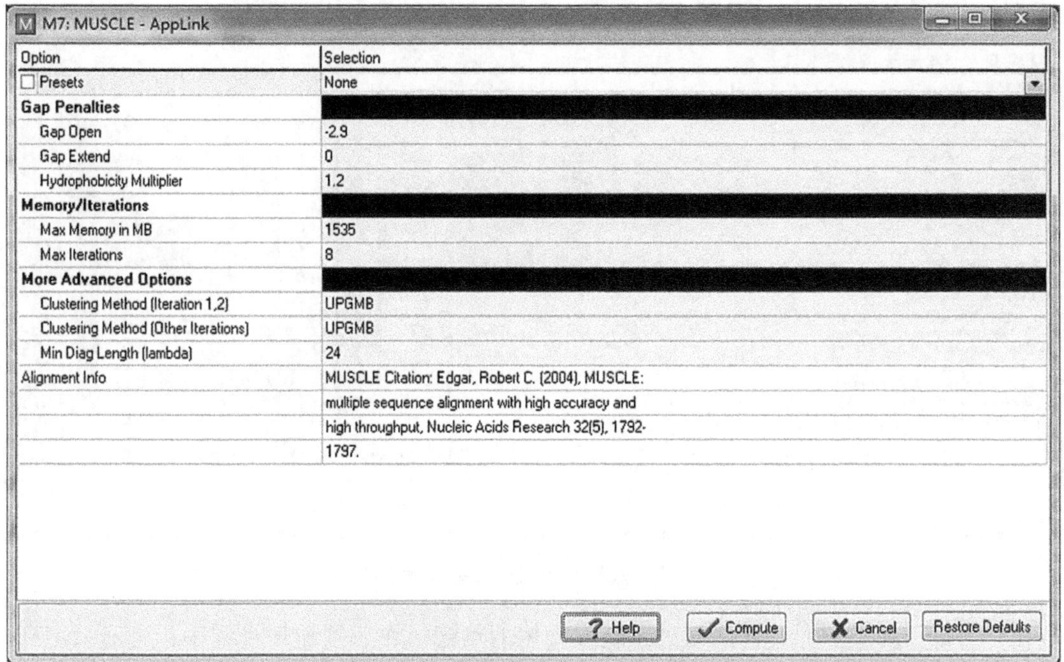

图 32-9　氨基酸序列联配参数界面

在联配结果中，部分序列的开头或者结尾可能会存在有较长的氨基酸序列没有与其他序列联配上（图 32-10）。在这种情况下，需要手工将这些多余的序列删除以使其达到对齐的状态。选中多余的序列，点击右键，在弹出的选项中选择“Delete”进行删除（图 32-11）。

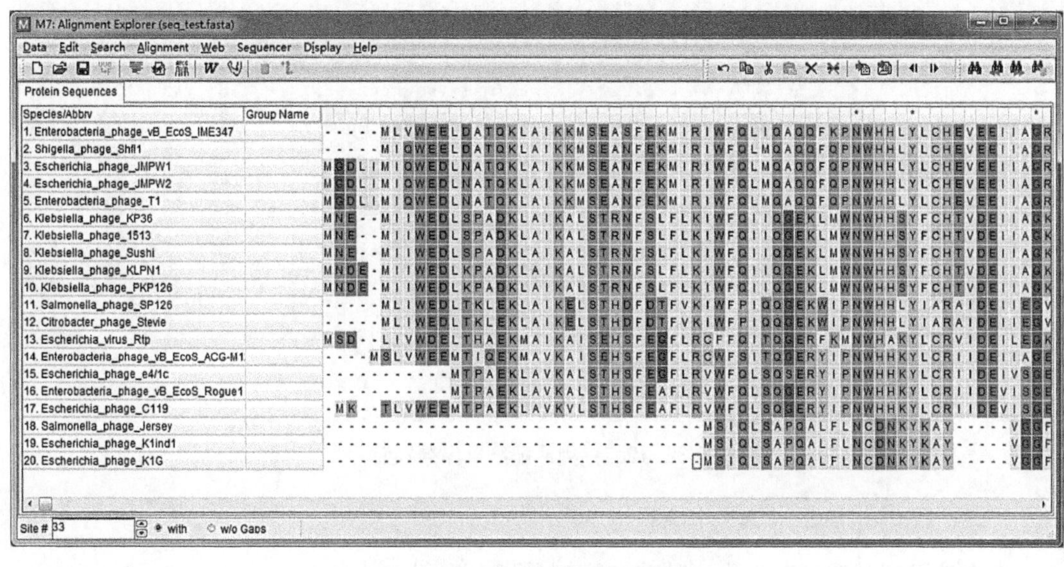

图 32-10 彩图

图 32-10　氨基酸序列联配结果

调整完毕之后，需要将结果保存并导出。点击菜单栏第一项“Data”，选择“Save Session”保存为“.masx”格式文件，点击“Export Alignment”中的“MEGA Format”

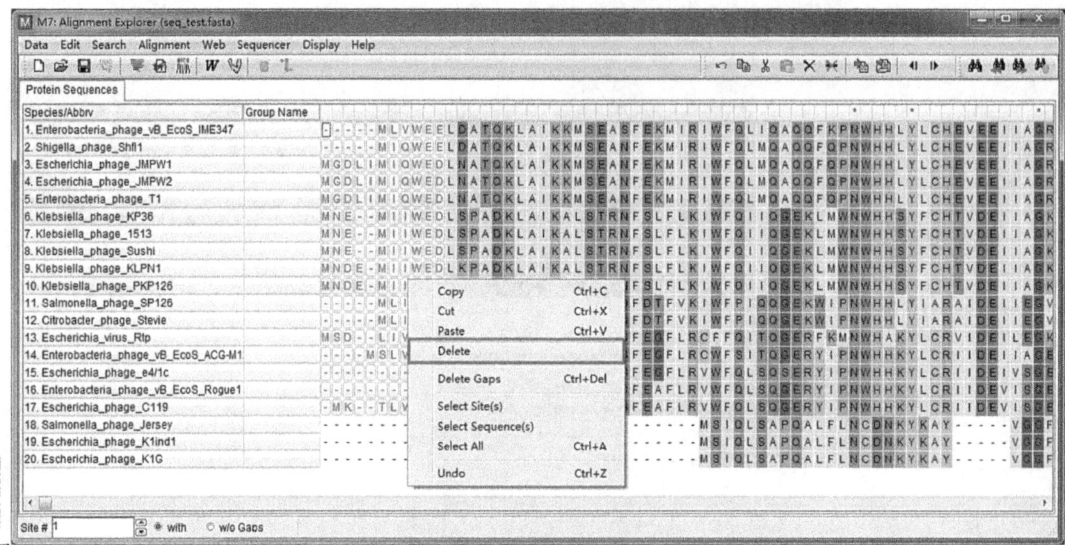

图 32-11 彩图

图 32-11　氨基酸序列联配结果调整界面

导出“.meg”格式文件用于后续的系统发育树的构建。在后续建树过程中，可能只用到“.meg”格式文件，那么为什么要保存“.masx”文件呢？由于格式问题，“.meg”文件通常无法被除 MEGA 以外的程序所识别接受，因此在保存联配结果时，需要同时保存“.masx”格式的文件（图 32-12）。

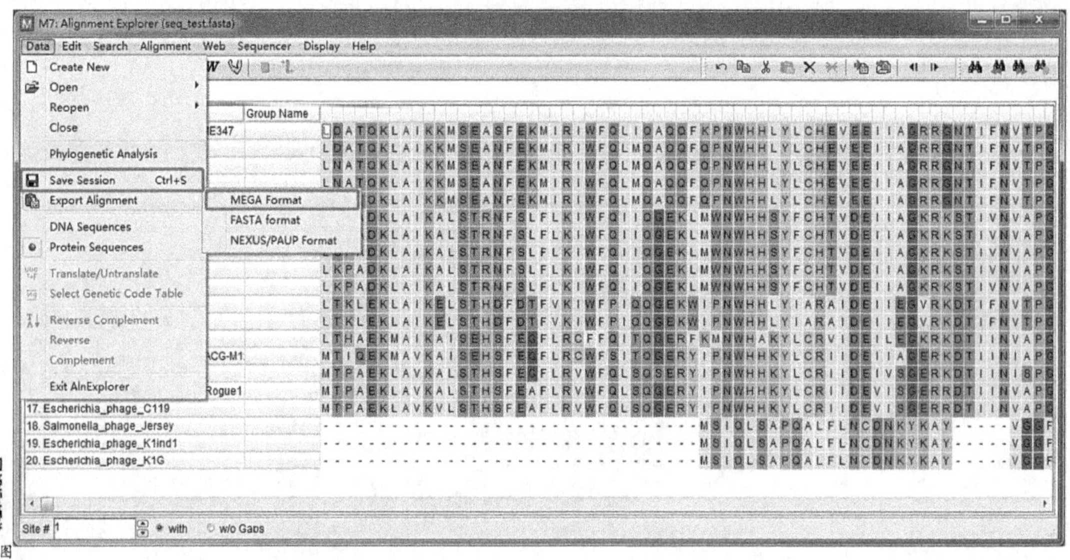

图 32-12 彩图

图 32-12　序列联配结果保存界面

（三）建树模型的介绍及选择

在系统发育学领域对于哪一种建树模型最好存在很大的争议。总体而言，有两类构建系统发育树的基本方法：计算法和树型搜索法。计算法是对一组数据用数学运算来构建系统发育树。树型搜索法则是先使用数据构建出许多可能的系统树，然后用一些评价标准来判断哪一棵树或者哪一组树是最优的。

计算法有两个优点：速度非常快，而且从给定的数据集中只产生一棵最优树。邻接法（NJ）和非加权配对算术平均法（UPGMA）是当前常使用的两种计算法。这两种计算法都是距离法，此处的“距离”表示在多序列联配中任意两个序列之间碱基位点差异的百分比。距离法先将联配后的序列转化为序列间两两成对的差异（距离）的距离矩阵。当只有少数序列比较时，矩阵很像在文献中常出现的“百分比同源性”表格。距离法使用矩阵作为数据，计算出分值的顺序和支长。

目前使用的所有其他建树方法都是树型搜索法，这些方法的速度通常会慢一些。有些方法会同时给出多个同等好的系统发育树。在树型搜索法中，最大简约法（MP）、最大似然法（ML）和贝叶斯推论法都是基于性状的方法，这些方法使用多序列联配的矩阵，直接比较每一列（每一位点）的性状状态。

简约法搜索出一棵或者多棵具有最少变化次数的发育树。常见的情况是有几棵差别很小的发育树，它们都包含相等的最少数量的变化事件，因此它们都是同等简约的。

最大似然法是在某种进化模型下，寻找能使观测数据具有最大似然值的系统发育树。最大似然法几乎总是生成一棵单独的树，且可以得到系统发育树的最大似然值。

贝叶斯推论法是最大似然法的一种衍生方法。它不是去寻找能使观测数据具有最大似然值的进化树，而是寻找具有最大似然值的进化树以符合指定的数据。贝叶斯推论法会产生一组似然值大致相等的树，而不是一棵单独的树。其分析结果容易解释，由于任何一个特定的分支在一组树中出现的频率，实质上就等于这个分支存在的可能性，因此不再需要用自展分析来检测系统树结构的可信度。

对于多种建树方法该如何选择，主要取决于个人偏好及学科背景。主要考虑以下三个因素：准确性、可读性和建树时间。例如，用邻接法构建系统发育树，虽然建树时间短，但是准确性相对较低，对于已明确知道存在的一些可靠分支也不能够很好地表达出这些分支的不确定性。因此，须结合序列实际情况并权衡这 3 个因素，选择出适合这些序列的建树方法。

1. *使用邻接法构建系统发育树*　用 MEGA7 导入序列联配结果“.meg”文件，在主窗口左上方会显示两个图标：一个是“TA”，点击便能看到序列联配的结果；另一个是“Close Data”，即退出当前使用的文件。

在 MEGA7 主窗口的“Phylogeny”中选择“Construct/Test Neighbor-Joining Tree”开始构建邻接树。参数设置一栏里能够自主进行调整的参数会用黄色背景显示。

“Test of Phylogeny”代表对构建的系统发育树进行可靠性测试。邻接法提供了两种系统发育树可靠性评估方法——自展法（bootstrap method）和内部分支法（interior-branch test），前者已被广泛使用，也常被用于其他系统发育树的可靠性评估。选择“自展法”执行检验，在其下方“No. of Bootstrap Replications”（自展重复次数）需要填入重复的次数。重复次数最低可设为 50，最多根据实际需要进行设置。重复的次数越多，耗时也越长，但是由于邻接法速度特别快，因此可以将次数设得高一些。

“Substitution Model”（替代模型）中的“Model/Method”共有 6 种模型可供选择。对于蛋白质序列的邻接树，一般推荐选用“Jones-Taylor-Thornton（JTT）model”。

“Rates among Sites”用于设置不同位点间突变速率的变化，此处使用默认参数

“Uniform rates” 即可。

“Gap/Missing Data Treatment” 用于设置邻接法的缺口处理方式。默认选择是 “Complete deletion”，代表只要联配结果中任意一条序列有缺口，程序会自动忽略掉这些缺口位点。当联配序列当中含有较多缺口时，选择 “Complete deletion” 不太合适，可以改为 “Pairwise deletion”，即没有数据的位点仅在必要的时候删去，而并非全部删去。

可选参数调整完之后（图 32-13），点击下方 “Compute” 开始构建邻接树。

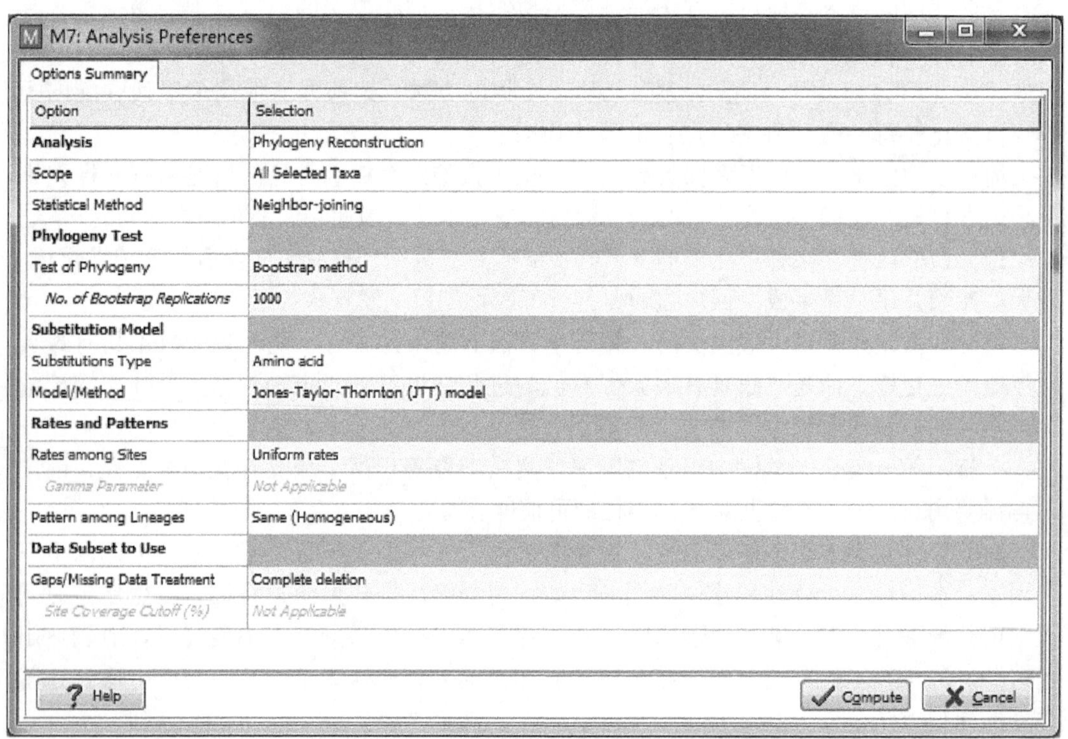

图 32-13　系统发育树构建参数选项界面

与之前的版本不同，MEGA7 的系统发育树呈现的主窗口的下方会有一栏小窗口用于显示构建该系统发育树所选用的参数等相关信息及参考资料等。

在系统发育树中（图 32-14），每一个节点旁会显示一个数字，这些数字就是自展百分比值，即该分支在不断抽样形成自展树中所占的比例，通常也称为自展值（bootstrap value）。点击上方 “Bootstrap consensus tree”，会显示自展一致性树。自展一致性树的拓扑结构可能与初始系统树相同，也可能不同。自展值反映的是每个节点上分支顺序的不确定性。一般自展值在 70% 以上的分支比较可信，即大致能够反映出实际的系统发育关系。

（四）系统发育树调整

系统发育树是用来说明并帮助读者理解问题的，因此需要对生成的初始系统发育树进行人为调整并解释，以便读者能够更好地去理解研究人员想要通过系统发育树传达的观点。因此，在不改变系统发育树拓扑结构的基础上，需要改变系统发育树的外观，使

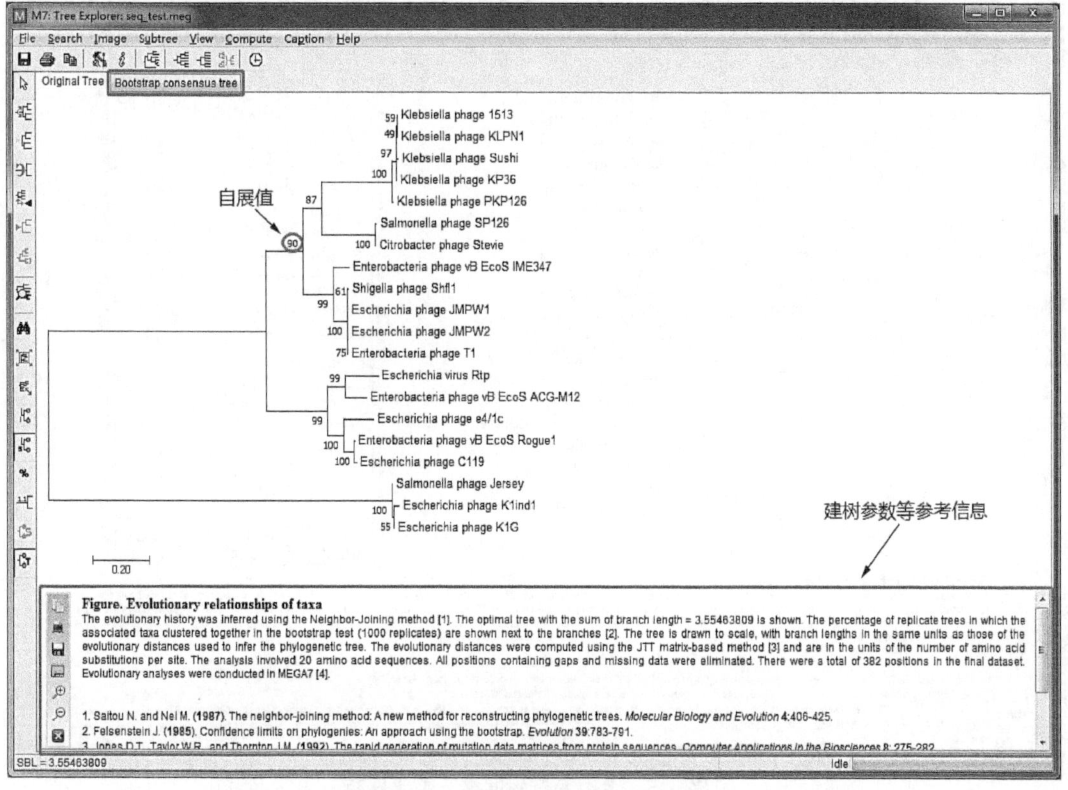

图 32-14　系统发育树结果展示界面

自展值表示该分支在不断抽样形成自展树中所占的比例；下方大框中展示了系统发育树构建过程中的参数信息；通过点击上方小框可切换到矩形支序图

系统发育树上的信息尽可能清楚。

初始系统发育树的优点在于可通过支长长度关系来判断不同枝上物种序列的远近关系，在图的底部会显示比例尺。然而，当某些分支中存在比较近源的不同物种序列时，就很难看清自展值是属于哪个分支节点。此时，选用“矩形支序图”比较合适，但该图不按照枝长比例来显示分支长度。点击菜单栏“View”中的“Topology only”即可换到支序图。如果按照需求一定要在支序图中表现出分支的相对长度，可以通过勾选及调整“Options”中的“Display Branch Length”来展示枝长信息，尽管这种方法会牺牲系统发育树一定的美观度。此外，“Options”中包含了能够控制系统发育树图形的许多细节，可以进行不断的修改尝试，以得到最适外观（图 32-15）。

初始系统发育树是传统的矩形样式。MEGA 提供了不同风格的系统发育树样式，点击菜单栏“View”中的“Tree/Branch Style”可以选择显示其他不同风格样式的系统发育树：“Tradtional”包含其他风格的矩形树；“Radiation”将进化树转换为辐射样式；“Circle”将进化树转化为环形。虽然几种风格的系统发育树看上去各不相同，但是传达的信息是完全相同的。

在“Tree Explorer”（树型浏览器）窗口的左侧有竖列的图标，将鼠标置于图标上便可显示其功能，它们用于调整及修改系统发育树的外观。在这一栏功能图标当中，

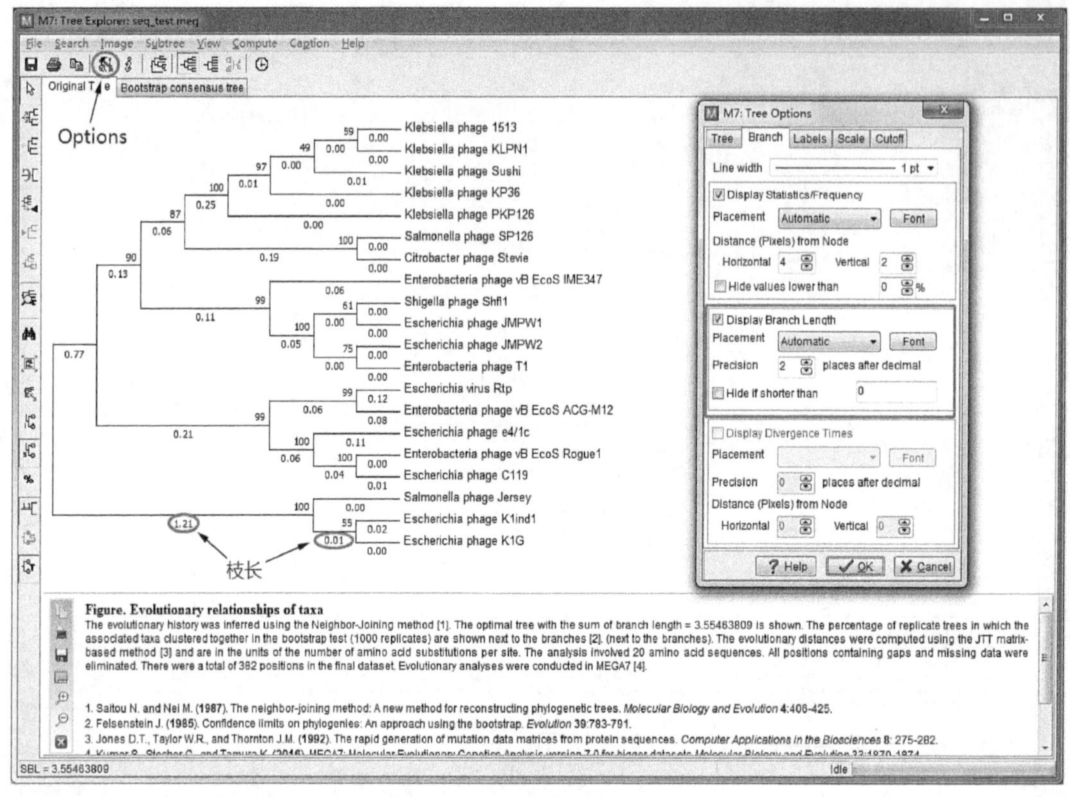

图 32-15　系统发育树调整及美化界面

点击上方“Options”图标对系统发育树进行美化调整

“Place Root on Branch”（将根置于支）用于将根置于目标枝上。构建出的初始系统发育树呈现出有根树的状态（最左边的节点），这是由于它是矩形树的关系，事实上它还是一棵无根树。有根树能够显示出进化的方向，所以研究人员往往对其更感兴趣。

对于根的设置，如果序列中没有充足的信息便需要利用外部信息，也称作外群，即与内群序列关系远于内群序列内部相互关系的一条或者多条序列。若系统发育树上找不到明显的外群，就需要在序列联配时添加一些外群序列。外群序列与内群序列之间的分化必须早于内群内部序列的分化，但又不能因为分化太多而找不到同源性。在本例中，以属于 *Tunavirinae* 亚科的噬菌体作为内群，挑选了三株 *Guernseyvirinae* 亚科的噬菌体作为外群（图 32-14），将根置于连接下方三个外类群的枝上。最左侧的节点就是现在的根，它连接了两个组（图 32-16）。

在文献当中若看到系统发育树，除非作者说明了该树是有根的及如何置根，否则就要将其视为无根树。

（五）进化树美化

除了 MEGA 之外，还有许多网页或工具可提供系统发育树的调整及美化服务，它们能够进一步提高系统发育树的美观程度，主要有 GraPhlAn（http://huttenhower.sph.harvard.edu/GraPhlAn）、Evolview（http://www.evolgenius.info/evolview）、FigTree（http://tree.bio.ed.ac.uk/software/figtree/）等。

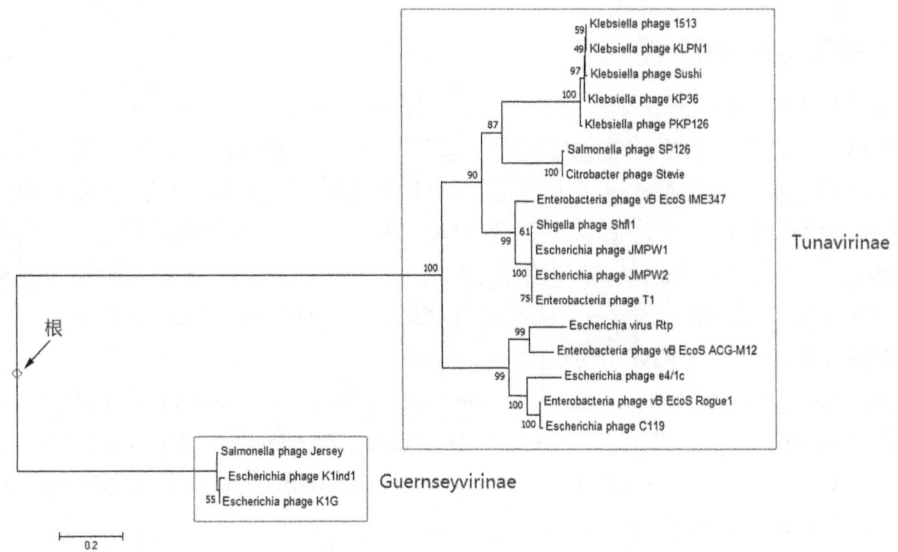

图 32-16 基于末端酶大亚基的氨基酸序列构建的系统发育树

箭头所指为此系统发育树的根；来自 *Guernseyvirinae* 的噬菌体左外外群与 *Tunavirinae* 噬菌体分别位于两个大分支上。调整好的进化树可以按照后续的要求保存为各种格式，包括系统发育树描述文本 Newick 格式，系统发育树图像文件 EMF、PDF、TIFF 等格式。保存的 EMF 格式文件为矢量格式文件，可以在大部分的图形软件中打开再编辑且不会降低图像质量

第五节 结构域鉴定

一、复制原点推定

噬菌体末端对于噬菌体研究的重要性在第 3 节基因组末端鉴定已经说明。但是对于有些噬菌体，其末端是非固定的或者是一端固定一端不固定的。对于未找到固定末端的噬菌体全基因组序列，如果直接按照任意方式排序进行 ORF 注释，很可能会出现序列的截点正好处于一个 ORF 当中，便会导致 ORF 的注释出现错误而遗漏了重要的信息。为了以非任意方式对噬菌体的 ORF 进行编号，主要有以下几种方法对噬菌体基因组进行合理排序：

（1）推定复制起点的区域。参考 Krit Khemayan 的理论，复制起始区域通常富含 A 和 T，并有短的（9~15 bp）重复序列，并且该区域不在预测的 ORF 之内。

（2）若 Genbank 中存在与之高度相似的噬菌体基因组，那么可以选择将其作为参考，调整自己噬菌体基因组的排序。

（3）在 DNA Master、RAST 等注释的结果当中找出末端酶基因（ter minase gene）所在位置，对基因组进行定向排序，使末端酶基因序列处于正向转录位置。再从末端酶开始，在其上游寻找逻辑断点（可以是非编码的缺口或者是正向和反向基因的转折点）。以逻辑断点将环状的噬菌体基因组序列进行切割，推荐以逻辑断点下游的第一个基因起始密码子的第一个碱基为全基因组序列开头。

二、转录启动子预测

启动子是RNA聚合酶识别、结合和开始转录的一段DNA序列，它含有RNA聚合酶特异性结合和转录起始所需的保守序列，多数位于结构基因转录起始点的上游，启动子本身不被转录。启动子通常位于上游基因的3′端或基因间区域。目前，在噬菌体基因组中发现两种类型的启动子，宿主RNA聚合酶（RNP）识别的启动子和噬菌体特异性聚合酶（phage-specified polymerase）识别的启动子。第一种启动子还分为两类，一种是被未修饰的宿主RNP识别启动子——通常是TTGACA（N15-18）TATAAT的变体，另一种是被噬菌体修饰的宿主RNP识别启动子。

结合extractupstreamDNA（https://github.com/ajvilleg/extractUpStreamDNA）、MEME（http://meme-suite.org）、PHIRE（PHage In silico Regulatory Elements）及bpROM（http://www.softberry.com/berry.pht mL?topic = bprom&group = programs&subgroup = gfindb）等工具可以对启动子进行预测。

三、转录终止子预测

转录终止子（transcriptional ter minator）是给予RNA聚合酶转录终止信号的DNA序列。与启动子一样，转录终止子通常也位于上游基因的3′端或基因间区域。目前也有许多转录终止子的预测工具，如WebGeSTer（http://pallab. serc. iisc. ernet. in/gester/）、ARNold（http://rna.igmors.u-psud.fr/toolbox/arnold/）及FindTerm（http://www. softberry. com/berry.pht mL?topic = findterm&group = programs&subgroup = gfindb）。使用FindTerm时要注意勾选"All putative ter minators"，并且将"Energy threshold value"设为大于-10的值。

四、tRNA基因预测

在噬菌体基因的注释结果当中，常常能够发现tRNA相关的基因。这些tRNA基因是噬菌体选择性地整合到其基因组当中，用来补偿噬菌体和宿主基因组的成分差异。裂解性噬菌体比溶原性噬菌体含有更多的tRNA基因、更高的密码子使用偏差，以及与宿主基因组相关的更重要的成分差异，这些都表明tRNA基因的存在可能有助于提高噬菌体的毒力。因此，即使噬菌体利用了宿主细胞的大部分翻译机制，它们也可以用自己的基因信息来补充，以达到更好的适应性。这些tRNA基因也经常被用作宿主基因组中的噬菌体整合位点（attP）。噬菌体的整合破坏了宿主基因，因此需要携带完整的或接近完整的tRNA基因，使噬菌体能够重建一个可以整合的tRNA基因。

tRNA基因在RAST等工具的注释结果中会给出，还可以通过tRNAscan-SE工具（http://Lowelab.ucsc. edu/tRNAscan-SE/）在线预测或者下载tRNAscan-SE 2.0软件（http://trna.ucsc.edu/software/trnascan-se-2. 0. 3.tar.gz）进行预测。

参考文献

33 噬菌体基因组的数据挖掘及可视化

——王金锋　肖力文　关翔宇

噬菌体的体积过于微小，生存需要依赖特异性的宿主环境，因此无论采用显微镜观察、分离培养，还是基于形态特征的分类鉴定都存在不小难度。即使不断有新的噬菌体被发现，也无法从根本上改变传统微生物学方法检测通量低、分辨率不足的状况。噬菌体不具有如细菌核糖体小亚基基因（16S rDNA）和真菌内部转录间隔区（ITS）一样的通用型标签序列，所以无法使用条形码技术对其进行检索和分类，常规分子生物学方法在对噬菌体的探索中同样面临很大挫折。这些因素严重限制了噬菌体研究的发展，人们对它的了解明显落后于其他微生物。近十余年来逐渐发展成熟的新一代高通量测序技术，使微生物学和基因组学等学科在经过一段时间的沉寂后重新焕发出了勃勃生机，也为更好地认识噬菌体这类特殊微生物带来了新的希望。

以鸟枪法测序为基础的宏基因组技术，将全部核酸物质分离提取后，随机切割成一定长度的片段并深度测序，理论上能获得群落中所有微生物基因组的完整信息，特别适用于研究无标签序列的噬菌体。采用宏基因组技术分析环境中的病毒群体也称为病毒组（virome）研究，而实际上许多微生物群落中病毒的主要成员是噬菌体。不依赖分离培养，从宏基因组数据中发掘噬菌体基因组序列，可以大幅提升识别通量，借此发现更多未知的噬菌体。当然，这种直接分离总核酸用于宏基因组测序的方法也存在着某些缺陷。这主要是因为相对于微生物群落中的细菌和古菌等宿主而言，噬菌体的基因组较小，尽管它们的数量可能多于其宿主，但在测序数据中所占比例通常极低，需要较多的测序数据量覆盖较少的噬菌体序列。为了提升噬菌体序列在测序数据中的比例，一般会采取滤膜过滤、聚乙二醇沉淀和氯化铯密度梯度离心等手段富集病毒样颗粒。这些处理过程可能损失一定量的噬菌体，而且产物往往无法达到高通量建库测序的要求，需要对其核酸提取物进行全基因组扩增。全基因组扩增会人为引入一些错误，如选择性丢失特定类型的噬菌体，或偏向于扩增基因组上的特定区域，造成局部序列大量重复而其他区域覆盖不足，因此有必要根据研究目的选择合适的预处理和测序方式。

虽然存在着不少障碍，但是第二代测序技术的出现还是让包括噬菌体在内的病毒组

作者单位：王金锋，中国农业大学食品科学与营养工程学院；肖力文，中国科学院北京生命科学研究院；关翔宇，中国地质大学（北京）海洋学院。

和基因组研究取得了长足的进步。围绕着这些方向，已陆续开发出了许多分析方法和新的工具，帮助人们更快更好地处理海量组学数据和研究噬菌体。本章以病毒组数据分析的各个环节为主线，举例介绍其中涉及的经典软件用法，重点阐述如何从宏基因组数据中挖掘噬菌体序列、开展噬菌体的比较基因组分析及可视化。

第一节　从宏基因组数据中识别噬菌体序列

除了噬菌体富集处理和宏基因组文库构建、测序等方面的影响之外，在数据分析过程中几点客观存在的因素，也会妨碍噬菌体基因组序列发掘。其中最关键的一点是在微生物基因组数据库中，严重缺少噬菌体方面的记录，目前已完成测序的基因组数量不过数千。对于规模如此庞大、多样性极高的噬菌体而言，这样的数量显然不足以作为有效的参考数据集，不利于从宏基因组数据中检索和辨识噬菌体来源的序列。与此同时，相对于有限的参考基因组数量，噬菌体本身却存在极高的自发突变频率，导致目标序列与参考基因组的相似度往往很低，采用同源序列比对方式识别和确认噬菌体具有相当大的难度。此外，宏基因组测序数据中所有的序列混合在一起，许多来自真核生物、细菌或古菌等微生物的同源序列相互干扰，同样给噬菌体基因组拼接和注释造成了相当大的困扰。即便是在人体和海洋等研究较为集中的环境，除噬菌体外的其他微生物基因组参考数据相对丰富，但要想从庞杂的宏基因组数据中准确区分噬菌体和宿主序列却绝非易事。针对这些情况，有必要建立行之有效的病毒组数据分析流程。

对宏基因组测序读段的拼接和组装，可以获得更加完整的微生物基因组序列。对于未经过病毒样颗粒富集的宏基因组测序数据，可以通过先与参考基因组比对，后特异性收集疑似噬菌体读长（reads），再行拼接的方式降低菌群复杂度，减少噬菌体与其他微生物序列之间的相互干扰，提高宏基因组拼接的效率和准确性。在此基础上，需要对这些拼接序列进行基因预测并与参考基因组数据库比对，基于同源序列比对结果，获得各 ORF 的分类和注释信息。根据注释信息设置较为合理的筛选标准，就能够判断宏基因组拼接产物中哪些属于噬菌体来源的序列。如果拼接产物与噬菌体参考序列的相似性较低甚至比对不上，无法基于同源序列进行准确注释，则可以考虑使用检索预测软件从宏基因组序列中寻找前噬菌体，也可以根据 CRISPR 阵列的结构特点，利用正向重复序列（direct repeat）和间隔序列（spacer）从头识别噬菌体，并建立噬菌体和宿主的侵染关系。下面将就这些内容，详细说明从宏基因组数据中挖掘噬菌体序列的原理和技术方法。

一、宏基因组拼接和组装

序列拼接和组装几乎是所有宏基因组研究都会涉及的重要环节，以高通量测序为基础的病毒组数据挖掘也不例外。然而事实上，宏基因组拼接因其复杂的物种组成和微生物基因组之间的高度相似性，很难像单个基因组拼接那样，达到令人满意的效果。因此，至少需要掌握一种性能突出、受到普遍认可的宏基因组拼接和组装工具，并了解对拼接完整性和正确性进行评价的方法。但在此之前，应该先了解宏基因组拼接的必要性和意义。

（一）为什么需要拼接和组装

目前对宏基因组的测序主要使用第二代测序平台，但由于技术所限，相比于第一代的 Sanger 测序，第二代测序的读长很短。早期通量较高的测序平台，每个测序读长的长度不超过 100 bp。虽然经过多年的技术优化，现阶段主流测序平台的读长长度可以达到 250~300 bp，但仍然是限制宏基因组和其他基因组学科发展的瓶颈。

在宏基因组测序中，所有的核酸序列是被随机片段化和测序的，产生的短读长非常不利于分类和功能注释。如果直接使用短读长，会大大降低宏基因组分析的准确性和识别力。只有将它们连接起来形成更长的片段，才能更好地进行随后的微生物分类、基因预测和注释等分析内容。测序产生的非冗余读长，相互之间会产生序列上的重叠。将这些具有序列重叠性的短读长，连接成连续不间断的长片段的过程称为基因组拼接。其中，拼接成的长片段被称为重叠群（contig）。形成重叠群之后，由于测序片段的随机性，不同重叠群序列之间通常会出现缺口（gap）。根据配对末端测序读长（paired-end reads）的定位信息，将含有缺口的重叠群再次进行连接，两条重叠群之间的缺口处用一定数量的“N”碱基填充，形成更长的序列，这个过程称为基因组组装，这些长序列即为支架（scaffold）。宏基因组的拼接与组装就是从短读长到重叠群再到框架的过程。尽管在此过程中会丢失一部分数据或因错误拼接产生嵌合体，但也会去除原本大量冗余的读长，起到降低数据量、节省计算资源的效果。

（二）如何进行拼接和组装

对宏基因组进行拼接和组装的工具很多，理论上如 SOAPdenovo 等用来拼接基因组的软件都可以用于宏基因组拼接。但微生物群落组成复杂，拼接难度更大，因此有生物信息学研究人员根据菌群特点，采用 OLC（overlap-layout-consensus）、贪心法（greedy）和德布鲁因图（de Bruijn graph）三种基于图论的算法，专门开发了一些针对第二代测序数据的宏基因组组装软件。其中，MetaVelvet、IDBA-UD、metaSPAdes 和 MEGAHIT 是为大家熟知的几款。对于不同的样本来源或数据类型，每款软件的实际表现可能有所不同，用户可以根据实际需要做出选择。下面将以较为成熟和流行的 metaSPAdes 为例，介绍宏基因组短序列的拼接和组装过程。

1. 数据预处理　通常，第二代测序产生的数据可能有部分读长含“N”碱基比例较大，或是出现测序质量较低的碱基占比过高的状况。这些低质量的读长会影响后续的拼接过程，并使分析产生较大的偏倚性。除此之外，测序过程中使用的接头以及测序产生的重复序列都会造成一定污染。这些问题在原本就十分复杂的宏基因组组装中显得尤为突出，所以在进入拼接流程之前，要使用一些工具对原始测序数据进行评估，并过滤去除低质量的读长。

FastQC 是由英国巴布拉汉研究所开发的一款高通量测序数据质量控制工具，其使用简单，且评估结果具有很好的可视化效果（图 33-1）。一般情况下，当所有读长的下四分位数都高于 20 时，可判定该序列质量较高。而如果质量评估结果不理想，则需要对原始序列进行一定的预处理，例如使用功能强大的数据过滤软件 Trimmomatic 去除接头和低质量的序列，之后再对序列进行评估。直到测序序列质量达到标准后，就可以使用 metaSPAdes 进入拼接组装流程。

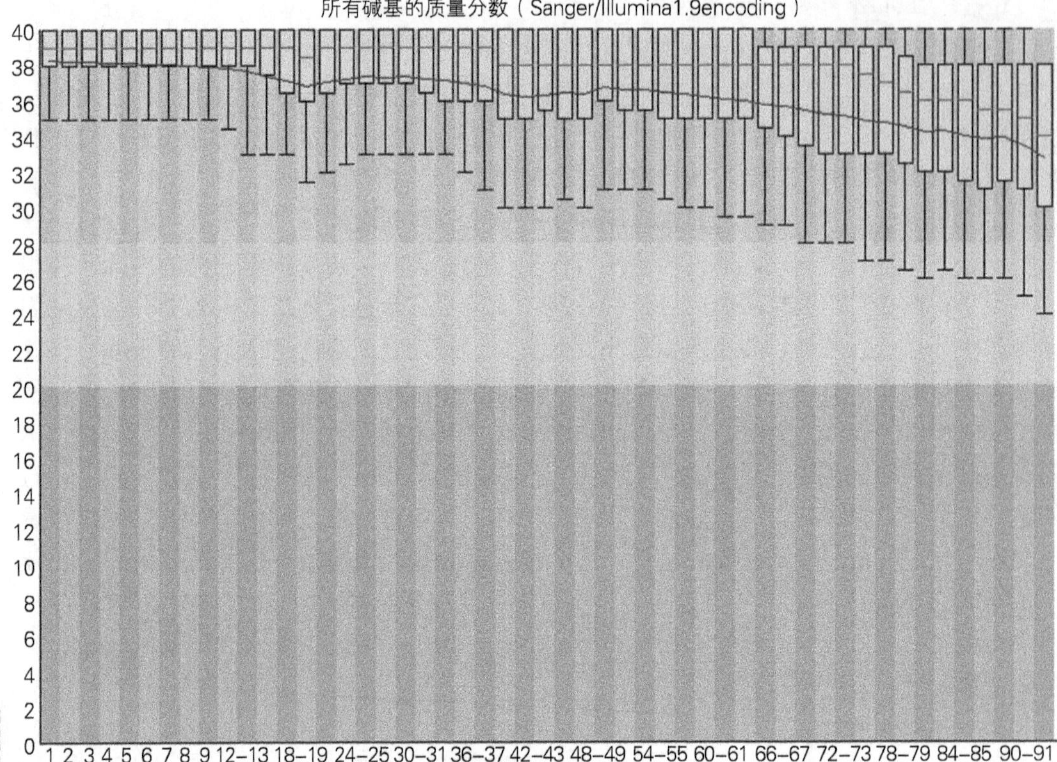

图 33-1 彩图

图 33-1　使用 FastQC 进行测序数据质量评估的图形化界面

2. metaSPAdes 及其算法　metaSPAdes 是由俄罗斯圣彼得堡国立大学转化生物医学研究所开发的一款软件，专门用于宏基因组的拼接和组装。该软件目前被整合到团队开发的基因组组装工具 SPAdes 中，下载地址为 http://cab.spbu.ru/software/spades/，现已更新至 SPAdes3. 13. 1 版本。

SPAdes 采用德布鲁因图算法，此算法速度快、准确性高，是当前第二代测序中基因组拼接的主流算法。在进行基因组组装过程中，它采用两种策略将重叠群组装成框架：一种是依赖于成对的读长估计重叠群之间的缺口大小；另一种则依赖组装图，若两条拼接序列无法被准确解析的复杂串联重复序列隔开时，那么这些拼接序列就被连接成为缺口大小固定为 100 bp 的框架。

3. 下载与安装　SPAdes 官方网站支持 64 位 Linux、MacOS 和源代码三种安装方式。接下来将以 Linux 版本为例介绍其安装过程。

（1）下载：使用 wget 命令直接从官网下载 Linux 版本的安装包。

wget http://cab.spbu.ru/files/release3. 13. 1/SPAdes-3. 13. 1-Linux.tar.gz

（2）解压缩：tar -zxf SPAdes-3. 13. 1-Linux.tar.gz

（3）添加环境变量：由于 SPAdes 将所需代码都包装在.python 文件中，所以该工具无须编译和安装，在使用时直接通过命令行的方式运行即可。如果想避免每次都使用绝对路径，可以将 SPAdes 的 bin 目录添加到用户环境变量中。

export PATH=$ PATH：yourpath/SPAdes-3. 13. 1-Linux/bin

* yourpath：SPAdes 下载存放的路径。

(4) 测试：安装完成之后，可以用--test 参数对软件进行测试，检查是否安装成功。

python spades.py --test

若最后输出信息如图 33-2 所示，则说明安装成功，可以正式开始使用。

```
====== SPAdes pipeline finished.

======= TEST PASSED CORRECTLY.

SPAdes log can be found here:                    SPAdes-3.11.1-Linux/bin/spades_test/spades.log

Thank you for using SPAdes!
```

图 33-2 Linux 版本的 SPAdes 软件安装成功提示

4. *使用方法* 在对宏基因组进行拼接时，使用 SPAdes 中的--meta 参数即可调用 metaSPAdes。

(1) 输入文件：SPAdes 同时支持单端或双端测序的数据，输入文件格式既可以是.fastq，也可以是.fasta，还可以直接使用压缩文件格式（.gz）作为输入。

(2) 使用示例：直接调用 sapdes.py 脚本即可运行 metaSPAdes 拼接程序。

python spades.py --meta -1 seq_1.fastq -2 seq_2.fastq -o output_dir

5. *参数说明*

--meta：对宏基因组序列进行拼接。

-1：输入数据（正向序列）。

-2：输入数据（反向序列）。

-12：输入数据（正反向序列合并文件）。

-s：输入数据（单端测序序列）。

-o：输出文件路径。

-k：拼接算法中 k-mer 的大小，以逗号分隔；此参数必须为小于 128 的奇数，并以升序排列，如 21，33，55。

-m：使用的最大内存限制，默认值为 250 Gb。

-t：使用的线程数，默认值为 16。

--phred-offset：phred 质量分数，可设置为 33 或 64；不设置时软件会自动检测。

6. *输出结果*

(1) 主要输出文件说明

output_dir/corrected/：该目录下包含由 BayesHammer 校正过的读段文件。

output_dir/scaffolds.fasta：组装完成的框架结果文件。

output_dir/contigs.fasta：拼接完成的重叠群序列文件。

output_dir/assembly_graph.gfa：GFA 格式的 SPAdes 组装图和框架路径。

output_dir/assembly_graph.fastg：FASTG 格式的 SPAdes 组装图。

output_dir/contigs.paths：contig.fasta 文件对应的 SAPdes 组装图路径。

output_dir/scaffold.paths：scaffold.fatsa 文件对应的 SAPdes 组装图路径。

（2）输出文件格式说明：输出的重叠群或支架序列分别被保存在 contigs. fasta 或 scaffolds.fasta 文件中，其中的每条序列以“>序列名”的格式开头，下一行为其对应的碱基序列（图 33-3）。

```
>NODE_1_length_235081_cov_8.795423
CCCCAACATTAAAAGTGTTGTGCTCTACCAGCTGAGCTAGCGGATCTACCTAATTACCGT
TAAGCGAGTGCAAAGGTAGAATGATTTTTTGGTTTGCCAAATACTTTGTGCACTTTTTTT
CTGTTCAAGGCTTTCTTTTCCGCTTATTTCGCTTGATGCCTTGATGCTGAAGCGGCCTCT
TGGCAGAGCGAGCAGTCGTTTTTCGGATGTAAGCTCTCGATTGCCCGCCGTCTTTGTATG
GCCTGTTATAGATTTTCTTTGCCTTGTGCTTGCGAAGGAGAAGTAAAGCGGGGCATTCGG
TGCGCTGGCTGGTAGGCAGGTCTCCCTTGTTCGTGCTTCTGCGCTGATTTTTGTATTGTT
CTCTTTTGTTTGTTTATTGTTTGCTGCCGCCAAACTATCGTTTGCTGGGAACAAACTATG
GTTTGGTGGGACCAAACTATCGTTTGCCGGCACCAAACGAAAACGAAAGCTGCCTTCTTG
CGGTCCTATTTGCGCTTCAAGCGTTGCTGTTTAGGGCGTTGGGTGTAGTAAGAAGAGGAG
GAGAGGGGAAAGTAGTGGACTAAATGTATCAAACTTTGACTTGTCGCCATAGTTTGTGCC
```

图 33-3　重叠群或框架序列 contigs.fasta/scaffolds.fasta 输出文件格式

例如，>NODE_1_length_235081_cov_8.795423，“>”后序列名中的“1”代表重叠群或框架序列的编号，“235081”是核苷酸序列长度，“8.795423”是最大 *k* 值的 *k*-mer 覆盖率。

（三）拼接和组装效果评价

在进入下游分析前，需要对宏基因组拼接和组装效果进行评价。对于 SPAdes 组装结果，可以使用 QUAST 软件。QUAST 同样是由俄罗斯圣彼得堡国立大学转化生物医学研究所计算生物技术中心开发的一款工具，用于基因组拼接组装结果的评价。

1. 下载与安装

（1）下载：可以进入官网（http://cab.spbu.ru/software/quast/）进行下载。

wget https://sourceforge.net/projects/quast/files/Latest/download/quast-5.0.2.tar.gz

（2）解压缩与安装：

tar -zxf quast-5.0.2.tar.gz

cd quast-5.0.2

python setup.py install_full

（3）添加环境变量：

export PATH=$PATH：yourpath/quast-5.0.2

*yourpath：quast 下载存放的路径。

2. 使用方法　直接使用默认参数即可对拼接结果进行评估。

python quast.py contigs.fasta -o output_dir

contigs.fasta 是输入的宏基因组拼接结果文件，-o 参数后是软件评估结果的输出路径。

3. 结果输出　进入输出文件目录，report.* 记录了此次评估的各项结果，包括序列长度、G+C 含量、N50 等（图 33-4）。

报告

	重叠群
#重叠群(>= 0 bp)	194969
#重叠群(>= 1000 bp)	16855
#重叠群(>= 5000 bp)	1425
#重叠群(>= 10000 bp)	462
#重叠群(>= 25000 bp)	117
#重叠群(>= 50000 bp)	36
累积长度 (>= 0 bp)	109616333
累积长度 (>= 1000 bp)	45663380
累积长度 (>= 5000 bp)	17430597
累积长度 (>= 10000 bp)	10860269
累积长度 (>= 25000 bp)	5795490
累积长度 (>= 50000 bp)	2968563
#重叠群	47658
最大重叠群	235081
累积长度	66577728
G+C (%)	45.19
N50	1753
N75	850
L50	7285
L75	21497
#每100 kbp中N的数量	0.00

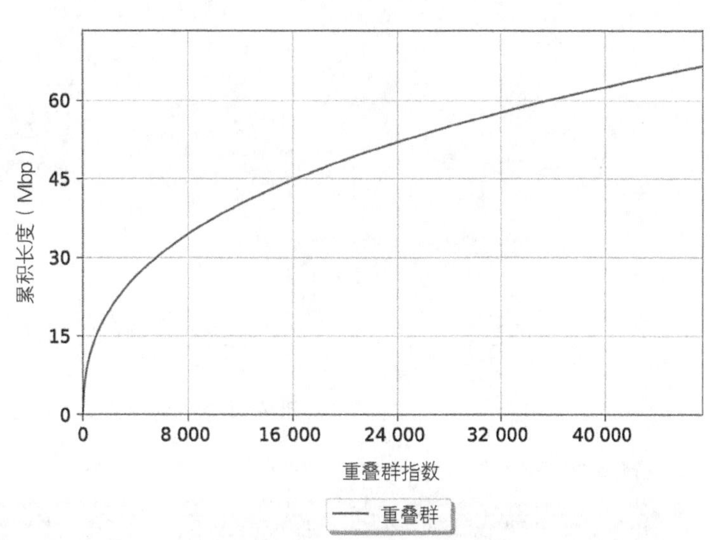

图 33-4　使用 QUAST 进行宏基因组拼接和组装评价的输出结果

二、根据基因注释结果筛选前噬菌体序列

在许多细菌基因组中存在着大量不完整的或隐蔽的前噬菌体，它们在 G+C 含量或其他序列特征上会与宿主存在一些差异，因此可以从宏基因组拼接和组装产物中，对溶原态的噬菌体序列进行识别。

PHAST（PHAge Search Tool）是一款基于网络服务器的工具，旨在快速准确地识别、注释和图形化显示细菌基因组或质粒中的前噬菌体序列。PHAST 接受原始的核酸序列数据或部分注释的 GenBank 格式数据，并能够快速执行大量数据库比较和噬菌体核心特征识别步骤，以定位、注释和显示前噬菌体序列及其特征。相对于其他前噬菌体识别工具，PHAST 的速度提高了 40 倍，灵敏度提高了 15%。它能够提供关于前噬菌体特征和前噬菌体“质量”的注释表，并能够区分完整和不完整的前噬菌体。PHAST 还能生成可下载的高质量交互式图形，在圆形和线性基因组视图中显示所有已鉴定的前噬菌体成分。此外，PHAST 与所有可用的噬菌体发现工具准确性，灵敏度为 85. 4%，阳性预测值为 94. 2%。用户可直接进入 PHAST 网站（http://phast.wishartlab.com/）上传数据并进行分析。

PHAST 支持 3 种方式上传需要分析的数据：可以直接填写 GenBank 的识别号，或者上传 GenBank 格式的文件，或者上传 fasta 格式的序列文件（图 33-5）。选择好需要分析的数据后，点击“submit”按钮进行提交，PHAST 就会开始分析。

分析过程会持续几分钟，完成后会自动刷新到结果页面。用户可以对分析结果进行浏览和下载（图 33-6）。

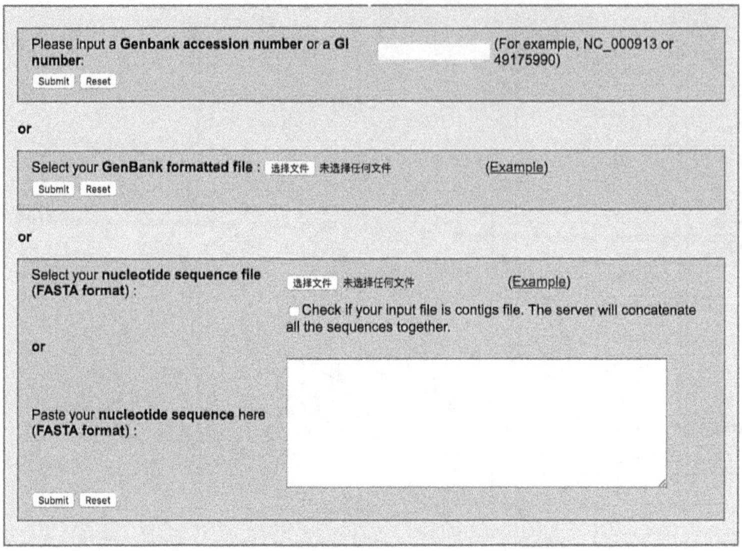

Please input a **Genbank accession number** or a **GI number**: (For example, NC_000913 or 49175990)

Submit Reset

or

Select your **GenBank formatted file** : 选择文件 未选择任何文件 (Example)

Submit Reset

or

Select your **nucleotide sequence file (FASTA format)** : 选择文件 未选择任何文件 (Example)

Check if your input file is contigs file. The server will concatenate all the sequences together.

or

Paste your **nucleotide sequence** here **(FASTA format)** :

Submit Reset

图 33-5 PHAST 软件的序列上传界面

gi|00000000|ref|NC_000000| Genome; Raw sequence .1830138, GC%: 38.15%, length = 1830138 bps

Total : 3 prophage regions have been identified, of which 1 regions are intact, 2 regions are incomplete, 0 regions are questionable.

REGION	REGION_LENGTH	COMPLETENESS	SCORE	#CDS	REGION_POSITION	POSSIBLE PHAGE	GC_PERCENTAGE	DETAIL
1	18.2Kb	incomplete	60	22	1495049-1513250	PHAGE_Acinet_vB_AbaS_TRS1_NC_031098, ...	39.26%	Detail
2	38.4Kb	intact	130	56	1558774-1597183	PHAGE_Entero_Mu_NC_000929, ...	43.92%	Detail
3	6.4Kb	incomplete	50	9	1636791-1643216	PHAGE_Mannhe_vB_MhM_3927AP2_NC_028766, ...	39.96%	Detail

Legend:

REGION: the number assigned to the region

REGION_LENGTH: the length of the sequence of that region (in bp)

COMPLETENESS: a prediction of whether the region contains a intact or incomplete prophage based on the above criteria

SCORE: the score of the region based on the above criteria

#CDS: the number of coding sequnce

REGION_POSITION: the start and end positions of the region on the bacterial chromosome

PHAGE: the phage with the highest number of proteins most similar to those in the region

GC_PERCENTAGE: the percentage of gc nucleotides of the region

DETAIL: detail info of the region

Genome; Raw sequence [asmbl_id: NC_000000].1830138, GC%: 38.15%

Text file for download

Hits against Virus and prophage DB

Hits against Bacterial DB or GenBank file

Region 1, total : 22 CDS.

#	CDS_POSITION	BLAST_HIT	E-VALUE	SEQUENCE
1	1495049..1495060	attL CGGCAAAATCTG	0.0	Click
2	complement(1499076..1499624)	PHAGE_Haemop_HP2_NC_003315: tail fibers; PP_01454; phage(gi17981847)	2e-23	Click
3	complement(1499657..1499776)	PHAGE_Aggreg_S1249_NC_013597: putative Cro/CI-type repressor; PP_01455; phage(gi100005)	4e-10	Click
4	complement(1500122..1501222)	PHAGE_Aggreg_S1249_NC_013597: hypothetical protein; PP_01456; phage(gi100023)	1e-172	Click
5	complement(1501283..1501639)	PHAGE_Erysip_SE_1_NC_029078: hypothetical protein; PP_01457; phage(gi985758864)	3e-11	Click
6	1501877..1502023	hypothetical; PP_01458	0.0	Click
7	complement(1502127..1503347)	PHAGE_Aggreg_S1249_NC_013597: hypothetical protein; PP_01459; phage(gi100026)	9e-90	Click
8	complement(1503394..1504704)	PHAGE_Aggreg_S1249_NC_013597: hypothetical protein; PP_01460; phage(gi100027)	0.0	Click
9	complement(1504706..1505890)	PHAGE_Acinet_LZ35_NC_031117: DNA helicase; PP_01461; phage(gi100076)	2e-116	Click
10	complement(1506035..1506550)	PHAGE_Acinet_AP22_NC_017984: putative phage terminase small subunit; PP_01462; phage(gi388570782)	1e-22	Click
11	complement(1506560..1507081)	PHAGE_Acinet_vB_AbaS_TRS1_NC_031098: replication protein DnaD; PP_01463; phage(gi100014)	3e-21	Click
12	complement(1507209..1507421)	PHAGE_Aggreg_S1249_NC_013597: terminase large subunit; PP_01464; phage(gi100031)	4e-27	Click
13	complement(1507402..1507632)	PHAGE_Aggreg_S1249_NC_013597: portal protein; PP_01465; phage(gi100032)	2e-15	Click
14	complement(1507670..1508272)	PHAGE_Aggreg_S1249_NC_013597: membrane spanning protein; PP_01466; phage(gi100033)	6e-57	Click
15	complement(1508241..1508597)	PHAGE_Mannhe_vB_MhS_587AP2_NC_028743: holin; PP_01467; phage(gi970580079)	5e-09	Click
16	complement(1509035..1509601)	PHAGE_Aggreg_S1249_NC_013597: hypothetical protein; PP_01468; phage(gi100056)	4e-52	Click
17	1509962..1510261	PHAGE_Brucel_BiPBO1_NC_031264: hypothetical protein; PP_01469; phage(gi100020)	1e-21	Click
18	1510258..1510551	PHAGE_Brucel_BiPBO1_NC_031264: general stress protein; PP_01470; phage(gi100019)	5e-14	Click
19	complement(1510582..1510860)	Hypothetical protein R2866_0989 [Haemophilus influenzae R2866]. gi|386264173|ref|YP_005827666.1|; PP_01471	3e-45	Click
20	1511013..1511588	PHAGE_Mannhe_vB_MhS_587AP2_NC_028743: antirepressor; PP_01472; phage(gi970580044)	1e-53	Click
21	complement(1511589..1511729)	hypothetical; PP_01473	0.0	Click
22	1511793..1511804	attR CGGCAAAATCTG	0.0	Click
23	1511874..1512158	PHAGE_Mannhe_vB_MhS_535AP2_NC_028853: hypothetical protein; PP_01474; phage(gi971749622)	1e-07	Click
24	complement(1512159..1513250)	PHAGE_Acinet_vB_AbaS_TRS1_NC_031098: putative head morphogenesis protein; PP_01475; phage(gi100034)	7e-49	Click

图 33-6 用 PHAST 软件预测前噬菌体的汇总（上）和细节（下）信息

三、根据基因注释结果筛选噬菌体序列

完成宏基因组拼接和组装后，也可以进入基因预测和注释流程，再根据特定的标准从中筛选出噬菌体序列。MetaGeneMark 是一款经常被用到的工具。它在佐治亚理工学院开发的 GeneMark 系列程序中，专门用于宏基因组的基因预测。MetaGeneMark 支持网页在线分析和本地化运行两种方式。如果采用在线分析方式，通过访问网址 http://exon.gatech.edu/GeneMark/meta_gmhmmp.cgi，在“Input sequence”栏中直接上传待预测的序列，在“Options”栏中选择所需的输出格式运行即可（图 33-7）。

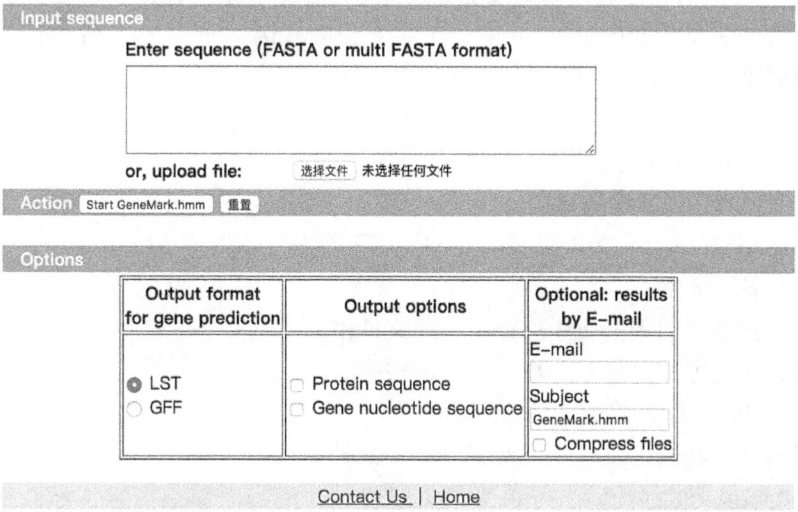

Input sequence
Enter sequence (FASTA or multi FASTA format)
or, upload file: 选择文件 未选择任何文件
Action Start GeneMark.hmm 重置
Options

Output format for gene prediction	Output options	Optional: results by E-mail
LST GFF	Protein sequence Gene nucleotide sequence	E-mail Subject GeneMark.hmm Compress files

Contact Us | Home

图 33-7 在线版 MetaGeneMark 序列文件输入和选项界面

（一）本地化的基因预测

宏基因组深度测序通常会产生大量数据，即使经过拼接和组装等步骤，产生的重叠群或支架序列文件仍然可能较大。并且由于测序成本降低，当前和未来的宏基因组研究往往会同时对许多样本平行测序，这些样本在分析过程中可能需要进行独立的拼接。如果采用在线分析方式，每次只能处理单个数据，数据上传、运行及结果下载都可能需要经历漫长的等待，还可能因服务器问题使预测过程中断。因此，更多的用户倾向于选择将软件安装包下载到计算终端，在本地进行多线程的宏基因组基因预测，从而大大缩短计算时间，提高分析效率。

1. 下载与安装　登录网址 http://topaz.gatech.edu/GeneMark/License_download.cgi 进行注册，选择合适的版本进行下载。下载内容包括 MetaGeneMark 软件包以及密匙两部分。

首先对 MetaGeneMark 软件解压缩：

```
tar -zxf MetaGeneMark_linux_64.tar.gz
```

在使用 MetaGeneMark 时需要用到官网提供的密匙，可以将密匙复制到 home 目录下，方便使用：

```
cp gm_key ~/.gm_key
```

添加环境变量：

export PATH=$ PATH：yourpath/MetaGeneMark_ linux_ 64/mgm

* yourpath：MetaGeneMark 下载存放的路径。

2. *使用方法* MetaGeneMark 使用 gmhmmp 命令运行，利用软件自带的 MetaGeneMark _v1.mod 模式。输入文件为 fasta 格式，默认的输出文件为 LST 格式，也可以使用-f 参数更改为 GFF 格式。

示例：

gmhmmp -a -d -f G -m MetaGeneMark _ v1. mod contigs. fasta -o contigs. gff -A protein.fasta -D nucleotide.fasta

其中-m 参数后为软件进行基因预测的模式，contig.fasta 为输入的待预测文件，-o 参数后为输出的预测结果，protein.fasta 文件中为预测基因的蛋白质序列，nucleotide.fasta 文件中为预测基因的核酸序列。

3. *参数说明*

-a：输出预测基因的蛋白质序列。

-d：输出预测基因的核酸序列。

-f：输出文件格式（L 为 LST 格式，G 为 GFF 格式），默认为 L。

-o：输出文件路径。

-A：将预测基因的蛋白质序列输出到此文件中。

-D：将预测基因的核酸序列输出到此文件中。

-b：只输出每条序列的最佳预测。

4. *结果输出* 在输出路径中可看找到 3 个文件。

（1）output_ dir/contig.gff：每条待预测序列对应的基因预测信息，包括基因编号及其起始、终止位置（图 33-8）。

（2）output_ dir/protein.fasta：每条待预测序列预测出基因的蛋白质序列。

（3）output_ dir/nucleotide.fasta：每条待预测序列预测出基因的核酸序列。

用户根据研究目的和需求，可自由选择 protein.fasta 或 nucleotide.fasta 文件进行后续分析。

```
>gene_1|GeneMark.hmm|122_aa|-|46|414     >NODE_1_length_235081_cov_8.795423
LFPANDSLAAANNKQTKENNTKISAEARTRETCLPASAPNAPLYFSFASTRQRKSITGHT
KTAGNRELTSEKRLLALPRGRFSIKASSEISGKESLEQKKSAQSIWQTKKSFYLCTRLTV
IR

>gene_2|GeneMark.hmm|393_aa|-|716|1897  >NODE_1_length_235081_cov_8.795423
MNLLLLINISLLATMLLCLLALWRFRWRDYSLPARWSETAESTEQPAISIIIPALDQGDY
LAEYLPIFLQQNYPSFEVIVVDEASTDNTPDVLKRLSAEDKRLRYLSVPRSARHIELTKL
ALTLGVRSARFPWVVFTRADCQPASPDWLSRLAEQFAPGVEMVGGYANYLNDETRQARRP
IFERLRLQLRLARAARSGRPVYADPCNLAVKKAFFMAQEGFANSLLLPFGEEELFVDAYA
TPENFRLTWHPDATICQQLPARRLLSDERIYTAEIANRSSRRRRLYAAREAWASCFFFLF
FLLTLTYIGERTFYILQQSVYFIQDLATDLPFLLLLITTIILPIRLMRKATRALGERRFG
GMLIAYAWLQPLRNRLTYLRRLHRSDSFVRPSL
```

图 33-8 序列基因预测结果的输出形式及其所含信息

（二）基因注释和分类

在预测出基因序列之后，要将基因序列与参考数据库比对注释，以筛选出噬菌体序列。最常用的 BLAST 就是一套在数据库中进行相似性分析的工具。它使用局部比对算法，能迅速将待查询序列与公共数据库中的序列进行相似性比对，准确性较高。BLAST 同样支持 NCBI 在线分析和本地计算两种方式。但无论哪种方式，最大的缺点是运行速度较慢，特别是对于高通量测序数据与较大的数据库比对时，其时间成本往往让人难以接受。

针对上述问题，陆续出现了 MetaCV、RAPSearch 和 PAUDA 等多款核酸或蛋白质序列比对软件，能在保持高水平特异性和敏感度的同时，大幅减少计算时间。最具竞争力的要数德国图宾根大学 Daniel Huson 教授等开发的 DIAMOND，它是一款高效的序列比对工具，用于将短 DNA 测序读长或拼接序列与氨基酸参考数据进行比对。对于长度为 100~150 bp 的 Illumina 测序读长，在快速模式下，DIAMOND 比 BLASTX 快约 20 000 倍，并且能够找到 BLASTX 发现的所有匹配结果中的 80%~90%。在敏感模式下，DIAMOND 比 BLASTX 快约 2 500 倍，能够找到超过 94%的匹配结果。DIAMOND 的速度优势非常适合于大数据量的比对分析，接下来将对其获取和使用进行详细介绍。

1. 下载与安装　使用 wget 直接下载二进制文件。

wget http://github.com/bbuchfink/diamond/releases/download/v0.9.24/diamond-linux64.tar.gz

解压缩：

tar -zxf diamond-linux64.tar.gz

添加环境变量：

export PATH=$ PATH：yourpath/diamond-linux64

*yourpath：DIAMOND 下载存放的路径。

2. 使用方法　与其他所有同类工具一样，用 DIAMOND 软件进行序列比对需要标准数据库作为参考。使用最广泛的标准数据库是 NCBI 的非冗余蛋白/核酸（nr/nt）库、分类库（Taxonomy）和参考序列库（RefSeq）。由于后续需要根据最优匹配（besthit）判断注释出的序列是否归属噬菌体，所以即使 RefSeq 中保存有专门的病毒数据库，一般在参考库的选择上也应尽量考虑使用包含信息最全的 nr/nt 进行全局比对。正如本节开篇提到的那样，噬菌体突变率较高且已有的参考基因组较少，宏基因组中待识别的噬菌体序列大多与参考序列相似性很低，只适合更容易获得匹配结果的核酸比氨基酸的 BLASTX 方法。这恰好也是 DIAMOND 支持的一种比对方式，因此在宏基因组注释和噬菌体序列筛选中，最常见的是利用该软件将待预测序列与 nr 库进行比对。

（1）数据库下载和建立索引：可直接进入 NCBI 的 ftp 中下载 nr（ftp://ftp.ncbi.nlm.nih.gov/blast/db/）。

在进行比对之前，需要使用 makedb 命令对下载的 nr 数据库建立索引：

diamond makedb --in nr.faa -d nr

--in 参数后 nr.faa 是下载的 fasta 格式的 nr 数据库，-d 参数后是输出文件。

该命令会产生名为 nr.dmnd 的二进制 DIAMOND 数据库文件，用于后续的比对查询。

（2）示例：

diamond blastp -d nr -q protein_trim.fasta -o matches.m8

diamond 支持氨基酸序列和核酸序列的比对，当输入序列为氨基酸序列时，使用 blastp 命令；输入序列为核酸序列时，使用 blastx 命令。

-d 参数后是建立索引后的 DIAMOND 数据库，-q 参数后跟输入的待比对序列，-o 参数后是输出的结果文件。

3. 参数说明

--threads/-p：使用的 CPU 数量，默认会自动检测并调用所有可用的虚拟内核。

--db/-d：DIAMOND 数据库文件路径。

--query/-q：待查询序列文件（支持.fasta 和.fastq 格式，也可直接使用.gzip 压缩文件）。

--sensitive：当待查询序列较长时，使用此参数可提高速率。

--more-sensitive：比--sensitive 模式更敏感。

--out/-o：输出结果文件路径。

--outfmt/-f：输出结果文件格式，可使用以下值：

0：BLAST 配对格式。

5：BLAST XML 格式。

6：BLAST 列表格式（默认格式）。

100：DIAMOND 比对文档（DAA），DAA 格式是一种二进制格式，后续可使用 view 命令产生其他输出格式。

101：SAM 格式。

102：生物学分类，这一格式不输出比对信息，只输出每个查询序列的生物学分类归属。

103：PAF 格式。

--block-size/-b：使用内存大小，默认值为 12 Gb。

4. 结果输出　当使用默认参数进行比对时，生成的结果文件共有 12 列，记录了每条序列的比对结果（图 33-9）。

第一列：查询序列名。

第二例：比对出的蛋白质序列编号。

第三列：序列一致性（identity）百分比。

第四列：匹配长度。

第五列：错配长度。

第六列：打开缺口的次数。

第七列：查询序列的起始位点。

第八列：查询序列的结束位点。

第九列：比对序列起始位点。

第十列：比对序列结束位点。

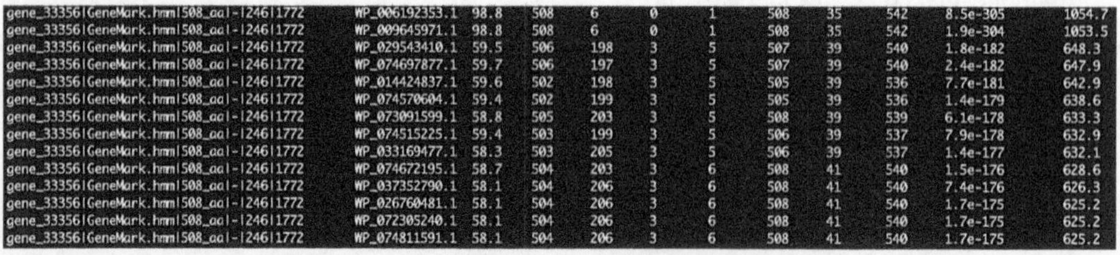

```
gene_33356|GeneMark.hmm|508_aa|-|246|1772    WP_006192353.1  98.8  508  6    0  1  508  35  542  8.5e-305  1054.7
gene_33356|GeneMark.hmm|508_aa|-|246|1772    WP_009645971.1  98.8  508  6    0  1  508  35  542  1.9e-304  1053.5
gene_33356|GeneMark.hmm|508_aa|-|246|1772    WP_029543410.1  59.5  506  198  3  5  507  39  540  1.8e-182  648.3
gene_33356|GeneMark.hmm|508_aa|-|246|1772    WP_074697877.1  59.7  506  197  3  5  507  39  540  2.4e-182  647.9
gene_33356|GeneMark.hmm|508_aa|-|246|1772    WP_014424837.1  59.6  502  198  3  5  505  39  536  7.7e-181  642.9
gene_33356|GeneMark.hmm|508_aa|-|246|1772    WP_074570604.1  59.4  502  199  3  5  505  39  536  1.4e-179  638.6
gene_33356|GeneMark.hmm|508_aa|-|246|1772    WP_073091599.1  58.8  505  203  3  5  508  39  539  6.1e-178  633.3
gene_33356|GeneMark.hmm|508_aa|-|246|1772    WP_074515225.1  59.4  503  199  3  5  506  39  537  7.9e-178  632.9
gene_33356|GeneMark.hmm|508_aa|-|246|1772    WP_033169477.1  58.3  503  205  3  5  506  39  537  1.4e-177  632.1
gene_33356|GeneMark.hmm|508_aa|-|246|1772    WP_074672195.1  58.7  504  203  3  6  508  41  540  1.5e-176  628.6
gene_33356|GeneMark.hmm|508_aa|-|246|1772    WP_037352790.1  58.1  504  206  3  6  508  41  540  7.4e-176  626.3
gene_33356|GeneMark.hmm|508_aa|-|246|1772    WP_026760481.1  58.1  504  206  3  6  508  41  540  1.7e-175  625.2
gene_33356|GeneMark.hmm|508_aa|-|246|1772    WP_072305240.1  58.1  504  206  3  6  508  41  540  1.7e-175  625.2
gene_33356|GeneMark.hmm|508_aa|-|246|1772    WP_074811591.1  58.1  504  206  3  6  508  41  540  1.7e-175  625.2
```

图 33-9　使用默认参数进行比对时的标准输出格式

第十一列：E-value 值。

第十二列：bitscore 得分。

（三）噬菌体序列筛选

每条查询序列大多包含若干个 ORF，每个 ORF 都可能在参考数据库中找到多个匹配结果，一般仅以最优匹配作为该 ORF 的注释和分类归属。在注释和分类文件中，一定会存在各种各样的复杂结果。

（1）比较严格的筛选标准是，当一条查询序列中的所有 ORF 都注释为同一种噬菌体，且与参考基因组的序列相似性较高时（如>80%），才认定此查询序列属于该噬菌体。这样的分类归属判断相对比较简单，但在以宏基因组数据为基础的噬菌体筛查中并不常见。多数情况下，查询序列与参考基因组的相似性都很低，且每条查询序列中的 ORF 会注释成不同的分类，这就需要尝试采用更加宽松的筛选方法加以判断。

（2）当一条查询序列中的所有 ORF 都注释为噬菌体，但并非同一种噬菌体，可以选择其微生物宿主最近的共同祖先作为噬菌体的命名。如果微生物宿主的亲缘关系较远，很难找到它们的共同祖先，则可以考虑将 ORF 匹配数最多、序列相似性最高的一种噬菌体作为该查询序列分类归属。

（3）当一条查询序列中同时存在噬菌体和微生物宿主的 ORF 时，筛选标准与上面类似，即根据 ORF 匹配数和序列相似性，判断该查询序列属于噬菌体还是细菌。很多时候，查询序列中仅有部分或少数 ORF 能在参考数据库中找到匹配结果，其他 ORF 则显示为“没有匹配”（no hits）。这时如果存在匹配结果的部分明确指向噬菌体，那么可以考虑将整条查询序列作为噬菌体序列的候选。

严格意义上讲，上面提到的噬菌体序列筛选方法并不一定是最合理的方案，但的确是在现有条件下，从宏基因组数据出发大规模识别噬菌体，少数可供选择的策略。至于与参考基因组序列相似性较低、无法确认筛选出的序列是否真正属于噬菌体时，还可以尝试寻找前噬菌体或借助 CRISPR 阵列等其他辅助手段加以验证。

四、基于 CRISPR 阵列识别噬菌体

仅从宏基因组拼接和注释入手识别噬菌体存在不足，高通量的噬菌体及其宿主预测还需要借助其他计算生物学方法。其中，细菌基因组中的 CRISPR 阵列结构可以提供一些帮助。

CRISPR 是存在于 40% 的细菌和 70% 的古菌基因组中的一种微生物获得性免疫防御工具，主要由 Cas 蛋白、前导序列及 CRISPR 阵列组成（图 33-10）。CRISPR 阵列包含两部分：其一是被称为重复序列的短序列，它是一种来源于细菌本身的重复序列，长度通常在 20~40 bp 之间，在物种之间具有保守性；另一部分是名为间隔序列的序列，长度也在数十个碱基上下。二者在 CRISPR 阵列上交替间隔排列。每一个 CRISPR 阵列中，重复元件的序列通常十分相似，而间隔序列的序列相对来说比较多变。每个阵列上的重复元件或者间隔序列之间，序列长度基本保持一致。

基于早期的序列分析结果，人们观察到间隔序列多与噬菌体或质粒中的某段序列一致，据此推测这些元件可能来自细菌和古菌细胞之外，可以使宿主获得抵御外源 DNA 侵

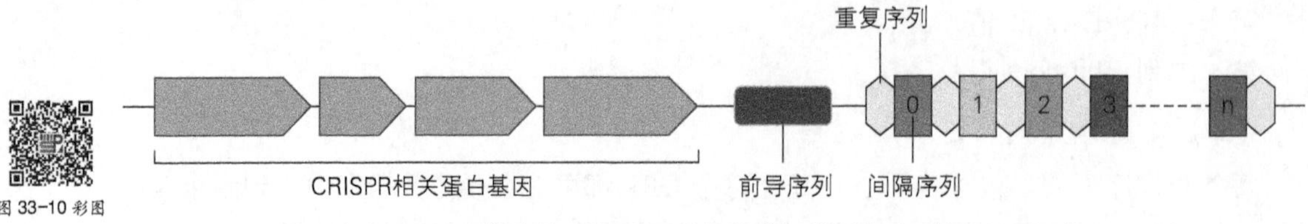

图 33-10　微生物 CRISPR 系统构成及其重复序列与间隔序列

袭的能力。这一生物学功能及其免疫机制后来通过实验方法得以证实，即细菌等微生物宿主识别并记忆入侵的噬菌体或外源 DNA，捕获其中的部分基因组片段并与自身融合，将一小段序列片段插入自身的重复序列中间，成为新的间隔序列；当再次遭遇相同的侵染时，宿主将这些片段转录生成 crRNA 前体，并切割为约 60 bp 的 crRNA，其中包含与外源 DNA 相匹配的序列片段；利用 crRNA 侦测并结合外源 DNA 匹配序列，沉默或摧毁再次入侵的噬菌体，抵抗该噬菌体的攻击；宿主会及时更新间隔序列的组成，从阵列中删除长期不用的序列，添入最新遇到的噬菌体或外源 DNA 的某段序列。CRISPR 的这种作用方式决定了它在保护宿主不受噬菌体感染影响的同时，保留下了曾经攻击过该细菌或古菌的噬菌体序列片段，将侵染关系刻画在了宿主的基因组中。

识别 CRISPR 阵列中的间隔序列可以对其在宏基因组拼接产物中进行检索，根据前间隔序列（protospacer）匹配结果，从头识别出噬菌体序列。这不仅是对基于宏基因组拼接注释预测噬菌体方法的补充，而且能极大地提高噬菌体识别的效率，还能通过纵向跟踪间隔序列在宿主基因组中的更新过程，反映微生物群落演替及噬菌体的动态变化规律。

（一）识别 CRISPR 阵列

近年来，在细菌基因组及各种环境菌群中识别和分析 CRISPR 阵列，受到了研究人员的广泛关注，并相继开发出了多款工具，方便研究人员开展相关工作。许多工具以基因组或拼接序列为对象识别 CRISPR，包括 PILER、CRT、CRISPRFinder 和 CRISPRDetect 等；有的则从短读长出发，如 Crass。下面就分别以 PILER 和 Crass 为例进行说明。

1. *从基因组或拼接序列出发*　PILER 是一组用于基因组重复序列分析的工具。它包含多款软件，其中 PILER-CR 专门用于识别 CRISPR 阵列中的重复序列，官方网站为 http://www.drive5.com/pilercr/。

（1）下载与安装：直接使用 wget 进行下载。

```
wget http://www.drive5.com/pilercr/pilercr1.06.tar.gz
```

解压缩：

```
tar -zxf pilercr1.06.tar.gz
```

（2）使用方法：PILER-CR 解包后可以直接调用 pilercr 命令进行分析。

示例：

```
./pilercr -in contigs.fasta -out CRISPR.out
```

当使用默认参数进行分析时，仅需要指定输入文件和输出文件路径即可。-in 参数后跟输入的待分析的 contig 序列文件，-out 参数后跟输出结果文件。其中，输入文件必须为.fasta 格式。

（3）结果输出：PILER-CR 会直接将识别出的重复序列与间隔序列信息输出到用户指定的文件中。

结果分为三部分，包括每个 CRISPR 阵列的整体细节、根据 CRISPR 相似度进行的概要和根据 CRISPR 在分析序列上位置的概要。

整体细节部分：这一部分列出软件识别出的每个 CRISPR 阵列的详细信息，每个 CRISPR 阵列以重叠群序列号开头（图 33-11），显示为以下七列。

```
DETAIL REPORT


Array 1
>NODE_3_length_166199_cov_22.736698

       Pos  Repeat     %id  Spacer  Left flank    Repeat                                              Spacer
==========  ======  ======  ======  ==========    ================================================    ======
     96333      48    97.9      29  AGCCATTTGA    ...............................................A    AGACACTGATAACAATTCTGGAGGTGAAG
     96410      48   100.0      29  GGAGGTGAAG    ................................................    GTATTTATATATAGGCGCAATTGCCGCCT
     96487      48   100.0      30  ATTGCCGCCT    ................................................    CATAGCCTTTGAACTCTACCATTTTGTTTA
     96565      48    97.9      28  ATTTTGTTTA    ...............................................-    CTGAACAGCGTTTTTTTATACCATTCTT
     96641      48    31.2      29  TACCATTCTT    CG.TGTA..TA.C.ATGC..AGATACT.A...T..AGCT.ATCAC.AC    TACCATGTTGGAAGACGCACCGAAACTTT
     96718      48    31.2      29  CCGAAACTTT    CG.TGTA..TA.C.ATGC..AGATACT.A...T..AGCT.ATCAC.AC    AAGGTAAAGGCGATAACGTTGCCATTCCA
     96795      48    31.2      29  TGCCATTCCA    CG.TGTA..TA.C.ATGC..AGATACT.A...T..AGCT.ATCAC.AC    GATATTGGCGACCAAACTATTAGAAGCAT
     96872      48    31.2      29  TTAGAAGCAT    CG.TGTA..TA.C.ATGC..AGATACT.A...T..AGCT.ATCAC.AC    CGAGTGGACAAAGTGGCACGTTTGGACAA
     96949      48    33.3          GTTTGGACAA    .G.TGTA..TA.C.ATGC..AGATACT.A...T..AGCT.ATCAC.AC    ATCAACTATG
==========  ======  ======  ======  ==========    ================================================
         9      48              29                GTTGTATTTACCAATGCAAAGATACTAATTTTAAAGCTAATCACAACT
```

图 33-11　PILER-CR 输出结果中整体细节部分的显示

第一列（Pos）：该阵列在分析序列上的位置（其中 1 代表第一个碱基，以此类推）。

第二列（Repeat）：该阵列中每个重复序列的长度。

第三列（%id）：与一致性序列的相似度。

第四列（Spacer）：第二列中重复序列右边的间隔序列的长度。

第五列（Left flank）：第二列中重复序列左边的 10 个碱基序列。

第六列（Repeat）：第二列中重复序列的碱基序列（其中圆点代表此位置的碱基与该阵列最后一行的一致性序列相同）。

第七列（Spacer）：第四列中间隔序列的碱基序列（如果其右边的重复元件是最后一个，则此序列只有 10 个碱基）。

概要部分：这两部分分别根据每个 CRISPR 阵列的相似度和在分析序列上的位置，对所有 CRISPR 阵列进行分类总结，共包含九列。

第一列（Array）：每个 CRISPR 阵列的编号（参考上述 CRISPR 阵列的详细信息）。

第二列（Sequence）：该阵列所在的待分析序列中的重叠群序列号。

第三列（Position）：该阵列在分析序列上的位置。

第四列（Length）：该阵列总长度。

第五列（#Copies）：该阵列中重复序列的数目。

第六列（Repeat）：该阵列中所有重复序列的平均长度。

第七列（Spacer）：该阵列中所有间隔序列的平均长度。

第八列（+）：该阵列相对于本组第一个阵列的方向，其中+为同向，-为反向（图 33-12）。

```
SUMMARY BY SIMILARITY


Array          Sequence    Position      Length  # Copies  Repeat  Spacer  +  Consensus
=====  ================  ==========  ==========  ========  ======  ======  =  ==========
   15  NODE_1683_length         114        2594        39      33      34  +  ----------------GTCGCACCTCACACGAGGTGCGTGGATTGAAAT----------------
   18  NODE_2514_length        2233        1218        19      30      36  +  -------------------CTTTTAATCGGACTATCATAGAATTGAAAC----------------
   23  NODE_2963_length          14         477         8      17      48  -  --------------------------------GATGCGCGGATTGAAAC----------------
   27  NODE_4349_length         162         821        13      30      35  +  -------------------CTTTTAATCGGACTATCATAGAATTGAAAC----------------
   28  NODE_4680_length         499         624         9      37      36  -  ----GTCACATGTGATCTCATACCGCTTGCG--------GTATTGAAAC----------------
   29  NODE_5357_length          93        1067        15      37      36  -  ----GTCACATGTGACCTCATACCGCTTGCG--------GTATTGAAAC----------------
   30  NODE_5418_length           6         504         8      32      35  +  ----------------GTCGCGTCCCACAG-GGGCGCGTGGATTGAAAT----------------
   31  NODE_5683_length        1582         410         6      37      37  -  ----GTCACATGTGACCTCATACCGCTTGCG--------GTATTGAAAC----------------
   32  NODE_5897_length          38        1259        18      36      35  -  ----ATTGCATGCAAT-TCATACCGCTTGCG--------GTATTGAAAC----------------
   33  NODE_7361_length         648         767        11      36      37  -  -----TCACATGTGACCTCATACCGCTTGCG--------GTATTGAAAC----------------
   37  NODE_11092_lengt          21        1293        18      35      39  -  -GTAGAAATAGACC------------------------TGAATTGAAAAGGGATTAAGAC-----
   38  NODE_11943_lengt          27         258         4      36      38  -  -------------TGTTTCCGTCCCCTTGCGGGGATGTGGTTTTGAAAT----------------
   39  NODE_11943_lengt         413         463         7      34      37  -  ---------------TTTCCGTCCCCTTGCGGGGATGTGGTTTTGAAAT----------------
   42  NODE_13793_lengt         971         173         3      39      28  +  -------------GCAGTCGCGCCCCGCACGGGGCGCGTGGATTGAAACGGC-------------
   43  NODE_14403_lengt          60         988        14      37      36  +  ----GTCACATGTGACCTCATACCGCTTGCG--------GTATTGAAAC----------------
   44  NODE_14456_lengt         614         487         8      31      34  +  ----------------GTCGCTCCC--TCACGGGAGCGTGGATTGAAAC----------------
   48  NODE_16496_lengt          58         919        13      37      36  -  ----GTCACATGTGATCTCATACCGCTTGCG--------GTATTGAAAC----------------
   50  NODE_17676_lengt          50         918        13      35      38  +  -GTAGAAATAGACC------------------------TGAATTGAAAAGGGATTAAGAC-----
```

图 33-12　PILER-CR 输出结果中相似度概要部分的显示

第八列（Distance）：该阵列与其前一阵列的距离（图 33-13）。

第九列（Consensus）：一致性序列。

```
SUMMARY BY POSITION


>NODE_3_length_166199_cov_22.736698

Array          Sequence    Position      Length  # Copies  Repeat  Spacer    Distance  Consensus
=====  ================  ==========  ==========  ========  ======  ======  ==========  ==========
    1  NODE_3_length_16       96333         663         9      48      29              GTTGTATTTACCAATGCAAAGATACTAATTTTAAAGCTAATCACAACT
    2  NODE_3_length_16       98242         661         9      47      29        1217  GTTGTATTTACCAACGCAAAGATACTAATTTTAAAGCTAATCACAAC
```

图 33-13　PILER-CR 输出结果中位置信息概要部分的显示

2. *从短读段出发*　由于在将原始序列拼接成重叠群的过程中，有部分重复序列和难以拼接的序列会被舍弃，基因组不容易被完整拼接。而 CRISPR 阵列本身就含有大量重复元件，许多读长不能正确拼接到基因组上，造成测序数据无法被充分利用。因此，仅从拼接序列出发预测 CRISPR 阵列进而寻找噬菌体存在一定的局限性，还需要直接根据短读长来识别重复序列和间隔序列。

Crass 是一款从宏基因组原始读段中搜寻 CRISPR 阵列的工具。它先将测序读长与已知 CRISPR 数据库中的回文重复序列做相似性比对，找到包含重复序列的读长，同时限定相邻重复序列之间的间距大于或等于一个间隔序列的长度（默认值 26 bp）。在找到一对满足上述要求的重复序列对之后，基于找到的重复序列，继续在读长剩余的序列中搜索可能的重复序列。由于读长太短，许多读长可能无法囊括两个完整的重复序列，第一步搜索可能导致一部分包含不完整序列的读长被遗漏。因此，接下来 Crass 根据第一步找到的重复序列，在第一步中未发现重复序列的读长中进行相似性搜索，找回遗漏的包含不完整 CRISPR 阵列元件的读长。软件随后对具有序列相似性的重复序列进行聚类和比对，根据序列保守性确定重复序列的边界。Crass 还为各种间隔序列的排布方式构建图形，图中的每一个节点为一个间隔序列。如果两个间隔序列在同一个读长中出现，则将这两个间隔序列在图上对应的点连接起来。通过合并连续的间隔序列，去除由测序错误和不完整间隔序列构成的节点，最终生成代表正确间隔序列排布的图形。

（1）下载与安装：Crass 软件的官方网站为 http://ctskennerton.github.io/crass/

index.htmL，其运行依赖一系列的安装包。因此在安装 Crass 之前，应保证自己的 Linux 环境中有多个版本的安装包，如 gcc ≥4. 4、autoconf ≥2. 61、automake ≥1. 10、libtool ≥2. 2、Xerces-c++≥3. 1. 1、zlib。

安装完这些软件和库后，便可以下载安装 Crass：

wget https://github.com/ctSkennerton/crass/archive/v0. 3. 12.tar.gz

解压缩：

tar -zxf v0. 3. 12.tar.gz

进入软件目录进行编译和安装：

./autogen.sh

./configure

make

make install

安装完成后，进入软件 bin 目录下，运行：

./crass -h

如出现版本号和调用参数，则表明安装成功（图 33-14），可以开始使用。

```
CRisprASSembler (crass)
version 1 subversion 0 revison 1 (1.0.1)

----------------------------------------------------------------
Copyright (C) 2011-2015 Connor Skennerton & Michael Imelfort
Copyright (C) 2016      Connor Skennerton
This program comes with ABSOLUTELY NO WARRANTY
This is free software, and you are welcome to redistribute it
under certain conditions: See the source for more details
----------------------------------------------------------------
Compiler Options:
RENDERING = 0
DEBUG = 0
MEMCHECK = 0
ASSEMBER = 1
VERBOSE_LOGGER = 0
Search Debugger =  0

Usage:  crass  [options] { inputFile ...}
```

图 33-14　Crass 软件安装成功后显示的界面

（2）使用方法：当使用默认参数运行软件时，仅需要提供输入和输出文件所在的路径即可。

示例：

./crass -o crass_out Seq_1.fatsq Seq_2.fatsq

-o 参数后接 Crass 预测结果输出文件路径，如路径中的文件不存在，Crass 会自动创建一个；输出文件之后是输入文件，Crass 支持 fasta 和 fastq 两种格式的输入文件。

（3）参数

-o：输出文件路径。

-d：搜寻的重复序列最小长度，默认值为 23。

-D：搜寻的重复序列最大长度，默认值为 47。

-n：一个 CRISPR 阵列中的重复序列总数，默认值为 2。

-s：搜寻的间隔序列最小长度，默认值为 26。

-S：搜寻的间隔序列最大长度，默认值为 50。

-w：搜索时的划窗长度，可设置为 6~9，默认值为 8。

（4）结果输出：Crass 会在指定输出目录中输出以下 3 类文件。

.keys.gv 文件：包含组装 spacer 的 Graphviz 源代码，可用 Graphviz 或 Gephi 软件打开。

.log 文件：包含软件运行过程的记录。

crass.crispr 文件：以 XML 格式存储找到的所有 CRISPR 阵列信息，可以用 Crass 软件自带的 crisprtools 工具和 crass-assembler 提取信息或对 CRISPR 阵列进行组装。

示例：

```
Crisprtools extract crass.crispr -sSpacer -dDR -fFlanker
Crisprtools stat crass.crispr -Ha>out
```

extract 命令可以将 CRISPR 阵列的相关序列提取出来，其中 crass.crispr 为 Crass 输出的结果文件，-s、-d、-f 参数分别可以设置将间隔序列、重复序列和每个重复序列左边的核酸序列输出到指定文件中（参数与文件名之间没有分隔符）。

stat 命令可以整合本次比对的所有 CRISPR 阵列报告信息，-H 参数可输出报告表头。-a 参数输出总结信息，“>”可用于将结果输出到指定文件中。

除输出以上 3 类文件外，Crass 还会输出在输入序列文件中搜寻出的所有间隔序列与重复序列。其中，每个重复序列单独储存在一个 fasta 文件中；每个间隔序列以树的形式被标记出其前后的重复序列，并被单独存储在一个 gv 格式文件中。

（二）搜索噬菌体序列

使用 PILER-CR 或 Crass 等软件识别出的间隔序列，可认为部分是来自噬菌体的序列。接下来，将这些间隔序列与拼接好的重叠群和支架序列做比对，就可对基于注释信息无法确定的候选噬菌体序列进行验证，甚至发现此前没有识别出的噬菌体。间隔序列只有数十个碱基，为了降低识别结果的假阳性率，需要设置较为严格的匹配标准，到候选序列中检索前间隔序列。由于间隔序列与检索目标都属于核酸序列，因此在进行序列比对时，选择核酸-核酸比对的 BLASTN 方法。

（1）下载与安装：使用 wget 命令，直接从 NCBI 官网下载 BLAST 比对工具。

```
wget ftp://ftp. ncbi. nlm. nih. gov/blast/executables/blast +/LATEST/ncbi-blast-2. 9. 0 +-x64-linux.tar.gz
```

解压缩：

```
tar -zxf ncbi-blast-2. 9. 0+-x64-linux.tar.gz
```

（2）建库：BLAST 解包之后，进入 bin 目录就可以直接使用。但由于在比对时，要将自己拼接的宏基因组或候选序列作为目标数据库比对，所以在比对之前需要构建文库。

```
makeblastdb -in contains. fasta -input_type fasta -db_type nucl -parse_seqids -out contig_db
```

makeblastdb 命令用于本地构建目标数据库；-in 参数后跟输入文件；-input_type 参数后是输入文件的类型，可选择 asn1_bin、asn1_txt、blastdb 或 fasta；-db_type 参数后是要生成的数据库类型，可选择核酸 nucl 或蛋白 prot；-parse_ seqids 参数能够保留输入文件中每条序列的名称，否则程序会对其重新命名；-out 参数后跟构建的数据库名称。

（3）比对：建库完成后便可以开始比对。

blastn -query spacer.fasta -out piler_ result -db contig

使用默认参数进行 BLASTN 比对时，仅需要在-query 参数后提供待比对的序列，在-out参数后设置输出的结果路径，-db 参数后是参考数据库，即上一步中构建的目标数据库。

（4）结果输出：比对结果会给出每条待检索序列在数据库中匹配上的序列信息，包括序列长度、bits score、identity 和 E-value 等（图 33-15）。

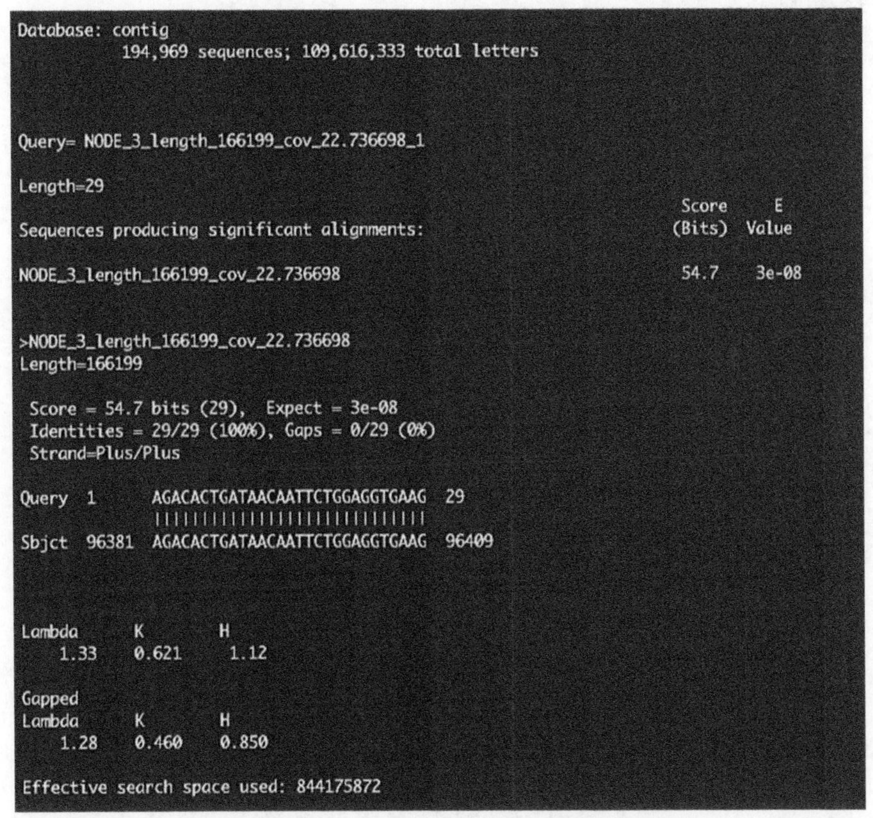

图 33-15 用 BLASTN 进行序列比对后输出的信息

在比对结果中，除去每条间隔序列本身来源的 CRISPR 阵列序列外，对剩下的匹配序列进行阈值筛选（如一致性≥90%，匹配长度≥20 bp，E-value≤0.005），符合条件的序列则认为它们可能来源于噬菌体。如果来源于同一个 CRISPR 阵列的多个不同的间隔序列，匹配上同一条序列的不同位置（存在多个前间隔序列），则比对上的间隔序列数量越多，结果的可信度越高。

（三）构建侵染关系

正如前面提到过的，每个 CRISPR 阵列由重复序列和间隔序列组成，其中重复序列来源于细菌或古菌本身，间隔序列可能来源于某一噬菌体。换句话说，由于重复序列相对较为保守，可用于确定 CRISPR 阵列的微生物分类，据此能够判断处于该 CRISPR 阵列中的间隔序列归属，即可确定含有前间隔序列的序列属于何种宿主的噬菌体。因此，通过分析这些重复序列与间隔序列的来源，就可以大致还原出噬菌体对特定微生物宿主的侵染关系。

先对重复序列进行筛选，去除那些相似性很高、可能来源于不同宿主的重复序列，仅保留唯一对应某一种微生物的序列。如果一个重复序列对应多个来源，在之后的分析中就无法确定噬菌体究竟侵染其中的哪种微生物，因此会对构建侵染关系的准确性产生影响。将这些唯一来源的重复序列合并，建成重复序列库，再将它们与之前比对上噬菌体序列的间隔序列对应起来（图 33-16）。在这一过程中，可能形成两种对应关系，即单一侵染与多重侵染。

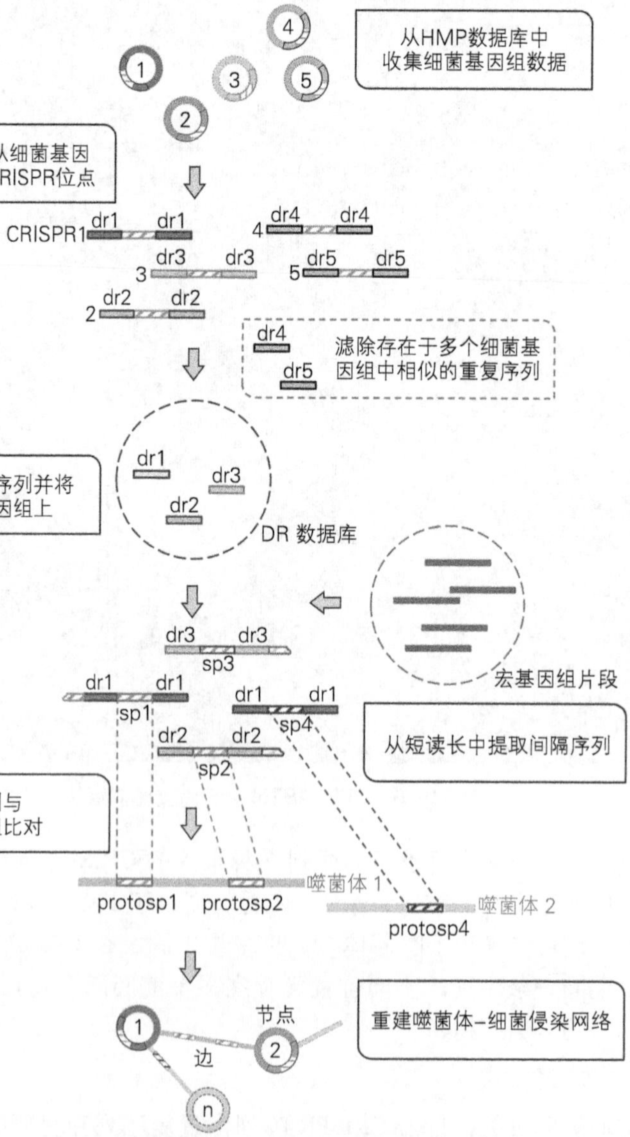

图 33-16 彩图

图 33-16　CRISPR 识别和噬菌体–宿主侵染关系构建流程

多数情况下，一个噬菌体只单一侵染某种特定的微生物宿主，在 CRISPR 阵列上表现为：匹配上噬菌体序列的所有间隔序列，只连接来源于同一种细菌或古菌的重复序列。除了单一侵染之外，也可能有多种噬菌体同时侵染同一个宿主，或一种噬菌体同时侵染多个不同宿主的情况。这种“多对一”或“一对多”的关系就是多重侵染，它们在 CRISPR 阵列上表现为同一条 CRISPR 阵列上的间隔序列，比对上多条不同的噬菌体序列，且这些序列不属于同一个基因组，或多个不同 CRISPR 阵列中的不同间隔序列，比对上同一条噬菌体序列。将所有噬菌体和细菌之间的侵染关系对应起来，就可以构建出如下图的网络（图 33-17）。

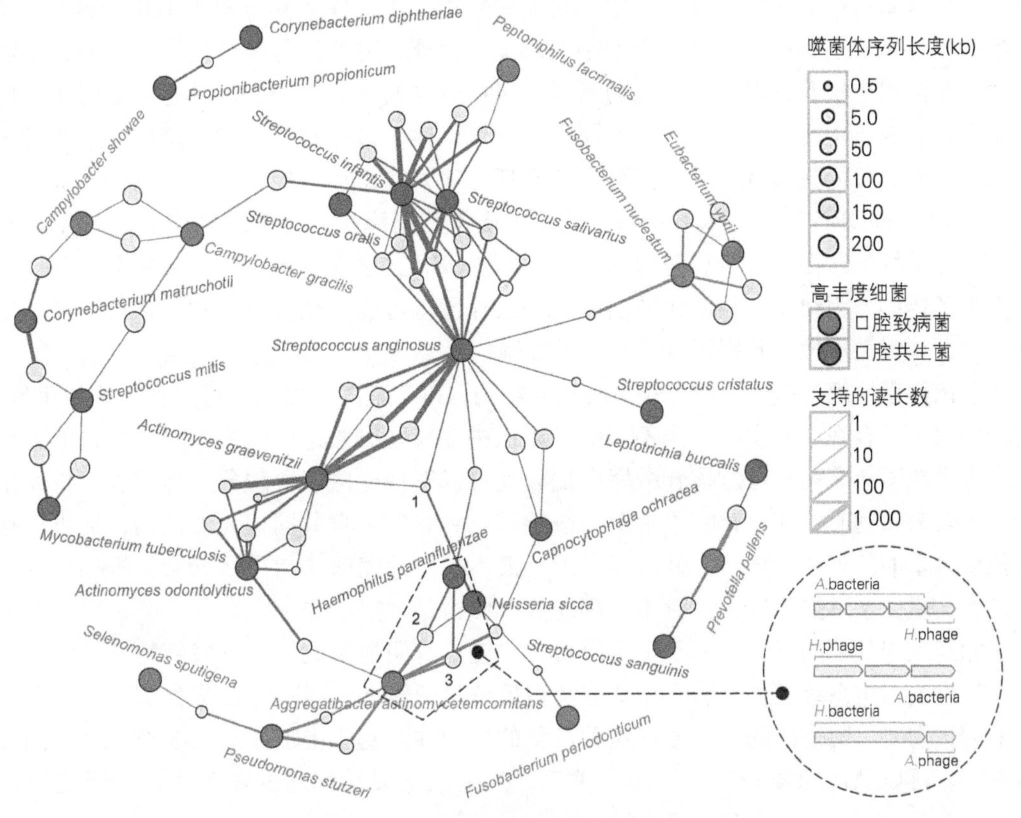

图 33-17 彩图

图 33-17 口腔噬菌体-细菌的多重侵染网络

基于 CRISPR 阵列识别方法，在一组口腔宏基因组数据中构建噬菌体-细菌侵染网络。图中噬菌体重叠群或基因组被标记为白色节点，节点大小代表它们的序列长度。高丰度细菌用彩色节点表示，分为口腔致病菌（红色节点）和共生细菌（蓝色节点）。噬菌体节点和细菌节点之间的连线（边）表明两者之间即时或既往存在侵染关系，这种关系记录在 CRISPR 阵列中。边的宽度表示支持此连接的读长数。右下方的黑色虚线圆圈显示了在宏基因组拼接序列中发现的噬菌体和细菌组成的三个“嵌合”重叠群序列，作为多重侵染的一个支持证据。红色、蓝色、绿色和粉红色五边形分别代表伴放线聚集杆菌（*A.* bacteria）、嗜血杆菌噬菌体（*H.* phage）、流感嗜血杆菌（*H.* bacteria）和聚集杆菌噬菌体（*A.* phage）的预测基因

第二节 噬菌体的比较基因组分析

对噬菌体开展比较基因组分析是推断噬菌体进化历史、揭示其遗传信息交换过程的常用手段。根据模块化理论，噬菌体的进化并非发生在整个基因组层面，而是通过一系

列可交换的遗传元件发生的。这些遗传元件一般是由多个基因组成的，形成一个功能单元或模块。噬菌体之间通过广泛的遗传重组，将某些功能模块从一个基因组传递给另一个基因组。因此，在噬菌体的比较基因组分析中，许多情况下不仅仅是基于序列相似性，还会从基因组的拓扑结构方面考虑，以回溯编码噬菌体特异性功能的一些模块的进化历史，如衣壳形成或溶原状态的建立等。

噬菌体的一些非常独特的生物学性质，使其比较基因组学研究充满了挑战。目前已知的噬菌体基因组在数个到数百 kb 之间，基因组大小的差异从一定程度上反映了噬菌体的多样性。噬菌体基因的平均长度只有 600 bp 左右，约为细菌基因平均大小的 2/3。尤其是噬菌体基因组的非结构基因片段，它们的长度更小，许多甚至短于 100 个碱基，要想准确定位和识别这些基因存在着不小的难度。此外，噬菌体基因组的注释信息也不够完善，基因组中包含许多未知功能的基因。更加糟糕的是，如果比较具有远缘宿主的两个噬菌体，或感染相同宿主的两个不同组别的噬菌体，很多时候会发现这些关系密切的噬菌体之间，可能只具有很低的甚至不具有任何序列相似性。例如，金黄色葡萄球菌噬菌体中 25%的 ORF 与 GenBank 中预测的蛋白质没有同源性，65%的 ORF 没有功能注释信息；分枝杆菌噬菌体甚至有高达 50%～75%的 ORF 无法在数据库中找到匹配结果。在许多噬菌体的基因组中，行使相同功能的基因片段也可能完全没有序列相似性。这些因素都给开展噬菌体比较基因组分析制造了障碍。

噬菌体基因组的另一个特点是具有嵌合结构，每个基因组由多个可互换的模块组成，每个模块可以存在于两个或多个不同的基因组中。有些时候，产生这些嵌合结构的重组事件发生在不久之前，通过核苷酸序列比较就可以发现这些嵌合现象。当重组事件发生的历史较为久远时，在核苷酸水平上一般很难找到它们来自共同祖先的证据，但可以通过比较氨基酸序列加以揭示。许多情况下，极不相似的噬菌体蛋白序列会呈现类似的二级结构和蛋白水解加工位点。对于这种现象，要么是发生了非常古老的分化，要么是发生了相当频繁的趋同进化。由于每个模块都可能具有明显不同的系统发育特征，因此要想通过全基因组系统发育分析，完全准确地反映噬菌体基因组的完整进化历史几乎是不可能的，需要以网格化的方式显示这种进化的复杂性。基于更加敏感、准确性更高的搜索算法，可以发现隐藏的蛋白质序列关系，找到亲缘关系较远的噬菌体基因组之间的联系。

为有效应对噬菌体基因组嵌合结构的特性，本节将介绍一些可用于噬菌体比较基因组学分析的生物信息学工具，核心内容包括在一组噬菌体基因组中鉴定同源序列和保守结构域、在蛋白质预测产物之间进行成对相似性搜索、展示基因组图谱以说明核苷酸和氨基酸水平上噬菌体之间的关系，以及显示特定基因的进化历史等。

一、通用及适应噬菌体特征的比较基因组分析

理论上讲，任何用于比较基因组学研究的工具同样可以用于噬菌体，如 ACT、GeneOrder 和 CoreGenes 等几款软件就可以对成对或数个基因组进行比较。此外还有一些根据噬菌体嵌合结构特点专门开发的生物信息学软件，Phamerator 就是其中较为实用的一款。

（一）ACT

ACT 工具的全称是 Artemis Comparison Tool，它是一种成对比较软件，可用于比较和可视化包括全基因组在内的任何 DNA 序列。

ACT 可以比较两条或多条序列，接受 EMBL、GenBank、GFF 或 fasta 等多种格式作为输入，待比较的 DNA 序列不必包含任何注释信息。比较文件可以在本地生成，也可以使用 web 工具，如 WebACT（http://www.webact.org/WebACT/home）和 Double ACT（http://www.hpabioinfotools.org.uk/pise/double act.html）。在图形化显示中，两条序列分别显示于上下两侧，相似区域由红色和蓝色条带连接（图 33-18）。用红色线条表示正向匹配，蓝色线条表示反向匹配。根据所连接序列的匹配强度，这些线条显示出不同的着色强度，表示区域之间的匹配程度强弱。当一个区域被选中或高亮显示时会变为黄色，相似度和得分的百分比也会显示在比较文件窗口的左上角。

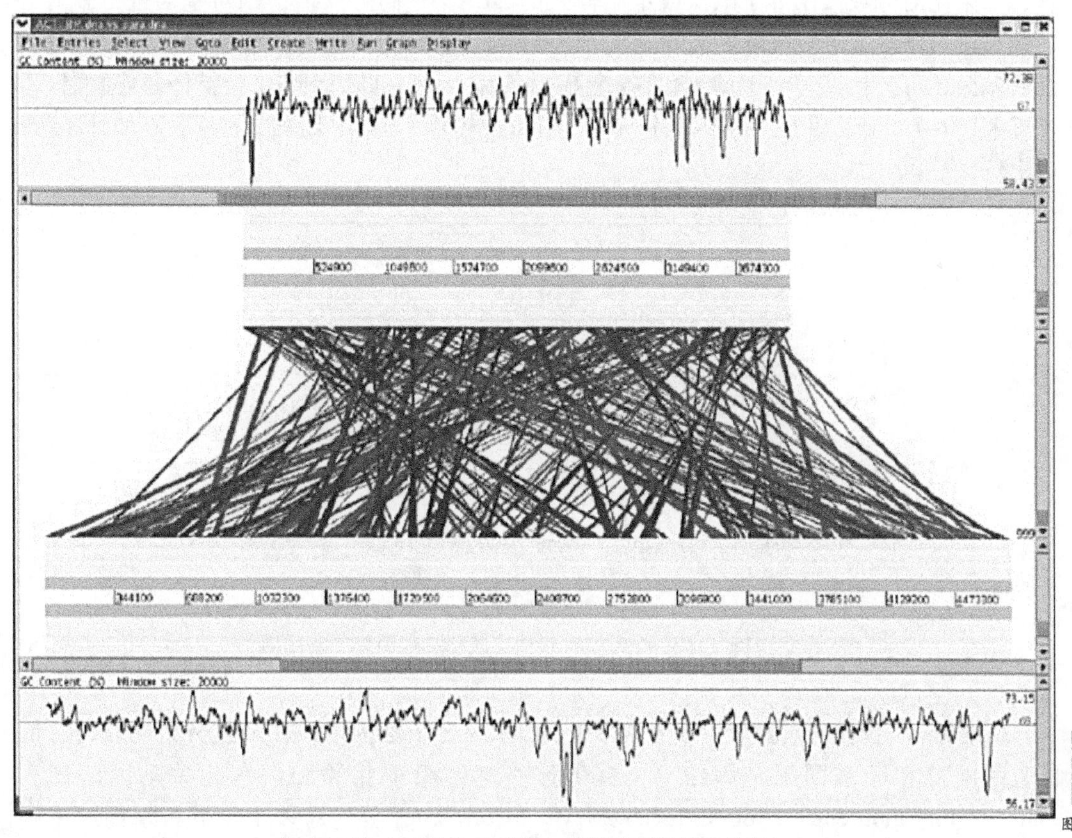

图 33-18 彩图

图 33-18　ACT 软件对两个基因组比较结果的显示

ACT 识别差异区域的能力可以通过两种不同的方式完成：第一种方法是选择非匹配区域中的特征（“Select”菜单下的选项）；第二种是跨越非匹配区域创建特征。对加载到 ACT 中的每条序列，都可以独立地搜索目标区域、CDS 或某些特殊的区域，也可以单独显示每个序列的 G+C 含量和其他信息，还可以放大或缩小感兴趣的区域以显示碱基对差异，并且可以遍历整个基因组的相似性、插入、缺失或重排的区域。

（二）GeneOrder 和 CoreGenes

GeneOrder 和 CoreGenes 虽然是两款独立的软件，但两者具有非常密切的功能互补特性和承继关系，专为分析和比较基因组而设计，可以在线即时访问，其服务器位于乔治梅森大学生物信息学和计算生物学系（http://www.binf.gmu.edu/genometools.html）。两款工具均使用 Java 编码，都基于 BLASTP 工具（http://BLAST.wustl.edu）开发，允许每次会话比较 2~5 个基因组。

GeneOrder 主要用于比较大小约 2 Mb 的两个基因组，以标注它们的基因和基因组重排，列出这两个基因组之间的基因顺序和同线性，突出显示直系同源和旁系同源基因（http://binf.gmu.edu：8080/GeneOrder3. 0）。它会将两个待比较基因组中的一个命名为“参考”基因组，另一个则称为“查询”基因组，输入的基因组序列条目可以通过其登录号从 GenBank 下载。基于参考基因组和 BLASTP 分析对“查询”基因组进行基因注释，如果比对分数大于等于默认或定制输入的 BLASTP 高分阈值，则对基因进行配对并通过算法对基因数进行提取和打分。完成分析后会生成配对基因的表格及其分数，这些配对基因还可链接回 GenBank 中的各个基因条目。使用 GeneOrder 对肠杆菌噬菌体 T7（NC001604）与假单胞菌噬菌体 gh-1（NC004665）进行比较，会得到如下结果（图 33-19）。

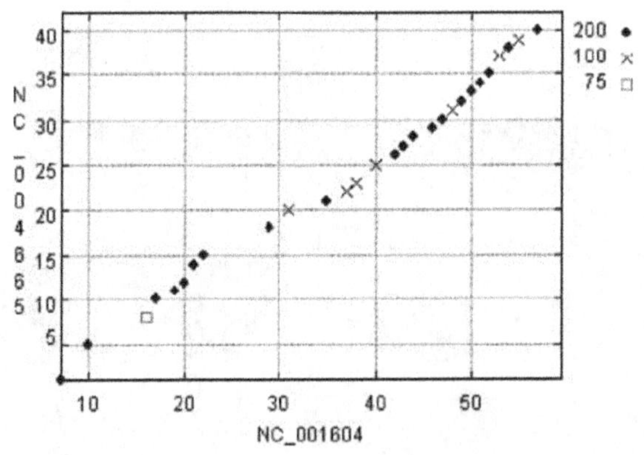

图 33-19　用 GeneOrder 软件比较两种噬菌体的基因组

CoreGenes 旨在同时比较大小约为 350 kb 的 2~5 个基因组，在渐进分析中获得它们的直系同源和旁系同源基因信息，提供这些基因组中相关和潜在相关基因的列表（http:// binf.gmu.edu：8080/CoreGenes1. 0）。CoreGenes 首先对多个待分析基因组中的两个进行比较以产生“核心”基因组，然后对第三个基因组进行查询，产生用作下一个基因组查询的参考基因组。未出现在前期共有基因组中的基因，将被排除在随后的分析之外。使用 CoreGene 分析肠杆菌噬菌体 T7（NC001604，底部的点）、假单胞菌噬菌体 gh-1（NC004665，中间的点）和肠杆菌噬菌体 T3（NC003298，顶端的点）的基因组，会得到如下结果（图 33-20）。

上述两款软件工具都基于 BLAST 算法，都使用 BLASTP 中得分较高的片段用于解析数据。对于 GeneOrder，用户可选择“最高”“高”“低”这 3 个标准输入阈值框，用于

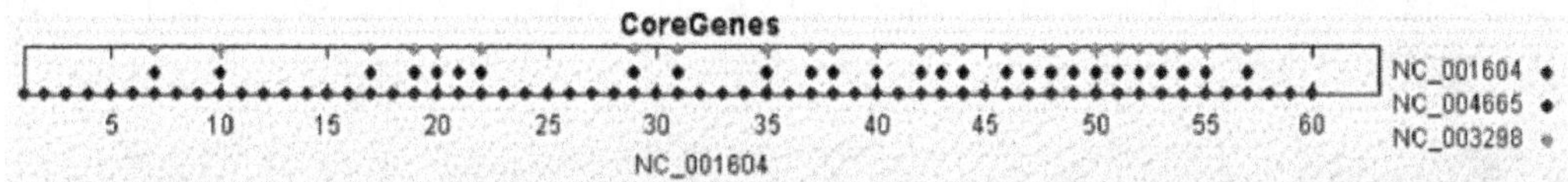

图 33-20 用 CoreGenes 软件比较 3 种噬菌体的基因组

序列匹配。默认值设置以“200～infinity”为最高、“100～200”为高、“75～100”为低；在给出的识别率和相似性的比对结果中，得分最高的代表最佳匹配，而得分较低的代表可能类似的匹配，需要进一步分析。对于 CoreGenes，用户可以输入一个值，来充当 BLASTP 阈值的高分，默认值为 75。这样软件可以提供更多潜在的匹配，接着再做进一步的分析确认。通过将该值更改为 100 或 200，可以获得严格的比对结果。

使用 GeneOrder 和 CoreGenes 时应注意，管理 GenBank 的美国国家医学图书馆在部分基因组中更改了登记号，因此必须确保登记号在当前是有效的。例如，NC001406 曾经是人腺病毒血清型 5 的登录号，但最近已被认定为无效的基因组。如果软件在运行后返回错误，则应重新检查 GenBank 中的基因组条目是否正确。在某些情况下，在显示错误消息后，需要使用浏览器的“刷新”按钮。

（三）Phamerator

Phamerator 由詹姆斯麦迪森大学开发，专门用于噬菌体基因组比较。它通过对预测出的基因产物的成对氨基酸序列进行比较，将噬菌体基因分选成序列相关的类型（phamily），能够有效地分析和展示噬菌体基因组模块嵌合的性质。Phamerator 的核心算法是在一组噬菌体基因的预测蛋白质产物之间，进行成对相似性搜索，并将它们分配到对应的序列中。它可以显示基因组图谱，在核苷酸和氨基酸水平上阐释噬菌体之间的关系。此外，它也可以通过噬菌体环显示特定基因的进化历史，并且可以对多个噬菌体进行比较。Phamerator 使用 python 脚本编写，目前只支持在 Linux 系统下运行，在 Windows 与 MacOS 系统中可以使用虚拟机进行操作（https://phamerator.org）。由于在使用过程中需要 root 权限，官方建议使用虚拟机。

安装好虚拟机后直接下载 phamerator 软件包：

```
wget http://phamerator.csm.jmu.edu/files/phamerator-1.1.tar.gz
```

解压缩：

```
tar -zxf phamerator-1.1.tar.gz
```

使用方法：Phamerator 默认使用 MySQL 构建数据库，并依赖大量 python 模块，在使用之前要保证这些全部安装完成。

在虚拟机中，可以直接使用命令行安装：

```
sudo apt-get install pyro clustalw python-biopython mysql-server python-mysqldb python-pygoocanvas curl
```

安装完成之后，进入目录：

```
cd phamerator-1.1/phamerator
```

输入./phamerator 命令，软件就会开始安装默认数据库并显示 GUI 界面。

选择需要比较的噬菌体基因组并导入，就可以开始进行分析。在 Phamerator 主窗口中会显示已经导入的噬菌体基因组。根据用户需要，可以选择不同的噬菌体进行基因组浏览和比较的可视化（图 33-21）。

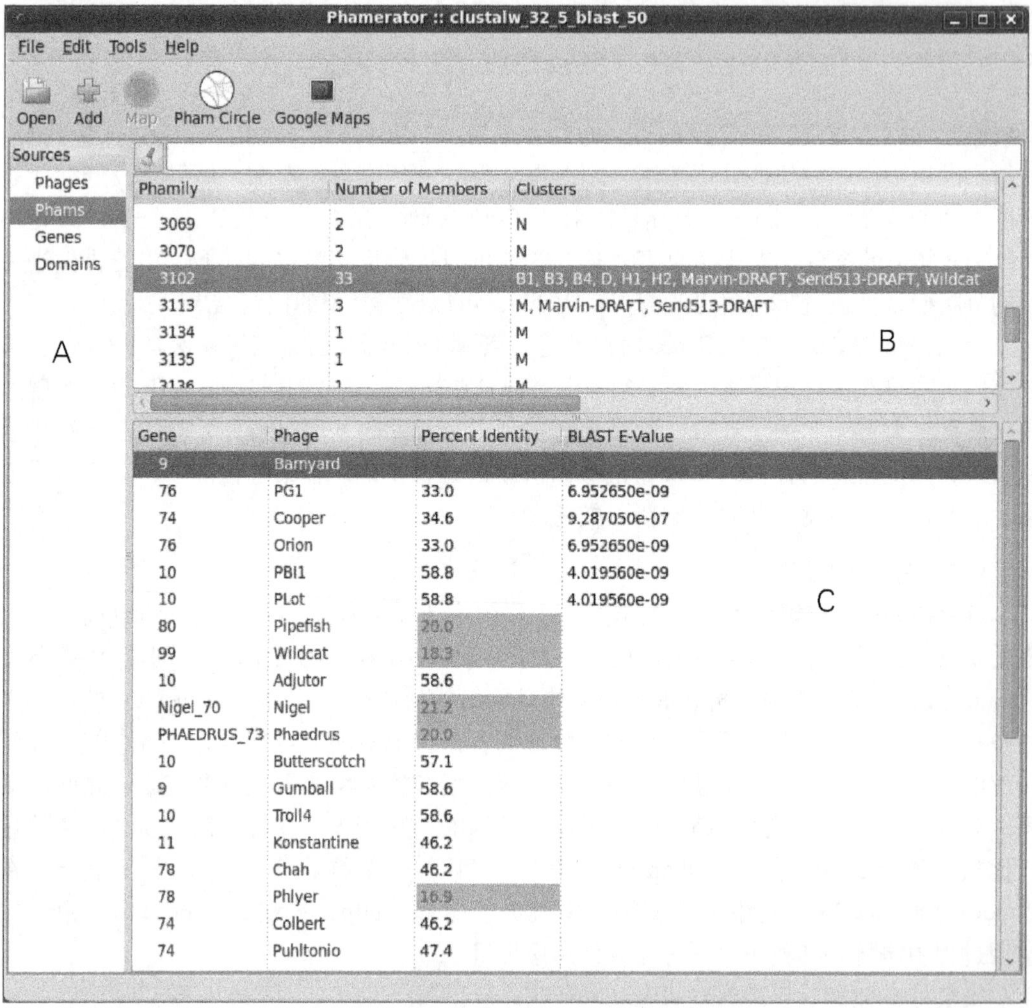

Phamerator :: clustalw_32_5_blast_50

File Edit Tools Help

Open Add Map Pham Circle Google Maps

Sources: Phages, Phams, Genes, Domains

A

Phamily	Number of Members	Clusters
3069	2	N
3070	2	N
3102	33	B1, B3, B4, D, H1, H2, Marvin-DRAFT, Send513-DRAFT, Wildcat
3113	3	M, Marvin-DRAFT, Send513-DRAFT
3134	1	M
3135	1	M

B

Gene	Phage	Percent Identity	BLAST E-Value
9	Barnyard		
76	PG1	33.0	6.952650e-09
74	Cooper	34.6	9.287050e-07
76	Orion	33.0	6.952650e-09
10	PBI1	58.8	4.019560e-09
10	PLot	58.8	4.019560e-09
80	Pipefish	20.0	
99	Wildcat	18.3	
10	Adjutor	58.6	
Nigel_70	Nigel	21.2	
PHAEDRUS_73	Phaedrus	20.0	
10	Butterscotch	57.1	
9	Gumball	58.6	
10	Troll4	58.6	
11	Konstantine	46.2	
78	Chah	46.2	
78	Phlyer	16.9	
74	Colbert	46.2	
74	Puhltonio	47.4	

C

图 33-21　Phamerator 软件运行基因组分析时的主窗口

A 为功能选择区域，当选择 Phams 功能时；B 中会显示出所有 phamily，以及它们的成员数和父基因组所属簇的列表；当选择特定的噬菌体时（如 Pham3102），其基因成员、亲本噬菌体、百分比同一性和 BLASTP E 值都会显示在 C 中

Phamerator 的关键功能是构建包含核苷酸相似性和 pham 分配信息的噬菌体基因组图谱（图 33-22）。每个基因组由具有坐标标记的水平条表示，预测基因在上方或下方显示为彩色框，分别对应于向右或向左转录。每个基因的名称显示在基因框中，pham 编号显示在上方，括号中显示 pham 成员的总数。除了显示为白色框的 orphams 外，每个 pham 都有指定的颜色。

此外，Phamerator 的保守结构域展示功能，还可以显示基因组中被识别出的保守结构域（图 33-23）。比对出的结构域在每个基因框内显示为黄色框或线，将鼠标悬停在任何结构域上还会弹出该结构域的描述信息。

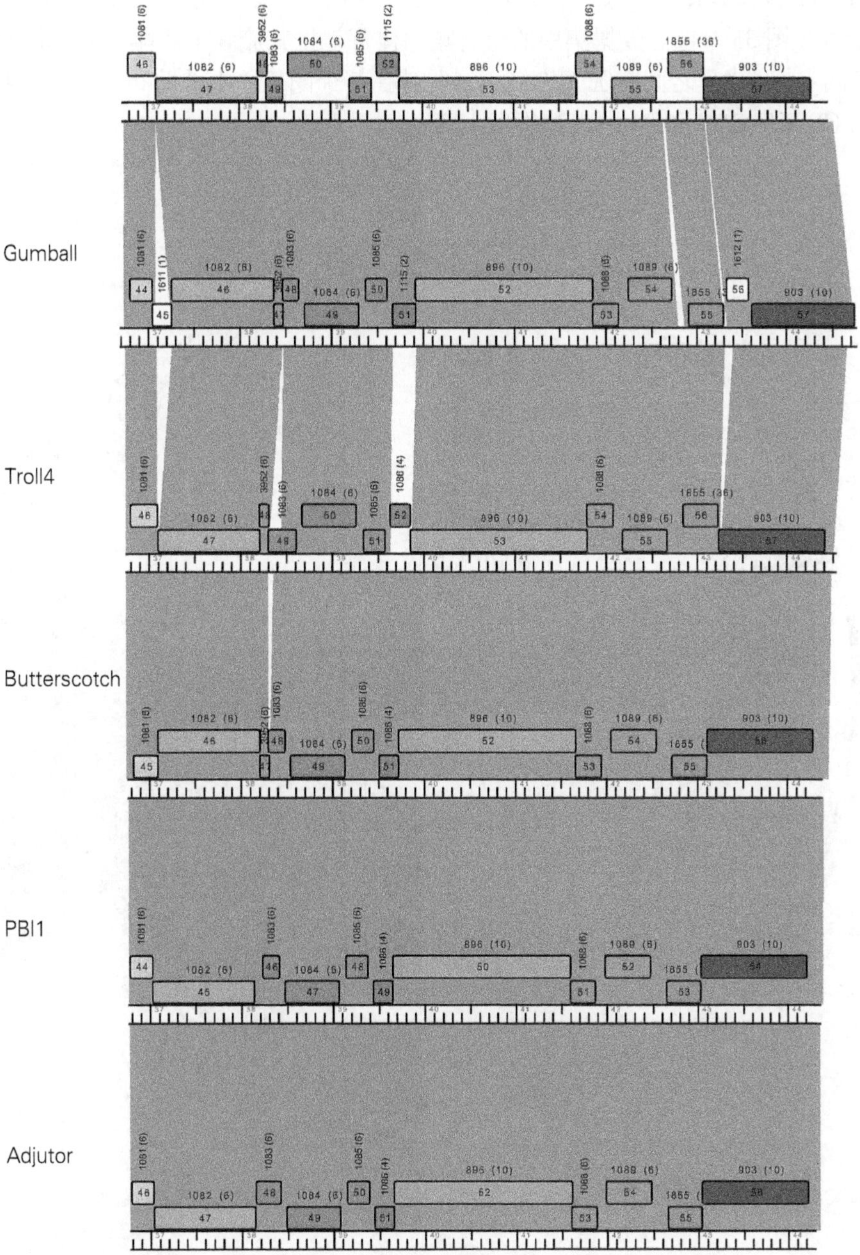

Gumball

Troll4

Butterscotch

PBI1

Adjutor

图 33-22 彩图

图 33-22 包含核苷酸相似性和分配信息的噬菌体基因组图谱

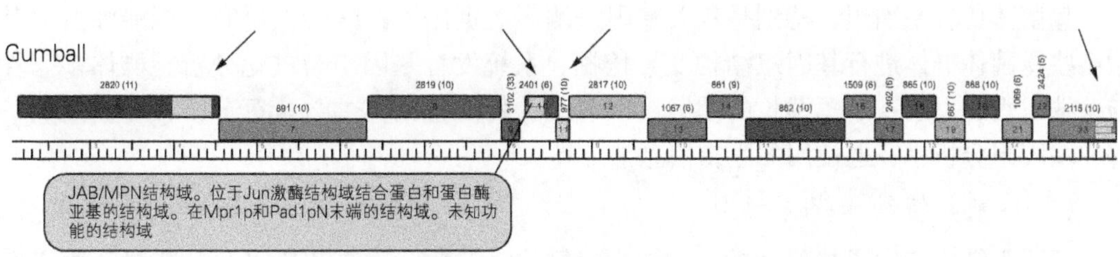
Gumball
JAB/MPN结构域。位于Jun激酶结构域结合蛋白和蛋白酶亚基的结构域。在Mpr1p和Pad1pN末端的结构域。未知功能的结构域

图 33-23 彩图

图 33-23 Phamerator 软件的保守结构域展示功能

使用“Pham Circle”对选中的噬菌体进行可视化，可以十分方便地显示不同噬菌体之间的联系（图 33-24）。数据集中的所有噬菌体都根据其簇和子簇排序名称围绕圆周呈现。在不同 pham 成员之间有圆弧连接，表明其在某个阈值之上彼此相关。蓝色和红色弧分别表示 CLUSTALW 和 BLASTP 的匹配情况。

Pham 3102

图 33-24 彩图

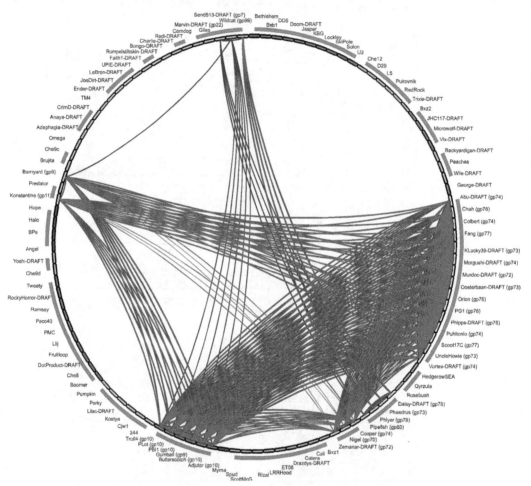

图 33-24　Phamerator 软件对噬菌体基因组的环形可视化效果

二、噬菌体比较基因组涉及的其他分析

噬菌体比较基因组，特别是从宏基因组测序数据出发的病毒组研究，可能涉及对其中某些噬菌体群体进行基因组结构变异挖掘、系统发育基因组与进化分析、群体多态性与菌株识别，以及基于短读长的基因组映射统计特定噬菌体的数量等分析，将会用到一些在基因组分析中普遍使用的生物信息学工具。

（一）基因组结构变异识别

基因组结构变异通常包括插入、缺失、倒位、易位、重复和拷贝数的变异。由于突变和在环境中基因重组的频率较高，亲缘关系较近的噬菌体之间，也会存在各种形式的基因组结构变异。

inGAP-sv（http://ingap.sourceforge.net/）是复旦大学与中国科学院北京生命科学研究院联合开发的一款对基因组结构变异进行识别的软件。它使用贝叶斯推理识别单核苷酸多态性和基因组上的插入与缺失，广泛应用于细菌和酵母等微生物、植物及哺乳动物的基因组。它基于 Java 语言开发，具有很好的可视化效果。

1. 下载与安装　inGAP-sv 可直接进入官网下载，支持 Windows、Linux 和 MacOS 系统，以下以 Linux 版本为例。

wget https://excellmedia.dl.sourceforge.net/project/ingap/ingap/v3.1.1/inGAP_3_1_1.tgz

解压缩：

tar -zxf inGAP_3_1_1.tgz

2. 使用方法　由于该工具是基于 Java 开发的，所以无须安装，可通过 Java 调用软件包中的.jar 程序开始使用。

示例：

java -jar inGAP.jar SVP -i aln.sam -r refer.fna -o out_dir

当调用 SVP 命令时，软件可对输入的基因组进行结构变异识别。其中-i 参数后接映射后产生的 SAM 文件，可由 Bowtie 或 BWA 工具产生；-r 参数后接.fasta 格式的参考基因组；-o 参数后接输出的结果文件路径。

3. 参数　inGAP-sv 中包含多个子程序，可分别完成不同功能，使用-h 参数可查看每个程序的具体功能。

GRA：显示图形界面（默认）。

SNP：单核苷酸多态性预测。

SVP：结构变异预测。

MGC：多基因组比较。

PGA：PGA 比较基因组装配器。

OPE：打开一个项目。

SIM：短读段模拟。

EXP：导出共识/堆积文件。

4. 结果输出　结果文件中会输出检测到的结构变异的详细信息，包括插入/缺失类型、质量分数及其在参考基因组上的位置等。在 Windows 或 MacOS 上，inGAP-sv 还可以针对识别出的结构变异，提供论文发表级别的可视化结果（图 33-25）。

（二）种下多态性和菌株识别

种下多态性对微生物进化和适应环境具有重要意义，对噬菌体来说同样如此。通过比较和分析不同基因组之间的细微差异，可以极大地提高对噬菌体的识别能力，更好地理解噬菌体群落及其多样性。随着第二代测序技术的广泛应用，研究人员可以比较容易地从宏基因组测序数据中，检测到不同的菌株并对其进行比较。已经有多款软件被开发用于群落中的菌株识别，下面将详细介绍其中的两款工具 ConStrains 和 MIDAS，并比较

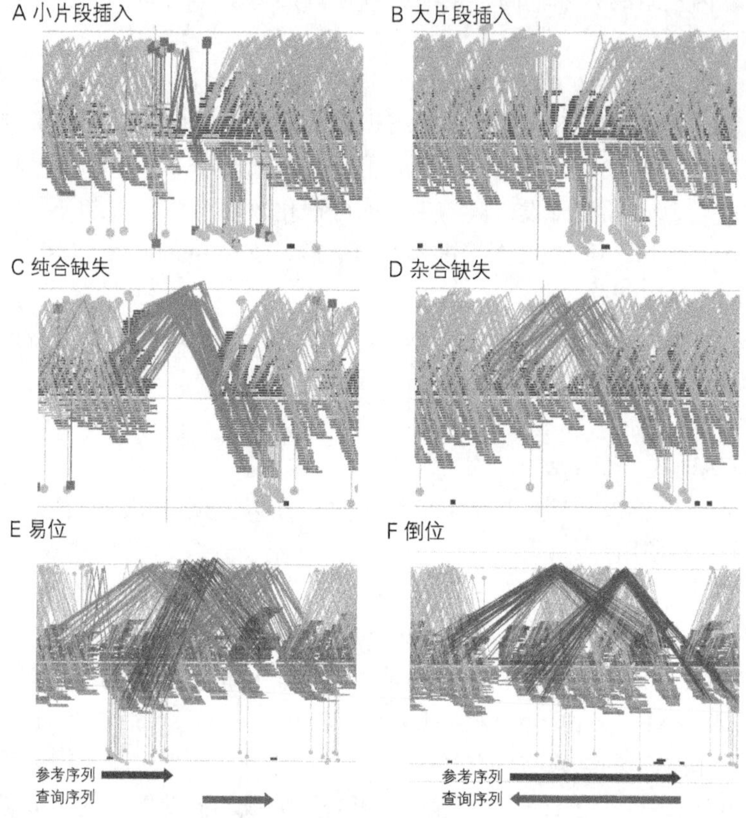

图 33-25 彩图

图 33-25　inGAP-sv 对各种基因组结构变异的可视化效果

现有同类型软件的异同。

1. ConStrains　是一款针对全基因组测序数据开发的菌株鉴定工具。它基于单核苷酸多态性（SNP）来推断代表菌株的种内结构，从宏基因组测序数据中识别出同源菌株，并在微生物群落中重建这些菌株的系统发育关系。

（1）下载与安装：可在 Bitbucket 下载安装安装包或使用 git 进行下载。

git clone https://bitbucket.org/Luo-chengwei/constrains

（2）使用方法：ConStrains 只支持 fastq 格式的输入文件，可以是单端或者双端序列。在使用时，要将输入文件路径填写在一个 config 文件中，可使用默认参数运行。

示例：

ConStrains.py -c file.conf -o out_dir

其中，-c 参数后是输入的.config 文件；-o 参数后是输出文件路径。

.config 文件格式：

1）双端序列文件：

//

sample：[样本 1 ID]

fq1：[正向序列（fastq 格式）]

fq2：[反向序列（fastq 格式）]

//
sample：[样本 2 ID]
fq1：[正向序列（fastq 格式）]
fq2：[反向序列（fastq 格式）]
…
2）单端序列文件：
//
sample：[样本 1 ID]
fq：[样本序列（fastq 格式）]
//
sample：[样本 2 ID]
fq：[样本序列（fastq 格式）]
…

因为 ConStrains 基于 MetaPhlAn 结果进行菌株识别，所以如果有 MetaPhlAn 输出结果可以直接在.config 文件中指出其路径，能加快运行速度：

//
sample：[样本 1 ID]
fq1：[正向序列（fastq 格式）]
fq2：[反向序列（fastq 格式）]
metaphlan2：[样本 1 的 metaphlan 输出结果]
//
sample：[样本 2 ID]
fq1：[正向序列（fastq 格式）]
fq2：[反向序列（fastq 格式）]
metaphlan2：[样本 2 的 metaphlan 输出结果]
…

(3) 参数

-c/--config：config 文件路径。
-o/--outdir：输出结果文件路径。
-t/--num_proc：软件运行使用的核数（默认值是 1）。
-d/--ref_db：比对时使用的数据库路径（默认是 ConStrains 自带的数据库）。
--min_cov：菌株识别时所要求的每个样本中每个物种的覆盖度（默认值是 10）。
-q/--quiet：静默模式，启用该模式后，不会输出具体运行细节。

(4) 结果输出：在指定的输出路径下会输出 3 个文件。

Intra_sp_rel_ab.profiles：物种内菌株水平的相对丰度。
Overall_rel_ab.profiles：所有样本中的菌株水平的相对丰度。
uniGcode：菌株的基因型。

2. MIDAS（Metagenomic Intra-species Diversity Analysis System） 是一套专门用于宏基因组菌株分析的流程，它利用超过 30 000 个参考基因组估算物种水平的丰度以及菌株水平的基因组变异，包括基因含量和 SNP。

（1）下载与安装：使用 git 命令进行下载。

git clone https://github.com/snayfach/MIDAS

添加环境变量：

export PYTHONPATH=$ PYTHONPATH：/yourpath/MIDAS

export PATH=$ PATH：/yourpath/MIDAS/scripts

export MIDAS_DB=/yourpath/midas_database

* yourpath：MIDAS 下载存放的路径

测试：下载完成后先调用 MIDAS 自带的 test 脚本进行测试，如能顺利运行则表示配置成功。

（2）使用方法：直接使用默认参数即可进行物种丰度的预测和菌株水平的分析。

示例：

1）物种水平丰度预测：

run_midas.py species out_dir -1 Seq_1.fq -2 Seq_1.fq

2）基因含量预测：

run_midas.py genes out_dir -1 Seq_1.fq -2 Seq_1.fq

3）单核苷酸多态性分析：

run_midas.py snps out_dir -1 Seq_1.fq -2 Seq_1.fq

out_dir 为输出结果路径；-1、-2 后分别是输入的待分析的双端测序序列；MIDAS 目前可支持 fastq 和 fasta 格式的输入文件，也可直接使用.gz 或.bz2 的压缩文件作为输入。

（3）参数

species：预测物种丰度。

genes：预测基因含量。

snps：预测单核苷酸多态性。

-1：双端测序文件一端。

-2：双端测序文件另一端。

-t：程序运行使用的核数。

-n：从输入文件中读取的读长数（默认全部读入）。

-d：使用的参考数据库路径（默认使用上一步添加到环境变量中的数据库路径）。

--word_size：BLAST 比对时的字符大小（默认值是 28）。

--read_length：输入读长的长度，当读长长度小于 read_length 时，丢弃此读长（默认不丢弃读长）。

（4）结果输出：

1）species 命令下会输出一个 species_profile.txt 文件，包含 MIDAS 推测出的物种水平的丰度，以及匹配到标记基因的读长数和各个样本的覆盖度，共有以下四列。

第一列（species_id）：物种识别号。

第二列（count_reads）：匹配到标记基因的读长数。

第三列（coverage）：基因组覆盖度。

第四列（relative_abundance）：物种水平丰度。

2）genes 命令会在 output 目录下产生 MIDAS 推测出的基因含量的相关信息，含有以下两个文件。

output/<species_id>.genes.gz 文件共四列：

第一列（gene_id）：推测出的非冗余基因 ID；“peg”与“rna”分别代表编码基因和 RNA 基因。

第二列（count_reads）：进行质量控制之后基因比对上的读长数。

第三列（coverage）：基因的平均测序深度。

第四列（copy_number）：推测出的基因的拷贝数。

summary.txt 文件共有八列：

第一列（species_id）：物种 ID。

第二列（pangenome_size）：非冗余的基因数目。

第三列（covered_genes）：至少匹配上一个读长的基因的数目。

第四列（fraction_covered）：至少匹配上一个读长的基因的比例。

第五列（mean_coverage）：至少匹配上一个读长的基因的平均测序深度。

第六列（marker_coverage）：15 个最普遍的单拷贝基因测序深度的中位数。

第七列（aligned_reads）：质量控制之前比对上的读长数。

第八列（mapped_reads）：质量控制之后比对上的读长数。

3）snps 命令同样在 output 目录下产生两个文件，其中记录了 MIDAS 分析出的核苷酸水平的信息。

output/<species_id>.snps.gz 文件共有八列：

第一列（ref_id）：参考序列的 ID。

第二列（ref_pos）：参考序列的位置。

第三列（ref_allele）：参考基因组中的碱基。

第四列（depth）：匹配的读长数。

第五列（count_a）：A 碱基的数目。

第六列（count_c）：C 碱基的数目。

第七列（count_g）：G 碱基的数目。

第八列（count_t）：T 碱基的数目。

summary.txt 文件共有七列：

第一列（species_id）：物种 ID。

第二列（genome_length）：代表基因组的碱基对数目。

第三列（covered_bases）：至少匹配上一个读长的参考位点的数目。

第四列（fraction_covered）：至少匹配上一个读长的参考位点的比例。

第五列（mean_coverage）：至少匹配上一个读长的参考位点的平均测序深度。

第六列（aligned_reads）：质量控制之前比对上的读长数。

第七列（mapped_reads）：质量控制之后比对上的读长数。

3. 几款菌株识别工具的比较　除了上面提到的两款工具之外，StrainphlAn、StrainEst 和 Panphlan 等软件或流程也可以用于菌株识别。这些工具在识别原理、是否依赖基因组信息、有无自带数据库、是否需要数据预处理、能否支持多样本同时计算、是否提供菌株丰度信息等功能上存在差异（表 33-1），用户可以根据各自需求加以取舍。

表 33-1 几款菌株水平分析工具的功能比较

	StrainphlAn	Constrains	MIDAS	StrainEst	Panphlan
基于 SNV	√	√	√	√	
依赖基因组					√
自带数据库		√	√		
需数据预处理				√	
多样本运行	√	√		√	
提供菌株丰度		√		√	
菌株追踪分析	√		√		√
泛基因组分析	√	√	√		

（三）短读长的基因组映射

将测序读长快速挂载匹配到基因组或拼接产物上的过程即为映射（mapping）。对于有些比较基因组分析，需要从宏基因组测序数据中统计不同噬菌体的丰度，则把分别映射到每种噬菌体序列上的读长数作为各自的数量。基因组映射还可以用于前面提到的结构变异识别之中。在生物信息学中，BWA 和 Bowtie 是最常用的两款读长映射软件，它们也同样适用于噬菌体基因组的读长映射。

BWA 是一款软件包，包含 BWA-backtrack、BWA-SW 和 BWA-MEM 三种算法。第一种算法是为≤100 bp 的 Illumina 测序读段设计的，另外两个则适合更长的序列（70 bp~1M bp）。BWA-SW 和 BWA-MEM 有一些相同的特性，如支持长读长和剪切比对。因 BWA-MEM 速度更快、结果更准确，它通常被推荐用来做高质量检索。在 70~100 bp 的测序读长上，BWA-MEM 也比 BWA-backtrack 有更好的性能。

1. 下载与安装

（1）下载：

wget http://jaist.dl.sourceforge.net/project/bio-bwa/bwa-0. 7. 17.tar.bz2

解压缩：

tar -xjf bwa-0. 7. 17.tar.bz2

（2）安装：

make

添加环境变量：

export PATH=$ PATH：yourpath/bwa-0. 7. 17

* yourpath：BWA 下载存放的路径

2. 使用方法　使用 BWA 进行短读段的基因组映射时需要输入 2 类文件：一类是 fasta 格式的参考基因组或序列，另一类是 fastq 格式的待映射短读长文件。

（1）建立索引：在使用 BWA 进行比对之前，需要对参考基因组建立索引。

示例：

bwa index ref.fa -p myRefDB

参数：

ref.fa 为参考基因组。

-p：该参数后是建立的索引库的名称，若不使用此参数，则默认使用原基因组的名称。

-a［is｜bwtsw］：is 是默认方法，速度快，但所需内存较大，当构建的数据库大于 2GB 时无法使用；bwtsw 应用于相对较大的基因组数据库。

（2）比对（以 MEM 算法为例）：在使用 MEM 进行比对时，该算法首先会调用 mem（maximal exact matches，最大完全匹配）进行种子的局部比对，之后再使用 SW（affine-gap Smith-Waterman，仿射间隙史密斯-沃特曼）算法进行种子的延伸。

示例：

bwa mem myRefDB Seq_1.fq Seq_2.fq>aln-pe.sam

参数：

myRefDB：是建立索引后的参考基因组。

Seq_1.fq、Seq_2.fq：分别是输入的待比对的双端序列。

aln-pe.sam：是 SAM 格式的输出比对结果文件。

-p：设置单端或双端文件；若不设置此参数，输入文件只有一个时，默认其为单端测序文件；输入文件有两个时，认为其为双端测序数据的两端；设置此参数后，仅以第一个文件作为输入，忽略第二个文件，此时该输入文件必须是双端文件的交错式数据。

-t：运行使用的线程数（默认值是 1）。

-M：MEM 进行局部匹配时，对于一条序列的不同区域，可能会产生多种最优匹配结果；部分软件如 Picard's markDuplicates 与 MEM 的这种结果不兼容，此时可以使用-M 参数来将短分割比对标记为次优，以兼容 Picard's markDuplicates 软件。

-R：设置输出文件中每个读段的表头。

-a：输出所有比对结果。

3. 结果输出 BWA 输出的比对结果被存贮在 SAM 格式的文件中，之后可以使用 SAMtools 等工具（http://samtools.sourceforge.net），对其中的结果进行提取和进一步的处理。

第三节 噬菌体基因组数据的可视化

数据可视化是沟通研究和思想的关键要素，环形和线性图为阐明基因组的结构、组织和比较提供了有力的工具。与细菌等其他微生物相比，噬菌体基因组相对较小，该尺寸允许整体基因组和带注释的特征，以可视化的形式更加清晰地呈现出来。将噬菌体基因组用各种图形的形式呈现，能够更加清晰有效地展现其特征位置和不同组织形式。可视化还可以作为一种有效的工具，用于举例说明通过比较基因组分析，发现的密切相关和远缘相关的噬菌体之间的相似性和差异关系。这些关系包括基因序列的同线性、功能模块、位置关系（如插入、删除和重排），以及区域定位和识别同源基因对等。以图形可视化的形式展现，可以从复杂数据中快速直观地掌握这些关系，否则只能以密集的表格信息的形式呈现。目前已有多款软件问世，大多数应用程序都是免费开源工具，且拥有易于访问的图形用户界面，可以在个人计算机上使用，或者通过 Web 服务器使用。除了前面介绍的 ACT 和 Phamerator 软件之外，还有一些生成环形或线形基因组图形的工具，都可以用于噬菌体基因组数据清晰准确的可视化。

一、环形基因组可视化工具

可用于基因组环状可视化的工具有很多，像 Phamerator 软件就包含这样的功能。工具的选择取决于用户是仅仅需要简单的基因组图谱，还是具有个性化需求、需要对多个来源的复杂基因组数据进行组织和可视化。与此同时，操纵数据文件或编写脚本对用户来说是否具有较大难度，也是工具选择时需要考虑的一个因素。下面将简要描述三款能进行环状基因组绘图的应用程序——BRIG、CGView/CCT 和 Circos 的用法，提供了每个程序的功能摘要，以满足不同的用户需求和体验。

（一）BRIG

BRIG（http://brig.sourceforge.net）是一种多功能、易于使用的环形图像生成器。它支持 Windows、MacOS 和 Unix 多平台应用，可以比较大量基因组并以圆形图像显示。通过用户友好的 GUI 图形界面，BRIG 自动执行所有文件解析并进行 BLAST 比对，使用本地安装的 BLAST 副本执行序列与 CGView 之间的比对，以产生光栅（JPEG、PNG）或矢量（SVG）格式的环形图。

图形的配置和生成过程包含多个环节，用户可以选择参考序列与一个或多个基因组或序列进行比对。用同心环显示在参考基因组中是否存在匹配序列，并基于 BLAST 命中的序列一致性百分比为每个比较基因组配置颜色。

以 P2 噬菌体的环状比较基因组图谱的可视化为例（图 33-26）：参考基因组为 P2 肠杆菌噬菌体（AF063097），最内圈显示 G+C 含量（黑色）和 GC 偏移（紫色/绿色）。外环依次显示了与参考基因组相比较的 P2 样噬菌体 L-413C（AY251033）、186（U32222）、PSP-3（AY135486）、WPhi（AY135739）、FSL SP-004（KC139521）、fiAA91-ss（KF322032），以及压缩成一环的 Fels-2（NC_010463）、phiCTX（AB008550）、T4（AF158101）、Mu（AF083977）、T7（V01146）和 λ（J02459）等其他几种有尾噬菌体的基因组。最外环显示 P2 噬菌体的 CDS，并根据功能进行颜色匹配。

用户可以通过手动输入每个条目或以制表符分隔的文本、GenBank、EMBL 或.fasta 格式的文件，提供自定义的注释，从而将感兴趣的区域、自定义标签和其他分析结果添加到图形中。此外，用户还可以配置其他图表元素，如最终图像的大小和高度、特征、刻度和标签等。每个 BRIG 的配置设置都可以保存为模板以供将来使用。

除了对全基因组的比较进行可视化之外，BRIG 还可以使用用户定义的多 fasta 文件作为输入的参考序列，显示基因组中基因的存在、缺失、截短和变异等特征，并可利用 SAM 格式的映射文件，将未组装的序列数据比较显示在基因组图谱中。例如，以假单胞菌噬菌体 phiPsa374（KJ409772）作为参考基因组，将原始测序读长映射其上（图 33-27）：中心的参考序列是假单胞菌噬菌体 phiPsa374 的完整基因组；带颜色的环是噬菌体 phiPsa440 基因组草图（PRJNA236447）BLASTN 与之匹配的部分；其他假单胞菌噬菌体的完整基因组 JG004（GU988610）、PAK_P1（KC862297）、PAK_P2（KC862298）和

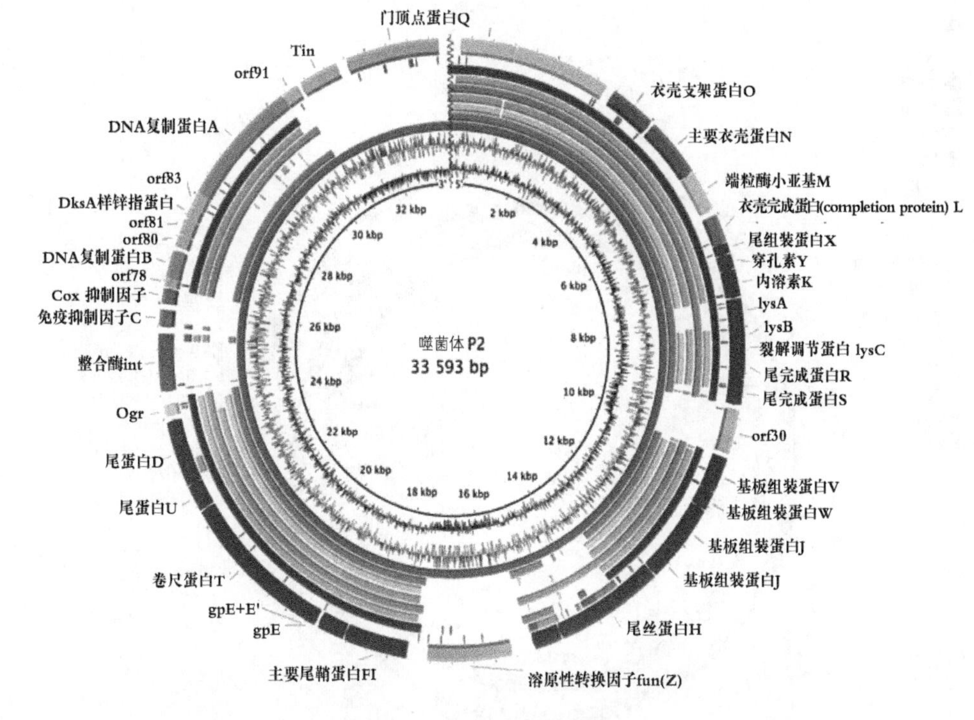

噬菌体注释

DNA 包装　复制　噬菌体编码基因　宿主特异性　尾巴

溶原性　蛋白质外壳　溶菌性　免疫

图 33-26 彩图

图 33-26　用 BRIG 生成的噬菌体比较基因组环形图谱

PAP1（HQ832595），以及其他一些有尾噬菌体每个都压缩成一环。使用 BWA 将 phiPsa374 和 phiPsa440 的测序读长映射到完整的 phiPsa374 基因组上，并显示映射读长的覆盖度。读取的映射数据突出了 phiPsa374 基因组末端的冗余（红色）和 phiPsa440 基因组草图中的错误组装（蓝色）。最外环显示了 phiPsa374 的 CDS。

（二）CGView/CCT

CGView 提供了 Web 服务器在线处理和 Unix/Linux 命令行（需要专有的 sun-java6-jdk 软件包）两种使用模式。

1. CGView　CGView 服务器在线生成 PNG 格式的环形基因组图，最多进行 3 条序列的比较，以同心环显示（http://wishart. biology. ualberta. ca/cgview）。它可以使用 BLASTn、tBLASTx 和 BLASTx 三种程序分析序列，具有控制查询分割大小和重叠区的选项。CGView 通过设定序列一致性百分比和比对长度的阈值，过滤每条比较序列与参考基因组的比对结果，并用不透明色显示重叠匹配的区域。对于 tBLASTx 和 BLASTx 分析，可以通过阅读框显示比对结果。图形中可以显示整条序列 GC 偏移和 G+C 含量的均值，并通过缩放图像更详细地展现用户感兴趣的区域。

2. CCT　即 CGView 比较工具（http://stothard.afns.ualberta.ca/downloads/CCT），是一款命令行应用程序。它能够对大量序列进行比较分析和可视化，并保留和扩展了

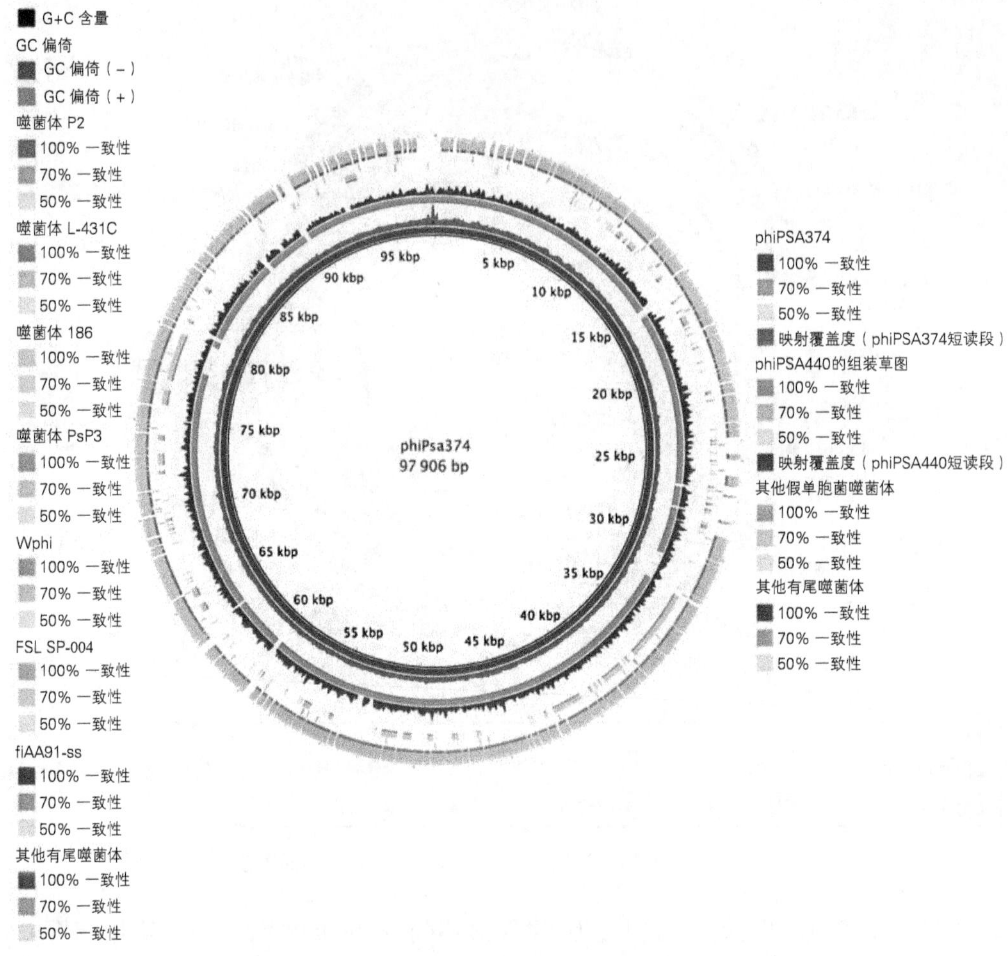

图 33-27 彩图

图 33-27　未组装的测序数据与参考基因组的环形图谱

CGView 的诸多功能。CCT 既可以手动安装和配置，也可以在 Linux 操作系统的虚拟机（与 Windows、MacOS 和 Unix 兼容）下运行。参考基因组或序列以 fasta、GenBank 或 EMBL 格式提供，比较序列以 GenBank 或 EMBL 格式提供，或者以核苷酸（.fna）或蛋白质（.faa）序列组成的多 fasta 文件格式提供。CCT 使用 BLAST+进行比对，比对上的基因组可使用颜色突出显示。如果提供 GFF 文件作为数据输入，它还能获得额外的属性和分析功能，如定位保守结构域和处理表达数据等。输出文件可以是 PNG、JPEG、SVG 和 SVGZ 等多种格式。CCT 的使用方法和图形化显示如下（图 33-28）。

（1）编辑 cgview_comparison_tool/Lib/scripts/cgview_x mL_builder.pl 文件，为每个基因组添加颜色：

```
Line 110 blastColors => [
111 " rgb (139, 0, 0) ", #dark red
112 " rgb (255, 140, 0) ", #dark orange
113 " rgb (0, 100, 0) ", #dark green
114 " rgb (50, 205, 50) ", #lime green
```

115 " rgb（0, 0, 139）", #dark blue

116]

（2）使用以下命令创建包含所有必需目录和配置文件的新 CCT 项目：

cgview_comparison_tool.pl -p Viunavirus

（3）复制基因组至 reference_genome 目录下作为参考基因组。

（4）将比较序列文件复制到 comparisons 目录下。

（5）编辑 project_settings.conf 文件以便 tBLASTx 能够在参考基因组和查询序列中进行比对；G+C 含量与 GC 斜交在图上显示，分隔符指示基因组为线性。

query_source = trans

database_source = trans

cog_source = none

draw_gc_content = T

draw_gc_skew = T

draw_divider = T

map_size = small, medium

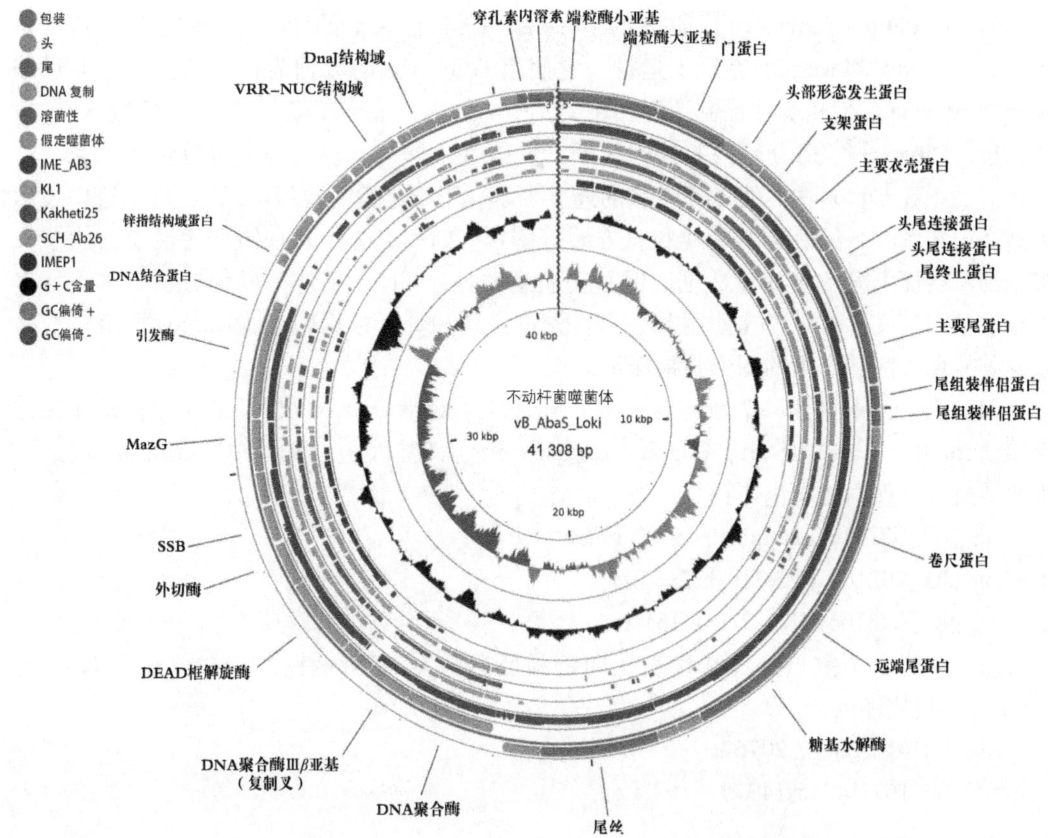

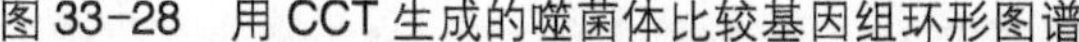
图 33-28　用 CCT 生成的噬菌体比较基因组环形图谱

图 33-28 彩图

将不动杆菌噬菌体 vB_AbaS_Loki（NC_042137）作为参考序列，用 tBLASTx（E 值 0.01）分别与 IME_AB3（NC_023590）、KL1（NC_018278）、Kakheti25（NC_017864）、vB_PaeS_SCH_Ab26（NC_024381）以及 vB_PmaS-R3（NC_026608）比较序列相似性。用黑色表示 G+C 含量，用绿色和紫色分别表示正向和负向 GC 偏移

（6）项目设置文件还允许用户设置更严格的期望值、BLAST 搜索中使用的查询分割大小和查询重叠。

（7）为了创建图上显示的标签，首先要使用 gbk_ to_ tbl. pl 脚本创建一个来自 GeneBank 文件的总结表：

perl gbk_ to_ tbl.pl <FILENAME. gbk>FILENAME.txt

（8）删除总结文件中除“seqname”“product”之外的所有列，然后删除产品被描述为假设蛋白质的所有行；将剩余的两列复制并粘贴到空的纯文本文件中，并将文件保存至 Viu-navirus 项目目录中的 labels_ to_ show.txt。

（9）运行 cgview 比较工具绘图：

cgview _ comparison _ tool. pl -t -- custom ‘labelPlacementQuality = best labelLineThickness = 2 maxLabelLength = 250 useInnerLabels = false labelFontSize = 20 tick_ density = 0. 25 labels_ to_ show’ -p Viunalikevirus

（10）以 SVG 格式重新绘图：

redraw_ maps.sh -p Viunavirus -f svg

（三）Circos

Circos（http://circos.ca）是一个用 Perl 编写的高度灵活的命令行应用程序，可以在 Windows、Unix 和 MacOS 系统上运行。它使用 GFF 格式的数据表作为输入，并通过编辑类似 Apache 的配置文件控制图形和相关元素的外观，最终图像可以以 PNG 或 SVG 格式输出。Circos 非常适合展现基因组之间的同线性、插入、缺失和重排等位置关系。这些位置关系在 Circos 中由线条或带状的连接表示。用于分析的数据可以在 2D 轨迹中显示为高亮、热图、平铺、散射、线和直方图等图形。Circos 这种固有的灵活性使其能够在多个细节层面上显示多变量数据。但是要注意的是，Circos 不进行任何分析，也不能本地读取基因组文件。用户在使用时必须首先将序列和分析数据转换为 Circos 可解析的格式。其使用方法和产生的图形效果如下（图 33-29）。

（1）为 Circos 创建一个新的目录，目录中包含 karyotype.txt 文件，karyotype.txt 文件使用“chr-ID，Label，Start，End and Colour”来定义基因组。文件中定义的 ID 用于识别其他所有文件中的染色体：

chr-NC_001416 Lambda 1 48502 green

chr-NC_002167 HK97 1 39732 blue

chr-NC_002166 HK022 1 40751 red

（2）创建两个重点文件来代表正向链和反向链上的基因特征，数据以“ID，Start and End”格式输入：

NC_001416 20147 20767

NC_002167 14715 14975

NC_002166 13751 13972

（3）将多个 fasta 格式文件进行连接以产生多 fasta 格式文件：

cat NC_002166_HK97.fna NC_002167_HK022.fna>HK97_HK022.fna

（4）执行 tBLASTx 比对，-outfmt 7 用于储存以制表符分割的文件，此数据将用于创

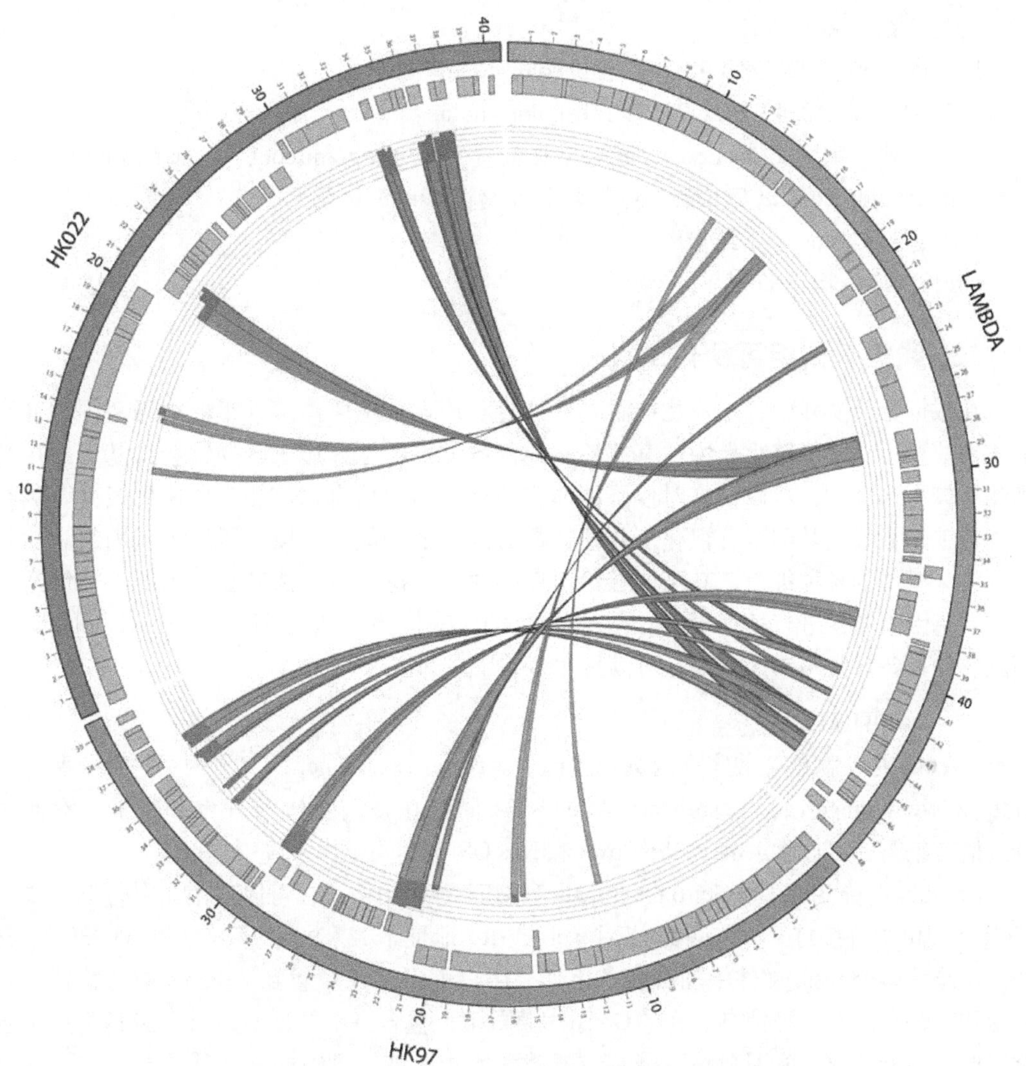

图 33-29 彩图

图 33-29　用 Circos 生成的噬菌体比较基因组环形图谱

图中显示了噬菌体 HK97（NC_ 002167）、HK022（NC_ 002166）与 Lambda（NC_ 001416）进行 tBLASTx（E 值阈值为 0.01）的比较结果。外环上的彩色片段分别代表了 Lambda（绿色）、HK97（蓝色）和 HK022（红色）的基因组。编号的标度表示基因组大小，单位为 kb。内环上的影线标记（灰色）表示基因的位置和编码链。彩色条带显示了另两种噬菌体的编码序列与 Lambda 的保守性和对应关系

建链接和直方图轨迹数据文件：

tblastx -query NC_001416_Lambda.fna -subject HK97_HK022.fna -evalue 0.01 -outfmt 7 -out tblastx.txt

（5）以“Query ID, Query Start, Query End, Subject ID, Subject Start and Subject End”格式创建链接文件：

NC_001416 44925 46088 NC_002166 37006 38169 color=red_a1

NC_001416 27518 29125 NC_002167 21024 22631 color=blue_a1

（6）以“ID, Start, End, Score, [Options]”格式创建直方图文件。对于此示例，除了定义链接的颜色的以外，还会创建一个文本文件，其中包含 tBLASTx 结果文件的

ID、开始、结束和识别率：

NC_002166 37006 38169 87. 37 fill_ color=dred

NC_002167 21024 22631 92. 54 fill_ color=dblue

（7）创建主配置文件 circos.conf 和附加配置文件 ideogram.conf、ideogram.label.conf、ideogram.position.conf 以及 ticks.conf，将其存储在 Circos 目录下。

（8）运行 Circos 产生结果图：

circos -conf circos.conf

二、线性基因组可视化工具

在数据分析实践中，用户往往需要更加直观地显示噬菌体基因组的编码基因和注释的详细信息，从而能够重点关注某些感兴趣的区域。由于环形工具通常会将基因组压缩到相对较小的尺寸，所以很多时候不能非常清晰地给出信息，可能需要用到线性基因组可视化工具。线性基因组可视化工具往往具有划窗的功能，可以分段展示基因组和比较基因组分析中的各种细节，甚至能够给出序列中每个碱基的组成和比对情况，非常适合用户对基因组结构进行精细检索。在现有的线形基因组可视化工具中，Artemis 和 Mauve 两款软件具备非常不错的性能，可满足大多数用户的需求。

（一）Artemis

Artemis 是一款核苷酸序列浏览和注释工具，可以从 Sanger 研究所网页进行免费下载（http://www.sanger.ac.uk/software/Artemis），同时在该网页进行开发和维护。它使用 Java 语言编写，可以在 Unix、Windows 和 MacOS 等不同操作系统中运行。

Artemis 支持 EMBL、GenBank、fasta 和 GFF 等常用格式，可以使用命令行读入或从“File”菜单中直接打开，也可以使用 web 或 ftp 地址下载和打开序列（图 33-30）。此外，还能从多个 fasta 文件中加载多条序列。用户可以选择加载到 Artemis 中的特征，并显示和编辑它们的注释信息。在“GoTo”菜单下，包含一个“Navigator”工具，用于定位待搜索的碱基数、基因名称、碱基或氨基酸模式。该工具中的许多其他选项，能帮助用户灵活地定位感兴趣的基因组区域。移动基因组及识别特定序列区段的另一个工具是“Feature Selector”，它也有多种不同的使用方法。根据与特征相关联的注释信息，该工具可以选择并列出包含特殊关键词或修饰符的特征。

在 Artemis 中，用户可以通过多种不同方式创建特征，可以读入多个序列和特征文件（称为条目）并将它们叠加在一起。它可以从序列中读取基因预测的结果，还能通过选择“One Line Per Entry”选项，六框翻译或分行浏览条目，使其成为构建基因组预测特征数据的有力工具。另外，Artemis 还可以自动生成特征，如在 ORF 中创建 CDS 特征。用户可以定义 ORF 的最小长度（默认为 100 个碱基），创建的特征也可以被修剪为三种常见的起始密码子中的任意一种，或通过拖动末端手动调整。Artemis 可以加载密码子使用表生成密码子使用图，并可以显示特定 ORF 的 G+C 含量图等。这些图形位于基因组序列上方，并与序列一起滚动和缩放，帮助进行基因识别和验证。此外，它还可以显示 GC/AG 百分比图，并用于识别有异于细菌基因组其他部分的高或低 G+C 含量的区域，如插入其中的前噬菌体。

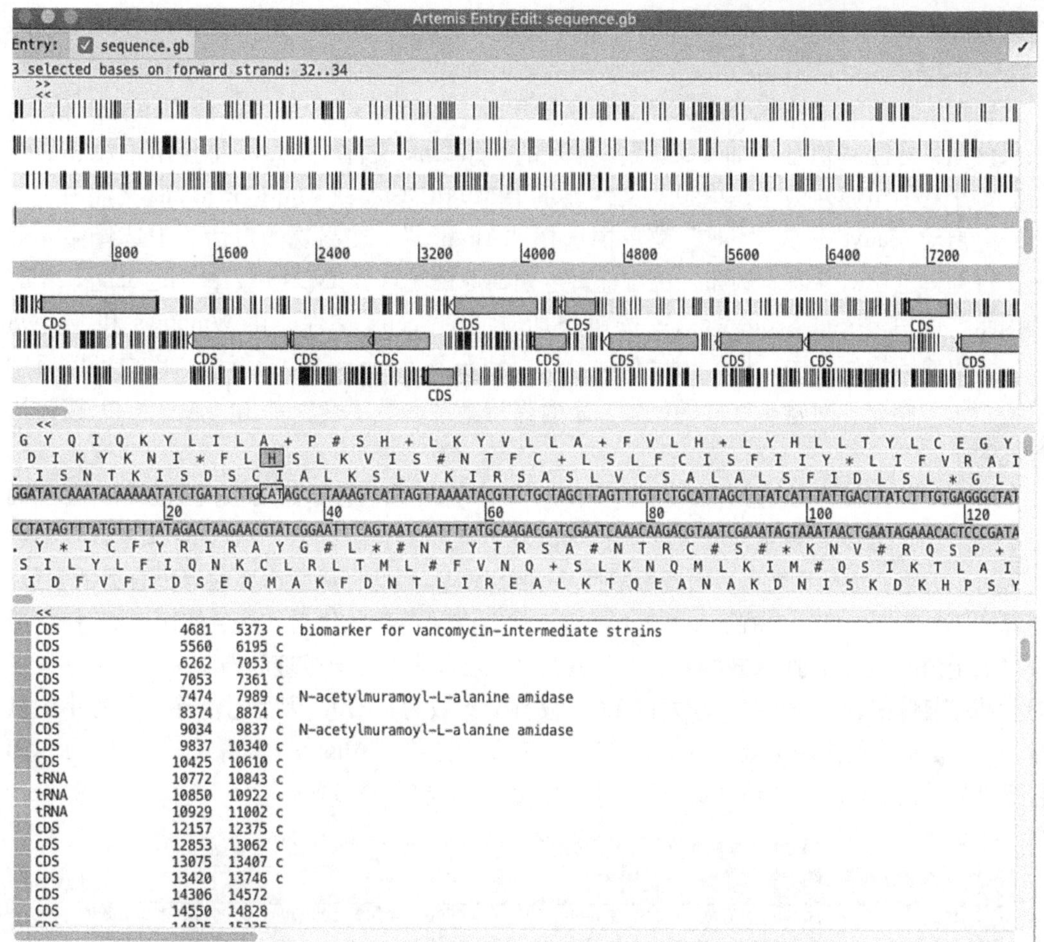

图 33-30 彩图

图 33-30 Artemis 软件界面显示的噬菌体基因组信息

图中载入了金黄色葡萄球菌噬菌体 IME-SA1（KP687431）的基因组，并显示了其编码序列和注释信息。主菜单位于界面的顶部，其下方显示所选功能的信息。下一行是读入文件的名称，其下方为主显示视图区，显示序列的缩小和放大界面。底部窗口显示可滚动的功能列表

用户也可以通过 shell 脚本安装和集成可选工具。通常 Artemis 可使用 BLAST 和 fasta 搜索，通过编辑一个选项文件（如 etc./options）添加数据库（如 UniProt），并为正在运行的计算机环境定制运行脚本（如 etc. / run_ blastp）。用户能够选择一个或多个特征对其进行分析。分析完成后，结果可以在 Artemis 窗口中浏览，或者可以发送到网页浏览器中。Artemis 能在不同层级浏览序列，从碱基和氨基酸水平到完整的基因组。Artemis 推出时，主要提供两种形式的序列视图。顶部序列提供较大尺度的视图（~10 kb），而下面的序列显示较小的区域（~0. 1 kb），并同时给出核苷酸和氨基酸序列，正义链和反义链及相应的六框翻译序列分列上下。可以使用窗口侧面的滑块调整缩放级别，以便缩小查看完整基因组。

（二）Mauve

Mauve 是一款开源工具，主要用于多基因组序列比对和可视化。它能在核苷酸水平快速比较多个基因组序列，识别同源区域、重排断点和谱系特异性序列。除了在 eXtended Multi-FastA 格式（XMFA）中创建多基因组比对的文本输出之外，Mauve 比对

查看器还提供序列相似性和注释序列特征的交互式浏览。Mauve 适用于 Windows、Linux 和 MacOS 系统，可在 http://gel.ahabs.wisc.edu/mauve 中下载。

使用 Mauve 进行噬菌体基因组的显示和比较，目标序列须为 fasta 或 GenBank 格式。如果使用带有注释信息（如 CDS 或基因）的 GenBank 文件，Mauve 将显示带注释的特征。每个基因组序列保存在单独的文件、单个 Multi-FastA 或 Multi-GenBank 文件中。分析时，启动 Mauve 并从“File”菜单中选择“Align...”。在出现的对话框中选择输入序列文件并设置比对参数。例如，比对金黄色葡萄球菌噬菌体 IME-SA1 和 vB_ Sau_ S24 的基因组，使用“Add Sequence...”按钮添加对应的*.gbk 文件。在 Windows 和 MacOS 上，可以使用拖放操作，将*.gbk 文件放入“Align sequences...”对话框。用户可以通过单击“...”指定比对输出文件的位置，暂时保持其余参数不变，单击“Align...”按钮执行比对。

Mauve 使用被称为最小局部共线性区块（LCB）权重的参数过滤假同源区域。一旦确定了一个合适的 LCB 权重，就可以使用该 LCB 权重重新计算比对。默认的 LCB 权重参数通常过于敏感，将导致结果中出现假阳性基因组重排。因此，通常需要估计更合适的参数。估算“更好”的 LCB 权重的一种方法是首先执行默认参数的比对，然后使用 LCB 权重滑块（右上角）逐渐增加 LCB 权重，直到其余区域看起来对应于合理的同源区域。例如，在对葡萄球菌噬菌体的分析中，较好的 LCB 权重量参数为 1 370，因为它消除了所有小的重排，仅保留最大的同源区域。再次从“File”菜单中选择“Align...”，输入 1 370 作为 LCB 权重参数。比对计算完成后，比对结果将加载到显示窗口(图 33-31)。

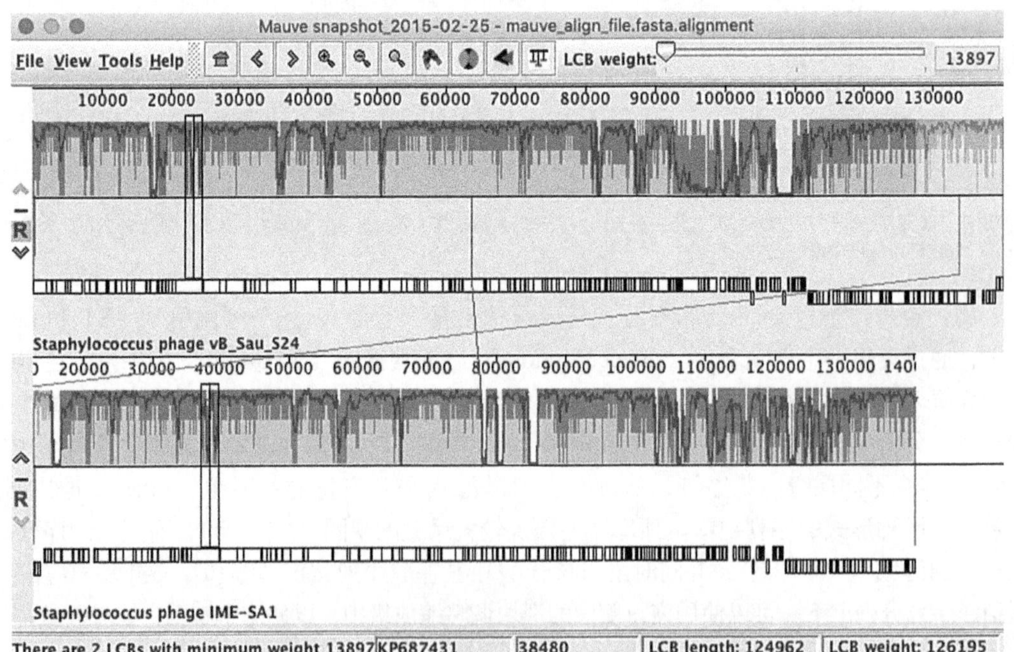

图 33-31 彩图

图 33-31　用 Mauve 显示和比较噬菌体基因组

比对显示了两个水平排列的 IME-SA1 和 vB_ Sau_ S24 基因组，每个基因组都有一个序列相似性图和注释特征。Mauve 利用彩色背景及连线，显示出基因组之间推定的 LCB。在每个 LCB 内，彩色图的高度表示序列的相似程度。当鼠标移动到一个基因组的相似性图上时，一条黑线将跟踪显示其他基因组中的同源区域，提供关于区域如何比对的即时反馈。注释的基因在每个基因组的相似性图下方显示为矩形白框。LCB 权重滑块可用于适当调整对齐参数与任何自动比对系统一样，Mauve 可能会错误地比对某些序列。Mauve 包含一个基于 CINEMA-MX 的图形界面，用于编辑序列比对和修复未比对区域。用户通过右键单击比对查看器中的 LCB，并选择弹出菜单中出现的“Edit this LCB...”，可以激活比对编辑器，通过在每个序列中向左或向右拖动核苷酸实现编辑比对。编辑完成后，从“File...”菜单中选择“Save”，任何更改都将保存到 XMFA 比对文件中。Mauve 将使用新比对方式自动重新加载其显示。

参考文献

34 噬菌体基因组核酸碱基修饰的鉴定

——卢曙光

物种的表型不仅由几种常规碱基所组成的核酸序列决定，还受控于单个碱基化学修饰的影响，如甲基化、羟甲基化、糖基化等。修饰碱基在物种的基因组核酸中广泛存在，是表观遗传学（epigenetics）研究的重要物质基础之一。

噬菌体基因组核酸中含有迄今自然界中检测到的最多样化的修饰碱基，如流感嗜血杆菌前噬菌体 RD 含 6-甲基腺嘌呤（6-methyladenine，6mA）；肠杆菌噬菌体 Mu 含 N6-（1-乙酰氨基）-腺嘌呤［N6-（1-acetylamino）-adenine］；志贺菌噬菌体 DDVI 含 7-甲基鸟嘌呤（7-methylguanine，7mG）；肠杆菌噬菌体 9 g 含 2-脱氧古菌素（2-deoxyarchaeosine，dG^{+}）；黄单胞菌噬菌体 XP-12 含 5-甲基胞嘧啶（5-methylcytosine，5mC）；肠杆菌噬菌体 T4gt 含 5-羟甲基胞嘧啶（5-hydroxymethylcytosine，5hmC）；肠杆菌噬菌体 T4 含 5-葡糖基羟甲基胞嘧啶（5-glucosyl-hydroxymethylcytosine，5gmC）；芽孢杆菌噬菌体 PBS1 含脱氧尿嘧啶（deoxyuracil，dU）；芽孢杆菌噬菌体 SP8 含 5-羟甲基尿嘧啶（5-hydroxymethyluracil，5hmU）；芽孢杆菌噬菌体 SP10 含 a-谷氨酰脱氧胸腺嘧啶（α-glutamyldeoxythymine，α-gluT）；嗜酸丛毛单胞菌噬菌体 ϕW-14 含 α-腐胺脱氧胸腺嘧啶（α-putrescinylthymine，α-putT）等。以上仅列举了一小部分噬菌体基因组核酸中含有的修饰碱基，随着噬菌体基础研究的推进，将持续有全新的、更为复杂的修饰碱基被鉴定出来，如最新鉴定的 5-（2-氨乙基）尿嘧啶（5-*N*edU）、5-（2-氨基乙氧基）甲基尿嘧啶（5-*N*eOmdU）分别为假单胞菌噬菌体 M6 和沙门菌噬菌体 ViI 核酸所具有。噬菌体核酸中修饰碱基既包括常规碱基的化学基团加合物，还包括一些碱基的衍生物和类似物，都具有特定的分子结构（图 34-1）。

噬菌体为何要对自身核酸进行复杂的修饰呢？正如在第 12 章所提到的一样，噬菌体可通过对自身核酸中碱基的修饰来拮抗细菌限制-修饰（R-M）系统的免疫排除，这是最早被证明的功能。当然，也有研究表明修饰碱基可通过让转录只发生在含修饰碱基的噬菌体基因组上参与调控噬菌体的基因表达、启动噬菌体核酸分子的包装、增强噬菌体在感染细菌时 DNA 的注入、增强噬菌体核酸在衣壳内的稳定性、调节噬菌体的生活周期等。然而，目前人们对噬菌体核酸中修饰碱基的生物学功能仍然知之甚少。若想揭示更多的噬菌体核酸修饰碱基的功能机制与生化通路，从而推进这一领域的研究进展，则首

作者单位：卢曙光，陆军军医大学基础医学院。

先必须对噬菌体基因组核酸的碱基修饰进行准确、充分、全面的鉴定，本章即为此提供参考技术方案。

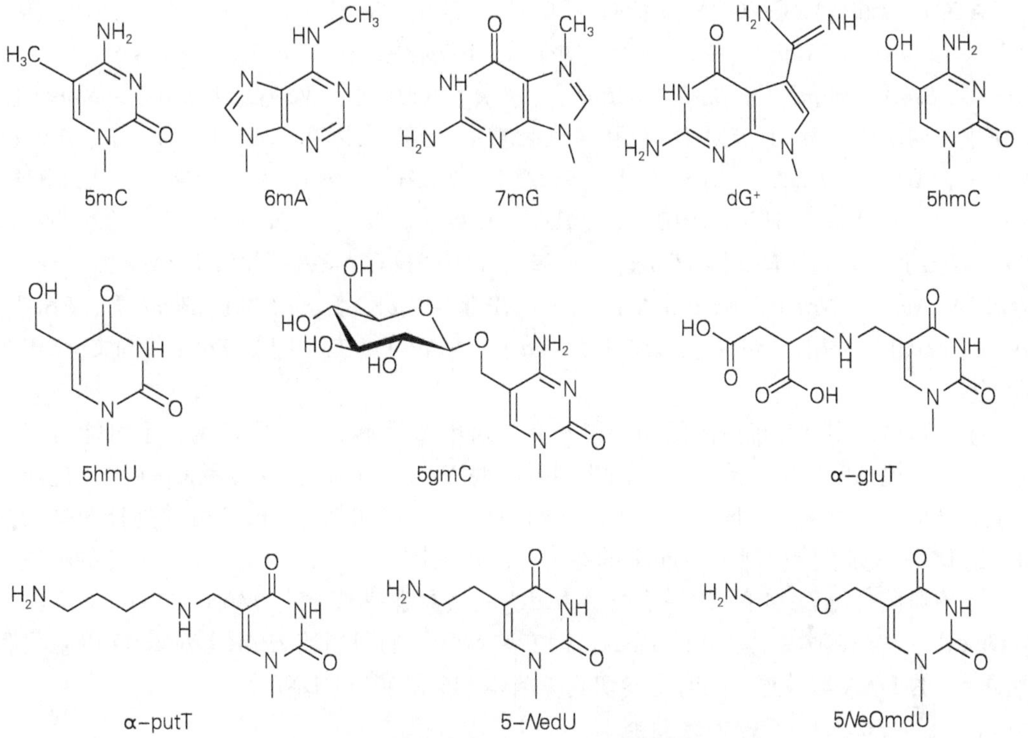

图 34-1 噬菌体核酸中存在的若干种修饰碱基的分子结构

第一节 初步判断噬菌体基因组是否含修饰碱基

并非所有噬菌体基因组核酸中都含有修饰碱基，如果想知道实验室分离到的噬菌体是否含修饰碱基，可先采用简单、快速的酶切法及生物信息学预测法进行初步判断，发现修饰碱基线索后，再进行深入研究。

一、酶切法

当抽提纯噬菌体基因组 DNA 后，一般首先要使用一些限制性核酸内切酶（限制酶）对其进行切割，一方面可辅助确定其核酸类型（如 dsDNA、ssDNA、dsRNA、ssRNA）并判断其基因组大小；另一方面，如果发现该噬菌体 DNA 不能被某一限制酶切割，但是以该噬菌体 DNA 为模板得到的 PCR 产物又能被同一种限制酶所切割，这就表明该噬菌体基因组核酸含有修饰碱基。

碱基上的修饰基团，如甲基基团，会突出在 DNA 双螺旋的大沟之外，既可阻碍某些限制酶类的识别与切割，又可成为某些限制酶类作用的靶点。因此，可使用碱基修饰敏感的与碱基修饰依赖的限制酶对噬菌体核酸进行酶切实验（用非修饰的噬菌体核酸做对照，如 λ 噬菌体的 DNA），以期发现噬菌体核酸修饰的线索。

（一）碱基修饰敏感的限制酶

许多商业化的限制酶对识别位点的甲基化是敏感的，这些甲基化一般指 Dam（G^mATC）、Dcm（C^mCWGG）及 CpG（^mCG）甲基化（W 代表碱基 A 或 T）。例如，限制酶 *Alw* Ⅰ、*Bcl* Ⅰ、*Mbo* Ⅰ、Nt.*Alw* Ⅰ等对 Dam 甲基化敏感；*Acc*65 Ⅰ、*Alw*N Ⅰ、*Apa* Ⅰ、*Ban* Ⅰ、*Bsa* Ⅰ、*Bsm*F Ⅰ、*Bss*K Ⅰ、*Eae* Ⅰ、*Fok* Ⅰ、*Msc* Ⅰ、*Nla* Ⅳ、*Ppu*M Ⅰ、*Sau*96 Ⅰ、*Scr*F Ⅰ、*Sex*A Ⅰ、*Stu* Ⅰ等对 Dcm 甲基化敏感；*Aat* Ⅱ、*Aci* Ⅰ、*Afe* Ⅰ、*Age* Ⅰ、*Asc* Ⅰ、*Asi*S Ⅰ、*Ava* Ⅰ、*Bce*A Ⅰ、*Bmg*B Ⅰ、*Bsa*A Ⅰ、*Bsa*H Ⅰ、*Bsi*E Ⅰ、*Bsi*W Ⅰ、*Bsm*B Ⅰ、*Bsp*D Ⅰ、*Bsr*F Ⅰ、*Bss*H Ⅱ、*Bst*B Ⅰ、*Bst*U Ⅰ、*Cla* Ⅰ、*Eag* Ⅰ、*Eco*R Ⅰ、*Fau* Ⅰ、*Fse* Ⅰ、*Fsp*Ⅰ、*Hae* Ⅱ、*Hga* Ⅰ、*Hha* Ⅰ、*Hpa* Ⅱ、*Hpy*99 Ⅰ、*Hpy*CH4 Ⅳ、*Kas* Ⅰ、*Mlu* Ⅰ、*Nae* Ⅰ、*Nar* Ⅰ、*Ngo*M Ⅳ、*Not* Ⅰ、*Nru* Ⅰ、Nt.*Bsm*A Ⅰ、Nt.*Cvi*P Ⅱ、*Pae*R7 Ⅰ、*Plu*T Ⅰ、*P mL* Ⅰ、*Pvu* Ⅰ、*Rsr* Ⅱ、*Sac* Ⅱ、*Sal* Ⅰ、*Sfo* Ⅰ、*Sgr*A Ⅰ、*Sma* Ⅰ、*Sna*B Ⅰ、*Tsp*M Ⅰ、*Zra* Ⅰ等对 CpG 甲基化敏感。

上述这些对甲基化敏感的限制酶以及其他对甲基化不敏感的限制酶，也可能对甲基化之外的其他核酸修饰敏感。例如，Ⅱ型限制酶 *Nco*I 对 Dam、Dcm 及 CpG 甲基化均不敏感，既可正常切割不含修饰的 λ 噬菌体的 DNA，亦可切割含 5hmU 的芽孢杆菌噬菌体 SP8 的 DNA，却不能切割含 α-gluT 的芽孢杆菌噬菌体 SP10 的 DNA、含 α-putT 的嗜酸丛毛单胞菌噬菌体 ϕW-14 的 DNA、含 5-*N*edU 的假单胞菌噬菌体 M6 的 DNA 以及含 5-*N*e*O*mdU 的沙门菌噬菌体 ViI 的 DNA。而实验室常用的限制酶 *Eco*R Ⅰ对 CpG 甲基化和含 5hmU 的 DNA 均敏感，同时也能切割噬菌体 M6 和 ViI 的 DNA。

（二）碱基修饰依赖的限制酶

Ⅳ型限制酶只能识别并切割碱基修饰的核酸，且每种Ⅳ型限制酶均只能切割含某一种或几种修饰碱基的核酸，具有较强的特异性。常见的Ⅳ型限制酶主要有 *Mcr*BC（识别 5mC）、*Mrr*（识别 5mC 和 6mA）、*Msp*J Ⅰ（识别 5mC 和 5hmC）、*Fsp*E Ⅰ（识别 5mC 和 5hmC）、*Lpn*P Ⅰ（识别 5mC 和 5hmC）、*Dpn* Ⅰ（识别 Dam 甲基化）等。其他如 *Aba*Sl 能够识别 dsDNA 中的 5gmC，也识别 5hmC（效率较低），但不识别 5mC 或未修饰的胞嘧啶；来源于大肠埃希菌的 *Eco*94*Gmr*SD 可切割含 5hmC 的噬菌体 T4gt 的 DNA 和含 5gmC 的噬菌体 T4 的 DNA。我国在Ⅳ型限制酶方面做得比较突出的是邓子新院士团队，其中贺新义教授课题组发现天蓝色链霉菌中的Ⅳ型限制酶 *ScoMcr*A 能够识别并切割磷硫酰化修饰的 DNA，也能切割 Dcm 甲基化的 DNA。目前磷硫酰化修饰仅发现于细菌 DNA 中，在噬菌体 DNA 中尚未被发现，但是有待被发现。

因此，当使用上述某种Ⅳ型限制酶对噬菌体核酸进行切割时，若发现能够切割，则表示噬菌体核酸中含有相应的修饰碱基。

二、生物信息学预测法

噬菌体基因组核酸中的碱基修饰，都是由一种或若干种酶类催化而成。这些催化碱基修饰的酶，有些是噬菌体本身编码的，还有一些是宿主菌编码的、被噬菌体“劫持”后为其所用的。在对噬菌体及其宿主菌序列进行注释（参考第 32 章）时，通常要对每一个推定基因的编码产物（蛋白序列）进行 BlastP 比对（https://blast.ncbi.nlm.nih.gov/

Blast.cgi)，再根据同源蛋白的功能来预测推定基因的功能。随着科学研究的进步及测序技术的发展，大量细菌和噬菌体的碱基修饰酶类编码基因的序列和功能被解析，这些信息都被收录到开放获取资源的数据库（如美国的 NCBI、欧洲的 EMBL、日本的 DDBJ）中，供全球研究人员使用，这就意味着一旦在噬菌体和（或）宿主菌基因组中预测到了碱基修饰酶类同源蛋白，则提示该噬菌体核酸中可能存在相应的修饰碱基。

（一）噬菌体本身编码的碱基修饰相关酶类

许多含修饰碱基的噬菌体本身即可编码碱基修饰相关酶类。例如，T4 噬菌体的 *bgt* 基因编码 β-葡糖基转移酶，可特异性地将尿嘧啶二磷酸葡萄糖（UDP-Glc）的葡糖基团转移至 dsDNA 的 5-羟甲基胞嘧啶残基上，生成 5-葡糖基羟甲基胞嘧啶（5gmC）。当然，这一过程还需要胸苷酸合成酶及 dCMP-羟甲基转移酶提供核苷酸原料和中间体，而这两个酶都能被 T4 噬菌体编码（表 34-1）。大肠埃希菌 O104:H4 C227-11 基因组上携带的前噬菌体编码的 M.EcoGII是一种腺嘌呤 DNA 甲基转移酶，且 M.EcoGII是非特异性的，可对任意 DNA 分子中的碱基 A 进行甲基化修饰。噬菌体 Mu 的 *mom* 基因编码的一种修饰酶可将其 DNA 中的腺嘌呤转化为 N6-（1-乙酰氨基）-腺嘌呤，从而免疫细菌的切割排斥。流感嗜血杆菌 Rd（FluMu）、脑膜炎奈瑟菌 A 型菌株 Z2491（Pnme1）和流感嗜血杆菌 aegyptius 生物型 ATCC 11116 中存在的 Mu 样前噬菌体不具有 *mom* 基因，却都携带一个编码 6mA 甲基转移酶的基因（分别为 *hin1523*、*nma1821*、*hia5*），且体外和体内实验均证明 *hin1523*、*nma1821*、*hia5* 基因编码产物都可非特异性地将腺嘌呤修饰为 6mA。如果在噬菌体基因组注释的过程中，发现其编码蛋白与某一已知碱基修饰酶类同源，则可预测该噬菌体核酸可能被该蛋白质进行了特定的修饰，这为后续工作提供了重要依据。

表 34-1　T4 和 T4 样噬菌体编码的碱基修饰相关酶类*

噬菌体	胸苷酸合成酶	dCMP-羟甲基转移酶	α-葡糖基转移酶	β-葡糖基转移酶
肠杆菌噬菌体 T4	AAC12816. 1	NP_049659	NP_049673	NP_049658
气单胞菌噬菌体 44RR2. 8t	NP_932561	NP_932389		
芽孢杆菌噬菌体 G	YP_009015427	YP_009015622	YP_009015609, YP_009015616	
肠杆菌噬菌体 IME08	YP_003734371	YP_003734190		
肠杆菌噬菌体 RB69	NP_861931	NP_861738		
肠杆菌噬菌体 wV7	YP_007004972	YP_007004786	YP_007004802	
果胶杆菌噬菌体 PM2	YP_009211676	YP_009211464		
沙门菌噬菌体 S16	YP_007501266	YP_007501078		YP_007501076
志贺菌噬菌体 pSs-1	YP_009111048	YP_009110863	YP_009110878	
假平胞菌噬菌体 PAU	YP_007006632	YP_007006789		
狭长平胞菌噬菌体 IME13	YP_009217609	YP_009217483		
耶尔森菌噬菌体 vB_ YenM_ TG1	YP_009200496	YP_009200310		
气单胞菌噬菌体 25	YP_656432	YP_656269		

* 表中列出的是相应酶类的 GenBank 登录号。

（二）宿主菌编码的碱基修饰相关酶类

在细菌中，最常见的碱基修饰（特别是甲基化修饰）与 R-M 系统相关，其中限制性核酸内切酶和保护性甲基转移酶在单个多结构域蛋白或多基因操纵子中组合在一起。根据细菌 R-M 系统的分类，其编码的甲基转移酶可分为Ⅰ、Ⅱ、Ⅲ三种类型。细菌还可编码独立的甲基转移酶或孤儿甲基转移酶，均能催化碱基的修饰。

有些细菌可编码多种甲基转移酶，如幽门螺杆菌 UM299 可编码 34 种甲基转移酶。除了通过序列注释来预测细菌编码的甲基转移酶外，还可使用一些数据库来进行分析，这里推荐 REBASE 数据库（http://rebase.neb.com/rebase/rebase.htmL），其收录了 GenBank 公布的几乎所有细菌的基因组，并对每个基因组进行甲基转移酶预测、分类及可视化等分析。例如，REBASE 数据库中显示幽门螺杆菌 UM299 编码的 34 种甲基转移酶，如图 34-2 所示。如果在噬菌体的宿主菌基因组中发现碱基修饰酶类，则可预测该噬菌体可能会利用宿主菌的酶对自身核酸进行特定的修饰，获得与宿主菌一致的修饰类型，从而保护自身核酸免受宿主菌限制酶的切割。然而，类似的文献报道比较欠缺，这是一个关于噬菌体核酸修饰有待挖掘的研究方向。

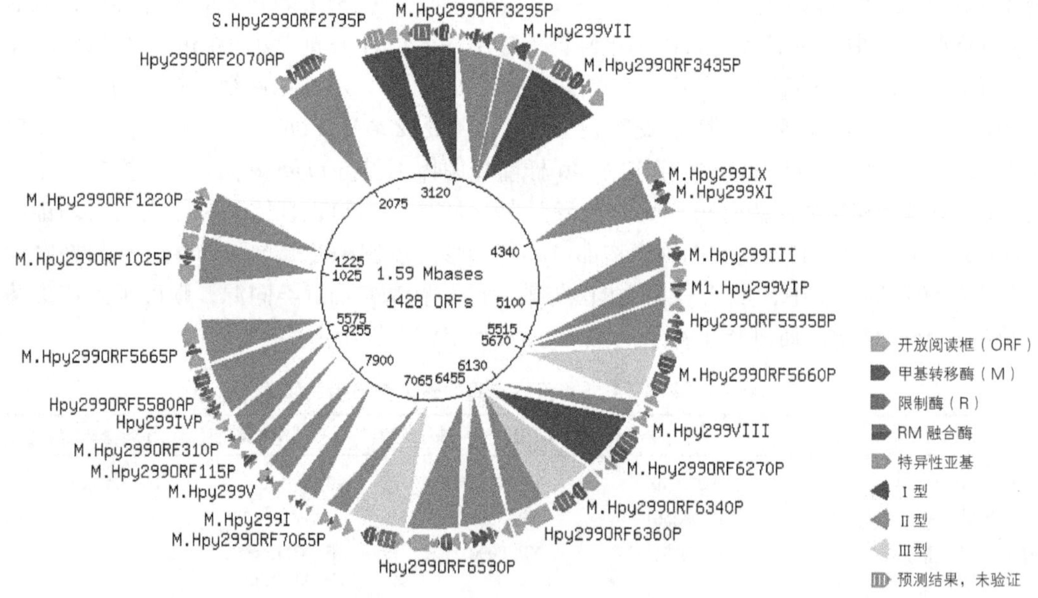

图 34-2 彩图

图 34-2　幽门螺杆菌 UM299 编码的 R-M 系统分布图

共有 34 个甲基转移酶被预测和显示出来，分属Ⅰ型、Ⅱ型、Ⅲ型 R-M 系统

第二节　噬菌体修饰碱基的分离分析技术

如果通过上一节所介绍的酶切法和（或）生物信息学预测法判断出噬菌体基因组核酸可能含某种修饰碱基，则可采用一系列方法对修饰碱基进行鉴定。历史上已使用多种技术来检测和鉴定噬菌体基因组核酸中的修饰碱基，基本过程一般是先用化学或酶学方法把核酸样品分解成单个核苷酸，然后可采用薄层色谱（thin-layer chromatography，TLC）、液相色谱-串联质谱（liquid chromatography tandem mass spectrometry，LC-MS/MS）等多种方法进行分离、定性及定量。如果对于一种全新的、没有标准品的修饰碱基，则可采用核磁共振波谱法（nuclear magnetic resonance spectroscopy，NMRS）进行结

构解析。

使用修饰碱基的分离分析技术得出的结论的可信度很大程度上取决于核苷酸标准品的可用性。许多类型核苷酸标准品可从试剂商处购买；如果买不到，可从生物中纯化，或者通过有机合成方法构建推定的修饰核苷分子，然后作为候选标准品进行分析。如果核苷标准分子的特征与所研究的核苷相同（如相同的停留时间、相同的质量、相同的反应性侧基等），则可确证该修饰核苷。

一、核酸的水解与酶解

抽提纯化后的噬菌体核酸样品（参见第 30 章）首先必须分解成单个核苷酸，通常采用严格的化学水解，如在盐酸或甲酸中煮沸。较温和的方法是采用酶的混合物，例如对于 DNA 样品可用来自牛胰腺的 DNA 酶Ⅰ、蛇毒磷酸二酯酶和 S1 核酸酶，在需要去磷酸化的情况下，使用“锌活化的”细菌碱性磷酸酶（bacterial alkaline phosphatase，BAP）；当然也可使用商业化的试剂盒，如 New England Biolabs（NEB）的核苷消化试剂盒（Nucleoside Digestion Mix），按照试剂盒说明书操作即可。

噬菌体核酸酶解简要参考步骤如下：

（1）将 30 μg 纯化后的噬菌体 DNA 在 100 μL 溶液中消化，该溶液中含终浓度 1 mmol/L $CaCl_2$、10 mmol/L Mg^{2+}、10 mmol/L Tris（pH 8.5）、40 μmol/L 二乙烯三胺五乙酸（DTPA）及 40 U DNase Ⅰ，37 ℃温育 1 h。

（2）加入 1 μL 碱性磷酸酶（1 U/μL），37 ℃温育 1 h。

（3）加入 1 μL 磷酸二酯酶Ⅰ（0.01 U/μL），37 ℃温育 1 h，确保 DNA 酶解完全。

（4）消化后，对反应混合物进行过滤以去除酶类，备用。

如果噬菌体的核酸是 RNA，则可使用核酸酶（P1 或 benzonase）、磷酸二酯酶Ⅰ和碱性磷酸酶进行酶解和处理。需要注意的是，核酸的酶消化取决于酶的活性、酶消化所用的核酸量、核酸浓度和温育时间等，酶消化不完全可能导致后续实验误差增大。

二、薄层色谱法

经化学法或酶法制备的核苷酸/核苷混合物可用多种方法进行分离。最早所使用的纸色谱法很快被薄层色谱法（TLC）取代。TLC 也称薄层层析法，通过在玻璃载体上固定的衍生化纤维素进行分离，具备更好的分辨率和灵活性。核苷酸的迁移率和位置可通过应用于板块分离后的化学染色来显现，或者在使用代谢标记材料的情况下，应用放射自显影技术来呈现结果。因此，TLC 可用于分析分离和预备分离。分离出未知核苷酸后，将材料从板上刮下并从固定支持物中纯化，可对核苷酸进行进一步分析。例如，核磁共振或一系列化学分解，以确定特征化学基团的存在，从而将核苷酸鉴定为具有反应性和（或）保护性取代基的嘌呤或嘧啶。

TLC 简要参考步骤如下：

（1）薄层板的制备：可直接购买，也可自己制备。将 1 份固定相（硅胶）和 3 份水相（羧甲基纤维素钠）充分混合均匀，除泡后倒入涂布器中，在玻璃板（或铝箔）上平稳地移动涂布器进行涂布（厚度为 0.2~0.3 mm），然后置水平台上于室温下晾干，后在 110 ℃烘 30 min，再将其放于紫外光灯（254 nm）下检视，薄层板应无花斑、水印，方可置于有干燥剂的干燥箱中备用。

（2）点样：用点样器点样于薄层板上，一般为圆点，点样基线距底边 2.0 cm，点样直径为 2~4 mm，点间距离为 1.5~2.0 cm，点间距离可视斑点扩散情况调整，以不影响检出为宜。点样时必须注意勿损伤薄层表面。

（3）展开：展开室需预先用展开剂饱和，然后将点好样品的薄层板放入展开室的展开剂中，浸入展开剂的深度为距薄层板底边 0.5~1.0 cm（切勿将样点浸入展开剂中），密封室盖。等展开至规定距离（一般为 10~15 cm）后，取出薄层板，晾干。

（4）斑点的检出：展开后的薄层板经干燥后，常用紫外光灯照射或用显色剂显色检出斑点。对于无色组分，在用显色剂时，显色剂喷洒要均匀，量要适度。紫外光灯的功率越大，暗室越暗，检出效果就越好。也可用薄层扫描仪对色谱斑点作扫描检出。

目前，TLC 虽较少被采用，但其仍是分析修饰核苷酸的强大技术。特别是在分析某种未知的修饰碱基且没有已知标准的情况下，或相对于样品中的背景碱基，修饰碱基含量非常低的情况下，TLC 具有一定的优势。然而，TLC 也具有较多缺点，如最多只能半定量、不能一次性分析多种修饰、需要放射性标记、费时费力等。

三、液相色谱-串联质谱法

液相色谱技术应用领域非常广泛，发展到现在，高效液相色谱（high performance liquid chromatography，HPLC）成为主流，并且还有一些基于 HPLC 的衍生技术，如反相 HPLC（RP-HPLC）、亲水作用色谱（HILIC）、超高效液相色谱（UPLC）等。相较于 TLC，HPLC 具有速度快、重复性好、可扩展性强、材料易回收等优点，大大提高了核苷分离和纯化的分辨率。在一些基本原理的指导下，可采用经验方法来确定缓冲体系，从而在 HPLC 过程中实现核苷的最佳分离。另外，HPLC 还可用于核苷的制备分离，这是通过核磁共振进行修饰核苷结构测定的前提。HPLC 通常与质谱联用，特别是液相色谱-串联质谱法（LC-MS/MS）广泛应用于修饰核苷的检测和精确定量，是目前主流的修饰碱基分离分析方法。在 LC-MS/MS 中，具有已知停留时间（retention time）的核苷标准品有助于样品成分的鉴定，方法是将样品峰与已知核苷峰相匹配，或从已知核苷峰中排除样品峰。LC-MS/MS 法分析碱基修饰的流程如图 34-3 所示。

LC-MS/MS 法分析噬菌体碱基修饰的简要参考步骤如下：

（1）将 30 μg 纯化后的噬菌体 DNA 进行酶解并过滤，冻干后再溶解于 HPLC 级水中。

（2）样品注入高效液相色谱柱。此步骤用缓冲液 A 和缓冲液 B，缓冲液 A：含 5%乙腈的 0.1 mol/L 乙酸三乙胺（pH 6.5）；缓冲液 B：含 65%乙腈的 0.1 mol/L 乙酸三乙胺（pH 6.5）。95%缓冲液 A 和 5%缓冲液 B，在流速为 1 mL/ min 和环境温度下运行 HPLC。

（3）以 4 种未修饰核苷及修饰核苷标准品作为对照，绘制标准曲线。

（4）HPLC 分析后的样品注入与液相色谱柱连接的质谱仪中进行质谱分析，获得电离分子的质荷比（*m/z*）值，再用相关软件进行分析（与标准品进行比较）。

基于 LC-MS/MS 的多反应监测（multiple-reaction monitoring，MRM）分析逐步得到优化，且用于定性的四极杆-飞行时间（Q-TOF）技术与用于定量的三重四极杆（triple

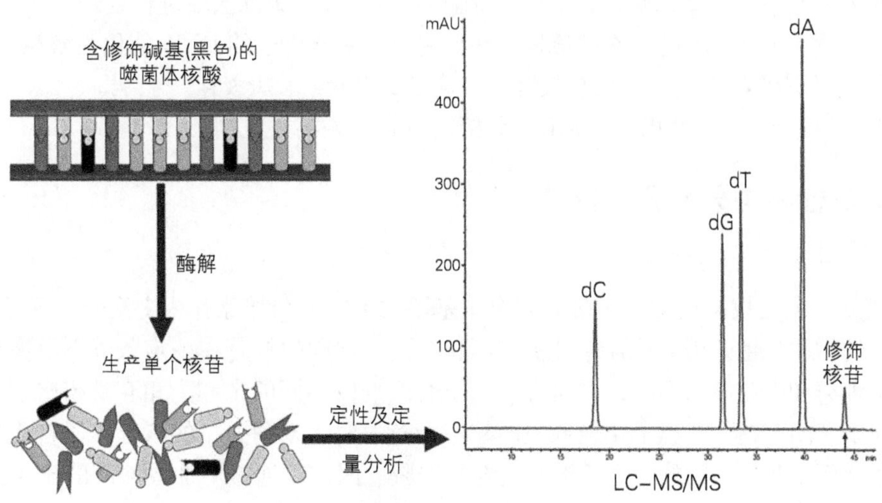

图 34-3 LC-MS/MS 法分析碱基修饰的流程示意图（改自 Tsai R，2017）

quadrupole，QQQ）串联质谱法（tandem mass spectrometry）的引入，大大提高了 LC-MS/MS 的分析质量，特别是能够分析未知的核苷修饰。除了对单核苷修饰进行定性及定量分析外，LC-MS/MS 也可用于修饰寡核苷酸片段的分离与富集，再加上修饰寡核苷酸片段的测序，可对某一修饰碱基进行基因组半定位。质谱仪器价格昂贵、操作复杂、不易维护、配套软件不易上手，一般实验室难以自建 LC-MS/MS 分析平台，只能外包。目前，有多家分析测试公司和研究机构提供核酸的 LC-MS/MS 法相关分析服务。

四、核磁共振波谱法

核磁共振波谱法（NMRS）是将核磁共振（NMR）现象应用于测定分子结构的一种谱学技术，自 1946 年被发明以来，已被用于对固体和溶液中的多种分子进行高分辨率波谱分析，提供分子结构与动态的重要信息。NMRS 在生命科学和材料科学中有着广泛应用，也是解析核酸修饰基团结构非常有用的技术。NMRS 的核心是需要同位素辅助的 NMR，其所使用的同位素有 ^{1}H、^{18}O、^{13}C 和 ^{15}N，目前研究最多的是 ^{1}H 和 ^{13}C 辅助的 NMR。^{1}H 辅助的 NMR 称为质子磁共振（proton magnetic resonance，PMR），也表示为 ^{1}H-NMR；^{13}C 辅助的 NMR 简称 CMR，也表示为 ^{13}C-NMR。随着 NMR 技术的发展，多种相关研究方法被应用，包括高压 NMR（high-pressure NMR）、幻角样品旋转 NMR（MAS-NMR）、动态核极化增强 NMR（DNP-NMR）、微波辐射 NMR（microwave irradiation NMR）、光辐射 NMR（photoirradiation NMR）、固态 NMR（solid-state NMR）、弛豫分散 NMR（relaxation dispersion NMR）、多维 NMR（nD-NMR）等。

对于噬菌体未知结构的修饰核苷，一般先采用 LC-MS/MS 预测其结构，再合成相应标准品进行比较，最后使用 NMRS 进行确证。下面列出适用于对噬菌体修饰核苷进行 NMRS 鉴定的简要参考步骤：

（1）为了获得足够数量的未知核苷用于 NMRS 分析，用新制备的噬斑感染 18 L 对数早期宿主菌，每 250 mL 菌液感染一个噬斑。

（2）对所得噬菌体颗粒进行浓缩、纯化，并提取、纯化其基因组 DNA。

(3) 共获得约 0.4 g 的噬菌体 DNA，随后在 4 个 0.1 g 批次中进行处理。
(4) 在水中对 DNA 进行深度透析，然后将 0.1 g 透析过的 DNA 消化为游离核苷。
(5) 通过 HPLC 纯化，并从总核苷中分离出约 9 mg 未知核苷。
(6) 对该核苷进行 PMR 和 CMR，分析比较其核磁共振波谱。

五、其他相关分离分析技术

(一) 阴离子交换柱技术

阴离子交换柱技术通常采用带有阳离子基团的 DEAE 纤维素作为交换剂，可置换吸附带负电荷的物质，也已用于核苷的分析和制备分离。不同的核苷在一定条件下解离后所带的负电荷种类和电荷量都不同，因而可与离子交换剂以不同的亲和力相互交换吸附。洗脱液中的离子基团与结合在离子交换剂上的核苷相竞争时，亲和力小的核苷分子首先被解吸附而洗脱，而亲和力大的核苷则后被解吸附和洗脱。因此，通过增加缓冲液的离子强度和(或)改变酸碱度，便可改变核苷的吸附状况，从而使不同亲和力的核苷得以分离。

(二) 后标记法

后标记（postlabeling）法使研究人员能够可视化痕量的物质，其过程是：首先将 DNA 样品分解成单个核苷，然后使用具有广泛特异性的核苷酸激酶和放射性 ATP 底物进行再磷酸化。该技术使研究人员能够检测和可视化痕量的修饰核苷酸，以及由于 DNA 损伤而形成的各种核苷加合物。

(三) 毛细管电泳技术

毛细管电泳（capillary electrophoresis，CE）技术也适用于修饰核苷酸的研究。与后标记法一样，游离核苷被衍生化以便于检测。在这种情况下，核苷与带有荧光部分的 *N*-羟基琥珀酰亚胺基（NHS）酯反应，由于极性、质量和疏水性的差异，核苷本身在穿过毛细管柱床时具有特征性电泳迁移率；同时由于荧光标记，它们可以很容易通过 CE 仪器中所用的激光被检测到。

第三节　应用第三代测序技术检测噬菌体修饰碱基

上一节所讲的技术只能对噬菌体核酸的修饰进行定性及定量解析，却不能对某一修饰碱基在噬菌体基因组中的分布进行精确定位，即使使用修饰寡核苷酸片段富集和测序技术，也只能对某一修饰碱基进行粗略定位或半定位。大约在 2008 年前后，以单分子测序为特征的第三代测序相关理论与技术开始被报道，分别是单分子实时（single-molecule real-time，SMRT）测序技术和纳米孔（nanopore）测序技术。SMRT 测序技术发展更快一些，其在 2010 年已有商业化推广应用；纳米孔测序技术经过几年时间的沉默期（研发期）后，近年来也发展迅速，正在以实力占领市场。除具有读长长、速度快等特点外，这两种测序技术还有一个特别吸引人的特点，就是能够在测序的同时读取单个碱基的修饰信息。因此，应用第三代测序技术可在全基因组测序的同时，检测噬菌体修饰碱基，实现修饰碱基的全基因组精确定位，为后续修饰基序分析、功能机制及生化通路研究等提供重要依据。

一、单分子实时测序技术

单分子实时（SMRT）测序技术由美国太平洋生物科学公司（PacBio，https://www.pacb.com/）进行商业化应用，其推出的SMRT测序仪由最初的PacBio RS升级到PacBio RS Ⅱ，目前又推出最新的Sequel Ⅱ系统。SMRT测序技术原理是在零模波导（ZMW）纳米孔上固定单分子工程化phi29 DNA聚合酶，在DNA聚合酶沿模板链前进时，通过光学监测荧光标记的核苷酸掺入的动力学参数。当测序聚合酶在模板DNA上遇到修饰的碱基时，聚合反应的动力学发生改变，并且当聚合酶进入到下一个碱基时，可观察到一个可测量的脉冲间延迟（inter pulse duration，IPD）（图34-4）。荧光信号的强度及IPD值均与模板DNA的碱基类型和修饰类型有关。例如，甲基化的碱基A会造成其本身和前后若干碱基的荧光强度、IPD数值发生特征性变化，这些可以观察和统计的变化就是鉴定碱基A甲基化的依据。然后，可使用在包含已知修饰的模板上进行训练的机器学习算法来鉴定实验样品中的修饰碱基。研究人员已经使用SMRT测序技术描述了各种微生物的甲基化碱基的序列特异性分布（即甲基化组），这种技术已应用于许多重要的病原体，如螺杆菌、弯曲杆菌和沙门菌等。

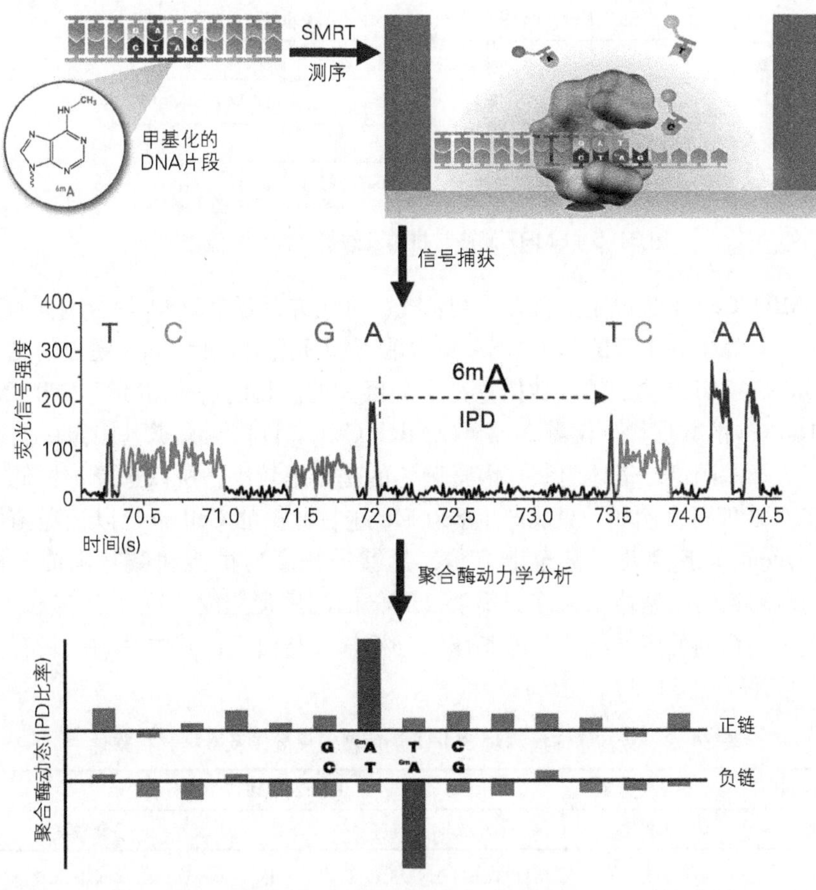

图34-4 SMRT测序技术原理示意图（改自Flusberg B A，2010）

噬菌体基因组 SMRT 测序简要参考步骤（图 34-5）如下：

1. *构建环化的 SMRTbell 文库* 建库时要选择合适的文库片段大小。最初只能构建 3 kb的 SMRTbell 文库，现在最多已有 100 kb 的 SMRTbell 文库可选。噬菌体的基因组大小大都在几百 kb 以内，且重复片段不长，再考虑到价格因素，建议选择 10 kb 的 SMRTbell 文库即可，测序读长为 8~10 kb。

2. *加载 SMRT Cell 上机测序* SMRT 测序仪为自动化操作，上样后按照设置好的程序运行即可。

3. *序列组装与碱基修饰分析* 主要由专业技术人员将 SMRT 测序原始数据导入一系列软件进行分析（表 34-2），最后获得噬菌体全基因组序列及碱基修饰信息。

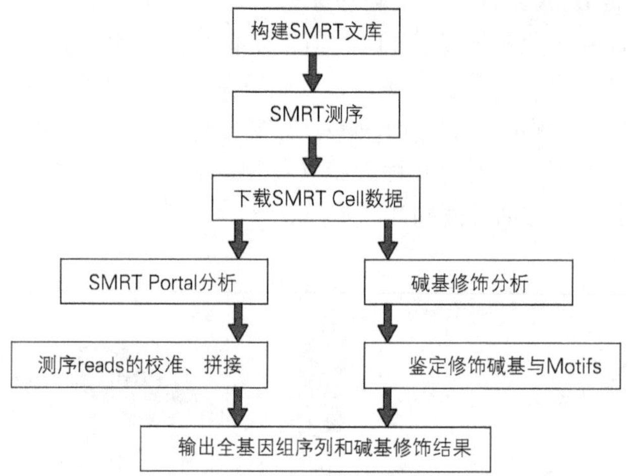

图 34-5 SMRT 测序、拼接及碱基修饰分析流程图

一个 SMRT Cell 上集成了上百万个纳米孔，可允许百万个 DNA 聚合酶同时工作并发出测序信号，且每个孔里面的单个 DNA 聚合酶可循环读取环状 DNA 模板信息。这样一来，一个 SMRT Cell 产生的测序数据量是十分巨大的。目前一个 SMRT Cell 8M 芯片最多可产生 160 Gb 的数据量，仅需 2~3 个 SMRT Cell 即可检测人类基因组中所有的变异信息并进行人类基因组二倍体组装。因噬菌体的基因组较小，所以选择价格低一些的低通量 SMRT Cell 即可。例如，只能产生 800 Mb 左右数据的 Cell 也足以让噬菌体的测序覆盖度（coverage）达到几千甚至上万倍，足够进行序列拼接和碱基修饰分析，因为 SMRT 所能检测到的碱基修饰最多只需要 250 倍的测序覆盖度即可（表 34-2）。PacBio 公司还提供了一系列的序列组装与碱基修饰分析软件与流程，其中序列组装有 4 种不同的软件平台可用（表 34-2）。

表 34-2 碱基修饰检测对 SMRT 测序覆盖度要求及数据分析软件

碱基修饰检测所需最低测序覆盖度		PacBio SMRT 测序分析软件	
修饰碱基	覆盖度	软件包名称	下载链接
6mA	25×	SMRTanalysis v2. 3. 0	http://www.pacb.com/devnet/
4mC	25×	SSH secure Shell	http://en.kioskea.net/download/download-1423-ssh-secure-shell

（续表）

碱基修饰检测所需最低测序覆盖度		PacBio SMRT 测序分析软件	
修饰碱基	覆盖度	软件包名称	下载链接
5mC	250×	Xming X server	http://sourceforge.net/projects/x ming/
5hmC	250×	Bio-Linux	http://environmentalomics.org/bio-linux/
5gmC	25×		
8-氧胍	25×		

SMRT 测序技术的优势是显而易见的，如可达近百 kb 的超长读取长度，可轻松驾驭基因组的完整组装；高达 99.999%（QV50）的超高准确率，无系统性误差，数据质量匹敌 Sanger 测序精度；无偏好性的均一覆盖度，无碱基偏好性；可完美覆盖以往技术难以跨越的高 GC、高 AT 区域；测序流程不依赖 PCR 反应，真实反映核酸天然序列和天然修饰信息等。目前，我国有深圳华大基因科技有限公司、武汉未来组生物科技有限公司、上海博豪生物技术有限公司、北京诺禾致源科技股份有限公司、武汉康测科技有限公司等多家技术服务公司可提供 SMRT 测序分析服务。

二、纳米孔测序技术

英国牛津纳米孔科技有限公司（ONT，主页：https://nanoporetech.com/）所研发与推出的纳米孔（nanopore）测序技术正在迅速发展中。这种新型的测序技术可直接对 DNA/RNA 进行测序，同时能鉴定序列中的修饰碱基，单个读长超过了 SMRT 测序技术（可达 2 Mb），是一种真正意义上的“实时”测序技术。纳米孔测序技术正被来自 80 多个国家的研究人员在多个领域进行应用，包括大规模的人类基因组学、癌症研究、微生物学、植物科学和环境研究等。纳米孔测序技术也为医疗、农业、食品监测和教育领域提供快速、有意义的信息，应用潜力巨大。

与 SMRT 测序技术类似，纳米孔测序技术也基于单分子动态，但是其原理与 SMRT 测序技术有明显区别。纳米孔测序技术主要依靠马达蛋白驱动 ssDNA/RNA 通过纳米孔，不同的常规碱基以及含修饰的碱基依次通过纳米孔时均会产生不同的、特征性的电流动态信号；再通过基于生物和固态纳米孔的传感技术捕获并处理信号，从而实时读取碱基信息，既能获得核酸序列，又能鉴定和定位修饰碱基信息（图 34-6）。

ONT 公司目前已推出了多种基于纳米孔的测序设备，如 Floungle 适配器解决了按需、快速、小型测试或实验的需求，可用于实验室或现场检测；仅有口袋大小的袖珍小型机 MinION 测序仪是一种功能强大的便携式测序设备（图 34-7），可传送大量的长读长序列数据；GridION X5 台式机一次可运行多达 5 个微型流动池（Cell），适用于大型基因组学项目；最近推出的 PromethION 是最大的纳米孔测序仪，旨在提供多达 48 个流动池的按需使用，每个流动池可提供超过 100 Gb 的测序数据。值得一提的是，MinION 测序仪是 ONT 公司在 2014 年推出的首个使用纳米孔技术的商业化测序仪，目前 MinION 测序仪是研究者采用最多的纳米孔测序仪，其在文献中被报道的也是最多的。

噬菌体基因组纳米孔测序简要参考步骤（图 34-8）如下：

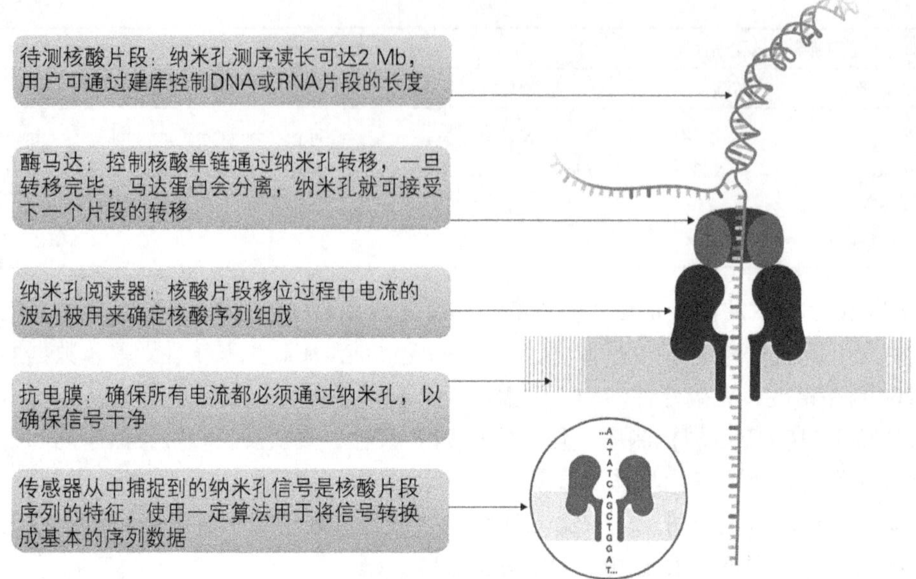
待测核酸片段：纳米孔测序读长可达2 Mb，
用户可通过建库控制DNA或RNA片段的长度
酶马达：控制核酸单链通过纳米孔转移，一旦
转移完毕，马达蛋白会分离，纳米孔就可接受
下一个片段的转移
纳米孔阅读器：核酸片段移位过程中电流的
波动被用来确定核酸序列组成
抗电膜：确保所有电流都必须通过纳米孔，以
确保信号干净
传感器从中捕捉到的纳米孔信号是核酸片段
序列的特征，使用一定算法用于将信号转换
成基本的序列数据

图 34-6　纳米孔测序技术原理示意图（改自 https://nanoporetech.com/sites/default/files/s3/literature/product-brochure.pdf）

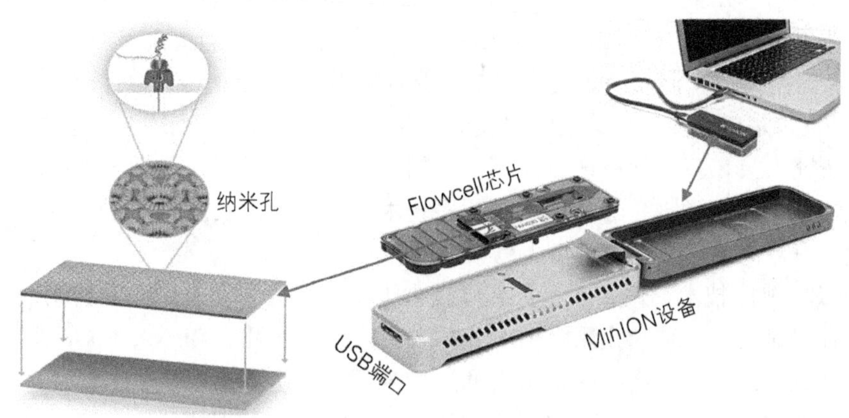
纳米孔
Flowcell芯片
MinION设备
USB端口

图 34-7　MinION 测序仪（改自 Lu 等，2016）

（1）建库：ONT 公司开发了一系列 DNA 和 RNA 文库制备试剂盒，提供了适用于长读长、实时纳米孔测序的简化流程。

（2）测序：不同的纳米孔测序仪对应不同的操作步骤，对于基因组较小的噬菌体而言，建议使用 MinION 测序仪。

（3）数据处理与分析：已有多种软件可对纳米孔测序数据进行调整、比对、对齐、支架构建、映射、纠错、变异检测、组装和可视化等分析（表 34-3）。

尽管相较于 SMRT 测序技术，纳米孔测序技术展示出强大的发展应用前景，但是目前纳米孔测序技术的最大短板是其准确度仅为 65% ~ 88%，远低于 SMRT 测序技术的 99. 999%。因此，降低测序错误率成为纳米孔测序技术的攻坚方向。美国的 SMRT 测序技术与英国的纳米孔测序技术互为竞争关系，但这也将促进二者的进步。可以预见的是，

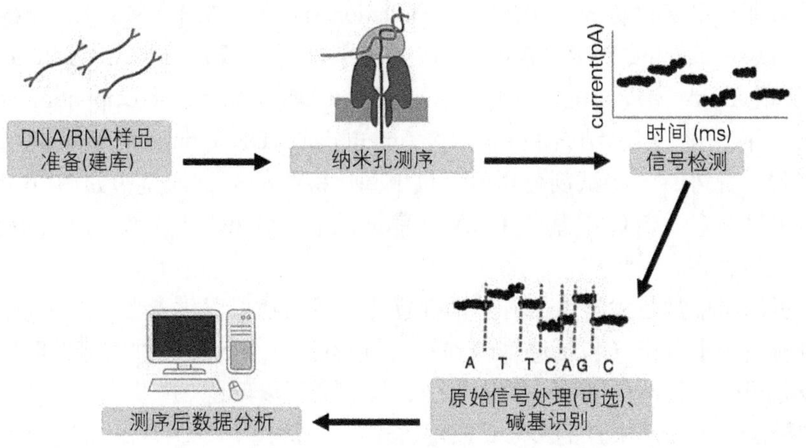

图 34-8 纳米孔测序流程图（改自 Rang 等，2018）

表 34-3 纳米孔测序分析相关软件

名称	功能/应用	链接
BWA	快速纳米孔数据调整比对	https://github.com/Lh3/bwa
GraphMap	长读长、易出错读长的制图	https://github.com/isovic/graphmap
LAST	纳米孔数据调整比对	http://Last.cbrc.jp/
LINKS	长读长的支架构建	https://github.com/warrenlr/LINKS/
marginAlign	将纳米孔的读长与参考序列对齐	https://github.com/benedictpaten/marginAlign
minoTour	实时分析工具	http:// minotour.nottingham.ac.uk/
nanoCORR	纳米孔测序数据的纠错工具	https://github.com/jgurtowski/nanocorr
NanoOK	纳米孔数据、质量和测序错误的配置工具	https://documentation. tgac. ac. uk/display/NANOOK/NanoOK
Nanopolish	纳米孔分析与基因组组装	https://github.com/jts/nanopolish
nanopore	纳米孔测序数据的变异检测	https://github.com/mitenjain/nanopore
Nanocorrect	纳米孔测序数据的纠错工具	https://github.com/jts/nanocorrect/
npReader	纳米孔读长的实时转换与分析	https://github.com/mdcao/npReader
poRe	纳米孔测序数据的分析与可视化	https://sourceforge.net/p/rpore/wiki/Home/
PoreSeq	纠错与变异分析	https://github.com/tszalay/poreseq
Poretools	纳米孔测序数据的分析与可视化	https://github.com/arq5x/poretools
SSPACE-LongRead	基因组支架构建工具	http://www. baseclear. com/genomics/bioinformatics/basetools/SSPACE-longread
SMIS	基因组支架构建工具	https://sourceforge.net/projects/phusion2/files/smis/

今后通过第三代测序技术检测与定位核酸分子中的修饰碱基，将会变得更加准确和廉价。目前在国内尚未有公司或机构提供成熟的纳米孔测序服务，但英国 ONT 公司已在中国上海设有办事处。随着技术的进步与成熟，可预见在未来几年内，纳米孔测序仪将在国内迅速推广应用。

以上三节内容总结了适用于噬菌体基因组核酸碱基修饰的检测与鉴定技术。当然，检测碱基修饰的方法远不止以上这些，如真核生物胞嘧啶甲基化特别是 CpG 甲基化研究非常成熟，也带来了诸多检测方法与技术。这些方法适用于真核生物胞嘧啶相关甲基化研究，对于碱基修饰极为复杂多样的噬菌体可能并不一定适用，篇幅所限，仅列出部分技术名称供参考：甲基化特异性 PCR（methylation-specific PCR，MSP）、亚硫酸氢盐测序法（bisulfite sequencing PCR，BSP）、高分辨率熔解曲线法（high resolution melting，HRM）、甲基化 DNA 免疫共沉淀测序（methylated DNA immunoprecipitation sequencing，MeDIP-seq）、甲基化 DNA 结合蛋白测序（methylated DNA binding domain-sequencing，MBD-Seq）等。此外，一些试剂公司可提供甲基化检测相关试剂盒，如 NEB 的 N6-甲基化腺嘌呤富集试剂盒、CpG 甲基化 DNA 富集试剂盒、5hmC 和 5mC 分析试剂盒、重亚硫酸盐转化试剂盒等。

最后，引用曲阜师范大学生命科学学院曹博教授的建议以供参考：

（1）目前关于小分子（包括修饰碱基），一般都默认 MS 检测到的滞留时间、一级分子量、二级分子碎片等同标准品一致即可信，发表文章没问题。

（2）如果是一个全新未知的 DNA/RNA 修饰，一般用 LC/Q-TOF 检测分子量（精确到小数点后 4 位即可信），再根据分子量及二级分子碎片推测其化学结构，然后合成标准品，与样品一起进行 LC/Q-TOF 分析，停滞留时间和分子量完全一致即认为是同一种物质（Q-TOF 用来定性，QQQ 用来定量）。

（3）NMRS 是检测结构的金标准，但其存在技术复杂、成本高、有些分子不易确定结构等弊端，MS 仍是目前科学界研究修饰碱基的主流方法。

（4）第三代测序技术仅用于定位修饰的位点，很难定性某种修饰，如其无法确证某个信号就是 6mA 或 4mC。

（5）一般来说，实验室会先利用 MS 或 NMRS 确认 DNA 中含有某种修饰（如 6mA），然后用第三代测序技术检测基因组上所有 A 的信号，出现异常的 A 位点即定义为该位置含有修饰，再结合之前的定性，即可证明这些位点是 6mA，其他修饰同理。

简言之，如果发现噬菌体基因组核酸中存在某种已知或未知修饰碱基的线索，可用 LC-MS/MS 进行定性及定量、用 NMRS 鉴定新的修饰碱基结构、用三代测序进行修饰碱基的定位，且这几种方法可相互印证、相得益彰。

参考文献

35 噬菌体/宿主相互作用研究技术

——危宏平　杨　航　李唱唱

作为高级寄生生物，噬菌体与宿主菌之间存在密切而又广泛的相互作用，但是目前揭示它们之间相互作用的手段还非常有限。归纳起来看，一是参考一步生长曲线观察噬菌体与宿主基因转录和激活情况，利用定量 PCR 或 RNA 测序技术获得转录谱信息，利用生物信息学技术，建立噬菌体与宿主间可能存在的相互作用网络。二是可以通过解析噬菌体与宿主之间相互作用的基因或蛋白质来揭示这种相互作用，如可采用将噬菌体或者宿主中某些蛋白质或基因突变后，研究噬菌体感染过程等方面的变化，来揭示相关基因或蛋白质的功能。三是研究特定的蛋白质-蛋白质相互作用，如利用酵母双杂交、噬菌体展示技术等，也有通过 X 射线与晶体衍射解析，以及冷冻电镜观察等技术手段来研究相互作用的蛋白质或者复合物的结构，揭示更清晰的机制。冷冻电镜技术已在第 29 章介绍，转录谱分析技术将在第 36 章介绍。本章主要介绍以下四项技术：噬菌体受体结合蛋白（RBP）的鉴定、噬菌体展示研究蛋白质-蛋白质相互作用、噬菌体的转导能力测试，以及细菌转座子文库的构建与应用。

第一节　噬菌体受体结合蛋白的鉴定

噬菌体感染细菌时，需要先与细菌表面的受体结合，该过程是通过噬菌体上的 RBP 来完成的。噬菌体 RBP 也被称为尾突蛋白（tail spike）、尾丝蛋白（tail fiber）或刺突蛋白（spike protein）。由于需要在复杂的自然环境下与细菌结合，噬菌体 RBP 一般非常稳定，较少受蛋白酶和表面活性剂等的影响。在分子结构上，噬菌体 RBP 一般为三聚体，富含 β 螺旋结构。

鉴定噬菌体的 RBP，不仅有助于理解噬菌体与细菌之间的相互作用和感染机制，还能应用于细菌的识别与检测。由于 RBP 稳定、特异且容易通过重组表达获得，因此噬菌体 RBP 是一种理论上比抗体更好的细菌检测靶分子。但由于其多样性，一个新噬菌体的 RBP 一般很难通过与现有已报道的 RBP 基因同源序列比对来发现。本节以大肠埃希菌 O157∶H7 噬菌体 P-O157-1 为例，描述在没有序列信息的情况下，如何鉴定一个噬菌体的

作者单位：危宏平、杨航、李唱唱，中国科学院武汉病毒研究所。

RBP。该方法通过构建噬菌体核酸文库，表达和筛选能与宿主菌结合的蛋白质，最后通过测序鉴定出能与宿主菌结合的噬菌体 RBP。其步骤主要包括噬菌体核酸的提取、基因表达文库的构建、RBP 的筛选 3 个步骤（图 35-1）。

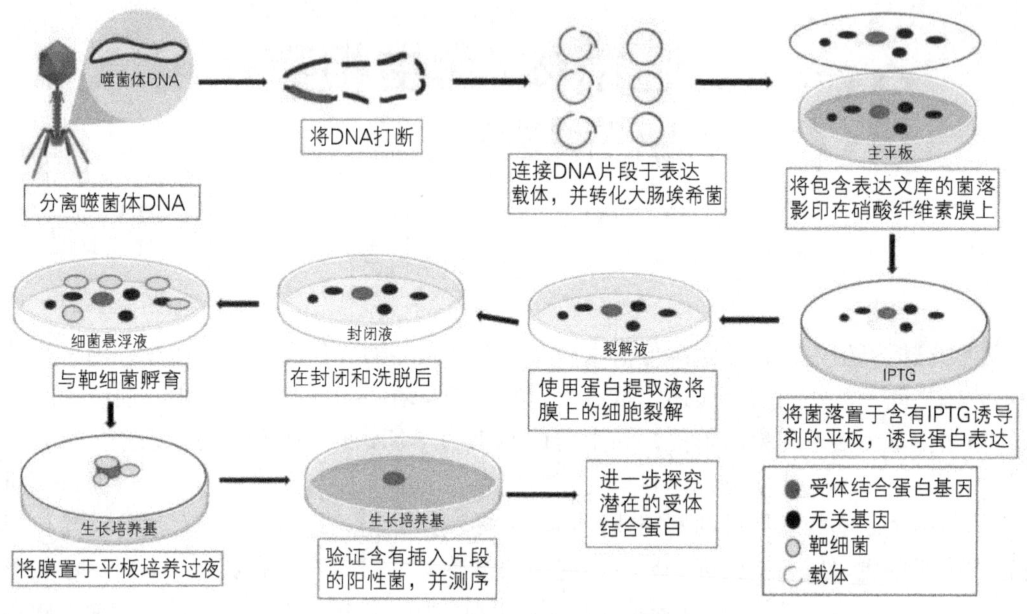

图 35-1　噬菌体 RBP 鉴定流程图

一、噬菌体核酸的提取

（一）噬菌体样品准备

（1）于基因组提取实验前两天，将保存的噬菌体点样于 LB/宿主菌水琼脂双层板上（每种噬菌体两块板，滴 50 μL 噬菌体×4 个点）。培养过夜至出现明显噬斑。

（2）用移液器枪头刮下所有清澈斑点（两块板）于 8 mL 噬菌体缓冲液（150 mmol/L NaCl，10 mmol/L $MgCl_2$，2 mmol/L $CaCl_2$，50 mmol/L Tris-HCl，pH 7.5）中。将上述溶液转移至 15 mL 离心管，涡旋震荡 1～2 min，5 000 r/min 离心 5 min 沉淀琼脂后，以 0.22 μm 无菌滤膜过滤得到噬菌体溶液。

（3）取上述噬菌体溶液 500 μL 与 1 mL 宿主菌混合，37 ℃、160～180 r/min 培养 45～60 min，再与 4 mL 50 ℃左右的水琼脂混合，铺于 LB 平板，37 ℃培养过夜（每种噬菌体铺 5 块板）。

（4）轻轻收集 5 块双层平板的上层噬斑至 30 mL 的噬菌体缓冲液中，转移至50 mL 离心管中后以 4 ℃、180 r/min 孵育 1 h；再以 4 ℃、5 000 r/min 离心 5 min，上清过 0.22 μm 滤膜后备用。

（5）在 SW-32Ti 的离心管中加入约 6 mL 30%蔗糖垫，然后轻轻加入上述过滤液至完全装满离心管，配平后，盖紧，4 ℃、32 000 r/min 离心 1 h。

注：此步骤可以用 PEG 沉淀病毒粒子来代替，加入固体 PEG 8000 至终浓度 10%（*w/v*），充分振荡溶解，冰浴搅拌过夜，使噬菌体颗粒形成沉淀，于 4 ℃、12 000 *g* 离心

10 min，尽量弃尽上清。

(6) 沉淀用 500 μL 噬菌体缓冲液重悬，并转移至干净的 2 mL 离心管中。

(二) 去除外源核酸及病毒蛋白，释放噬菌体基因组 DNA

(1) 加入 DNase Ⅰ至终浓度 5 μg/mL，加入 RNase A 至终浓度 1 μg/mL，37 ℃水浴 1 h。

(2) 加入 EDTA 至终浓度 20 mmol/L，混匀，终止反应。

(3) 加入 20 μL 蛋白酶 K 至终浓度约 50 μg/mL，加入 50 μL 10% SDS 至终浓度约 0.6%，将离心管轻轻上下颠倒数次进行混匀。

(4) 56 ℃水浴 1 h，然后冷却至室温。

(三) 酚/氯仿抽提及乙醇沉淀

(1) 加入等体积的平衡酚，通过将离心管轻轻上下颠倒数次，混匀有机相和水相，直至形成完全的乳状液。

(2) 室温 13 000 r/min 离心 5 min 将两相分离，将上清亲水相转移至一洁净离心管中。

(3) 加入等体积（800 μL）酚/氯仿（1∶1），剧烈混匀后，13 000 r/min 离心 5 min（可重复 1~2 次，以除尽蛋白质）。

(4) 加入等体积的氯仿，充分混匀后 13 000 r/min 室温离心 5 min，将上清亲水相转移至另一洁净离心管中。

(5) 加入等体积异戊醇，混匀后，冰浴 10 min，13 000 r/min 离心 20 min，弃上清（应该能看到乳白色沉淀）。

(6) 沉淀用 500 μL 70%冷乙醇洗涤，13 000 r/min 离心 5 min，弃乙醇。重复 1 次。

(7) 加入适量的 ddH_2O 溶解沉淀，得到噬菌体基因组。

注：①为了缩短干燥所需要的时间，可以在弃去乙醇后，低速短暂离心，使管壁上的乙醇集中在管底部后再用 10 μL 移液枪吸去，然后再干燥；②由于基因组 DNA 大，因此收获的 DNA 最好不要反复冻融。

二、基因表达文库的构建

(一) 噬菌体基因组打断

(1) 用 Covaris M220 将噬菌体基因组打断，将断裂后的 DNA 在异丙醇、40 μg/mL 糖原和 0.3 mol/L 乙酸钠（pH 4.8）中 20 ℃沉淀过夜。

(2) 使用 T4 DNA 聚合酶进行末端修复。

(3) 再次使用酚/氯仿抽提及乙醇沉淀法回收 DNA 片段（此处也可使用各厂家的 PCR 产物纯化回收试剂盒）。

(二) 载体线性化及与 DNA 片段连接转化

(1) 使用 *Eco*RV 将载体 pET30a 线性化，并进行胶回收。

(2) 使用 FastAP Thermosensitive Alkaline Phosphatase 将线性化的载体进行去磷酸化。

（3）利用 T4 DNA 连接酶（NEB）进行载体和片段的连接，载体和片段的摩尔比为 1：8，并转化大肠埃希菌 Top10。

（4）筛选转化菌落，确定至少 20%的质粒包含 1~3 kb 的插入片段，且文库的克隆片段应至少为全基因组 ORF 的 5 倍。

（5）使用试剂盒法抽提表达质粒，转化 BL21（DE3）。

三、受体结合蛋白的筛选

（一）受体蛋白的诱导表达

（1）将转化后的 BL21（DE3）均匀涂布在 LB 固体培养平板上，37 ℃过夜培养。

（2）将硝酸纤维素膜裁剪成与平板大小相当，置于转化平板上的菌落顶端，轻轻按压 5~10 s，将转化平板上的单菌落影印到硝酸纤维素膜上。

（3）将硝酸纤维素膜（菌落面朝上）置于 LB 固体平板（含有 25 μg/mL 卡那霉素和 0.4 mmol/L IPTG），30 ℃培养过夜，以诱导蛋白质表达。

（二）受体结合蛋白筛选

（1）将上步处理后的硝酸纤维素膜（菌落面朝上）置于一张提前浸泡有细菌蛋白质提取试剂（B-PER）的相同大小滤纸上，室温孵育 1 h。

（2）将膜置于 5%的脱脂牛奶中封闭 1 h，再用 PBST（含有 0.5% 吐温-20 的磷酸盐缓冲液，pH 7.4）清洗，用滤纸轻轻擦干多余的 PBST。

（3）将膜置于紫外灯下 15 min 充分杀死细胞后，在 500 mmol/L NaCl 溶液中 4 ℃孵育过夜。

（4）将膜置于含有约 10^8 CFU 的宿主菌溶液中，在室温下轻轻摇晃，孵育 30 min。

（5）用 PBST 洗膜 3 次，每次 10 min。

（6）将膜擦干置于 LB 平板培养过夜，让宿主菌长出可见的菌落。

（7）将长出菌落的膜与原始平板对应，并重复上述的 RBP 筛选过程，两次结果都为阳性，即可将相应质粒测序，确定的目标基因即为 RBP 基因，相关基因可以克隆到表达载体后进行受体蛋白的大量表达，供进一步的研究。

第二节　噬菌体展示研究蛋白质-蛋白质相互作用

噬菌体展示是指将多肽或蛋白质分子展示到成熟噬菌体颗粒表面的过程。用于展示的多肽或者蛋白质分子可以来自与噬菌体衣壳蛋白融合的 DNA 序列，或者源自同一个转导子。将不同的蛋白质展示到噬菌体的表面，每种噬菌体表面展示一种蛋白质分子，可以构建大容量的噬菌体展示文库。通过多轮的富集和淘选，可以从文库中淘选获得与另一靶蛋白具有相互作用的蛋白质分子。因此，噬菌体展示可以用于蛋白质-蛋白质相互作用的研究。丝状噬菌体、λ 噬菌体、T4 噬菌体和 T7 噬菌体是常见的用于噬菌体展示研究的工具噬菌体。本节将以丝状噬菌体 M13 为例，介绍噬菌体展示在蛋白质-蛋白质相互作用研究中的应用。M13 是 ssDNA 噬菌体，其结构蛋白 P3、P6、P8、P7/P9、Jun-Fos 等都可用于噬菌体表面展示的研究。M13 噬菌体主要衣壳蛋白 P8 由 50 个氨基酸组成，一个成熟噬菌体颗粒的表面有 2 700 拷贝。位于噬菌体感染尖端的 P3 和 P6 蛋白在每个噬菌体颗粒上有 5 拷贝。在噬菌体展示中，研究人员通常将目的蛋白与 M13 噬菌体的衣壳蛋白融合使其展示到噬菌体颗粒的表面。然后，将获得的噬菌体展示文库经过多轮的亲和淘选，选择出与靶蛋白具有相互作用的蛋白质分子。每一轮淘选都需要将噬菌体文库与靶蛋白孵育，洗涤去掉不与靶蛋白结合的噬菌体，然后利用 F^+ 大肠埃希菌扩增能够与靶蛋白结合的噬菌体。淘选的效率取决于感兴趣的蛋白质与靶蛋白相互作用的强度以及噬菌体扩增的效率。为了提高淘选的效率，通常需要构建较大的初始噬菌体文库，如 10^{13} PFU /mL，然后进行多轮的富集和筛选。

以下的操作步骤将介绍利用噬菌粒 pHOS31 构建基因组文库，并将文库连接到 M13 噬菌体 P3 蛋白的 N 端的方法。P3 蛋白具有较少的拷贝数，适用于筛选与靶蛋白具有较强亲和力的蛋白质。相反，P8 蛋白具有较高的拷贝数，利用噬菌粒 pG8H6 构建与 P8 蛋白 N 端融合的噬菌体展示文库，可能会获得一些与靶蛋白具有较低亲和力的蛋白质。淘选的过程有多种操作方式。既可以将纯化的靶蛋白直接包被（coating）到固相基质表面，也可以利用特定的标签将靶蛋白固定（immobilization）到固相基质上。最后利用噬菌体 ELISA 法淘选与靶蛋白有相互作用的蛋白质。本节将介绍直接包被纯化后的靶蛋白用于噬菌体文库筛选的方法。

一、DNA 文库的构建

（一）DNA 的片段化与末端修复

（1）将纯化后的 DNA 溶于 2 mL 冰预冷的 1×TE-50%甘油中，在 1.5 bar 氩气压力下通过雾化断裂成随机大小的片段。

（2）加入 0.1 倍体积的乙酸钠（3 mol/L，pH 5.2）和 2.5 倍体积的预冷 95%乙醇。16 000 *g* 离心 30 min 沉淀 DNA。去掉上清，沉淀用 0.5 mL 预冷的 70%乙醇洗涤一次。空气干燥后用 40 μL EB 重悬 DNA。

（3）DNA 碎片置于 T4 DNA 聚合酶反应液中室温 30 min 进行末端修复。T4 DNA 聚合酶反应液应该包含 BSA、T4 DNA 聚合酶（0.5～1 U/μg DNA）、Klenow DNA 聚合酶（0.5～1 U/μg DNA）及 dNTP 混合液。

（4）用试剂盒纯化 DNA 片段，之后用 T4 多核苷酸激酶 37 ℃ 1 h 对 DNA 片段进行磷酸化修饰。

（5）纯化 DNA 片段并溶于 50 μL EB。

（二）载体的酶切与去磷酸化

（1）噬菌体展示载体 pHOS31（10～50 μg）用 *Sma*I（2 U/μg DNA）在 25 ℃消化 2 h。试剂盒回收载体 DNA。

（2）载体 DNA 用小牛肠磷酸酶（0.2～1 U/μg DNA）在 37 ℃处理 1 h。试剂盒回收载体 DNA。

（三）噬菌粒的连接与转化

（1）根据预实验所得到的转化子数量计算拟构建的文库所需要的连接体系数量，并在 16 ℃过夜连接。通常在 100～200 μL 的连接体系中加入载体 DNA 1～5 μg。

（2）70 ℃处理 10 min 失活连接酶，之后用乙酸钠/乙醇沉淀连接产物 DNA［参见（一）中的第（2）步］。用 Milli-Q 水重悬 DNA 至 50 ng 载体 DNA/μL。

（3）取 1~2 μL 连接产物（相当于 50~100 ng 载体 DNA）电转至 40 μL 大肠埃希菌 XL1 Blue MRF'。之后迅速向电转产物中加入 1 mL 预热的 SOC 培养基（20 g/L 胰蛋白胨，5 g/L 酵母提取物，0.5 g/L NaCl，10 mmol/L $MgSO_4$，10 mmol/L $MgCl_2$，20 mmol/L葡萄糖）并转移至细菌培养管中置于 37 ℃培养 1 h。重复该步骤直到所有的连接产物都转化完成。

（4）离心收集细菌，去上清后重悬于 4~8 mL 2TY-AG 培养基［16 g/L 胰蛋白胨，10 g/L酵母提取物，5 g/L NaCl，100 μg/mL Amp，2%（*w/v*）葡萄糖］中。用 10 倍稀释法将细菌涂布在 2TY-AG 固体平板上，37 ℃培养过夜。根据转化子的数量计算文库中的克隆数量。

（5）从固体平板上随机挑选 96 个单克隆做分析。之后收集转化平板上的所有克隆，重悬于 2TY-AG 培养基中。选取一半体积的克隆混合物加甘油至 20%后保存于−70 ℃。另一半则抽提 DNA 保存于−20 ℃。

（6）用 PCR 对文库中克隆进行分析，包括有插入片段的克隆的比率（最好在 80%以上）、插入片段的长度等。

二、噬菌体展示文库的构建与扩增

（一）扩增辅助噬菌体

（1）接种大肠埃希菌 TG1（XL1-Bue）至 4 mL 2TY 培养基（16 g/L 胰蛋白胨，10 g/L酵母提取物，5 g/L NaCl）中，37 ℃培养至 OD_{600}为 0.5~0.6。

（2）加入辅助噬菌体 VCSM13 至 MOI 为 20（约 8×10^9 PFU/mL），37 ℃静置孵育 15~30 min。

（3）将培养物转移至含 96 mL 2TY/Km^{35}培养基（2TY，35 μg/mL 卡那霉素）的1 L 三角瓶中，37 ℃震荡培养过夜。

（二）沉淀噬菌体颗粒

（1）将上述培养物在 4 ℃、6 000 *g* 离心 10 min。

（2）将上清转移至另一洁净试管中，加入 1/5 体积的 PEG/NaCl 混合液［20%（*w/v*）PEG 6000，2.5 mol/L NaCl］，颠倒混匀后置于冰上 30 min。

（3）4 ℃、10 000 *g* 离心 20 min 收集噬菌体颗粒，弃上清。

（4）用 1/100 体积的 PBS 重悬噬菌体颗粒。混匀后分装至 1.5 mL 离心管中，4 ℃、16 000 *g* 离心 2 min。

（5）上清过 0.45 μm 或者 0.22 μm 滤膜后置于−20 ℃保存。长期保存则加甘油至 15%后冻存于−70 ℃。

（三）噬菌体滴度测定

（1）将噬菌体母液用 PBS 进行 10 倍梯度稀释。

（2）向各个稀释度中加入等体积的大肠埃希菌 TG1（OD_{600}=0.5~0.6），37 ℃静置孵育 25 min。同时，设置不含噬菌体溶液的对照组。

（3）涂布 2TY 固体平板，37 ℃培养过夜。根据不同稀释度上噬斑的数量计算噬菌体的滴度。通常，从含有 100~1 000 个单克隆的平板上得到的噬斑数量较为可靠。

（四）噬菌体文库的初始扩增

（1）从大肠埃希菌文库中取适当 XL1-Blue 至含有 50 mL 2TY-AG 培养基的 250 mL 三角瓶中，加四环素（Tc）至 10 μg/mL。接种物的起始 OD_{600} 以不超过 0.1 为宜。接种物的体积以 10~100 倍库容量为宜。

（2）37 ℃震荡培养至 OD_{600} 为 0.5~0.6。

（3）取 5 mL 上述培养物至另一干净的含有 4×10^9 PFU/mL 辅助噬菌体 VCSM13 的 50 mL 离心管中，37 ℃孵育 30 min，间歇震荡。此步中，噬菌体与细菌的 MOI 以 20 左右为宜。

（4）3 300 *g* 离心 10 min 收集菌体。用 25 mL 2TY-AK 培养基（2TY，100 μg/mL Amp，35 μg/mL Kan）重悬细菌后转移至 250 mL 三角瓶中，30 ℃震荡培养过夜。

（5）用 PEG/NaCl 沉淀噬菌体［参见（二）］。用所得到的噬菌体溶液梯度稀释后涂布 2TY-AG 固体平板计算噬菌体滴度［参见（三）］。从 25 mL 培养基中扩增得到的噬菌体的理论产量为（2~10）$\times10^{12}$ PFU。

三、噬菌体展示文库的筛选与鉴定

（一）噬菌体文库的筛选

（1）将新鲜纯化的靶蛋白包被在 96 孔板中，4 ℃过夜。实际使用的噬菌体的量应该是噬菌体文库库容量的 1 000 倍。例如，库容量是 10^9，则需筛选 10^{12} PFU 的噬菌体，如果噬菌体母液的浓度为 10^{12} PFU/mL，实验中用 100 μL/孔，那么靶蛋白需要包被 10 个孔。此外，还需要设置同样数量的不含靶蛋白包被的空白对照孔。

（2）弃包被液，孔板用 PBST（PBS，0.1%吐温-20）洗涤 3 次后再用 PBS 洗 3 次。洗涤时孔中加满洗涤液后静置 0.5~1 min，之后再弃掉洗涤液。

（3）用含 3% BSA 的 PBS 室温封闭 2 h，或者 4 ℃封闭过夜。

（4）弃封闭液，孔板用 PBST 洗涤 3 次后再用 PBS 洗 3 次。

（5）每孔中加入 200 μL 文库中的噬菌体（事先用含 3% BSA 的 PBS 封闭），密封孔板，室温震荡孵育 2 h。

（6）弃噬菌体溶液。孔板用 PBST 洗涤 5 次后再用 PBS 洗 5 次。

（7）每孔中加入 200 μL 洗脱液（100 mmol/L TEA），封板后室温震荡 10 min。将洗脱液转移至 50 mL 试管中，加入 1/2 体积的中和液（1 mol/L Tris-HCl，pH 7.4）。

（8）取 5~10 μL 洗脱液 10 倍稀释后涂布 2TY-AG 固体平板，测试洗脱液中噬菌体的滴度［参见“二、噬菌体展示文库的构建与扩增”的（三）］。

（9）对于大部分的噬菌体洗脱液（290~295 μL）只需要加入 4 mL 对数期的大肠埃希菌 TG1 或者 XL1-Blue，37 ℃孵育 30 min。噬菌体洗脱液最少要稀释 10 倍以降低 TEA 的毒性。

（10）将 4 mL 培养液转移至 36 mL 2TY-AG 培养基（含 10^{10} PFU 辅助噬菌体 VCSM13/mL）中，37 ℃缓慢震荡孵育 2 h。3 300 *g* 离心 10 min 收集菌体，菌体用

40 mL 2TY-AK 培养基重悬后 30 ℃震荡培养过夜。

（11）PEG/NaCl 沉淀噬菌体颗粒，并检测噬菌体的滴度。

（12）重复上述筛选过程直到富集比达到最大。噬菌体溶液可以用 0. 2 μm 的滤膜过滤后放在 4 ℃保存。通常情况下，经过 3～4 轮的筛选就能得到明显的富集。

（二）分析筛选产物

（1）将转化平板上的克隆（用于筛选噬菌体滴度鉴定）接种到含有 100 μL 2TY-AG 培养基的 96 孔板中，37 ℃震荡培养过夜。

（2）将上述孔板中的培养物以 5 μL/孔的浓度接种至另一装有 150 μL 2TY-AG 培养基的圆底 96 孔板中。转移合适浓度的接种物至 4 mL 试管中，37 ℃震荡培养至 OD_{600} 为 0. 5～0. 6。向上述孔板中每孔中加入 50 μL 60%甘油后保存在-70 ℃。

（3）向每孔中加入 50 μL 含有 2×10^9 PFU 辅助噬菌体 VCSM13 的 2TY-AG 培养基（MOI 约为 20），37 ℃孵育 30 min。

（4）500 *g* 离心 10 min，弃上清。向每孔中加入 150 μL 2TY-AK 培养基重悬细菌，30 ℃培养过夜。

（5）孔板 500 *g* 离心 10 min。取上清进行噬菌体 ELISA 测定。

（6）取 50 μL 离心后的上清加入预先包被有靶蛋白的 96 孔板中，用含 3% BSA 的 PBS 补总体积至 100 μL，室温孵育 2 h。同时设置没有包被靶蛋白的孔作为对照。

（7）用 PBST 洗涤 4 次后再用 PBS 洗涤 4 次。

（8）每孔加入 100 μL HRP 标记的抗 M13 单克隆抗体（用含 3% BSA 的 PBS 稀释 5 000 倍），室温孵育 1 h。

（9）用 PBST 洗涤 4 次后再用 PBS 洗涤 4 次。

（10）每孔加入 100 μL 显色底物，用酶标仪监测各孔在 405 nm 的吸光值。根据吸光值判断与靶蛋白具有特异性相互作用的孔。并将与此相对应的质粒进行 DNA 测序分析，由此得到与靶蛋白具有相互作用的蛋白质的信息。

第三节　噬菌体的转导能力测试

由于细菌耐药性日趋严峻，抗生素替代疗法受到越来越多研究人员的关注。其中，用噬菌体控制环境或者机体的细菌感染正变得越来越流行。学界普遍认为裂解性噬菌体或者噬菌体鸡尾酒更适合用于噬菌体疗法。但在裂解性噬菌体应用的过程中，有一个问题须引起重视：裂解性噬菌体是否会导致耐药性基因或者细菌毒力基因的传播？大量研究表明，噬菌体包装不是一个受到精确调控的过程，噬菌体可能会将宿主染色体上的基因“误包”进新组装的子代噬菌体衣壳，从而在感染新宿主的过程中将该基因传递给新宿主。这种由噬菌体介导的基因传播的过程称为噬菌体转导。噬菌体转导在溶原性噬菌体中比较常见。但越来越多的研究表明，在特殊的测试条件下，裂解性噬菌体也存在转导现象，如大肠埃希菌噬菌体 T1 和 T4。

本节将介绍一种简单的评价裂解性噬菌体转导能力的方法。整体而言，该方法包括以下 3 步：①利用染色体上带有抗性标记的宿主菌培养溶原性噬菌体和裂解性噬菌体，收获噬菌体颗粒；②分别用上述获得的溶原性噬菌体和裂解性噬菌体以较低的 MOI 感染不带抗性标记的宿主菌；③利用噬菌体抗血清中和噬菌体后，比较两种噬菌体感染后获得带有抗性转导子的概率。为叙述方便，下文以大肠埃希菌为例，将基因组上带有卡那霉素插入的大肠埃希菌标记为 *E. coli*-Km，基因组上没有抗性插入的野生型大肠埃希菌标记为 *E. coli*-Wt；将大肠埃希菌裂解性噬菌体标记为 phage-Ly，对应的溶原性噬菌体标记为 phage-Te。

一、噬菌体的制备

（一）溶原性噬菌体与裂解性噬菌体的扩增

（1）用不含卡那霉素的 LB 培养基于 37 ℃震荡培养带有抗性标记的 *E. coli*-Km 至对数生长期。

（2）取 100 μL 上述培养物分别与适当稀释度的 100 μL 溶原性噬菌体 phage-Te、100 μL 裂解性噬菌体 phage-Ly 混合于无菌试管中，37 ℃孵育 20 min。

（3）将混合物转移至 48 ℃水浴锅中。

（4）向每管中加入 4 mL 含 10 mmol/L $MgSO_4$的 0.5% LB 上层琼脂，轻轻混匀后快速铺注入 LB 固体平板。平板置于 37 ℃恒温培养箱中正置培养过夜。

（5）向有明显噬斑的平板中加入 5 mL 噬菌体缓冲液（10 mmol/L Tris-HCl, pH 7.5，含 2 g/L $MgSO_4 \cdot 7H_2O$），刮碎上层琼脂后置于 37 ℃孵育 30 min。

（6）将平板上层清液转移到另一无菌试管中，加入 1%氯仿，室温震荡 10 min 后，6 000 *g* 离心 15 min。

（7）小心取出上层清液，用 0.2 μm 无菌滤膜过滤后存储于 4 ℃。

（二）溶原性噬菌体和裂解性噬菌体的滴度确定

利用经典的噬斑法测定溶原性噬菌体 phage-Te、裂解性噬菌体 phage-Ly 的滴度。

二、溶原性噬菌体转导能力测试

（1）用 LB 培养基制备 30 mL 对数期的新鲜 *E. coli*-Wt 悬液。

（2）取 0.5 mL 对数期 *E. coli*-Wt 菌液与 2.5 mL 溶原性噬菌体 phage-Te 混合，补加 10 mmol/L $MgSO_4$后 37 ℃震荡培养 20 min。对照管用 TSB 培养基替代噬菌体溶液。

（3）孵育结束后分别计算每管中总噬菌体的量 $T1$、游离噬菌体的量 $F1$，以及存活细菌的数量 $C1$。其中，总噬菌体 $T1$ 的计算方法是：从各反应管中取 10 μL 溶液通过梯度稀释的噬斑法确定。游离噬菌体 $F1$ 的计算方法为：取 50 μL 温育混合液与 450 μL 噬菌体缓冲液混合，过 0.2 μm 无菌滤膜后利用梯度稀释的噬斑法确定。存活细菌数量 $C1$ 的计算方法是：从各反应管中取 10 μL 溶液通过稀释平板法进行确定。

（4）将温育混合物 6 000 *g* 离心 10 min，去掉上清。

（5）用 0.5 mL 含有噬菌体中和抗血清的新鲜培养基重悬细菌，37 ℃震荡培养 40 min。

（6）按照步骤（3）的方法计算温育 40 min 后总噬菌体的量 $T2$、游离噬菌体的量 $F2$，以及存活细菌的量 $C2$。

（7）取 125 μL 步骤（5）的培养物分别涂布在含有抗血清的 LB 平板（LB-S^+）、含有卡那霉素的LB平板（LB-K^+），以及普通LB平板上。平板置于37 ℃恒温培养箱中培养过夜。对照管中LB平板上应该长出大量菌落。如果对照管中LB-S^+平板与LB平板类似，长出了很多菌落则表明血清具有很好的中和活性，并且不影响细菌的正常生长。对照管中LB-K^+平板上应该没有菌落生长，否则表示有杂菌污染。

（8）统计phage-Te处理管在含有卡那霉素的LB平板上生长的转导子的数量，并与所有被感染的细菌的数量进行比较，计算转导效率。假设一个细菌只被一个噬菌体感染，那么温育40 min之后被噬菌体感染的细菌的总数应该是*T*2与*F*2之差，由此可以计算出被感染细菌的总数。

三、裂解性噬菌体转导能力测试

按照与溶原性噬菌体类似的实验方法测试裂解性噬菌体的转导效率。实验过程中，建议裂解性噬菌体转导效率的测定与溶原性噬菌体转导效率的测定同时进行。

第四节　细菌转座子文库的构建与应用

构建细菌转座子（transposon）文库是研究细菌基因功能的常用方法，也是从基因组水平定向筛选具有某种特定功能的基因或与特定表型相关基因的一种重要手段。利用转座子随机插入基因组非必须基因的特点，其也可用于噬菌体和宿主相互作用的研究。例如，可以通过构建细菌转座子文库筛选噬菌体在宿主菌表面的结合受体，以及与噬菌体侵染相关的宿主基因。本节将以利用*bursa aurealis*转座子构建金黄色葡萄球菌突变体文库为例，介绍细菌转座子文库构建的一般方法。

转座子又称跳跃基因，是染色体上具有转位能力的可移动元件。转座子的转位会导致插入位点的基因突变，影响宿主基因组大小，甚至表型变化。转座子最早于1940年在玉米中被Barbara McClintock发现，后来陆续有报道在原核生物以及其他真核生物中发现转座子。本节将以金黄色葡萄球菌T23为例，介绍细菌转座子突变体文库构建的方法。转座子Tn917因为具有较高的转座频率而被广泛地应用于金黄色葡萄球菌、变形链球菌、枯草芽孢杆菌等突变体文库的构建。但最近有研究表明，转座子Tn917具有一定的位点偏好性，而以*bursa aurealis*转座子构建的金黄色葡萄球菌突变体具有更高的位点随机性。*bursa aurealis*转座子系统包括2个质粒：编码转座子的pBursa质粒（GenBank ID：AY672109）及编码转座酶（transposase）的pFA545质粒（GenBank ID：AY672108）。pBursa质粒含有温敏型复制子（temperature-sensitive plasmid replicon，rep_{ts}）、氯霉素抗性基因*cat*、红霉素抗性基因*ermC*，以及*Aci*I和*Bam*HI的限制性酶切位点。pFA545质粒是一个穿梭质粒，含有带氨苄西林抗性（*bla*）的pSP64复制起点，可用于在大肠埃希菌中复制；同时还含有带四环素抗性（*tetBD*）的温敏型pT181复制起点（$repC_{ts}$），可在金黄色葡萄球菌和其他革兰氏阳性细菌中复制。

一、质粒的传代与转化

（一）pFA545质粒在金黄色葡萄球菌RN4220中的传代与验证

（1）将金黄色葡萄球菌RN4220在TSA平板上划线，37 ℃培养过夜。

（2）挑取单克隆于 2 mL TSB 液体培养基中，37 ℃震荡培养过夜。

（3）以 1%接种量将上述培养物转接至 200 mL 新鲜 TSB，震荡培养至 OD_{600}为 0.5。

（4）4 ℃、5 000 *g* 离心 15 min 收集细菌。

（5）弃掉培养基上清，用 40 mL 预冷的 0.5 mol/L 蔗糖溶液重悬细菌。

（6）将重悬的细菌转移至预冷的 50 mL 离心管中，4 ℃、8 000 *g* 离心 10 min。

（7）弃上清，用 20 mL 预冷的 0.5 mol/L 蔗糖溶液重悬细菌。

（8）4 ℃、8 000 *g* 离心 10 min 收集细菌。

（9）重复步骤（7）~（8）。

（10）弃上清，用 2 mL 预冷的 0.5 mol/L 蔗糖溶液重悬细菌。以每管 100 μL 分装于预冷的离心管中，保存于-80 ℃备用。

（11）取上述感受态细胞一支，加入 100~500 ng 从大肠埃希菌中抽提的 pFA545 质粒。

（12）将上述混合物转移至预冷的 0.1 cm 电转杯（Bio-Rad）中，在 V=2.5 kV、R=100 Ω、C=25 μF 的条件下完成电转化。

（13）电转结束后立即将上述混合物转移至洁净的离心管中，加入 1 mL 室温的 TSB 后 30 ℃温育 1 h。

（14）常温下，8 000 *g* 离心 3 min 收集细菌。

（15）弃上清。用残留的 50~100 μL 培养基重悬细菌，涂布在含有 2.5 μg/mL 四环素的 TSA 平板上。

（16）30 ℃培养直到出现可见的菌落。

（17）挑取可见单克隆于 5 mL 含有 2.5 μg/mL 四环素的 TSB 中，30 ℃培养过夜。

（18）取 1.5 mL 过夜培养物至洁净的离心管中，5 000 *g* 离心 3 min 收集细菌。剩余的 3.5 mL 菌液放在 4 ℃备用。

（19）用 50 μL TSM 缓冲液（50 mmol/L Tris-HCl，pH 7.5，0.5 mol/L 蔗糖，10 mmol/L $MgCl_2$）重悬细菌沉淀。

（20）向细菌悬液中加溶葡菌素（lysostaphin）至 100 μg/mL，37 ℃温育 15 min 裂解细菌。

（21）室温 8 000 *g* 离心 5 min，弃上清。

（22）利用商业化试剂盒抽提质粒 DNA。

（23）电泳检测质粒 DNA，由此可以判断转化是否成功。

（24）将含有目标转化子的克隆与 50%的冻存保护液（5%谷氨酸钠，5% BSA）混合后存储在-80 ℃备用。

（二）pBursa 质粒在金黄色葡萄球菌 RN4220 中的传代与验证

（1）按照（一）中的方法将从大肠埃希菌中抽提的 pBursa 质粒在金黄色葡萄球菌 RN4220 中传代，并进行验证。

（2）将含有目标质粒的菌株与 50%的冻存保护液（5%谷氨酸钠，5% BSA）混合后-80 ℃存储备用。

（三）传代后的 pFA545 质粒电转金黄色葡萄球菌 T23

（1）将含有 pFA545 质粒的金黄色葡萄球菌 RN4220 在 TSA 平板上划线，30 ℃培养过夜。

（2）挑取单克隆于 5 mL TSB 液体培养基中，30 ℃震荡培养过夜。

（3）取 1.5 mL 过夜培养物至洁净的离心管中，5 000 *g* 离心 3 min 收集细菌。

（4）用 50 μL TSM 缓冲液（50 mmol/L Tris-HCl，pH 7.5，0.5 mol/L 蔗糖，10 mmol/L $MgCl_2$）重悬细菌沉淀。

（5）向细菌悬液中加溶葡菌素至 100 μg/mL，37 ℃温育 15 min 裂解细菌。之后利用商业化试剂盒抽提质粒 DNA。

（6）按照（一）中的方法将传代后的 pFA545 质粒电转金黄色葡萄球菌 T23。

（7）将含有目标质粒的菌株与 50%的冻存保护液（5%谷氨酸钠，5% BSA）混合后-80 ℃存储备用。

（四）传代后的 pBursa 质粒电转金黄色葡萄球菌 T23

（1）将含有 pBursa 质粒的金黄色葡萄球菌 RN4220 在含有 5 μg/mL 氯霉素的 TSA 平板上划线，30 ℃培养过夜。

（2）挑取单克隆于 5 mL 含有 5 μg/mL 氯霉素的 TSB 液体培养基中，30 ℃震荡培养过夜。

（3）取 1.5 mL 过夜培养物至洁净的离心管中，5 000 *g* 离心 3 min 收集细菌。

（4）用 50 μL TSM 缓冲液（50 mmol/L Tris-HCl，pH 7.5，0.5 mol/L 蔗糖，10 mmol/L $MgCl_2$）重悬细菌沉淀。

（5）加溶葡菌素至 100 μg/mL，37 ℃温育 15 min 裂解细菌。之后利用试剂盒抽提质粒 DNA。

（6）按照（一）中的方法将传代后的 pBursa 质粒电转至含有 pFA545 质粒的金黄色葡萄球菌 T23。

（7）电转结束后将细菌涂布在含有 2.5 μg/mL 四环素和 5 μg/mL 氯霉素的 TSA 平板上。

（8）37 ℃培养直到出现可见的菌落。

（9）将含有两种质粒的菌株与 50%的冻存保护液（5%谷氨酸钠，5% BSA）混合后-80 ℃存储备用。

二、转座子突变文库的构建与筛选

（一）转座子文库的诱导

（1）将同时含有 pFA545 和 pBursa 质粒的金黄色葡萄球菌 T23 划线培养在含有 2.5 μg/mL 四环素和 5 μg/mL 氯霉素的 TSA 平板，30 ℃培养过夜。

（2）将 1 mL 无菌水分装到 1.5 mL 的离心管中，45 ℃预热 1 h。

（3）用无菌牙签挑取 1 个单克隆到上述预热的无菌水中，分散均匀。

（4）取 100~200 μL 上述菌液涂布在含有 25 μg/mL 红霉素的 TSA 平板上。

（5）将平板置于 45 ℃培养 2 天。

（6）将平板上的克隆分别划线接种至含有 25 μg/mL 红霉素的 TSA 平板、含有 5 μg/mL 氯霉素的 TSA 平板，以及含有 2.5 μg/mL 四环素的 TSA 平板。只在含有红霉素的平板上生长的菌落即是含有转座子插入的突变体。

（二）转座子插入位点的验证和筛选

（1）用牙签将突变体接种到400 μL含有5 μg/mL红霉素的96孔板中，37 ℃震荡培养过夜。

（2）将上述96孔板3 000 *g* 离心10 min沉淀菌体。

（3）用商业化的试剂盒提取各孔中细菌基因组DNA。

（4）取17 μL基因组DNA，与1 μL *Aci*I（NEB）及2 μL酶切缓冲液（NEB）混合，置于37 ℃温育2 h。

（5）将上述混合物在65 ℃加热20 min，使 *Aci*I失活。

（6）向上述各管中加入5 μL连接酶混合液（7.9 mL ddH_2O，1 mL 10 × T4 DNA连接酶缓冲液，0.1 mL T4 DNA连接酶），置于4 ℃温育过夜。

（7）取5 μL上述反应液作为模板，配置25 μL的PCR体系。PCR用Martn-F（5′-TTTATGGTACCATTCATTTTCCTGCTTTTTC-3′）和Martn-ermR（5′-AAACTGATTTTTAGTAAACAGTTGACGATATTC-3′）为引物，推荐反应条件为：94 ℃、30 s，94 ℃、30 s，72 ℃、3 min。

（8）取3 μL PCR反应产物用1%的琼脂糖凝胶电泳分析。

（9）将PCR产物进行序列测定以确定转座子插入的位点信息。

（10）利用NCBI数据库查找插入位点序列信息，为进一步功能研究或表型研究提供参考。

（11）利用构建好的转座子文库，可以按照研究目的进行下一步筛选。例如，要寻找对于噬菌体复制起关键作用的宿主基因，可以依次筛选与噬菌体作用后复制能力比野生型增强或者减弱的突变体，从而找到可能对噬菌体复制起关键作用的宿主基因，为下一步验证提供靶标。

噬菌体与宿主的相互作用对于揭示噬菌体作用机制以及两者之间的进化规律等有着很重要的作用，相关的研究技术有多种，各种方法的适用性也不一样。限于篇幅，本章仅介绍了比较典型的四个例子。可以预期，随着现代生物学技术的发展，将会有更多的先进工具用于测定噬菌体与宿主的相互作用。例如，CRISPR技术将为通过构建遗传突变的噬菌体或者宿主菌来进一步确定和验证噬菌体与宿主之间的相互作用提供更好的工具，数字PCR技术可用于精确测定噬菌体在复制过程中的拷贝数等。

参考文献

36 噬菌体与宿主菌的转录组学分析

——赵　霞　金晓琳

第一节　概　　述

噬菌体作为细菌的病毒，是一种严格的寄生生物，它们能够感染宿主菌并在宿主菌细胞中完成生命周期。噬菌体的生命周期从将其核酸注入宿主菌内开始，到释放出子代噬菌体。在此过程中，噬菌体需要利用宿主细胞为其提供的胞内环境、原料、能量和细胞器来完成其繁殖。为此，噬菌体发展出一套独特的机制来调控宿主菌的基因表达及代谢过程以保证其自身繁殖。为了充分利用宿主细胞条件，噬菌体甚至可以“接管”（take over）宿主细胞的代谢通路，或关闭其某种功能（shut-off functions）。噬菌体感染对宿主细胞的影响是全面而深刻的，最终结果可能使宿主菌发生“溶原性转化”，导致其基因型及表型的改变，抑或是直接引起细菌的死亡、裂解。在面对噬菌体掠夺式的侵染过程中，宿主菌绝不会无动于衷。它们在噬菌体侵染的不同阶段，都会做出一系列相应的反应以应对噬菌体的侵扰，以保全其自身的生存与繁衍。在与噬菌体长期共进化过程中，细菌甚至发展出一系列抵抗噬菌体感染的防御策略，如耐受与免疫。

噬菌体对宿主细菌的感染全过程包括吸附、基因组注入、生物合成、病毒组装和子代释放等阶段。据此，噬菌体感染可人为地分为早期、中期和晚期。早期感染为噬菌体吸附和基因组注入阶段，中期为生物合成阶段，晚期则为病毒组装和子代释放阶段。反映噬菌体从吸附宿主菌开始到释放出子代病毒一个完整复制周期内噬菌体数量变化规律的可视化表现就是一步生长曲线。

从一步生长曲线可以看出，噬菌体在敏感宿主菌体内完成一个生长周期其实只需要几十分钟，这也是设计转录组分析的观察时间只要 60~80 min 的依据。生长曲线的前十几至二十分钟是噬菌体的潜伏期或适应期，在此期间，噬菌体早期基因转录的调控及其相应蛋白质的合成已经开始，并发挥作用，但还没有大量子代病毒释放。在这段时间里，噬菌体早期基因的转录是繁忙的。随后是噬菌体繁殖的指数增殖期（20~60 min），噬菌体基因组及结构蛋白的生物合成全面展开，并组装出完整的噬菌体颗粒。在此期间，噬菌体数量呈指数级增长，噬菌体结构蛋白合成所需基因及其相关调控基因的转录是繁忙

作者单位：赵霞、金晓琳，陆军军医大学基础医学院。

的。再往后是稳定期，此时宿主细胞大部分已被裂解或溶原化整合，已没有多少未感染细胞供噬菌体繁殖，故不会有太多新的噬菌体子代颗粒释放，噬菌体总体数量变化不大。同时，噬菌体自身基因的转录已进入尾期，继续转录的基因并不多，但维持其生命之需的基因及部分调控基因仍然在转录。

不难理解，在噬菌体生长周期中，噬菌体与宿主菌上演了一场寄生与反寄生的斗争。噬菌体自身基因组按一定时序进行复制、转录、生物合成，最后才有子代病毒的组装与释放。由于噬菌体基因编码产物对宿主细胞资源的“挟持”，在此期间，宿主菌的基因转录与表达必然发生相应的改变，其转录组一定不同于未感染的细菌细胞。其中，有些改变是宿主菌针对噬菌体的侵染而发生的主动行为（高表达或者低表达）；有些改变可能是噬菌体基因产物作用（激活或抑制）的结果，也表现为高表达或低表达。

怎样才能系统性地全面观察到噬菌体与宿主菌双方基因组在一步生长曲线期间所发生的转录与表达规律呢？可基于噬菌体的一步生长曲线，设计适当的采样时间点，取噬菌体感染的细菌样本，提取总 RNA，采用组学方法，对噬菌体与宿主菌双方基因组进行具有系统性和时序性的 RNA 表达分析，此即转录组学（transcriptomics）分析。转录组分析要基于一步生长曲线来设计试验并安排采样时间点，且严格按一步生长试验设计要求安排试验。如果在试验体系中宿主菌大大多于噬菌体，释放出来的子代噬菌体有机会再进入新的宿主菌中，启动新的生长周期，就会存在多个生长周期的重叠，且各复制周期参差不齐，这将使得双方基因组表达的时序性不能被清晰地观察到。在基于一步生长曲线的转录组分析获得数据后，即可根据一步生长曲线特定时间点所对应的数据对结果进行解读。

目前，最常用的转录组学分析技术包括基因组芯片技术、RNA-seq 技术和 qPCR 技术等。

一、基因组芯片技术

通过噬菌体与宿主菌两者全基因组编码的基因，从而分析出代表每个基因的特异性序列的方法称为探针法，特异性序列称为探针（probe）。在化学合成探针过程中同时完成探针的标记，再将代表噬菌体和宿主菌双方的探针分别排列组合制作成芯片。对这样的芯片，采用芯片杂交方法检测不同时间点采样得到的 RNA 样品或通过逆转录获得的 cDNA，即可获得不同时间点双方的表达谱。再通过生物信息学分析及参考文献，即可揭示这些基因在各时间点上表达后可能肩负的生物学功能（或意义），以及在各时间点上可能存在的相互作用基因，由此可进一步绘制出相互作用网络。

二、RNA-seq 技术

RNA-seq 技术可将上述不同时间点采集到的细胞内的全部 mRNA 进行测序。将噬菌体和宿主菌基因组分别进行比对，判断出每一条序列是来自噬菌体基因的表达还是来自宿主菌基因的表达。分别收集各不同时间点噬菌体与宿主菌的表达基因，即得到他们各自的转录组信息。

三、qPCR 技术

实时定量 PCR（qPCR）技术也可用于转录组分析。对于噬菌体而言，大多数噬菌体基因组仅有几十个基因，使用 qPCR 进行转录组分析是可行的。但对于宿主菌而言，大多数细菌基因组有数千个基因，要使用 qPCR 技术进行全基因组的转录组分析就显得不现实，其成本也太高。但在使用基因芯片技术完成表达谱分析后，常常需要用 qPCR 技术进一步验证。

不管使用何种技术，在获得噬菌体转录组学基本数据后，即可清楚揭示噬菌体进入宿主菌后基因组的时序表达谱。对于宿主菌，则需要扣除未感染情况下细菌的正常基因表达，这通常是通过感染与未感染噬菌体条件下基因差异表达分析来实现的。

在噬菌体与宿主菌转录组学分析中涉及诸多技术，如噬菌体一步生长曲线的测定与绘制、不同时间点样本采集与总 RNA 提取、cDNA 制备、基因探针设计、探针合成与标记、基因芯片制备、基因芯片杂交与洗脱、阳性结果的获取、RNA 文库构建与测序、芯片与测序结果的生物信息学分析等。本章第二节至第四节将对转录组分析的 RNA 样品制备、基于基因芯片的转录组分析，以及 RNA-seq 的转录组分析，包括数据的生物信息学分析等进行介绍。

第二节　噬菌体与宿主菌转录组分析的样本制备

一、基于一步生长曲线的采样时间点安排

以铜绿假单胞菌噬菌体 PaP3-PA3 感染模型的一步生长曲线为例（图 36-1），当用噬菌体 PaP3 感染宿主菌 PA3 后，为了考察噬菌体 PaP3 感染宿主菌的一步生长期间的转录组，选择 6 个采样时间点，分别是 2 min、5 min、10 min、20 min、30 min、80 min，覆盖了一步生长曲线的全程，在各时间点采样，提取 RNA 样本进行后续试验。

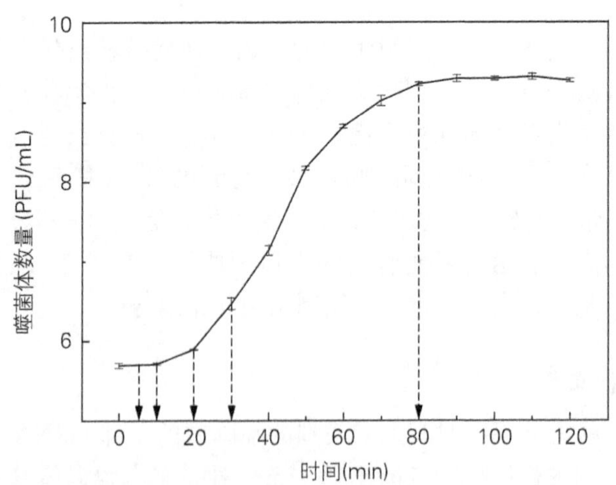

图 36-1　基于噬菌体 PaP3-PA3 一步生长曲线的采样时间点安排

箭头所示为转录组分析设计的样本采集时间点

二、噬菌体和宿主菌纯培养物的制备

（1）取宿主菌的单菌落接种于 100 mL 液体 LB 培养基中，37 ℃、120 r/min 震荡培养，OD_{600}约达到 0. 5 时加入单个噬斑，继续于 37 ℃、120 r/min 震荡培养，直至菌液呈

半澄清状（PaP3 为溶原性噬菌体，不会出现完全澄清）。

（2）向培养物中加入 DNase Ⅰ及 RNase A 至终浓度各 1 μg/mL，37 ℃水浴 30 min。此步旨在裂解培养过程中裂解细菌释放出来的 DNA 及 RNA。

（3）按 5.84 g/100 mL 加入 NaCl，充分混匀，冰浴 1 h，10 000 *g* 离心 10 min，收集上清。此步旨在去除细菌菌体及其裂解碎片。

（4）加入固体 PEG-8000 至终浓度 10%（*w/v*），充分振荡溶解，冰浴 1 h，使噬菌体颗粒形成沉淀，4 ℃、12 000 *g* 离心 10 min，弃尽上清。用 2 mL TM（Tris-EDTA 缓冲液）混悬沉淀制备成噬菌体粗制颗粒，噬菌体滴度达 1×10^{10}。

（5）取宿主菌的单菌落接种于 20 mL LB 液体培养基中，37 ℃、120 r/min 扩增培养，OD_{600}达到约 0.5 时取出，待噬菌体分时感染实验时使用。

三、噬菌体染备与采样

（1）从上述制备的宿主菌菌液 10 mL 中取出 1 mL 作为阴性对照。

（2）在其余 9 mL 菌液中加入 0.9 mL 噬菌体粗制颗粒，37 ℃、120 r/min 振摇进行噬菌体和宿主菌的共培养，在培养不同的时间点 2 min、5 min、10 min、20 min、30 min、80 min 各吸取 1 mL 共培养液进行后续的 RNA 提取。

（3）噬菌体早期、中期、晚期基因表达观察是通过抑制剂来实现的，具体做法是：将另外一管平行进行的 10 mL 宿主菌液分为两管，各 5 mL。其中一管加入终浓度 50 μg/mL 的 CM（氯霉素），37 ℃、120 r/min 震摇 5 min 后，取 1 mL 做对照，其余加入 0.4 mL 噬菌体粗制颗粒，继续 37 ℃、120 r/min 震摇培养，并于 30 min 后取 1 mL 准备提取 RNA；另外一管加入终浓度 100 μg/mL 的 PAA（磷酸乙酸），37 ℃、120 r/min 震摇 10 min 后，取 1 mL 做对照，其余加入 0.4 mL 噬菌体粗制颗粒，继续 37 ℃、120 r/min 震摇培养，并于 80 min 后取 1 mL 准备提取 RNA。

注： CM 能通过抑制病毒的翻译从而抑制噬菌体蛋白质的从头合成过程，而 PAA 能够作为 DNA 聚合酶抑制剂抑制噬菌体的 DNA 合成。在噬菌体感染中期和晚期分别是 DNA 合成和蛋白质合成的时期，通过上述抑制剂的使用，可以特异性抑制 DNA 合成相关基因（中期基因）和蛋白质合成相关基因（晚期基因）。而扣除中期、晚期表达基因后剩下的则被归类为早期表达基因，从而可实现对噬菌体的基因分期表达的观察。

四、总 RNA 提取

（1）将上述各个时间点取出的 1 mL 菌液迅速以 14 000 *g*、1 min 离心，弃上清。

（2）按照 RNA 提取试剂盒说明书操作。

（3）最后在洗脱后的 RNA 溶液里加入 0.5 mL 异丙醇，倒转充分混合，室温静置 10 min。4 ℃、12 000 *g* 离心 10 min，弃上清。

（4）加入 1 mL 75%乙醇，涡旋震荡悬浮 RNA 沉淀，4 ℃、7 500 *g* 离心 10 min，弃上清，洗涤两次。

（5）在 RNA 沉淀中加入 75%乙醇，-80 ℃保存，直至送测序公司测序分析。因为 RNA 非常容易降解，所以在提取、保存和运输过程中应注意防止 RNA 被降解。

第三节　噬菌体-细菌相互作用的基因组芯片转录组分析

转录组是特定物种、组织或细胞类型转录的所有 RNA（转录本）的集合，包括 mRNA 和非编码 RNA（non-coding RNA）。非编码 RNA 又包括 tRNA、rRNA、snoRNA、microRNA、piRNA 和 lncRNA 等。通过比较转录组或基因表达谱的研究以揭示生物学现象或疾病发生的分子机制是高通量组学研究的一个常用策略。利用高通量测序技术研究转录组在全面快速得到基因表达谱变化的同时，还可以通过测定的序列信息精确地分析转录本的 cSNP（编码序列单核苷酸多态性）、可变剪接等序列及结构变异，另外对于检测低丰度转录本和发现新转录本具有独特的优势。目前研究转录组的方法主要 3 类：①基于寡核苷酸片段杂交的基因芯片技术（gene microarray）；②基于 Sanger 测序法的 SAGE 技术（serial analysis of gene expression）和大规模平行测序技术（massively parallelsignature sequencing，MPSS）；③基于第二代测序的 RNA-seq 技术。在噬菌体与宿主菌的相互作用研究中，最常用的是基因芯片技术和 RNA-seq 测序技术。

一、基因芯片技术

在转录组研究中应用最早及最为广泛的是基因芯片技术。该技术首先从待检测样本中提取 RNA，并利用荧光或放射性标记的核苷酸将其逆转录为 cDNA，即获得经过标记的核苷酸序列。同时，将事先设计的全基因组探针点制在基因组芯片上，然后将标记的 cDNA 与基因芯片特定位点上的探针杂交，通过检测杂交信号而获取样本中的基因表达情况。下面以 PaP3-PA3 感染模型为例，具体介绍芯片杂交技术的操作流程。

（一）样品 RNA 的质检和纯化

由于 mRNA 在总 RNA 样品中仅占 1%～3%，而 rRNA 则占总 RNA 样品 80%以上，因此在进行 RNA 标记之前需要先对提取的总 RNA 进行定量后再去除 rRNA。以 PaP3-PA3 感染模型为例，抽提所得总 RNA 经电泳质检合格后使用 RNeasy mini kit 和 RNase-Free DNase Set，纯化总 RNA，于−80 ℃冻存直至送芯片检测公司分析检测，以下流程均由公司完成。

（二）样品 RNA 的放大和标记

实验样品 RNA 采用 Agilent 表达谱芯片配套试剂盒——含 Low RNA Input Linear Amplification kit、5-（3-a minoallyl）-UTP、Cy3 NHS ester 三种试剂，并按试剂盒说明书对样品总 RNA 中的 mRNA 进行放大和标记，并用 RNeasy mini kit 纯化标记后的 cRNA。

（三）DNA 芯片的构建

所用芯片为委托上海伯豪生物技术有限公司设计并合成的 Agilent 单通道表达谱芯片，共有 14 900 条 60 mer 长度的 Oligo DNA，其中 142 条 Oligo DNA 是根据噬菌体 PaP3 的71 个基因的正、负链设计的特异性探针，其余为 14 758 条 Oligo DNA 根据铜绿假单胞菌全基因组的正、负链设计的特异性探针。点制在芯片上的样品还包括另外 59 个质量控制探针。

（四）芯片杂交与清洗

按照 Agilent 表达谱芯片配套提供的杂交流程和配套试剂盒的说明书进行。利用 Gene Expression Hybridization Kit（Cat#5188-5242，安捷伦科技有限公司，美国），在滚动杂交炉 Hybridization Oven（Cat#G2545A，安捷伦科技有限公司，美国）中以 65 ℃、10 r/min 滚动杂交 17 h。杂交 cRNA 上样量 1. 65μg，并在洗缸（Cat#121，赛默飞世尔科技有限公司，美国）中洗片，洗片所用的试剂为 Gene Expression Wash Buffer Kit（Cat# 5188-5327，安捷伦科技有限公司，美国）及 Stabilization and Drying Solution（Cat#5185-5979，安捷伦科技有限公司，美国）。

（五）芯片结果扫描与数据分析

完成杂交和洗片的芯片采用 Agilent Microarray Scanner（Cat#G2565BA，安捷伦科技有限公司，美国）进行扫描，用 Feature Extraction Software 10. 7（安捷伦科技有限公司，美国）读取数据，软件设置 Scan resolution = 5 μm, PMT = 100%，最后采用 Gene Spring Software 11. 0（安捷伦科技有限公司，美国）进行归一化处理，所用的算法为 Quantile。实验中每个基因均有 3 次重复，利用 SAM（Significant Analysis of Microarray）软件进行分析，$p<0.01$，假阳性率 FDR 控制在 5%以内，再以倍数差异（foldchange）>2 倍标准筛选差异表达基因，倍数差异为在数据处理中将待比较的两个标准化以后的信号相除所得的值，即 foldchange = signalA/signalB。

二、差异表达基因的分析

通过上面基因芯片检测结果，即可知道噬菌体在一步生长曲线的不同时间点或不同生长周期（早期、中期、晚期）中的基因表达情况。对于宿主菌的表达谱而言，因为宿主菌在正常情况下也是有基因表达的，所以需要将未感染和感染噬菌体二者的表达谱加以比较分析，找出其差异表达基因。采用 Benja mini-Hochberg 法对差异基因表达筛选的 p 值进行校正，并用 q 值表示。最后选择 $q<0.05$ 的基因作为差异表达基因。基于已有的差异分析数据，提取出待分析的目标基因，将五个时间点的分组分别与对照（无噬菌体感染的 PA3 菌液）组进行比较，按照比较信息进行相应的分组并去除重复，得到每个时间点的差异表达基因，用于后续的 KEGG（kyoto encyclopedia of genes and genomes）代谢通路与 GO（gene ontology）功能分析。

第四节　噬菌体-细菌相互作用的 RNA-seq 转录组分析

RNA-seq 是转录组测序技术，就是把 mRNA、小 RNA 和非编码 RNA 等或者其中的一些，用高通量测序技术把它们的序列检测出来。基于 Illumina 高通量测序平台的转录组测序技术，可在单核苷酸水平对任意物种的整体转录活动进行检测。在分析转录本结构和表达水平的同时，还能发现未知转录本和稀有转录本，精确地识别可变剪切位点及 cSNP，提供最全面的转录组信息。相对于传统的芯片杂交平台，转录组测序无须预先针对已知序列设计探针，即可对任意物种的整体转录活动进行检测，有更高的检测通量以及更广泛的检测范围，是目前深入研究转录组复杂性的强大工具。其分析流程如下。

一、原始数据获取

（一）文库构建

分组设计及总 RNA 提取同本章第二节所述，去除总 RNA 中的 rRNA 后，加入片段化缓冲液将 mRNA 超声打断成 100～500 nt 的短片段。以 mRNA 为模板，用六碱基随机引物合成 cDNA 第一链。去除 dNTP 后，加入缓冲液、dATP、dGTP、dCTP、dUTP、RNase H 和 DNase Ⅰ合成 cDNA 第二链，在经过 QiaQuick PCR 试剂盒纯化并加 EB 缓冲液洗脱之后进行末端修复，加 polyA 并连接测序接头，然后用 UNG 酶消化 cDNA 第二链。连接产物经 MiniElute PCR Purification Kit 纯化后，进行 PCR 扩增建库，用 Illumina HiSeq2000 对文库进行序列测定。

（二）数据处理与分析

经过下列数据处理步骤以去除杂质读数：①去除含接头的读数；②去除 N 比例大于 10%的读数；③去除低质量读数（质量值 $Q \leqslant 20$ 的碱基数占整个读数的 40%以上）；④获得经过过滤的原始数据用于后续分析。参考基因组 PaP3（NC_004466.2）和 PAO1（NC_002516.2）及它们的注释基因信息均从 NCBI 数据库下载。使用短读长比对软件 SOAPaligner/soap2 将 clean reads 分别与参考基因组和参考基因序列比对，统计出数据比对结果并对测序的随机性进行评价。

（三）基因差异表达分析

基因表达量的计算使用 FPKM 法（reads per kilobase of exon model per Million mapped reads），即每 100 万个读长中，能对比落到外显子上的 1 000 bp 以内的读长数量。FPKM 法能消除基因长度和测序量差异对计算基因表达的影响，计算得到的基因表达量直接用于比较 6 个样品间的基因表达差异，并通过差异检验的 FDR 值（false discovery rate）进行多重检验校正。以未感染噬菌体的细菌作为对照，差异表达基因定义为 FDR≤0.001 且基因表达量倍数在 2 倍以上的基因。

（四）新转录本的预测

挑选出长度大于 150 bp 且平均覆盖度大于 2 的基因间区，再从中找出位于基因间区（一个基因 3′端下游 200 bp 到下一个基因 5′端上游 200 bp 之间的区域）的潜在区域作为候选的新转录本。

（五）小 RNA 分析

从潜在基因中挑选出长度大于或等于 100 bp 且平均覆盖深度不小于 2 的 gene model，再从中找出位于基因间区（一个基因 3′端下游 100 bp 到下一个基因 5′端上游100 bp之间的区域）的潜在 gene model 作为新转录本，再跟蛋白质库（NR）比对，比对不上的作为候选 sRNA。候选 sRNA 与已知数据库（sRNAMap、sRNATarBase、SIPHT 和 Rfam 数据库）比对得到注释，其中前三者基于序列相似性的原理进行 blast 比对，Rfam 基于保守二级结构进行 Infernal 比对。候选 sRNA 进行二级结构预测（RNAfold 软件）及靶基因预测（IntaRNA 软件）。

二、差异表达基因功能及代谢通路富集分析

在得到差异表达基因之后，便可对差异表达基因进行 GO 功能注释和 KEGG 代谢通路分析。

在 GO 功能注释中，对全部差异表达基因（差异基因集）的每个基因进行 GO 功能注释，并建立起相应的统计模型，分析整个差异基因集中最显著的 GO 功能，从而最大限度地挖掘与噬菌体感染最相关的特定的 GO 功能。首先计算这些差异基因在 GO 分类中各个分支（分子功能、生物过程和细胞组成）的超几何分布关系。在 GO 功能注释的过程当中，对各个差异表达基因所属的 GO 功能返回一个表现显著性的 p 值，$p<0.05$ 时说明这个差异基因在这个 GO 功能分支条目中出现了有意义的显著性富集。再通过差异基因的 GO 功能注释，即可以找到差异基因显著富集的 GO 功能条目，寻找不同样品的差异基因可能和哪些细菌生物学功能的改变有关。

（一）基因功能注释

GO 功能注释可分为 3 个分支：分子功能（molecular function）、生物学过程（biological process）及细胞组成成分（cellular component），它常被用于提供基因功能分类标签和基因功能研究的背景知识。根据 GO 数据库，可以通过物种和基因信息来查找对应基因的 GO 功能信息，从而得到差异基因的 GO 注释信息，即基因的功能信息。

根据差异基因的 GO 功能注释，将某一 GO 功能中包含的所有铜绿假单胞菌基因作为背景基因，根据归属于该功能条目的差异基因占背景基因的比例和差异表达程度，使用超几何分布法计算 p 值，以 $p<0.05$ 为显著性阈值，分别得到相对于背景具有统计意义的高频率 GO 功能条目，从而得到差异基因集合在 GO 类别上的分布信息和显著性情况。

显著性计算方法采用超几何分布(hypergeometric distribution) 法，它是统计学上的一种离散型的概率分布。超几何分布描述的是：在不归还的条件下，从有限个物件中抽出 n 个物件，成功抽提出指定种类物件的次数。

（二）差异基因的 KEGG 代谢通路分析

以 KEGG 代谢通路数据库（http://www.genome.jp/）为基础，将差异基因与各自归属的 KEGG 代谢通路进行注释，最后对各个代谢通路中的差异基因集合进行基于 KEGG 数据库的生物通路富集分析，根据每个代谢通路中富集的差异基因的数量和差异表达程度，计算差异代谢通路的显著性，从而提取出与噬菌体感染最相关的代谢通路。具体的分析方法如下：

（1）各个差异基因的 KEGG 代谢通路注释。

（2）显著性计算方法：采用 Fisher Exact Test 计算 p 值，以 $p<0.05$ 作为显著性阈值，得到差异基因的集合相对于背景（全基因组中归属于某一条 KEGG 代谢通路的全部基因）具有统计意义的代谢通路。

（3）显著性校正方法：FDR 校正（q 值）。

（三）GO 功能注释和 KEGG 代谢通路分析实例

以噬菌体 PaP3 与宿主 PA3 的相互作用分析为例，上述分析的 2 160 个 PA3 差异表达

基因一共涉及 112 条 KEGG 代谢通路。利用 Fisher Exact Test 抽提出了其中 18 条显著改变（$p<0.01$）的代谢途径进行分析，见图 36-2。这 18 条代谢途径仅涉及两个参与脂质代谢的上调基因（PA0631 和 PA3589），其余全部为下调基因。根据 18 个代谢途径的 p 值，绘制了下面的热图图 36-2，p 值小于 0.01 用红色表达。由图可知，在噬菌体感染的不同时期，被抑制的代谢途径是完全不同的。而在同一个感染时期的不同时间点，代谢途径存在交集。如 5 min 和 10 min 的差异代谢途径最不相同，20 min 和30 min 的差异代谢途径最为相似，80 min 涉及的代谢途径与感染中期的差异代谢途径存在交集。这说明，噬菌体 PaP3 感染导致宿主差异表达的代谢途径具有感染阶段依赖性。在感染的5 min 差异表达的代谢途径主要涉及细菌的碳源代谢，如萘的降解，丙酮酸盐和丁酸代谢。而细菌运动相关的代谢功能主要在感染的第 10 min 被抑制。而在感染的20 min和30 min，宿主菌 PA3 被噬菌体抑制的代谢途径是最广泛的，涉及次生代谢产物，香叶醇的降解和氨基酸的生物合成等，其中差异最显著的代谢途径是香叶醇的降解和维生素 B_6 代谢（表 36-1）。

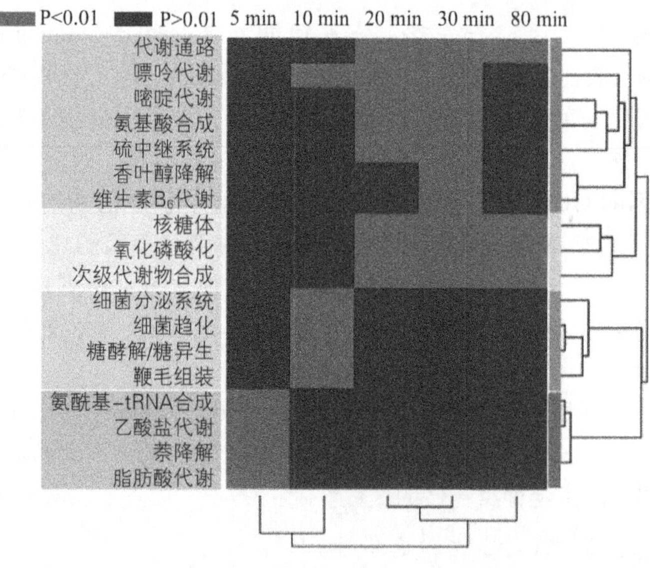

图 36-2 彩图

图 36-2　差异表达基因的 KEGG 代谢通路分析

此热图表示各个时间点显著差异表达的 KEGG 路径的 p 值，红色表示 $p<0.01$，蓝色表示 $p>0.01$

表 36-1　显著差异表达的 KEGG 代谢通路

KEGG 代谢通路	5 min	10 min	20 min	30 min	80 min
氨酰基-tRNA 合成	0.002847	0.0381	0.01103	0.07519	0.8436
细菌趋化	0.1818	0.004459	0.2288	0.452	0.7706
细菌分泌系统	1	0.001407	0.001041	0.002264	0.6869
氨基酸合成	0.5637	0.05282	8.04E-08	1.55E-07	0.1147
次级代谢物合成	0.8472	0.1228	5.41E-05	3.8E-05	0.00452
乙酸盐代谢	0.003654	0.7211	0.4368	0.2782	0.1253
脂肪酸代谢	0.009829	0.4029	0.5599	0.3825	0.02331
鞭毛组装	0.1271	0.000191	0.03886	0.08688	0.1795
香叶醇降解	0.4727	0.2349	0.01203	0.000248	0.6948

（续表）

KEGG 代谢通路	5 min	10 min	20 min	30 min	80 min
糖酵解/糖异生	0. 07829	0. 006753	0. 01245	0. 0508	0. 3593
代谢通路	0. 8949	0. 2031	2. 47E-08	3. 81E-13	0. 001815
萘代谢	0. 008149	0. 05892	0. 1772	0. 1984	0. 1416
氧化磷酸化	0. 1615	0. 209	1. 5E-05	1. 21E-06	3. 06E-11
嘌呤代谢	0. 04464	0. 007815	5E-10	9. 53E-12	0. 04657
嘧啶代谢	1	0. 2057	1. 6E-08	8. 18E-11	2. 2E-16
硫中继系统	0. 01899	0. 02263	0. 000106	1. 14E-05	1
维生素 B_6 代谢	0. 5726	0. 2341	0. 005584	0. 000695	1

值得注意的是，铜绿假单胞菌的核糖体代谢途径受到的噬菌体感染的抑制时间持续最长、最严重。从 20 min 一直持续到 80 min，p=1. 6E-08～2. 2E-16。铜绿假单胞菌的核糖体代谢路径一共涉及 70 个基因，主要参与编码核糖体蛋白和 rRNA，其中有 43 个基因在噬菌体感染的 20～80 min 出现了下调。此外，细菌的氧化磷酸化途径在噬菌体感染中期也被非常显著地抑制，p=1. 1E-05～3. 1E-11，主要涉及编码 NADH 脱氢酶、F 型 ATP 酶、琥珀酸脱氢酶、细胞色素 c 还原酶和细胞色素 c 氧化酶的基因。

为了对这些差异表达基因的功能有更全面的认识，笔者团队综合 PseudoCAP 的注释信息进行了分析。PseudoCAP 数据库是专门注释铜绿假单胞菌基因功能的数据库。各个时间点的差异表达基因一共涉及 27 个 PseudoCAP 功能条目（表 36-2）。根据不同的时间点，计算各个功能条目中聚集的基因占该条目总基因数目的百分比，从而得出被噬菌体 PaP3 影响的最显著的细菌功能。由图 36-3 可知，细菌涉及翻译、翻译后修饰以及碳源代谢的功能在噬菌体感染 5 min 和 10 min 被抑制。细菌细胞分裂功能在噬菌体感染的 5 min 时没有被抑制，而是在 10～30 min 受到抑制。和上述 KEGG 分析结果一致，噬菌体感染的20 min和 30 min 的图形是非常相似的，涉及最广的基因条目，其中有 8 个功能是被明显抑制的（图中☆标记），差异基因占比大于 40%。在 20 min 和 30 min 被抑制最显著的前三种功能是脂肪酸和磷脂的代谢，小分子的转运与氨基酸的生物合成和代谢。

表 36-2　不同的 PseudoCAP 功能包含的差异基因数量

PseudoCAP 功能	总计	5 min	10 min	20 min	30 min	80 min
		上调/下调	上调/下调	上调/下调	上调/下调	上调/下调
适应性，保护性	179	13/0	40/0	78/1	78/0	22/2
氨基酸合成和代谢	239	23/1	86/1	150/0	160/0	21/0
抗生素耐药性和敏感性	55	2/1	7/0	13/0	22/0	2/2
辅助因子、辅基和载体的生物合成	160	13/0	42/0	95/0	103/0	8/0
碳化合物分解代谢	172	12/1	33/2	69/2	74/4	5/4
细胞分裂	29	0/0	8/0	22/0	19/0	3/0
细胞壁/脂多糖/囊泡	182	17/165	44/1	80/3	88/1	12/5
细胞中间代谢	99	7/0	20/0	47/0	50/0	10/0
伴侣蛋白和热休克蛋白	56	1/0	11/0	29/2	30/0	10/0
趋化性	64	5/0	26/0	31/0	32/0	3/0
DNA 复制、重组、修饰和修复	88	4/0	27/0	49/0	50/1	9/0

（续表）

PseudoCAP 功能	总计	5 min	10 min	20 min	30 min	80 min
能量代谢	206	20/0	48/0	116/0	128/0	35/1
脂肪酸和磷脂代谢	62	14/1	22/2	35/1	37/1	7/0
功能未知	2001	215/3	529/10	801/16	857/17	97/12
膜蛋白	675	45/2	129/5	234/14	233/13	25/4
能动性和吸附	121	20/0	58/0	73/3	68/1	10/3
非编码 RNA 基因	105	2/0	5/1	13/0	16/2	6/2
核苷酸的生物合成和代谢	87	5/0	21/0	57/0	67/0	10/0
蛋白质分泌/外排装置	124	2/0	18/0	30/0	40/0	5/1
假定的酶	473	36/3	84/3	150/1	168/2	14/10
噬菌体、转座子或质粒相关	65	3/1	4/1	12/2	13/0	3/0
分泌因子（毒素、酶、藻酸盐）	105	5/1	15/0	32/0	28/0	4/1
转录、RNA 加工和降解	55	3/0	12/0	38/1	37/1	12/1
转录调控子	476	61/0	144/1	178/5	176/6	24/4
翻译，翻译修饰，降解	197	7/0	38/0	135/1	151/0	71/0
小分子输运	597	43/4	124/5	231/4	236/9	22/5
双组分调节系统	121	11/0	37/0	53/0	51/1	7/0

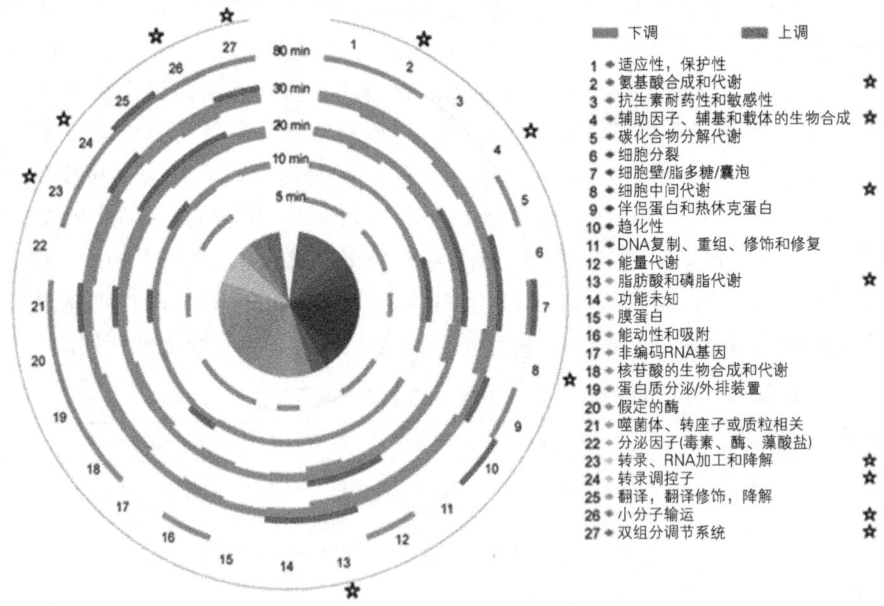

图 36-3 彩图

图 36-3 差异表达基因的 PseudoCAP 功能分析

所有的 2 160 个差异表达基因共涉及 27 条 PseudoCAP 功能条目。根据不同的时间点，计算各个功能条目中聚集的基因占该条目总基因数目的百分比，从而得出每一个时间点被噬菌体 PaP3 影响的最显著的细菌功能。每一圈代表一个时间点，☆为噬菌体感染中期被显著影响的功能

噬菌体的增殖完全依赖于宿主的细胞资源，这个过程涉及多种宿主蛋白质、分子功能和细胞通路。噬菌体通过特异的受体感染特定宿主菌，多项研究表明，噬菌体也能通过特定的噬菌体蛋白质与宿主蛋白质的相互作用攻击宿主特定的功能。例如，T7 噬菌体的早期蛋白 Gp0. 4 能通过与大肠埃希菌的 FstZ 相互作用直接抑制大肠埃希菌的细胞分

裂。一项关于噬菌体 C2 和乳酸乳球菌相互作用的研究清楚地显示，噬菌体感染早期具有能诱导宿主参与细胞膜渗透的反应机制。这和笔者团队的分析结果是一致的，PseudoCAP 功能分析也表明，噬菌体 PaP3 感染早期的差异表达基因也参与了细胞膜相关的功能（细胞壁/脂多糖/胞膜）。

笔者团队的研究发现了感染阶段依赖的、差异表达的 KEGG 代谢通路：碳源和动力相关的代谢途径在噬菌体感染的初期被抑制，而蛋白质合成和能量代谢分别在感染的中期和晚期被抑制。最早出现差异表达的代谢途径与碳源代谢相关，如丙酮酸代谢。此前的一项研究表明，在噬菌体感染早期，由于丙酮酸氧化效率的降低，病毒的吸附及核酸注入会抑制细菌的丙酮酸代谢。碳源的新陈代谢为细菌的快速生长提供了燃料，在控制细胞死亡过程中起着关键作用。

噬菌体 PaP3 在感染宿主的 5 个时间点，一共诱导了 40 个宿主基因出现上调表达。根据上图的 PseudoCAP 分析可知，这 40 个上调基因一共参与了 14 种 PseudoCAP 功能类别。在噬菌体感染的 20 min 时上调基因涉及最广泛的功能，一共有 9 个，包括细胞壁/脂多糖/胞膜、翻译，以及与噬菌体、转座子或质粒相关的功能。这说明，噬菌体 PaP3 在细菌细胞内的复制需要大量的蛋白质原料，因而需要大量激活宿主菌的翻译机制。在这些上调基因中，ORF0908 能编码一种与抗生素应激反应的未知蛋白质，这提示该基因编码的这一未知功能蛋白可能与宿主菌对噬菌体感染的阳性应答相关。接着，笔者团队对这些上调基因进行了 GO 功能注释，由于不同基因的 GO 功能存在一定程度的交集，笔者团队构建了这 40 个基因的 GO 功能交互网络，其中交互作用最强的 GO 功能说明是噬菌体诱导最强的细菌生物学功能。如图 36-4 所示，这 40 个基因一共涉及 87 个 GO 功能，这些功能之间形成一个有 372 个相互作用的网络。其中最集中的功能是“毒性底物应激反应”，其次为“氧应激反应”。由此可见宿主细菌在噬菌体感染过程当中也采取了积极的反抗措施，而这些反抗措施是与细菌对毒性底物应激及氧应激存在交集的。

三、噬菌体与宿主菌转录组水平的相互作用网络

近年来，高通量的基因表达数据呈现爆发性增长，使人们能在全基因组水平研究基因功能。具有相似功能或者在同一代谢通路中的基因，在不同时间或者生理条件下往往表现出相同的表达模式。然而基因聚类分析的过程比较主观，往往会忽略基因与基因之间的相互作用，并且从中获取的信息量非常有限。此外，很多研究尝试利用线性回归、贝叶斯网络和布林网络模型从芯片数据中提炼基因调控网络，但是这些方法成功的案例很少，并且数据量必须足够大。近年来，作为一种介于粗糙的聚类分析与详细的网络分析之间的基因共表达网络分析发展迅速，通过这种方法，研究人员得到了很多有趣的结果。基因共表达网络图表示的是一种非直接的关系：网络图中的节点代表不同的基因，基因之间的连线代表显著的共表达关系。基因共表达网络分析最重要的应用之一是通过亚网络来识别功能基因模块。

噬菌体基因与宿主的其他基因之间的相互作用在诠释噬菌体-宿主相互作用机制中同样具有重要意义。噬菌体的基因表达是分时期的，根据噬菌体基因在整个感染时期的表达时序，可将其分为早期、中期和晚期基因。其中，早期基因大多数为功能未知的基因，已知的功能多针对转录调控功能；中期基因主要涉及 DNA 复制相关的基因；晚期基因以

图 36-4 彩图

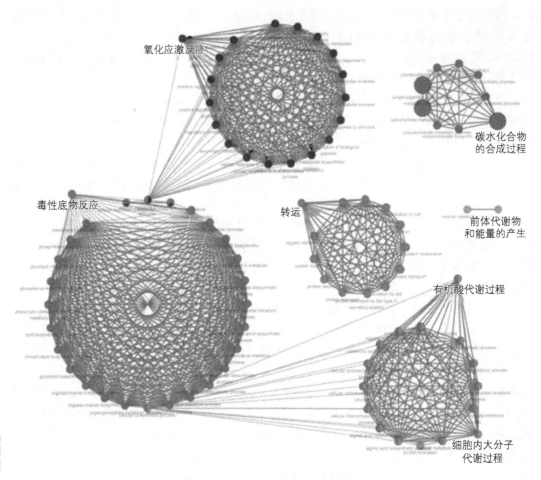

图 36-4　GO 网络分析噬菌体诱导的上调基因

40 个基因一共涉及 87 个 GO 功能，这些功能之间形成一个有 372 相互作用的网络。数据可视化由 ClueGO/CluePedia 完成，参数设置为：K-score>0.4，$p<0.05$

编码噬菌体的结构蛋白和裂解酶的基因为主。为了能利用不同时期噬菌体的感染事件来推导某些未知基因的功能，可根据噬菌体不同的感染阶段来构建分时期的共表达网络。例如，感染中期为噬菌体的生物合成期，那么感染中期的共表达网络可能是一个参与生物合成的网络，处于网络调控中心的基因可能是调控噬菌体生物合成的关键基因。分析方法如下。

在统计学中，通常会采用 Pearson 相关系数来确定两个随机变量之间的线性相关关系。Pearson 相关系数计算公式为

$$p(X, Y)=\frac{\sum_{i=0}^{m-1}[(x_i-x)(y_i-y)]}{\sqrt{\sum_{i=0}^{m-1}[(x_i-x)]^2}\sqrt{\sum_{i=0}^{m-1}[(y_i-y)]^2}}$$

已知 $X=(x_0, x_1, \ldots, x_{n-1})$，$Y=c(y_0, y_1, y_2, \ldots, y_{n-1})$，其中 X、Y 都是 n 维随机变量。

考虑到随机因素的影响较大，如果仅使用 Pearson 相关系数的统计方法并不严格，因

此，当样品数 n 较少时（如 $n<8$），采用混洗方法来计算 p 值，从而做进一步筛选。其原理为：首先，计算一次原有两个基因的相关性值作为标准 c，然后在样品间混洗后，每次计算一次相关性值，共 $n!$ 次。将所有得到的相关性值排序，得到原有相关性值所占位置的比例，也就是 p 值，最后将所有混洗结果超过标准 c 的次数除以 $n!$。需要说明的是，两个基因同时进行混洗的结果与一个基因混洗另一个基因保持不变效果是一样的。当样品数较多时（如 $n>8$ 时），则采用计算 z-score 值的方法，进而得到 p 值。z-score 的计算过程为：将样品随机打乱 10 000 次，计算 z-score 值，具体步骤如下。

（1）获取所有基因的表达值。

（2）计算基因与基因之间的相关性与 p 值，并进行筛选。筛选条件 $|cor|>0.99$（cor 为正数说明两个基因间为正相关关系，cor 为负数时说明为负相关关系）。

（3）根据筛选阈值绘制基因的共表达网络图。

首先根据噬菌体的一步生长曲线，对噬菌体的感染时期进行了分期——早期、中期和晚期。接着分别对各个感染时期进行差异基因分析，并筛选出每个时期所包含的时间点的差异基因的交集，计算噬菌体基因和宿主基因间的相关系数和 p 值。最后设置选择相关系数和 p 值阈值，筛选出的相互作用基因进行数据可视化。可视化可利用 Cytoscape 软件完成。

以噬菌体 PaP3 与宿主 PA3 的相互作用分析为例，为了分析不同的噬菌体基因产物在不同的感染阶段的生物学功能，笔者团队进行了分时期的噬菌体-宿主的共表达分析。筛选出来的有意义的（$p<0.01$，$|cor|>0.99$）相互作用基因对之间全部为正相关关系。这就意味着存在于同一个网络中的基因之间可能具有相似的生物学功能或者参与同一条代谢途径。相互作用的强度用 k 值表示，k 值越高，说明一个基因的相互作用强度越大，即该基因能与较多的基因存在相关性。表现在网络图中，k 值越大的基因，图形越大（图 36-3）。

笔者团队首先对网络中的亚网络进行了分析，发现噬菌体基因 *ORF68* 和 *ORF59* 能与细菌参与能量代谢的三组操纵子所包含的多数基因聚集在同一个小网络中，如 nir 与 nor 参与反硝化过程中的脱氮反应，pntAA-pntB 操纵子介导依赖于能量的 $NADP^+$ 与 NADH 相互转化。而 *ORF68* 与 *ORF59* 处于这些网络的中心，提示这两个基因可能参与对宿主能量代谢的调控（图 36-5A 和图 36-5B）。在噬菌体 PaP3 中，有 3 个 DNA 复制相关的基因具有功能注释：*ORF32*、*ORF39* 和 *ORF40*，它们分别编码 DNase Ⅰ、DNase Ⅱ及引物酶/解旋酶。而在绘制的互作网络中，铜绿假单胞菌的三个参与 DNA 复制、重组、修复和修饰的基因——*dnaN*、*recF* 和 *gyrB* 正好存在于以 *ORF32*、*ORF39* 和 *ORF40* 为中心的调控网络中。这一结果说明利用共表达网络来分析未知基因功能是可行的。而 *ORF67* 在 3 个感染阶段都表现出与宿主的 dnaN、gyrB 和 recF 存在相关性，由此推测，*ORF67* 在调控宿主 DNA 复制和修复过程中具有重要作用。

笔者团队接着将 *ORF*68、*ORF*59 和 *ORF*67 翻译成蛋白质序列进行 BLAST 分析。结果显示，*ORF*68 与 *ORF*58 分别与两种能量相关的酶类存在一定程度的相似性：霍乱弧菌中的甘油氧化还原酶 A 链（同源性为 30%）和肠杆菌的 GTP 酶（同源性为 38%）。*ORF67* 与人类的拓扑异构酶Ⅰ-DNA 酶复合物的 A 链存在相似性（同源性为 67%），而拓扑异构酶Ⅰ-DNA 酶复合物是与 DNA 复制修复密切相关的。这些结果也为推测这些基因功能提供了证据。

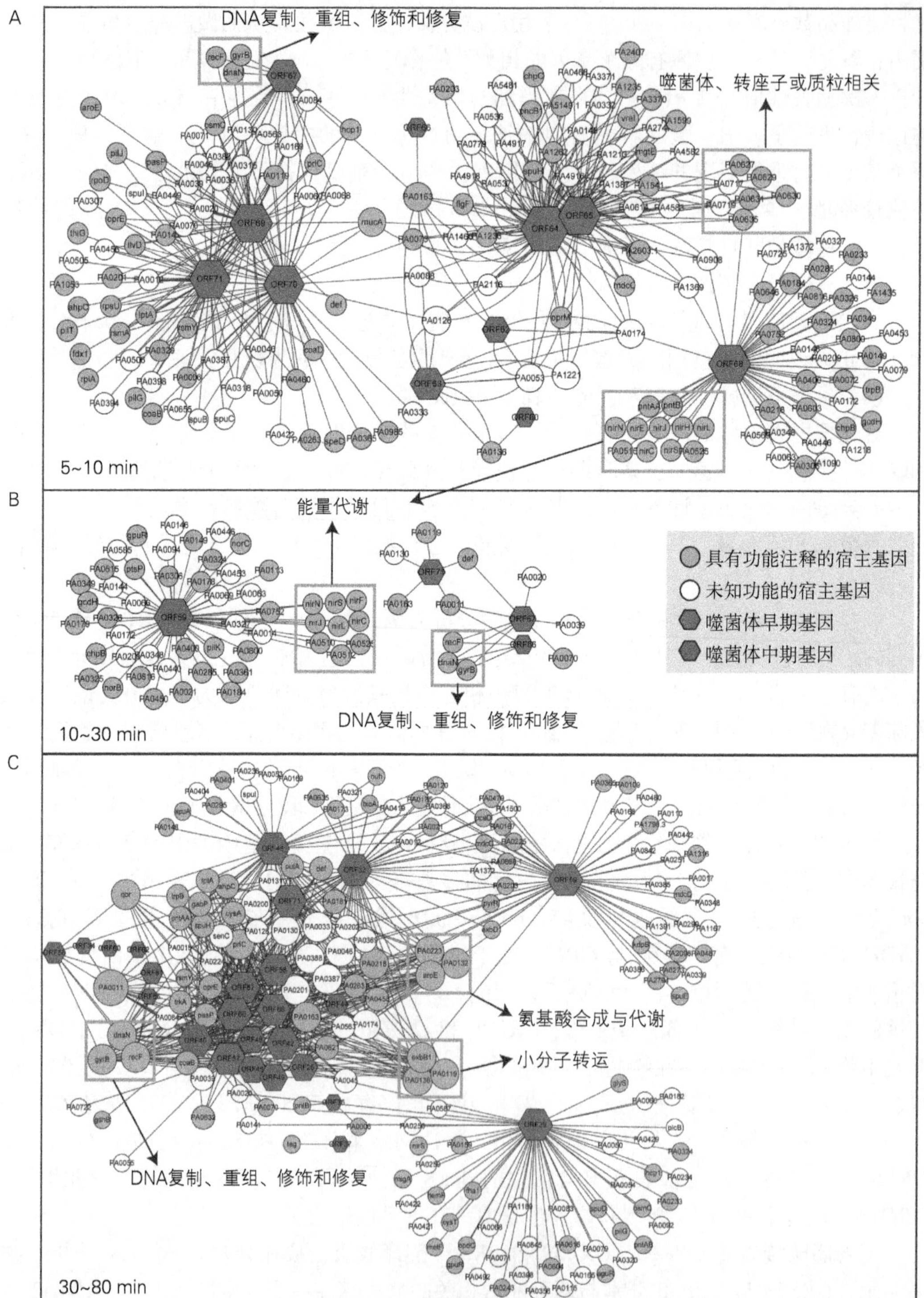

图 36-5 彩图

图 36-5　噬菌体 PaP3 与宿主基因间的相互作用网络

A.噬菌体感染早期（5~10 min）的相互作用网络；B.噬菌体感染中期（10~30 min）的相互作用网络；C.噬菌体感染晚期（30~80 min）的相互作用网络。六边形代表噬菌体基因，圆形代表铜绿假单胞菌基因。红色、紫色和黄色分别代表 PaP3 的早期、中期和晚期基因；白色和蓝色分别代表铜绿假单胞菌功能未注释的基因和已知功能的基因。图形的大小表达其相互作用的强度，强度越大说明与越多的基因存在联系除了这些特定的功能聚类外，大多数噬菌体基因表现出与多种功能的宿主基因之间存在相关性。这说明噬菌体的基因可能编码多功能的产物，实际上也确实如此，很多研究都发现了具有多重功能的噬菌体蛋白质。噬菌体基因组很小，要想控制庞大的宿主菌，就必须要一个蛋白质来实现多重用途。PaP3 的基因命名是根据其在基因组上的位置顺序命名的。我们发现一个有趣的现象，位置相邻的噬菌体基因倾向于聚类在同一个网络中，如 *ORF64*、*ORF65*、*ORF66*、*ORF68*、ORF69 和 *ORF71*。网络中的具有高 k 值的宿主基因说明可能是噬菌体调控的热点基因。这些热点基因主要涉及细菌的氨基酸合成/代谢、DNA 复制/修复/重组/修饰及小分子转运。

参考文献

37 噬菌体遗传改造技术

——王 竞 乐 率

近年来，随着噬菌体治疗、噬菌体生态学、噬菌体基因组学的飞速发展，越来越多的噬菌体被测序、分析。但是，大多数噬菌体编码基因的功能依旧未知。噬菌体携带的大量未知功能基因对细菌、人类和环境有何影响？这也是当前大家关注的一个研究领域。限制噬菌体编码基因研究的一个因素，是噬菌体遗传操作技术的不完善。微生物遗传学对基因功能的验证依赖于基因敲除、回补等遗传操作系统。但目前难以对裂解性噬菌体的基因进行敲除和回补，所以大量噬菌体的基因功能都未被验证。噬菌体编码基因的功能将成为一个有待探索的“黑匣子”。

与此同时，超级细菌的不断涌现使得改造噬菌体成为攻克超级细菌感染的一个重要方向。使用天然噬菌体进行临床治疗面临一些困难，如噬菌体宿主特异性太高、噬菌体易被免疫系统清除、难以裂解生物膜中的细菌。因此，通过噬菌体遗传操作精确改造噬菌体，使之成为广谱噬菌体、增强其杀菌效果，有望攻克噬菌体治疗面临的挑战。

不仅如此，遗传改造的噬菌体还有申请专利保护的优势。天然噬菌体源于自然界，难以申请专利保护。改造后的噬菌体则获得了一些特性，如宿主谱的扩展、杀菌活性的增强，且不是天然存在的生命体，可以申请专利进行保护。这引起了部分药企和噬菌体公司的极大兴趣，相继启动了噬菌体改造的应用研究，并已取得重要进展。

此外，改造的噬菌体还可以用于病原体的快速诊断、疫苗递呈、噬菌体展示、减少超级细菌耐药性、药物递送，甚至用于生产生物燃料电池。

综上，噬菌体生物学和应用研究都高度依赖噬菌体遗传操作系统。但是，研究人员只对少数模式噬菌体建立了较为成熟的遗传操作体系，如 λ、T7、M13 噬菌体。而其他病原体噬菌体的遗传操作则非常复杂、低效，严重限制了噬菌体的基础和应用研究。

随着生命科学的飞速发展，噬菌体遗传改造技术也有了重要突破，包括体内同源重组系统、CRISRP-Cas 技术等，使得裂解性噬菌体的改造变得相对容易。本章将分别对裂解性噬菌体和溶原性噬菌体的遗传操作技术进行介绍。同时，分别介绍用 CRISPR-Cas 技术和同源重组技术进行噬菌体改造的操作步骤。

作者单位：王竞、乐率，陆军军医大学基础医学院。

第一节 裂解性噬菌体遗传操作技术

裂解性噬菌体的遗传操作技术比较复杂，主要包括体内同源重组、电转噬菌体DNA、CRISRP-Cas技术、酵母遗传改造系统、合成噬菌体等5种方法。各种技术均有优势和局限性。其中，CRISPR-Cas技术的出现极大增强了裂解性噬菌体改造的可行性，已成为常用的裂解性噬菌体改造技术。

一、同源重组

利用同源重组原理进行基因的敲除或替换是分子微生物学最经典的技术之一，也是最早应用于噬菌体遗传改造的方法。两条DNA双链如果含有一段同源序列，则会在同源重组蛋白的介导下发生同源重组，同源序列最短仅需23个碱基。因此，利用细菌的同源重组系统，可对进入细菌的噬菌体DNA进行同源重组，从而插入、敲除或替换基因。

利用同源重组进行噬菌体遗传改造的原理如图37-1所示。先在拟替换基因两侧各引入一段同源臂，通过重叠PCR（overlap PCR）或无缝克隆技术，将3个PCR片段连为一个片段，并克隆至质粒。将质粒转入细菌后，再用噬菌体感染。当噬菌体DNA进入细菌时，则会在宿主同源重组系统的介导下，与质粒上的同源序列发生同源重组，使质粒上的目的基因替换掉噬菌体中的靶基因。随后，重组噬菌体进入正常的繁殖周期，基因组被噬菌体衣壳蛋白包装，产生新的重组噬菌体颗粒。

利用质粒进行同源重组的技术操作相对简单，仅需构建一个含有同源序列的质粒即可。但是，噬菌体基因组与质粒上的同源序列发生重组并产生重组噬菌体的概率较低。研究报道其重组概率为$10^{-10}\sim10^{-4}$。因此，如何筛选重组噬菌体是一个技术难点，这也限制了同源重组技术在裂解性噬菌体改造时的广泛使用。对细菌进行遗传改造，通常选择抗生素耐受基因作为筛选标记。但抗生素对噬菌体无效，不能用于重组噬菌体的筛选。因此，筛选标记常常为噬菌体RBP、荧光蛋白、某些噬菌体的必需基因等。

乐率等曾对铜绿假单胞菌噬菌体PaP1的RBP进行替换。噬菌体PaP1的RBP是尾丝蛋白，决定了PaP1的宿主特异性，可与铜绿假单胞菌PA1的脂多糖结合，不能与标准菌株PAO1的脂多糖结合，而另一株噬菌体JG004的尾丝蛋白仅能与PAO1的脂多糖结合。因此，将JG004的尾丝蛋白基因及上下游同源臂克隆至表达质粒后，再用PaP1感染含有该质粒的宿主菌PA1，利用细菌的同源重组系统将PaP1的尾丝蛋白替换为JG004的尾丝蛋白。重组后的PaP1-m1则只携带JG004的尾丝蛋白，只能感染PAO1，而不能感染PA1。因此，用PAO1作为宿主进行噬斑实验，则可利用噬斑筛选重组后的PaP1-m1，未发生重组的PaP1则不能感染PAO1，不能形成噬斑（图37-1A）。因此，利用宿主谱的差异能快速从大量噬菌体中筛选出重组的噬菌体，避免了筛选概率低的问题。此外，有研究报道利用同源重组在噬菌体基因组中插入荧光蛋白基因，可筛选产生荧光的噬斑，但此方法需要从海量的噬斑中进行筛选，效率非常低。

同源重组技术改造裂解性噬菌体PaP1的步骤

以下将介绍将裂解性噬菌体PaP1的尾丝蛋白基因替换为JG004的尾丝蛋白基因的操

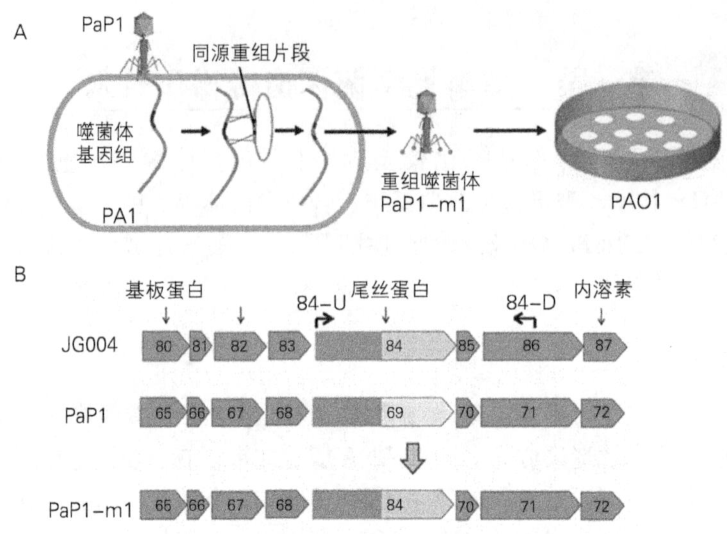

图 37-1　利用同源重组法改造噬菌体基因组的示意图

A.利用含有同源序列的质粒对入侵细菌的噬菌体基因组进行重组，即可产生重组噬菌体。替换噬菌体 PaP1 的尾丝蛋白基因之后，用另一个菌株 PAO1 为宿主进行噬斑试验筛选。尾丝蛋白被替换的噬菌体 PaP1-m1 可形成噬斑；未发生重组的 PaP1 则不能感染 PAO1，不形成噬斑。B.噬菌体 JG004 和 PaP1 的部分基因组相似性比对，深灰色表示序列高度相似，浅灰色表示没有序列相似性

作步骤。同源重组的方法较为简便，关键在于如何筛选重组后的噬菌体。本方案是利用尾丝蛋白介导的宿主差异进行筛选的。

1. 同源重组片段的克隆　设计引物 84-U（cgcGGATCCCTGGAACAGGGAGTTGGATA）和 84-D（aaaaCTGCAGCTACGGTGTAATAATAGAAGGAGA），以噬菌体 JG004 基因组为模板，扩增重组片段，引物大致位置如图 37-1B 所示。PCR 产物经过 BamHI-PstI 双酶切后，连接入 BamHI-PstI 双酶切后的质粒 pUCP24，构建质粒 pUCP24-84。由于 JG004 和 PaP1 的尾丝蛋白 C 端不相似，而 N 端和后续基因序列高度相似（图 37-1 B），因此，可直接将 JG004 尾丝蛋白 C 端的上、下游基因一起扩增，作为同源臂使用。其他情况下，需要分别扩增拟替换片段及其上、下游同源序列，然后利用重叠 PCR 或无缝克隆技术连接到质粒上。

2. 转化铜绿假单胞菌　将质粒 pUCP24-84 电转化入铜绿假单胞菌 PA1 中，涂布于含有庆大霉素（Gm，20 μg/mL）的 LB 平板上，培养过夜。次日，挑取单克隆，用引物 84-U 和 84-D 对单克隆进行 PCR 鉴定。

3. 噬菌体的基因组重组　将鉴定正确的细菌 PA1::pUCP24-84 培养至对数期，按 MOI=1∶1 加入噬菌体 PaP1，感染 5 h 至菌液裂解澄清。感染过程中，噬菌体 PaP1 基因组有一定概率与质粒 pUCP24~84 上的同源序列进行重组。

4. 筛选　对噬菌体裂解液进行离心、滤过，将 1 mL 滤液与 200 μL 对数期细菌 PAO1 混合，加 4 mL 半固体 LB 后，倒在固体 LB 平板上。37 ℃培养过夜，通常会形成十几个噬斑。由于 PaP1 不能感染宿主菌 PAO1，只有重组后的 PaP1-m1 可形成噬斑。

5. 鉴定　挑取单个噬斑于 100 μL 灭菌水中，再次用噬斑实验进行纯化，挑单噬斑于 100 μL 灭菌水中。用引物 84-U 和 84-D 进行 PCR 扩增，PCR 产物进行 Sanger 法测序，鉴定是否为重组噬菌体。

二、电转噬菌体 DNA 重组法（BRED）

上一部分所述的同源重组法是利用天然噬菌体注入 DNA 后进行同源重组。如无合适的筛选标记，则难以将重组成功的噬菌体与未发生重组的噬菌体进行区分，难以筛选到重组后的噬菌体。因此，研究人员发明了一种电转噬菌体 DNA 重组法（BRED），可以显著提高重组效率，降低假阳性率。其原理与体内同源重组类似，也是在细菌内将噬菌体基因组与质粒上的同源序列进行重组。但是 BRED 法有两个优势：第一，通过电转噬菌体基因组进入细菌，而不使用噬菌体颗粒，显著减少了未改造噬菌体在筛选时造成的干扰。第二，在细菌中额外表达促进同源重组的蛋白质，如利用质粒表达 RecE/RecT 样蛋白，从而显著提高同源重组效率。当噬菌体 DNA 通过电转进入细菌后，在高效重组酶的介导下，与质粒上的同源序列发生同源重组，随后重组噬菌体进入复制周期，产生子代噬菌体。BRED 方法产生的噬斑需用 PCR 或筛选标记进行鉴定，报道称该方法最后获得噬斑的阳性率可达到 3.4%~22.2%。因此，筛选数十个噬斑即有望筛到重组后的噬菌体。

当然，BRED 法也有局限性。最大的局限是不同细菌的 DNA 电转效率差异显著，革兰氏阳性菌则难以通过此方法改造。

针对革兰氏阳性菌电转化效率极低的问题，Martin Loessner 研究团队发明了一种高效的电转化模型——L 型细菌。L 型细菌是一类通过诱导或自发突变形成的细胞壁缺损的革兰氏阳性菌，可在特定培养条件下生长，遗传性状稳定。由于缺乏细胞壁，噬菌体基因组电转化 L 型细菌的效率显著提高，获得噬菌体颗粒的概率显著增加。而且，李斯特 L 型细菌不仅能支持李斯特噬菌体的复制，还可用于生产芽孢杆菌或葡萄球菌的噬菌体。因此，L 型细菌的这种特性可显著提高电转化噬菌体基因组效率，有望作为工程噬菌体的通用孵化器。

三、CRISRP-Cas 系统

CRISPR-Cas 系统是细菌抵抗噬菌体的一种机制，目前已被广泛用于细胞的基因组改造。CRISPR-Cas 系统主要由两部分组成，一部分是含有特异性序列的 CRISPR 序列，一部分是具有 DNA 剪切酶活性的 Cas 蛋白。在 CRISPR RNA 序列的引导下，Cas 蛋白可对目标 DNA 进行特异性剪切。

最先，CRISPR 技术被用于筛选同源重组改造后的噬菌体。Kiro 等先利用同源重组系统对噬菌体 T7 的基因 1.7 进行敲除，巧妙地利用 CRISPR 系统作为筛选标记。其将基因 1.7 的序列设计为 CRISPR 的 SPACER 序列，转入大肠埃希菌中。此时，大肠埃希菌的 CRISPR 系统会剪切含有基因 1.7 的 DNA。因此，没有发生同源重组的噬菌体基因组会被 Cas 蛋白剪切而死亡，而丢失基因 1.7 的噬菌体则可逃避 Cas 蛋白剪切而存活。因此，CRISPR-Cas 系统的核心是将 CRISPR 作为一个筛选标记，用含有 CRISPR 的大肠埃希菌作为宿主进行噬斑实验，即可筛选到基因 1.7 丢失的噬菌体。综合利用同源重组和 CRISPR 筛选两种方法，显著提高重组后的筛选效率。

随后，研究人员发明了更精准的噬菌体改造方法（图 37-2）。当 Cas 蛋白对噬菌体 DNA 进行剪切后，由于大部分细菌中的非同源末端连接（NHEJ）系统较弱，因此噬菌体基因组被 NHEJ 直接连接修复的概率很低。此时，研究人员在 CRISPR-Cas 系统之外，再提供一个含有同源重组（HR）序列的 DNA 片段或质粒，即可在噬菌体基因组被 Cas 蛋白剪断后，利用同源重组系统进行修复，在断裂位点精准插入所需目的片段。提供 HR 片段的方法在细胞基因组精准编辑时已经广泛采用，在噬菌体基因组改造时也获得成功。

由于 CRISPR 改造方法具有高效和普适性，现以笔者课题组改造铜绿假单胞菌噬菌体 PaoP5 基因组的方法为例，介绍 CRISPR 技术改造噬菌体的步骤。

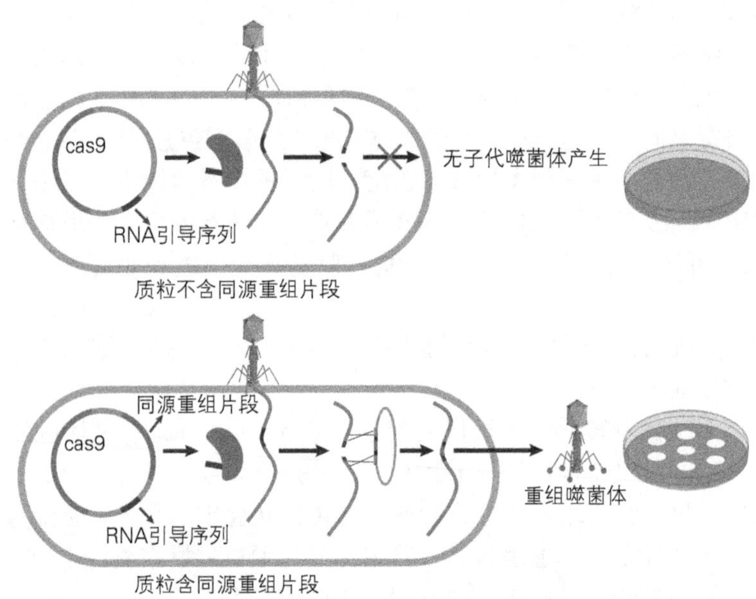

图 37-2 彩图

图 37-2　CRISPR-Cas 系统改造噬菌体的原理示意图

利用设计好的 CRISPR-Cas 蛋白复合体剪切噬菌体基因组，同时提供一个具有同源序列的片段，细菌同源重组系统则会在噬菌体基因组断裂处进行修复，产生新的重组噬菌体，通过噬斑试验进行初步筛选。没有进行有效修复的噬菌体则会因基因组断裂而死亡，不会形成噬斑

CRISPR-Cas 系统改造裂解性噬菌体 PaoP5 的步骤

以下将介绍敲除铜绿假单胞菌裂解性噬菌体 PaoP5 非必须基因 *PaoP5_014* 的操作方法。设计一个噬菌体基因敲除流程包括以下几个关键步骤：①构建在目的菌株中能工作的 CRISPR-Cas 系统；②设计并验证能诱导剪切拟敲除基因片段的间隔序列；③设计用于修复断裂位点的同源重组的“供体片段”（donor）；④筛选目的基因发生断裂后重组的改造噬菌体。该方法虽操作步骤多，但限制因素少，使用范围广，是当前常用的裂解性噬菌体改造方法。

1. 构建适用于铜绿假单胞菌的含 CRISPR-Cas9 系统的质粒 pPTCS　以大肠埃希菌-铜绿假单胞菌穿梭质粒 pHerdB20T 为骨架，插入 CRISPR-Cas9 系统，包含 *Cas*9、*sacB*、庆大霉素抗性基因、2 个间隔序列插入位点、用于插入同源重组片段的多克隆位点（AscI-XhoI）（图 37-3）。

2. 筛选高效的间隔序列　Cas 蛋白的剪切依赖 crRNA 的引导，而不同 crRNA 介导的 Cas9 蛋白剪切效率差异较大，首先需要筛选最高效的间隔序列。因此，需针对噬菌体 PaoP5 的基因 *PaoP5*_014，设计多个间隔序列，分别克隆入 pPTCS 的 Eco31I 酶切位点，

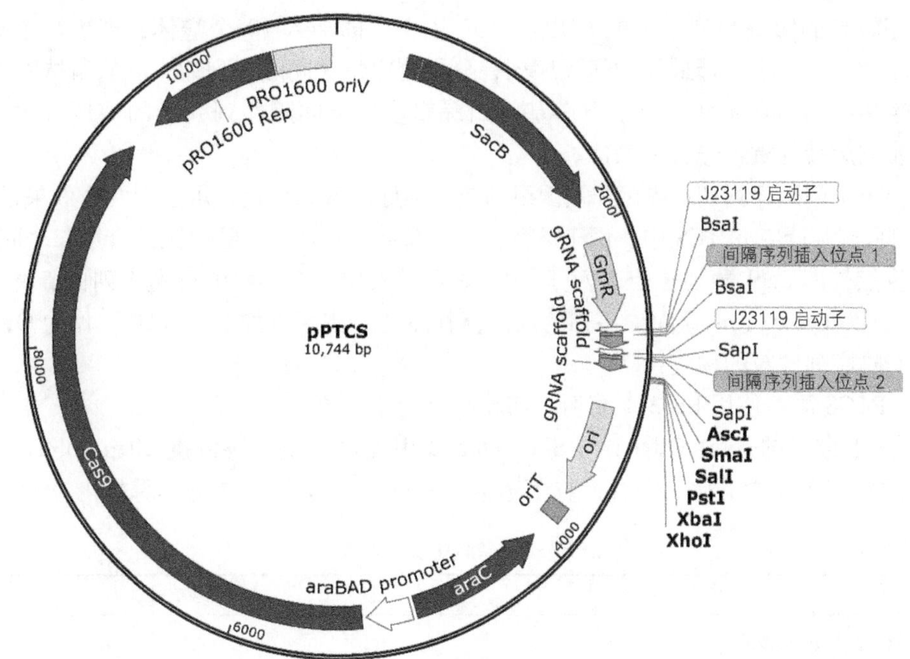

图 37-3 大肠埃希菌-铜绿假单胞菌穿梭 CRISPR-Cas9 质粒 pPTCS 图谱

Eco31I（BsaI）酶切位点为第一个间隔序列的插入位点，SapI 酶切位点为第二个间隔序列的插入位点。多克隆位点区（AscI-XhoI）用于插入同源重组片段（Donor）

分别验证每个间隔的诱导剪切效率，最后选择一个能介导高效剪切目的基因的间隔序列。

间隔序列的选择：首先，在目标基因的模板链上寻找 PAM 序列（5′-NGG，或 3′-CCN），通常一个基因会存在多个 5′-NGG 序列。选择紧连“NGG”5′端（或者“CCN”3′端）的 20 nt 作为引导 RNA 的间隔序列。以噬菌体 PaoP5 的 *PaoP5_014* 基因片段为例，首先寻找该基因中的 CCA 序列（PAM 序列），然后直接选取其后方 20 nt 为间隔序列。为了将间隔序列插入 Eco31I 酶切位点，在间隔序列的 5′端加上“TAGT”作为 Oligo1；取该间隔序列的反向互补序列，并在 5′端加上“AAAC”作为 Oligo2（表 37-1）。

表 37-1 间隔序列的选择

名称	序列
基因片段	CTGTACCGCCA（PAM）tgattctgtctctgtctgcatgg（spacer）TGGC
Oligo1	TAGTccatgcagacagagacagaatca
Oligo2	AAACtgattctgtctctgtctgcatgg

将构建好的质粒 pPTCS-spacer 电转化入 PAO1 菌株。该质粒的 sgRNA 为组成型表达，Cas9 蛋白为阿拉伯糖诱导表达，两者均表达时，形成 CRISPR-Cas9 复合物。用 PaoP5 感染 PAO1::pPTCS-spacer 菌株，CRISPR-Cas9 复合物会在间隔序列对应的序列处切割基因组（图 37-2），导致噬菌体死亡，不形成噬斑。

不同间隔序列转录的 sgRNA 形成的 Cas9 复合物切割效率有显著差异。因此，需要先筛选一个效率最佳的间隔序列。如果间隔序列效率不高，则会导致大量噬菌体 DNA 不被剪切、不断裂，无法进行高效的同源重组。这个效率可以用噬斑形成率（EOP）来鉴定，效率较高的间隔序列产生的 EOP 在 10^{-6}以上，即加入 10^{6}个噬体，产生数个噬斑，或不产生噬斑。为了选择最佳的间隔序列，分别测定每个间隔序列插入后的菌株的 EOP，挑选效率最高的间隔序列，用于下游基因组编辑。如果间隔序列介导的剪切效率不高，会显著影响后续的重组噬菌体筛选。

如果单个间隔序列切割噬菌体基因组的效果不好，EOP 较高，可选用两个效果最好的间隔序列同时克隆入 pPTCS 中，用于下游基因组编辑。pPTCS 质粒中预留有第二个间隔序列插入位点，即 SapI 酶切位点。对于间隔序列插入位点 2，可在间隔序列的 5′端加上“AGT”作为 Oligo1，取该间隔序列的反向互补序列，在 5′端加上“AAC”作为 Oligo2。

含间隔序列质粒的构建：

1）pPTCS 质粒使用 Eco31I 酶切，切胶回收线性质粒。

2）人工合成的 Site1-Oligo1 与 Site1-Oligo2 用纯水溶解，终浓度 20 μmol/L，各取 2. 5 μL，按表 37-2 中的比例混合，37 ℃反应 30 min，对引物 5′端进行磷酸化。

表 37-2　磷酸化反应条件

组分	体积（μL）
T4 多聚核苷酸激酶	0. 5
10×缓冲液	1
引物 Site1-Oligo1（20 μmol/L）	2. 5
引物 Site1-Oligo2（20 mol/L）	2. 5
ddH_2O	2. 5
ATP（10 mmol/L）	1
合计	10

3）反应完成后，置于盛满沸水的烧杯中，自然冷却至室温，完成引物退火，形成 dsDNA 小片段，产物命名为 Site1-Oligo-Ⓟ。

4）将 Site1-Oligo-Ⓟ与 Eco31I 酶切后的 pPTCS 质粒连接（表 37-3）。

表 37-3　连接反应体系

组分	体积（μL）
T4 连接酶	0. 25
10×缓冲液	0. 5
pPTCS 的 Eco31I 酶切产物	0. 5
Site1-Oligo-Ⓟ退火产物	1
ATP（10 mmol/L）	0. 25
PEG-4000	0. 5
ddH_2O	2. 0
合计	5

5）16 ℃连接 30 min，转化感受态大肠埃希菌，用含庆大霉素（Gm，20 μg/mL）的 LB 平板进行筛选，37 ℃培养过夜。

6）次日，挑单克隆，使用 Site1-Oligo1 和反向测序引物 Gseq-R（TAGTAATGAAGTCACCTTACGAAG）进行 PCR 鉴定，阳性结果约 300 bp 片段。对阳性克隆进行质粒提取，测序鉴定，测序引物 gRNA-seq（CATACGGGAAGAAGTGATGC），测序正确质粒命名为 pPTCS-G，用于下一步实验。

3. 间隔序列效率检测

（1）将质粒 pPTCS-G 电转化入宿主菌 PAO1，用 Gm（20 μg/mL）的 LB 平板进行筛选，37 ℃培养过夜。电转化后生长的单克隆通过 PCR 进行鉴定。

（2）将鉴定正确的 PAO1: : pPTCS-G 接种于 2 mL 含 Gm（20 μg/mL）和阿拉伯糖（Ara，终浓度 0.2%）的液体培养基中，37 ℃培养至对数期。

（3）取阿拉伯糖诱导后的宿主菌 200 μL，加入 40 μL 阿拉伯糖（20%）、4 μL Gm（20 mg/mL）、100 μL 不同稀释度的噬菌体（噬菌体滴度为 10^2 ~ 10^6 PFU/100 μL），混匀后室温静置 3 min，加半固体 LB 培养基 4 mL，倒于固体 LB 平板上。用 PAO1: : pPTCS 作为对照，该菌株没有 crRNA，不会剪切噬菌体基因组，获得的噬菌体计数可作为计算 EOP 的分母。

（4）37 ℃培养至噬斑形成，计算 EOP。EOP 等于 PAO1: : pPTCS-G 中的噬斑数除以 PAO1: : pPTCS 中的噬斑数。EOP 越小，间隔序列效果越好，后续实验成功率越高。如果间隔序列效果不佳，则重新设计间隔序列。

接合法（备选）：如果宿主菌电转化效率低，可尝试效率较高的接合法。即先将质粒 pPTCS-G 转化入可表达性菌毛的大肠埃希菌 S17-1，再通过接合方法转入宿主菌 PAO1 中。

（1）挑取 PAO1 单菌落，接种于 LB 液体培养基，37 ℃摇菌培养至对数期。

（2）将质粒 pPTCS-G 化转入大肠埃希菌 S17-1，用 Gm（20 μg/mL）的 LB 平板筛选。化转成功的 S17-1: : pPTCS-G 用含 Gm（20 μg/mL）的 LB 培养基培养，37 ℃震荡培养至对数期。

（3）分光光度计测定 OD 值，供体菌 S17-1: : pPTCS-G 用液体 LB 培养基稀释至 OD_{600} = 0.2，受体菌 PAO1 用 LB 培养基稀释至 OD_{600} = 0.04。

（4）受体菌和供体菌各取 100 μL，混匀，滴于 LB 平板表面，37 ℃培养 2 h 或过夜。

（5）用 LB 培养基洗脱平板表面菌苔，涂在含有 Gm（100 μg/mL）和氨苄西林（100 μg/mL）的双抗 LB 培养基平板上，37 ℃培养 16 ~ 24 h 至长出菌落，挑取单克隆进行验证。其中氨苄西林不影响铜绿假单胞菌 PAO1 的生长，但可杀死供体菌 S17-1。

4. 噬菌体基因组敲除　在同源重组片段存在的情况下，同源重组片段与噬菌体基因组发生同源重组，修复被 Cas9 复合物切割的噬菌体基因组，从而实现噬菌体的基因编辑（图 37-2）。

（1）将待敲除基因两端各 500 bp 片段克隆到 pPTCS-G 质粒的多克隆位点（AscI ~ XhoI）上，酶切连接、无缝克隆连接法均可。构建好的质粒称为 pPTCS-GD（单个间隔序列）或 pPTCS-2GD（两个间隔序列）。如需进行基因替换，则在两侧同源臂中间连入需替换的基因。

（2）将 pPTCS-GD 或 pPTCS-2GD 转化宿主菌 PAO1，涂在 Gm（20 μg/mL）的 LB 平板上，37 ℃培养过夜。单克隆通过 PCR 鉴定。如果宿主菌转化效率低，可通过接合方法转入宿主菌。

（3）接种转化成功的 PAO1 于 2 mL 含 Gm（20 g/mL）和阿拉伯糖（终浓度 0.2%）

的液体培养基中。37 ℃培养至对数期，取阿拉伯糖诱导后的宿主菌 200 μL，加入40 μL 20% 阿拉伯糖、4 μL Gm（20 μg/mL）、100 μL 不同稀释度的噬菌体（噬菌体滴度为 10^2~10^6 PFU/100 μL），混匀后室温静置 3 min，加半固体 LB 培养基约 4 mL，倒入 LB 固体平板中。37 ℃培养至噬斑形成。用含质粒 pPTCS 的 PAO1 作为阴性对照，计算噬菌体滴度和 EOP。

（4）挑取实验组单噬斑，重悬于 10 μL 无菌水，选用同源臂序列外侧序列，设计引物，命名为 LO、RO。使用 LO、RO 作为引物，噬斑悬液 1 μL 为模板，进行 PCR 鉴定。使用野生噬菌体液作为阴性对照。

（5）敲除目标基因的阳性噬斑悬液，用宿主菌 PAO1 进行噬菌体纯化。取 10 倍倍比稀释后的阳性噬斑悬液 100 μL，加 PAO1 菌液 200 μL，混匀后室温静置 3 min，加半固体 LB 培养基 4 mL，倒入 LB 固体平板中。37 ℃培养至噬斑形成。挑取单噬斑，重复上述纯化步骤 2 次，获得纯化后的噬菌体。再次使用 LO、RO 作为引物进行 PCR 鉴定。PCR 鉴定正确的克隆即为遗传改造后的噬菌体。

四、酵母遗传改造系统

酵母人工染色体可用于克隆完整的噬菌体基因组，然后在酵母中对噬菌体基因组进行改造。酵母人工染色体有三大优势：①酵母人工染色体容量极大，而噬菌体基因组常为十几到一百多 kb。因此，可将噬菌体基因组完整克隆至酵母人工染色体上；②酵母具有极强的同源重组系统，可快速、高效地对克隆至酵母中的噬菌体基因组进行编辑；③噬菌体编码了大量对细菌有毒性的产物，如裂解酶、抑菌蛋白等，但是这些毒性产物多仅针对细菌，对酵母无效。因此，噬菌体基因组可稳定克隆至酵母人工染色体中进行基因编辑。

Lu 等人将噬菌体 T3 和 T7 基因组克隆至酵母人工染色体中，利用酵母的高效重组系统，对 T3 和 T7 的尾丝蛋白基因进行互相替换，即将 T3 的尾丝蛋白基因替换为 T7 的尾丝蛋白基因。然后，将噬菌体基因组从酵母人工染色体中剪切、分离、纯化，获得改造后的噬菌体基因组，再电转化入大肠埃希菌，从而获得改造后的 T3 和 T7 噬菌体，其宿主谱均发生了改变。酵母遗传改造系统的优势是可稳定克隆大片段基因组、同源重组效率极高。缺点是电转化重组噬菌体基因组的效率在不同细菌之间差异较大，会在一定程度上限制该方法的成功率。

五、合成噬菌体与无细胞合成生物学

合成生物学近年来进入快速发展阶段，噬菌体可以直接被化学合成。ΦX174 是第一个直接利用核酸人工合成的生命体，其基因组大小为 5 386 bp。研究人员先化学合成噬菌体基因组的小片段。随后，利用 PCR 将小片段拼接成完整的基因组。最后，将 PCR 产物纯化后，电转化入大肠埃希菌。完全人工合成的基因组启动复制周期后，形成完整的噬菌体颗粒，并裂解宿主而释放。利用噬斑试验进行筛选，即获得了人工合成的 ΦX174。随着 DNA 合成与拼接技术的飞速进步，目前研究人员已成功合成多达百万个碱基的酵母人工染色体。因此，体外合成噬菌体基因组已经成为现实。

合成噬菌体有几个优点，如无须进行复杂的遗传操作，可在单碱基水平进行精确设计，筛选较为简单、高效等。随着 DNA 合成成本的不断下降，合成生物学可能成为噬菌体遗传改造的常规方法。但是，合成的噬菌体基因组必须电转化入细菌，才能启动复制周期，获得完整的噬菌体颗粒。大片段的基因组转化效率不高，革兰氏阳性菌的转化效率则更低，这是噬菌体合成的一个难题。

近年来，无细胞合成生物学的发展，尤其是无细胞转录-翻译系统（cell-free transcription-translation system，TXTL）的出现，进一步推动了噬菌体合成生物学的进展。先利用 TXTL 系统，在试管中对噬菌体衣壳蛋白进行 RNA 转录和蛋白质翻译，然后加入噬菌体基因组，就可在体外组装成完整的噬菌体颗粒，直接感染细菌。研究人员已经利用 TXTL 系统成功组装出有活性的 ssRNA 噬菌体 MS2（基因组 3.6 kb）、ssDNA 噬菌体 ΦX174（基因组 5.6 kb）、dsDNA 噬菌体 T7（基因组 40 kb）和 T4（基因组 170 kb）。这一技术的发展和完善，使研究人员可利用纯化学手段合成噬菌体的基因组和蛋白质衣壳，并组装出具有感染活性的噬菌体，为合成噬菌体提供极大的便利。

第二节　溶原性噬菌体遗传操作技术

相较于裂解性噬菌体，溶原性噬菌体的改造较为容易实现。溶原性噬菌体可整合在细菌基因组上，因此，可像敲除细菌基因组一样，对整合在细菌基因组中的噬菌体基因组进行改造，然后诱导噬菌体激活，即获得改造后的溶原性噬菌体。

经过改造的溶原性噬菌体也具有噬菌体治疗的潜力。例如，在前噬菌体中插入一个能剪切特定耐药基因的 CRISPR-Cas 系统，随后诱导出溶原性噬菌体，则可用该溶原性噬菌体感染超级细菌，破坏细菌耐药基因，降低耐药性。此外，匹兹堡大学的研究人员对溶原性噬菌体 ZoeJ 的溶原周期抑制基因 *repressor*（*orf45*）进行敲除，将溶原性噬菌体 ZoeJ 变成了裂解性噬菌体 ZoeJ*Δ45*，并将 ZoeJ*Δ45* 用于治疗脓肿分枝杆菌（*Mycobacterium abscessus*）感染的患者。

本节以金黄色葡萄球菌溶原性噬菌体 ΦSaBov 改造为例，介绍溶原性噬菌体的改造方法。设计一个溶原性噬菌体基因敲除流程包括以下几个关键步骤：①获得一个较为稳定的、整合有溶原性噬菌体的菌株；②构建同源敲除片段；③在细菌基因组中进行同源重组；④用抗生素等-标记筛选获得前噬菌体基因组改造后的细菌；⑤用丝裂霉素 C 诱导前噬菌体激活，并收集改造后的溶原性噬菌体。

同源重组技术改造金黄色葡萄球菌前噬菌体 ΦSaBov 的步骤

（1）将溶原性噬菌体 ΦSaBo 与金黄色葡萄球菌 CC151 按 1∶1 混合后，立即用三线法接种于 BHI 平板。37 ℃培养过夜后，用噬菌体 ΦSaBo 特异性引物对单克隆进行 PCR 鉴定，筛选能稳定整合噬菌体的克隆，命名该溶原菌株为 RF122。

（2）用 Snapgene 软件设计 2 对引物，分别扩增噬菌体 *nuc* 基因上、下游各 500 bp 的片段，并用无缝克隆技术，连接到温度敏感型质粒 pMAD-secY 的多克隆位点。

（3）将质粒电转化入菌株 RF122，在 43 ℃进行培养。此温度下，质粒无法复制，只能插入基因组。在含有 0.5 μg/mL 的四环素平板上进行第一轮筛选，因质粒携带有四环素抗性基因，只有质粒通过单交换插入基因组时，克隆才可获得四环素抗性。

（4）获得单交换克隆后，将细菌接种到37 ℃培养，筛选不能发荧光的克隆，此克隆即通过第二次同源重组，丢失了含有荧光蛋白编码基因的质粒片段，实现 *nuc* 基因的无痕敲除。

（5）噬菌体的诱导：将重组后的细菌培养至对数期，加入丝裂霉素 C 至终浓度 1 μg/mL，37 ℃震荡培养 3 h。此时，前噬菌体激活，细菌裂解，菌液变澄清。将上清离心、滤过后，即获得 *nuc* 基因无痕敲除的溶原性噬菌体。

参考文献

38 噬菌体结构蛋白研究方法

——刘玉庆　赵效南

近十年来，噬菌体研究重新引起了人们的兴趣，从而促进了噬菌体研究新方法的发展。不同于普通的纯化，这些新方法对噬菌体样品的质量和纯度有着严格的要求。

目前，需要纯化噬菌体的领域主要包括：利用高分辨率冷冻电子显微镜对噬菌体结构进行三维图像重建，对病毒进行形态学分析；研究噬菌体/宿主菌蛋白质相互作用（见第 35 章）。这些最新技术的结合促进了人们对噬菌体结构的理解。噬菌体颗粒结构的亚纳米分辨率与噬菌体蛋白质的结晶学结构知识相关联，包含多种噬菌体的形态学比较，提供了更广泛的结构信息，可能对揭示基因组或蛋白质序列的进化关系有帮助。

裂解性噬菌体子代通过细胞裂解过程从宿主菌中释放，此时的培养物中，除噬菌体本身外，主要成分是细菌碎片、细菌壁膜成分、细菌蛋白质、核酸和核糖体等。对于革兰氏阴性菌裂解物，碎片还包括细菌外膜的内毒素或称脂多糖。对于大多数旨在表征噬菌体结构的生化和生物物理方法，为了获得高度纯化的噬菌体制剂，必须仔细去除所有污染物。此外，基于噬菌体抗感染治疗（即噬菌体治疗），亦需要对噬菌体制剂进行充分的纯化，特别是对人和动物具有高度毒性的内毒素。噬菌体结构蛋白的 SDS-PAGE 分析和质谱分析就是在此基础上进行的。

第一节　噬菌体结构蛋白的 SDS-PAGE 分析

十二烷基硫酸钠-聚丙烯酰胺凝胶电泳（SDS-PAGE）是用于分析纯化噬菌体颗粒结构蛋白最合适的方法。一旦完成噬菌体的基因组测序，将有助于鉴定结构蛋白基因。

对于 SDS-PAGE 方法，首先将 15~50 μL 的噬菌体颗粒（最小 10^{12} PFU/mL）或菌影（ghost，噬菌体完整蛋白质外壳）悬浮于 SDS 缓冲液中，加入 50 mmol/L 的 β-巯基乙醇后，在 95 ℃条件下热处理 5 min，使噬菌体颗粒变性。然后在不连续的 12% SDS-PAGE 凝胶上分离噬菌体蛋白质。即使对于 EL 和 ΦKZ 等大型且复杂的噬菌体，长度为 5~10 cm 的一维凝胶也具有足够的分辨率，用于后续 LC-MS/MS 分析结构蛋白。

SDS-PAGE 凝胶染色是通过特定的 MS 兼容银染色方案或标准考马斯染色来实现的。

作者单位：刘玉庆、赵效南，山东省农业科学院。

商用考马斯染色（Invitrogen Corp.，Carlsbad，CA；http://www..trogen.com/），也与进一步的 MS 分析兼容。

一、材料与试剂

（一）噬菌体纯化

（1）噬菌体悬浮缓冲液：也称为 TM 缓冲液（Tris-$MgCl_2$缓冲液），由 10 mmol/L Tris-HCl（pH 7.2~7.5）、100 mmol/L NaCl 和 10 mmol/L $MgCl_2$组成。为了使某些噬菌体保持稳定性，需要在悬浮缓冲液中加入 1~10 mmol/L $CaCl_2$。

（2）来自牛胰腺的 DNase Ⅰ和 RNase A（Roche 或 Calbiochem），配制 1 mg/mL 溶液储存在-20 ℃。

（3）氯仿。

（4）氯化钠粉：分子生物学用氯化钠≥99.5%。

（5）聚乙二醇粉末：PEG-6 000（MW 5 000~7 000 g/mol），用于分子生物学和生化试验。

（6）氯化铯：CsCl≥99.9%，用于密度梯度纯化。

（7）超速离心机设备（Beckman 公司）：Beckman L8-55M 或同等产品。

（8）摆动式转子（Beckman 公司）：SW41 或 SW28 和 SW50 或 SW65。

（9）离心管（Beckman 公司）：薄壁或厚壁开口-多元共聚物管。

SW41 转子为 13.2 mL，14 mm×89 mm。

SW28 转子为 385 mL，25 mm×89 mm。

SW50 或 SW65 转子为 5.0 mL，13 mm×51 mm。

（10）注射器和 18~22 号皮下注射针。

（11）透析管：光谱/Por 分子多孔膜管，MWCO 12-14000。

（12）折射计（可选）。

（二）菌影制备

（1）氯化锂：分析用氯化锂≥99.0% GR（默克）或当量。

（2）冷冻管小瓶：3.6 mL 或 1.8 mL（Nunc）。

（3）液氮或冰乙醇冷冻浴。

（4）DNase Ⅰ：RNase-free DNase Ⅰ，5~10 U/μL（GE 医疗）或相当。

（5）蛋白酶抑制剂鸡尾酒片：无 EDTA（罗氏诊断）。

（三）SDS-PAGE 分析

（1）SDS-PAGE 设备：6~10 cm 长的微型凝胶电泳设备。

（2）可变百分比聚丙烯酰胺，或即用型预测线性梯度的手工凝胶（来自 Bio-Rad 的 Tris-HCl 或来自 Invitrogen 的 NuPAGE Novex）。

（3）标准 Laem mLi 加载缓冲区和运行缓冲区。

（4）银或考马斯蓝染色的标准溶液。此外，还可以使用无须乙醇和乙酸脱色的 Bio-Safe Coomassie G-250（Bio-Rad）或 SimplyBlue SafeStain（Invitrogen）溶液。

二、噬菌体颗粒纯化方法

（一）通过聚乙二醇沉淀浓缩噬菌体颗粒

加入聚乙二醇（PEG）后，可以从被感染细菌的天然裂解物中浓缩噬菌体。该方法温和且快速，与噬菌体浓度无关，即使裂解物中噬菌体滴度很低也可用此方法浓缩噬菌体，可在低速离心后使噬菌体浓度提高到原先的 100 倍，而其感染性差异可忽略不计。该方法适用于大多数噬菌体。

（1）将 DNase Ⅰ和 RNase A（Thermo#EN0521，浓度1 U/μL,每微克的 DNA 和 RNA 加 1 U 酶）添加到细菌裂解液中。细菌裂解液是从噬菌体生长的液体培养基或软琼脂覆盖培养物中回收的，故裂解液中含有大量细菌 DNA 和 RNA 的污染。这一步骤可使来源于细菌 DNA 和 RNA 以及未包装的噬菌体基因组降解，并使可能污染噬菌体制剂的核糖体分离。随后，加入 0. 2%（*v/v*）氯仿，在室温下孵育30 min,以完成降解（含脂噬菌体不添加氯仿），避免微生物污染。

1 U 的 DNase Ⅰ、RNase A 可以在 10 min（37 ℃）降解 1 μg 质粒 DNA；酶活测定条件为：10 mmol/L Tris-HCl（25 ℃，pH7. 5），2. 5 mmol/L $MgCl_2$，0. 1 mmol/L $CaCl_2$，1 μg pUC19 DNA。

（2）将固体 NaCl 溶解于噬菌体悬浮液至浓度为 0. 5mol/L，让其在 4 ℃条件下冷却 1 h。NaCl 能够促进噬菌体颗粒从细菌碎片中解离，并有利于 PEG 沉淀。

（3）4 ℃下，将悬浮液以 6 000~8 000 *g* 离心 10 min 以去除较致密的细菌碎片。然后将含有噬菌体的上清液转移到干净的烧瓶中。

（4）通过短暂搅拌，在 4 ℃下，加入 PEG-6000 溶解到最终浓度为 8%~10%，并让其在 4 ℃下静置至少 1 h 以沉淀噬菌体颗粒。

（5）4 ℃下，将噬菌体以 10 000 *g* 离心 15 min 沉淀，小心弃去上清液。颗粒将形成薄膜，粘在离心管的壁上。将离心管倒置过来，停留 5 min，让剩余的液体从颗粒中流出。

（6）将沉淀轻轻悬浮于噬菌体悬浮缓冲液（1~2 mL 对应 100 mL 上述上清液）中。由于噬菌体颗粒可能因涡旋或剧烈移液而受损，因此建议使用配有指示灯的大口径移液器或配有接头（1 或 5 mL）的自动移液器。或者可以将颗粒在 4 ℃放置过夜以使其软化，这有利于悬浮。

（7）在 5 000 *g*、4 ℃下低速离心 10 min，将噬菌体颗粒从共沉淀的细菌碎片中分离到上清液。

（8）如果无须进一步纯化，去除残留的 PEG 和细菌碎片即可。通过用等体积的氯仿温和萃取 1 min 来完成。通过 5 000 *g* 离心 15 min，将噬菌体的水相与白色有机相分离。

上述用 PEG 浓缩的过程本身就是一种纯化方法，根据制备噬菌体所需的纯度等级，决定是否需要通过 CsCl 梯度离心来进一步纯化噬菌体。

（二）CsCl 密度梯度离心纯化浓缩噬菌体颗粒

CsCl 密度梯度离心是根据浮力密度将噬菌体颗粒与污染物分离。在 CsCl 密度梯度中连续离心 2 次，得到高纯度和浓缩的噬菌体制剂。①在预成型的 CsCl 梯度上进行离心，以便快速除去大部分碎片和污染物。②通过 CsCl 梯度的平衡离心（等比沉淀），确保完全去除残留污染物。该方法适用于大多数噬菌体。虽然它是实现高度纯化使用的最广泛方法，但是一些噬菌体也可以通过甘油或蔗糖梯度离心，或通过离子交换色谱法纯化。

1. *梯度分级离心* 梯度分级离心适用于大规模制剂的纯化。应根据需要纯化的噬菌体悬浮液的体积，在合适的贝克曼摆动斗式转子 SW41 或 SW28（或等效离心装置）的大型离心管中进行。这种方法能够提供非常纯的噬菌体颗粒悬浮液。

（1）通常从 PEG 沉淀中回收噬菌体，通过不连续的梯度离心。CsCl 溶液形成密度增加的连续层梯度，选择不同的 CsCl 层密度，使得密度范围包含噬菌体的浮力密度。如果后一个值未知，或者不能根据噬菌体物理特性来估计，需要测试几种 CsCl 密度模式来优化纯化。

（2）通过将盐溶解在噬菌体缓冲液中来制备不同的 CsCl 溶液。表 38-1 列出了最常用的解决方案。每种溶液的密度可以简单地通过在精确加权标度上加权 1 mL 来计算，或者更准确地说，如果有折射计可以通过测量折射率来计算。

表 38-1　目前用于噬菌体纯化的 CsCl 溶液

密度（g/mL）	浓度（g/mL）	浓度（g/50 mL）	*n*（折射率）
1.20	0.275	13.74	1.3527
1.25	0.342	17.11	1.3575
1.30	0.410	20.49	1.3622
1.40	0.546	27.28	1.3717
1.45	0.614	30.70	1.3765
1.50	0.683	34.13	1.3813
1.60	0.820	41.02	1.3908
1.70	0.959	47.96	1.4003

（3）使用手动精密移液管准备梯度。通过将吸管尖端置于由管壁和弯月面形成的界面，仔细分层来降低密度。或者使用长针皮下注射器，通过增加管底的密度溶液使较轻的浓度上升。

（4）一旦准备好梯度，将噬菌体悬浮液小心地层叠在梯度的顶部。如果使用薄壁离心管，请注意填充到距离管顶部 3~5 mm 的范围内，以获得适当的支撑。如果试管被部分填充，那么有必要向噬菌体样品中添加噬菌体缓冲液。如果使用厚壁管，则无须额外的缓冲液。

（5）在 Beckman SW41 或 SW28 转子（或相当）中，以 100 000~120 000 *g* 的转速离心 2~3 h。

（6）离心后，将观察到以下分布：大多数细菌碎片，特别是膜和内毒素，其密度范围为 1.15~1.25 g/mL，超过 1.3 g/mL 密度层不沉淀。噬菌体颗粒通过最低密度层沉淀，直到它们到达密度等于或大于它们的适当浮力密度层。因此，有尾噬菌体形成位于 1.4 g/mL 和 1.5 g/mL 之间的界面，或 1.5 g/mL 和 1.6 g/mL 密度层之间的蓝白色和乳白色带。噬菌体 T5 的纯化如图 38-1A 所示。

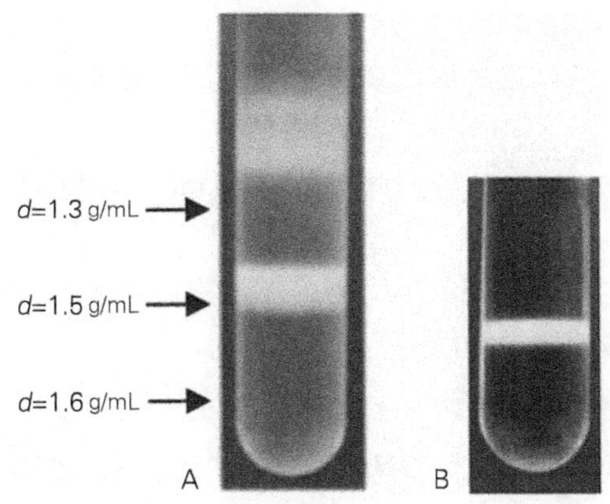

图 38-1 通过 CsCl 离心纯化噬菌体 T5（引自 Ishidate 等，1986）

A.CsCl 阶梯梯度：用 PEG 沉淀后收获的噬菌体 T5（3 mL）在 CsCl 阶梯梯度上分层，所述梯度在超清薄壁异质同晶管（Beckman-Coulter 的 No. 331372）中进行。CsCl 层为 $d=1.6$ g/mL：2 mL，$d=1.5$ g/mL：3 mL，$d=1.3$ g/mL：3 mL。B.噬菌体颗粒在密度值为 1.5 g/mL 的层上形成乳白色条带

（7）在转子 SW41 中，4 ℃离心 2.5 h，转速为 25 000 r/min，碎片在密度为 1.3 g/mL的层上方形成一个白黄色区域，噬菌体颗粒在密度为 1.5 g/mL 层上形成乳白色条带（图 38-1B），平衡离心：从梯度（图 38-1A）收集 2.5 mL 噬菌体 T5。测得的折射率为 $n=1.3805\pm0.0002$，表明密度为 1.495 g/mL。用超清薄壁异质同晶（ultra-clear thinwall pollyallomer）管（Beckman-Coulter 的 No. 344057）中的 1.5 g/mL 密度溶液将体积调节至 5 mL，并在 SW65 转子中以 38 000 r/min 和 4 ℃离心 22 h。

可以简单地通过以上步骤收集噬菌体带。使用微量移液管或巴斯德吸管仔细清除上层的污染物和碎片。然后用一个干净的针尖端放在目标带下面，收集噬菌体颗粒。当使用薄壁管时，可以选择用连接到注射器的针穿刺管壁，在所需带的正下方，慢慢地抽吸噬菌体。

通过在 4 ℃下透析 2 次或 3 次，去除噬菌体悬浮液中 CsCl，每次持续 30 min。如果噬菌体耐受氯仿，在 4 ℃下将透析的噬菌体悬浮液用氯仿保存，以避免微生物污染。其他替代储存条件详见第 15 章。

对于蛋白质组学的应用，如蛋白质 N 端测序或质谱，旨在鉴定噬菌体结构蛋白，应严格去除被污染的宿主蛋白或内毒素，以避免背景信号（参见第 34 章）。为此，建议在氯化铯中进行平衡离心。可以在两次离心运行之间通过透析或噬菌体悬浮液的缓慢稀释步骤进行第二次离心。

2. 氯化铯平衡离心 该方法常用作噬菌体制剂 CsCl 离心分离纯化的最后步骤，但在处理噬菌体小规模制剂时，也可作为 PEG 沉淀后的单一纯化方法。

通过使用适合摆动转子 SW50 或 SW65（Beckman 公司）的 5 mL 容量离心管，用浓度为 1.5 g/mL 的起始溶液，可以获得有尾噬菌体的条带。

如果噬菌体悬浮液不含任何 CsCl，则通过溶解固体 CsCl（每升水加 0.75 g CsCl）将其密度调节至 1.5 g/mL。应逐渐加入 CsCl 以防止渗透压使噬菌体失活。

如果噬菌体已通过梯度离心纯化，则噬菌体悬浮液的密度必须接近 1.5 g/mL。可通过测量折射率（1.3813 ± 0.0005）或加权悬浮液来检查精确的密度，并在必要时调整密

度为 1. 5 g/mL。

用 1. 5 g/mL CsCl 溶液将最终体积调至 5 mL，并将噬菌体悬浮液转移至适合摆动转子的超速离心管中。

在 4 ℃下以 35 000 r/min（SW50）或 38 000 r/min（SW65）离心 18~24 h（相当于 150 000 g）。

纯化的噬菌体颗粒在与其适当的浮力密度相对应的位置形成平衡的条带。收集条带并将收获的悬浮液加入噬菌体缓冲液进行透析。

（三）制备噬菌体菌影用于结构噬菌体蛋白的一维凝胶电泳分析

可以使用完整的噬菌体颗粒或无 DNA 颗粒或“菌影”，通过 SDS-PAGE 分析噬菌体蛋白。如果所有结构蛋白都位于凝胶上，即使不是浓缩的样品，也可以直接使用噬菌体颗粒。然而，除非加载了大量的噬菌体样品，否则一些次要的结构蛋白可能难以可视化。在后一种情况下，浓缩噬菌体样品中含有的噬菌体 DNA 会干扰蛋白质分离并削弱电泳的分辨能力。因此，特别是对于大基因组噬菌体（dsDNA 大于 50 kb），建议对菌影制剂进行分析。下面介绍两种生产菌影的方法：用氯化锂（LiCl）冻融处理噬菌体。由于其他方法产量较低，本节中没有详细描述。

1. 无 DNA 菌影的制备

（1）LiCl 处理噬菌体

1）将 1 体积纯化的噬菌体颗粒（从 1×10^{11} ~ 5×10^{12} PFU/mL）与等体积的 10 mol/L LiCl 溶液混合，在 46 ℃下孵育 10 min。

2）用噬菌体悬浮缓冲液 10 倍稀释混合物。

3）每 1×10^{12} PFU 噬菌体加入 10 mmol/L $MgCl_2$（或 $MgSO_4$）和 50 U 无 RNase 的 DNaseI，并在 37 ℃下孵育 2 h。

4）4 ℃下，通过超速离心 100 000 *g*、30 min，浓缩菌影颗粒。还可以用传统的超速离心机在 32 000 r/min 下使用 45Ti 转子进行，体积为 70 mL，或者在 50 000 r/min 下使用 TL100. 3 转子在台式超速离心机中进行，体积为 3 mL（Beckman 公司）。

5）菌影颗粒悬浮在噬菌体缓冲液中。

（2）噬菌体冻融

1）噬菌体悬液的效价不应超过 5×10^{11} PFU/mL，特别是大于 100 kb 的噬菌体 DNA。建议使用不超过 3 mL 的体积冷冻管处理。

2）将液体中的噬菌体悬浮液冷冻（或在温度低于−10 ℃的冰乙醇冷浴中），并立即在 46 ℃的水浴中解冻。至少重复 4 次。

3）加入 10 mmol/L $MgCl_2$（或 $MgSO_4$）。

4）将菌影悬浮液与 DNase Ⅰ孵育并浓缩颗粒。

2. 噬菌体或菌影颗粒的 1D 凝胶电泳

（1）将噬菌体或菌影颗粒悬浮在含有 100 mmol/L β-巯基乙醇或二硫苏糖醇的 Laemmli 缓冲液中。

（2）100 ℃加热 5 min，使噬菌体或菌影样品变性。噬菌体颗粒的 DNA 或某些菌影制剂的残留 DNA 在加热后可能变得具有黏性，从而干扰其加载到凝胶上。这就需要通过使用细尖端的枪头重复移液样品，长时间变性可能有助于加载。如果处理不充分，需要稀释样品。

（3）使用改良的 SDS-PAGE 凝胶来解析蛋白质。如果可能，使用梯度凝胶，可以解析大分子量的蛋白质（图 38-2）。

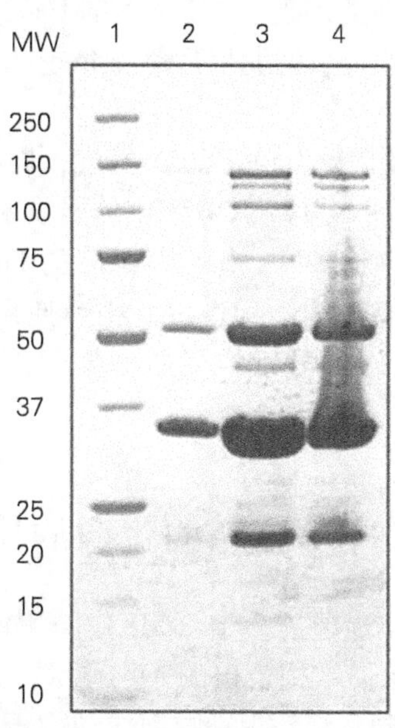

图 38-2 T5 噬菌体和菌影颗粒的 SDS-PAGE 分析（引自 Yamamoto 等，1970）

NMEAGE 4-12%双 TIS 凝胶中的结构蛋白在 MES-SDS 缓冲液（InEnthand）中溶解，并使用生物安全考马斯-250（BIO RAD）：1.精密蛋白标准 BIO RAD 染色；2.噬菌体 T5，1×10^{10} PFU；3.LiCl 法制备的菌影（2.5×10^{11} 粒子）；4.冻融法制备的菌影（2.5×10^{11} 颗粒）。所有样品在 20 μL Laemmli 上样缓冲液中 100 ℃下变性 5 min，必要时延长时间。上样在凝胶上的噬菌体 T5 的量是 T5 菌影的 1/20。冷冻—解冻得到的制剂中残留的 DNA 降低了 T5 结构蛋白的分辨率，通常由大基因组噬菌体观察到

注意事项：

（1）大多数情况下，细菌 DNA 被噬菌体编码的核酸内切酶降解，而细菌 DNA 对天然裂解物的污染是有限的。核糖体沉积物的 PEG 浓度超过 5%，可低速沉淀。用浓度为 1 μg/mL 的 RNA 酶处理噬菌体裂解液可大大降低核糖体的污染。

（2）虽然不同的噬菌体可能需要不同浓度的 PEG 来达到最大沉淀效率，但 10%的 PEG 浓度允许大多数噬菌体在 4 ℃下 1 h 内被颗粒化。对于密度小于 1.4 g/mL 的小噬菌体，离心前在 4 ℃静置较长时间可能会增加噬菌体颗粒的比例。

（3）可以通过蔗糖梯度中的速率区带离心纯化噬菌体，然后在蔗糖梯度中进行平衡离心。该方法适用于含有脂质的噬菌体的纯化，其密度接近 1.3 g/mL。

应注意的是，某些噬菌体可能被 CsCl 或蔗糖梯度的离心作用破坏。

（4）离心管：参见转子和离心管的详尽说明（http://www.beckmancoulter.com）。

（5）迄今，已鉴定的噬菌体的数据提供了来自不同家族的噬菌体的浮力密度的概述。绝大多数噬菌体（96%）为有尾噬菌体，其浮力密度在 1.45 g/mL 和 1.52 g/mL 之间。其他噬菌体（4%）包括多面体、丝状和多形性噬菌体，其浮力密度在 1.27 g/mL 和 1.47 g/mL 之间，具体取决于它们的特征。含有脂质的噬菌体的浮力密度接近1.3 g/mL，

其他接近 1.4 g/mL。

(6) 对于给定密度（g/mL）的 CsCl 溶液的制备，建议使用以下公式来计算最终的 CsCl 浓度 c（g/mL）：$c=0.0478d^2+1.23d-1.27$，d 为密度。相应的折射率 n 可由 $n=0.0951d+1.2386$ 计算得到。

以上公式是根据《化学和物理手册》中所参考的 CsCl 水溶液的浓缩特性建立的，参阅 http://www.hbcpnetbase.com。它们适用于密度介于 1.0 g/mL 和 1.9 g/mL 之间的溶液。

(7) 根据噬菌体渗透压以及用螯合剂 EDTA 处理，同样用于菌影制备。然而，用这些方法制备噬菌体 T5 菌影（dsDNA 121 750 bp）的回收率低于 20%。

(8) 菌影形成时释放的噬菌体 DNA 应用高纯度的 DNA 酶进行消化，以保证不含蛋白酶污染物，但会降解一些噬菌体结构蛋白。推荐使用市售的无 RNase 的 DNase 溶液。另外，在用 DNase 处理期间，可以将蛋白酶抑制剂混合物片剂加入到菌影悬浮液中。

第二节　噬菌体结构蛋白的质谱分析

基于数据库中蛋白质序列，当前的质谱（MS）技术能够较灵敏和准确地鉴定蛋白质。本节简要介绍用于鉴定噬菌体结构蛋白的 MS 技术，并着重介绍一种电子喷雾肽电离（ESI-MS/MS）方法，全面和系统地识别噬菌体结构蛋白质组。这些分析方法为结构蛋白提供了实验性检查并验证了基于基因组的基因预测。

近年来，利用 MS 技术鉴定结构性噬菌体蛋白已日益流行，并被认为是继噬菌体基因组测序之后合理的一步。实际上，结构蛋白通常与数据库中的蛋白质序列相似性较差，这便限制了基于同源性的注释。而通过 Edman 降解的 N 端测序比较昂贵，并且通常仅适用于主要的病毒蛋白。通过 MS 技术鉴定结构蛋白可以提供更详细的实验注释并验证计算机预测 ORF 的准确性。基于综合实验 MS 数据和基因组注释的估计使编码的结构蛋白的数量占噬菌体基因总数的 20%~30%（表 38-2）。这些结果表明了 MS 技术在鉴定结构蛋白质组中的重要性。

对于 MS 的鉴定，首先用特定的蛋白酶（通常是胰蛋白酶）消化蛋白质。电离后，通过电喷雾（ESI）或基质辅助激光解吸（MALDI）分析得到肽混合物。在肽质量指纹图谱（PMF）中，通过比较获得的肽离子质谱与从蛋白质序列的计算机数据库的理论质谱比对来鉴定蛋白质。

在串联质谱（MS/MS）中，进行肽离子质量选择，并进一步进行物理碎裂，得到的肽断裂谱与计算机产生的碎裂谱相比较。通过这种方式，MS/MS 光谱允许基于氨基酸序列的鉴定比 PMF 更确切。显然，在这两种情况下，数据库内蛋白质序列的有效性对于鉴定很重要。

肽的液相色谱（LC）与 MS/MS 结合产生大量的串联光谱，并且可以鉴定来自混合凝胶条带，甚至来自整个噬菌体颗粒的复杂蛋白质样品中的单个蛋白质，从而避免在鉴定之前需要蛋白质的精细分离。由于现代质谱仪的高灵敏度和准确性，还可以识别低丰度蛋白质和潜在的翻译位点。现已实施了基于 MS 作为靶细菌的第二生物标志物的噬菌体鉴定。而使用 Edman 降解的 N 端蛋白测序可以提供关于蛋白水解裂解/成熟的额外信息。

未来，MS 技术的应用可能包括更复杂的分析，如阐明噬菌体感染机制和感染后对宿主蛋白质组的分子影响。

本节主要对噬菌体结构蛋白进行鉴定。如表 38-2 所示，许多噬菌体的结构已经通过 ID SDS-PAGE 和全噬菌体鸟枪分析(WSA) 法进行了研究。在这种组合策略中，生成互补数据，对结构蛋白质组形成更完整的覆盖。

表 38-2 来自噬菌体结构蛋白质组的实验鉴定列表

噬菌体	基因组(pg)	ORF	分离胶	鉴定技术	结构蛋白	参考文献
ΦCTX	35 538	47	1D	N 端测序（Edmann 降解）	15	Nakayama et al., 1999
A118	40 834	72	1D	N 端测序（Edmann 降解）	2	Loessner et al., 2000
PSA	37 618	57	1D	N 端测序（Edmann 降解）/ MALDI-TOF PMF/ESI MS/MS	5	Zimmer et al., 2003
T1	48 836	77	2D	MALDI-TOF PMF（Micromass M@ LDI R）	4	Roberts et al., 2004
LP65	131 573	165	2D	ESI-LC-MS/MS	5	Chibani-Chennoufi et al., 2004
SP6	43 769	52	1D	N 端测序（Edmann 降解）	10	Scholl et al., 2004
K1-5	44 385	52	1D	N 端测序（Edmann 降解）	10	Scholl et al., 2004
2972	34 704	44	1D	N 端测序（Edmann 降解）/ MALDI-TOF PMF (Voyager-DE PRO Biospec. Workstation)	8	Lévesque et al., 2005
F116	65 195	70	1D	MALDI-TOF PMF（Micromass M@ LDI R）	3	Byrne, Kropinski, 2005
BFK20	42 968	55	2D	N 端测序（Edmann 降解）	6	Bukovska et al., 2006
φKMV	42 519	52	1D	ESI-LC-MS/MS	11	Lavigne et al., 2006
LKD16	43 200	54	1D	ESI-LC-MS/MS	13	Ceyssens et al., 2006
LKA1	41 593	56	1D	ESI-LC-MS/MS	10	Ceyssens et al., 2006
φKZ	280 334	306	1D	ESI-LC-MS/MS	62	Lecoutere et al., 投稿
EL	211 215	201	1D	ESI-LC-MS/MS	64	Lecoutere et al., 投稿
YuA	58 662	78	1D	ESI-LC-MS/MS	16	Ceyssens（PMID: 18065532）
φSN	66 391	89	1D	ESI-LC-MS/MS	20	未公开发表数据

图 38-3 显示了两种方法之间的差异。将不同的技术步骤加框，而每个步骤的相应结果用虚线框表示。反馈循环箭头指示分析更多样本所需的步骤。对于 SDS-PAGE，意味着需分析其凝胶图片。在 WSA 中，通过在一组窄的非重叠的质量窗口分析样品的不同组分来降低复杂度。SDS-PAGE 是用来分析单个蛋白质条带的，但噬菌体结构蛋白为复杂的肽混合物，因此在鉴定之前需要进行二维（基于极性和质量）中分离/分级。一般来说，先进行 WSA 和肽的分离，然后通过串联质谱鉴定分子量较小、含量较少的结构蛋白，这可能对难以制备的噬菌体有效。

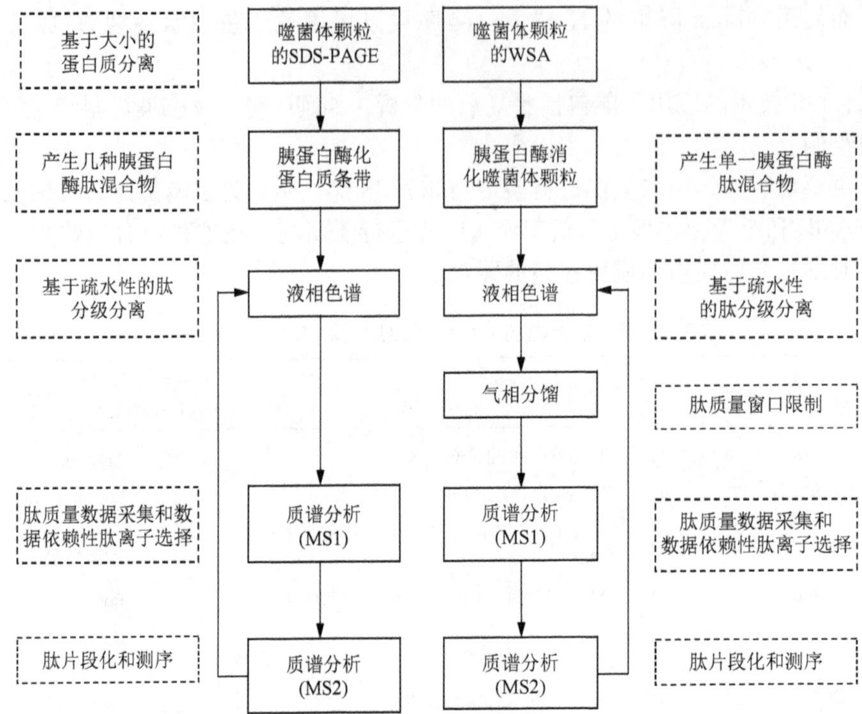

图 38-3　SDS-PAGE（左）和 WSA 方法（右）的流程图

一、蛋白质条带分离和凝胶消化所需材料

1. 缓冲液和试剂

（1）100 mmol/L NH_4HCO_3：0.79 g NH_4HCO_3、100 mL 纯净水（储存溶液）。

（2）20 mmol/L NH_4HCO_3：10 mL 100 mmol/L NH_4HCO_3（从 100 mmol/L 储备溶液中稀释）。

（3）0.01 g/mL NH_4HCO_3（现配现用）：在 100 mmol/L NH_4HCO_3中加入 55 mmol/L 碘乙酰胺（IAA）。

（4）在 100 mmol/L NH_4HCO_3中加入 10 mmol/L 二硫苏糖醇（DTT）。

（5）50 mmol/L 乙酸。

（6）50 mmol/L NH_4HCO_3：由 100 mmol/L 储备溶液制备。定期验证确保 pH = 8。

（7）133 mmol/L NH_4HCO_3：1.05 g NH_4HCO_3、100 mL 纯净水。

（8）胰蛋白酶（Promega）：将 20 μg 冻干胰蛋白酶重新溶于 1 mL 的 50 mmol/L 乙酸中，取出并在-80 ℃储存。

（9）胰蛋白酶消化缓冲液（12.5 ng/μL）：150 μL 胰蛋白酶 20 μg/mL、90 μL 133mmol/L NH_4HCO_3（现配现用）

（10）50%乙腈和 5%甲酸：向纯净水中加入 5 mL 甲酸和 50 mL 乙腈，至总体积为 100 mL。

2. 实验室设备　56 ℃的水浴，37 ℃温箱和超声波浴。

二、蛋白质条带的分离与凝胶消化方法

利用一些商业替代品从蛋白凝胶中分离蛋白质条带，如触点2D凝胶点采集器。用锋利的刀加宽尖端的开口后，使用1 000 μL微量移液管简单地从凝胶中取出凝胶塞。然后用干净的无菌手术刀将包括电泳前沿的整个泳道切成小段（总共20~40个），以获得全面的结果。这些条带宽约1 mm，或在条带间区域高达3 mm。通过胰蛋白酶在凝胶内消化蛋白质，其特异性地切割C端至精氨酸和赖氨酸残基。虽然使用胰蛋白酶消化足以可靠地鉴定噬菌体蛋白，但使用具有不同特异性的其他消化酶（如AspN）可鉴定出额外的肽，从而产生更完整的序列覆盖。

以下方案中的每种液体的加入量应使凝胶条带完全浸没。1~3 mm之间的凝胶条带需要20~50 μL的缓冲液，从而避免缓冲液过量。所有凝胶操作优先选在层流柜中进行，以避免角蛋白污染样品。

（1）将凝胶（20~50 μL）浸入含有50%乙腈的NH_4HCO_3、带有编号的1.5 mL离心管中，并在室温下孵育10 min。

（2）弃掉液体，并重复步骤（1），直到将所有的考马斯蓝完全从凝胶条带中除去。

（3）在真空离心机中干燥条带。

（4）将凝胶（20~50 μL）浸在含有10 mmol/L DTT的100 mmol/L NH_4HCO_3中以减少二硫键结合。

（5）56 ℃孵育1 h，然后冷却至室温。

（6）弃掉液体，将凝胶（20~50 μL）浸入含有55 mmol/L碘乙酰胺的NH_4HCO_3中，共价修饰半胱氨酸残基并防止二硫键重新形成。

（7）在黑暗中孵育45 min，每隔10 min进行短暂的涡流搅拌。

（8）弃掉液体。

（9）加入100 μL 100 mmol/L NH_4HCO_3，孵育10 min，弃去液体（洗涤）。

（10）加入100 μL乙腈，孵育10 min，弃去液体（脱水）。

（11）重复步骤（9）和（10）。

（12）使用真空离心干燥。

（13）在消化缓冲液中浸泡，在冰上孵育45 min，使凝胶片复水并吸附胰蛋白酶。

（14）将凝胶（20~50 μL）浸泡在50 mmol/L NH_4HCO_3中，37 ℃孵育过夜。

（15）在新的离心管中收集并保存含有胰蛋白酶肽的上清液。

（16）将凝胶（20~50 μL）浸入20 mmol/LNH_4HCO_3，超声处理20 min，并将上清液收集在适当的管中。

（17）将凝胶（20~50 μL）浸没在含有50%乙腈的5%甲酸中，超声处理20 min并将上清液收集在合适的管中。

（18）重复步骤（17）。

（19）将上清液保存在-20 ℃以便进行MS分析。

三、全噬菌体颗粒的消化所需材料

1. 缓冲液和试剂

（1）50 mmol/L NH_4HCO_3。

（2）消化缓冲液：在 50 mmol/L NH_4HCO_3中加入 12.5 ng 胰蛋白酶（现配现用）。

（3）变性缓冲液：6 mol/L 尿素、5 mmol/L DTT 和 50 mmol/L Tris-HCl（pH 8）。

（4）封闭溶液：在 50 mmol/L NH_4HCO_3中加入 100 mmol/L IAA（现配现用）。

（5）ESI 样品缓冲液：在 100 mmol/L 乙酸中加入 4 pg/μL 可的松（内部分析标准品）。

（6）HPLC 溶液：100 mmol/L 乙酸水溶液和 100 mmol/L 乙腈。

2. 实验室设备

（1）液氮，56 ℃水浴，37 ℃温箱和超声波浴。

（2）质谱仪：目前有多款质谱仪适用于蛋白质鉴定。肽质量指纹或优选串联质谱（MS/MS）的装置，可用于凝胶分离蛋白质条带的常规鉴定。对于 WSA 法，LC-MS/MS 质谱仪是必需的。此方法使用的质谱仪是 LCQ-Classic［热电公司（现赛默飞世尔科技有限公司），美国］。

四、全噬菌体鸟枪分析（WSA 法）

噬菌体蛋白质的一种替代/互补的方法是消化整个噬菌体颗粒，而不是在 SDS-PAGE 凝胶上分离单个蛋白质。虽然噬菌体产生更复杂的肽混合物，但已证明几乎所有预测的结构噬菌体蛋白质都可以被鉴定。尽管与 SDS-PAGE 方法相比，其具有较低的序列覆盖度。但其优点是仅需要一个主要消化物，这意味着样品制备的简化。在串联质谱分析之前，在质谱仪中采用反相高效液相色谱和气相分馏相结合的方法，直接对复杂样品进行更精细的肽分离。

（1）向 1~10 μL 噬菌体中各添加 25 μL 消化缓冲液（至少 10^{10} PFU）。

（2）分别在液氮和 37 ℃温箱中连续 5 轮冻融，使颗粒变得不稳定。

（3）在 60 ℃孵育 1 h 以完全还原噬菌体。

（4）加入 25 μL 封闭溶液和 150 μL 50 mmol/L NH_4HCO_3。

（5）室温下在黑暗中孵育 45 min，每 10 min 混合 1 次。

（6）加入 40 μL 胰蛋白酶（20 μg/mL）。

（7）在 37 ℃孵育过夜。

（8）储存在-18 ℃，直到进行 MS 分析。

五、质谱分析

通过质谱和 ESI 肽电离分析消化后的蛋白质样品，同时将本节第二、四部分的样品通过真空离心进行干燥。

（1）在含有 4 pg/μL 可的松的 20 μL 100 mmol/L 乙酸缓冲液中重建样品（内部分析标准品）。

（2）通过反相 HLPC 将样品中的肽在 C18 分析柱上分离，使用含有 100 mmol/L 乙酸的 5%~60%（*v/v*）乙腈水溶液的线性梯度运行 60 min（简单蛋白质样品）或 2 h（WSA 样本）。

（3）将洗脱液直接电喷雾到质谱仪中，并在数据相关的采集模式下运行，以便在 MS（m/z 300~1 500 Thompson，在质谱模式下，标准蛋白质消化物的最大注入时间为

150 ms）与 MS/MS 三个最强的前体离子之间自动切换。在分析 WSA 样品的复合肽混合物时，对 LCQ 离子阱中的肽进行额外的气相质量分馏，而不是标准采集方法中的整个扫描质量范围（350～1 500 Da）。质量范围被限制在 6 个特定质量窗口（400～600 Da、600～700 Da、700～800 Da、800～900 Da、900～1 020 Da 和 1 020～1 400 Da）之一。因此，将样品在含有内标的 100 mmol/L 乙酸中稀释 7 倍。在 6 个质量窗口中分别分析 10 μL 样品等分试样，并在 LCQ 的标准全质量范围内分析一个等分试样。

六、蛋白质鉴定

使用 Sequest 和 Mascot 搜索引擎，对蛋白质数据库常规分析 ESI-MS/MS 谱图、所有 GenBank 噬菌体序列以及细菌宿主物种的序列。最后，利用数据库补充来自未发表的新测序的噬菌体基因组的预测 ORF。

考虑 LCQ 产生光谱的 Sequest 参数，对于单电荷离子、双电荷离子和三电荷离子，相关值分别设定为 $X \geqslant 1.8$、$X \geqslant 2.5$ 或 $X \geqslant 3.5$。δ 相关值 $Cn > 0.1$，母体和碎片离子质量容差分别为 3 Da 和 1 Da。分析中可能包括半胱氨酸氨基甲烷化和蛋氨酸、组氨酸的氧化和色氨酸化学修饰。

对于 Mascot 搜索，将显著性阈值设定为 $P \leqslant 0.05$，亲本和肽离子质量耐受性分别为 ±3 Da 和±0.5 Da，并且允许一次胰蛋白酶裂解缺失。

WSA 样品通常需要进行单肽和双肽蛋白质鉴定。为了验证这些蛋白质，可以使用新的测序算法重新检查相应的光谱。例如，利用数据库序列选项 Lutefisk1900 v. 1. 3. 2，根据在 Lutefisk 数据库文件中输入的肽序列（由 Sequest 和 Mascot 返回）评估新衍生的候选序列。如果程序评价数据库序列与新序列一样好或比新序列更好，则可以假定相应的单肽和双肽蛋白质鉴定是有效的。

参考文献

39 噬菌体治疗制剂制备方法

——王林会　马永生　魏　东

近年来，越来越多的噬菌体制剂进入临床研究阶段，在很大程度上推动了噬菌体治疗的发展。但是，人们往往首先关注的是噬菌体的治疗效果，并不重视制剂的制备过程。而制剂制备方法直接影响其安全性和活性，进而影响噬菌体治疗效果。本章首先介绍噬菌体制剂生产相关的几个生产质量管理规范（Good Manufacturing Practices，GMP）要素：种子库、制剂纯度、制剂活性保护、生产工艺及质量控制。其间，结合本实验室的经验，就噬菌体生产工艺中的两个重要问题——内毒素去除和噬菌体活性保护展开讨论。最后，以实验步骤的形式详细阐述如何去除噬菌体制剂中的内毒素，如何采用微囊化（microencapsulation）的方式保护噬菌体活性，给广大致力于噬菌体制剂开发的工作者提供参考。

第一节　噬菌体治疗制剂制备的共性原则——GMP 生产要素

一、种子库

（一）噬菌体种子库

目前，在世界各国的药典中基本找不到有关噬菌体制剂的制备和质量控制的指导原则，很多国家和地区都处于讨论阶段，还没有成文。欧盟于 2018 年起草了噬菌体作为药物活性物质（API）生产及检定规程，这是目前最早成形的针对噬菌体制剂的指导原则，其中阐述了制备噬菌体种子库的具体方法。除了这份材料外，一些基因治疗产品，如腺病毒、慢病毒、腺相关病毒作为载体的，或者一些病毒性疫苗的生产都涉及病毒种子库的建立，这些可以作为噬菌体种子库建立的参考。对噬菌体种子的要求是：均一、纯培养、有活性、稳定，这些需要一系列实验加以表征，如形态（电镜）、基因型（基因组测序及基因功能标注）、基因组中是否含有毒力因子（毒素基因或耐药基因）、是否有溶原风险（如整合酶基因）。此外，在整个生产周期过程中，噬菌体能否保证遗传稳定性也要加以确认。

种子库（seed bank）对于商业化生产是非常重要的，一般的种子库分为两级，即主

作者单位：王林会，宁波荣安生物药业有限公司；马永生，大连海洋大学食品科学与工程学院；魏东，中国食品药品检定研究院。

种子库和工作种子库，我国分为三级，还包括原始种子库。主种子库要保证噬菌体的均一性，主要用于制备工作种子库。在研发阶段，要反复对备选噬菌体进行表征，尤其是其安全性和有效性。只有满足所有条件的噬菌体才能被选做主种子库。建立好的种子库必须要建立台账，并设定管理权限，最大限度地减少交叉污染的概率。工作种子库是从主种子库中拿出一支制备而得，生产上用的种子则从工作种子库中取出。种子库必须存放在有实时温度监控的设施内，而主种子库和工作种子库一定要放置在不同的设施中，以防设施发生故障造成无法挽回的后果。对于两个种子库，一定要限制传代次数并对传代做详细记录，一旦从库中取种就不能重新放回库中。

（二）宿主菌种子库

宿主菌（host bacteria）主种子库和工作库的制备方法和噬菌体种子库是很相似的，但要尽量避免在操作过噬菌体的环境或者设施中制备宿主菌种子库。宿主菌种子库系统可以参照人用药品注册技术国际协调会议（The International Council for Harmonisation of Technical Requirements for Pharmaceuticals for Human Use，ICH）Q5D，基本也是两级系统。主种子库要经过全基因组测序，证明无毒力因子、毒素、溶原性噬菌体或者抗生素耐药基因。要对种子库开展稳定性研究，包括存储稳定性及传代稳定性。一般情况下，细菌要冻存在含有20%甘油的培养基中，处于封闭的休眠状态，以避免污染、降解或变异。对于一些指标，要结合实际做调整。例如，细菌在进化过程中其基因组中往往带有溶原性噬菌体，想得到没有溶原性噬菌体的宿主菌几乎不可能。所以，即使宿主菌的基因组中含有溶原性噬菌体，但是通过验证发现，在生产条件下没有溶原性噬菌体被激活，则此宿主菌可以作为菌种制备种子库。

二、制剂纯度——对内毒素的关注

生物制剂的纯度，即杂质残留水平，是药品监管部门重点关注的指标，因为制剂的纯度和其安全性直接相关。监管部门往往要求生产企业用两种质控方式反映其制品的纯度，即直接指标，如电泳纯度、高效液相色谱（HPLC）纯度；间接指标，如残留宿主蛋白（host cell protein，HCP）、残留宿主核酸（host cell nucleotide，HCN）等。噬菌体自其宿主菌裂解产物中提取，裂解液中必然存在大量宿主蛋白、宿主DNA、内毒素、外毒素（HCP中的一部分）等杂质，所以对于噬菌体制剂的纯度检测要涵盖以上重要指标。噬菌体是病毒颗粒，对于其纯度检测，电泳方法并不适用，可以采用分子排阻HPLC方法，这与一些病毒样颗粒疫苗（如重组乙肝疫苗）的纯度检测相似。噬菌体制剂的宿主蛋白检测可以采用双抗体夹心ELISA法检测，可以应用一些商品化试剂盒，如美国天鹅技术公司（Cygnus Technology Inc.）的大肠埃希菌、金黄色葡萄球菌HCP检测试剂盒，但是要对试剂盒进行方法学验证或确认。噬菌体制剂宿主DNA的检测要注意一点，噬菌体自身的核酸会对宿主DNA的检测产生干扰，所以想做到精确定量，要将宿主DNA和噬菌体核酸区分开来，如qPCR法。各个指标的限值可以参考我国药典中的外用重组制品，如重组表皮生长因子、重组干扰素（喷剂、膏剂）。值得注意的是，在药典中，对这些外用制剂的内毒素水平并没有限定，原因是这些制剂用量往往比较小，而且通过其他指标如宿主DNA的限定（一般为每剂10 ng）可以间接限定其内毒素水平。但是对于噬菌体制剂，其源头——噬菌体裂解液中含有大量的内毒素，典型的革兰氏阴性菌噬菌体裂解液中内毒素含量可高达 10^6EU/mL。而且内毒素是热稳定性的，180 ℃干烤 2 h才能将其灭活，所以很难将其去除。因此，对噬菌体制剂进行质量控制应该将内毒素考虑在内，尤其是那些用于重度烧伤治疗或者静脉注射的噬菌体。

内毒素一般是指脂多糖，是革兰氏阴性菌外膜成分。内毒素单位一般以 EU（endotoxin unit）或者 U（unit）计，1 EU = 1 U，相当于 0.2 ng 脂多糖（FDA 标准物质）。目前，内毒素检测的常用方法仍然是传统的鲎试剂（limulus amebocyte lysate）法，包括凝胶法和动态浊度法（kinetic turbidimetric assay）。凝胶法是一种半定量方法，检测结果受操作人员的主观意识影响，检测通量低；而动态浊度法是精准定量法，且检测通量大（96 孔板），适用于大量样品的检测，本章将选取动态浊度法加以介绍。对于制剂中内毒素限值，欧洲药典中规定，鞘内或者静脉注射的内毒素限值分别为 0.2 U/（h · kg）或 5 U/（h · kg），FDA 的要求同欧洲药典相同。最新的欧洲药典中收录了另外一种衡量方式，即每平方米体表面积每日可接受内毒素限值为 100 U。噬菌体制剂的应用方式往往是外用或者口服给药，虽然可以不做限值规定，但是要检测含量，至少应做内控指标。按照质量源于设计（quality by design，QbD）的理念，要充分评估内毒素的安全风险，尤其是对于一些特殊的患者。例如在欧盟的 PhagoBurn 临床实验中，受试者是Ⅲ度烧伤的患者，虽然是外用，但是伤口开放程度比较大，制剂有入血的风险，需对噬菌体制剂做 1 000 倍稀释后使用。

三、制剂活性——微囊化技术概述

在陆生或水生动物疾病防控中，噬菌体的给药途径有腹腔或肌内注射、通过饲料口服及浸浴，针对一些体表外伤，也有涂抹法。但注射、涂抹给药方式可操作性不强，通常采用饲料口服或浸浴的方式。口服噬菌体首先需要解决胃酸屏障问题，除少数噬菌体（如 λ 噬菌体）有较强耐酸性外，大部分噬菌体对酸敏感，一般在 pH 低于 3.0 时迅速失活。在陆生动物中，目前解决胃酸屏障的方法有两种，一种是使用抗酸剂中和胃酸，如 $CaCO_3$、$Mg(OH)_2$等，或用雷尼替丁和奥美拉唑等药物来抑制胃酸分泌；另一种是对噬菌体进行微囊化包埋。

微囊化技术已广泛应用于口服药物的控制释放、酶和细胞的固定化等领域。目前病毒微囊化研究主要集中在口服疫苗方面，且通常是以聚乳酸—羟基乙酸（PLGA）为载体材料，采用乳化—溶剂挥发法对病毒活疫苗或灭活疫苗进行包埋，但该方法存在包封率低，微囊化过程中涉及有机溶媒，易导致病毒变性或失活等问题。另外，一些利用凝聚法在水相体系中制备出的载病毒微球，如精胺—硫酸软骨素微球，虽避免了有机溶媒的使用，但耐酸性差，且同样存在包埋效率低的问题，也难以满足噬菌体口服给药体系的要求。由于噬菌体遇酸、热、有机溶剂、干燥脱水易丧失活性，因此为保证噬菌体活性，微囊化方法及材料的选择需满足以下条件：微囊化条件温和，避免高温、酸和有机溶剂；包埋材料无毒，不与核酸及蛋白质发生反应，生物相容性好；此外，包埋材料还应具有 pH 响应特性。目前研究较多的是以天然多糖海藻酸钠为主体的包埋壁材，辅以壳聚糖为覆膜材料，或碳酸钙微粒和乳清蛋白为微球基质掺合材料，利用水相环境中海藻酸钠与钙发生的凝胶化反应来实现对噬菌体的微囊化包埋。

微囊化是一种利用天然或合成高分子材料将固体、液体或气体包封或使其分散于载体基质中而形成微小粒子的过程。其中被高分子材料包封而成的药库型（reservoir type）微小胶囊称微囊（microcapsule），而将溶解或分散于载体材料中形成的基质型（matrix type）骨架实体称微球（microsphere）。微囊与微球没有严格区分，有时可统称为微粒（microparticle），其粒径一般为 1 ~ 250 μm，但在某些具体应用中，尺寸范围可在 0. 2 ~ 5 000 μm 内变化。微囊化颗粒多为球形，但也存在其他形态，如哑铃形、红细胞形及无定形颗粒等，图 39-1 仅以球形示意。

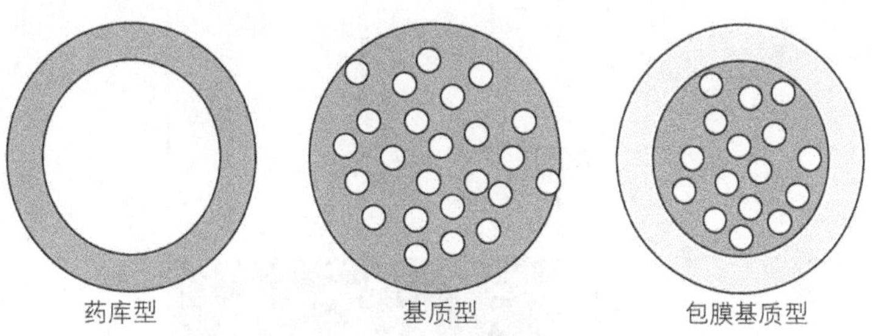

图 39-1　微囊和微球形态示意图

微囊化技术的显著特点在于将包封物与外界环境隔离，而其化学活性能被完整保留，且在适当的条件下，又能将其释放出来。据此，微囊化技术可实现如下目的：药物的控制释放；保护包封物免受环境影响，提高稳定性；屏蔽味道和气味；改善物质的物理性质等。微囊化噬菌体可以降低口服给药时胃酸对噬菌体的破坏，同时可以起到缓释的作用。

微囊化材料从来源角度考虑，通常可分为三类，即天然材料、半合成材料和合成材料（表 39-1）。

表 39-1　常用微囊化载体材料

分类		材料
天然材料	蛋白质	明胶、乳清蛋白、大豆蛋白、玉米蛋白等
	多糖	壳聚糖、海藻酸盐、果胶、黄原胶、变性淀粉等
	脂质	卵磷脂、胆固醇、蜡等
半合成材料	纤维素类衍生物	羟甲基纤维素、醋酸纤维素及其酯类衍生物等
合成材料	可生物降解	聚氨基酸、聚乳酸、聚乳酸-羟基乙酸共聚物等
	不可生物降解	聚酰胺、聚乙烯醇、丙烯酸和甲基丙烯酸聚合物等

天然材料具有生物相容性好、可降解，且对人体无毒等优点，是最常用的微囊化材料。其中海藻酸盐、壳聚糖等天然多糖资源丰富、微囊化工艺简单，在生物医药领域应用广泛。本章将详细介绍以脂质、海藻酸盐为材料的微囊制备方法，其中海藻酸盐微囊制备采用喷嘴液滴法，其基本原理如图 39-2 所示：将含有噬菌体的海藻酸钠溶液从喷嘴中喷出，对喷头施加一定频率的振动，使射流断裂形成均匀液滴，液滴下落到 $CaCl_2$溶液中发生凝胶化反应，从而形成粒度均匀的微球。

半合成材料多系纤维素衍生物，如甲基纤维素、醋酸纤维素、羧甲基纤维素盐、羟丙甲纤维素、邻苯二甲酸乙酸纤维素等。其特点是毒性小，黏度大，成盐后溶解度增大。

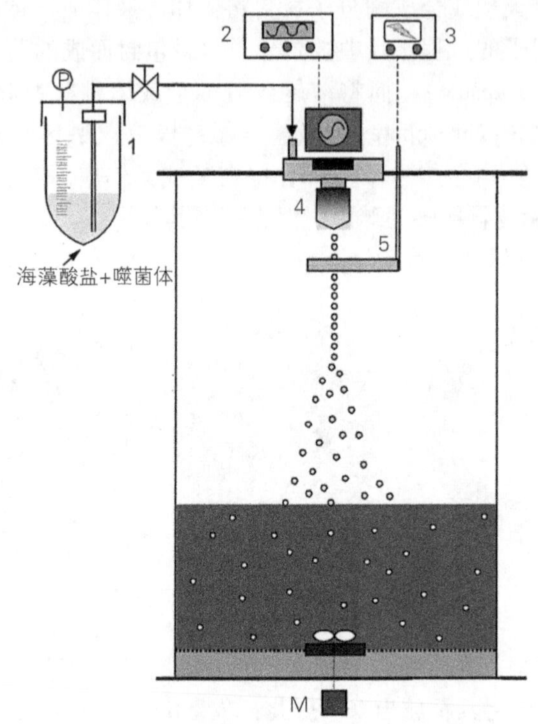

图 39-2 海藻酸盐微囊制备的过程示意图

1. 料液输送瓶；2. 频率发生器；3. 静电发生器；4. 喷嘴；5. 分散系统；M：磁力搅拌器；P：气压控制系统

合成材料一般化学稳定性和成膜性好，可分为可生物降解和不可生物降解材料。目前应用研究较多的是 PLGA，它是目前唯一获美国 FDA 批准可用于人体的一类合成缓释制剂材料。

四、生产工艺及质量控制

一般而言，噬菌体生产工艺的制定可以参照活疫苗产品，分为上游和下游两个部分。其中，物料准备、种子库构建、噬菌体扩增及收获都属于上游工艺；而后的澄清处理（离心或过滤）、初纯、精纯等过程是为了达到一定纯度和质控要求，属于下游工艺。无论上游还是下游，都包括一系列的过程监控。典型的噬菌体纯化工艺为微滤（microfiltration）澄清 — 超滤（ultrafiltration）— 吸附层析（adsorption chromatography）— 分子排阻层析（size exclusion chromatography）—终端过滤。生产工艺需要几轮的中试规模的验证，以确定重复性和放大后的稳定性，先进的工艺往往能减少纯化步骤和质量控制点，而且会使工艺验证、工艺转移更加容易。所以在前期研发的时候，往往需要在控制成本的基础上尽量采用先进的工艺。

噬菌体制剂的特殊性在于，可能随时需要加入新的噬菌体以达到更好的治疗效果。所以，一个理想的生产工艺应该是能够耐受一定的变更，虽然加入新的噬菌体，但是工艺并不变，一次性设备和连续化生产工艺可能是个好的选择。

本章着重介绍内毒素的去除工艺，此类工艺一般基于 2 种机制，即分子大小（超滤、分子排阻层析）和吸附特性（亲和层析、离子交换层析）。单分子的内毒素分子量只有

10~20 kDa，和噬菌体颗粒的大小差距很大，但是内毒素易于聚合，将其与噬菌体分离比较困难。实际生产中，可以用表面活性剂处理将内毒素聚体解离开，然后再进行纯化，如丁醇处理后进行超滤和分子排阻层析；此外，有些物质可以特异性吸附内毒素，如多黏菌素，故可将这些物质作为配基键合到层析介质上用于吸附内毒素。有些物质则可以特异性地吸附噬菌体而不吸附内毒素，从而使二者分离开来，如硫酸纤维素（cellufine sulfate）。噬菌体的等电点（pI）往往小于 7，在中性条件下带负电，而内毒素在很宽的 pH 范围内都带负电，可以利用二者带负电量的不同，采用阴离子交换层析将其分开，但是这种方式往往需要对层析条件进行细致的摸索。本章将介绍一种易于放大的、成本较低的内毒素去除工艺：微滤—切向流超滤（cross-flow ultrafiltration）—分子排阻层析—硫酸纤维素层析。

第二节　噬菌体制剂中内毒素的去除和检测方法

一、材料

（一）微滤

（1）效价为 10^9 PFU/mL 的铜绿假单胞菌噬菌体裂解液 30 L。

（2）滤芯（filter cartridge）（玻璃纤维素材质，截留孔径 0.8 μm）。

（3）滤芯（聚醚砜材质，0.65 μm+0.45 μm）。

（4）不锈钢滤壳。

（5）硅胶管。

（二）切向流超滤

（1）截留分子量（molecular weight cut-off）为 750 kDa 的中空纤维柱（hollow fiber cartridges）（过滤面积为 0.36 m^2）［见注意事项（1）］。

（2）磷酸盐缓冲液（3.58 g/L $Na_2HPO_4 \cdot 12H_2O$，1.56 g/L NaH_2PO_4，pH = 7.4）［见注意事项（2）］。

（3）蠕动泵。

（三）分子排阻层析

（1）层析柱 bpG 100/950。

（2）交联琼脂糖凝胶 Sepharose 4FF。

（3）蛋白质层析仪 APPS pilot。

（四）硫酸纤维素层析

（1）层析柱 XK 50。

（2）硫酸纤维素填料。

（3）蛋白质层析仪 AKTA Pure。

（4）高盐 PBS 缓冲液（3.58 g/L $Na_2HPO_4 \cdot 12H_2O$，1.56 g/L NaH_2PO_4，58 g/L NaCl，pH = 7.4）。

（五）动态浊度法检测内毒素

（1）内毒素标准品（10 EU/管）。

（2）灵敏度为 0.125 EU/mL 的鲎试剂。

（3）细菌内毒素检查用水。

（4）无热原（pyrogen）96 孔板。

（5）无热原吸头。

（6）10 mL 西林瓶（经过 180 ℃干烤）。

（7）酶标仪 Infinite M-200。

（8）涡旋震荡器。

二、方法

（一）微滤

（1）将初级滤芯（0.8 μm）和二级滤芯（0.65 μm + 0.45 μm）分别安装到不锈钢滤壳中，用硅胶管将滤芯串联后，用蒸馏水置换管道和滤壳中的空气，浸润滤芯 30 min。

（2）将准备好的 30 L 噬菌体裂解液泵入上述的串联滤芯，观察滤壳上的压力表数值，若压力差达到 0.2 MPa 时，更换初级滤芯。

（3）用料液桶收集过滤液以供下一步超滤。

（二）切向流超滤

（1）将以上滤过液（约 30 L）转移到超滤系统的储液桶中，将两根面积为 0.36 m^2 的中空纤维柱串联后安装到支撑架中，用 10 mmol/L 磷酸盐缓冲液润洗。

（2）将上一步获得的澄清液连接到超滤系统上，启动蠕动泵并调整转速，同时调整限流阀，使得进口压强为 3.5 psi，滤过端压强为 0 psi。

（3）浓缩到最小体积后，加入 15 L 磷酸盐缓冲液（10 mmol/L）进行洗滤，浓缩到最小体积后再次加入 15 L 的 10 mmol/L 磷酸盐缓冲液，反复 4 次。

（4）浓缩到最小体积后收集浓缩液（约 400 mL），加入 400 mL 的 10 mmol/L 磷酸盐缓冲液以一定流速清洗系统（将限流阀旋至全开，滤过端阀门关死）后将清洗液与浓缩液混合。

（三）分子排阻层析

（1）装柱：取 4.5 L 的 4FF 凝胶加入层析柱中，用层析系统以恒压（0.1 MPa）压至柱高不变，将柱头定位到凝胶面上，此时实际柱体积约为 4 L［见注意事项（3）］。

（2）平衡：用无菌磷酸缓冲液（10 mmol/L）平衡层析柱 3 个柱体积（CV）。

（3）进样：上样 300 mL 超滤液，以 1 cm/min 的线性流速继续运行，收集穿透峰，噬菌体在此峰中［见注意事项（4）］。

（4）用 0.5 mol/L 的 NaOH 清洗层析柱后用 10 mmol/L 磷酸盐缓冲液再次平衡层析柱，重复步骤（3）。

（5）收集每次穿透峰并将其合并。

（四）硫酸纤维素层析

（1）取 100 mL 硫酸纤维素装入预先准备好的层析柱 XK 50 中，用层析仪压至柱高不变锁定柱头，用 10 mmol/L 磷酸盐缓冲液平衡层析柱。

（2）将上一步的纯化液上柱，继续用 10 mmol/L 磷酸盐缓冲液洗脱，弃掉穿透峰，用高盐 PBS 缓冲液洗脱，收集洗脱峰［见注意事项（5）］。

（五）动态浊度法检测内毒素

（1）内毒素标准溶液的配制：取冻干内毒素标准品若干支，用内毒素检查用水溶解，转移到除热原的西林瓶内，于涡旋振荡器上剧烈震荡 5 min，梯度稀释（30 EU/mL、10 EU/mL、5 EU/mL、2.5 EU/mL、1 EU/mL、0.5 EU/mL）于除热原的西林瓶内。

（2）将样品进行梯度稀释［见注意事项（6）］。

（3）鲎试剂的配制：取出适量的鲎试剂，溶解后转移到无热原的西林瓶中混合，操作要轻柔，尽量减少气泡的产生。

（4）预热酶标仪：打开酶标仪，将温度设定为 37 ℃，点击"on""set"。

（5）将稀释好的内毒素于涡旋振荡器上震荡 1 min 后加 100 μL 于孔中，设重复样，而后放到预热好的酶标仪上预热 10 min。注意：放置 4 h 以上的内毒素溶液应丢弃。

（6）按照酶标仪读数顺序每孔中加入 100 μL 的鲎试剂。置于酶标仪上震荡（Orbital，3 mm）10 s。

（7）设定动态读数，波长选择为 340 nm，每 50 s 读一次数，连续读数 2 h。

（8）数据处理（每个数值都应减去对照 0 EU/mL 的 OD 值）。

第三节　微囊化噬菌体制剂的制备方法

一、材料

（一）微囊制备

1. 脂质体微囊

（1）效价为 10^{11} PFU/mL 的噬菌体溶液（10 mmol/L $MgSO_4$）［见注意事项（7）］。

（2）1，2-二月桂酰-SN-甘油-3-磷酸胆碱（DLPC）、胆固醇-聚乙二醇 600（Chol-PEG-600）、胆固醇（Chol）、胆固醇 3β-N（二甲氨基乙基）氨基甲酸酯盐酸盐（DC-Chol），四者按照 1∶0.1∶0.2∶0.7 的摩尔比混合：将以上每一种脂类溶解在氯仿中（100 mg/mL），在一个无菌的圆底烧瓶中加入 106 μL 的 DLPC、17 μL 的 Chol-PEG-600、13 μL 的胆固醇、64 μL 的 DC-Chol 和 1 mL 纯氯仿，涡旋混合 1 min，在真空和液氮保护下去除有机溶剂，形成干燥的脂质膜。

（3）氯仿。

（4）小的圆底烧瓶（四川蜀玻（集团）有限责任公司，中国）。

（5）聚碳酸酯膜（孔径 400 nm，Whatman 公司，英国）。

（6）挤压器（Lipex Biomembranes 公司，加拿大）。

（7）旋转蒸发仪 R-210（步琦公司，瑞士）。

2. 海藻酸钠-碳酸钙微囊

（1）效价为 10^{11} PFU/mL 的噬菌体溶液（1.2 g/L $MgSO_4$）。

（2）海藻酸钠（西格玛-奥德里奇公司，美国）。
（3）浓度为1%的 $CaCO_3$。
（4）容积为 300 mL 的絮凝桶，磁力搅拌速度能达到 500 r/min。
（5）浓度为2%的 $CaCl_2$ 絮凝液（取 3 g 的 $CaCl_2$ 溶解到 150 mL 的蒸馏水中）。
（6）10 mmol/L 的 $MgSO_4$ 溶液。
（7）10 mL 圆底烧瓶（四川蜀玻（集团）有限责任公司，中国）。
（8）50 mL 离心管（康宁公司，美国）。
（9）磁力搅拌器。
（10）蠕动泵（兰格恒流泵有限公司，中国）。
（11）ViscoMist™ 喷嘴（莱克勒公司，德国）。
（12）氮气。
（13）离心机（赛默飞世尔科技有限公司，美国）。

（二）检测微囊粒度

（1）检测粒度及 Zeta 电位的小皿（马尔文仪器公司，英国）。
（2）马尔文粒度仪 ZetaSizer Nano ZS（马尔文仪器公司，英国）。
（3）马尔文粒度仪 MasterSizer 2000（马尔文仪器公司，英国）。

（三）检测微囊包被效率

（1）无菌聚苯乙烯离心管（5 mL）（康宁公司，美国）。
（2）50 mmol/L 胆盐（西格玛-奥德里奇公司，美国）。
（3）10 mmol/L $MgSO_4$ 溶液。
（4）0. 22 μm 针头滤器（默克密理博公司，德国）。
（5）软琼脂（0. 7%）。
（6）干热釜（JP Selecta 公司，西班牙）。
（7）微生物培养箱（上海一恒科学仪器有限公司，中国）。

（四）显微镜观察微囊形态

（1）SYBR gold 染料（分子探针公司，美国）。
（2）Vybrant™ DiI 细胞染液（分子探针公司，美国）。
（3）Amicon Ultra-15 离心超滤管（50 kDa，默克密理博公司，德国）。
（4）镀碳筛。
（5）电镜专用铜网（北京中镜科仪技术有限公司，中国）。
（6）预先封闭的玻璃片。
（7）4′,6-二脒基-2-苯基吲哚盐酸盐（DAPI，美国分子探针公司）。
（8）2-（N-吗啡啉）乙磺酸（MES，美国 Amresco 公司）
（9）1-（3-二甲氨基丙基）-3-乙基碳二亚胺盐酸盐（EDC，西格玛-奥德里奇公司，美国）
（10）*N*-羟基硫代琥珀酰亚胺钠盐（Sulfo NHS，西格玛-奥德里奇公司，美国）
（11）液体乙烷。
（12）液氮。

（13）透射电子显微镜 Jeol JEM-1400（JEOL 公司，日本）。

（14）激光共聚焦显微镜 TCS SP5（徕卡公司，德国）。

（15）倒置显微镜（上海光学仪器一厂，中国）。

（五）微囊化噬菌体应用的动物模型

（1）SPF 级别罗曼蛋鸡（中国农业科学院哈尔滨兽医研究所）。

（2）鼠伤寒沙门菌 50 220 株（中国普通微生物菌种保藏管理中心）。

（3）鼠伤寒沙门菌噬菌体 Felix O1（加拿大 Felix 标准物中心）。

（4）科玛嘉沙门菌选择培养基平板（OXOID 公司，英国）。

（5）大豆蛋白胨培养基平板（BD 公司，美国）。

二、方法

（一）微囊制备

1. 脂质体微囊制备

（1）在磁力搅拌器中配制脂质混合物，以 200 r/min 的速度搅拌，取 2 mL 的噬菌体溶液缓慢加入其中使其水化，持续搅拌 1 h。在这种情况下，脂质由于搅拌而变成小的双层脂质体，进而形成大多层的结构。

（2）用 1 mL 注射器吸取上述料液，通过带有聚碳酸酯膜（孔径 400 nm）的手动挤压机将其匀浆 10 次，从而获得单层的结构。

（3）此法获得的微囊能够在 4 ℃保存至少 6 个月。

2. 海藻酸钠-碳酸钙微囊制备

（1）取 50 mL 的噬菌体溶液加入圆底烧瓶中，加入 0. 5 g 的 $CaCO_3$和 0. 9 g 的海藻酸钠使二者的浓度分别为 1%和 1. 8%。

（2）用磁力搅拌子在室温下搅拌（700 r/min）过夜。

（3）用蠕动泵将上述的“噬菌体-海藻酸钠-碳酸钙”混合物泵入（1. 5 mL/ min）氮气驱动（压力为 3 bar）的喷射器，再喷入氯化钙溶液（500 r/min 搅拌）中。

（4）将上述已经凝胶化的微囊继续搅拌（500 r/min）90 min，使微囊固化。

（5）用 50 mL 离心管将上述微囊溶液离心（2 000 r/min）5 min，弃去上清。

（6）加入 30 mL 的 10 mmol/L $MgSO_4$溶液将沉淀重悬。

（7）重复步骤（5）~（6）3 次，最后将沉淀重悬在 10 mmol/L $MgSO_4$至 50 mL。

（8）此法获得的微囊在 4 ℃能够保存至少 6 个月。

（二）检测微囊粒度

1. 脂质体微囊

（1）用蒸馏水将样品做 1∶10 稀释后取 1 mL 加入一次性检测皿中。

（2）用 ZetaSizer Nano ZS 激光粒度仪在 25 ℃下检测粒径和 Zeta 电位 3 次。

（3）通过以上 3 次独立的实验计算粒径、Zeta 电位的平均值及标准差。

2. 海藻酸钠-碳酸钙微囊

（1）取 1 mL 样品放入 Mastersizer 2000 衍射仪专用的 Hydro SM 分散装置中，以水为分散介质，1 500 r/min 搅拌。

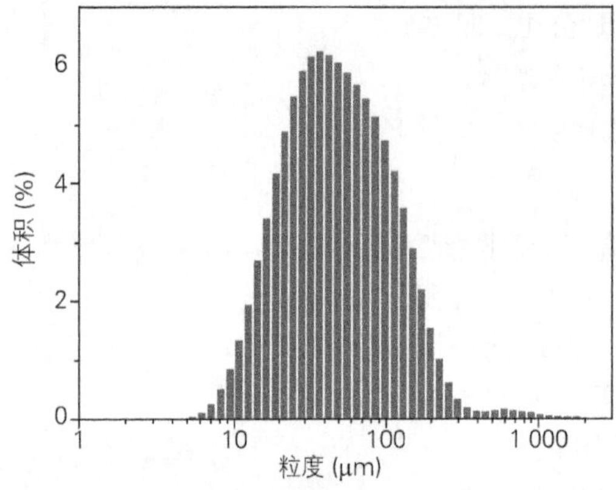

图 39-3　激光衍射法检测海藻酸钠-碳酸钙微囊的粒径分布（引自 Cortés 等，2018）

（2）设定遮蔽极限高于 3%，温度 25 ℃，每个样品测定 3 次，每次 10 s。

（3）以上实验进行 3 次得到粒径及其标准差（图 39-3）。

（三）检测微囊包被效率

1. 脂质体微囊

（1）取 2 mL 软琼脂（0.7%，装于5 mL 的聚苯乙烯管中）放到 50 ℃的干热釜上，使软琼脂保持融化状态。

（2）将制备好的噬菌体微囊包被液用 10 mmol/L $MgSO_4$溶液做适度稀释，将其与软琼脂及相应宿主菌混合后铺到固体平板上以“8”字形路线摇晃使软琼脂均匀分布（双层平板法）。

（3）将制备好的平板放到 37 ℃培养 18 h，得到的噬菌体浓度为游离噬菌体的浓度（$C_{游离}$）。

（4）取 0.5 mL 的微囊液，加入 0.5 mL 的胆盐溶液（50 mmol/L）使脂质体裂解［见注意事项（8）］。用 10 mmol/L $MgSO_4$溶液将上述裂解液做适度稀释，将其与软琼脂及相应噬菌体的宿主菌混合后铺到固体平板上。此法得到的噬菌体浓度为总噬菌体浓度（$C_{总}$）。

（5）重复以上实验至少 3 次，得到 $C_{总}$和 $C_{游离}$的平均值。

（6）包被效率（encapsulation efficiency）为：（$C_{总}-C_{游离}$）/$C_{总}$×100%。

2. 海藻酸钠-碳酸钙微囊

（1）$C_{总}$的检测方法与以上检测 $C_{游离}$的方法相同。

（2）取一定量的样品用 0.22 μm 的 PES 针头滤器过滤，收集滤过液。

（3）采用双层平板法检测滤过液的噬菌体浓度，此为 $C_{游离}$。

（4）重复以上实验至少 3 次，得到 $C_{总}$和 $C_{游离}$的平均值。

（5）包被效率为：（$C_{总}-C_{游离}$）/ $C_{总}$× 100%。

（四）显微镜观察微囊形态

1. 电镜观察脂质体微囊

（1）取 5 μL 样品放到电镜专用铜网（涂有碳层）上。

（2）将铜网干燥 30 s 后用滤纸将多余液体吸掉形成单层。

（3）将上述铜网放到液体乙烷（−180 ℃）中降温后放到液氮（−196 ℃）中保存，临用前取出。

（4）将上述处理过的样品放到透射电镜（JEOL-JEM 1400）中观察形态和碳化带（含有噬菌体）。

2. 共聚焦显微镜观察脂质体微囊

（1）取 10 mL 的效价为 10^{11} PFU/mL 的噬菌体悬液（溶解在 10 mmol/L $MgSO_4$溶液中），加入 0.02 mL 的核酸染料 SYBR-gold（100×），黑暗中孵育过夜，而后用离心超滤

管（截留分子量为 50 kDa）纯化 3 次以去除游离的核酸染料。

（2）将 Vybrant DiI 染液和脂质混合物混合（每 20 mg 的脂质混合物加入 10 μL 的染液）制备荧光标记的脂质薄层。

（3）将以上荧光标记的噬菌体及脂质体混合，制备微囊化噬菌体。

（4）取 30 μL 标记的微囊放到预先包被的玻璃片上，用 Leica TCS SP5 显微镜进行观察。

3. 共聚焦显微镜观察海藻酸钠微囊

（1）用核酸染料 SYBR-gold 对噬菌体进行染色。

（2）采用 DAPI 染料对海藻酸钠进行标记：

1）称取 2.05 g 的海藻酸钠溶解在 60 mL 的蒸馏水中，搅拌至完全溶解。

2）加入 50 mL 2×MES 缓冲液（0.2 mol/L MES，0.6 mol/L NaCl，pH 5.5）。

3）称取 0.208 g 的 EDC 粉末，加入 MES 缓冲液使其终浓度为 9 mmol/L，将0.235 g 的 Sulfo NHS 溶解到 MES 缓冲液中至终浓度为 9 mmol/L。

4）取 3 mL 上述 EDC 溶液加入海藻酸钠溶液中，马上进行搅拌，而后立即加入 3 mL Sulfo NHS溶液，室温下继续搅拌 30 min。

5）将 DAPI 用 MES 溶解后加到海藻酸钠溶液中，使其终浓度为 4.5 mmol/L，继续搅拌 18 h（避光）。

6）采用透析袋（截留分子量为 12～14 kDa）将以上混合物对去离子水 4 ℃透析过夜，期间换液 3 次。第二天，将其对 1 mol/L NaCl 溶液透析 24 h，期间换液 3 次，而后对去离子水透析直至无色。

7）将以上溶液用针头滤器过滤除菌，调整 pH 7.2～7.4 后进行冷冻干燥，而后避光保存。

（3）将 SYBR-gold 标记的噬菌体和 DAPI 标记的海藻酸钠混合（见微囊制备部分），制备噬菌体微囊。

（4）取以上样品 30 μL 加到预先包被的载玻片上，用 Leica TCS SP5 共聚焦显微镜观察（图 39-4）。

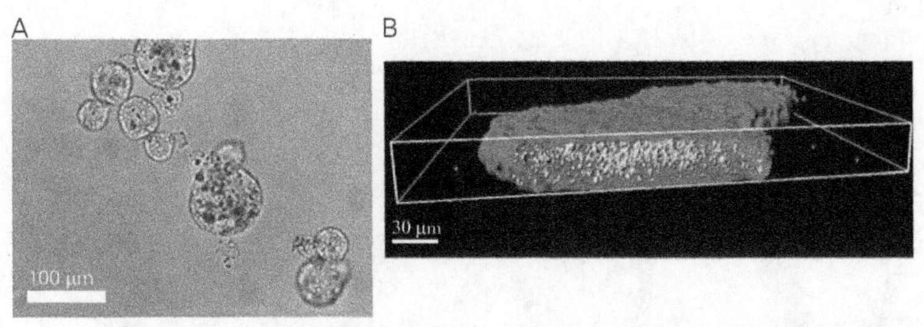

图 39-4 彩图

图 39-4　显微镜观察微囊形态（引自 Cortés 等，2018）

A.普通光学显微镜观察海藻酸钠-碳酸钙微囊包被的短尾噬菌体；B.激光共聚焦显微镜通过 3D 重建观察到的 DAPI 标记海藻酸钠微囊（蓝色）及 SYBR gold 标记的噬菌体（绿色）

（五）微囊化噬菌体应用的动物模型

（1）选取 45 只罗曼蛋鸡，随机分为 3 组，每组 15 只，分别为对照组、游离噬菌体组和微囊化噬菌体组。

（2）在 0 h 口服攻毒 0. 2 mL 含 1×10^{8} CFU 的鼠伤寒沙门菌 50 220 株。攻毒后立即给予噬菌体治疗，游离噬菌体组灌服 0. 5 mL 噬菌体悬液，微囊化噬菌体组灌服 0. 5 g 海藻酸钠-碳酸钙微囊（噬菌体药载量约为 3×10^{10} PFU/g），给药剂量均为 1.5×10^{10} PFU/只，对照组灌服 0. 5 mL SM 缓冲液，所有鸡自由饮水采食（图 39-5）。

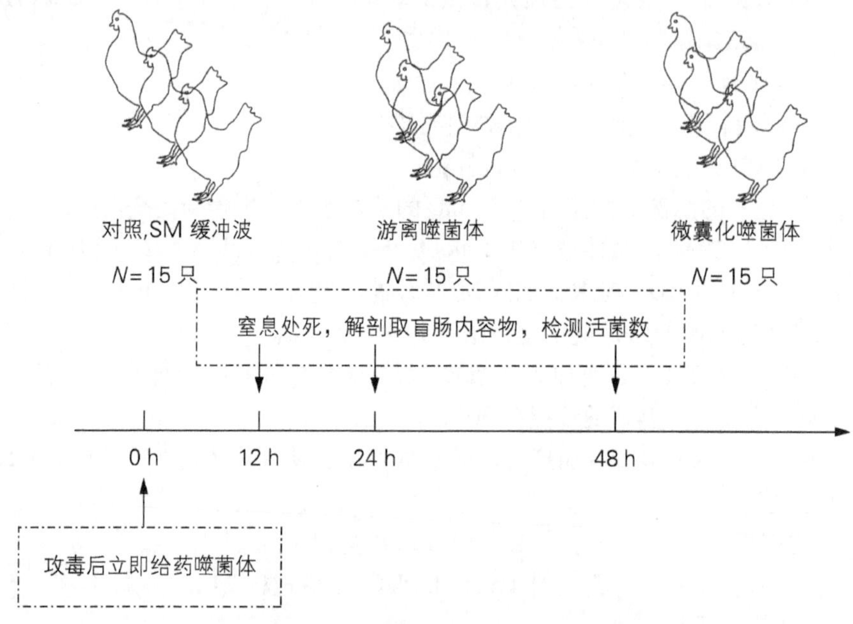

图 39-5　沙门菌攻毒与噬菌体给药及样本收集的时间安排

（3）攻毒后分别在 12 h、24 h、48 h，从每组中随机取 5 只鸡用 CO_2 窒息法处死，解剖后取出盲肠内容物，用 PBS 对其进行 1∶10 连续稀释，再取 100 μL 稀释液涂于科玛嘉沙门菌选择培养基平板上，培养 24～36 h 后挑选紫色菌落计数。所有涉及致病菌攻毒、培养的步骤均在生物安全柜里操作。

（4）研究人员可根据需要按照图 39-6 所示将肠道分割成几段分别检测其中的沙门菌和噬菌体的数量。

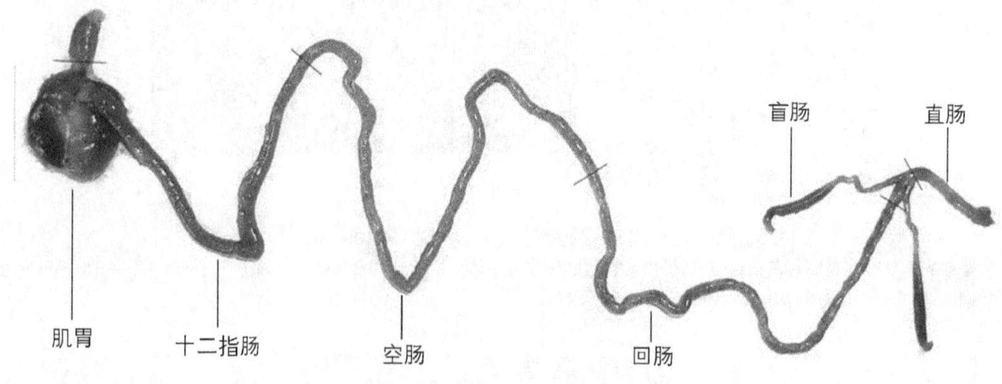

图 39-6　鸡消化道的解剖结构

第四节　注意事项

(1) 对于中空纤维柱截留分子量的选择，要经过预实验决定，对于丝状噬菌体（如M13 噬菌体）要选择截留分子量比较小的纤维柱。

(2) 若要尽量去除内毒素，则配置缓冲液需采用药用级试剂，配置好的缓冲液要经过 0. 2 μm 滤芯过滤后储存，容器要经过灭菌，玻璃容器要经过 180 ℃干烤 2 h 以去除热原。

(3) 对于分子排阻层析，每次将层析介质装柱后要测柱效（column efficiency），柱效要至少达到 3 000 才能保证分离效果。

(4) 对于分子排阻层析，最大上样体积不可超过柱体积的 10%，否则会影响分离效果。

(5) 如果经过上述几个步骤，噬菌体溶液中内毒素水平仍无法达到要求，可以采用多黏菌素亲和凝胶（Detoxi-Gel，赛默飞世尔科技有限公司，美国）进一步去除内毒素，具体方法见供应商提供的手册。

(6) 有研究发现噬菌体对普通的鲎试剂法（凝胶法）有一定干扰而导致检测结果不准，可以采用鲎试剂动态浊度法，通过稀释和加标回收实验消除干扰。

(7) 用于脂质体微囊包被的噬菌体要经过合适孔径的中空纤维柱或者膜包超滤纯化，小体积样品可以用离心超滤管进行纯化。

(8) 此浓度的胆盐溶液恰好可以将脂质体裂解而不影响噬菌体活性。

随着噬菌体治疗的发展，将会有越来越多的噬菌体剂型（formulation）被开发出来，如治疗上呼吸道感染的气雾剂、治疗系统性感染的注射剂等。无论何种剂型，纯度和活性都将是制剂制备过程中要考虑的重要因素，本章中虽然介绍了一些 GMP 概念，但是介绍的方法并不是完全按照 GMP 的规定，而是考虑到方法的通用性。事实上，剂型的制备必须融入 GMP 生产要素，符合 GMP 规定。相信在不远的将来会有更加成熟、完备的制剂制备技术发展起来，推动噬菌体治疗的发展，造福人类。

参考文献

40 噬菌体注册监管法规要求与产品安全生产

——金　焱　丛　郁　徐旭凌

第一节　国际噬菌体产品的市场准入规定

由于抗生素耐药性危害日益加重，关于如何利用噬菌体治疗感染性疾病的研究在全球迎来了井喷式发展。许多国家都加大了在噬菌体领域的研究投入，旨在研发及生产出抗生素的有效替代品。尽管噬菌体疗法早已不是一项新兴技术，但由于20世纪抗生素的蓬勃发展，绝大多数市场被抗生素占领，噬菌体作为目前可替代抗生素的生物制品，其产业的发展过程比噬菌体产品的监管条件及标准化过程都要迅速。然而，由于缺乏标准化和规范化的生产标准及应用标准，全球的噬菌体临床治疗及农业、畜牧业等应用领域目前均处于一个较为混乱的局面。

截至目前，噬菌体类产品中仅有农药类和食品添加剂类产品有完善的市场准入规定，而兽药类和人药类产品的市场准入规定尚处于摸索阶段。

一、噬菌体农药类产品的市场准入规定

目前，噬菌体农药类产品仅在美国和加拿大市场销售。经美国环境保护署（EPA）以及加拿大有害生物管理局（Pest Management Regulatory Agency，PMRA）批准上市的噬菌体农药产品共有4种，它们分别是2005年在美国注册上市的AgriPhage™（EPA Reg. No. 67986-1），2011年在美国注册上市的AgriPhage-CMM™（EPA Reg. No. 67986-6）、2012年在加拿大注册上市的AgriPhage-CMM™（PMRA Reg. No. 30301），2019年在美国注册上市的AgriPhage™-Fire Blight（EPA Reg. No. 67986-8）和AgriPhage™-Citrus Canker（EPA Reg. No. 67986-9）。

美国是世界上最早实行农药登记管理制度的国家，同时也是最早批准噬菌体农药上市的国家，因此本节将以美国为例，介绍噬菌体农药的市场准入规定。加拿大的噬菌体产品注册规定与美国相似，主要差异体现在加拿大需要田间效果试验数据，而美国则不需要这方面的数据。

（一）噬菌体农药注册的主管部门

美国农药注册工作主要由EPA下属机构预防、农药及有毒物质办公室（Office of

作者单位：金焱、丛郁、徐旭凌，菲吉乐科（中国）生物科技有限公司。

Prevention, Pesticides and Toxic Substances, OPPTS）负责。噬菌体农药的申报材料需提交至 OPPTS 下属的农药规划处（Office of Pesticide Programs, OPP）的微生物农药分部（Microbial Pesticides Branch, MPB）进行评审。

（二）噬菌体农药注册涉及的主要政策法规

1.《联邦杀虫剂、杀真菌剂、灭鼠剂法案》（Federal Insecticide, Fungicide, and Rodenticide Act, FIFRA） 该法案最早于 1947 年 6 月 25 日通过，其间经过多次改写和修正。FIFRA 规定了农药在美国的管理、售卖、供销和使用，授权 EPA 执行评审和登记农药、暂停或撤销农药登记。

2.《农药登记改进法案》（Pesticide Registration Improvement Extension Act, PRIA3）该法案于 2003 年通过，规定 EPA 注册的审批时间与相关服务费。

3.《美国联邦法规》（Code of Federal Regulations, CFR） CFR 共分为 50 册，每册涵盖一个特定领域。几乎所有与环保相关的法规都编写于第 40 册（又称 40 CFR）。CFR 每年都会有所修改，其中约 1/4 的法规在每年第三个月进行一次更新，与农药登记密切相关的是 150~189 部分。

（三）噬菌体农药的所属类型

OPPTS 将农药分为三大类：传统的化学杀虫剂、生物农药及抗菌药物。其中，生物农药指来源于动物、植物、微生物和某些矿物质的低风险农药，包括结构相似和功能相同的化学合成农药。生物农药又分为生物化学农药、植物保护剂和微生物农药三大类。由于噬菌体符合 40 CFR 158 部分“农药登记资料要求 V 部”（PART 158, Data Requirements for Pesticides, Subpart V）中对微生物农药定义和范围（158. 2100）（b）中第 3 点“以寄生方式复制的微生物，如病毒”的描述，因此噬菌体需要按微生物农药标准在 EPA 进行登记注册。

（四）噬菌体农药的申报类型

EPA 对农药的申报类型主要分为以下 4 种，其中噬菌体农药申报目前仅涉及新登记和变更登记两种类型。

1. 新登记 新登记包括新活性成分登记、新产品登记及相同相似产品登记等。微生物农药每个新分离出的成分都被视为一个新的有效成分，与已登记的微生物农药菌株相似的菌株也必须登记。因此，对于噬菌体农药的申报来说，必须首先完成“新活性成分”的登记确认。

2. 变更登记 对任何登记产品的组分、标签、包装进行变更，均需提交变更登记申请。变更后的产品只有通过 EPA 批准，才可合法销售。例如，噬菌体产品 AgriPhage™ 和 AgriPhage-CMM™ 上市后，由于标签调整，均进行了相应的变更登记（表 40-1）。

表 40-1 噬菌体产品的变更登记情况

产品名称	登记时间	登记类型
AgriPhage™	2005 年 12 月 9 日	首次登记
	2006 年 6 月 22 日	变更登记
	2011 年 10 月 17 日	变更登记
	2018 年 10 月 18 日	变更登记

（续表）

产品名称	登记时间	登记类型
AgriPhage-CMM™	2011 年 9 月 30 日	首次登记
	2018 年 10 月 23 日	变更登记
AgriPhage™-Citrus Canker	2018 年 9 月 27 日	首次登记
AgriPhage™-Fire Blight	2018 年 9 月 27 日	首次登记

3. 可选剂型登记　已申请过一个登记产品的企业，可继续申请该登记产品的其他可选剂型。目前噬菌体农药剂型均为液体，尚无其他剂型可申报。

4. 增加分销商登记　已登记的产品，若要增加该产品的分销商，需进行增加分销商登记。到目前为止，尚无噬菌体产品更换分销商的记录。

（五）噬菌体农药的申报材料

1. 行政信息

（1）缴费情况：根据 PRIA 第三部分的规定，费用支付证明应放在申请材料的正面或第一页。付款证明可以是已付款的支票证明或是豁免注册服务费的申请。在美国，噬菌体农药的注册若委托 IR-4 项目组（Interregional Research Project No. 4，IR-4 Project）进行申报，可免除所有的申报费用，AgriPhage™和 AgriPhage-CMM™都是委托该项目组进行申报的。自 1963 年以来，美国的 IR-4 项目组一直为特种粮食作物（水果、蔬菜、坚果、草药、香料）和非食品环境园艺作物的常规农药和生物农药注册登记起到重要促进作用。

（2）附函：附函是非必需材料，但最好能在申报材料中体现。在附函中应说明提交材料的目的，并标明申请材料中的每一项内容及其页码，还需包括申请人的电子邮件地址，以便申请人接收 EPA 发送的电子邮件。

（3）授权证书：申报单位向所委托的申报机构授权。任何申请人可根据 40 CFR 152.50（B）（3），指定美国当地组织或机构担任其代理人。例如，Omnilytics 向 IR-4 组织授权，由 IR-4 全权代理 AgriPhage™的申报。驻地未在美国的申请人也可根据 40 CFR 152.50（B）（1），指定一位美国代理人处理所有登记事项。

（4）农药注册申请书：根据 40 CFR 152.50（A）填写并提交农药注册/修正表格原件（EPA 表格 8570-1，https://www.epa.gov/sites/production/files/2013-07/documents/8570-1.pdf）。申请书中需填写以下 10 个方面的内容：

1）申报内容所涉及信息，包括公司/产品编号，EPA 产品经理名字，公司/产品名称，确定其是否为限制性使用农药（根据 40 CFR 152.170 规定，噬菌体为非限制性农药），申请人名称、地址及邮编。根据 FIFAR Section 3(c)(3)(b)(i) 规定，如果所申报的农药与前期已经申报的农药有相似的成分，还需要填写与之相似农药的 EPA 注册号码和产品名称。

2）申报材料的分类情况，包括修正案、回复 EPA 的材料、通知、关于产品商标对 EPA 的回复、是否为相同产品申报及其他情况。

3）产品包装特性。

4）申报材料直接联系人的姓名、地址、电话、签名及日期等信息。申报直接联系人需对申报内容的真实性负法律责任。

5）产品配方的保密申明（Cofidential Statement of Formula，CSF）：参照 FIFRA section 3(c)(1)(D)、40 CFR 152. 50（f）、40 CFR 158. 320 和 40 CFR 158. 300-355，填写 EPA 表格 8570-4（https://www. epa. gov/sites/production/files/2013-07/documents/8570-4_0.pdf）。该申明需包含以下内容：所有活性物质的名称、来源和含量；所有惰性物质的名称、来源和含量。此外，需要特别注意的是，CSF 属于商业机密，不能通过传真和电子邮件进行提交，除非申报者主动放弃保密权益。

6）产品化学数据：标明所编写的数据材料主要参考的法规，例如，噬菌体农药的化学数据资料主要参考了 151A（OPPTS#885. 0001）中的 151 A-10、151 A-11、151 A-12、151 A-13、151 A-14、151 A-15 和 151 A-16；标明所提交材料中与产品化学数据相关内容的卷号及其相应的主记录识别号（master record identification，MRID），如果本次提交的材料是在往次提交的材料上修改的，还需另外提交往次材料的 MRID 编号。

7）标签草案：根据 FIFRA 第二部分，农药标签应包括组成成分、警告、预防声明及使用方法。EPA 同时制订了标签审查手册，以指导工作人员审查标签。另外，根据 40 CFR 152. 50（E），标签草案的五份副本必须与申请一起提交，且必须可读、可复制。

8）毒理学数据：标明所提交材料中与产品毒理学数据相关的内容卷号。噬菌体产品可以根据 40 CFR 158. 906 的规定，分别从急性经口毒性、急性经皮毒性、急性吸入毒性、静脉注射、皮下注射、腹腔注射、皮肤刺激性试验、眼刺激性试验、过敏性反应、免疫反应和组织细胞试验等几个方面引用相关研究论文，以证明噬菌体无毒无害，申请豁免毒理学数据。

9）非靶标生物数据和环境影响数据：标明所提交材料中与非靶标生物数据和环境影响数据相关的内容卷号。噬菌体产品可以根据 40 CFR 158. 690 的规定，引用噬菌体对非靶标生物无毒无害、在环境中无有害残留的相关研究论文，表明噬菌体的环境安全性，申请豁免非靶标生物数据和环境影响数据。

10）关于引用数据表格的证明：根据 EPA 表格 8570−34 的要求进行填写（https://www.epa. gov/sites/production/files/2013−08/documents/8570−34. pdf），申请人保证在提交材料中的所有试验数据以及引用的其他研究资料中的数据均真实、准确及完整。

2. 数据信息

噬菌体农药所需申报的试验数据，需参考 EPA 发布的《微生物农药试验指南》中系列 885 文件（Series 885-Microbial Pesticide Test Guidelines）进行编写和提交。

（1）化学数据：根据 FIFRA Section10(d)(1)(A)、(B)和(C)规定，化学数据中的涉密数据应以机密附录的形式提交。噬菌体产品中需要提交的化学数据内容如下。

1）数据保密声明。

2）良好实验室实践声明：虽然噬菌体农药申报材料中涉及的产品特性、起始材料、制造工艺和分析方法等数据都是通过标准的科学方法和程序收集的，但仍须遵守良好的实验室实践标准。

3）产品标识与组成：产品名称、剂型、活性成分。其中涉及噬菌体配方的保密说明应写入商业机密附录中。

4）原料及制造工艺说明：原始材料和制造工艺的文本描述，以及制造工艺标准操作流程（standard operating procedure，SOP）文档（这些内容应写入商业机密附录中）。

5）产品中的杂质：由于噬菌体的制造方法只涉及天然噬菌体菌株的发酵培养，因此，在最终产物中可以发现的杂质是在发酵过程中使用物质的残余物和一些发酵代谢物，且这些杂质在噬菌体的制备过程中可去除。

6）产品样品的初步分析：测定5批产品样品中的噬菌体数量以及质量，取平均值。

7）产品中有效成分的含量：根据6）中获得的噬菌体平均质量±10%，以限定出产品中噬菌体的最大含量和最小含量。

8）分析方法：提供一套计算噬菌体颗粒质量的试验方法，包括单位体积噬菌体数量的检测方法，以及单位体积噬菌体净质量的计算方法，最终用单位体积噬菌体净质量除以单位体积噬菌体数量，获得平均每个噬菌体颗粒的质量值。

9）产品的化学及物理特性：包括颜色、气味、物理状态、密度、pH、氧化还原作用、可燃性、可爆性、储存稳定性、耐储存性、黏稠性和可溶性。

（2）请求豁免毒性和残留数据的文件

1）无数据保密声明：研究报告所涉及的相关资料若属于FIFRA第10(D)(1)(A)、(B)或（C）范围，不提出保密要求。

2）良好的实验室实践声明：本报告为豁免毒性和残留化学数据要求提供充分理由。40 CFR 160部分中规定的良好实验室规范标准与豁免请求不相关。

3）毒理学数据：分别写出噬菌体对急性经口、急性经皮、急性经肺、腹腔注射、皮下注射、静脉注射、过敏性研究、免疫响应、组织培养、经皮试验、经眼试验等毒性和残留物质试验的豁免理论依据，可参考专著和科学研究论文。

（3）请求豁免非靶标生物检测的文件

1）无数据保密声明：研究报告所涉及的相关资料如属于FIFRA第10（D)(1)(A)、(B）或(C）范围，不提出保密要求。

2）良好实验室实践声明：该材料中需包含一份关于申请豁免非靶标生物检测的理由的文件和公共文献中的佐证文件。因此，40 CFR 160部分规定的良好实验室实践标准不适用于本报告，也无须说明本研究收集数据时是否遵守了GLP标准。

3）所有可作为佐证的参考文献全文。

（六）噬菌体农药的审批流程

在收到上述申报材料后，EPA将对材料进行审查。大致分为5个阶段。

1. 第一阶段　EPA收到申报材料后，首先会给出一个由申请人的公司/机构名称、与申报内容相关的法规名称及申报流水号组成的项目编号，如IR-4 PR# 0372B（IR-4代表该项目委托IR-4项目组进行申报，PR代表该项目受农药法规（Pesticide Regulation）约束，# 0372B代表本次申报的流水号）。随后，EPA将开展为期21天的初步内容审查，一方面确定申报人是否已支付了所需费用，另一方面确定申报材料是否按PR Notice 11-3（Pesticide Regulation Notice 11-3）的要求，提供了所有必需的表格、标签草稿和数据。对存在的问题，申请者必须在21天的初始内容评审期内进行更正修改，才能完成初步审查。

2. 第二阶段　按PRIA第三部分规定的时间完成初步技术审查、确定审查期间发现的问题，并告知申报者对一些项目可依法申请试验数据豁免。例如，噬菌体农药可以对毒理学、非靶标生物及残留物质等项目的数据和试验申请豁免。

3. 第三阶段 进行初步科学审查。在某些情况下，需要完成生物农药登记行动文件（Biopesticide Registration Action Document，BRAD）草案。由于第二阶段和第三阶段通常同时进行，因此这两个阶段的开始日期相同。

4. 第四阶段 二级科学审查、风险和效益评估，并酌情筹备科学咨询小组会议（Scientific Advisory Panel，SAP）。

5. 第五阶段 召开 SAP，对所需文件进行汇编，由来自总法律顾问办公室的高级管理人员进行文件审查和批文签发，并记录跟踪系统外的行动，最后由联邦登记部门（Federal Register，https://www.federalregister.gov/）宣布审查决定。

二、噬菌体食品类产品的市场准入规定

噬菌体已被成功用于控制食品的细菌污染，并以食品添加剂的形式在美国、荷兰、加拿大、澳大利亚、新西兰及巴西等国销售。这些噬菌体产品主要来自美国的 Intralytix 公司、荷兰的 Micreos Food Safety 公司，以及菲吉乐科（中国）生物科技有限公司在加拿大（Phagelux Canada）和美国的子公司（Omnilytics）。这些产品在合规方面具有共同特点：首先获得美国 FDA 的 GRAS 认证，继而分别在荷兰卫生部（2010 年）、欧洲食品安全局（2011 年）、加拿大卫生部（2011 年）、澳大利亚新西兰标准局（2012 年）、巴西卫生部（2012 年）等相关机构获得使用批准。获得 FDA 的 GRAS 认证是噬菌体类食品添加剂在欧美市场的准入门槛。

（一）GRAS 备案制度

《食品添加剂修正案》（Food Additive Amendment）是美国于 1958 年对《联邦食品、药品和化妆品法案》（Federal Food，Drug，and Cosmetic Act）的修订法案，该修正案指出任何有意添加到食品中的物质属于食品添加剂。添加的物质除非被普遍认为是安全的，否则必须经过 FDA 的上市前批准（general recognized as safe，GRAS）。

FDA 于 1997 年提出了“GRAS 备案制度”。该制度规定，FDA 不再进行新添加食品成分的 GRAS 审查，审查由申请者自行负责。也就是说，当申请者要将一种新的食品成分添加到食品中时，不再需要 FDA 审查其安全性，申请者可自行组织专家，根据已有的科学文献及生产者自己的实验结果，评估新添加的成分在所采用的生产流程、使用方式及使用量下的安全性。如果评估结果符合 GRAS 的要求，则可向 FDA 备案。FDA 只对申请材料是否可靠进行评估，若评估无异议，则表示 FDA 认可申请者的结论；若评估认为材料不足以做出 GRAS 结论，FDA 则以“证据不足”作为答复。此外，如果申请者认为材料不充分可自行撤回申请。

备案制度将审查评估的责任转移给申请者，从而大大减轻了 FDA 的负担。FDA 审查认证的流程在法案上依然存在，但在 1997 年后就未再实际执行。后来的 GRAS 制度是一种“企业自我认可，FDA 备案”的方式。在该流程下，新食品的 GRAS 资格从申请到 FDA 批复，所需时间大大缩短，平均用时少于 6 个月。

在 GRAS 备案制度下，从 2006 年第一件噬菌体类食品添加剂成功进行 GRAS 备案至今，全球共有 13 项有效成分为噬菌体的食品添加剂提交了 GRAS 申请，其中获得批准的有 9 项（表 40-2）。

表 40-2　FDA 受理的噬菌体类物质的 GRAS 文件列表

序号	物质名称	预期用途	申请者信息	提交日期	结论日期	FDA 结论
198	(李斯特菌)噬菌体 P100 制剂	用于控制布里干酪、切达干酪、瑞士奶酪和其他陈化和成熟的奶酪中单核细胞增多性李斯特菌	EBI Food Safety B.V. Johan v. Oldenbarneveltlaan 9,2582 NE Den Haag,The NETHERLANDS	2006 年 4 月 20 日	2006 年 10 月 17 日	FDA 未提出疑问
218	(李斯特菌)噬菌体 P100 制剂	用于控制包括肉类和家禽类产品类食品中单核细胞增多性李斯特菌，每克最多可达 10^9 PFU	EBI Food Safety B.V. Johan v. Oldenbarneveltlaan 9,2582 NE Den Haag,The NETHERLANDS	2006 年 12 月 27 日	2007 年 1 月 22 日	FDA 未提出疑问
364	由 5 种大肠埃希菌噬菌体(LAND12、OLB1、TSRW1、DSMP1 和 DP1)组成的鸡尾酒制剂	用于控制包括肉类和家禽类产品及食品中大肠杆菌 O157:H7，每克或每毫升最多可达 5×10^9 PFU	OmniLytics,Inc. 5450 W. Wiley Post Way Salt Lake City,Utah 84116	2010 年 12 月 21 日	2011 年 3 月 16 日	在申请者的要求下，FDA 停止评估该物质
435	由 6 种特异性沙门菌噬菌体组成的鸡尾酒制剂	用于控制包括鱼类、贝类家禽产品及新鲜和加工的水果和蔬菜的中的沙门菌，每克食物表面含有 10^7 PFU	Intralytix,Inc. 701 E. Pratt Street Baltimore,MD 21202	2012 年 7 月 6 日	2013 年 2 月 22 日	FDA 未提出疑问(FDA 可索要额外信息)
468	含有沙门菌噬菌体 Fo1a 和 S16 的制剂	用于控制肉类和家禽中沙门菌，每克食物表面最多可达 10^8 PFU	Micreos B.V. Nieuwe Kanaal 7P 6709 PA Wageningen The NETHERLANDS	2013 年 4 月 30 日	2013 年 12 月 23 日	FDA 未提出疑问(FDA 可索要额外信息)
528	含有 6 种李斯特菌噬菌体(LIST-36、LMSP-25、LMTA-34、LMTA-57、LMTA-94 和 LMTA-148)的制剂	用于控制鱼类、贝类，以及新鲜和经加工的水果、蔬菜及乳制品中单核细胞增多性李斯特菌，每克食品表面最多可达 10^6 PFU	Intralytix,Inc. 701 E Pratt Street,Baltimore MD 21202	2014 年 7 月 31 日	2014 年 12 月 23 日	FDA 未提出疑问
603	含有沙门菌噬菌体 bp-63 和 bp-12 的制剂	用于控制食品中沙门菌，每克食品表面最多含有 10^8 PFU	Phagelux 6100 Royalmount,Montreal,Quebec,HAP 2R2 CANADA	2015 年 10 月 29 日	2016 年 7 月 28 日	FDA 未提出疑问
630	含有沙门菌噬菌体 Fo1a 和 S16 的制剂	用于控制牛肉和蔬菜中沙门菌，每克食物表面最多含有 10^8 PFU	Micreos B.V. Nieuwe kanaal 7P,6709 PA Wageningen,The Netherlands	2016 年 3 月 2 日	2016 年 5 月 17 日	在申请者本人的要求下，FDA 停止评估该物质
672	含有 5 种志贺菌噬菌体制剂	用于控制包括即食肉类、鱼类和贝类，新鲜和加工水果、蔬菜及乳制品的食品表面的志贺菌，每克食品表面最高含有 10^8PFU	Intralytix,Inc. 701 E Pratt St. Baltimore,MD 21202	2016 年 10 月 13 日	2017 年 3 月 27 日	FDA 未提出疑问

（续表）

序号	物质名称	预期用途	申请者信息	提交日期	结论日期	FDA 结论
724	含有 6 种产志贺毒素大肠杆菌噬菌体的制剂	作为屠宰加工助剂，用于控制牛胴体上的产志贺毒素大肠杆菌	FINK TEC GmbH Oberster Kamp 23 Hamm D-59069 GERMANY	信息未披露	2018 年 4 月 10 日	FDA 未提出疑问
752	含有沙门菌噬菌体 bp-63 和 LVR16-A 的制剂	用作食品加工助剂	Phagelux, Inc. 1600 Royalmount Montreal, Quebec, H4P 2R2 Canada	信息未披露	2018 年 7 月 13 日	FDA 未提出疑问
757	含有 2 种针对大肠杆菌 O157 的噬菌体的制剂	用于控制牛肉胴体、亚骨髓、牛肉切块和碎牛肉中的 O157 大肠杆菌，每克食品的施用率可达 10^9 PFU	Micreos B.V. Nieuwe Kanaal 7P 6709 PA Wageningen The Netherlands	信息未披露	2018 年 8 月 3 日	FDA 未提出疑问
827	含有 3 种特异血清型大肠杆菌噬菌体的制剂	用于控制家禽、红肉、水果、蔬菜、蛋、鱼和贝类表面的特定特异血清型大肠杆菌，每克含有 10^8 PFU	OmniLytics 9075 South Sandy Parkway Sandy, UT 84070	2018 年 10 月 4 日	2019 年 10 月 9 日	FDA 未提出疑问

（二）噬菌体产品GRAS备案的申报流程及提交内容

2016年8月17日，FDA颁布了GRAS最终规则（81 FR 54960），正式确定了GRAS备案制度程序，并在170（E）部分进一步描述了如何向FDA提交GRAS申请文件，以及FDA如何处理GRAS申请。

1. 噬菌体产品GRAS备案的提交内容　GRAS申报文件应发送至FDA食品添加剂安全办公室，文件内容包括：GRAS豁免申请、对申报物特性的简述、申报物适用的使用条件、以及确定申报物符合GRAS的科学依据等内容。申报文件中还应包括有关该申报物的特性及性质信息，以确定该物质的预期用途。针对噬菌体产品的GRAS申请文件，应至少包括以下六部分内容。

（1）A部分：签署的声明和证明。

1）提交GRAS申报文件需遵守的法规制度：申请者声明该产品申报满足21 CFR 170. 36(C)（1）条例中关于申请豁免上市许可的要求。

2）申请人的姓名和地址：提供申请人的姓名和联系地址。

3）通用名和商用名：申请者提供备案产品的通用名和商用名。

4）应用条件：申请者提供备案产品的应用领域，应用目的及应用剂量。

5）GRAS测定依据：根据21 CFR 170. 36（C)(1）的规则，申请者已自行通过科学程序确定所备案产品符合GRAS要求。

6）豁免上市许可：声明所申报的产品符合GRAS要求，可豁免上市批准。

7）信息可用性：申请者说明申请材料数据的来源，以及有权应用这些数据的其他单位。

8）《信息自由法》：申请者说明申请书中的内容是否豁免于美国的《信息自由法》。

9）书面证明：申请人申明在其知识范围内，所申请的材料符合GRAS的要求，所提供的实验数据客观公正。

10）签名：签署申请人的姓名和申请时间。

（2）B部分：申请产品的标识和规格。

1）产品成分确认及宿主菌范围：申请者提供所申报材料中各种噬菌体成分，以及噬菌体宿主菌的数量、来源及裂解谱情况。

2）噬菌体情况说明：需提供噬菌体的分离来源，噬菌体是否经过基因改造、是否经过基因组测序，噬菌体的裂解能力、裂解范围，噬菌体的分类及保藏编号等信息。

3）宿主菌情况说明：详细描述发酵宿主菌的特性，包括是否含有毒力因子、耐药性，以及是否产生内毒素等生物学特性，如果产生内毒素还需在后续材料中证明内毒素的去除工艺。

4）宿主菌范围：对产品的裂解谱进行报告，并对其他非靶标细菌的裂解能力做报告。

5）产品特征：产品的外观、气味、内含噬菌体的重量。

6）产品规格：产品的质量控制标准，例如噬菌体的效价、内毒素含量、气味、色泽、物理状态、pH、可溶性等指标及元素含量。

7）毒力情况：描述产品的毒力情况。

8）稳定性：描述产品的稳定性。

9）生产方法：按生产流程简要介绍产品的生产技术、设备、基本参数，并提供质量控制（quality control，QC）的检测指标。

10）食品级材料：所有用于生产的材料均需为食品级材料。

（3）C 部分：人类膳食中的噬菌体摄取量。

根据数据推算人类每天从食物中摄取产品中多少噬菌体量、内毒素量和化学成分量等。

（4）D 部分：产品使用中的自我限制因素。

需写明噬菌体在环境中的消亡因素，以及对使用剂量的限制原因。

（5）E 部分：简述。

1）靶标菌的背景简述：简单说明利用噬菌体产品杀灭该靶标菌的实际意义。

2）提供证明噬菌体产品符合 GRAS 条件的文献。

3）提供证明噬菌体产品所用的原材料符合 GRAS 条件的文献。

4）提供证明噬菌体产品安全性的文献。

5）提供与本次申报产品类似且已符合 GRAS 条件的其他噬菌体产品名单。

6）对申报的噬菌体产品使用效果的预测。

7）总结，根据以上数据或前人研究成果，表明所申报产品也应被认为符合 GRAS 的条件。

（6）F 部分：支持数据和信息列表。

1）实验的补充数据。

2）参考文献。

2. FDA 对 GRAS 申报的处理　收到申请材料后 30 天内，FDA 将以书面形式通知申报人实收申报材料的日期。同时，FDA 对提交的材料进行评估。FDA 有时也会与其他机构协作，如当申报产品用于肉类和家禽产品时，FDA 会咨询美国农业部的食品安全检验局。评估后，

FDA 会对申报材料做出回应。FDA 对 GRAS 申报材料的回应一般分为三类：

（1）FDA 不质疑申报人对申报产品做出符合 GRAS 条件的结论。

（2）FDA 认为申报人对申报产品做出符合 GRAS 条件的结论缺乏充分依据（例如，申报材料无合理的数据和信息，或因现有数据和信息引起对所申报物质安全性的质疑）。

（3）FDA 根据申请人的要求，停止评估 GRAS 申报材料。

三、噬菌体人类医药产品的立法发展与现状

尽管不同国家的卫生与药物监管体系职能与权限不同，但从监管和审批的角度来看，针对人用噬菌体医药产品总体分为两条路径：一是作为药物（如静脉注射液）或医疗器械（如敷料）产品由药品监管部门进行临床准入与应用的监管审批；二是作为医疗技术（如噬菌体医药产品）由卫生部门进行监管，在医院直接进行临床应用。不同的国家（地区）对噬菌体医药产品的界定有所差异。从应用角度上来说，人用噬菌体医药产品虽优缺点并存，但在解决抗生素耐药性问题上拥有不可替代的优势。世界医学协会（World Medical Association，WMA）已在《赫尔辛基宣言》中提出：在符合人类受试者

医学研究的伦理原则情况下，允许使用噬菌体制剂作为一种非传统类型的治疗药物（WMA，1964/2013）取代抗生素治疗细菌感染的方案。而在现行的监管框架下，产品的申报注册要求严苛、费用超高，这对噬菌体人类医药产品的商业化之路造成困难。

在欧盟人用药品 2001/83/EC 指令修订版中明确规定，凡在欧盟成员国市场中流通、销售的，以工业化生产或经由工业途径制造以供人体使用的药物，需按照程序批准后方可获得药品上市许可证。相反，非工业化生产或非经工业途径制造的“根据医疗处方在药房为个体患者配制的药品”无须提交上市许可申请。噬菌体制剂，作为一种定制药品，是从包含大量不同噬菌体种类的噬菌体库中，根据每位患者体内的致病菌菌株，迅速找到针对特定菌株最有效的噬菌体组合，制备成的“个性化”混合药制剂。这种混合药制剂确保了治疗方案的专一性、有效性和安全性。受 2001/83/EC 指令约束，一方面，噬菌体菌株作为“以工业化生产或经由工业途径制造”的起始物料，必须符合 GMP 标准，并需要提供相应的合规性证明文件；另一方面，根据患者个体情况制备的“个性化”给药制剂，符合“根据医疗处方在药房为个体患者配制的药品”条件，理应准许豁免上市许可申请，欧洲立法会因此在过去很长一段时间陷入了无法套用现行法规对噬菌体人用药品进行监管的尴尬局面，这也是导致噬菌体人用医药产业在过去没能得到蓬勃发展的重要原因之一。尽管在波兰等少数东欧国家，特别是格鲁吉亚（噬菌体治疗现已在该国作为标准医疗应用包含在医疗系统之内）和俄罗斯已成功地应用了噬菌体疗法几十年。例如，20 世纪 60 年代在第比利斯儿童中开展了一项大型且设计良好的志贺菌噬菌体预防试验；20 世纪 80 年代末期开始，噬菌体制剂已作为注册的非处方药被允许在俄罗斯、白俄罗斯和乌克兰的药房进行公开销售。但是，由于部分公司未公开临床疗效的详细数据，而已公布的临床数据又未按照临床试验质量管理规范（Good Clinical Practice，GCP）进行系统性研究，因此未能获得欧洲药品管理局（European Medicine Agency，EMA）认可，也无法作为噬菌体药物的监管框架雏形供 EMA 参考。

2015 年 6 月 8 日，EMA 邀请了来自欧洲工业界、学术界，法国国家药品和保健产品安全署（Agence nationale de sécurité du médicament et des produits de santé，ANSM）、瑞士药品监管局（The Swiss Agency for Therapeutic Products，Swissmedic）、比利时药品评价局（Agence Fédérale des Médicaments et des Produits de Santé，AFMPS）以及欧盟立法委员会的各方代表，就“在不对现行主流标准造成影响的前提下，监管机构应当如何确保被批准上市的噬菌体产品符合相应的质量、安全性和有效性要求”在研讨会中展开了热烈讨论（EMA/389257/2015）。该研讨会是 EMA 关于探索疑难疾病，尤其是用于治疗多重耐药（MDR）细菌的新型治疗方案的重要部分。会议内容涵盖了对当前噬菌体产品的一般监管要求和质量标准的考虑，以及该产品的临床发展现状和未来发展方向。此次研讨会后，噬菌体产品最终被 EMA 认定为生物药品，并纳入现行欧洲生物医药产品监管框架的监管范畴，按照医药产品 Medicinal products 2001/83/EC 号指令的内容进行处理。

虽然从监管的角度来看，噬菌体个性化给药治疗的概念与《先进治疗医药产品（advanced therapy medicinal product，ATMP）管理规定》监管的细胞疗法有相似之处，即通过分离提取患者生物样本中的噬菌体（细胞疗法提取细胞），经培养后再用于疾病的治疗。然而，由于目前有重组核酸的噬菌体产品被定义为先进治疗医药产品范畴的先例，故当下所使用的天然非重组核酸噬菌体未能被纳入《先进治疗医药产品管理规定》

的监管体系范畴，无法享受欧盟对于开发 ATMP 给予的特殊政策。因此，欲获得噬菌体医药产品市场准入许可的申请者，应严格遵从2001/83/EC 号指令要求，提供与药学、临床前及临床相关的技术细节和文件，应包括产品的理化、生物或微生物、药理、毒理和临床试验结果，从而得出其质量、安全性和有效性的证据。

虽然截至目前尚未有噬菌体人用药品向 EMA 提交上市许可申请，但申请材料可参考人用药品注册技术要求国际协调会（International Council for Harmonisation of Technical Requirements for Pharmaceuticals for Human Use）的通用技术文件（common technical document，CTD）的格式进行准备和提交。CTD 由行政信息和法规信息、CTD 概述、质量部分、非临床研究报告和临床研究报告五个模块组成。其中，噬菌体的质量将是决定噬菌体医药产品有别于抗生素发挥功效的关键因素。由于在 2001/83/EC 号指令中第 8 (3)(c) 条要求上市许可申请材料中必须提供明确成分及其定量信息，而噬菌体产品包含了多种不同噬菌体菌株，且成分和含量需求因患者而异，因此有关研究者、企业及监管部门提出将噬菌体产品视为一个“可部分改变的”混合物药品进行申报。具体要求为：在生产该混合物药品的过程中，应当为所有菌株建立统一的质量控制及放行标准；明确制剂中可掺入的最大菌株数量及相应的最低效价要求；在制剂中掺入的噬菌体数量、含量以及效用因临床需要而必须发生改变的情况下，不允许制剂中的预混辅料数量、用量以及制剂的最终体积发生变化。

另外，由细菌感染导致的疫情往往发展迅速且需要立即采取治疗措施。因此，在定制生产噬菌体药品后，如果按照一般药品的烦琐且苛刻的检测流程检测噬菌体药品，则可能耽误患者的最佳治疗时机、降低药品的临床有效性。所以有从业者提出，应当考虑采用 ICH Q8(R2) 指导原则中所述的实时放行检验（real time release testing）法，假定最终产品质量取决于上游工艺参数，如噬菌体的效价、内毒素的含量和生物负荷等，通过质量控制向上游移动，减少成品检验流程，从而加快产品从生产到使用的步伐。

除此之外，与 ATMP 管理规定中注明的“医院豁免条款”相似，根据 2001/83/EC 号指令第 5. 1 条，针对部分可预见的特殊情况，如用于研究和开发试验的新药、制定患者用药计划（named-patient program，NPP）、同情用药方案（compassionate use program，CUP）等，可特许部分经工业化生产或采用工业工艺方法生产的噬菌体产品豁免提交上市许可申请。例如，英国药品和保健品管理局（the Medicines and Healthcare Products Regulatory Agency，MHRA）已发布关于特许产品的生产和供应指南，允许持有可生产特许产品的 GMP 资质生产单位，根据医疗保健专业人员制定的质量标准进行特许药品的生产。由于“个性化噬菌体治疗”概念在研究初期阶段就是针对个别患者设计的，因此在完善的噬菌体产品监管法律法规框架出台以前，特许项目及为特许项目制定的生产及放行要求可作为过渡阶段标准，监督管理生产小规模且用于特定患者的噬菌体产品，但无法适用于监管大规模商业化噬菌体产品的生产。

早在 20 世纪 70~90 年代，FDA 多次修订了噬菌体制剂在人用医疗领域的应用条例。同一时期，噬菌体 ΦX174 通过静脉给药方式成功应用于免疫缺陷患者。FDA 还对几种加入了噬菌体的疫苗进行了安全性审查，结果均显示噬菌体是安全的，噬菌体因此被允许在疫苗开发和生产中继续使用。截至目前，噬菌体及其衍生产品在美国依然被归为治疗性生物产品，其上市申请由生物制品评估和研究中心（the Center for Biologics Evaluation and Research，CBER）的疫苗及相关产品部门进行处理，产品的生产受美国《联邦食品、药物和化妆品法案》和《公共卫生服务法案》条款的约束。可惜的是，至今尚未有任何噬菌体制剂被 FDA 批准用作人用治疗药物。而阻碍噬菌体成为主流医学的重要原因是当下缺乏对噬菌体监管批准的明确指导原则。

大多数噬菌体研究开发者认为，由于目前药物注册流程过于严苛且费用过高，FDA 缺乏简化的审查和批准机制，噬菌体个性化治疗法不适合作为一种药物在美国进行开发和申报。取而代之的，只能是针对普遍存在的或典型的细菌感染病症，生产预先配置的噬菌体鸡尾酒制剂（以下称“预配制剂”）。鉴于历史，在 FDA 药品监管框架下，混合药物中的每一种单一活性成分都必须首先接受严格的安全性和有效性测试，这意味着预配制剂中的每一个成分都必须经过单独的临床试验，且已批准的成分不能在未经许可时做出任何改变。这样的设定虽然使得预配制剂能够和抗生素一样，在 cGMP 条件下通过严格把控质量环节，进行大规模生产以满足监管机构的要求，且单位生产成本与前文所提及的“个性化”制剂相比更低。但是，这样的规定没有考虑到噬菌体与传统抗生素之间的差异。其次，由于耐药菌株层出不穷，并且其耐药谱也在不断发生变化，预配制剂从研发、生产和审批到上市，其临床有效性是否受到耐药性发展的影响尚不明确。除此之外，当预配制剂原活性成分发生改变或添加新噬菌体以应对细菌耐药性的发展时，是应当向监管方提出活性物质变更并为变更的部分提交额外批准？还是重新对改良后的制剂提交上市许可申请？最后，如何确保产品的安全性、质量和功效，也是一项复杂而耗时的工作。

能使监管机构和医学界接受噬菌体人用制剂的唯一途径是临床试验。随着近年来多种噬菌体制剂在农业和食品领域获批开展临床试验的许可，噬菌体在人用医药领域的应用及监管也得到了逐步完善。由于抗生素与噬菌体及其衍生产品的临床Ⅰ期试验研究不存在巨大差异，在现行监管框架下取得噬菌体人用项目的临床Ⅰ期试验批件相对容易。噬菌体的安全性已得到反复证明，因此 FDA 允许临床Ⅰ期试验的受试者无须太多。在 2008 年，FDA 批准了首个噬菌体Ⅰ期试验。该研究评估了用 8 种噬菌体混合制备的鸡尾酒制剂治疗下肢静脉溃疡的安全性。虽然该研究证明了噬菌体用于治疗人类疾病的安全性，但监管机构依然未批准该产品用于临床治疗。

2017 年 7 月美国国家感染与过敏性疾病研究所（National Institute of Allergy and Infectious Diseases，NIAID）与 FDA 在罗克韦尔（Rockville，MD）举办的一场关于噬菌体产品的研讨会上，讨论了如何协调美国与欧盟关于噬菌体疗法的监管框架问题。生物制品评估与研究中心（CBER）的 Scott Stibitz 博士在会议中表示，虽然噬菌体目前还不是 FDA 批准的人用治疗方法，但 FDA 允许在没有其他治疗方案可供选择的前提下，向寻求噬菌体治疗且已向 FDA 提交了紧急研究新药（emergency investigational new drug，eIND）申请的患者提供未经 FDA 批准的在研药物进行治疗，但仅限于个例。2018 年，加利福尼亚大学圣迭戈分校（UCSD）的科学团队与 AmpliPhi 生物技术有限公司采用噬菌体疗法成功治愈了一名患有多重耐药菌感染的 UCSD 教工患者。该治疗根治了困扰患者多年的细菌感染问题，使他能够顺利接受心脏移植手术。受这一进展的鼓舞，UCSD 在次年获得了一项为期三年、总计 120 万美元的拨款，用于在 UCSD 医学院建立创新噬菌体应用和治疗中心（IPATH），这也是北美地区第一个服务于噬菌体疗法的科研及服务机构。IPATH 的工作重点之一，就是进行 FDA 已批准的噬菌体临床试验。目前，已有临床试验在 FDA 对研究性新药（IND）计划的监督下有序进行。2016 年，UCSD 医学院与 AmpliPhi 生物技术公司合作研究的、代号“AB-SA01”的噬菌体静脉注射剂，其安全性和耐受性在美国（编号：NCT02757755）和澳大利亚（编号：ACTRN12616000092482）进行了临床研究。2018 年初，该混合噬菌体制剂已获得 FDA 临床Ⅰ/Ⅱ期试验批件。该制剂对需要安装心室辅助装置（ventricular assist device，VAD）的金黄色葡萄球菌感染患者表现出良好的安全性、有效性。在该次临床实验中共入组 10 名患者接受治疗。虽然长期以来，人们普遍认为噬菌体产品的临床开发、现有的监管框架、严重抗生素耐药所需要的紧急治疗三者不兼容，但 AB-SA01 满足了 FDA 和澳大利亚药品管理局（the Therapeutic Goods Administration，TGA）对可开展临床试验和能够用于个别患者紧急治疗的要求。这些累计的临床和监管的经验将为搭建完善的噬菌体产品监管框架、简化噬菌体产品注册流程提供依据。

中国的噬菌体制剂相较于国外起步较晚，行业整体情况与欧美大环境一致，基本处于试验研究和布局发展阶段。全球主要发达国家（地区）及噬菌体产业研究发达国家（地区）对噬菌体治疗产品的政策监管体系，对我国完善噬菌体医药产品的研发和生产领域的政策监管有借鉴作用。面对我国抗生素耐药问题对公共卫生造成的严重威胁，我们坚信噬菌体制剂将是对抗细菌感染的重型武器。

2017 年 9 月，上海噬菌体与耐药研究所（SIP）在复旦大学附属上海市公共卫生临床中心成立。该研究所将把新型噬菌体研发、耐药菌的治疗研究、噬菌体治疗耐药菌的临床研究作为研究方向，并通过积极组织团队申请和承担国家科技重大专项、联合国内相关研究机构和临床机构等方式，力争在 5～10 年做出引领性、原创性的研究成果，并将率先成为国内主要的噬菌体研究和临床转化中心。届时可及时将新开发和引进的新型技术转化并服务于临床，为降低感染性疾病的发病率和死亡率做出贡献。2018 年 8 月 14 日，一例超级细菌感染的患者在上海市公共卫生临床中心痊愈出院。患者是一位复杂性、反复性尿路感染者，致病菌是多耐药肺炎克雷伯菌，少数敏感的抗生素只能抑制细菌但无法根除疾病，所以患者长期有尿频、尿痛等症状，生活质量极差。在辗转全国数家知名医院进行抗生素治疗无效后，患者于 2017 年末来到上海市公共卫生临床中心，经评估后入组噬菌体治疗临床实验。这次噬菌体治疗案例是继 1958 年余濆教授的噬菌体治疗案例以来的全国第 2 例，也是 1994 年医学伦理委员会制度建立后首次通过伦理审批的噬菌体治疗案例。在 2019 年 1 月 29 日召开的 SIP 年度总结展望会上，与会专家一致通过了研究所首个临床治疗用噬菌体制备 SOP。该 SOP 对噬菌体入库标准及其扩增、纯化、GMP 装配、质控、储存条件，以及各关键节点上实施人员的登记规范和可追溯方案做了详细规定，对医用噬菌体的质量、稳定性和安全性起到重要的指导和规范作用。该研究所的建立及专家同行为噬菌体临床应用标准化、合规化、产业化中做出的贡献，表明了我国医疗和科研工作者对噬菌体研究与治疗的重视和不落后于他国的决心。

第二节　噬菌体产品的质量安全及相关工艺

目前噬菌体及其产品正在被越来越多地应用于食品卫生和农业领域，其作为化学抗生素的替代品用于治疗人类感染性疾病的需求亦愈显迫切。技术创新虽是扩大噬菌体应用的关键因素，但产品质量安全却是基础前提，影响噬菌体产品质量安全的因素贯穿噬菌体生产的各个重要节点。

早在 1986 年，苏联卫生部就对注射用葡萄球菌噬菌体制剂的质量安全做出了初步规定，其内容主要涉及外观、噬菌体活性、检测方法、pH、微生物含量、是否含有内毒素和毒性反应等指标。2009 年，Merabishvili 等对基于实验室条件小规模生产的铜绿假单胞菌和金黄色葡萄球菌噬菌体鸡尾酒产品的质量安全做出了更加详细的描述，内容包含：稳定性（保存限期）、热原性测定（家兔法）、无菌性和细胞毒性（对角质形成细胞）、确认不存在溶原性噬菌体、基于透射电子显微镜的确认预期的噬菌体形态颗粒的存在及其与靶细菌的特异性相互作用、通过对噬菌体基因组和蛋白组的分析证实其为裂解性噬菌体、不携带毒素编码基因及所选择的噬菌体与已知噬菌体的亲缘关系等。2015 年，由来自 10 个国家的 29 名噬菌体专家组成的国际小组基于欧盟组织及细胞指令（the European Union Tissue and Cell Directive，EUTCD）的规范详细阐述了可持续噬菌体治疗产品的质量安全问题。该指令由三个部分组成，即提供框架立法的母指令（2004/23/EC）和两个技术指令（2006/17/EC 和 2006/86/EC）。由于 EUTCD 是为人体组织和细胞所制定的安全和质量标准，其条款规定较为严格，理论上并不适用噬菌体产品这种尚未被归类为医药产品的制剂。即便如此，该项指令中所涉及的纯度、浓度、一致性、同一性和生物安全性等内容仍值得噬菌体产品研发生产单位及各相应监管部门作为质量管理指标进行参考。

一、生产环境

噬菌体产品生产的所有环节必须在具有特定洁净度的环境中进行，从而最大限度地降低污染风险。生产环境洁净度的有效性必须定时得到验证与监测。当噬菌体的半成品、待包品或成品在加工过程中暴露在环境中，且不再进行后续的灭菌处理，其所处局部洁净区（洁净度要求最高）的尘粒子数和菌落数需要达到欧盟 GMP 的 A 级标准，而背景区域（洁净度相对较低）的洁净度也至少在 D 级以上。

噬菌体是与细菌宿主和环境相互作用的活体，部分噬菌体具有负面影响人类健康的特性。因此，噬菌体在欧盟国家和地区所涉及的操作需符合欧盟 2000/54/EC 指令中的规定，该项指令旨在保护工人免遭与生物制剂有关的危险。当涉及经基因改造的噬菌体时，风险评估标准应与欧洲指令 2009/41/EC 中关于基因改造微生物使用的规范一致。根据过往经验判断，由于天然噬菌体不会对人类健康或环境造成任何直接风险（除非噬菌体基因组中携带了非安全性的基因），因此大多数具备治疗用途的天然噬菌体可归为风险等级 I。另外，生产环境的生物安全等级（biosafety level，BSL）水平通常是由细菌宿主菌株的毒性决定的。例如，一株不含有非安全性基因且生物学特性被充分了解的烈性大肠埃希菌噬菌体所需的生产生物安全等级为 BSL-1，而如果该噬菌体增殖所需的宿主菌是血清型为 O157:H7 的大肠埃希菌时，生物安全等级将升级为 BSL-2。

除此之外，生产环境中噬菌体浓度过高会扰乱细菌种群，并且容易导致交叉污染。而造成生产环境中噬菌体和细菌浓度超高的主要原因是未能及时处理生产过程中产生的生物废弃物。因此，噬菌体生产单位需要按规定及时处理生物废弃物，避免在生产环境中释放大量不必要的噬菌体和细菌。

噬菌体产品的一个较为合理的生产环境应该包括以下功能区域，其洁净度和生物安全等级如表 40-3 所示。

表 40-3 噬菌体产品生产车间功能区域及其所需生物安全等级和洁净度

序号	名称	功能	生物安全等级	所需洁净度
1	原辅料库	主要功能为储藏生产用物资	一级	一般生产区
2	主种子/工作种子储存间	储藏噬菌体和宿主菌种子	一级/二级	洁净区，洁净度应为 30 万级别（或 D 级）
3	配料间	在该区域进行培养基的配制工作	一级	洁净区，洁净度应为 30 万级别（或 D 级）
4	发酵间	在该区域进行噬菌体的发酵工作	一级/二级	洁净区，洁净度应为 30 万级别（或 D 级）
5	动力间	为发酵罐提供动力	一级	一般生产区
6	后提取间	对噬菌体进行纯化的功能	一级/二级	洁净区，洁净度应为万级（或 C 级）
7	冻干间（可选）	对噬菌体进行冻干粉处理	一级	洁净区，洁净度应为万级（或 C 级）
8	粉料间	对冻干粉进行产品分装	一级	洁净区，洁净度应为万级（或 C 级）
9	灌装间	对液体噬菌体产品进行分装	一级	洁净区，洁净度应为百级（或 A 级）
10	物净间	对外包装进行消毒处理	一级	洁净区，洁净度应为 10 万级别（或 C 级）
11	废弃物暂存间	生产垃圾暂存处，需要专业部门定期处理	一级	一般生产区
12	更鞋区	更换鞋子	一级	一般生产区
13	一更	生活服装更换为一更工作服	一级	洁净区，洁净度应为 30 万级别（或 D 级）
14	二更	应分为男女两间，一更工作服更换为二更工作服	一级	洁净区，洁净度应为 10 万级别（或 C 级）
15	缓冲间（可选）	起到过度压差的作用	一级	洁净区，洁净度应为 10 万级别（或 C 级）
16	清洗消毒间	对与产品接触的器具进行清洗消毒	一级	洁净区，洁净度应为 10 万级别（或 C 级）
17	灭菌物品存放间	对消毒后的物品进行定点归置存放	一级	洁净区，洁净度应为 10 万级别（或 C 级）
18	洁具间	对清洁用具进行清洗和存放	一级	洁净区，洁净度应为 10 万级别（或 C 级）
19	洗衣间	对二更工作服进行清洗	一级	洁净区，洁净度应为 10 万级别（或 C 级）
20	包装间	对噬菌体成品进行贴标、打码、装箱和封箱	一级	一般生产区
21	设备检修门	从此门进入检修设备	一级	一般生产区
22	原液库	后提取后的原液储藏	一级	一般生产区
23	成品库	储藏成品	一级	一般生产区

二、噬菌体的生产工艺

噬菌体产品的主要生产工序包括种子库的建立、发酵、初步纯化、收集、宿主细胞蛋白的去除、内毒素和热原的去除等环节。在充分验证生产工艺中涉及的技术设备、材料、培养基、添加剂、培养条件、净化步骤等方法和技术参数后，必须在 SOP 中将这些内容进行详细描述。

首先，噬菌体生产工艺中所涉及的关键性试剂和材料（尤其是培养基和其他辅料）必须符合相应文件的规定（如欧盟的医疗器械指令 93/42/EEC 和体外诊断医疗器械指令 98/79/EC）。其次，所涉及的操作方法的有效性同样需要采用有据可循的验证方法（如欧盟的 EMEA/CHMP/EWP/192217/2009 和 CPMP/ICH/381/95）进行证明。所有关键技术设备必须按照制造商提供的技术说明进行识别和验证。再者，生产经营单位必须对所有关键设备进行经常性维护、保养，并定期检测，保证其正常运转。设备维护、保养、检测应当做好记录，并由有关人员签字。此外，所有具有测量功能的关键仪器设备还应根据可跟踪的标准进行定期校准。

（一）噬菌体和宿主菌主种子库和工作种子库

1. 噬菌体和宿主菌种子的选择标准　噬菌体的生产是从选择适当的噬菌体种子开始的，至今为止仅有符合严格意义的裂解性噬菌体才被科学家和为数不多的西方监管机构认可，被批准实际应用在人类医疗、食品添加剂及农药中，同时被收录到相关名录中。其主要原因是，溶原性噬菌体可能携带宿主细菌基因，如耐药基因、毒力基因等。在患者接受噬菌体治疗时，这些基因可能在患者体内的微生物群中繁殖。例如，由于监管者立场不同，目前唯一能有效用于对抗艰难梭菌（*Clostridium difficile*）和结核分枝杆菌（*Mycobacterium tuberculosis*）的噬菌体具有溶原性，因此无法用于临床治疗。

所有用于制备产品的噬菌体和宿主菌株均需要在生产前对其生物学特性进行详细且充分的解析。诸如噬菌体宿主范围、利用普通细菌宿主培育靶向细菌的噬菌体、所获噬菌体的效价和稳定性等因素都是在选择宿主菌阶段需要考虑的重要因素。此外，还需要充分考虑如何去除细菌毒素或者将其控制在极低水平。选择被归类为 GRAS 或非致病菌菌株与选择使用高毒力菌株相比，可以相应减少与降低毒素和检测毒素有关的潜在问题，简化质量控制工序。

目前，各医药发达国家尚未制定关于噬菌体的形态和质量的相应指导原则，但根据生产用于传染病适应证的病毒疫苗或用于基因治疗的腺相关病毒（adeno-associated virus）、腺病毒和慢病毒等病毒载体的指南，以及来自医药监管机构的意见和研究工作者的经验，业内一致认为必须确保“种子”噬菌体的纯度、效价、一致性和稳定性。具体包括形态和基因的一致性，不含有细菌毒素，溶原基因（如整合酶基因、SIE 系统、溶原机制）以及整个生产周期中的遗传稳定性。表 40-4、表 40-5 中对用于生产的宿主细菌和噬菌体主种子选择标准进行了详细说明。

表 40-4　生产用途的宿主菌选择标准*

产品/特性	控制检验	验收指标	推荐试验程序
起源	文件谱系/历史/致病性水平	已知起源	根据科学文献、实验室书籍进行筛选
鉴定	在物种和菌株水平上的鉴定	菌株鉴定	(1) 临床微生物学技术 (2) 采用高度鉴别的（分子/基因组）分型技术，如细菌多位点序列分型（multilocus sequence typing，MLST）、扩增片段长度多态性（amplified fragment length polymorphism，AFLP）、脉冲场凝胶电泳（pulsed field gel electrophoresis，PFGE）、细菌基因组反复序列 PCR 技术（repetitive sequence PCR，REP-PCR）

（续表）

产品/特性	控制检验	验收指标	推荐试验程序
发酵宿主菌基因组尽量不含前噬菌体，至少要保证不含有噬菌体或其他类噬菌体的基因交换元件	(1) 噬菌体诱导 (2) 对宿主菌基因组中噬菌体或类噬菌体元件进行筛选	宿主菌基因组中尽可能少自发产生（或诱导产生）溶原性噬菌体、完整的前噬菌体序列或类噬菌体元件	(1) 体外诱导法（丝裂霉素 C 诱导法或紫外线诱导法） (2) DNA 测序和分析（生物信息学）方法
避免使用产生突变的菌株作为宿主菌	可疑突变株的筛选	无突变株	磷霉素法和利福平纸片扩散法
经过验证的保存/储存方式（冷冻保存法、冷冻干燥法等）	监测储存条件（如温度）	保藏温度取决于保藏方法	变量（如温度探头、温度指示器标签等）

* 生产过程中使用的宿主菌除了适应性、成斑效率及宿主范围外，应尽可能保证其安全性或最小致病性。

表 40-5　噬菌体主种子标准

产品/特性	控制检验	验收指标	推荐试验程序
起源	文件谱系/历史/致病性水平	已知起源	根据科学文献、实验室书籍进行筛选
鉴定	(1) 在科（亚科）、属和种以及菌株水平上的鉴定 (2) 形态特征及生物学特性	形态学和生物学特性	(1) DNA 或 RNA 测序和生物信息学分析 (2) 高度鉴别的基因分型技术，如扩增片段长度多态性（AFLP），荧光限制性酶切片段长度多态性分析（FRFLP） (3) 基质辅助激光解吸电离飞行时间质谱计 (4) ICTV 的最新分类 (5) 电子显微镜（可选） (6) 基因组大小（可选） (7) 一步生长曲线
不包含具有潜在破坏性的遗传决定因素（如毒性基因、毒力因子、溶原性基因或抗生素耐药性基因）	对已知潜在破坏性遗传决定因素进行基因组分析	没有具有潜在破坏性的遗传决定因素	DNA 或 RNA 测序和生物信息学分析
非转导性（可选）	“普遍性转导”的筛选	不会随机将宿主的 DNA 包裹在部分子代噬菌体基因组中	转导试验
体外药效	噬菌体菌株宿主范围的确定	广泛的宿主范围（如果可能的话）；裂解率可根据物种而变化，如金黄色葡萄球菌的裂解率应大于 75%	(1) 双层平板法测定噬菌体对目标菌的效价 (2) 点滴试验
	裂解的稳定性（可选） 成斑效率（EOP）在类似于最终临床应用的条件下（可选）	在肉汤培养中裂解能力可以稳定保持 24~48 h，以成斑效率 EOP 作为鉴定标准	成斑效率 EOP 检测
	抗噬菌体菌株出现频率的测定	抗性菌株出现的概率非常低	Adams 描述的方法
	测定各项生长参数，如噬菌体的最佳增殖温度和 pH、潜伏期持续时间、平均爆发量和结合效率（可选）	测定出各指标的阈值	一步生长曲线法

（续表）

产品/特性	控制检验	验收指标	推荐试验程序
	细菌细胞壁结合区的测定（可选）	选择具有不太容易被修饰的细胞壁结合域的噬菌体，避免将噬菌体与类似的细胞壁结合域结合在一起，以减少交叉重叠的可能性	分子生物学方法
改进/适应/驯化（可选）	宿主范围优化	宿主范围宽且裂解效果稳定	（1）基于双层平板法的噬菌体对目标细菌的连续效价变化检测 （2）点滴试验
	最佳生长参数（温度、pH 等）在临床应用部位的生理条件下的切换	测定出各指标的阈值	在逐渐变化的条件下噬菌体对目标细菌的效价的变化趋势
	优化噬菌体鸡尾酒配方设计以达到减少噬菌体之间的相互拮抗	减少互相拮抗	各种噬菌体的共培养
经过验证的保存/储存方式（冷冻保存法、冷冻干燥法等）	监测储存条件（如温度）	保藏温度取决于保藏方法	变量（如温度探头、温度指示器标签等）

2. 两级菌株库的建立和管理　种子库系统通常包括主种子批次和工作种子批次。种子库的生成和表征应按照所在国家或地区的原则及规定进行（如欧盟制定的 CPMP/ICH guideline Q5D）。同时，应对库中存放的噬菌体和细菌进行相关表型和基因型的鉴定，以确保生产的产品符合其描述并具有同一性、活力（噬菌体活性）和生物纯度。生物资源中心可以作为噬菌体主种子和宿主细菌的储存库。

根据两级细胞库（主细胞库和工作细胞库）的管理办法，噬菌体研究和生产单位也应建立主噬菌体库（master phage bank，MPB）及工作噬菌体库（working phage bank，WPB）。MPB 中的噬菌体和宿主菌的主种子应采用-80 ℃的电冰箱保藏或液氮冷冻保藏，WPB 中的噬菌体和宿主菌的工作种子应保藏在 4 ℃的电冰箱中。MPB 是生产药用级别噬菌体的重要组成部分，它的建立确保了噬菌体的种群均匀性、完整性和充足性。MPB 建成后应当启动严格地库存管理系统以达到限制进入、安全存储及避免交叉感染的目的。为避免 MPB 被污染或破坏，在 MPB 建成后应当迅速建立 WPB，用于扩大生产噬菌体。使用者应当严格控制 MPB 和 WPB 中噬菌体的传代次数，并确保传代记录的完整性。另外，生产管理工作人员应当每日对设备运行情况进行观察和记录。除此之外，用于 MPB 和 WPB 的储存电冰箱需要有两台互为备份，且分别配置备用电源。为避免发生因设备故障或人力不可抗拒灾难造成的同时损坏，MPB 与 WPB 还应当被设置在不同的位置。

（二）噬菌体发酵

发酵生产是噬菌体生产工艺中的一个重要环节，这个环节可分为宿主菌的繁殖和噬菌体的增殖两个步骤。在工业化生产中，噬菌体大多采用符合 GMP 标准要求的 316 L 级不锈钢生物反应器作为发酵器。为防止微生物污染，在开始发酵前仪器必须接受严格灭菌处理。生物反应器与培养基可同时或单独进行灭菌处理，灭菌方法应按照《国际药典》（*The International Pharmacopoeia*，IntPh）2016 年版第 5.8 节“灭菌方法”中的具体规定操作执行。在发酵时，通过细菌过滤器对注入发酵罐中的空气进行除菌；结束后，参与发酵的气体经过冷凝和过滤排出。除此之外，在整个发酵过程中都需要密切监视发酵工艺的进展状况，以便及时评估生产质量及确定最优产量。目前，基于近红外（near-infrared，NIR）光谱的一次性探针法已被广泛用于测量生物量、pH、氧浓度等参数。在测量的同时，数据应当按监管地区要求（如 FDA 21 CFR 第 11 部分）进行记录。

由于利用不锈钢生物反应器进行发酵会增加大量清洁、灭菌和验证工作，并且噬菌体的特殊性决定反应器必须能够在短时间内切换完成不同噬菌体的发酵工作且不影响各批次噬菌体的质量，因此已获得认证的且达到质量要求标准的一次性发酵装置将更加符合噬菌体发酵环节的需求。其中需要特别注意的是，一次性发酵设备可能由不同供应商提供的零部件、设备组合而成，每个材料都对发酵质量和产品的完整性造成影响。因此，每个部分如无菌管、阀门、连接器和传感器的材料和质量都需要符合标准。

另外，虽然培养基的成分对噬菌体最终的效价影响甚微，但对于生产使用的培养基的成分及质量依然有明确要求。培养基不能够含有具有潜在危险性的组分，如病毒、朊病毒或者过敏原等。根据各国药典规定（这里主要强调欧洲、中国及美国的药典），生物药品须尽可能使用非动物源性材料制备。因此，生产者需要采用经认证的无动物来源的培养基替代标准培养基组分（如肉源性蛋白胨或乳源酪蛋白）进行噬菌体培育，以避免暴露于牛海绵状脑病或其他动物源致病因子的风险。

生产材料中使用的其他相关试剂，如辅料、稳定剂等均应当遵守药典规定，以保证工艺不含有动物源成分。值得注意的是，非动物源工艺可能会影响某些苛养菌宿主的生长速度。此外，高特异性噬菌体的产出得益于高体积或高密度宿主细菌的培养，因为这可以降低细菌源污染物的体积和相对起始量。

对于生产静脉给药的噬菌体制剂生产者，还需尽量避免选用的培养基中含有过多分子量较大的蛋白质。采用非动物源蛋白质进行噬菌体培育时，培养基生成的主要残留物是大豆水解物和酵母提取物；同时，它们也是噬菌体生产所必需的肉汤成分。在去除内毒素之前，大豆水解物的残留浓度不得超过 25 mg/mL，酵母提取物的残留浓度不得高于 125 mg/mL。另外，部分培养基只允许用于科学研究，如需将这部分培养基用于生产临床试验产品或商业化生产则必须对其进行改良和优化，以达到临床试验及商业化生产对产品的要求。

（三）噬菌体发酵产物的纯化和收集

纯化是噬菌体完成繁殖后的第一步，主要目的是将目标噬菌体与细胞及碎片通过离心、微孔过滤（microfiltration，MF）或二者结合的方法进行分离。由于核酸的释放，细菌裂解物在噬菌体繁殖后浓度较高（尤其是在生物质浓度较高的情况下），为分离造成一定困难。这种情况下，可利用核酸酶降解核酸，降低裂解物黏度。

在实验室小规模生产中，离心机因具有速度快、操作简易的优点被广泛用于纯化目标噬菌体。然而，当生产扩大到一定规模后，持续性的使用离心机进行分离、纯化会很复杂和难以实现。此外，这种情况下的纯化步骤是需要先离心，再进行无菌过滤，以确保在随后的工序中不存在细菌细胞。

高效易用的过滤设备具有更好的过滤效率和安全性。噬菌体培养结束后，无须离心就可以直接高通量地纯化噬菌体发酵液。

MF 是世界上开发应用最早的膜分离技术，也是在噬菌体纯化过程中应用较为广泛的一种膜过滤分离技术，过滤膜孔径为 0.45 μm 或 0.22 μm。然而由于这种液体死端（dead-end）过滤技术的液体的流动方向与过滤方向保持一致，过滤膜表面形成的滤饼层或凝胶层随着过滤的进行其厚度会逐渐增大，流速逐渐降低，因此只适用于进行实验室或较小规模的噬菌体收集。在工业化生产时，可采用切向流过滤（tangential flow filtration，TFF）技术对大规模的目标噬菌体进行收集、浓缩及纯化。在通过 TFF 技术分离过程中，噬菌体混合物在系统维持地恒定跨膜压和流速条件下通过多次再循环的方式，切向通过膜表面，降低了 MF 法造成的样本在膜表面的积压，并且减少了需要在后续步骤处理的样品量。然而，长时间的再循环可能对噬菌体的稳定性造成影响，并增加噬菌体在过滤过程中暴露和受损的可能性。需要注意的是，由于 TFF 是根据分子尺寸的膜分离过程，因此在选择膜的截留分子量（molecular weight cut-off，MWCO）时，如选择的颗粒孔径小于噬菌体（注：大多数噬菌体选择的 MWCO 值为 100~1 000 kDa）时，宿主细胞 DNA、脂多糖等大分子杂质、污染物会被同时截留，增加目标噬菌体产品的后续制备增加难度。

除上述两种膜分离技术以外，层析分离技术（chromatography separation technique）、离子交换技术（ion exchange）、整体色谱法（monolithic chromatography）、分子体积排除色谱法（size exclusion chromatography，SEC）、多模式色谱法（multimodal chromatography）、密度梯度离心法（density gradient ultracentrif ugation）、选择性沉淀法（selective precipitation）等都被广泛用于噬菌体的分离和纯化处理。然而，在目前的监管框架下并没有关于噬菌体纯度的相应质量控制指导原则，大多数生产企业是根据自身产品需求各自制定了质量检测方法，以保证其生产的所有噬菌体产品达到统一性、安全性、纯度达标性。

（四）宿主细胞蛋白的检测和去除

在所有生物药品的质量控制环节中，检测及去除宿主细胞蛋白（host cell protein，HCP）是不可忽视的环节之一，也可能是最薄弱的环节。HCP 作为生物药品制备过程中必然产生的杂质，可能在发酵过程中产生，也可能在纯化过程中生成。由于 HCP 会造成药品在临床使用中引起不良反应，如免疫原性或毒性反应，因此在各国药典中均对残留蛋白质限度做出了严格规定，并制定了相应的残留蛋白质检测方法。ICH 指导原则 Q6B 中 6.2.1 节指出，应当使用能够检测多种不同蛋白质杂质的方法，测定宿主细胞蛋白质的含量。HCP 含量可通过 HPLC 或 ELISA 方法进行检测。通常使用具有银染色的 2D SDS-PAGE 或者如 SYpro 等灵敏度更高的方法进行复杂蛋白质混合物的 HCP 含量检测。这些方法的关于含量测定的最低检测限约为 0.2 ng/mL。另外，也可使用优化过的凝胶电泳的二维差法（two-dimensional gel electrophoresis，2D-DIGE），在同一凝胶上运行两个或三个标有不同荧光染料的样品。利用 2D-DIGE 法，未感染的细菌蛋白质可与噬菌体在相同的凝胶上同时进行检测。除定量以外，还应当设计具有针对性的活性测试方法检测残留蛋白质的毒性作用，并利用该方法测定不同阶段的噬菌体及噬菌体底物中毒素的活性，并与监管机构商定产品最终可接受的毒素含量。不同的毒素如内毒素和热源可参考欧洲药典 v9 中 2.6.14 节、5.1.10 节、2.6.8 节和 2.6.30 节。除此之外，生产者不仅需要按照药典要求检测及清除 HCP，还应当在药品说明书中列明 HCP 可能引起的潜在不良反应。

（五）内毒素和热原的检测和去除

内毒素是存在于革兰氏阴性菌细胞壁外膜中的一种相对不溶性物质，它的主要成分是脂多糖，当细菌死亡或自溶后便释放出内毒素，在极微量（每千克体重 1~5 ng）下即可引起人体体温上升，持续约 4 小时后才逐渐恢复正常。严重者可发生内毒素血症和内毒素休克，甚至导致死亡。因此，监管部门无论对人用或是兽用生物药品中的内毒素浓度都提出了极其严格的要求。内毒素是革兰氏阴性细胞壁上的脂多糖和微量蛋白的复合物，细菌内毒素主要由 O-特异性链、核心多糖和类脂 A 三部分组成。类脂 A 由氨基葡萄糖、磷酸和脂肪酸组成，是脂多糖不可缺少的组成部分，几乎参与内毒素介导的所有生物活性，其结构、数目、排列、种类的不同都会导致内毒素生物活性的不同，所以无法采用单一分子量对内毒素进行检测。国际上现行的内毒素通用检测方法是鲎（*Limulus polyphemus* 或 *Tachypleus tridentatus*）试剂法，通过鲎试剂与内毒素产生的凝集反应进行测定。国际上使用内毒素单位 EU（endotoxin unit）表示细菌内毒素的量，1 EU 与 1 个内毒素国际单位（IU）相当。根据 USP 提出的要求，FDA 规定胃肠外制剂（parenteral drug）中内毒素必须低于 5 EU/（kg·h），鞘内用注射剂（intrathecal）中内毒素的限值为 0.2 EU/kg。欧洲药典（2016 年版）第 5.1.10 节规定，凡经胃肠外给药，每平方米体表面积不得超过 100 U 单位内毒素。截至目前，并没有就口服药物确定内毒素限制剂量，但已有实验结果证明，小鼠口服 10^6 EU 的大肠埃希菌内毒素后没有引起毒副反应发生。

目前国内外对热原的定义虽未形成统一共识，但普遍认为它是指细菌内毒素的脂多糖，因此在 GMP 生产条件下，一般认为不存在细菌内毒素即不存在热原。在生产生物药品的每一个环节中都有可能因内毒素污染导致产品不合格，这不仅给生产企业造成巨大经济损失，同时也直接影响企业的商誉和形象。随着各家药监部门对生物制品质量要求的不断提高，对内毒素残留量的要求也越来越高。因此，噬菌体产品生产者应当了解产品受监管国对生物制品中内毒素的控制要求，严格控制产品内毒素含量，即严格按 GMP 要求进行生产，严格无菌操作，防止内毒素产生，确保产品安全性。

在生物制品的生产过程中，菌毒种、生产环境、不规范操作、设备及器械和原辅材料等都可能造成内毒素污染及残留。常见的内毒素去除方法分为非选择性去除法（如超过滤、密度梯度离心法、活性炭吸附法、分子筛）和选择性去除法（如免疫配基、脱氧胆酸盐、聚阳离子吸附等）。但是，由于内毒素单体的分子量范围为 10~30 kDa，且在水溶液中易聚集形成两亲性聚合物，这样的超结构使得难以将其与噬菌体有效分离，这些方法未必能在不破坏噬菌体效价的前提下有效去除内毒素。随着噬菌体治疗在生物制药行业中占比的增大，其具有针对性的内毒素去除工艺的研究得到了蓬勃发展。Jang 等通过稀释样品降低内毒素形成高分子聚合物的可能性，之后再加入去垢剂及选择合适孔径大小的过滤膜，用超过滤法将溶液中的内毒素去除。Kramberger 等介绍了一种利用甲基丙烯酸酯整体柱（convective interaction media monolithic column）从细菌裂解液中纯化金黄色葡萄球菌噬菌体 VDX-10 的一步纯化法，结果发现 99%以上的宿主细胞及 90%以上的内毒素能够被去除，且噬菌体的回收率超过60%。Szermer-Olearnik 等在样本溶液中加入了与水相不互溶的有机相溶液 1-辛醇或 1-丁醇，利用了噬菌体裂解物保留在水相而内毒素保留在有机相的特点，在不破坏噬菌体效价的前提下，有效地降低了裂解液中内毒素的含量，且该方法具有高效、经济、可适用于大部分噬菌体裂解液中内毒素去除等特点，是可用于去除噬菌体裂解液中内毒素的重要替代方法。然而，无论采用哪种方法降低内毒素含量，都应当建立相应的质量控制标准以及有效的成品放行标准，确保每批已放行产品的生产、检验均符合相关法规、药品注册要求和质量标准。放行前，质量授权人必须按要求出具产品放行审核记录，并纳入批准记录。

三、噬菌体产品的剂型和包装

（一）噬菌体剂型

在临床使用之前，可以将检测合格的噬菌体原液稀释到 $10^5 \sim 10^7$ PFU/mL 后，组合添加或单独添加到水凝胶、软膏、乳膏和绷带等相应载体中。其中，稀释溶液、载体和包装材料必须符合监管部门要求。在欧盟国地区制备的噬菌体制剂还应当符合欧盟 1993 年 6 月 14 日提出的关于医疗器械的理事会 93/42/EEC 指令的要求。

（二）噬菌体产品的包装和标签

1. *产品包装* 根据医药品包装的法律法规，噬菌体治疗产品的包装必须适合药品质量的要求，依最佳成本，采用适当的材料和技术，便于货物的运输、配销、储存和销售。药品生产企业应当根据所在国家或地区的要求，建立并执行包装材料的检查制度。根据包装作用的不同，噬菌体产品的包装又分为直接接触噬菌体产品的外包装和内包装。外包装是用于商品识别，保护商品，防止在储存、运输过程中发生货损货差及被污染的外部包装材料，不与药品发生直接接触。

在外包装的检查过程中，应当注意以下几点：

（1）包装箱是否牢固、干燥；封签、封条有无破损；包装箱有无破损、污损及渗液。

（2）外包装上应清晰注明噬菌体产品的名称、生产批号、规格、有效期、生产日期、包装、储藏、批准文号及运输注意事项或者诸如特殊管理药品、外用药品、非处方药标识等其他标记，对特定储运图示应清晰标明。

在内包装的检查过程中，应当注意以下几点：

（1）内包装要确保其密闭性（防止尘埃和异物），密封性（防止风化、吸湿、挥发或被异物污染），熔封和严封（防止空气、水分和细菌污染）和遮光性。

（2）容器应用合理、清洁、干燥、无破损；封口严密。

（3）包装印刷清晰，瓶签粘贴牢固。直接接触噬菌体产品的内包装材料不能对产品效用造成影响。

2. *产品标签和使用说明书* 产品标签、使用说明书需要与监督管理部门批准的内容、式样、文字保持一致。产品必须在标签（图 40-1）或随附文档中提供以下信息。

（1）描述（定义），以及相关的噬菌体产品的尺寸。

（2）噬菌体产品的生产日期。

（3）储存建议。

(4) 打开容器、包装和任何所需操纵/重构的说明。

(5) 到期日期（包括开放/操纵后）。

(6) 报告严重不良反应和（或）事件的说明。

(7) 存在潜在有害残留物。

(8) 禁忌证。

(9) 如何处置未使用（过期）的噬菌体产品。

印有与标签内容相同的药品包装物按标签管理。标签、使用说明书经相关部门校对无误后方可印制、发放、使用。采购部门在订制标签时应与供应商签订保密合同，防止标签外流。标签印制时应派质监员到场监督，印制过程中的废品应督促及时销毁。

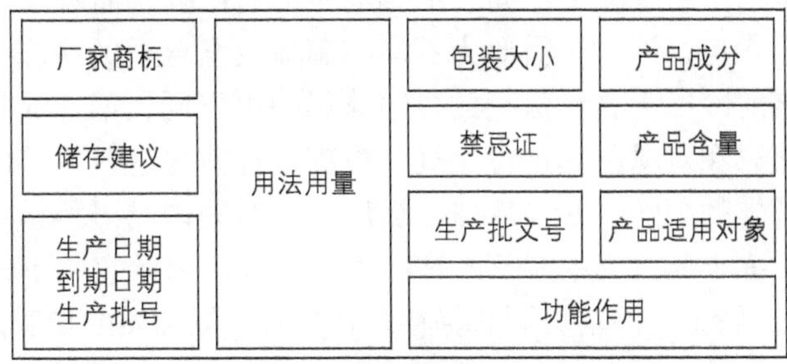

图 40-1 标签案例

四、噬菌体产品的储存和运输

(一) 产品储存

在过去几十年中，研究人员对噬菌体的保存方法同样展开了深入研究。根据大多数噬菌体研究人员的报道，噬菌体的最佳储存方法是冷藏，有时亦可添加白蛋白、盐或明胶等物质以增强噬菌体在水溶液中的稳定性。将大肠埃希菌噬菌体保存在噬菌体缓冲液中进行冷藏可维持效价（效价降低<0.5 log）长达 2 年，而铜绿假单胞菌和金黄色葡萄球菌噬菌体的效价则可维持超过 1 年。当大肠埃希菌噬菌体制剂保存在 30 ℃的环境下时，添加镁离子可帮助该制剂维持可接受的效价超过一个月。另外，一些耐热能力较强的噬菌体甚至可以在巴氏灭菌温度下存活。然而，如 T4 样噬菌体等大部分噬菌体，当温度上升至 70 ℃后效价则快速下降。除冷藏以外，噬菌体也可以通过冷冻干燥，喷雾干燥或包封来进行保存。

噬菌体通常以游离病毒粒子的形态进行储存。由于噬菌体对储存条件和储存介质含量的敏感性可能存在显著差异，不同的噬菌体无法用同一种病毒体保存方法进行保存。其中，最常用的方法包括 4 ℃储存、-80 ℃电冰箱或液氮冷冻储存和冷冻干燥储存。这些方法是否适用于长期保存各种噬菌体则取决于噬菌体本身。举例来说，一些病毒粒子对除 4 ℃冷却或冷冻干燥以外的冷冻方法特别敏感，而某些 ssDNA 或 ssRNA 由于耐冻性较强，因此除冷冻干燥外还需要进行深度冷冻。一般来说，4 ℃条件下，噬菌体裂解液的深度冷冻或储存是长期保存噬菌体病毒粒子感染性最有效的方法，同时，4 ℃存储也是最简单的方法。储存在 4 ℃条件下的噬菌体 P1、T4 和 λ，福氏志贺菌，志贺菌的噬菌体鸡尾酒的裂解活性和高效价可以维持30年之久。实验发现，鸡尾酒中某些金黄色葡萄球菌和铜绿假单胞菌噬菌体的效价在4 ℃条件下储存12个月后没有显著变化。

在噬菌体裂解物或已纯化噬菌体悬浮液中添加不同离子可延缓甚至防止噬菌体感染性的丧失，其中镁离子和钙离子是常用的离子添加剂。在用噬菌体感染细菌之前将它们加入培养基中以促进噬菌体对宿主菌的吸附并存在于之后的发酵液中。镁离子和（或）钙离子添加剂的常用浓度为10 mmol/L。研究发现，在发酵液或已纯化的噬菌体中添加高于10 mmol/L的镁离子添加剂可帮助在30 ℃条件下储存的T4噬菌体感染性丧失进程延缓。

冷冻干燥法是大规模保藏适用于以冷冻干燥为储存方法的噬菌体的最佳方法（参考表40-6）。其优点是不占用冷冻室空间、不受电力中断影响；而缺点在于实验室或生产单位必须配备冷冻干燥机，同时，需要为不同噬菌体摸索合适的冷冻干燥程序。除此之外，不同冷冻保护剂对冷冻干燥法保存的噬菌体影响也不同，如造成噬菌体效价不同程度的降低。因此，建议在对噬菌体进行大规模冷冻储存前先进行小范围测试，检测不同冻干介质对不同噬菌体的影响，并在冷冻干燥后一段时间内间隔测试冻干噬菌体的感染能力的变化。由于冷冻干燥过程中涉及的这些不确定性，因此它并不是严格意义的“噬菌体通用保存方法”，特别是当需要同时保存多种具有未知性质的噬菌体时。

表40-6　噬菌体原液悬浮液，工作溶液和成品的保质期（在推荐的储存条件下）

产品/特性	控制检验	接受限度	推荐试验程序
稳定性	对噬菌体效价进行定期定量测定 无菌特性的定期测定 周期pH测量	保质期是指产品保持无菌状态的时间，其活性和pH保持在规定的限值范围内	双层平板法 欧盟CPMP-ICH指南中的Q5C与Q1A 欧盟药典中的膜过滤法 欧盟药典中pH测试

（二）噬菌体的配送和运输

噬菌体产品是具有生物活性的微生物制品，其配送和运输环境需尽量遵守药品优良运销作业规范（good distribution practice，GDP）。

1. 噬菌体配送和运输对人员的要求

（1）运输员：负责保证运输过程中的药品质量和数量，文明装卸药品，避免发生损坏。

（2）储运部经理：负责制定配送和运输规范，并进行有效监督。

（3）质管部经理：负责指导和监督运输过程中的质量工作。

2. 噬菌体产品的配送和运输程序

（1）产品出库：产品出库时，仓库保管员与运输员依据“销售出库/随货同行单”交接货物；运输员当面核实品名和规格，清点数量，查看包装是否完好、封箱是否牢固，有无异样。严禁包装破损或包装未封口的货物出库；运输员经查无误、确保单货相符后，在“销售出库/随货同行单”上签章。

（2）产品装车：产品装卸时，禁止在阳光下停留时间过长或在雨下无遮盖放置。搬运、装卸产品应轻拿轻放，捆扎牢固、堆码整齐，防止产品撞击、倾倒，检查产品包装。严格按照外包装图示标志堆放产品。采取防护措施，保证产品的安全。产品运输车不得装卸对产品有损害的其他物品，不得将重物压在产品包装箱上。

（3）产品的运输：噬菌体产品为活性生物制剂，其运输环境对温度有一定要求，在运输过程中需采取必要的保温或冷藏措施。在冷藏运输过程中，产品不得直接接触冰袋、冰排等蓄冷剂，以免影响产品质量。应对冷藏车、冷藏箱或者保温箱内的温度数据进行实时监测记录。使用冷藏车运输产品时，应按照冷藏车标准操作程序操作。使用冷藏箱、保温箱装箱前，应将冷藏箱、保温箱预冷至符合噬菌体产品包装标示的温度，在冷库内完成装箱。产品装箱后，冷藏箱启动冷藏动力电源和温度监测设备、保温箱启动温度监测设备，对箱内温度开始实时监测和记录后，将箱体密闭。按照温控时限，选择合适的运输方式，在规定的时限内将药品运达目的地。针对运输途中如果发生设备故障、异常天气影响、交通拥堵等突发事件，噬菌体生产厂家应制定相应的处理预案，并要求承运单位严格执行。

3. *客户交接* 客户接货时，运输员应及时向客户交接产品及单据，同时检查装箱的封条是否有异样。如有异样，应立即与发货仓库联系，查明情况，写清经过，双方签字为证。收货单位收到货物后，由收货人在货单上签字，留存一联，运输员带回“顾客签收回单联”交质管部存档。

参考文献